HERMANN STÜMKE

Grundzüge der Flugmechanik und Ballistik

HERMANN STÜMKE

Grundzüge der Flugmechanik und Ballistik

Mit 109 Abbildungen

FRIEDR. VIEWEG & SOHN
BRAUNSCHWEIG

ISBN 978-3-663-06337-7 ISBN 978-3-663-07250-8 (eBook)
DOI 10.1007/978-3-663-07250-8

1969

Softcover reprint of the hardcover 1st edition 1969

Library of Congress Catalog Card No. 78-76594

Best-Nr. 8259

Vorwort

Unter „Flugmechanik" pflegt man die Bewegungslehre der Flugzeuge, unter „Ballistik" die Bewegungslehre der Geschosse zu verstehen. Dabei denkt man bei Geschossen vor allem an rotationssymmetrische Wurfkörper, bei Flugzeugen dagegen an bemannte Fluggeräte, die durch aerodynamischen Auftrieb getragen werden und eine Symmetrieebene besitzen.

Die neuere technische Entwicklung brachte nun in den gelenkten Raketen eine ganze Reihe von Übergangsformen zwischen dem typischen Flugzeug und dem typischen Geschoß. Gleichzeitig erweiterte sich der Bereich der Fluggeräte um den Typ des künstlichen Erdsatelliten, der bei genügender Flughöhe die Erde beliebig lange umkreisen kann.

Es erscheint daher sinnvoll, die Lehre von den Bewegungen aller dieser Fluggeräte unter Berücksichtigung der tatsächlichen Gestalt, Schwerkraft und Eigenbewegung der Erde auf eine gemeinsame Grundlage zu stellen. Diese Aufgabe behandelt das erste Kapitel, während die folgenden Kapitel Einzelausführungen zur Flugmechanik der spiegelsymmetrischen Flugzeuge (Kap. II–IV) bzw. zur Ballistik der drehsymmetrischen Flugkörper (Kap. V–VII) enthalten.

Innerhalb der beiden Teilgebiete ergibt sich eine systematische Gliederung aus dem Gesichtspunkt heraus, ob zur Beschreibung der Bewegung die Kraftgleichungen ausreichen (Kap. II bzw. V), oder ob die Hinzunahme der Momentengleichungen (Kap. III bzw. VI) oder sogar der Ruder- oder Reglergleichungen (Kap. IV bzw. VII) erforderlich ist. Inhaltlich stimmt diese Gliederung weitgehend mit der üblichen Einteilung in Flugleistungen und Flugeigenschaften bei ungeregelter bzw. bei geregelter Bewegung überein. Durch diese genau korrespondierende Einteilung des Stoffes in Kapitel wird vor allem die gemeinsame Struktur der Flugmechanik und Ballistik betont. Ihre charakteristischen Unterschiede treten erst bei der weiteren Unterteilung der einzelnen Kapitel hervor:

Die Flugleistungen des spiegelsymmetrischen Flugzeugs, bei dem der Antrieb durch einen gegenüber dem Gewicht verhältnismäßig schwachen Motor die Regel ist, gliedern sich zwanglos in stationäre, quasistationäre und instationäre Vorgänge. Dagegen lassen sich die Schwerpunktsbewegungen des drehsymmetrischen Flugkörpers, der praktisch nur instationäre Bewegungen ausführt, zweckmäßig nach Antriebsbahn und Freiflugbahn einteilen. Bei Flugkörpern, die auch nach dem Brennschluß der letzten Trägerrakete noch gelenkt werden, spielt diese Unterscheidung allerdings eine geringe Rolle. — Für die Betrachtung der Bewegungen des Fluggeräts um seinen Schwerpunkt gewinnt die Tatsache, daß bei den spiegelsymmetrischen Flugzeugen die Querachse, bei den drehsymmetrischen Flugkörpern dagegen die Längsachse eine ausgezeichnete Achse ist, größere Bedeutung. Man kann daher bei den Flugeigenschaften der spiegelsymmetrischen Flugzeuge am besten nach Bewegungen in der Symmetrie*ebene* (Längsbewegung) bzw. senkrecht dazu (Seitenbewegung), bei den Flugeigenschaften der drehsymmetrischen Flugkörper nach Bewegungen in der Symmetrie*achse* (Rollbewegung) bzw. senkrecht dazu (Pendelbewegung) unterscheiden.

Die Flugmechanik bzw. Ballistik setzt die Ergebnisse zahlreicher anderer Wissenschaften wie Geophysik, Aerodynamik, Triebwerkslehre, Statik der Zelle, Thermodynamik des Wärmeübergangs, Versuchs- und Meßwesen und Regelungstechnik voraus und gibt umgekehrt diesen Wissenschaften Anlaß zu neuen Fragestellungen. Angesichts des Umfangs, den die genannten Disziplinen heute besitzen, beschränkt sich die vorliegende Darstellung darauf, ihre Berührungspunkte zur Flugmechanik und Ballistik anzudeuten, im übrigen aber das Fluggerät im Sinne der Regelungstheorie als gegebene Regelstrecke hinzunehmen; gelegentliche zweckmäßige Variationen dieser Regelstrecke bleiben dabei jedoch vorbehalten. Im einzelnen sei dazu bemerkt:

Die i. f. unentbehrlichen Ergebnisse der Geophysik sind im Abschnitt 1.2 zusammengestellt. Der Abschnitt 1.7 bringt eine qualitative Einführung in die hier interessierenden Begriffsbildungen der Aerodynamik und Triebwerkslehre. Auf eine tiefer gehende Begründung und Darstellung wird dagegen aus Platzgründen bewußt verzichtet. Es genügt auch völlig, wenn der nicht einschlägig vorgebildete Leser zunächst eine vorläufige Idee von den in Frage kommenden Kräften und Momenten erhält, so daß er flugmechanische oder ballistische Rechnungen sinngemäß verstehen und selber ansetzen kann.

Das Fluggerät soll im wesentlichen als starrer Körper behandelt werden. Daher ergibt sich auf dieser Stufe der Darstellung außer einigen Aussagen über Massen und Massenverteilungen noch kein Kontakt zur Statik der Zelle, die ja die Existenz weiterer Freiheitsgrade voraussetzt. Ebenso soll die Thermodynamik des Wärmeübergangs hier außer Betracht bleiben, obwohl sie bei rasch fliegenden Flugkörpern eine wichtige Rolle spielt. Auf Grund der Annahme starrer Flugkörper lassen sich in den dynamischen Beziehungen nicht nur die Trägheitsglieder, sondern auch die aerodynamischen Ansätze bedeutend vereinfachen, s. Abschnitt 1.5.22 bzw. 1.7.12. Trotz der scheinbar sehr einschränkenden Annahme starrer Körper kann man unter verhältnismäßig schwachen Bedingungen durchaus auch die modernen flexiblen Fluggeräte in die vorliegende Betrachtung einbeziehen, s. Abschnitt 1.3.1.

Durch Flugversuche kann man vorausberechnete Flugleistungen oder

Flugeigenschaften eines Fluggeräts bestätigen oder berichtigte Aussagen über die Regelstrecke „Fluggerät" gewinnen. Mit dieser Forschungsrichtung ist die Flugmechanik bzw. Ballistik daher durchgängig aufs engste verbunden. Jedoch erübrigt sich ein Eingehen auf die Fragestellungen und Methoden dieses Arbeitsgebietes, da das Fluggerät, wie oben bemerkt, hier in seinem Funktionsverhalten als schon völlig bekannt angesehen werden soll.

Ansätze und Begriffe der Regelungstheorie werden in den Abschnitten 1.6, 1.8 und 1.9.23 eingeführt und in weitem Maße in den Kapiteln IV und VII benutzt. Da die Regelungstheorie hier jedoch nur als Hilfswissenschaft in Betracht kommt, sollen der Kürze der Darstellung halber nur lineare Bauelemente angenommen werden.

Damit ist die Flugmechanik und Ballistik i. w. gegen benachbarte oder verwandte Arbeitsgebiete abgegrenzt. Allerdings sollen hier noch einige spezielle Fluggeräte von der Betrachtung ausgenommen werden, und zwar einerseits die verhältnismäßig langsamen Luftschiffe, Flugboote, Hubschrauber und Schwebegeräte und andererseits Flugkörper, die über den Wirkungsbereich der Erdanziehung hinausfliegen, sowie die noch nicht existierenden sehr schnellen Raumfahrzeuge, bei denen die Relativitätstheorie schon eine gewisse Rolle spielt. Die vorliegende Darstellung erhält dadurch den Charakter einer Monographie über die Bewegungslehre der spiegelsymmetrischen bzw. drehsymmetrischen Starrflügelflugzeuge, die schwerer als Luft sind und sich im Anziehungsbereich der Erde befinden.

Bei der Anlage des Werkes wurde mehr Wert darauf gelegt, die Vielfalt der Bewegungsmöglichkeiten erkennen zu lassen und die Methoden zu ihrer theoretischen Erfassung zu beleuchten, als die Betrachtungen im einzelnen bis zur technischen Anwendungsreife voranzutragen. Im übrigen wurde angesichts der Fülle der neueren Forschungsergebnisse, insbesondere auf dem Gebiet der Satellitenbewegung, keine Vollständigkeit der Darstellung angestrebt, sondern statt dessen eine exemplarische Behandlung bevorzugt. Dafür geben die zahlreichen Literaturzitate, die innerhalb der einzelnen Überschriften nach Jahrgängen und innerhalb der Jahrgänge alphabetisch geordnet sind, einen ziemlich vollständigen Einblick in die Forschungsarbeiten der Nachkriegszeit bis zum Jahr 1965. Die ausführlichen Titelangaben sollen die Auswahl der Lektüre erleichtern. Der Verfasser hofft, daß diese Art der Darstellung dem Studenten der Luft- und Raumfahrttechnik sowie dem in der Praxis stehenden Ingenieur einerseits einen systematischen Überblick über das Gesamtgebiet der Flugmechanik und Ballistik vermittelt und ihn andererseits nahe an aktuelle Probleme heranführt.

An mathematischen Hilfsmitteln werden nur die Anfangsgründe der sphärischen Trigonometrie, der Vektorrechnung sowie der Infinitesimalrechnung vorausgesetzt. Ohne Beweis werden auch das *Hurwitz*sche Stabilitätskriterium und die *Euler*schen Gleichungen der Variationsrechnung herangezogen. Im übrigen werden alle Herleitungen wie z. B. die der Störungsgleichungen der Satellitenbewegung vollständig gebracht und nur einfachere Zwischenrechnungen gelegentlich abgekürzt.

Noch ein Wort zur Darstellungsmethode: Einheitsvektoren werden hier durchweg nicht durch Längen, sondern als Punkte auf der Einheitskugel abgebildet. Dies Verfahren, obwohl im Anfang vielleicht ungewohnt, macht es möglich, auch komplizierte Lagebeziehungen schnell und übersichtlich darzustellen. Zur Einarbeitung sei empfohlen, zunächst nur den Abschnitt 1.3, S. 15, über Koordinatensysteme durchzusehen, danach sich die Lagebeziehungen beim stationären Spiralflug an Hand der Abb. 2.1,1, S. 115, klarzumachen und erst beim Weiterlesen bis Gl. (2.1,25) auf die Ausführungen in den Abschnitten 1.4 und 1.5 zurückzugreifen.

Vektoren sind durchgängig durch Fettdruck gekennzeichnet [Beispiel: $\boldsymbol{g}_{\mathrm{w}}$]. Bei Funktionszeichen mit längerer Indizierung ist das Argument eine halbe Stufe höher gestellt und dicht an das Funktionszeichen herangesetzt [Beispiel: $x^{(t)}_{\mathrm{as},f}$]. Bei der Doppelindizierung der Drehgeschwindigkeiten [Beispiel: $\boldsymbol{q}_{a/f}$] und Übertragungsfunktionen [Beispiel: $F^{(s)}_{x/f}$] soll der Schrägstrich (/) das Wort „relativ" andeuten.

Die Herausgabe dieses Buches wurde durch einen Druckkostenzuschuß des Landes Baden-Württemberg ermöglicht.
Herrn Prof. Dr.-Ing. *A. Weise*, Direktor des Instituts für Aerodynamik und Gasdynamik an der Universität Stuttgart, danke ich für die wohlwollende Förderung der Arbeit. Zu großem Dank bin ich den Herren Dr.-Ing. *Karl Förster*, Dipl.-Ing. *Werner Hamma* und Dr.-Ing. *Reinhold Strobel* für ihre freundliche Mithilfe beim Korrekturlesen sowie für wertvolle Hinweise und Diskussionen verpflichtet.
Dem Verlag Friedr. Vieweg u. Sohn GmbH. möchte ich insbesondere für die entgegenkommende Behandlung meiner Änderungswünsche danken.

Stuttgart, im November 1966 *H. Stümke*

Inhaltsübersicht

(L) ~ Literaturhinweise zu vorangehenden Abschnitten

Kap. I. Grundlagen

Flugmechanik

Kap. II. Flugleistungen der spiegelsymmetrischen Flugzeuge (Reine Schwerpunktsbewegungen)

Kap. III. Flugeigenschaften der spiegelsymmetrischen Flugzeuge bei rückwirkungsfreien Rudern und ohne Flugregelung

Ballistik

Kap. V. Flugleistungen der drehsymmetrischen Flugkörper

Kap. VI. Flugeigenschaften drehsymmetrischer Flugkörper bei rückwirkungsfreien Rudern und ohne Flugregelung

I. Grundlagen

1.1. Einleitung

1.1.1. Einteilung der Fluggeräte

Fluggeräte dienen dem Transport von Passagieren, Waren oder Instrumenten. Man kann sie einteilen in solche, die am Erdboden leichter als Luft sind (Luftschiff, Ballon) und sich infolge ihres archimedischen Auftriebs von selbst in die freie Atmosphäre erheben können, und in Fluggeräte, die schwerer als Luft sind (Flugzeug, Geschoß) und zum Abheben und Fliegen einen einmaligen Impuls oder dauernden Antrieb benötigen. Nur mit den letzten wollen wir uns hier beschäftigen, jedoch sogleich die Kategorie der Schraubenflugzeuge (Hubschrauber u. ä.) als umfangreiches Spezialgebiet absondern.

Es bleiben dann die Starrflügel-Flugzeuge übrig, von denen wir annehmen wollen, daß sie mindestens eine Ebene besitzen, bezüglich deren sie hinsichtlich ihrer statischen, aerodynamischen, triebwerksmäßigen und regelungstechnischen Eigenschaften im wesentlichen als symmetrisch gelten können. Falls es für alle diese Eigenschaften zusammen nur eine solche Ebene gibt, haben wir es mit einem normalen spiegelsymmetrischen Flugzeug zu tun. Gelenkte Raketen sind häufig rotationssymmetrisch bezüglich ihres Triebwerksaufbaus und ihrer Massenverteilung und haben zugleich mehrere diskrete Symmetrieebenen bezüglich ihrer aerodynamischen Gestalt, von denen aber nur eine einzige auch eine Symmetrieebene für ihre Steuerungseinrichtungen darstellt. In jeder Hinsicht rotationssymmetrisch sind i. a. die aus einem Lauf verfeuerten Drallgeschosse. Für die Bewegung der Erdsatelliten dagegen spielen Symmetrieeigenschaften kaum eine Rolle.

1.1.2. Hauptbestandteile eines Fluggeräts

Das Gewicht eines Fluggeräts nimmt während des Fluges i. a. stetig mit dem Brennstoffverbrauch ab, jedoch muß man u. U. auch andere stetige oder unstetige Gewichtsänderungen durch Auftanken, Treibstoffablaß, Lastenabwurf oder -aufnahme usw. ins Auge fassen.

In jedem Augenblick kann man das Fluggewicht in das Leergewicht und in die Gesamtlast einteilen. Das Leergewicht umfaßt vor allem das Flugwerk mit Rumpf, Tragflächen, Motorgondeln, Fahrwerk, Leitwerken, Vorflügel, Landeklappen usw.; ferner zählt dazu das Triebwerk und die ständige Ausrüstung, zu der insbesondere die Steuerungs-, Kontroll- und Nachrichtenorgane gehören.

In der Gesamtlast ist der Treib- und Schmierstoff, die Nutzlast, die Besatzung und die zusätzliche Ausrüstung wie Fallschirme o. dgl. enthalten.

1.1.3. Das Fluggerät als starrer Körper

Außer den drei Freiheitsgraden der Fortbewegung des Schwerpunkts im Raum und den drei Freiheitsgraden der Drehung um den Schwerpunkt besitzt ein Fluggerät i. a. noch zahlreiche Freiheitsgrade für die Bewegung kleinerer Bauteile (Steuerungsorgane, Ruder, Klappen, Fahrgestell, Motorteile, Propeller) und Massen (Treibstoff, Ladung) relativ zum Hauptkörper. Diese Bewegungsmöglichkeiten sollen i. f. durchaus berücksichtigt werden. Dagegen sollen die Freiheitsgrade der Verformung und thermischen Beanspruchung hier nicht in die Betrachtung einbezogen und in diesem Sinne das Fluggerät als starrer Körper behandelt werden.

Praktisch kann man jedoch, ohne daß es in den allgemeinen Ansätzen sichtbar wird, auch elastische Verformungen zulassen, sofern diese quasistatisch sind und ihr Einfluß im Ansatz der Luftkraftbeiwerte berücksichtigt wird, s. Abschnitt 1.7.12, S. 52.

Literatur zu Abschnitt 1.1: [1–101], S. 106.

1.2. Geophysikalische Grundlagen

1.2.1. Erdanziehung und Erdrotation

Wir beschränken uns auf die Betrachtung von Fluggeräten, welche die Erdatmosphäre nicht verlassen, und können dann die Bewegung der Erde um die Sonne vernachlässigen. Dagegen müssen wir bei genaueren Rechnungen die Drehung der Erde relativ zum Fixsternhimmel berücksichtigen, den wir hier als Inertialsystem annehmen können. In diesem System ist die vom Südpol zum Nordpol gerichtete Achse $\boldsymbol{i}_3$, um welche die Drehung erfolgt, praktisch als fest zu betrachten. Die Winkelgeschwindigkeit der Erddrehung beträgt [1–202]

$$\omega_E = 2\pi/86164 = 7{,}292 \cdot 10^{-5} \mathrm{s}^{-1} \qquad (1.2{,}1)$$

Infolge der Erddrehung ist nun die Gleichgewichtsfigur der Erde bekanntlich nicht eine Kugel, sondern ein Rotationskörper, der an den Polen abgeplattet ist. Diese Tatsache sowie der mit Dichteunterschieden verbundene schalenförmige Aufbau des Erdinnern haben zur Folge, daß die in einem festen Punkte P des Inertialsystems gemessene „wahre Erdbeschleunigung" $\boldsymbol{g}_w$ breitenabhängig wird und nicht mehr genau zum Erdmittelpunkt O gerichtet ist, sondern um den kleinen Winkel ε_w von der Richtung nach O abweicht, s. Abb. 1.2,1a.

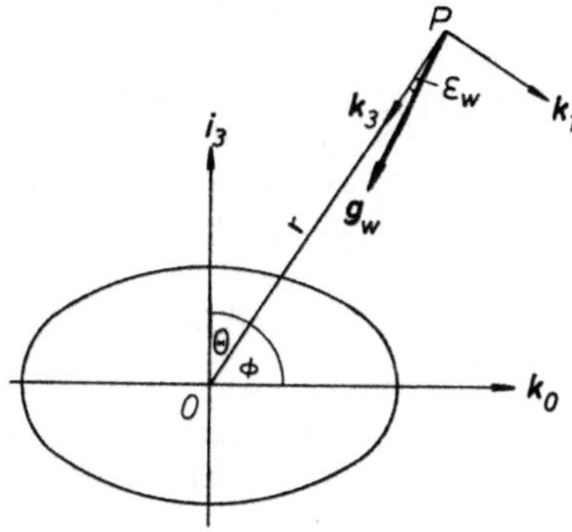

Abb. 1.2,1a
Lage der wahren Erdbeschleunigung $\boldsymbol{g}_w$ im geozentrischen Koordinatensystem (k)

Es sei r die Entfernung, $\boldsymbol{k}_3$ die Richtung von P nach O. Der Ortsvektor $\boldsymbol{r} = -\boldsymbol{k}_3\, r$ des Punktes P schließt mit der Erdachse $\boldsymbol{i}_3$ die Poldistanz Θ ein.

$$\Phi = \frac{\pi}{2} - \Theta \tag{1.2,2}$$

ist die „geozentrische Breite" des Punktes P. Im Intervall $0 < \Theta < \pi$ definieren $\boldsymbol{i}_3$ und $\boldsymbol{k}_3$ die „Meridianebene" des Punktes P. Durch die Festsetzung

$$\boldsymbol{k}_2 = \frac{\boldsymbol{i}_3 \times \boldsymbol{k}_3}{\sin\Theta} \tag{1.2,3}$$

schreiben wir ihr sogleich eine bestimmte Orientierung zu und ergänzen die Einheitsvektoren $\boldsymbol{k}_3$ und $\boldsymbol{k}_2$ durch die Vorschrift

$$\boldsymbol{k}_1 = \boldsymbol{k}_2 \times \boldsymbol{k}_3 \tag{1.2,4}$$

zu einem rechtshändigen kartesischen Koordinatensystem, das wir als „geozentrisch" bezeichnen wollen. Im Punkt P angetragen zeigt $\boldsymbol{k}_2$ nach Westen, $\boldsymbol{k}_1$ in den südlichen Teil der Meridianebene. Ferner ist durch

$$\boldsymbol{k}_0 = \boldsymbol{i}_3 \times \boldsymbol{k}_2 = -\boldsymbol{k}_3 \sin\Theta + \boldsymbol{k}_1 \cos\Theta \tag{1.2,5}$$

in der Meridianebene die Richtung senkrecht zur Erdachse, also parallel zum Äquator bestimmt.

Mit diesen Festsetzungen können wir die wahre Erdbeschleunigung $\boldsymbol{g}_{\mathrm{w}}$ formal in Komponenten nach $\boldsymbol{k}_3$ und $\boldsymbol{k}_1$ zerlegen:

$$\boldsymbol{g}_{\mathrm{w}} = g_{\mathrm{w}}(\boldsymbol{k}_3 \cos\varepsilon_{\mathrm{w}} + \boldsymbol{k}_1 \sin\varepsilon_{\mathrm{w}}) \tag{1.2,6}$$

g_{w} und ε_{w} sind Funktionen von r und Θ. Um sie zu bestimmen, kann man davon ausgehen, daß die wahre Erdbeschleunigung $\boldsymbol{g}_{\mathrm{w}}$ außerhalb der festen Erde ein Potential $\varphi_{\mathrm{w}}(r, \Theta)$ besitzt, welches näherungsweise der *Laplace*schen Gleichung $\Delta\varphi_{\mathrm{w}} = 0$ genügt, da man den Beitrag der Erdatmosphäre zum Potential praktisch vernachlässigen kann. Die allgemeine Lösung dieser Gleichung läßt sich durch eine unendliche Reihe von Kugelfunktionen darstellen. Für flugmechanische Rechnungen genügt der folgende Ansatz:

$$\varphi_{\mathrm{w}}(r, \Theta) = \frac{-kM_{\mathrm{E}}}{r} + \frac{k(C_{\mathrm{E}} - A_{\mathrm{E}})}{r^3} P^{(2)}(\cos\Theta) \tag{1.2,7}$$

Nur bei genauesten geophysikalischen Rechnungen pflegt man ihn noch durch ein weiteres Glied zu ergänzen. Dabei ist

$$P^{(2)}(\cos\Theta) \equiv \frac{3\cos^2\Theta - 1}{2} \tag{1.2,8}$$

ein *Legendre*sches Polynom, ferner

$$k = 6{,}67 \cdot 10^{-11}\ \mathrm{m^3 s^{-2} kg^{-1}} \tag{1.2,9}$$

die Gravitationskonstante,

$$M_{\mathrm{E}} = 5{,}98 \cdot 10^{24}\ \mathrm{kg} \tag{1.2,10}$$

die Erdmasse und

$$C_{\mathrm{E}} - A_{\mathrm{E}} = 0{,}270 \cdot 10^{36}\ \mathrm{kgm^2} \tag{1.2,11}$$

die Differenz der Trägheitsmomente um die Erdachse und um eine Äquatorachse. [1–201].

Die wahre Erdbeschleunigung wird nun

$$\boldsymbol{g}_{\mathrm{w}} = -\operatorname{grad}\varphi_{\mathrm{w}} = -\left(-\boldsymbol{k}_3 \frac{\partial\varphi_{\mathrm{w}}}{\partial r} + \boldsymbol{k}_1 \frac{\partial\varphi_{\mathrm{w}}}{r\partial\Theta}\right) \tag{1.2,12}$$

Im einzelnen ist

$$\frac{\partial\varphi_{\mathrm{w}}}{\partial r} = \frac{kM_{\mathrm{E}}}{r^2} - \frac{-3k(C_{\mathrm{E}} - A_{\mathrm{E}})}{r^4} \frac{3\cos^2\Theta - 1}{2} = g_{\mathrm{w}} \cos\varepsilon_{\mathrm{w}} \tag{1.2,13}$$

$$-\frac{\partial\varphi_{\mathrm{w}}}{r\partial\Theta} = \frac{3k(C_{\mathrm{E}} - A_{\mathrm{E}})}{r^4} \cos\Theta \sin\Theta = g_{\mathrm{w}} \sin\varepsilon_{\mathrm{w}} \tag{1.2,14}$$

Aus diesen Gleichungen ergibt sich in guter Näherung

$$\tan\varepsilon_w = \frac{C_E - A_E}{M_E r^2}\,\frac{3}{2}\sin 2\Theta$$

An der Erdoberfläche ($r \approx 6{,}37\cdot 10^6$ m) wird ein Maximum von ε_w für $\Theta = 45°$ erreicht. Sein Wert ist

$$\mathrm{Max}(\varepsilon_w) = 1{,}67\cdot 10^{-3} = 0{,}095°.$$

Damit ist die wahre Erdbeschleunigung $\boldsymbol{g}_w$ in der Erdatmosphäre bekannt. Mit dieser Genauigkeit wird $\boldsymbol{g}_w$ z. B. bei der Untersuchung der Frage gebraucht, wie eine schräg zum Äquator geneigte Ellipsenbahn eines Erdsatelliten im Inertialsystem infolge der Erdabplattung auswandert, s. Abschnitt 5.4, S. 396. Diese Auswanderung erfolgt sehr langsam. Wenn man nur einen einzigen Umlauf betrachten oder nur eine Leistungsrechnung anstellen will, so wird es zulässig sein, die Abplattung zu vernachlässigen, also $C_E - A_E = 0$ zu setzen.

Betrachten wir jetzt weiter den Fall, daß der Punkt P relativ zur rotierenden Erde ruht! Die obigen Definitionen bezüglich der Einheitsvektoren bleiben dabei ungeändert, jedoch wird im Punkte P jetzt die „scheinbare Erdbeschleunigung"

$$\boldsymbol{g}_s = g_s(\boldsymbol{k}_3\cos\varepsilon_s + \boldsymbol{k}_1\sin\varepsilon_s) \tag{1.2,15}$$

gemessen. Sie ist als Summe der wahren Erdbescheunigung $\boldsymbol{g}_w$ und der Zentrifugalbescheunigung

$$\boldsymbol{b} = \omega_E^2 r\sin\Theta\,\boldsymbol{k}_0 = -\omega_E\boldsymbol{i}_3\times(\omega_E\boldsymbol{i}_3\times\boldsymbol{r}) \tag{1.2,16}$$

bestimmt:

$$\boldsymbol{g}_s = \boldsymbol{g}_w + \boldsymbol{b} \tag{1.2,17}$$

s. Abb. 1.2,1b.

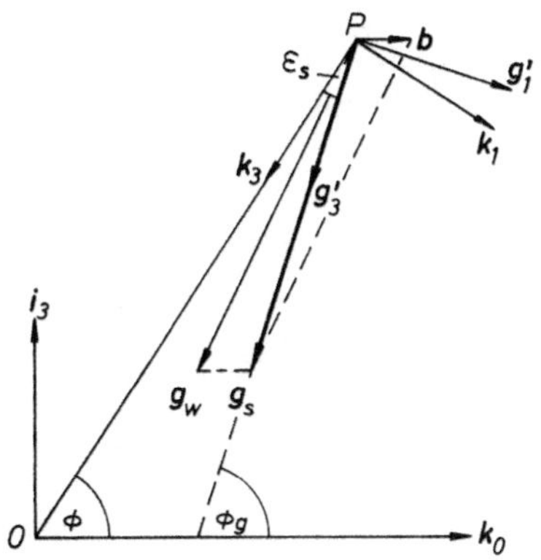

Abb. 1.2,1b
Lage der scheinbaren Erdbeschleunigung g_s und des geographischen Koordinatensystems (g') relativ zum geozentrischen System (k)

Ihre Komponenten nach den Richtungen $\boldsymbol{k}_3$, $\boldsymbol{k}_1$ sind

$$g_s \cos\varepsilon_s = g_w \cos\varepsilon_w - \omega_E^2 r \sin^2\Theta \tag{1.2,18}$$

$$g_s \sin\varepsilon_s = g_w \sin\varepsilon_w + \omega_E^2 r \sin\Theta\cos\Theta \tag{1.2,19}$$

Aus diesen Gleichungen folgt näherungsweise

$$\tan\varepsilon_s = \tan\varepsilon_w + \frac{\omega_E^2 r}{2g_w}\sin 2\Theta$$

An der Erdoberfläche erreicht ε_s ein Maximum für $\Theta = 45°$. Sein Wert ist

$$\mathrm{Max}(\varepsilon_s) = 3{,}40 \cdot 10^{-3} = 0{,}195°,$$

also etwa doppelt so groß wie $\mathrm{Max}(\varepsilon_w)$.

Auch g_s und ε_s sind hiernach im allgemeinen Funktionen von r und Θ. Der Einheitsvektor

$$\boldsymbol{g}_3' = \boldsymbol{k}_3 \cos\varepsilon_s + \boldsymbol{k}_1 \sin\varepsilon_s \tag{1.2,20}$$

legt die Richtung der scheinbaren Erdbeschleunigung fest. Setzt man noch

$$\boldsymbol{g}_2' = \boldsymbol{k}_2 \tag{1.2,21}$$

$$\boldsymbol{g}_1' = \boldsymbol{g}_2' \times \boldsymbol{g}_3' = -\boldsymbol{k}_3 \sin\varepsilon_s + \boldsymbol{k}_1 \cos\varepsilon_s \tag{1.2,22}$$

so hat man damit das „geographische Koordinatensystem" definiert. $\boldsymbol{g}_1'$ zeigt ebenso wie $\boldsymbol{k}_1$ in den südlichen Teil der Meridianebene. Durch $\boldsymbol{g}_1'$ und $\boldsymbol{g}_2'$ wird die „Horizontalebene" durch den Punkt P aufgespannt. Der Winkel

$$\Phi_g = \Phi + \varepsilon_s \tag{1.2,23}$$

stellt die „geographische Breite" dar.

Man stellt nun leicht fest, daß auch die Zentrifugalbeschleunigung $\boldsymbol{b}$ ein Potential besitzt, nämlich

$$\varphi_b = -\frac{\omega_E^2 r^2 \sin^2\Theta}{2} \tag{1.2,24}$$

In der Tat ist

$$\frac{\partial\varphi_b}{\partial r} = -\omega_E^2 r \sin^2\Theta; \qquad \frac{-\partial\varphi_b}{r\partial\Theta} = \omega_E^2 r \sin\Theta\cos\Theta \tag{1.2,25}$$

und daher

$$-\mathrm{grad}\,\varphi_b \equiv -\left(-\boldsymbol{k}_3 \frac{\partial\varphi_b}{\partial r} + \boldsymbol{k}_1 \frac{\partial\varphi_b}{r\partial\Theta}\right) = \boldsymbol{b} \tag{1.2,26}$$

Die scheinbare Erdbeschleunigung $\boldsymbol{g}_s$ besitzt daher das Potential

$$\varphi_s = \varphi_w + \varphi_b \tag{1.2,27}$$

Auf der Erdoberfläche (Index „E") ist das Potential φ_s konstant. Daher lautet die Gleichung der mittleren Erdoberfläche

$$-\frac{kM_E}{r_E} + \frac{k(C_E - A_E)}{r_E^3} \frac{3\cos^2\Theta - 1}{2} - \frac{\omega_E^2 r_E^2 \sin^2\Theta}{2} = \varphi_{sE} = \text{const} \tag{1.2,28}$$

Aus dieser Gleichung kann man r_E als Funktion von Θ berechnen. Die Konstante φ_{sE} findet man durch Einsetzen spezieller Werte r_E^*, Θ^*, z. B. $r_E^* = 6377{,}400$ km für $\Theta^* = \pi/2$. Die dabei entstehende Figur heißt „Geoid". I. a. genügt es, das Geoid durch ein an den Polen abgeplattetes Rotationsellipsoid mit den Halbachsen

$$a_E = 6378{,}4 \text{ km}, \qquad c_E = 6356{,}9 \text{ km} \tag{1.2,29}$$

anzunähern [1–202, S. 259].

Auf der Erdoberfläche hat die scheinbare Erdbeschleunigung g_s näherungsweise den Wert [1–202, S. 265]

$$g_{sE} = 9{,}80632 - 0{,}02586 \cos 2\Phi_g \text{ m/s}^2 \tag{1.2,30}$$

Ihr Normalwert, der auch der Definition der technischen Krafteinheit Kilopond (kp = kg $\cdot g_n$) zugrundeliegt, beträgt [1–202]

$$g_n = 9{,}80665 \text{ m/s}^2 \tag{1.2,31}$$

Entsprechend unterscheiden wir zwischen dem „Normalgewicht" G_n eines Fluggeräts der Masse m, nämlich

$$G_n = mg_n \tag{1.2,32}$$

als einer skalaren Größe und den Vektoren „wahres Gewicht" $\boldsymbol{G}_w$ bzw. „scheinbares Gewicht" $\boldsymbol{G}_s$, nämlich

$$\boldsymbol{G}_w = m\boldsymbol{g}_w \quad \text{bzw.} \quad \boldsymbol{G}_s = m\boldsymbol{g}_s \tag{1.2,33}$$

als denjenigen Massenkräften, die an einem Flugkörper angreifen, der in einem Inertialsystem bzw. in einem erdfesten System ruht, wobei diese Kräfte relativ zu dem betreffenden Koordinatensystem gemessen werden.

Literatur zu Abschnitt 1.2.1: [1–201 bis 204], S. 106.

1.2.2. Zustand der Atmosphäre

1.2.21. Ruhende Atmosphäre

Die an einem Fluggerät angreifenden Luftkräfte sind wesentlich durch die Eigenschaften der umgebenden Atmosphäre bestimmt. Wie nun die Erfahrung zeigt, liegen in den erdnahen Luftschichten die Schwankungen des Luftdrucks, der absoluten Temperatur und der Dichte in der Größenordnung von 5 % der entsprechenden zeitlichen Mittelwerte. Es liegt daher nahe, diese Schwankungen bei flugmechanischen Rechnungen als kleine Störungen eines Grundzustandes aufzufassen und an Stelle der wirklichen Atmosphäre eine relativ zur Erde ruhende mittlere Normalatmosphäre anzunehmen.

In einer relativ zur Erde ruhenden Atmosphäre müssen die Flächen konstanten Potentials φ_s = konst zugleich Flächen konstanten Luftdrucks p = konst sein. Aus der statischen Grundgleichung

$$\operatorname{grad} p = g_s \varrho \tag{1.2,34}$$

folgt ferner in Verbindung mit der Beziehung $g_s = -\operatorname{grad} \varphi_s$ die Relation

$$\operatorname{grad} p = -\varrho \operatorname{grad} \varphi_s \tag{1.2,35}$$

Infolgedessen ist auf den Äquipotentialflächen einer relativ zur Erde ruhenden Atmosphäre auch die Luftdichte ϱ konstant. Auf Grund der Zustandsgleichung

$$\frac{p}{\varrho T} = \frac{\overline{R}}{\overline{M}} \tag{1.2,36}$$

gilt das dann auch für die Temperatur T, wenn man die Luft als homogenes Gas voraussetzt ($\overline{R}$ = allgemeine Gaskonstante, $\overline{M}$ = mittleres Molekulargewicht).

Als wichtigste Normalatmosphären kommen in der Flugmechanik und Ballistik die folgenden vier in Betracht:

1. *INA-Atmosphäre* (*I*nternationale *N*ormal-*A*tmosphäre)

Sie ist folgendermaßen definiert:

$$T = \begin{cases} 288 - 6{,}5\,H & \text{für } H < 11 \text{ km (Troposphäre)} \\ 216{,}5 & \text{für } H > 11 \text{ km (Stratosphäre)} \end{cases} \tag{1.2,37}$$

$$\left.\begin{aligned} p &= 760\left(1 - \frac{6{,}5H}{288}\right)^{5,255} && \text{für } H < 11 \text{ km} \\ \log p &= 2{,}2295373 - \frac{H-11}{14{,}594} && \text{für } H > 11 \text{ km} \end{aligned}\right\} \tag{1.2,38}$$

$$\left.\begin{aligned} \varrho &= 1{,}2254\left(1 - \frac{6{,}5H}{288}\right)^{4,255} && \text{für } H < 11 \text{ km} \\ \log \varrho &= 0{,}5609716 - 1 - \frac{H-11}{14{,}594} && \text{für } H > 11 \text{ km} \end{aligned}\right\} \tag{1.2,39}$$

Dabei ist T in °K, p in mm Hg, ϱ in kg/m^3 und die Flughöhe H in km zu messen. Zahlenwerte dieser Funktionen sind in verschiedenen Veröffentlichungen verfügbar [1–202, 2–005].

2. *ICAO-Atmosphäre* (*I*nternational *C*ivil *A*viation *O*rganization)
Diese Normalatmosphäre weicht nur geringfügig von der INA-Atmosphäre ab. Ihre Bodentemperatur ist zu 288,16 °K, ihre Stratosphärentemperatur zu 216,66 °K festgesetzt. Ihre Temperaturabnahme beträgt in der Troposphäre 0,0065 °C pro geodynamisches Meter (=m'), das nach [1–241] für technische Zwecke hinreichend genau mit dem Meter (=m) übereinstimmt. Der Bodendruck ist zu 1013,250 mb, die Luftdichte am Boden zu 1,2250 kg/m³ angenommen. Auch für diese Atmosphäre liegen fertige Tabellen vor [1–241].

3. *FAI-Atmosphäre* (*F*édération *A*éronautique *I*nternationale)
Zwischen dem Luftdruck p, gemessen in mm Hg, und der Höhe H, gemessen in km, wird hier die Beziehung

$$H = 0{,}005\,(3064+1{,}73p-0{,}11p^2)\log\frac{760}{p} \qquad (1.2,40)$$

angenommen. Sie liegt der Anerkennung aller Flugweltrekorde zugrunde [1–202].

4. *CIRA 1961-Atmosphäre*
Diese Normalatmosphäre stimmt im Definitionsbereich der INA-Atmosphäre mit der letzteren fast völlig überein. Sie enthält aber außerdem für Höhen bis zu 800 km Zahlenwerte, die durch Mittelbildung auf Grund von Satellitenmessungen gewonnen wurden, und ist daher in der Raketen- und Satellitentechnik von großem Wert [1–243, 245].

Wie erwähnt, weicht die wirkliche Atmosphäre im allgemeinen hinsichtlich der Zustandsgrößen p, T, ϱ von einer Normalatmosphäre ab. Wir werden später bei der Betrachtung der Steigleistung sehen, wie man flugmechanischen Leistungen eines Fluggeräts, die in einer wirklichen Atmosphäre gewonnen werden, unter bestimmten Annahmen gewisse Leistungen desselben Flugzeugs in einer Normalatmosphäre zuordnen kann, s. Abschnitt 2.1.24, S. 147.

1.2.22. Mittlerer Wind

Außer den Zustandsgrößen p, T, ϱ weicht auch die Luftbewegung i. a. vom Ruhezustand der Normalatmosphäre ab. Starker Wind mit Stärke 6 der *Beaufort*-Skala hat 9,9 bis 12,4 m/s, Sturm (Stärke 9) 18,3 bis 21,5 m/s und ein Orkan (Stärke 12) über 29,0 m/s Geschwindigkeit.

Es bezeichne $\boldsymbol{r}_{b,f}$ den Ortsvektor vom Nullpunkt O_b desjenigen Koordinatensystems (b), relativ zu dem die Bewegung betrachtet wird, zum Nullpunkt O_f eines mit dem Flugkörper fest verbundenen Systems (f). Die Geschwindigkeit $\partial \boldsymbol{r}_{b,f}/\partial t|_{(b)}$ des repräsentativen Flugzeugpunktes O_f relativ zum System (b) setzt sich additiv aus seiner Geschwindigkeit (Eigengeschwindigkeit)

$$\boldsymbol{V} = V \cdot \boldsymbol{a}_1 \qquad (1.2{,}41\text{a})$$

relativ zum Windfeld und der Windgeschwindigkeit $\boldsymbol{w}_b$ relativ zum System (*b*) nach der Formel

$$\left.\frac{\partial \boldsymbol{r}_{b,f}}{\partial t}\right|_{(b)} = \boldsymbol{V} + \boldsymbol{w}_b \qquad (1.2{,}41\text{b})$$

zusammen, s. Abb. 1.2,2a. Sie ist maßgebend für die Fortbewegung des Flugkörpers im Raum, dagegen die Anströmungsgeschwindigkeit ($= -\boldsymbol{V}$) für die Luftkräfte und Luftkraftmomente.

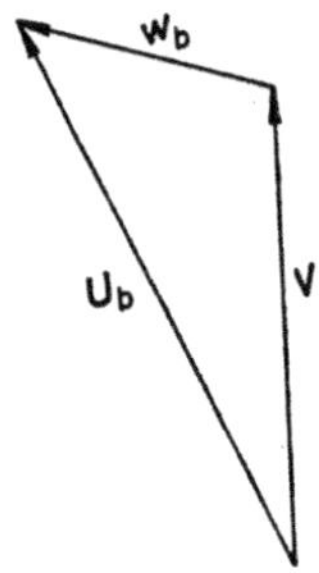

Abb. 1.2,2a
Addition von Translationsgeschwindigkeiten

Entsprechend muß man prinzipiell bei den Drehbewegungen eines flugzeugfesten Systems (*f*) unterscheiden zwischen der Drehgeschwindigkeit $\boldsymbol{q}_{f/b}$ des körperfesten Systems (*f*) relativ zum Koordinatensystem (*b*) und der „aerodynamisch wirksamen" Drehgeschwindigkeit $\boldsymbol{\omega}$ des Flugzeugs. Erstere bestimmt den zeitlichen Verlauf der Lage des Flugzeugs im Raum (*b*), letztere gewisse instationäre Luftkräfte und Luftkraftmomente. Der Zusammenhang von $\boldsymbol{q}_{f/b}$ und $\boldsymbol{\omega}$ sei zunächst formal

$$\boldsymbol{q}_{f/b} = \boldsymbol{\omega} + \Phi(\boldsymbol{w}_b) \qquad (1.2{,}42\text{a})$$

geschrieben, wobei $\Phi(\boldsymbol{w}_b)$ eine lineare Vektorfunktion von $\boldsymbol{w}_b$ ist, die bei räumlich konstantem Wind verschwindet.

Ein naheliegender Ansatz für $\Phi(\boldsymbol{w}_b)$ ist

$$\Phi^*(\boldsymbol{w}_b) = \frac{1}{2} \operatorname{rot}_b \boldsymbol{w}_b \qquad (1.2{,}42\text{b})$$

wobei rot_b bedeuten soll, daß die Operation rot im System (*b*) ausgeführt werden soll. Da $0{,}5 \cdot \operatorname{rot}_b \boldsymbol{w}_b$ die mittlere Drehgeschwindigkeit der Luft am Ort O_b des Flugzeugs ist, bedeutet

$$\boldsymbol{\omega}^* = \boldsymbol{q}_{f/b} - \Phi^*(\boldsymbol{w}_b) \qquad (1.2{,}42\text{c})$$

die kinematische Drehgeschwindigkeit des Flugzeugs relativ zum Windfeld, s. Abb. 1.2,2b. Sie hat jedoch nur theoretisches Interesse.

Eine aerodynamisch sinnvolle Definition für die Funktion $\boldsymbol{\Phi}(\boldsymbol{w}_b)$ erhält man dagegen, wenn man zunächst die Windgeschwindigkeit $\boldsymbol{w}_b$ in Komponenten nach den Achsen $\boldsymbol{f}_1, \boldsymbol{f}_2, \boldsymbol{f}_3$ des körperfesten Systems (f) zerlegt, s. S. 21, also

$$\boldsymbol{w}_b = \boldsymbol{f}_1 w_{xf} + \boldsymbol{f}_2 w_{yf} + \boldsymbol{f}_3 w_{zf} \tag{1.2,42d}$$

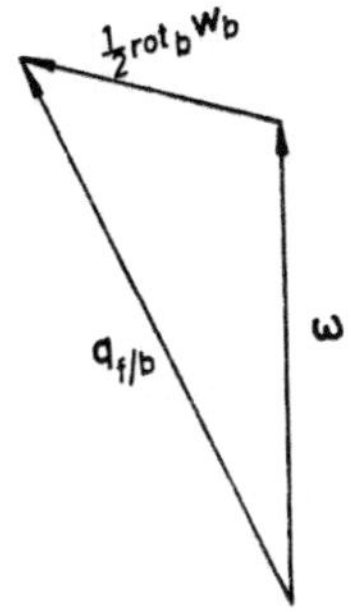

Abb. 1.2,2b
Addition von Drehgeschwindigkeiten

schreibt und den Ansatz (1.2,42b) folgendermaßen verallgemeinert:

$$\boldsymbol{\Phi}(\boldsymbol{w}_b) = \frac{1}{2} \begin{vmatrix} \boldsymbol{f}_1 & \boldsymbol{f}_2 & \boldsymbol{f}_3 \\ \alpha_1 \frac{\partial}{\partial x_f} & \alpha_2 \frac{\partial}{\partial y_f} & \alpha_3 \frac{\partial}{\partial z_f} \\ \beta_1 w_{xf} & \beta_2 w_{yf} & \beta_3 w_{zf} \end{vmatrix} \tag{1.2,42e}$$

Setzt man hier speziell

$$\alpha_1 = \alpha_2 = 2, \quad \alpha_3 = 0 \quad \beta_1 = 1-\varepsilon, \quad \beta_2 = \varepsilon, \quad \beta_3 = 1, \quad 0 \leq \varepsilon \leq 1 \tag{1.2,42f}$$

so wird

$$\boldsymbol{\Phi}(\boldsymbol{w}_b) = \boldsymbol{f}_1 \frac{\partial w_{zf}}{\partial y_f} - \boldsymbol{f}_2 \frac{\partial w_{zf}}{\partial x_f} + \boldsymbol{f}_3 \left[\varepsilon \frac{\partial w_{yf}}{\partial x_f} - (1-\varepsilon) \frac{\partial w_{xf}}{\partial y_f} \right] \tag{1.2,42g}$$

Die beiden ersten Terme rechts berücksichtigen die Variation des Aufwindes w_{zf} in Richtung der Querachse bzw. der Längsachse, während der dritte Term die Variation des Seitenwindes w_{yf} in Richtung der Längsachse und die Variation des Gegenwindes w_{xf} in Richtung der Querachse mit verschiedenen Gewichten ε bzw. $1-\varepsilon$ erfaßt. Im allgemeinen wird es jedoch genügen, $\varepsilon = 1$ zu setzen.

Literatur zu Abschnitt 1.2.21–1.2.22: [1–241 bis 246], S. 106.

1.2.23. Turbulente Windschwankungen

Außer dem mittleren Wind spielen in der Flugmechanik und Ballistik noch die turbulenten Schwankungen des Windes um seinen Mittelwert eine Rolle, insbesondere bei Anwendungen auf statische und Steuerungsprobleme. Die Turbulenz ist besonders stark in Gebieten mit großen Gradienten des mittleren Windes ausgeprägt, also in Bodennähe, in Quellwolken sowie am Rande der sogenannten Strahlströme in der oberen Troposphäre. Es kommen dabei Windschwankungen bis zu 10 m/s in allen Richtungen vor.

Für genauere Untersuchungen ist eine statistische Behandlung dieser Erscheinung notwendig. Unter Verzicht auf eine allgemeine Behandlung dieser Frage mögen hier die grundlegenden Begriffe am wichtigen Spezialfall derjenigen turbulenten Windschwankungen erläutert werden, die normal zur Bewegungsrichtung in einer Atmosphäre mit zeitlich und räumlich konstanten Eigenschaften des mittleren Windes und seiner turbulenten Schwankungen erfolgen. Dabei sei noch angenommen, daß diese Komponente in jedem Augenblick t über die tragende Fläche F des Fluggeräts gemittelt wird und so für ein größeres Zeitintervall $-T/2 < t < T/2$ als Zeitfunktion $w^*(t)$ gemessen vorliegt. Ferner sei vorausgesetzt, daß sich das Fluggerät während dieser Zeit mit der konstanten Geschwindigkeit V relativ zum mittleren Windfeld fortbewegt. Mittels der Transformationen

$$t = \frac{x^*}{V}, \qquad T = \frac{X}{V}, \qquad w^*(t) = w(x^*) \tag{1.2,43}$$

stellt sich dann die turbulente Schwankung auch als Funktion der räumlichen Variablen x^* im Intervall $-X/2 < x^* < X/2$ dar. In dieser Form wollen wir die turbulente Schwankung i. f. als gegeben annehmen. Es ist jedoch zu beachten, daß hierbei die Voraussetzung $V \neq 0$ gemacht werden muß. So ist z. B. der Übergang von $w^*(t)$ zu $w(x^*)$ nicht möglich, wenn der Verlauf $w^*(t)$ unter Benutzung eines mit dem Winde treibenden Ballons registriert wird, da hierbei $V = 0$ ist.

Der Mittelwert von $w(x^*)$ verschwindet, da $w(x^*)$ senkrecht zur Fluggeschwindigkeit V angenommen ist, also:

$$\lim_{X \to \infty} \int_{-X/2}^{X/2} w(x^*)\,dx^* = 0 \tag{1.2,44}$$

Die Kurve $w(x^*)$ zeigt einen unregelmäßigen Verlauf nach Art der Abb. 1.2,3.

Mit dieser Funktion $w(x^*)$ kann man nun für das Intervall $-X/2 < x^* < X/2$ die Funktion

$$r(\xi, X) = \frac{1}{X} \int_{-X/2}^{X/2} w(x^*)\, w_*(x^* + \xi)\, \mathrm{d}x^* \qquad (1.2,45)$$

berechnen, die für große Werte von X in die sogenannte „Autokorrelation"

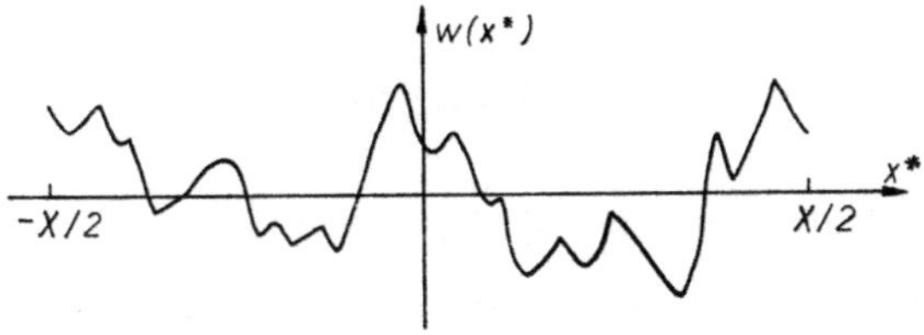

Abb. 1.2,3. Qualitativer Verlauf von turbulenten Schwankungen der vertikalen Windkomponente $w(x^*)$

$$R(\xi) = \lim_{X \to \infty} r(\xi, X) \qquad (1.2,46)$$

übergeht. Man erkennt sogleich, daß

$$R(0) = \lim_{X \to \infty} \frac{1}{X} \int_{-X/2}^{X/2} w^2(x^*)\, \mathrm{d}x^* = \sigma^2 \qquad (1.2,47)$$

das Quadrat der mittleren Streuung der Windkomponente bedeutet. Man kann jetzt noch die Funktion $w(x^*)$ im Intervall $-X/2 < x^* < X/2$ in ihre *Fourier*sche Reihe

$$w(x^*) = \sum_{n=-\infty}^{\infty} C_n \mathrm{e}^{\mathrm{i} n \Omega_0 x^*} \qquad (1.2,48)$$

mit

$$C_n = \frac{1}{X} \int_{-X/2}^{X/2} w(x^*) \mathrm{e}^{-\mathrm{i} n \Omega_0 x^*} \mathrm{d}x^*; \qquad \Omega_0 = \frac{2\pi}{X} \qquad (1.2,49)$$

entwickeln. Einsetzen in den Ausdruck für $r(\xi, X)$ gibt nach kurzer Zwischenrechnung

$$r(\xi, X) = 2 \sum_{m=0}^{\infty} |C_m|^2 \cos m\Omega_0 \xi \equiv \sum_{m=0}^{\infty} p(m\Omega_0)\, \Omega_0 \cos m\Omega_0 \xi \qquad (1.2,50)$$

Wenn man die diskrete Schwingung mit der Wellenlänge $2\pi/m\Omega_0 = X/m$ näherungsweise durch ein Wellenband konstanter Intensität im Bereich

$\left(m-\frac{1}{2}\right)\Omega_0 < \Omega < \left(m+\frac{1}{2}\right)\Omega_0$ ersetzt, so stellt

$$p(m\Omega_0) = 2\,\frac{|C_m|^2}{\Omega_0} \tag{1.2,51}$$

die zugehörige Intensitätsdichte dar. Für große Werte von X geht $r(\xi, X)$ in

$$R(\xi) = \int_0^\infty p(\Omega)\cos\Omega\xi\,\mathrm{d}\Omega \tag{1.2,52}$$

über. Multipliziert man ferner die Gleichung für $r(\xi, X)$ mit $\frac{2}{\pi}\cos n\Omega_0\xi$ und integriert von $\xi = 0$ bis $\xi = X/2$, so findet man

$$\frac{2}{\pi}\int_0^{X/2} r(\xi, X)\cos n\Omega_0\xi\,\mathrm{d}\xi = p(n\Omega_0) \tag{1.2,53}$$

und in der Grenze $X \to \infty$

$$p(\Omega) = \frac{2}{\pi}\int_0^\infty R(\xi)\cos\Omega\xi\,\mathrm{d}\xi \tag{1.2,54}$$

Damit ist die Intensitätsdichte $p(\Omega)$ vermittels der Autokorrelation $R(\xi)$ durch die ursprünglich vorliegende Funktion $w(x^*) = w^*(x^*/V)$ dargestellt.

Genau genommen ist $p(\Omega)$ noch von den eingangs vermerkten Versuchsbedingungen abhängig, insbesondere sollte $p(\Omega)$ noch vom Betrage V der Anströmungsgeschwindigkeit sowie von der Größe F der tragenden Fläche abhängen. Es ist nun ein wichtiges experimentelles Ergebnis, daß eine Abhängigkeit von der Anströmungsgeschwindigkeit V praktisch nicht beobachtet wird. Man kann diesen Befund so ausdrücken, daß man sagt: Das Feld der turbulenten Schwankungen verhält sich gegenüber Fluggeräten der hier betrachteten Art so, als ob diese Schwankungen im mittleren Windfeld „eingefroren" wären. Daß diese Aussage nicht allgemein gilt, zeigt allerdings das Gegenbeispiel des mit dem Winde driftenden Ballons, für den die Schwankungen durchaus nicht verschwinden.

Hinsichtlich der Abhängigkeit der Intensitätsdichte $p(\Omega)$ von der tragenden Fläche F, über die ja nach unserer Annahme die turbulenten Schwankungen gemittelt werden, ist zu erwarten, daß $p(\Omega)$ mit wachsendem F gegen Null konvergiert. Praktisch zeigt sich jedoch innerhalb der technisch üblichen Größenordnungen von Fluggeräten keine Abhängigkeit von F. Man kann daraus schließen, daß die Intensitätsdichte derjenigen Partialwellen, deren Wellenlänge kleiner als die üblichen Flugzeugabmessungen sind, äußerst gering ist.

Als brauchbarer Ansatz zur Beschreibung der wirklichen Intensitätsdichte hat sich vielfach die Formel

$$p(\Omega) = \sigma^2 \frac{l_w}{\pi} \frac{1+3\Omega^2 l_w^2}{(1+\Omega^2 l_w^2)^2} \tag{1.2,55}$$

erwiesen, die aus der experimentell gut bestätigten Approximation für die Autokorrelation

$$R(\xi) = \sigma^2 e^{-\xi/l_w}\left[1 - \frac{\xi}{2l_w}\right] \tag{1.2,52)'$$

folgt. Dabei ist die charakteristische Länge l_w von der Größenordnung 300 m, während die Größe der quadratischen Streuung σ noch stark von der Art des Windfeldes abhängt. Bei diesem Ansatz verschwindet die Intensität der kurzen Partialwellen mit $1/\Omega \to 0$ und erreicht merkliche Beträge erst für längere Wellen mit $1/\Omega \gtrsim l_w$, wobei l_w groß gegen die Flugzeuglänge ist. Oberhalb der Bodenreibungsschicht ist bei klarem Himmel etwa $\sigma = 2$ m/s. Bei starker Windscherung kann σ jedoch bis zur Größenordnung von 10 m/s ansteigen.

Von Interesse ist noch die Wahrscheinlichkeit $\Delta w \cdot P(w)$ dafür, daß die Komponente w im Intervall $w_1 < w < w_1+\Delta w$ liegt. Man kann hier in der Regel eine *Gauß*sche Verteilung annehmen und hat dann

$$P(w) = \frac{1}{\sigma\sqrt{2\pi}} e^{-\frac{w^2}{2\sigma^2}} \tag{1.2,56}$$

wobei die quadratische Streuung σ durch Gl. (1.2,47) bestimmt ist.

Literatur zu Abschnitt 1.2.23: [1-271 bis 275], S. 107.

1.3. Koordinatensysteme und Lagebeziehungen

1.3.1. Hilfssatz 1) über kartesische Koordinatensysteme

Koordinatensysteme dienen dazu, die Geschwindigkeit, Beschleunigung und andere mechanische Größen eines Fluggeräts sowie deren gegenseitige Beziehungen in rationeller Weise darzustellen. Es kommen hier ausschließlich rechtshändige kartesische Koordinatensysteme in Betracht. Die Einheitsvektoren in Richtung der drei Koordinatenachsen sollen jeweils durch die Indizes 1, 2, 3 gekennzeichnet werden, z. B. sind $\boldsymbol{a}_1$, $\boldsymbol{a}_2$, $\boldsymbol{a}_3$ die Einheitsvektoren des Systems (a).

Für die Darstellung eines Vektors

$$X = \sum_{k=1}^{3} A_k \boldsymbol{a}_k = \sum_{i=1}^{3} B_i \boldsymbol{b}_i \tag{1.3,1}$$

in zwei verschiedenen Systemen (a) bzw. (b) mit gleichem Nullpunkt gilt der später immer wieder gebrauchte Satz, daß zwischen den Maßzahlen A_k und B_i des Vektors X dieselben Relationen wie zwischen den Einheitsvektoren $\boldsymbol{a}_k$ und $\boldsymbol{b}_i$ bestehen. Sind nämlich

$$\boldsymbol{b}_i = \sum_{k=1}^{3} c_{ik} \boldsymbol{a}_k \qquad (i = 1, 2, 3) \tag{1.3,2}$$

die Transformationsgleichungen der beiden Koordinatensysteme, so gelten für die Koeffizienten c_{ik} die Beziehungen

$$\sum_{i=1}^{3} c_{ki} c_{li} = \sum_{i=1}^{3} c_{ik} c_{il} = \begin{cases} 1 & \text{für} \quad k = l \\ 0 & \text{für} \quad k \neq l \quad (k, l = 1, 2, 3) \end{cases} \tag{1.3,3}$$

da die Systeme (a) und (b) als kartesische vorausgesetzt sind. Infolgedessen gilt umgekehrt

$$\boldsymbol{a}_k = \sum_{i=1}^{3} c_{ik} \boldsymbol{b}_i \qquad (k = 1, 2, 3) \tag{1.3,4}$$

Einsetzen dieses Wertes von $\boldsymbol{a}_k$ in die Darstellung für X gibt jetzt die Relation

$$\sum_{k,i=1}^{3} A_k c_{ik} \boldsymbol{b}_i = \sum_{i=1}^{3} B_i \boldsymbol{b}_i \tag{1.3,5}$$

und daraus folgt sofort die behauptete Beziehung

$$B_i = \sum_{k=1}^{3} c_{ik} A_k \qquad (i = 1, 2, 3) \tag{1.3,6a}$$

Man kann diese Beziehungen auch durch das i. f. häufig verwendete einfache Schema

X		A_1	A_2	A_3
		$\boldsymbol{a}_1$	$\boldsymbol{a}_2$	$\boldsymbol{a}_3$
B_1	$\boldsymbol{b}_1$	c_{11}	c_{12}	c_{13}
B_2	$\boldsymbol{b}_2$	c_{21}	c_{22}	c_{23}
B_3	$\boldsymbol{b}_3$	c_{31}	c_{32}	c_{33}

(1.3,7)

darstellen, in dem außer den Formeln (1.3,1,2,4,6a) natürlich auch noch die Beziehung

$$A_k = \sum_{i=1}^{3} c_{ik} B_i \qquad (k = 1, 2, 3) \qquad (1.3,6b)$$

enthalten ist.

1.3.2. Allgemeine Koordinatensysteme

Man kann die vorkommenden Koordinatensysteme danach einteilen, ob man sie unabhängig von den betrachteten Fluggeräten definieren kann oder nicht. Im ersten Fall mögen sie allgemeine, andernfalls spezielle Koordinatensysteme heißen. Allgemeine Koordinatensysteme können zur gleichzeitigen Ortsangabe von mehreren Fluggeräten dienen.
Das wichtigste allgemeine Koordinatensystem ist das Inertialsystem (*i*), das man beim Ansatz der dynamischen Beziehungen nach *Newton* benutzt. Auf Grund der geophysikalischen Gegebenheiten kann man es hier mit ausreichender Genauigkeit und ohne Beschränkung der Allgemeinheit so wählen, daß sein Nullpunkt mit dem Erdmittelpunkt *O* zusammenfällt, daß ferner seine Achse $\boldsymbol{i}_3$ zum Nordpol zeigt (s. Abb. 1.2,1), und daß seine Achse $\boldsymbol{i}_1$ zu einem festen Punkt des Himmelsäquators, z. B. dem Frühlingspunkt, gerichtet ist. Die Achse $\boldsymbol{i}_2$ ergibt sich dann sofort aus der Beziehung

$$\boldsymbol{i}_2 = \boldsymbol{i}_3 \times \boldsymbol{i}_1 \qquad (1.3,8)$$

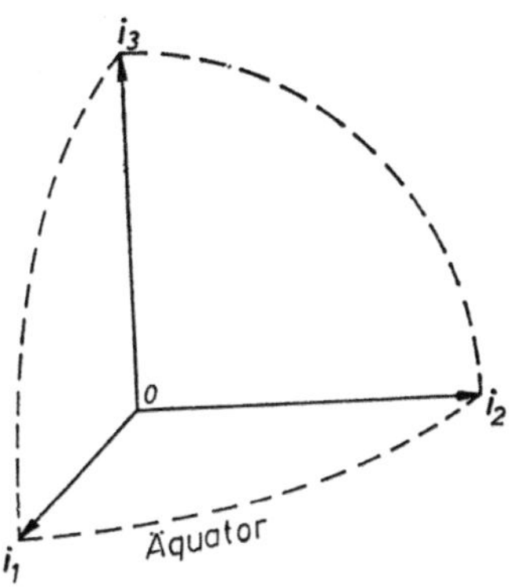

Abb. 1.3,1a
Darstellung des Inertialsystems (*i*) durch ein Dreibein

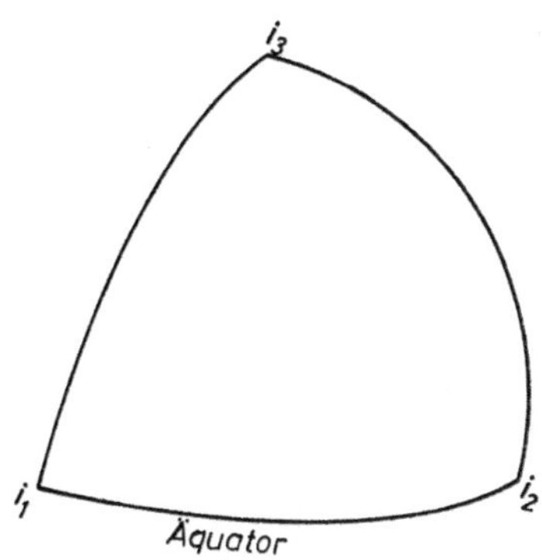

Abb. 1.3,1b
Darstellung des Inertialsystems (*i*) durch ein spharisches Dreieck

Die Abb. 1.3,1a zeigt die Einheitsvektoren des Systems (i) in perspektivischer Darstellung. Wenn es nicht auf die Lage des Nullpunkts, sondern auf die Orientierung eines solchen Dreibeins relativ zu einem anderen ankommt, so empfiehlt sich die i. f. viel benutzte komplementäre Darstellung der Einheitsvektoren durch ihre Endpunkte auf der Einheitskugel. Verbindet man diese Endpunkte durch Großkreise, so kann man die letzteren auch als Schnittkurven der Koordinatenebenen mit der Einheitskugel auffassen, s. die punktierten Kurven in Abb. 1.3,1a. Läßt man jetzt die gerichteten Strecken ganz fort, so gelangt man zur Abb. 1.3,1b, die ein sphärisches Dreieck mit den Eckpunkten $\boldsymbol{i}_1$, $\boldsymbol{i}_2$, $\boldsymbol{i}_3$ zeigt.

Nun sind die Meßinstrumente, mit denen man Flugbahnen vermißt, i. a. fest mit der rotierenden Erde verbunden. Es ist daher angebracht, auch ein allgemeines erdfestes Koordinatensystem (j) zu definieren. Das kann ohne Beschränkung der Allgemeinheit in der Weise geschehen, daß als Koordinatenursprung wieder der Erdmittelpunkt O, als Einheitsvektor $\boldsymbol{j}_3$ die Richtung zum Nordpol und als Einheitsvektor $\boldsymbol{j}_1$ die Richtung zum Schnittpunkt des geographischen Null-Meridians mit dem Äquator genommen wird. Ferner wird

$$\boldsymbol{j}_2 = \boldsymbol{j}_3 \times \boldsymbol{j}_1 \tag{1.3,9}$$

Zur Zeit t schließt $\boldsymbol{j}_1$ mit $\boldsymbol{i}_1$ den Winkel

$$\Omega = \Omega_0 + \omega_E t \tag{1.3,10}$$

ein, wobei ω_E die Winkelgeschwindigkeit der Erddrehung nach Gl. (1.2,1), S. 2, und Ω_0 eine Konstante ist. Abb. 1.3,2 zeigt die Lage des erdfesten Systems (j) relativ zum Inertialsystem (i), die Gl. (1.3,11) enthält die Transformationsformeln.

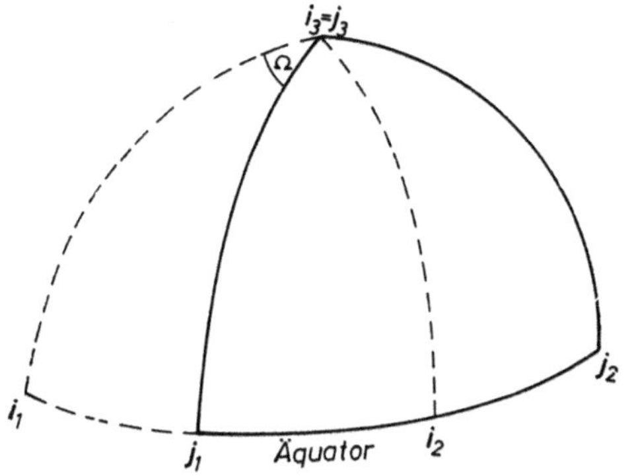

Abb. 1.3,2
Erdfestes System (j)

	i_1	i_2	i_3
j_1	$\cos\Omega$	$\sin\Omega$	0
j_2	$-\sin\Omega$	$\cos\Omega$	0
j_3	0	0	1

(1.3,11)

Die Systeme (*i*) und (*j*) sind besonders zur Darstellung großräumiger Bewegungen geeignet, bei denen die Länge der Flugbahn mit dem Erdradius vergleichbar ist.

Bei kleinräumigen Bewegungen in der Umgebung eines festen Punktes *B* der Erdoberfläche empfiehlt sich häufig die Anwendung eines Koordinatensystems (g_B), dessen Nullpunkt in *B* liegt, und dessen Achse $\boldsymbol{g}_{3B}$ in Richtung der scheinbaren Erdschwere $g_{s,B}$ zeigt, die im Punkte *B* herrscht, während in der Horizontalebene $\boldsymbol{g}_{1B}$ nach Süden und

$$\boldsymbol{g}_{2B} = \boldsymbol{g}_{3B} \times \boldsymbol{g}_{1B} \tag{1.3,12}$$

nach Westen gerichtet ist. Dieses sogenannte „geodätische" System (g_B) ist immer dann am Platze, wenn man bei dem betreffenden Bewegungsvorgang den Erdradius r_E als sehr groß und die Erdrotation ω_E als vernachlässigbar klein betrachten kann. In diesem Falle kann man den Einheitsvektor $\boldsymbol{g}_{1B}$ natürlich auch nach einer anderen ausgezeichneten horizontalen Richtung orientieren.

Für manche Betrachtungen ist es zweckmäßig, den Nullpunkt des geodätischen Systems mit dem mittleren gleichförmigen Windfeld wandern zu lassen; ein solches System soll i. f. einfach als (*g*) bezeichnet werden.

1.3.3. Spezielle Koordinatensysteme

1.3.31. Orientierung nach dem Ortsvektor

Spezielle Koordinatensysteme kann man, eventuell mit kleinen Abweichungen, nach dem Ortsvektor zum Fluggerät oder nach seiner Fluglage oder auch nach seiner Flugbahn orientieren. Ein Beispiel für den ersten Fall ist das geozentrische System (*k*), das wir bereits bei der Betrachtung der geophysikalischen Grundlagen kennengelernt haben. Bei diesem System (*k*) schließt der Einheitsvektor $-\boldsymbol{k}_3$, der vom Erdmittelpunkt zum Schwerpunkt *S* des Fluggeräts gerichtet ist, mit der Erdachse $\boldsymbol{i}_3$ die Poldistanz Θ ein; $\boldsymbol{k}_1$ liegt in der Meridianebene und $\boldsymbol{k}_2$ senkrecht dazu.

Um die Lage des Systems (*k*) relativ zum Inertialsystem (*i*) vollständig festzulegen, brauchen wir nur noch die „Rektaszension" Ψ_i des Ortsvektors $-s\boldsymbol{k}_3$ einzuführen, s. Abb. 1.3,3a. Gemäß Abb. 1.3,3b geht $\boldsymbol{i}_2$ durch die Drehung mit $\pi+\Psi_i$ um $\boldsymbol{i}_3$ in $\boldsymbol{k}_2$ und zugleich $\boldsymbol{i}_1$ in $-\boldsymbol{k}_0$ über. Durch die weitere Drehung mit $\pi-\Theta$ um $\boldsymbol{k}_2$ gemäß Abb. 1.3,3c geht dann $\boldsymbol{i}_3$ in $\boldsymbol{k}_3$ und zugleich $-\boldsymbol{k}_0$ in $\boldsymbol{k}_1$ über. Es gelten also die Transformationen

	$\boldsymbol{i}_1$	$\boldsymbol{i}_2$	$\boldsymbol{i}_3$
$-\boldsymbol{k}_0$	$-\cos\Psi_i$	$-\sin\Psi_i$	0
$\boldsymbol{k}_2$	$\sin\Psi_i$	$-\cos\Psi_i$	0
$\boldsymbol{i}_3$	0	0	1

(1.3,13)

	$-\boldsymbol{k}_0$	$\boldsymbol{k}_2$	$\boldsymbol{i}_3$
$\boldsymbol{k}_1$	$-\cos\Theta$	0	$-\sin\Theta$
$\boldsymbol{k}_2$	0	1	0
$\boldsymbol{k}_3$	$\sin\Theta$	0	$-\cos\Theta$

(1.3,14)

a)

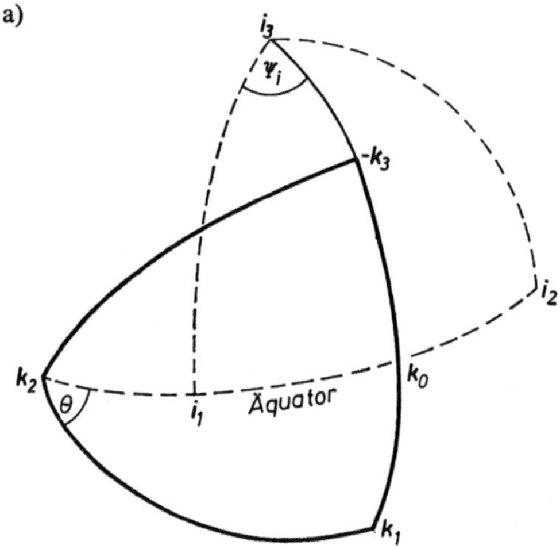

Abb. 1.3,3a
Geozentrisches System (*k*)

Abb. 1.3,3b
System (*k*) — Äquatorebene

Abb. 1.3,3c
System (*k*) — Meridianebene

b)

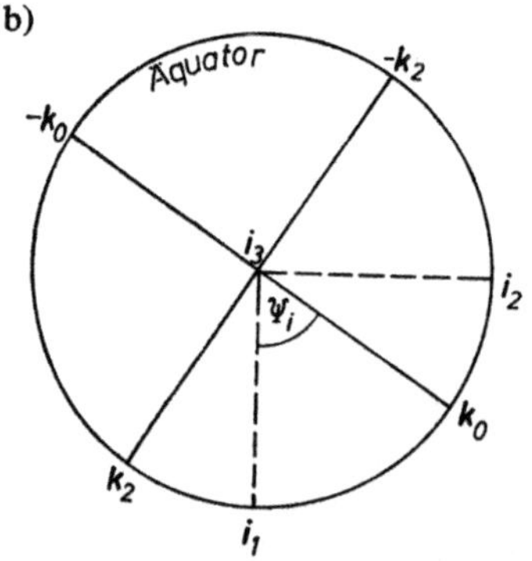

c)

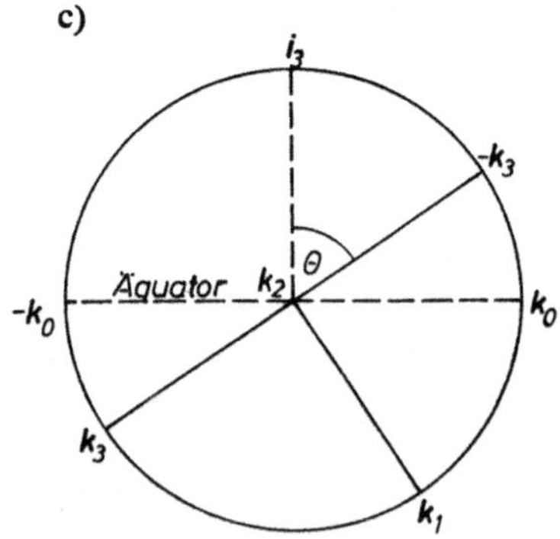

oder zusammengefaßt

	i_1	i_2	i_3
k_1	$\cos\Psi_i\cos\Theta$	$\sin\Psi_i\cos\Theta$	$-\sin\Theta$
k_2	$\sin\Psi_i$	$-\cos\Psi_i$	0
k_3	$-\cos\Psi_i\sin\Theta$	$-\sin\Psi_i\sin\Theta$	$-\cos\Theta$

(1.3,15)

Will man das geozentrische System (k) relativ zum erdfesten System (j) bestimmen, so braucht man nur die „geographische Länge“

$$\Psi_j \equiv \Psi_i - \Omega \tag{1.3,16}$$

einzuführen und findet dann entsprechende Darstellungen, wenn man in Abb. 1.3,3a, b, c sowie in den voranstehenden Formeln überall den Buchstaben i durch j ersetzt.

Außer dem geozentrischen System (k) ist auch noch das geographische System (g') i. w. nach dem Ortsvektor orientiert, und zwar gilt gemäß Abschnitt 1.2, S. 6, die Transformation

	k_1	k_2	k_3
g_1'	$\cos\varepsilon_s$	0	$-\sin\varepsilon_s$
g_2'	0	1	0
g_3'	$\sin\varepsilon_s$	0	$\cos\varepsilon_s$

(1.3,17)

Jedoch ist es bei flugmechanischen Rechnungen i. a. zweckmäßiger, das System (k) zu benutzen. Es sei noch bemerkt, daß für einen Punkt B an der Erdoberfläche das geographische System (g_B') mit dem geodätischen System (g_B) zusammenfällt.

1.3.32. Orientierung nach der Fluglage

Da wir das Fluggerät als starren Körper ansehen, können wir ein Koordinatensystem (f) einführen, dessen Einheitsvektoren zu drei im Flugkörper festen Richtungen parallel sind. Es ist üblich, die Richtungen f_1 und f_3 parallel zu einer Symmetrieebene, f_2 senkrecht zur Symmetrieebene anzunehmen. Die Richtung f_1 wird im wesentlichen nach vorn gelegt, dabei werden aber in der Literatur verschiedene Möglichkeiten verwendet.

1. f_1 = Richtung einer Hauptträgheitsachse (Vorteil: Deviationsmomente verschwinden).
2. f_1 = Richtung des Triebwerksschubes (Vorteil: Schubkomponenten in Richtung f_2 und f_3 verschwinden).
3. f_1 = Richtung einer charakteristischen Tragflügellinie, z. B. der Profiltangente, Skelettsehne oder Nullauftriebsrichtung (Vorteil: Aerodynamische Messungen sind ohne Umrechnung verwendbar).

4. f_1 = negative Richtung der ungestörten Anströmung in der Symmetrieebene f_1, f_3 (Vorteil: Im Fall kleiner Störungen kann man den Anstellwinkel selbst als kleine Größe betrachten).

Die dritte Möglichkeit bietet i. a. die meisten Vorteile. Im Falle eines rotationssymmetrischen Fluggeräts legt man die Achse f_1 natürlich parallel zur Richtung der Rotationsachse.

Die zur Symmetrieebene senkrechte Achse f_2 zeige, vom Piloten aus gesehen, nach rechts, die Achse

$$f_3 = f_1 \times f_2 \tag{1.3,18}$$

demgemäß nach unten. Den Nullpunkt dieses Systems kann man im Schwerpunkt S (Ortsvektor $\boldsymbol{s} = \overrightarrow{O_i S}$) oder in einem geeigneten körperfesten Punkt O_f der Symmetrieebene (Ortsvektor $\boldsymbol{r}_f = \overrightarrow{O_i O_f}$) annehmen. Die Achsen f_1, f_2, f_3 werden im obigen Fall 1) häufig als Hauptachsen, im Fall 4) als Stabilitätsachsen oder (mißverständlich) als Windachsen bezeichnet.

Wir wollen jetzt die Richtungen f_1, f_2, f_3 im geozentrischen System (k) fixieren; bei kleinräumigen Bewegungen kann an dessen Stelle auch das geodätische System (g) treten. Dazu benutzen wir die *Euler*schen Winkel ψ_f, ϑ_f, φ_f. Man drehe zunächst den Halbbogen $\boldsymbol{k}_3$, $\boldsymbol{k}_1$, $-\boldsymbol{k}_3$ im Gegenuhrzeigersinn um $\boldsymbol{k}_3$, bis er durch f_1 geht. Dabei geht $\boldsymbol{k}_1$ in f_0 und $\boldsymbol{k}_2$ in $\bar{f}_2$ über; der Drehwinkel ψ_f heißt Azimut. Dann drehe man den Bogen $\bar{f}_2, f_0$ im Gegenuhrzeigersinn um $\bar{f}_2$, bis er durch f_1 geht. Dabei geht f_0 in $f_1 = \bar{f}_1$ und $\boldsymbol{k}_3$ in $\bar{f}_3$ über; der Drehwinkel ϑ_f heißt Längsneigungs-

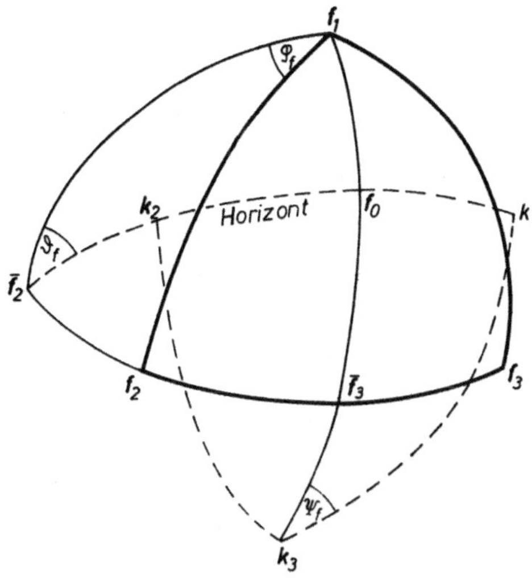

Abb. 1.3,4
Lage des körperfesten Systems (f) und des rollwinkelfreien Systems ($\bar{f}$) relativ zum geozentrischen System (k)

winkel und ist auf das Intervall $-\frac{\pi}{2} \leq \vartheta_f \leq \frac{\pi}{2}$ beschränkt. Schließlich drehe man den Bogen $\boldsymbol{f}_1, \bar{\boldsymbol{f}}_2$ im Gegenuhrzeigersinn um $\boldsymbol{f}_1$, bis $\bar{\boldsymbol{f}}_2$ mit $\boldsymbol{f}_2$ zusammenfällt; der Drehwinkel φ_f heißt Querneigungswinkel oder Rollwinkel des flugzeugfesten Systems, s. Abb. 1.3,4.
Die zugehörigen Transformationen lauten

$$\begin{array}{c|ccc} & \boldsymbol{k}_1 & \boldsymbol{k}_2 & \boldsymbol{k}_3 \\ \hline \boldsymbol{f}_0 & \cos\psi_f & \sin\psi_f & 0 \\ \bar{\boldsymbol{f}}_2 & -\sin\psi_f & \cos\psi_f & 0 \\ \boldsymbol{k}_3 & 0 & 0 & 1 \end{array} \tag{1.3,19}$$

$$\begin{array}{c|ccc} & \boldsymbol{f}_0 & \bar{\boldsymbol{f}}_2 & \boldsymbol{k}_3 \\ \hline \bar{\boldsymbol{f}}_1 & \cos\vartheta_f & 0 & -\sin\vartheta_f \\ \bar{\boldsymbol{f}}_2 & 0 & 1 & 0 \\ \bar{\boldsymbol{f}}_3 & \sin\vartheta_f & 0 & \cos\vartheta_f \end{array} \tag{1.3,20}$$

$$\begin{array}{c|ccc} & \bar{\boldsymbol{f}}_1 & \bar{\boldsymbol{f}}_2 & \bar{\boldsymbol{f}}_3 \\ \hline \boldsymbol{f}_1 & 1 & 0 & 0 \\ \boldsymbol{f}_2 & 0 & \cos\varphi_f & \sin\varphi_f \\ \boldsymbol{f}_3 & 0 & -\sin\varphi_f & \cos\varphi_f \end{array} \tag{1.3,21}$$

und zusammengefaßt

$$\begin{array}{c|ccc} & \boldsymbol{k}_1 & \boldsymbol{k}_2 & \boldsymbol{k}_3 \\ \hline \boldsymbol{f}_1 & f_{11} & f_{12} & f_{13} \\ \boldsymbol{f}_2 & f_{21} & f_{22} & f_{23} \\ \boldsymbol{f}_3 & f_{31} & f_{32} & f_{33} \end{array} \tag{1.3,22}$$

mit

$$\left.\begin{aligned} f_{11} &= \cos\psi_f \cos\vartheta_f \\ f_{12} &= \sin\psi_f \cos\vartheta_f \\ f_{13} &= -\sin\vartheta_f \\[1ex] f_{21} &= -\sin\psi_f \cos\varphi_f + \cos\psi_f \sin\varphi_f \sin\vartheta_f \\ f_{22} &= \cos\psi_f \cos\varphi_f + \sin\psi_f \sin\varphi_f \sin\vartheta_f \\ f_{23} &= \sin\varphi_f \cos\vartheta_f \\[1ex] f_{31} &= \sin\psi_f \sin\varphi_f + \cos\psi_f \cos\varphi_f \sin\vartheta_f \\ f_{32} &= -\cos\psi_f \sin\varphi_f + \sin\psi_f \cos\varphi_f \sin\vartheta_f \\ f_{33} &= \cos\varphi_f \cos\vartheta_f \end{aligned}\right\} \tag{1.3,23}$$

Im Spezialfalle $\varphi_f = 0$ ergibt sich für das rollwinkelfreie System $(\bar{f})$

$$\begin{array}{c|ccc} & \boldsymbol{k}_1 & \boldsymbol{k}_2 & \boldsymbol{k}_3 \\ \hline \bar{\boldsymbol{f}}_1 & \cos\psi_f\cos\vartheta_f & \sin\psi_f\cos\vartheta_f & -\sin\vartheta_f \\ \bar{\boldsymbol{f}}_2 & -\sin\psi_f & \cos\psi_f & 0 \\ \bar{\boldsymbol{f}}_3 & \cos\psi_f\sin\vartheta_f & \sin\psi_f\sin\vartheta_f & \cos\vartheta_f \end{array} \tag{1.3,24}$$

Die Verwendung der *Euler*schen Winkel zur Darstellung der Lagebeziehungen zwischen den Koordinatensystemen (f) und (k) ist bei den meisten Aufgaben der Flugmechanik und Ballistik durchaus zweckmäßig. Allerdings ergibt sich bei unbeschränkter Annäherung der Richtung $\boldsymbol{f}_1$ an die singuläre Richtung $\boldsymbol{k}_3$ insofern eine Schwierigkeit, als die *Euler*schen Winkel ψ_f bzw. φ_f dann unbestimmt werden. Ist die Aufgabe nun so gestellt, daß die Richtung $\boldsymbol{f}_1$ sich dauernd in der Umgebung von $\boldsymbol{k}_3$ bzw. $-\boldsymbol{k}_3$ befindet, so kann man unter Verlegung der singulären Richtung in die Ebene $\boldsymbol{k}_1$, $\boldsymbol{k}_2$ eine analoge Darstellung durch *Euler*sche Winkel gewinnen. In den relativ seltenen Fällen, in denen $\boldsymbol{f}_1$ wirklich den ganzen Winkelraum beschreibt, kann man so vorgehen, daß man die 9 Richtungskosinusse f_{ik} zur Lagebeschreibung benutzt und diese dabei den zu Gl. (1.3,3) analogen 6 Orthogonalitätsbedingungen unterwirft [4–008]. Eng verwandt mit dieser Methode ist die Darstellung mit Hilfe von Quaternionen [1–503]. Im Spezialfall ebener symmetrischer Bewegungen ließe sich die Schwierigkeit auch leicht dadurch beheben, daß man für die Bewegungsebene einen konstanten Wert ψ_f festsetzt und für ϑ_f alle 4 Quadranten zuläßt. Von dieser Möglichkeit ist im Abschnitt 6.5, S. 480, Gebrauch gemacht.

Wir betrachten jetzt noch einige Koordinatensysteme, die mit den am Fluggerät angreifenden Luftkräften zusammenhängen. Diese Kräfte sind wesentlich durch die Lage der negativen Anströmungsrichtung $\boldsymbol{a}_1$ relativ zum Fluggerät bestimmt, und zwar sieht man sofort, daß die *Größe* der Kräfte bei einem rotationssymmetrischen Gerät (Geschoß) nur von dem Winkelunterschied δ zwischen der Richtung $\boldsymbol{a}_1$ und der Körperachse $\boldsymbol{f}_1$ abhängt, während bei einem nur spiegelsymmetrischen Gerät (Flugzeug) auch die Abweichung β der Richtung $\boldsymbol{a}_1$ von der Symmetrieebene $\boldsymbol{f}_1$, $\boldsymbol{f}_3$ eine Rolle spielt. Man muß deshalb den Einheitsvektor $\boldsymbol{a}_1$ im letzteren Falle in Komponenten nach dem körperfesten System (f) zerlegen; im Falle eines rotationssymmetrischen Flugkörpers genügt dagegen eine Zerlegung nach dem einfacheren System $(\bar{f})$.

Bei einem spiegelsymmetrischen Fluggerät sei $\boldsymbol{e}_1$ derjenige Schnittpunkt des Großkreises $\boldsymbol{f}_2$, $\boldsymbol{a}_1$ mit dem Großkreis $\boldsymbol{f}_1$, $\boldsymbol{f}_3$, welcher $\boldsymbol{a}_1$ am nächsten liegt, s. Abb. 1.3,5. Durch die Festsetzungen

$$\boldsymbol{e}_2 = \boldsymbol{f}_2; \quad \boldsymbol{e}_3 = \boldsymbol{e}_1 \times \boldsymbol{e}_2 \tag{1.3,25}$$

ergänzen wir $\boldsymbol{e}_1$ zum „experimentellen" System (e), so genannt, weil die Ergebnisse von Windkanalmessungen häufig auf dieses System bezogen sind. Ferner ergänzen wir $\boldsymbol{a}_1$ durch die Festsetzungen

$$\boldsymbol{a}_3 = \boldsymbol{e}_3; \qquad \boldsymbol{a}_2 = \boldsymbol{a}_3 \times \boldsymbol{a}_1 \tag{1.3,26}$$

zum „flugwindfesten“ System (a). Die Richtung $\boldsymbol{a}_1$ geht durch die positive Drehung mit dem Schiebewinkel β um die Richtung $\boldsymbol{a}_3$ in die Richtung $\boldsymbol{e}_1$ über. Diese selbst wiederum geht durch die positive Drehung

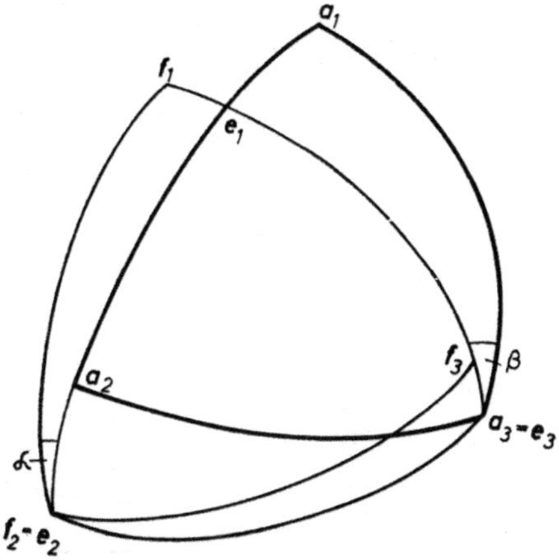

Abb. 1.3,5
Experimentelles System ($\boldsymbol{e}$) und flugwindfestes System ($\boldsymbol{a}$)

mit dem Anstellwinkel α um die Richtung $\boldsymbol{f}_2$ in die körperfeste Richtung $\boldsymbol{f}_1$ über. Demgemäß gelten die Transformationen

	$\boldsymbol{f}_1$	$\boldsymbol{f}_2$	$\boldsymbol{f}_3$
$\boldsymbol{e}_1$	$\cos\alpha$	0	$\sin\alpha$
$\boldsymbol{e}_2$	0	1	0
$\boldsymbol{e}_3$	$-\sin\alpha$	0	$\cos\alpha$

(1.3,27)

und

	$\boldsymbol{e}_1$	$\boldsymbol{e}_2$	$\boldsymbol{e}_3$
$\boldsymbol{a}_1$	$\cos\beta$	$-\sin\beta$	0
$\boldsymbol{a}_2$	$\sin\beta$	$\cos\beta$	0
$\boldsymbol{a}_3$	0	0	1

(1.3,28)

oder zusammengefaßt

	$\boldsymbol{f}_1$	$\boldsymbol{f}_2$	$\boldsymbol{f}_3$
$\boldsymbol{a}_1$	$\cos\alpha\cos\beta$	$-\sin\beta$	$\sin\alpha\cos\beta$
$\boldsymbol{a}_2$	$\cos\alpha\sin\beta$	$\cos\beta$	$\sin\alpha\sin\beta$
$\boldsymbol{a}_3$	$-\sin\alpha$	0	$\cos\alpha$

(1.3,29)

Die hier benutzte Vorzeichenfestsetzung für den Schiebewinkel β ist in der deutschsprachigen Fachliteratur üblich. Es sei jedoch bemerkt, daß in der englischsprachigen Literatur gerade die umgekehrte Vorzeichenregel angewendet wird.

Bei einem rotationssymmetrischen Flugkörper werde die negative Anströmungsrichtung mit $\boldsymbol{d}_1$, der Winkel zwischen $\boldsymbol{f}_1$ und $\boldsymbol{d}_1$ mit δ und der Winkel $\bar{\boldsymbol{f}}_2\,\boldsymbol{f}_1\,\boldsymbol{d}_1$ mit χ bezeichnet, s. Abb. 1.3,6.

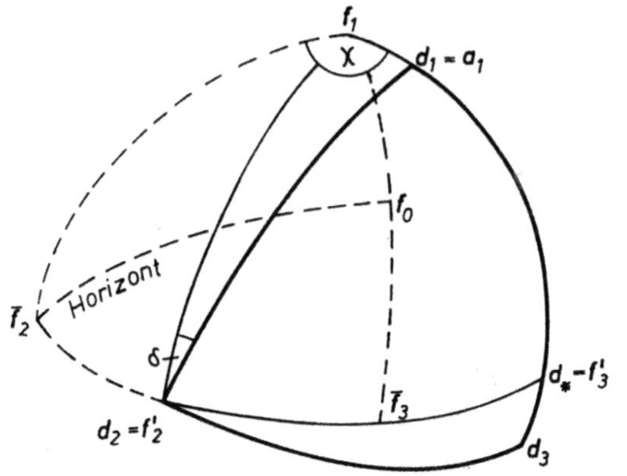

Abb. 1.3,6
Flugwindfestes System (*d*)

Bei der Drehung mit dem Winkel $\chi - \frac{\pi}{2}$ um $\boldsymbol{f}_1$ geht $\bar{\boldsymbol{f}}_2$ in die zu $\boldsymbol{f}_1$ und $\boldsymbol{d}_1$ senkrechte Richtung $\boldsymbol{d}_2 = \boldsymbol{f}_2'$ und $\bar{\boldsymbol{f}}_3$ in $\boldsymbol{d}_* = \boldsymbol{f}_3'$ über. Setzt man noch

$$\boldsymbol{d}_3 = \boldsymbol{d}_1 \times \boldsymbol{d}_2 \tag{1.3,30}$$

so geht bei Drehung mit δ um $\boldsymbol{d}_2$ die Richtung $\boldsymbol{d}_1$ in $\boldsymbol{f}_1$ und die Richtung $\boldsymbol{d}_3$ in $\boldsymbol{d}_*$ über. Es gelten also die Transformationen

	$\boldsymbol{f}_1$	$\bar{\boldsymbol{f}}_2$	$\bar{\boldsymbol{f}}_3$
$\boldsymbol{f}_1$	1	0	0
$\boldsymbol{d}_2 = \boldsymbol{f}_2'$	0	$\sin\chi$	$-\cos\chi$
$\boldsymbol{d}_* = \boldsymbol{f}_3'$	0	$\cos\chi$	$\sin\chi$

(1.3,31)

	$\boldsymbol{f}_1$	$\boldsymbol{d}_2$	$\boldsymbol{d}_*$
$\boldsymbol{d}_1$	$\cos\delta$	0	$\sin\delta$
$\boldsymbol{d}_2$	0	1	0
$\boldsymbol{d}_3$	$-\sin\delta$	0	$\cos\delta$

(1.3,32)

und zusammengefaßt

$$
\begin{array}{c|ccc}
 & \boldsymbol{f}_1 & \bar{\boldsymbol{f}}_2 & \bar{\boldsymbol{f}}_3 \\
\hline
\boldsymbol{d}_1 & \cos\delta & \cos\chi\sin\delta & \sin\chi\sin\delta \\
\boldsymbol{d}_2 & 0 & \sin\chi & -\cos\chi \\
\boldsymbol{d}_3 & -\sin\delta & \cos\chi\cos\delta & \sin\chi\cos\delta
\end{array}
\qquad (1.3{,}33)
$$

Ebenso wie das körperfeste System (f) kann man natürlich auch die soeben betrachteten Systeme (e), (a) und (d) relativ zum geozentrischen System (k) durch *Euler*sche Winkel festlegen. Ein Anschreiben dieser Beziehungen erübrigt sich jedoch, da man in den Gleichungen (1.3,19) bis (1.3,24) überall nur den Buchstaben f gegen e, a oder d auszutauschen braucht.

Aus der Fülle der Winkelbeziehungen, die sich damit ergeben, seien für spätere Verwendung nur die folgenden notiert:

$$
\begin{array}{c|c|ccc}
\boldsymbol{k}_3 & & -\sin\vartheta_f & \sin\varphi_f\cos\vartheta_f & \cos\varphi_f\cos\vartheta_f \\
\hline
 & & \boldsymbol{f}_1 & \boldsymbol{f}_2 & \boldsymbol{f}_3 \\
\hline
-\sin\vartheta_e & \boldsymbol{e}_1 & \cos\alpha & 0 & \sin\alpha \\
\sin\varphi_e\cos\vartheta_e & \boldsymbol{e}_2 & 0 & 1 & 0 \\
\cos\varphi_e\cos\vartheta_e & \boldsymbol{e}_3 & -\sin\alpha & 0 & \cos\alpha
\end{array}
\qquad (1.3{,}34)
$$

und

$$
\begin{array}{c|c|ccc}
\boldsymbol{k}_3 & & -\sin\vartheta_e & \sin\varphi_e\cos\vartheta_e & \cos\varphi_e\cos\vartheta_e \\
\hline
 & & \boldsymbol{e}_1 & \boldsymbol{e}_2 & \boldsymbol{e}_3 \\
\hline
-\sin\vartheta_a & \boldsymbol{a}_1 & \cos\beta & -\sin\beta & 0 \\
\sin\varphi_a\cos\vartheta_a & \boldsymbol{a}_2 & \sin\beta & \cos\beta & 0 \\
\cos\varphi_a\cos\vartheta_a & \boldsymbol{a}_3 & 0 & 0 & 1
\end{array}
\qquad (1.3{,}35)
$$

Die Richtigkeit dieser Beziehungen folgt aus dem eingangs bewiesenen Hilfssatz, s. S. 16.

Aus dem sphärischen Dreieck $\boldsymbol{e}_1\,\boldsymbol{f}_1\,\boldsymbol{k}_3$ liest man ferner die Beziehungen ab, s. Abb. 1.3,7,

$$
\left.\begin{aligned}
\sin(\psi_f-\psi_e) &= \sin\alpha\frac{\sin\varphi_e}{\cos\vartheta_f} = \sin\alpha\frac{\sin\varphi_f}{\cos\vartheta_e} \\
\cos(\psi_f-\psi_e) &= \cos\varphi_e\cos\varphi_f+\sin\varphi_e\sin\varphi_f\cos\alpha
\end{aligned}\right\}\qquad (1.3{,}36)
$$

und aus dem Dreieck $\boldsymbol{e}_1\,\boldsymbol{k}_3\,\boldsymbol{a}_1$ die Beziehungen, s. Abb. 1.3,8,

$$\left.\begin{aligned}\sin(\psi_e-\psi_a) &= \sin\beta\frac{\cos\varphi_e}{\cos\vartheta_a} = \sin\beta\frac{\cos\varphi_a}{\cos\vartheta_e}\\ \cos(\psi_e-\psi_a) &= \sin\varphi_e\sin\varphi_a+\cos\varphi_e\cos\varphi_a\cos\beta\end{aligned}\right\} \quad (1.3,37)$$

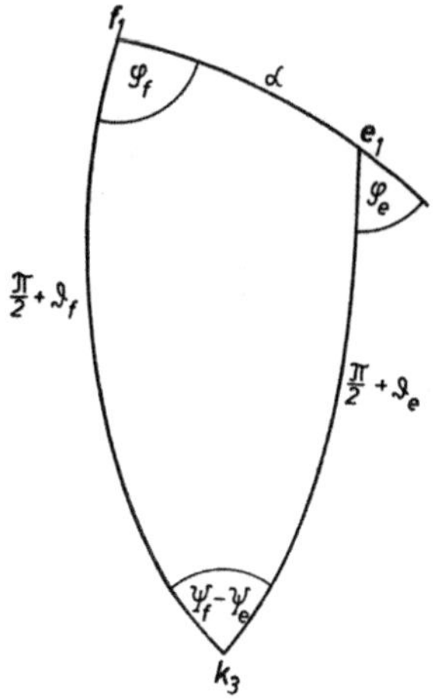

Abb. 1.3,7. Dreieck $e_1 f_1 k_3$

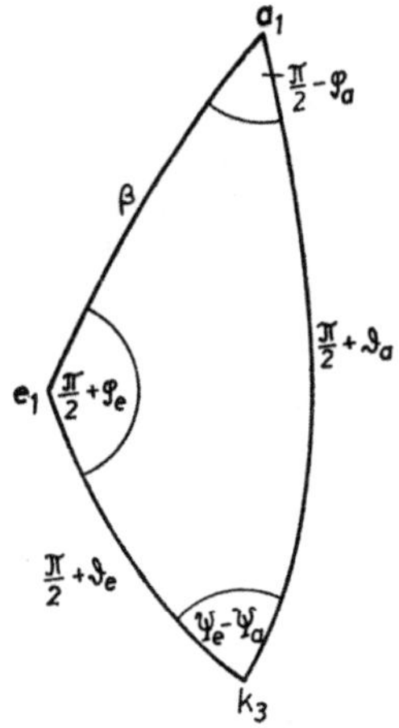

Abb. 1.3,8. Dreieck $e_1 k_3 a_1$

1.3.33. Orientierung nach der Flugbahn

Die Bewegung des Fluggeräts, repräsentiert durch den Schwerpunkt S, relativ zu einem beliebigen Bezugssystem (a) mit dem Nullpunkt O_a sei durch den Ortsvektor $\boldsymbol{s}_a(t) = \overrightarrow{O_a S}$ beschrieben, wo t die Zeit bedeutet. Dann ist, wie aus der elementaren Differentialgeometrie bekannt, die Bahntangentenrichtung relativ zum gleichen System (a)

$$\boldsymbol{b}_{1a} = \left.\frac{\dot{\boldsymbol{s}}_a}{|\dot{\boldsymbol{s}}_a|}\right|_{(a)} \quad (1.3,38)$$

ferner die Richtung der Binormalen, sofern eine existiert,

$$\boldsymbol{b}_{2a} = \left.\frac{\ddot{\boldsymbol{s}}_a \times \dot{\boldsymbol{s}}_a}{|\ddot{\boldsymbol{s}}_a \times \dot{\boldsymbol{s}}_a|}\right|_{(a)} \quad (1.3,39)$$

und die Richtung der Hauptnormalen

$$\boldsymbol{b}_{3a} = \boldsymbol{b}_{1a} \times \boldsymbol{b}_{2a} \quad (1.3,40)$$

Dies Koordinatensystem $(b)_a$ des begleitenden Dreikants ist von Nutzen, wenn man zu einer vorgegebenen Flugbahn die aufzubringenden Kräfte berechnen will. Zur Darstellung der Beziehungen, die zwischen dem System $(b)_a$ und dem geozentrischen System (k) bestehen, kann man wieder denselben Formalismus wie im Falle des Systems (f) verwenden, s. Gl. (1.3,19) bis (1.3,24).
Rückblickend erkennt man, daß die im Abschnitt 1.3 behandelten Koordinatensysteme die logische Kette

(i)—(j)—(k)—$(\bar{f})$—[—(f)—(e)—(a) ... Flugmechanik
　　　　　　　　　　　　 [——(f')——(d) ... Ballistik
　　　　　 |
　　　　 (b) ... Schwerpunktsbahn

mit Verzweigungen bei den Systemen (k) und $(\bar{f})$ bilden. Keines dieser Systeme ist daher entbehrlich. Jedoch kann in speziellen Fällen an die Stelle des erdfesten Systems (j) das geodätische System (g_B) bzw. an die Stelle des geozentrischen Systems (k) das geographische System (g') treten.

1.3.4. Schwerpunktslage

Es bezeichne $\boldsymbol{r}_{a,b}$ den Ortsvektor vom Nullpunkt O_a des beliebigen Systems (a) zum Nullpunkt O_b des beliebigen Systems (b). Sind dann $m^\nu (\nu = 1, \ldots N)$ die in P^ν befindlichen Teilmassen eines Fluggeräts im Augenblick t, $\boldsymbol{r}_a^\nu = \overrightarrow{O_a P^\nu}$ die zugehörigen Ortsvektoren, gemessen vom Punkte O_a, so ist der Ortsvektor $\boldsymbol{s}_a$ des Massenmittelpunktes S, gemessen vom Punkte O_a, definiert durch

$$\boldsymbol{s}_a \cdot m = \sum_{\nu=1}^{N} \boldsymbol{r}_a^\nu m^\nu \tag{1.3,41}$$

mit

$$m = \sum_{\nu=1}^{N} m^\nu \tag{1.3,42}$$

In ungenauerer, aber gebräuchlicherer Ausdrucksweise wird S auch als Schwerpunkt bezeichnet, vgl. Abschnitt 1.7.26, S. 77.
Nun ist

$$\boldsymbol{r}_a^\nu = \boldsymbol{r}_{a,b} + \boldsymbol{r}_b^\nu \tag{1.3,43}$$

Setzt man dies rechts in Gl. (1.3,41) ein, so folgt der bekannte Satz, daß die Definition des Schwerpunktes unabhängig vom Koordinatensystem ist:

$$\boldsymbol{s}_a = \boldsymbol{r}_{a,b} + \boldsymbol{s}_b \tag{1.3,44}$$

Literatur zu Abschnitt 1.3: [1–301 bis 303], S. 107.

1.4. Kinematische Beziehungen

1.4.1. Hilfssätze 2) und 3)

1.4.11. Hilfssatz 2) über Relativgeschwindigkeiten

Die Kinematik behandelt die geometrischen Gesetze der Bewegung, ohne jedoch auf die Kräfte als Ursachen der Bewegung einzugehen. Beim Studium der kinematischen Beziehungen kann man häufig den folgenden Hilfssatz anwenden: Wenn die Koordinatensysteme (a) und (b) den gleichen Nullpunkt haben und das Koordinatensystem (a) relativ zum System (b) die Drehgeschwindigkeit $\boldsymbol{q}_{a/b}$ besitzt, so stehen die zeitlichen Änderungen eines beliebigen Vektors $\boldsymbol{X}$ relativ zu den beiden Systemen in der Beziehung

$$\left.\frac{\partial \boldsymbol{X}}{\partial t}\right|_{(b)} = \left.\frac{\partial \boldsymbol{X}}{\partial t}\right|_{(a)} + \boldsymbol{q}_{a/b} \times \boldsymbol{X} \tag{1.4,1}$$

Ein einfacher Beweis dieses Satzes ergibt sich nach *Lagally* [1–402] mittels des Kunstgriffes, daß man zunächst jedem der beiden Systeme eine Eigenzeit t_a bzw. t_b zuschreibt, $\boldsymbol{X}$ als Funktion von t_a und t_b auffaßt, nach t_b total differenziert, für die Führungsgeschwindigkeit $\left.\frac{\partial \boldsymbol{X}}{\partial t_b}\right|_{t_a=\mathrm{const}}$ ihren Wert $\boldsymbol{q}_{a/b}\times\boldsymbol{X}$ einführt und zum Schluß $t_a = t_b = t$ setzt. Falls das System (b) ein Inertialsystem (i) ist, pflegt man statt

$$\left.\frac{\partial \boldsymbol{X}}{\partial t}\right|_{(i)} \quad \text{einfacher} \quad \frac{\mathrm{d}\boldsymbol{X}}{\mathrm{d}t} \quad \text{zu schreiben.}$$

1.4.12. Hilfssatz 3) über Drehgeschwindigkeiten

Als weiterer Hilfssatz sei noch angemerkt, daß für die Drehgeschwindigkeiten $\boldsymbol{q}_{a/b}$, $\boldsymbol{q}_{b/c}$, $\boldsymbol{q}_{a/c}$ die Beziehung

$$\boldsymbol{q}_{a/b} + \boldsymbol{q}_{b/c} = \boldsymbol{q}_{a/c} \tag{1.4,2}$$

besteht.

1.4.2. Drehgeschwindigkeiten

Vergegenwärtigt man sich die Drehungen, mittels deren die im vorigen Abschnitt besprochenen Koordinatensysteme erzeugt wurden, so findet man leicht die folgenden Drehgeschwindigkeiten der Koordinatensysteme relativ zueinander:

$$\boldsymbol{q}_{j/i} = \omega_{\mathrm{E}} \boldsymbol{i}_3 \tag{1.4,3}$$

$$\boldsymbol{q}_{k/j} = -\dot{\Theta} \boldsymbol{k}_2 + \dot{\Psi}_j \boldsymbol{i}_3 \tag{1.4,4}$$

$$\boldsymbol{q}_{f/k} = \dot{\psi}_f \boldsymbol{k}_3 + \dot{\vartheta}_f \bar{\boldsymbol{f}}_2 + \dot{\varphi}_f \boldsymbol{f}_1 \tag{1.4,5a}$$

$$\boldsymbol{q}_{\bar{f}/k} = \dot{\psi}_f \boldsymbol{k}_3 + \dot{\vartheta}_f \bar{\boldsymbol{f}}_2 \tag{1.4,5b}$$

und entsprechend

$$\boldsymbol{q}_{e/k} = \dot{\psi}_e \boldsymbol{k}_3 + \dot{\vartheta}_e \bar{\boldsymbol{e}}_2 + \dot{\varphi}_e \boldsymbol{e}_1 \tag{1.4,6}$$

$$\boldsymbol{q}_{a/k} = \dot{\psi}_a \boldsymbol{k}_3 + \dot{\vartheta}_a \bar{\boldsymbol{a}}_2 + \dot{\varphi}_a \boldsymbol{a}_1 \tag{1.4,7}$$

$$\boldsymbol{q}_{d/k} = \dot{\psi}_d \boldsymbol{k}_3 + \dot{\vartheta}_d \bar{\boldsymbol{d}}_2 + \dot{\varphi}_d \boldsymbol{d}_1 \tag{1.4,8}$$

ferner

$$\boldsymbol{q}_{e/f} = -\dot{\alpha} \boldsymbol{f}_2 \tag{1.4,9}$$

$$\boldsymbol{q}_{a/e} = -\dot{\beta} \boldsymbol{e}_3 \tag{1.4,10}$$

Gemäß dem letzten Hilfssatz ist die absolute Drehgeschwindigkeit des Fluggeräts

$$\boldsymbol{q} \equiv \boldsymbol{q}_{f/i} = \boldsymbol{q}_{f/k} + \boldsymbol{q}_{k/j} + \boldsymbol{q}_{j/i} \tag{1.4,11}$$

Im einzelnen ist

$$\begin{aligned} \boldsymbol{q}_{f/k} &= \dot{\psi}_f \boldsymbol{k}_3 + \dot{\vartheta}_f \bar{\boldsymbol{f}}_2 + \dot{\varphi}_f \boldsymbol{f}_1 \\ &= \dot{\psi}_f \boldsymbol{k}_3 + \dot{\vartheta}_f(-\sin\psi_f \boldsymbol{k}_1 + \cos\psi_f \boldsymbol{k}_2) + \dot{\varphi}_f(f_{11}\boldsymbol{k}_1 + f_{12}\boldsymbol{k}_2 + f_{13}\boldsymbol{k}_3) \\ &= (-\dot{\vartheta}_f \sin\psi_f + \dot{\varphi}_f f_{11})\boldsymbol{k}_1 + (\dot{\vartheta}_f \cos\psi_f + \dot{\varphi}_f f_{12})\boldsymbol{k}_2 + (\dot{\psi}_f + \dot{\varphi}_f f_{13})\boldsymbol{k}_3 \end{aligned} \tag{1.4,12}$$

und

$$\boldsymbol{q}_{k/j} = -\dot{\Theta} \boldsymbol{k}_2 + \dot{\Psi}_j \boldsymbol{i}_3 = -\dot{\Theta} \boldsymbol{k}_2 + \dot{\Psi}_j(-\sin\Theta \boldsymbol{k}_1 - \cos\Theta \boldsymbol{k}_3) \tag{1.4,13}$$

$$\boldsymbol{q}_{j/i} = \omega_{\mathrm{E}} \boldsymbol{i}_3 = \omega_{\mathrm{E}}(-\sin\Theta \boldsymbol{k}_1 - \cos\Theta \boldsymbol{k}_3) \tag{1.4,14}$$

also bei Zerlegung im System (k)

$$\boldsymbol{q} = \sum_{\varrho=1}^{3} \boldsymbol{k}_\varrho(\boldsymbol{k}_\varrho \cdot \boldsymbol{q}_{f/i}) \tag{1.4,15}$$

mit

$$\left.\begin{aligned} \boldsymbol{k}_1 \cdot \boldsymbol{q}_{f/i} &= -\dot{\vartheta}_f \sin\psi_f + \dot{\varphi}_f f_{11} - \dot{\Psi}_i \sin\Theta \\ \boldsymbol{k}_2 \cdot \boldsymbol{q}_{f/i} &= \dot{\vartheta}_f \cos\psi_f + \dot{\varphi}_f f_{12} - \dot{\Theta} \\ \boldsymbol{k}_3 \cdot \boldsymbol{q}_{f/i} &= \dot{\psi}_f + \dot{\varphi}_f f_{13} - \dot{\Psi}_i \cos\Theta \end{aligned}\right\} \tag{1.4,16}$$

Die Windgeschwindigkeit wird i. a. relativ zum erdfesten System (j) als $\boldsymbol{w}_j$ angegeben. Nach Gl. (1.2,42a, g), S. 10, wird daher die „aerodynamisch wirksame" Drehgeschwindigkeit des Fluggeräts relativ zum Windfeld

$$\boldsymbol{\omega} = \boldsymbol{q}_{f/j} - \boldsymbol{\Phi}(\boldsymbol{w}_j) \tag{1.4,17}$$

Um eine Zerlegung von $\boldsymbol{q}_{f/j}$ nach dem System (k) zu erhalten, braucht man in Gl. (1.4,16) nur den Buchstaben i durch j zu ersetzen.

1.4.3. Fluggeschwindigkeiten

Bezeichnet jetzt

$$\boldsymbol{s} \equiv \boldsymbol{s}_i = -s\boldsymbol{k}_3 \tag{1.4,18}$$

den Ortsvektor vom Nullpunkt O des Inertialsystems zum Schwerpunkt S, so ist die Änderung des Ortsvektors $\boldsymbol{s}_i$ relativ zum System (k)

$$\left.\frac{\partial \boldsymbol{s}_i}{\partial t}\right|_{(k)} = -\dot{s}\boldsymbol{k}_3 \tag{1.4,19}$$

Gemäß dem Hilfssatz 2) ist dann die Absolutgeschwindigkeit des Schwerpunktes S

$$\left.\frac{\partial \boldsymbol{s}_i}{\partial t}\right|_{(i)} \equiv \frac{\mathrm{d}\boldsymbol{s}}{\mathrm{d}t} = \left.\frac{\partial \boldsymbol{s}_i}{\partial t}\right|_{(k)} + \boldsymbol{q}_{k/i} \times \boldsymbol{s}_i \tag{1.4,20}$$

Wegen

$$\boldsymbol{q}_{k/i} \times \boldsymbol{s}_i = (-\dot{\Psi}_i \sin\Theta \boldsymbol{k}_1 - \dot{\Theta}\boldsymbol{k}_2 - \dot{\Psi}_i \cos\Theta \boldsymbol{k}_3) \times (-s\boldsymbol{k}_3) = s\dot{\Theta}\boldsymbol{k}_1 - s\dot{\Psi}_i \sin\Theta \boldsymbol{k}_2 \tag{1.4,21}$$

erhält man ausführlich

$$\boldsymbol{U} \equiv \frac{\mathrm{d}\boldsymbol{s}}{\mathrm{d}t} = s\dot{\Theta}\boldsymbol{k}_1 - s\dot{\Psi}_i \sin\Theta \boldsymbol{k}_2 - \dot{s}\boldsymbol{k}_3 \tag{1.4,22}$$

eine Formel, deren Richtigkeit man auch anschaulich sofort einsieht.

Die Fluggeschwindigkeit des Schwerpunkts S relativ zum erdfesten System (j) ist entsprechend

$$\left.\frac{\partial \boldsymbol{s}_i}{\partial t}\right|_{(j)} = s\dot{\Theta}\boldsymbol{k}_1 - s\dot{\Psi}_j \sin\Theta \boldsymbol{k}_2 - \dot{s}\boldsymbol{k}_3 \tag{1.4,23}$$

Ist nun $\boldsymbol{r}_f = \overrightarrow{OO_f}$ der Ortsvektor des für die Anströmungsgeschwindigkeit repräsentativen körperfesten Punktes O_f und $\boldsymbol{s}_f = \overrightarrow{O_f S}$ der Ortsvektor des Schwerpunkts S, gemessen von O_f aus, so ist nach Gl. (1.3,44) S. 29, $\boldsymbol{s} = \boldsymbol{r}_f + \boldsymbol{s}_f$ und daher

$$\left.\frac{\partial \boldsymbol{r}_f}{\partial t}\right|_{(j)} = \left.\frac{\partial \boldsymbol{s}}{\partial t}\right|_{(j)} - \left.\frac{\partial \boldsymbol{s}_f}{\partial t}\right|_{(j)} \tag{1.4,24}$$

Dabei ist nach Hilfssatz 2)

$$\left.\frac{\partial \boldsymbol{s}_f}{\partial t}\right|_{(j)} = \left.\frac{\partial \boldsymbol{s}_f}{\partial t}\right|_{(f)} + \boldsymbol{q}_{f/j} \times \boldsymbol{s}_f \tag{1.4,25}$$

$\boldsymbol{\omega}$					$-\dot{\vartheta}_f \sin\psi_f + \dot{\varphi}_f f_{11} - \dot{\Psi}_j \sin\Theta$ $- k_1 \cdot \Phi(w_j)$	$\dot{\vartheta}_f \cos\psi_f + \dot{\varphi}_f f_{12} - \dot{\Theta}$ $- k_2 \cdot \Phi(w_j)$	$\psi_f + \dot{\varphi}_f f_{13} - \dot{\Psi}_j \cos\Theta$ $- k_3 \cdot \Phi(w_j)$
	q				$-\dot{\vartheta}_f \sin\psi_f + \dot{\varphi}_f f_{11} - \dot{\Psi}_i \sin\Theta$	$\dot{\vartheta}_f \cos\psi_f + \dot{\varphi}_f f_{12} - \dot{\Theta}$	$\dot{\psi}_f + \dot{\varphi}_f f_{13} - \dot{\Psi}_i \cos\Theta$
		V			$s\dot{\Theta} - k_1\left(w_j + \frac{\partial s_f}{\partial t}\Big\|_{(j)}\right)$	$-s\dot{\Psi}_j \sin\Theta - k_2\left(w_j + \frac{\partial s_f}{\partial t}\Big\|_{(j)}\right)$	$-\dot{s} - k_3\left(w_j + \frac{\partial s_f}{\partial t}\Big\|_{(j)}\right)$
			U		$s\dot{\Theta}$	$-s\dot{\Psi}_i \sin\Theta$	$-\dot{s}$
					k_1	k_2	k_3
ω_{xf}	q_{xf}	V_{xf}	U_{xf}	f_1	f_{11}	f_{12}	f_{13}
ω_{yf}	q_{yf}	V_{yf}	U_{yf}	f_2	f_{21}	f_{22}	f_{23}
ω_{zf}	q_{zf}	V_{zf}	U_{zf}	f_3	f_{31}	f_{32}	f_{33}

(1.4,28)

Damit wird gemäß Gl. (1.2,41b), S. 10, die Fluggeschwindigkeit des körperfesten Punktes O_f relativ zum Windfeld

$$V = \left.\frac{\partial \boldsymbol{r}_f}{\partial t}\right|_{(J)} - \boldsymbol{w}_j = s\dot{\Theta}\boldsymbol{k}_1 - s\dot{\Psi}_j \sin\Theta \boldsymbol{k}_2 - \dot{s}\boldsymbol{k}_3 - \left.\frac{\partial \boldsymbol{s}_f}{\partial t}\right|_{(J)} - \boldsymbol{w}_j \tag{1.4,26}$$

Die Tabelle (1.4,28) gibt den Zusammenhang zwischen den Komponenten der Vektoren $\boldsymbol{U}$, $\boldsymbol{V}$, $\boldsymbol{q}$ bzw. $\boldsymbol{\omega}$ bei Zerlegung im geozentrischen System (k) bzw. im körperfesten System (f). Will man statt der letzteren Zerlegung eine solche in den Systemen (e), (a), (d), ($\bar{f}$) oder (b) haben, so braucht man nur in den letzten drei Zeilen den Buchstaben f durch e, a, d, $\bar{f}$ oder b zu ersetzen. Gemäß Gl. (1.3,28), S. 25, wird dabei noch

$$V_{ze} = V_{ya} = V_{za} = V_{yd} = V_{zd} = 0 \tag{1.4,27}$$

Literatur zu Abschnitt 1.4: [1–401 bis 403], S. 107.

1.5. Dynamische Beziehungen

1.5.1. Kräftegleichungen

1.5.11. Inertialsystem (i)

Die Masse eines Fluggeräts ist i. a. nicht konstant, sondern ändert sich durch stetige oder unstetige Massenaufnahme oder -abgabe. Wir betrachten jetzt ein Zeitintervall, in welchem die Massenänderung des Fluggeräts stetig erfolgt, z. B. durch Treibstoffverbrauch, Auftanken in der Luft, Eisansatz u. dgl. Für das Massenteilchen m^ν mit dem Ortsvektor $\boldsymbol{r}^\nu$ im Inertialsystem (i) gilt dann das *Newton*sche Kraftgesetz

$$m^\nu \frac{\mathrm{d}^2 \boldsymbol{r}^\nu}{\mathrm{d}t^2} = \boldsymbol{K}^\nu + \sum_{\mu=1}^{N} \boldsymbol{K}^{\nu\mu} + \lim_{\Delta t \to 0} \frac{1}{\Delta t} \sum_{\varrho=1}^{R} \Delta \boldsymbol{J}^{\nu\varrho} \tag{1.5,1}$$

Dabei soll $\boldsymbol{K}^\nu$ die äußere Kraft am Teilchen m^ν bedeuten, $\boldsymbol{K}^{\nu\mu}$ die innere Kraft, die am Teilchen m^ν durch das Teilchen m^μ ausgeübt wird, und $\Delta \boldsymbol{J}^{\nu\varrho}$ den Impuls, welcher in der Zeit Δt dem Teilchen m^ν durch das neu hinzutretende Teilchen Δm^ϱ zugeführt wird. Für dieses letztere lautet der Impulssatz bei der sprunghaften Änderung der Geschwindigkeit vom Werte $\left.\frac{\mathrm{d}\boldsymbol{r}^\varrho}{\mathrm{d}t}\right|_{\text{vor}}$ zum Werte $\left.\frac{\mathrm{d}\boldsymbol{r}^\varrho}{\mathrm{d}t}\right|_{\text{nach}}$

$$\sum_{\nu=1}^{N} \Delta \boldsymbol{J}^{\nu\varrho} = -\Delta m^{\varrho} \left[\frac{\mathrm{d}\boldsymbol{r}^{\varrho}}{\mathrm{d}t}\right]_{\text{vor}}^{\text{nach}} \tag{1.5,2}$$

Division durch Δt, Grenzübergang nach $\Delta t \to 0$ und Summation über ϱ gibt

$$\lim_{\Delta t \to 0} \frac{1}{\Delta t} \sum_{\varrho=1}^{R} \sum_{\nu=1}^{N} \Delta \boldsymbol{J}^{\nu\varrho} = -\sum_{\varrho=1}^{R} \dot{m}^{\varrho} \left[\frac{\mathrm{d}\boldsymbol{r}^{\varrho}}{\mathrm{d}t}\right]_{\text{vor}}^{\text{nach}} \tag{1.5,3}$$

Da ferner die Summe aller inneren Kräfte verschwindet, so lautet die Kraftgleichung für die Gesamtmasse

$$\sum_{\nu=1}^{N} m^{\nu} \frac{\mathrm{d}^2\boldsymbol{r}^{\nu}}{\mathrm{d}t^2} = \sum_{\nu=1}^{N} \boldsymbol{K}^{\nu} - \sum_{\varrho=1}^{R} \dot{m}^{\varrho} \left[\frac{\mathrm{d}\boldsymbol{r}^{\varrho}}{\mathrm{d}t}\right]_{\text{vor}}^{\text{nach}} \tag{1.5,4}$$

In der Formel sind in der ersten Summe die Massen m^{ν} als konstant zu betrachten; daher wird

$$\sum_{\nu=1}^{N} m^{\nu} \left.\frac{\mathrm{d}^2\boldsymbol{r}^{\nu}}{\mathrm{d}t^2}\right|_{m^{\nu}=\text{const}} = \frac{\mathrm{d}^2}{\mathrm{d}t^2} \sum_{\nu=1}^{N} m^{\nu}\boldsymbol{r}^{\nu} = \frac{\mathrm{d}^2}{\mathrm{d}t^2}(m\boldsymbol{s}) = m\frac{\mathrm{d}^2\boldsymbol{s}}{\mathrm{d}t^2} \tag{1.5,5}$$

und die Kraftgleichung lautet

$$m\frac{\mathrm{d}^2\boldsymbol{s}}{\mathrm{d}t^2} = \sum_{\nu=1}^{N} \boldsymbol{K}^{\nu} - \sum_{\varrho=1}^{R} \dot{m}^{\varrho} \left[\frac{\mathrm{d}\boldsymbol{r}^{\varrho}}{\mathrm{d}t}\right]_{\text{vor}}^{\text{nach}} \tag{1.5,6}$$

Es sei bemerkt, daß zu ihrer Herleitung der Flugkörper nicht als starr vorausgesetzt wurde.

Die im ersten Term rechts stehenden äußeren Kräfte $\boldsymbol{K}^{\nu}$ sollen genauer im Abschnitt 1.7.1, S. 50, diskutiert werden. Der zweite Term rechts verschwindet exakt beim Segelflugzeug bzw. beim Geschoß, weil dann $\dot{m}^{\varrho}$ verschwindet. Ebenso verschwindet er beim Auftanken oder Treibstoffablaß in der Luft, weil dann der Geschwindigkeitssprung $\left[\frac{\mathrm{d}\boldsymbol{r}^{\varrho}}{\mathrm{d}t}\right]_{\text{vor}}^{\text{nach}}$ verschwindet. Bei Strahltriebwerken kann man den Schub als Druckkraft einführen; in diesem Falle verschwindet $\left[\frac{\mathrm{d}\boldsymbol{r}^{\varrho}}{\mathrm{d}t}\right]_{\text{vor}}^{\text{nach}}$ ebenfalls. Bei geeigneter Wahl der Begrenzungsfläche des Fluggeräts kann man aber auch den mit $\dot{m}^{\varrho}$ gebildeten Term unmittelbar als Ausdruck für die Schubkraft benutzen. Beim Flug mit Eisansatz spielt neben der Änderung der aerodynamischen Beiwerte sicher auch die Impulsänderung, die durch den mit $\dot{m}^{\varrho}$ gebildeten Term beschrieben wird, eine gewisse Rolle.

Die Beschleunigung $\frac{\mathrm{d}^2\boldsymbol{s}}{\mathrm{d}t^2}$ möge jetzt noch im Hinblick auf die Anwendungen in der Flugmechanik und Ballistik in verschiedenen Koordinatensystemen dargestellt werden. Im Inertialsystem (i) ist

$$\boldsymbol{s} = x_i\boldsymbol{i}_1+y_i\boldsymbol{i}_2+z_i\boldsymbol{i}_3 \tag{1.5,7}$$

Demnach ist

$$\frac{\mathrm{d}^2\boldsymbol{s}}{\mathrm{d}t^2} = \ddot{x}_i\boldsymbol{i}_1+\ddot{y}_i\boldsymbol{i}_2+\ddot{z}_i\boldsymbol{i}_3 \tag{1.5,8}$$

1.5.12. Erdfestes System (j) bzw. geodätisches System (g_B)

Im erdfesten System (j) ist

$$\boldsymbol{s} = x_j\boldsymbol{j}_1+y_j\boldsymbol{j}_2+z_j\boldsymbol{j}_3 \quad \text{und} \quad \boldsymbol{q}_{j/i} = \omega_{\mathrm{E}}\boldsymbol{j}_3 \tag{1.5,9a}$$

Mit Benutzung des Hilfssatzes 2) S. 30, findet man

$$\frac{\mathrm{d}\boldsymbol{s}}{\mathrm{d}t} = \left.\frac{\partial\boldsymbol{s}}{\partial t}\right|_{(j)}+\boldsymbol{q}_{j/i}\times\boldsymbol{s} \tag{1.5,10}$$

$$\frac{\mathrm{d}^2\boldsymbol{s}}{\mathrm{d}t^2} = \left.\frac{\partial^2\boldsymbol{s}}{\partial t^2}\right|_{(j)}+\left.\frac{\partial\boldsymbol{q}_{j/i}}{\partial t}\right|_{(j)}\times\boldsymbol{s}+2\boldsymbol{q}_{j/i}\times\left.\frac{\partial\boldsymbol{s}}{\partial t}\right|_{(j)}+\boldsymbol{q}_{j/i}\times(\boldsymbol{q}_{j/i}\times\boldsymbol{s}) \tag{1.5,11}$$

Hier ist nach Gl. (1.4,3), S. 30,

$$\left.\frac{\partial\boldsymbol{q}_{j/i}}{\partial t}\right|_{(j)} = 0 \tag{1.5,12}$$

ferner

$$2\cdot\boldsymbol{q}_{j/i}\times\left.\frac{\partial\boldsymbol{s}}{\partial t}\right|_{(j)} = 2\omega_{\mathrm{E}}(\dot{x}_j\boldsymbol{j}_2-\dot{y}_j\boldsymbol{j}_1) \tag{1.5,13a}$$

$$\boldsymbol{q}_{j/i}\times(\boldsymbol{q}_{j/i}\times\boldsymbol{s}) = -\omega_{\mathrm{E}}^2(x_j\boldsymbol{j}_1+y_j\boldsymbol{j}_2) \tag{1.5,14a}$$

Insgesamt wird

$$\frac{\mathrm{d}^2\boldsymbol{s}}{\mathrm{d}t^2} = (\ddot{x}_j-2\omega_{\mathrm{E}}\dot{y}_j-\omega_{\mathrm{E}}^2x_j)\boldsymbol{j}_1+(\ddot{y}_j+2\omega_{\mathrm{E}}\dot{x}_j-\omega_{\mathrm{E}}^2y_j)\boldsymbol{j}_2+\ddot{z}_j\boldsymbol{j}_3 \tag{1.5,15a}$$

Es sei jetzt (g_B) ein geodätisches, also wiederum erdfestes System, dessen Nullpunkt B auf der Erdoberfläche in der geographischen Breite Φ_{gB} liegt, und dessen Achsen $\boldsymbol{g}_{B1}$, $\boldsymbol{g}_{B2}$, $\boldsymbol{g}_{B3}$ gemäß Abschnitt 1.3.2, S. 19, definiert sind. Entsprechend Gl. (1.3,14), S. 20, bestehen die Beziehungen

$$
\begin{array}{c|ccc}
 & -\boldsymbol{k}_{B0} & \boldsymbol{g}_{B2} & \boldsymbol{i}_3 \\
\hline
\boldsymbol{g}_{B1} & -\sin\Phi_{gB} & 0 & -\cos\Phi_{gB} \\
\boldsymbol{g}_{B2} & 0 & 1 & 0 \\
\boldsymbol{g}_{B3} & \cos\Phi_{gB} & 0 & -\sin\Phi_{gB}
\end{array}
\qquad (1.5,9b)
$$

Dabei ist nur das System (g_B) an die Stelle des Systems (k) und zugleich der Winkel Φ_{gB} an die Stelle des Winkels $\Phi\left(=\frac{\pi}{2}-\Theta\right)$ getreten. Ferner sei

$$\boldsymbol{r}_B = -r_B\cdot\boldsymbol{k}_{B3} \qquad (1.5,9c)$$

der Ortsvektor vom Erdmittelpunkt O zum Punkt B, wobei nach Gl. (1.3,17), S. 21,

$$\boldsymbol{k}_{B3} = -\boldsymbol{g}_{B1}\cdot\sin\varepsilon_{sB}+\boldsymbol{g}_{B3}\cdot\cos\varepsilon_{sB} \qquad (1.5,9d)$$

ist. Der vom Erdmittelpunkt aus gerechnete Ortsvektor $\boldsymbol{s}$ des Flugkörpers läßt sich dann in der Form

$$\boldsymbol{s} = \boldsymbol{r}_B+x_g\cdot\boldsymbol{g}_{B1}+y_g\cdot\boldsymbol{g}_{B2}+z_g\cdot\boldsymbol{g}_{B3} \qquad (1.5,9e)$$

darstellen, oder ausführlich

$$\boldsymbol{s} = \boldsymbol{g}_{B1}(r_B\sin\varepsilon_{sB}+x_g)+\boldsymbol{g}_{B2}\cdot y_g+\boldsymbol{g}_{B3}(-r_B\cos\varepsilon_{sB}+z_g) \qquad (1.5,9f)$$

oder auch bei Zerlegung im Hilfssystem $-\boldsymbol{k}_{B0}, \boldsymbol{g}_{B2}, \boldsymbol{i}_3$

$$\left.\begin{aligned}
\boldsymbol{s} &= \boldsymbol{k}_{B0}(\boldsymbol{s}\cdot\boldsymbol{k}_{B0})+\boldsymbol{g}_{B2}\cdot y_g+\boldsymbol{i}_3(\boldsymbol{s}\cdot\boldsymbol{i}_3)\\
&\text{mit}\\
\boldsymbol{s}\cdot\boldsymbol{k}_{B0} &= r_B\cos(\Phi_{gB}-\varepsilon_{sB})+x_g\sin\Phi_{gB}-z_g\cos\Phi_{gB}\\
\boldsymbol{s}\cdot\boldsymbol{i}_3 &= r_B\sin(\Phi_{gB}-\varepsilon_{sB})-x_g\cos\Phi_{gB}-z_g\sin\Phi_{gB}
\end{aligned}\right\} \qquad (1.5,9g)$$

Schließlich ist wieder

$$\boldsymbol{q}_{gB/i} = \omega_E\boldsymbol{i}_3 \qquad (1.5,9h)$$

und auch die Gln. (1.5,10) bis (1.5,12) gelten unverändert, wenn man darin nur überall das Zeichen „j" durch „g_B" ersetzt. Man findet hier nach kurzer Zwischenrechnung die *Coriolis*beschleunigung

$$\left.\begin{aligned}
&2\cdot\boldsymbol{q}_{gB/i}\times\left.\frac{\partial\boldsymbol{s}}{\partial t}\right|_{(gB)} =\\
&= 2\omega_E[\boldsymbol{g}_{B1}\dot{y}_g\sin\Phi_{gB}+\boldsymbol{g}_{B2}(\dot{z}_g\cos\Phi_{gB}-\dot{x}_g\sin\Phi_{gB})-\boldsymbol{g}_{B3}\dot{y}_g\cos\Phi_{gB}]
\end{aligned}\right\} \qquad (1.5,13b)$$

Für die Zentripetalbeschleunigung ergibt sich bei Verwendung der Gln. (1.5,9g) und (1.5,9h) sofort

$$\boldsymbol{q}_{gB/i}\times(\boldsymbol{q}_{gB/i}\times\boldsymbol{s}) = -\omega_E^2[\boldsymbol{k}_{B0}(\boldsymbol{s}\cdot\boldsymbol{k}_{B0})+\boldsymbol{g}_{B2}y_g]$$

oder wieder im System (g_B):

$$\left.\begin{aligned} &\boldsymbol{q}_{gB/i} \times (\boldsymbol{q}_{gB/i} \times \boldsymbol{s}) = \\ &= -\omega_E^2[(\boldsymbol{g}_{B1}\sin\Phi_{gB}-\boldsymbol{g}_{B3}\cos\Phi_{gB})(\boldsymbol{s}\cdot\boldsymbol{k}_{B0})+\boldsymbol{g}_{B2}y_g]\end{aligned}\right\} \quad (1.5,14b)$$

Insgesamt wird also nach Gl. (1.5,11)

$$\frac{d^2\boldsymbol{s}}{dt^2} = \left\{\begin{aligned} &\boldsymbol{g}_{B1}[\ddot{x}_g+2\omega_E\dot{y}_g\sin\Phi_{gB}-\omega_E^2\sin\Phi_{gB}(\boldsymbol{s}\cdot\boldsymbol{k}_{B0})] \\ &+\boldsymbol{g}_{B2}[\ddot{y}_g+2\omega_E(\dot{z}_g\cos\Phi_{gB}-\dot{x}_g\sin\Phi_{gB})-\omega_E^2 y_g] \\ &+\boldsymbol{g}_{B3}[\ddot{z}_g-2\omega_E\dot{y}_g\cos\Phi_{gB}+\omega_E^2\cos\Phi_{gB}(\boldsymbol{s}\cdot\boldsymbol{k}_{B0})]\end{aligned}\right\} \quad (1.5,15b)$$

wobei der Term $(\boldsymbol{s}\cdot\boldsymbol{k}_{B0})$ der Gl. (1.5,9g) zu entnehmen ist.

1.5.13. Geozentrisches System (k)

Im System (k) ist

$$\boldsymbol{s} = -s\boldsymbol{k}_3 \quad (1.5,16)$$

Mittels des Hilfssatzes 2) wird

$$\frac{d^2\boldsymbol{s}}{dt^2} = \left.\frac{\partial^2\boldsymbol{s}}{\partial t^2}\right|_{(k)} + \left.\frac{\partial\boldsymbol{q}_{k/i}}{\partial t}\right|_{(k)} \times \boldsymbol{s} + 2\boldsymbol{q}_{k/i} \times \left.\frac{\partial\boldsymbol{s}}{\partial t}\right|_{(k)} + \boldsymbol{q}_{k/i} \times (\boldsymbol{q}_{k/i} \times \boldsymbol{s}) \quad (1.5,17)$$

Im einzelnen ist

$$\left.\frac{\partial^2\boldsymbol{s}}{\partial t^2}\right|_{(k)} = -\ddot{s}\boldsymbol{k}_3 \quad (1.5,18)$$

$$\boldsymbol{q}_{k/i} = -\dot{\Psi}_i\sin\Theta\boldsymbol{k}_1-\dot{\Theta}\boldsymbol{k}_2-\dot{\Psi}_i\cos\Theta\boldsymbol{k}_3 \quad (1.5,19)$$

$$\left.\frac{\partial\boldsymbol{q}_{k/i}}{\partial t}\right|_{(k)} = -(\ddot{\Psi}_i\sin\Theta+\dot{\Psi}_i\dot{\Theta}\cos\Theta)\boldsymbol{k}_1-\ddot{\Theta}\boldsymbol{k}_2-(\ddot{\Psi}_i\cos\Theta-\dot{\Psi}_i\dot{\Theta}\sin\Theta)\boldsymbol{k}_3 \quad (1.5,20)$$

$$\left.\frac{\partial\boldsymbol{q}_{k/i}}{\partial t}\right|_{(k)} \times \boldsymbol{s} = -s(\ddot{\Psi}_i\sin\Theta+\dot{\Psi}_i\dot{\Theta}\cos\Theta)\boldsymbol{k}_2+s\ddot{\Theta}\boldsymbol{k}_1 \quad (1.5,21)$$

$$2\cdot\boldsymbol{q}_{k/i} \times \left.\frac{\partial\boldsymbol{s}}{\partial t}\right|_{(k)} = 2\dot{s}(-\dot{\Psi}_i\sin\Theta\boldsymbol{k}_2+\dot{\Theta}\boldsymbol{k}_1) \quad (1.5,22)$$

$$\boldsymbol{q}_{k/i} \times \boldsymbol{s} = s(-\dot{\Psi}_i\sin\Theta\boldsymbol{k}_2+\dot{\Theta}\boldsymbol{k}_1) \quad (1.5,23)$$

$$\boldsymbol{q}_{k/i} \times (\boldsymbol{q}_{k/i} \times \boldsymbol{s}) = -s\dot{\Psi}_i^2\cos\Theta\sin\Theta\boldsymbol{k}_1-s\dot{\Psi}_i\dot{\Theta}\cos\Theta\boldsymbol{k}_2+s(\dot{\Psi}_i^2\sin^2\Theta+\dot{\Theta}^2)\boldsymbol{k}_3 \quad (1.5,24)$$

Insgesamt wird

$$\left.\begin{aligned}\frac{d^2\boldsymbol{s}}{dt^2} = {} & (s\ddot{\Theta}+2\dot{s}\dot{\Theta}-s\dot{\Psi}_i^2\cos\Theta\sin\Theta)\boldsymbol{k}_1 \\ & -(s\ddot{\Psi}_i\sin\Theta+2s\dot{\Psi}_i\dot{\Theta}\cos\Theta+2\dot{s}\dot{\Psi}_i\sin\Theta)\boldsymbol{k}_2 \\ & +(-\ddot{s}+s\dot{\Psi}_i^2\sin^2\Theta+s\dot{\Theta}^2)\boldsymbol{k}_3\end{aligned}\right\} \qquad (1.5,25)$$

1.5.14. Körperfestes System (f)

Bei Komponentenzerlegung nach den Richtungen des körperfesten Systems (f) ist die Absolutgeschwindigkeit des Schwerpunkts S

$$\boldsymbol{U} \equiv \frac{d\boldsymbol{s}}{dt} = U_{xf}\boldsymbol{f}_1+U_{yf}\boldsymbol{f}_2+U_{zf}\boldsymbol{f}_3 \qquad (1.5,26)$$

und die absolute Drehgeschwindigkeit des körperfesten Systems

$$\boldsymbol{q} = q_{xf}\boldsymbol{f}_1+q_{yf}\boldsymbol{f}_2+q_{zf}\boldsymbol{f}_3 \qquad (1.5,27)$$

Daher wird unter Benutzung des zweiten Hilfssatzes, S. 30,

$$\frac{d^2\boldsymbol{s}}{dt^2} = \frac{\partial}{\partial t}\left(\frac{d\boldsymbol{s}}{dt}\right)\bigg|_{(f)} + \boldsymbol{q}\times\frac{d\boldsymbol{s}}{dt} \qquad (1.5,28)$$

oder ausführlich

$$\frac{d^2\boldsymbol{s}}{dt^2} = \dot{U}_{xf}\boldsymbol{f}_1+\dot{U}_{yf}\boldsymbol{f}_2+\dot{U}_{zf}\boldsymbol{f}_3+\begin{vmatrix}\boldsymbol{f}_1 & \boldsymbol{f}_2 & \boldsymbol{f}_3 \\ q_{xf} & q_{yf} & q_{zf} \\ U_{xf} & U_{yf} & U_{zf}\end{vmatrix} \qquad (1.5,29)$$

1.5.15. Experimentelles System (e)

Im experimentellen System (e) wird entsprechend

$$\frac{d\boldsymbol{s}}{dt} = U_{xe}\boldsymbol{e}_1+U_{ye}\boldsymbol{e}_2+U_{ze}\boldsymbol{e}_3 \qquad (1.5,30)$$

$$\boldsymbol{q} = q_{xe}\boldsymbol{e}_1+q_{ye}\boldsymbol{e}_2+q_{ze}\boldsymbol{e}_3 \qquad (1.5,31)$$

$$\frac{d^2\boldsymbol{s}}{dt^2} = \frac{\partial}{\partial t}\left(\frac{d\boldsymbol{s}}{dt}\right)\bigg|_{(e)} + \boldsymbol{q}_{e/i}\times\frac{d\boldsymbol{s}}{dt} \qquad (1.5,32)$$

mit

$$\boldsymbol{q}_{e/i} = \boldsymbol{q}-\dot{\alpha}\boldsymbol{e}_2 \qquad (1.5,33)$$

nach Gl. (1.4,2) und (1.4,9), S. 31,

Ausführlich wird daher

$$\frac{d^2\boldsymbol{s}}{dt^2} = \dot{U}_{xe}\boldsymbol{e}_1 + \dot{U}_{ye}\boldsymbol{e}_2 + \dot{U}_{ze}\boldsymbol{e}_3 + \begin{vmatrix} \boldsymbol{e}_1 & \boldsymbol{e}_2 & \boldsymbol{e}_3 \\ q_{xe} & q_{ye} - \dot{\alpha} & q_{ze} \\ U_{xe} & U_{ye} & U_{ze} \end{vmatrix} \tag{1.5,34}$$

1.5.16. Rollwinkelfreies System ($\bar{f}$)

Im rollwinkelfreien System ($\bar{f}$) wird

$$\frac{d\boldsymbol{s}}{dt} = U_{x\bar{f}}\bar{\boldsymbol{f}}_1 + U_{y\bar{f}}\bar{\boldsymbol{f}}_2 + U_{z\bar{f}}\bar{\boldsymbol{f}}_3 \tag{1.5,35}$$

$$\boldsymbol{q} = q_{x\bar{f}}\bar{\boldsymbol{f}}_1 + q_{y\bar{f}}\bar{\boldsymbol{f}}_2 + q_{z\bar{f}}\bar{\boldsymbol{f}}_3 \tag{1.5,36}$$

$$\frac{d^2\boldsymbol{s}}{dt^2} = \frac{\partial}{\partial t}\left(\frac{d\boldsymbol{s}}{dt}\right)\bigg|_{(\bar{f})} + \boldsymbol{q}_{\bar{f}/i} \times \frac{d\boldsymbol{s}}{dt} \tag{1.5,37}$$

mit

$$\boldsymbol{q}_{\bar{f}/i} = \boldsymbol{q} - \dot{\varphi}_f \bar{\boldsymbol{f}}_1 \tag{1.5,38}$$

nach Abschnitt 1.4.2, S. 30.
Ausführlich ist

$$\frac{d^2\boldsymbol{s}}{dt^2} = \dot{U}_{x\bar{f}}\bar{\boldsymbol{f}}_1 + \dot{U}_{y\bar{f}}\bar{\boldsymbol{f}}_2 + \dot{U}_{z\bar{f}}\bar{\boldsymbol{f}}_3 + \begin{vmatrix} \bar{\boldsymbol{f}}_1 & \bar{\boldsymbol{f}}_2 & \bar{\boldsymbol{f}}_3 \\ q_{x\bar{f}} - \dot{\varphi}_f & q_{y\bar{f}} & q_{z\bar{f}} \\ U_{x\bar{f}} & U_{y\bar{f}} & U_{z\bar{f}} \end{vmatrix} \tag{1.5,39}$$

1.5.17. Flugwindfestes System (a)

Hier wird

$$\frac{d\boldsymbol{s}}{dt} = U_{xa}\boldsymbol{a}_1 + U_{ya}\boldsymbol{a}_2 + U_{za}\boldsymbol{a}_3 \tag{1.5,40}$$

$$\boldsymbol{q} = q_{xa}\boldsymbol{a}_1 + q_{ya}\boldsymbol{a}_2 + q_{za}\boldsymbol{a}_3 \tag{1.5,41}$$

$$\frac{d^2\boldsymbol{s}}{dt^2} = \frac{\partial}{\partial t}\left(\frac{d\boldsymbol{s}}{dt}\right)\bigg|_{(a)} + \boldsymbol{q}_{a/i} \times \frac{d\boldsymbol{s}}{dt} \tag{1.5,42}$$

mit

$$\boldsymbol{q}_{a/i} = \boldsymbol{q} - \dot{\alpha}\boldsymbol{e}_2 - \dot{\beta}\boldsymbol{a}_3 = \boldsymbol{q} - \dot{\alpha}(\boldsymbol{a}_2\cos\beta - \boldsymbol{a}_1\sin\beta) - \dot{\beta}\boldsymbol{a}_3 \tag{1.5,43}$$

nach Abschnitt 1.4.2, S. 30.
Ausführlich ist

$$\frac{d^2\boldsymbol{s}}{dt^2} = \dot{U}_{xa}\boldsymbol{a}_1 + \dot{U}_{ya}\boldsymbol{a}_2 + \dot{U}_{za}\boldsymbol{a}_3 + \begin{vmatrix} \boldsymbol{a}_1 & \boldsymbol{a}_2 & \boldsymbol{a}_3 \\ q_{xa} + \dot{\alpha}\sin\beta & q_{ya} - \dot{\alpha}\cos\beta & q_{za} - \dot{\beta} \\ U_{xa} & U_{ya} & U_{za} \end{vmatrix} \tag{1.5,44}$$

1.5.2. Momentengleichungen

1.5.21. Inertialsystem (i)

Vektorielle Multiplikation der Kraftgleichung (1.5,1)

$$m^\nu \frac{d^2 \boldsymbol{r}^\nu}{dt^2} = \boldsymbol{K}^\nu + \sum_{\mu=1}^{N} \boldsymbol{K}^{\nu\mu} + \sum_{\varrho=1}^{R} \dot{\boldsymbol{J}}^{\nu\varrho} \tag{1.5,45}$$

mit $\boldsymbol{r}^\nu$ und Summation über alle ν gibt

$$\sum_{\nu=1}^{N} \left(\boldsymbol{r}^\nu \times m^\nu \frac{d^2 \boldsymbol{r}^\nu}{dt^2} \right) = \sum_{\nu=1}^{N} (\boldsymbol{r}^\nu \times \boldsymbol{K}^\nu) + \sum_{\nu=1}^{N} \sum_{\mu=1}^{N} (\boldsymbol{r}^\nu \times \boldsymbol{K}^{\nu\mu}) + \\ + \sum_{\nu=1}^{N} \sum_{\varrho=1}^{R} (\boldsymbol{r}^\nu \times \dot{\boldsymbol{J}}^{\nu\varrho}) \tag{1.5,46}$$

Die Summe der inneren Momente (zweite Summe rechts) verschwindet. Multipliziert man ferner die Impulsgleichung (1.5,2)

$$\sum_{\nu=1}^{N} \dot{\boldsymbol{J}}^{\nu\varrho} = -\dot{m}^\varrho \left[\frac{d\boldsymbol{r}^\varrho}{dt} \right]_{\text{vor}}^{\text{nach}} \tag{1.5,47}$$

vektoriell mit $\boldsymbol{r}^\varrho$ und summiert über alle ϱ, so wird

$$\sum_{\varrho=1}^{R} \sum_{\nu=1}^{N} \boldsymbol{r}^\varrho \times \dot{\boldsymbol{J}}^{\nu\varrho} = - \sum_{\varrho=1}^{R} \dot{m}^\varrho \boldsymbol{r}^\varrho \times \left[\frac{d\boldsymbol{r}^\varrho}{dt} \right]_{\text{vor}}^{\text{nach}} \tag{1.5,48}$$

Da die Summe der von den Massen m^ν aufgenommenen Impulsmomente gleich der Summe der von den Massen Δm^ϱ abgegebenen Impulsmomente sein muß, d. h. die letzte Doppelsumme in Gl. (1.5,46) mit der links in Gl. (1.5,48) stehenden Doppelsumme übereinstimmen muß, so wird insgesamt

$$\sum_{\nu=1}^{N} \left(\boldsymbol{r}^\nu \times m^\nu \frac{d^2 \boldsymbol{r}^\nu}{dt^2} \right) = \sum_{\nu=1}^{N} (\boldsymbol{r}^\nu \times \boldsymbol{K}^\nu) - \sum_{\varrho=1}^{R} \dot{m}^\varrho \boldsymbol{r}^\varrho \times \left[\frac{d\boldsymbol{r}^\varrho}{dt} \right]_{\text{vor}}^{\text{nach}} \tag{1.5,49}$$

Setzt man hier

$$\boldsymbol{r}^\nu = \boldsymbol{s} + \boldsymbol{\sigma}^\nu \tag{1.5,50}$$

ein, so erhält man nach Ausmultiplikation

$$\sum_{\nu=1}^{N} \left\{ \left(\boldsymbol{s} \times m^\nu \frac{d^2 \boldsymbol{s}}{dt^2} \right) + \left(\boldsymbol{s} \times m^\nu \frac{d^2 \boldsymbol{\sigma}^\nu}{dt^2} \right) + \left(\boldsymbol{\sigma}^\nu \times m^\nu \frac{d^2 \boldsymbol{s}}{dt^2} \right) + \left(\boldsymbol{\sigma}^\nu \times m^\nu \frac{d^2 \boldsymbol{\sigma}^\nu}{dt^2} \right) \right\} =$$

$$=\sum_{\nu=1}^{N}\{\boldsymbol{s}\times\boldsymbol{K}^{\nu}+\boldsymbol{\sigma}^{\nu}\times\boldsymbol{K}^{\nu}\}-\sum_{\varrho=1}^{R}\dot{m}^{\varrho}\left\{\boldsymbol{s}\times\left[\frac{\mathrm{d}\boldsymbol{r}^{\varrho}}{\mathrm{d}t}\right]_{\mathrm{vor}}^{\mathrm{nach}}+\boldsymbol{\sigma}^{\varrho}\times\left[\frac{\mathrm{d}\boldsymbol{r}^{\varrho}}{\mathrm{d}t}\right]_{\mathrm{vor}}^{\mathrm{nach}}\right\} \tag{1.5,51}$$

oder, da m^{ν} auf der linken Seite als konstant zu behandeln ist,

$$\begin{aligned}&\boldsymbol{s}\times\frac{\mathrm{d}^2\boldsymbol{s}}{\mathrm{d}t^2}m+\boldsymbol{s}\times\frac{\mathrm{d}^2}{\mathrm{d}t^2}\sum_{\nu=1}^{N}\boldsymbol{\sigma}^{\nu}m^{\nu}-\frac{\mathrm{d}^2\boldsymbol{s}}{\mathrm{d}t^2}\times\sum_{\nu=1}^{N}\boldsymbol{\sigma}^{\nu}m^{\nu}+\\&+\sum_{\nu=1}^{N}\left(\boldsymbol{\sigma}^{\nu}\times m^{\nu}\frac{\mathrm{d}^2\boldsymbol{\sigma}^{\nu}}{\mathrm{d}t^2}\right)=\boldsymbol{s}\times\sum_{\nu=1}^{N}\boldsymbol{K}^{\nu}+\sum_{\nu=1}^{N}\boldsymbol{\sigma}^{\nu}\times\boldsymbol{K}^{\nu}\\&-\boldsymbol{s}\times\sum_{\varrho=1}^{R}\dot{m}^{\varrho}\left[\frac{\mathrm{d}\boldsymbol{r}^{\varrho}}{\mathrm{d}t}\right]_{\mathrm{vor}}^{\mathrm{nach}}-\sum_{\varrho=1}^{R}\dot{m}^{\varrho}\boldsymbol{\sigma}^{\varrho}\times\left[\frac{\mathrm{d}\boldsymbol{r}^{\varrho}}{\mathrm{d}t}\right]_{\mathrm{vor}}^{\mathrm{nach}}\end{aligned} \tag{1.5,52}$$

Unter Berücksichtigung der Kraftgleichung (1.5,6) und der Definition (1.3,41), S. 29, des Schwerpunkts S vereinfacht sich diese Gleichung zu

$$\sum_{\nu=1}^{N}\boldsymbol{\sigma}^{\nu}\times m^{\nu}\frac{\mathrm{d}^2\boldsymbol{\sigma}^{\nu}}{\mathrm{d}t^2}=\sum_{\nu=1}^{N}\boldsymbol{\sigma}^{\nu}\times\boldsymbol{K}^{\nu}-\sum_{\varrho=1}^{R}\dot{m}^{\varrho}\boldsymbol{\sigma}^{\varrho}\times\left[\frac{\mathrm{d}\boldsymbol{r}^{\varrho}}{\mathrm{d}t}\right]_{\mathrm{vor}}^{\mathrm{nach}} \tag{1.5,53}$$

Auf der linken Seite steht die zeitliche Änderung $\mathrm{d}\boldsymbol{h}_{\mathrm{total}}/\mathrm{d}t$ des Gesamtdrehimpulses

$$\boldsymbol{h}_{\mathrm{total}}=\sum_{\nu=1}^{N}m^{\nu}\boldsymbol{\sigma}^{\nu}\times\frac{\mathrm{d}\boldsymbol{\sigma}^{\nu}}{\mathrm{d}t} \tag{1.5,54a}$$

Unter Berücksichtigung der Beziehung (1.4,1) kann man nun schreiben

$$\boldsymbol{h}_{\mathrm{total}}=\sum_{\nu=1}^{N}m^{\nu}\left[\boldsymbol{\sigma}^{\nu}\times\left(\left.\frac{\partial\boldsymbol{\sigma}^{\nu}}{\partial t}\right|_{(f)}+\boldsymbol{q}\times\boldsymbol{\sigma}^{\nu}\right)\right] \tag{1.5,54b}$$

und entsprechend nach leichter Umformung

$$\frac{\mathrm{d}\boldsymbol{h}_{\mathrm{total}}}{\mathrm{d}t}=\left\{\begin{aligned}&\sum_{\nu=1}^{N}m^{\nu}\boldsymbol{\sigma}^{\nu}\times\left(\left.\frac{\partial\boldsymbol{q}}{\partial t}\right|_{(f)}\times\boldsymbol{\sigma}^{\nu}\right)+\boldsymbol{q}\times\sum_{\nu=1}^{N}m^{\nu}\boldsymbol{\sigma}^{\nu}\times(\boldsymbol{q}\times\boldsymbol{\sigma}^{\nu})\\&+\sum_{\nu=1}^{N}\boldsymbol{\sigma}^{\nu}m^{\nu}\times\left\{\left.\frac{\partial^2\boldsymbol{\sigma}^{\nu}}{\partial t^2}\right|_{(f)}+2\boldsymbol{q}\times\left.\frac{\partial\boldsymbol{\sigma}^{\nu}}{\partial t}\right|_{(f)}\right\}\end{aligned}\right. \tag{1.5,54c}$$

Die Momentengleichung (1.5,53) nimmt damit die Form an

$$\sum_{\nu=1}^{N} m^{\nu}\boldsymbol{\sigma}^{\nu}\times\left(\frac{\partial \boldsymbol{q}}{\partial t}\bigg|_{(f)}\times\boldsymbol{\sigma}^{\nu}\right)+\boldsymbol{q}\times\sum_{\nu=1}^{N} m^{\nu}\boldsymbol{\sigma}^{\nu}\times(\boldsymbol{q}\times\boldsymbol{\sigma}^{\nu})$$

$$=\left\{\begin{array}{l}\displaystyle\sum_{\nu=1}^{N}\boldsymbol{\sigma}^{\nu}\times\boldsymbol{K}^{\nu}-\sum_{\varrho=1}^{R}\dot{m}^{\varrho}\boldsymbol{\sigma}^{\varrho}\times\left[\frac{\mathrm{d}\boldsymbol{r}^{\varrho}}{\mathrm{d}t}\right]_{\text{vor}}^{\text{nach}}\\ \displaystyle-\sum_{\nu=1}^{N}\boldsymbol{\sigma}^{\nu}m^{\nu}\times\left\{\frac{\partial^{2}\boldsymbol{\sigma}^{\nu}}{\partial t^{2}}\bigg|_{(f)}+2\boldsymbol{q}\times\frac{\partial\boldsymbol{\sigma}^{\nu}}{\partial t}\bigg|_{(f)}\right\}\end{array}\right\} \qquad (1.5,55)$$

Dabei sind diejenigen Drehimpulsänderungen, die von der Bewegung der Flugzeugteile m^{ν} relativ zum schwerpunktfesten System (f) herrühren, als Störmomente auf die rechte Seite gesetzt. Sie spielen etwa bei der Rollbewegung einer Flüssigkeitsrakete, deren Treibstofftanks keine Zwischenwände in radialer Richtung aufweisen, eine beträchtliche Rolle. Auf der linken Seite der Gl. (1.5,55) sind dagegen diejenigen Trägheitsglieder gesammelt, die auch dann auftreten, wenn das Flugzeug als starrer Körper betrachtet wird. Die im ersten Term rechts stehenden Momente der äußeren Kräfte werden im Abschnitt 1.7.2, S. 66, diskutiert.

1.5.22. Körperfestes System (f)

Um die links stehenden Glieder in eine für praktische Rechnungen geeignete Form zu bringen, betrachten wir den Vektor

$$\boldsymbol{h}=\sum_{\nu=1}^{N} m^{\nu}\boldsymbol{\sigma}^{\nu}\times(\boldsymbol{q}\times\boldsymbol{\sigma}^{\nu}) \qquad (1.5,56)$$

Gemäß Gl. (1.5,54b) stellt $\boldsymbol{h}$ einen Teil des Gesamtdrehimpulses $\boldsymbol{h}_{\text{total}}$ dar und stimmt mit diesem im Fall des starren Körpers $\left(\frac{\partial\boldsymbol{\sigma}^{\nu}}{\partial t}\bigg|_{(f)}=0\right)$ überein.

Mit den Ansätzen

$$\boldsymbol{q}=q_{xf}\boldsymbol{f}_1+q_{yf}\boldsymbol{f}_2+q_{zf}\boldsymbol{f}_3 \qquad (1.5,57)$$

$$\boldsymbol{\sigma}^{\nu}=\sigma^{\nu}_{xf}\boldsymbol{f}_1+\sigma^{\nu}_{yf}\boldsymbol{f}_2+\sigma^{\nu}_{zf}\boldsymbol{f}_3 \qquad (1.5,58)$$

erhält man ausführlich

$$\boldsymbol{h}=\sum_{\nu=1}^{N} m^{\nu}[\boldsymbol{q}(\boldsymbol{\sigma}^{\nu})^{2}-\boldsymbol{\sigma}^{\nu}(\boldsymbol{q}\cdot\boldsymbol{\sigma}^{\nu})]=h_{xf}\boldsymbol{f}_1+h_{yf}\boldsymbol{f}_2+h_{zf}\boldsymbol{f}_3 \qquad (1.5,59)$$

mit

$$h_{xf} \equiv \sum_{\nu=1}^{N} m^{\nu} \{q_{xf}[(\sigma_{yf}^{\nu})^2+(\sigma_{zf}^{\nu})^2]-q_{yf}\,\sigma_{xf}^{\nu}\sigma_{yf}^{\nu}-q_{zf}\,\sigma_{xf}^{\nu}\sigma_{zf}^{\nu}\} \qquad (1.5{,}60)$$

usw. oder

$$h_{xf} = q_{xf}J_{xf}-q_{yf}J_{xyf}-q_{zf}J_{xzf} \quad \text{usw.,} \qquad (1.5{,}61)$$

wobei zur Abkürzung die Trägheitsmomente

$$J_{xf} \equiv \sum_{\nu=1}^{N} m^{\nu}[(\sigma_{yf}^{\nu})^2+(\sigma_{zf}^{\nu})^2] \quad \text{usw.} \qquad (1.5{,}62)$$

und die Deviationsmomente

$$J_{xyf} \equiv \sum_{\nu=1}^{N} m^{\nu}\sigma_{xf}^{\nu}\sigma_{yf}^{\nu} \quad \text{usw.} \qquad (1.5{,}63)$$

eingeführt wurden. Es sei bemerkt, daß die Trägheits- und Deviationsmomente im allgemeinen keine Konstanten sind. Aus Gl. (1.5,57) folgt

$$\left.\frac{\partial \boldsymbol{q}}{\partial t}\right|_{(f)} = \dot{q}_{xf}\boldsymbol{f}_1+\dot{q}_{yf}\boldsymbol{f}_2+\dot{q}_{zf}\boldsymbol{f}_3 \qquad (1.5{,}64)$$

Ersetzt man nun in der Summe von Gl. (1.5,56) formal $\boldsymbol{q}$ durch $\left.\frac{\partial \boldsymbol{q}}{\partial t}\right|_{(f)}$, so erhält man auf demselben Wege die Beziehung

$$\boldsymbol{h}^* \equiv \sum_{\nu=1}^{N} m^{\nu}\boldsymbol{\sigma}^{\nu}\times\left(\left.\frac{\partial \boldsymbol{q}}{\partial t}\right|_{(f)}\times\boldsymbol{\sigma}^{\nu}\right) = (\dot{q}_{xf}J_{xf}-\dot{q}_{yf}J_{xyf}-\dot{q}_{zf}J_{xzf})\boldsymbol{f}_1$$

$$+\text{zyklische Glieder} \qquad (1.5{,}65)$$

Insgesamt wird damit die linke Seite von Gl. (1.5,55)

$$\boldsymbol{h}^*+\boldsymbol{q}\times\boldsymbol{h} =$$

$$= [\dot{q}_{xf}J_{xf}-\dot{q}_{yf}J_{xyf}-\dot{q}_{zf}J_{xzf}]\boldsymbol{f}_1+\text{zykl. Gl.}+\begin{vmatrix} \boldsymbol{f}_1 & \boldsymbol{f}_2 & \boldsymbol{f}_3 \\ q_{xf} & q_{yf} & q_{zf} \\ h_{xf} & h_{yf} & h_{zf} \end{vmatrix} \qquad (1.5{,}66)$$

Man erkennt darin unmittelbar die Trägheitsglieder der *Euler*schen Kreiselgleichungen.

Im Spezialfall konstanter Trägheits- und Deviationsmomente, also insbesondere im Fall eines starren Körpers $\left(\left.\frac{\partial \boldsymbol{\sigma}^{\nu}}{\partial t}\right|_{(f)}=0\right)$ wird

$$h = h_{\text{total}}, \quad h^* = \left.\frac{\partial h}{\partial t}\right|_{(f)}, \quad h^* + q \times h = \frac{dh}{dt} \tag{1.5,66a}$$

Diese Voraussetzung soll in den folgenden Abschnitten 1.5.23–25 gemacht werden.

Es sei noch erwähnt, daß man den Vektor h nach Gl. (1.5,59) bzw. (1.5,66a) mittels des Trägheitstensors

$$\Phi = J_{xf} f_1 f_1 - J_{xyf}(f_1 f_2 + f_2 f_1) + \text{zyklische Glieder} \tag{1.5,66b}$$

auch in der kürzeren Form

$$h = q \cdot \Phi \tag{1.5,66c}$$

schreiben kann. Jedoch wird diese Darstellung im folgenden nicht gebraucht.

1.5.23. Experimentelles System (*e*)

Bei Komponentenzerlegung im experimentellen System (*e*) hat man entsprechend für einen starren Körper

$$q = q_{xe} e_1 + q_{ye} e_2 + q_{ze} e_3 \tag{1.5,67}$$

$$\sigma^\nu = \sigma^\nu_{xe} e_1 + \sigma^\nu_{ye} e_2 + \sigma^\nu_{ze} e_3 \tag{1.5,68}$$

$$h = \sum_{\nu=1}^{N} m^\nu [q(\sigma^\nu)^2 - \sigma^\nu (q \cdot \sigma_\nu)] = h_{xe} e_1 + h_{ye} e_2 + h_{ze} e_3 \tag{1.5,69}$$

mit

$$h_{xe} = q_{xe} J_{xe} - q_{ye} J_{xye} - q_{ze} J_{xze} \quad \text{usw.} \tag{1.5,70}$$

Weiter ist

$$\left.\frac{\partial h}{\partial t}\right|_{(f)} = \left.\frac{\partial h}{\partial t}\right|_{(e)} + q_{e/f} \times h \tag{1.5,71}$$

mit

$$q_{e/f} = -\dot{\alpha} e_2 \tag{1.5,72}$$

Zusammengefaßt lauten hier also die links in der Momentengleichung (1.5,55) stehenden Trägheitsglieder für einen starren Körper

$$\left.\frac{\partial h}{\partial t}\right|_{(e)} + (q - \dot{\alpha} e_2) \times h = \frac{dh}{dt} =$$

$$= e_1 \frac{\partial}{\partial t} (q_{xe} J_{xe} - q_{ye} J_{xye} - q_{ze} J_{xze}) + \text{zykl. Gl.} + \begin{vmatrix} e_1 & e_2 & e_3 \\ q_{xe} & q_{ye} - \dot{\alpha} & q_{ze} \\ h_{xe} & h_{ye} & h_{ze} \end{vmatrix} \tag{1.5,73}$$

Die Komponenten von h in den Systemen (*f*) bzw. (*e*) stehen gemäß dem Hilfssatz 1), S. 16, in der Beziehung

$\boldsymbol{h}$			h_{xf}	h_{yf}	h_{zf}
	$\boldsymbol{q}$		q_{xf}	q_{yf}	q_{zf}
			$\boldsymbol{f}_1$	$\boldsymbol{f}_2$	$\boldsymbol{f}_3$
h_{xe}	q_{xe}	$\boldsymbol{e}_1$	$\cos\alpha$	0	$\sin\alpha$
h_{ye}	q_{ye}	$\boldsymbol{e}_2$	0	1	0
h_{ze}	q_{ze}	$\boldsymbol{e}_3$	$-\sin\alpha$	0	$\cos\alpha$

(1.5,74)

Stellt man nun die in den Komponenten h_{xf} usw. vorkommenden Werte q_{xf} usw. durch die Werte q_{xe} usw. dar, so erhält man Identitäten bezüglich der Größen q_{xe}. Durch Koeffizientenvergleich ergeben sich daraus nach kurzer Zwischenrechnung die folgenden Beziehungen zwischen den Trägheitsmomenten:

$$\left.\begin{aligned} J_{xe} &= J_{xf}\cos^2\alpha+J_{zf}\sin^2\alpha-J_{xzf}\sin 2\alpha \\ J_{xye} &= J_{xyf}\cos\alpha+J_{yzf}\sin\alpha \\ J_{xze} &= (J_{xf}-J_{zf})\sin\alpha\cos\alpha+J_{xzf}\cos 2\alpha \\ J_{ye} &= J_{yf} \\ J_{yze} &= -J_{xyf}\sin\alpha+J_{yzf}\cos\alpha \\ J_{ze} &= J_{xf}\sin^2\alpha+J_{zf}\cos^2\alpha+J_{xzf}\sin 2\alpha \end{aligned}\right\} \quad (1.5,75)$$

Es sei noch bemerkt, daß man diese Gleichungen mittels der Tensorrechnung, z. B. im Anschluß an die Gl. (1.5,66b), etwas rascher herleiten kann.

1.5.24. Rollwinkelfreies System ($\bar{f}$)

Bei Zerlegung im rollwinkelfreien System ($\bar{f}$) wird ferner für einen starren Körper

$$\boldsymbol{q} = q_{x\bar{f}}\bar{\boldsymbol{f}}_1+q_{y\bar{f}}\bar{\boldsymbol{f}}_2+q_{z\bar{f}}\bar{\boldsymbol{f}}_3 \quad (1.5,76)$$

$$\boldsymbol{\sigma}^{v} = \sigma^{v}_{x\bar{f}}\bar{\boldsymbol{f}}_1+\sigma^{v}_{y\bar{f}}\bar{\boldsymbol{f}}_2+\sigma^{v}_{z\bar{f}}\bar{\boldsymbol{f}}_3 \quad (1.5,77)$$

$$\boldsymbol{h} = h_{x\bar{f}}\bar{\boldsymbol{f}}_1+h_{y\bar{f}}\bar{\boldsymbol{f}}_2+h_{z\bar{f}}\bar{\boldsymbol{f}}_3 \quad (1.5,78)$$

mit

$$h_{x\bar{f}} = q_{x\bar{f}}J_{x\bar{f}}-q_{y\bar{f}}J_{xy\bar{f}}-q_{z\bar{f}}J_{xz\bar{f}} \quad \text{usw.} \quad (1.5,79)$$

Hier wird

$$\left.\frac{\partial \boldsymbol{h}}{\partial t}\right|_{(f)} = \left.\frac{\partial \boldsymbol{h}}{\partial t}\right|_{(\bar{f})} + \boldsymbol{q}_{\bar{f}/f}\times\boldsymbol{h} \quad (1.5,80)$$

mit

$$\boldsymbol{q}_{\bar{f}/f} = -\dot{\varphi}_f\bar{\boldsymbol{f}}_1 \quad (1.5,81)$$

Insgesamt werden hier die Trägheitsglieder auf der linken Seite der Momentengleichung (1.5,55) für einen starren Körper

$$\left.\frac{\partial \boldsymbol{h}}{\partial t}\right|_{(\bar{f})} + (\boldsymbol{q} - \dot{\varphi}_f \bar{\boldsymbol{f}}_1) \times \boldsymbol{h} = \frac{\mathrm{d}\boldsymbol{h}}{\mathrm{d}t} = \tag{1.5,82}$$

$$= \bar{\boldsymbol{f}}_1 \frac{\partial}{\partial t}(q_{x\bar{f}} J_{x\bar{f}} - q_{y\bar{f}} J_{xy\bar{f}} - q_{z\bar{f}} J_{xz\bar{f}}) + \text{zykl. Gl.} + \begin{vmatrix} \bar{\boldsymbol{f}}_1 & \bar{\boldsymbol{f}}_2 & \bar{\boldsymbol{f}}_3 \\ q_{x\bar{f}} - \dot{\varphi}_f & q_{y\bar{f}} & q_{z\bar{f}} \\ h_{x\bar{f}} & h_{y\bar{f}} & h_{z\bar{f}} \end{vmatrix}$$

Aus den Beziehungen

$\boldsymbol{h}$			h_{xf}	h_{yf}	h_{zf}
	$\boldsymbol{q}$		q_{rf}	q_{yf}	q_{zf}
			$\boldsymbol{f}_1$	$\boldsymbol{f}_2$	$\boldsymbol{f}_3$
$h_{x\bar{f}}$	$q_{x\bar{f}}$	$\bar{\boldsymbol{f}}_1$	1	0	0
$h_{y\bar{f}}$	$q_{y\bar{f}}$	$\bar{\boldsymbol{f}}_2$	0	$\cos\varphi_f$	$-\sin\varphi_f$
$h_{z\bar{f}}$	$q_{z\bar{f}}$	$\bar{\boldsymbol{f}}_3$	0	$\sin\varphi_f$	$\cos\varphi_f$

(1.5,83)

ergeben sich hier die folgenden Darstellungen für die Trägheitsmomente:

$$\left.\begin{aligned} J_{x\bar{f}} &= J_{xf} \\ J_{xy\bar{f}} &= J_{xyf}\cos\varphi_f - J_{xzf}\sin\varphi_f \\ J_{xz\bar{f}} &= J_{xyf}\sin\varphi_f + J_{xzf}\cos\varphi_f \\ J_{y\bar{f}} &= J_{yf}\cos^2\varphi_f + J_{zf}\sin^2\varphi_f + J_{yzf}\sin 2\varphi_f \\ J_{yz\bar{f}} &= (-J_{yf} + J_{zf})\cos\varphi_f \sin\varphi_f + J_{yzf}\cos 2\varphi_f \\ J_{z\bar{f}} &= J_{zf}\cos^2\varphi_f + J_{yf}\sin^2\varphi_f - J_{yzf}\sin 2\varphi_f \end{aligned}\right\} \tag{1.5,84}$$

1.5.25. Flugwindfestes System (*a*)

Bei Zerlegung im flugwindfesten System (*a*) erhält man schließlich im Fall eines starren Körpers

$$\boldsymbol{q} = q_{xa}\boldsymbol{a}_1 + q_{ya}\boldsymbol{a}_2 + q_{za}\boldsymbol{a}_3 \tag{1.5,85}$$

$$\boldsymbol{\sigma}^v = \sigma^v_{xa}\boldsymbol{a}_1 + \sigma^v_{ya}\boldsymbol{a}_2 + \sigma^v_{za}\boldsymbol{a}_3 \tag{1.5,86}$$

$$\boldsymbol{h} = h_{xa}\boldsymbol{a}_1 + h_{ya}\boldsymbol{a}_2 + h_{za}\boldsymbol{a}_3 \tag{1.5,87}$$

mit

$$h_{xa} = q_{xa}J_{xa} - q_{ya}J_{xya} - q_{za}J_{xza} \quad \text{usw.} \tag{1.5,88}$$

Ferner ist

$$\left.\frac{\partial \boldsymbol{h}}{\partial t}\right|_{(f)} = \left.\frac{\partial \boldsymbol{h}}{\partial t}\right|_{(a)} + \boldsymbol{q}_{a/f} \times \boldsymbol{h} \tag{1.5,89}$$

mit

$$\boldsymbol{q}_{a/f} = -\dot{\alpha}\boldsymbol{e}_2 - \dot{\beta}\boldsymbol{a}_3 = \dot{\alpha}(\boldsymbol{a}_1\sin\beta - \boldsymbol{a}_2\cos\beta) - \dot{\beta}\boldsymbol{a}_3 \tag{1.5,90}$$

Zusammengefaßt lauten die links in der Momentengleichung (1.5,55) stehenden Trägheitsglieder für einen starren Körper

$$\frac{\mathrm{d}\boldsymbol{h}}{\mathrm{d}t} = \left.\frac{\partial \boldsymbol{h}}{\partial t}\right|_{(a)} + (\boldsymbol{q} + \boldsymbol{a}_1 \dot{\alpha} \sin\beta - \boldsymbol{a}_2 \dot{\alpha} \cos\beta - \boldsymbol{a}_3 \dot{\beta}) \times \boldsymbol{h} =$$

$$= \boldsymbol{a}_1 \frac{\partial}{\partial t}(q_{xa} J_{xa} - q_{ya} J_{xya} - q_{za} J_{xza}) + \text{zykl. Gl.} + \qquad (1.5{,}91)$$

$$+ \begin{vmatrix} \boldsymbol{a}_1 & \boldsymbol{a}_2 & \boldsymbol{a}_3 \\ q_{xa} + \dot{\alpha} \sin\beta & q_{ya} - \dot{\alpha} \cos\beta & q_{za} - \dot{\beta} \\ h_{xa} & h_{ya} & h_{za} \end{vmatrix}$$

Läßt man das körperfeste System (f) mit den Hauptträgheitsachsen zusammenfallen (d. h. $I_{xyf} = I_{yzf} = I_{zxf} = 0$), so gelten die Beziehungen

$\boldsymbol{h}$			$h_{xf} \equiv J_{xf} q_{xf}$	$h_{yf} \equiv J_{yf} q_{yf}$	$h_{zf} \equiv J_{zf} q_{zf}$
	$\boldsymbol{q}$		q_{xf}	q_{yf}	q_{zf}
			$\boldsymbol{f}_1$	$\boldsymbol{f}_2$	$\boldsymbol{f}_3$
h_{xa}	q_{xa}	$\boldsymbol{a}_1$	$\cos\alpha \cos\beta$	$-\sin\beta$	$\sin\alpha \cos\beta$
h_{ya}	q_{ya}	$\boldsymbol{a}_2$	$\cos\alpha \sin\beta$	$\cos\beta$	$\sin\alpha \sin\beta$
h_{za}	q_{za}	$\boldsymbol{a}_3$	$-\sin\alpha$	0	$\cos\alpha$

(1.5,92)

Im Falle $J_{xyf} = J_{yzf} = J_{zxf} = 0$ folgt damit ähnlich wie oben

$$\left.\begin{aligned} J_{xa} &= \cos^2\alpha \cos^2\beta J_{xf} + \sin^2\beta J_{yf} + \sin^2\alpha \cos^2\beta J_{zf} \\ J_{xya} &= -\cos\beta \sin\beta (\cos^2\alpha J_{xf} - J_{yf} + \sin^2\alpha J_{zf}) \\ J_{xza} &= -\cos\alpha \sin\alpha \cos\beta (J_{zf} - J_{xf}) \\ J_{ya} &= \cos^2\alpha \sin^2\beta J_{xf} + \cos^2\beta J_{yf} + \sin^2\alpha \sin^2\beta J_{zf} \\ J_{yza} &= -\cos\alpha \sin\alpha \sin\beta (J_{zf} - J_{xf}) \\ J_{za} &= \sin^2\alpha J_{xf} + \cos^2\alpha J_{zf} \end{aligned}\right\} \qquad (1.5{,}93)$$

Literatur zu Abschnitt 1.5: [1–501 bis 503]. S. 107.

1.6. Reglergleichungen

Fluggeräte führen i. a. nur dann die gewünschten Bewegungen aus, wenn sie von einem Menschen oder automatischen Piloten geregelt werden. Es ergibt sich damit die Aufgabe, zu den vorstehenden Kräfte- und

Momentengleichungen, die man als Differentialgleichungen der Regelstrecke auffassen kann, noch einen geeigneten Satz von Gleichungen aufzustellen, die das Verhalten des Reglers beschreiben.

Entsprechend den Stellen, an denen das Stellglied (Parameter μ) in den Regelkreis eingebaut ist, kann man eine Regelung der Kräfte und eine Regelung der Momente unterscheiden. So dient ein Stellglied am Triebwerk (Parameter μ_S) bzw. an der Grenzschicht (Parameter μ_A) vor allem dazu, die Kräfte in Flugrichtung bzw. senkrecht zur Flugrichtung zu regeln. Dagegen hat ein Höhenruder (Parameter η) oder auch eine Gewichtstrimmung (Parameter μ_G) den Zweck, die Kippmomente um die Achse f_2 zu regeln, während ein Seitenruder (Parameter ζ) insbesondere die Wendemomente um die Achse f_3 und ein Querruder (Parameter ξ) vorwiegend die Rollmomente um die Achse f_1 regeln soll.

Es bezeichne nun $L(\mu)$ einen Ausdruck, der das Stellglied μ bzw. zeitliche Ableitungen von μ, aber auch solche Vorschriften enthalten kann, die eine Unstetigkeit von μ oder einer Ableitung von μ zur Folge haben. Nennt man ferner x_n die Regelbefehlsglieder $(n = 1, \dots N)$,so kann man die Reglergleichungen in der Form schreiben:

$$L(\mu) = f(x_1, \dots, x_N) \tag{1.6,1}$$

Für μ ist hier eine der Größen μ_S, μ_A, μ_G, ξ, η oder ζ zu nehmen.

Größte theoretische und praktische Bedeutung haben lineare Regler, weswegen hier auch die Bezeichnung $L(\mu)$ gewählt wurde. I. a. werden lineare Regler durch den Ansatz

$$L(\mu) \equiv T_2\ddot{\mu} + T_1\dot{\mu} + T_0\mu \tag{1.6,2}$$

mit ausreichender Genauigkeit beschrieben. An die Zeitkonstanten T_0, T_1, T_2, ist nötigenfalls noch einer der Indizes S, A, G, ξ, η oder ζ zu setzen.

Ein Beispiel für einen nichtlinearen Regler bildet etwa eine Schwarzweiß-Regelung mit den positiven Konstanten μ_0 und B_0 nach der Vorschrift

$$\mu = \begin{Bmatrix} \mu_0 & \text{für } f(x_1, \dots, x_N) \geq B_0 \\ -\mu_0 & \text{für } f(x_1, \dots, x_N) \leq -B_0 \\ \text{letzter Wert} & \text{für } -B_0 < f(x_1, \dots, x_N) < B_0 \end{Bmatrix} \tag{1.6,3}$$

Einige Ansätze für die Regelbefehlsglieder x_n werden im Abschnitt 1.8, S. 79, gegeben.

Literatur zu Abschnitt 1.6: [1–601 bis 620], S. 108.

1.7. Kräfte und Momente am Flugkörper

1.7.1. Kräfte am Flugkörper

1.7.11. Gewicht und statischer Auftrieb

In der Erdatmosphäre greifen an einem Fluggerät beim Bezug auf ein Inertialsystem folgende äußere Kräfte an: Das wahre Gewicht, der statische Auftrieb sowie die Luft- und Triebwerkskräfte. Bei Bodenberührung kommen dazu noch Reibungskräfte und Auflagerkräfte.

Die Berechnung des wahren Gewichts $\boldsymbol{G}_w$ in Abhängigkeit vom Ortsvektor $\boldsymbol{s}$ des Schwerpunkts wurde bereits in Abschnitt 1.2.1, S. 2, vorgenommen. Natürlich kann man das wahre Gewicht auch mit der in der Kräftegleichung auftretenden Zentrifugalkraft $m\boldsymbol{b}$ nach Gl. (1.2,17), S. 5, zum scheinbaren Gewicht $\boldsymbol{G}_s$ zusammenfassen, sofern man ein erdfestes Koordinatensystem zugrundelegt.

Der statische Auftrieb $\boldsymbol{A}_{\text{statisch}}$ errechnet sich aus dem Volumen Vol der vom Fluggerät verdrängten Luft, der Luftdichte ϱ und der scheinbaren Erdbeschleunigung $\boldsymbol{g}_s$ zu

$$\boldsymbol{A}_{\text{statisch}} = -Vol \cdot \varrho \cdot \boldsymbol{g}_s \tag{1.7,1}$$

I. a. kann man diese Kraft außer bei Ballonen und Luftschiffen vernachlässigen.

1.7.12. Luftkräfte bei Ruderausschlag Null

In der Praxis erweist es sich als vorteilhaft, einerseits die Oberflächenkräfte am Flugwerk, d. h. am Tragflügel, Rumpf, Leitwerk und an den Motorgondeln, für sich zu einer resultierenden Luftkraft $\boldsymbol{R}$ und andererseits die Oberflächenkräfte am Triebwerk, d. h. auf Propellern, Diffusoren, Brennkammern, Düsen usw., für sich zu einer resultierenden Triebwerkskraft $\boldsymbol{S}$ zusammenzufassen. Eine gewisse Willkür ist bei der Abgrenzung von Flugwerk und Triebwerk manchmal nicht ganz zu vermeiden.

Die Bestimmung der dynamischen Luftkräfte bzw. der Triebwerkskräfte ist Sache der Aerodynamik bzw. der Triebwerkslehre. Wegen des großen Umfangs, den diese beiden Wissensgebiete heute angenommen haben, sollen die Luft- und Triebwerkskräfte hier nur in großen Zügen beschrieben, im übrigen aber als theoretisch oder experimentell gegeben vorausgesetzt werden.

Auch die nach technischen oder physikalischen Gesichtspunkten unterschiedenen Strömungsbereiche sollen hier nicht näher diskutiert werden.

Vielmehr sei als bekannt vorausgesetzt, daß man die Strömung bei einem gegen 1 kleinen Verhältnis der mittleren freien Weglänge zu einer charakteristischen Körperlänge (bei kleiner *Knudsen*zahl) als Kontinuumsströmung bezeichnet und behandelt; entsprechend der *Mach*schen Zahl der Anströmung unterteilt man sie in Unterschallströmung [1–707 bis 717], schallnahe Strömung, Überschallströmung [1-720 bis 726] und Hyperschallströmung [1–731 bis 734]. Bei zunehmender mittlerer freier Weglänge gelangt man über die Bereiche der Schlüpfströmung, der Übergangsströmung und der fast freien Molekularströmung zur freien Molekularströmung, auch gaskinetische Strömung [1–741 bis 742] genannt, deren *Knudsen*zahl groß gegen 1 ist, und die aus diesem Grunde theoretisch am besten zu erfassen ist.
Für den theoretisch und experimentell weitgehend erforschten Bereich der klassischen Kontinuumsströmung sei an die verschiedenen Ähnlichkeitssätze und Modellregeln erinnert, die bei gegebener Form eines Tragflügels und bei gegebenem Zustand der anströmenden Luft innerhalb gewisser Bereiche eine Abschätzung der Luftkräfte bei ähnlicher Vergrößerung oder bei bloßer Änderung der Spannweite bzw. der Dicke oder bei Änderung der Anströmungsgeschwindigkeit erlauben (Beispiele: Induzierter Widerstand bei inkompressibler Strömung, *Prandtl*sche Regel bei Unterschall- bzw. Überschallströmung).

Im Falle nicht stationärer Bewegungen eines Flugkörpers sind auch die Luftkräfte am Flugwerk instationär; sie hängen dann nicht nur von der augenblicklichen Lage des Flugkörpers relativ zum Windfeld, sondern auch von der „Vorgeschichte" des augenblicklichen Flugzustands ab. Die Aerodynamik instationärer Luftkräfte findet ihre wichtigste Anwendung bei aeroelastischen Problemen, da dort die Verweilzeit eines Luftteilchens in der Nähe des Flugkörpers etwa von gleicher Größenordnung wie die reduzierte Schwingungsdauer elastischer Schwingungen ist (*Strouhal*zahl ~ 1), s. [1–720]. Derartige Probleme scheiden hier zwar aus, da wir den Flugkörper stets als starren Körper betrachten, s. Abschnitt 1.1.3, jedoch spielt die instationäre Aerodynamik auch im Fall des starren Flugkörpers eine gewisse Rolle. Allerdings sind dann starke Vereinfachungen möglich; denn einerseits ist die charakteristische Zeit einer freien Schwingung gemäß Abschnitt 3.2 im allgemeinen wesentlich größer als die der elastischen Schwingungen, die entsprechende *Strouhal*zahl also meistens klein gegen 1, andererseits ist die Intensität kurzwelliger äußerer Störungen wie die der atmosphärischen Turbulenz sehr gering, s. Gl. (1.2,55). In praxi genügt es daher, wenn man die instationären Luftkräfte selbst vernachlässigt, jedoch gewisse Momente beibehält, die über frequenz-unabhängige Faktoren zu den verschiedenen Komponenten der Drehgeschwindigkeit proportional sind (quasistationäre Aerodynamik). Für genauere Ansätze der instationären Aerodynamik, die gelegentlich bei speziellen Problemen notwendig werden (z. B. Aufbau der Rudernormalkraft bei schnellem Ruderausschlag) sei auf die Literatur hingewiesen [1–707a, 720, 722b, 725a–d].

Um die praktische Anwendbarkeit der Flugmechanik starrer Körper auf die heutigen flexiblen Fluggeräte zu gewährleisten, kann und soll im folgenden stets näherungsweise angenommen werden, daß die tatsächlich auftretenden elastischen Verformungen ohne Verzug den auftretenden Luftkräften folgen, d. h. quasistatisch sind. Umgekehrt soll der Einfluß der elastischen Verformung auf die Größe der Luftkräfte und Luftkraftmomente, ohne daß dies ausdrücklich erwähnt wird, im Ansatz der Luftkraftbeiwerte stets mit eingeschlossen sein.

Die Oberflächenkräfte am Flugwerk und erst recht ihre Resultierende sind i. a. nur wenig vom Betriebszustand des Triebwerks abhängig, während die Oberflächenkräfte am Triebwerk i. a. sehr stark von dessen Betriebszustand abhängen. Die Oberflächenkräfte am Flugwerk sind vorwiegend durch den Bewegungszustand des Fluggeräts als Ganzem bestimmt. Dieser beeinflußt auch wesentlich die Oberflächenkräfte am Triebwerk im Falle der luftverbrauchenden Triebwerke einschließlich des Kolbentriebwerks mit Propeller. Dagegen macht sich beim reinen Raketentriebwerk der Bewegungszustand des Fluggeräts in den Triebwerkskräften kaum bemerkbar.

Um übersichtlichere Verhältnisse zu haben, betrachten wir zunächst die Luftkräfte bei verschwindenden Ruderausschlägen und kennzeichnen sie durch den oberen Index „o". Die Wahl des Nullpunktes ist beim Höhenruder eines spiegelsymmetrischen Fluggeräts frei; in allen übrigen hier betrachteten Fällen ist der Nullpunkt durch die geometrischen Verhältnisse bestimmt.

1.7.121. *Widerstand bei Ruderauschlag Null*

Man kann die Gesamtspannung an der Außenseite der Oberfläche eines Fluggeräts in eine Normalspannung und eine Tangentialspannung zerlegen. Die Normalspannung ist zahlenmäßig gleich dem Druck. Die Integration des Druckes bzw. der Tangentialspannung längs der Oberfläche des Flugwerks gibt eine Resultierende der Druckkräfte bzw. eine Resultierende der Tangentialkräfte. Die Summe dieser beiden Resultierenden ist wieder die resultierende Luftkraft $\boldsymbol{R}^0$ bei Ruderausschlag Null.

Ihre Komponente in Richtung $-\boldsymbol{a}_1$ der Anströmung pflegt man als Widerstand $\boldsymbol{W}^0$ zu bezeichnen. Man kann also schreiben:

$$\boldsymbol{W}^0 = -W^0 \cdot \boldsymbol{a}_1 \text{ mit } W^0 = -\boldsymbol{R}^0 \cdot \boldsymbol{a}_1 \qquad (1.7,2)$$

für spiegelsymmetrische Fluggeräte, bzw.

$$\boldsymbol{W}^0 = -W^0 \cdot \boldsymbol{d}_1 \text{ mit } W^0 = -\boldsymbol{R}^0 \cdot \boldsymbol{d}_1 \qquad (1.7,3)$$

für rotationssymmetrische Fluggeräte.

Da $\boldsymbol{a}_1 = \boldsymbol{d}_1$ ist, bedeutet W^0 in beiden Fällen dasselbe.

Mit Benutzung des dimensionslosen Widerstandsbeiwerts c_W^0 pflegt man zu schreiben

$$W^0 = c_W^0 qF \tag{1.7,4}$$

Dabei ist

$$q = \frac{1}{2}\varrho V^2 \tag{1.7,5}$$

der sogenannte Staudruck und F eine Bezugsfläche, z. B. die Tragfläche im Falle spiegelsymmetrischer Flugkörper bzw. eine charakteristische Querschnittsfläche im Falle rotationssymmetrischer Flugkörper.

Der Koeffizient c_W^0 ist in erster Linie vom Anstellwinkel α und von der *Mach*schen Zahl

$$Ma = \frac{V}{a} \tag{1.7,6}$$

abhängig, wobei a die Schallgeschwindigkeit ist. In schwächerem Maße hängt c_W^0 ab von der *Reynolds*schen Zahl

$$Re = \frac{Vl}{\nu} \tag{1.7,7}$$

wobei l eine charakteristische Länge und $\nu (= 0{,}133 \cdot 10^{-4}\ \mathrm{m^2/s}$ für Luft von 0 °C und 1 atm) die kinematische Zähigkeit ist, ferner vom Schiebewinkel β sowie von den Komponenten der Drehgeschwindigkeit und Beschleunigung des Fluggeräts und schließlich noch vom Betriebszustand des Triebwerks (Parameter μ_S) bzw. vom Stellglied μ_A einer eventuell vorhandenen Grenzschichtsteuerung. Man könnte die Abhängigkeit des Beiwerts c_W^0 vom Bewegungszustand des Fluggeräts näherungsweise erfassen, indem man zum stationären Anteil $c_W^{0,\mathrm{stat}}(\alpha, Ma)$ noch Glieder hinzufügt, die in den Komponenten von $\boldsymbol{\omega}$ und $\mathrm{d}\boldsymbol{V}/\mathrm{d}t$ linear sind und eventuell noch den Bodeneinfluß berücksichtigen. I. a. genügt es jedoch bei den Kräften (aber nicht bei den Momenten), wenn man die Abhängigkeit der Beiwerte, hier also speziell des Beiwerts c_W^0, von $\boldsymbol{\omega}$, $\mathrm{d}\boldsymbol{V}/\mathrm{d}t$ und der Flughöhe vernachlässigt.

Im einzelnen pflegt man die Komponente der resultierenden Tangentialkraft am Flugwerk in Richtung $-\boldsymbol{a}_1$ als Reibungswiderstand und die entsprechende Komponente der resultierenden Druckkraft als Druckwiderstand zu bezeichnen. Beide zusammen geben den Gesamtwiderstand. Der Reibungswiderstand rührt direkt von der Zähigkeit der Luft her und wird in der Grenzschichttheorie behandelt. Der Druckwiderstand am Fluggerät hat i. a. drei verschiedene Ursachen: Erstens rührt er indirekt von der Zähigkeit der Luft her, insofern als die Zähigkeit durch Ablösung der Strömung und Wirbelbildung die Potentialströmung um den Tragflügel verändert. Diesen Anteil kann man als Druckwiderstand im engeren Sinne bezeichnen; er gehört wieder zur Grenzschichttheorie.

Eine zweite Ursache des Druckwiderstandes ist die endliche Ausdehnung der Tragfläche nach der Seite. Infolge der endlichen Ausdehnung kann die Luft die Flügelkanten umströmen und den bei zweidimensionaler Strömung bestehenden Druckunterschied teilweise abbauen. Es entsteht am und hinter dem Tragflügel eine gerichtete Strömung, die unterhalb des Flügels nach außen, oberhalb nach innen gerichtet ist. Um die kinetische Energie dieser im Feld verbleibenden Zusatzbewegung zu erzeugen, ist natürlich eine Arbeit erforderlich, die von der Reaktionskraft des sogenannten Randwiderstandes oder induzierten Widerstandes geleistet wird, s. [1–717, S. 341]. Die Berechnung des induzierten Widerstandes gehört in die Tragflügeltheorie.

Beim Überschallflug und i. a. auch schon beim Flug im hohen Unterschall erhält man einen dritten Beitrag zum Druckwiderstand, den sogenannten Wellenwiderstand,

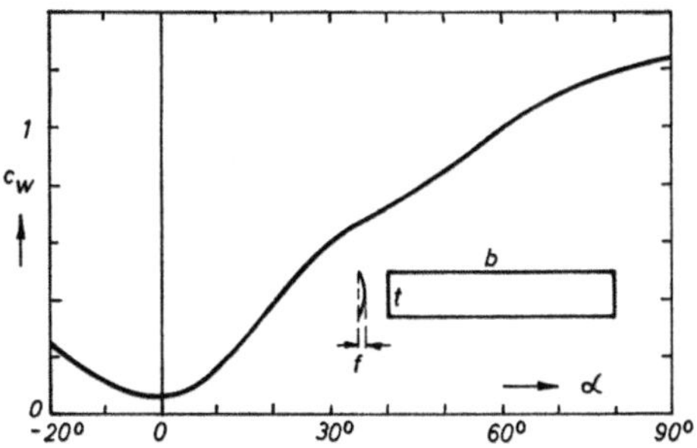

Abb. 1.7,1
$c_W = f(\alpha)$ gemäß [1–707, Zahlentafel 109] für eine gewölbte Platte mit $t:b = 1:5$, $f:t = 1:10$, mit $6 \cdot 10^3 < Re = V \cdot t/\nu < 6 \cdot 10^5$, vgl. Abb. 2.1,11, S. 142

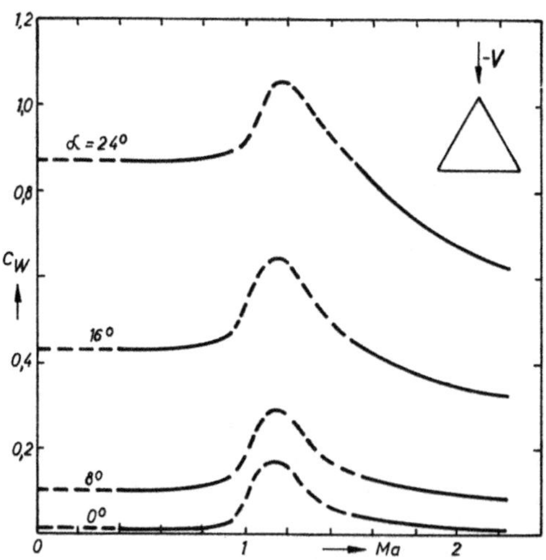

Abb. 1.7,2
$c_W = f(Ma, \alpha)$ für einen gleichseitigen Dreieckflügel mit Profil NACA 65A005,
—— Zahlenwerte gemäß [1–726, Bild 15 und 17], geglättet,
- - - - geschätzte Verläufe

der mit der abgestrahlten Energie (Überschallknall) und mit der Entropiezunahme in Verdichtungsstößen zusammenhängt. Im einzelnen werden diese Verhältnisse in der Gasdynamik behandelt.

Abb. 1.7,1 zeigt qualitativ den Verlauf des Widerstandsbeiwerts c_W^0 über einem größeren Anstellwinkelbereich bei konstanter *Mach*scher Zahl.

Abb. 1.7,2 stellt qualitativ den Verlauf des Widerstandsbeiwerts c_W^0 über *Ma* mit α als Parameter dar.

In vielen Fällen kann man c_W^0 im praktisch interessierenden α-Bereich mit ausreichender Genauigkeit in der Form darstellen:

$$c_W^0 = \varkappa_0 + \varkappa_1(\alpha - \alpha_0)^2 \text{ für spiegelsymmetrische Fluggeräte} \tag{1.7,8}$$

$$c_W^0 = \varkappa_0 + \varkappa_1 \delta^2 \text{ für rotationssymmetrische Fluggeräte,} \tag{1.7,9}$$

wobei $\varkappa_0$ und $\varkappa_1$ noch Funktionen von *Ma* sind.

Literatur zu Abschnitt 1.7.121: [1–701 bis 704], S. 109.

1.7.122. *Auftrieb bei Ruderausschlag Null*

Unter Auftrieb im allgemeinen Sinne versteht man jede Luftkraftkomponente, die senkrecht zur Anströmungsrichtung $-\boldsymbol{a}_1$ steht. Im engeren Sinne bezeichnet man im Falle spiegelsymmetrischer Fluggeräte als Auftrieb A^0 die Luftkraftkomponente in Richtung $-\boldsymbol{a}_3$ bei Ruderausschlag Null, also

$$\boldsymbol{A}^0 = -A^0\boldsymbol{a}_3 \text{ mit } A^0 = -\boldsymbol{R}^0 \cdot \boldsymbol{a}_3 \text{ für spiegelsymmetrische Fluggeräte.} \tag{1.7,10}$$

Im Falle rotationssymmetrischer Fluggeräte heißt A^0 die Luftkraftkomponente in Richtung $-\boldsymbol{d}_3$ bei Ruderausschlag Null, also

$$\boldsymbol{A}^0 = -A^0\boldsymbol{d}_3 \text{ mit } A^0 = -\boldsymbol{R}^0 \cdot \boldsymbol{d}_3 \text{ für rotationssymmetrische Fluggeräte.} \tag{1.7,11}$$

Da $\boldsymbol{a}_3$ i. a. von $\boldsymbol{d}_3$ verschieden ist, bedeutet A^0 in beiden Fällen i. a. etwas anderes.

Auch der Auftrieb wird gewöhnlich in der Form

$$A^0 = c_A^0 qF \tag{1.7,12}$$

dargestellt. Für die Abhängigkeit des Auftriebsbeiwerts c_A^0 von anderen Größen gelten ähnliche Bemerkungen wie für den Widerstandsbeiwert c_W^0.

Der Auftrieb rührt i. w. von Druckkräften her; er ist bei den heutigen Verkehrs- und Sportflugzeugen die weitaus wichtigste Luftkraft, da er dem Gewicht des Flugzeugs die Waage hält und dadurch den Flugzustand überhaupt ermöglicht. Der Auftrieb ist hauptsächlich an den Tragflügeln konzentriert, wenigstens bei Unterschallflug. Im Überschallflug trägt auch der Rumpf erheblich zum Auftrieb bei.

Damit ein Auftrieb im gewünschten Sinne eintritt, muß offenbar unterhalb des Trag flügels Überdruck, oberhalb dagegen Unterdruck herrschen. Man erreicht diese Druckverteilung dadurch, daß man die Tragfläche in schräger Lage gegen die Strömung bewegt, wobei die Unterseite der ankommenden Strömung zugewendet ist. Bei Unterschallströmung ist es dabei erfahrungsgemäß wichtig, daß der Anstellwinkel α nicht zu groß wird, so daß die Luft an der (scharfen) Hinterkante der Tragfläche „glatt" abströmen kann (*Kutta-Jukowski*-Bedingung).

Nach dem Satz von *Newton*, daß actio = reactio ist, muß der nach oben gerichteten Kraft der Luft auf den Tragflügel eine nach unten gerichtete Kraft des Tragflügels auf die Luft entgegenstehen, was eine Abwärtsbeschleunigung einer gewissen Luftmenge bedeutet.

Man kann das Strömungsfeld auch noch auf eine dritte Art charakterisieren, wenn man den Satz von *Bernoulli* heranzieht. Nach diesem Satz, der hier nur für inkompressible Medien formuliert sei, ist auf einer Stromlinie

$$p + \frac{\varrho}{2} V^2 = \text{const} \qquad (1.7,13)$$

Eine Druckerniedrigung auf der Tragflächenoberseite ist daher mit einer Vergrößerung der Strömungsgeschwindigkeit verbunden und umgekehrt auf der Unterseite. Man hat also oben Übergeschwindigkeit, unten Untergeschwindigkeit. Daher hat das Linienintegral der Geschwindigkeit oder die sogenannte Zirkulation um den Tragflügel einen von Null verschiedenen Wert, der sich als proportional zum Auftrieb erweist, s. [1–717, S. 63]. Im einzelnen werden diese Fragen in der Tragflügeltheorie behandelt.

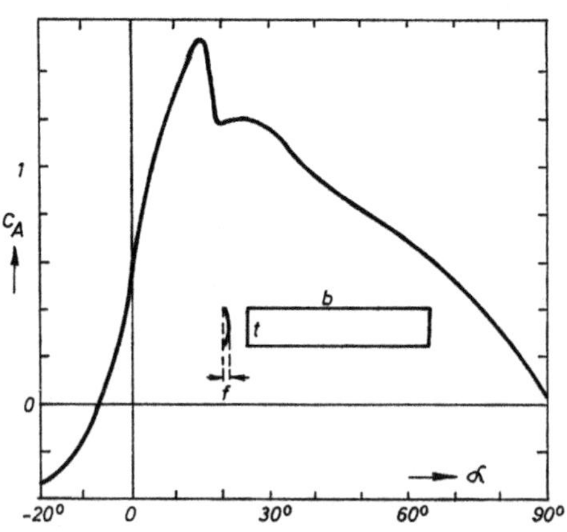

Abb. 1.7,3
$c_A = f(\alpha)$ gemäß [1–707, Zahlentafel 109] fur eine gewölbte Platte mit $t:b = 1:5$, $f:t = 1:10$, mit $6 \cdot 10^3 < Re = V \cdot t/\nu < 6 \cdot 10^5$, vgl. Abb. 2.1,11, S. 142

In Abb. 1.7,3 ist der Verlauf von c_A^0 über einem größeren Anstellwinkelbereich qualitativ dargestellt. Das Abfallen des Auftriebsbeiwerts bei großem Anstellwinkeln ist durch das Abreißen der Strömung bedingt. Abb. 1.7,4 zeigt qualitativ den Verlauf von c_A^0 über *Ma* mit α als Parameter.

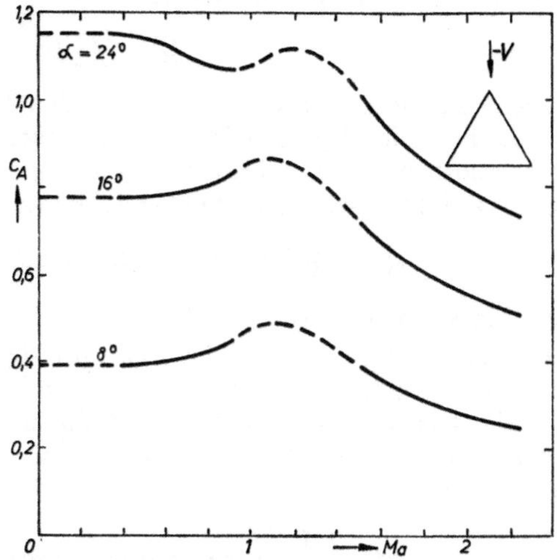

Abb. 1.7,4
$c_A = f(Ma, \alpha)$ für einen gleichseitigen Dreieckflügel mit Profil NACA 65A005,
—— Zahlenwerte gemäß [1–726, Bild 15 und 17], geglättet,
- - - - - geschätzte Verläufe

Im praktisch interessierenden α-Bereich kann man c_A^0 häufig mit ausreichender Genauigkeit in der Form

$$c_A^0 = (\alpha - \alpha_0)\,c_{A\alpha}^0 \text{ für spiegelsymmetrische Fluggeräte bzw.} \tag{1.7,14}$$

$$c_A^0 = \delta c_{A\delta}^0 \text{ für rotationssymmetrische Fluggeräte} \tag{1.7,15}$$

darstellen, wobei $c_{A\alpha}^0$ bzw. $c_{A\delta}^0$ noch Funktionen von *Ma* sind.

Man kann in diesem Falle den Koeffizienten oder das „Derivativum" $\overset{0}{c}_{A\alpha}$ als partielle Ableitung der Größe $\overset{0}{c}_A$ nach α deuten, jedoch wird das Wort „Derivativum" häufig auch in einem allgemeineren Sinne gebraucht, vgl. $\overset{0}{c}_{Mf\alpha}$ in Gl. (1.7,52), S. 68.

1.7.123. *Querkraft bei Ruderausschlag Null*

Als Querkraft $\boldsymbol{Q}^0$ bezeichnet man im Falle spiegelsymmetrischer Fluggeräte die Luftkraftkomponente in Richtung $\boldsymbol{a}_2$ bei Ruderausschlag Null, also

$$\boldsymbol{Q}^0 = Q^0 \boldsymbol{a}_2 \text{ mit } Q^0 = \boldsymbol{R}^0 \cdot \boldsymbol{a}_2 \text{ für spiegelsymmetrische Fluggeräte.} \tag{1.7,16}$$

Im Falle rotationssymmetrischer Fluggeräte heißt $\boldsymbol{Q}^0$ die Luftkraftkomponente in Richtung $\boldsymbol{d}_2$, also

$$\boldsymbol{Q}^0 = Q^0 \boldsymbol{d}_2 \text{ mit } Q_0 = \boldsymbol{R}^0 \cdot \boldsymbol{d}_2 \text{ für rotationssymmetrische Fluggeräte.} \tag{1.7,17}$$

Man kann hier wieder die Schreibweise

$$Q^0 = c_Q^0 qF \tag{1.7,18}$$

verwenden. Jedoch bedeutet c_Q^0 in beiden Fällen etwas ganz Verschiedenes. Bei spiegelsymmetrischen Fluggeräten ist die Querkraft nämlich im wesentlichen dem Schiebewinkel β proportional, so daß man vielfach mit praktisch ausreichender Genauigkeit den Ansatz

$$c_Q^0 = c_{Q\beta}^0 \cdot \beta \quad \text{für spiegelsymmetrische Fluggeräte} \tag{1.7,19}$$

machen kann. I. a. ist $c_{Q\beta}^0 > 0$.

Dagegen ist die Querkraft im Falle rotationssymmetrischer Fluggeräte i. w. dem Anstellwinkel δ sowie der Drehgeschwindigkeit ω_{xf} proportional. Querkräfte an rotierenden Zylindern sind aus der Aerodynamik bekannt und werden als *Magnus*kräfte bezeichnet. Man setzt hier zweckmäßigerweise

$$c_Q^0 = -c_{Qx\delta}^0 \frac{\omega_{xf} \cdot 2 \cdot l}{V} \delta \quad \text{für rotationssymmetrische Fluggeräte,} \tag{1.7,20}$$

wobei l eine charakteristische Länge ist. Bei dieser Definition wird $c_{Qx\delta}^0 > 0$.

1.7.124. *Umrechnung auf andere Koordinatensysteme*

Es ist üblich, die Luftkraftkomponenten in Richtung von Einheitsvektoren, welche in der hier benutzten Schreibweise die Indizes 1, 2 oder 3 tragen, durch X, Y oder Z zu bezeichnen. Beispielsweise ist $X_a = -W$ die Luftkraftkomponente in Richtung $\boldsymbol{a}_1$.

Entsprechend Gl. (1.3,28), S. 25, erhält man dann für spiegelsymmetrische Fluggeräte die später noch gebrauchte Zerlegung im experimentellen System (e):

$\boldsymbol{R}^0$		X_e^0	Y_e^0	Z_e^0
		$\boldsymbol{e}_1$	$\boldsymbol{e}_2$	$\boldsymbol{e}_3$
$X_a^0 \equiv -W^0$	$\boldsymbol{a}_1$	$\cos\beta$	$-\sin\beta$	0
$Y_a^0 \equiv Q^0$	$\boldsymbol{a}_2$	$\sin\beta$	$\cos\beta$	0
$Z_a^0 \equiv -A^0$	$\boldsymbol{a}_3$	0	0	1

(1.7,21)

Entsprechend ergibt sich aus W, Q und A die Tangentialkraft ($= -X_f$), die Seitenkraft ($= Y_f$) und die Normalkraft ($= -Z_f$) mittels der Transformation (1.3,29), S. 25.
Für rotationssymmetrische Fluggeräte findet man gemäß Gl. (1.3,33), S. 27, die später ebenfalls noch verwendete Zerlegung im rollwinkelfreien System $(\bar{f})$:

$\boldsymbol{R}^0$		$X_{\bar{f}}^0$	$Y_{\bar{f}}^0$	$Z_{\bar{f}}^0$
		$\bar{\boldsymbol{f}}_1$	$\bar{\boldsymbol{f}}_2$	$\bar{\boldsymbol{f}}_3$
$X_d^0 \equiv -W^0$	$\boldsymbol{d}_1$	$\cos\delta$	$\cos\chi\sin\delta$	$\sin\chi\sin\delta$
$Y_d^0 \equiv Q^0$	$\boldsymbol{d}_2$	0	$\sin\chi$	$-\cos\chi$
$Z_d^0 \equiv -A^0$	$\boldsymbol{d}_3$	$-\sin\delta$	$\cos\chi\cos\delta$	$\sin\chi\cos\delta$

(1.7,22)

1.7.13. Ruderkräfte

Bei Betätigung der Ruder treten gewisse zusätzliche Kräfte auf, die zwar im Verhältnis zu den übrigen Luftkräften klein sind, aber wegen ihres großen Abstandes vom Schwerpunkt ein erhebliches Moment besitzen. Es mag genügen, hier die Kraft am Höhenleitwerk bei Ruderausschlag η in der Form

$$\boldsymbol{Z}_f^{\mathrm{r}} = Z_f^{\mathrm{r}} \boldsymbol{f}_3 \tag{1.7,23}$$

mit

$$Z_f^{\mathrm{r}} = c_{Zf}^{\mathrm{r}} q F; \quad c_{Zf}^{\mathrm{r}} = \eta c_{Zf\eta}^{\mathrm{r}} \tag{1.7,24}$$

anzusetzen. Bei positiver Drehung des Höhenruders um $\boldsymbol{f}_2$ durch η aus der Nullage (Hinterkante nach unten) wird Z_f^{r} und damit $c_{Zf\eta}^{\mathrm{r}}$ negativ. Entsprechend stellt sich die Kraft am Seitenleitwerk beim Ruderausschlag ζ in der Form dar:

$$\boldsymbol{Y}_f^{\mathrm{r}} = Y_f^{\mathrm{r}} \boldsymbol{f}_2 \tag{1.7,25}$$

mit

$$Y_f^{\mathrm{r}} = c_{Yf}^{\mathrm{r}} q F; \quad c_{Yf}^{\mathrm{r}} = \zeta c_{Yf\zeta}^{\mathrm{r}} \tag{1.7,26}$$

Bei positiver Drehung des Seitenruders um $\boldsymbol{f}_3$ durch ζ aus der Nullage (Hinterkante nach links) wird Y_f^{r} und damit $c_{Yf\zeta}^{\mathrm{r}}$ positiv.

Die resultierende Zusatzkraft beim Querruderausschlag ξ (nicht jedoch deren Moment) kann man i. a. vernachlässigen.

Literatur zu Abschnitt 1.7.122–1.7.13: [1–707 bis 742], S. 109.

1.7.14. Triebwerkskräfte

Um einen Schub zu erzeugen, muß man einer Masse einen Impuls zuführen: Im Fall des *Flugzeugpropellers* wird die anströmende Luft unmittelbar mechanisch beschleunigt. Im wesentlichen dient sie auch beim *Turbinenstrahltriebwerk* und beim *Staustrahltriebwerk* als Stützmasse, jedoch gewinnt sie hier den erhöhten Impuls erst mittelbar durch einen thermodynamischen Prozeß (Kompression, Wärmezufuhr, Expansion). Bei *Raketen* dagegen erfolgt der Antrieb durch die Beschleunigung von Masse, die der Flugkörper von Anfang an mit sich trägt. Diese Fragen werden im einzelnen in der Triebwerkslehre behandelt. Für Festigkeitsberechnungen ist vor allem von Interesse zu wissen, wo die Schubkräfte am Fluggerät selbst angreifen. Beim Kolbentriebwerk mit Propeller geschieht das im wesentlichen am Propeller, und zwar hat man an der Vorderseite Unterdruck, an der Rückseite Überdruck [1–750 bis 754]. Wenn das Kolbentriebwerk eine Kühlerhaube besitzt, so kann ein Teil des Schubes auf der Kühlerhaube abgesetzt werden, die dann wie ein Staustrahldiffusor wirkt. Bei Turbinentriebwerken sitzen die Überdrücke, die den Vortrieb bewirken, hauptsächlich am Kompressor und Diffusor, während die resultierenden Drücke an der Turbine und im konvergenten Teil der Ausströmdüse einen nach hinten gerichteten (also negativen) Schubanteil bringen [1–761 bis 767]. Beim Staustrahlantrieb ist der resultierende Schub gleich der Summe des nach vorn gerichteten Schubanteils im Diffusor und im divergenten Teil der *Laval*düse, vermindert um den nach hinten gerichteten Schubanteil im konvergenten Teil der *Laval*düse [1–771 bis 774]. Bei der Rakete ist es ganz ähnlich, nur tritt an die Stelle des Diffusors der Brennkammerboden [1–781 bis 796].

Die in Richtung $\mathbf{s}_1$ wirkende Schubkraft

$$\mathbf{S} = S\,\mathbf{s}_1 \tag{1.7,27}$$

bzw. der Schubbeiwert

$$c_S = \frac{S}{qF_{Tr}} \tag{1.7,28}$$

ist i. a. von einer größeren Anzahl von Variablen abhängig. Die wichtigsten sind:

Ma = *Mach*sche Zahl (bzw. Geschwindigkeit) der Anströmung,

H = Flughöhe (bzw. genauer: Temperatur T und Druck p der Atmosphäre).

Dazu treten jedoch noch z. B. als zusätzliche Parameter:

a) ein luftseitiger Drosselfaktor bei luftverbrauchenden Triebwerken, evtl. mehrstufig (Höhenkompressor),
b) sonstige Einlaßbedingungen (Diffusorgeometrie, Blattwinkeleinstellung beim Propellertriebwerk), welche die Strömungsverluste beeinflussen,
c) ein brennstoffseitiger Drosselfaktor bzw. eine Vorschrift für die Drehzahl eines Rotors,

d) Luftbeimischung nach der Verbrennung,
e) Austrittsfläche bzw. Austrittsdruck,
f) der Bewegungszustand (außer *Ma* und *H*) des Fluggeräts (Drehbewegung, Beschleunigung).

Im Prinzip kann man das gesamte Schubverhalten in einer Folge von Diagrammblättern darstellen, von denen jedes den Schub *S* als Funktion von *Ma* mit diskreten Werten von *H* als Parameter darstellt, während alle Zusatzparameter vorgeschriebene Werte haben, die evtl. noch von *Ma* und *H* abhängen.

Als Beispiel sei etwa ein drehzahlgeregeltes Triebwerk mit optimaler Blatteinstellung des Verstellpropellers betrachtet. Bei diesem ist zunächst gegeben

$$S_{\text{Prop}} = S_{\text{Prop}}(V, H, n, \beta_{\text{Prop}}) \tag{1.7,29}$$

wobei n die sekundliche Drehzahl und β_{Prop} der Einstellwinkel des Propellerblattes ist. Der Wirkungsgrad des Propellers η_{Prop} ist durch die Gleichung

$$\eta_{\text{Prop}} = \frac{V S_{\text{Prop}}}{M_{\text{Prop}} \omega_{\text{Prop}}} \tag{1.7,30}$$

definiert, wobei M_{Prop} das Drehmoment des Propellers und

$$\omega_{\text{Prop}} = 2\pi n \tag{1.7,31}$$

die Winkelgeschwindigkeit ist. Setzt man noch R_{Prop} = Propellerradius, so kann man den Schub mittels des dimensionslosen „Schubwertes" k_S in der Form schreiben

$$S_{\text{Prop}}(V, H, n, \beta_{\text{Prop}}) = k_S \pi \frac{\varrho}{2} \omega_{\text{Prop}}^2 R_{\text{Prop}}^4 \tag{1.7,32}$$

Der Beiwert k_S kann aus aerodynamischen Gründen nur vom Fortschrittsgrad

$$\lambda = \frac{V}{\omega_{\text{Prop}} R_{\text{Prop}}} \tag{1.7,33}$$

sowie vom Einstellwinkel β_{Prop} abhängen. Entsprechend läßt sich das Drehmoment M_{Prop} mittels des „Drehwertes" k_d in der Form ansetzen

$$M_{\text{Prop}}(V, H, n, \beta_{\text{Prop}}) = k_d \pi \frac{\varrho}{2} \omega_{\text{Prop}}^2 R_{\text{Prop}}^5 \tag{1.7,34}$$

Auch k_d hängt nur von λ und β_{Prop} ab.
Einsetzen von S_{Prop} und M_{Prop} in Gl. (1.7,30) gibt

$$\eta_{\text{Prop}} = \frac{\lambda k_S(\lambda, \beta_{\text{Prop}})}{k_d(\lambda, \beta_{\text{Prop}})} \tag{1.7,35}$$

Demnach ist auch der Propellerwirkungsgrad η_{Prop} nur von λ und β_{Prop} abhängig. Abb. 1.7,5 zeigt schematisch η_{Prop} als Funktion von λ mit β_{Prop} als Parameter. η_{Prop} verschwindet für $\lambda = 0$ und $k_S = 0$ und erreicht zwischendurch ein Maximum. Die Einhüllende η_{Prop}^* dieser Kurvenschar liegt daher oberhalb der ganzen Kurvenschar.

$\eta^*_{\mathrm{Prop}}(\lambda)$ ist deshalb der maximale Wirkungsgrad, der an der Stelle λ möglich ist. Der zugehörige Einstellwinkel $\beta^*_{\mathrm{Prop}}(\lambda)$ bestimmt sich aus der Gleichung (1.7,35) zu

$$\eta^*_{\mathrm{Prop}}(\lambda) = \frac{\lambda k_S(\lambda, \beta^*_{\mathrm{Prop}})}{k_d(\lambda, \beta^*_{\mathrm{Prop}})} \tag{1.7,36}$$

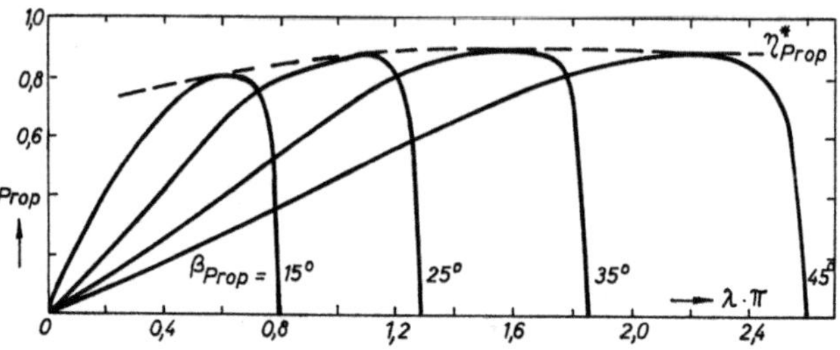

Abb. 1.7,5. Kurvenschar $\eta_{\mathrm{Prop}}(\lambda, \beta_{\mathrm{Prop}})$ und Einhüllende $\eta^*_{\mathrm{Prop}}(\lambda)$. Zahlenwerte aus [1–750, Fig. 16] für dreiblättrige Luftschraube Hamilton Standard ICI-0 mit $R_{\mathrm{Prop}} = 1{,}53$ m, vgl. auch [3–003, Fig. 233–237]

Bei optimalem Wirkungsgrad ist demnach der Schub

$$S_{\mathrm{Prop}} = S_{\mathrm{Prop}}\left[V, H, n, \beta^*_{\mathrm{Prop}}\left(\frac{V}{2\pi n R_{\mathrm{Prop}}}\right)\right] = S^*_{\mathrm{Prop}}(V, H, n) \tag{1.7,37}$$

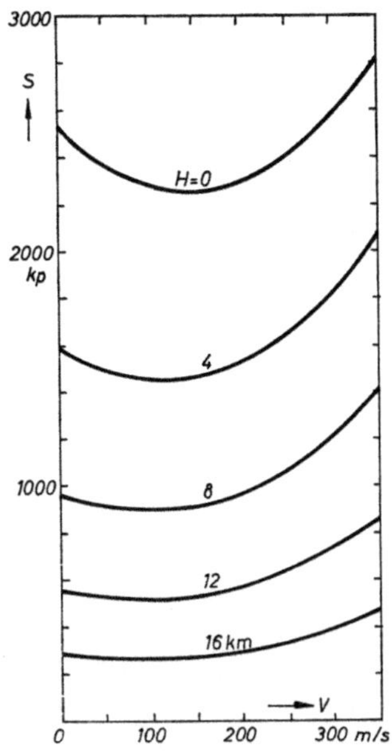

Abb. 1.7,6
Schub $S = f_1(V, H)$ mit Drehzahl n = const. Zahlenwerte interpoliert aus [1–764, Teil II, Fig. 8.64–65] fur Turbinentriebwerk Allison Division of General Motors Corp. J35-A-35 bei n = 8000/min, geglattet nach der Formel

$$f_1(V, H) = [2250 + 0{,}0133(V-145)^2]\frac{\varrho}{\varrho_0} K(V, H),$$

$$K(V, H) = \bar{K} + (1-\bar{K})\frac{\frac{\varrho}{\varrho_0} - 0{,}19346}{1-0{,}19346},$$

$$\bar{K} = 0{,}855 + 3{,}0\left(\frac{V}{1000}\right)^2,$$

ϱ/ϱ_0 nach Gl. (1.2,39), S. 8, V in m/s, S in kp

Daher kann man jetzt den Schub als Funktion von V und mit H als laufendem Parameter so darstellen, daß die Drehzahl n in jedem Diagramm als konstanter Parameter behandelt wird. Da eine Drehzahlregelung vorausgesetzt war, ist dies dann eine sachgemäße Art der Darstellung.

Abb. 1.7,6 gibt ein schematisches Bild einer solchen Darstellung für ein Turbinentriebwerk.

In entsprechender Weise kann man auch den Treibstoffverbrauch $-\dot{m}_B$ darstellen. Abb. 1.7,7 gibt dazu ein schematisches Beispiel, das mit Abb. 1.7,6 gleichzeitig bestehen könnte.

Indem man die Höhe H aus $S = f_1\ (Ma, H)$ und $-\dot{m}_B = f_2\ (Ma, H)$ eliminiert, kann man S außerdem auch noch in der Form $S = f_3\ (Ma, -\dot{m}_B)$ darstellen und kommt dann zu der gerne benutzten Darstellung der Abb. 1.7,8, welche die beiden vorangehenden Abbildungen in sich vereinigt.

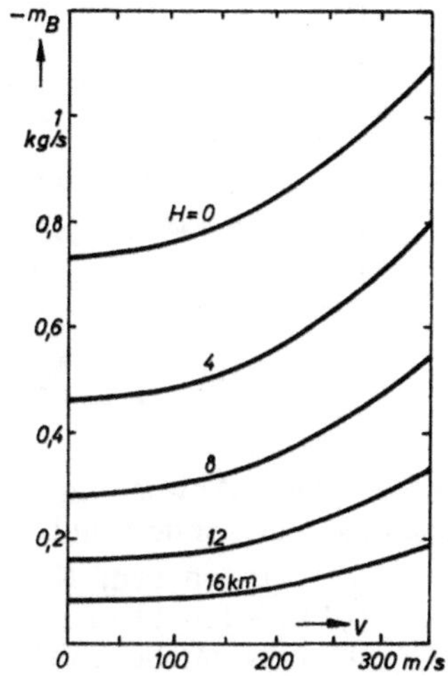

Abb. 1.7,7
Treibstoffverbrauch $-\dot{m}_B = f_2(V, H)$ mit Drehzahl n = const. Zahlenwerte entsprechend Abb. 1.7,6 mit
$f_2(V, H) = \left[0{,}736 + 3{,}0\left(\frac{V}{1000}\right)^2\right] \frac{\varrho}{\varrho_0}\, K(V, H)$

Mit anderen Triebwerken hat man bei konstanter Flughöhe H etwa die in Abb. 1.7,9 skizzierten Verläufe des Schubes.

Mit Ausnahme des Staustrahltriebwerks besitzen alle angeführten Triebwerke auch bei der Geschwindigkeit Null einen Schub. Beim Staustrahltriebwerk steigt der Schub vom Standschub Null aus zunächst quadratisch mit wachsender Geschwindigkeit und erzielt einen Maximalwert im Überschallbereich. Dagegen fällt der Schub beim Kolbentriebwerk mit Propeller bei wachsender Fluggeschwindigkeit rasch ab. Den Schubverlauf beim Turbinentriebwerk kann man als Überlagerung der Verläufe beim Staustrahl- und Kolbentriebwerk mit Propeller deuten. Beim Raketentriebwerk schließlich ist der Schub ganz unabhängig von der *Mach*schen Zahl der Anströmung.

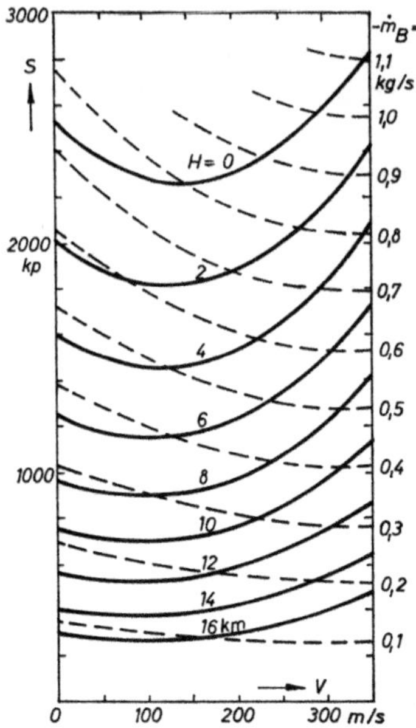

Abb. 1.7,8
—— Schub $S = f_1(V, H)$ gemäß Abb. 1.7,6,
- - - - Schub $S = f_3(V, -\dot{m}_B) = -\dot{m}_B f_4(V)$,
$f_4(V) = f_1(V, H)/f_2(V, H)$ gemäß Abb. 1.7,6–7

Im jeweiligen Anwendungsbereich beträgt der Brennstoffverbrauch pro Sekunde und Tonne Schub etwa

0,1 kg/s ton beim Kolbentriebwerk mit Propeller
0,4 kg/s ton beim Turbinentriebwerk
0,8 kg/s ton beim Staustrahltriebwerk
5,0 kg/s ton beim Raketentriebwerk.

In Gl. (2.2,59) sind einfache Näherungsansätze für den Zusammenhang von Schub und Verbrauch bei verschiedenen Triebwerksarten zusammengestellt, s. S. 166.

Für spiegelsymmetrische Fluggeräte läßt sich die Richtung $\boldsymbol{s}_1$ des Triebwerksschubes relativ zum körperfesten System (f) in gleicher Weise wie die Richtung $\boldsymbol{a}_1$ durch Winkel α_S, β_S festlegen. Dabei wird nach Gl. (1.3,29), S. 25,

$$\boldsymbol{s}_1 = \cos\alpha_S \cos\beta_S \boldsymbol{f}_1 - \sin\beta_S \boldsymbol{f}_2 + \sin\alpha_S \cos\beta_S \boldsymbol{f}_3 \qquad (1.7,38)$$

Vom System (f) kann man dann mittels Gl. (1.3,27), S. 25, leicht zum experimentellen System (e) übergehen. Entsprechend läßt sich $\boldsymbol{s}_1$ für rotationssymmetrische Fluggeräte relativ zum rollwinkelfreien System $(\bar{f})$ gemäß Gl. (1.3,33), S. 27. mittels der Winkel δ_S, χ_S in der Form

$$\boldsymbol{s}_1 = \cos\delta_S \bar{\boldsymbol{f}}_1 + \cos\chi_S \sin\delta_S \bar{\boldsymbol{f}}_2 + \sin\chi_S \sin\delta_S \bar{\boldsymbol{f}}_3 \qquad (1.7,39)$$

darstellen. Jedoch ist man bestrebt, die Winkel β_S bzw. δ_S möglichst klein zu halten.

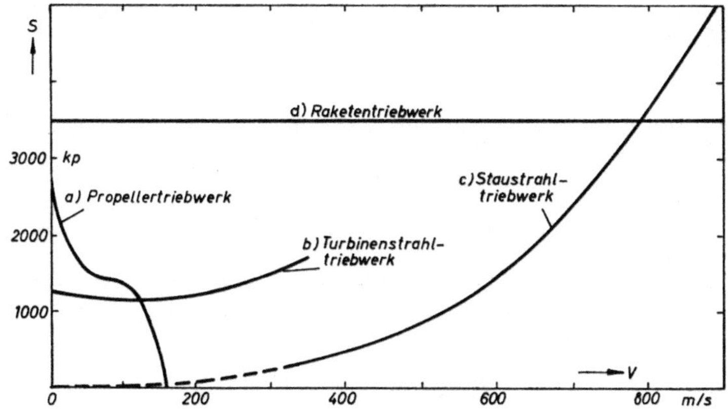

Abb. 1.7,9. Schematischer Schubverlauf bei verschiedenen Triebwerksarten:
a) *Kolbentriebwerk mit Propeller*: Zahlenwerte entsprechend Unterlagen zu Abb. 1.7,5 mı

$$\beta_{\text{Prop}} = \begin{cases} 15^\circ & \text{für } 0 \leqslant \lambda < 0{,}18 \\ \beta^*_{\text{Prop}} \text{ gemäß Gl. (1.7,36)} & \text{für } 0{,}18 \leqslant \lambda < 0{,}72 \\ 45^\circ & \text{für } 0{,}72 \leqslant \lambda \end{cases}$$

bei $n = 1200/\text{min}$, geglättet nach der Formel

$$S(V, H) = S(V, 0)\,\frac{\varrho}{\varrho_0}, \qquad S(V, 0) = 2629{,}5\left[1 - \left(\frac{V}{V_0} - 1\right)^3\right],$$

$V_0 = 79{,}56$ m/s, $\varrho/\varrho_0 = 0{,}53841$ für $H = 6$ km, S in kp.
b) *Turbinenstrahltriebwerk*: $S(V, H)$ gemäß Abb. 1.7,8 bei $n = 8000/\text{min}$ fur $H = 6$ km.
c) *Staustrahltriebwerk*: Zahlenwerte fur $Ma \geqslant 1$ ($V \geqslant 316{,}6$ m/s) gemäß [1-772, Abb. 106 mit $F_1/F_1^* = 1$] für $H = 6$ km, Diffusor-Kennzahl $\delta = 0{,}50$, stöchiometrisches Brennstoff-Luft-Gemisch ($m = 1$) mıt thermischer Verstopfung im Brennkammerendquerschnitt $F_3 (= F_4^* = 0{,}1\ \text{m}^2)$ und Entspannung auf Außendruck ($p_4 = p_1$). Zahlenwerte für $Ma < 1$ extrapoliert.
d) *Raketentriebwerk*

Zum Schluß sei noch als spezielle Antriebsart der Antrieb eines Geschosses im Lauf oder Rohr durch hochkomprimierte Pulvergase erwähnt. Ist p_G der Gasdruck am Geschoßboden, F_G der Geschoßquerschnitt, so ist der Schub einfach gleich

$$\boldsymbol{S} = p_G F_G \boldsymbol{f}_1 \qquad (1.7,40)$$

Ähnlich berechnet sich die Antriebskraft beim Katapultstart eines Flugzeugs mittels Pressluft.

Literatur zu Abschnitt 1.7.14: [1–750 bis 796], S. 100.

1.7.15. Stützkraft und Bodenreibung

Beim Rollen eines Flugzeugs kommen nur kleine Geschwindigkeiten relativ zur Erde vor. Es genügt daher, die vom Erdboden auf ein rollendes Flugzeug übertragene Kraft in Komponenten nach einem geodätischen System zu zerlegen. Nach oben, in Richtung $-\boldsymbol{g}_3$, wirkt bei ebener Rollbahn die Stützkraft

$$\boldsymbol{K}_{\text{Stütz}} = -(G_s - A)\boldsymbol{g}_3 \qquad (1.7{,}41)$$

sie hält also dem um den Auftrieb $\boldsymbol{A}$ verminderten scheinbaren Gewicht $\boldsymbol{G}_s$ das Gleichgewicht. Die horizontale Rollrichtung sei mit $\boldsymbol{g}_1$ bezeichnet. In Richtung $\boldsymbol{g}_1$ wirkt beim Rollen die Bodenreibung

$$\boldsymbol{K}_{\text{Reib}} = -\mu(G_s - A)\boldsymbol{g}_1 \qquad (1.7{,}42)$$

sie drückt sich also zahlenmäßig durch einen Bruchteil der Stützkraft aus. Für normales Fahrgestell mit normaler Bereifung ist auf ebener Rollbahn näherungsweise

$$\mu = \begin{cases} 0{,}02 & \text{für Beton- oder Holzbahn} \\ 0{,}04 & \text{für harten Rasen bei ebener Fläche} \\ 0{,}05 & \text{für mittleres Feld, kurzes Gras} \\ 0{,}10 & \text{für mittleres Feld, langes Gras} \\ 0{,}10 \text{ bis } 0{,}30 & \text{für weichen Grund.} \end{cases} \qquad (1.7{,}43)$$

Über den Einfluß besonderer Witterungsbedingungen, z. B. Eis oder Matsch auf der Rollbahn, unterrichtet [1–246], s. a. Literaturhinweise am Schluß des Abschnitts 2.3.1, S. 180.

Auch im Falle eines Geschosses muß man während seiner Bewegung im Rohr eine Reibungskraft ansetzen. Jedoch gibt es für diese Reibungskraft keinen allgemeinen Ansatz, vielmehr muß sie für jede Geschoß- und Rohrart empirisch ermittelt werden.

1.7.2. Momente am Flugkörper

1.7.21. Moment des statischen Auftriebs

Der statische Auftrieb besitzt ein Moment, welches bestrebt ist, den Schwerpunkt S' der verdrängten Luft entgegen der Richtung der scheinbaren Erdschwere über den Schwerpunkt S des Fluggeräts zu heben.

Formal ist dies Moment gleich dem Vektorprodukt

$$\overrightarrow{SS'} \times \boldsymbol{A}_{\text{statisch}} \tag{1.7,44}$$

Bei Fluggeräten, die schwerer als Luft sind, kann man es jedoch i. a. vernachlässigen.

1.7.22. Luftkraftmomente bei Ruderausschlag Null

Während bei den Luftkräften eine Zerlegung nach dem flugwindfesten System (a) gebräuchlich ist, bevorzugt man bei den Luftkraftmomenten i. a. eine Zerlegung nach dem flugzeugfesten System (f). Es erscheint zweckmäßig, ebenso wie bei den Luftkräften in Abschnitt 1.7.1 so auch hier bei den Luftkraftmomenten eine Einteilung in solche Momente vorzunehmen, die beim Ruderausschlag Null vorhanden sind, und in die Rudermomente, die von den Ruderausschlägen herrühren.

Man pflegt die Luftkraftmomente um Richtungen, die wir oben mit den Indizes 1, 2 oder 3 versehen haben, mit L, M bzw. N zu bezeichnen; beispielsweise ist $\boldsymbol{M}_f$ das Moment um die Achse $\boldsymbol{f}_2$.

Das Gesamtmoment $\boldsymbol{M}^0_{\text{Flug}}$ der Luftkräfte um den Schwerpunkt S errechnet sich für den Fall, daß sämtliche Ruderausschläge verschwinden (oberer Index 0), aus der resultierenden Luftkraft für Ruderausschlag Null, nämlich

$$\boldsymbol{R}^0 = X^0_f \boldsymbol{f}_1 + Y^0_f \boldsymbol{f}_2 + Z^0_f \boldsymbol{f}_3 \tag{1.7,45}$$

und dem Ortsvektor

$$\overrightarrow{SB^0} = x_{f,SB} \boldsymbol{f}_1 + y_{f,SB} \boldsymbol{f}_2 + z_{f,SB} \boldsymbol{f}_3 \tag{1.7,46}$$

von S zu einem beliebigen Punkt B^0 der Wirkungslinie von $\boldsymbol{R}^0$ zu

$$\boldsymbol{M}^0_{\text{Flug}} = \overrightarrow{SB^0} \times \boldsymbol{R}^0 = \begin{vmatrix} \boldsymbol{f}_1 & \boldsymbol{f}_2 & \boldsymbol{f}_3 \\ x_{f,SB} & y_{f,SB} & z_{f,SB} \\ X^0_f & Y^0_f & Z^0_f \end{vmatrix} \tag{1.7,47}$$

1.7.221. *Kippmomente bei Ruderausschlag Null*

Außerordentlich wichtig für die Flugeigenschaften ist das Kippmoment M^0_f des Flugwerks beim Ruderausschlag Null

$$\boldsymbol{M}^0_f = M^0_f \boldsymbol{f}_2 \tag{1.7,48}$$

mit

$$M^0_f = \boldsymbol{f}_2 \cdot \boldsymbol{M}^0_{\text{Flug}} = \begin{vmatrix} z_{f,SB} & x_{f,SB} \\ Z^0_f & X^0_f \end{vmatrix} \tag{1.7,49}$$

Das Moment M_f^0 ist ebenso wie die oben diskutierten Luftkräfte i. a. vom Bewegungszustand des Flugkörpers, vom Betriebszustand des Triebwerks (Parameter μ_S) und evtl. noch von Stellgliedern μ_A bzw. μ_G der Grenzschichtsteuerung bzw. Gewichtstrimmung abhängig. Meistens pflegt man das Moment M_f^0 in der Form

$$M_f^0 = M_f^0(\alpha, Ma, \dot{\alpha}, \omega_{yf}) \qquad (1.7,50)$$

anzusetzen und die übrigen Abhängigkeiten zu unterdrücken, obwohl u. U. auch die Beschleunigungskomponente $\dot{V}$ eine Rolle spielen könnte. Dabei ist ω_{yf} die f_2-Komponente der Drehgeschwindigkeit des Flugkörpers relativ zum Windfeld, s. Abschnitt 1.4, S. 33. Mit Benutzung eines dimensionslosen Koeffizienten c_{Mf}^0 kann man schreiben

$$M_f^0 = c_{Mf}^0(\alpha, Ma, \dot{\alpha}, \omega_{yf})qFl \qquad (1.7,51)$$

wobei l eine charakteristische Länge des Fluggeräts in Längsrichtung ist. Vielfach genügt es, eine *Taylor*sche Entwicklung des Momentenbeiwerts in der Form

$$c_{Mf}^0 = c_{Mf}^0(\alpha, Ma, 0, 0) + \frac{\dot{\alpha}l}{V} c_{Mf\dot{\alpha}}^0 + \frac{\omega_{yf}l}{V} c_{Mfy}^0 \qquad (1.7,52)$$

anzusetzen, wobei die Koeffizienten $c_{Mf\dot{\alpha}}^0$ und $c_{Mfy}^{0'}$ noch von α und Ma abhängig zu denken sind.

Bei Rotationssymmetrie braucht man hier und in den folgenden Gleichungen nur α durch δ zu ersetzen.

Wir wollen die einzelnen Ausdrücke in Gl. (1.7,52) noch etwas eingehender diskutieren. Der erste Term rechts stellt den Kippmomentenbeiwert

$$c_{Mf}^{0,\,\mathrm{stat}} = c_{Mf}^0(\alpha, Ma, 0, 0) \qquad (1.7,53)$$

des Flugwerks für den Schwerpunkt bei verschwindenden Ruderausschlägen (oberer Index 0) und Drehgeschwindigkeiten (oberer Index stat) dar. Gemäß Gl. (1.7,47) wird

$$c_{Mf}^{0,\,\mathrm{stat}} = \frac{f_2}{qFl} \cdot (\overrightarrow{SB} \times \boldsymbol{R})^{0,\,\mathrm{stat}} \qquad (1.7,54)$$

Bei Windkanalmessungen wird das Moment i. a. nicht für den Schwerpunkt S, sondern für einen körperfesten Punkt P bestimmt. Der zugehörige Momentenbeiwert ist

$$c_{MfP}^{0,\,\mathrm{stat}} = \frac{f_2}{qFl} (\overrightarrow{PB} \times \boldsymbol{R})^{0,\,\mathrm{stat}} \qquad (1.7,55)$$

oder wegen $\overrightarrow{PB}^0 = \overrightarrow{SB}^0 - \overrightarrow{SP}$

$$c_{MfP}^{0,\,\mathrm{stat}} = c_{Mf}^{0,\,\mathrm{stat}} - \frac{f_2}{qFl} (\overrightarrow{SP} \times \boldsymbol{R})^{0,\,\mathrm{stat}} \qquad (1.7,56)$$

Setzt man noch

$$\overrightarrow{SP} = x_{f,SP}\cdot \boldsymbol{f}_1 + y_{f,SP}\cdot \boldsymbol{f}_2 + z_{f,SP}\cdot \boldsymbol{f}_3 \tag{1.7,57}$$

so wird

$$c_{Mf}^{0,\text{stat}} = c_{MfP}^{0,\text{stat}} + \frac{1}{qFl}\begin{vmatrix} z_{f,SP} & x_{f,SP} \\ Z_f^{0,\text{stat}} & X_f^{0,\text{stat}} \end{vmatrix} \tag{1.7,58}$$

Abb. 1.7,10 zeigt schematisch den Verlauf des Kippmomentenbeiwerts $c_{Mf}^{0,\text{stat}}$ über dem Anstellwinkel α; dieser Verlauf ist vielfach nahezu linear.

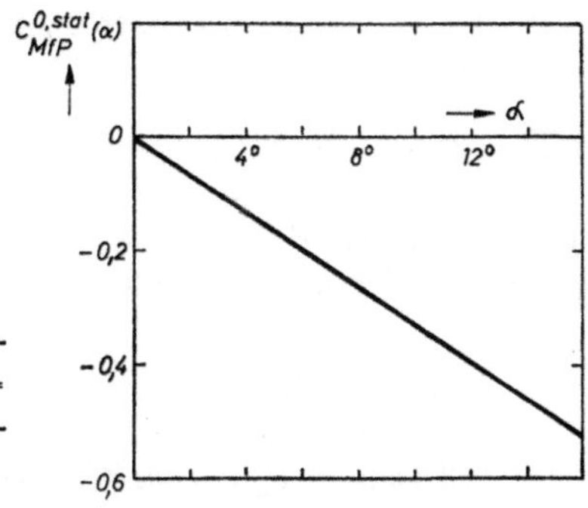

Abb. 1.7,10

Kippmomentenbeiwert $c_{MfP}^{0,\text{stat}}(\alpha)$ fur $\eta = 0$, bezogen auf einen Profilpunkt P. Zahlenwert $c_{MfP}^{0,\text{stat}}(\alpha) = -0{,}00066 - 2{,}00309\cdot\alpha$ verwendet im Zahlenbeispiel von Abschnitt 3.2.224, S. 242

Der zweite Term rechts in Gl. (1.7,52) bedeutet ein *Dämpfungsmoment*, welches der Winkelgeschwindigkeit $\dot{\alpha}_T$ proportional ist. Es rührt i. w. davon her, daß der Abwindwinkel $\alpha_w(t)$ am Höhenleitwerk im Falle $\dot{\alpha}_T \neq 0$ nicht dem Anstellwinkel $\alpha_T(t)$ an der Tragfläche entspricht, sondern dem Anstellwinkel $\alpha_T(t-\Delta t)$, wobei $\Delta t \approx l_H/V$ und l_H ein mittlerer Abstand zwischen der Tragfläche und dem Höhenleitwerk ist. Ist beispielsweise $\dot{\alpha}_T > 0$, so ist der Abwindwinkel α_w kleiner, daher der resultierende Anstellwinkel $\alpha_H = \alpha_T(t) - \alpha_w(t-\Delta t)$ und damit der Auftrieb am Höhenleitwerk größer als im stationären Falle $\dot{\alpha} = 0$. Man erhält damit ein kopflastiges (negatives) Kippmoment, also allgemein $c_{Mf\dot{\alpha}}^0 < 0$. Im Falle der Rotationssymmetrie fällt dieses Dämpfungsglied i. a. fort.

Es sei bemerkt, daß man bei einer exakten Berechnung des Koeffizienten $c_{Mf\dot{\alpha}}^0$ und anderer Luftkraftderivativa, die mit Drehbewegungen des Flugzeugs zusammenhängen, hier aber aus Platzgründen nur anschaulich eingeführt werden, auf die Methoden der instationären Aerodynamik [1–707a, 720] zurückgreifen muß.

Der dritte Term in Gl. (1.7,52) bedeutet ein zu ω_{yf} proportionales *Dämpfungsmoment*. Es läßt sich dadurch erklären, daß der Anstellwinkel und damit der Auftrieb am Höhenleitwerk im Falle $\omega_{yf} > 0$ um den Winkel $\omega_{yf}\cdot l_H/V$ gegenüber dem stationären Fall vergrößert erscheint. Man hat wieder ein negatives Kippmoment und demzufolge allgemein einen Wert $c_{Mfy}^0 < 0$.

1.7.222. *Rollmomente bei Ruderausschlag Null*

Das Rollmoment der Luftkraft bei Ruderausschlag Null ist definiert durch

$$L_f^0 = L_f^0 f_1 \tag{1.7,59}$$

mit

$$L_f^0 = f_1 \cdot M_{\text{Flug}}^0 = \begin{vmatrix} y_{f,SB} & z_{f,SB} \\ Y_f^0 & Z_f^0 \end{vmatrix} \tag{1.7,60}$$

s. Gl. (1.7,47). Hier verwendet man praktisch den folgenden vereinfachten Ansatz:

$$L_f^0 = L_f^0(\alpha, Ma, \beta, \omega_{xf}, \omega_{zf}) = c_{Lf}^0(\alpha, Ma, \beta, \omega_{xf}, \omega_{zf}) qF \frac{b}{2} \tag{1.7,61}$$

wobei b eine charakteristische Länge in Querrichtung ist. Im allgemeinen genügt wieder eine *Taylor*sche Reihe der Form

$$c_{Lf}^0 = \beta c_{Lf\beta}^0 + \frac{\omega_{xf} b}{2V} c_{Lfx}^0 + \frac{\omega_{zf} b}{2V} c_{Lfz}^0 \tag{1.7,62}$$

Die Koeffizienten $c_{Lf\beta}^0$ usw. sind von α und Ma abhängig zu denken. Der erste Term rechts kennzeichnet das *Schieberollmoment.* Es ist zum Schiebewinkel β proportional und läßt sich durch Änderung der V-Stellung der Flügel, durch Pfeilung und Versetzen des Tragflügels in der Höhe (Hochdecker, Tiefdecker) beeinflussen. Beispielsweise ist bei positiver V-Stellung mit Anblasung von links ($\beta > 0$) der mittlere Anstellwinkel und damit der Auftrieb am linken Tragflügel etwas größer als am rechten Tragflügel, und man erhält ein positives Rollmoment, also $c_{Lf\beta}^0 > 0$. Für rotationssymmetrische Flugkörper fällt dieser Term fort, da β definitionsgemäß verschwindet.

Der zweite Term rechts führt zum *Rolldämpfungsmoment*, das bei kleinen Drehgeschwindigkeiten proportional zu ω_{xf} ist. Bei mäßigen Anstellwinkeln wird im Falle $\omega_{xf} > 0$ an der rechten (niedergehenden) Seite des Tragflügels der mittlere Anstellwinkel und damit der Auftrieb erhöht, an der anderen Seite erniedrigt. Man hat dann also ein Moment, welches der Rollgeschwindigkeit entgegenwirkt; daher wird dann

$$c_{Lxf}^0 < 0$$

Bei großen Anstellwinkeln α mit abgerissener Strömung, vgl. Abb. 1.7,3, wird dagegen im Falle kleiner Drehgeschwindigkeiten $\omega_{xf} > 0$ an der rechten (bzw. linken) Seite des Tragflügels der lokale Anstellwinkel zwar auch erhöht (bzw. erniedrigt), der Auftrieb aber erniedrigt (bzw. erhöht). Man erhält dadurch ein positives Moment, das die gerade vorhandene Drehgeschwindigkeit noch zu vergrößern sucht. Steigert man nun bei festem α die Drehgeschwindigkeit ω_{xf}, so wird der lokale Anstellwinkel an der äußersten linken Seite des Tragflügels schließlich negativ, der zugehörige Auftrieb stark negativ, und der Beiwert c_{Lfx}^0 geht über ein positives Maximum zu negativen Werten zurück. Mit diesem Effekt kann man den Zustand der Autorotation erklären, bei dem das unter einem großen Anstellwinkel angeblasene Flugzeug trotz Nullstellung aller Ruder mit konstanter Drehgeschwindigkeit frei um eine raumfeste Anblasrichtung rotiert [3–002, S. 208]. Auch beim Trudeln spielt dieser Effekt eine wesentliche Rolle, s. Abschnitt 3.1.3, S. 221.

Der letzte Term rechts in Gl. (1.7,62) entspricht dem *Wenderollmoment*; es ist der Drehgeschwindigkeit ω_{zf} um die Achse $\boldsymbol{f}_3$ proportional. Es kommt dadurch zustande, daß im Falle $\omega_{zf} > 0$ an der linken (voreilenden) Seite des Tragflügels die mittlere Geschwindigkeit und damit der Auftrieb erhöht, an der anderen Seite erniedrigt wird. Das dadurch entstehende Rollmoment sucht den Flugkörper im positiven Sinne um $\boldsymbol{f}_1$ zu drehen, daher wird allgemein $c_{Lfz}^0 > 0$. Bei rotationssymmetrischen Flugkörpern spielt dieses Moment keine Rolle.

1.7.223. *Wendemomente bei Ruderausschlag Null*

Ganz entsprechend ist das Wendemoment der Luftkraft bei Ruderausschlag Null durch

$$\boldsymbol{N}_f^0 = N_f^0 \boldsymbol{f}_3 \qquad (1.7,63)$$

mit

$$N_f^0 = \boldsymbol{f}_3 \cdot \boldsymbol{M}_{\text{Flug}}^0 = \begin{vmatrix} x_{f,SB} & y_{f,SB} \\ X_f^0 & Y_f^0 \end{vmatrix}. \qquad (1.7,64)$$

definiert, und ebenso benutzt man die vereinfachten Ansätze

$$N_f^0 = N_f^0(\alpha, Ma, \beta, \omega_{xf}, \omega_{zf}) = c_{Nf}^0(\alpha, Ma, \beta, \omega_{xf}, \omega_{zf}) qF \frac{b}{2} \qquad (1.7,65)$$

und

$$c_{Nf}^0 = \beta c_{Nf\beta}^0 + \frac{\omega_{xf} b}{2V} c_{Nfx}^0 + \frac{\omega_{zf} b}{2V} c_{Nfz}^0 \qquad (1.7,66)$$

Der erste Term rechts bedeutet das *Schiebewendemoment*; dieses läßt sich hauptsächlich durch Änderung des Seitenleitwerks und der Rumpfform beeinflussen. Für normale Flugzeuge mit hinten angebrachtem Seitenleitwerk ist i. a. $c_{Nf\beta}^0 < 0$.

Der zweite Term rechts kennzeichnet das *Roll-Wendemoment*. Bei seinem Zustandekommen wirken zwei Effekte mit: Zunächst hat nämlich im Falle $\omega_{xf} > 0$ die rechte, also niedergehende Tragflügelhälfte im Mittel einen größerer Anstellwinkel und damit einen größeren Widerstand als die andere Hälfte; das hat aber einen positiven Beitrag zum Wendemoment zur Folge. Andererseits neigt sich infolge der lokal geänderten Anströmungsrichtung auch der lokale Auftriebsvektor auf der rechten Hälfte entsprechend nach vorn, auf der linken Seite etwas nach hinten, was einen negativen Beitrag zum Wendemoment ergibt. Da der letzte Effekt meistens überwiegt, wird c_{Nfx} i. a. negativ.

Der dritte Term auf der rechten Seite von Gl. (1.7,66) entspricht dem *Wendedämpfungsmoment*. Ist $\omega_{zf} > 0$, so wird an der linken (voreilenden) Seite des Tragflügels die mittlere Geschwindigkeit und damit der Widerstand erhöht, an der anderen Seite erniedrigt. Man erhält damit ein negatives Wendemoment; c^0_{Nfz} ist also i. a. negativ.

Im Falle der Rotationssymmetrie kann man wieder α durch δ ersetzen. Das Schiebewendemoment verschwindet dabei identisch, da der Schiebewinkel verschwindet. Das Rollwendemoment kann bei *kleiner* Drehgeschwindigkeitskomponente ω_{xf} ebenfalls vernachlässigt werden, jedoch i. a. nicht bei *rasch* drallenden Rotationskörpern. In diesem letzen Falle geht das Rollwendemoment in das *Magnus*moment über, ist also außer zu ω_{xf} auch noch zum Anstellwinkel δ proportional.

Das bezogene Wendedämpfungsmoment $\frac{(b/2)^2}{V} c^0_{Nfz}$ ist hier zahlenmäßig gleich dem Kippdämpfungsmoment $\frac{l^2}{V} c^0_{Mfy}$.

1.7.224. *Umrechnung auf andere Koordinatensysteme*

Nach dem Muster der Gleichungen in Abschnitt 1.7.124, S. 58, kann man die Komponenten des Luftkraftmoments M^0_{Flug} bei Ruderausschlag Null leicht vom System (f) zum System (e) oder (a) bzw. vom System (f) zum System ($\bar{f}$) oder (d) transformieren.

Von praktischem Interesse ist die Bemerkung, daß man für das Luftkraftmoment M^0_{Flug} formal den gleichen Komponentenaufbau wie oben in Gl. (1.7,52, 62, 66) auch bei Zerlegung im experimentellen System (e) bekommt. Setzt man nämlich

$$\left.\begin{aligned} c_{Le\beta} &= c_{Lf\beta}\cos\alpha + c_{Nf\beta}\sin\alpha \\ c_{Lex} &= c_{Lfx}\cos^2\alpha + (c_{Nfx}+c_{Lfz})\sin\alpha\cos\alpha + c_{Nfz}\sin^2\alpha \\ c_{Lez} &= c_{Lfz}\cos^2\alpha + (c_{Nfz}-c_{Lfx})\sin\alpha\cos\alpha - c_{Nfx}\sin^2\alpha \end{aligned}\right\} \quad (1.7,62)_e$$

$$c^{0,\text{stat}}_{Me} = c^{0,\text{stat}}_{Mf}; \quad c_{Me\dot{a}} = c_{Mf\dot{a}}; \quad c_{Mey} = c_{Mfy} \quad (1.7,52)_e$$

$$\left.\begin{aligned} c_{Ne\beta} &= c_{Nf\beta}\cos\alpha - c_{Lf\beta}\sin\alpha \\ c_{Nex} &= c_{Nfx}\cos^2\alpha + (c_{Nfz}-c_{Lfx})\sin\alpha\cos\alpha - c_{Lfz}\sin^2\alpha \\ c_{Nez} &= c_{Nfz}\cos^2\alpha - (c_{Nfx}+c_{Lfz})\sin\alpha\cos\alpha + c_{Lfx}\sin^2\alpha \end{aligned}\right\} \quad (1.7,66)_e$$

so bleiben die obigen Gleichungen (1.7,45) ff. richtig, wenn man überall den Index „f“ durch „e“ ersetzt.

1.7.23. Rudermomente um den Schwerpunkt

Durch Ruderausschläge entstehen jetzt noch folgende Momente: *Höhenrudermoment*

$$M_f^r = M_f^r f_2 = (\eta M_{f\eta}^r + \dot{\eta} M_{f\dot{\eta}}^r) f_2 \tag{1.7,67}$$

mit

$$M_{f\eta}^r = c_{Mf\eta}^r qFl \tag{1.7,68}$$

Bei positiver Drehung des Höhenruders um f_2 aus der Nullage (Hinterkante nach unten, Knüppel nach vorn) wird das Flugzeug kopflastig und damit $c_{Mf\eta}^r$ negativ, ebenso $M_{f\dot{\eta}}^r$. Abb. 1.7,11 zeigt schematisch den

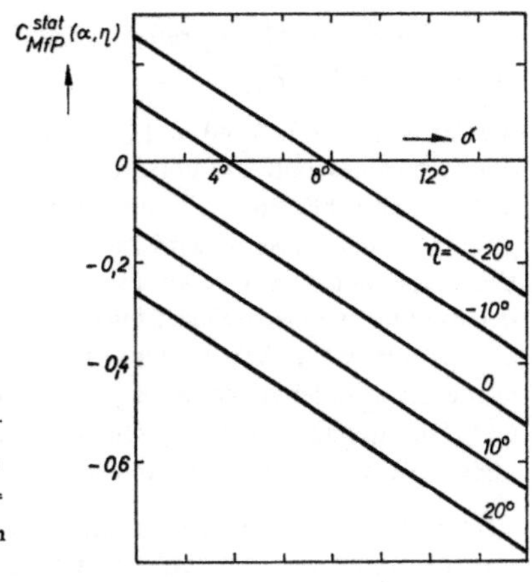

Abb. 1.7,11

Kippmomentenbeiwert $c_{MfP}^{\text{stat}}(\alpha,\eta) = c_{MfP}^{0,\text{stat}}(\alpha) + \eta c_{Mf\eta P}^r$, bezogen auf einen Profilpunkt P. Zahlenwerte $c_{MfP}^{0,\text{stat}}(\alpha)$ gemäß Abb. 1.7,10 und $c_{Mf\eta P}^r = -0{,}73808$ verwendet im Zahlenbeispiel von Abschnitt 3.2.224, S. 242

Verlauf des statischen Kippmomentenbeiwerts um die Achse f_2, zusammengesetzt aus einer Komponente des Luftkraftmoments um die Achse f_2 bei Ruderausschlag Null (vgl. Abb. 1.7,10) und dem Höhenrudermoment, also $c_{M,f}^{0,\text{stat}} + \eta c_{Mf\eta}^r$ als Funktion von α mit η als Parameter Weiter hat man das *Seitenrudermoment*

$$N_f^r = N_f^r f_3 = (\zeta N_{f\zeta}^r + \dot{\zeta} N_{f\dot{\zeta}}^r) f_3 \tag{1.7,69}$$

mit

$$N_{f\zeta}^r = c_{Nf\zeta}^r qF\frac{b}{2} \tag{1.7,70}$$

Bei positiver Drehung des Seitenruders um f_3 aus der Nullage (Hinterkante nach links, linker Fußhebel nach vorn) wird $N^r_{f\zeta}$ und damit allgemein $c^r_{Nf\zeta}$ negativ, ebenso $N^r_{f\dot{\zeta}}$.

Schließlich ist das *Querrudermoment*

$$L^r_f = L^r_f f_1 = (\xi L^r_{f\xi} + \dot{\xi} L^r_{f\dot{\xi}}) f_1 \tag{1.7,71}$$

mit

$$L^r_{f\xi} = c^r_{Lf\xi}\, qF \frac{b}{2} \tag{1.7,72}$$

Bei positiver Drehung des rechten bzw. linken Querruders um f_2 durch ξ_{re} bzw. ξ_{li} aus der Nullage (Hinterkanten nach unten) ist ξ definiert durch

$$\xi = \frac{\xi_{re} - \xi_{li}}{2} \tag{1.7,73}$$

Im Falle $\xi > 0$ (Knüppel nach links) wird $L^r_{f\xi}$ und damit allgemein $c^r_{Lf\xi}$ negativ, ebenso $L^r_{f\dot{\xi}}$.

Bei den Ansätzen (1.7,69) und (1.7,71) wurde das Wendemoment infolge eines Querruderausschlags und das entsprechende Rollmoment infolge eines Seitenruderausschlags vernachlässigt. Ob diese (unerwünschten) Koppelungsmomente doch mitgeführt werden müssen, wird man von Fall zu Fall prüfen müssen.

Die Rudermomente wurden hier für Flugzeuge von normaler Bauart diskutiert. Bei rotationssymmetrischen Flugkörpern kommen u. U. noch Ruderdrehungen um andere körperfeste Achsen vor. Auch besteht allgemein die Möglichkeit, Steuermomente nach anderen Verfahren, z. B. durch Strahlruder, Strahlablenkung, Spoiler und dgl. zu erzeugen. Es besteht keine Schwierigkeit, für solche Sonderfälle einen geeigneten Ansatz für die Momente aufzustellen.

Von den Rudermomenten um den Schwerpunkt sind die Ruder-Scharniermomente um die Ruderdrehachsen zu unterscheiden. Diese letzteren sind in Abschnitt 4.1.12, S. 289, und 4.1.13, S. 291, zusammengestellt.

Literatur zu Abschnitt 1.7.22–1.7.23: [1–707 bis 742], S. 109.

1.7.24. Triebwerksmomente

Ist B ein beliebiger Punkt auf der Wirkungslinie der resultierenden Schubkraft $\boldsymbol{S}$, so ist das *Moment der Schubkraft* um den Schwerpunkt gleich

$$\overrightarrow{SB} \times \boldsymbol{S} \tag{1.7,74}$$

Man justiert die Triebwerke i. a. so, daß die Komponenten dieses Moments in Richtung f_1 und f_3 verschwinden. Bei Drosselung oder Ausfall eines Motors tritt dann i. a. in diesen Richtungen ein Störmoment auf.

Ein positives (schwanzlastiges) Moment des Triebwerksschubes in Richtung $\boldsymbol{f}_2$ ist häufig erwünscht, um das Aufrichten des Flugzeugs bei Vergrößerung der Schubkraft zu erleichtern.

Wesentlich größer ist i. a. das *Moment des Propellers*, falls es sich um ein Kolbentriebwerk mit Propeller handelt. Gibt nämlich ein Triebwerk mit der Schub- und Drehrichtung $\boldsymbol{s}_1$ die Leistung N an die Umgebungsluft ab, so entspricht dieser Leistung bei einer Drehzahl n (n sei — der Propeller von hinten gesehen — rechts herum als positiv gezählt) das Drehmoment $(N/2\pi n)\boldsymbol{s}_1$, was nach dem Satz actio = reactio ein entgegengesetztes Moment

$$-\frac{N}{2\pi n}\boldsymbol{s}_1 \qquad (1.7,75)$$

am Fluggerät zur Folge hat.

Bei Flugzeugen mit einer geraden Anzahl von Triebwerken könnte man dies Moment prinzipiell dadurch zu Null machen, daß man den Drehsinn der Luftschrauben paarweise umkehrt. Aus Fertigungsgründen nimmt man aber lieber das Störmoment in Kauf und kompensiert es durch einen kleinen Ausschlag der Querruder. Bei einem Turbinentriebwerk hat man ein solches Drehmoment nicht, weil hier das von der Turbine aus dem Feuergas aufgenommene Moment ebenso groß ist wie das am Kompressor an die Luft wieder abgegebene.

Bei Triebwerken mit erheblichen Strömungsgeschwindigkeiten müssen wir noch die *Coriolismomente* berücksichtigen, die bei Drehbewegungen auf das Fluggerät ausgeübt werden. Eine Abschätzung dieser *Coriolis*momente ergibt sich folgendermaßen: Es sei $F(x)\varrho(x)\,\mathrm{d}x$ die Strahlmasse in einer Scheibe der Dicke $\mathrm{d}x$ innerhalb des Triebwerks, ferner $-w(x)\boldsymbol{s}_1$ deren mittlere Geschwindigkeit relativ zum Triebwerk und $\boldsymbol{q}$ die absolute Drehgeschwindigkeit des Fluggeräts. Die *Coriolis*beschleunigung dieser Masse relativ zum körperfesten System (f) ist $-2\cdot\boldsymbol{q}\times\times(-w(x)\boldsymbol{s}_1)$. Da die Gase in der Zwangsbahn gehalten werden, wirkt die Kraft

$$-2\cdot\boldsymbol{q}\times(-w(x)\boldsymbol{s}_1)F(x)\varrho(x)\,\mathrm{d}x \qquad (1.7,76)$$

längs des Intervalls $\mathrm{d}x$ auf die Triebwerkswandung. Bedeutet jetzt noch $\boldsymbol{\sigma}(x)$ den Ortsvektor der Stromfadenmitte an der Stelle x, vom Schwerpunkt S aus gezählt, so ist das zugehörige *Coriolis*moment gleich

$$\boldsymbol{\sigma}(x)\times(-2\cdot\boldsymbol{q}\times[-w(x)\boldsymbol{s}_1])F(x)\varrho(x)\,\mathrm{d}x \qquad (1.7,77)$$

Das gesamte *Coriolis*moment ergibt sich durch Integration vom Triebwerksanfang ($x = x_a$) bis zum Triebwerksende ($x = x_e$) zu

$$\int_a^{x_e}\{\boldsymbol{\sigma}(x)\times(-2\cdot\boldsymbol{q}\times[-w(x)\boldsymbol{s}_1])\}F(x)\varrho(x)\,\mathrm{d}x \qquad (1.7,78)$$

Gl. (1.7,78) gibt nur eine obere Schranke für das an einem Strahlflugzeug wirkende *Coriolis*moment. Es ist nämlich zu beachten, daß — im Unterschied zu der durch Gl. (1.7,76) erfaßten *Coriolis*kraft der Strahlmassen allein — die *gesamte Coriolis*kraft am Körper, also

$$-2\sum_{\nu} m^{\nu}\cdot \boldsymbol{q}\times\left.\frac{\partial\boldsymbol{\sigma}^{\nu}}{\partial t}\right|_{(f)}$$

verschwindet. Bei genauerer Rechnung muß man daher auch die *Coriolis*momente der übrigen Flugzeugteile um den Schwerpunkt berücksichtigen. Die Abschätzung nach Gl. (1.7,78) wird umso besser sein, je mehr die Masse des Flugkörpers um den Schwerpunkt herum konzentriert ist, und je weiter das Rohr, in dem die Strahlmassen geführt werden, vom Schwerpunkt entfernt ist.

Bei Triebwerken mit rotierenden Massen, also bei Propeller- und Turbinentriebwerken, müssen wir schließlich noch die *Kreiselmomente* berücksichtigen. Ist J das Trägheitsmoment des Läufers, $2\pi n\boldsymbol{s}_1$ die Winkelgeschwindigkeit, so ist $J2\pi n\boldsymbol{s}_1$ der Drehimpuls. Wird auf das Fluggerät die kleine Drehung $\boldsymbol{q}\,dt$ ausgeübt, so erfährt der Drehimpuls des Kreisels in erster Näherung die Änderung

$$d(J2\pi n\boldsymbol{s}_1) = J\,dt\,\boldsymbol{q}\times 2\pi n\boldsymbol{s}_1 \tag{1.7,79}$$

Das Moment, welches das Flugzeug auf den Kreisel ausübt, ist demnach $J\boldsymbol{q}\times 2\pi n\boldsymbol{s}_1$. Umgekehrt übt der Kreisel auf das Fluggerät das Moment

$$-J\boldsymbol{q}\times 2\pi n\boldsymbol{s}_1 \tag{1.7,80}$$

aus.

Es sei bemerkt, daß sich die Triebwerksmomente nach Gl. (1.7,78) und (1.7,80) auch als Spezialfälle des in Gl. (1.5,55), S. 43, rechts stehenden Störmomentes

$$-\sum_{\nu}\left[\boldsymbol{\sigma}^{\nu} m^{\nu}\times 2\left(\boldsymbol{q}\times\left.\frac{\partial\boldsymbol{\sigma}^{\nu}}{\partial t}\right|_{(f)}\right)\right]$$

auffassen lassen. Außer den genannten Triebwerksmomenten können noch Störmomente durch den Propeller- oder Abgasstrahl auftreten.

Gelegentlich wird sich eine Zusammenfassung der vom Triebwerk herrührenden Momente in der Form

$$\boldsymbol{M}_{\mathrm{Tr}} = L_{f,\mathrm{Tr}}\boldsymbol{f}_1 + M_{f,\mathrm{Tr}}\boldsymbol{f}_2 + N_{f,\mathrm{Tr}}\boldsymbol{f}_3 \tag{1.7,81}$$

empfehlen.

Literatur zu Abschnitt 1.7.24: [1–750 bis 796], S. 110.

1.7.25. Moment der Reibungskraft

Ist bei Bodenberührung des Flugzeugs B ein beliebiger Punkt auf der Wirkungslinie der Bodenreibung $\boldsymbol{K}_{\mathrm{Reib}}$, so übt diese auf das Fluggerät das Moment

$$\boldsymbol{M}_{\text{Reib}} = \overrightarrow{SB} \times \boldsymbol{K}_{\text{Reib}} \tag{1.7,82}$$

aus. Normalerweise ist dies i. w. ein kopflastiges Kippmoment um die Querachse $\boldsymbol{f}_2$. Bei einseitigem Bremsen ist darin aber auch ein Schleudermoment um die Hochachse $\boldsymbol{f}_3$ enthalten.

Im Falle eines Drallgeschosses hat man während seiner Bewegung im Rohr ein Reibungsmoment um die Längsachse $\boldsymbol{f}_1$.

1.7.26. Moment der Erdanziehung in einem inhomogenen Schwerefeld

Da das Schwerefeld der Erde inhomogen ist, besitzt die Schwerkraft i. a. ein Moment um den Massenmittelpunkt eines Flugkörpers. Dies Moment ist unter gewöhnlichen Umständen vernachlässigbar klein, es kann aber in der Satellitentechnik bei geeigneter Massenverteilung zur passiven Stabilisierung eines Satelliten dienen. Mit den Bezeichnungen von Abschnitt 1.5.21, S. 41, wird die Schwerkraft am Teilchen m^ν, wenn man die Erdabplattung vernachlässigt,

$$\boldsymbol{G}_{\text{w}}^\nu = m^\nu \boldsymbol{g}_{\text{w}}^\nu = -m^\nu \frac{\boldsymbol{r}^\nu}{r^\nu} \frac{M_{\text{E}} k}{(r^\nu)^2} \tag{1.7,83}$$

Führt man das Hilfssystem

$$\boldsymbol{n}_1 = \boldsymbol{f}_0, \qquad \boldsymbol{n}_2 = \bar{\boldsymbol{f}}_2, \qquad \boldsymbol{n}_3 = \boldsymbol{k}_3 \tag{1.7,84}$$

mit dem Massenmittelpunkt als Nullpunkt ein, so wird nach Gl. (1.5,16), S. 38,

$$\boldsymbol{s} = -s\boldsymbol{n}_3 \tag{1.7,85}$$

In Analogie zu Gl. (1.5,77), S. 46, kann man ferner schreiben:

$$\boldsymbol{\sigma}^\nu = \boldsymbol{r}^\nu - \boldsymbol{s} = \sigma_{xn}^\nu \boldsymbol{n}_1 + \sigma_{yn}^\nu \boldsymbol{n}_2 + \sigma_{zn}^\nu \boldsymbol{n}_3 \tag{1.7,86}$$

Es folgt dann

$$r^\nu = \sqrt{(-s+\sigma_{zn}^\nu)^2 + (\sigma_{xn}^\nu)^2 + (\sigma_{yn}^\nu)^2} \tag{1.7,87}$$

Das Moment der Kraft $\boldsymbol{G}_{\text{w}}^\nu$ um den Massenmittelpunkt ist jetzt

$$\left.\begin{aligned} \boldsymbol{M}_{\text{G}}^\nu &= \boldsymbol{\sigma}^\nu \times \boldsymbol{G}_{\text{w}}^\nu = -\boldsymbol{\sigma}^\nu \times m^\nu \frac{\boldsymbol{s}+\boldsymbol{\sigma}^\nu}{(r^\nu)^3} M_{\text{E}} k = \\ &= -m^\nu \frac{M_{\text{E}} k}{(r^\nu)^3} \boldsymbol{\sigma}^\nu \times \boldsymbol{s} = m^\nu \frac{M_{\text{E}} ks}{(r^\nu)^3} (-\sigma_{xn}^\nu \boldsymbol{n}_2 + \sigma_{yn}^\nu \boldsymbol{n}_1) \end{aligned}\right\} \tag{1.7,88}$$

oder mit

$$r^\nu \approx s - \sigma_{zn}^\nu \tag{1.7,87a}$$

unter Verwendung der binomischen Reihe angenähert

$$\boldsymbol{M}_G^\nu \approx m^\nu \frac{M_E k}{s^2}\left(1+\frac{3\sigma_{zn}^\nu}{s}\right)(-\sigma_{xn}^\nu \boldsymbol{n}_2+\sigma_{yn}^\nu \boldsymbol{n}_1) \qquad (1.7,88a)$$

Da der Ortsvektor $\boldsymbol{\sigma}^\nu$ vom Massenmittelpunkt aus gezählt wird und daher

$$\sum_\nu m^\nu \sigma_{xn}^\nu = 0, \quad \sum_\nu m^\nu \sigma_{yn}^\nu = 0 \qquad (1.7,88b)$$

ist, gibt Summation über alle ν

$$\boldsymbol{M}_G = \sum_\nu \boldsymbol{M}_G^\nu = \frac{3M_E k}{s^3}(-J_{xzn}\boldsymbol{n}_2+J_{yzn}\boldsymbol{n}_1) \qquad (1.7,89)$$

Nach dem Verfahren von Abschnitt 1.5.24, S. 46, findet man im Fall eines zur Achse $\boldsymbol{f}_1$ rotationssymmetrischen Flugkörpers mit $I_{yf} = I_{zf}$, $I_{xyf} = I_{yzf} = I_{zxf} = 0$ die Darstellungen

$$\left.\begin{aligned} J_{xzn} &= -(J_{zf}-J_{xf})\sin\vartheta_f\cos\vartheta_f \\ J_{yzn} &= 0 \end{aligned}\right\} \qquad (1.7,90)$$

Für einen solchen Flugkörper wird daher

$$\boldsymbol{M}_G = \frac{+3M_E k}{s^3}(J_{zf}-J_{xf})\sin\vartheta_f\cos\vartheta_f\cdot\bar{\boldsymbol{f}}_2 \qquad (1.7,91)$$

s. Abschnitt 6.5, S. 478.

1.8. Regelbefehlsglieder

Regelbefehlsglieder treten als inhomogene Glieder auf der rechten Seite der Reglergleichungen auf, s. Abschnitt 1.6, S. 49. Sie beeinflussen direkt den zeitlichen Verlauf der Stellglieder und indirekt den Verlauf der Regelgrößen, also letzten Endes den Verlauf der Schwerpunkts- und Achsenlage des Fluggeräts.

Eine notwendige Bedingung für die Verwendung einer Größe x als Regelbefehlsglied ist, daß man sie mit einem tragbaren Aufwand genügend genau messen oder als Funktion meßbarer Größen darstellen kann. In der folgenden Tabelle sind einige solche Größen, die unter diesem Gesichtspunkt als Regelbefehlsglieder in Frage kommen, sowie entsprechende Meßgeräte nebst Abgriff bzw. Meßverfahren zusammengestellt.

Tab. 1.8,1. Beispiele von Regelbefehlsgliedern

Nr.	Regelbefehlsglied	Symbol x	Meßgerät	Abgriff bzw. Darstellungsverfahren
1 a	Höhe über Grund	H	Barometer	statischer Druck
b			Radar (Echolot)	Impulslaufzeit
2	Vertikalgeschwindigkeit	$\dot{H}$	Variometer	Druckdifferenz
3	Entfernung	s	Radar	Impulslaufzeit
4	Entfernungs-Änderung	$\dot{s}$	Radar	Frequenzverschiebung
5	Anström-Geschwindigkeit	V	Staudruckmesser (Pitotrohr) in Verbindung mit 1)	Staudruck und statischer Druck
6	Anstellwinkel	α	Windfahne	Winkel
7 a	Längsneigungswinkel	ϑ_f	Libelle	Winkel
b			Lagekreisel	
8	Kippgeschwindigkeit	q_{yf}	Wendekreisel	Winkel
9	Vektorielle Seitenabweichung vom Leitstrahl	ϵ	Radar	Modulationsgrad und Phase
10	Seitenbeschleunigung relativ zu fester Leitebene	$\ddot{\pi}_y$	Beschleunigungsmesser auf stabilisierter Plattform	Beschleunigung
11 a	Seitengeschwindigkeit relativ zu fester Leitebene	$\dot{\pi}_y$	wie 10)	1 × Integration
b			wie 12 b)	1 × Differentiation
12 a	Seitenabweichung relativ zu fester Leitebene	π_y	wie 10)	2 × Integration
b			Radar	Modulationsgrad
13	Schiebewinkel	β	Windfahne	Winkel
14	Abweichung Scheinlot gegen Hochachse f_3 in Ebene $f_1 f_3$		Pendel	Winkel
15 a	Rollwinkel (Querneigung)	φ_f	Libelle	Winkel
b			Lagekreisel	
16 a	Azimutwinkel	ψ_f	Kompaß	Winkel
b			Lagekreisel	
17	Rollgeschwindigkeit	q_{xf}	Wendekreisel	Winkel
18	Wendegeschwindigkeit	q_{zf}	Wendekreisel	Winkel

Die unter Nr. 1 bis 8 aufgeführten Größen können als Regelbefehlsglieder für die Längssteuerung, und zwar für den Höhenruderwinkel η sowie ggf. für das Stellglied am Triebwerk (Parameter μ_S), für das Stellglied an der Grenzschicht (Parameter μ_A) sowie für die Gewichtstrimmung (Parameter μ_G) dienen, während die unter Nr. 10 bis 18 angegebenen Größen als Regelbefehlsglieder für die Seitensteuerung, nämlich für den Seitenruderwinkel ζ und für den Querruderwinkel ξ in Frage kommen. Bei Nr. 9 hat das Regelbefehlsglied Vektorcharakter; man wird es daher erst nach geeigneter Zerlegung in Höhen- und Seitenkomponenten sowohl bei der Längs- wie bei der Seitensteuerung aufschalten. Außer den genannten Größen kommen noch zeitliche Integrale und ggf. auch zeitliche Ableitungen von ihnen als Regelbefehlsglieder in Frage. Die Höhe der Aufschaltung richtet sich nach dem jeweiligen Problem.

Literatur zu Abschnitt 1.8: [1–801 bis 813], S. 112.

1.9. Allgemeine Integrationsmethoden

1.9.1. Numerische Integration

Für das System von gewöhnlichen Differentialgleichungen, das aus den Kräfte-, Momenten- und Reglergleichungen gebildet wird, kann man i. a. keine Lösung in mathematisch geschlossener Form angeben. Es ist aber immer möglich, von gegebenen Anfangswerten aus den zeitlichen Verlauf der Schwerpunktbahn und der Fluglage nebst deren Ableitungen durch numerische Integration mit beliebig großer Genauigkeit zu bestimmen. Wegen der großen Bedeutung, die die numerische Integration heute für das ganze Gebiet der Flugmechanik und Ballistik hat, sollen die drei wichtigsten Methoden der numerischen Integration i. f. kurz auseinandergesetzt werden.

Als maschinelles Hilfsmittel, um solche Integrationen auszuführen, verwendet man heute fast ausschließlich elektronische Rechenmaschinen. Auf dieses umfangreiche Spezialgebiet der Elektrotechnik kann hier nicht eingegangen werden. Es sei nur soviel erwähnt, daß Digitalrechner i. a. eine sehr große Rechengenauigkeit besitzen, jedoch nur dann eingesetzt werden können, wenn alle vorkommenden Funktionen numerisch erfassbar sind. Analogrechner dagegen besitzen i. a. eine wesentlich geringere Rechengenauigkeit, gestatten aber den Einbau von Funktionen (z. B. von Rudermaschinen), die sich numerisch nicht oder nur schwer erfassen lassen.

1.9.11. Verfahren von *Runge*, *Heun* und *Kutta*

Bei dem Verfahren von *Runge*, *Heun* und *Kutta* wird schrittweise integriert, d. h. das Integrationsintervall $t_0 = 0 \leq t \leq t_N$ wird durch die Teilpunkte $t_1, t_2, \ldots t_{N-1}$ in N Teilintervalle beliebiger Länge eingeteilt und die Lösung zunächst für den Teilpunkt $t = t_1$ bestimmt, danach für $t = t_2$ usw. bis $t = t_N$. In dieser Hinsicht stimmt das Verfahren noch mit dem weiter unten zu besprechenden Differenzenschemaverfahren überein. Charakteristisch für das Verfahren von *Runge*, *Heun* und *Kutta* ist nun, daß zur Berechnung eines Intervall-Endpunktes t_{i+1} nur Punkte aus dem Intervall $t_i \leq t \leq t_{i+1}$ herangezogen werden. Das ist zugleich der besondere Vorteil dieses Verfahrens, da man keine Differenzen zu speichern braucht und die Schrittweite nach jedem Intervall beliebig vergrößern oder verkleinern kann. Der Nachteil des Verfahrens besteht darin, daß dabei keine Iterationen vorkommen, so daß ein Fehler nicht von selbst herauskorrigiert wird, sondern, falls er nicht entdeckt wird, in der ganzen weiteren Rechnung mitgeschleppt wird. Aus diesem Grunde ist das Verfahren eher für elektronische Rechenmaschinen als für Tischrechenmaschinen geeignet, bei denen man als Sicherheit gegen Rechenfehler stets eine Parallelrechnung ansetzen muß.

Je nach der gewünschten Genauigkeit kann man beim Verfahren von *Runge*, *Heun* und *Kutta* Formeln niederer bzw. höherer Ordnung verwenden. Das Verfahren sei hier am Beispiel der meistens benutzten Formeln vierter Ordnung gezeigt, und zwar für ein System von zwei gewöhnlichen Differentialgleichungen erster Ordnung. Die Übertragung des Verfahrens auf die i. a. umfangreicheren Systeme der Flugmechanik und Ballistik macht keine Schwierigkeiten. Die Differentialgleichungen seien in der Form

$$\left.\begin{aligned} \frac{\mathrm{d}x}{\mathrm{d}t} &= f(t, x, y) \\ \frac{\mathrm{d}y}{\mathrm{d}t} &= g(t, x, y) \end{aligned}\right\} \tag{1.9,1}$$

gegeben. Die Integration soll für das Intervall $t_i \leq t \leq t_{i+1}$ mit $t_{i+1} - t_i = \tau$ geleistet werden, d. h. auf Grund der Funktionswerte x_i, y_i, die für $t = t_i$ als schon bekannt vorausgesetzt werden, sollen die Werte x_{i+1}, y_{i+1} für $t = t_{i+1}$ berechnet werden.

Eine zweckmäßige und gebräuchliche Form der Formeln vierter Ordnung von *Runge*, *Heun* und *Kutta* ist dann die folgende:

$$\begin{aligned} \tau f(t_i, x_i, y_i) &= k_1 \\ \tau g(t_i, x_i, y_i) &= l_1 \end{aligned} \;\Bigg|$$

$$\left.\begin{aligned}\tau f\left(t_i+\frac{\tau}{2}, x_i+\frac{k_1}{2}, y_i+\frac{l_1}{2}\right) &= k_2\\ \tau g\left(t_i+\frac{\tau}{2}, x_i+\frac{k_1}{2}, y_i+\frac{l_1}{2}\right) &= l_2\\ \tau f\left(t_i+\frac{\tau}{2}, x_i+\frac{k_2}{2}, y_i+\frac{l_2}{2}\right) &= k_3\\ \tau g\left(t_i+\frac{\tau}{2}, x_i+\frac{k_2}{2}, y_i+\frac{l_2}{2}\right) &= l_3\\ \tau f(t_i+\tau, x_i+k_3, y_i+l_3) &= k_4\\ \tau g(t_i+\tau, x_i+k_3, y_i+l_3) &= l_4\end{aligned}\right\} \qquad (1.9,2)$$

in Verbindung mit

$$\left.\begin{aligned}x_{i+1}-x_i &= \frac{1}{6}(k_1+2k_2+2k_3+k_4)\\ y_{i+1}-y_i &= \frac{1}{6}(l_1+2l_2+2l_3+l_4)\end{aligned}\right\} \qquad (1.9,3)$$

Ein roher Anhaltspunkt für die geeignete Schrittlänge τ ergibt sich aus dem Wert von $|k_2-k_3|:|k_1-k_2|$ und einem entsprechenden Ausdruck mit l, die ein gewisses Empfindlichkeitsmaß darstellen und möglichst etwa den Betrag 0,03 nicht überschreiten sollten.

Führt man die Rechnung einmal mit der Schrittweite τ und einmal mit der Schrittweite 2τ durch, so ist der Fehler der genaueren Rechnung näherungsweise gleich 1/15 von der Differenz der beiden Ergebnisse. Weitere Einzelheiten zum Verfahren von *Runge*, *Heun* und *Kutta* können in Lehrbüchern der praktischen Analysis bequem nachgeschlagen werden, vgl. [1–910].

1.9.12. Interpolationsverfahren von *Adams* und *Störmer*

Bei den Differenzenschemaverfahren wird ebenso wie beim vorigen Verfahren schrittweise integriert, jedoch werden jetzt zur Berechnung eines Intervallendpunktes t_{i+1} nicht nur der Punkt t_i, sondern im allgemeinen auch die außerhalb der Intervalls $t_i \leq t \leq t_{i+1}$ liegenden und schon vorher berechneten Punkte t_{i-1}, t_{i-2}, t_{i-3} usw. herangezogen, und zwar gehen sie in Form von Differenzen der Funktionswerte in die Rechnung ein. Unter den verschiedenen Differenzenschemaverfahren ist besonders das sogenannte Interpolationsverfahren nach *Adams* und *Störmer* für Flugbahnberechnungen gut geeignet.

Die Flugbahngleichungen seien wieder in der Form (1.9,1) angenommen.

Die Teilpunkte sollen jetzt in dem konstanten Abstand $\tau = t_{i+1} - t_i$ $(i = 0, \ldots N-1)$ aufeinanderfolgen. Ferner bezeichne wie vorher ein unterer Index, z. B. f_i, den Wert der Funktion f an der Stelle t_i, dagegen ein oberer eingeklammerter Index, z. B. $f^{(k)}$ mit $k = 0, 1, 2 \ldots$, den Grad der Näherung, d. h. die Anzahl der Durchgänge, die auf die Funktion bzw. ihre Argumente ausgeübt wurden. Schließlich sei noch an die Schreibweise der aufsteigenden Differenzen erinnert:

$$\left.\begin{aligned} \nabla f_i &= f_i - f_{i-1} \\ \nabla^m f_i &= \nabla(\nabla^{m-1} f_i) \end{aligned}\right\} \qquad (1.9,4)$$

Die allgemeine Iterationsformel des Interpolationsverfahrens von *Adams* und *Störmer* zur Berechnung von $x_{i+1}^{(k+1)}$ lautet dann

$$x_{i+1}^{(k+1)} - x_i = \tau\left(1 - \frac{1}{2}\nabla - \frac{1}{12}\nabla^2 - \frac{1}{24}\nabla^3 - \frac{19}{720}\nabla^4 - \frac{3}{160}\nabla^5 \ldots\right) f_{i+1}^{(k)} \qquad (1.9,5)$$

Dabei ist $f_{i+1}^{(k)}$ als zweiter Faktor symbolisch mit jedem Glied der Klammer zu multiplizieren. Als nullte Näherung wählt man zweckmäßig

$$x_{i+1}^{(0)} = x_i + \tau f_i \qquad (1.9,6)$$

bzw.

$$x_{i+1}^{(0)} = x_i + \tau f_i + \frac{\tau}{2}\nabla f_i \qquad (1.9,7)$$

Sobald $x_{i+1}^{(k+1)}$ hinreichend genau mit der vorangehenden Näherung $x_{i+1}^{(k)}$ übereinstimmt, wird die Rechnung abgebrochen und der letzte Wert $x_{i+1}^{(k+1)}$ als endgültiger Wert x_{i+1} genommen. Entsprechend verfährt man mit y.

Je höher nun die Ordnung der mitgenommenen Differenzen ist, umso größer kann bei einer vorgegebenen Genauigkeit die Schrittlänge τ sein. Jedoch empfiehlt es sich, die Schrittlänge noch so klein zu halten, daß man erstens mit ein bis zwei Durchgängen auskommt und zweitens das erste vernachlässigte Glied in Gl. (1.9,5) auf den Funktionswert keinen merklichen Einfluß mehr hat. Die Fehlerabschätzung ist hier umständlicher als im Falle des Verfahrens von *Runge*, *Heun* und *Kutta*. Es muß hierfür ebenso wie wegen weiterer Einzelheiten zu den Differenzenschemaverfahren auf die einschlägige Literatur verwiesen werden.

Da man im Anfang der Flugbahn nur die erste Differenz $(= \nabla f_1)$ berechnen kann, muß man die Intervallänge τ dort relativ klein wählen, falls man auch im Anfangsstück die Formel von *Adams* und *Störmer* verwenden will. Im allgemeinen ist es aber vorteilhafter, für das Anfangsstück ein anderes Rechenverfahren, z. B. dasjenige von *Runge, Heun* und *Kutta* und zwar mit halber Intervallänge und einer höheren Anzahl von Dezimalstellen als bei der laufenden Rechnung anzuwenden.

1.9.13. Verfahren der wiederholten Näherung

Beim Verfahren der wiederholten Näherung wird der Verlauf der gesuchten Funktionen zwar unter Beachtung der Anfangsbedingungen, sonst aber willkürlich als nullte Näherung im ganzen Integrationsintervall $0 \leq t \leq t_N$ vorgegeben und darauf durch wiederholte Integration verbessert. Wie beim Verfahren von *Adams* und *Störmer* sollen die Teilpunkte t_i $(i = 0, \dots N)$ im konstanten Abstand $\tau = t_{i+1} - t_i$ aufeinander folgen. Ferner seien in der schon oben verwendeten Schreibweise

$$x_i^{(0)}, y_i^{(0)}$$

die zugeordneten nullten Näherungen der zu berechnenden Funktionen und

$$f_i^{(0)}, g_i^{(0)}$$

die sich daraus nach Gl. (1.9,1) ergebenden Ableitungen. Es ist hier zweckmäßig, zentrale Differenzen zu benutzen, die durch

$$\left.\begin{aligned} \delta f_i &= f_{i+0,5} - f_{i-0,5} \\ \delta^m f_i &= \delta(\delta^{m-1} f_i) \end{aligned}\right\} \qquad (1.9,8)$$

definiert sind. Folgen von verbesserten Funktionswerten

$$\begin{array}{llll} x_0^{(1)} = x_0, & x_1^{(1)}, & x_2^{(1)}, & \dots x_N^{(1)} \\ x_0^{(2)} = x_0, & x_1^{(2)}, & x_2^{(2)}, & \dots x_N^{(2)} \\ \vdots & & & \end{array}$$

erhält man dann aus der integrierten *Bessel*schen Interpolationsformel

$$x_{i+1}^{(k+1)} - x_i^{(k+1)} = \tau\left(1 - \frac{1}{12}\delta^2 + \frac{11}{720}\delta^4 - \frac{191}{60\,480}\delta^6 + \dots\right)\frac{f_i^{(k)} + f_{i+1}^{(k)}}{2} \qquad (1.9,9)$$

Sobald alle Werte $x_i^{(k+1)}$ der Ordnung $(k+1)$ hinreichend genau mit den entsprechenden Näherungswerten $x_i^{(k)}$ der Ordnung (k) übereinstimmen, wird die Rechnung beendet und die letzte Funktionswertfolge $x_i^{(k+1)}$ als endgültig angesehen. Ebenso verfährt man wieder mit y.

Bei der praktischen Rechnung wird es sich meistens empfehlen, den Prozeß nicht auf die ganze interessierende Zeitspanne t_N auf einmal, sondern nacheinander auf kürzere Unterabschnitte anzuwenden, in denen man mit zwei bis drei Durchgängen zu einer befriedigenden Lösung gelangen kann. Die Schrittlänge τ muß man ähnlich wie beim Verfahren von *Adams* und *Störmer* wieder so klein wählen, daß bei vorgegebener Ordnung der mitgenommenen Differenzen das erste vernachlässigte Glied in Gl. (1.9,9) auf den Funktionswert keinen merklichen Einfluß mehr hat. Die am Anfang und Ende des Integrationsintervalls fehlenden Differenzen höherer Ordnung kann man sich durch Extrapolation verschaffen.

Das Verfahren der wiederholten Näherung ist auch grundsätzlich von Interesse, da es zum Existenzbeweis der Lösung ausgebaut werden kann. Außerdem kann es dazu dienen, eine ungenaue Lösung, die nach einem anderen Verfahren gewonnen wurde, weiter zu verbessern.

Literatur zu Abschnitt 1.9.1: [1–901 bis 910], S. 112.

1.9.2. Lineare Systeme mit konstanten Koeffizienten

Das Gleichungssystem der Flugmechanik und Ballistik läßt sich häufig mit genügender Genauigkeit als lineares System mit konstanten Koeffizienten auffassen. In diesem Falle kann man mittels der Methode des Exponentialansatzes bzw. nach der Methode der *Laplace*-Transformation zu mathematisch geschlossenen Lösungen gelangen. Diese beiden Verfahren sollen i. f. erläutert werden, und zwar der Kürze der Darstellung zuliebe wieder an einem System von nur zwei Differentialgleichungen. Dabei sollen die Bezeichnungen jedoch so allgemein gewählt werden, daß die Übertragung auf die umfangreicheren Systeme der Flugmechanik leicht ersichtlich ist.

1.9.21. Verfahren des Exponentialansatzes

Das interessierende System sei analog zu Gl. (1.9,1) in der Form

$$\left.\begin{aligned} \dot{x}+a_{11}x+a_{12}y &= f(t) \\ \dot{y}+a_{21}x+a_{22}y &= g(t) \end{aligned}\right\} \qquad (1.9,10)$$

geschrieben, wobei die Koeffizienten a_{ik} jetzt konstante Zahlen sind. Es sei noch

$$a_{12}^2+a_{21}^2 \neq 0 \qquad (1.9,10a)$$

vorausgesetzt ,da andernfalls zwischen x und y keine Koppelung bestände und die Lösung unmittelbar ersichtlich wäre. Ohne wesentliche Beschränkung der Allgemeinheit kann man noch spezieller

$$a_{12} \neq 0 \qquad (1.9,10b)$$

annehmen.

Als Anfangswerte zur Zeit $t = 0$ seien wieder die Werte x_0, y_0 vorgeschrieben. Beim Verfahren des Exponentialansatzes sucht man zunächst Lösungen des homogenen

Systems

$$\left.\begin{aligned}\dot{x}+a_{11}x+a_{12}y &= 0\\ \dot{y}+a_{21}x+a_{22}y &= 0\end{aligned}\right\} \qquad (1.9,11)$$

und macht dazu den Ansatz

$$\left.\begin{aligned}x &= (A+A't)e^{\lambda t}\\ y &= (B+B't)e^{\lambda t}\end{aligned}\right\} \qquad (1.9,12)$$

Der Grad des Polynoms ist dabei um 1 geringer als die Anzahl der Gleichungen. Wenn nur das Stabilitätsverhalten der möglichen Lösungen geprüft werden soll, genügt der einfachere Ansatz mit

$$A' = B' = 0 \qquad (1.9,13)$$

Einsetzen des Ansatzes (1.9,12) in Gl. (1.9,11) gibt die beiden Gleichungen

$$\left.\begin{aligned}\{A(\lambda+a_{11})+Ba_{12}+A'+[A'(\lambda+a_{11})+B'a_{12}]t\}e^{\lambda t} &= 0\\ \{Aa_{21}+B(\lambda+a_{22})+B'+[A'a_{21}+B'(\lambda+a_{22})]t\}e^{\lambda t} &= 0\end{aligned}\right\} \qquad (1.9,14)$$

Durch Koeffizientenvergleich folgt daraus

$$\left.\begin{aligned}A(\lambda+a_{11})+Ba_{12} \quad +A' \qquad\qquad &= 0\\ Aa_{21} \quad +B(\lambda+a_{22}) \qquad\qquad +B' &= 0\end{aligned}\right\} \qquad (1.9,15)$$

$$\left.\begin{aligned}A'(\lambda+a_{11})+B'a_{12} \qquad &= 0\\ A'a_{21} \qquad +B'(\lambda+a_{22}) &= 0\end{aligned}\right\} \qquad (1.9,16)$$

Diese vier linearen homogenen Gleichungen für die vier Unbekannten A, B, A', B' haben dann und nur dann eine nichttriviale Lösung, wenn die Determinante

$$\begin{vmatrix}\lambda+a_{11} & a_{12} & 1 & 0\\ a_{21} & \lambda+a_{22} & 0 & 1\\ 0 & 0 & \lambda+a_{11} & a_{12}\\ 0 & 0 & a_{21} & \lambda+a_{22}\end{vmatrix} = 0 \qquad (1.9,17)$$

ist. Diese läßt sich aber in der Form schreiben

$$\begin{vmatrix}\lambda+a_{11} & a_{12}\\ a_{21} & \lambda+a_{22}\end{vmatrix}^2 = 0 \qquad (1.9,18)$$

woraus sofort die Bedingung

$$\begin{vmatrix}\lambda+a_{11} & a_{12}\\ a_{21} & \lambda+a_{22}\end{vmatrix} = 0 \qquad (1.9,19)$$

oder ausführlich

$$\lambda^2+\lambda(a_{11}+a_{22})+a_{11}a_{22}-a_{12}a_{21} = 0 \qquad (1.9,20)$$

folgt. Die Wurzeln dieser sog. charakteristischen Gleichung sind

$$\lambda_{1,2} = -\frac{a_{11}+a_{22}}{2} \pm \nabla \qquad (1.9,21)$$

mit (∇ gespr. Nabla)

$$\nabla \equiv \sqrt{\left(\frac{a_{11}-a_{22}}{2}\right)^2 + a_{12}a_{21}} \tag{1.9,22}$$

Es sei jetzt λ eine der beiden (nicht notwendig verschiedenen) Wurzeln. Da nach Gl. (1.9,19) die Determinante des Teilsystems (1.9,16) verschwindet, gibt es für dieses außer der trivialen Lösung $A' = B' = 0$ auch eine nichttriviale Lösung A', B', wobei

$$\frac{B'}{A'} = -\frac{\lambda + a_{11}}{a_{12}} = -\frac{a_{21}}{\lambda + a_{22}} \tag{1.9,23}$$

ist. Einsetzen in das Teilsystem (1.9,15) gibt

$$\left.\begin{aligned} A(\lambda+a_{11}) + Ba_{12} \qquad + A' \qquad &= 0 \\ Aa_{21} \qquad + B(\lambda+a_{22}) - A'\frac{\lambda+a_{11}}{a_{12}} &= 0 \end{aligned}\right\} \tag{1.9,24}$$

Man kann jetzt die beiden Fälle $A' = 0$ und $A' \neq 0$ unterscheiden.
Im Falle $A' = 0$ hat das System (1.9,24) eine nichttriviale Lösung A, B mit

$$\frac{B}{A} = -\frac{\lambda + a_{11}}{a_{12}} = -\frac{a_{21}}{\lambda + a_{22}} \tag{1.9,25}$$

da seine Determinante nach Gl. (1.9,19) verschwindet.

Im Falle $A' \neq 0$ hat das System (1.9,24), als inhomogenes System für die beiden Unbekannten A, B aufgefaßt, wegen des Verschwindens der Determinante nach Gl. (1.9,19) nur dann eine Lösung, wenn auch die Determinante

$$\begin{vmatrix} a_{12} & 1 \\ \lambda + a_{22} & \dfrac{\lambda + a_{11}}{-a_{12}} \end{vmatrix} = 0 \tag{1.9,26}$$

ist. Daraus folgt

$$\lambda = -\frac{a_{11}+a_{22}}{2} \tag{1.9,27}$$

d. h. nach Gl. (1.9,21)

$$\nabla = 0 \tag{1.9,28}$$

Insgesamt hat man also u. a. folgende Lösungen des Systems (1.9,24):

Fall a) $\quad \nabla \neq 0$, d. h. $\lambda_1 \neq \lambda_2$

$$\left.\begin{aligned} \lambda = \lambda_1 \quad A_1 \neq 0 \quad B_1 = -\frac{\lambda_1 + a_{11}}{a_{12}} A_1 \quad A_1' = 0 \quad B_1' = 0 \\ \lambda = \lambda_2 \quad A_2 \neq 0 \quad B_2 = -\frac{\lambda_2 + a_{11}}{a_{12}} A_2 \quad A_2' = 0 \quad B_2' = 0 \end{aligned}\right\} \tag{1.9,29}$$

In diesem Falle hätte man also von vornherein den vereinfachten Ansatz (1.9,13) machen können.

Fall b) $\quad \nabla = 0$, d. h. $\lambda_1 = \lambda_2 = \lambda_0$

$$\left.\begin{array}{llll} \lambda = \lambda_0 \quad A_1 \neq 0 & B_1 = -\dfrac{\lambda_0 + a_{11}}{a_{12}} A_1 & A_1' = 0 & B_1' = 0 \\ \lambda = \lambda_0 \quad A_2 = 0 & B_2 = -\dfrac{1}{a_{12}} A_2' & A_2' \neq 0 & B_2' = -\dfrac{\lambda_0 + a_{11}}{a_{12}} A_2' \end{array}\right\} \qquad (1.9,30)$$

Damit erhält man folgende Lösungen der *homogenen* Differentialgleichungen (1.9,11):

Fall a) $\quad \nabla \neq 0$

Setzt man $A_1 = A_2 = a_{12}$, so wird

$$\left.\begin{array}{ll} x_1 = a_{12} e^{\lambda_1 t} & y_1 = -(\lambda_1 + a_{11}) e^{\lambda_1 t} \\ x_2 = a_{12} e^{\lambda_2 t} & y_2 = -(\lambda_2 + a_{11}) e^{\lambda_2 t} \end{array}\right\} \qquad (1.9,31)$$

Fall b) $\quad \nabla = 0$

Setzt man $A_1 = A_2' = a_{12}$, so wird

$$\left.\begin{array}{ll} x_1 = a_{12} e^{\lambda_0 t} & y_1 = -(\lambda_0 + a_{11}) e^{\lambda_0 t} \\ x_2 = a_{12} t e^{\lambda_0 t} & y_2 = -[1 + (\lambda_0 + a_{11}) t] e^{\lambda_0 t} \end{array}\right\} \qquad (1.9,32)$$

Die Determinante

$$D = \begin{vmatrix} x_1 & y_1 \\ x_2 & y_2 \end{vmatrix} \qquad (1.9,33)$$

hat im

Fall a) $\quad \nabla \neq 0$

den Wert

$$D = 2\nabla a_{12} e^{(\lambda_1 + \lambda_2)t} \qquad (1.9,34)$$

und im

Fall b) $\quad \nabla = 0$

den Wert

$$D = -a_{12} e^{2\lambda_0 t} \qquad (1.9,35)$$

Da die Determinante D für alle t von Null verschieden ist, sind die Lösungen (1.9,31) bzw. (1.9,32) je linear unabhängig und bilden je ein Hauptsystem von Lösungen. Die allgemeine Lösung des homogenen Systems (1.9,11) wird daher mit den willkürlichen Konstanten α_0 und β_0

$$\left.\begin{array}{l} x_h(t) = \alpha_0 x_1(t) + \beta_0 x_2(t) \\ y_h(t) = \alpha_0 y_1(t) + \beta_0 y_2(t) \end{array}\right\} \qquad (1.9,36)$$

Man wählt jetzt die Konstanten α_0 und β_0 so, daß die homogene Lösung den vorgegebenen Anfangsbedingungen genügt, und muß dazu die Bedingungen

$$\left.\begin{array}{l} x_0 = \alpha_0 x_1(0) + \beta_0 x_2(0) \\ y_0 = \alpha_0 y_1(0) + \beta_0 y_2(0) \end{array}\right\} \qquad (1.9,37)$$

erfüllen. Formal ist

$$\alpha_0 = \frac{1}{D(0)} \begin{vmatrix} x_0 & x_2(0) \\ y_0 & y_2(0) \end{vmatrix} \qquad \beta_0 = \frac{-1}{D(0)} \begin{vmatrix} x_0 & x_1(0) \\ y_0 & y_1(0) \end{vmatrix} \qquad (1.9,38)$$

Fall a) $\nabla \neq 0$

Man findet hier

$$\alpha_0 = \frac{1}{2\nabla a_{12}} \begin{vmatrix} x_0 & a_{12} \\ y_0 & -(\lambda_2 + a_{11}) \end{vmatrix} \qquad \beta_0 = \frac{-1}{2\nabla a_{12}} \begin{vmatrix} x_0 & a_{12} \\ y_0 & -(\lambda_1 + a_{11}) \end{vmatrix} \tag{1.9,39}$$

Die gesuchte Lösung der homogenen Differentialgleichungen lautet damit

$$\left.\begin{aligned} x_h(t) &= \frac{1}{2\nabla} \begin{vmatrix} x_0 & a_{12} \\ y_0 & \lambda_1 + a_{22} \end{vmatrix} e^{\lambda_1 t} - \frac{1}{2\nabla} \begin{vmatrix} x_0 & a_{12} \\ y_0 & \lambda_2 + a_{22} \end{vmatrix} e^{\lambda_2 t} \\ y_h(t) &= \frac{-1}{2\nabla} \begin{vmatrix} x_0 & \lambda_1 + a_{11} \\ y_0 & a_{21} \end{vmatrix} e^{\lambda_1 t} + \frac{1}{2\nabla} \begin{vmatrix} x_0 & \lambda_2 + a_{11} \\ y_0 & a_{21} \end{vmatrix} e^{\lambda_2 t} \end{aligned}\right\} \tag{1.9,40}$$

Fall b) $\nabla = 0$

In diesem Falle wird

$$\alpha_0 = \frac{x_0}{a_{12}} \qquad \beta_0 = \frac{1}{a_{12}} \begin{vmatrix} x_0 & a_{12} \\ y_0 & -(\lambda_0 + a_{11}) \end{vmatrix} \tag{1.9,41}$$

Damit wird

$$\left.\begin{aligned} x_h(t) &= x_0 e^{\lambda_0 t} + \begin{vmatrix} x_0 & a_{12} \\ y_0 & \lambda_0 + a_{22} \end{vmatrix} t e^{\lambda_0 t} \\ y_h(t) &= y_0 e^{\lambda_0 t} - \begin{vmatrix} x_0 & \lambda_0 + a_{11} \\ y_0 & a_{21} \end{vmatrix} t e^{\lambda_0 t} \end{aligned}\right\} \tag{1.9,42}$$

Um eine partikuläre Lösung der *inhomogenen* Gleichungen (1.9,10) zu finden, macht man den Ansatz mit Variation der Konstanten:

$$\left.\begin{aligned} x_{in} &= \alpha(t) x_1(t) + \beta(t) x_2(t) \\ y_{in} &= \alpha(t) y_1(t) + \beta(t) y_2(t) \end{aligned}\right\} \tag{1.9,43}$$

Einsetzen in die inhomogenen Gleichungen gibt nach Streichen von fortfallenden Gliedern

$$\left.\begin{aligned} \dot{\alpha} x_1 + \dot{\beta} x_2 &= f \\ \dot{\alpha} y_1 + \dot{\beta} y_2 &= g \end{aligned}\right\} \tag{1.9,44}$$

Damit wird

$$\dot{\alpha}(t) = \frac{1}{D} \begin{vmatrix} f & x_2 \\ g & y_2 \end{vmatrix} \qquad \dot{\beta}(t) = \frac{1}{D} \begin{vmatrix} x_1 & f \\ y_1 & g \end{vmatrix} \tag{1.9,45}$$

Man kann jetzt noch die Integrationskonstanten so wählen, daß das partikuläre Integral für $t = 0$ verschwindet, indem man setzt

$$\alpha(t) = \int_0^t \dot{\alpha}(\tau)\, d\tau \qquad \beta(t) = \int_0^t \dot{\beta}(\tau)\, d\tau \tag{1.9,46}$$

Ausführlich wird im

Fall a) $\nabla \neq 0$

$$\left.\begin{aligned} \dot{\alpha}(t) &= \frac{e^{-\lambda_1 t}}{2a_{12}\nabla} \begin{vmatrix} f(t) & a_{12} \\ g(t) & -(\lambda_2 + a_{11}) \end{vmatrix} \\ \dot{\beta}(t) &= \frac{-e^{-\lambda_2 t}}{2a_{12}\nabla} \begin{vmatrix} f(t) & a_{12} \\ g(t) & -(\lambda_1 + a_{11}) \end{vmatrix} \end{aligned}\right\} \tag{1.9,47}$$

$$\left.\begin{aligned} \alpha(t) &= \frac{1}{2a_{12}\nabla}\int\limits_0^t e^{-\lambda_1\tau}\begin{vmatrix} f(\tau) & a_{12} \\ g(\tau) & \lambda_1+a_{22}\end{vmatrix} d\tau \\ \beta(t) &= \frac{-1}{2a_{12}\nabla}\int\limits_0^t e^{-\lambda_2\tau}\begin{vmatrix} f(\tau) & a_{12} \\ g(\tau) & \lambda_2+a_{22}\end{vmatrix} d\tau \end{aligned}\right\} \tag{1.9,48}$$

$$\left.\begin{aligned} x_{\text{in}}(t) &= \frac{1}{2\nabla}\left\{\int\limits_0^t e^{\lambda_1(t-\tau)}\begin{vmatrix} f(\tau) & a_{12} \\ g(\tau) & \lambda_1+a_{11}\end{vmatrix} d\tau - \int\limits_0^t e^{\lambda_2(t-\tau)}\begin{vmatrix} f(\tau) & a_{12} \\ g(\tau) & \lambda_2+a_{22}\end{vmatrix} d\tau\right\} \\ y_{\text{in}}(t) &= \frac{-1}{2\nabla}\left\{\int\limits_0^t e^{\lambda_1(t-\tau)}\begin{vmatrix} f(\tau) & \lambda_1+a_{11} \\ g(\tau) & a_{21}\end{vmatrix} d\tau - \int\limits_0^t e^{\lambda_2(t-\tau)}\begin{vmatrix} f(\tau) & \lambda_2+a_{11} \\ g(\tau) & a_{21}\end{vmatrix} d\tau\right\} \end{aligned}\right\} \tag{1.9,49}$$

Fall b) $\nabla = 0$

Hier ist

$$\left.\begin{aligned} \dot{\alpha}(t) &= \frac{e^{-\lambda_0 t}}{a_{12}}\begin{vmatrix} f(t) & -a_{12}t \\ g(t) & 1+(\lambda_0+a_{11})t\end{vmatrix} \\ \dot{\beta}(t) &= \frac{e^{-\lambda_0 t}}{-a_{12}}\begin{vmatrix} f(t) & -a_{12} \\ g(t) & \lambda_0+a_{11}\end{vmatrix} \end{aligned}\right\} \tag{1.9,50}$$

$$\left.\begin{aligned} \alpha(t) &= \frac{1}{a_{12}}\int\limits_0^t e^{-\lambda_0\tau}\begin{vmatrix} f(\tau) & -a_{12}\tau \\ g(\tau) & 1+(\lambda_0+a_{11})\tau\end{vmatrix} d\tau \\ \beta(t) &= \frac{-1}{a_{12}}\int\limits_0^t e^{-\lambda_0\tau}\begin{vmatrix} f(\tau) & -a_{12} \\ g(\tau) & \lambda_0+a_{11}\end{vmatrix} d\tau \end{aligned}\right\} \tag{1.9,51}$$

$$\left.\begin{aligned} x_{\text{in}}(t) &= \int\limits_0^t e^{\lambda_0(t-\tau)}f(\tau)\,d\tau + \int\limits_0^t (t-\tau)e^{\lambda_0(t-\tau)}\begin{vmatrix} f(\tau) & a_{12} \\ g(\tau) & \lambda_0+a_{22}\end{vmatrix} d\tau \\ y_{\text{in}}(t) &= \int\limits_0^t e^{\lambda_0(t-\tau)}g(\tau)\,d\tau + \int\limits_0^t (t-\tau)e^{\lambda_0(t-\tau)}\begin{vmatrix} f(\tau) & -(\lambda_0+a_{11}) \\ g(\tau) & -a_{21}\end{vmatrix} d\tau \end{aligned}\right\} \tag{1.9,52}$$

Die Gesamtlösung des Problems wird damit

$$\left.\begin{aligned} x &= x_{\text{h}}+x_{\text{in}} \\ y &= y_{\text{h}}+y_{\text{in}} \end{aligned}\right\} \tag{1.9,53}$$

Falls diese Größen nicht selbst reell sind, stellt ihr Realteil die gesuchte Lösung dar.

1.9.22. Verfahren der Laplace-Transformation

Ist $x(t)$ eine für $t > 0$ bekannte Zeitfunktion, so ist ihr *Laplace*-Integral oder ihre *Laplace*-Transformierte $L[x(t)]$, die Existenz vorausgesetzt, definiert durch die Gleichung

$$L[x(t)] = \int\limits_0^\infty e^{-st}x(t)\,dt \tag{1.9,54}$$

Wie man sieht, ist $L[x(t)]$ eine Funktion von s; sie sei mit

$$\tilde{x}(s) = L[x(t)] \tag{1.9,55a}$$

bezeichnet. Die Transformation $L[\quad]$ heißt *Laplace*-Transformation. Ihre formale Umkehrung lautet

$$x(t) = \frac{1}{2\pi i} \int\limits_{\gamma-i\infty}^{\gamma+i\infty} e^{st}\tilde{x}(s)\,ds \tag{1.9,55b}$$

Dabei muß γ so gewählt werden, daß der Integrationsweg rechts von allen Singularitäten der Funktion $\tilde{x}(s)$ liegt [1–941].
Durch partielle Integration findet man

$$L[\dot{x}(t)] = \int\limits_0^\infty e^{-st}\dot{x}(t)\,dt = -x(0)+s\tilde{x}(s) \tag{1.9,56}$$

Gliedweise Anwendung der *Laplace*-Transformation auf das Differentialgleichungssystem (1.9,10) mit den Anfangsbedingungen $x = x_0$, $y = y_0$ für $t = 0$ gibt

$$\left.\begin{aligned} \tilde{x}(s)(s+a_{11})+\tilde{y}(s)a_{12} \qquad &= x_0+\tilde{f}(s)\\ \tilde{x}(s)a_{21} \qquad +\tilde{y}(s)(s+a_{22}) &= y_0+\tilde{g}(s)\end{aligned}\right\} \tag{1.9,57}$$

Setzt man

$$\Delta(s) = \begin{vmatrix} s+a_{11} & a_{12} \\ a_{21} & s+a_{22} \end{vmatrix} \tag{1.9,58}$$

so wird

$$\left.\begin{aligned} \tilde{x}(s) &= \frac{1}{\Delta(s)}\begin{vmatrix} x_0+\tilde{f}(s) & a_{12} \\ y_0+\tilde{g}(s) & s+a_{22} \end{vmatrix} \\ \tilde{y}(s) &= \frac{-1}{\Delta(s)}\begin{vmatrix} x_0+\tilde{f}(s) & s+a_{11} \\ y_0+\tilde{g}(s) & a_{21} \end{vmatrix}\end{aligned}\right\} \tag{1.9,59}$$

Streicht man hier $\tilde{f}(s)$ und $\tilde{g}(s)$, so erhält man offenbar die *Laplace*-Transformierte $\tilde{x}_h(s)$ bzw. $\tilde{y}_h(s)$ der homogenen Lösungen von Gl. (1.9,10). Streicht man dagegen x_0 und y_0, so erhält man die *Laplace*-Transformierte $\tilde{x}_{in}(s)$, $\tilde{y}_{in}(s)$ der inhomogenen Lösungen von Gl. (1.9,10) für verschwindende Anfangswerte.

Zunächst sei die *homogene* Lösung betrachtet:

Fall a) $\quad \nabla \neq 0$

In diesem Fall hat man für $\dfrac{1}{\Delta(s)}$ die Partialbruchzerlegung

$$\frac{1}{\Delta(s)} = \frac{1}{2\nabla}\left[\frac{1}{s-\lambda_1} - \frac{1}{s-\lambda_2}\right] \tag{1.9,60}$$

Es wird dann

$$\left.\begin{aligned} \tilde{x}_h(s) &= \frac{1}{2\nabla}\left[\frac{x_0(a_{22}+\lambda_1)-y_0a_{12}}{s-\lambda_1} - \frac{x_0(a_{22}+\lambda_2)-y_0a_{12}}{s-\lambda_2}\right] \\ \tilde{y}_h(s) &= \frac{-1}{2\nabla}\left[\frac{x_0a_{21}-y_0(a_{11}+\lambda_1)}{s-\lambda_1} - \frac{x_0a_{21}-y_0(a_{11}+\lambda_2)}{s-\lambda_2}\right]\end{aligned}\right\} \tag{1.9,61}$$

Nun ist, wie man leicht nachweist,

$$\frac{1}{(s-a)^n} = \int_0^\infty e^{-st} \frac{t^{n-1}}{(n-1)!} e^{at}\, dt = L\left[\frac{t^{n-1}}{(n-1)!} e^{at}\right] \tag{1.9,62}$$

Wendet man diese Formel im Spezialfall $n = 1$ auf Gl. (1.9,61) an, so erhält man die homogenen Lösungen $x_h(t)$, $y_h(t)$ selbst sofort in der Form (1.9,40).

Fall b) $\quad \nabla = 0$

In diesem Falle hat man für $\dfrac{1}{\Delta(s)}$ die Darstellung

$$\frac{1}{\Delta(s)} = \frac{1}{(s-\lambda_0)^2} \tag{1.9,63}$$

Es wird daher

$$\left.\begin{aligned} \tilde{x}_h(s) &= \frac{x_0}{s-\lambda_0} + \frac{x_0(a_{22}+\lambda_0)-y_0 a_{12}}{(s-\lambda_0)^2} \\ \tilde{y}_h(s) &= \frac{y_0}{s-\lambda_0} - \frac{x_0 a_{21}-y_0(\lambda_0+a_{11})}{(s-\lambda_0)^2} \end{aligned}\right\} \tag{1.9,64}$$

Wendet man die Formel (1.9,62) für $n = 1$ bzw. $n = 2$ an, so erhält man die homogenen Lösungen $x_h(t)$, $y_h(t)$ sofort in der Form (1.9,42).

Für die *inhomogene* Lösung hat man allgemein nach Gl. (1.9,59)

$$\tilde{x}_{in}(s) = \frac{1}{\Delta(s)} \begin{vmatrix} \tilde{f}(s) & a_{12} \\ \tilde{g}(s) & s+a_{22} \end{vmatrix} \qquad \tilde{y}_{in}(s) = \frac{-1}{\Delta(s)} \begin{vmatrix} \tilde{f}(s) & s+a_{11} \\ \tilde{g}(s) & a_{21} \end{vmatrix} \tag{1.9,65}$$

Fall a) $\quad \nabla \neq 0$

In diesem Falle erhält man unter Benutzung der Partialbruchzerlegung (1.9,60)

$$\left.\begin{aligned} \tilde{x}_{in}(s) &= \frac{1}{2\nabla}\left[\frac{\tilde{f}(s)(\lambda_1+a_{22})-\tilde{g}(s)a_{12}}{s-\lambda_1} - \frac{\tilde{f}(s)(\lambda_2+a_{22})-\tilde{g}(s)a_{12}}{s-\lambda_2}\right] \\ \tilde{y}_{in}(s) &= \frac{-1}{2\nabla}\left[\frac{\tilde{f}(s)a_{21}-\tilde{g}(s)(\lambda_1+a_{11})}{s-\lambda_1} - \frac{\tilde{f}(s)a_{21}-\tilde{g}(s)(\lambda_2+a_{11})}{s-\lambda_2}\right] \end{aligned}\right\} \tag{1.9,66}$$

Es gilt nun der folgende *Faltungssatz*:

Ist

$$\tilde{f}_3(s) = \tilde{f}_1(s)\tilde{f}_2(s) \tag{1.9,67}$$

so ist

$$f_3(t) = \int_0^t f_1(t-\tau)f_2(\tau)\,d\tau \tag{1.9,68}$$

Voraussetzungsgemäß ist nämlich

$$\tilde{f}_3(s) = \int_0^\infty e^{-su}f_1(u)\,du \cdot \int_0^\infty e^{-sv}f_2(v)\,dv \tag{1.9,69}$$

Dies ist äquivalent dem Doppelintegral

$$\tilde{f}_3(s) = \iint_{Q_1} e^{-s(u+v)}f_1(u)\,f_2(v)\,du\,dv \tag{1.9,70}$$

wobei die Integration über den ersten Quadranten Q_1 der u, v-Ebene zu erstrecken ist. Durch die Transformation

$$\left.\begin{aligned} u+v &= t \\ v &= \tau \end{aligned}\right\} \qquad (1.9,71)$$

werden nun die Geraden

$$u = \alpha v$$

der u, v-Ebene in die Geraden

$$t = (\alpha+1)\tau$$

der τ, t-Ebene abgebildet. Dabei wird der erste Quadrant Q_1 der u, v-Ebene in den zweiten Oktanten O_2 der τ, t-Ebene abgebildet. Mithin kann man schreiben

$$\tilde{f}_3(s) = \iint_{O_2} e^{-st} f_1(t-\tau) f_2(\tau) \, dt \, d\tau \qquad (1.9,72)$$

oder, indem man bei festem t zunächst nach τ von 0 bis t und dann nach t von 0 bis ∞ integriert,

$$\tilde{f}_3(s) = \int_0^\infty e^{-st} \, dt \int_0^t f_1(t-\tau) f_2(\tau) \, d\tau \qquad (1.9,73)$$

Dies ist aber gleichbedeutend mit der behaupteten Beziehung (1.9,68).
Setzt man jetzt z. B.

$$\left.\begin{aligned} \tilde{f}_1(s) &\equiv \frac{1}{s-\lambda_1} \quad \text{also} \quad f_1(t) = e^{\lambda_1 t} \\ \tilde{f}_2(s) &\equiv \tilde{f}(s) \quad \text{also} \quad f_2(t) = f(t) \end{aligned}\right\} \qquad (1.9,74)$$

so wird

$$f_3(t) = \int_0^t e^{\lambda_1(t-\tau)} f(\tau) \, d\tau \qquad (1.9,75)$$

Für die inhomogene Lösung $x_{\text{in}}(t)$, $y_{\text{in}}(t)$ erhält man daher im Falle a) unmittelbar die Formeln (1.9,49).
Fall b) $\quad \nabla = 0$
In diesem Falle erhält man unter Benutzung der Partialbruchzerlegung (1.9,63)

$$\left.\begin{aligned} \tilde{x}_{\text{in}}(s) &= \frac{\tilde{f}(s)}{s-\lambda_0} + \frac{\tilde{f}(s)(\lambda_0+a_{22}) - \tilde{g}(s)a_{12}}{(s-\lambda_0)^2} \\ \tilde{y}_{\text{in}}(s) &= \frac{\tilde{g}(s)}{s-\lambda_0} - \frac{\tilde{f}(s)a_{21} - \tilde{g}(s)(\lambda_0+a_{11})}{(s-\lambda_0)^2} \end{aligned}\right\} \qquad (1.9,76)$$

und daraus mit Hilfe des Faltungssatzes und der Formel (1.9,62) sofort die Formeln (1.9,52) für die inhomogene Lösung $x_{\text{in}}(t)$, $y_{\text{in}}(t)$. Die Gesamtlösung ist wieder durch Gl. (1.9,53) gegeben.

Das Verfahren der *Laplace*-Transformation hat gegenüber dem Verfahren des Exponentialsatzes den Vorteil, daß man hier nicht eine allgemeine Lösung herzustellen braucht, die man nachträglich den speziellen Anfangsbedingungen anpassen muß, sondern direkt die zu den Anfangsbedingungen gehörigen Lösungen erhält. Im übrigen sind beide Methoden gleichwertig.

Literatur zu Abschnitt 1.9.21.–1.9.22: [1–941 bis 943]. S. 113.

1.9.23. Stabilität des Systems

1.9.231. *Definition der Stabilität*

In vielen Fällen benötigt man nicht Lösungen für bestimmte Anfangsbedingungen, sondern man will nur wissen, ob jede freie Schwingung beim Fehlen äußerer Störungen im Laufe der Zeit von selbst auf Null abklingt oder nicht. Im ersten Fall heißt das schwingende System stabil, andernfalls instabil.

Die Frage der Stabilität läßt sich mit Hilfe der charakteristischen Gleichung (1.9,20) entscheiden, die man allgemeiner in der Form

$$F_n(\lambda) = 0 \qquad (1.9,77)$$

ansetzen kann, wobei

$$F_n(\lambda) \equiv \lambda^n + a_1 \lambda^{n-1} + \dots + a_n \qquad (1.9,78a)$$

ein Polynom n-ten Grades in λ mit lauter reellen Koeffizienten $a_1, \dots a_n$ ist. Hinreichend und notwendig für die Stabilität des Systems ist nämlich, daß die Gl. (1.9,77) nur Wurzeln mit negativem Realteil besitzt.

Hat das Polynom $F_n(\lambda)$ nach Gl. (1.9,78a) reelle Koeffizienten $a_1, \dots, a_n$, so sind in der Form

$$F_n(\lambda) \equiv (\lambda - \lambda_1) \dots (\lambda - \lambda_n) \qquad (1.9,78b)$$

nach wohlbekannten Sätzen der Algebra die Wurzeln $\lambda_1, \dots, \lambda_n$ entweder reell oder paarweise konjugiert komplex. Stellt man ferner die Koeffizienten $a_1, \dots, a_n$ durch Produktsummen der Wurzeln $\lambda_1, \dots, \lambda_n$ dar, so erkennt man leicht, daß bei einem stabilen System alle Koeffizienten $a_1, \dots, a_n$ positiv sind. Man kann daher die Betrachtung auf charakteristische Gleichungen mit lauter positiven Koeffizienten beschränken.

Wir wollen jetzt einige Kriterien anmerken, mit deren Hilfe man die Frage der Stabilität entscheiden kann, ohne daß man genötigt ist, die Wurzeln $\lambda_1, \dots, \lambda_n$ selbst zu berechnen.

1.9.232. *Stabilitätskriterium nach Hurwitz*

Das Polynom $F_n(\lambda)$ der charakteristischen Gleichung (1.9,77) sei in der Form (1.9,78a) vorgelegt, wobei alle Koeffizienten $a_1, \dots, a_n$ als *reell* angenommen seien. Dann ist nach *Hurwitz* [1–971] für die Stabilität des Systems hinreichend und notwendig, daß alle Abschnittsdeterminanten der n-reihigen *Hurwitz*schen Determinante

$$D_H \equiv \begin{vmatrix} a_1 & 1 & 0 & 0 & 0 & ---- & 0 & 0 & 0 \\ a_3 & a_2 & a_1 & 1 & 0 & ---- & 0 & 0 & 0 \\ - & - & - & - & - & - & - & - & - \\ - & - & - & - & - & - & - & - & - \\ 0 & 0 & 0 & 0 & 0 & ---- & a_n & a_{n-1} & a_{n-2} \\ 0 & 0 & 0 & 0 & 0 & ---- & 0 & 0 & a_n \end{vmatrix} \qquad (1.9,79)$$

einschließlich dieser selbst positiv sind, also

$$a_1 > 0, \quad \begin{vmatrix} a_1 & 1 \\ a_3 & a_2 \end{vmatrix} > 0, \quad \begin{vmatrix} a_1 & 1 & 0 \\ a_3 & a_2 & a_1 \\ a_5 & a_4 & a_3 \end{vmatrix} > 0, \dots D_H > 0 \qquad (1.9,80)$$

Der nicht einfache Beweis des *Hurwitz*schen Satzes sei hier übergangen [1–977].

Speziell im Falle einer charakteristischen Gleichung vierten Grades der Form

$$F_4(\lambda) \equiv \lambda^4 + B\lambda^3 + C\lambda^2 + D\lambda + E = 0 \qquad (1.9,81)$$

st für die Stabilität des Systems das Bestehen der Relationen

$$\left.\begin{aligned} B &> 0 \\ BC-D &> 0 \text{ (oder auch } D > 0) \\ R \equiv D(BC-D)-EB^2 &> 0 \\ E &> 0 \end{aligned}\right\} \qquad (1.9,82)$$

hinreichend und notwendig.

1.9.233. *Stabilitätskriterium nach Cremer-Leonhard*

Einfacher einzusehen und auch für charakteristische Gleichungen von höherem als viertem Grade leicht anzuwenden ist das Kriterium von *Cremer-Leonhard* [1–972, 973]. Zu seiner Herleitung denken wir uns das Polynom $F_n(\lambda)$ der charakteristischen Gleichung wieder in der Form (1.9,78a) gegeben, wobei jetzt aber alle Koeffizienten $a_1, \dots, a_n$ schon als *positiv* vorausgesetzt seien. Sind $\lambda_1, \dots, \lambda_n$ seine Nullstellen gemäß der Zerlegung nach Gl. (1.9,78b) und ist beispielsweise λ_i reell und negativ, so erfährt der Ortsvektor $\lambda - \lambda_i$ eine Drehung um den Winkel $\frac{\pi}{2}$, wenn λ auf der imaginären Achse der komplexen λ-Ebene alle Werte $i\omega$ von 0 bis $+i\infty$ durchläuft. Umgekehrt folgt aus der Drehung um $\frac{\pi}{2}$, daß λ_i reell und negativ ist. Sind weiter die Wurzeln λ_j und λ_k konjugiert komplex mit negativem Realteil, so erfährt der Ortsvektor $(\lambda-\lambda_j)(\lambda-\lambda_k)$ eine Drehung um den Winkel π, wenn λ auf der imaginären Achse von 0 bis $+i\infty$ wandert. Umgekehrt folgt aus der Drehung um π, daß entweder beide Werte λ_j und λ_k reell und negativ sind, oder als konjugiert komplexe Wurzeln einen negativen Realteil besitzen.

Insgesamt erfährt der Ortsvektor $F_n(\lambda)$ nach Gl. (1.9,78b) im Falle der Stabilität des Systems eine Drehung um den Winkel $n\frac{\pi}{2}$, wenn λ auf der positiv imaginären Achse von 0 bis $+i\infty$ geht. Umgekehrt folgt in diesem Falle aus einer Drehung um den Winkel $n\frac{\pi}{2}$, daß das System stabil ist.

Die Abbildung der positiv imaginären Achse der λ-Ebene auf die F_n-Ebene sei als *Ortskurve* bezeichnet. Im Falle der Stabilität läßt sich die Ortskurve folgendermaßen beschreiben:

1. Sie geht für $\omega = 0$ vom positiven Wert a_n auf der reellen Achse aus.
2. Sie umwandert mit wachsendem ω den Nullpunkt im positiven Sinne und passiert dabei nacheinander alle Quadranten vom ersten bis zum n-ten.

Speziell im Falle einer charakteristischen Gleichung vierten Grades, s. Gl. (1.9,81), zeigt die Ortskurve qualitativ einen Verlauf gemäß Abb. 1.9,1.

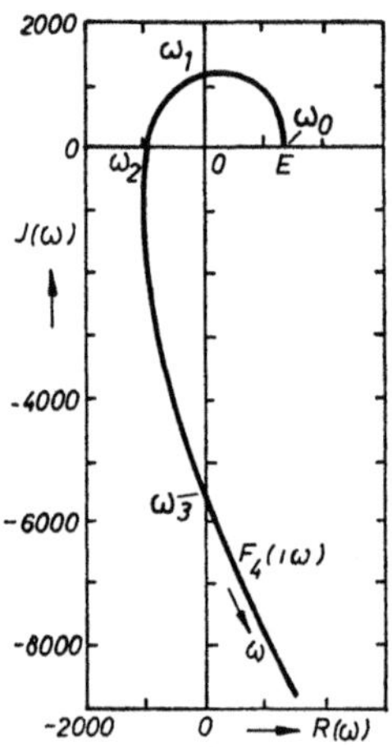

Abb. 1.9,1
Ortskurve einer charakteristischen Gleichung vierten Grades (stabiles System), vgl. Zahlenbeispiel S. 98

1.9.234. *Lückenkriterium*

Man kann das Kriterium von *Cremer-Leonhard* noch etwas anders fassen, indem man die Lage der Nullstellen von Realteil $R(\omega)$ und

Imaginärteil $I(\omega)$ des Ortsvektors

$$F_n(\mathrm{i}\omega) = R(\omega)+\mathrm{i}I(\omega) \tag{1.9,83}$$

betrachtet. Genügt nämlich die Ortskurve den beiden oben genannten Bedingungen, ist also das System stabil, so haben die beiden Funktionen $R(\omega)$ und $I(\omega)$ im Bereich $0 \leq \omega < \infty$ zusammen genau n einfache Nullstellen, und diese folgen abwechselnd aufeinander, stehen also „auf Lücke", wobei $I(\omega_1) > 0$ ist, wenn ω_1 die kleinste Nullstelle von $R(\omega)$ bedeutet.

Sind umgekehrt die Koeffizienten $a_1, \ldots, a_n$ alle positiv und haben die Funktionen $R(\omega)$ und $I(\omega)$ im Intervall $0 \leq \omega < \infty$ genau n auf Lücke stehende Nullstellen, so besitzt die Ortskurve die oben unter 1) und 2) beschriebenen Eigenschaften, das System ist also stabil.

Speziell im Falle einer charakteristischen Gleichung vierten Grades, s. Gl. (1.9,81), mit lauter positiven Koeffizienten B, C, D, E zeigen die

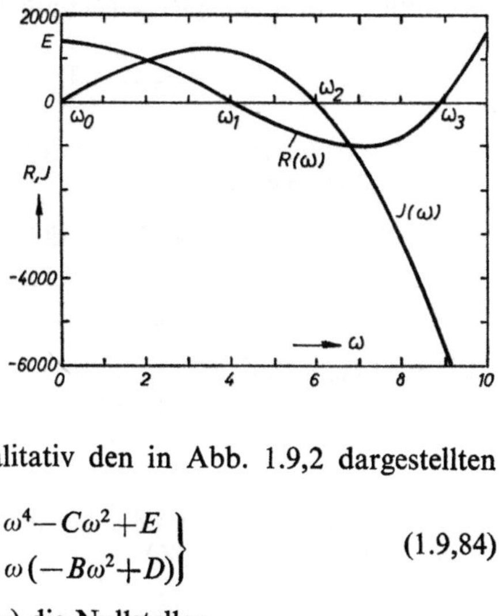

Abb. 1.9,2
Lückenkriterium für eine charakteristische Gleichung vierten Grades (stabiles System), vgl. Zahlenbeispiel

Funktionen $R(\omega)$ und $I(\omega)$ qualitativ den in Abb. 1.9,2 dargestellten Verlauf. Hier ist

$$\left.\begin{aligned} R(\omega) &= \omega^4 - C\omega^2 + E \\ I(\omega) &= \omega(-B\omega^2 + D) \end{aligned}\right\} \tag{1.9,84}$$

Im Intervall $0 \leq \omega < \infty$ hat $R(\omega)$ die Nullstellen

$$\omega_1 = \sqrt{\frac{C}{2} - \sqrt{\frac{C^2}{4} - E}}, \qquad \omega_3 = \sqrt{\frac{C}{2} + \sqrt{\frac{C^2}{4} - E}}$$

und $I(\omega)$ die Nullstellen

$$\omega_0 = 0, \qquad \omega_2 = \sqrt{\frac{D}{B}} \tag{1.9,85}$$

Zahlenbeispiel: Für die Rechnung zu Abb. 1.9,1 und 1.9,2 wurden in Gl. (1.9,81) die Zahlen $B = 14$, $C = 98$, $D = 518$, $E = 1369$ eingesetzt. Gemäß Gl. (1.9,82) besteht Stabilität, da außer allen Koeffizienten auch der Ausdruck $R = D(BC-D) - EB^2 = 174048$ positiv ist. Mit Gl. (1.9,85) ergibt sich $0 < \omega_1 = 4{,}10 < \omega_2 = 6{,}08 < \omega_3 = 9{,}00$, also wieder Stabilität. Man verifiziert leicht, daß $\lambda_{1,2} = -1 \pm 6\mathrm{i}$ und $\lambda_{3,4} = -6 \pm \mathrm{i}$ die Wurzeln der Gl. (1.9,81) sind.

1.9.24 Spezielle Lösungen der inhomogenen Gleichungen

Mit der Stabilitätskontrolle und der Berechnung der Wurzeln der charakteristischen Gleichung ist das Verhalten eines Systems unter dem Einfluß äußerer Störungen im Prinzip vollständig bestimmt. Häufig ist es aber erwünscht, das Verhalten eines schwingfähigen Systems unter dem Einfluß ganz bestimmter Störungen kennenzulernen. Solche typischen Störungen sind die sinusförmige Erregung, ferner der Einheitssprung im Integralwert der Störfunktion, der Einheitssprung in der Störfunktion selbst und schließlich der Einheitssprung in ihrer ersten Ableitung. Dabei sei stets angenommen, daß das System zu Anfang in Ruhe ist:

$$x = y = 0 \quad \text{für} \quad t < 0 \tag{1.9,86}$$

1.9.241. *Asymptotische Lösung eines stabilen Systems bei sinusförmiger Erregung*

Im Falle einer sinusförmigen Erregung durch die Funktion $f(t)$ ist etwa

$$f(t) = \begin{Bmatrix} 0 & \text{für } t < 0 \\ f_0 e^{\mathrm{i}\omega t} & \text{für } t \geqslant 0 \end{Bmatrix}; \quad g(t) \equiv 0 \tag{1.9,87a}$$

Bei positivem Realteil von s ist nach Abschnitt 1.9.22 die *Laplace*-Transformierte dieser Funktion

$$\tilde{f}(s) = \frac{f_0}{s - \mathrm{i}\omega} \tag{1.9,87b}$$

Nach Gl. (1.9,65) ist dann die *Laplace*-Transformierte der Lösung unter Beachtung von Gl. (1.9,86)

$$\tilde{x}^{(s)}_{\mathrm{in},f} = \frac{f_0}{s - \mathrm{i}\omega} F^{(s)}_{x/f} \quad \text{mit} \quad F^{(s)}_{x/f} \left(\equiv \frac{\tilde{x}^{(s)}_{\mathrm{in},f}}{\tilde{f}(s)} \right) = \frac{s + a_{22}}{\Delta(s)} \tag{1.9,88}$$

Eine entsprechende Formel gilt für die gestörte Lösung $\tilde{y}^{(s)}_{\mathrm{in},f}$. Partialbruchzerlegung gibt

$$\tilde{x}^{(s)}_{\mathrm{in},f} = \tilde{x}^{(s)}_{\mathrm{as},f} + \ldots \tag{1.9,89}$$

mit

$$\tilde{x}^{(s)}_{\mathrm{as},f} = \frac{f_0}{s - \mathrm{i}\omega} F^{(\mathrm{i}\omega)}_{x/f} \tag{1.9,90}$$

Die zu den Nullstellen λ_1 und λ_2 des Nenners $\Delta(s)$ von $F^{(s)}_{x/f}$ gehörigen Pole sind hier durch Punkte angedeutet. Bei der Transformation der Lösung in den Originalbereich erhält man

$$x^{(t)}_{\mathrm{in},f} = x^{(t)}_{\mathrm{as},f} + \ldots \qquad (1.9,91)$$

mit

$$x^{(t)}_{\mathrm{as},f} = f_0 e^{i\omega t} F^{(i\omega)}_{x/f} \qquad (1.9,92)$$

Im Falle eines stabilen Systems verschwinden die in Gl. (1.9,91) durch Punkte angedeuteten freien Schwingungen für $t \to \infty$, und es bleibt nur die asymptotische Lösung nach Gl. (1.9,92) übrig. In entsprechender Weise findet man auch die asymptotischen Lösungen $y^{(t)}_{\mathrm{as},f}$, $x^{(t)}_{\mathrm{as},g}$ und $y^{(t)}_{\mathrm{as},g}$.

Die Funktion $F^{(s)}_{x/f}$ der komplexen Variablen s wird meistens als Übertragungsfunktion, die speziellere Funktion $F^{(i\omega)}_{x/f}$ als Frequenzgang der Variablen x in Bezug auf die Störung f bezeichnet. Entsprechende Bezeichnungen gelten für die Funktion $F^{(s)}_{y/f}$ usw. Auch im Falle eines nicht stabilen Systems werden die durch Gl. (1.9,88) definierten Funktionen $F^{(s)}_{x/f}$ usw. als Übertragungsfunktionen bezeichnet. Der Ausdruck

$$F^{(i\omega)}_{x/f} f_0 e^{i\omega t}$$

auf der rechten Seite von Gl. (1.9,92) stellt dann allerdings nicht die gesamte asymptotische Lösung dar, sondern nur jenen Teil, welcher einer Schwingung mit der Frequenz ω entspricht.

Zur graphischen Darstellung der Übertragungsfunktion und des Frequenzganges ist in jedem Falle eine Abbildung in der komplexen Zahlenebene (= *Nyquist-Diagramm*) geeignet. Als spezielles Beispiel sei die Übertragungsfunktion (= Transferfunktion)

$$F(s) = \frac{1}{1+sT} \qquad (1.9,93a)$$

betrachtet, die einem gedämpften, aber trägheitslosen Schwinger entspricht. Setzt man

$$s = \xi + i\omega, \qquad F(s) = u + iv$$

so werden die Halbstrahlen

$$\xi = \text{const} > -\frac{1}{T}, \qquad \omega \geqslant 0$$

der ξ, ω-Ebene in Halbkreise abgebildet, die gemäß Abb. 1.9,3 im vierten Quadranten der u, v-Ebene liegen. Die Kurve $\xi = 0$ stellt speziell die Ortskurve des Frequenzganges $F(i\omega)$ dar. Entsprechend könnte man noch Linien $\omega = \text{const}$ eintragen, die hier ebenfalls Kreise sind.

Bei einer weiteren Methode der graphischen Darstellung, die insbesondere zur Untersuchung des *Frequenzganges* gern verwendet wird, führt man zunächst durch die Beziehung

$$F(\mathrm{i}\,\omega) = r(\omega)\,\mathrm{e}^{\mathrm{i}\varphi(\omega)} \tag{1.9,94}$$

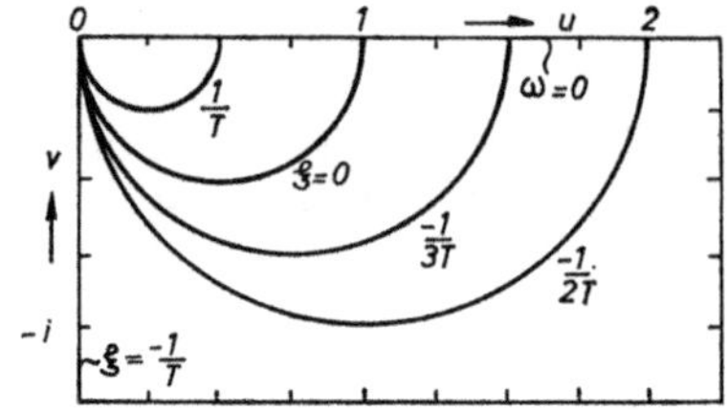

Abb. 1.9,3
Darstellung der Übertragungsfunktion nach Gl. (1.9,93a) in der komplexen Zahlenebene (*Nyquist*-Diagramm)

Polarkoordinaten $r(\omega)$ und $\varphi(\omega)$ ein und stellt sodann die Größen $\log r(\omega)$ bzw. $\varphi(\omega)$ als Funktionen von $\log\omega$ dar (*Bode*-Diagramm). Abb. 1.9,4a,b zeigt diese Darstellung für den schon oben betrachteten speziellen Frequenzgang

$$F(\mathrm{i}\,\omega) = \frac{1}{1+\mathrm{i}\,\omega T} \tag{1.9,93b}$$

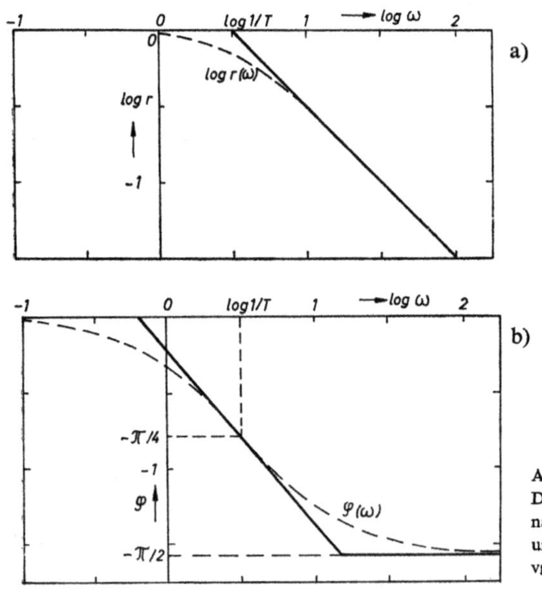

Abb. 1.9,4a,b
Darstellung des Frequenzganges nach Gl. (1.9,93b) durch a) Betrag und b) Phase (*Bode*-Diagramm), vgl. Zahlenbeispiel S. 107

(gestrichelte Kurven). In Tab. 1.9,1 sind für diesen Frequenzgang sowie für zwei weitere wichtige Frequenzgänge einige spezielle Werte zusammengestellt.

Tab. 1.9,1. Spezielle Werte für verschiedene Frequenzgänge

Frequenzgang	$\frac{1}{i\omega}$	$\frac{1}{1+i\omega T}$	$\frac{1}{1+2\zeta\frac{i\omega}{\omega_0}-\left(\frac{\omega}{\omega_0}\right)^2}$
Asymptoten für $\omega \to 0$			(für $0 < \zeta \leq 1$)
$\log r(\omega) =$	$-\log\omega$	0	0
$\varphi(\omega) =$	$-\frac{\pi}{2}$	0	0
Asymptoten für $\omega \to \infty$			
$\log r(\omega) =$	$-\log\omega$	$\log\frac{1}{T}-\log\omega$	$2(\log\omega_0-\log\omega)$
$\varphi(\omega) =$	$-\frac{\pi}{2}$	$-\frac{\pi}{2}$	$-\pi$
Weitere Werte für $\omega =$	1	$\frac{1}{T}$	ω_0
$\log r(\omega) =$	0	$-\frac{1}{2}\log 2 \approx -0{,}150$	$-\log 2\zeta$
$\varphi(\omega) =$	$-\frac{\pi}{2}$	$-\frac{\pi}{4}$	$-\frac{\pi}{2}$
$\frac{d\varphi(\omega)}{d\log\omega} =$	0	$-\frac{1}{2}\ln 10 \approx -1{,}15$	$-\frac{1}{\zeta}\ln 10 \approx \frac{-2{,}30}{\zeta}$

Trägt man im Falle $F(i\omega) = 1/(1+i\omega T)$ nach Gl. (1.9,93b) die Asymptoten sowie die Tangente an die Kurve $\varphi(\omega)$ bei der Eckfrequenz $\omega_{Eck} = 1/T$ ein, so erhält man die geknickten Linienzüge, die eine relativ gute Annäherung an die genauen Verläufe geben. Für den Frequenzgang des gedämpften Schwingers in der letzten Spalte erhält man bei aperiodischer Bewegung ($\zeta > 1$) eine bessere asymptotische Annäherung, wenn man ihn in zwei Teilfrequenzgänge gemäß Gl. (1.9,93b) auflöst.

In entsprechender Weise kann man Frequenzgänge, die sich durch Produktbildung aus den in Tab. 1.9,1 genannten Einzelfrequenzgängen oder deren Reziproken aufbauen, durch geknickte Linienzüge approximieren, die in der Weise entstehen, daß man die geknickten Linienzüge der Einzelfrequenzgänge einfach addiert. Das *Bode*-Diagram ist daher sehr geeignet, einen raschen Überblick über das Verhalten des Frequenzganges zu gewinnen.

Es sei bemerkt, daß man in entsprechender Weise auch Frequenzgänge nicht stabiler Systeme im *Bode*-Diagramm darstellen kann. Diese unterscheiden sich von den Frequenzgängen stabiler Systeme i. w. durch den Verlauf des Phasenwinkels $\varphi(\omega)$.

1.9.242. *Übergangsfunktion bei Sprung im Integralwert der Störfunktion (Impulsstörung)*

Eine impulsartige Störung $f(t)$ sei durch die Beziehungen

$$\int_0^t f(\tau)\,\mathrm{d}\tau = \begin{cases} 0 & \text{für } t < 0 \\ 1 & \text{für } t > 0 \end{cases} \tag{1.9,95}$$

definiert. Ihre *Laplace*-Transformierte ist

$$\tilde{f}(s) = 1 \tag{1.9,96}$$

Die zugehörige Lösung $x_{\mathrm{in},f}^{(t)}$ mit verschwindenden Anfangswerten besitzt nach Gl. (1.9,65) die *Laplace*-Transformierte

$$\tilde{x}_{\mathrm{in},f}^{(s)} = F_{x/f}^{(s)} \tag{1.9,97}$$

wobei die Funktion $F_{x/f}^{(s)}$ die Übertragungsfunktion von Gl. (1.9,88) ist. Die Übergangsfunktion selbst errechnet sich praktisch durch Partialbruchzerlegung der Übertragungsfunktion und gliedweise Transformation in den Originalbereich oder formal nach Gl. (1.9,55) aus

$$(x_{\mathrm{in},f}^{(t)} \equiv)\, \hat{x}_f(t) = \frac{1}{2\pi\mathrm{i}} \int_{\gamma-\mathrm{i}\infty}^{\gamma+\mathrm{i}\infty} \mathrm{e}^{st} F_{x/f}^{(s)} \mathrm{d}s \tag{1.9,98}$$

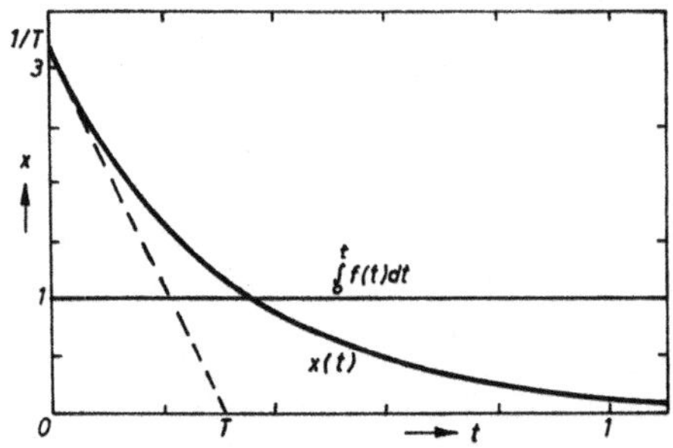

Abb. 1.9,5
Übergangsfunktion bei einer Impulsstörung, mit $F(s)$ nach Gl. (1.9,93a), vgl. Zahlenbeispiel S. 104

Das Zeichen „^“ soll hier auf „Impuls“ hindeuten. Bei einem stabilen System verschwindet die Übergangsfunktion für $t \to \infty$.

Im Falle der speziellen Übertragungsfunktion nach Gl. (1.9,93a) wird die Übergangsfunktion

$$x(t) = \frac{1}{T}\,\mathrm{e}^{-t/T} \tag{1.9,99}$$

Sie hat das in Abb. 1.9,5 skizzierte Aussehen.

1.9.243. *Übergangsfunktion bei Sprung in der Störfunktion*

Bei einem Einheitssprung in der Störfunktion selbst hat man etwa

$$f(t) = \begin{cases} 0 & \text{für} \quad t < 0 \\ 1 & \text{für} \quad t > 0 \end{cases} \tag{1.9,100}$$

Laplace-Transformation gibt

$$\tilde{f}(s) = \frac{1}{s} \tag{1.9,101}$$

Bei verschwindenden Anfangswerten ist die Bildfunktion der Übergangsfunktion nach Gl. (1.9,65)

$$\tilde{x}_{\text{in},f}^{(s)} = \frac{1}{s} F_{x/f}^{(s)} \tag{1.9,102}$$

Nun ist nach Gl. (1.9,62) $f_1(t) \equiv 1$ die Umkehrfunktion von $1/s$ und $f_2(t) \equiv \hat{x}_f(t)$ nach Gl. (1.9,96) Umkehrfunktion von $F_{x/f}^{(s)}$. Nach dem Faltungssatz (1.9,68) wird daher die Übergangsfunktion auf einen Sprung in der Störfunktion

$$x_{\text{in},f}^{(t)} = \int_0^t \hat{x}_f(\tau)\,\mathrm{d}\tau \tag{1.9,103}$$

Sie ist damit durch ein Integral über die Übergangsfunktion der Impulsstörung ausgedrückt. Im Falle eines stabilen Systems erhält man für $t \to \infty$ eine konstante Auslenkung des Systems aus seiner Ruhelage.

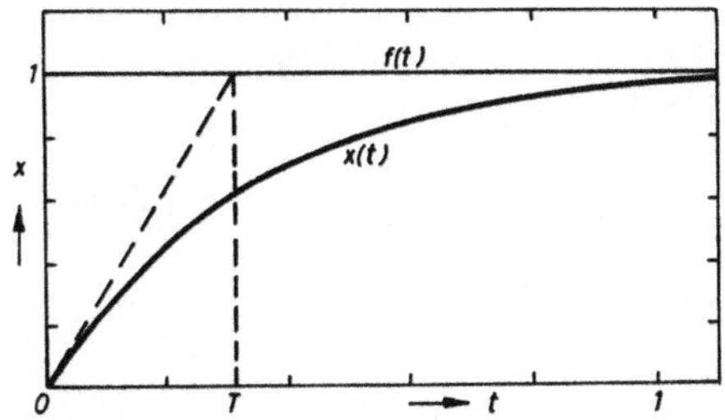

Abb. 1.9,6
Übergangsfunktion bei Sprung in der Störfunktion, mit $F(s)$ nach Gl. (1.9.93a), vgl. Zahlenbeispiel S. 104

Im Spezialfalle einer Übertragungsfunktion nach Gl. (1.9,93a) wird

$$x_{\text{in}}(t) = 1 - \mathrm{e}^{-t/T} \tag{1.9,104}$$

Diese Funktion ist in Abb. 1.9,6 dargestellt.

1.9.244. *Übergangsfunktion bei Sprung in der Ableitung der Störfunktion*

Bei einem Einheitssprung in der Ableitung einer zur Zeit $t = 0$ einsetzenden stetigen Störung ist

$$\frac{\mathrm{d}f(t)}{\mathrm{d}t} = \begin{cases} 0 & \text{für} \quad t < 0 \\ 1 & \text{für} \quad t > 0 \end{cases} \tag{1.9,105}$$

Die *Laplace*-Transformierte dieser Störfunktion ist

$$\tilde{f}(s) = \frac{1}{s^2} \tag{1.9,106}$$

Nach Gl. (1.9,65) lautet bei verschwindenden Anfangswerten die *Laplace*-Transformierte der Übergangsfunktion

$$\tilde{x}^{(s)}_{\mathrm{in},f} = \frac{1}{s^2} F^{(s)}_{x/f} \tag{1.9,107}$$

Da nun wieder $f_1(t) = 1$ die Umkehrfunktion von $1/s$ und

$$f_2(t) = \int_0^t \hat{x}_f(\tau_2)\,\mathrm{d}\tau_2$$

nach Abschnitt 1.9.243 die Umkehrfunktion von $\frac{1}{s} F^{(s)}_{x/f}$ ist, so wird nach dem Faltungssatz (1.9,68) die Funktion

$$x^{(t)}_{\mathrm{in},f} = \int_0^t \int_0^{\tau_1} \hat{x}_f(\tau_2)\,\mathrm{d}\tau_2\,\mathrm{d}\tau_1 \tag{1.9,108}$$

Übergangsfunktion bei einem Sprung in der Ableitung der Störfunktion.

Ist umgekehrt die Übergangsfunktion $x^{(t)}_{\mathrm{in},f}$ gegeben, so ist mittels Gl. (1.9,107) natürlich auch die Übertragungsfunktion $F^{(s)}_{x/f}$ bekannt, s. auch Gl. (1.9,97) und Gl. (1.9,102).

Im Falle eines stabilen Systems erhält man für $t \to \infty$ eine linear unbegrenzt zunehmende Auslenkung des Systems aus seiner Ruhelage.

Im Spezialfalle der Übertragungsfunktion nach Gl. (1.9,93a) wird die Übergangsfunktion

$$x_{\mathrm{in}}(t) = t + T(\mathrm{e}^{-t/T} - 1) \tag{1.9,109}$$

Diese Funktion ist in Abb. 1.9,7 dargestellt.

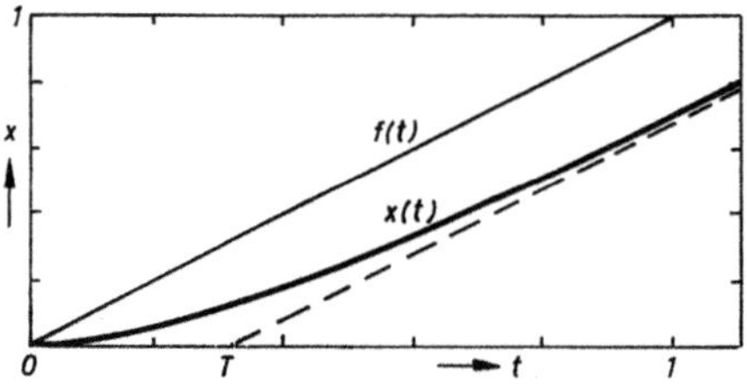

Abb. 1.9,7
Übergangsfunktion bei einem Einheitssprung in der Ableitung der Störfunktion, mit $F(s)$ nach Gl. (1.9,93a), vgl. Zahlenbeispiel

Abschließend sei bemerkt, daß man Lösungen mit Sprungfunktionen als Störungen durchaus auch im Falle nicht stabiler Systeme konstruieren kann. Jedoch haben diese Lösungen dann nicht mehr den Charakter von „Übergangsfunktionen".

Zahlenbeispiel: Für die Rechnung zu Abb. 1.9,4a–7 wurde der Zahlenwert $T = 10^{-0,5} = 0{,}31623$ verwendet.

1.9.245. *Asymptotische Werte von Übergangsfunktionen*

Um das Verhalten einer Übergangsfunktion nach sehr langer Zeit zu untersuchen, sind die folgenden Bemerkungen von Nutzen: Man kann den Einheitssprung in der Störfunktion $f(t)$ gemäß Gl. (1.9,100) auch als eine zur Zeit $t = 0$ beginnende periodische Erregung gemäß Gl. (1.9,87a) mit der Frequenz $\omega = 0$ auffassen. Ist nun $F_{x/f}^{(s)}$ die Übertragungsfunktion eines stabilen Systems, existiert also die Übertragungskonstante

$$K_0 = \lim_{s \to 0} F_{x/f}^{(s)} \tag{1.9,110}$$

so wird die Übergangsfunktion $x(t)$ für $t \to \infty$ stationär. Daher wird, wie man unmittelbar erkennt,

$$\lim_{t \to \infty} x(t) = \lim_{s \to 0} F_{x/f}^{(s)} = K_0 \tag{1.9,111}$$

für einen Einheitssprung der Störfunktion gemäß Gl. (1.9,100).

Falls $G(s) = sF_{x/f}^{(s)}$ die Übertragungsfunktion eines stabilen Systems ist, also der Grenzwert

$$K_{-1} = \lim_{s \to 0} s \cdot F_{x/f}^{(s)} \tag{1.9,112}$$

existiert, so wird wegen

$$s \cdot F_{x/f}^{(s)} = F_{\dot{x}/f}^{(s)}$$

sowie auf Grund von Gl. (1.9,111) einerseits

$$\lim_{t \to \infty} \dot{x}(t) = K_{-1} \tag{1.9,113}$$

bei einem Einheitssprung der Störfunktion gemäß Gl. (1.9,100).

Andererseits ist auch

$$s \cdot F_{x/f}^{(s)} = F^{(s)}_{x/\int_0^t f \mathrm{d}t}$$

und daher gemäß Gl. (1.9,111)

$$\lim_{t \to \infty} x(t) = K_{-1} \tag{1.9,114}$$

bei einem Einheitssprung im Integralwert der Störfunktion gemäß Gl. (1.9,105).

Falls schließlich $H(s) = \frac{1}{s} F_{x/f}^{(s)}$ die Übertragungsfunktion eines stabilen Systems ist, also der Grenzwert

$$K_1 = \lim_{s \to 0} \frac{1}{s} F_{x/f}^{(s)} \tag{1.9,115}$$

existiert, so wird wegen

$$\frac{1}{s} F^{(s)}_{x/f} = F^{(s)}_{\int\limits_0^t x\,dt/f}$$

und wegen Gl. (1.9,111) einerseits

$$\lim_{t\to\infty} \int\limits_0^t x\,\mathrm{d}t = K_1 \qquad (1.9,116)$$

bei einem Einheitssprung der Störfunktion gemäß Gl. (1.9,100). Andererseits ist auch

$$\frac{1}{s} F^{(s)}_{x/f} = F^{(s)}_{x/\dot{f}}$$

und daher gemäß Gl. (1.9,111)

$$\lim_{t\to\infty} x(t) = K_1 \qquad (1.9,117)$$

bei einem Einheitssprung in der Ableitung der Störfunktion gemäß Gl. (1.9,105).

Literatur zu Abschnitt 1.9.23–1.9.24: [1–971 bis 977], S. 113.

Literatur zu Kap. I.

Allgemeines (Abschnitt 1.1)

[1–101] *N.N.*: British civil airworthiness requirements. London, 1960.

Erdanziehung und Erdrotation (Abschnitt 1.2.1.)

[1–201] *Meisser, O.*: Praktische Geophysik. Dresden, 1943.

[1–202] *Landolt, H.* und *R. Börnstein* (Herausg.): Zahlenwerte und Funktionen. Bd. III. Astronomie und Geophysik. Berlin, 1952.

[1–203] *Herrick, S. u. a.*: Gravitational and related constants for accurate space navigation. VIII. Kongr. Internat. Astronaut. Barcelona, 1957, S. 197–235.

[1–204] *Purcell, E. W.* und *W. B. Cowan*: Relating geodetic latitude and altitude to geocentric latitude and radius vector. ARS Journal **31**, 932–934 (1961).

Normalatmosphäre (Abschnitt 1.2.21.–1.2.22.)

[1–241] *N.N.*: International Civil Aviation Organization (ICAO) Standard Atmosphere. NACA Rep. 1235 (1955).

[1–242] *Georgii, W.*: Flugmeteorologie. Frankfurt, 1956.

[1–243] *Kallmann-Bijl, H. u. a.*: CIRA 1961. COSPAR (Committee of Space Research) International Reference Atmosphere. Amsterdam, 1961.
[1–243a] *Beck, J. W.*: Schwerefeld, Magnetfeld und Atmosphäre der Erde. WGL-Lehrgang für Raumfahrttechnik (München 1962) Bd. II, 10–1/23.
[1–244] *Eichenberger, W.*: Flugwetterkunde. Zürich, 1962.
[1–245] *N.N.*: U. S. Standard Atmosphere 1962. Washington, 1963.
[1–246] *Burnham, J.*: The influence of weather on aircraft operations. AGARD Rep. 494 (Okt. 1964).

Atmosphärische Turbulenz (Abschnitt 1.2.23.)

[1–271] *Liepmann, H. W.*: On the application of statistical concepts to the buffeting problem. J. Aero. Sci. **19**, 793–800, 822 (1952).
[1–272] *Batchelor, G. K.*: The theory of homogeneous turbulence. Cambridge (England), 1956.
[1–273] *Press, H.*: Atmospheric turbulence environment with special reference to continuous turbulence. AGARD Rep. 115, 1957.
[1–273a] *Etkin, B.*: Theory of the flight of airplanes in isotropic turbulence — review and extension. AGARD Rep. 372 (April 1961).
[1–274] *Robson, J. D.*: Random vibration. Edinburgh, 1964.
[1–275] *Zbrozek, J. K.*: Atmospheric gusts. J. Roy. Aeron. Soc. **69**, 27–45 (1965).

Koordinatensysteme (Abschnitt 1.3.)

[1–301] *Schulz, W.* und *R. Ludwig*: Die Koordinatensysteme der Flugmechanik. Z. Flugwiss. **2**, 96–104 (1954).
[1–302] *Rothman, H. L.* und *M. Pittel*: Transformation of coordinate axis systems J. Aero. Sci. **28**, 583–584 (1961).
[1–303] *Mewes, E.*: Flugmechanische Bezeichnungen bei bewegter Luft. Z. Flugwiss. **10**, 97–100 (1962).

Kinematische Beziehungen (Abschnitt 1.4.)

[1–401] *Abzug, J. M.*: Applications of matrix operators to the kinematics of airplane motion. J. Aero. Sci. **23**, 679–684 (1956).
[1–402] *Lagally, M.*: Vorlesungen über Vektorrechnung. Leipzig, 1959.
[1–403] *N.N.*: Bezeichnungen in der Flugmechanik. LN 9300. Köln, 1959.

Kräfte- und Momentengleichung (Abschnitt 1.5.)

[1–501] *Schaefer, Cl.*: Einführung in die theoretische Physik. Bd. I, Mechanik. Berlin, 1950.
[1–502] *Joos, G.*: Lehrbuch der theoretischen Physik. Leipzig, 1959.
[1–503] *Niemz, W.*: Anwendung der Quaternionen auf die allgemeinen Bewegungsgleichungen der Flugmechanik. Z. Flugwiss. **11**, 368–372 (1963).

Reglergleichung (Abschnitt 1.6.)

[1–601] *Locke, A. S.*: Guidance. New York, 1955.

[1–602] *Bass, R. W.*: Improved on-off missile stabilization. ARS Journal **26**, 644–648, 643 (1956).

[1–603] *Serdengecti, S.*: Optimalizing control in the presence of noise interference. ARS Journal **26**, 465–473 (1956).

[1–604] *Donegan, J. J.* und *C. R. Huss*: Comparison of several methods for obtaining the time response of linear systems to either a unit impulse or arbitrary input from frequency-response data. NACA Rep. 1324 (1957).

[1–605] *Leonhard, A.*: Die selbsttätige Regelung. Berlin, 1957.

[1–606] *Tsien, H. S.*: Technische Kybernetik. Stuttgart, 1957.

[1–607] *Flügge-Lotz, I. u. a.*: Investigation of a nonlinear control system. NACA Rep. 1391 (1958).

[1–608] *Smith, O. J. M.*: Feedback control systems. New York, 1958.

[1–609] *McRuer, D. T.* und *E. S. Krendel*: The human operator as a servo system element. J. Franklin Inst. **267**, 381–403, 511–536 (1959 I).

[1–610] *Tou, J. T.*: Digital and sampled data control systems. New York, 1959.

[1–611] *Oppelt, W.*: Kleines Handbuch technischer Regelvorgänge. Weinheim (Bergstr.), 1960.

[1–612] *Rogers, M.* und *G. Shapiro*: Closed-loop flip-flop control systems. J. Aero. Sci. **27**, 841–853 (1960).

[1–612a] *Graham, D.* und *D. McRuer*: Analysis of nonlinear control systems. New York, 1961.

[1–613] *Ku, Y. H.*: Theory of nonlinear control. J. Franklin Inst. **271**, 108–144 (1961 I).

[1–613a] *Pestel, E.* und *E. Kollmann*: Grundlagen der Regelungstechnik. Braunschweig, 1961.

[1–614] *N. N.*: Benennungen auf dem Gebiet der Flugregelung. VDI/VDE-Richtlinie 2170 (1962).

[1–615] *Kreindler, E.*: Contributions to the theory of time-optimal control. J. Franklin Inst. **275**, 314–344 (1963 I).

[1–616] *Tou, J. T.*: Modern control theory. New York, 1964.

[1–616a] *Leondes, C. T.* (Herausg.): Modern control systems theory. New York, 1965.

[1–617] *Longton, P. A.*: Operational research and aviation management. III. Mathematical models of the human controller. J. Roy. Aeron. Soc. **69**, 699 (1965).

[1–618] *Paiewonski, B.*: Optimal control: A review of theory and praxis. AIAA Journal **3**, 1985–2006 (1965).

[1–618a] *Schweizer, G.*: Pilot behaviour in VTOL aircraft. AGARD Rep. 521 (1965).

[1–619] *Steininger, K.*: Funktionen des Piloten in komplexen Systemen der Flugführung. Z. Flugwiss. **13**, 194–204 (1965).

[1–620] *Washizu, K.* und *K. Miyajima*: Controllability limit of a human pilot. AIAA Journal **3**, 941–947 (1965).

Luftwiderstand (Abschnitt 1.7.121.)

[1–701] *Hoerner, S. F.*: Fluid-dynamic drag. Midland Park, N. J., 1958.
[1–702] *N. N.*: Definitions to be used in the description and analysis of drag. J. Roy. Aeron. Soc. **62**, 796–801 (1958).
[1–703] *Stoney, W. E. jr.*: Collection of zero-lift drag data on bodies of revolution from free-flight investigations. NASA Tech. Rep. R–100 (1961).
[1–704] *Schlichting, H.*: Grenzschichttheorie. Karlsruhe, 1965.

Aerodynamischer Auftrieb und Luftkraftmomente

(Abschnitt 1.7.122.–1.7.13. und 1.7.22.–1.7.23.)

a) Inkompressible Strömung

[1–707] *Prandtl, L.* und *A. Betz*: Ergebnisse der Aerodynamischen Versuchsanstalt zu Göttingen. IV. Lieferung. München, 1932.
[1–707a] *v. Kármán, Th.* und *J. M. Burgers*: General aerodynamic theory. In: W. F. Durand: Aerodynamic theory, Vol. II. Berlin, 1935.
[1–708] *Abbott, I. H.* und *A. E. v. Doenhoff*: Theory of wing sections. New York, 1950.
[1–709] *Campbell, J. P.* und *M. O. McKinney*: Summary of methods for calculating dynamic lateral stability and response and for estimating lateral stability derivatives. NACA Rep. 1098 (1952).
[1–710] *Robinson, A.* und *J. A. Laurmann*: Wing theory. Cambridge, 1956.
[1–711] *Royal Aeronautical Society*: Data sheets. Aerodynamics. Bd. I–III. (1957/58).
[1–712] *Riegels, F. W.*: Aerodynamische Profile. München, 1958.
[1–713] *Arshanikow, N. S.* und *W. N. Malzew*: Aerodynamik. Berlin, 1959.
[1–714] *Schlichting, H.* und *E. Truckenbrodt*: Aerodynamik des Flugzeuges, Teil I und II. Berlin, 1959–1960.
[1–715] *Tietjens, O.*: Strömungslehre, 1. Bd. Berlin, 1960.
[1–716] *Klinke, E.* und *A. Müller*: Ein Beitrag zur Messung von Rolldämpfungen. Jahrbuch 1962 der WGLR, S. 167–170.
[1–716a] *Destuynder, R.* und *H. Bergh*: The application of local unsteady pressure measurements in obtaining aerodynamic derivatives. AGARD Rep. 498 (Okt. 1964).
[1–717] *Prandtl, L.*: Führer durch die Strömungslehre. Braunschweig, 1965.

b) Kompressible Strömung

[1–720] *Fung, Y. C.*: The theory of aeroelasticity. New York, 1955, S. 381 ff.
[1–721] *Carafoli, E.*: High speed aerodynamics. New York, 1956.
[1–721a] *Molyneux, W. G.*: Measurement of the aerodynamic forces on oscillating aerofoils. AGARD Rep. 35 (April 1956).
[1–722] *Oswatitsch, K.*: Gasdynamik. Wien, 1956.
[1–722a] *Guderley, K. G.*: Theorie schallnaher Strömungen. Berlin, 1957.

[1-722b] *Miles, J. W.*: Potential theory of unsteady supersonic flow. Cambridge, 1959.

[1-723] *Jones, R. T.* und *D. Cohen*: High speed wing theory. Princeton, N. J., 1960.

[1-724] *Nielsen, J. N.*: Missile aerodynamics. New York, 1960.

[1-725] *Donovan, A. F.* u. a. (Herausg.): High speed problems of aircraft and experimental methods. Princeton, N. J., 1961.

[1-725a] *Jones, W. P. (Ed.)*: AGARD, Manual of aeroelasticity. Part II: Aerodynamic aspects.

[1-725b] *Landahl, M. T.*: Unsteady transonic flow. New York, 1961.

[1-725c] *Thomas, H. H. B. M.*: State of the art of estimation of derivatives. AGARD Rep. 339 (April 1961).

[1-725d] *N. N.*: Instationäre Luftkräfte. Deutsche Luft- und Raumfahrt. Mitteilung WGLR 65–12 (Okt. 1965).

[1-726] *Stahl, W.* und *P. A. Mackrodt*: Dreikomponentenmessungen bis zu großen Anstellwinkeln an fünf Tragflügeln mit verschiedenen Umrißformen in Unterschall- und Überschallströmung. Z. Flugwiss. **13**, 447–453 (1965).

c) Hyperschallströmung

[1-731] *Hayes, W. D.* und *R. F. Probstein*: Hypersonic flow theory. New York, 1959.

[1-732] *Truitt, R. W.*: Hypersonic aerodynamics. New York, 1960.

[1-732a] *Lutz, O.* (Herausg.): 2. Lehrgang für Raumfahrttechnik (Braunschweig 1963). Bd. II. Mehrere Beiträge zu Fragen der Strömungsmechanik und Thermogasdynamik.

[1-733] *Wells, W. R.* und *W. O. Armstrong*: Tables of aerodynamic coefficients obtained from developed Newtonian expressions for complete and partial conic and spheric bodies at combined angles of attack and sideslip with some comparisons with hypersonic experimental data. NASA Tech. Rep. R 127 (1962).

[1-734] *Küchemann, D.*: Hyperschallflugzeuge und ihre aerodynamischen Probleme. Jahrbuch 1964 der WGLR. S. 85–93 und Progress in Aeronautical Sciences, Bd. 6, S. 271–353. New York, 1965.

d) Molekular-Störmung

[1-741] *Patterson, G. N.*: Molecular flow of gases. New York, 1956.

[1-742] *Wiggins, L. E.*: Relative magnitudes of the space environment torques on a satellite. AIAA Journal **2**, 770–771 (1964).

Triebwerkskräfte und Triebwerksmomente (Abschnitt 1.7.14. und 1.7.24.)

a) Propeller-Triebwerk

[1-750] *Theodorsen, Th.* u. a.: Characteristics of six propellers including the high speed range. NACA Tech. Rep. 594 (1937).

[1-751] *Weinig, F.*: Aerodynamik der Luftschraube. Berlin, 1940.

[1–752] *Theodorsen, Th.*: Theory of propellers. New York, 1948.
[1–753] *Alexandrow, W. L.*: Luftschrauben. Berlin, 1954.
[1–753a] *Isay, W.-H.*: Propellertheorie. Berlin, 1964.
[1–754] *Schmidt, W.*: Der Wellpropeller, ein neuer Antrieb für Wasser-, Land- und Luftfahrzeuge. Z. Flugwiss. **13**, 472–479 (1965).

b) Turbinenstrahl-Triebwerk

[1–761] *Liston, J.*: Power plants for aircraft. New York, 1953.
[1–762] *N. N.*: Definitions of the thrust of a jet engine and of the internal drag of a ducted body. J. Roy. Aeron. Soc. **59**, 517–526 (1955).
[1–763] *Casamassa, J. V.*: Jet aircraft power systems. New York, 1957.
[1–764] *Zucrow, M. J.*: Aircraft and missile propulsion, Teil I und II. New York, 1958.
[1–765] *Lancaster, O. E.* (Herausg.): Jet propulsion engines (High speed aerodynamics and jet propulsion, Bd. 12). Princeton, N. J., 1959.
[1–766] *Rott, N.*: Simplified calculation of the jet-damping effects. AIAA Journal **2**, 764–766 (1964).
[1–767] *Breuer, D. W.* und *W. R. Southerland*: Jet-damping effects: Theory and experiment. J. Spacecraft **2**, 638–639 (1965).

c) Staustrahl-Triebwerk

[1–771] *Roy, M.*: Propulsion supersonique par turboréacteur et par statoréacteur. Adv. in Aeron. Sci. and Space Flight, Bd. 1, S. 79–112. (1959).
[1–772] *Sänger-Bredt, I.* und *H. Stümke*: Bemessungstafeln für Staustrahlantriebe. Teil 2. Eindimensionale Innenströmung mit chemischer Heizung bei Flugmachzahlen 1 bis 6 und Flughöhen von 0 bis 42 km. Stuttgart, 1959.
[1–773] *Sänger-Bredt, I.*: Anwendungsmöglichkeiten des Staustrahlantriebs in der Raumfahrt. Astronaut. Acta **10**, 153–220 (1964).
[1–774] *Stumpf, O.*: Schubleistung und Wirtschaftlichkeit des Staustrahlantriebs. Z. Flugwiss. **13**, 333–348 (1965).

d) Raketen-Triebwerk für Erdnähe

[1–781] *Sutton, G. P.*: Rocket propulsion elements. New York, 1957.
[1–782] *Altmann, D.* u. a.: Liquid propellant rockets. Princeton, N. J., 1960.
[1–783] *Barrère, M.* u. a.: Rocket propulsion. Amsterdam, 1960.
[1–784] *Huggett, Cl.* u. a.: Solid propellant rockets. Princeton, N. J., 1960.
[1–785] *Summerfield, M.* (Herausg.): Solid propellant rocket research. New York, 1960.

e) Raketen-Triebwerk für Raumflug

[1–791] *Corliss, W. R.*: Propulsion systems for space flight. New York, 1960.
[1–792] *Langmuir, D. B.* u. a. (Herausg.): Electrostatic propulsion. New York, 1961.

[1–793] *Snyder, N. W.* (Herausg.): Space power systems. New York, 1961.
[1–794] *Stewart, P. A. E.*: A comparison of the capabilities of electrical propulsion systems for co-planar transfer missions. Raketentechnik und Raumfahrtforschung **7**, 5–14 (1963).
[1–795] *Stuhlinger, E.* (Herausg.): Electric propulsion development. New York, 1963.
[1–796] *Zipkin, M. A.* und *R. N. Edwards*: Power systems for space flight. New York, 1963.

Reglereingang (Abschnitt 1.8.)

[1–801] *Fischel, E.*: Die vollautomatische Flugzeugsteuerung. Ringbuch der Luftfahrttechnik VE4 (1940).
[1–802] *Jaques, Ch. N.*: Instruments for flight and engine control. Jahrbuch 1955 der WGL., S. 118–122.
[1–803] *Draper, C. S.* u. a.: Principles of inertial guidance. Adv. in Aeron. Sci. and Space Flight, Bd. 1, S. 524–562 (1959).
[1–804] *Duda, Th.*: Flugzeuggeräte. 1. Fluglage und Flugzustand. Berlin, 1959.
[1–805] *Fearnside, K.*: Die Entwicklung eines modernen Fluginstrumentationssystems. Jahrbuch 1959 der WGL., S. 206–216.
[1–806] *Scholze, G.*: Übersicht über die verschiedenen Lenksysteme. Flugkörper **2**, 42–51 (1960).
[1–807] *Staritz, R. F.*: Einführung in die Elektronik ferngelenkter und selbstlenkender Flugkörper. Flugkörper **3**, 192–205 (1961).
[1–808] *Kamm, L. J.*: „Vertistat": An improved satellite orientation device. ARS Journal **32**, 911–913 (1962).
[1–809] *Andeen, R. E.* und *P. P. Shipley*: Digital adaptive flight control system for aerospace vehicles. AIAA Journal **1**, 1105–1109 (1963).
[1–810] *Bertin, F.*: Détermination de l'attitude d'une fusée par une méthode progressive utilisant deux vecteurs de référence. Astronaut. Acta **9**, 371–384 (1963).
[1–811] *Fischer, A.*: Flugzeuginstrumente. München, 1963.
[1–812] *Williams, C. A.*: Aircraft instrument control systems. London, 1963.
[1–813] *Weber, W.*: Kinematischer Kardanfehler einer stabilisierten Dreiachsenplattform. Luftfahrttechnik **10**, 303–306 (1964).

Numerische Integration (Abschnitt 1.9.1.)

[1–901] *Schulz, G.*: Formelsammlung zur praktischen Mathematik. Berlin, 1946.
[1–902] *Korn, G. A.* und *T. M. Korn*: Electronic analog computers. New York, 1952.
[1–903] *Diprose, K. V.*: Analogue computing in aeronautics. J. Roy. Aeron. Soc. **59**, 479–493 (1955).
[1–904] *Monroe, W. R.*: Application of electronic simulation techniques to the development of airplane flight control systems. Aero. Eng. Rev. **14**, 91–101 (Mai 1955).

[1–905] *Wass, C. A. A.*: Introduction to electronic analogue computers. London, 1955.

[1–906] *Booth, A. D.* und *K. V. H. Booth*: Automatic digital calculators. London, 1956.

[1–907] *Collatz, L.*: Numerische Behandlung von Differentialgleichungen. Berlin, 1956.

[1–908] *Baker, R. M. L. jr.* u. a.: Efficient precision orbit computation techniques. ARS Journal **30**, 740–747 (1960).

[1–909] *Jahnke, E., F. Emde* und *F. Lösch*: Tafeln höherer Funktionen. Stuttgart, 1960.

[1–910] *Zurmühl, R.*: Praktische Mathematik. Berlin, 1965.

Lineare Systeme mit konstanten Koeffizienten (Abschnitt 1.9.21.–1.9.22.)

[1–941] *Doetsch, G.*: Einführung in Theorie und Anwendung der Laplace-Transformation. Basel, 1958.

[1–942] *Kamke, E.*: Gewöhnliche Differentialgleichungen. Leipzig, 1959.

[1–943] *Haus, F. C.* u.a.: The use of analogue computers in solving problems of flight mechanics. AGARDograph **44** (Juni 1960).

Stabilitätskriterien und Standard-Lösungen (Abschnitt 1.9.23.–1.9.24.)

[1–971] *Hurwitz, A.*: Über die Bedingungen, unter welchen eine Gleichung nur Wurzeln mit negativen reellen Teilen besitzt. Math. Ann. **46**, 273–284 (1895).

[1–972] *Leonhard, A.*: Neues Verfahren zur Stabilitätsuntersuchung. Arch. Elektrotech. **38**, 17–28 (1944).

[1–973] *Cremer, L.*: Ein neues Verfahren zur Beurteilung der Stabilität linearer Regelungssysteme. ZAMM **25/27**, 161–163 (1947).

[1–974] *Mazelsky, B.*: Extension of power spectral methods of generalized harmonic analysis to determine non-Gaussian probability functions of random input disturbances and output responses of linear systems. J. Aero. Sci. **21**, 145–153 (1954).

[1–975] *Brown, B. M.*: The mathematical theory of linear systems. London, 1961.

[1–976] *Letov, A. M.*: Stability in nonlinear control systems. Princeton N. J., 1961.

[1–977] *Kaplan, W.*: Operational methods for linear systems. Reading, Mass., 1962.

Flugmechanik

II. Flugleistungen der spiegelsymmetrischen Flugzeuge (Reine Schwerpunktsbewegungen)

Eine wichtige Voraussetzung für die Entwicklung der modernen Flugtechnik war die Erkenntnis, daß man einem aus Tragflügel und Rumpf bestehenden Fluggerät durch rückwärtig angebrachte Leitflossen sowie durch geeignete V-Stellung der beiden Flügelhälften eine stabile Fluglage geben und es durch die zusätzliche Betätigung von Rudern — innerhalb gewisser Grenzen — in jede beliebige Bahn steuern kann. Nimmt man die Stabilität und Steuerbarkeit eines Fluggeräts qualitativ als gegeben hin, so lassen sich viele technisch interessante Aussagen gewinnen, wenn man der eigentlichen Rechnung allein die Kraftgleichungen zugrunde legt.

Solche Aussagen betreffen z. B. die Gipfelhöhe, die Reichweite oder die Marschgeschwindigkeit, also Eigenschaften, die mit dem Zweck des Fliegens in unmittelbarem Zusammenhang stehen und daher häufig als „Flugleistungen" bezeichnet werden. Unter diesem Kennwort sollen daher i. f. alle flugtechnischen Rechnungen, die sich allein auf die Kraftgleichungen stützen, zusammengefaßt werden.

Dabei soll die Bewegung des Flugzeugs „stationär" heißen, wenn man ein Koordinatensystem angeben kann, in welchem die Geschwindigkeiten und Drehgeschwindigkeiten konstant sind. Ferner sagen wir, eine Bewegung verlaufe „quasistationär", wenn man sie mit ausreichender Genauigkeit durch das Aneinanderreihen von praktisch stationären Flugzuständen beschreiben kann. Die allgemeine Bewegung ist natürlich instationär.

Literatur zu Kap. II: [2–001 bis 372], S. 212.

2.1. Stationäre Bewegungen

2.1.1. Unsymmetrische Flugzustände

2.1.11. Spiralflug

Wir nehmen eine ebene, nicht rotierende Erde, eine Atmosphäre konstanter Dichte ϱ, einen Wind konstanter Geschwindigkeit $\boldsymbol{w}$ und das Flugzeug als starren Körper konstanter Masse an. Als Inertialsystem benutzen wir ein geodätisches Koordinatensystem (g) gemäß Abschnitt 1.3.2, S. 19, dessen Nullpunkt hier nicht erdfest sein soll, sondern mit dem Windfeld mitbewegt wird. Die Richtung $\boldsymbol{g}_3$ ist eine ausgezeichnete Richtung des Systems (g). Die allgemeinste stationäre Bewegung des Flugzeugs im System (g) ist daher eine Spiralkurve um eine im System (g) feste vertikale Achse. Wegen ihrer großen Bedeutung soll diese Flugfigur i. f. ausführlich behandelt werden. In dynamischer Hinsicht ist das System (g) nach dem *Galilei*schen Relativitätsprinzip völlig äquivalent mit einem ruhenden System (g_B); lediglich bei der Berechnung der Translationsgeschwindigkeiten und Wege muß man den Unterschied beachten.

Wir werden die Kräftegleichung im flugwindfesten System (a) formulieren. Die allgemeine Lage dieses Systems relativ zum geodätischen System (g) sowie die Lage des körperfesten Systems (f) relativ zum System (a) ist in Abb. 2.1,1. dargestellt, vgl. Abschnitt 1.3.32, S. 21.

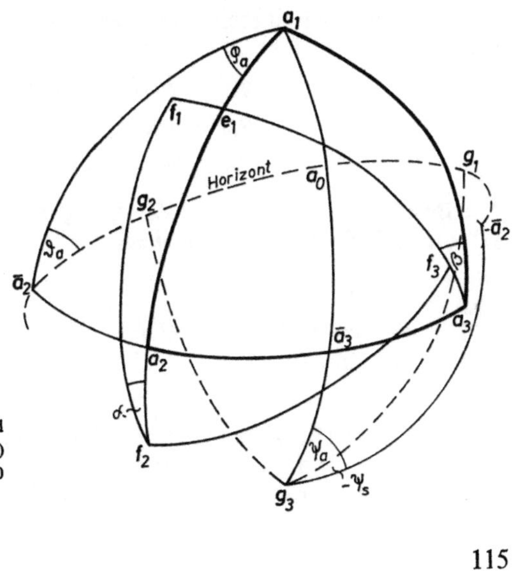

Abb. 2.1,1
Allgemeine Lage der Systeme (a) und (f) relativ zum geodätischen System (g) auf der Einheitskugel im Fall $\dot{\psi} > 0$

Wegen der Voraussetzung der Windstille im Koordinatensystem (g) gelten auf der stationären Spiralkurve für die Geschwindigkeit $\boldsymbol{V} = \boldsymbol{U}$ des Flugzeugs bzw. für seine Drehgeschwindigkeit $\boldsymbol{\omega} = \boldsymbol{q}$ gemäß Gl. (1.4,27) und (1.4,28), S. 33, die Beziehungen

$$\begin{array}{c|c|c|ccc} \boldsymbol{q} & & & 0 & 0 & \dot{\psi} \\ \hline & \boldsymbol{V} & & V_{xg} & V_{yg} & V_{zg} \\ \hline & & & \boldsymbol{g}_1 & \boldsymbol{g}_2 & \boldsymbol{g}_3 \\ \hline q_{xa} & V & \boldsymbol{a}_1 & a_{11} & a_{12} & a_{13} \\ q_{ya} & 0 & \boldsymbol{a}_2 & a_{21} & a_{22} & a_{23} \\ q_{za} & 0 & \boldsymbol{a}_3 & a_{31} & a_{32} & a_{33} \end{array} \tag{2.1,1}$$

Es sind demnach die horizontalen Geschwindigkeitskomponenten im geodätischen System (g), s. Gl. (1.3,23), S. 23,

$$\left.\begin{aligned} V_{xg} &= V a_{11} = V \cos\psi_a \cos\vartheta_a \\ V_{yg} &= V a_{12} = V \sin\psi_a \cos\vartheta_a \end{aligned}\right\} \tag{2.1,2}$$

Die resultierende Horizontalgeschwindigkeit im System (g) ist daher

$$V_{\mathrm{h}} = \sqrt{V_{xg}^2 + V_{yg}^2} = V \cos\vartheta_a \tag{2.1,3}$$

Die Vertikalgeschwindigkeit ist

$$V_{zg} = V a_{13} = -V \sin\vartheta_a \tag{2.1,4}$$

Die Drehgeschwindigkeitskomponenten im flugwindfesten System (a) sind

$$\left.\begin{aligned} q_{xa} &= \dot{\psi} a_{13} = -\dot{\psi} \sin\vartheta_a \\ q_{ya} &= \dot{\psi} a_{23} = \dot{\psi} \sin\varphi_a \cos\vartheta_a \\ q_{za} &= \dot{\psi} a_{33} = \dot{\psi} \cos\varphi_a \cos\vartheta_a \end{aligned}\right\} \tag{2.1,5}$$

Die Beschleunigung wird bei Zerlegung im flugwindfesten System gemäß Gl. (1.5,44), S. 40, da die Größen V, α und β konstant sind,

$$\frac{\mathrm{d}^2 \boldsymbol{s}}{\mathrm{d}t^2} = \begin{vmatrix} \boldsymbol{a}_1 & \boldsymbol{a}_2 & \boldsymbol{a}_3 \\ q_{xa} & q_{ya} & q_{za} \\ V & 0 & 0 \end{vmatrix} = V\dot{\psi} \cos\vartheta_a (\boldsymbol{a}_2 \cos\varphi_a - \boldsymbol{a}_3 \sin\varphi_a) = V\dot{\psi} \cos\vartheta_a \bar{\boldsymbol{a}}_2 \tag{2.1,6}$$

s. Abb. 2.1,1. Die Zentrifugalbeschleunigung ($= -\mathrm{d}^2\boldsymbol{s}/\mathrm{d}t^2$) wirkt demnach für $\dot{\psi} > 0$, d. h. bei einer Rechtsspirale, in der horizontalen Richtung $-\bar{\boldsymbol{a}}_2$ bzw. für $\dot{\psi} < 0$ in Richtung $\bar{\boldsymbol{a}}_2$. Ihr Azimutwinkel, der zugleich der Azimutwinkel der Normalen vom Schwerpunkt S auf die Achse der Spiralkurve ist, sei mit ψ_S bezeichnet. Aus der Abb. 2.1,1. folgt dann

$$\psi_a - \psi_S = \frac{\pi}{2} \cdot \operatorname{sgn} \dot{\psi} \tag{2.1,7}$$

Der Radius des Spiralzylinders ist schließlich

$$R = \frac{V \cos \vartheta_a}{|\dot{\psi}|} \tag{2.1,8}$$

Auf der rechten Seite der *Newton*schen Kräftegleichung

$$m \frac{\mathrm{d}^2 \boldsymbol{s}}{\mathrm{d}t^2} = \sum_{\nu} \boldsymbol{K}^{\nu} \tag{2.1,9}$$

nehmen wir die folgenden Kräfte an:
Schub

$$\left.\begin{aligned} &\boldsymbol{S} = S\,\boldsymbol{s}_1 \\ &\text{mit} \\ &S = S(H, V) \\ &\boldsymbol{s}_1 = \boldsymbol{f}_1 \cos\alpha_S \cos\beta_S - \boldsymbol{f}_2 \sin\beta_S + \boldsymbol{f}_3 \sin\alpha_S \cos\beta_S \end{aligned}\right\} \tag{2.1,10}$$

nach Gl. (1.7,27) und (1.7,38), S. 60, 64.
Gewicht

$$\boldsymbol{G} = m g_n \boldsymbol{g}_3 \quad \text{nach Gl. (1.2,31), S. 7} \tag{2.1,11}$$

Widerstand

$$\boldsymbol{W} = -W \boldsymbol{a}_1 \quad \text{nach Gl. (1.7,2), S. 52} \tag{2.1,12}$$

Auftrieb

$$\boldsymbol{A} = -A \boldsymbol{a}_3 \quad \text{nach Gl. (1.7,10), S. 55} \tag{2.1,13}$$

Querkraft

$$\boldsymbol{Q} = Q \boldsymbol{a}_2 \quad \text{nach Gl. (1.7,16), S. 57} \tag{2.1,14}$$

Dabei soll in den Luftkräften der Anteil der Ruder mit enthalten sein. Zerlegt man hier noch die Einheitsvektoren $\boldsymbol{f}_i$ nach Gl. (1.3,29), S. 25, im System (a), so erhält man

$$\left.\begin{aligned} &\boldsymbol{s}_1 = \boldsymbol{a}_1(\boldsymbol{a}_1 \cdot \boldsymbol{s}_1) + \boldsymbol{a}_2(\boldsymbol{a}_2 \cdot \boldsymbol{s}_1) + \boldsymbol{a}_3(\boldsymbol{a}_3 \cdot \boldsymbol{s}_1) \\ &\text{mit} \\ &\boldsymbol{a}_1 \cdot \boldsymbol{s}_1 = \cos\beta \cos\beta_S \cos(\alpha - \alpha_S) + \sin\beta \sin\beta_S \\ &\boldsymbol{a}_2 \cdot \boldsymbol{s}_1 = \sin\beta \cos\beta_S \cos(\alpha - \alpha_S) - \cos\beta \sin\beta_S \\ &\boldsymbol{a}_3 \cdot \boldsymbol{s}_1 = -\cos\beta_S \sin(\alpha - \alpha_S) \end{aligned}\right\} \tag{2.1,15}$$

Unter der Annahme kleiner Winkel α, α_S und β, β_S kann man setzen

$$\left.\begin{aligned} \boldsymbol{a}_1\cdot\boldsymbol{s}_1 &\approx 1 \\ \boldsymbol{a}_2\cdot\boldsymbol{s}_1 &\approx \beta-\beta_S \\ \boldsymbol{a}_3\cdot\boldsymbol{s}_1 &\approx -(\alpha-\alpha_S) \end{aligned}\right\} \qquad (2.1,16)$$

Ferner ist nach Gl. (1.3,22) und (1.3,23), S. 23,

$$\boldsymbol{g}_3 = -\boldsymbol{a}_1\sin\vartheta_a+\boldsymbol{a}_2\sin\varphi_a\cos\vartheta_a+\boldsymbol{a}_3\cos\varphi_a\cos\vartheta_a \qquad (2.1,17)$$

Einsetzen aller dieser Ausdrücke in die Kraftgleichung (2.1,9) gibt

$$\begin{aligned} mV\dot{\psi}\cos\vartheta_a[\boldsymbol{a}_2\cos\varphi_a-\boldsymbol{a}_3\sin\varphi_a] &= S[\boldsymbol{a}_1(\boldsymbol{a}_1\cdot\boldsymbol{s}_1)+\boldsymbol{a}_2(\boldsymbol{a}_2\cdot\boldsymbol{s}_1)+\boldsymbol{a}_3(\boldsymbol{a}_3\cdot\boldsymbol{s}_1)]+ \\ &+mg_n[-\boldsymbol{a}_1\sin\vartheta_a+\boldsymbol{a}_2\sin\varphi_a\cos\vartheta_a+\boldsymbol{a}_3\cos\varphi_a\cos\vartheta_a]-W\boldsymbol{a}_1-A\boldsymbol{a}_3+Q\boldsymbol{a}_2 \end{aligned} \qquad (2.1,18)$$

Bei Komponentenzerlegung erhält man die Beziehungen

$$\boldsymbol{a}_1: \qquad \sin\vartheta_a = \frac{S(\boldsymbol{a}_1\cdot\boldsymbol{s}_1)-W}{mg_n} \qquad (2.1,19)$$

$$\boldsymbol{a}_2: \qquad V\dot{\psi}\cos\vartheta_a\cos\varphi_a-g_n\cos\vartheta_a\sin\varphi_a = \frac{S(\boldsymbol{a}_2\cdot\boldsymbol{s}_1)+Q}{m} \qquad (2.1,20)$$

$$-\boldsymbol{a}_3: \qquad g_n\cos\vartheta_a\cos\varphi_a+V\dot{\psi}\cos\vartheta_a\sin\varphi_a = \frac{-S(\boldsymbol{a}_3\cdot\boldsymbol{s}_1)+A}{m} \qquad (2.1,21)$$

Aus den letzten beiden Gleichungen folgt

$$\cos\vartheta_a\cos\varphi_a = \frac{1}{g_n^2+(V\dot{\psi})^2}\begin{vmatrix} \dfrac{S(\boldsymbol{a}_2\cdot\boldsymbol{s}_1)+Q}{m} & -g_n \\ \dfrac{-S(\boldsymbol{a}_3\cdot\boldsymbol{s}_1)+A}{m} & V\dot{\psi} \end{vmatrix} \qquad (2.1,22)$$

$$\cos\vartheta_a\sin\varphi_a = \frac{-1}{g_n^2+(V\dot{\psi})^2}\begin{vmatrix} \dfrac{S(\boldsymbol{a}_2\cdot\boldsymbol{s}_1)+Q}{m} & V\dot{\psi} \\ \dfrac{-S(\boldsymbol{a}_3\cdot\boldsymbol{s}_1)+A}{m} & g_n \end{vmatrix} \qquad (2.1,23)$$

Quadrieren und Addieren der Gln. (2.1,20,21) gibt

$$\cos^2\vartheta_a = \frac{\left(\dfrac{S(\boldsymbol{a}_2\cdot\boldsymbol{s}_1)+Q}{m}\right)^2+\left(\dfrac{-S(\boldsymbol{a}_3\cdot\boldsymbol{s}_1)+A}{m}\right)^2}{g_n^2+(V\dot{\psi})^2} \qquad (2.1,24)$$

Durch Kombination von Gl. (2.1,24) mit Gl. (2.1,19) erhält man schließlich die wichtige Beziehung

$$\frac{\left(\frac{S(\boldsymbol{a}_2\cdot\boldsymbol{s}_1)+Q}{m}\right)^2+\left(\frac{-S(\boldsymbol{a}_3\cdot\boldsymbol{s}_1)+A}{m}\right)^2}{g_n^2+(V\dot{\psi})^2}+\left(\frac{S(\boldsymbol{a}_1\cdot\boldsymbol{s}_1)-W}{mg_n}\right)^2=1 \quad (2.1,25)$$

Aus dieser Gleichung kann man V als Funktion von α, β und $\dot{\psi}$ bestimmen. Darauf ergeben sich die Winkel ϑ_a aus Gl. (2.1,19), φ_a aus Gl. (2.1,22,23) und $\psi_a-\psi_s$ aus Gl. (2.1,7), ferner die Sinkgeschwindigkeit V_z aus Gl. (2.1,4) und der Radius R aus Gl. (2.1,8). Sodann folgen die Winkel φ_e und ϑ_e aus Gl. (1.3,35), S. 27, mit $\cos\vartheta_e>0$ sowie $\psi_e-\psi_a$ aus Gl. (1.3,37) und schließlich die Winkel φ_f und ϑ_f aus Gl. (1.3,34) mit $\cos\vartheta_f>0$ und $\psi_f-\psi_e$ aus Gl. (1.3,36), sämtlich als Funktionen von α, β und $\dot{\psi}$. Damit ist die Aufgabe des stationären Spiralfluges im wesentlichen gelöst.

Man erhält einen anschaulichen Überblick über die Gesamtheit der Lösungen, indem man die dimensionslosen Größen

$$\left.\begin{aligned}&\xi=\frac{S(\boldsymbol{a}_1\cdot\boldsymbol{s}_1)-W}{mg_n}\\&\eta=\frac{-S(\boldsymbol{a}_3\cdot\boldsymbol{s}_1)+A}{mg_n},\quad \zeta=\frac{S(\boldsymbol{a}_2\cdot\boldsymbol{s}_1)+Q}{mg_n},\quad \delta=\sqrt{\eta^2+\zeta^2}\\&\omega=\frac{V\dot{\psi}}{g_n}\end{aligned}\right\} \quad (2.1,26)$$

einführt und die zentrale Gleichung (2.1,25) in der Form

$$\frac{\delta^2}{1+\omega^2}+\xi^2=1 \quad (2.1,27)$$

schreibt. Diese Gleichung läßt sich in einer δ, ξ-Ebene durch eine Ellipsenschar mit den Brennpunkten $\pm\omega$ und den Halbachsen $\sqrt{1+\omega^2}$ bzw. 1 darstellen, s. Abb. 2.1,2. Sobald man aus dieser Gleichung ω als Funktion von δ und ξ errechnet hat, bestimmen sich die Winkel ϑ_a und φ_a aus den Beziehungen

$$\cos\vartheta_a=\frac{\delta}{\sqrt{1+\omega^2}};\qquad \operatorname{sgn}\vartheta_a=\operatorname{sgn}\xi \quad (2.1,28)$$

$$\cos\varphi_a=\frac{\eta+\zeta\omega}{\delta\sqrt{1+\omega^2}},\qquad \sin\varphi_a=\frac{\eta\omega-\zeta}{\delta\sqrt{1+\omega^2}} \quad (2.1,29)$$

Führt man noch durch

$$\left.\begin{aligned}&\frac{\eta}{\delta}=\cos\alpha',\qquad \frac{\zeta}{\delta}=\sin\alpha'\\&\frac{1}{\sqrt{1+\omega^2}}=\cos\beta',\qquad \frac{\omega}{\sqrt{1+\omega^2}}=\sin\beta'\end{aligned}\right\} \quad (2.1,30)$$

die Hilfswinkel α' und β' ein, so wird

$$\varphi_a = \beta' - \alpha' \tag{2.1,31}$$

Die Winkel α' und β' liegen beide in der Flugwindnormalebene ($\boldsymbol{a}_2$, $\boldsymbol{a}_3$), da die Größen η, ζ, $\omega g_n \cos\vartheta_a$ und $g_n \cos\vartheta_a$ der Reihe nach Luft- oder Massenkräften entsprechen, die bis auf das Vorzeichen in den Richtungen $\boldsymbol{a}_3$, $\boldsymbol{a}_2$, $\bar{\boldsymbol{a}}_2$ und $\bar{\boldsymbol{a}}_3$ liegen, s. Abb. 2.1,1.

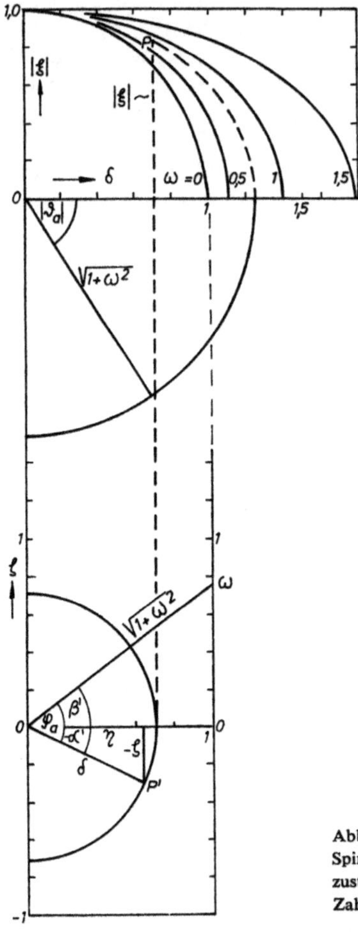

Abb. 2.1,2
Spiralflug. Normierte Darstellung aller stationären Flugzustände in der δ, ξ-Ebene, s. Erläuterungen im Text und Zahlenbeispiel

Eine einfache graphische Konstruktion der Winkel ϑ_a, α', β' und φ_a ist in Abb. 2.1,2 angegeben. Außer der Ellipsenschar benötigt man dabei nur zwei Hilfskreise mit $\sqrt{1+\omega^2}$ bzw. δ als Radien. Man erkennt unmittelbar folgendes: Ist $\delta = 0$, so wird

$\xi = 1$, $\vartheta_a = \pm\pi/2$ und ω unbestimmt, d. h. das Flugzeug fliegt unter ständigem Rollen senkrecht nach unten oder oben, wobei jedoch die Rollgeschwindigkeit aus den Kräftegleichungen allein nicht hervorgeht. Ist ferner $\xi = 0$, so wird auch $\vartheta_a = 0$, d. h. das Flugzeug befindet sich in einem horizontalen Kreisflug. Im Grenzfall $\omega = 0$ führt das Flugzeug einen geraden Steig- oder Gleitflug aus.

Zahlenbeispiel: Für $\xi = -0{,}83$, $\eta = 0{,}64$, $\zeta = -0{,}3$, $\dot\psi > 0$, $V = 98{,}1$ m/s wird $\delta = 0{,}71$ nach Gl. (2.1,26), $\omega = 0{,}75$, $\alpha' = -25°$, $\beta' = 37°$, $\varphi_a = 62°$, $\vartheta_a = -56°$ nach Abb. 2.1,2, $\dot\psi = 0{,}075\ \mathrm{s}^{-1}$ nach Gl. (2.1,26).

2.1.12. Normaler Kreisflug

Ein wichtiger Spezialfall des stationären Spiralfluges ist der normale Kreisflug, für den

$$\beta = \vartheta_a = 0 \tag{2.1,32}$$

gilt. Gl. (2.1,19) wird hier

$$S(\boldsymbol{a}_1 \cdot \boldsymbol{s}_1) - W = 0 \tag{2.1,33}$$

Daraus ergibt sich V als Funktion von α. Aus Gl. (2.1,24) erhält man bei Einsetzen von $V(\alpha)$ auch $\dot\psi$ als Funktion von α. Die übrigen Größen berechnen sich nach dem allgemeinen Schema des vorigen Abschnitts, insbesondere ist

$$\vartheta_e = 0, \qquad \varphi_e = \varphi_a, \qquad \psi_e = \psi_a \tag{2.1,34}$$

Die Rechnung wird besonders einfach, wenn man noch spezieller

$$\boldsymbol{s}_1 = \boldsymbol{e}_1 \tag{2.1,35}$$

also $\beta_s = 0$ und $\alpha = \alpha_s$ setzt. Aus Gl. (2.1,24) bzw. (2.1,22,23) erhält man dann die bekannten elementaren Formeln

$$m^2[g_n^2 + (V\dot\psi)^2] = A^2 \tag{2.1,36}$$

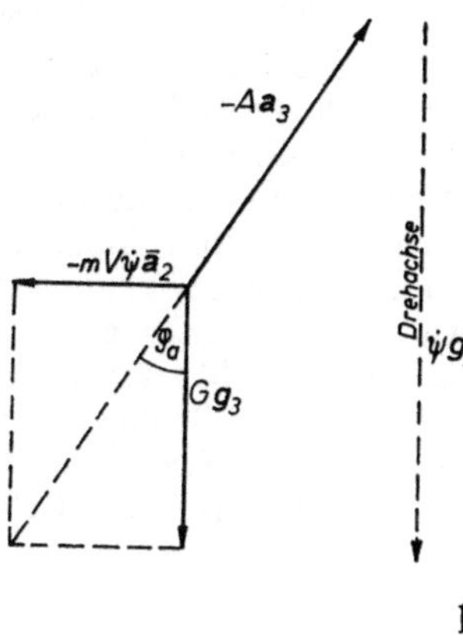

Abb. 2.1,3
Kräftegleichgewicht beim normalen Kreisflug

$$\tan \varphi_a = \frac{V\dot{\psi}}{g_n} \qquad (2.1,37)$$

Der Auftrieb hält hier der geometrischen Summe aus Gewicht und Zentrifugalkraft das Gleichgewicht, s. Abb. 2.1,3.

Im Falle eines horizontalen Windes ist die Flugkurve, von einem erdfesten System aus betrachtet, eine Zykloide.

2.1.13. Gerader Slipflug mit abgestelltem Motor

Der gerade Slipflug wird angewendet, um kurz vor der Landung rasch an Höhe zu verlieren, ohne daß das Flugzeug Fahrt aufnimmt. Mit den Ansätzen

$$\dot{\psi} = 0 \qquad (2.1,38)$$

$$S = 0 \qquad (2.1,39)$$

vereinfachen sich die Gleichungen (2.1,25), (2.1,19) und (2.1,22,23) zu

$$m^2 g_n^2 = A^2 + Q^2 + W^2 \qquad (2.1,40)$$

$$\sin \vartheta_a = \frac{-W}{m g_n} \qquad (2.1,41)$$

$$\tan \varphi_a = \frac{-Q}{A} \qquad (2.1,42)$$

d. h. die Steilheit ϑ_a des Slipflugs ist allein vom erzeugten Widerstand abhängig, während die Schräglage φ_a i. w. durch die Querkraft bestimmt ist.

2.1.14. Spiralkurven mit Extremumseigenschaften

2.1.141. *Allgemeine Beziehungen*

Die 6 allgemeinen Gleichungen (2.1, 3, 4, 8, 19, 20, 21) des Abschnitts 2.1.11. stellen den Zusammenhang zwischen den 9 technisch interessanten stationären Größen V_h, V_{zg}, R, V, α, β, $\dot{\psi}$, ϑ_a und φ_a dar. Um sie sämtlich zu bestimmen, muß man also i. a. noch 3 zusätzliche Bedingungen stellen. Anstatt nun einfach drei Werte, z. B. α, β und $\dot{\psi}$ wie im Abschnitt 2.1.11. festzulegen, kann man auch weniger, also z. B. nur zwei Werte, etwa β und ϑ_a fixieren und als dritte Bedingung fordern, daß eine der 7 anderen Größen einen Extremwert annimmt. Für ein Jagdflugzeug wären etwa die Bedingungen R = Minimum (engste Spiralkurve) bzw. $\dot{\psi}$ = Maximum (wendigste Spiralkurve) von Bedeutung. Nimmt man an, daß der betreffende Extremwert im Innern des Definitionsbereichs der verschiedenen Größen liegt, also ein relatives Maximum oder Minimum ist, so kann man die Aufgabe allgemein in der Weise lösen, daß man alle in Frage kommenden stationären Gleichungen nach einem bestimmten Parameter differenziert oder m. a. W. die stationären Gleichungen variiert und die Variationen der betreffenden Größen gleich null setzt. Mit den Abkürzungen

$$\left.\begin{aligned} K_1(V, \alpha) &= S(\boldsymbol{a}_1 \cdot \boldsymbol{s}_1) - W \\ K_2(V, \beta) &= S(\boldsymbol{a}_2 \cdot \boldsymbol{s}_1) + Q \\ K_3(V, \alpha) &= -S(\boldsymbol{a}_3 \cdot \boldsymbol{s}_1) + A \end{aligned}\right\} \tag{2.1,43}$$

lauten die eingangs genannten Gleichungen für $\dot{\psi} > 0$ nach der Variation

$$\left.\begin{aligned} \delta V_{\mathrm{h}} &= \cos\vartheta_a \cdot \delta V - V \sin\vartheta_a \cdot \delta\vartheta_a \\ \delta V_{zg} &= -\sin\vartheta_a \delta V - V\cos\vartheta_a \cdot \delta\vartheta_a \end{aligned}\right\} \tag{2.1,44}$$

$$\delta R = \frac{\cos\vartheta_a}{\dot{\psi}} \cdot \delta V - \frac{V\sin\vartheta_a}{\dot{\psi}} \cdot \delta\vartheta_a - \frac{V\cos\vartheta_a}{\dot{\psi}^2}\,\delta\dot{\psi} \tag{2.1,45}$$

$$\left.\begin{aligned} \cos\vartheta_a \cdot \delta\vartheta_a &= \frac{1}{G}\left(\frac{\partial K_1}{\partial V}\delta V + \frac{\partial K_1}{\partial \alpha}\delta\alpha\right) \\ \left.\begin{aligned} &(\dot{\psi}\delta V + V\delta\dot{\psi})\cos\vartheta_a \cos\varphi_a \\ &-(V\dot{\psi}\cos\varphi_a - g_{\mathrm{n}}\sin\varphi_a)\sin\vartheta_a\,\delta\vartheta_a \\ &-(V\dot{\psi}\sin\varphi_a + g_{\mathrm{n}}\cos\varphi_a)\cos\vartheta_a\,\delta\varphi_a \end{aligned}\right\} &= \frac{g_{\mathrm{n}}}{G}\left(\frac{\partial K_2}{\partial V}\delta V + \frac{\partial K_2}{\partial \beta}\delta\beta\right) \\ \left.\begin{aligned} &(\dot{\psi}\delta V + V\delta\dot{\psi})\cos\vartheta_a \sin\varphi_a \\ &-(g_{\mathrm{n}}\cos\varphi_a + V\dot{\psi}\sin\varphi_a)\sin\vartheta_a\,\delta\vartheta_a \\ &+(-g_{\mathrm{n}}\sin\varphi_a + V\dot{\psi}\cos\varphi_a)\cos\vartheta_a\,\delta\varphi_a \end{aligned}\right\} &= \frac{g_{\mathrm{n}}}{G}\left(\frac{\partial K_3}{\partial V}\delta V + \frac{\partial K_3}{\partial \alpha}\delta\alpha\right) \end{aligned}\right\} \tag{2.1,46}$$

2.1.142. *Engste Spiralkurve*

Beim Problem der engsten Spiralkurve bei festem Steigwinkel ϑ_a mit $|\vartheta_a| \neq \pi/2$ und festem Schiebewinkel β hat man in den vorangehenden Gleichungen

$$\delta\vartheta_a = \delta\beta = \delta R = 0 \tag{2.1,47}$$

zu setzen. Die Gleichung für δR sowie die variierten Kräftegleichungen spezialisieren sich dann zu

$$\dot{\psi}\delta V \qquad\qquad - V\delta\dot{\psi} \qquad\qquad = 0 \tag{2.1,47'}$$

$$\frac{\partial K_1}{\partial V}\delta V \qquad\qquad + \frac{\partial K_1}{\partial \alpha}\delta\alpha \qquad\qquad = 0 \tag{2.1,48}$$

$$\left.\begin{aligned}&\left(\dot{\psi}\cos\vartheta_a\cos\varphi_a-\frac{g_n}{G}\frac{\partial K_2}{\partial V}\right)\delta V\\&+V\cos\vartheta_a\sin\varphi_a\delta\dot{\psi}\quad-(V\dot{\psi}\sin\varphi_a+g_n\cos\varphi_a)\cos\vartheta_a\delta\varphi_a\end{aligned}\right\}=0 \tag{2.1,49}$$

$$\left.\begin{aligned}&\left(\dot{\psi}\cos\vartheta_a\sin\varphi_a-\frac{g_n}{G}\frac{\partial K_3}{\partial V}\right)\delta V-\frac{g_n}{G}\frac{\partial K_3}{\partial\alpha}\delta\alpha\\&+V\cos\vartheta_a\cos\varphi_a\delta\dot{\psi}\quad+(-g_n\sin\varphi_a+V\dot{\psi}\cos\varphi_a)\cos\vartheta_a\delta\varphi_a\end{aligned}\right\}=0 \tag{2.1,50}$$

Nach Elimination von $\delta\dot{\psi}$ und $\delta\alpha$ reduzieren sich die beiden letzten Gleichungen auf

$$\left.\begin{aligned}&\left.\begin{aligned}&\left(2\dot{\psi}\cos\vartheta_a\cos\varphi_a-\frac{g_n}{G}\frac{\partial K_2}{\partial V}\right)\delta V\\&\qquad-(V\dot{\psi}\sin\varphi_a+g_n\cos\varphi_a)\cos\vartheta_a\delta\varphi_a\end{aligned}\right\}=0\\&\left.\begin{aligned}&\left(2\dot{\psi}\cos\vartheta_a\sin\varphi_a-\frac{g_n}{G}\frac{\partial K_3}{\partial V}+\frac{g_n}{G}\frac{\partial K_3}{\partial\alpha}\frac{\partial K_1}{\partial V}\bigg/\frac{\partial K_1}{\partial\alpha}\right)\delta V\\&\qquad+(-g_n\sin\varphi_a+V\dot{\psi}\cos\varphi_a)\cos\vartheta_a\delta\varphi_a\end{aligned}\right\}=0\end{aligned}\right\} \tag{2.1,51}$$

Notwendige Bedingung einer nichttrivialen Lösung für die Variationen δV und $\delta\varphi_a$ ist wegen der Bedingung $|\vartheta_a| \neq \pi/2$, also $\cos\vartheta_a > 0$, das Verschwinden der Koeffizientendeterminante, also

$$\begin{vmatrix}2\dot{\psi}\cos\vartheta_a\cos\varphi_a-\dfrac{g_n}{G}\dfrac{\partial K_2}{\partial V} & -(V\dot{\psi}\sin\varphi_a+g_n\cos\varphi_a)\\ 2\dot{\psi}\cos\vartheta_a\sin\varphi_a-\dfrac{g_n}{G}\dfrac{\partial K_3}{\partial\alpha}+\dfrac{g_n}{G}\dfrac{\partial K_3}{\partial V}\dfrac{\partial K_1/\partial V}{\partial K_1/\partial\alpha} & -g_n\sin\varphi_a+V\dot{\psi}\cos\varphi_a\end{vmatrix}=0 \tag{2.1,52}$$

In Verbindung mit den vorgegebenen Werten ϑ_a und β stellt dies die dritte zusätzliche Bedingung für die engste Spiralkurve dar.

2.1.143. *Wendigste Spiralkurve*

In entsprechender Weise hat man beim Problem der wendigsten Spiralkurve bei vorgegebenen Werten von $\vartheta_a(|\vartheta_a| \neq \pi/2)$ und β in den Gleichungen von Abschnitt 2.1.141. die Bedingungen

$$\delta\vartheta_a = \delta\beta = \delta\dot{\psi} = 0 \tag{2.1,53}$$

einzuführen. Die variierten Kräftegleichungen spezialisieren sich damit zu

$$\frac{\partial K_1}{\partial V}\delta V \qquad + \frac{\partial K_1}{\partial\alpha}\delta\alpha \qquad = 0 \tag{2.1,54}$$

$$\left(\dot{\psi}\cos\vartheta_a\cos\varphi_a-\frac{g_n}{G}\frac{\partial K_2}{\partial V}\right)\delta V$$

$$-(V\dot{\psi}\sin\varphi_a+g_n\cos\varphi_a)\cos\vartheta_a\,\delta\varphi_a=0 \qquad (2.1,55)$$

$$\left(\dot{\psi}\cos\vartheta_a\sin\varphi_a-\frac{g_n}{G}\frac{\partial K_3}{\partial V}\right)\delta V-\frac{g_n}{G}\frac{\partial K_3}{\partial\alpha}\delta\alpha$$

$$+(-g_n\sin\varphi_a+V\dot{\psi}\cos\varphi_a)\cos\vartheta_a\,\delta\varphi_a=0 \qquad (2.1,56)$$

Kombination der ersten und letzten Gleichung gibt

$$\left(\dot{\psi}\cos\vartheta_a\sin\varphi_a-\frac{g_n}{G}\frac{\partial K_3}{\partial V}+\frac{g_n}{G}\frac{\partial K_3}{\partial\alpha}\frac{\partial K_1}{\partial V}\Bigg/\frac{\partial K_1}{\partial\alpha}\right)\delta V$$

$$+(-g_n\sin\varphi_a+V\dot{\psi}\cos\varphi_a)\cos\vartheta_a\,\delta\varphi_a=0 \qquad (2.1,57)$$

Als dritte zusätzliche Bedingung zur Berechnung der wendigsten Spiralkurve bei vorgegebenen Werten von ϑ_a und β findet man daher die Gleichung

$$\begin{vmatrix} \dot{\psi}\cos\vartheta_a\cos\varphi_a-\dfrac{g_n}{G}\dfrac{\partial K_2}{\partial V} & -(V\dot{\psi}\sin\varphi_a+g_n\cos\varphi_a) \\ \dot{\psi}\cos\vartheta_a\sin\varphi_a-\dfrac{g_n}{G}\dfrac{\partial K_3}{\partial V}+\dfrac{g_n}{G}\dfrac{\partial K_3}{\partial\alpha}\dfrac{\partial K_1/\partial V}{\partial K_1/\partial\alpha} & -g_n\sin\varphi_a+V\dot{\psi}\cos\varphi_a \end{vmatrix}=0 \qquad (2.1,58)$$

Sie unterscheidet sich von der entsprechenden Gl. (2.1,52) nur im Faktor des ersten Summanden der ersten Spalte.

2.1.144. *Graphische Verfahren zur Ermittlung der engsten bzw. wendigsten Spiralkurve*

Schreibt man die Gl. (2.1,24) mit den Abkürzungen nach Gl. (2.1,43) in der Form

$$\cos^2\vartheta_a=\frac{K_2^2+K_3^2}{G^2\left[1+\left(\dfrac{V\dot{\psi}}{g_n}\right)^2\right]} \qquad (2.1,59)$$

und ersetzt hierin noch $\dot{\psi}$ durch $V\cos\vartheta_a/R$ gemäß Gl. (2.1,8), S. 117, so erhält man für $\cos^2\vartheta_a$ die quadratische Gleichung

$$\cos^4\vartheta_a+\left(\frac{Rg_n}{V^2}\right)^2\cos^2\vartheta_a-\left(\frac{Rg_n}{V^2}\right)^2\frac{K_2^2+K_3^2}{G^2}=0 \qquad (2.1,60)$$

mit der Wurzel

$$\cos^2\vartheta_a = -\frac{1}{2}\left(\frac{Rg_n}{V^2}\right)^2 + \sqrt{\frac{1}{4}\left(\frac{Rg_n}{V^2}\right)^4 + \left(\frac{Rg_n}{V^2}\right)^2 \frac{K_2^2+K_3^2}{G^2}} \qquad (2.1,61)$$

Durch Kombination mit der Kräftegleichung (2.1,19) ergibt sich die Beziehung

$$-\frac{1}{2}\left(\frac{Rg_n}{V^2}\right)^2 + \sqrt{\frac{1}{4}\left(\frac{Rg_n}{V^2}\right)^4 + \left(\frac{Rg_n}{V^2}\right)^2 \frac{K_2^2+K_3^2}{G^2}} + \frac{K_1^2}{G^2} = 1 \qquad (2.1,62)$$

aus der man V als Funktion von α, β und R bestimmen kann.

Beim Problem der engsten Spiralkurve gemäß Abschnitt 2.1.142. ist nun β eine Konstante. Zur graphischen Ermittlung der engsten Spiralkurve kann man daher folgendermaßen vorgehen: Man betrachte R als Parameter und berechne aus Gl. (2.1,62) V als Funktion von α mit R als Parameter. Durch Einsetzen dieser Funktion in die Kraftgleichung (2.1,19) errechnet sich ϑ_a ebenfalls als Funktion von α mit R als Parameter. Durch $V(\alpha, R)$ und $\vartheta_a(\alpha, R)$ ist die Geschwindigkeit $V(\alpha, R)$ nach Größe und Richtung in der Tangentialebene an den Spiralzylinder vom Radius R, d. h. eine Geschwindigkeitspolare bestimmt. Trägt man die Geschwindigkeitspolaren für verschiedene Werte R in ein Diagramm nach Art der Abb. 2.1,4a. ein, so stellt der Wert R derjenigen Polare, die die Gerade ϑ_a = const berührt, den gesuchten Extremwert dar.

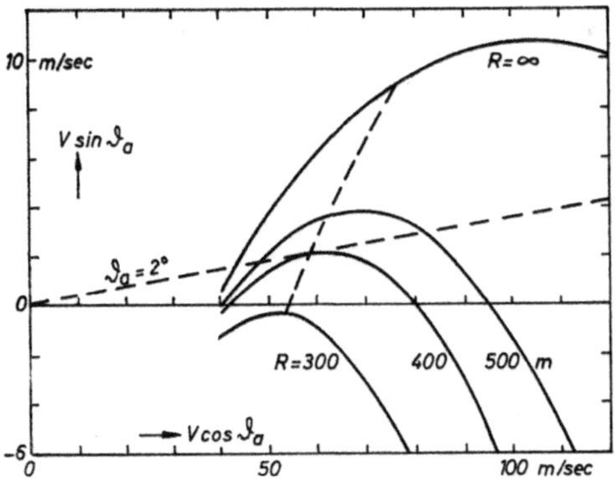

Abb. 2.1,4a
Geschwindigkeitspolare $V(\alpha, R)$ zur graphischen Ermittlung der engsten Spiralkurve mit ϑ_a = const und β = = const, vgl. Zahlenbeispiel

Entsprechend kann man beim Problem der wendigsten Spiralkurve gemäß Abschnitt 2.1.143 vorgehen. Man braucht dazu nur anstatt der Gl. (2.1,62) die Gl. (2.1,25) zugrundezulegen und aus ihr in Verbindung mit Gl. (2.1,19) $V(\alpha, \dot{\psi})$ als Funktion von α mit $\dot{\psi}$ als Parameter zu bestimmen und in Form einer Schar von Geschwindigkeitspolaren nach Art der Abb. 2.1,4b. darzustellen. Der Wert $\dot{\psi}$ derjenigen Polare, die die Gerade ϑ_a = const berührt, bestimmt die wendigste Spiralkurve.

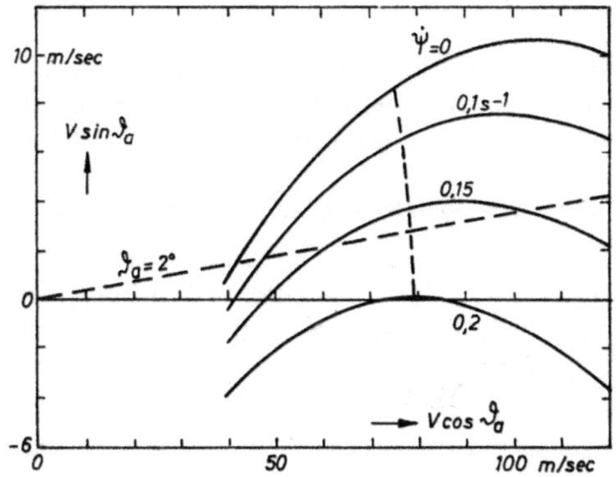

Abb. 2.1,4b
Geschwindigkeitspolare $V(\alpha, \dot{\psi})$ zur graphischen Ermittlung der wendigsten Spiralkurve mit ϑ_a = const und β = = const, vgl. Zahlenbeispiel

Zahlenbeispiel: Die Kurvenscharen in Abb. 2.1,4a, b wurden unter folgenden Annahmen berechnet; Gewicht $G = 10000$ kp, Schub $S = 2000$ kp, Tragfläche $F = 80\ \mathrm{m}^2$, Flughöhe $H = 6$ km, Luftdichte $\varrho = 0{,}06728\ \mathrm{kp\,s^2\,m^{-4}}$, $c_W = 0{,}025 + 1{,}5\alpha^2$, $c_A = 4{,}5\alpha$, $\beta = 0$, $\boldsymbol{s}_1 = \boldsymbol{a}_1$. Dabei wurde zu vorgegebenen Werten V und R bzw. $\dot{\psi}$ der Winkel α iterativ mittels der Gleichungen

$$c_A = \frac{2G}{\varrho V^2 F}\sqrt{1-\left(\frac{S-W}{G}\right)^2}\begin{cases}\sqrt{1+\dfrac{1-\left(\dfrac{S-W}{G}\right)^2}{\left(\dfrac{Rg_n}{V^2}\right)^2}} & \text{im Fall a), s. Gl. (2.1,62)}\\[2ex] \sqrt{1+\left(\dfrac{V\dot{\psi}}{g_n}\right)^2} & \text{im Fall b), s. Gl. (2.1,25)}\end{cases}$$

bestimmt. Die Punkte maximaler Steigung auf den Kurven R = const bzw. $\dot{\psi}$ = const sind je durch eine gestrichelte Linie verbunden. Im Spezialfall $\vartheta_a = 2°$ erhält man nach Abb. 2.1,4a im Flugzustand $R = 400$ m, $V = 58$ m/s die engste Spiralkurve mit $\dot{\psi} = 0{,}145\ \mathrm{s}^{-1}$ und nach Abb. 2.1,4b im Flugzustand $\dot{\psi} = 0{,}165\ \mathrm{s}^{-1}$, $V = 78$ m/s die wendigste Spiralkurve mit $R = 472$ m.

Im Sonderfall des Kreisfluges ($\vartheta_a = 0$) erhält man mit den vorliegenden Ansätzen die leicht nach α aufzulösenden Beziehungen

$$c_W(\alpha) = c_{A\alpha}\frac{S}{G}\begin{cases} \dfrac{c_{A\alpha}\dfrac{S}{G}}{2\varkappa_1} & \text{im Fall a),} \quad R = \text{Minimum} \\ \sqrt{\dfrac{\varkappa_0}{\varkappa_1}} & \text{im Fall b),} \quad \dot{\psi} = \text{Maximum} \end{cases}$$

wobei die Koeffizienten $\varkappa_0$, $\varkappa_1$ bzw. $c_{A\alpha}$ gemäß Gl. (1.7,8) bzw. (1.7,14) definiert sind. Man kann hier daher den zugehörigen extremen Flugzustand unmittelbar berechnen; s. a. Anmerkung im Anschluß an Gl. (2.1,113), S. 141.

2.1.15. Horizontaler Flug bei horizontalem Wind

Bei horizontalem Geradeausflug ($\vartheta_a = 0$, $\psi_a = \text{const}$) mit der Geschwindigkeit $\boldsymbol{V}$ relativ zu einem Windfeld, das sich mit der gleichförmigen horizontalen Geschwindigkeit $\boldsymbol{w}$ relativ zu einem erdfesten geodätischen System (g_B) bewegt, ist die Flugzeuggeschwindigkeit relativ zum System (g_B) nach Gl. (1.2,41), S. 10,

$$\boldsymbol{U} = \boldsymbol{V} + \boldsymbol{w} \tag{2.1,63}$$

Läßt man ψ_a bei konstantem V und w alle möglichen Richtungen durchlaufen, so beschreibt der Vektor $\boldsymbol{U}$ eine Geschwindigkeitspolare, die mit einem Kreis vom Radius V um den Endpunkt von $\boldsymbol{w}$ identisch ist. Im Normalfall $V > w$ umschließt dieser Kreis auch den Nullpunkt der Geschwindigkeitsebene, d. h. das Flugzeug kann sich von seinem augenblicklichen Ort aus in jeder Richtung relativ zur Erde mit einer eindeutig bestimmten Geschwindigkeit $\boldsymbol{U}$ fortbewegen, s. Abb. 2.1,5a. Ist dagegen $V < w$, so kann das Flugzeug in der Horizontalebene nur in einen

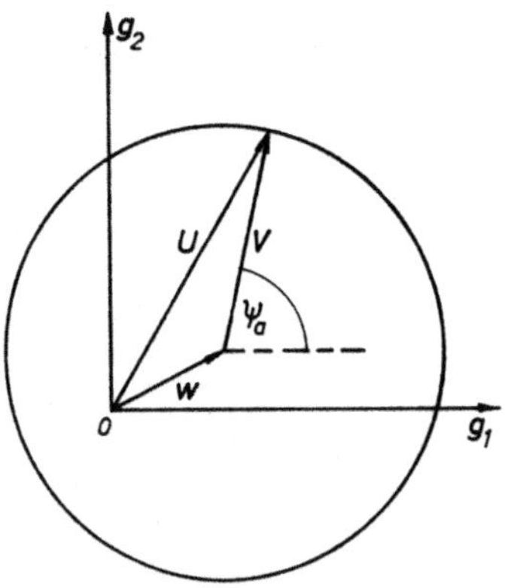

Abb. 2.1,5a
Geschwindigkeitspolare im Fall $V > w$

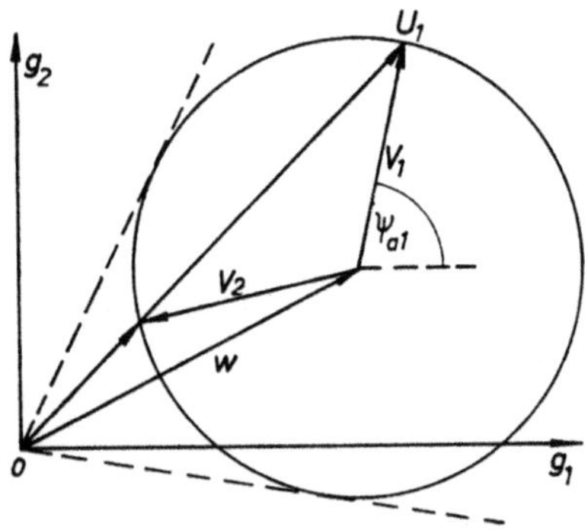

Abb. 2.1,5b
Geschwindigkeitspolare im Fall $V < w$

bestimmten Winkelbereich hineinfliegen, wobei in jeder zugelassenen Richtung zwei verschiedene Geschwindigkeiten über Grund möglich sind, s. Abb. 2.1,5b. Praktisch kann dieser Fall für ein Segelflugzeug bei hoher Windgeschwindigkeit eintreten.

2.1.16. Einfluß der Erdkrümmung und Erdrotation

Wenn bei der stationären Bewegung eines Flugzeugs auch die Erdkrümmung und Erdrotation berücksichtigt werden soll, so ist nicht mehr die Richtung der scheinbaren Erdschwere ($= \boldsymbol{g}_3$), sondern die Richtung der Erddrehung ($= \boldsymbol{i}_3$) eine ausgezeichnete Richtung. Die allgemeinste stationäre Bewegung des Flugzeugs ist dann ein Kreisflug um die Erdachse in konstanter Flughöhe und mit konstanter Fluggeschwindigkeit. Der Abstand s vom Erdmittelpunkt, die Poldistanz Θ und die Winkelgeschwindigkeit $\dot{\Psi}_j$ der geographischen Länge sind daher konstant. Ferner werde der Wind relativ zur rotierenden Erde gleich null gesetzt und das Fluggerät als starrer Körper konstanter Masse betrachtet. Bezieht man die Orientierung des flugwindfesten Systems (a) mittels der *Euler*schen Winkel ψ_a ϑ_a und φ_a auf ein geographisches Koordinatensystem (g') nach Gl. (1.3,17), S. 21, so ist nach Gl. (1.4,28), S. 33,

$$\begin{array}{c|c|ccc}
V & & 0 & -s\dot{\Psi}_j\sin\Theta & 0 \\
\hline
 & & \boldsymbol{g}_1' & \boldsymbol{g}_2' & \boldsymbol{g}_3' \\
\hline
V & \boldsymbol{a}_1 & a_{11} & a_{12} & a_{13} \\
0 & \boldsymbol{a}_2 & a_{21} & a_{22} & a_{23} \\
0 & \boldsymbol{a}_3 & a_{31} & a_{32} & a_{33}
\end{array} \tag{2.1,64}$$

wobei die Richtungskosinusse a_{ik} durch Gl. (1.3,23), S. 23, bestimmt sind. Hieraus folgt sofort

$$\left.\begin{array}{l} a_{11} = \cos\psi_a\cos\vartheta_a = 0, \qquad a_{13} = -\sin\vartheta_a = 0 \\ \text{also} \\ \vartheta_a = 0, \qquad \cos\psi_a = 0 \end{array}\right\} \tag{2.1,65}$$

Daher wird

$$\left.\begin{array}{l} a_{12} = \sin\psi_a \\ \text{und} \\ V = -a_{12}s\dot{\Psi}_j\sin\Theta = -s\sin\Theta\dot{\Psi}_j\sin\psi_a \end{array}\right\} \tag{2.1,66}$$

Da die Größen V, s und $\sin\Theta$ positiv sind, wird in Übereinstimmung mit der Anschauung

$$\psi_a = \begin{cases} -\pi/2 & \text{für} \quad \dot{\Psi}_j > 0 \\ +\pi/2 & \text{für} \quad \dot{\Psi}_j < 0 \end{cases} \tag{2.1,67}$$

s. Abb. 1.3,4, S. 22.

Wir wollen die Kräftezerlegung wieder im flugwindfesten System (a) vornehmen, gehen jedoch beim Ansatz der Beschleunigung nicht von der Zerlegung im System (a) nach Gl. (1.5,44), S. 40, sondern von der Zerlegung im System (k) nach Gl. (1.5,25), S. 39, aus, weil sich dann die Zentrifugalbeschleunigung $\boldsymbol{b}$ nach Gl. (1.2,16), S. 5, leichter abspalten läßt. Die Beschleunigung lautet dann

$$\frac{\mathrm{d}^2\boldsymbol{s}}{\mathrm{d}t^2} = -s\dot{\Psi}_i^2\sin\Theta\,(\boldsymbol{k}_1\cos\Theta-\boldsymbol{k}_3\sin\Theta) \tag{2.1,68}$$

Unter Berücksichtigung von Gl. (1.3,10) und (1.3,16), S. 18, 21, wird

$$\frac{\mathrm{d}^2\boldsymbol{s}}{\mathrm{d}t^2} = -s(\dot{\Psi}_j^2+2\omega_{\mathrm{E}}\dot{\Psi}_j)\sin\Theta\cdot\boldsymbol{k}_0-\boldsymbol{b} \tag{2.1,69}$$

Auf Grund der Gln. (1.2,2, 23), S. 3, 6, kann man noch setzen

$$\boldsymbol{k}_0 = \boldsymbol{g}_1'\cos(\Theta-\varepsilon_{\mathrm{s}})-\boldsymbol{g}_3'\sin(\Theta-\varepsilon_{\mathrm{s}}) \tag{2.1,70}$$

Die *Newton*sche Kräftegleichung wird damit analog zu Gl. (2.1,9), S. 117,

$$\begin{aligned}-ms(\dot{\Psi}_j^2+2\omega_{\mathrm{E}}\dot{\Psi}_j)\sin\Theta[\boldsymbol{g}_1'\cos(\Theta-\varepsilon_{\mathrm{s}})-\boldsymbol{g}_3'\sin(\Theta-\varepsilon_{\mathrm{s}})]\\ = m(\boldsymbol{b}+\boldsymbol{g}_{\mathrm{w}})+\boldsymbol{S}+\boldsymbol{W}+\boldsymbol{A}+\boldsymbol{Q}\end{aligned} \tag{2.1,71}$$

Gemäß Gl. (1.2,17), S. 5, wird hier

$$m(\boldsymbol{b}+\boldsymbol{g}_{\mathrm{w}}) = \boldsymbol{G}_{\mathrm{s}} = G_{\mathrm{s}}\boldsymbol{g}_3' \tag{2.1,72}$$

und weiter nach Gl. (2.1,64)

$$\left.\begin{aligned}\boldsymbol{g}_1' &= a_{21}\boldsymbol{a}_2+a_{31}\boldsymbol{a}_3 = \sin\psi_a(-\boldsymbol{a}_2\cos\varphi_a+\boldsymbol{a}_3\sin\varphi_a)\\ \boldsymbol{g}_3' &= a_{23}\boldsymbol{a}_2+a_{33}\boldsymbol{a}_3 = \boldsymbol{a}_2\sin\varphi_a+\boldsymbol{a}_3\cos\varphi_a\end{aligned}\right\} \tag{2.1,73}$$

Für die Luftkräfte und den Schub mögen wieder die Ansätze (2.1,10) bis (2.1,16), S. 117, gelten. Einsetzen dieser Ausdrücke in die Kräftegleichung (2.1,71) und Zerlegung im System (a) führt dann zu Beziehungen, die denen des Abschnitts 2.1.11, S. 115, entsprechen. Insbesondere ergibt sich nach Elimination von φ_a aus den Gleichgewichtsbedingungen für die Meridianebene eine resultierende Gleichung, die nur die Größen s, Θ, $\dot{\Psi}_j$, α und β enthält, da ja die Größen g_{s}, ε_{s}, ψ_a und V durch s, Θ und $\dot{\Psi}_j$ mitbestimmt sind. Eine zweite derartige Beziehung liefert die Kräftegleichung für die Bewegungsrichtung. Bei gegebenen Werten von s, Θ und β können daher innerhalb der technisch möglichen Grenzen Lösungspaare ($\dot{\Psi}_j$, α) bestimmt werden.

Die Schräglage φ_a des Fluggeräts kann man sich leicht in dem Spezialfall veranschaulichen, daß der Schiebewinkel verschwindet und der Schub in

Flugrichtung wirkt. Der Auftrieb $\boldsymbol{A}$ muß dann der geometrischen Summe aus dem scheinbaren Gewicht $\boldsymbol{G}_s$ und der Trägheitskraft

$$\boldsymbol{T} = ms \cdot \sin\Theta \dot{\Psi}_j(\dot{\Psi}_j + 2\omega_E)\boldsymbol{k}_0$$

das Gleichgewicht halten, s. Abb. 2.1,6.

In den Spezialfällen $\dot{\Psi}_j = 0$ bzw. $\dot{\Psi}_j = -2\omega_E$ verschwindet $\boldsymbol{T}$ und damit auch die Querneigung φ_a. Für $\dot{\Psi}_j > 0$ (Flug nach Osten) ist $\boldsymbol{T}$ in Richtung $\boldsymbol{k}_0$ gerichtet. Die Auftriebsrichtung muß daher aus der Richtung

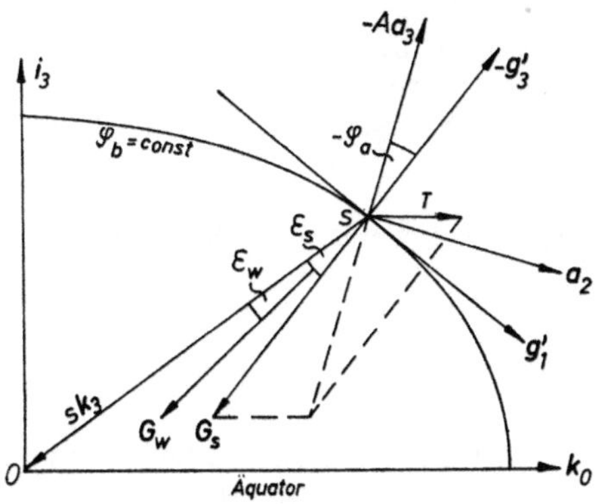

Abb. 2.1,6
Kräfteplan in der Meridianebene beim Flug nach Osten ($\dot{\Psi}j > 0$)

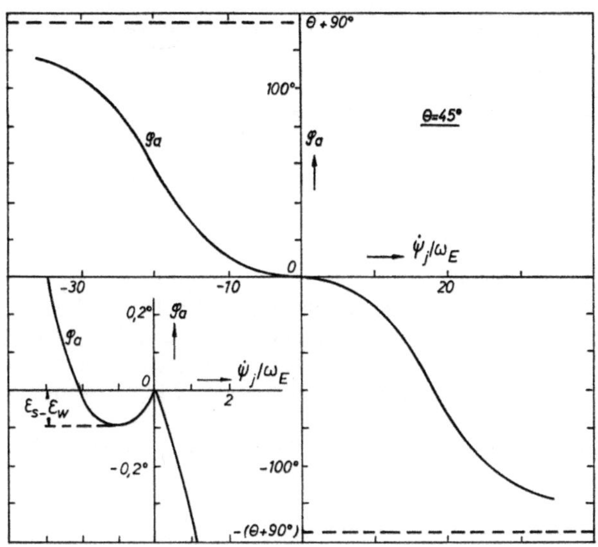

Abb. 2.1,7
Querneigungswinkel φ_a als Funktion der Winkelgeschwindigkeit $\dot{\Psi}j$

$-g_3'$ in Richtung auf den nächstgelegenen Erdpol auswandern. Auf der nördlichen Halbkugel wird daher $\varphi_a < 0$ für $\dot{\Psi}_j > 0$. Auch für $\dot{\Psi}_j < -2\omega_E$ (Flug mit $Ma > 2$ nach Westen) wandert $\boldsymbol{A}$ zum nächstgelegenen Pol aus. Auf der nördlichen Halbkugel wird dabei $\varphi_a > 0$. Im Spezialfall $\dot{\Psi}_j = -\omega_E$ (Flug mit $Ma \sim 1$ nach Westen) ist das Flugzeug im Inertialsystem fest. Der Auftrieb muß dann gerade das wahre Gewicht G_w kompensieren, und es wird $\varphi_a = \varepsilon_w - \varepsilon_s < 0$ auf der nördlichen Halbkugel. Bei wachsender Geschwindigkeit $|\dot{\Psi}_j|$ nach Osten bzw. Westen nähert sich φ_a den Grenzwerten $-(\Theta+\pi/2)$ bzw. $+(\Theta+\pi/2)$. Insgesamt hat φ_a also qualitativ einen Verlauf gemäß Abb. 2.1,7.

Die vorliegende Aufgabe bietet auch ein Beispiel für den Fall, daß die Drehgeschwindigkeit $\boldsymbol{q}$ des Flugzeugs relativ zum Inertialsystem von der Drehgeschwindigkeit $\boldsymbol{\omega}^*$ relativ zum Windfeld verschieden ist. Es ist nämlich

$$\boldsymbol{q} = \dot{\Psi}_i \boldsymbol{i}_3, \qquad \frac{1}{2}\,\text{rot}\,\boldsymbol{w} = \omega_E \boldsymbol{i}_3, \qquad \boldsymbol{\omega}^* = \boldsymbol{q} - \frac{1}{2}\,\text{rot}\,\boldsymbol{w} = \dot{\Psi}_j \boldsymbol{i}_3$$

2.1.2. Symmetrische Flugzustände

2.1.21. Geschwindigkeitspolare

Die Berechnung der Flugleistungen wird besonders einfach, wenn die Symmetrieebene des Flugzeugs ständig vertikal und raumfest bleibt und alle Kräfte in dieser Ebene liegen. Der Einfachheit halber legen wir die Symmetrieebene in die Ebene $(\boldsymbol{g}_{3B}, \boldsymbol{g}_{1B})$ eines ortsfesten geodätischen Systems (g_B), und zwar sei $\boldsymbol{g}_{1B}$ so gewählt, daß

$$\left.\begin{aligned} \psi_a &= 0 \\ \text{wird. Außerdem fordern wir} \qquad \sin\varphi_a &= 0 \\ \beta = \beta_S &= 0 \\ \text{und} \qquad w_y &= 0 \end{aligned}\right\} \tag{2.1,74}$$

Das mit dem Winde wandernde parallele geodätische System sei als (g) bezeichnet. Auf Grund der Voraussetzung $\beta = 0$ stimmt das experimentelle System (e) mit dem flugwindfesten System (a) überein. Mit der Bedingung $\sin\varphi_a = 0$ sind die beiden Möglichkeiten

$$\boldsymbol{a}_2 = \begin{cases} +\boldsymbol{g}_{2B} & \text{für} \quad \varphi_a = 0 \text{ bzw. } \cos\varphi_a = 1 \text{ (normaler Flug)} \\ -\boldsymbol{g}_{2B} & \text{für} \quad \varphi_a = \pi \text{ bzw. } \cos\varphi_a = -1 \text{ (Rückenflug)} \end{cases} \tag{2.1,75}$$

verträglich. Aus den Gln. (1.3,34 bis 37), S. 27, folgt darauf

$$\left.\begin{aligned} &\sin\psi_f = 0 \quad \sin\varphi_f = 0\\ &\sin\vartheta_f = \sin(\vartheta_a+\alpha\cos\varphi_a)\\ &\cos\vartheta_f \geqslant 0\\ &\cos\varphi_f = \cos\varphi_a \frac{\cos\vartheta_f}{\cos(\vartheta_a+\alpha\cos\varphi_a)}\\ &\cos\psi_f = \cos\varphi_a\cos\varphi_f \end{aligned}\right\} \tag{2.1,76}$$

Ist nun

$$\boldsymbol{w} = w_x \boldsymbol{g}_{1B} + w_z \boldsymbol{g}_{3B} \tag{2.1,77}$$

die Windgeschwindigkeit im System $(\boldsymbol{g}_B)$ und

$$\frac{\mathrm{d}\boldsymbol{s}}{\mathrm{d}t} = U_x \boldsymbol{g}_{1B} + U_z \boldsymbol{g}_{3B} = U\boldsymbol{b}_1 \tag{2.1,78}$$

die Fluggeschwindigkeit über Grund, so ist nach Gl. (1.2,41) die Geschwindigkeit relativ zum Windfeld

$$\boldsymbol{V} = -\boldsymbol{w} + \frac{\mathrm{d}\boldsymbol{s}}{\mathrm{d}t} = (U_x - w_x)\boldsymbol{g}_1 + (U_z - w_z)\boldsymbol{g}_3 \tag{2.1,79}$$

Gemäß Gl. (1.4,28), S. 33, gilt nun, wenn man die nicht interessierende Richtung $\boldsymbol{a}_2 = \boldsymbol{g}_2 \cos\varphi_a$ sogleich fortläßt,

V		$U_x - w_x$	$U_z - w_z$
		$\boldsymbol{g}_1$	$\boldsymbol{g}_3$
V	$\boldsymbol{a}_1$	a_{11}	a_{13}
0	$\boldsymbol{a}_3$	a_{31}	a_{33}

(2.1,80)

Dabei ist gemäß Gl. (1.3,23), S. 23, und (2.1,74)

$$\begin{pmatrix} a_{11} & a_{13}\\ a_{31} & a_{33}\end{pmatrix} = \begin{pmatrix} \cos\vartheta_a & -\sin\vartheta_a\\ \cos\varphi_a\sin\vartheta_a & \cos\varphi_a\cos\vartheta_a\end{pmatrix} \tag{2.1,81}$$

Aus der Kräftegleichung

$$\sum_{\nu} \boldsymbol{K}^{\nu} = 0 \tag{2.1,82}$$

gewinnt man durch Spezialisierung der Gl. (2.1,25), S. 119, die Beziehung

$$[-S(\boldsymbol{a}_3\cdot\boldsymbol{s}_1)+A]^2 + [S(\boldsymbol{a}_1\cdot\boldsymbol{s}_1) - W]^2 = (mg_{\mathrm{n}})^2 \tag{2.1,83}$$

Dabei ist auf Grund der Gl. (2.1,15), S. 117, und (2.1,74)

$$\left.\begin{aligned} (\boldsymbol{a}_3\cdot\boldsymbol{s}_1) &= -\sin(\alpha-\alpha_s)\\ (\boldsymbol{a}_1\cdot\boldsymbol{s}_1) &= \cos(\alpha-\alpha_s)\end{aligned}\right\} \tag{2.1,84}$$

Aus Gl. (2.1,83) kann man die Geschwindigkeit V als Funktion des Anstellwinkels α berechnen. Mittels Gl. (2.1,19) und (2.1,21), S. 118, folgt darauf der Längsneigungswinkel ϑ_a und der Rollwinkel φ_a aus

$$\left.\begin{aligned} \boldsymbol{a}_1: \quad & \sin\vartheta_a = \frac{S(\boldsymbol{a}_1\cdot\boldsymbol{s}_1)-W}{mg_{\mathrm{n}}} \\ -\boldsymbol{a}_3: \quad & \cos\vartheta_a\cos\varphi_a = \frac{-S(\boldsymbol{a}_3\cdot\boldsymbol{s}_1)+A}{mg_{\mathrm{n}}} \end{aligned}\right\} \qquad (2.1,85)$$

Gemäß Gl. (2.1,80) und (2.1,81) ist

$$V\boldsymbol{a}_1 = \boldsymbol{V} = V[\boldsymbol{g}_1\cos\vartheta_a - \boldsymbol{g}_3\sin\vartheta_a] \qquad (2.1,86)$$

In Abb. 2.1,8 sind typische Geschwindigkeitspolaren relativ zum Windfeld mit O als Nullpunkt und mit α als Parameter dargestellt, und zwar

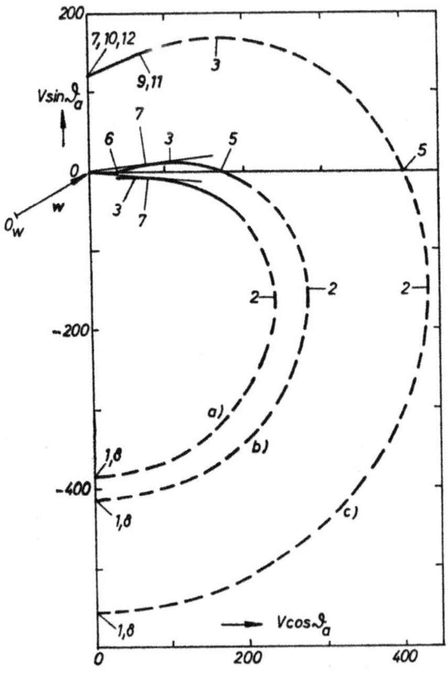

Abb. 2.1,8
Typische Geschwindigkeitspolaren. a) Schub $S \ll G$, b) $S < G$, c) $S > G$, vgl. Zahlenbeispiel S. 137

im Fall a) für kleinen Schub ($S \ll G$, Segelflugzeug), im Fall b) für mittleren Schub ($S < G$, Verkehrsflugzeug) und im Fall c) für starken Schub ($S > G$, senkrecht startendes Jagdflugzeug).

Gemäß Gl. (1.3,23), S. 23, und (2.1,78, 80) sind U, ϑ_b und ψ_b aus

$$\left.\begin{aligned} U_x &= w_x + V\cos\vartheta_a = U\cos\vartheta_b\cos\psi_b \\ U_z &= w_z - V\sin\vartheta_a = -U\sin\vartheta_b \\ &\cos\vartheta_b \geqslant 0 \end{aligned}\right\} \tag{2.1,87}$$

zu berechnen. Man erhält hiernach unter Berücksichtigung des Windes einen Überblick über die Gesamtheit der Fluggeschwindigkeiten U über Grund, wenn man in Abb. 2.1,8 den Punkt O_w so wählt, daß die Strecke $\overrightarrow{O_wO} = \boldsymbol{w}$ wird, und die Geschwindigkeitspolare auf den Punkt O_w als Nullpunkt bezieht.

Man kann diejenigen Punkte auf den Geschwindigkeitspolaren, die gewisse Extremumseigenschaften besitzen, in einfacher Weise berechnen, wenn man zunächst aus den Kraftgleichungen (2.1,85) und den kinematischen Relationen (2.1,87) bzw. (2.1,76) den Zusammenhang der Variationen $\delta\alpha$, δV, $\delta\vartheta_a$, $\delta\vartheta_b$, δU und $\delta\vartheta_f$ bestimmt. Nach diesen Gleichungen ist nämlich, wenn man noch die Abkürzungen

$$\left.\begin{aligned} K_1 &\equiv S(\boldsymbol{a}_1\cdot\boldsymbol{s}_1) - W \\ K_3 &\equiv -S(\boldsymbol{a}_3\cdot\boldsymbol{s}_1) + A \end{aligned}\right\} \tag{2.1,88}$$

benutzt,

$$\left.\begin{aligned} K_3\cos\varphi_a\delta\vartheta_a &= \frac{\partial K_1}{\partial V}\delta V + \frac{\partial K_1}{\partial\alpha}\delta\alpha \\ -K_1\cos\varphi_a\delta\vartheta_a &= \frac{\partial K_3}{\partial V}\delta V + \frac{\partial K_3}{\partial\alpha}\delta\alpha \end{aligned}\right\} \tag{2.1,89}$$

$$\left.\begin{aligned} \delta U_x &= \cos\vartheta_a\delta V - V\sin\vartheta_a\delta\vartheta_a = (\cos\vartheta_b\delta U - U\sin\vartheta_b\delta\vartheta_b)\cos\psi_b \\ -\delta U_z &= \sin\vartheta_a\delta V + V\cos\vartheta_a\delta\vartheta_a = \sin\vartheta_b\delta U + U\cos\vartheta_b\delta\vartheta_b \end{aligned}\right\} \tag{2.1,90}$$

$$\cos\vartheta_f\,\delta\vartheta_f = \cos(\vartheta_a + \alpha\cos\varphi_a)\cdot(\delta\vartheta_a + \cos\varphi_a\delta\alpha) \tag{2.1,91}$$

Aus Gl. (2.1,89) folgt

$$\delta V : \delta\alpha : \delta\vartheta_a\cos\varphi_a = D_V : D_\alpha : D_\vartheta \tag{2.1,92}$$

mit

$$D_V = \begin{vmatrix} \dfrac{\partial K_1}{\partial\alpha} & K_3 \\ \dfrac{\partial K_3}{\partial\alpha} & -K_1 \end{vmatrix} \qquad D_\alpha = \begin{vmatrix} K_3 & \dfrac{\partial K_1}{\partial V} \\ -K_1 & \dfrac{\partial K_3}{\partial V} \end{vmatrix} \qquad D_\vartheta = \begin{vmatrix} \dfrac{\partial K_1}{\partial\alpha} & \dfrac{\partial K_1}{\partial V} \\ \dfrac{\partial K_3}{\partial\alpha} & \dfrac{\partial K_3}{\partial V} \end{vmatrix} \tag{2.1,93}$$

während sich aus Gl. (2.1,90)

$$\left.\begin{aligned} \delta U\cos\psi_b &= \cos(\vartheta_a - \vartheta_b\cos\psi_b)\delta V - \sin(\vartheta_a - \vartheta_b\cos\psi_b)V\delta\vartheta_a \\ U\delta\vartheta_b &= \sin(\vartheta_a - \vartheta_b\cos\psi_b)\delta V + \cos(\vartheta_a - \vartheta_b\cos\psi_b)V\delta\vartheta_a \end{aligned}\right\} \tag{2.1,94}$$

ergibt. Die Steigung $-\delta U_x/\delta U_z$ der Geschwindigkeitspolare bei gegebenem α ist von der Windgeschwindigkeit unabhängig.

Auf den Geschwindigkeitspolaren sind folgende Punkte besonders bemerkenswert (Punkte P' beziehen sich auf die — nicht gezeichneten — Geschwindigkeitspolaren für $\varphi_a = \pi$):

P_1 = Sturzflug relativ zum Windfeld. Hierbei ist $\vartheta_a = \frac{\pi}{2}$ und der Anstellwinkel i. a. sehr klein. Die Kurvenäste für normalen Flug ($\varphi_a = 0$) und für Rückenflug ($\varphi_a = \pi$) hängen hier zusammen.

P_2 bzw. P_2' = Punkt mit größter Horizontalgeschwindigkeit in Richtung g_1 ($\delta U_x = 0$). Dieser Punkt gehört noch zu sehr kleinen Anstellwinkeln. Seine Lage auf der Geschwindigkeitspolaren ist nach Gl. (2.1,90) und (2.1,92) von der Windgeschwindigkeit unabhängig.

P_3 bzw. P_3' = Punkt mit größter Vertikalgeschwindigkeit ($\delta U_z = 0$). In diesem Punkte ist der Anstellwinkel i. a. schon recht groß, er gehört aber noch zum normalen Anstellwinkelbereich. Dieser Betriebspunkt ist für schnellstes Steigen von Bedeutung. Die Lage des Punktes auf der Geschwindigkeitspolaren ist nach Gl. (2.1,90) und (2.1,92) vom Wind unabhängig.

P_4 bzw. P_4' = Punkt mit Anstellwinkel $\alpha = \frac{\pi}{2} \cos \varphi_a$. Dieser Flugzustand wird als Sackflug bezeichnet.

P_5 bzw. P_5' und P_6 bzw. P_6' = Punkte mit reiner Horizontalgeschwindigkeit ($\vartheta_b = 0$). Die Lage dieser Punkte auf der Geschwindigkeitspolaren hängt von der Windgeschwindigkeit ab; es gibt u. U. keinen, nur einen oder zwei solcher Punkte.

P_7 bzw. P_7' = Punkte steilsten Anstiegs bzw. flachsten Gleitens ($\delta \vartheta_b = 0$). Die Lage dieser Punkte hängt nach Gl. (2.1,94) noch vom Winde ab.

P_8 bzw. P_8' und P_{12} bzw. P_{12}' = Punkte mit extremer Gesamtgeschwindigkeit ($\delta U = 0$).

P_9 bzw. P_9' = Punkte mit extremem Anstellwinkel ($\delta\alpha = 0$). Diese Punkte treten nur im Falle $S > G$ auf und sind nach Gl. (2.1,92) vom Winde unabhängig.

P_{10} bzw. P_{10}' = Punkt, in welchem die Längsneigung ϑ_f einen Extremwert annimmt ($\delta \vartheta_f = 0$). Nach Gl. (2.1,91) und (2.1,92) ist dieser Punkt vom Winde unabhängig.

P_{11} bzw. P_{11}' = Punkt, in welchem c_A einen Extremwert annimmt.

P_{13} bzw. P_{13}' = Punkt, in dem die Funktion $c_W/(c_A \cos \varphi_a V)$ einen kleinsten Wert annimmt, s. Abschnitt 2.1.23, S. 144.

P_{14} (P_{14}') = Punkt, in dem die Funktion $c_W/c_A \cos \varphi_a$ einen kleinsten Wert annimmt, s. Abschnitt 2.1.22, S. 140.

P_{15} (P'_{15}) = Punkt, in dem die Funktion $Vc_W/c_A \cos\varphi_a$ einen kleinsten Wert annimmt, s. Abschnitt 2.1.22, S. 140.

Im Bereich P_1 bis P_7 hat man *normale Steuerwirkung* bezüglich des Steigwinkels, d. h. bei Ziehen des Höhenruders werden der Anstellwinkel α und der Steigwinkel ϑ_a größer; dagegen hat man im Bereich P_7 bis P_4 *Steuerwirkungsumkehr* bezüglich des Steigwinkels ϑ_a, d. h. bei Ziehen des Höhenruders wird zwar der Anstellwinkel noch größer, aber der Steigwinkel kleiner. Entsprechend teilt der Punkt P_3 die Geschwindigkeitspolare in zwei Bereiche mit normaler Steuerwirkung bzw. Steuerwirkungsumkehr bezüglich der Steiggeschwindigkeit.

Zahlenbeispiel: Die Kurven in Abb. 2.1,8 wurden wie in Abb. 2.1,4a, b, S. 126, mit den Zahlenwerten $G = 10000$ kp, $F = 80$ m², $H = 6$ km, $\varrho = 0{,}06728$ kp s² m⁻⁴, $c_W = 0{,}025+1{,}5\alpha^2$, $c_A = 4{,}5\alpha$ gerechnet. Ferner wurde im Fall a) $S = 0$, b) $S = 2000$ kp, c) $S = 11000$ kp gesetzt. Die Kurve b) stimmt daher mit der Kurve $R = \infty$ bzw. $\dot\psi = 0$ der Abb. 2.1,4a, b überein. Für Geschwindigkeiten über 200 m/s wurden die Kurven in Abb. 2.1,8 nur gestrichelt eingetragen, da sie dort wegen Vernachlässigung des Kompressibilitätseinflusses im Ansatz für c_W und c_A nur noch qualitativ brauchbar sind.

2.1.22. Gleitflug ohne Wind mit abgestelltem Motor

Die vorstehenden Betrachtungen vereinfachen sich wesentlich, wenn man die aerodynamischen Beiwerte als unabhängig von der Anströmungsgeschwindigkeit V ansehen kann; dies ist i. a. beim Flug mit Unterschallgeschwindigkeit der Fall. Außerdem wollen wir jetzt Windstille und normalen Flug mit abgestelltem Motor voraussetzen. Insgesamt haben wir also folgende spezielle Voraussetzungen:

$$w = S = \frac{\partial c_A}{\partial V} = \frac{\partial c_W}{\partial V} = 0; \qquad \cos\varphi_a = 1 \tag{2.1,95}$$

Damit reduzieren sich die Gleichungen (2.1,88) auf

$$\left.\begin{aligned} K_1 &= -W = -c_W q F \\ K_3 &= A = c_A q F \end{aligned}\right\} \tag{2.1,96}$$

und es wird

$$\left.\begin{aligned} \frac{\partial K_1}{\partial V} &= \frac{2}{V} K_1 \qquad & \frac{\partial K_1}{\partial \alpha} &= \frac{\partial c_W/\partial\alpha}{c_W} K_1 \\ \frac{\partial K_3}{\partial V} &= \frac{2}{V} K_3 \qquad & \frac{\partial K_3}{\partial \alpha} &= \frac{\partial c_A/\partial\alpha}{c_A} K_3 \end{aligned}\right\} \tag{2.1,97}$$

Daher werden die Ausdrücke in Gl. (2.1,93)

$$\left.\begin{aligned} D_\vartheta &= \frac{-2}{V}(qF)^2\left[c_A\frac{\partial c_W}{\partial\alpha}-c_W\frac{\partial c_A}{\partial\alpha}\right] \\ D_\alpha &= \frac{2}{V}(qF)^2[c_A^2+c_W^2] \\ D_V &= -(qF)^2\left[c_W\frac{\partial c_W}{\partial\alpha}+c_A\frac{\partial c_A}{\partial\alpha}\right] \end{aligned}\right\} \qquad (2.1,98)$$

Ferner folgt aus den Kräftegleichungen (2.1,85)

$$-\tan\vartheta_a = \frac{c_W}{c_A} \qquad (2.1,99)$$

Man kann nun unter den Voraussetzungen (2.1,95) die Geschwindigkeitspolare so normieren, daß sie von der Luftdichte ϱ und der Flächenbelastung G/F unabhängig wird. Die resultierende Kräftegleichung schreibt sich hier nämlich in der Form

$$\frac{V}{\sqrt{2G/\varrho F}} = \frac{1}{\sqrt{c_R}} \qquad (2.1,100)$$

wobei

$$c_R = \sqrt{c_A^2+c_W^2} \qquad (2.1,101)$$

der Beiwert der resultierenden Luftkraft und $\sqrt{2G/\varrho F}$ eine Bezugsgeschwindigkeit ist. Nach Gl. (2.1,85) werden dann die normierten Geschwindigkeitskomponenten

$$\frac{V}{\sqrt{2G/\varrho F}}\sin\vartheta_a = \frac{-c_W}{c_R^{3/2}} \qquad (2.1,102)$$

$$\frac{V}{\sqrt{2G/\varrho F}}\cos\vartheta_a = \frac{c_A}{c_R^{3/2}} \qquad (2.1,103)$$

Die normierte Geschwindigkeitspolare nach Abb. 2.1,9 ist wegen der Voraussetzung $S = 0$ vom gleichen Typ wie die Geschwindigkeitspolare a) in Abb. 2.1,8.

Einige der oben aufgeführten charakteristischen Punkte lassen sich hier allein durch die aerodynamischen Eigenschaften des Flugzeugs festlegen und ihre analytischen Bedingungen unmittelbar von der Abb. 2.1,9 ablesen. Wir wollen diese charakteristischen Zustände im folgenden genauer diskutieren und zu ihrer Auswertung die speziellen Ansätze

$$\left.\begin{aligned} c_W &= \varkappa_0+\varkappa_1(\alpha-\alpha_0)^2 \\ c_A &= (\alpha-\alpha_0)c_{A\alpha} \end{aligned}\right\} \qquad (2.1,104)$$

nach Gl. (1.7,8), S. 55, bzw. (1.7,14), S. 57, heranziehen.

Zustand P_1:

Im Fall des Sturzflugs wird offenbar

$$c_A = 0 \qquad (2.1{,}105)$$

und gemäß Gl. (2.1,104)

$$\alpha = \alpha_0 \qquad (2.1{,}106)$$

Der Widerstandsbeiwert c_W nimmt hierbei seinen kleinsten Wert an.

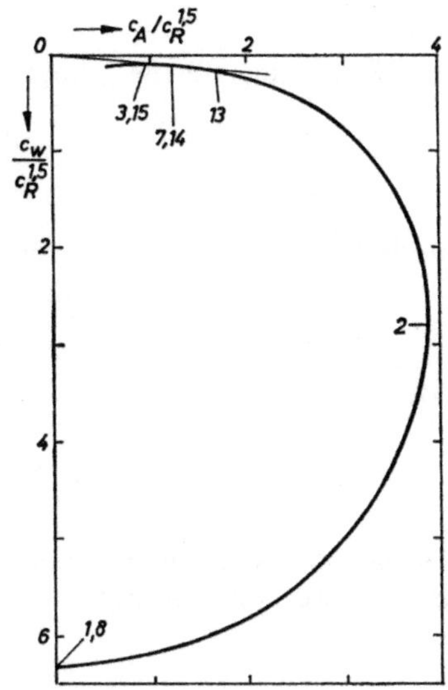

Abb. 2.1,9
Normierte Geschwindigkeitspolare unter den Bedingungen (2.1,95), vgl. Zahlenbeispiel S. 143

Zustand P_2:

Die größte Horizontalgeschwindigkeit wird gemäß Abb. 2.1,9. unter der Bedingung

$$\frac{\mathrm{d}}{\mathrm{d}\alpha}\left(\frac{c_A}{c_R^{3/2}}\right) = 0 \qquad (2.1{,}107\text{a})$$

erreicht, die sich auch in der Form

$$\frac{\mathrm{d}c_W/\mathrm{d}\alpha}{\mathrm{d}c_A/\mathrm{d}\alpha} = \frac{2c_W^2 - c_A^2}{3c_A c_W} \qquad (2.1{,}107\text{b})$$

schreiben läßt. Einsetzen des speziellen Ansatzes (2.1,104) führt zur Lösung

$$(\alpha-\alpha_0)^2 = -\frac{2\varkappa_1\varkappa_0 + c_{A\alpha}^2}{8\varkappa_1^2} \mathop{+}_{(-)} \sqrt{\left(\frac{2\varkappa_1\varkappa_0 + c_{A\alpha}^2}{8\varkappa_1^2}\right)^2 + \frac{\varkappa_0^2}{2\varkappa_1^2}} \qquad (2.1{,}108\text{a})$$

Da der erste Summand unter der Wurzel i. a. groß gegen den zweiten ist, so wird näherungsweise

$$(\alpha-\alpha_0)^2 \approx \frac{2\varkappa_0^2}{2\varkappa_1\varkappa_0+c_{A\alpha}^2} \tag{2.1,108b}$$

Da ferner i. a. auch $2\varkappa_1\varkappa_0 \ll c_{A\alpha}^2$ ist, so wird dann endgültig

$$\alpha-\alpha_0 \approx \pm\frac{\varkappa_0}{c_{A\alpha}}\sqrt{2} \tag{2.1,108c}$$

Zustand P_3:
Die Bedingung für die größte Vertikalgeschwindigkeit, nämlich

$$\frac{\mathrm{d}}{\mathrm{d}\alpha}\left(\frac{c_W}{c_R^{3/2}}\right)=0 \tag{2.1,109a}$$

gemäß Abb. 2.1,9., ist identisch mit der Bedingung

$$\frac{\mathrm{d}c_A/\mathrm{d}\alpha}{\mathrm{d}c_W/\mathrm{d}\alpha}=\frac{2c_A^2-c_W^2}{3c_W\,c_A} \tag{2.1,109b}$$

Mit dem speziellen Ansatz (2.1,104) erhält man hier

$$(\alpha-\alpha_0)^2=\frac{c_{A\alpha}^2-4\varkappa_0\varkappa_1}{4\varkappa_1^2}\overset{(+)}{-}\frac{c_{A\alpha}}{4\varkappa_1^2}\sqrt{c_{A\alpha}^2-32\varkappa_0\varkappa_1} \tag{2.1,110}$$

Da der zweite Summand unter der Wurzel i. a. klein gegen den ersten ist, so wird näherungsweise

$$\alpha-\alpha_0 \approx \pm\sqrt{\frac{3\varkappa_0}{\varkappa_1}} \tag{2.1,111}$$

Zustand P_7:
Punkte *flachsten Gleitens* bestimmen sich auf Grund des Ansatzes $\delta\vartheta_a=0$ nach Gl. (2.1,92) und (2.1,98) aus der Bedingung

$$\frac{\partial c_W/\partial\alpha}{\partial c_A/\partial\alpha}=\frac{c_W}{c_A},\quad \text{d. h.}\quad \frac{\partial}{\partial\alpha}\left(\frac{c_W}{c_A}\right)=0 \tag{2.1,112}$$

Eine sehr bekannte graphische Lösung dieser Gleichung besteht darin, daß man über $c_W(\alpha)$ als Abszisse die Funktion $c_A(\alpha)$ mit α als Parameter darstellt und vom Nullpunkt aus die Tangente zieht. Im Berührungspunkt ist die Gl. (2.1,112) erfüllt, s. Abb. 2.1,10.
Mit dem speziellen Ansatz (2.1,104) wird hier gemäß Gl. (2.1,112)

$$\alpha-\alpha_0=\pm\sqrt{\frac{\varkappa_0}{\varkappa_1}} \tag{2.1,113}$$

Der Wert $\alpha-\alpha_0$ ist also im Fall des flachsten Gleitens etwa um den Faktor $\sqrt{3}$ kleiner als im Fall geringster Sinkgeschwindigkeit, s. Gl. (2.1,111).

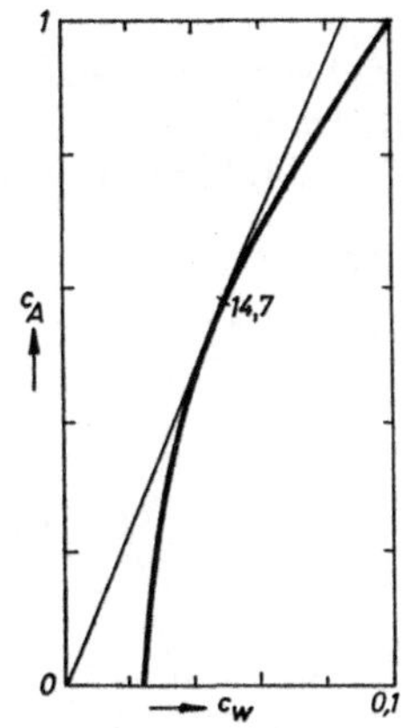

Abb. 2.1,10
Bestimmung des Anstellwinkels für flachstes Gleiten aus der Flugzeugpolare, vgl. Zahlenbeispiel S. 143

Anmerkung: Man prüft übrigens leicht nach, daß der Staudruck beim flachsten Gleiten mit abgestelltem Motor unter den vorliegenden Annahmen wegen $\cos\vartheta_a \approx 1$ mit dem Staudruck des wendigsten Kreisfluges ($\vartheta_a = 0$, $\dot{\psi}$ = Maximum) übereinstimmt, s. Schluß des Zahlenbeispiels von Abschnitt 2.1.144, S. 127.

Zustand P_8:

Zustände extremer Gesamtgeschwindigkeit bestimmen sich hier gemäß Abb. 2.1,9. aus der Bedingung

$$\frac{\mathrm{d}}{\mathrm{d}\alpha}\left(\frac{1}{\sqrt{c_R}}\right) = 0 \qquad (2.1,114)$$

die sich auch in die Form

$$\frac{\mathrm{d}c_W/\mathrm{d}\alpha}{\mathrm{d}c_A/\mathrm{d}\alpha} = -\frac{c_A}{c_W} \qquad (2.1,115)$$

setzen läßt.

Man findet den zugehörigen Winkel α_8 bzw. α_{12}, indem man im gewöhnlichen Polardiagramm des Flugzeugs vom Nullpunkt das Lot auf die Polare fällt, s. Abb. 2.1,11.

Mit dem speziellen Ansatz (2.1,104) erhält man hier die Lösung

$$\alpha = \alpha_0 \qquad (2.1,116)$$

vgl. Gl. (2.1,106).

Zustand P_{11}:

Der Höchstauftrieb wird erreicht, wenn

$$\frac{dc_A}{d\alpha} = 0 \tag{2.1,117}$$

st. Dieser Zustand läßt sich am einfachsten mittels der gewöhnlichen Flugzeugpolare ermitteln, s. Abb. 2.1,11. Mit dem speziellen Ansatz (2.1,104) kann man diesen Zustand nicht erfassen.

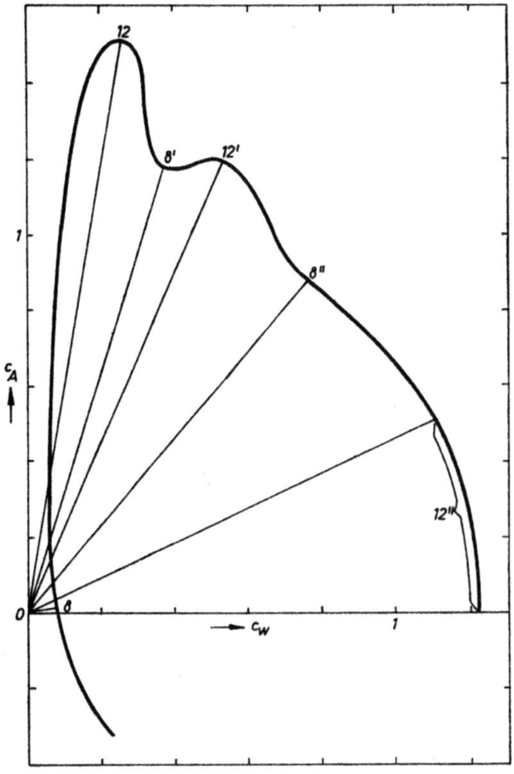

Abb. 2.1,11
Bestimmung von Anstellwinkeln extremer Gesamtgeschwindigkeit für ein Flugzeug, dessen Polare mit der Polare einer gewölbten Platte gemäß Abb. 1.7,1 und 1.7,3 übereinstimmt, s. S. 54, 56

Zustand P_{13}:

Die Forderung, den Ausdruck $c_W/(c_A V)$, d. h. hier $c_W\sqrt{c_R}/c_A$, zum Minimum zu machen, führt auf die Bedingung

$$\frac{dc_W/d\alpha}{dc_A/d\alpha} = \frac{c_W(c_A^2+2c_W^2)}{c_A(2c_A^2+3c_W^2)} \tag{2.1,118}$$

Unter Vernachlässigung von c_W^2 gegen c_A^2 sei diese Gleichung in erster Näherung durch

$$\frac{\mathrm{d}c_W/\mathrm{d}\alpha}{\mathrm{d}c_A/\mathrm{d}\alpha} = \frac{c_W}{2c_A} \tag{2.1,119}$$

approximiert. In Verbindung mit dem speziellen Ansatz (2.1,104) führt dies zur Lösung

$$\alpha-\alpha_0 = \sqrt{\frac{\varkappa_0}{3\varkappa_1}} \tag{2.1,120}$$

Dieser Wert $\alpha-\alpha_0$ ist etwa um den Faktor $\sqrt{3}$ kleiner als der entsprechende Wert im Fall des flachsten Gleitens.

Zahlenbeispiel: Die Kurven in Abb. 2.1,9 und 2.1,10 wurden mit dem Ansatz $c_W = \varkappa_0+\varkappa_1\alpha^2$, $\varkappa_0 = 0{,}025$, $\varkappa_1 = 1{,}5$, $c_A = \alpha c_{A\alpha}$, $c_{A\alpha} = 4{,}5$ berechnet, vgl. das Zahlenbeispiel von Abschnitt 2.1.144, S. 127. Bei der größten Horizontalgeschwindigkeit ist $\alpha_2 = \varkappa_0\sqrt{2}/c_{A\alpha} = 0{,}00785 = 0{,}45°$ nach Gl. (2.1,108c), bei der kleinsten Sinkgeschwindigkeit ist $\alpha_{15} = \sqrt{3\varkappa_0/\varkappa_1} = 0{,}223 = 12{,}82°$ nach Gl. (2.1,111). Flachstes Gleiten ist nach Gl. (2.1,113) für $\alpha_{14} = \sqrt{\varkappa_0/\varkappa_1} = 0{,}129 = 7{,}40°$ möglich, und der Term $c_W/(c_A V)$ erreicht nach Gl. (2.1,120) ein Minimum für $\alpha_{13} = \sqrt{\varkappa_0/(3\varkappa_1)} = 0{,}0745 = 4{,}27°$.

2.1.23. Steigen und Gleiten unter kleinen Winkeln

Wir wollen jetzt speziell annehmen, daß der Flug relativ zum Windfeld nahezu horizontal und daß der Anstellwinkel α ebenfalls klein ist. Dann ist also

$$\left.\begin{aligned} &|\vartheta_a| \ll \frac{\pi}{2}, \quad \cos\vartheta_a \approx 1, \quad \sin\vartheta_a \approx \vartheta_a \\ &|\vartheta_f| \ll \frac{\pi}{2}, \quad \cos\vartheta_f \approx 1, \quad \sin\vartheta_f \approx \vartheta_f \quad \vartheta_f \approx \vartheta_a+\alpha\cos\varphi_a \end{aligned}\right\} \tag{2.1,121}$$

Außerdem sei der Einfachheit halber angenommen, daß das Triebwerk gegenüber der körperfesten Richtung $\boldsymbol{f}_1$ stets so geschwenkt wird, daß der Schub in Richtung $\boldsymbol{a}_1$ zeigt, also

$$\boldsymbol{a}_1 = \boldsymbol{s}_1 \tag{2.1,122}$$

Die Gleichungen (2.1,85), S. 134, vereinfachen sich dann zu

$$\left.\begin{aligned} mg_n &= A\cos\varphi_a \\ \vartheta_a &= \frac{S-W}{mg_n} \end{aligned}\right\} \tag{2.1,123}$$

Kombination beider Gleichungen gibt

$$\vartheta_a = \frac{S}{mg_n} - \frac{c_W}{c_A} \cos \varphi_a \tag{2.1,124}$$

Aus der ersten Gleichung (2.1,123), die als wesentliche Größe die Flächenbelastung ($= mg_n/F$) enthält, kann man — eventuell durch Iteration — α als Funktion von V berechnen. Darauf folgt aus Gl. (2.1,124) ϑ_a als Funktion von V. Der erste Summand rechts in Gl. (2.1,124) hängt nur vom spezifischen Schub, der zweite nur von der aerodynamischen Auslegung des Flugzeugs ab. Man erhält daher ein anschauliches Bild vom Beitrag dieser beiden Einflüsse, wenn man die beiden Summanden für sich in einem Diagramm, dem sogenannten Steigwinkeldiagramm, über V aufträgt.

Abb. 2.1,12 zeigt einen typischen Verlauf der Gleitzahl $c_W : c_A \cos \varphi_a$ über der Geschwindigkeit V. Entsprechend den beiden Werten von φ_a gibt es zwei i. a. verschiedene Kurvenzweige. Der Abstand von der V-Achse

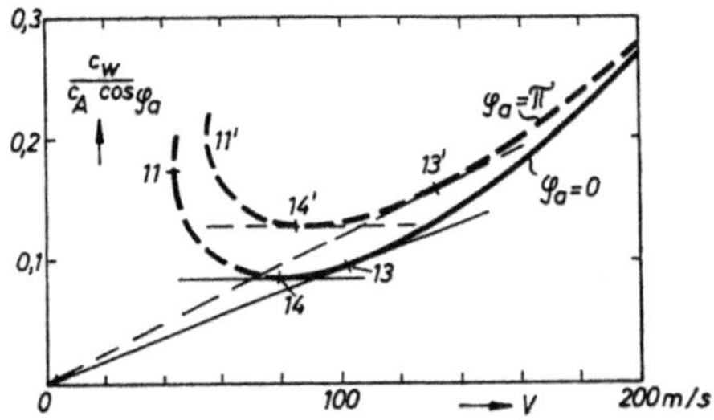

Abb. 2.1,12
Gleitzahl $c_W/c_A \cos \varphi_a$ über V bei flachem Gleitflug, vgl. Zahlenbeispiel S. 147

stellt den Gleitwinkel bei Windstille und abgestelltem Motor dar. Im tiefsten Punkt der Kurve findet man den Zustand flachsten Gleitens wieder, vgl. P_7 in Abb. 2.1,8a. Der Berührungspunkt der Tangente von O an die Kurve $c_W : c_A \cos \varphi_a$ definiert einen Anstellwinkel $\alpha_{13}(\alpha'_{13})$, in dem die Funktion $c_W : (c_A \cos \varphi_a V)$ ein Minimum annimmt. Dieser Punkt wird uns im Abschnitt 2.2.32, S. 168, beim Problem der maximalen Reichweite eines Düsenflugzeugs wieder begegnen. In dem am weitesten links gelegenen Punkte P_{11} kleinster Geschwindigkeit hat der Auftriebsbeiwert c_A ein Maximum bzw. Minimum. Der Punkt P_{11} tritt bei der hier benutzten Näherung an die Stelle des genaueren Flugzustands P_{12}, vgl. Abb. 2.1,11. Die Kurventeile oberhalb dieses Punktes haben nur geringe technische Bedeutung, da die Strömung dort abgerissen ist. Auch die unteren Kurventeile müssen nach rechts hin abgeschnitten werden, sobald die Bedingung (2.1,121) nicht mehr mit ausreichender Genauigkeit erfüllt ist.

Die Funktion S/mg_n hat für verschiedene Triebwerksarten etwa den in Abb. 1.7,9, S. 65, skizzierten Verlauf. Die Differenz der Kurven S/mg_n und $c_W/c_A \cos\varphi_a$ gibt nach Gl. (2.1,124) sofort den *Steigwinkel* ϑ_a an, s. Abb. 2.1,13.

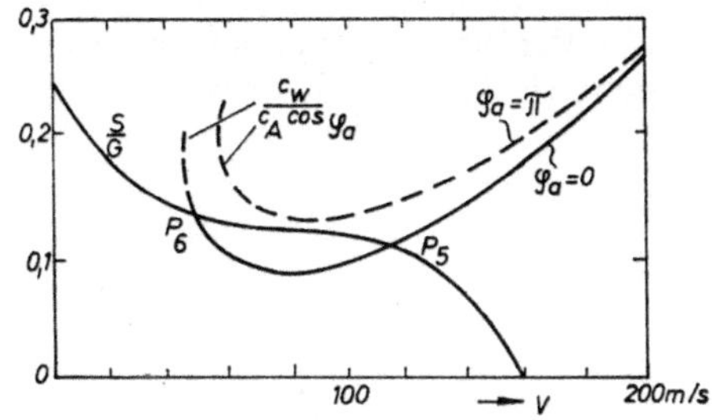

Abb. 2.1,13
Steigwinkeldiagramm für Kolbentriebwerk mit Propeller, vgl. Zahlenbeispiel S. 147

In dem skizzierten Beispiel eines Kolbentriebwerks mit Propeller ist im Normalflug ($\varphi_a = 0$) noch Steigen möglich, im Rückenflug ($\varphi_a = \pi$) aber selbst bei arbeitendem Motor nur noch ein Gleitflug. An den Schnittpunkten beider Kurven, sofern einer vorhanden ist, liegen die Punkte P_5 und P_6 für horizontalen Flug. Sowohl im Normalflug wie im Rückenflug gibt es bei genügend großem Schub zwei solcher Punkte, von denen der eine (P_6) bei größeren Anstellwinkeln und kleinerer Geschwindigkeit, der andere (P_5) bei kleineren Anstellwinkeln und größerer Geschwindigkeit liegt. Der tatsächliche Flug wird i. a. mit der größeren Geschwindigkeit durchgeführt, weil erstens die kleinere Geschwindigkeit häufig schon zum kritischen Anstellwinkelbereich mit abgerissener Strömung gehört und zweitens dort der Staudruck und damit die Steuerfähigkeit des Flugzeugs herabgesetzt ist.

Bei einem Raketentriebwerk ist der Schub S von der Geschwindigkeit V unabhängig. In diesem Falle liegt der Punkt steilsten Anstiegs an derselben Stelle wie beim Flug ohne Motorschub. Wenn der Schub eine mit V fallende Charakteristik hat (Propellertriebwerk), so ist der Zustand steilsten Anstiegs nach kleineren Geschwindigkeiten, also größeren Anstellwinkeln hin verschoben. Umgekehrt ist bei steigender Charakteristik $S(V)$ wie z. B. beim Staustrahltriebwerk die Stelle steilsten Anstiegs nach größeren Geschwindigkeiten, also kleineren Anstellwinkeln, hin verschoben, s. Abb. 2.1,14.

Um die *Steiggeschwindigkeit* relativ zum Windfeld zu berechnen, brauchen wir bei kleinen Steigwinkeln ϑ_a nur

$$V\vartheta_a = -V\frac{c_W}{c_A}\cos\varphi_a + \frac{VS}{mg_n} \qquad (2.1,125)$$

zu bilden. Eine aufschlußreiche graphische Lösung ergibt sich wieder, wenn man die Summanden für sich zeichnet und erst hernach voneinander subtrahiert.

Abb. 2.1,15 zeigt schematisch die Sinkgeschwindigkeit $Vc_W/c_A \cos\varphi_a$ über der Geschwindigkeit V. Im tiefsten Punkt der Kurve liegt der Zustand kleinster Sinkgeschwindigkeit, vgl. P_3 in Abb. 2.1,8a, S. 134, während sich im Berührungspunkt der Tangente vom Nullpunkt an die Kurve der Zustand flachsten Gleitens wiederfindet, vgl. P_7 in Abb. 2.1,8a.

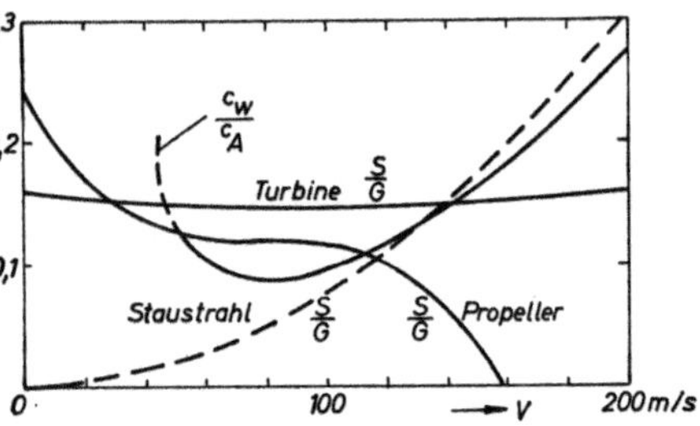

Abb. 2.1,14
Steigwinkeldiagramm für verschiedene Triebwerksarten, vgl. Zahlenbeispiel

In Abb. 2.1,16 ist auch noch die spezifische Triebwerksleistung VS/G für ein Propellertriebwerk über V aufgetragen. Wegen der Multiplikation mit V erhalten alle Kurven der Abb. 2.1,16 gegenüber denen der Abb. 2.1,13 eine nach rechts zunehmende Steigung. Infolgedessen werden die Differenzen mit steigender Geschwindigkeit größer, d. h. gegenüber dem Zustand steilsten positiven Anstiegs ist der Zustand größter Steig-

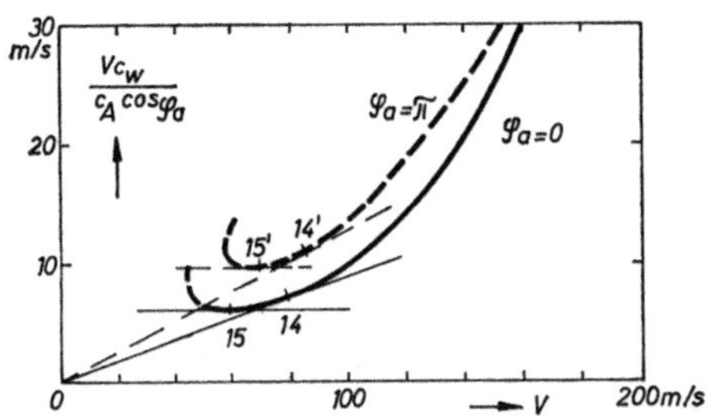

Abb. 2.1,15
Sinkgeschwindigkeit $V\,c_W/c_A\,\cos\varphi_a$ über V bei flachem Gleitflug, vgl. Zahlenbeispiel

geschwindigkeit zu größeren Geschwindigkeiten, also kleineren Anstellwinkeln hin verschoben, vgl. Abb. 2.1,8b. Umgekehrt ist gegenüber dem Zustand flachsten Gleitens der Zustand kleinster Sinkgeschwindigkeit zu kleineren Geschwindigkeiten, also größeren Anstellwinkeln hin verschoben, vgl. Abb. 2.1,8a.

Das vorstehende graphische Verfahren kann auch als Vorbereitung einer

Geschwindigkeitspolare nach Abb. 2.1,8 in dem tatsächlich interessierenden Steigwinkelbereich dienen. Danach kann man dann auch wieder leicht die Geschwindigkeit U über Grund bestimmen. Man kann aber

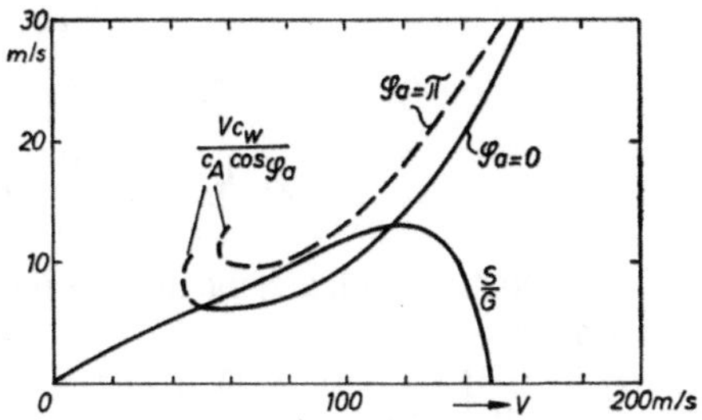

Abb. 2.1,16
Steiggeschwindigkeitsdiagramm für Kolbentriebwerk mit Propeller, vgl. Zahlenbeispiel

auch direkt in das Steiggeschwindigkeitsdiagramm eine beliebige in der Symmetrieebene liegende Windgeschwindigkeit $\boldsymbol{w}$ von einem Punkte O_w aus so abtragen, daß $\overrightarrow{O_w O} = \boldsymbol{w}$ wird, und alle vorangehenden Überlegungen sinngemäß auf den Punkt O_w als Nullpunkt beziehen.

Zahlenbeispiel: Die durchgezogenen Kurvenstücke in Abb. 2.1,12 und 2.1,15 wurden wie im Zahlenbeispiel von Abschnitt 2.1.21, S. 137, mit den Zahlenwerten $G = 10000$ kp, $F = 80$ m^2, $H = 6$ km, $\varrho = 0{,}06728$ kp s^2 m^{-4}, $c_W = 0{,}025 + 1{,}5\alpha^2$, $c_A = 4{,}5\alpha$ berechnet. Die gestrichelten Kurventeile wurden extrapoliert, um auch Flugzustände im Rückenflug ($\varphi_a = 180°$) bzw. bei Höchstauftrieb (P_{11}) anzudeuten. Für den Triebwerksschub wurden folgende Ansätze gemacht:

Propellertriebwerk in Abb. 2.1,13, 14, 16:
$S = 0{,}85 \times$ Schub von Abb. 1.7,9, S. 65.
Turbinenstrahltriebwerk in Abb. 2.1,14:
$S = 1{,}30 \times$ Schub von Abb. 1.7,9.
Staustrahltriebwerk in Abb. 2.1,14: $S = 30{,}0 \times$ Schub von Abb. 1.7,9.
Im Normalflug ($\varphi_a = 0$) ist $\alpha_{13} = 0{,}0745$, $\alpha_{14} = 0{,}129$, $\alpha_{15} = 0{,}223$ gemäß dem Zahlenbeispiel von Abschnitt 2.1.22, S. 143.

2.1.24. Einfluß des atmosphärischen Zustands auf die Steigleistung

Unter der Annahme kleiner Steigwinkel nach Gl. (2.1,121) kann man sich die Aufgabe stellen, die Steiggeschwindigkeit eines Flugzeugs in einer Normalatmosphäre der Steigfähigkeit desselben Flugzeugs in einer wirklichen Atmosphäre gegenüberzustellen. Um vergleichbare Verhältnisse zu bekommen, fordern wir, daß außer dem Gewicht, der aerodynamischen Form und einer bestimmten Vorschrift zur Festlegung der Drosselstellung am Triebwerk auch noch der statische Luftdruck sowie der *Pitot*druck, d. h. der Druck in einem Staupunkt, in beiden Fällen einander gleich sind. Unter dieser Bedingung kann man erwarten, daß der Unterschied der Triebwerksschübe in erster Näherung proportional zur Temperaturdifferenz ist. Bezeichnet man die Größen der Normalatmosphäre durch den Index „n", so haben wir also die neuen Voraussetzungen

$$p = p_{\text{n}} \tag{2.1,126}$$

$$p_{\text{Pitot}} = p_{\text{Pitot,n}} \tag{2.1,127}$$

$$S - S_{\text{n}} \approx \gamma \frac{S_{\text{n}}}{T_{\text{n}}} (T - T_{\text{n}})$$

oder, um den Anschluß an eine in der Literatur gebräuchliche Darstellung zu gewinnen,

$$S = S_{\text{n}} \left[1 + \gamma \frac{T - T_{\text{n}}}{T_{\text{n}}}\right] \approx S_{\text{n}} \left[1 + \frac{T - T_{\text{n}}}{T_{\text{n}}}\right]^{\gamma} = S_{\text{n}} \left(\frac{T}{T_{\text{n}}}\right)^{\gamma} \tag{2.1,128}$$

Die Größe des Exponenten γ hängt von der Art des Triebwerks und der angenommenen Festsetzung für die Triebwerksvariablen ab. Mögliche Festsetzungen sind: Unveränderter Treibstoffverbrauch oder unveränderte Gemischreiche oder unveränderte Drehzahl oder unveränderter Schub oder unveränderter Brennkammerdruck usw. Zwei einfache Ansätze werden weiter unten diskutiert, s. Gl. (2.1,142) bzw. (2.1,146–148).

Aus der Druckgleichheit nach Gl. (2.1,126) folgt nun in Verbindung mit der Zustandsgleichung (1.2,36), S. 8,

$$\varrho = \varrho_{\text{n}} \frac{T_{\text{n}}}{T} \tag{2.1,129}$$

Den *Pitot*druck kann man in der Form ansetzen:

$$p_{\text{Pitot}} = \begin{Bmatrix} p_0 & \text{für} & Ma < 1 \\ \hat{p}_0 & \text{für} & Ma \geqslant 1 \end{Bmatrix} \tag{2.1,130}$$

Dabei ist p_0 der isentropische Ruhedruck der ungestörten Anströmung, $\hat{p}_0$ der isentropische Ruhedruck der Strömung hinter einem geraden Verdichtungsstoß. Bis zu mäßigen *Mach*schen Zahlen der Überschallströmung hin stehen diese Ruhedrücke mit dem statischen Druck p, der *Mach*schen Zahl Ma und dem Verhältnis $\varkappa$ der spezifischen Wärmen in den bekannten gasdynamischen Beziehungen [1–722]:

$$\frac{p}{p_0} = \left(1 + \frac{\varkappa - 1}{2} Ma^2\right)^{\frac{-\varkappa}{\varkappa - 1}} \tag{2.1,131}$$

$$\frac{\hat{p}_0}{p_0} = \left[1 + \frac{2\varkappa}{\varkappa + 1} (Ma^2 - 1)\right]^{\frac{-1}{\varkappa - 1}} \left[1 - \frac{2}{\varkappa + 1} \left(1 - \frac{1}{Ma^2}\right)\right]^{\frac{-\varkappa}{\varkappa - 1}} \tag{2.1,132}$$

Hieraus folgt sofort die Gleichheit der Ruhedrücke p_0 sowie der Machschen Zahlen Ma, also

$$p_0 = p_{0,\mathrm{n}} \qquad Ma = Ma_\mathrm{n} \tag{2.1,133}$$

Für die Schallgeschwindigkeit a gilt nun in dem interessierenden Zustandsbereich

$$a^2 = \frac{\varkappa \bar{R} T}{\bar{M}} \tag{2.1,134}$$

Damit folgt aus Gl. (2.1,133) auf Grund der Definitionsgleichung (1.7,6)

$$V = V_\mathrm{n} \sqrt{\frac{T}{T_\mathrm{n}}} \tag{2.1,135}$$

Unter der Voraussetzung kleiner Steigwinkel, gleichen Gewichts und gleicher Aerodynamik ist nun weiter nach Gl. (2.1,123), wenn man noch die Annahme (2.1,122) übernimmt,

$$m g_\mathrm{n} \cos\varphi_a = c_A(\alpha, Ma) \frac{\varrho}{2} V^2 F = c_A(\alpha_\mathrm{n}, Ma_\mathrm{n}) \frac{\varrho_\mathrm{n}}{2} V_\mathrm{n}^2 F \tag{2.1,136}$$

In Verbindung mit Gl. (2.1,129), (2.1,133) und (2.1,135) folgt daraus sofort

$$\alpha = \alpha_\mathrm{n} \tag{2.1,137}$$

Damit werden die *Steigwinkel* nach Gl. (2.1,124) unter Berücksichtigung von Gl. (2.1,128)

$$\left.\begin{aligned} \vartheta_a &= \frac{S_\mathrm{n}}{m g_\mathrm{n}} \left(\frac{T}{T_\mathrm{n}}\right)^\gamma - \frac{c_{W,\mathrm{n}}}{c_{A,\mathrm{n}}} \cos\varphi_a \\ \vartheta_{a,\mathrm{n}} &= \frac{S_\mathrm{n}}{m g_\mathrm{n}} - \frac{c_{W,\mathrm{n}}}{c_{A,\mathrm{n}}} \cos\varphi_a \\ &\text{also} \\ \vartheta_a - \vartheta_{a,\mathrm{n}} &= \frac{S_\mathrm{n}}{m g_\mathrm{n}} \left[\left(\frac{T}{T_\mathrm{n}}\right)^\gamma - 1\right] \end{aligned}\right\} \tag{2.1,138}$$

oder wieder näherungsweise

$$\vartheta_a - \vartheta_{a,\mathrm{n}} = \frac{S_\mathrm{n}}{m g_\mathrm{n}} \gamma \frac{T - T_\mathrm{n}}{T_\mathrm{n}} \tag{2.1,139}$$

Für die *Steiggeschwindigkeit* findet man gemäß Gl. (2.1,125), S. 145,

$$V\vartheta_a = \frac{V_\mathrm{n} \sqrt{\frac{T}{T_\mathrm{n}}} \cdot S_\mathrm{n} \left(\frac{T}{T_\mathrm{n}}\right)^\gamma}{m g_\mathrm{n}} - V_\mathrm{n} \sqrt{\frac{T}{T_\mathrm{n}}} \frac{c_{W,\mathrm{n}}}{c_{A,\mathrm{n}}} \cos\varphi_a$$

$$\left.\begin{aligned} V_n\vartheta_{a,n} &= \frac{V_n S_n}{m g_n} - V_n \frac{c_{W,n}}{c_{A,n}}\cos\varphi_a \\ \text{also}\qquad & \\ V\vartheta_a - V_n\vartheta_{a,n} &= \frac{V_n S_n}{m g_n}\left[\left(\frac{T}{T_n}\right)^{\gamma+\frac{1}{2}} - 1\right] - \\ &\quad - V_n \frac{c_{W,n}}{c_{A,n}}\cos\varphi_a\left[\sqrt{\frac{T}{T_n}} - 1\right] \end{aligned}\right\} \tag{2.1,140}$$

oder näherungsweise

$$\left.\begin{aligned} V\vartheta_a - V_n\vartheta_{a,n} &= \frac{V_n S_n}{m g_n}\left(\gamma + \frac{1}{2}\right)\frac{T - T_n}{T_n} - \\ &\quad - V_n \frac{c_{W,n}}{c_{A,n}}\cos\varphi_a \frac{1}{2}\frac{T - T_n}{T_n} \end{aligned}\right\} \tag{2.1,141}$$

Für ein Raketentriebwerk ist in jedem Fall

$$\gamma = 0 \tag{2.1,142}$$

Erhöhte Außentemperaturen haben hiernach keinen Einfluß auf den Steigwinkel eines raketengetriebenen Flugzeugs; seine Steiggeschwindigkeit wächst im gleichen Verhältnis wie die Gesamtgeschwindigkeit, s. Gl. (2.1,135).

Dasselbe Verhalten zeigen auch Flugzeuge mit luftverbrauchenden Triebwerken (Kolbentriebwerk mit Propeller, Turbinenstrahltriebwerk, Staustrahltriebwerk), sofern man das Triebwerk auf einen Schub regelt, der nur von der *Mach*schen Zahl Ma und dem Außendruck p (bzw. dem *Pitot*druck) abhängt:

$$S = S(Ma, p) \tag{2.1,143}$$

Bei einem Kolbentriebwerk mit Propeller müßte man nach Gl. (1.7,32) zu diesem Zweck bei unverändertem Blattwinkel β_{Prop} die Winkelgeschwindigkeit ω_{Prop} im gleichen Verhältnis wie die Fluggeschwindigkeit V ändern, s. Gl. (2.1,135), also den Propeller bei erhöhter Außentemperatur mit höherer Drehzahl laufen lassen.

Ein zweiter wichtiger Spezialfall der Bestimmung des Exponenten γ für luftverbrauchende Triebwerke ergibt sich, wenn man die Vortriebsleistung $N = SV$ auf einen entsprechenden Sollwert

$$N = N(Ma, p) \tag{2.1,144}$$

regelt. In diesem Falle wird

$$\frac{S}{S_n} = \left(\frac{V}{V_n}\right)^{-1} \tag{2.1,145}$$

also mit Gl. (2.1,128,135)

$$\gamma = -0{,}5 \tag{2.1,146}$$

Gemäß Gl. (2.1,139) bzw. (2.1,141) würden sich in diesem Fall bei erhöhter Außentemperatur der Steigwinkel (wegen der verminderten Schubkraft) und die Steiggeschwindigkeit (wegen der erhöhten Sinkgeschwindigkeit im Gleitflug bei unveränderter Vortriebsleistung) erniedrigen.

Literatur zu Abschnitt 2.1: [2–101 bis 109] S. 212.

2.2. Quasistationäre Bewegungen

2.2.1. Steigflug und Gleitflug unter kleinen Neigungswinkeln

Wir setzen jetzt symmetrische Flugzustände über einer ebenen, nicht rotierenden Erde, Windstille sowie kleine Steigwinkel und Anstellwinkel voraus und benutzen ein geodätisches System (*g*) als Inertialsystem. Wir haben dann also bei normaler Fluglage

$$\left.\begin{array}{l}
\psi_a = \psi_e = \psi_f = \psi_b = 0 \\
\vartheta_a = \vartheta_e = \vartheta_b, \quad \vartheta_f = \vartheta_a + \alpha, \quad |\vartheta_a| \ll \frac{\pi}{2}, \quad |\alpha| \ll \frac{\pi}{2} \\
\cos\vartheta_a \approx 1, \quad \cos\vartheta_f \approx 1 \\
\varphi_a = \varphi_e = \varphi_f = 0 \\
\beta = \beta_S = 0 \\
w = 0 \\
\text{Luftdichte } \varrho = \varrho(H) \\
\text{Schallgeschwindigkeit } a = a(H)
\end{array}\right\} \tag{2.2,1}$$

Zur Vereinfachung der Rechnung nehmen wir weiter an, daß der Triebwerksschub S ständig in Flugrichtung $\boldsymbol{a}_1$ wirkt und mitsamt dem Treibstoffverbrauch $-\dot{m}_B$ nach Art der Abb. 1.7,6 bzw. 1.7,7, S. 62, als Funktion der Flughöhe H und der Fluggeschwindigkeit V bei konstantem Triebwerksparameter μ_S vorgegeben ist. Diese Annahme ist dadurch gerechtfertigt, daß man für den Steigflug i. a. die volle Motorenleistung einsetzen wird, während für den Gleitflug nur ein kleiner Bruchteil davon gebraucht wird oder der Motor sogar ganz abgeschaltet wird. Durch diese Forderungen ist dann der Drosselparameter μ_S (z. B. $\mu_S = n$ in Abb. 1.7,6) für den Steig- bzw. Gleitflug festgelegt. Das schließt natürlich nicht aus, daß man bei einer Wirtschaftlichkeitsrechnung auch noch variierte Werte von μ_S mit in Betracht zieht. Auf jeden Fall haben wir also

$$\left.\begin{aligned} \boldsymbol{s}_1 &= \boldsymbol{a}_1 \\ S &= S(H, V) \\ -\dot{m}_{\mathrm{B}} &= -\dot{m}_{\mathrm{B}}(H, V) \end{aligned}\right\} \tag{2.2,2}$$

Dabei ist der konstante Parameter μ_S der einfacheren Schreibweise wegen unterdrückt.

Auf Grund unserer Voraussetzungen wird hier nach Gl. (1.4,28), S. 33, und (2.1,79), S. 133,

$\boldsymbol{q} = \boldsymbol{\omega}$			0	$\dot{\vartheta}_f$	0
	$\boldsymbol{U} = \boldsymbol{V}$		$U_{xg} = \dot{x}$	0	$U_{zg} = -\dot{H}$
			$\boldsymbol{g}_1$	$\boldsymbol{g}_2$	$\boldsymbol{g}_3$
0	$U_{xa} = V$	$\boldsymbol{a}_1$	$\cos\vartheta_a$	0	$-\sin\vartheta_a$
q_{ya}	0	$\boldsymbol{a}_2$	0	1	0
0	0	$\boldsymbol{a}_3$	$\sin\vartheta_a$	0	$\cos\vartheta_a$

(2.2,3)

Gemäß Gl. (1.5,44), S. 40, wird damit die Beschleunigung

$$\frac{\mathrm{d}^2\boldsymbol{s}}{\mathrm{d}t^2} = \dot{V}\boldsymbol{a}_1 - V\dot{\vartheta}_a\boldsymbol{a}_3 \tag{2.2,4}$$

Die Kräfte gemäß Gl. (2.1,10) bis (2.1,16), S. 117, vereinfachen sich hier zu

$$\sum_{\nu} \boldsymbol{K}^{\nu} = S\boldsymbol{a}_1 + mg_{\mathrm{n}}(-\sin\vartheta_a\boldsymbol{a}_1 + \cos\vartheta_a\boldsymbol{a}_3) - W\boldsymbol{a}_1 - A\boldsymbol{a}_3 \tag{2.2,5}$$

Die Kräftegleichung (1.5,6), S. 35, lautet damit in Komponenten nach dem flugwindfesten System (a) unter Berücksichtigung von Gl. (2.2,1)

$\boldsymbol{a}_1$:
$$m\dot{V} = S - W - mg_{\mathrm{n}}\vartheta_a \tag{2.2,6}$$

$\boldsymbol{a}_3$:
$$-mV\dot{\vartheta}_a = -A + mg_{\mathrm{n}} \tag{2.2,7}$$

Wir nehmen jetzt weiter an, daß man die bahnnormale Trägheitskraft $mV\dot{\vartheta}_a$ stets als klein gegen das Gewicht mg_{n} vernachlässigen kann:

$$|mV\dot{\vartheta}_a| \ll mg_{\mathrm{n}} \tag{2.2,8}$$

Die Bewegung ist dann *quasistationär* in dem Sinne, daß man sie durch das Aneinanderreihen von lauter Flugzuständen erhält, in denen näherungsweise stationäres Gleichgewicht der bahnnormalen Kräfte Auftrieb und Gewicht vorhanden ist. Man beachte, daß ein näherungsweise stationäres Gleichgewicht der Kräfte in Bahnrichtung $\boldsymbol{a}_1$ hier nicht vorausgesetzt wird. In der Tat werden wir weiter unten sehen, daß man die Fluggeschwindigkeit stark beschränken muß, wenn man eine auch in dieser Hinsicht quasistationäre Bewegung erzielen will.

Aus der stationären Gl. (2.2,7)

$$A = mg_n \qquad (2.2,9)$$

folgt jetzt bei gegebenem m sofort α als Funktion von H und V, also

$$\alpha = \alpha(H, V, m) \qquad m = m^{(1)}(H) \qquad (2.2,10)$$

Dabei ist für m zunächst ein Schätzwert $m^{(1)}(H)$ einzutragen; die Verbesserung dieses Wertes wird weiter unten besprochen. Die gesamte mechanische Energie des Flugzeugs pro Masseneinheit ($= E$) ist nun bis auf eine belanglose additive Konstante

$$E = \frac{V^2}{2} + Hg_n \qquad (2.2,11)$$

Unter Beachtung von Gl. (2.2,3) geht damit die mit $\frac{V}{m}$ multiplizierte Kraftgleichung (2.2,6) in die Form über

$$\dot{E}(= V\dot{V} + g_n\dot{H}) = \frac{V(S-W)}{m} \qquad (2.2,12)$$

Setzt man hier $\alpha(H, V, m)$ aus Gl. (2.2,10) und $S(H, V)$ gemäß Gl. (2.2,2) ein, so erkennt man, daß $\dot{E}$ ebenso wie E eine Funktion von H und V mit m als Parameter ist. Um ein völlig bestimmtes Problem zu erhalten, brauchen wir daher noch eine weitere Beziehung zwischen den Größen H, V und α, also z. B. $V = V(H)$. Die Wahl dieser Funktion ist frei, sofern $V(H)$ den nötigen Anforderungen an Stetigkeit und Differenzierbarkeit genügt und die Bedingungen (2.2,1) nicht verletzt. Ob dies letztere der Fall ist, wird sich i. a. erst am Schluß der Rechnung herausstellen. Aus diesem Grunde empfiehlt es sich, als Anhalt ein Geschwindigkeitsdiagramm für stationäre Bewegung nach Art der Abb. 2.1,8, S. 134, oder 2.1,16, S. 147, für eine Reihe von Flughöhen heranzuziehen und danach eine vorsichtige Auswahl zu treffen. Bei der Konstruktion der Geschwindigkeitsdiagramme für die verschiedenen Höhen muß man wie oben m als Funktion $m^{(1)}(H)$ einsetzen. Man wird daher genauer schreiben:

$$V = V(H, m) \quad \text{mit} \quad m = m^{(1)}(H) \qquad (2.2,13)$$

Beispielsweise kann man für den Steigflug ($\vartheta_a > 0$) festsetzen, daß jeweils diejenige Geschwindigkeit V zu nehmen ist, welche der größten stationären Steiggeschwindigkeit entspricht (Fall a), s. Zustand P_3 in Abb. 2.1,8b, S. 134, bzw. P_a in Abb. 2.2,1. Man wird erwarten können, daß dann der Aufstieg zwischen zwei Höhen wenigstens näherungsweise in kürzester Zeit erfolgt. Die genaue Bedingung für eine Flugbahn kürzester Steigzeit zwischen zwei festen Höhen läßt sich erst mit Hilfe der Variationsrechnung aufstellen.

Eine zweite Möglichkeit zur Festlegung der Geschwindigkeit $V(H, m)$ besteht darin, daß man fordert, der Aufstieg solle mit einem möglichst geringen Treibstoffverbrauch bewerkstelligt werden (Fall b). In diesem Falle ist der höchste Punkt P_b^* einer „modifizierten" Geschwindigkeitspolare maßgeblich, die aus der gewöhnlichen Geschwindigkeitspolare nach Abb. 2.1,8, S. 134, durch punktweise Multiplikation der Ordinate $\dot{H} = V \sin \vartheta_a$ mit dem Faktor $-1/\dot{m}_B(H, V)$ hervorgeht, s. Abb. 2.2,1.

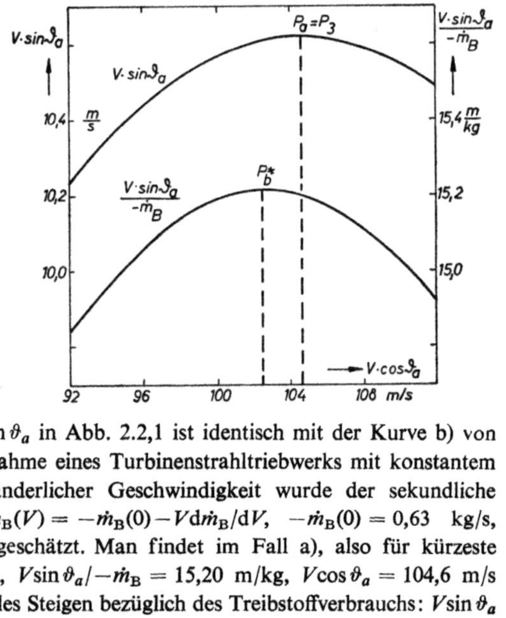

Abb. 2.2,1
Modifizierte Geschwindigkeitspolare $V \sin \vartheta_a / -\dot{m}_B\ (H, V)$ über $V \cos \vartheta_a$, vgl. Zahlenbeispiel

Zahlenbeispiel: Die Kurve $V \sin \vartheta_a$ in Abb. 2.2,1 ist identisch mit der Kurve b) von Abb. 2.1,8, S. 134. Unter Annahme eines Turbinenstrahltriebwerks mit konstantem Schub $S = 2000$ kp bei veränderlicher Geschwindigkeit wurde der sekundliche Treibstoffverbrauch mit $-\dot{m}_B(V) = -\dot{m}_B(0) - V \mathrm{d}\dot{m}_B/\mathrm{d}V$, $-\dot{m}_B(0) = 0{,}63$ kg/s, $-\mathrm{d}\dot{m}_B/\mathrm{d}V = 0{,}00065$ kg/m abgeschätzt. Man findet im Fall a), also für kürzeste Steigzeit: $V \sin \vartheta_a = 10{,}62$ m/s, $V \sin \vartheta_a / -\dot{m}_B = 15{,}20$ m/kg, $V \cos \vartheta_a = 104{,}6$ m/s und im Fall b), also für optimales Steigen bezüglich des Treibstoffverbrauchs: $V \sin \vartheta_a = 10{,}61$ m/s, $V \sin \vartheta_a / (-\dot{m}_B) = 15{,}21$ m/kg, $V \cos \vartheta_a = 102{,}5$ m/sec. Der Unterschied der Steigzeiten und Verbräuche ist bei den angenommenen Zahlenwerten bedeutungslos. Immerhin würde der Staudruck im Fall b) bereits um etwa 4% kleiner sein als im Fall a).

Für den Gleitflug mit abgestelltem Motor ($\vartheta_a < 0$, $S = 0$) wird man dagegen mehr Wert auf eine möglichst flache Flugbahn legen, um ohne Motorkraft eine möglichst große Entfernung überbrücken zu können.

Man wird in diesem Falle diejenige Geschwindigkeit wählen, die dem Punkt P_7 in Abb. 2.1,8a, S. 134, mit $w = 0$ entspricht (Fall c).

Führt man nun die gewählte Funktion $V(H, m)$ in Gl. (2.2,11) ein, so erhält man E als eindeutige Funktion von H, also umgekehrt in jedem Intervall, in dem

$$\frac{\mathrm{d}E}{\mathrm{d}H} \equiv g_\mathrm{n}\left(1 + \frac{V}{g_\mathrm{n}}\frac{\mathrm{d}V}{\mathrm{d}H}\right) \neq 0 \tag{2.2,14}$$

ist, H als eindeutige Funktion von E. Diese Voraussetzung wollen wir i. f. stets machen. Einsetzen von $V(H, m)$ in Gl. (2.2,2) und (2.2,10) gibt

$$\left.\begin{aligned} S &= S(H, V) &&= S^*(H, m) \\ -\dot{m}_\mathrm{B} &= -\dot{m}_\mathrm{B}(H, V) &&= -\dot{m}_\mathrm{B}^*(H, m) \\ \alpha &= \alpha(H, V, m) &&= \alpha^*(H, m) \end{aligned}\right\} \tag{2.2,15}$$

Führt man diese Ausdrücke in Gl. (2.2,12) ein, so erhält man

$$\frac{\dot{E}}{g_\mathrm{n}}\left(= \frac{V\dot{V}}{g_\mathrm{n}} + \dot{H}\right) = \frac{V(S-W)}{m g_\mathrm{n}} = f^*(H, m) \tag{2.2,16}$$

Die quasistationäre Steiggeschwindigkeit $\dot{H}$ ist

$$\dot{H}\left(\equiv \frac{\dfrac{\mathrm{d}E}{\mathrm{d}t}}{\dfrac{\mathrm{d}E}{\mathrm{d}H}}\right) = \frac{\dfrac{V(S-W)}{m g_\mathrm{n}}}{1 + \dfrac{V}{g_\mathrm{n}}\dfrac{\mathrm{d}V}{\mathrm{d}H}} \tag{2.2,17}$$

und der quasistationäre Steigwinkel ϑ_a beträgt

$$\vartheta_a\left(= \frac{\dot{H}}{V}\right) = \frac{\dfrac{S-W}{m g_\mathrm{n}}}{1 + \dfrac{V}{g_\mathrm{n}}\dfrac{\mathrm{d}V}{\mathrm{d}H}} \tag{2.2,18}$$

Integration gibt als Aufstiegszeit zwischen den Höhen H_0 und H

$$t - t_0\left(= \int_{H_0}^{H} \frac{\mathrm{d}H}{\dot{H}}\right) = \int_{H_0}^{H} \frac{1 + \dfrac{V}{g_\mathrm{n}}\dfrac{\mathrm{d}V}{\mathrm{d}H}}{\dfrac{V(S-W)}{m g_\mathrm{n}}}\,\mathrm{d}H \tag{2.2,19}$$

Der zurückgelegte Weg über Grund ist dabei

$$x-x_0\left(=\int_{H_0}^{H}\frac{V}{\dot{H}}\,\mathrm{d}H\right)=\int_{H_0}^{H}\frac{1+\dfrac{V}{g_n}\dfrac{\mathrm{d}V}{\mathrm{d}H}}{\dfrac{S-W}{mg_n}}\,\mathrm{d}H \qquad (2.2,20)$$

Die Integrale in den letzten beiden Gleichungen haben einen Sinn, solange im Nenner des Integranden der stationäre Wert

$$S-W \neq 0 \qquad (2.2,21)$$

bleibt. Nach Gl. (2.1,123), S. 143, bedeutet das aber, daß im stationären Flugzustand der Steigwinkel

$$\vartheta_{a,\mathrm{stat}}=\frac{S-W}{mg_n} \qquad (2.2,22)$$

bzw. die stationäre Steiggeschwindigkeit

$$\dot{H}_{\mathrm{stat}}=\frac{V(S-W)}{mg_n} \qquad (2.2,23)$$

von Null verschieden sind. Die hier eingeführten Ansätze sind demnach nur entweder für Steigflug oder für Gleitflug, aber nicht für horizontalen Geradeausflug verwendbar.

Die Massenänderung des Flugzeugs mit der Höhe infolge des Treibstoffverbrauchs ist mit Gl. (2.2,17)

$$\frac{\mathrm{d}m}{\mathrm{d}H}\left(=\frac{\dot{m}_B^*(H)}{\dot{H}}\right)=\frac{mg_n\dot{m}_B^*(H)}{V(S-W)}\left(1+\frac{V}{g_n}\frac{\mathrm{d}V}{\mathrm{d}H}\right) \qquad (2.2,24)$$

Integration zwischen den Grenzen H_0 und H gibt

$$m^{(2)}(H)=m_0\cdot\exp\left[\int_{H_0}^{H}\frac{g_n\dot{m}_B^*(H)}{V(S-W)}\left(1+\frac{V}{g_n}\frac{\mathrm{d}V}{\mathrm{d}H}\right)\mathrm{d}H\right] \qquad (2.2,25)$$

Die Masse $m(H)$ geht in die Berechnung der Funktion $\alpha(V, H, m)$ nach Gl. (2.2,10) ein und beeinflußt die Auswahl der Funktion $V(H, m)$ nach Gl. (2.2,13). Falls die in Gl. (2.2,10) und (2.2,13) verwendete erste Näherung $m^{(1)}(H)$ nicht genau genug mit der zweiten Näherung $m^{(2)}(H)$ nach Gl. (2.2,25) übereinstimmt, kann man die Rechnung nötigenfalls mit den verbesserten Werten $m^{(2)}(H)$ wiederholen.

Logarithmische Differentation der Gl. (2.2,9) nach H gibt wegen Gl. (1.7,12), S. 55, mit $\mathrm{d}m/\mathrm{d}H\approx 0$

$$\frac{1}{c_A}\frac{\mathrm{d}c_A}{\mathrm{d}H}+\frac{1}{\varrho}\frac{\mathrm{d}\varrho}{\mathrm{d}H}+\frac{2}{V}\frac{\mathrm{d}V}{\mathrm{d}H}=0 \qquad (2.2,26)$$

Um die Größenordnung von $\mathrm{d}V/\mathrm{d}H$ abzuschätzen, vernachlässigen wir den ersten Summanden und erhalten

$$\frac{\mathrm{d}V}{\mathrm{d}H} \sim -\frac{V}{2\varrho}\frac{\mathrm{d}\varrho}{\mathrm{d}H} \tag{2.2,27}$$

Logarithmische Differentation der Zustandsgleichung (1.2,36), S. 8, nach H gibt

$$-\frac{1}{\varrho}\frac{\mathrm{d}\varrho}{\mathrm{d}H} = -\frac{1}{p}\frac{\mathrm{d}p}{\mathrm{d}H} + \frac{1}{T}\frac{\mathrm{d}T}{\mathrm{d}H} \tag{2.2,28}$$

Um $-\frac{1}{\varrho}\frac{\mathrm{d}\varrho}{\mathrm{d}H}$ abzuschätzen, vernachlässigen wir den Einfluß der Temperaturschichtung und erhalten unter Berücksichtigung der statischen Grundgleichung (1.2,34), S. 8, der Atmosphäre, die wir hier in der Form

$$-\frac{\mathrm{d}p}{\mathrm{d}H} = g_n \varrho \tag{2.2,29}$$

schreiben können, sowie der Zustandsgleichung (1.2,36) und der Formel (2.1,134), S. 149, für die Schallgeschwindigkeit

$$-\frac{1}{\varrho}\frac{\mathrm{d}\varrho}{\mathrm{d}H} \sim -\frac{1}{p}\frac{\mathrm{d}p}{\mathrm{d}H} = \frac{\varrho g_n}{p} = \frac{g_n M}{RT} = \frac{g_n \varkappa}{a^2} \tag{2.2,30}$$

Insgesamt gilt demnach die Abschätzung

$$\frac{\mathrm{d}V}{\mathrm{d}H} \sim \frac{V}{2}\frac{g_n \varkappa}{a^2} \tag{2.2,31}$$

Damit wird

$$\frac{V}{g_n}\frac{\mathrm{d}V}{\mathrm{d}H} \sim \frac{\varkappa V^2}{2a^2} = \frac{\varkappa}{2} Ma^2 > 0 \tag{2.2,32}$$

d. h. nach Gl. (2.2,17) und (2.2,23): Wenn nicht ausnahmsweise die Abhängigkeit des Auftriebsbeiwerts c_A oder der Außentemperatur T von der Flughöhe H eine wesentliche Rolle spielt, so ist die quasistationäre Vertikalgeschwindigkeit $\dot{H}$ dem Betrage nach kleiner als die entsprechende stationäre Vertikalgeschwindigkeit H_{stat}. Eine entsprechende Aussage gilt für den Steigwinkel ϑ_a. Physikalisch bedeutet dies: Beim Steigflug in einer geschichteten Atmosphäre wird ein Teil der verfügbaren Triebwerksleistung zur Vermehrung der kinetischen Energie verwendet, so daß bei gleicher Widerstandsarbeit wie im Falle einer gleichförmigen Atmosphäre weniger Energie für die Hubarbeit gegen das Schwerefeld übrigbleibt. Umgekehrt stehen beim Gleitflug mit abgestelltem Motor in einer geschichteten Atmosphäre zur Überwindung des Bewegungswiderstandes nicht nur die potentielle Energie des Flugzeugs im Schwerefeld, sondern auch ein Teil der zuvor gespeicherten kinetischen Energie zur Verfügung.

Die Größen $\dot{H}$ bzw. ϑ_a stimmen praktisch mit den entsprechenden stationären Werten $\dot{H}_{stat}$ bzw. $\vartheta_{a,stat}$ unter der Bedingung überein, daß

$$\left|\frac{V}{g_n}\frac{dV}{dH}\right| \ll 1 \tag{2.2,33}$$

ist. Da unter dieser Bedingung nach Gl. (2.2,14) $\dot{H} \approx \dot{E}$ ist, wird nach Gl. (2.2,3) und (2.2,12)

$$|m\dot{V}| \ll mg_n|\vartheta_a| \tag{2.2,34}$$

m. a. W. auch hinsichtlich der Kräfte in Bahnrichtung $\boldsymbol{a}_1$ besteht unter der Bedingung (2.2,33) näherungsweise stationäres Gleichgewicht. Einsetzen des Ausdrucks (2.2,31) in die Größenbeziehung (2.2,33) gibt

$$\frac{\varkappa}{2} Ma^2 \ll 1 \tag{2.2,35}$$

Nur bei sehr langsamen Flugzeugen ist demnach auch hinsichtlich der Kräfte in Bahntangentenrichtung eine quasistationäre Bewegung vorhanden.

2.2.2. Graphische Auswertung, Gipfelhöhe

Um eine möglichst große Flughöhe zu erreichen, wird der Flugzeugführer — mindestens auf dem letzten Teil des Steigflugs — mit maximaler Steiggeschwindigkeit fliegen. Wir legen deshalb vorübergehend — für die Erklärung des Begriffs der Gipfelhöhe — den im vorigen Abschnitt eingeführten Spezialfall a) zugrunde, bei dem das Flugzeug durchgängig mit maximaler Steiggeschwindigkeit geflogen wird.

Als *absolute Gipfelhöhe* bezeichnet man diejenige Höhe H_{abs}, in welcher die maximale quasistationäre Steiggeschwindigkeit $\dot{H}_{max}$ verschwindet. Gemäß Gl. (2.2,17) ist H_{abs} durch die Bedingung

$$S \quad W = 0 \tag{2.2,36}$$

gekennzeichnet. Nach den Ausführungen des vorigen Abschnitts verschwinden dort auch die zugehörigen Großen $\dot{H}_{stat}$, ϑ_a, $\vartheta_{a,stat}$, $\dot{E}$ und $\dot{V}$. Allerdings wird H_{abs}, wie Gl. (2.2,19) zeigt, erst nach unendlich langer Zeit erreicht. Man kann die Art der Annäherung genauer studieren, indem man $S-W$ in der Umgebung der Stelle H_{abs} bis zum linearen Glied entwickelt:

$$S - W = (H - H_{abs})\frac{d(S-W)}{dH} \tag{2.2,37}$$

Dann wird nach Gl. (2.2,17)

$$\dot{H} = B(H - H_{abs}) \quad \text{mit} \quad B = \left(\frac{\frac{V}{m g_n} \frac{\mathrm{d}(S-W)}{\mathrm{d}H}}{1 + \frac{V}{g_n} \frac{\mathrm{d}V}{\mathrm{d}H}} \right)_{H=H_{abs}} \tag{2.2,38}$$

Integration von einem Punkte t_1, H_1 aus gibt

$$t - t_1 = \frac{1}{B} \ln \frac{H - H_{abs}}{H_1 - H_{abs}} \tag{2.2,39}$$

Mit Annäherung an die absolute Gipfelhöhe wächst die Zeit also logarithmisch über alle Grenzen.

Aus diesem Grunde hat man für praktische Zwecke noch den Begriff der *Dienstgipfelhöhe* H_{Dienst} (service ceiling) eingeführt, bei der die maximale Steiggeschwindigkeit 0,5 m/s (100 feet/min) beträgt. Sie ist also durch

$$\dot{H}_{max} = 0{,}5 \text{ m/s} \tag{2.2,40}$$

definiert.

Man kann die Gipfelhöhen H_{abs} und H_{Dienst} leicht auf graphischem Wege bestimmen. In Abb. 2.2,2 ist in horizontaler Richtung neben der Fluggeschwindigkeit V nach Gl. (2.2,13) noch die Steiggeschwindigkeit $\dot{H}_{max}$ nach Gl. (2.2,17) als Funktion der Flughöhe H schematisch ein-

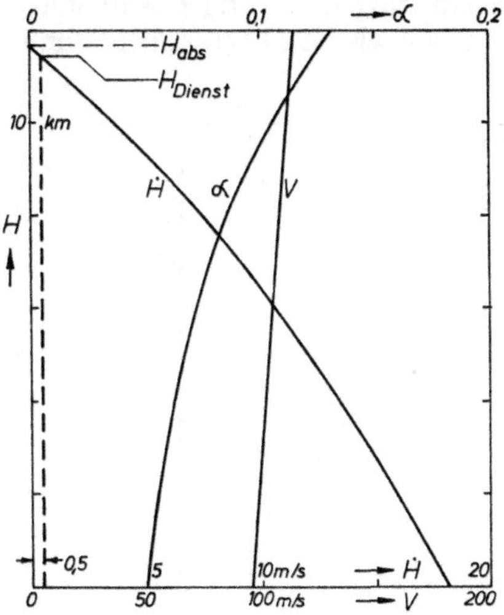

Abb. 2 2,2
Zur Bestimmung der Gipfelhohen H_{abs} und H_{Dienst}, vgl. Zahlenbeispiel

getragen. Der Schnittpunkt dieser Kurve mit der H-Achse bestimmt die absolute Gipfelhöhe, der Schnittpunkt mit der Geraden $\dot{H} = 0{,}5$ m/s die Dienstgipfelhöhe.

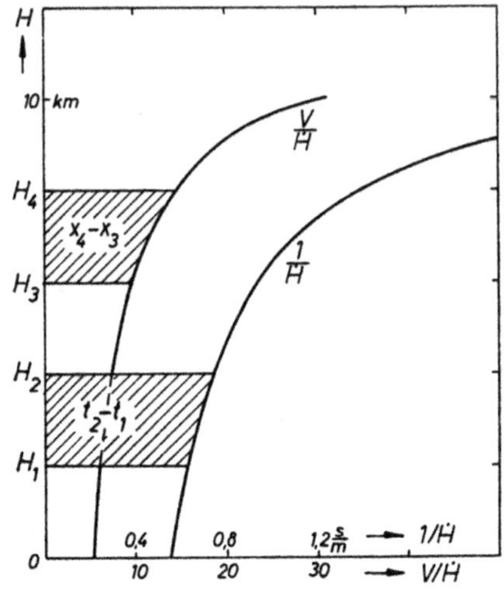

Abb. 2.2,3
Zur Bestimmung von Steigzeit und Flugweg durch graphische Integration, vgl. Zahlenbeispiel

Die Steigzeit $t - t_0$ und der dabei zurückgelegte Flugweg $x - x_0$ lassen sich — wieder allgemein — für die verschiedenen Fälle — z. B. für den Fall a) größter Steiggeschwindigkeit bzw. für den Fall b) größter Wirtschaftlichkeit, s. voriger Abschnitt — leicht durch graphische Integration aus einem Diagramm bestimmen, in welchem die Funktionen $1/\dot{H}$

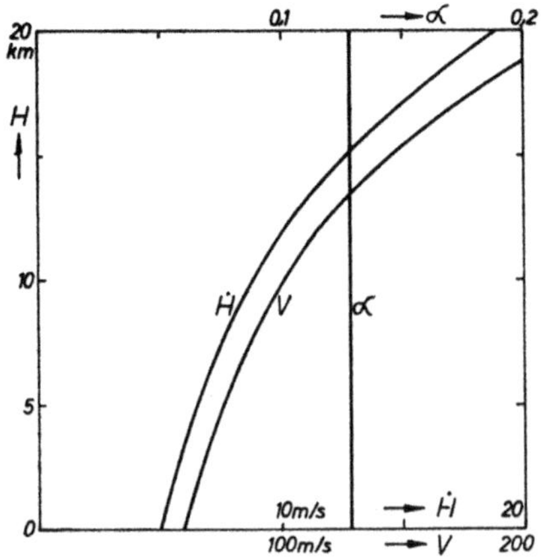

Abb. 2.2,4
Fluggeschwindigkeit V und Vertikalgeschwindigkeit $\dot{H}$ beim Gleitflug mit abgestelltem Motor, vgl. Zahlenbeispiel

bzw. $V/\dot{H}$ über der Flughöhe H aufgetragen sind, s. Abb. 2.2,3. In entsprechender Weise lassen sich die Verhältnisse beim Gleitflug mit abgestelltem Motor (Fall c) darstellen, s. Abb. 2.2,4 und 2.2,5.

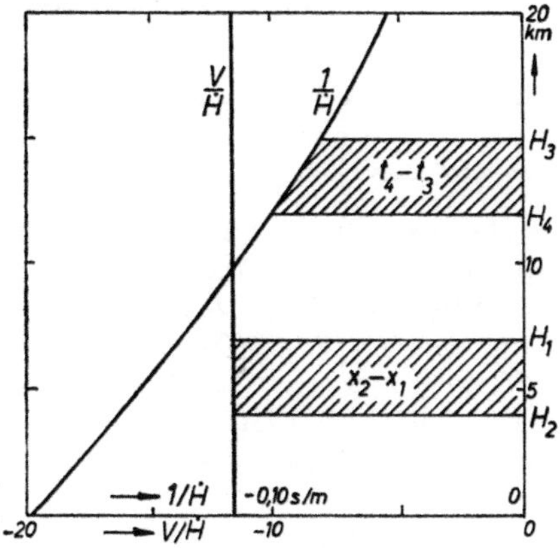

Abb. 2.2,5
Graphische Bestimmung von Gleitzeit und Flugweg beim Gleitflug, vgl. Zahlenbeispiel

Zahlenbeispiel: Die Rechnung zu Abb. 2.2,2–5 wurde für kleine Steigwinkel und unter stationären Bedingungen mit den Zahlenwerten $\varphi_a = 0$, $G = 10000$ kp, $F = 80$ m², $c_W = \varkappa_0 + \varkappa_1 \alpha^2$, $\varkappa_0 = 0{,}025$, $\varkappa_1 = 1{,}5$, $c_A = \alpha c_{A\alpha}$, $c_{A\alpha} = 4{,}5$ durchgeführt. Unter der Annahme eines Turbinenstrahltriebwerks mit geeigneter Schubregelung wurde für die Abb. 2.2,2–3 ein nur von der Flughöhe abhängiger Schub $S(H) = S(0) + H \cdot \mathrm{d}S/\mathrm{d}H$, $S(0) = 3200$ kp, $\mathrm{d}S/\mathrm{d}H = -0{,}2$ kp/m angesetzt. Elimination von V aus den stationären Gleichungen $A = G$ und $\dot{H} = V(S/G - c_W/c_A)$ führt zunächst zur Beziehung

$$\dot{H} = \dot{H}(H, \alpha) = \sqrt{\frac{2G}{\varrho F}} \frac{1}{c_A^{0,5}} \left(\frac{S}{G} - \frac{c_W}{c_A}\right)$$

Aus der Extremumsbedingung $\partial \dot{H}/\partial \alpha = 0$ für den Steigflug folgt nach kurzer Zwischenrechnung die Gleichung

$$\alpha^2 + \frac{c_{A\alpha}}{\varkappa_1} \frac{S}{G} \alpha - 3 \frac{\varkappa_0}{\varkappa_1} = 0,$$

aus der sich der optimale Anstellwinkel zu

$$\alpha = -\frac{c_{A\alpha}}{2\varkappa_1} \frac{S}{G} + \sqrt{\left(\frac{c_{A\alpha}}{2\varkappa_1} \frac{S}{G}\right)^2 + 3 \frac{\varkappa_0}{\varkappa_1}}$$

ergibt. In der absoluten Gipfelhöhe ist nach Gl. (2.2,36) $S(H_{\mathrm{abs}})/G = c_W/c_A$. Aus der quadratischen Gleichung für α folgt damit sofort $\alpha(H_{\mathrm{abs}}) = \sqrt{\varkappa_0/\varkappa_1} = 0{,}129 = 7{,}4°$, also derselbe Anstellwinkel wie beim flachsten Gleitflug für $S = 0$, der in Abb.

2.2,4—5 dargestellt ist. Für $\alpha = \sqrt{\varkappa_0/\varkappa_1}$ gilt nach Gl. (2.1,112) $\mathrm{d}(c_W/c_A)/\mathrm{d}\alpha = 0$; daher wird nach Gl. (2.2,38) unter stationären Bedingungen

$$B = V\frac{\mathrm{d}}{\mathrm{d}H}\left(\frac{S-W}{G}\right) = V\left[\frac{\mathrm{d}}{\mathrm{d}H}\left(\frac{S}{G}\right) - \frac{\mathrm{d}}{\mathrm{d}H}\left(\frac{c_W}{c_A}\right)\right] = \frac{V}{G}\frac{\mathrm{d}S}{\mathrm{d}H}$$

In der absoluten Gipfelhöhe ist nun weiter $\dfrac{S(H_{\mathrm{abs}})}{G} = \dfrac{c_W}{c_A} = \dfrac{2\sqrt{\varkappa_0\varkappa_1}}{c_{A\alpha}} = 0{,}08607$,

daher wird diese: $H_{\mathrm{abs}} = \dfrac{S(H_{\mathrm{abs}})-S(0)}{\mathrm{d}S/\mathrm{d}H} = 11\,696$ m. Gemäß Abb. 2.2,2 ist dort $V = 114$ m/s, mithin hat B den Zahlenwert $B = (V/G)/(\mathrm{d}S/\mathrm{d}H) = -0{,}00228\ \mathrm{s}^{-1}$. Damit errechnet sich die Dienstgipfelhöhe aus Gl. (2.2,38) und (2.2,40) näherungsweise zu $H_{\mathrm{Dienst}} = H_{\mathrm{abs}} + \dot{H}_{\mathrm{max}}/B = 11\,477$ m. Die Aufstiegszeit zwischen den Höhen $H_1 = 2000$ m und $H_2 = 4000$ m gemäß Abb. 2.2,3 beträgt etwa $t_2 - t_1 = 2000 \cdot 0{,}068 = 136$ s, der Flugweg zwischen den Höhen $H_3 = 6000$ m und $H_4 = 8000$ m etwa $x_4 - x_3 = 2000 \cdot 11{,}5 = 23\,000$ m. Die entsprechenden Zahlen für die Abb. 2.2,5 sind $t_4 - t_3 = 270$ sec, $x_2 - x_1 = 34\,800$ m.

2.2.3. Streckenflug

2.2.31. Triebwerksparameter vorgegeben, Flughöhe frei

Beim Streckenflug kommt es i. a. darauf an, mit einer gegebenen Treibstoffmenge $m - m_0$ eine möglichst große *Reichweite* zu erzielen (Fall a). Will man diese Aufgabe ohne Zuhilfenahme der Variationsrechnung in Angriff nehmen, so wird man von dem Ansatz ausgehen, daß in jedem Augenblick der Wegzuwachs pro verbrauchter Brennstoffmenge möglichst groß sein soll. Um eine vernünftige Lebensdauer der Motoren zu gewährleisten, pflegt man beim Streckenflug nur einen Bruchteil der vollen Motorleistung einzusetzen. Es ist daher sinnvoll, den Schub S sowie den Treibstoffverbrauch $-\dot{m}_{\mathrm{B}}$ wie in Gl. (2.2,2), S. 152, als Funktionen von H und V anzusetzen, wobei der konstante Drosselparameter μ_S jetzt natürlich einen anderen Wert haben wird als beim Steigflug bzw. Gleitflug. Wir werden hier also verlangen, daß beim Streckenflug die Funktion

$$f_{\mathrm{a}}(H, V) \equiv \frac{V}{-\dot{m}_{\mathrm{B}}(H, V)} \tag{2.2,41a}$$

in jedem Augenblick möglichst groß ist. Der konstante Parameter μ_S ist hier und in den folgenden Gleichungen fortgelassen.

Manchmal stellt sich auch die Aufgabe, mit einer gegebenen Treibstoffmenge eine möglichst große *Flugdauer* zu erreichen (Fall b). Hier wird man entsprechend in jedem Augenblick die Funktion

$$f_{\mathfrak{b}}(H, V) \equiv \frac{1}{-\dot{m}_{\mathrm{B}}(H, V)} \qquad (2.2,41\mathrm{b})$$

möglichst groß zu machen suchen.

Wir können erwarten, daß der Streckenflug unter einer der beiden Bedingungen (2.2,41) nahezu horizontal verläuft. Dann gilt also für das Kräftegleichgewicht in bahnnormaler Richtung Gl. (2.2,9). Dagegen wollen wir uns nicht von vorneherein darauf festlegen, daß ein solcher Streckenflug *genau* horizontal verläuft. Vielmehr wollen wir einen kleinen Steigwinkel ϑ_a und eine tangentiale Beschleunigung $\dot{V}$ zulassen, mithin die volle Gl. (2.2,6) zugrundelegen. Wir können dann alle Gleichungen von Abschnitt 2.2.1 übernehmen.

Die Lösung des Problems bestimmen wir jetzt durch Iteration, und zwar machen wir für eine erste Näherung den Ansatz verschwindender Änderung der mechanischen Energie E, also zusammen mit Gl. (2.2,9)

$$\left.\begin{aligned} A &= m g_{\mathrm{n}} \\ V(S-W) &= m \dot{E}^{(1)}_{\mathfrak{a},\mathfrak{b}} \quad \text{mit} \quad \dot{E}^{(1)}_{\mathfrak{a},\mathfrak{b}} = 0 \end{aligned}\right\} \qquad (2.2,42)$$

Aus der ersten dieser Gleichungen folgt wie in Gl. (2.2,10)

$$\alpha = \alpha(H, V, m) \qquad (2.2,43)$$

Einsetzen in die zweite Gl. (2.2,42) gibt als erste Näherung

$$V = V^{(1)}(H, m) \qquad (2.2,44)$$

Setzt man diese Funktion in die vorangehende Gleichung ein, so erhält man als erste Näherung

$$\alpha = \alpha^{(1)}(H, m) \qquad (2.2,45)$$

Diese Funktionen sind, wie wir bei der Betrachtung der Geschwindigkeitspolaren in Abschnitt 2.1.21, S. 134, gesehen haben, i. a. zweiwertig; jedoch genügt es meistens, den größeren Geschwindigkeitswert zusammen mit dem kleineren Anstellwinkel zu nehmen.

Einsetzen von $V^{(1)}$ nach Gl. (2.2,44) in Gl. (2.2,41) gibt

$$f_{\mathfrak{a},\mathfrak{b}}(H, V) = f^{(1)}_{\mathfrak{a},\mathfrak{b}}(H, m) \qquad (2.2,46)$$

Durch die Forderung, bei vorgegebenem m die Funktionen $f^{(1)}_{\mathfrak{a}}$ bzw. $f^{(1)}_{\mathfrak{b}}$ möglichst groß zu machen, sind nun i. a. bestimmte Werte $H^{(1)}_{\mathfrak{a},\mathfrak{b}}$ ausgezeichnet. Falls diese Werte an einem relativen Maximum der Funktion $f^{(1)}_{\mathfrak{a},\mathfrak{b}}$ liegen, ist dort $\mathrm{d}f^{(1)}_{\mathfrak{a},\mathfrak{b}}/\mathrm{d}H = 0$. Jedoch kann der größte Wert auch durch andere Forderungen bedingt sein und liegt dann am Rande des zulässigen Höhenbereichs. Wir schreiben

$$H^{(1)}_{\mathfrak{a},\mathfrak{b}} = H^{(1)}_{\mathfrak{a},\mathfrak{b}}(m) \qquad (2.2,47)$$

Damit sind zugleich bestimmte Werte $V^{(1)}_{a,b}$, $\alpha^{(1)}_{a,b}$, $S^{(1)}_{a,b}$ und $\dot{m}^{(1)}_{B,a,b}$ als Funktionen von m festgelegt. Man erhält damit erste Näherungswerte für die maximale Reichweite (Fall a):

$$x^{(1)}_{a}-x_0 = \int\limits_{m_0}^{m} \frac{V^{(1)}_{a}(m)}{-\dot{m}^{(1)}_{B,a}(m)}\, dm \tag{2.2,48a}$$

bzw. für die maximale Flugdauer (Fall b):

$$t^{(1)}_{b}-t_0 = \int\limits_{m_0}^{m} \frac{1}{-\dot{m}^{(1)}_{B,b}(m)}\, dm \tag{2.2,48b}$$

Auf der Flugbahn hat man in zweiter Näherung die Steiggeschwindigkeit

$$\dot{H}^{(2)}_{a,b} = \left[\frac{dH_{a,b}}{dm}\,\dot{m}_{B,a,b}\right]^{(1)} \tag{2.2,49}$$

und die sekundliche Zunahme der spezifischen kinetischen Energie

$$(V\dot{V})^{(2)}_{a,b} = \left[V_{a,b}\,\frac{dV_{a,b}}{dm}\,\dot{m}_{B,a,b}\right]^{(1)} \tag{2.2,50}$$

insgesamt also die Zunahme der mechanischen Energie:

$$\dot{E}^{(2)}_{a,b} = \left[\left(V_{a,b}\,\frac{dV_{a,b}}{dm}+g_n\,\frac{dH_{a,b}}{dm}\right)\dot{m}_{B,a,b}\right]^{(1)} \tag{2.2,51}$$

Man kann nun die ganze Rechnung wiederholen, indem man in der zweiten Gleichung (2.2,42) $\dot{E}^{(1)}_{a,b}$ durch $\dot{E}^{(2)}_{a,b}$ nach Gl. (2.2,51) ersetzt. Man erhält dadurch eine verbesserte maximale Reichweite $x^{(2)}_{a}-x_0$ bzw. eine verbesserte maximale Flugdauer $t^{(2)}_{b}-t_0$, jedoch dürfte sich dieser Aufwand häufig nicht mehr lohnen.

Im Gegenteil ist man i. a. bestrebt, die Rechnung dadurch abzukürzen, daß man die optimale Höhe $H^{(1)}_{a,b}(m)$ nach Gl. (2.2,47) durch eine geeignete mittlere Höhe $H_{a,b}$ ersetzt und für diese die Reichweite bzw. Flugdauer bestimmt. Inwieweit diese Vereinfachung bei der vorliegenden Aufgabenstellung berechtigt ist, muß allerdings von Fall zu Fall entschieden werden. Dagegen wird es sich bei einer Betrachtung der Wirtschaftlichkeit empfehlen, die Rechnung für einige benachbarte Werte des Triebwerksparameters μ_S zu wiederholen.

2.2.32. Flughöhe vorgegeben, Triebwerksparameter frei

2.2.321. *Allgemeines Verfahren*

Wenn die Frage der Lebensdauer der Flugmotoren keine Rolle spielt, kann man die Aufgabe auch so stellen, daß man bei vorgegebener Treibstoffmenge und Flughöhe H denjenigen Wert des Triebwerksparameters

μ_S zu bestimmen sucht, für welchen die Reichweite bzw. die Flugdauer möglichst groß wird. In Verbindung mit einer Wirtschaftlichkeitsberechnung wird man natürlich auch einige benachbarte Flughöhen in Betracht ziehen. Zunächst ist aber H als konstant zu denken. Es ist dann also

$$\left.\begin{aligned} S &= S(V, \mu_S) \\ -\dot{m}_B &= -\dot{m}_B(V, \mu_S) \end{aligned}\right\} \tag{2.2,52}$$

und die Aufgabe lautet, die Funktionen

$$f_a(V, \mu_S) = \frac{V}{-\dot{m}_B(V, \mu_S)} \tag{2.2,53a}$$

bzw.

$$f_b(V, \mu_S) = \frac{1}{-\dot{m}_B(V, \mu_S)} \tag{2.2,53b}$$

möglichst groß zu machen. Der konstante Parameter H ist hier und in den folgenden Gln. (2.2,54–58) der Einfachheit halber unterdrückt. Man kann nun prinzipiell die Entwicklungen des vorigen Abschnitts fast wörtlich übernehmen, sofern man nur von Gl. (2.2,44) ab an den in Frage kommenden Stellen den Buchstaben H durch μ_S ersetzt. Man bekommt jedoch für die vorliegende Aufgabe übersichtlichere Verhältnisse, wenn man zunächst vom Parameter μ_s zum Anstellwinkel α als optimal zu bestimmender Variablen übergeht. Zu diesem Zwecke lösen wir die erste Gl. (2.2,42) in der Form auf

$$V = V(\alpha, m) \tag{2.2,54}$$

Einsetzen in die zweite Gl. (2.2,42) gibt

$$\mu_S = \mu_S^{(1)}(\alpha, m) \tag{2.2,55}$$

Einsetzen der beiden letzten Gleichungen in Gl. (2.2,53) gibt

$$f_{a,b}(V, \mu_S) = f_{a,b}^{(1)}(\alpha, m) \tag{2.2,56}$$

Durch die Forderung, bei vorgegebenem m die Funktionen $f_a^{(1)}$ bzw. $f_b^{(1)}$ möglichst groß zu machen, ist i. a. ein bestimmter zu m gehöriger Anstellwinkel $\alpha_{a,b}^{(1)}$ ausgezeichnet. Diesem entspricht nach Gl. (2.2,55) i. a. ein Wert

$$\mu_{S,a,b}^{(1)} = \mu_{S,a,b}^{(1)}(m) \tag{2.2,57}$$

Aus $\alpha_{a,b}^{(1)}$ erhält man weiter Werte $V_{a,b}^{(1)}$ und $\dot{m}_{B,a,b}^{(1)}$ als Funktionen von m. Damit können wir wieder die maximale Reichweite nach Gl. (2.2,48a) sowie die maximale Flugdauer nach Gl. (2.2,48b) in erster Näherung berechnen. Die Zunahme der mechanischen Energie ist hier

$$\dot{E}^{(2)}_{a,b} = \left[V_{a,b} \frac{dV_{a,b}}{dm} \dot{m}_{B,a,b} \right]^{(1)} \tag{2.2,58}$$

Man kann somit die Lösung wie im vorigen Abschnitt durch Iteration verbessern.

2.2.322. *Spezielle Ansätze*

Als Beispiel sei eine Näherungsrechnung zur optimalen Bestimmung des Triebwerksschubes bzw. zur optimalen Auslegung des Triebwerks für ein Flugzeug mit Propellerantrieb bzw. mit Turbinentriebwerk (oder Raketenmotor) durchgeführt. Bei diesen Triebwerken gilt näherungsweise

$$-\dot{m}_B = \left\{ \begin{array}{lll} \dfrac{c_1}{\eta_{Prop}} & SV & \text{für Kolbentriebwerk mit Propeller} \\ c_2 & S & \text{für Turbinentriebwerk} \\ & & \quad\text{oder Raketenmotor} \end{array} \right\} \tag{2.2,59}$$

wobei die c_1, c_2 Konstanten sind. Wenn das Propellertriebwerk in der Nähe des besten Propellerwirkungsgrades arbeitet, so ist nicht nur c_1, sondern auch $c_1 : \eta_{Prop}$ in erster Näherung konstant, d.h. unabhängig von V und H.

Wir wollen hier speziell

$$\mu_S = S \tag{2.2,60}$$

setzen. In erster Näherung setzen wir weiter nach Gl. (2.2,42) im gesuchten Flugzustand

$$S = W = \frac{c_W}{c_A} m g_n \tag{2.2,61}$$

Führen wir diesen Ausdruck in Gl. (2.2,59) ein, so werden die Funktionen $f_{a,b}$ nach Gl. (2.2,56) mit H bzw. ϱ als Parameter

$$f_a(V, S) = f_a^{(1)}(\alpha, m, \varrho) = \left\{ \begin{array}{ll} \dfrac{\eta_{Prop}}{c_1} \dfrac{c_A}{c_W} \dfrac{1}{m g_n} & \text{(Propeller)} \\ \dfrac{1}{c_2} \dfrac{c_A}{c_W} \dfrac{V}{m g_n} & \text{(Turbine)} \end{array} \right\} \tag{2.2,62a}$$

bzw.

$$f_b(V, S) = f_b^{(1)}(\alpha, m, \varrho) = \left\{ \begin{array}{ll} \dfrac{\eta_{Prop}}{c_1} \dfrac{c_A}{c_W} \dfrac{1}{V m g_n} & \text{(Propeller)} \\ \dfrac{1}{c_2} \dfrac{c_A}{c_W} \dfrac{1}{m g_n} & \text{(Turbine)} \end{array} \right\} \tag{2.2,62b}$$

In den rechts stehenden Ausdrücken tritt V formal sowohl explizit wie auch implizit im Argument *Ma* der aerodynamischen Beiwerte auf. Daß trotzdem nur α und m als wirkliche Argumente vorkommen, erkennt man leicht, wenn man $V(\alpha, m)$ aus Gl. (2.2,54) einträgt und noch ϱ als Parameter mitführt.

Bei maximaler Reichweite eines mit *Kolbentriebwerk und Propeller* ausgerüsteten Flugzeugs kommt es hiernach bei fester Flughöhe H darauf an, das Verhältnis $c_W : c_A$ so klein wie möglich zu machen. Im Steiggeschwindigkeitsdiagramm 2.1,16, S. 147, muß also die Triebwerkskurve $\frac{VS}{mg_n}$ durch den Berührungspunkt $\alpha_a = \alpha_7$ der Tangente vom Nullpunkt an die aerodynamische Kurve Vc_W/c_A gehen, s. Abb. 2.2,6, oder

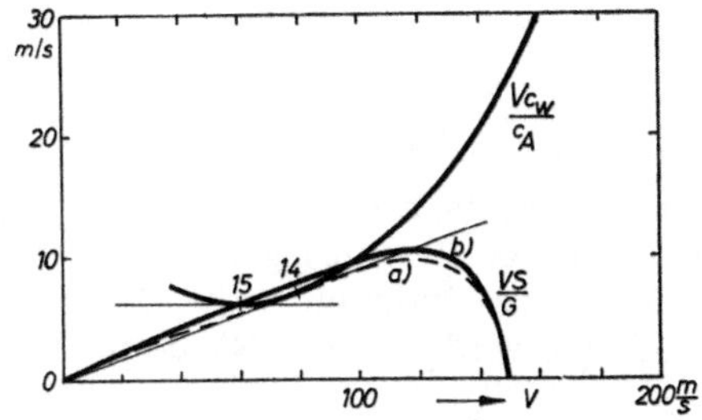

Abb. 2.2,6
Zur Bestimmung der Zustande maximaler Reichweite (a) mit $\alpha = \alpha_{14}$ bzw. Flugdauer (b) mit $\alpha = \alpha_{15}$ bei einem Flugzeug mit Propellertriebwerk (H, m = const), vgl. Zahlenbeispiel S. 169

sich diesem Punkt so weit nähern, wie es mit den technischen Gegebenheiten des Flugzeugs irgend verträglich ist. Von der Flughöhe ist die maximale Reichweite des Propellerflugzeugs hiernach unabhängig. Mit der Näherung für die aerodynamischen Beiwerte nach Gl. (2.1,104), S. 138, wird

$$\alpha_{\text{opt}} - \alpha_0 = \sqrt{\frac{\varkappa_0}{\varkappa_1}} \qquad \begin{cases} (2.2{,}62\text{a})'_{\text{Prop}} \\ (2.2{,}62\text{b})'_{\text{Turb}} \end{cases}$$

gemäß Gl. (2.1,113), S. 140. Hingegen wird die größte Flugdauer bei demjenigen Anstellwinkel α_b erreicht, der im tiefsten Punkt ($\alpha_3 = \alpha_b$) der Kurve Vc_W/c_A liegt oder diesem am meisten benachbart ist. Ausführlich ist nach Gl. (2.2,42)

$$\frac{Vc_W}{c_A} = \sqrt{\frac{2G}{F}} \frac{1}{\sqrt{\varrho}} \frac{c_W}{c_A^{3/2}}$$

Das Optimum wird offenbar dann erreicht, wenn einerseits $c_W/c_A^{3/2}$ ein Minimum wird. Mit der Näherung nach Gl. (2.1,104), S. 138, wird hier

$$\alpha_{\text{opt}} - \alpha_0 = \sqrt{\frac{3\varkappa_0}{\varkappa_1}} \qquad (2.2{,}62\text{b})'_{\text{Prop}}$$

gemäß Gl. (2.1,111), S. 140. Andererseits muß die Luftdichte möglichst groß sein, d. h. das Propellerflugzeug muß in Bodennähe fliegen, um eine möglichst lange Flugdauer zu erreichen.
Für ein Flugzeug mit *Turbinentriebwerk* stellt man die Verhältnisse besser in einem Steigwinkeldiagramm dar, s. Abb. 2.2,7.

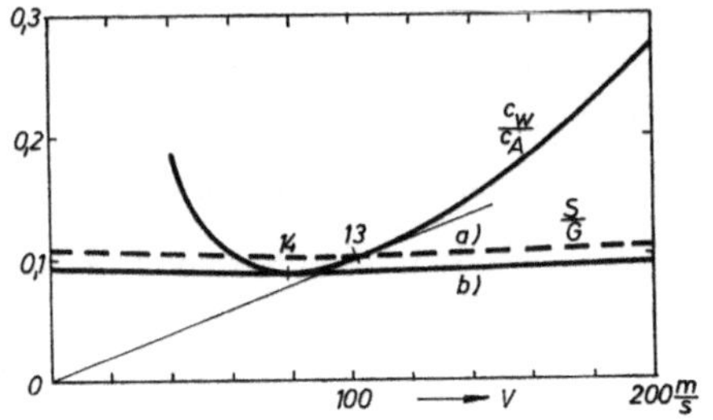

Abb. 2.2,7
Zur Bestimmung der Zustände maximaler Reichweite (a) mit $\alpha = \alpha_{13}$ bzw. Flugdauer (b) mit $\alpha = \alpha_{14}$ bei einem Flugzeug mit Turbinentriebwerk (H, m = const), vgl. Zahlenbeispiel

Bei maximaler Reichweite muß die Triebwerkskurve S/mg_n durch den Berührungspunkt $\alpha_a = \alpha_{13}$ der Tangente vom Nullpunkt an die aerodynamische Kurve c_W/c_A gehen oder sich diesem Punkte möglichst weit nähern. Das Optimum stellt sich dann ein, wenn einerseits $c_W/c_A^{1/2}$ ein Minimum wird. Mit der Näherung nach Gl. (2.1,104), S. 138, wird hier

$$\alpha_{\text{opt}} - \alpha_0 = \sqrt{\frac{\varkappa_0}{3\varkappa_1}} \qquad (2.2,62a)'_{\text{Turb}}$$

gemäß Gl. (2.1,120), S. 143. Andererseits muß die Luftdichte möglichst gering sein, d. h. das Turbinenflugzeug muß möglichst hoch fliegen, um eine möglichst große Reichweite zu erzielen. Dagegen erhält man die größte Flugdauer, wenn man den Zustand im tiefsten Punkt $\alpha_b = \alpha_7$ der Kurve c_W/c_A oder einen möglichst nahe benachbarten Punkt benutzt. Die maximale Flugdauer des Turbinenflugzeugs ist hiernach von der Flughöhe unabhängig, s. Gl. $(2.2,62b)'_{\text{Turb}}$.
Bei gegebenen Werten der Konstanten η_{Prop}/c_1 bzw. c_2 sowie des Anfangsgewichtes G_0 und des Endgewichtes G_1 wird die maximale Reichweite bei optimal gewählten Werten α und ϱ

$$\operatorname{Max}(x_a - x_0) = \int_{t_0}^{t_a} V\,dt = \int_{G_1}^{G_0} \frac{V\,dG}{G} = \frac{1}{g_n}\int_{G_1}^{G_0} f_a\,dG = \qquad (2.2,62a)''$$

$$= \begin{cases} \dfrac{\eta_{\text{Prop}}}{g_n c_1}\,\dfrac{c_A}{c_W}\ln\dfrac{G_0}{G_1} & \text{(Propeller)} \\[2ex] \dfrac{1}{g_n c_2}\,\dfrac{c_A^{1/2}}{c_W}\sqrt{\dfrac{2}{F\varrho}}\;2\left[\sqrt{G_0} - \sqrt{G_1}\right] & \text{(Turbine)} \end{cases}$$

Entsprechend wird die maximale Flugdauer

$$\operatorname{Max}(t_b - t_0) = \int_{t_0}^{t_b} dt = \int_{G_0}^{G_1} \frac{dG}{G} = \frac{1}{g_n} \int_{G_1}^{G_0} f_b dG = \qquad (2.2,62b)''$$

$$= \begin{cases} \dfrac{\eta_{\mathrm{Prop}}}{g_n c_1} \dfrac{c_A^{3/2}}{c_W} \sqrt{\dfrac{F\varrho}{2}}\, 2\left[\dfrac{1}{\sqrt{G_1}} - \dfrac{1}{\sqrt{G_0}}\right] & \text{(Propeller)} \\ \dfrac{1}{g_n c_2} \dfrac{c_A}{c_W} \ln \dfrac{G_0}{G_1} & \text{(Turbine)} \end{cases}$$

Die Formeln (2.2,62a, b)'' werden häufig nach *Breguet* benannt. Man kann sie noch etwas vereinfachen, wenn man

$$G_m = 0{,}5(G_0 + G_1)$$

setzt und die Näherungsformeln

$$\ln \frac{G_0}{G_1} \approx \frac{G_0 - G_1}{G_m}; \qquad 2\left[\sqrt{G_0} - \sqrt{G_1}\right] \approx \frac{G_0 - G_1}{\sqrt{G_m}}$$

$$2\left[\frac{1}{\sqrt{G_1}} - \frac{1}{\sqrt{G_0}}\right] \approx \frac{G_0 - G_1}{G_m \sqrt{G_m}}$$

verwendet.

Die Betrachtungen zum Streckenflug lassen sich leicht auf den Fall eines konstanten horizontalen Windes $\boldsymbol{w} = w_x \boldsymbol{g}_1$ in der Symmetrieebene verallgemeinern. Bei Vernachlässigung der bahnnormalen Trägheitskraft braucht man dazu in Gl. (2.2,41) bzw. (2.2,53) nur das V über dem Bruchstrich durch $V + w_x$ zu ersetzen bzw. in Gl. (2.2,62a) die rechten Seiten mit $(V + w_x)/V$ zu multiplizieren. Man findet demgemäß die Anstellwinkel α_7 bzw. α_{13} maximaler Reichweite bei Gegenwind ($w_x < 0$) bzw. bei Rückenwind ($w_x > 0$), indem man in Abb. 2.2,6 bzw. 2.2,7 zunächst denjenigen Punkt O_w aufsucht, für den $\overrightarrow{O_w O} = w_x \boldsymbol{g}_1$ ist, und von diesem aus die Tangente an die betreffenden Kurven legt. Der Anstellwinkel für größte Flugdauer wird durch einen horizontalen Gegen- und Rückenwind nicht beeinflußt.

Zahlenbeispiel: Die Kurven Vc_W/c_A der Abb. 2.2,6 bzw. 2.2,7 stimmen mit den entsprechenden Kurven $\varphi_a = 0$ in Abb. 2.1,15 bzw. 2.1,12 überein. Insbesondere ist $\alpha_{13} = 0{,}0745$, $\alpha_{14} = 0{,}129$, $\alpha_{15} = 0{,}223$ wie im Zahlenbeispiel von Abschnitt 2.1.23, S. 147. Die Anpassung der Triebwerkskurven erfolgte durch geeignete Reduktion der Triebwerkskurven von Abb. 1.7,9, S. 65, und zwar ist in Abb. 2.2,6 gesetzt:

$$S = \begin{cases} 0{,}62 \times \text{Schub von Abb. 1.7,9 im Fall a)} \\ 0{,}70 \quad \text{,,} \quad \text{,,} \quad \text{,,} \quad \text{,,} \;\; \text{,,} \quad \text{,, b)} \end{cases}$$

und in Abb. 2.2,7:

$$S = \begin{cases} 0{,}85 \times \text{Schub von Abb. 1.7,9 im Fall a)} \\ 0{,}73 \quad \text{,,} \quad \text{,,} \quad \text{,,} \quad \text{,,} \quad \text{,,} \quad \text{b)} \end{cases}$$

Gemäß Abb. 1.7,9 und 2.1,12 bzw. 2.1,15 beträgt hier die Flughöhe in allen vier Fällen 6 km. Jedoch ist diese Höhe je nach der betreffenden Aufgabenstellung als beliebig bzw. als untere oder obere zulässige Grenze aufzufassen.

Literatur zu Abschnitt 2.2.1.—2.2.3: [2-201 bis 204], S. 212.

2.2.4. Meteorologische Navigation

Mit Hilfe der Beziehung (2.1,63) kann man die folgende Grundaufgabe der meteorologischen Navigation formulieren und lösen:

In einem Streifen $0 < x < x_Q$ (Index 1) herrsche der Wind $w_x = 0$, $w_y = w_1$ und im Streifen $x_Q < x < x_P$ (Index 2) der Wind $w_x = 0$, $w_y = w_2$, s. Abb. 2.2,8. An welchem Punkt Q muß ein Flugzeug kon-

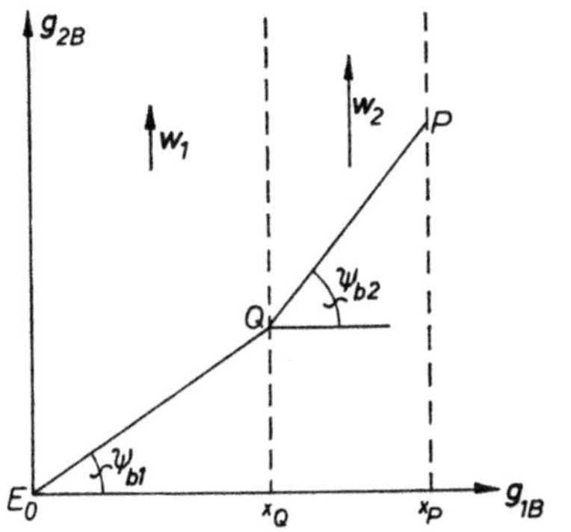

Abb. 2.2,8
Zum Problem der kurzesten Flugzeit in einem inhomogenen Windfeld

stanter Geschwindigkeit V relativ zum Windfeld und konstanter Flughöhe H die Grenzlinie $x = x_Q$ überqueren, wenn es in jedem Streifen eine geradlinige Flugbahn beschreibt und unter dieser Bedingung möglichst schnell vom Nullpunkt E_0 nach P fliegen soll?

Es handelt sich hier zunächst um eine rein kinematische Aufgabe. Hinsichtlich der Kräfte kann man die Bewegung überall mit Ausnahme eines gewissen Übergangsgebietes in der Umgebung des Zwischenpunktes Q als stationär bzw. quasistationär betrachten. In der Umgebung von Q sind jedoch für die Richtungsänderung der Flugbahn zusätzliche Kräfte erforderlich, die umso größer sind, je kleiner das Übergangsgebiet ist. Wir machen dieses jetzt einerseits so groß, daß die zusätzlichen Kräfte klein gegen die übrigen Kräfte bleiben; dann wird die gesamte Bewegung von E_0 bis P quasistationär. Andererseits wollen wir voraussetzen, daß der gesamte Flugweg groß gegen das Übergangsgebiet ist; dann kann man mit ausreichender Genauigkeit wieder die quasistationäre Bewegung für die vorliegende Aufgabe durch die geknickte Flugbahn nach Abb. 2.2,8 approximieren. Die Einordnung des Vorgangs unter die quasistationären Bewegungen ist damit gerechtfertigt.

Gemäß Gl. (2.1,63), S. 128, ist

$$\left.\begin{aligned} U_{x1} &= V\cos\psi_{a1} & U_{x2} &= V\cos\psi_{a2} \\ U_{y1} &= w_1 + V\sin\psi_{a1} & U_{y2} &= w_2 + V\sin\psi_{a2} \end{aligned}\right\} \tag{2.2,63}$$

Die Flugzeit T ist

$$T = \frac{x_Q}{U_{x1}} + \frac{x_P - x_Q}{U_{x2}} \tag{2.2,64}$$

Einsetzen von Gl. (2.2,63) gibt

$$T = \frac{x_Q}{V\cos\psi_{a1}} + \frac{x_P - x_Q}{V\cos\psi_{a2}} \tag{2.2,65}$$

Ferner gelten die geometrischen Beziehungen

$$(\tan\psi_{b1} =)\frac{U_{y1}}{U_{x1}} = \frac{y_Q}{x_Q} \quad \text{und} \quad (\tan\psi_{b2} =)\frac{U_{y2}}{U_{x2}} = \frac{y_P - y_Q}{x_P - x_Q} \tag{2.2,66}$$

Elimination von y_Q aus den letzten beiden Gleichungen gibt

$$(y_Q =)x_Q\frac{U_{y1}}{U_{x1}} = -(x_P - x_Q)\frac{U_{y2}}{U_{x2}} + y_P \tag{2.2,67}$$

Durch Einsetzen der Gleichungen (2.2,63) erhält man

$$x_Q\frac{w_1 + V\sin\psi_{a1}}{V\cos\psi_{a1}} = -(x_P - x_Q)\frac{w_2 + V\sin\psi_{a2}}{V\cos\psi_{a2}} + y_P \tag{2.2,68}$$

Um einen Extremwert von T nach Gl. (2.2,65) unter der Nebenbedingung (2.2,68) zu finden, benutzen wir die Methode des *Lagrange*schen Multiplikators, bilden also von der Funktion

$$F = \frac{x_Q}{V\cos\psi_{a1}} + \frac{x_P - x_Q}{V\cos\psi_{a2}} + \lambda\left\{x_Q\frac{w_1 + V\sin\psi_{a1}}{V\cos\psi_{a1}} + \right.$$

$$\left. + (x_P - x_Q)\frac{w_2 + V\sin\psi_{a2}}{V\cos\psi_{a2}} - y_P\right\} \tag{2.2,69}$$

die partiellen Ableitungen nach ψ_{a1} bzw. ψ_{a2} und setzen diese gleich Null, also

$$\left.\begin{aligned}\frac{x_Q \sin\psi_{a1}}{V\cos^2\psi_{a1}} + \lambda x_Q \frac{V\cos^2\psi_{a1} + (w_1 + V\sin\psi_{a1})\sin\psi_{a1}}{V\cos^2\psi_{a1}} = 0\\ \frac{(x_P - x_Q)\sin\psi_{a2}}{V\cos^2\psi_{a2}} + \lambda(x_P - x_Q)\frac{V\cos^2\psi_{a2} + (w_2 + V\sin\psi_{a2})\sin\psi_{a2}}{V\cos^2\psi_{a2}} = 0\end{aligned}\right\} \tag{2.2,70}$$

Elimination von λ gibt

$$(-\lambda V =) \frac{\sin\psi_{a1}}{1 + \dfrac{w_1}{V}\sin\psi_{a1}} = \frac{\sin\psi_{a2}}{1 + \dfrac{w_2}{V}\sin\psi_{a2}} \tag{2.2,71}$$

oder

$$\sin\psi_{a2} = \frac{\sin\psi_{a1}}{1 + \dfrac{w_1 - w_2}{V}\sin\psi_{a1}} \tag{2.2,72}$$

Im Spezialfalle $w_1 = w_2$ ist hiernach $\psi_{a1} = \psi_{a2}$ und weiter nach Gl. (2.2,63) und (2.2,66) $\psi_{b1} = \psi_{b2}$, d. h. wenn der Wind auf der ganzen Flugstrecke konstant ist, gibt die Gerade als kürzeste Verbindungslinie zugleich die kürzeste Flugzeit.

Elimination von ψ_{a2} aus Gl. (2.2,68) und (2.2,72) führt nun auf eine

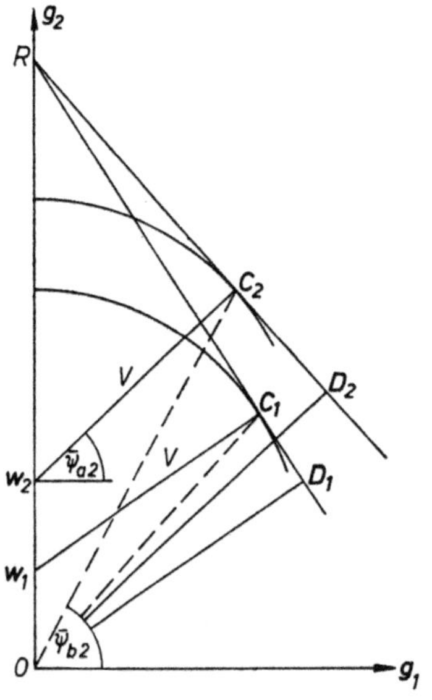

Abb. 2.2,9a
Konstruktion eines genäherten Flugweges kürzester Dauer für den Hinflug

algebraische Gleichung von höherem Grade für $\sin\psi_{a1}$, deren Lösung schwer zu übersehen ist und praktisch durch ein Iterationsverfahren bestimmt werden muß. Es ist deshalb zweckmäßiger, das folgende direkte geometrisch-anschauliche Iterationsverfahren zu benutzen: Man zeichne die Geschwindigkeitspolaren des Flugzeugs für die beiden Streifen der $(\mathbf{g}_1, \mathbf{g}_2)$-Ebene, s. Abb. 2.2,9a, d. h. man schlage um die Punkte $w_1 \cdot \mathbf{g}_2$ bzw. $w_2 \cdot \mathbf{g}_2$ Kreise mit dem Radius V. Sodann ziehe man von einem beliebigen Punkte R der $\mathbf{g}_2$-Achse Tangenten an die rechten Hälften der beiden Kreise, die diese in den Punkten C_1 bzw. C_2 berühren mögen. Durch C_1 und C_2 sind gewisse Winkel $\bar{\psi}_{a1}$ bzw. $\bar{\psi}_{a2}$ und $\bar{\psi}_{b1}$ bzw. $\bar{\psi}_{b2}$ bestimmt. D_1 und D_2 seien die Fußpunkte des Lotes von O auf die Tangenten. Es gilt dann

$$\left.\begin{aligned} OD_1 &= V + w_1 \sin\bar{\psi}_{a1} \\ OD_2 &= V + w_2 \sin\bar{\psi}_{a2} \\ (OR =)\ \frac{OD_1}{\sin\bar{\psi}_{a1}} &= \frac{OD_2}{\sin\bar{\psi}_{a2}} \left(= \frac{-1}{\lambda}\right) \end{aligned}\right\} \qquad (2.2,73)$$

Diese Beziehungen sind aber mit Gl. (2.2,71) gleichbedeutend, d. h. die Winkel $\bar{\psi}_{a1}$ und $\bar{\psi}_{a2}$ genügen der Bedingung (2.2,72).

Man findet einen genäherten Flugweg, wenn man in der Bahnebene der Abb. 2.2,8 von E_0 aus unter dem Winkel $\bar{\psi}_{b1}$ bis $x = x_Q$ geht und daran einen Strahl unter dem Winkel $\bar{\psi}_{b2}$ anschließt. Liegt nun der Endpunkt

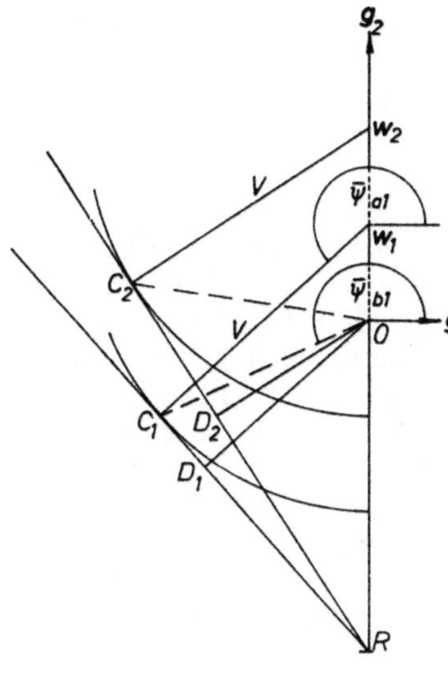

Abb. 2.2,9b
Konstruktion eines genäherten Flugweges kürzester Dauer für den Rückflug

P genügend nahe an dem letztgenannten Strahl, so ist die Aufgabe gelöst. Wenn nicht, so muß man das Verfahren mit einem anderen Punkte R der Achse g_2 nach Abb. 2.2,9a wiederholen.

Für den Flug in umgekehrter Richtung, also von P nach E_0, findet man zusammengehörige Werte ψ_{a2}, ψ_{a1} bzw. ψ_{b2}, ψ_{b1}, wenn man von R aus Tangenten an die linken Hälften der Geschwindigkeitspolaren zieht, s. Abb. 2.2,9b. Man macht sich so leicht klar, daß der rascheste Rückweg i. a. nicht mit dem raschesten Hinweg übereinstimmt.

Ist beispielsweise $w_1 < w_2$, so ist nach Abb. 2.2,9a beim Hinflug $\psi_{a1} < < \psi_{a2}$, $\psi_{b1} < \psi_{b2}$, dagegen beim Rückflug nach Abb. 2.2,9b $\psi_{a2} < \psi_{a1}$, $\psi_{b2} < \psi_{b1}$. Dies ist ein bemerkenswerter Unterschied gegenüber den Lichtstrahlen als Extremalen der Lichtausbreitung beim Durchgang durch zwei Medien mit verschiedenem Brechungsindex. Für diese ist der Hin- und Rückweg derselbe.

Literatur zu Abschnitt 2.2.4: [2–251 bis 255], S. 213.

2.3. Instationäre Bewegungen

2.3.1. Start und Landung

Beim Start wird ein Flugzeug aus der Ruhe heraus bis zur gewünschten Geschwindigkeit des stationären Steigflugs beschleunigt. Umgekehrt wird es bei der Landung von der Geschwindigkeit des stationären Gleitflugs bis zum Ruhezustand verzögert. Da diese Geschwindigkeitsänderungen in verhältnismäßig kurzer Zeit vonstattengehen, muß man den Start und die Landung als instationäre Vorgänge behandeln.

Wir wollen hier i. w. dieselben Voraussetzungen wie bei der Betrachtung des Steig- und Gleitflugs unter kleinen Neigungswinkeln in Abschnitt 2.2.1, S. 151, machen. Insbesondere legen wir symmetrische Flugzustände in einem geodätischen Koordinatensystem (g_B) gemäß Abschnitt 1.3.2, S. 19, zugrunde, wobei die Start- und Landerichtung als g_{1B} bezeichnet werden möge. Ferner werden wir hier die Änderung der Luftdichte ϱ und des Triebwerksschubes S mit der Flughöhe H sowie die Änderung der Masse m während des Starts bzw. während der Landung vernachlässigen. Dagegen wollen wir den Triebwerksparameter μ_S nicht mehr durchweg auf konstante Werte beschränken, sondern zulassen, daß er während des Starts bzw. während der Landung seinen Wert ändert. Insgesamt haben wir also die Voraussetzungen

$$\left.\begin{array}{c}\psi_a = \psi_e = \psi_f = \psi_b = 0 \\ \vartheta_a = \vartheta_e = \vartheta_b, \qquad \vartheta_f = \vartheta_a + \alpha \\ |\vartheta_a| \ll \frac{\pi}{2}, \qquad |\alpha| \ll \frac{\pi}{2}, \qquad \cos\vartheta_a \approx 1, \qquad \cos\vartheta_f \approx 1 \\ \varphi_a = \varphi_e = \varphi_f = 0 \\ \beta = \beta_S = 0, \qquad \boldsymbol{w} = 0, \qquad \boldsymbol{s}_1 = \boldsymbol{a}_1, \qquad S = S(V, \mu_S) \\ \varrho = \text{const}, \qquad m = \text{const}\end{array}\right\} \tag{2.3,1}$$

Die Beschleunigung ist dann nach Gl. (2.2,4), S. 152,

$$\frac{\mathrm{d}^2\boldsymbol{s}}{\mathrm{d}t^2} = \dot{V}\boldsymbol{a}_1 - V\dot{\vartheta}_a\boldsymbol{a}_3 \tag{2.3,2}$$

Unter Berücksichtigung der Stützkraft $-(mg_n - A)\boldsymbol{g}_3$ nach Gl. (1.7,41), S. 66, und der Reibungskraft $-\mu(mg_n - A)\boldsymbol{g}_1$ nach Gl. (1.7,42) während des Rollens wird die Gesamtkraft

$$\sum_\nu \boldsymbol{K}^\nu = [S - W - \mu(mg_n - A)]\,\boldsymbol{a}_1 \tag{2.3,3}$$

beim Rollen bzw.

$$\sum_\nu \boldsymbol{K}^\nu = S\boldsymbol{a}_1 + mg_n(-\sin\vartheta_a\,\boldsymbol{a}_1 + \cos\vartheta_a\,\boldsymbol{a}_3) - W\boldsymbol{a}_1 - A\boldsymbol{a}_3 \tag{2.3,4}$$

beim Freiflug, s. Gl. (2.2,5), S. 152. Unter Berücksichtigung von Gl. (2.3,1), S. 35, lautet dann die Kraftgleichung (1.5,6) bei Komponentenzerlegung nach dem flugwindfesten System (a)

$$\left.\begin{array}{ll}\boldsymbol{a}_1: & m\dot{V} = S - W - \mu(mg_n - A) \\ \boldsymbol{a}_3: & mV\dot{\vartheta}_a = 0\end{array}\right\} \tag{2.3,5}$$

beim Rollen bzw.

$$\left.\begin{array}{ll}\boldsymbol{a}_1: & m\dot{V} = S - W - mg_n\vartheta_a \\ \boldsymbol{a}_3: & -mV\dot{\vartheta}_a = -A + mg_n\end{array}\right\} \tag{2.3,6}$$

beim Freiflug. Die Anfangsbedingung für den Start lautet

$$V = 0 \quad \text{und} \quad \vartheta_a = 0 \quad \text{für} \quad t = 0 \tag{2.3,7}$$

Man kann diese Bedingung formal auch als Anfangsbedingung für die Landung aufstellen, muß dann aber den Vorgang für Zeiten $t \leq 0$ verfolgen.

Unter den unendlich vielen Möglichkeiten, einen Start bzw. eine Landung durchzuführen, wollen wir eine spezielle Möglichkeit diskutieren, die sich durch besondere Einfachheit der mathematischen Beschreibung auszeichnet, und zwar wollen wir zunächst annehmen, daß sich die Teilstücke, aus denen der Startweg bzw. der Landeweg besteht, formal nach den gleichen Vorschriften bestimmen. Auf Grund dieser Annahme genügt es, die Diskussion auf den Fall des Starts zu beschränken, da ja nach dem Vorangehenden die Differentialgleichungen und die Anfangsbedingungen der beiden Vorgänge bereits übereinstimmen.

Wir nehmen jetzt an, daß sich der Startweg des Flugzeugs aus einem horizontalen Anfangsstück P_0 bis P_2 und einem Kreisbogen P_2 bis P_3 zusammensetzen läßt, s. Abb. 2.3,1. Dabei ist die Bewegungsrichtung

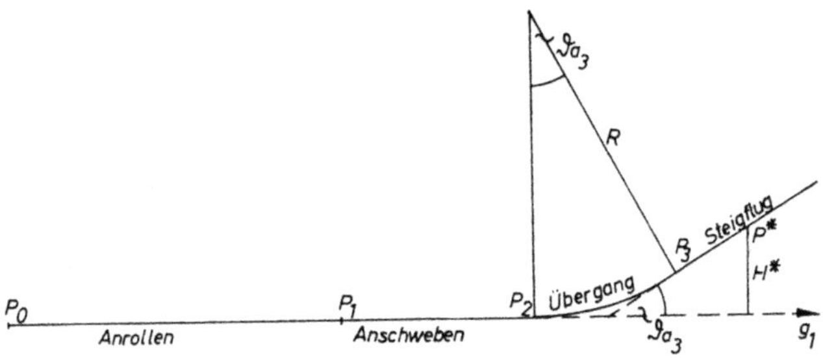

Abb. 2.3,1. Schematischer Startweg

auf dem horizontalen Anfangsstück konstant, während sich der Geschwindigkeitsbetrag dort ändert. Umgekehrt soll auf dem Kreisbogen der Geschwindigkeitsbetrag konstant sein, während sich die Richtung der Geschwindigkeit gleichförmig ändert.

Für den Anstellwinkel α und den Triebwerksparameter μ_S wollen wir an den Grenzen der verschiedenen Teilwege eine Unstetigkeit zulassen, dagegen für die Geschwindigkeit V nach Betrag und Richtung überall Stetigkeit verlangen. Der Geschwindigkeitsbetrag V_2 am Ende des horizontalen Startweges stimmt dann also mit der Geschwindigkeit V_3 des stationären Steigfluges überein.

Der horizontale Teil des Startweges setzt sich i. a. aus dem Rollweg von P_0 bis P_1 ($H = 0$ mit Bodenberührung) und dem Schwebeweg von P_1 bis P_2 ($H = 0$ ohne Bodenberührung) zusammen. Der Schwebeweg kann sich u. U. auf Null reduzieren.

Es sei nun vorausgesetzt, daß der Triebwerksparameter μ_S während des horizontalen Teils des Startweges einen konstanten Wert $\mu_{S,0}$ hat, so daß die Schubkraft S dort nur von der Geschwindigkeit V abhängt. Ferner sei vorausgesetzt, daß der Rollweg mit konstantem Auftriebsbeiwert $c_{A,0}$ zurückgelegt wird; dies ist jedenfalls bei Flugzeugen, die mit einem Bugrad ausgestattet sind, der Fall. Läßt man nun ein Flugzeug mit dem Auftriebsbeiwert $c_{A,0}$ beschleunigt rollen, so hebt es bei der Geschwindigkeit

$$V_1 = \sqrt{\frac{mg_n}{c_{A,0} \frac{\varrho}{2} F}} \tag{2.3,8}$$

vom Boden ab. Wir unterscheiden jetzt die beiden Fälle

a) $V_1 < V_3$

b) $V_1 \geqslant V_3$

Im Falle a) findet nach dem Rollen noch ein Schwebeflug statt, im Falle b) dagegen entfällt der Schwebeflug.

Für die Zeit des kreisförmigen Übergangsbogens sei die konstante Winkelgeschwindigkeit $\dot{\vartheta}_{a,0}$ möglichst groß gewählt, jedoch so, daß dabei

1) der geforderte Auftriebsbeiwert c_A nicht den aerodynamisch maximal möglichen Wert überschreitet,
2) die geforderte Schubkraft S bzw. der geforderte Triebwerksparameter μ_S innerhalb des technisch realisierbaren Bereiches bleiben,
3) der Auftrieb $c_A \frac{\varrho}{2} V_3^2 F$ nicht die statisch zulässigen Grenzen überschreitet,
4) das Lastvielfache in Auftriebsrichtung $1 + (V_3 \dot{\vartheta}_{a,0})/g_n$ innerhalb des physiologisch Annehmbaren bleibt und
5) die Flugstabilität nicht gefährdet ist.

Insgesamt hat man unter diesen Voraussetzungen für die verschiedenen Abschnitte des Startweges die folgenden Vorschriften:
Während des *Rollens* gelten neben den Differentialgleichungen (2.3,5) und den Anfangsbedingungen (2.3,7) noch die Ansätze

$$\mu_S = \mu_{S,0}, \qquad c_A = c_{A,0} \tag{2.3,9}$$

Die Endwerte sind im Fall

$$\text{a) } V = V_1, \quad \text{falls} \quad V_1 < V_3, \quad \vartheta_a = 0 \quad \text{für} \quad t = t_1 \tag{2.3,10a}$$

$$\text{b) } V = V_3, \quad \text{falls} \quad V_1 \geqslant V_3, \quad \vartheta_a = 0 \quad \text{für} \quad t = t_2 \tag{2.3,10b}$$

Im Falle a), d. h. für $V_1 < V_3$, schließt an das Rollen ein horizontales *Schweben* ohne Bodenberührung an. Es gelten dann neben den Differentialgleichungen (2.3,6) und den Anfangsbedingungen (2.3,10a) noch die Festsetzungen

$$\mu_S = \mu_{S,0}, \qquad \dot{\vartheta}_a = 0 \tag{2.3,11}$$

Die Endwerte sind

$$V = V_3, \quad \vartheta_a = 0 \quad \text{für} \quad t = t_2 \tag{2.3,12}$$

Auf dem kreisförmigen *Übergangsbogen* gelten neben den Differentialgleichungen (2.3,6) und den Anfangsbedingungen (2.3,12) die Vorschriften

$$V = V_3, \quad \dot{\vartheta}_a = \dot{\vartheta}_{a,0} \tag{2.3,13}$$

Die Endwerte sind

$$V = V_3, \quad \vartheta_a = \vartheta_{a,3} \quad \text{für} \quad t = t_3 \tag{2.3,14}$$

Die Größen V_3 und $\vartheta_{a,3}$ des stationären Steigflugs können als bekannt vorausgesetzt werden.

Die Lösung der Aufgabe läßt sich unter den genannten Voraussetzungen in geschlossener Form durch bestimmte Integrale darstellen:

Während des *Rollens* wird die Zeit t als Funktion der Geschwindigkeit V

$$t = \int_0^V \frac{m\mathrm{d}V}{S - W - \mu(mg_n - A)} \tag{2.3,15}$$

Dabei ist im Integranden μ_S bzw. c_A aus Gl. (2.3,9) einzusetzen. Für den zurückgelegten Weg gilt entsprechend

$$x = \int_0^V \frac{mV\mathrm{d}V}{S - W - \mu(mg_n - A)} \tag{2.3,16}$$

Während des *Schwebens* ist

$$t - t_1 = \int_{V_1}^V \frac{m\mathrm{d}V}{S - W} \tag{2.3,17}$$

Hier ist im Integranden μ_S aus Gl. (2.3,11) einzusetzen, während sich der Anstellwinkel α und damit der Widerstandsbeiwert c_W aus der Beziehung $A = mg_n$ ergeben. Der im Schwebeflug zurückgelegte Weg errechnet sich aus

$$x - x_1 = \int_{V_1}^V \frac{mV\mathrm{d}V}{S - W} \tag{2.3,18}$$

Für das Rollen und den Schwebeflug gilt

$$\vartheta_a = 0, \quad H = 0 \tag{2.3,19}$$

Auf dem *Übergangsbogen* gilt

$$V = V_3, \quad \vartheta_a = \dot{\vartheta}_{a,0}(t - t_2) \tag{2.3,20}$$

Der Auftriebsbeiwert c_A folgt aus der zweiten Gleichung (2.3,6) als Konstante, während der Schub S bzw. der Triebwerksparameter μ_S sich mit dem Flugwinkel ϑ_a ändern. Der Radius R des Kreisbogens errechnet sich aus

$$R = \frac{V_3}{\dot{\vartheta}_{a,0}} \tag{2.3,21}$$

Damit wird der in horizontaler Richtung zurückgelegte Weg

$$x - x_2 = R \sin \vartheta_a \tag{2.3,22}$$

während die erreichte Flughöhe

$$H = R(1 - \cos \vartheta_a) = 2R \sin^2 \frac{\vartheta_a}{2} \tag{2.3,23}$$

wird. Der Übergang in den stationären Steig- bzw. Gleitflug ist bei dem hier diskutierten Verfahren in der Höhe

$$H_3 = 2R \sin^2 \frac{\vartheta_{a,3}}{2} \tag{2.3,24}$$

vollzogen. Im Falle der Landung wird H_3 als Abfanghöhe bezeichnet. Da sich am Rande von Flughäfen meistens irgendwelche Hindernisse befinden, genügt es i. a. nicht, wenn der in der Höhe $H = 0$ zurückgelegte Weg kleiner als die Länge der Rollbahn bleibt, vielmehr darf der gesamte Weg x^* vom Ruhezustand bis zum Erreichen einer bestimmten Höhe H^*, z. B. $H^* = 15$ m, einen festgesetzten Wert nicht überschreiten. Diese Forderung kann auch dazu dienen, die Zweckmäßigkeit verschiedener Start- oder Landeverfahren miteinander zu vergleichen. Bei dem hier diskutierten Verfahren erreicht das Flugzeug die Höhe H^* entweder auf dem Übergangsbogen oder auf der anschließenden stationären Steig- oder Gleitbahn. Im ersten Falle errechnet sich die gesamte Start- bzw. Landestrecke aus

$$\left.\begin{aligned} \sin \frac{\vartheta_a^*}{2} &= \sqrt{\frac{H^*}{2R}} \\ x^* - x_2 &= R \sin \vartheta_a^* \end{aligned}\right\} \quad \text{für} \quad H^* \leqq H_3 \tag{2.3,25}$$

Andernfalls wird

$$x^* - x_3 = \frac{H^* - H_3}{\vartheta_{a,3}} \quad \text{für} \quad H^* > H_3 \tag{2.3,26}$$

Man kann die kostspieligen Startbahnen verkürzen, indem man während des Starts eine größere vertikale Kraft als im normalen Steig- oder Reiseflug anwendet. Die gewünschte Hubkraft läßt sich einerseits als aerodynamischer Auftrieb mit Hilfe

von Klappen, Vorflügeln oder durch Grenzschichtbeeinflussung, andererseits auch als Schubkomponente durch Strahlumlenkung, Nachverbrennung oder mit Hilfstriebwerken erzeugen. Die erforderliche Stabilität der sogenannten STOL (Short Take Off and Landing)-Flugzeuge während der Startphase kann man mit aerodynamischen Mitteln gar nicht oder nur teilweise erreichen, Flugzeuge dieser Art erfordern daher einen größeren Aufwand an Stabilisierungseinrichtungen.

Literatur zu Abschnitt 2.3.1: [2–300 bis 316]. S. 213.

2.3.2. Phygoidenbewegung nach Lanchester

2.3.21. Allgemeiner Ansatz

Ein sehr bekanntes Beispiel einer instationären Bewegung ist die zuerst von *F. W. Lanchester* [2–001] untersuchte Phygoidenbewegung. Es handelt sich dabei wieder um eine symmetrische Bewegung in einer windstillen, homogenen Atmosphäre über einer ebenen, nicht rotierenden Erde. Die Flugzeugmasse m und der Anstellwinkel α seien konstant, c_A sei positiv, die Schubkraft S zeige in Bewegungsrichtung und reiche gerade zur Überwindung des Luftwiderstandes aus. Man kann diese Bedingung durch laufendes Verstellen des Triebwerksparameters μ_S erfüllen. Die Symmetrieebene sei durch die Einheitsvektoren $\boldsymbol{g}_1$ und $\boldsymbol{g}_3$ aufgespannt. Die Neigungswinkel können hier ebenso wie im Abschnitt 2.1.21, S. 132, beliebig groß werden. Gegenüber Abschnitt 2.1.21, in dem nur mögliche stationäre Flugzustände verglichen werden, handelt es sich hier aber um die zusammenhängende Bewegung ein- und desselben Flugzeugs. Wir halten daher jetzt die Richtung der Querachse fest und setzen

$$\left.\begin{aligned} &\boldsymbol{a}_2 = \boldsymbol{e}_2 = \boldsymbol{b}_2 = \boldsymbol{f}_2 = \boldsymbol{g}_2 \\ &\psi_a = \psi_e = \psi_b \\ &\vartheta_a = \vartheta_e = \vartheta_b \\ &\varphi_a = \varphi_e = \varphi_b \\ &\beta = \beta_S = 0, \quad \alpha = \text{const}, \quad \boldsymbol{w} = 0, \quad \boldsymbol{s}_1 = \boldsymbol{a}_1, \quad S = W \\ &\varrho = \text{const}, \quad m = \text{const}, \quad c_A > 0 \end{aligned}\right\} \qquad (2.3{,}27)$$

Unter Beachtung der Gl. (1.3,34) ff., S. 27, folgt

$$\left.\begin{aligned} &\cos\psi_a \cos\varphi_a = 1, \qquad \cos\psi_f \cos\varphi_f = 1 \\ &\sin\vartheta_f = \sin(\vartheta_a + \alpha\cos\varphi_a), \qquad \cos\vartheta_f \geqslant 0 \\ &\cos\varphi_f \cos\vartheta_f = \cos\varphi_a \cos(\vartheta_a + \alpha\cos\varphi_a) \\ &\cos(\psi_f - \psi_a) = \cos\varphi_a \cos\varphi_f \end{aligned}\right\} \qquad (2.3{,}28)$$

Die Beschleunigung ist nach Gl. (1.5,44), S. 40,

$$\frac{\mathrm{d}^2\boldsymbol{s}}{\mathrm{d}t^2} = \dot{V}\boldsymbol{a}_1 + \begin{vmatrix} \boldsymbol{a}_1 & \boldsymbol{a}_2 & \boldsymbol{a}_3 \\ 0 & q_{ya} & 0 \\ V & 0 & 0 \end{vmatrix} = \dot{V}\boldsymbol{a}_1 - Vq_{ya}\boldsymbol{a}_3 \tag{2.3,29}$$

Aus Gl. (1.4,28), S. 33, folgt ferner mit Beachtung von Gl. (1.3,23), S. 23, (1.4,27), (2.3,27) und (2.3,28)

$\boldsymbol{q} = \boldsymbol{\omega}$			0	$\dot{\vartheta}_f \cos\psi_f$	0
	$\boldsymbol{V} = \boldsymbol{U}$		U_x	0	U_z
			$\boldsymbol{g}_1$	$\boldsymbol{g}_2$	$\boldsymbol{g}_3$
0	V	$\boldsymbol{a}_1$	$\cos\psi_a \cos\vartheta_a$	0	$-\sin\vartheta_a$
q_{ya}	0	$\boldsymbol{a}_2$	0	1	0
0	0	$\boldsymbol{a}_3$	$\sin\vartheta_a$	0	$\cos\psi_a \cos\vartheta_a$

(2.3,30)

Durch zeitliche Differentiation von $\sin\vartheta_a$ nach Gl. (2.3,28) folgt nun mit Rücksicht auf die übrigen Relationen (2.3,28)

$$\dot{\vartheta}_f \cos\psi_f = \dot{\vartheta}_a \cos\psi_a \tag{2.3,31}$$

Damit folgt aus den Gln. (2.3,29–30)

$$\frac{\mathrm{d}^2\boldsymbol{s}}{\mathrm{d}t^2} = \dot{V}\boldsymbol{a}_1 - V\dot{\vartheta}_a \cos\psi_a \boldsymbol{a}_3 \tag{2.3,32}$$

Die Gesamtkraft wird hier nach Gl. (2.1,10) bis (2.1,14), S. 117, unter Berücksichtigung von Gl. (2.3,27) und (2.3,30)

$$\sum_\nu \boldsymbol{K}^\nu = mg_\mathrm{n}(-\sin\vartheta_a \boldsymbol{a}_1 + \cos\psi_a \cos\vartheta_a \boldsymbol{a}_3) - A\boldsymbol{a}_3 \tag{2.3,33}$$

In Komponenten nach dem flugwindfesten System (*a*) lautet demnach die Kraftgleichung

$\boldsymbol{a}_1$:
$$m\dot{V} = -mg_\mathrm{n} \sin\vartheta_a \tag{2.3,34}$$

$\boldsymbol{a}_3$:
$$-mV\dot{\vartheta}_a \cos\psi_a = mg_\mathrm{n} \cos\psi_a \cos\vartheta_a - A \tag{2.3,35}$$

Ferner gelten nach Gl. (2.3,30) die kinematischen Beziehungen

$$\dot{x} \equiv U_x = V\cos\psi_a \cos\vartheta_a \tag{2.3,36}$$

$$\dot{H} \equiv -U_z = V\sin\vartheta_a \tag{2.3,37}$$

Zur Vereinfachung der Schreibweise führen wir die Abkürzung

$$\bar{V}^2 = \frac{mg_n}{c_A \frac{\varrho}{2} F} \tag{2.3,38}$$

ein. Bei der „Gleichgewichtsgeschwindigkeit" $\bar{V}$ wäre mit dem gewählten Anstellwinkel α ein stationärer Horizontalflug möglich. Gl. (2.3,35) nimmt damit die Form an

$$-V\dot{\vartheta}_a \cos\psi_a = g_n \cos\psi_a \cos\vartheta_a - g_n \left(\frac{V}{\bar{V}}\right)^2 \tag{2.3,39}$$

Elimination von $\sin\vartheta_a$ aus Gl. (2.3,34) und (2.3,37) gibt

$$\frac{-\dot{V}}{g_n} = \frac{\dot{H}}{V} \tag{2.3,40}$$

Integration dieser Gleichung gibt

$$\frac{V^2}{2g_n} + H = H_{max} \tag{2.3,41}$$

H_{max} ist die maximale Höhe über dem Erdboden, die das Flugzeug erreichen kann. (Setzt man nämlich formal $H > H_{max}$, so wird V imaginär). Mit der Transformation

$$z = H_{max} - H \tag{2.3,42}$$

lautet die letzte Gleichung

$$\frac{V^2}{2g_n} = z \tag{2.3,43}$$

Die „Fallhöhe" z gibt den Unterschied zwischen der maximalen Höhe H_{max} und der tatsächlichen Höhe H an. Setzt man

$$\frac{\bar{V}^2}{2g_n} = \bar{z} \tag{2.3,44}$$

so kann man Gl. (2.3,43) noch in der Form

$$\left(\frac{V}{\bar{V}}\right)^2 = \frac{z}{\bar{z}} \tag{2.3,45}$$

schreiben. Die Höhe

$$\bar{H} = H_{max} - \bar{z} \tag{2.3,46}$$

ist die „Gleichgewichtshöhe" des Flugzeugs über dem Boden, $\bar{z}$ die zugehörige Fallhöhe. Kombination der Gleichungen (2.3,37) und (2.3,39) gibt

$$-V\dot{\vartheta}_a \cos\psi_a \cdot V \sin\vartheta_a = \left[g_n \cos\psi_a \cos\vartheta_a - g_n \left(\frac{V}{\bar{V}}\right)^2\right] \dot{H} \qquad (2.3,47)$$

Mit Beachtung der Beziehung (2.3,42) sowie der Gl. (2.3,45) wird daraus

$$\frac{d\vartheta_a}{dz} \cos\psi_a \sin\vartheta_a = \frac{1}{2z}\left[\cos\psi_a \cos\vartheta_a - \frac{z}{\bar{z}}\right] \qquad (2.3,48)$$

Durch Übergang zur dimensionslosen Variablen

$$\zeta = \frac{z}{\bar{z}} \qquad (2.3,49)$$

die wegen Gl. (2.3,45) mit dem Lastvielfachen ($=A/mg_n$) identisch ist, erhält man nach kurzer Zwischenrechnung die Darstellung

$$\frac{d}{d\zeta}\left[\zeta^{\frac{1}{2}} \cos\psi_a \cos\vartheta_a\right] = \frac{1}{2}\, \zeta^{\frac{1}{2}} \qquad (2.3,50)$$

Integration und anschließende Multiplikation mit $\zeta^{-\frac{1}{2}}$ gibt

$$\cos\psi_a \cos\vartheta_a = \frac{1}{3}\,\zeta + k'\zeta^{-\frac{1}{2}} \qquad (2.3,51)$$

wobei k' die Integrationskonstante ist. Aus den Gleichungen (2.3,36), (2.3,37), (2.3,42) und (2.3,50) folgt weiter

$$\frac{-1}{\bar{z}}\,\frac{dx}{d\zeta} = \cos\psi_a \cot\vartheta_a \qquad (2.3,52)$$

Integration gibt die Bahngleichung

$$x - x_1 = -\bar{z} \int_{\zeta_1}^{\zeta} \frac{\cos\psi_a \cos\vartheta_a}{\sqrt{1-\cos^2\vartheta_a}}\, \frac{d\zeta}{\operatorname{sgn}\vartheta_a} \qquad (2.3,53)$$

wobei $\cos\psi_a \cos\vartheta_a$ aus Gl. (2.3,51) als Funktion von ζ einzusetzen ist. Für die Zeitabhängigkeit findet man entsprechend aus Gl. (2.3,37); (2.3,42) und (2.3,50)

$$\frac{-1}{\bar{z}}\,\frac{dt}{d\zeta} = \frac{1}{\bar{V}\sqrt{\zeta}\,\sin\vartheta_a} \qquad (2.3,54)$$

Integration gibt

$$t-t_1=\frac{-\bar{z}}{\bar{V}}\int\limits_{\zeta_1}^{\zeta}\frac{d\zeta}{\sqrt{\zeta(1-\cos^2\vartheta_a)}}\,\frac{1}{\operatorname{sgn}\vartheta_a} \qquad (2.3,55)$$

Die in Gl. (2.3,53) bzw. (2.3,55) vorkommenden Integrale lassen sich i. a. nicht durch tabulierte Funktionen ausdrücken und müssen dann durch Quadratur bestimmt werden.

2.3.22. Gleichgewichtsflug

Im Spezialfall $k' = 2/3$ nimmt die Funktion

$$\cos\psi_a\cos\vartheta_a \equiv f(\zeta)=\frac{1}{3}\zeta+\frac{2}{3}\zeta^{-\frac{1}{2}} \qquad (2.3,56)$$

an der Stelle $\zeta = 1$ ein Minimum vom Betrage $f(1) = 1$ an. Da andererseits die Funktion $\cos\vartheta_a$ für reelle Werte von ϑ_a höchstens gleich 1 sein kann, so ist in diesem Falle identisch, da auch $\cos\vartheta_a \geqslant 0$ gilt,

$$\zeta\equiv 1,\quad \text{also}\quad z=\bar{z},\quad V=\bar{V}\quad \text{und}\quad \cos\psi_a=\cos\vartheta_a=1 \qquad (2.3,57)$$

Integration von Gl. (2.3,36) gibt dann direkt

$$x-x_1=\bar{V}(t-t_1) \qquad (2.3,58)$$

d. h. man hat hier den Fall des Fluges in der Gleichgewichtshöhe $\bar{H}$. Der Wert $k' = 2/3$ ist der größte Wert, für welchen eine reelle Lösung möglich ist, da im Falle $k' > 2/3$ das Minimum der Funktion $f(\zeta)$ gemäß Gl. (2.3,51) größer als 1 ist.

2.3.23. Schwingung kleiner Amplitude

Für Werte k', die wenig kleiner als 2/3 sind, suchen wir eine Näherungslösung der Form

$$\zeta = 1+\varepsilon\cos\varphi \quad \text{mit}\quad \dot{\varphi}>0 \qquad (2.3,59a)$$

wobei $0 < \varepsilon \ll 1$ sei. Die rechte Seite von Gl. (2.3,51) wird hier jedenfalls positiv, außerdem ist stets $\cos\vartheta_a \geqslant 0$; daher wird $\psi_a = 0$. Mit Gl. (2.3,45, 49) findet man sofort noch die Beziehung

$$\frac{V}{\bar{V}}=\sqrt{\zeta}\approx 1+\frac{\varepsilon}{2}\cos\varphi \qquad (2.3,59b)$$

Für $\varphi = 0$ erreicht ζ das Maximum $1+\varepsilon$, dort wird also auch $\vartheta_a = 0$. Die Integrationskonstante k' hat also gemäß Gl. (2.3,51) näherungsweise den Wert

$$k' = (1+\varepsilon)^{\frac{1}{2}} - \frac{1}{3}(1+\varepsilon)^{\frac{3}{2}} \approx \frac{2}{3} - \frac{\varepsilon^2}{4} + \dots \qquad (2.3{,}60)$$

Trägt man die Ansätze (2.3,59) und (2.3,60) in Gl. (2.3,51) ein, so wird näherungsweise

$$\cos\psi_a \cos\vartheta_a = \frac{1}{3}(1+\varepsilon\cos\varphi) + \left(\frac{2}{3} - \frac{\varepsilon^2}{4}\right)\left(1 - \frac{\varepsilon}{2}\cos\varphi + \right.$$

$$\left. + \frac{3}{8}(\varepsilon\cos\varphi)^2 + \dots\right) \approx 1 - \frac{\varepsilon^2}{4}\sin^2\varphi \qquad (2.3{,}61)$$

und daher

$$|\sin\vartheta_a| = \frac{\varepsilon}{\sqrt{2}}|\sin\varphi|$$

Andererseits wird nach Gl. (2.3,37, 42, 49, 59)

$$\sin\vartheta_a = \frac{\dot{H}}{V} = \frac{-\dot{z}}{V} = \frac{-\bar{z}}{V}\dot{\zeta} = \frac{\bar{z}\dot{\varphi}\varepsilon}{V}\sin\varphi$$

Da nach unseren Voraussetzungen der Ausdruck $\bar{z}\dot{\varphi}\varepsilon/V > 0$ ist, haben $\sin\vartheta_a$ und $\sin\varphi$ dasselbe Vorzeichen. Daher wird

$$\sin\vartheta_a = \frac{\varepsilon}{\sqrt{2}}\sin\varphi \qquad (2.3{,}62)$$

Einsetzen in Gl. (2.3,53) gibt in erster Näherung

$$x - x_1 = -\bar{z}\int_{\zeta_1}^{\zeta} \frac{\cos\psi_a\cos\vartheta_a}{\sin\vartheta_a}\,\mathrm{d}\zeta = \bar{z}\sqrt{2}(\varphi - \varphi_1) \qquad (2.3{,}63)$$

Entsprechend wird gemäß Gl. (2.3,55)

$$t - t_1 = \frac{-\bar{z}}{\bar{V}}\int_{\zeta_1}^{\zeta} \frac{\mathrm{d}\zeta}{\sqrt{\zeta}\sin\vartheta_a} = \frac{\bar{z}}{\bar{V}}\sqrt{2}(\varphi - \varphi_1) \qquad (2.3{,}64a)$$

Durch Differentiation nach t folgt

$$\dot{\varphi} = \frac{\bar{V}}{\bar{z}\sqrt{2}} \qquad (2.3{,}64b)$$

Die Schwingungsdauer wird

$$T_{k' \to \frac{2}{3}} = \frac{\bar{z}}{\bar{V}}\sqrt{2}\cdot 2\pi \approx 8{,}88\,\frac{\bar{z}}{\bar{V}} = 4{,}44\,\frac{\bar{V}}{g_n} \qquad (2.3{,}65)$$

Entsprechend wird die Wellenlänge

$$\lambda_{k' \to \frac{2}{3}} = \bar{z}\sqrt{2} \cdot 2\pi \approx 8{,}88\bar{z} = 4{,}44 \frac{\bar{V}^2}{g_n} \tag{2.3,66}$$

Die mittlere Horizontalgeschwindigkeit des Flugzeugs ist daher

$$\left.\frac{\lambda}{T}\right|_{k' \to \frac{2}{3}} = \bar{V} \tag{2.3,67}$$

2.3.24. Pirouette

Auch im Spezialfall $k' = 0$ ist eine Auswertung durch tabulierte Funktionen möglich. Gemäß Gl. (2.3,51) wird hier

$$\cos\psi_a \cos\vartheta_a = \frac{1}{3}\zeta \tag{2.3,68}$$

Gl. (2.3,53) gibt mit elementarer Integration für ein ζ-Intervall, in dem $\operatorname{sgn}\vartheta_a$ konstant ist,

$$x - x_1 = 3\bar{z}\left[\sqrt{1-\frac{1}{9}\zeta^2} - \sqrt{1-\frac{1}{9}\zeta_1^2}\right]\operatorname{sgn}\vartheta_a \tag{2.3,69}$$

Legt man den Nullpunkt auf der Achse g_1 so, daß

$$x_1 = 3\bar{z}\sqrt{1-\frac{1}{9}\zeta_1^2}\operatorname{sgn}\vartheta_a \tag{2.3,70}$$

wird, so hat man einfacher

$$x = 3\bar{z}\sqrt{1-\frac{1}{9}\zeta^2}\operatorname{sgn}\vartheta_a \tag{2.3,71}$$

oder quadriert und mit Rücksicht auf Gl. (2.3,49)

$$x^2 + z^2 = (3\bar{z})^2 \tag{2.3,72}$$

Die Bahn ist demnach ein Kreis um den Mittelpunkt $x = 0$, $z = 0$ mit dem Radius $3\bar{z}$; von ihm ist jedoch nur die untere Hälfte gültig, da wir gemäß Gl. (2.3,43) $z \geqslant 0$ voraussetzen müssen und z gemäß Gl. (2.3,42) nach unten als positiv zählt. Auf Grund unserer Voraussetzungen müssen wir also annehmen, daß das Flugzeug nach Erreichen der Maximalhöhe H_{max} je nachdem, ob man von positiven oder negativen Werten von k' zur Grenze $k' \to 0$ geht, sehr schnell eine Drehung mit $-180°$ oder $+180°$ um die Querachse f_2 ausführt und dann den anschließenden Halbkreis durchfliegt. Beim Kunstflug kann man diese Flugfigur als „Pirouette" oder „Männchen" deuten.

Für den Zeitverlauf ergibt sich im Falle $k' = 0$ gemäß Gl. (2.3,55)

$$t - t_1 = \frac{-\bar{z}}{\bar{V}} \int_{\zeta_1}^{\zeta} \frac{d\zeta}{\sqrt{\zeta\left(1 - \frac{1}{9}\zeta^2\right)}} \frac{1}{\operatorname{sgn} \vartheta_a} \tag{2.3,73}$$

Durch die Transformation

$$\zeta = 3(1 - y^2) \tag{2.3,74}$$

erhält man nach kurzer Zwischenrechnung die Form

$$t - t_1 = \frac{\bar{z}\sqrt{6}}{\bar{V}} \int_{y_1}^{y} \frac{dy}{\sqrt{(1-y^2)(1-\frac{1}{2}y^2)}} \frac{1}{\operatorname{sgn} \vartheta_a} \tag{2.3,75}$$

Nun ist

$$\int_0^{\sin\varphi'} \frac{dy}{\sqrt{(1-y^2)(1-y^2\sin^2\alpha')}} = F(\alpha', \varphi') \tag{2.3,76}$$

das unvollständige elliptische Integral erster Gattung in der Normalform von *Legendre*. Demnach wird $t - t_1$ mittels der Gleichung

$$t - t_1 = \frac{\bar{z}\sqrt{6}}{\bar{V}} \left[F(45°, \arcsin y) - F(45°, \arcsin y_1)\right] \operatorname{sgn} \vartheta_a \tag{2.3,77}$$

durch tabulierte Funktionen dargestellt [1–909].

Für den Bahnteil zwischen $\zeta_1 = 3$ und $\zeta_0 = 0$ wird $\operatorname{sgn} \vartheta_a = +1$, $y_1 = 0$, $y_0 = 1$, $\arcsin y_1 = 0$, $\arcsin y_0 = 90°$ und demnach

$$t_0 - t_1 = \frac{\bar{z}\sqrt{6}}{\bar{V}} F(45°, 90°) = \frac{\bar{z}\sqrt{6}}{\bar{V}} \cdot 1{,}8541$$

Die gesamte Schwingungsdauer wird daher im Falle $k' = 0$

$$T_{k'=0} = 2(t_0 - t_1) = \frac{\bar{z}}{\bar{V}} 2\sqrt{6} \cdot 1{,}8541 \approx 9{,}10 \frac{\bar{z}}{\bar{V}} = 4{,}55 \frac{\bar{V}}{g_n} \tag{2.3,78}$$

während die Wellenlänge nach Gl. (2.3,72)

$$\lambda_{k'=0} = 6\bar{z} = 3 \frac{\bar{V}^2}{g_n} \tag{2.3,79}$$

beträgt. Die mittlere Horizontalgeschwindigkeit des Flugzeugs ist also

$$\left.\frac{\lambda}{T}\right|_{k'=0} = \frac{6\bar{z}\bar{V}}{2\bar{z}\sqrt{6} \cdot 1{,}8541} = \frac{\sqrt{6}}{2 \cdot 1{,}8541} \bar{V} \approx 0{,}661\,\bar{V} \tag{2.3,80}$$

2.3.25. Schneller Looping

Im Falle absolut großer negativer Werte von $k'(k' \to -\infty)$ schreiben wir Gl. (2.3,51) bzw. (2.3,48) in der Form

$$\zeta = (-3k' + 3\zeta^{\frac{1}{2}} \cos\psi_a \cos\vartheta_a)^{\frac{2}{3}} \tag{2.3,81}$$

$$d\zeta = \frac{-2\cos\psi_a \sin\vartheta_a}{1 - \dfrac{\cos\psi_a \cos\vartheta_a}{\zeta}} d\vartheta_a \tag{2.3,82}$$

Praktisch ist k' durch das maximal erreichbare (oder maximal zulässige) Lastvielfache ζ_{max} begrenzt. Aus Gl. (2.3,81) ergibt sich als erste Näherung für ζ

$$\zeta^{(1)} = (-3k')^{\frac{2}{3}} \tag{2.3,83}$$

und als zweite Näherung

$$\zeta^{(2)} = [-3k' + 3(-3k')^{\frac{1}{3}} \cos\psi_a \cos\vartheta_a]^{\frac{2}{3}}$$

oder bei Entwicklung in eine Reihe näherungsweise

$$\zeta^{(2)} \approx (-3k')^{\frac{2}{3}} \left[1 + 2\,\frac{\cos\psi_a \cos\vartheta_a}{(-3k')^{2/3}}\right] \tag{2.3,84}$$

oder

$$z^{(2)} \approx \bar{z}\left[(-3k')^{\frac{2}{3}} + 2\cos\psi_a \cos\vartheta_a\right] \tag{2.3,85}$$

Einsetzen von $\zeta^{(1)}$ gemäß Gl. (2.3,83) in Gl. (2.3,82) gibt näherungsweise

$$d\zeta \approx -2\cos\psi_a \sin\vartheta_a \left(1 + \frac{\cos\psi_a \cos\vartheta_a}{(-3k')^{2/3}}\right) d\vartheta_a \tag{2.3,86}$$

Damit wird gemäß Gl. (2.3,53)

$$x - x_1 \approx 2\bar{z} \int_{\vartheta_{a,1}}^{\vartheta_a} \cos\vartheta_a \left(1 + \frac{\cos\psi_a \cos\vartheta_a}{(-3k')^{2/3}}\right) d\vartheta_a \tag{2.3,87}$$

Sofern ψ_a auf dem Integrationsweg konstant bleibt, ist

$$x - x_1 = 2\bar{z}\left[\sin\vartheta_a + \frac{\cos\psi_a}{(-3k')^{2/3}}\,\frac{\vartheta_a + \dfrac{1}{2}\sin 2\vartheta_a}{2}\right]_{\vartheta_{a,1}}^{\vartheta_a} \tag{2.3,88}$$

Vernachlässigt man in Gl. (2.3,88) das zweite Glied in der Klammer, so definieren die Gleichungen (2.3,85) und (2.3,88) eine Bewegung des Flugzeugs auf einem Kreise vom Radius $2\bar{z}$, dessen Mittelpunkt auf der

Horizontalen $z = \bar{z}(-3k')^{2/3}$ liegt. Wie das Zusatzglied in Gl. (2.3,88) zeigt, liegt jedoch der Mittelpunkt des Kreises nicht fest; vielmehr bedeutet der Zusatzterm mit ϑ_a eine gleichförmige Wanderung des Mittelpunktes in Richtung g_1, der Zusatzterm mit $\sin 2\vartheta_a$ eine überlagerte Schwingung von doppelter Frequenz der Kreisbewegung. Als Kunstflugfigur bedeutet die betrachtete Bewegung einen Looping.

Während einer vollen Periode verlagert sich der Mittelpunkt des Kreises gemäß Gl. (2.3,88) um den Betrag

$$\lambda_{k' \to -\infty} = \frac{2\pi\bar{z}}{(-3k')^{2/3}} \tag{2.3,89}$$

Der Zeitverlauf wird nach Gl. (2.3,55) und (2.3,86) in erster Näherung

$$t - t_1 \approx \frac{2\bar{z}}{\bar{V}} \int_{\vartheta_{a,1}}^{\vartheta_a} \frac{\cos\psi_a \, d\vartheta_a}{(-3k')^{1/3}} \tag{2.3,90}$$

Sofern ψ_a auf dem Integrationsweg konstant bleibt, wird daraus

$$t - t_1 = \frac{2\bar{z}}{\bar{V}(-3k')^{1/3}} \left[\vartheta_a \cos\psi_a\right]_{\vartheta_{a,1}}^{\vartheta_a} \tag{2.3,91}$$

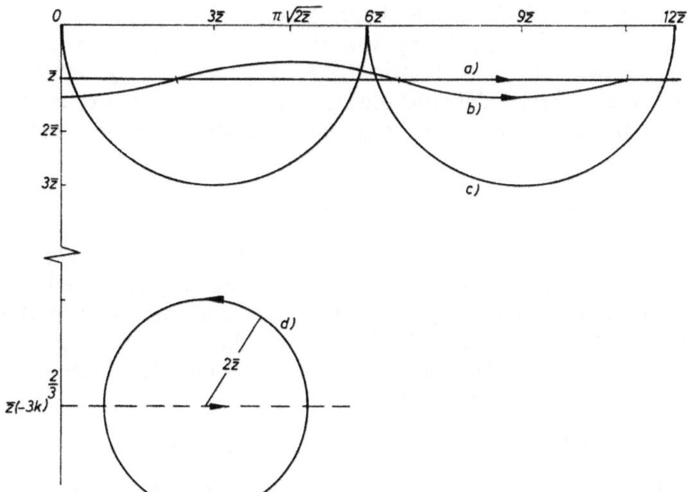

Abb. 2.3,2. Sonderfalle der Phygoide nach *Lanchester*:
a) $k' = 2/3$: Gleichgewichtsflug,
b) $k' = 2/3 - \varepsilon^2/4$: kleine Schwingung,
c) $k' = 0$: Pirouette,
d) $k' \to -\infty$: schneller Looping

Während einer vollen Periode vergeht die Zeit

$$T_{k'\to-\infty} = \frac{4\pi\bar{z}}{\bar{V}(-3k')^{1/3}} \tag{2.3,92}$$

Die mittlere Horizontalgeschwindigkeit des Flugzeugs wird daher

$$\left.\frac{\lambda}{T}\right|_{k'\to-\infty} = \frac{\bar{V}}{2(-3k')^{1/3}} \tag{2.3,93}$$

Die betrachteten Sonderfälle sind in Abb. 2.3,2 graphisch dargestellt. Für dazwischen liegende Fälle hat *W. Müller* [2–332] ausführliche Rechnungen angestellt.

Literatur zu Abschnitt 2.3.2: [2–331 bis 335], S. 214.

2.3.3. Freie Schwingungen um die stationäre Spiralflugkurve

Im letzten Abschnitt fanden wir als Spezialfall der Phygoiden nach *Lanchester* ungedämpfte Schwingungen des Flugzeugschwerpunkts um eine stationäre gerade, horizontale Flugbahn. Im folgenden wollen wir diese Betrachtung verallgemeinern, und zwar wollen wir den stationären Spiralflug hinsichtlich kleiner überlagerter Schwingungen untersuchen. Dabei nehmen wir an, daß der Anstellwinkel α, der Schiebewinkel β und der Azimutwinkel ψ_a des flugwindfesten Systems durch geeignete Betätigung der drei Ruder dauernd gleich ihren stationären Werten gehalten werden. Bezeichnet man die stationären Werte durch den Index „0", so gilt also

$$\alpha = \alpha_0 = \text{const}, \quad \beta = \beta_0 = \text{const}, \quad \psi_a = \psi_{a0}, \quad \dot{\psi} = \dot{\psi}_{a0} = \text{const} \tag{2.3,94}$$

Gemäß den Ausführungen, die im Anschluß an Gl. (2.1,25) gemacht wurden, ist durch α, β und $\dot{\psi}_a$ für ein gegebenes Flugzeug eine bestimmte stationäre Spiralkurve definiert. Gegenüber dem stationären Fall wollen wir jetzt aber zulassen, daß die Geschwindigkeit V, der Längsneigungswinkel ϑ_a und der Rollwinkel φ_a des flugwindfesten Systems kleine, zeitlich veränderliche Abweichungen

$$\Delta V = V - V_0, \quad \Delta\vartheta_a = \vartheta_a - \vartheta_{a0}, \quad \Delta\varphi_a = \varphi_a - \varphi_{a0} \tag{2.3,95}$$

von ihren Sollwerten V_0, ϑ_{a0}, φ_{a0} besitzen. Durch die Gleichungen (1.3,34) bis (1.3,37), S. 27, sind damit auch die Störungen $\Delta\vartheta_e$, $\Delta\varphi_e$, $\Delta\psi_e$ und $\Delta\vartheta_f$, $\Delta\varphi_f$, $\Delta\psi_f$ bestimmt.

Die Kräftegleichung (1.5,6), S. 35, lautet im Falle der Windstille bei Zerlegung im flugwindfesten System (a) unter Berücksichtigung der

Gleichungen (1.5,44), S. 40, und (1.4,27), S. 34,

$$m\left\{\dot{V}\boldsymbol{a}_1+\left|\begin{matrix}\boldsymbol{a}_1 & \boldsymbol{a}_2 & \boldsymbol{a}_3\\ q_{xa}+\dot{\alpha}\sin\beta & q_{ya}-\dot{\alpha}\cos\beta & q_{za}-\dot{\beta}\\ V & 0 & 0\end{matrix}\right|\right\}=\sum_{\nu}\boldsymbol{K}^{\nu} \quad (2.3,96)$$

Nun gilt für die Drehgeschwindigkeit des flugwindfesten Systems, nämlich

$$\boldsymbol{q}_{a/g}=(q_{xa}+\dot{\alpha}\sin\beta)\,\boldsymbol{a}_1+(q_{ya}-\dot{\alpha}\cos\beta)\,\boldsymbol{a}_2+(q_{za}-\dot{\beta})\,\boldsymbol{a}_3 \quad (2.3,97)$$

s. Abschnitt 1.4.2, S. 31, analog zu Gl. (1.4,12) die Zerlegung

$$\boldsymbol{q}_{a/g}=\left\{\begin{matrix}(-\dot{\vartheta}_a\sin\psi_a+\dot{\varphi}_a a_{11})\boldsymbol{g}_1+(\dot{\vartheta}_a\cos\psi_a+\dot{\varphi}_a a_{12})\boldsymbol{g}_2\\ +(\dot{\psi}_a+\dot{\varphi}_a a_{13})\boldsymbol{g}_3\end{matrix}\right\} \quad (2.3,98)$$

Entsprechend Gl. (1.4,28), S. 33, gelten daher die Beziehungen

$\boldsymbol{q}_{a/g}$		$-\dot{\vartheta}_a\sin\psi_a+\dot{\varphi}_a a_{11}$	$\dot{\vartheta}_a\cos\psi_a+\dot{\varphi}_a a_{12}$	$\dot{\psi}_a+\dot{\varphi}_a a_{13}$
		$\boldsymbol{g}_1$	$\boldsymbol{g}_2$	$\boldsymbol{g}_3$
$q_{xa}+\dot{\alpha}\sin\beta$	$\boldsymbol{a}_1$	a_{11}	a_{12}	a_{13}
$q_{ya}-\dot{\alpha}\cos\beta$	$\boldsymbol{a}_2$	a_{21}	a_{22}	a_{23}
$q_{za}-\dot{\beta}$	$\boldsymbol{a}_3$	a_{31}	a_{32}	a_{33}

(2.3,99)

Aus Gl. (2.3,99) folgt nun sofort unter Beachtung der Orthogonalitätsrelationen (1.3,3), S. 16,

$$\left.\begin{aligned} q_{xa}+\dot{\alpha}\sin\beta &= \dot{\vartheta}_a(-a_{11}\sin\psi_a+a_{12}\cos\psi_a)+\dot{\psi}_a a_{13}+\dot{\varphi}_a\\ q_{ya}-\dot{\alpha}\cos\beta &= \dot{\vartheta}_a(-a_{21}\sin\psi_a+a_{22}\cos\psi_a)+\dot{\psi}_a a_{23}\\ q_{za}-\dot{\beta} &= \dot{\vartheta}_a(-a_{31}\sin\psi_a+a_{32}\cos\psi_a)+\dot{\psi}_a a_{33}\end{aligned}\right\} \quad (2.3,100)$$

Einsetzen der Koeffizienten a_{ik} aus Gl. (1.3,23) S. 23, gibt weiter

$$\left.\begin{aligned} q_{xa}+\dot{\alpha}\sin\beta &= \dot{\varphi}_a-\dot{\psi}_a\sin\vartheta_a\\ q_{ya}-\dot{\alpha}\cos\beta &= \dot{\psi}_a\sin\varphi_a\cos\vartheta_a+\dot{\vartheta}_a\cos\varphi_a\\ q_{za}-\dot{\beta} &= \dot{\psi}_a\cos\varphi_a\cos\vartheta_a-\dot{\vartheta}_a\sin\varphi_a\end{aligned}\right\} \quad (2.3,101)$$

Führt man diese Ausdrücke sowie die Kräfte nach Gl. (2.1,10) bis (2.1,16), S. 117, in Gl. (2.3,96) ein, so erhält man bei Komponentenzerlegung im System (*a*) die Relationen

$$\boldsymbol{a}_1: \qquad \dot{V}+g_n\sin\vartheta_a=\bar{X}\equiv\frac{S(\boldsymbol{a}_1\cdot\boldsymbol{s}_1)-W}{m}$$

$$\left.\begin{aligned} \boldsymbol{a}_2: \quad & V(-\dot{\vartheta}_a \sin\varphi_a + \dot{\psi}_a \cos\varphi_a \cos\vartheta_a) - g_n \sin\varphi_a \cos\vartheta_a = \\ & \qquad = \bar{Y} \equiv \frac{S(\boldsymbol{a}_2 \cdot \boldsymbol{s}_1) + Q}{m} \\ -\boldsymbol{a}_3: \quad & V(\dot{\vartheta}_a \cos\varphi_a + \dot{\psi}_a \sin\varphi_a \cos\vartheta_a) + g_n \cos\varphi_a \cos\vartheta_a = \\ & \qquad = \bar{Z} \equiv \frac{-S(\boldsymbol{a}_3 \cdot \boldsymbol{s}_1) + A}{m} \end{aligned}\right\} \qquad (2.3,102)$$

Dies sind instationäre Verallgemeinerungen der stationären Kraftgleichungen (2.1,19) bis (2.1,21), S. 118. Die rechts stehenden Ausdrücke $\bar{X}, \bar{Y}, \bar{Z}$ sind bei konstanten Werten von α und β Funktionen, die nur von V abhängen. Stellen wir jetzt die instationären Werte $V, \varphi_a, \vartheta_a$ gemäß Gl. (2.3,95) jeweils als Summe des stationären Anteils und einer kleinen Störung dar, so erhalten wir durch Linearisierung unter Berücksichtigung der stationären Kraftgleichungen (2.1,14) bis (2.1,21), S. 117, die Störungsgleichungen

$$\begin{aligned} &\left(\frac{\mathrm{d}}{\mathrm{d}t} - \bar{X}_V\right)\Delta V + g_n \cos\vartheta_a \Delta\vartheta_a = 0 \\ &(\dot{\psi}_a \cos\varphi_a \cos\vartheta_a - \bar{Y}_V)\Delta V - \bar{Z}\Delta\varphi_a - \left(V \sin\varphi_a \frac{\mathrm{d}}{\mathrm{d}t} + \bar{Y}\tan\vartheta_a\right)\Delta\vartheta_a = 0 \\ &(\dot{\psi}_a \sin\varphi_a \cos\vartheta_a - \bar{Z}_V)\Delta V + \bar{Y}\Delta\varphi_a + \left(V\cos\varphi_a \frac{\mathrm{d}}{\mathrm{d}t} - \bar{Z}\tan\vartheta_a\right)\Delta\vartheta_a = 0 \end{aligned} \qquad (2.3,103)$$

Hierbei sind alle Koeffizienten mit ihren stationären Werten zu nehmen Wie man sieht, besteht hier i. a. eine starke Koppelung zwischen den Störungen ΔV und $\Delta\vartheta_a$, die auch im Falle einer symmetrischen Bewegung (mit $\dot{\psi}_a = \varphi_a = 0$) vorhanden sind, mit der Störung $\Delta\varphi_a$ der Seitenbewegung.

Durch einen Exponentialansatz der Form

$$\Delta V = \Delta V_0 \mathrm{e}^{\lambda t} \text{ usw.} \qquad (2.3,104)$$

erhalten wir nach dem Vorgang von Abschnitt 1.9.21, S. 85, die charakteristische Gleichung

$$\begin{vmatrix} \lambda - \bar{X}_V & 0 & g_n \cos\vartheta_a \\ \dot{\psi}_a \cos\varphi_a \cos\vartheta_a - \bar{Y}_V & -\bar{Z} & -V\sin\varphi_a \lambda - \bar{Y}\tan\vartheta_a \\ \dot{\psi}_a \sin\varphi_a \cos\vartheta_a - \bar{Z}_V & \bar{Y} & V\cos\varphi_a \lambda - \bar{Z}\tan\vartheta_a \end{vmatrix} = 0 \qquad (2.3,105)$$

Wir multiplizieren die letzte Spalte mit $\cos\vartheta_a$:

$$\begin{vmatrix} \lambda-\bar{X}_V & 0 & g_n\cos^2\vartheta_a \\ \dot{\psi}_a\cos\varphi_a\cos\vartheta_a-\bar{Y}_V & -\bar{Z} & -V\lambda\sin\varphi_a\cos\vartheta_a-\bar{Y}\sin\vartheta_a \\ \dot{\psi}_a\sin\varphi_a\cos\vartheta_a-\bar{Z}_V & \bar{Y} & V\lambda\cos\varphi_a\cos\vartheta_a-\bar{Z}\sin\vartheta_a \end{vmatrix} = 0 \qquad (2.3,106)$$

Multiplikation der zweiten Zeile mit $\bar{Y}$ und Addition zu der mit $\bar{Z}$ multiplizierten dritten Zeile läßt das mittlere Glied der dritten Zeile verschwinden. Da $\bar{Z}$ i. w. den stationären Auftrieb bedeutet und jedenfalls von Null verschieden ist, und da $\bar{Z}$ jetzt ferner das einzige von Null verschiedene Element der zweiten Spalte ist, erhalten wir die einfachere Bedingung

$$\begin{vmatrix} \lambda-\bar{X}_V & g_n\cos^2\vartheta_a \\ \dot{\psi}_a\cos\vartheta_a(\bar{Y}\cos\varphi_a+\bar{Z}\sin\varphi_a) & V\lambda\cos\vartheta_a(-\bar{Y}\sin\varphi_a+\bar{Z}\cos\varphi_a) \\ -(\bar{Y}\bar{Y}_V+\bar{Z}\bar{Z}_V) & -\sin\vartheta_a(\bar{Y}^2+\bar{Z}^2) \end{vmatrix} = 0 \qquad (2.3,107)$$

Nach Gl. (2.1,20, 21), S. 118, ist nun weiter

$$\left.\begin{aligned} \bar{Y}\cos\varphi_a+\bar{Z}\sin\varphi_a &= V\dot{\psi}_a\cos\vartheta_a \\ -\bar{Y}\sin\varphi_a+\bar{Z}\cos\varphi_a &= g_n\cos\vartheta_a \\ \bar{Y}^2+\bar{Z}^2 &= (g_n^2+V^2\dot{\psi}_a^2)\cos^2\vartheta_a \end{aligned}\right\} \qquad (2.3,108)$$

Einsetzen in Gl. (2.3,107) und Division der letzten Spalte durch $Vg_n\cos^2\vartheta_a$ gibt darauf

$$\begin{vmatrix} \lambda-\bar{X}_V & \dfrac{1}{V} \\ V\dot{\psi}_a^2\cos^2\vartheta_a-(\bar{Y}\bar{Y}_V+\bar{Z}\bar{Z}_V) & \lambda-\dfrac{\sin\vartheta_a}{V}\dfrac{(g_n^2+V^2\dot{\psi}_a^2)}{g_n} \end{vmatrix} = 0 \qquad (2.3,109)$$

Ersetzt man noch $\sin\vartheta_a$ gemäß Gl. (2.1,19), S. 118, so wird

$$\begin{vmatrix} \lambda-\bar{X}_V & \dfrac{1}{V} \\ V\dot{\psi}_a^2\cos^2\vartheta_a-(\bar{Y}\bar{Y}_V+\bar{Z}\bar{Z}_V) & \lambda-\dfrac{\bar{X}}{V}\left[1+\left(\dfrac{V\dot{\psi}_a}{g_n}\right)^2\right] \end{vmatrix} = 0 \qquad (2.3,110)$$

oder ausmultipliziert

$$\left.\begin{aligned} &\lambda^2-\lambda\left\{\bar{X}_V+\frac{\bar{X}}{V}\left[1+\left(\frac{V\dot{\psi}_a}{g_n}\right)^2\right]\right\}+ \\ &+\frac{\bar{X}\bar{X}_V}{V}\left[1+\left(\frac{V\dot{\psi}_a}{g_n}\right)^2\right]+\frac{\bar{Y}\bar{Y}_V+\bar{Z}\bar{Z}_V}{V}-\dot{\psi}_a^2\cos^2\vartheta_a \end{aligned}\right\} = 0 \qquad (2.3,111)$$

Die allgemeine Diskussion der Wurzeln $\lambda_{1,2}$ und der zugehörigen freien Schwingungen verläuft wie im Abschnitt 1.9.21, S. 85.

Wir wollen uns hier nur ein Bild von der Stabilität der Störbewegung machen. Beim horizontalen Kreisflug ohne Schiebewinkel vereinfacht sich Gl. (2.3,111) zu

$$\lambda^2 - \lambda \bar{X}_V + \frac{ZZ_V}{V} - \dot{\psi}_a^2 = 0 \tag{2.3,112}$$

Setzt man noch speziell $s_1 = a_1$, so wird nach Abschnitt 2.1.12, S. 121, das konstante Glied

$$\begin{aligned} \frac{ZZ_V}{V} - \dot{\psi}_a^2 &= \frac{AA_V}{m^2 V} - \dot{\psi}_a^2 \approx \frac{2A^2}{m^2 V^2} - \dot{\psi}_a^2 \approx \\ &\approx 2\,\frac{g_n^2 + (V\dot{\psi}_a)^2}{V^2} - \dot{\psi}_a^2 = \frac{2g_n^2}{V^2} + \dot{\psi}_a^2 \end{aligned} \tag{2.3,113}$$

Das konstante Glied ist also positiv, und da die Dämpfung i. a. schwach ist, besitzt die Störbewegung eine endliche Periode der Größe

$$T_{\text{Störung}} \approx \frac{2\pi}{\sqrt{\dot{\psi}_a^2 + \dfrac{2g_n^2}{V^2}}} \tag{2.3,114}$$

Sie ist stets kleiner als die Periode

$$T_{\text{Umlauf}} = \frac{2\pi}{\dot{\psi}_a} \tag{2.3,115}$$

des stationären Umlaufs beim Kreisflug. Im Spezialfall $\dot{\psi}_a \to 0$ erhält man für die Störbewegung die Periode der kleinen Phygoidenschwingung nach Gl. (2.3,65), S. 185.
Die Dämpfung der allgemeinen Störbewegung wird durch den Koeffizienten von λ in Gl. (2.3,111) gegeben, der i. w. durch die Kraftkomponente in Bewegungsrichtung $S-W$ und deren partielle Ableitung nach V bestimmt ist. Steigflug ($\bar{X} > 0$) entdämpft, Gleitflug ($\bar{X} < 0$) dämpft die Schwingung. Durch den Spiralflug ($\dot{\psi}_a \neq 0$) werden diese Tendenzen lediglich verstärkt.
Der Ausdruck $\bar{X}_V$ ist i. a. negativ, da der Schub bei konstant gehaltenem Triebwerksparameter μ_S i. a. mit wachsender Geschwindigkeit schwächer als der Luftwiderstand zunimmt. Im Horizontalflug ($\bar{X}_0 = 0$) ist dann also eine positive Dämpfung der Störbewegung vorhanden. Bei der Phygoide nach *Lanchester*, s. Abschnitt 2.3.23, S. 184, wurde angenommen, daß $\bar{X}$ durch laufende Verstellung des Triebwerksparameters μ_S konstant gehalten, also $\bar{X}_V = 0$ wird. Hier tritt daher der Grenzfall der ungedämpften Schwingung ein. Beim Staustrahltriebwerk kann es vorkommen, daß der Schub S im Bereich niederer Überschall-*Mach*zahlen stärker als der Widerstand W mit der Geschwindigkeit V zunimmt, s.

Abb. 1.7,9, S. 65. Der von $\bar{X}_V$ herrührende Anteil der Dämpfung liefert dann eine anfachende Tendenz für die Störbewegung.

Nimmt man abweichend von Gl. (2.3,94) an, daß außer α und β der Hängewinkel φ_a durch geeignete Betätigung der Ruder dauernd konstant gehalten, dagegen für $\dot{\psi}_a$ eine Störung zugelassen wird, so stimmt die Störperiode im Spezialfall des horizontalen Kreisfluges, wie man leicht durch eine analoge Rechnung zeigt, genau mit der Periode $2\pi V/g_n \sqrt{2}$ der ebenen Phygoidenschwingung nach Gl. (2.3,65) überein. Sie kann hier demnach u. U. auch größer als die Umlaufperiode $2\pi/\dot{\psi}_a$ werden.

2.3.4. Störung des horizontalen stationären Geradeausflugs durch vertikale Böen

Wir setzen symmetrische Flugzustände voraus, lassen aber einen horizontalen Wind konstanter Stärke in der Symmetrieebene zu, für die wir wie in Abschnitt 2.3.1, S. 174, die Ebene $(\boldsymbol{g}_{1B}, \boldsymbol{g}_{3B})$ eines ortsfesten geodätischen Koordinatensystems (g_B) wählen. Außerdem nehmen wir eindimensionale vertikale Böen in unregelmäßiger Verteilung gemäß dem Ansatz in Abschnitt 1.2.23, S. 12, an und fragen nach der mittleren quadratischen Streuung $\sigma_{\ddot{z}}$ der durch die Böen hervorgerufenen Vertikalbescheunigung; dies ist nämlich — abgesehen von der Beanspruchung der Steuerungsanlage — die wesentliche Wirkung der Böen am Flugzeug. Im Unterschied zum vorigen Abschnitt interessieren wir uns hier nicht für freie, sondern für erzwungene Schwingungen des Flugzeugs.
Bei der Durchführung der Aufgabe wollen wir der Einfachheit halber annehmen, daß die ungestörte Längsachse $\boldsymbol{f}_{1,0}$ des Flugzeugs und die ungestörte Flugrichtung $\boldsymbol{e}_{1,0}$ in die horizontale Richtung $\boldsymbol{g}_{1B}$ des geodätischen Systems fallen. Der Triebwerksschub möge in Richtung $\boldsymbol{f}_1$ wirken. Insgesamt haben wir dann die Voraussetzungen:

$$\left.\begin{aligned}
&\psi_f = \psi_a = 0, \quad \varphi_f = \varphi_a = 0, \quad \beta = 0\\
&\boldsymbol{e}_{1,0} = \boldsymbol{f}_{1,0} = \boldsymbol{g}_1, \quad \text{also} \quad \vartheta_{f0} = \vartheta_{e0} = \alpha_0 = 0\\
&\boldsymbol{s}_1 = \boldsymbol{f}_1, \quad \text{also} \quad \alpha_S = \beta_S = 0\\
&\varrho = \text{const}\\
&\boldsymbol{w} = w_x \boldsymbol{g}_1 + w_z \boldsymbol{g}_3\\
&w_x = \text{const}\\
&w_z = \sum_{n=-\infty}^{+\infty} C_n \mathrm{e}^{\mathrm{i}n\Omega_0 \bar{V} t} \quad \text{mit} \quad \bar{V} = \lim_{T\to\infty} \frac{1}{T} \int_{-T/2}^{+T/2} V(t)\,\mathrm{d}t\\
&p_{wz}(\Omega) = \lim_{X\to\infty} \frac{2|C_m|^2}{\Omega_0} = \sigma_{wz}^2 \frac{l_w}{\pi} \frac{1+3\Omega^2 l_w^2}{(1+\Omega^2 l_w^2)^2}
\end{aligned}\right\} \quad (2.3,116\text{a})$$

Setzen wir den Ortsvektor des Schwerpunkts

$$\boldsymbol{s} = x\boldsymbol{g}_{1B} + z\boldsymbol{g}_{3B} \tag{2.3,117}$$

so lautet die Kräftegleichung, wenn wir das geodätische System ($\boldsymbol{g}_B$) als Inertialsystem betrachten,

$$m(\ddot{x}\boldsymbol{g}_{1B} + \ddot{z}\boldsymbol{g}_{3B}) = \boldsymbol{G} + \boldsymbol{S} + \boldsymbol{W} + \boldsymbol{A} \tag{2.3,118}$$

Dabei ist nach Gl. (2.1,10) bis (2.1,16), S. 117, und Gl. (2.3,116)

$$\left.\begin{aligned} \boldsymbol{G} &= mg_n\,\boldsymbol{g}_{3B} \\ \boldsymbol{S} &= S(V)\boldsymbol{f}_1 \\ \boldsymbol{W} &= -W(\alpha, V)\boldsymbol{e}_1 \\ \boldsymbol{A} &= -A(\alpha, V)\boldsymbol{e}_3 \end{aligned}\right\} \tag{2.3,119}$$

Ferner ist nach Gl. (2.1,80), S. 133,

V		$\dot{x}-w_x$	$\dot{z}-w_z$
		$\boldsymbol{g}_{1B}$	$\boldsymbol{g}_{3B}$
V	$\boldsymbol{e}_1$	$\cos\vartheta_e$	$-\sin\vartheta_e$
0	$\boldsymbol{e}_3$	$\sin\vartheta_e$	$\cos\vartheta_e$

(2.3,120)

und weiter nach Gl. (1.3,34), S. 27,

$$\vartheta_f = \vartheta_e + \alpha \tag{2.3,121}$$

Die Differentialgleichungen der Bewegung lauten damit insgesamt

$$\left.\begin{aligned} \boldsymbol{g}_{1B}:\quad m\ddot{x} &= S\cos\vartheta_f - W\cos\vartheta_e - A\sin\vartheta_e \\ \boldsymbol{g}_{3B}:\quad m\ddot{z} &= -S\sin\vartheta_f + mg_n + W\sin\vartheta_e - A\cos\vartheta_e \\ V &= (\dot{x}-w_x)\cos\vartheta_e - (\dot{z}-w_z)\sin\vartheta_e \\ 0 &= (\dot{x}-w_x)\sin\vartheta_e + (\dot{z}-w_z)\cos\vartheta_e \\ \vartheta_f &= \vartheta_e + \alpha \end{aligned}\right\} \tag{2.3,122}$$

Im stationären Falle (Index „0“) ist

$$\left.\begin{aligned} 0 &= S_0 - W_0 \qquad V_0 = \dot{x}_0 - w_x \\ 0 &= mg_n - A_0 \qquad \alpha_0 = \vartheta_{e0} = \vartheta_{f0} = 0 \end{aligned}\right\} \tag{2.3,123}$$

Die Geschwindigkeit V_0 nehmen wir auch für den Mittelwert $\bar{V}$ gemäß Gl. (2.3,116a). Entsprechend Gl. (2.3,95), S. 190, stellen wir die gestörten Größen jeweils als Summe des stationären Wertes und der überlagerten Störung (Zeichen „Δ“) dar und erhalten bei Linearisierung die Störungsgleichungen

$$\left.\begin{aligned}
g_1{:}\quad & m\Delta\ddot{x} = \frac{\partial(S-W)}{\partial V}\Delta V - \frac{\partial W}{\partial\alpha}\Delta\alpha - A\Delta\vartheta_e \\
g_3{:}\quad & m\Delta\ddot{z} = -\frac{\partial A}{\partial V}\Delta V - \left(S+\frac{\partial A}{\partial\alpha}\right)\Delta\alpha \\
& \Delta\dot{x} = \Delta V \\
& \Delta\dot{z} - w_z = -(\dot{x}-w_x)\Delta\vartheta_e \\
& \Delta\vartheta_f = \Delta\alpha + \Delta\vartheta_e
\end{aligned}\right\} \qquad (2.3,124)$$

Zusätzlich nehmen wir jetzt noch an, daß die Längsachse f_1 durch die Flugregelung in ihrer Sollrichtung $f_{1,0} = g_1$ gehalten wird, so daß

$$\Delta\vartheta_f \equiv 0 \qquad (2.3,116b)$$

ist. Elimination von $\Delta\alpha$ und ΔV gibt dann die Beziehungen

$$\left.\begin{aligned}
\left(m\frac{\mathrm{d}}{\mathrm{d}t} - \frac{\partial(S-W)}{\partial V}\right)\Delta\dot{x} \qquad\qquad + \left(A - \frac{\partial W}{\partial\alpha}\right)\Delta\vartheta_e &= 0 \\
\frac{\partial A}{\partial V}\Delta\dot{x} + \underline{m\frac{\mathrm{d}}{\mathrm{d}t}\Delta\dot{z} - \left(\frac{\partial A}{\partial\alpha}+S\right)\Delta\vartheta_e} &= 0 \\
\Delta\dot{z} + \underline{(\dot{x}-w_x)\Delta\vartheta_e} &= \underline{w_z}
\end{aligned}\right\} \qquad (2.3,125)$$

Wir setzen das homogene System mit $w_z = 0$ als stabil voraus. Die hinreichende und notwendige Bedingung dafür ist, daß die Wurzeln λ_1 und λ_2 der charakteristischen Gleichung

$$\begin{vmatrix}
m\lambda - \frac{\partial(S-W)}{\partial V} & 0 & A - \frac{\partial W}{\partial\alpha} \\
\frac{\partial A}{\partial V} & m\lambda & -\left(\frac{\partial A}{\partial\alpha}+S\right) \\
0 & 1 & \dot{x}-w_x
\end{vmatrix} = 0 \qquad (2.3,126)$$

einen negativen Realteil haben, vgl. Abschnitt 1.9.2, S. 85; in diesem Falle klingen nämlich die Eigenschwingungen des gestörten Systems nach genügend langer Zeit auf Null ab, und wir behalten nur die in der Störung enthaltenen Frequenzen übrig. Eine Elementarwelle der Böen hat nun gemäß Gl. (2.3,116a) die Form

$$w_{zn}(t) = C_n\,\mathrm{e}^{p_n t} \quad \text{mit} \quad p_n = \mathrm{i}n\Omega_0\bar{V} \qquad (2.3,127)$$

Die zugehörige asymptotische Lösung für die Vertikalgeschwindigkeit wird demnach

$$\Delta \dot{z}_n(t) = \frac{F^{(p_n)}_{\Delta \ddot{z}/w_z}}{p_n} w_{zn}(t)$$

mit

$$\frac{F^{(p_n)}_{\Delta \ddot{z}/w_z}}{p_n} = \frac{Z(p_n)}{N(p_n)}$$

$$N(p_n) = \begin{vmatrix} mp_n - \dfrac{\partial(S-W)}{\partial V} & 0 & A - \dfrac{\partial W}{\partial \alpha} \\ \dfrac{\partial A}{\partial V} & mp_n & -\left(\dfrac{\partial A}{\partial \alpha} + S\right) \\ 0 & 1 & \dot{x} - w_x \end{vmatrix} \qquad (2.3,128)$$

$$Z(p_n) = \begin{vmatrix} mp_n - \dfrac{\partial(S-W)}{\partial V} & 0 & A - \dfrac{\partial W}{\partial \alpha} \\ \dfrac{\partial A}{\partial V} & 0 & -\left(\dfrac{\partial A}{\partial \alpha} + S\right) \\ 0 & 1 & \dot{x} - w_x \end{vmatrix}$$

Die asymptotische Gesamtlösung für die Vertikalgeschwindigkeit ist daher

$$\Delta \dot{z}(t) = \sum_{n=-\infty}^{+\infty} \frac{F^{(\mathrm{i}n\Omega_0\bar{V})}_{\Delta \ddot{z}/w_z}}{\mathrm{i}n\Omega_0\bar{V}} C_n \mathrm{e}^{\mathrm{i}n\Omega_0\bar{V}t} \qquad (2.3,129)$$

Differentiation nach der Zeit gibt die asymptotische Vertikalbeschleunigung als Zeitfunktion in der Form

$$\Delta \ddot{z}(t) = \sum_{n=-\infty}^{+\infty} K_n \mathrm{e}^{\mathrm{i}n\Omega_0\bar{V}t}$$

mit

$$K_n = F^{(\mathrm{i}n\Omega_0\bar{V})}_{\Delta \ddot{z}/w_z} C_n \qquad (2.3,130)$$

$F^{(p_n)}_{\Delta \ddot{z}/w_z}$ ist der sog. „Frequenzgang" der Funktion $\Delta \ddot{z}_n(t)$ in Bezug auf die Störung $w_{zn}(t)$. Die Intensitätsdichte der Vertikalbeschleunigung ist entsprechend Gl. (1.2,51), S. 14,

$$p_{\ddot{z}}(\Omega) = \left|F^{(\mathrm{i}\Omega\bar{V})}_{\Delta \ddot{z}/w_z}\right|^2 p_{wz}(\Omega) \qquad (2.3,131)$$

Die quadratische Streuung von $\Delta\ddot{z}$ wird daher nach Gl. (1.2,47) und (1.2,52)

$$\sigma_{\ddot{z}}^2 = R_{\ddot{z}}(0) = \int_0^\infty \left|F_{\Delta\ddot{z}/w_z}^{(i\Omega\bar{V})}\right|^2 p_{w_z}(\Omega)\,d\Omega \qquad (2.3,132)$$

Da der durch Gl. (2.3,128) definierte Frequenzgang $F_{\Delta\ddot{z}/w_z}^{(i\Omega\bar{V})}$ wegen der vorausgesetzten Stabilität des Systems im ganzen Integrationsintervall von Ω beschränkt ist und das Integral über $p_{w_z}(\Omega)$ endlich ist, existiert auch $\sigma_{\ddot{z}}^2$. Das Integral in Gl. (2.3,132) läßt sich durch Partialbruchzerlegung exakt auswerten.

Man gewinnt unmittelbar eine brauchbare Näherungslösung, wenn man in Gl. (2.3,125) nur die unterstrichenen Glieder berücksichtigt, also die Störung der Horizontalbewegung und die Vertikalgeschwindigkeit ignoriert. In diesem Falle wird

$$\left.\begin{aligned} \Delta'\ddot{z}(t) &= \sum_{n=-\infty}^{+\infty} K_n' e^{in\Omega_0\bar{V}t} \\ \text{mit} \qquad & \\ K_n' &= \frac{\dfrac{\partial A}{\partial \alpha} + S}{m(\dot{x} - w_x)} C_n \end{aligned}\right\} \qquad (2.3,133)$$

Man verifiziert leicht die Beziehung

$$\frac{\dfrac{\partial A}{\partial \alpha} + S}{m(\dot{x} - w_x)} = \lim_{\Omega \to \infty} F_{\Delta\ddot{z}/w_z}^{(i\Omega\bar{V})} \qquad (2.3,134)$$

Die Näherungslösung (Index ') ist also umso besser, je größer der kurzwellige Anteil der Böenstörungen ist. Andererseits sind in dem hier verwendeten Ansatz (2.3,116a), wie schon im Abschnitt 1.2.23, S. 14, bemerkt wurde, tatsächlich die längeren Wellen mit $1/\Omega \geqq l_w = 300$ m stärker vertreten, bei denen die in Gl. (2.3,125) vernachlässigten Terme eine größere Rolle spielen. Für diese Wellen wird aber nach Gl. (2.3,128) der Betrag des Frequenzganges $F_{\Delta\ddot{z}/w_z}^{(i\Omega\bar{V})}$ in der Grenze $1/\Omega \to \infty$ sehr klein. Als Resonanzstelle kommt beim vorliegenden Ansatz lediglich die Phygoidenschwingung mit $1/\Omega \approx V^2/(g_n\sqrt{2})$ in Frage, die zwar schon im Bereich längerer Wellen liegt, jedoch i. a. keinen besonderen Effekt hervorrufen dürfte. Man kann hiernach abschätzen, daß die Näherungslösung insgesamt etwas zu große Werte der mittleren Streuung der Vertikalbeschleunigung liefern wird. Die mittlere quadratische Streuung der Vertikalbeschleunigung ist in diesem Falle

$$\sigma'_{\ddot{z}} = \frac{\dfrac{\partial A}{\partial \alpha} + S}{m(\dot{x} - w_x)} \sigma_{wz} \approx \frac{g_n}{c_A} \frac{\partial c_A}{\partial \alpha} \frac{\sigma_{wz}}{\dot{x} - w_x} \tag{2.3,135}$$

Nimmt man eine *Gauß*sche Verteilung der Böenstärke gemäß Gl. (1.2,56), S. 15, an, so sind Vertikalbeschleunigungen über $2\sigma'_{\ddot{z}}$ in weniger als 4,55% der Zeit, Beschleunigungen über $3\sigma'_{\ddot{z}}$ in weniger als 0,270% der Zeit zu erwarten.

Zahlenbeispiel: $c_A = 0{,}8$, $\partial c_A/\partial \alpha = 4{,}0$, $\sigma_{wz} = 6{,}0$ m/s, $\dot{x} - w_x = 60$ m/s gibt $\sigma'_{\ddot{z}} = 0{,}5\, g_n$.

Für die Horizontalbeschleunigung $\Delta \ddot{x}$ findet man bei Vernachlässigung von $\Delta \dot{x}$ und $\Delta \dot{z}$ aus Gl. (2.3,125) die asymptotische Näherungslösung

$$\Delta' \ddot{x}(t) = -\frac{A - \dfrac{\partial W}{\partial \alpha}}{m(\dot{x} - w_x)} w_z \tag{2.3,136}$$

Die mittlere quadratische Streuung von $\Delta \ddot{x}$ ist demnach

$$\sigma'_{\ddot{x}} = \frac{A - \dfrac{\partial W}{\partial \alpha}}{m(\dot{x} - w_x)} \sigma_{wz} \approx g_n \frac{\sigma_{wz}}{\dot{x} - w_x} \tag{2.3,137}$$

Im Zahlenbeispiel beträgt sie also nur ein Fünftel von $\sigma'_{\ddot{z}}$.

Zur Formel (2.3,132) sei prinzipiell noch folgendes bemerkt: Da wir Luftkraftbeiwerte der stationären Aerodynamik verwenden, können wir nur den Einfluß solcher Böenstörungen mit ausreichender Genauigkeit erfassen, deren Wellenlänge ($= 2\pi/\Omega$) groß gegen eine charakteristische Länge l_F des Flugzeugs in Längsrichtung ist. Wir müssen daher genau genommen eine Beschränkung etwa der Form

$$\Omega \leq \Omega_F \approx \frac{1}{l_F}$$

einführen und das Integral in Gl. (2.3,132) bei dieser Wellenzahl abschneiden. Um die numerische Auswertung zu erleichtern, ist es nun häufig zweckmäßig, den abzuschneidenden Teil des Integrals wieder hinzuzufügen und damit einen Näherungswert zu bestimmen. Das ist natürlich nur möglich, wenn der abzuschneidende Teil überhaupt konvergiert; in der Formel (2.3,132) ist diese Bedingung erfüllt. Um außerdem eine ausreichende Genauigkeit der so erhaltenen Näherung sicherzustellen, wird man sich noch vergewissern, daß im hinzugefügten Integralteil keine zahlenmäßig bedeutende Resonanzstelle des Systems liegt; im obigen Zahlenbeispiel kommt als Resonanzstelle nur die Phygoidenschwingung mit der Wellenzahl $\Omega/2\pi$,

$$\Omega = \frac{g_n \sqrt{2}}{V^2} \approx \frac{1}{260 \text{ m}} \left(\ll \frac{1}{l_F} = \Omega_F \right)$$

in Frage, die sicher außerhalb des kurzwelligen Bereichs liegt.

Ebenso wie bei der Berechnung von $\sigma_{\dot{z}}$ kann man auch bei der Streuung $\sigma_{\Delta\alpha}$ des Anstellwinkels verfahren, die näherungsweise (mit vereinfachter kinematischer Beziehung (2.3,125) und mit Integration bis $\Omega \to \infty$)

$$\sigma_{\Delta\alpha} = \frac{\sigma_{wz}}{V} \left(= \frac{6,0}{60} = 0,1 \approx 5,7^\circ \right)$$

wird. Dagegen versagt das Verfahren der Gl. (2.3,132) bei der Berechnung der Streuung $\sigma_{\Delta\dot{\alpha}}$ der Anstellwinkelgeschwindigkeit, weil der abzuschneidende Teil des Integrals divergiert. In diesem Fall bleibt nur übrig, entweder das Integral etwa bei $\Omega_F \approx 1/l_F$ abzuschneiden und damit wenigstens den Anteil der langwelligen Turbulenz an der Streuung $\sigma_{\Delta\dot{\alpha}}$ festzustellen oder Ansätze der instationären Aerodynamik einzuführen und auf diese Weise auch den Einfluß der kurzwelligen Turbulenz genauer abzuschätzen.

Literatur zu Abschnitt 2.3.4: [2–341 bis 344]. S. 214.

2.3.5. Bahnen kürzester Flugzeit mit dem Anstellwinkel als Kontrollfunktion

2.3.51. Allgemeines Lösungsverfahren mittels der *Euler*schen Gleichungen der Variationsrechnung

Von einem Punkte P_0 aus kann man bei gegebener Anfangsgeschwindigkeit V_0 auf ganz verschiedenen Wegen, denen jeweils ein anderes Zeitprogramm des Anstellwinkels $\alpha(t)$ oder des Triebwerksparameters $\mu_S(t)$ entspricht, zu einem anderen Punkte P_1 gelangen. Wir wollen im vorliegenden Abschnitt ausschließlich $\alpha(t)$ als Kontrollfunktion betrachten, dagegen $\mu_S(t)$ unverändert lassen, also den Schub S und den Treibstoffverbrauch $\dot{m}$ als fest vorgegebene Funktionen der Flughöhe H, der Fluggeschwindigkeit V und allenfalls der Zeit t ansehen.

Man kann dann unter gewissen Einschränkungen mit Hilfe der Variationsrechnung notwendige Bedingungen dafür aufstellen, daß bei gegebener Anfangsgeschwindigkeit V_0 die Flugzeit t_1 zwischen zwei Punkten P_0 und P_1 einer Flugbahn exakt ein Minimum wird. Auf die langwierige Diskussion hinreichender Bedingungen sei dagegen verzichtet.

Die erste Einschränkung besteht darin, daß wir nur symmetrische Bewegungen mit normalem Rollwinkel $\varphi_f = 0$ zulassen wollen. Unter dieser Voraussetzung kann ein Flugzeug, dessen Triebwerksschub kleiner als sein Gewicht ist, einen senkrecht über dem Ausgangspunkt P_0 gelegenen Punkt P_1 nicht erreichen. Vielmehr muß in einem solchen Falle, damit sich überhaupt eine technisch brauchbare Lösung ergibt, der zu erreichende Punkt P_1 unter einem genügend flachen Erhebungswinkel vom Punkte P_0 aus erscheinen.

Zweitens wollen wir die Aufgabe hinsichtlich der Flugzeugmasse m und der Schubkraft S durch Iteration lösen, indem wir von geschätzten Verläufen $t^{(0)}(x)$, $m^{(1)}(x)$ und $S^{(1)}(H, V, x)$ ausgehen.

Schließlich nehmen wir noch an, daß die Schubkraft $\boldsymbol{S}$ in die Richtung $\boldsymbol{f}_1$ der Flugzeuglängsachse zeigt, daß ferner kein Wind vorhanden ist, und daß wir das geodätische System (g) als Inertialsystem behandeln können, wobei noch die Symmetrieebene der Bewegung mit der Ebene $(\boldsymbol{g}_1, \boldsymbol{g}_3)$ zusammenfallen möge.
Es gelten dann die Gleichungen

$$\left.\begin{aligned}
&\boldsymbol{a}_2 = \boldsymbol{e}_2 = \boldsymbol{b}_2 = \boldsymbol{f}_2 = \boldsymbol{g}_2, \quad \boldsymbol{s}_1 = \boldsymbol{f}_1\\
&\psi_a = \psi_e = \psi_b = \psi_f = 0, \quad \varphi_a = \varphi_e = \varphi_f = 0\\
&\vartheta_a = \vartheta_e = \vartheta_b, \quad \vartheta_f = \vartheta_a + \alpha\\
&\boldsymbol{w} = 0, \quad \varrho = \varrho(H)\\
&t^0 = t^0(x)\\
&S^{(1)} \equiv S^{(1)}(H, V, x) = S[H, V, \mu_S(t^{(0)}(x))]\\
&\dot{m}^{(1)} \equiv \dot{m}^{(1)}(H, V, x) = \dot{m}[H, V, \mu_S(t^{(0)}(x))]\\
&m^{(1)} \equiv m^{(1)}(x) = m(0) + \int_{x_0}^{x} \dot{m}^{(1)}(H, V, x)\frac{dt}{dx}dx
\end{aligned}\right\} \quad (2.3,138)$$

Bei Darstellung im flugwindfesten System (a) wird unter diesen Voraussetzungen die Kräftegleichung (1.5,44), S. 40,

$$m^{(1)}\{\dot{V}\boldsymbol{a}_1 + V[\boldsymbol{a}_2 q_{za} - \boldsymbol{a}_3(q_{ya} - \dot{\alpha})]\} = \sum_\nu \boldsymbol{K}^\nu \quad (2.3,139)$$

Dabei ist nach Gl. (1.4,28), S. 33, (1.3,23), S. 23, und (2.3,138)

$$\left.\begin{aligned}
q_{za} &= 0\\
q_{ya} &= \dot{\vartheta}_a + \dot{\alpha}
\end{aligned}\right\} \quad (2.3,140)$$

Daher wird mit dem üblichen Kräfteansatz, s. Abschnitt 2.1.11, S. 117,

$$m^{(1)}(\dot{V}\boldsymbol{a}_1 - V\dot{\vartheta}_a\boldsymbol{a}_3) = S^{(1)}\boldsymbol{f}_1 + m^{(1)}g_n\boldsymbol{g}_3 - W\boldsymbol{a}_1 - A\boldsymbol{a}_3 \quad (2.3,141)$$

wobei noch

$$\left.\begin{aligned}
\boldsymbol{f}_1 &= \boldsymbol{a}_1\cos\alpha - \boldsymbol{a}_3\sin\alpha\\
\boldsymbol{g}_3 &= -\boldsymbol{a}_1\sin\vartheta_a + \boldsymbol{a}_3\cos\vartheta_a
\end{aligned}\right\} \quad (2.3,142)$$

ist. Komponentenzerlegung gibt

$$\left.\begin{aligned}
m^{(1)}\dot{V} &= S^{(1)}\cos\alpha - m^{(1)}g_n\sin\vartheta_a - W\\
m^{(1)}V\dot{\vartheta}_a &= S^{(1)}\sin\alpha - m^{(1)}g_n\cos\vartheta_a + A
\end{aligned}\right\} \quad (2.3,143)$$

Außerdem gelten die kinematischen Beziehungen

$$\left.\begin{aligned}
\dot{H} &= V\sin\vartheta_a\\
\dot{x} &= V\cos\vartheta_a
\end{aligned}\right\} \quad (2.3,144)$$

Übergang zu x als unabhängiger Variablen gibt die Differentialgleichungen

$$X \equiv V' - \frac{S^{(1)}\cos\alpha - m^{(1)}g_n \sin\vartheta_a - W}{m^{(1)}V^2\cos\vartheta_a} = 0 \qquad (2.3,145)$$

$$Z \equiv \vartheta_a' - \frac{S^{(1)}\sin\alpha - m^{(1)}g_n\cos\vartheta_a + A}{m^{(1)}V^2\cos\vartheta_a} = 0 \qquad (2.3,146)$$

$$D \equiv H' - \tan\vartheta_a = 0 \qquad (2.3,147)$$

$$t' = \frac{1}{V\cos\vartheta_a} \qquad (2.3,148)$$

Dabei bedeutet ein Strich (′) Differentiation nach x. Formale Integration der letzten Gleichung zwischen den Grenzen x_0 und x_1 gibt als Flugzeit in diesem Intervall

$$t_1 = \int_{x_0}^{x_1} t'\,\mathrm{d}x = \int_{x_0}^{x_1} \frac{\mathrm{d}x}{V\cos\vartheta_a} \qquad (2.3,149)$$

Man kann jetzt das Problem der kürzesten Flugzeit zwischen den festen Punkten P_0 und P_1 bei gegebener Anfangsgeschwindigkeit V_0 folgendermaßen formulieren und unterteilen: Die Zeit t_1 nach Gl. (2.3,149) soll unter gewissen, später noch zu formulierenden Randbedingungen zum Minimum gemacht werden, wobei das Flugzeug längs seiner Bahn den Differentialgleichungen (2.3,145) bis (2.3,147) genügen soll (erste Teilaufgabe). Die Zeit t_1 ist dann noch Funktion gewisser Randwerte. Von diesen ist ein Teil, nämlich H_0, V_0 und H_1 durch das Flugproblem vorgegeben, während man die übrigen Randwerte unter Berücksichtigung der technischen Möglichkeiten noch derart bestimmen muß, daß t_1 auch als Funktion der noch frei verfügbaren Randwerte ein Minimum im Sinne der gewöhnlichen Infinitesimalrechnung wird (zweite Teilaufgabe).

Um zunächst bei willkürlich vorgegebenen Randwerten notwendige Bedingungen für die Existenz eines Minimums aufzustellen, benutzen wir die Ansätze der Variationsrechnung und bilden zunächst die Funktion

$$\left.\begin{aligned} t_1 &= \int_{x_0}^{x_1} B(V, V', \vartheta_a, \vartheta_a', H, H', \alpha, x)\,\mathrm{d}x \\ \text{mit}\quad B &\equiv \frac{1}{V\cos\vartheta_a} + \delta(x)D + \xi(x)X + \zeta(x)Z \end{aligned}\right\} \qquad (2.3,150)$$

Dabei hängen die *Lagrange*schen Parameter δ, ξ und ζ noch von der Koordinate x sowie von den später zu wählenden Randwerten ab. Die

*Euler*schen Extremumsbedingungen lauten dann

$$\frac{\partial B}{\partial V}-\frac{\mathrm{d}}{\mathrm{d}x}\left(\frac{\partial B}{\partial V'}\right)=0; \qquad \frac{\partial B}{\partial \vartheta_a}-\frac{\mathrm{d}}{\mathrm{d}x}\left(\frac{\partial B}{\partial \vartheta_a'}\right)=0$$

$$\frac{\partial B}{\partial H}-\frac{\mathrm{d}}{\mathrm{d}x}\left(\frac{\partial B}{\partial H'}\right)=0; \qquad \frac{\partial B}{\partial \alpha}-\frac{\mathrm{d}}{\mathrm{d}x}\left(\frac{\partial B}{\partial \alpha'}\right)=0$$

oder hier spezieller

$$\frac{\partial B}{\partial V}-\xi'=0 \tag{2.3,151}$$

$$\frac{\partial B}{\partial \vartheta_a}-\zeta'=0 \tag{2.3,152}$$

$$\frac{\partial B}{\partial H}-\delta'=0 \tag{2.3,153}$$

$$\frac{\partial B}{\partial \alpha}=0 \tag{2.3,154}$$

Es sei bemerkt, daß eine solche Formulierung nicht immer möglich ist, sondern an gewisse Bedingungen hinsichtlich der Auflösbarkeit der Differentialgleichungen (2.3,145) bis (2.3,147) nach den in ihnen vorkommenden Variablen gebunden ist. Jedoch wollen wir diese Frage hier nicht näher untersuchen, sondern die erforderlichen Voraussetzungen als erfüllt annehmen.

Die Gleichungen (2.3,145) bis (2.3,147) und (2.3,151) bis (2.3,153) stellen dann ein System von 6 gewöhnlichen Differentialgleichungen erster Ordnung für die 6 Funktionen $V(x)$, $\vartheta_a(x)$, $H(x)$, $\xi(x)$, $\zeta(x)$ und $\delta(x)$ dar. Die in diesen Differentialgleichungen noch auftretende Funktion $\alpha(x)$ bestimmt sich aus Gl. (2.3,154).

Es kann hierbei vorkommen, daß der so berechnete Anstellwinkel α außerhalb des aus aerodynamischen Gründen zulässigen Anstellwinkelbereichs $\alpha_{\min} \leqq \alpha \leq \alpha_{\max}$ fällt, oder daß dabei der Auftrieb A sich nicht mehr innerhalb des aus statischen Gründen zulässigen Auftriebsbereichs befindet, oder daß das Lastvielfache A/mg_n die aus physiologischen Gründen zulässigen Grenzen überschreitet. Ist allgemein gesprochen

$$\Phi = \Phi(V, \vartheta_a, H, \alpha, x) \tag{2.3,154a}$$

irgendeine Funktion, deren Wert aus technischen oder sonstigen Gründen auf den Bereich

$$\Phi_{\min} \leq \Phi \leq \Phi_{\max}$$

beschränkt ist, und setzen wir voraus, daß bei festgehaltenen Werten V, ϑ_a, H, x an der Stelle α die Beziehung

$$\frac{\partial \Phi}{\partial \alpha} \neq 0 \tag{2.3,154b}$$

gilt, so können wir in einer gewissen Umgebung dieser Stelle die Umkehrfunktion

$$\alpha = \alpha(\Phi, V, \vartheta_a, H, x) \tag{2.3,154c}$$

bilden. Wir denken uns nun noch die Werte Φ einem Parameter μ_A zugeordnet und zwar derart, daß

$$\Phi = \begin{Bmatrix} \Phi_{\min} & \text{für} & \mu_A < \mu_A \\ \Phi(\mu_A) & \text{für} & \mu_{A1} \leq \mu_A \leq \mu_{A2} \\ \Phi_{\max} & \text{für} & \mu_{A2} < \mu_A \end{Bmatrix} \tag{2.3,154d}$$

wobei $\Phi(\mu_A)$ im Intervall $\mu_{A1} \leq \mu_A \leq \mu_{A2}$ monoton mit μ_A wachsen soll. Betrachten wir jetzt μ_A als neue Kontrollfunktion an Stelle von α, so tritt an die Stelle von Gl. (2.3,154) die entsprechende Form

$$\left(\frac{\partial B}{\partial \mu_A} = \right) \frac{\partial B}{\partial \alpha} \frac{\partial \alpha}{\partial \Phi} \frac{\partial \Phi}{\partial \mu_A} = 0 \tag{2.3,154e}$$

Sie läßt in Verbindung mit Gl. (2.3,154b) erkennen, daß als weitere Lösung des Problems außer Gl. (2.3,154) selbst noch die Möglichkeit

$$\frac{\partial \Phi}{\partial \mu_A} = 0 \tag{2.3,154f}$$

in Frage kommt, die wegen Gl. (2.3,154d) zu den beiden Funktionszweigen

$$\Phi = \Phi_{\min} \tag{2.3,154g}$$

bzw.

$$\Phi = \Phi_{\max} \tag{2.3,154h}$$

führt. Die erste bzw. zweite dieser Gleichungen muß hiernach immer dann zur Berechnung von α herangezogen werden, wenn der mit Gl. (2.3,154) berechnete Wert Φ die Grenze $\Phi_{\min}$ unterschreitet bzw. die Grenze $\Phi_{\max}$ überschreitet. Nach diesen Ausführungen zu Gl. (2.3,154) kehren wir zur Betrachtung des Systems von sechs Differentialgleichungen zurück.

Bei gegebenen Anfangswerten

$$\left.\begin{aligned} V = V_0, \quad \vartheta_a = \vartheta_{a0}, \quad H = H_0, \quad \xi = \xi_0, \\ \zeta = \zeta_0, \quad \delta = \delta_0 \quad \text{für} \quad x = x_0 \end{aligned}\right\} \tag{2.3,155}$$

läßt sich das System nach den in Abschnitt 1.9.1, S. 80, angegebenen Verfahren numerisch integrieren. Beschränken wir uns auf solche Kombinationen der Anfangswerte, für welche der Rand x_1 überhaupt erreichbar ist, so sind die Werte am Ende $x = x_1$ des Intervalls Funktionen der Anfangswerte für $x = x_0$, also z. B.

$$H(x_1) = \varphi(V_0, \vartheta_{a0}, H_0, \xi_0, \zeta_0, \delta_0) \tag{2.3,156}$$

Wir wollen nun im Einklang mit der oben gestellten Aufgabe nur die Werte V_0 und H_0 für $x = x_0$ und den Wert H_1 für $x = x_1$ vorschreiben. Lösen wir dann die Gleichung

$$H_1 = \varphi(V_0, \vartheta_{a0}, H_0, \xi_0, \zeta_0, \delta_0) \tag{2.3,157}$$

etwa nach ϑ_{a0} auf, so wird

$$\vartheta_{a0} = \psi(\xi_0, \zeta_0, \delta_0) \tag{2.3,158}$$

wobei die festen Werte V_0, H_0 und H_1 nicht mehr als Argumente aufgeführt sind. Es bleiben dann nur die Anfangswerte ξ_0, ζ_0, δ_0 als frei verfügbare Parameter übrig. Damit ist die erste Teilaufgabe zur Bestimmung eines Minimums von t_1 gelöst.

Stellt man jetzt die Zeit t_1 nach Gl. (2.3,149) als Funktion von ξ_0, ζ_0 und δ_0 dar, so kann man t_1 über diesen Größen als unabhängigen Variablen zum Minimum machen und hat damit auch die zweite Teilaufgabe gelöst.

Man kann ggf. auch so vorgehen, daß man aus den vier Gleichungen (2.3,151) bis (2.3,154) zunächst die drei Funktionen ξ, ζ und δ, deren physikalische Bedeutung ja nicht ohne weiteres ersichtlich ist, eliminiert. An Stelle der drei Anfangswerte ξ_0, ζ_0 und δ_0 muß man dann bei der Lösung der ersten Teilaufgabe i. a. drei Ableitungen höherer Ordnung für die Funktionen V, ϑ_a, H oder α an der Stelle $x = x_0$ vorschreiben und die zweite Teilaufgabe entsprechend abändern. Dieses Verfahren der Elimination der *Lagrange*schen Parameter wird sich im nächsten Abschnitt bei der Behandlung eines Spezialfalles von selbst anbieten.

Für die so bestimmte Lösung, die ja auf den Näherungsansätzen

$$m^{(1)} = m^{(1)}(x); \qquad S^{(1)} = S^{(1)}(H, V, x)$$

beruht, kann man jetzt nach den Formeln

$$\left.\begin{aligned} t^{(1)} &\equiv t^{(1)}(x) = \int_{x_0}^{x} \frac{dx}{V \cos\vartheta_a} \\ S^{(2)} &\equiv S^{(2)}(H, V, x) = S[H, V, \mu_S(t^{(1)}(x))] \\ \dot{m}^{(2)} &\equiv \dot{m}^{(2)}(H, V, x) = \dot{m}[H, V, \mu_S(t^{(1)}(x))] \\ m^{(2)} &\equiv m^{(2)}(x) = m(0) + \int_{x_0}^{x} \frac{\dot{m}^{(2)}(H, V, x)}{V \cos\vartheta_a}\, dx \end{aligned}\right\} \tag{2.3,159}$$

verbesserte Funktionsverläufe $m^{(2)}(x)$ und $S^{(2)}(V, H, x)$ bestimmen und die Rechnung damit nötigenfalls wiederholen.

2.3.52. Ein in geschlossener Form integrierbarer Spezialfall

Falls die im vorigen Abschnitt beschriebene Methode durchführbar ist, erfordert sie i. a. umfangreiche numerische Rechnungen. Um ein leichter übersehbares Beispiel zu bringen, greifen wir jetzt auf einige Ansätze zurück, die wir bereits beim Studium der Phygoiden nach *Lanchester* in Abschnitt 2.3.21, S. 180, gemacht haben, und zwar wollen wir verlangen, daß der Triebwerksschub $\boldsymbol{S}$ dauernd in die Flugrichtung $\boldsymbol{a}_1$ zeigt und gerade den Luftwiderstand $\boldsymbol{W}$ kompensiert. Auch soll die Masse m sowie die Luftdichte ϱ wieder konstant und der Auftriebsbeiwert c_A unabhängig von der Geschwindigkeit V sein. Dagegen wollen wir den Anstellwinkel α, abweichend vom Ansatz in Abschnitt 2.3.21, hier nicht konstant halten, sondern möglichst günstig im Hinblick auf die erforderliche Flugzeit bestimmen. Eine einschränkende Bedingung nach Art der Gl. (2.3,154d) soll hier nicht gestellt werden.

Die Kräftegleichungen (2.3,145) und (2.3,146) lauten dann

$$X \equiv V' + \frac{g_n}{V}\tan\vartheta_a = 0 \qquad \text{mit} \qquad S - W = 0 \tag{2.3,160}$$

$$\left.\begin{aligned} &Z \equiv \vartheta_a' - \frac{-mg_n\cos\vartheta_a + A}{mV^2\cos\vartheta_a} = 0 \\ &\text{mit} \quad m = \text{const}, \quad \varrho = \text{const}, \quad A = c_A(\alpha)\frac{\varrho}{2}V^2F \end{aligned}\right\} \tag{2.3,161}$$

Man könnte jetzt durch Kombination der Gleichungen (2.3,147) und (2.3,160) wie in Abschnitt 2.3.21, S. 180, sofort ein erstes Integral erhalten und dadurch die Rechnung wesentlich abkürzen. Jedoch wollen wir hier, um die Betrachtung des vorigen Abschnitts zu illustrieren, das oben aufgestellte Schema zunächst beibehalten. Mit den letzten Gleichungen wird gemäß Gl. (2.3,150)

$$\begin{aligned} B = \frac{1}{V\cos\vartheta_a} + \delta(H' - \tan\vartheta_a) + \xi\left(V' + \frac{g_n}{V}\tan\vartheta_a\right) \\ + \zeta\left(\vartheta_a' - \frac{-mg_n\cos\vartheta_a + A}{mV^2\cos\vartheta_a}\right) \end{aligned} \tag{2.3,162}$$

Die *Euler*schen Differentialgleichungen der Extremalen lauten hier ausführlich

$$\left[\frac{\partial B}{\partial V} - \xi' \equiv\right] \frac{-1}{V^2\cos\vartheta_a} - \xi\frac{g_n\tan\vartheta_a}{V^2} - \zeta\frac{2g_n}{V^3} - \xi' = 0 \tag{2.3,163}$$

$$\left[\frac{\partial B}{\partial \vartheta_a} - \zeta' \equiv\right] \frac{\sin\vartheta_a}{V\cos^2\vartheta_a} - \delta\frac{1}{\cos^2\vartheta_a} + \xi\frac{g_n}{V\cos^2\vartheta_a}$$

$$- \zeta\frac{A}{mV^2}\frac{\sin\vartheta_a}{\cos^2\vartheta_a} - \zeta' = 0 \qquad (2.3,164)$$

$$\left[\frac{\partial B}{\partial H} - \delta' \equiv\right] - \delta' = 0 \qquad (2.3,165)$$

$$\left[\frac{\partial B}{\partial \alpha} \equiv\right] - \zeta\frac{\dfrac{\partial A}{\partial \alpha}}{mV^2\cos\vartheta_a} = 0 \qquad (2.3,166)$$

Aus Gl. (2.3,165) folgt durch Integration

$$\delta(x) = \delta_0 = \text{const} \qquad (2.3,167)$$

Ferner folgt aus Gl. (2.3,166) für $\dfrac{\partial A}{\partial \alpha} \neq 0$

$$\zeta(x) = 0, \quad \zeta'(x) = 0 \qquad (2.3,168)$$

Einsetzen in Gl. (2.3,164) gibt

$$\xi(x) = -\frac{\sin\vartheta_a}{g_n} + \frac{\delta_0 V}{g_n} \qquad (2.3,169)$$

Durch Differentiation dieser Gleichung erhält man unter Berücksichtigung von Gl. (2.3,160) und (2.3,161)

$$\xi'(x) = \frac{-\cos\vartheta_a}{g_n}\frac{(-mg_n\cos\vartheta_a + A)}{mV^2\cos\vartheta_a} - \delta_0\frac{\tan\vartheta_a}{V} \qquad (2.3,170)$$

Elimination von ξ und ξ' aus Gl. (2.3,163), (2.3,169) und (2.3,170) gibt dann die einfache Beziehung

$$\frac{A}{mg_n} = 2\cos\vartheta_a \qquad (2.3,171)$$

Wie man sieht, ist die Aufgabe infolge der speziellen Voraussetzungen dieses Abschnitts so entartet, daß zur völligen Bestimmung einer Extremalen an Stelle der sechs Randbedingungen des allgemeinen Falles nur noch deren drei erforderlich sind. Da wir andererseits drei Randwerte, nämlich V_0, H_0 und H_1, festhalten wollen, entfällt hier die oben skizzierte zweite Teilaufgabe der Bestimmung eines gewöhnlichen Minimums. Mit Gl. (2.3,171) geht die Kraftgleichung (2.3,161) in

$$\vartheta_a' = \frac{g_n}{V^2} \qquad (2.3,172)$$

über. Da g_n/V^2 stets positiv ist, so ist eine Flugbahn kürzester Flugzeit hier in jedem Falle nach oben konkav. Kombination der letzten Gleichung mit Gl. (2.3,160) gibt

$$\frac{V'}{V} = -\tan\vartheta_a \vartheta_a' \tag{2.3,173}$$

Durch Integration mit den Anfangswerten V_0 und ϑ_{a0} folgt

$$\frac{V}{V_0} = \frac{\cos\vartheta_a}{\cos\vartheta_{a0}} \tag{2.3,174}$$

Kombination von Gl. (2.3,148) mit Gl. (2.3,172) und (2.3,174) gibt

$$t' = \frac{V_0}{g_n \cos\vartheta_{a0}} \vartheta_a' \tag{2.3,175}$$

woraus durch Integration

$$\vartheta_a - \vartheta_{a0} = \frac{g_n \cos\vartheta_{a0}}{V_0} t \tag{2.3,176}$$

folgt. Die Kurve kürzester Flugzeit wird also mit der konstanten Winkelgeschwindigkeit

$$\dot{\vartheta}_a = \frac{g_n \cos\vartheta_{a0}}{V_0} \tag{2.3,177}$$

durchflogen. Elimination von V aus Gl. (2.3,172) und (2.3,174) gibt jetzt weiter die Relation

$$\frac{V_0^2}{g_n} \frac{\cos^2\vartheta_a}{\cos^2\vartheta_{a0}} \vartheta_a' = 1 \tag{2.3,178}$$

Integration derselben führt sofort zur Darstellung

$$x - x_0 = \frac{V_0^2}{g_n \cos^2\vartheta_{a0}} \left[\frac{\sin 2\vartheta_a - \sin 2\vartheta_{a0}}{4} + \frac{\vartheta_a - \vartheta_{a0}}{2} \right] \tag{2.3,179}$$

Durch Kombination von Gl. (2.3,147) mit Gl. (2.3,160) erhält man in jedem Falle — also nicht nur im Falle der Extremalen — die von den Phygoiden nach *Lanchester* her bekannte Beziehung

$$\frac{-VV'}{g_n} = H' \tag{2.3,180}$$

aus der durch Integration sofort

$$\frac{V^2}{2g_n} + H = \frac{V_0^2}{2g_n} + H_0 \tag{2.3,181}$$

folgt. Auf Grund der Beziehung (2.3,174) ist die Flughöhe H bei gegebenen Werten V_0, ϑ_{a0} und H_0 nur von ϑ_a abhängig.
Durch die Gleichungen (2.3,176, 174, 171, 179, 181) sind die Größen ϑ_a, V, α, x und H als Funktionen der Flugzeit t mit den Randwerten V_0, H_0 und ϑ_{a0} als Parametern dargestellt. Formuliert man die Gleichungen (2.3,181), (2.3,174) und (2.3,179) für den Punkt P_1, so kann man prinzipiell aus den damit gewonnenen Beziehungen den Anfangswert ϑ_{a0} durch die vorgeschriebenen Randwerte in der Kombination V_0, H_1-H_0 sowie durch das Intervall x_1-x_0 der unabhängigen Variablen x ausdrücken. Jedoch ist es bequemer, mit dem Anfangswert ϑ_{a0} anstatt mit dem Randwert H_1 zu rechnen.
Es sei nochmals ausdrücklich auf die hier benutzte Voraussetzung hingewiesen, wonach auf der so bestimmten Extremalen keine Beschränkung nach Art der Gl. (2.3,154d) wirksam wird.
Kehren wir noch einmal zu unserer Ausgangsgleichung (2.3,160) zurück! In Verbindung mit Gl. (2.3,147) hätten wir aus ihr sofort die Energiebeziehung (2.3,181) herleiten und das Variationsproblem so formulieren können, zwischen zwei festen Endpunkten eine Bahn kürzester Flugzeit zu bestimmen, auf der gemäß Gl. (2.3,181) die gesamte mechanische Energie des Flugzeugs konstant bleibt. Diese Aufgabe führt bekanntlich auf eine Zykloide als Brachistochrone. In der Tat kann man nachträglich leicht verifizieren, daß die Gln. (2.3,174/179/181) eine Zykloide definieren, bei der ein Kreis vom Radius $V_0^2/(4g_n \cos^2\vartheta_{a0})$ und Wälzungswinkel $2\vartheta_a$ auf der Unterseite der Geraden $H = H_{max} = H_0 + V_0^2/2\,g_n$ in Richtung g_1 ohne zu gleiten abrollt.

Zahlenbeispiel:

Bei gegebenen Anfangswerten $V_0 > 0$ und $\vartheta_{a0} < 0$ erreicht man die Ausgangshöhe $H_0 = H_1$ wieder für $\vartheta_{a1} = -\vartheta_{a0}$ bzw. nach der Zeit

$$t_1 = \frac{-2\vartheta_{a0} V_0}{g_n \cos\vartheta_{a0}} \tag{2.3,182}$$

s. Gl. (2.3,176). Der zurückgelegte Weg ist nach Gl. (2.3,179)

$$x_1 - x_0 = \frac{V_0^2}{g_n \cos^2\vartheta_{a0}} \left[\frac{-\sin 2\vartheta_{a0}}{2} - \vartheta_{a0}\right] \tag{2.3,183}$$

Wäre das Flugzeug horizontal mit der konstanten Geschwindigkeit V_0 geflogen, so hätte es dazu die Zeit

$$\bar{t}_1 = \frac{x_1 - x_0}{V_0} = \frac{V_0}{g_n \cos^2\vartheta_{a0}} \left[\frac{-\sin 2\vartheta_{a0}}{2} - \vartheta_{a0}\right] \tag{2.3,184}$$

benötigt. Das Verhältnis der beiden Zeiten ist

$$\frac{t_1}{\bar{t}_1} = \frac{2\cos\vartheta_{a0}}{1 + \dfrac{\tan\vartheta_{a0}}{\vartheta_{a0}}} \tag{2.3,185}$$

Aus der Reihenentwicklung

$$\frac{\tan\vartheta_{a0}}{\vartheta_{a0}} = 1+\frac{\vartheta_{a0}^2}{3}+\frac{2}{3\cdot 5}\vartheta_{a0}^4+\dots \qquad (2.3{,}186)$$

die nur positive Glieder enthält, ersieht man sofort, daß

$$\frac{t_1}{\bar{t}_1} < \cos\vartheta_{a0} < 1 \qquad (2.3{,}187)$$

ist. Beispielsweise ist

$$\frac{t_1}{\bar{t}_1} = \frac{\sqrt{2}}{1+\dfrac{4}{\pi}} \approx 0{,}62 \quad \text{für} \quad \vartheta_{a0} = -\frac{\pi}{4}$$

In dem bisher ausgeschlossenen Falle $\partial A/\partial\alpha = 0$ wird

$$\alpha = \alpha_{cA\,\max} \qquad (2.3{,}188)$$

Diese Annahme führt also genau auf die Phygoide mit maximalem Auftriebsbeiwert nach *Lanchester*, s. Abschnitt 2.3.2. Auch diese Flugbahn hängt nicht von den Parametern δ_0, ξ_0 und ζ_0 ab, die Integration der *Euler*schen Differentialgleichungen kann also wieder unterbleiben.

Liegen nun im Zahlenbeispiel die Punkte x_1 und x_0 bei gleicher Höhe $H_1 = H_0$ um mehrere Wellenlängen der Phygoiden nach Gl. (2.3,66) auseinander, ist also

$$x_1-x_0 \gg \pi\sqrt{2}\,\frac{\bar{V}^2}{g_n} = \pi\sqrt{2}\,\frac{m}{c_A\dfrac{\varrho}{2}F}$$

so erhält man gemäß Gl. (2.3,67, 80, 93) die schnellste Flugverbindung zwischen diesen Punkten mit Hilfe von Phygoiden, wenn man die oben benutzte Anfangsbedingung $V = V_0$ für $x = x_0$ ignoriert, $H_0 = H_1$ als Gleichgewichtshöhe nimmt und einen Gleichgewichtsflug von x_0 nach x_1 ausführt. Beim Gleichgewichtsflug mit maximalem Auftriebsbeiwert ist aber die Geschwindigkeit $\bar{V}$ kleiner als die zu irgendeinem anderen Anstellwinkel gehörige Gleichgewichtsgeschwindigkeit V_0. Da diese letzte nach unseren obigen Feststellungen bereits eine längere Flugzeit als die Extremale nach Gl. (2.3,171) bedingt, ist hier erst recht eine mit maximalem Auftriebsbeiwert geflogene Phygoide *keine* Bahn kürzester Flugzeit. Tatsächlich sind also im vorliegenden Falle nur die durch Gl. (2.3,171) gegebenen Extremalen brauchbar.

Die Phygoide mit maximalem Auftriebsbeiwert gewinnt allerdings dann Bedeutung, wenn der hier bislang nicht betrachtete Fall eintritt, daß auf einer Extremalen nach Gl. (2.3,171) ein Punkt mit maximalem Auftriebsbeiwert erreicht wird. Die Flugbahn kürzester Flugzeit muß dann von diesem Punkt ab so lange der Bedingung (2.3,188) genügen, bis ein Weiterflug gemäß der Bedingung (2.3,171) wieder möglich ist.

Literatur zu Abschnitt 2.3.5: [2–350 bis 372], S. 215.

Literatur zu Kap. II.

a) Bücher (s. a. S. 284 und 333)

[2–001] *Lanchester, F. W.*: Aerodonetics. London, 1908.

[2–002] *Sänger, E.*: Raketen-Flugtechnik. München, 1933.

[2–003] *Kerber, L. V.*: Airplane performance. In: W. F. Durand, Aerodynamic Theory, Bd. V, S. 223–341. Berlin, 1935.

[2–004] *Bairstow, L.*: Applied aerodynamics. London, 1939.

[2–005] *Gorostschenko, B. T.* u. a.: Flugmechanische Aufgabensammlung. Berlin, 1957.

[2–006] *Miele, A.*: Flight mechanics. I. Theory of flight paths. London, 1962.

b) Einzelberichte

Stationäre Bewegungen (Abschnitt 2.1.)

[2–101] *Rotta, J.*: Über die Flugleistungsmechanik des Flugzeugs mit Turbinenstrahlantrieb. Z. Flugwiss. **1**, 92–99 (1953).

[2–102] *Eppler, R.*: Der günstigste Kreisflug von Segelflugzeugen. Z. Flugwiss. **2**, 15–16 (1954).

[2–103] *Rutowski, E. S.*: Energy approach to the general aircraft performance problem. J. Aero. Sci. **21**, 187–195 (1954).

[2–104] *Herb, H.*: Flugleistungen mehrmotoriger Flugzeuge nach Ausfall eines Motors. Z. Flugwiss. **3**, 377–382 (1955).

[2–105] *Ludwig, R.*: Ein Beitrag zur dimensionslosen Methode der Leistungsberechnung von Flugzeugen mit Strahltriebwerken. Z. Flugwiss. **3**, 141–150 (1955).

[2–106] *Günter, S.*: Betrachtungen zum Reichweitenverlust beim Kurvenflug. Z. Flugwiss. **6**, 10–15 (1958).

[2–107] *Fiecke, D.*: Stationär betrachtete Flugleistungen, dargestellt in Höhen-Machzahl-Schaubildern. Luftfahrttechnik **8**, 266–283 (1962).

[2–108] *Arthur, P. D.* und *B. E. Baxter*: Observations on minor circle turns. AIAA Journal **1**, 2408–2410 (1963).

[2–109] *Bragg, S. L.*: Flight efficiency of air-breathing engins. Aeronaut. Quart. **14**, 211–223 (1963).

Steigleistung und Streckenflug (Abschnitt 2.2.1.–2.2.3.)

[2–201] *Herb, H.*: Über die Transportarbeit von Verkehrsflugzeugen. Z. Flugwiss. **3**, 74–79 (1955).

[2–202] *Backhaus, G.*: Grundbeziehungen für den Entwurf optimaler Verkehrsflugzeuge. Jahrbuch 1958 der WGL, S. 201–213.

[2–203] *Annenberg, R. H. W.*: Rectilinear flight in a non-uniform atmosphere. J. Roy. Aeron. Soc. **66**, 53–54 (1962).

[2–204] *Bogdanovic, J. A.* u. a.: A method of determining propulsion system requirements for long-range, long-endurance aircraft. J. Aircraft **2**, 499–508 (1965).

Meteorologische Navigation (Abschnitt 2.2.4.)

[2–251] *Levi-Civita, T.*: Über Zermelo's Luftfahrtproblem. ZAMM **11**, 314–322 (1931).

[2–252] *von Mises, R.*: Zum Navigationsproblem der Luftfahrt. ZAMM **11**, 373–381 (1931).

[2–253] *Zermelo, E.*: Über das Navigationsproblem bei ruhender oder veränderlicher Windverteilung. ZAMM **11**, 114–124 (1931).

[2–254] *Beder, H.*: Die Berechnung optimaler Flugwege mit Hilfe des Brechungsgesetzes unter besonderer Berücksichtigung des Flugweges geringster Betriebskosten. Z. Flugwiss. **13**, 205–209 (1965).

[2–255] *Ränike, G.*: Flugwege geringsten Zeitbedarfs. Luftfahrttechnik **11**, 114–118 (1965).

Start und Landung (Abschnitt 2.3.1.)

[2–300] *Alias, G. S.*: Notes on the ground run of jet-propelled aircraft during landing and take-off. AGARD Rep. 82 (Aug. 1956).

[2–300a] *Lang, D. A.*: Some problems associated with the measurement of landing distance. AGARD Rep. 31 (Febr. 1956).

[2–301] *Mack, K. W.*: Kurzstart. Luftfahrttechnik **3**, 2–11 (1957).

[2–302] *Fiedler, W. A.*: The launching of large missiles. Jahrbuch 1958 der WGL, S. 249–254.

[2–303] *Hütter, U.*: Fangstartverfahren mit durch Schirm gedämpftem Anschleppstoß. Z. Flugwiss. **6**, 234–247 (1958).

[2–304] *Campbell, J. P.*: Research on VTOL and STOL aircraft in the United States. Adv. in Aeron. Sci. and Space Flight, Bd. 2, S. 845–892 (1959).

[2–305] *Dathe, H. M.*: Zur Berechnung der Kurzstartleistungen von Flugzeugen mit Schubschwenk-Triebwerken. Z. Flugwiss. **8**, 61–67 (1960).

[2–306] *Hertel, H.*: Vertikal- oder Kurz-Start und -Landung. Jahrbuch 1960 der WGL, S. 23–47.

[2–307] *Just, W.*: Vergleich der Leistungen, der Start- und Landebahnen sowie der Stabilitätseigenschaften der verschiedenen Arten von Vertikalstartflugzeugen. Jahrbuch 1960 der WGL, S. 57–71.

[2–307a] *N. N.*: Symposium on vertical and short take-off and landing aircraft. AGARDograph 46, Part 1, 2 (Juni 1960).

[2–308] *Seibold, W.*: Berechnung minimaler Startstrecken. Jahrbuch 1960 der WGL, S. 47–57.

[2–308a] *Innis, R. C.*: Factors limiting the landing approach speed of airplanes from the viewpoint of a pilot. AGARD Rep. 358 (April 1961).

[2–309] *Mack, K. W.*: Wege zum Vertikalstartflugzeug. Luftfahrttechnik **7**, 58–70 (1961).

[2–310] *Mewes, E.*: Beiträge zur Berechnung von Rollstrecken bei Start und Landung. Z. Flugwiss. **9**, 388–394 (1961).

[2–311] *Burkhardt, D.*: Kurzstart schneller Flugzeuge. Jahrbuch 1962 der WGLR, S. 284–301.

[2–312] *Pleines, W.*: Probleme der Kurzstartflugzeuge. Luftfahrttechnik **8**, 61–72 (1962).

[2–312a] *Joyner, U. T.* u. a.: Investigations on the ground performance of aircraft relating to wet runway braking and slush drag. AGARD Rep. 429 (Jan. 1963).

[2–313] *Campbell, J. P.*: Status of V/STOL research and development in the United States. J. Aircraft **1**, 97–106 (1964).

[2–313a] *N. N.*: V/STOL Aircraft. AGARDograph 89, Part 1. (Sept. 1964).

[2–313b] *O'Gara, J. F.*: Aircraft crosswind performance. AGARD Rep. 492 (Okt. 1964).

[2–313c] *Youens, F. P.*: Approach and landing problems in jet VTOL aircraft. AGARD Rep. 489 (Okt. 1964).

[2–314] *Herb, H.* und *R. Ludwig*: Berechnung der Rollstrecke für verschiedenen Schubverlauf. Deutsche Luft- und Raumfahrt, Forschungsbericht 65–08. ZLDI. München, 1965.

[2–315] *Herb, H. R.*: Problems associated with the presence of water, slush, snow and ice on runways. AGARD Rep. 500 (1965).

[2–316] *Wimpress, J. K.*: Shortening the take-off and landing distances of high speed aircraft. AGARD Rep. 501 (Juni 1965).

Phygoidenbewegung (Abschnitt 2.3.2.)

[2–331] *Mettler, E.*: Über den gesteuerten waagerechten Kurvenflug eines Flugzeugs. Ing. Archiv **9**, 327–343 (1938).

[2–332] *Müller, W.*: Zur Berechnung der Bahnkurven bei der Längsbewegung eines Flugzeugs. Ing. Archiv **9**, 258–279 (1938).

[2–333] *Ehlers, F. E.* und *G. Brigham*: On aircraft maneuvers in the vertical plane under assumptions leading to easy integrability of the flight path equations. J. Aero. Sci. **28**, 528–540 (1961).

[2–334] *Zbrozek, J. K.*: Aircraft behaviour in a vertical gradient of wind velocity. Aeronaut. Quart **14**, 265–278 (1963).

[2–335] *Laitone, E. V.* und *Y. S. Chou*: Phygoid oscillations at hypersonic speeds. AIAA Journal **3**, 732–735 (1965).

Böenbelastung (Abschnitt 2.3.4.)

[2–341] *Fung, Y. C.*: Statistical aspects of dynamic loads. J. Aero. Sci. **20**, 317–330 (1953).

[2–342] *Liepmann, H. W.*: Extension of the statistical approach to buffeting and gust response of wings of finite span. J. Aero. Sci. **22**, 197–200 (1955).

[2–343] *Bullen, N. I.*: Aircraft loads in continuous turbulence. AGARD Rep. 116 (April–Mai 1957).

[2–344] *Coupry, G.*: Evaluation rapide des caractéristiques statistiques des facteurs de charge dûs à la turbulence. Jahrbuch 1965 der WGLR, S. 276–281.

Optimalbahnen (Abschnitt 2.3.5.)

[2–350] *Kaiser, F.*: Der Steigflug mit Strahlflugzeugen. Teil 1. Bahngeschwindigkeit besten Steigens. Versuchsbericht 262–02–L44 Messerschmitt AG. Augsburg. April 1944.

[2–351] *Behrboom, H.*: Brachystochrone Flugbahnen im Raum bei zeitlich veränderlichem Fluggewicht. Jahrbuch 1954 der WGL, S. 76–95.

[2–352] *Miele, A.*: On the nonsteady climb of turbojet aircraft. J. Aero. Sci. **21**, 781–783 (1954).

[2–353] *Miele, A.*: Optimum climbing technique for rocket-powered aircraft. ARS Journal **25**, 385–391, 399 (1955).

[2–354] *Behrboom, H.*: Zur Herleitung der Eulergleichungen... Z. Flugwiss. **4**, 373–382 (1956).

[2–355] *Cicala, P.* und *A. Miele*: Generalized theory of the optimum thrust programming for the level flight of a rocket-powered vehicle. ARS Journal **26**, 443–455, 473 (1956).

[2–356] *Adams, E.*: Beitrag zum Problem der schnellsten Flugverbindung zwischen zwei Punkten. Z. Flugwiss. **5**, 12–15 (1957).

[2–357] *Miele, A.*: An extension of the theory of the optimum burning program for the level flight of a rocket-powered aircraft. J. Aero. Sci. **24**, 874–884 (1957).

[2–358] *Miele, A.*: Flight mechanics and variational problems of a linear type. J. Aero. Sci. **25**, 581–590 (1958).

[2–359] *Miele, A.*: Some recent advances in the mechanics of terrestrial flight. ARS Journal **28**, 581–587 (1958).

[2–360] *Miele, A.*: Variational approach to the stratosperic cruise of a turbo-jet powered aircraft. Z. Flugwiss. **6**, 253–257 (1958).

[2–361] *Kelley, H. J.*: An investigation of optimal zoom climb techniques. J. Aero. Sci. **26**, 794–802, 824 (1959).

[2–362] *Miele, A.*: On the flight path of a hypervelocity glider boosted by rockets. Astronaut. Acta **5**, 367–379 (1959).

[2–363] *Miele, A.*: Lagrange multipliers and quasi-steady flight mechanics. J. Aero. Sci. **26**, 592–598 (1959).

[2–364] *Theodorsen, Th.*: Optimum path of an airplane — minimum time to climb. J. Aero. Sci. **26**, 637–642 (1959).

[2–365] *Kelley, H. J.*: Gradient theory of optimal flight paths. ARS Journal **30**, 947–954 (1960).

[2–365a] *Bryson, A. E.* und *W. F. Denham*: A steepest-ascent method for solving optimum programming problems. J. Appl. Mech. E **29**, 247–257 (1962).

[2–366] *Sagirow, P.* und *M. Frik*: Das Maximumprinzip und die Optimierungen der Flugmechanik. Jahrbuch 1962 der WGLR, S. 218–224.

[2–367] *Spintzky, J.*: Untersuchungen über zeitoptimale Wende- und Einholmanöver von Überschallflugzeugen. Jahrbuch 1962 der WGLR, S. 202–217.

[2–368] *Bell, D. J.*: A review of flight optimization along synergic paths in the period 1945–1960. J. Roy. Aeron. Soc. **67**, 119–123 (1963).

[2–369] *Cavoti, C. R.*: Necessary and sufficient conditions for an optimum in a class of flight trajectories. Z. Flugwiss. **11**, 485–495 (1963).

[2–370] *Friedel, H.* und *K. Stopfkuchen*: Ein Verfahren zur Berechnung zeitoptimaler Übergangsflüge von VTOL-Flugzeugen. Jahrbuch 1963 der WGLR, S. 85–96.

[2–370a] *Rosenbaum, R.*: Convergence technique for the steepest descent method of trajectory optimization. AIAA Journal **1**, 1703–1705 (1963).

[2–370b] *Sagirow, P.* und *M. Frik*: Ein Optimierungsproblem der Mechanik mit stetigen und unstetigen Steuerungen. ZAMM **43**, 229–236 (1963).

[2–371] *Bell, D. J.*: The determination of maximum range for an unpowered atmospheric vehicle. J. Roy. Aeron. Soc. **68**, 111–116 (1964).

[2–372] *Horlock, J. H.*: Maximum range of hypersonic ramjets. J. Roy. Aeron. Soc. **68**, 699–702 (1964).

III. Flugeigenschaften der spiegelsymmetrischen Flugzeuge bei rückwirkungsfreien Rudern und ohne Flugregelung

Bei der Betrachtung der Flugleistungen im vorigen Kapitel setzten wir voraus, daß man das Flugzeug durch geeignete Rudereinstellung in die jeweils gewünschte Fluglage überführen und in ihr halten kann. Durch die Hinzunahme der Momentengleichungen erhalten wir jetzt die Möglichkeit abzuschätzen, ob und unter welchen Bedingungen diese Voraussetzung gerechtfertigt ist, bzw. welche anderen Bewegungsformen noch möglich sind. Dabei wollen wir uns in diesem Kapitel auf den Fall beschränken, daß die Ruderausschläge konstant oder gegebene Zeitfunktionen sind.

Literatur zu Kap. III: [3-001 bis 3-411], S. 284.

3.1. Stationäre Bewegungen

3.1.1. Rudermomente beim stationären Spiralflug

Als erstes betrachten wir das Momentengleichgewicht beim stationären Spiralflug als der allgemeinsten stationären Bewegung über ebener Erde. Die Momentengleichung lautet bei Zerlegung der Trägheitsglieder im flugzeugfesten System (f) gemäß Gl. (1.5,66), S. 44,

$$\boldsymbol{q} \times \boldsymbol{h} = \sum_{\nu} \boldsymbol{\sigma}^{\nu} \times \boldsymbol{K}^{\nu} \tag{3.1,1}$$

mit

$$\boldsymbol{q} \times \boldsymbol{h} \equiv \begin{vmatrix} \boldsymbol{f}_1 & \boldsymbol{f}_2 & \boldsymbol{f}_3 \\ q_{xf} & q_{yf} & q_{zf} \\ h_{xf} & h_{yf} & h_{zf} \end{vmatrix} \tag{3.1,2}$$

Als Momente der Luftkräfte bei Ruderausschlag Null haben wir bei Zerlegung im körperfesten System (f) das

$$\left.\begin{array}{lll} \text{Rollmoment} & \boldsymbol{L}_f^0 = L_f^0 \boldsymbol{f}_1 & \text{nach Abschnitt 1.7.222, S. 70} \\ \text{Kippmoment} & \boldsymbol{M}_f^0 = M_f^0 \boldsymbol{f}_2 & \text{nach Abschnitt 1.7.221, S. 67} \\ \text{Wendemoment} & \boldsymbol{N}_f^0 = N_f^0 \boldsymbol{f}_3 & \text{nach Abschnitt 1.7.223, S. 71} \end{array}\right\} \tag{3.1,3}$$

Dazu treten gemäß Abschnitt 1.7.23, S. 73, die Rudermomente

$$\left.\begin{array}{ll}\text{Ruder-Rollmoment} & L_f^r = L_{f}^{r} f_1\\ \text{Ruder-Kippmoment} & M_f^r = M_{f}^{r} f_2\\ \text{Ruder-Wendemoment} & N_f^r = N_{f}^{r} f_3\end{array}\right\} \tag{3.1,4}$$

die der Reihe nach den Ruderwinkeln ξ, η bzw. ζ proportional sind. Nimmt man schließlich die Triebswerksmomente in der Form der Gl. (1.7,81) S. 76, an, so erhält man aus Gl. (3.1,1) bei Komponentenzerlegung im System (f) für die Rudermomente die Bestimmungsgleichungen

$$L_f^r = \begin{vmatrix} q_{yf} & q_{zf} \\ h_{yf} & h_{zf} \end{vmatrix} - L_f^0 - L_{f,\mathrm{Tr}} \tag{3.1,5}$$

$$M_f^r = \begin{vmatrix} q_{zf} & q_{xf} \\ h_{zf} & h_{xf} \end{vmatrix} - M_f^0 - M_{f,\mathrm{Tr}} \tag{3.1,6}$$

$$N_f^r = \begin{vmatrix} q_{xf} & q_{yf} \\ h_{xf} & h_{yf} \end{vmatrix} - N_f^0 - N_{f,\mathrm{Tr}} \tag{3.1,7}$$

Die Ruder müssen natürlich hinsichtlich Anordnung und Größe so ausgelegt sein, daß man die hier geforderten — und ggf. noch weitere — Rudermomente durch einen zulässigen Ruderausschlag tatsächlich erzeugen kann. Dann aber gibt es im normalen Anstellwinkelbereich zu jeder stationären Spiralflugkurve, charakterisiert etwa durch die drei Größen α, β und V, ein eindeutig bestimmtes Wertetripel ξ, η, ζ von Ruderwinkeln. Umgekehrt ist es jedoch nicht ausgeschlossen, daß man mit diesem Wertetripel ξ, η, ζ auch stationäre Spiralflugkurven, z. B. Trudelkurven, mit *abweichenden* Werten von α, β und V fliegen kann.

3.1.2. Unterscheidung von normalen Spiralkurven und Korkziehern

Für die folgende Betrachtung wollen wir in den letzten Gleichungen die Trägheitsglieder, die im Fall einer stationären Spiralkurve ohnehin sehr klein sind, vernachlässigen, auch die vom Triebwerk herrührenden Momente, die mehr zufälligen Charakter haben und beim Segelflugzeug ganz entfallen, streichen und ferner den Schiebewinkel β speziell gleich Null setzen; die Betrachtung läßt sich jedoch auch ohne diese Vereinfachungen durchführen. Nach Division durch $qFb/2$ bzw. qfl erhält man gemäß Abschnitt 1.7.2, S. 66, die Gln. (3.1,5, 6, 7) genähert in der Form

$$\xi c_{Lf\xi}^r = -\frac{b}{2V}\left(q_{xf} c_{Lfx} + q_{zf} c_{Lfz}\right) \tag{3.1,8}$$

$$\eta c^{\mathrm{r}}_{Mf\eta} = -c^{0,\mathrm{stat}}_{Mf} - \frac{lq_{yf}}{V}\, c_{Mfy} \tag{3.1,9}$$

$$\zeta c^{\mathrm{r}}_{Nf\zeta} = -\frac{b}{2V}\,(q_{xf}c_{Nfx} + q_{zf}c_{Nfz}) \tag{3.1,10}$$

Im interessierenden Bereich fällt das statische Kippmoment $c^{0,\mathrm{stat}}_{Mf}$ monoton mit α, und das Dämpfungsmoment $(lq_{yf}/V)c_{Mfy}$ spielt für das Momentengleichgewicht um die Kippachse eine untergeordnete Rolle. Die Gl. (3.1,9) läßt daher den Schluß zu, daß unter den genannten Voraussetzungen die Winkel η und α umkehrbar eindeutig aufeinander bezogen sind.

Ferner kann man beim Momentengleichgewicht um die Hochachse gemäß Gl. (3.1,10) das Rollwendemoment $(bq_{xf}/2V)c_{Nfx}$ gegenüber dem Wendedämpfungsmoment vernachlässigen. Die Drehgeschwindigkeit q_{zf} um die Hochachse geht aber monoton mit der resultierenden Drehgeschwindigkeit $\dot{\psi}$, diese wieder mit dem Auftrieb und dieser mit dem Anstellwinkel α. Letzten Endes ist daher auch ζ umkehrbar eindeutig mit α verknüpft.

Für die Rollmomente gilt für $|\alpha| \ll \frac{\pi}{2}$ näherungsweise die Beziehung

$$\frac{bq_{xf}}{2V}\, c^{0}_{Lfx} + \frac{bq_{zf}}{2V}\, c^{0}_{Lfz} = -\xi c^{\mathrm{r}}_{Lf\xi} \tag{3.1,11}$$

Sie läßt sich in der Ebene q_{zf}, q_{xf} als Schar paralleler Geraden mit ξ als Parameter auffassen. Unter Beachtung der im Abschnitt 1.7.2, S. 66, angemerkten Vorzeichen

$$c^{0}_{Lfx} < 0, \qquad c^{0}_{Lfz} > 0, \qquad c^{\mathrm{r}}_{Lf\xi} < 0$$

hat die Geradenschar die in Abb. 3.1,1 dargestellte Lage.

Andererseits kann man in diesem Diagramm auch die Zahlenwerte q_{xf} und q_{zf} darstellen, die sich aus den Kräftegleichungen bei konstantem $\beta(=0)$ und V mit α als Parameter ergeben. Man findet dabei einen Kurvenzug K, der zunächst sehr schwach, danach stärker über q_{zf} ansteigt, wobei α monoton wächst. Gemäß Gl. (1.4,28), S. 33, ist nämlich für $\dot{\vartheta}_f = \dot{\varphi}_f = 0$

$$\frac{q_{xf}}{q_{zf}} = \frac{\dot{\psi}_f f_{13}}{\dot{\psi}_f f_{33}} = \frac{f_{13}}{f_{33}} = \frac{-\sin\vartheta_f}{\cos\varphi_f \cos\vartheta_f}$$

Dies Verhältnis ist klein, solange die stationäre Drehgeschwindigkeit $\dot{\psi}_f$, also auch der Längsneigungswinkel ϑ_f und der Rollwinkel φ_f klein sind; es wächst aber mit steigendem α, da dann der Zähler zunimmt, der Nenner aber abnimmt. Beispielsweise erhält man hier für den Querruderwinkel $\xi = 0$ außer dem geradlinigen Flug mit $q_{xf} = q_{zf} = 0$ (s. Punkt P_{a0}) noch einen zweiten stationären Flugzustand (s. Punkt P_{b0}). Die Zuordnung von α zum Querruderwinkel ξ ist also mehrdeutig.

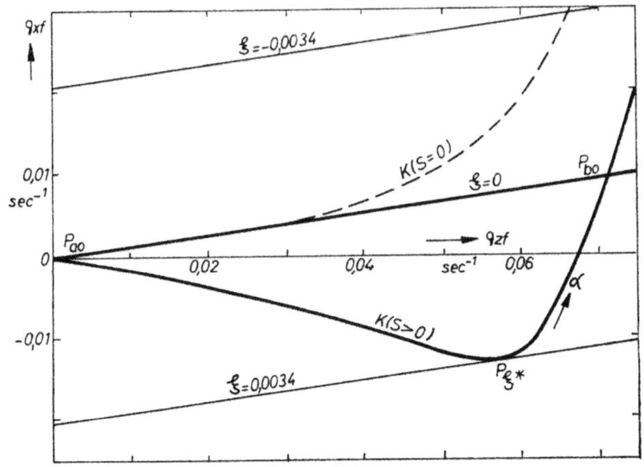

Abb. 3.1,1. Querruderwinkel ξ bei stationären Spiralflugkurven, vgl. Zahlenbeispiel

Allgemein pflegt man die Flugzustände $P_{a\xi}$, die für $\beta =$ const, $V =$ const, $\xi =$ const mit dem kleineren Wert von q_{zf} verbunden sind, als *normale Spiralkurven* und diejenigen Flugzustände, die zum Schnittpunkt $P_{b\xi}$ mit größerem q_{zf} gehören, als *Korkzieher* zu bezeichnen. Dabei gibt es, wie Abb. 3.1,1 zeigt, einen größten und zwar positiven Wert ξ^* des Querruderwinkels, für den bei gegebenen Werten β und V eine stationäre rechtsdrehende Spiralkurve möglich ist. ξ^* wird durch die tangierende Gerade an die Kurve K definiert. Im Berührungspunkt $P_{\xi*}$ gehen die normalen Spiralkurven stetig in Korkzieher über.

In der praktischen Fliegerei spielt die Unterscheidung von normalen Spiralkurven und Korkziehern eine geringe Rolle, da es sich tatsächlich nur um kleine Momente handelt, die man durch kleine Ruderausschläge leicht ins Gleichgewicht bringen kann. Es ist jedoch nützlich, folgende Tatsache festzuhalten: Um z. B. einen raschen Übergang aus dem Geradeausflug in eine Rechtsspirale zu bewirken, schlägt man zweckmäßigerweise das Querruder kräftig nach negativen Werten aus (rechtes Querruder nach oben). Liegt nun der gewünschte stationäre Flugzustand jenseits des Punktes P_{b0} auf der Kurve K, so muß man den Querruderausschlag alsbald zurücknehmen und sogar einen endgültigen Querruderausschlag nach der entgegengesetzten Seite geben, wenn man eine zwischen den Punkten P_{a0} und P_{b0} liegende Rechtsspirale fliegen will.

Zahlenbeispiel: Die Kurven in Abb. 3.1,1 wurden unter folgenden Annahmen berechnet: Gewicht $G = 10886$ kp, Tragfläche $F = 49{,}52$ m², Spannweite $b = 14{,}02$ m, Flughöhe $H = 6$ km, Luftdichte $\varrho = 0{,}06728$ kp s² m⁻⁴. Triebwerksschub $S = 3317$ kp (bzw. $S = 0$) entgegen der Anströmungsrichtung, Geschwindigkeit $V = 140{,}885$ m s⁻¹, $c_A = \alpha c_{A\alpha}$, $c_{A\alpha} = 3{,}6816$, $c_W = \varkappa_0 + \varkappa_1 \alpha^2$, $\varkappa_0 = 0{,}0590$, $\varkappa_1 = 1{,}092$, $c_{Lfx} = -1{,}23581$, $c_{Lfz} = 0{,}16392$, $c_{Lf\xi}^r = -0{,}37218$, $\beta = 0$. Das Rollmomentengleichgewicht nach Gl. (3.1,11), nämlich

$$q_{xf} = -\frac{c_{Lfz}}{c_{Lfx}} q_{zf} - \xi \frac{2V}{b} \frac{c_{Lf\xi}^r}{c_{Lfx}}$$

stellt sich mit der Abkürzung $k = (2V/b) c_{Lf\xi}^r / c_{Lfx} = 6{,}0527$ s⁻¹ in der Form $q_{xf} = q_{zf} 0{,}13264 - \xi \cdot k$ dar. Zu einem vorgegebenen Anstellwinkel α errechnet sich hier der Steigwinkel ϑ_e aus der Formel (2.1,19), S. 118, zu $\sin\vartheta_e = (S-W)/G$ und die Drehgeschwindigkeit $\dot{\psi}$ aus der resultierenden Kräftegleichung (2.1,25), S. 119, zu

$$\dot{\psi} = \frac{g_n}{V} \sqrt{\left[\frac{A^2+(S-W)^2}{G^2} - 1\right] : \left[1 - \left(\frac{S-W}{G}\right)^2\right]}$$

worauf sich die zugehörigen Größen φ_e, φ_f, ϑ_f, q_{xf} und q_{zf} in bekannter Weise ergeben. Der untere Grenzwinkel α_0 des zulässigen α-Bereichs, der sich aus der Bedingung $A_0^2 + (S-W_0)^2 = G^2$ ergibt, definiert den Spezialfall des Geradeausflugs mit $\dot{\psi} = 0$. Durch Iteration findet man leicht $\alpha_0 = 0{,}0892 = 5{,}11°$ für $S = 3317$ kp bzw. $\alpha_0 = 0{,}0875 = 5{,}01°$ für $S = 0$. Die zugehörigen Steigwinkel sind $\vartheta_{e0} = 0{,}0993$ für $S = 3317$ kp bzw. $\vartheta_{e0} = -0{,}2046$ für $S = 0$. Beim Grenzübergang $\alpha \to \alpha_0$ wird $\varphi_{f0} = 0$, $\vartheta_{f0} = \vartheta_{e0} + \alpha_0 = 0{,}1885$ für $S = 3317$ kp bzw. $\vartheta_{f0} = -0{,}1171$ für $S = 0$. Daher wird nach Gl. (1.4,27), S. 34, und (1.3,23), S. 23,

$$\lim_{\alpha \to \alpha_0} \frac{q_{xf}}{q_{zf}} = \lim_{\alpha \to \alpha_0} \frac{f_{13}\dot{\psi}}{f_{33}\dot{\psi}} = \frac{-\sin\vartheta_{f0}}{\cos\varphi_{f0}\cos\vartheta_{f0}} = -\tan\vartheta_{f0}$$

d. h. die Kurven K in Abb. 3.1,1 münden unter der Steigung $-\tan\vartheta_{f0}$ im Nullpunkt ein. Im vorliegenden Beispiel ist die Steigung der K-Kurve im Nullpunkt für den Fall $S = 3317$ kp merklich kleiner als die Steigung der Kurve $\xi = 0$. Daher treten die oben besprochenen Flugzustände P_{b0} und $P_{\xi*}$ wirklich auf. Im Fall $S = 0$ unterscheidet sich dagegen die Steigung der K-Kurve von der Steigung der Geraden $\xi = 0$ so wenig, daß die genaue Lage der Punkte P_{b0} bzw. $P_{\xi*}$ in der Abbildung nicht mehr auszumachen ist. Wenn die Steigung der K-Kurve im Nullpunkt sogar größer als die Steigung der Kurve $\xi = 0$ ist, d. h. im Falle $-\tan\vartheta_{f0} > -c_{Lfz}/c_{Lfx}$, werden die Flugzustände P_{b0} und $P_{\xi*}$ in der Regel nicht existieren; als stationäre Spiralkurven kommen dann i. a. nur Korkzieher vor.

3.1.3. Trudeln

Zum Unterschied von den eben behandelten stationären Spiralkurven mit relativ kleinen Anstellwinkeln liegen die Anstellwinkel beim stationären Trudeln außerhalb des normalen Bereiches. Die Strömung ist hier abgerissen, und daher kann man die Momente nicht mehr durch passende Ruderausschläge ins Gleichgewicht bringen. Die Kräfte- und Momentengleichungen stellen jetzt vielmehr Bedingungen zur Bestimmung von Eigenwertsystemen $\bar{\alpha}$, $\bar{\beta}$, $\bar{\dot{\psi}}$, $\bar{V}$, $\bar{\vartheta}_a$, $\bar{\varphi}_a$ dar. Die entsprechenden stationären Spiralkurven wollen wir als Trudelkurven bezeichnen.

Zur Vereinfachung der Schreibweise wollen wir die Körperachsen $\boldsymbol{f}_i$ mit dem System der Hauptträgheitsachsen identifizieren, so daß die Deviationsmomente I_{yzf} usw. verschwinden. Gemäß Gl. (1.5,66), S. 44, wird dann der Ausdruck $\mathrm{d}\boldsymbol{h}/\mathrm{d}t$ bei Zerlegung im körperfesten System (f) unter stationären Bedingungen

$$\frac{\mathrm{d}\boldsymbol{h}}{\mathrm{d}t} = \begin{vmatrix} \boldsymbol{f}_1 & \boldsymbol{f}_2 & \boldsymbol{f}_3 \\ q_{xf} & q_{yf} & q_{zf} \\ h_{xf} & h_{yf} & h_{zf} \end{vmatrix} \tag{3.1,12}$$

Dabei hängen die stationären Drehgeschwindigkeiten q_{xf} usw. gemäß Gl. (1.4,28), S. 33, mit der Winkelgeschwindigkeit $\dot{\psi}$ durch die Formeln

$$q_{xf} = -\dot{\psi}\sin\vartheta_f \tag{3.1,13}$$

$$q_{yf} = \dot{\psi}\sin\varphi_f\cos\vartheta_f \tag{3.1,14}$$

$$q_{zf} = \dot{\psi}\cos\varphi_f\cos\vartheta_f \tag{3.1,15}$$

zusammen, während die Drehimpulskomponenten h_{xf} usw. nach Gl. (1.5,61), S. 44, sich wegen des Verschwindens der Deviationsmomente zu

$$h_{xf} = q_{xf}J_{xf}; \qquad h_{yf} = q_{yf}J_{yf}; \qquad h_{zf} = q_{zf}J_{zf} \tag{3.1,16}$$

vereinfachen. Die Momentengleichung (1.5,55), S. 43, lautet damit bei Komponentenzerlegung nach dem System (f)

$$q_{yf}q_{zf}(J_{zf}-J_{yf}) = L_f^0 + L_f^r + L_{f,\mathrm{Tr}} \tag{3.1,17}$$

$$-q_{zf}q_{xf}(J_{zf}-J_{xf}) = M_f^0 + M_f^r + M_{f,\mathrm{Tr}} \tag{3.1,18}$$

$$q_{xf}q_{yf}(J_{yf}-J_{xf}) = N_f^0 + N_f^r + N_{f,\mathrm{Tr}} \tag{3.1,19}$$

Die stationären Luftkraftmomente bei Ruderausschlag Null werden hier gemäß Abschnitt 1.7.22, S. 67, bei Zerlegung im System (f) ausführlich

$$\left.\begin{aligned} L_f^0 &= \left(\beta c_{Lf\beta} + \frac{bq_{xf}}{2V}c_{Lfx} + \frac{bq_{zf}}{2V}c_{Lfz}\right)qF\frac{b}{2} \\ M_f^0 &= \left(c_{Mf}^{0,\mathrm{stat}} + \frac{lq_{yf}}{V}c_{Mfy}\right)qFl \\ N_f^0 &= \left(\beta c_{Nf\beta} + \frac{bq_{xf}}{2V}c_{Nfx} + \frac{bq_{zf}}{2V}c_{Nfz}\right)qF\frac{b}{2} \end{aligned}\right\} \tag{3.1,20}$$

Damit läßt sich die zweite Momentengleichung in der Form schreiben

$$\dot{\psi}^2 = \frac{\left(c_{Mf}^{0,\mathrm{stat}} + \frac{lq_{yf}}{V} c_{Mfy}\right) qFl + M_f^{\mathrm{r}} + M_{f,\mathrm{Tr}}}{\sin\vartheta_f \cos\varphi_f \cos\vartheta_f (J_{zf} - J_{xf})} \tag{3.1,21}$$

Entsprechend wird die dritte Momentengleichung

$$\beta = \frac{q_{xf} q_{yf} (J_{yf} - J_{xf}) - \left(\frac{bq_{xf}}{2V} c_{Nfx} + \frac{bq_{zf}}{2V} c_{Nfz}\right) qF \frac{b}{2} - N_f^{\mathrm{r}} - N_{f,\mathrm{Tr}}}{c_{Nf\beta} qF \frac{b}{2}} \tag{3.1,22}$$

Die drei Kräftegleichungen legen wir in der Form zugrunde, s. Gl. (2.1,19, 24, 22, 23), S. 118:

$$V^2 = \frac{-mg_{\mathrm{n}} \sin\vartheta_a + S(\boldsymbol{a}_1 \cdot \boldsymbol{s}_1)}{c_W \frac{\varrho}{2} F} \tag{3.1,23}$$

$$\cos^2\vartheta_a = \frac{\left[\frac{-S(\boldsymbol{a}_3 \cdot \boldsymbol{s}_1) + A}{mg_{\mathrm{n}}}\right]^2 + \left[\frac{S(\boldsymbol{a}_2 \cdot \boldsymbol{s}_1) + Q}{mg_{\mathrm{n}}}\right]^2}{1 + \left(\frac{V\dot{\psi}}{g_{\mathrm{n}}}\right)^2} \tag{3.1,24}$$

$$\cot\varphi_a = -\begin{vmatrix} \frac{S(\boldsymbol{a}_2 \cdot \boldsymbol{s}_1) + Q}{A} & -1 \\ \frac{-S(\boldsymbol{a}_3 \cdot \boldsymbol{s}_1) + A}{A} & \frac{V\dot{\psi}}{g_{\mathrm{n}}} \end{vmatrix} : \begin{vmatrix} \frac{S(\boldsymbol{a}_2 \cdot \boldsymbol{s}_1) + Q}{A} & \frac{V\dot{\psi}}{g_{\mathrm{n}}} \\ \frac{-S(\boldsymbol{a}_3 \cdot \boldsymbol{s}_1) + A}{A} & 1 \end{vmatrix} \tag{3.1,25}$$

Dabei sind die Richtungskosinusse $(\boldsymbol{a}_1 \cdot \boldsymbol{s}_1)$ usw. durch Gl. (2.1,15), S. 117, gegeben. Setzen wir speziell $\alpha_S = \beta_S = 0$, so wird

$$\left.\begin{aligned} (\boldsymbol{a}_1 \cdot \boldsymbol{s}_1) &= \cos\alpha \cos\beta \\ (\boldsymbol{a}_2 \cdot \boldsymbol{s}_1) &= \cos\alpha \sin\beta \\ (\boldsymbol{a}_3 \cdot \boldsymbol{s}_1) &= -\sin\alpha \end{aligned}\right\} \quad \text{für} \quad \alpha_S = \beta_S = 0 \tag{3.1,26}$$

Die *Euler*schen Winkel φ_a, ϑ_a und φ_f, ϑ_f hängen gemäß Gl. (1.3,34; 35), S. 27, durch die Formeln zusammen:

$$\left.\begin{aligned} -\sin\vartheta_f &= -\sin\vartheta_a \cos\alpha \cos\beta + \cos\vartheta_a (\sin\varphi_a \cos\alpha \sin\beta - \cos\varphi_a \sin\alpha) \\ \sin\varphi_f \cos\vartheta_f &= \sin\varphi_a \cos\vartheta_a \cos\beta + \sin\vartheta_a \sin\beta \\ \cos\varphi_f \cos\vartheta_f &= -\sin\vartheta_a \sin\alpha \cos\beta + \cos\vartheta_a (\sin\varphi_a \sin\alpha \sin\beta + \cos\varphi_a \cos\alpha) \end{aligned}\right\} \tag{3.1,27}$$

Nach diesen Vorbereitungen können wir die gesuchten Eigenwertsysteme $\bar{V}, \bar{\dot{\psi}}, \bar{\beta}, \bar{\vartheta}_a, \bar{\varphi}_a$ und $\bar{\alpha}$ folgendermaßen bestimmen: In einem hinreichend großen Intervall des Anstellwinkels α, etwa für $20° \leq \alpha \leq 80°$, suchen wir zunächst die Größen $V, \dot{\psi}, \beta, \vartheta_a$ und φ_a als Funktionen von α durch Iteration so zu bestimmen, daß sie den Momenten- und Kräftegleichungen (3.1,21) bis (3.1,25) genügen. Hierzu nehmen wir in nullter Näherung

$$\left.\begin{aligned} \vartheta_a^{(0)} &= -\frac{\pi}{2} \\ \beta^{(0)} &= 0 \end{aligned}\right\} \tag{3.1,28}$$

an. Wenn wir in üblicher Weise auf der rechten Seite der Gleichungen die vorhandenen Näherungswerte einsetzen und die auf den linken Seiten stehenden Größen als verbesserte Werte auffassen, so folgen damit die Funktionen

$$V^{(1)}(\alpha) \text{ aus Gl. (3.1,23)}$$

$$\left.\begin{aligned} \sin\vartheta_f^{(1)}(&= -\cos\alpha) \\ [\sin\varphi_f\cos\vartheta_f]^{(1)}(&= 0) \\ [\cos\varphi_f\cos\vartheta_f]^{(1)}(&= \sin\alpha) \end{aligned}\right\} \text{ aus Gl. (3.1,27)}$$

$$q_{yf}^{(1)}(= 0) \text{ aus Gl. (3.1,14)}$$

$$\dot{\psi}^{(1)}(\alpha) > 0 \text{ aus Gl. (3.1,21)}$$

$$q_{xf}^{(1)}(\alpha) \text{ aus Gl. (3.1,13)}$$

$$q_{zf}^{(1)}(\alpha) \text{ aus Gl. (3.1,15)}$$

$$\beta^{(1)}(\alpha) \text{ aus Gl. (3.1,22)}$$

$$\vartheta_a^{(1)}(\alpha) \text{ aus Gl. (3.1,24)}$$

$$\varphi_a^{(1)}(\alpha) \text{ aus Gl. (3.1,25)}$$

In derselben Reihenfolge kann man jetzt die zweiten Näherungen bestimmen und in dieser Weise fortfahren, bis eine hinreichend gute Annäherung an gewisse Grenzfunktionen $V(\alpha)$, $\dot{\psi}(\alpha)$, $\varphi_a(\alpha)$, $\vartheta_a(\alpha)$ und $\beta(\alpha)$ erkennbar wird. Durch Einsetzen der Grenzfunktionen in die erste Momentengleichung (3.1,17) erhält man eine Bestimmungsgleichung für $\bar{\alpha}$, die man leicht auf grafischem Wege lösen kann. Die zugehörigen Werte $V(\bar{\alpha}) \equiv \bar{V}$ usw. definieren dann den zugehörigen Trudelzustand vollständig. Der Trudelradius $\bar{R}$ folgt wie früher aus Gl. (2.1,8), S. 117, weitere Lagebeziehungen folgen aus Gl. (1.3,34) bis (1.3,37), S. 27. Im allgemeinen gibt es zwei solcher stationären Trudelzustände und zwar

a) das *steile Trudeln*, charakterisiert durch kleines $\bar{\alpha}$ (etwa 30° bis 40°), kleines $\dot{\psi}$, großes $\bar{V}$ und relativ großen Trudelradius $\bar{R}$ ($\sim$10 m),

b) das *flache Trudeln*, charakterisiert durch großes $\bar{\alpha}$ (etwa 60° bis 80°), großes $\bar{\dot{\psi}}$, kleines $\bar{V}$ und kleinen Trudelradius $\bar{R}$ (~1 m). Dieser letzte Zustand ist trotz der geringeren Sinkgeschwindigkeit dadurch gefährlicher, daß hier das Seitenleitwerk i. a. im Windschatten des Höhenleitwerks liegt und dadurch weniger wirksam ist.

Durch Beschränkung auf die Lösungsbereiche $\alpha > 0$, $\dot{\psi} > 0$ haben wir in der vorstehenden Rechnung den Spezialfall des Rechtstrudelns in normaler Fluglage ausgesondert. Durch die Kombinationen $\alpha > 0$, $\dot{\psi} < 0$ bzw. $\alpha < 0, \dot{\psi} \gtrless 0$ kann man auch das Linkstrudeln in Normallage sowie das Rechts- bzw. Linkstrudeln in Rückenlage gewinnen.

Außer durch Rechnung kann man die Trudelbewegung auch experimentell in besonders dafür gebauten Trudel-Windkanälen untersuchen, in denen man ein Flugzeugmodell im vertikalen Luftstrom frei trudeln läßt.

An konstruktiven Maßnahmen zum Verhindern des Trudelns bzw. zum leichteren Herauskommen aus dem Trudelzustand ist ein genügend großes Seitenruder erforderlich, das ausreichend hoch gesetzt ist, um ein Abschirmen durch das Höhenleitwerk zu vermeiden.

Falls stationäres Trudeln eingetreten ist, wird empfohlen [3–004],

1. kein Queruder zu geben, weil dadurch i. w. nur die Winkelgeschwindigkeit der Autorotation geändert würde,
2. ein dem Trudelsinn entgegengesetztes Seitenruder zu geben (evtl. Unterstützung durch seitlichen Motor, Fallschirm bei Versuchsflugzeugen),
3. eine halbe Umdrehung später leicht zu drücken und die Normallage herzustellen.

Wenn man sich mit einer weniger genauen Aussage über den stationären Trudelzustand begnügt, kann man die Rechnung auch

a) mit der Annahme durchführen, daß die Resultierende der Luft- und Triebwerkskräfte in die Hochachse f_3 des Flugzeugs fällt, die Achse f_3 also mit der Trudelachse komplanar ist [4–002]. Darüber hinaus kann man die Rechnung noch dadurch vereinfachen, daß man

b) die Winkelgeschwindigkeit $\dot{\psi}$ der Trudelbewegung mit der Geschwindigkeit der Autoration identifiziert, die durch die Bedingung $\boldsymbol{a}_1 \cdot \sum_{\nu} \boldsymbol{\sigma}^{\nu} \times \boldsymbol{K}^{\nu} = 0$ charakterisiert ist [3–004].

Da dies jedoch beides keine exakten Annahmen sind, kann man bei einer solchen Näherungsrechnung im Falle a) eine, im Fall b) zwei von insgesamt 6 strengen Kräfte- und Momentengleichungen nicht genau erfüllen.

Literatur zu Abschnitt: [3–101 bis 107], S. 284, und [4—006, 007], S. 333.

3.2. Freie Schwingungen bei festen Rudern

3.2.1. Homogene Störungsgleichungen einer stationären, geradlinigen, symmetrischen Flugbahn

Man kann die allgemeine Kräftegleichung im Falle der Windstille besonders einfach im flugwindfesten System (a) darstellen, da die Fluggeschwindigkeit relativ zum Inertialsystem dann genau in die Richtung $\boldsymbol{a}_1$ fällt. Dagegen kann man für die allgemeine Momentengleichung besonders einfach im körperfesten System (f) eine Komponentenzerlegung geben, da die Trägheitsmomente sowie die Ruder- und Triebwerksmomente unmittelbar mit diesem System verknüpft sind. Im folgenden werden wir nun Bewegungen des Flugzeugs studieren, zu deren Beschreibung wir die Kräfte- und Momentengleichungen in gleicher Weise heranziehen müssen. Es liegt daher nahe, alle Gleichungen in ein und demselben System zu formulieren und dafür das experimentelle System (e) zu wählen, da dieses durch je eine einfache Drehung aus den Systemen (a) bzw. (f) hervorgeht. In dem hier betrachteten Spezialfall, bei dem man die Bewegungen als kleine Störungen einer geradlinigen Flugbahn auffassen kann, bringt in der Tat eine Zerlegung der Momentengleichungen nach dem System (e) keine Schwierigkeiten. Allerdings ist es in allgemeineren Fällen meistens einfacher, die Momentengleichungen im körperfesten System anzusetzen, da sich die Trägheitsmomente im experimentellen System mit dem Anstellwinkel ändern.

Legen wir eine windstille Atmosphäre und ein geodätisches Koordinatensystem (g) zugrunde, so lautet die Kräftegleichung (1.5,6), S. 35, mit Beachtung von Gl. (1.5,34), S. 40, und (1.4,27), S. 34,

$$m\left\{\dot{V}_{xe}\boldsymbol{e}_1+\dot{V}_{ye}\boldsymbol{e}_2+\begin{vmatrix}\boldsymbol{e}_1 & \boldsymbol{e}_2 & \boldsymbol{e}_3\\ q_{xe} & q_{ye}-\dot{\alpha} & q_{ze}\\ V_{xe} & V_{ye} & 0\end{vmatrix}\right\}=\sum_{\nu}\boldsymbol{K}^{\nu} \qquad (3.2,1)$$

Entsprechend Gl. (1.4,28), S. 33, gelten nun die Beziehungen

$\boldsymbol{q}_{e/g}$		$-\dot{\vartheta}_e\sin\psi_e+\dot{\varphi}_e e_{11}$	$\dot{\vartheta}_e\cos\psi_e+\dot{\varphi}_e e_{12}$	$\dot{\psi}_e+\dot{\varphi}_e e_{13}$
		$\boldsymbol{g}_1$	$\boldsymbol{g}_2$	$\boldsymbol{g}_3$
q_{xe}	$\boldsymbol{e}_1$	e_{11}	e_{12}	e_{13}
$q_{ye}-\dot{\alpha}$	$\boldsymbol{e}_2$	e_{21}	e_{22}	e_{23}
q_{ze}	$\boldsymbol{e}_3$	e_{31}	e_{32}	e_{33}

(3.2,2)

Unter Beachtung der Relationen (1.3,3), S. 16, und (1.3,23), S. 23, folgt hieraus

$$\left.\begin{aligned} q_{xe} &= \dot{\varphi}_e - \dot{\psi}_e \sin\vartheta_e \\ q_{ye} - \dot{\alpha} &= \dot{\vartheta}_e \cos\varphi_e + \dot{\psi}_e \sin\varphi_e \cos\vartheta_e \\ q_{ze} &= -\dot{\vartheta}_e \sin\varphi_e + \dot{\psi}_e \cos\varphi_e \cos\vartheta_e \end{aligned}\right\} \qquad (3.2,3)$$

Weiter gilt nach Gl. (1.3,28), S. 25, und Abschnitt 1.3.1, S. 15,

$$\left.\begin{aligned} V_{xe} &= V\cos\beta \\ V_{ye} &= V\sin\beta \end{aligned}\right\} \qquad (3.2,4)$$

Die Kräfte nehmen wir wie beim stationären Spiralflug an, s. Gl. (2.1,10) bis (2.1,16), S. 117, setzen jedoch

$$\beta_S = 0 \qquad (3.2,5)$$

und erhalten

$$\sum_{\nu} \boldsymbol{K}^{\nu} = S\boldsymbol{s}_1 + mg_n\boldsymbol{g}_3 - W\boldsymbol{a}_1 - A\boldsymbol{e}_3 + Q\boldsymbol{a}_2 \qquad (3.2,6)$$

Dabei ist

$$\left.\begin{aligned} \boldsymbol{s}_1 &= \boldsymbol{e}_1 \cos(\alpha - \alpha_S) - \boldsymbol{e}_3 \sin(\alpha - \alpha_S) \\ \boldsymbol{g}_3 &= -\boldsymbol{e}_1 \sin\vartheta_e + \boldsymbol{e}_2 \sin\varphi_e \cos\vartheta_e + \boldsymbol{e}_3 \cos\varphi_e \cos\vartheta_e \\ \boldsymbol{a}_1 &= \boldsymbol{e}_1 \cos\beta - \boldsymbol{e}_2 \sin\beta \\ \boldsymbol{a}_2 &= \boldsymbol{e}_1 \sin\beta + \boldsymbol{e}_2 \cos\beta \end{aligned}\right\} \qquad (3.2,7)$$

Wir wollen hier kleine Störungen einer stationären geradlinigen, symmetrischen Flugbahn studieren und nehmen daher an, daß man die Winkel β, ψ_e und φ_e sowie die Ableitungen $\dot{\alpha}$, $\dot{\beta}$, $\dot{V}$, $\dot{\psi}_e$, $\dot{\vartheta}_e$ und $\dot{\varphi}_e$ als klein betrachten und Quadrate derselben vernachlässigen darf. Einsetzen der vorangehenden Gleichungen in die Kräftegleichnung (3.2,1) und Zerlegung derselben nach dem System (e) gibt dann

$\boldsymbol{e}_1$: $$m\dot{V} = X$$

mit

$$X \equiv S\cos(\alpha - \alpha_S) - mg_n \sin\vartheta_e - W$$

ferner

$\boldsymbol{e}_2$: $$m(-V\dot{\beta} + V\dot{\psi}_e \cos\vartheta_e) = Y$$

mit

$$Y \equiv mg_n \varphi_e \cos\vartheta_e + W\beta + Q$$

und

$-\boldsymbol{e}_3$: $$mV\dot{\vartheta}_e = Z$$

mit

$$Z \equiv S\sin(\alpha - \alpha_S) - mg_n \cos\vartheta_e + A \qquad (3.2,8)$$

Entwickelt man die rechts stehenden Kräfte beim ungestörten Zustand in eine *Taylor*sche Reihe und setzt wie im Abschnitt 2.3.3, S. 190, die Störungen ΔV usw. ebenfalls als klein voraus, so lassen sich die Kräftegleichungen in der Form schreiben:

e_1:
$$m\dot{V} = X_V \Delta V + X_{\vartheta_e} \Delta\vartheta_e + X_\alpha \Delta\alpha$$
mit
$$\left.\begin{aligned} X_V &= \frac{\partial S}{\partial V}\cos(\alpha-\alpha_S) - \frac{\partial W}{\partial V} \\ X_{\vartheta_e} &= -m g_n \cos\vartheta_e \\ X_\alpha &= -S\sin(\alpha-\alpha_S) - \frac{\partial W}{\partial \alpha} \end{aligned}\right\} \tag{3.2,9}$$

ferner

e_2:
$$-mV\dot{\beta} + mV\dot{\psi}_e \cos\vartheta_e = Y_{\varphi_e}\varphi_e + Y_\beta \beta$$
mit
$$\left.\begin{aligned} Y_{\varphi_e} &= m g_n \cos\vartheta_e \\ Y_\beta &= W + c_{Q\beta}^0 q F \end{aligned}\right\} \tag{3.2,10}$$

und

$-e_3$:
$$mV\dot{\vartheta}_e = Z_V \Delta V + Z_{\vartheta_e} \Delta\vartheta_e + Z_\alpha \Delta\alpha$$
mit
$$\left.\begin{aligned} Z_V &= \frac{\partial S}{\partial V}\sin(\alpha-\alpha_S) + \frac{\partial A}{\partial V} \\ Z_{\vartheta_e} &= m g_n \sin\vartheta_e \\ Z_\alpha &= S\cos(\alpha-\alpha_S) + \frac{\partial A}{\partial \alpha} \end{aligned}\right\} \tag{3.2,11}$$

Die Größen X_V usw. kann man mit den Daten des ungestörten Zustands berechnen.

Die Momentengleichung (1.5,55), S. 43, lautet in Verbindung mit Gl. (1.5,73), S. 45,

$$\dot{h}_{xe} e_1 + \dot{h}_{ye} e_2 + \dot{h}_{ze} e_3 + \begin{vmatrix} e_1 & e_2 & e_3 \\ q_{xe} & q_{ye} - \dot{\alpha} & q_{ze} \\ h_{xe} & h_{ye} & h_{ze} \end{vmatrix} = \sum_\nu \boldsymbol{\sigma}^\nu \times \boldsymbol{K}^\nu \tag{3.2,12}$$

Zur Vereinfachung der Schreibweise, aber ohne wesentliche Beschränkung der Allgemeinheit nehmen wir an, daß das körperfeste System (f) mit dem System der Hauptträgheitsachsen übereinstimmt, also die Deviationsmomente

$$J_{xyf} = J_{yzf} = J_{zxf} = 0 \tag{3.2,13}$$

sind. Dann ist nach Abschnitt 1.5.23, S. 45,

$$\left.\begin{aligned} h_{xe} &= q_{xe}J_{xe}-q_{ze}J_{zxe} \\ h_{ye} &= q_{ye}J_{yf} \\ h_{ze} &= -q_{xe}J_{zxe}+q_{ze}J_{ze} \\ \text{mit} \quad & \\ J_{xe} &= J_{xf}\cos^2\alpha+J_{zf}\sin^2\alpha \\ J_{xze} &= -(J_{zf}-J_{xf})\sin\alpha\cos\alpha \\ J_{ze} &= J_{xf}\sin^2\alpha+J_{zf}\cos^2\alpha \end{aligned}\right\} \qquad (3.2,14)$$

Die Luftkraftmomente bei Ruderausschlag Null wollen wir sogleich als im experimentellen System (e) gegeben denken, also in der Form

$$\left.\begin{aligned} \boldsymbol{L}_e^0 &= L_e^0\boldsymbol{e}_1 = \boldsymbol{e}_1\left[\beta c_{Le\beta}^0+\frac{q_{xe}b}{2V}c_{Lex}^0+\frac{q_{ze}b}{2V}c_{Lez}^0\right]qF\frac{b}{2} \\ \boldsymbol{M}_e^0 &= M_e^0\boldsymbol{e}_2 = \boldsymbol{e}_2\left[c_{Me.}^{0,\text{stat}}+\frac{\dot{\alpha}l}{V}c_{Me\dot{\alpha}}^0+\frac{q_{ye}l}{V}c_{Mey}^0\right]qFl \\ \boldsymbol{N}_e^0 &= N_e^0\boldsymbol{e}_3 = \boldsymbol{e}_3\left[\beta c_{Ne\beta}^0+\frac{q_{xe}b}{2V}c_{Nex}^0+\frac{q_{ze}b}{2V}c_{Nez}^0\right]qF\frac{b}{2} \end{aligned}\right\} \qquad (3.2,15)$$

ansetzen, s. Abschnitt 1.7.224, S. 72. Die Ruder sollen im gestörten Fluge diejenige Lage beibehalten, die sie beim ungestörten symmetrischen Geradeausflug haben. Daher kommt als einziges Rudermoment dasjenige um die Querachse in Frage:

$$\boldsymbol{M}_f^r = \eta c_{Mf\eta}^r qFl\boldsymbol{e}_2 \qquad (3.2,16)$$

Ebenfalls wollen wir als Triebwerksmoment nur ein solches um die Querachse zulassen:

$$\boldsymbol{M}_{f,\text{Tr}} = M_{f,\text{Tr}}\boldsymbol{e}_2 \qquad (3.2,17)$$

Einsetzen der voranstehenden Gleichungen in die Momentengleichung (3.2,12) gibt unter gleichzeitiger Linearisierung und Komponentenzerlegung im System (e)

$$\left.\begin{aligned} \boldsymbol{e}_1: \quad & (\ddot{\varphi}_e-\ddot{\psi}_e\sin\vartheta_e)J_{xe}-\ddot{\psi}_e\cos\vartheta_e J_{xze} = L \\ \text{mit} \quad & \\ L &= L_e^0 = L_\beta\beta+L_{\dot{\varphi}e}\dot{\varphi}_e+L_{\dot{\psi}e}\dot{\psi}_e \\ L_\beta &= c_{Le\beta}^0 qF\frac{b}{2} \end{aligned}\right\} \qquad (3.2,18)$$

$$L_{\varphi e}=\frac{b}{2V}c^0_{Lex}qF\frac{b}{2}$$

$$L_{\dot\psi e}=\left[-\sin\vartheta_e\frac{b}{2V}c^0_{Lex}+\cos\vartheta_e\frac{b}{2V}c^0_{Lez}\right]qF\frac{b}{2}$$

ferner

e_2:

$$(\ddot\alpha+\ddot\vartheta_e)J_{yf}=M$$

mit

$$M=M^0_e+M^r_f+M_{f,\mathrm{Tr}}=M_\alpha\Delta_\alpha+M_V\Delta V+\bar M_{\dot\alpha}\dot\alpha+M_{\dot\vartheta_e}\dot\vartheta_e$$

$$M_\alpha=\frac{\partial}{\partial\alpha}(c^{0,\mathrm{stat}}_{Me}+\eta c^r_{Mf\eta})qFl+\frac{\partial M_{f,\mathrm{Tr}}}{\partial\alpha}$$

$$M_V=\frac{\partial}{\partial V}[(c^{0,\mathrm{stat}}_{Me}+\eta c^r_{Mf\eta})qFl]+\frac{\partial M_{f,\mathrm{Tr}}}{\partial V} \qquad (3.2,19)$$

$$\bar M_\alpha=\frac{l}{V}(c^0_{Me\dot\alpha}+c^0_{Mey})qFl$$

$$M_{\dot\vartheta_e}=\frac{l}{V}c^0_{Mey}qFl$$

und

e_3:

$$-(\ddot\varphi_e-\ddot\psi_e\sin\vartheta_e)J_{xze}+\ddot\psi_e\cos\vartheta_e J_{ze}=N$$

mit

$$N=N^0_e=N_\beta\beta+N_{\dot\varphi e}\dot\varphi_e+N_{\dot\psi e}\dot\psi_e$$

$$N_\beta=c^0_{Ne\beta}qF\frac{b}{2} \qquad (3.2,20)$$

$$N_{\dot\varphi e}=\frac{b}{2V}c^0_{Nex}qF\frac{b}{2}$$

$$N_{\dot\psi e}=\left[-\sin\vartheta_e\frac{b}{2V}c^0_{Nex}+\cos\vartheta_e\frac{b}{2V}c^0_{Nez}\right]qF\frac{b}{2}$$

Die Kräftegleichungen (3.2,9) bis (3.2,11) und die Momentengleichungen (3.2,18) bis (3.2,20) stellen ein System von sechs gewöhnlichen linearen homogenen Differentialgleichungen mit konstanten Koeffizienten für die abhängigen Variablen $\Delta\alpha$, β, ΔV, $\dot\psi_e$, $\Delta\vartheta_e$ und φ_e dar. Jedoch zerfällt dies Gesamtsystem in das Teilsystem der Gln. (3.2,9), (3.2,11), (3.2,19), welches nur die Variablen $\Delta\alpha$, ΔV und $\Delta\vartheta_e$ enthält und die „Längsbewegung" des Flugzeugs beschreibt, und die restlichen Gleichungen

(3.2,10), (3.2,18), (3.2,20), in denen nur die Variablen $\beta, \dot{\psi}_e$ und φ_e vorkommen, die die „Seitenbewegung" des Flugzeugs charakterisieren. Diese beiden Bewegungsformen wollen wir in den nächsten Abschnitten gesondert studieren.

Es sei noch bemerkt, daß die Entkoppelung der gestörten Längs- und Seitenbewegung wesentlich an die obigen Ansätze eines symmetrischen Grundzustandes, einer symmetrischen Massenverteilung und des Fehlens von Triebwerks-Kreiselmomenten gebunden ist. Die durch unsymmetrische Massenverteilung oder Kreiselmomente verursachte Koppelung kann man meistens als schwach betrachten; sie soll hier nicht weiter verfolgt werden. Koppelungen, die bei einem unsymmetrischen Grundzustand auftreten, werden im Abschnitt 3.4, S. 271, behandelt.

3.2.2. Längsstabilität bei festen Rudern

3.2.21. Allgemeine Beziehungen

Umordnung der Kräftegleichungen (3.2,9) und (3.2,11) sowie der Momentengleichung (3.2,19) gibt

$$\left.\begin{aligned}
e_1:&\quad \left(m\frac{\mathrm{d}}{\mathrm{d}t}-X_V\right)\Delta V \quad -X_{\vartheta_e}\Delta\vartheta_e \quad -X_\alpha\Delta\alpha = 0\\
-e_3:&\quad -Z_V\Delta V+\left(mV\frac{\mathrm{d}}{\mathrm{d}t}-Z_{\vartheta_e}\right)\Delta\vartheta_e \quad -Z_\alpha\Delta\alpha = 0\\
e_2:&\quad -M_V\Delta V+\left(J_{yf}\frac{\mathrm{d}^2}{\mathrm{d}t^2}-M_{\dot{\vartheta}_e}\frac{\mathrm{d}}{\mathrm{d}t}\right)\Delta\vartheta_e+\\
&\quad +\left(J_{yf}\frac{\mathrm{d}^2}{\mathrm{d}t^2}-\bar{M}_{\dot{\alpha}}\frac{\mathrm{d}}{\mathrm{d}t}-M_\alpha\right)\Delta\alpha = 0
\end{aligned}\right\} \tag{3.2,21a}$$

Sobald die Störungen $\Delta\vartheta_e$ und $\Delta\alpha$ bekannt sind, errechnet sich beim vorliegenden Problem die Störung $\Delta\vartheta_f$ des körperfesten Systems auf Grund von Gl. (1.3,34) S. 27, zu

$$\Delta\vartheta_f = \Delta\vartheta_e+\Delta\alpha \tag{3.2,21b}$$

Durch einen Exponentialansatz der Form

$$\Delta V = \Delta V_0 \mathrm{e}^{\lambda t} \text{ usw.} \tag{3.2,22}$$

in den Gln. (3.2,21a) erhalten wir in bekannter Weise die charakteristische Gleichung

$$\left.\begin{aligned}
&m^2VJ_{yf}F_4(\lambda) = 0\\
&\text{mit}\\
&m^2VJ_{yf}F_4(\lambda) \equiv \begin{vmatrix} m\lambda-X_V & -X_{\vartheta e} & -X_\alpha\\ -Z_V & mV\lambda-Z_{\vartheta e} & -Z_\alpha\\ -M_V & J_{yf}\lambda^2-M_{\dot{\vartheta}e}\lambda & J_{yf}\lambda^2-\bar{M}_{\dot\alpha}\lambda-M_\alpha \end{vmatrix}
\end{aligned}\right\} \tag{3.2,23}$$

Nach Division durch $m^2 V J_{yf}$ als Koeffizienten des höchsten Gliedes in λ können wir sie in der Form schreiben

$$\lambda^4 + B\lambda^3 + C\lambda^2 + D\lambda + E = 0 \tag{3.2,24}$$

Im einzelnen ist

$$\left.\begin{aligned}
m^2 V J_{yf} \cdot B &= \underline{-m^2 V \bar{M}_\alpha} + m J_{yf}(-Z_{\vartheta_e} + Z_\alpha - V X_V) \\
m^2 V J_{yf} \cdot C &= \begin{Bmatrix} m[\underline{-mVM_\alpha} + (Z_{\vartheta_e} + VX_V)\bar{M}_\alpha - Z_\alpha M_{\dot{\vartheta}e}] + \\ + J_{yf}[(X_V Z_{\vartheta_e} - X_{\vartheta_e} Z_V) + (X_\alpha Z_V - Z_\alpha X_V)] \end{Bmatrix} \\
m^2 V J_{yf} \cdot D &= \begin{Bmatrix} m[\underline{(Z_{\vartheta_e} + VX_V) M_\alpha} - X_\alpha V M_V] + \\ + (-X_V Z_{\vartheta_e} + X_{\vartheta_e} Z_V)\bar{M}_{\dot{\alpha}} + (-X_\alpha Z_V + X_V Z_\alpha) M_{\dot{\vartheta}e} \end{Bmatrix} \\
m^2 V J_{yf} \cdot E &= \underline{(-X_V Z_{\vartheta_e} + X_{\vartheta_e} Z_V) M_\alpha} + (-X_{\vartheta_e} Z_\alpha + X_\alpha Z_{\vartheta_e}) M_V
\end{aligned}\right\} \tag{3.2,25}$$

Zahlenbeispiel: Gegeben sei ein Flugzeug mit den Daten $G = 10\,886$ kp, $F = 49{,}52$ m², $l = 3{,}53$ m, $J_{yf} = 7904$ kp m s² im horizontalen, symmetrischen, stationären Geradeausflug ($\vartheta_{a0} = 0$, $\alpha = \alpha_S = 5°$) in $H = 6$ km Höhe ($\varrho = 0{,}067\,280$ kp s² m⁻⁴). Aerodynamische Beiwerte für $\alpha = 5°$: $c_A = 0{,}329\,24$, $c_W = 0{,}0674$, $dc_A/d\alpha = 3{,}6220$, $dc_W/d\alpha = 0{,}1907$, $\overset{0,\text{stat}}{c_{MfS}} = -0{,}015\,62$, $\partial c_{MfS}/\partial\alpha = -0{,}171\,44$, $\overset{r}{c}_{Mf\eta} = -0{,}587\,57$, $c_{Mfy} = -2{,}791\,34$, $c_{Mf\dot{\alpha}} = -0{,}882\,83$.
Folgerungen: $qF = G/c_A = 33\,064$ kp, $q = G/(c_A F) = 667{,}68$ kp m⁻², $V = \sqrt{2q/\varrho} = 140{,}885$ m/s, $S = c_W qF = 2228{,}48$ kp, $\eta = -\overset{0,\text{stat}}{c_{MfS}}/\overset{r}{c}_{Mf\eta} = -0{,}026\,576 = -1{,}5227°$.
Zwischenwerte: $X_V/m = -0{,}028\,498$ s⁻¹, $X_{\vartheta e}/m = -9{,}806\,65$ m s⁻², $X_\alpha/m = -5{,}680\,13$ ms⁻², $Z_V/mV = 0{,}000\,988\,20$ m⁻¹, $Z_{\vartheta e}/mV = 0$, $Z_\alpha/mV = 0{,}780\,006$ s⁻¹, $M_\alpha/I_{yf} = -2{,}52160$ s⁻², $M_V/I_{yf} = 0$, $\bar{M}_{\dot{\alpha}}/I_{yf} = -1{,}35942$ s⁻¹, $M_{\dot{\vartheta}e}/I_{yf} = -1{,}03278$ s⁻¹.
Koeffizienten der charakteristischen Gleichung (3.2,24):
$B = 2{,}167\,93$ s⁻¹, $C = 3{,}392\,23$ s⁻², $D = 0{,}102\,195$ s⁻³, $E = 0{,}244\,356$ s⁻⁴, $R = D(BC - D) - EB^2 = 0{,}626265$ s⁻⁶. Die *Hurwitz*schen Stabilitätsbedingungen (1.9,82), S. 95, sind erfüllt.

3.2.22. Statische Längsstabilität

3.2.221. *Deutung der Stabilitätsbedingung $E > 0$*

Angenommen, der durch Gl. (3.2,24) definierte Koeffizient E wäre negativ, so gäbe es sicher eine positive reelle Wurzel λ der charakteristischen Gleichung (3.2,24). Daher stellt

$$E > 0 \tag{3.2,26}$$

eine notwendige Bedingung für die Längsstabilität des Flugzeugs dar. Man pflegt sie als die Bedingung der statischen Stabilität zu bezeichnen. Mit dieser Bedingung wollen wir uns jetzt befassen und die Diskussion der sonstigen Stabilitätsbedingungen auf den Abschnitt 3.2.23 verschieben.

Wir schreiben zunächst in Übereinstimmung mit Gl. (2.1,88), S. 135,

$$\left.\begin{aligned} X &= K_1 - mg_n \sin\vartheta_e; \quad & K_1 &= S\cos(\alpha-\alpha_S) - W \\ Z &= K_3 - mg_n \cos\vartheta_e; \quad & K_3 &= S\sin(\alpha-\alpha_S) + A \end{aligned}\right\} \tag{3.2,27}$$

Da nun X und Z im stationären Flugzustand verschwinden, erhält man die Klammerterme im Ausdruck für E nach Gl. (3.2,25) in der Form

$$\left.\begin{aligned} (-X_V Z_{\vartheta_e} + X_{\vartheta_e} Z_V) &= \begin{vmatrix} X_{\vartheta_e} & X_V \\ Z_{\vartheta_e} & Z_V \end{vmatrix} = -\begin{vmatrix} K_3 & \dfrac{\partial K_1}{\partial V} \\ -K_1 & \dfrac{\partial K_3}{\partial V} \end{vmatrix} = -D_\alpha \\ (-X_{\vartheta_e} Z_\alpha + X_\alpha Z_{\vartheta_e}) &= \begin{vmatrix} X_\alpha & X_{\vartheta_e} \\ Z_\alpha & Z_{\vartheta_e} \end{vmatrix} = -\begin{vmatrix} \dfrac{\partial K_1}{\partial \alpha} & K_3 \\ \dfrac{\partial K_3}{\partial \alpha} & -K_1 \end{vmatrix} = -D_V \end{aligned}\right\} \tag{3.2,28a}$$

und es wird

$$E = \frac{-D_\alpha}{m^2 V J_{yf}} \left[M_\alpha + M_V \frac{D_V}{D_\alpha} \right] \tag{3.2,28b}$$

wobei die Bezeichnungen D_α und D_V mit den Festsetzungen nach Gl. (2.1,93), S. 135, übereinstimmen. Nun ist im normalen Anstellwinkelbereich der Ausdruck

$$D_\alpha > 0 \tag{3.2,29}$$

Die Bedingung (3.2,26) ist daher unter Beachtung der Proportionen (2.1,92) S. 135, identisch mit der Beziehung

$$-\left[M_\alpha + M_V \frac{\delta V}{\delta \alpha} \right] > 0 \tag{3.2,30}$$

Da nun $\delta V/\delta\alpha$ die Ableitung der Geschwindigkeit nach α längs der Geschwindigkeitspolaren bedeutet, so muß gemäß Gl. (3.2,30) der bei konstantem Ruderwinkel η längs der Geschwindigkeitspolaren genommene Differentialquotient des gesamten Luftkraftmoments M nach α negativ sein, damit statische Längsstabilität gewährleistet ist. Für η muß nachträglich der zu α gehörige stationäre Ruderwinkel eingesetzt werden, da die Koeffizienten der charakteristischen Gleichung mit den Werten des stationären Zustands zu bilden sind. Wir wollen die Bedingung (3.2,30) in diesem Sinne kurz in der Form

$$-\frac{\delta M}{\delta \alpha} > 0 \quad \text{(im Freiflug)} \tag{3.2,31a}$$

schreiben. Im Windkanalversuch ist $\delta V/\delta\alpha = 0$, daher gilt dort die einfachere Stabilitätsbedingung

$$-M_\alpha \equiv -\frac{\partial M}{\partial \alpha} > 0 \quad \text{(im Windkanal)} \qquad (3.2{,}31\text{b})$$

Dieser Term bestimmt aber auch wesentlich die Stabilitätsverhältnisse im Freiflug.

3.2.222. *Wirkungslinien und Indifferenzlinien*

Mit Hilfe der vorangehenden Überlegungen läßt sich ohne weiteres entscheiden, in welchem Anstellwinkel- oder Steigwinkelbereich ein gegebenes Flugzeug statische Längsstabilität besitzt. In der Praxis stellt sich jedoch häufig die Aufgabe, den Schwerpunkt S des Flugzeugs, also i. w. den Rumpf, relativ zum Tragflügel nach Höhe und Tiefe so anzuordnen, daß in einem vorgegebenen Anstellwinkelbereich (α_1, α_2) die statische Stabilität des Flugzeugs im stationären Geradeausflug gesichert ist. Es handelt sich dabei immer um kleine Verrückungen, so daß man bei der Verrückung den relativ großen Abstand des Höhenleitwerks vom Flügel als konstant behandeln kann.

Ferner wollen wir annehmen, daß das Rudermoment M_f^r im Winkelbereich $\eta_1 < \eta < \eta_2$ linear mit η wächst und daher der Koeffizient $c_{Mf\eta}^r$ nach Gl. (3.2,16) unabhängig von η ist. Ist nun weiter

$$\boldsymbol{s}_P \equiv \overrightarrow{PS} = x_{f,PS}\boldsymbol{f}_1 + z_{f,PS}\boldsymbol{f}_3 \qquad (3.2{,}32)$$

der in der Symmetrieebene liegende Ortsvektor vom Profilpunkt P zum Schwerpunkt S und

$$\boldsymbol{R}^{0\prime} = X_f^0\boldsymbol{f}_1 + Z_f^0\boldsymbol{f}_3 \qquad (3.2{,}33)$$

die in die Symmetrieebene fallende Komponente der Luftkraftresultierenden bei Ruderausschlag Null ($-X_f^0 =$ Tangentialkraft, $-Z_f^0 =$ Normalkraft), so wird der Momentenbeiwert nach Gl. (1.7,58), S. 69,

$$c_{Me}^{0,\text{stat}} = c_{MeP}^{0,\text{stat}} + \frac{1}{qFl}\begin{vmatrix} z_{f,PS} & x_{f,PS} \\ -Z_f^0 & -X_f^0 \end{vmatrix} \qquad (3.2{,}34)$$

Damit wird nach Gl. (3.2,19)

$$\left.\begin{aligned} M_\alpha &= qFl\frac{\partial}{\partial\alpha}\left\{c_{MeP}^{0,\text{stat}} + \frac{1}{qFl}\begin{vmatrix} z_{f,PS} & x_{f,PS} \\ -Z_f^0 & -X_f^0 \end{vmatrix} + \eta c_{Mf\eta}^r\right\} + \frac{\partial M_{f,\text{Tr}}}{\partial\alpha} \\ M_V &= \frac{\partial}{\partial V}\left\{qFl\left[c_{MeP}^{0,\text{stat}} + \frac{1}{qFl}\begin{vmatrix} z_{f,PS} & x_{f,PS} \\ -Z_f^0 & -X_f^0 \end{vmatrix} + \eta c_{Mf\eta}^r\right]\right\} + \frac{\partial M_{f,\text{Tr}}}{\partial V} \end{aligned}\right\} \qquad (3.2{,}35)$$

Der Ausdruck $-\delta M/\delta\alpha$ nach Gl. (3.2,30) oder (3.2,31) läßt sich damit formal schreiben

$$-\frac{\delta M}{\delta\alpha}=x_{f,PS}\bar{f}(\alpha,V)+z_{f,PS}\bar{g}(\alpha,V)+\bar{h}(\alpha,V)+\eta\bar{k}(\alpha,V) \qquad (3.2,36)$$

Im stationären Zustand gilt nun außer den beiden Kräftegleichungen (3.2,27) mit $X=Z=0$, die ja die stationären Größen $\vartheta_e(\alpha)$ und $V(\alpha)$ als Funktionen des Anstellwinkels α bestimmen, noch die Momentengleichung (3.1,6), S. 218, die den stationären Ruderwinkel η definiert. Im Falle des stationären Geradeausflugs lautet sie ausführlich

$$\left\{c_{MeP}^{0,\,\mathrm{stat}}+\frac{1}{qFl}\begin{vmatrix} z_{f,PS} & x_{f,PS} \\ -Z_f^0 & -X_f^0 \end{vmatrix}+\eta c_{Mf\eta}^{\mathrm{r}}\right\}qFl+M_{f,\mathrm{Tr}}=0 \qquad (3.2,37)$$

Der Ruderwinkel η ist hiernach eine lineare Funktion von $x_{f,PS}$ und $z_{f,PS}$ und hängt außerdem noch von α und V ab, wobei jedoch für V der stationäre Wert $V(\alpha)$ zu nehmen ist. Man kann Gl. (3.2,37) also in der Form schreiben

$$\eta=\eta(x_{f,PS},z_{f,PS},\alpha)=x_{f,PS}f^*(\alpha)+z_{f,PS}\,g^*(\alpha)+h^*(\alpha) \qquad (3.2,38a)$$

oder abgekürzt

$$WL(\alpha,\eta)=0 \qquad (3.2,38b)$$

wobei das Funktionszeichen WL auf „Wirkungslinie“ hindeuten soll. Ersetzt man jetzt in Gl. (3.2,36) die Größen V und η durch die zum stationären Zustand gehörigen Funktionen $V(\alpha)$ bzw. $\eta(x_{f,PS}, z_{f,PS}, \alpha)$, so nimmt diese Gleichung die Form an:

$$-\frac{\delta M}{\delta\alpha}=x_{f,PS}f(\alpha)+z_{f,PS}\,g(\alpha)+h(\alpha) \qquad (3.2,39)$$

Im normalen Anstellwinkelbereich ist nun die Normalkraft ($=-Z_f^0$) samt ihrer Ableitung $-\partial Z_f^0/\partial\alpha$ positiv. Da wir uns beim Aufsuchen des Vorzeichens von $f(\alpha)$ auf den Term $-M_\alpha$ beschränken können, haben wir hiernach

$$f(\alpha)>0 \qquad (3.2,40)$$

Die statische Längsstabilität wird somit vergrößert, wenn man $x_{f,PS}$ vergrößert, d. h. den Schwerpunkt S in Richtung f_1 weiter nach vorn verlegt. Statische Indifferenz wird erreicht, wenn die Schwerpunktskoordinaten $x_{f,PS}$, $z_{f,PS}$ in der (x_f, z_f)-Ebene auf der Geraden

$$IL(\alpha)\equiv x_{f,PS}f(\alpha)+z_{f,PS}\,g(\alpha)+h(\alpha)=0 \qquad (3.2,41)$$

liegen. Diese Gerade wollen wir deshalb als die zum Anstellwinkel α gehörige *Indifferenzlinie* (Abkürzung $IL(\alpha)$) bezeichnen. Die Indifferenzlinien bilden eine einparametrige Schar mit α als Parameter. Dagegen stellt Gl. (3.2,37) bzw. Gl. (3.2,38) in der (x_f, z_f)-Ebene die zweiparametrige Schar der *Wirkungslinien* (Abkürzung $WL(\alpha, \eta)$) mit α und η als Parametern dar.

Bei einen vorgegebenen Anstellwinkel α_0 und einem vorgegebenen Höhenruderwinkel η_0 ist hiernach ein stationärer Flugzustand mit statischer Längsstabilität vorhanden, wenn der Schwerpunkt S auf demjenigen Teil der zugehörigen Wirkungslinie $WL(\alpha_0, \eta_0)$ liegt, welcher sich, in Richtung f_1 gesehen, *vor* der zugehörigen Indifferenzlinie $IL(\alpha_0)$ befindet, s. Abb. 3.2,1.

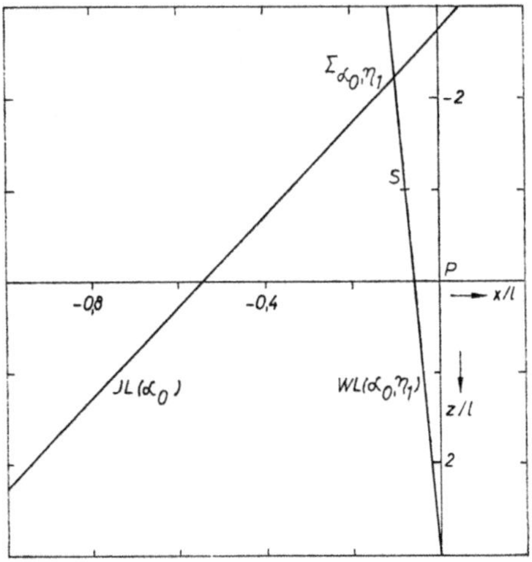

Abb. 3.2,1
Wirkungslinie $WL(\alpha_0, \eta_1)$ und Indifferenzlinie $IL(\alpha_0)$. Der stationäre Flugzustand ist bei der angegebenen Lage des Schwerpunkts S statisch stabil, vgl. Zahlenbeispiel S. 242

3.2.223. *Metazentrische Kurven und Neutralkurve*

Wir wollen jetzt die Betrachtung auf den ganzen interessierenden Anstellwinkelbereich (α_1, α_2) ausdehnen, wobei es offen bleiben mag, welcher der beiden Anstellwinkel der größere ist. Zu diesem Zwecke wollen wir die Eigenschaften der Wirkungslinien und der Indifferenzlinien etwas genauer untersuchen.

Hält man zunächst den Anstellwinkel α fest und läßt η den zulässigen Bereich durchlaufen, so erhält man nach Gl. (3.2,38) eine Schar paralleler Wirkungslinien $WL(\alpha_0, \eta)$, s. Abb. 3.2,2. Mit $\alpha_0 = \text{const}$ und $\eta_1 < \eta < < \eta_2$ muß die zu η_2 gehörige Wirkungslinie $WL(\alpha_0, \eta_2)$, in Richtung f_1 gesehen, *hinter* der zu η_1 gehörigen Wirkungslinie $WL(\alpha_0, \eta_1)$ liegen, da zur Aufrechterhaltung des stationären Gleichgewichts das bei vergrößertem Ruderwinkel entstehende kopflastige Rudermoment durch ein schwanzlastiges Flügelmoment, also Rückverlegung des Schwerpunkts S, ausgeglichen werden muß.

Hält man umgekehrt den Ruderwinkel η_0 fest und läßt α den zulässigen Bereich durchlaufen, so hat die zugehörige Schar von Wirkungslinien

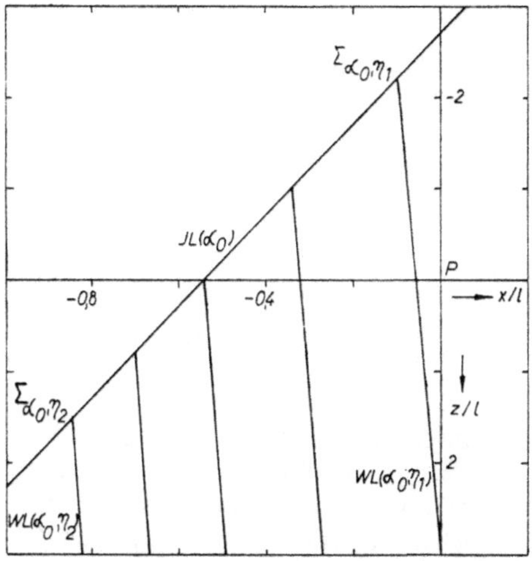

Abb. 3.2,2
Schar der Wirkungslinien $WL(\alpha_0, \eta)$ bei konstantem α_0 mit η als Scharparameter, vgl. Zahlenbeispiel S. 242

$WL(\alpha, \eta_0)$ i. a. eine Einhüllende, die wir die zu η_0 gehörige *metazentrische Kurve* $MK(\eta_0)$ nennen wollen.

Mathematisch ist der Punkt $x_{f,PS}(\alpha, \eta_0)$; $z_{f,PS}(\alpha, \eta_0)$ der metazentrischen Kurve $MK(\eta_0)$ durch die Gl. (3.2,37) in der Form

und deren Ableitung

$$\left.\begin{aligned} WL(\alpha, \eta_0) &= 0 \\ \frac{\partial WL(\alpha, \eta_0)}{\partial \alpha} &= 0 \end{aligned}\right\} \tag{3.2,42}$$

bestimmt.

Die zweite dieser Gleichungen ist aber nach Gl. (3.2,39, 41) die zu α gehörige Indifferenzlinie. Der Punkt $x_{f,PS}(\alpha_0, \eta_0)$; $z_{f,PS}(\alpha_0, \eta_0)$ läßt sich somit als Schnittpunkt der Indifferenzlinie IL (α_0) und der Wirkungslinie $WL(\alpha_0, \eta_0)$ auffassen. Die metazentrische Kurve MK (η_0) hat also relativ zur tangierenden Wirkungslinie $WL(\alpha_0, \eta_0)$ und zur Indifferenzlinie $IL(\alpha_0)$ die in Abb. 3.2,3 skizzierte Lage.

Bei Variation von η erhalten wir eine einparametrige Schar von metazentrischen Kurven, s. Abb. 3.2,4. Man kann somit die von α und η abhängige zweiparametrige Schar der geraden Wirkungslinien $WL(\alpha, \eta)$

durch die zweiparametrige Mannigfaltigkeit der Schnittpunkte $\Sigma_{\alpha,\eta}$ der metazentrischen Kurven $MK(\eta)$ mit den Indifferenzlinien $IL(\alpha)$ repräsentieren; die Richtung der Wirkungslinien wird dabei durch die Tan-

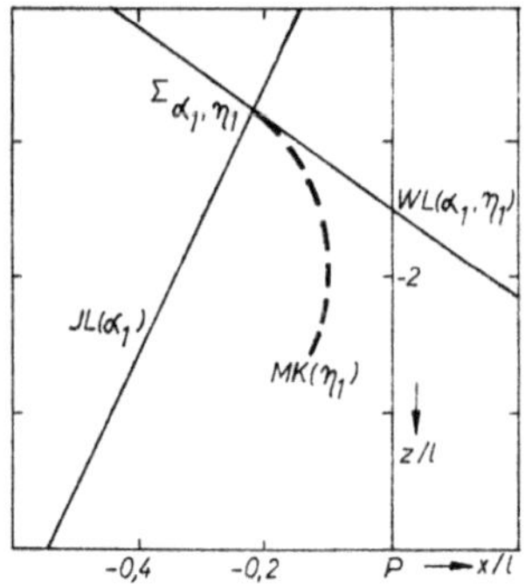

Abb. 3.2,3
Metazentrische Kurve $MK(\eta_1)$, vgl. Zahlenbeispiel S. 242

gentenrichtung der metazentrischen Kurven mitgeliefert. Diese Punktdarstellung der Wirkungslinien ist natürlich wesentlich übersichtlicher als ihre ursprüngliche Liniendarstellung.

Die Schar der Indifferenzlinien nach Gl. (3.2,41) besitzt i. a. eine Ein-

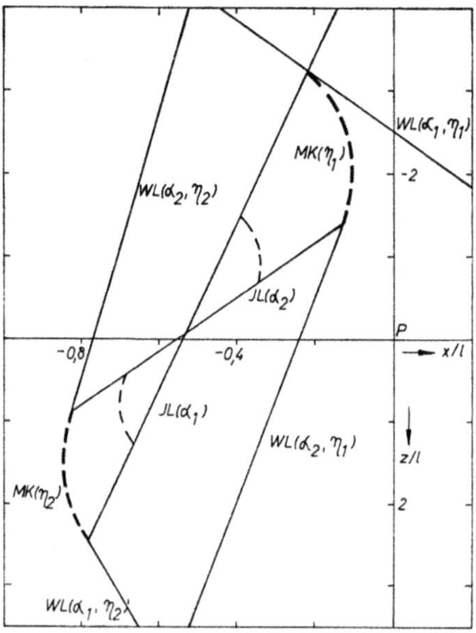

Abb. 3.2,4
Schar der metazentrischen Kurven $MK(\eta)$, vgl. Zahlenbeispiel S. 242

hüllende, die wir als *Neutralkurve* (Abkürzung *NK*) des Flugzeugs bezeichen wollen. Mathematisch ist sie durch die Gleichungen

$$\left.\begin{aligned} IL(\alpha) &= 0 \\ \frac{\partial IL(\alpha)}{\partial \alpha} &= 0 \end{aligned}\right\} \qquad (3.2,43)$$

bestimmt, s. Gl. (3.2,41), und hat etwa das in Abb. 3.2,5a bzw. 3.2,5b skizzierte Aussehen.

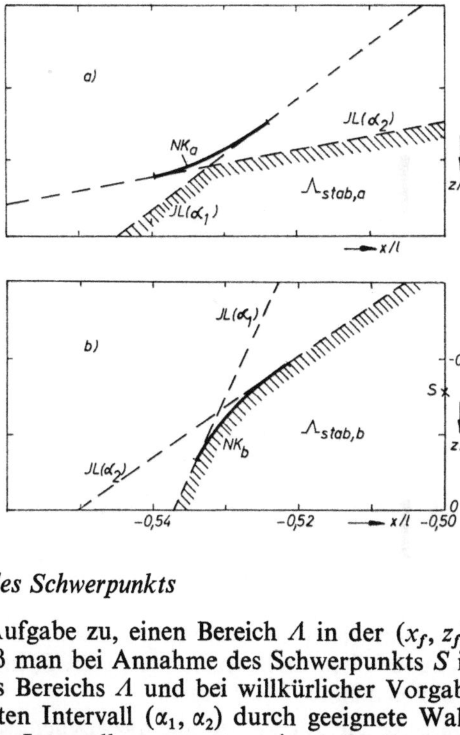

Abb. 3.2,5
Neutralkurve *NK* des Flugzeugs, a) in Richtung f_1 konvex, b) in Richtung f_1 konkav, und Wertbereich Λ_{stab}, vgl. Zahlenbeispiel S. 242

3.2.224. *Zulässiger Bereich des Schwerpunkts*

Wir wenden uns jetzt der Aufgabe zu, einen Bereich Λ in der (x_f, z_f)-Ebene so zu bestimmen, daß man bei Annahme des Schwerpunkts S in einem beliebigen Punkte des Bereichs Λ und bei willkürlicher Vorgabe des Anstellwinkels α im festen Intervall (α_1, α_2) durch geeignete Wahl des Ruderwinkels η im festen Intervall $\eta_1 < \eta < \eta_2$ ein stationäres und statisch stabiles Gleichgewicht herstellen kann.

Um zunächst die Bedingung *stationären Gleichgewichts* für den Anstellwinkel α_1 zu befriedigen, muß S in einem Parallelstreifen liegen, der von den Wirkungslinien $WL(\alpha_1, \eta_1)$ und $WL(\alpha_1, \eta_2)$ begrenzt ist, s. Abb. 3.2,2. Dasselbe gilt für α_2 und alle dazwischen liegenden Anstellwinkel. Der Schwerpunkt S muß also auf Grund der Gleichgewichtsbedingung in einem Bereich Λ_{gleich} liegen, welcher den Durchschnitt aller dieser Parallelstreifen bildet. Er wird von den Wirkungslinien $WL(\alpha_1, \eta_1)$, $WL(\alpha_1, \eta_2)$, $WL(\alpha_2, \eta_1)$, $WL(\alpha_2, \eta_2)$ begrenzt und von den metazentrischen Kurven $MK(\eta_1)$ und $MK(\eta_2)$ noch weiter eingeengt, s. Abb. 3.2,6.

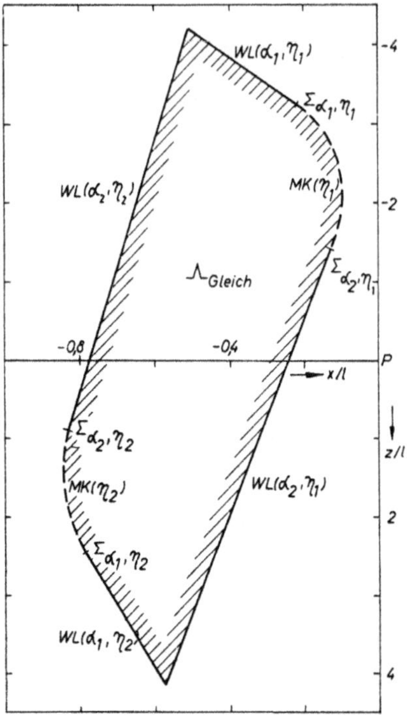

Abb. 3.2,6
Wertbereich Λ_{gleich}, vgl. Zahlenbeispiel

Um jetzt weiter die Bedingung *statischer Stabilität* für den Anstellwinkel α_1 zu erfüllen, muß der Schwerpunkt S, in Richtung $\boldsymbol{f}_1$ gesehen, *vor* der Indifferenzlinie $IL(\alpha_1)$ liegen.

Dasselbe gilt für α_2 und alle dazwischen liegenden Anstellwinkel. S liegt also auf Grund der Stabilitätsbedingung in einem Bereich Λ_{stab}, der den Durchschnitt aller dieser Halbebenen bildet. Er liegt *vor* den Indifferenzlinien $IL(\alpha_1)$ und $IL(\alpha_2)$, s. Abb. 3.2,5a, und wird eventuell von der Neutralkurve NK noch weiter eingeengt, s. Abb. 3.2,5b.

Der gesuchte Bereich Λ ist nun der Durchschnitt der Bereiche Λ_{gleich} und Λ_{stab}, s. Abb. 3.2,7. Er wird nach vorne durch Wirkungslinien WL begrenzt, die sich bei Kombination der Intervallenden von α und η ergeben. Nach hinten wird Λ durch die Indifferenzlinien $IL(\alpha_1)$ und $IL(\alpha_2)$ begrenzt, s. Abb. 3.2,5a und allenfalls noch durch die Neutralkurve *NK* des Flugzeugs, s. Abb. 3.2,7. Die metazentrischen Kurven treten hiernach im Fall fester Ruder nie als Begrenzungslinien des Bereich Λ auf, was ja klar ist, da sich nach Abschnitt 3.2.223 die tangierenden Wirkungslinien und die Indifferenzlinien, auf denen *S* keinesfalls liegen darf, in den Punkten der metazentrischen Kurven schneiden.

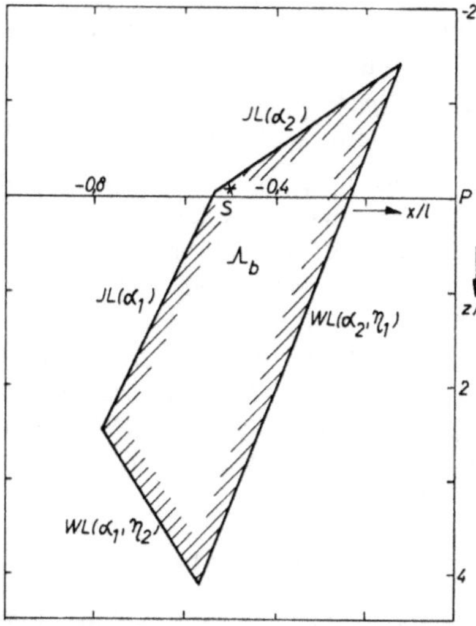

Abb. 3.2,7
Wertbereich Λ als Durchschnitt der Bereiche Λ_{gleich} und Λ_{stab}; Neutralkurve gemäß Abb. 3.2,5b in Richtung f_1 konkav, vgl. Zahlenbeispiel

In der Praxis genügt es häufig, die Rechnung dadurch zu vereinfachen, daß man die Neutralkurve durch den sog. Neutralpunkt (Abkürzung *N*) ersetzt und als hintere Begrenzung des Bereichs Λ die Parallele zur Hochachse f_3 durch den Neutralpunkt nimmt.

Der Neutralpunkt mit den Koordinaten x_{f,PN_*}, z_{f,PN_*} wird meistens als diejenige Lage des Schwerpunkts definiert, in der für die Grenzwinkel α_1 und α_2 sowie für irgendeinen festen Zwischenwinkel $\bar{\alpha}$ bei einem bestimmten Ruderwinkel $\eta(N_*)$, der sich ebenfalls aus der Rechnung ergibt, stationäres Gleichgewicht besteht.

Der so definierte Neutralpunkt konvergiert, wenn man α_1 und α_2 gegen $\bar{\alpha}$ streben läßt, gegen den zu $\bar{\alpha}$ gehörigen Punkt auf der Neutralkurve, s. Gl. (3.2,43). Bei einer solchen Näherungsrechnung pflegt man ferner die Schnittpunkte der Wirkungslinien mit der Längsachse f_1 durch *P* als „Druckpunkte“ zu bezeichnen und die Parallele zur Hochachse f_3 durch den beim kleinsten η am weitesten zurück liegenden Druckpunkt als vordere Begrenzung des zulässigen Schwerpunktbereichs zu nehmen.

Der Abstand des tatsächlichen Schwerpunkts vom Neutralpunkt, bezogen auf die mittlere Flügeltiefe, wird dann häufig als dimensionsloses Maß der statischen Längsstabilität bei festen Rudern (stick fix stability margin) betrachtet.

Die statische Längsstabilität bei festen Rudern wurde oben unter der Annahme normaler Betriebsbedingungen betrachtet. Es sei nur darauf hingewiesen, daß eine vollständige Untersuchung natürlich auch andere Betriebsbedingungen (Motor aus, Flug mit Starthilfen, Flug in Bodennähe oder mit Landeklappen, aeroelastische Deformation usw.) einbeziehen muß.

Zahlenbeispiel: Die Kurven der Abb. 3.2,1–7 mit Ausnahme der Abb. 3.2,5a wurden mit folgenden Ansätzen gerechnet: Triebwerksmoment $M_{f,\mathrm{Tr}} = 0$, $c_A = \alpha c_{A\alpha}$, $c_{A\alpha} = 3{,}6816$, $c_W = \varkappa_0 + \varkappa_1 \cdot \alpha^2$, $\varkappa_0 = 0{,}0590$, $\varkappa_1 = 1{,}092$, $c_{MfP}^{0,\mathrm{stat}}(\alpha) = -0{,}00066 - -2{,}00309\,\alpha$, $c_{Mf\eta}^{\mathrm{r}} = -0{,}73808 - 0{,}30103\,x_{f,PS}/l$. Der Profilpunkt P liegt hiernach $0{,}73808/0{,}30103 = 2{,}4518$ mittlere Flügeltiefen l vor dem Angriffspunkt der Rudernormalkraft. Anstellwinkelbereich $\alpha_1 = 4° \leq \alpha \leq \alpha_2 = 12°$, Zwischenwert $\alpha_0 = 8°$ in Abb. 3.2,1, 2. Ruderwinkelbereich $\eta_1 = -20° \leq \eta \leq \eta_2 = +20°$, Zwischenwerte $\eta = 0$, $\pm 10°$ in Abb. 3.2,2, 4. Folgerungen: $c_{Zf} = -c_A \cos\alpha - c_W \sin\alpha$, $c_{Xf} = -c_W \cos\alpha + c_A \sin\alpha$, $M_V = 0$. Die Beiwerte c_A, c_W, $c_{Mf}^{0,\mathrm{stat}}$ stimmen für $\alpha = 5°$, $x_{f,PS}/l = -0{,}5$, $z_{f,PS}/l = -0{,}078$ ungefähr mit den entsprechenden Werten des Zahlenbeispiels von Abschnitt 3.2.21, S. 232, uberein. Grenzkurven des Bereichs Λ in Abb. 3.2,7:

$$WL(\alpha_1, \eta_2):\quad c_{Mf(\alpha_1)}^{0,\mathrm{stat}} + \eta_2 c_{Mf\eta}^{\mathrm{r}} = -0{,}36595 \frac{x_{f,PS}}{l} + 0{,}04623 \frac{z_{f,PS}}{l} - 0{,}39813 = 0$$

$$WL(\alpha_2, \eta_1):\quad c_{Mf(\alpha_2)}^{0,\mathrm{stat}} + \eta_1 c_{Mf\eta}^{\mathrm{r}} = -0{,}67137 \frac{x_{f,PS}}{l} - 0{,}05574 \frac{z_{f,PS}}{l} - 0{,}16256 = 0$$

$$IL(\alpha_1):\quad \partial c_{Mf}^{0,\mathrm{stat}}/\partial\alpha|_{\alpha_1} = -\ 3{,}7294 \frac{x_{f,PS}}{l} - 0{,}36561 \frac{z_{f,PS}}{l} - 2{,}00309 = 0$$

$$IL(\alpha_2):\quad \partial c_{Mf}^{0,\mathrm{stat}}/\partial\alpha|_{\alpha_2} = -\ 3{,}6406 \frac{x_{f,PS}}{l} - 1{,}09446 \frac{z_{f,PS}}{l} - 2{,}00309 = 0$$

Die Neutralkurve von Abb. 3.2,5b tritt in Abb. 3.2,7 infolge der zwanzigfachen Verkleinerung nicht mehr in Erscheinung. Beim Zahlenbeispiel von Abschnitt 3.2.21, S. 232, hat der Schwerpunkt etwa die in Abb. 3.2,5b bzw. 3.2,7 durch „S" gekennzeichnete Lage. Die Neutralkurve von Abb. 3.2,5a ist nur qualitativ als Gegenbeispiel gezeichnet. — Man beachte, daß in allen Abbildungen der Maßstab in Richtung f_1 um den Faktor 5 vergrößert ist. In Wirklichkeit ist daher die Steigung aller Kurven um den Faktor 5 steiler.

3.2.23. Dynamische Längsstabilität

3.2.231. *Vorbemerkungen*

Die Frage, ob außer der statischen Stabilität auch die dynamische Stabilität des stationären symmetrischen Geradeausflugs gewährleistet ist, läßt sich mit den in Abschnitt 1.9.23 angegebenen Methoden ohne Schwierigkeit beantworten, s. insbesondere Gl. (1.9,82), S. 95. Will man darüber hinaus die Eigenfrequenzen und Dämpfungsverhältnisse d. h. die Größe der Wurzeln λ_1 bis λ_4 der charakteristischen Gleichung (3.2,24) selbst bestimmen, so muß man grundsätzlich die folgenden Möglichkeiten in Betracht ziehen:

a) Alle vier Wurzeln sind reell.

b) Zwei Wurzeln sind reell, ein Paar ist konjugiert komplex.

c) Zwei Paar Wurzeln sind konjugiert komplex.

Beim vorliegenden Problem der dynamischen Längsstabilität ist, wie wir i. f. sehen werden, i. a. die letzte Möglichkeit realisiert.

3.2.232. *Schnelle Kippschwingung*

Im Abschnitt 3.2.221 fanden wir, daß die Bedingung der statischen Längsstabilität im stationären Freiflug weitgehend mit derjenigen im Windkanalversuch übereinstimmt, s. Gl. (3.2,31a, b). Dieser Befund legt die Vermutung nahe, daß eine Eigenfrequenz des freifliegenden Flugzeugs physikalisch auf die gleiche Ursache zurückgeht wie die Schwingungen eines im Schwerpunkt S drehbar um die Querachse $e_2 = f_2$ aufgehängten Flugzeugmodells. Die Kräftegleichungen liefern in diesem letzten Fall nur Angaben über die Lagerkräfte, die uns nicht weiter interessieren. Die Momentengleichung (3.2,19) führt unter Berücksichtigung der Windkanalbedingungen $\Delta V = \Delta\vartheta_e = 0$ zu der charakteristischen Gleichung

$$J_{yf}\lambda^2 - \bar{M}_{\dot{\alpha}}\lambda - M_\alpha = 0 \tag{3.2,44}$$

Dies ist die charakteristische Gleichung einer gedämpften Kippschwingung um den Schwerpunkt. Das Dämpfungsglied $-\bar{M}_{\dot{\alpha}}$ ist von Natur stets positiv, während das Rückstellglied $-M_\alpha$ nur bei geeigneter Anordnung des Schwerpunkts relativ zum Tragflügel positiv ist, s. Abschnitt 3.2.22. Die Schwingungsdauer ist angenähert

$$T_{\text{Kipp}} \approx 2\pi \sqrt{\frac{J_{yf}}{-M_\alpha}} \tag{3.2,45}$$

In den Koeffizienten B und C nach Gl. (3.2,25) sind die mit Gl. (3.2,44) übereinstimmenden Terme unterstrichen.

3.2.233. *Langsame Schwerpunktsschwingung*

Andererseits sahen wir schon in Abschnitt 2.3.3, S. 190, daß der Schwerpunkt bei festgehaltenem Anstellwinkel langsame Phygoidenschwingungen um seine stationäre Sollage ausführt. Die Momentengleichung (3.2,19) liefert jetzt nur eine Aussage über den Ruderwinkel, der zur

Aufrechterhaltung des konstanten Anstellwinkels erforderlich ist, hier aber nicht weiter interessiert. Die beiden Kräftegleichungen (3.2,21) führen wegen der Bedingung $\Delta\alpha = 0$ zu der charakteristischen Gleichung

$$m^2V\lambda^2 - m(VX_V + Z_{\vartheta_e})\lambda - (X_{\vartheta_e}Z_V - X_V Z_{\vartheta_e}) = 0 \qquad (3.2,46)$$

s. auch Gl. (2.3,111), S. 193. Die Schwingungsdauer beträgt wegen

$$\left.\begin{aligned} X_{\vartheta_e} &= -mg_n\cos\vartheta_e \\ VZ_V &\approx VA_A \approx 2A \approx 2mg_n\cos\vartheta_e \end{aligned}\right\} \qquad (3.2,47)$$

bei nicht zu großen Steigwinkeln ungefähr

$$T_{\text{Phyg}} \approx 2\pi\sqrt{\frac{m^2V}{-X_{\vartheta_e}Z_V}} \approx 2\pi\frac{V}{g_n\cos\vartheta_e\sqrt{2}} \qquad (3.2,48)$$

Sie ist i. a. groß gegen die Schwingungsdauer T_{Kipp} nach Gl. (3.2,45). Hinsichtlich der Dämpfung der Phygoidenbewegung gilt das am Schluß von Abschnitt 2.3.3, S. 194, Gesagte. Kritische Verhältnisse treten hier beim Steigflug oberhalb eines gewissen Winkels $\bar{\vartheta}_e$ sowie bei Verwendung eines Staustrahltriebwerks innerhalb eines gewissen Geschwindigkeitsbereichs auf.

In den Koeffizienten C, D und E nach Gl. (3.2,25) sind die mit Gl. (3.2,46) übereinstimmenden Terme ebenfalls durch Unterstreichen gekennzeichnet.

3.2.234. *Gekoppelte Schwingung*

Die Koppelung der schnellen Kippschwingung und der langsamen Schwerpunktsschwingung führt nun i. a. zu einer gewissen Verschiebung der Wurzeln λ_1 bis λ_4, wobei aber die Größenordnung i. w. erhalten bleibt. Sind λ_1, λ_2 die großen Wurzeln der schnellen Kippschwingung und λ_3, λ_4 die verhältnismäßig kleinen Wurzeln der langsamen Phygoidenschwingung, so geschieht die exakte Berechnung der Wurzeln zweckmäßig in zwei Schritten, und zwar berechnet man zunächst die reellen Ausdrücke $\lambda_1+\lambda_2$, $\lambda_1\cdot\lambda_2$, $\lambda_3+\lambda_4$ und $\lambda_3\cdot\lambda_4$ durch Iteration. Auf Grund der bekannten Potenzsummenformeln für die Wurzeln kann man nämlich schreiben

$$\left.\begin{aligned} \lambda_1+\lambda_2 &= -B-(\lambda_3+\lambda_4) \\ \lambda_1\lambda_2 &= C-\lambda_3\lambda_4-(\lambda_1+\lambda_2)(\lambda_3+\lambda_4) \\ \lambda_3\lambda_4 &= \frac{E}{\lambda_1\lambda_2} \\ \lambda_3+\lambda_4 &= \frac{-D-(\lambda_1+\lambda_2)\lambda_3\lambda_4}{\lambda_1\lambda_2} \end{aligned}\right\} \qquad (3.2,49)$$

Setzt man in nullter Näherung

$$(\lambda_3+\lambda_4)^{(0)} = 0, \qquad (\lambda_3\lambda_4)^{(0)} = 0 \qquad (3.2,50)^{(0)}$$

so erhält man nacheinander als erste Näherungen

$$\left.\begin{aligned}(\lambda_1+\lambda_2)^{(1)} &= -B\\ (\lambda_1\lambda_2)^{(1)} &= C\\ (\lambda_3\lambda_4)^{(1)} &= \frac{E}{C}\\ (\lambda_3+\lambda_4)^{(1)} &= \frac{-DC+BE}{C^2}\end{aligned}\right\} \qquad (3.2,50)^{(1)}$$

usw. Nach Abschluß der Iteration ist es dann leicht, in einem zweiten Schritt die Wurzeln λ_1, λ_2 und λ_3, λ_4 selbst zu berechnen.

Bei einem von Hand gesteuerten Flugzeug ist vor allem wichtig, daß die schnelle Kippschwingung stabil und ausreichend gedämpft ist, also eine Halbwertszeit in der Größenordnung der Periode T_{Kipp} nach Gl. (3.2,45) besitzt, da der Flugzeugführer andernfalls eine Störung überhaupt nicht aussteuern könnte oder mindestens rasch ermüden würde. Dagegen bereitet ein Aussteuern der langsamen Phygoidenschwingungen i. a. keine Schwierigkeit, so daß man u. U. auch eine Instabilität ($\lambda_3+\lambda_4 > 0$) zulassen kann.

Zahlenbeispiel: Aus den Werten $B = 2{,}16793\ \text{s}^{-1}$, $C = 3{,}39223\ \text{s}^{-2}$, $D = 0{,}102195\ \text{s}^{-3}$, $E = 0{,}244356\ \text{s}^{-4}$ des Zahlenbeispiels von Abschnitt 3.2.21, S. 232, findet man nach 5 Iterationen die Werte $\lambda_1+\lambda_2 = -2{,}14196\ \text{s}^{-1}$, $\lambda_1\lambda_2 = 3{,}32926\ \text{s}^{-2}$, $\lambda_3+\lambda_4 = -0{,}025974\ \text{s}^{-1}$, $\lambda_3\lambda_4 = 0{,}0073395\ \text{s}^{-2}$ und daraus $\lambda_{1,2} = -\delta_1 \pm i\omega_1$, $\delta_1 = 1{,}07098\ \text{s}^{-1}$, $\omega_1 = 1{,}47725\ \text{s}^{-1}$, $\lambda_{3,4} = -\delta_2 \pm i\omega_2$, $\delta_2 = 0{,}012987\ \text{s}^{-1}$, $\omega_2 = 0{,}084681\ \text{s}^{-1}$.

Literatur zu Abschnitt 3.2.2: [3–200 bis 208], S. 284.

3.2.3. Seitenstabilität bei festen Rudern

3.2.31. Allgemeine Beziehungen

Die Kräftegleichung (3.2,10) sowie die beiden Momentengleichungen (3.2,18) und (3.2,20) lauten umgeordnet

$$\begin{aligned} -e_2&: \left(mV\frac{\mathrm{d}}{\mathrm{d}t}+Y_\beta\right)\beta \quad +Y_{\varphi e}\varphi_e \quad - mV\cos\vartheta_e\dot{\psi}_e \quad = 0\\ e_1&: \quad -L_\beta\beta+\left(J_{xe}\frac{\mathrm{d}^2}{\mathrm{d}t^2}-L_{\varphi e}\frac{\mathrm{d}}{\mathrm{d}t}\right)\varphi_e - \end{aligned}$$

$$\left.\begin{aligned} &- \left[(J_{xe}\sin\vartheta_e + J_{xze}\cos\vartheta_e)\frac{\mathrm{d}}{\mathrm{d}t} + L_{\dot\psi e}\right]\dot\psi_e = 0 \\ e_3\colon\quad & -N_\beta\,\beta - \left(J_{xze}\frac{\mathrm{d}^2}{\mathrm{d}t^2} + N_{\dot\varphi e}\frac{\mathrm{d}}{\mathrm{d}t}\right)\varphi_e + \\ &+ \left[(J_{ze}\cos\vartheta_e + J_{xze}\sin\vartheta_e)\frac{\mathrm{d}}{\mathrm{d}t} - N_{\dot\psi e}\right]\dot\psi_e = 0 \end{aligned}\right\} \qquad (3.2{,}51\mathrm{a})$$

Sobald die Störungen φ_e und ψ_e bekannt sind, erhält man hier auf Grund von Gl. (1.3,34, 36), S. 27, die Störungen φ_f und ψ_f des körperfesten Systems in der Form

$$\left.\begin{aligned} \varphi_f &= \varphi_e\,\frac{\cos\vartheta_e}{\cos\vartheta_f} \\ \psi_f &= \psi_e + \varphi_e\,\frac{\sin\alpha}{\cos\vartheta_f} \end{aligned}\right\} \qquad (3.2{,}51\mathrm{b})$$

s. a. Gl. (4.2,50) ff., S. 321.

Wie man sofort sieht, kommt in den Störungsgleichungen (3.2,51a) der Azimutwinkel ψ_e nicht selbst, sondern nur seine erste und zweite Ableitung vor. Das ist leicht erklärlich, da es ja bei unseren Ansätzen keine Kraft gibt, die das Flugzeug in eine bestimmte horizontale Richtung zu ziehen sucht. Wir können daher selbst im Falle der Stabilität nicht erwarten, daß eine Störung in ψ_e im Laufe der Zeit auf Null zurückgeht, vielmehr wird ψ_e dann einem konstanten Wert zustreben. Aus diesem Grunde wollen wir von vornherein die Größen β, φ_e und $\dot\psi_e$ als Störgrößen einführen.

Setzt man zur Abkürzung

$$\left.\begin{aligned} J_{xe}\sin\vartheta_e + J_{xze}\cos\vartheta_e &= J'_{xz} \\ J_{ze}\cos\vartheta_e + J_{xze}\sin\vartheta_e &= J'_z \end{aligned}\right\} \qquad (3.2{,}52)$$

so erhält man mit dem üblichen Exponentialansatz

$$\beta = \beta_0 \mathrm{e}^{\lambda t} \text{ usw.} \qquad (3.2{,}53)$$

die charakteristische Gleichung

$$\left.\begin{aligned} & a_0 F_4(\lambda) = 0 \\ \text{mit}\quad & \\ & a_0 F_4(\lambda) \equiv \begin{vmatrix} mV\lambda + Y_\beta & Y_{\varphi e} & -mV\cos\vartheta_e \\ -L_\beta & J_{xe}\lambda^2 - L_{\varphi e}\lambda & -(J'_{xz}\lambda + L_{\dot\psi e}) \\ -N_\beta & -(J_{xze}\lambda^2 + N_{\dot\varphi e}\lambda) & J'_z\lambda - N_{\dot\psi e} \end{vmatrix} \end{aligned}\right\} \qquad (3.2{,}54)$$

Der Koeffizient des höchsten Gliedes in λ, nämlich

$$a_0 \equiv mV(J_{xe}J'_z - J_{xze}J'_{xz}) = mV\cos\vartheta_e J_{xf}J_{zf} \tag{3.2,55}$$

ist stets positiv. Nach Division durch a_0 können wir Gl. (3.2,54) in der Normalform

$$\lambda^4 + B\lambda^3 + C\lambda^2 + D\lambda + E = 0 \tag{3.2,56}$$

schreiben. Dabei ist

$$\left.\begin{aligned}
a_0 B &= \frac{a_0 Y_\beta}{mV} - mV(J_{xe}N_{\dot\psi e} + \underline{J'_z L_{\varphi e}} + J_{xze}L_{\dot\psi e} + J'_{xz}N_{\varphi e})\\
a_0 C &= \left\{\begin{aligned}&-Y_\beta(J_{xe}N_{\dot\psi e} + J'_z L_{\varphi e} + J_{xze}L_{\dot\psi e} + J'_{xz}N_{\varphi e}) +\\ &+ mV(\underline{L_{\varphi e}N_{\dot\psi e}} - N_{\varphi e}L_{\dot\psi e}) - mV\cos\vartheta_e(J_{xze}L_\beta + J_{xe}N_\beta)\end{aligned}\right\}\\
a_0 D &= \left\{\begin{aligned}&\underline{Y_\beta(L_{\varphi e}N_{\dot\psi e} - N_{\varphi e}L_{\dot\psi e}) - mV\cos\vartheta_e(L_\beta N_{\varphi e} - N_\beta L_{\varphi e}) +}\\ &+ Y_{\varphi e}(J'_{xz}N_\beta + J'_z L_\beta)\end{aligned}\right\}\\
a_0 E &= \underline{Y_{\varphi e}(N_\beta L_{\psi e} - L_\beta N_{\dot\psi e})}
\end{aligned}\right\} \tag{3.2,57}$$

Zahlenbeispiel: Außer den Werten des Zahlenbeispiels von Abschnitt 3.2.21, S. 232, mögen noch die folgenden Daten gelten: $b = 14{,}02$ m, $J_{xf} = 3818$ kp m s², $J_{zf} = 9818$ kp m s², $\beta_0 = \beta_S = 0$, $c_{Q\beta} = 0{,}78$, $c_{Lf\beta} = 0{,}11231$, $c_{Lfx} = -1{,}23581$, $c_{Lfz} = 0{,}16392$, $c_{Nf\beta} = -0{,}09178$, $c_{Nfx} = -0{,}21385$, $c_{Nfz} = -0{,}25849$, $\xi = \zeta = 0$. Folgerungen: $J_{xe} = 3863{,}6$ kp m s², $J_{ze} = 9772{,}5$ kp m s², $J_{xze} = -521{,}2$ kp m s², $c_{Le\beta} = 0{,}10388$, $c_{Lex} = -1{,}23261$, $c_{Lez} = 0{,}24920$, $c_{Ne\beta} = -0{,}10122$, $c_{Nex} = -0{,}12858$, $c_{Nez} = -0{,}26158$. Zwischenwerte: $Y_{\varphi e}/mV = 0{,}069608\ \mathrm{s}^{-1}$, $Y_\beta/mV = 0{,}179156\ \mathrm{s}^{-1}$, $L_\beta/J_{xf} = 6{,}30623\ \mathrm{s}^{-2}$, $L_{\varphi e}/J_{xf} = -3{,}72328\ \mathrm{s}^{-1}$, $L_{\dot\psi e}/J_{xf} = 0{,}75275\ \mathrm{s}^{-1}$, $N_\beta/J_{zf} = -2{,}38957\ \mathrm{s}^{-2}$, $N_{\varphi e}/J_{zf} = -0{,}15104\ \mathrm{s}^{-1}$, $N_{\dot\psi e}/J_{zf} = -0{,}30727\ \mathrm{s}^{-1}$, $J_{xe}/J_{xf} = 1{,}011944$, $J_{ze}/J_{zf} = 0{,}995366$, $J_{xze}/J_{xf} = -0{,}136511$, $J_{xze}/J_{zf} = -0{,}053086$.
Koeffizienten der charakteristischen Gleichung (3.2,56): $B = 4{,}21548\ \mathrm{s}^{-1}$, $C = 4{,}73375\ \mathrm{s}^{-2}$, $D = 10{,}534522\ \mathrm{s}^{-3}$, $E = 0{,}00967315\ \mathrm{s}^{-4}$, $R = D(BC - D) - EB^2 = 99{,}223\ \mathrm{s}^{-6}$. Die *Hurwitz*schen Stabilitätsbedingungen (1.9,82), S. 95, sind erfüllt.

3.2.32. Statische Seitenstabilität

Die Bedingung

$$E > 0 \tag{3.2,58}$$

sei hier wieder als Bedingung der statischen Seitenstabilität bezeichnet. Auf Grund der Formeln (3.2,10), S. 228, und (3.2,55) wird

$$\frac{Y_{\varphi e}}{a_0} = \frac{g_n}{VJ_{xf}J_{zf}} \tag{3.2,59}$$

Ferner ist gemäß Gl. (3.2,18) und (3.2,20), S. 229,

$$N_\beta L_{\dot\psi e} - L_\beta N_{\dot\psi e} = \left(qF\frac{b}{2}\right)^2 \frac{b}{2V}\cdot$$

$$\cdot\left[\cos\vartheta_e(c^0_{N e\beta}c^0_{Lez} - c^0_{Le\beta}c^0_{Nez}) - \sin\vartheta_e(c^0_{Ne\beta}c^0_{Lex} - c^0_{Le\beta}c^0_{Nex})\right] \qquad (3.2,60)$$

Insgesamt ist also

$$E = \frac{\left(qF\frac{b}{2}\right)^2}{J_{xf}J_{zf}}\,\frac{g_n\frac{b}{2}}{V^2}\cdot$$

$$\cdot\left[\cos\vartheta_e(\underset{<0}{c^0_{Ne\beta}}\,\underset{>0}{c^0_{Lez}} - \underset{>0}{c^0_{Le\beta}}\,\underset{<0}{c^0_{Nez}}) - \sin\vartheta_e(\underset{<0}{c^0_{Ne\beta}}\,\underset{<0}{c^0_{Lex}} - \underset{>0}{c^0_{Le\beta}}\,\underset{<0}{c^0_{Nex}})\right] \qquad (3.2,61)$$

Hinsichtlich der Vorzeichen gelten unter normalen Umständen die in Gl. (3.2,61) unter den Koeffizienten angemerkten Größenbeziehungen. Der bei sin ϑ_e stehende Klammerausdruck wird daher positiv, und zwar wegen des großen Betrages von $c^0_{Lex}(<0)$ auch dann, wenn ausnahmsweise $c^0_{Nex} > 0$ ist. Dieser Term hat somit die Tendenz, die statische Seitenstabilität im Gleitflug ($\vartheta_e < 0$) zu verbessern, aber im Steigflug zu verschlechtern.

Im horizontalen Geradeausflug ($\vartheta_e = 0$) besteht statische Seitenstabilität für

$$c^0_{Ne\beta}c^0_{Lez} > c^0_{Le\beta}c^0_{Nez}$$

oder

$$\frac{c^0_{Le\beta}}{-c^0_{Ne\beta}} > \frac{c^0_{Lez}}{-c^0_{Nez}} \qquad (3.2,62)$$

oder in Worten

$$\left|\frac{\text{Schiebe-Rollmoment}}{\text{Schiebe-Wendemoment}}\right| > \left|\frac{\text{Wende-Rollmoment}}{\text{Wende-Dämpfungsmoment}}\right|$$

Durch konstruktive Maßnahmen, und zwar durch Änderung der V-Stellung und der Seitenleitwerksfläche läßt sich insbesondere das Schiebe-Rollmoment und das Schiebe-Wendemoment beeinflussen. Mit der Änderung der Seitenleitwerksfläche ist allerdings auch eine gleichsinnige Änderung des Wendedämpfungsmoments verbunden; jedoch fällt diese gegenüber der Änderung des Schiebewendemoments umso weniger ins Gewicht, je größer die Flügelspannweite ist. Da bei der statischen Seitenstabilität nur schwache Momente im Spiel sind und diese sich im Ausdruck für E noch gegenseitig kompensieren, ist der Koeffizient E i. a. relativ klein.

3.2.33. Dynamische Seitenstabilität

3.2.331. *Quasistationäre Spiralbewegung*

Der — wie eben bemerkt — kleine Zahlenwert des Koeffizienten E in der charakteristischen Gleichung (3.2,56) deutet auf das Vorhandensein eines sehr langsamen Bewegungsteils hin. Bei einem solchen können wir erwarten, daß die Beschleunigungsglieder in den drei Bewegungsgleichungen (3.2,51) für den momentanen Bewegungszustand eine geringe Rolle spielen und in erster Näherung vernachlässigt werden dürfen. Gehen wir mit diesem Ansatz in Gl. (3.2,51) ein, so vereinfacht sich die charakteristische Gleichung (3.2,54) zu

$$\begin{vmatrix} Y_\beta & Y_{\varphi e} & -mV\cos\vartheta_e \\ -L_\beta & -L_{\dot\varphi e}\lambda & -L_{\dot\psi e} \\ -N_\beta & -N_{\varphi e}\lambda & -N_{\dot\psi e} \end{vmatrix} = 0 \qquad (3.2,63)$$

oder ausmultipliziert

$$\left.\begin{aligned} &\lambda[\underset{>0}{Y_\beta}(\underline{\underset{<0}{L_{\varphi e}}\underset{<0}{N_{\dot\psi e}}}-N_{\varphi e}L_{\dot\psi e})-mV\cos\vartheta_e(L_\beta N_{\varphi e}-\underline{\underset{<0}{N_\beta}\underset{<0}{L_{\varphi e}}})]+ \\ &\qquad +Y_{\varphi e}(N_\beta L_{\dot\psi e}-L_\beta N_{\dot\psi e}) \end{aligned}\right\} = 0 \qquad (3.2,64)$$

Wie man sieht, stimmt die Bedingung der statischen Stabilität dieses Bewegungsteils mit der allgemeinen Bedingung nach Gl. (3.2,58) überein. Im Koeffizienten von λ überwiegen die unterstrichenen, mit $L_{\dot\varphi e}$, also gemäß Gl. (3.2,18) mit der Rolldämpfung, gebildeten Terme, die beide gemäß den in Gl. (3.2,64) angemerkten Vorzeichen einen positiven Beitrag liefern. Bei positiver bzw. negativer statischer Stabilität hat man demnach einen exponentiell langsam verschwindenden bzw. langsam anwachsenden Bewegungsanteil in allen drei Größen β, φ_e und $\dot\psi_e$. Da das Flugzeug hierbei im Falle der Instabilität eine immer enger werdende Spirale beschreibt, nennt man die Bedingung (3.2,58) der statischen Seitenstabilität auch Bedingung der *Spiralsturzstabilität.* Ist sie erfüllt ($E > 0$), so geht die Azimutgeschwindigkeit $\dot\psi_e$ nach einer Störung auf Null zurück, der Winkel ψ_e jedoch nicht, wie wir schon früher festgestellt haben.

Die zugehörige, absolut genommen kleine Wurzel λ_1 der gekoppelten Bewegung kann man durch Iteration der umgeformten Gl. (3.2,56), nämlich

$$\lambda = -\frac{E}{D} - \frac{1}{D}[\lambda^4 + B\lambda^3 + C\lambda^2] \qquad (3.2,65)$$

bestimmen, bei der die Korrekturglieder wie üblich auf der rechten Seite stehen.

Für ein von Hand gesteuertes Flugzeug ist statische Seitenstabilität nicht unbedingt erforderlich, da der Flugzeugführer die langsame Spiralbewegung, die bei einer Störung eintritt, leicht aussteuern kann.

3.2.332. *Reine Rollbewegung*

Bei der Abschätzung der Größenordnungen in Abschnitt 3.2.32 benutzten wir die Tatsache, daß die Rolldämpfung im normalen Anstellwinkelbereich sehr groß ist. Da wir nun im vorigen Abschnitt bereits eine erste reelle Wurzel fanden und nach den Feststellungen von Abschnitt 3.2.231 eine zweite reelle Wurzel existieren muß, so liegt die Vermutung nahe, daß diese mit der reinen Rollbewegung zusammenhängt.

Für die reine Rollbewegung ohne Schieben und Wenden ($\beta = \dot{\psi}_e = 0$) führt die Momentengleichung (3.2,18), S. 229, zu der charakteristischen Gleichung

$$J_{xe}\lambda^2 - L_{\varphi e}\lambda = 0 \qquad (3.2,66)$$

Man kann diese Bewegung leicht an einem in Windkanal drehbar um die Achse e_1 im Schwerpunkt gelagerten Modell beobachten. Für die Rollbewegung hat man hiernach im Windkanal eine starke Dämpfung, jedoch geht der Rollwinkel φ_e selbst nicht auf Null zurück. Diese Art der Instabilität tritt, wie hier gleich bemerkt sei, im Freiflug nicht auf, vielmehr wird sie durch die Koppelung mit den anderen Bewegungsanteilen eliminiert; durch das Hinzukommen einer zu φ_e proportionalen Schwerkraftkomponente wird nämlich im Freiflug ein Schiebewinkel β verursacht und dadurch ein rückdrehendes Schiebe-Rollmoment geweckt.

Im Ausdruck für den Koeffizienten B nach Gl. (3.2,57) ist das mit dem Koeffizienten von λ in Gl. (3.2,66) übereinstimmende Glied unterstrichen. Die zugehörige Wurzel λ_2 der gekoppelten Bewegung kann man wieder durch Iteration der zweckmäßig umgeformten Gl. (3.2,56), nämlich

$$\lambda = -B - \frac{1}{\lambda^3}\,[C\lambda^2 + D\lambda + E] \qquad (3.2,67)$$

berechnen.

3.2.333. *Windfahnenbewegung*

In den Abschnitten 3.2.232 und 3.2.332 fanden wir, daß die reinen Drehbewegungen des Flugzeugs um die durch den Schwerpunkt S gehenden Achsen e_2 bzw. e_1 wesentliche Beiträge zur gesamten Störbewegung des Flugzeugs liefern. Dasselbe läßt sich, wie wir jetzt sehen werden, von der reinen Wende- oder Gierbewegung um die durch S gehende

Hochachse e_3 aussagen. Für diese Bewegung verschwindet die Komponente q_{xe} der Drehgeschwindigkeit q, daher wird nach Gl. (3.2,3), S. 227,

$$\dot{\varphi}_e = \dot{\psi}_e \sin\vartheta_e \tag{3.2,68}$$

Ist ferner $\psi_a = 0$ der konstante Azimutwinkel der Anblasrichtung a_1, so folgt aus Gl. (1.3,37), S. 28, durch Linearisieren

$$\beta = \psi_e \cos\vartheta_e \tag{3.2,69}$$

Einsetzen dieser Ausdrücke für $\dot{\varphi}_e$ und β in die Momentengleichung (3.2,20), S. 230, führt zur charakteristischen Gleichung

$$\cos\vartheta_e J_{ze} \lambda^2 - (N_{\dot{\psi}e} + N_{\varphi e} \sin\vartheta_e)\lambda - N_\beta \cos\vartheta_e = 0 \tag{3.2,70}$$

wobei der Koeffizient von $-\lambda$ noch zu

$$N_{\dot{\psi}e} + N_{\varphi e} \sin\vartheta_e = \cos\vartheta_e \frac{b}{2V} c^0_{Nez} qF \frac{b}{2} \tag{3.2,71}$$

vereinfacht und damit der Faktor $\cos\vartheta_e$ in allen Summanden der Gl. (3.2,70) gestrichen werden kann. Da die Koeffizienten c^0_{Nez} und $c^0_{Ne\beta}$ beide negativ sind, ist die reine Wendebewegung — ebenso wie die Bewegung einer Windfahne — statisch und dynamisch stabil, und zwar verschwindet nicht nur $\dot{\psi}_e$, sondern sogar ψ_e asymptotisch. Bei der Koppelung der Windfahnenbewegung mit der Spiralbewegung und der Rollbewegung geht diese zusätzliche Stabilität von ψ_e allerdings, wie wir schon wissen, wieder verloren.
Die Schwingungszeit der reinen Wendebewegung ist näherungsweise

$$T_{\text{Wende}} \approx 2\pi \sqrt{\frac{J_{ze}}{-N_\beta}} \tag{3.2,72}$$

Da bei der Koppelung der Windfahnenbewegung mit der Spiralbewegung und der Rollbewegung immerhin die Winkelgeschwindigkeit $\dot{\psi}_e$ statisch stabil bleibt, ist T_{Wende} nach Gl. (3.2,72) eine gute Näherung für die Dauer der gekoppelten Schwingung.

In den Koeffizienten B, C und D der Gl. (3.2,57) sind die mit Gl. (3.2,70) gemeinsamen Terme unterstrichen. Man könnte versuchen, darauf ein Iterationsverfahren zur Berechnung der noch fehlenden konjugiert komplexen Wurzeln λ_3 und λ_4 der charakteristischen Gleichung (3.2,56) aufzubauen, jedoch ist es i. a. zweckmäßiger, von Gl. (3.2,56) die schon aus Abschnitt 3.2.331 und 3.2.332 bekannten Faktoren $\lambda - \lambda_1$ und $\lambda - \lambda_2$ abzuspalten und aus der verbleibenden quadratischen Gleichung die Wurzeln λ_3 und λ_4 zu bestimmen. Der mit diesen Wurzeln zusammenhängende Bewegungsanteil wird auch als *Taumelbewegung* bezeichnet.

Zahlenbeispiel: Aus den Werten $B = 4{,}21548\ s^{-1}$, $C = 4{,}73375\ s^{-2}$, $D = 10{,}534522\ s^{-3}$, $E = 0{,}00967315\ s^{-4}$ des Zahlenbeispiels von Abschnitt 3.2.31, S. 247, findet man die Wurzeln $\lambda_1 = -0{,}000918614\ s^{-1}$ durch 2 Iterationen nach Gl. (3.2,65), $\lambda_2 = -3{,}705049\ s^{-1}$ durch 5 Iterationen nach Gl. (3.2,67), $\lambda_{3,4} = -\delta_3 \pm i\omega_3$, $\delta_3 = 0{,}254756\ s^{-1}$, $\omega_3 = 1{,}66650\ s^{-1}$ nach dem soeben genannten Verfahren.

3.2.334. *Stabilitätsbereich*

Wie bei der Betrachtung der statischen Seitenstabilität schon gesagt wurde, kann man den Koeffizienten E konstruktiv vor allem durch Variation der Koeffizienten des Schiebe-Rollmoments ($c^0_{Le\beta}$) und des Schiebe-Wendemoments ($c^0_{Ne\beta}$) beeinflussen. Es liegt daher nahe, diese Koeffizienten unter Konstanthalten aller übrigen Daten eines bestimmten Flugzeugs — was natürlich nur in gewissen Grenzen näherungsweise möglich ist — als variabel anzusehen und die Grenzen der Stabilität, nämlich

$$B = 0, \quad BC - D = 0, \quad D(BC - D) - EB^2 = 0 \quad \text{und} \quad E = 0 \tag{3.2,73}$$

s. Gl. (1.9,82), S. 95, in einem $(c^0_{Le\beta}, -c^0_{Ne\beta})$-Diagramm mit $\vartheta_e = \text{const}$ darzustellen.

Man stellt nun leicht fest, daß B überhaupt nicht von diesen Koeffizienten abhängt und die Bedingung $B = 0$ daher auch keine Stabilitätsgrenze liefert, s. Gl. (3.2,57). In den Koeffizienten C, D und E kommen $c^0_{Le\beta}$ und $-c^0_{Ne\beta}$ dagegen linear vor. Daher wird die Stabilitätsgrenze

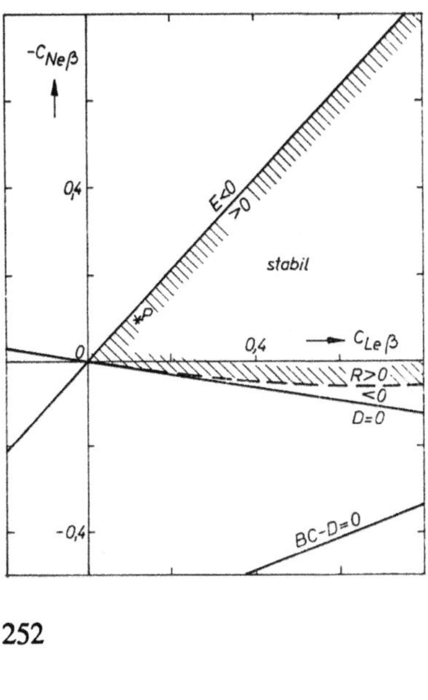

Abb. 3.2,8
Stabilitatsbereich in der $(c_{Le\beta}, -c_{Ne\beta})$-Ebene mit ϑ_e = const, vgl. Zahlenbeispiel

$BC-D=0$ von einer Geraden gebildet. Entsprechend ist die Grenzbedingung $E=0$ auf einer Geraden durch den Nullpunkt erfüllt. Dagegen stellt die Bedingung $D(BC-D)-EB^2=0$ in der $(c^0_{L e\beta}, -c^0_{N e\beta})$-Ebene einen Kegelschnitt dar.

Im interessierenden Bereich haben diese Kurven etwa den in Abb. 3.2,8 skizzierten Verlauf. Trägt man in dieses Diagramm die wirklichen Werte $c^0_{L e\beta}$ und $-c^0_{N e\beta}$ ein, so sieht man sehr anschaulich, wie man die Flugzeugdaten ggf. variieren muß, um den Betriebspunkt möglichst weit ins Innere des Stabilitätsbereichs zu verlegen.

Dabei ist es im Falle eines von Hand gesteuerten Flugzeugs weniger gefährlich, über die Grenze $E=0$ hinauszugehen, s. Abschnitt 3.2.331, als die Grenze $D(BC-D)-EB^2=0$ zu überschreiten, weil hier ein Übergang zu einer angefachten Schwingung mit einer Frequenz nahe der schnellen Windfahnenfrequenz nach Gl. (3.2,72) erfolgt.

Zahlenbeispiel: Führt man im Zahlenbeispiel von Abschnitt 3.2.31, S. 247, anstelle der konstanten Werte $c_{L e\beta}$ bzw. $c_{N e\beta}$ die Variablen $c_{L e\beta}=x$, $-c_{N e\beta}=y$ ein, so werden die Koeffizienten der charakteristischen Gleichung (3.2,57), S. 247: $B=4{,}21548$ s^{-1}, $C=1{,}980878+2{,}00855x+23{,}8895y$, $D=0{,}22533+13{,}3756x+88{,}1220y$, $E=$ $=1{,}29843x-1{,}23698y$ und weiter $BC-D=8{,}12503-4{,}9086x+12{,}5842y$. Durch Nullsetzen der Ausdrücke E bzw. D bzw. $BC-D$ ergeben sich die entsprechenden Geraden der Abb. 3.2,8. Die Grenzkurve $R=D(BC-D)-EB^2=0$ läßt sich in die Form setzen: $y^2+y(0{,}668\,04-x\,0{,}238\,28)+0{,}001\,65+x\,0{,}076\,19-x^2\,0{,}059\,20=0$. Sie bedeutet in der x, y-Ebene eine nach oben und unten offene Hyperbel, von der jedoch in Abb. 3.2,8 nur ein kurzes Stück des oberen Astes dargestellt ist. Die Lage der Werte $c_{L e\beta}=0{,}10388$, $-c_{N e\beta}=0{,}10122$ aus dem Zahlenbeispiel von Abschnitt 3.2.31, S. 247, wird in Abb. 3.2,8 durch den Punkt P dargestellt. Sie läßt auf eine geringe statische Seitenstabilität in dem dort angenommenen Flugzustand schließen, s. a. die Wurzel λ_1 im Zahlenbeispiel von Abschnitt 3.2.333, S. 252.

Literatur zu Abschnitt 3.2.3: [3–251 bis 258], S. 285.

3.2.4 Rechnung mit frequenzabhängigen aerodynamischen Beiwerten.

Man kann die Berechnung der freien Schwingungen im Prinzip noch dadurch verbessern, daß man frequenzabhängige Beiwerte verwendet, die aus den Ansätzen der instationären Aerodynamik folgen, vgl. Abschnitt 1.7.12. Solche Beiwerte sind bisher anscheinend nur für den Fall reiner und angefachter Sinusschwingungen bestimmt worden, s. [1–720], jedoch dürfte es keine besonderen Schwierigkeiten machen, die vorhandenen Ergebnisse auf den Fall gedämpfter Schwingungen zu verallgemeinern. Die charakteristischen Gleichungen (3.2,24) bzw. (3.2,56) würden dabei aus algebraischen in transzendente Gleichungen für λ übergehen. Bei der iterativen Berechnung ihrer Nullstellen könnte man die oben berechneten Wurzeln, die sich aus den Ansätzen der quasistationären Aerodynamik ergeben, als erste Näherungen benutzen. Es erscheint jedoch fraglich, ob die mögliche Verbesserung der Wurzelwerte im Fall des starren Flugkörpers den Rechenaufwand lohnt, s. [3–200].

3.3. Erzwungene Flugzeugbewegungen

3.3.1. Inhomogene Störungsglieder

Außer den Kräften und Momenten, die wir beim ungestörten Flug bereits berücksichtigt haben, s. Abschnitt 2.1.11, S. 117, und 3.2.1, S. 227, wollen wir jetzt noch andere, zur Zeit $t = 0$ plötzlich einsetzende Störkräfte und Störmomente zulassen. Als Störungsursachen kommen u. a. Lastenabwurf, Triebwerksverstellung, böiger Wind und vor allem willkürliche Ruderauslenkungen in Frage.

Im einzelnen seien

$$\left.\begin{aligned} \Delta \boldsymbol{S} &= \Delta S \cdot \boldsymbol{s}_1 \\ \Delta \boldsymbol{G} &= \Delta G \cdot \boldsymbol{g}_3 \end{aligned}\right\} \tag{3.3,1a}$$

die Störungen des Triebwerksschubes bzw. des Gewichtes, wobei die Einheitsvektoren $\boldsymbol{s}_1$ bzw. $\boldsymbol{g}_3$ nach Gl. (3.2,7) S. 227, einzusetzen sind.

Im Falle der Böenstörung nehmen wir wie im Abschnitt 2.3.4, S. 195, die ungestörte Flugrichtung als horizontal an und verwenden für die Windgeschwindigkeit den Ansatz (2.3,116a), S. 195. Dabei wollen wir uns jedoch auf Wellenlängen der Böenstörung beschränken, die groß gegen die charakteristische Flugzeuglänge l sind. Die vertikale Böengeschwindigkeit w_z tritt dann, wenn die Größen V, α und ϑ_e wie bisher als abhängige Variable gelten, durch die kinematische Beziehung

$$\boldsymbol{U}_g = \boldsymbol{V} + \boldsymbol{w}_g; \qquad \boldsymbol{w}_g = w_x \boldsymbol{g}_1 + w_z \boldsymbol{g}_3; \qquad w_x = \text{const} \tag*{(3.3,2a)$_1$}$$

nach Gl. (1.2,41b), S. 10, in den Trägheitsterm (1.5,34), S. 40, der Kräftegleichung (1.5,6), S. 35, und durch die kinematische Beziehung

$$\boldsymbol{q} = \boldsymbol{\omega} + \boldsymbol{\Phi}(\boldsymbol{w}_g); \qquad \boldsymbol{\Phi}(\boldsymbol{w}_g) = -\boldsymbol{g}_2 \frac{\partial w_z}{\partial x} \tag*{(3.3,2a)$_2$}$$

nach Gl. (1.2,42a, g), S. 11, in das Kippmoment (1.7,51), S. 68, der Momentengleichung (1.5,55), S. 43, ein.

Als störende Rudermomente haben wir weiter nach Abschnitt 1.7.23, S. 73, und 3.2.1, S. 229,

$$\left.\begin{aligned}\boldsymbol{L}_f^{\mathrm{r}} &= L_f^{\mathrm{r}} \boldsymbol{f}_1 = \xi c_{Lf\xi}^{\mathrm{r}} qF \frac{b}{2} \boldsymbol{f}_1 \\ \Delta \boldsymbol{M}_f^{\mathrm{r}} &= \Delta M_f^{\mathrm{r}} \boldsymbol{e}_2 = \Delta \eta c_{Mf\eta}^{\mathrm{r}} qFl \boldsymbol{e}_2 \\ \boldsymbol{N}_f^{\mathrm{r}} &= N_f^{\mathrm{r}} \boldsymbol{f}_3 = \zeta c_{Nf\zeta}^{\mathrm{r}} qF \frac{b}{2} \boldsymbol{f}_3\end{aligned}\right\} \qquad (3.3,3a)$$

wobei sich die Einheitsvektoren $\boldsymbol{f}_1$ und $\boldsymbol{f}_3$ mittels Gl. (1.3,27), S. 25, durch $\boldsymbol{e}_1$ und $\boldsymbol{e}_3$ ausdrücken lassen.

Da u. U. jedoch auch noch andere Störungen in Frage kommen, führen wir allgemeine Störkräfte $\Delta X, \Delta Y$ bzw. ΔZ ein, die in Richtung der Einheitsvektoren $\boldsymbol{e}_1, \boldsymbol{e}_2, \boldsymbol{e}_3$ als positiv gezählt werden mögen, und verfahren entsprechend mit den Störmomenten $\Delta L, \Delta M$ und ΔN.

Die Störungen nach Gl. (3.3,1a) schreiben sich dann

$$\left.\begin{aligned}\Delta X_1 &= \Delta S \cos(\alpha-\alpha_s) - \Delta G \sin\vartheta_e \\ \Delta Y_1 &= 0 \\ \Delta Z_1 &= -\Delta S \sin(\alpha-\alpha_s) + \Delta G \cos\vartheta_e\end{aligned}\right\} \qquad (3.3,1b)$$

Im Fall der Böenstörung wird wie in Gl. (2.3,124), S. 197,

$$w_z = \Delta\dot{z} + (\dot{x} - w_x)\Delta\vartheta_e$$

Daher muß man bei kleinen Störungen $\Delta\dot{z}$ bzw. $\Delta\vartheta_e$ auch die vertikale Böengeschwindigkeit w_z als klein von erster Ordnung ansehen. Nach entsprechender Linearisierung erscheinen dann auf der rechten Seite der zweiten bzw. dritten Störungsgleichung (3.2,21a), S. 231, die inhomogenen Glieder

$$\left.\begin{aligned}-\Delta Z_2 &= m\dot{w}_z = mV \frac{\partial w_z}{\partial x} \\ \text{bzw.} \qquad \Delta M_2 &= \frac{\partial w_z}{\partial x} M_{\dot{\vartheta}_e}\end{aligned}\right\} \qquad (3.3,2b)$$

Für die Ruderstörungen nach Gl. (3.3,3a) hat man schließlich die Darstellung

$$\left.\begin{aligned}\Delta L_3 &= L_f^{\mathrm{r}} \cos\alpha + N_f^{\mathrm{r}} \sin\alpha \\ \Delta M_3 &= \Delta M_f^{\mathrm{r}} \\ \Delta N_3 &= -L_f^{\mathrm{r}} \sin\alpha + N_f^{\mathrm{r}} \cos\alpha\end{aligned}\right\} \qquad (3.3,3b)$$

Wir wollen jetzt für Flugbahnen, die im stationären Zustand gerade und symmetrisch sind, einige Aussagen über Übertragungs- und Übergangsfunktionen zusammenstellen, die sich ohne numerische Rechnungen gewinnen lassen, oder m. a. W. die Eigenschaften des Flugzeugs, als Regelstrecke betrachtet, untersuchen. Dabei wollen wir wieder nach Längs- bzw. Seitenbewegung unterscheiden und annehmen, daß die Wurzeln λ_1 bis λ_4 der charakteristischen Gleichungen (3.2,23), S. 231, bzw. (3.2,54), S. 246, bereits ausgerechnet vorliegen. Für die Betrachtung der Übertragungsfunktionen und Frequenzgänge wollen wir nicht unbedingt Stabilität des Systems voraussetzen, jedoch für die Aufstellung der Übergangsfunktionen stets Stabilität annehmen. Eine formale Zusammenfassung der Formeln für die im folgenden besprochenen Übertragungsfunktionen findet sich am Schluß der Abschnitte 4.1.41 bzw. 4.1.42, S. 305. Abb. 3.3,1 zeigt das einfache Blockschema der

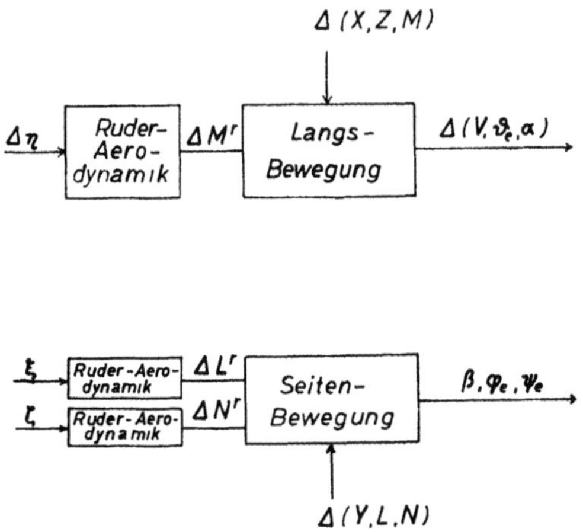

Abb. 3.3,1
Blockschema für Flugzeug mit rückwirkungsfreien Rudern

Regelstrecke eines Flugzeugs mit rückwirkungsfreien Rudern. In den Blöcken „Längsbewegung" bzw. „Seitenbewegung" sind alle erforderlichen Aussagen über die Massenverteilung und Aerodynamik des Flugzeugs, ggf. unter Einbeziehung von quasistatischen Deformationen, enthalten.

3.3.2. Gestörte Längsbewegung

3.3.21. Störkraft ΔX in Richtung der Längsachse e_1

Im Falle der gestörten Längsbewegung setzen wir die Funktion $F_4(s)$ nach Gl. (3.2,23), S. 231, in der Form an:

$$F_4(s) = (s^2+2\zeta_{12}\omega_{12}s+\omega_{12}^2)(s^2+2\zeta_{34}\omega_{34}s+\omega_{34}^2) \qquad (3.3,4)$$

Die Größen ζ_{12}, ω_{12}, usw. stehen mit den Wurzeln λ_1 bis λ_4 der Gleichung $F_4(\lambda) = 0$ nach Abschnitt 3.2.234, S. 224, in der Beziehung

$$\left.\begin{aligned} \omega_{12}^2 &= \lambda_1\lambda_2 & \omega_{34}^2 &= \lambda_3\lambda_4 \\ 2\zeta_{12}\omega_{12} &= -(\lambda_1+\lambda_2) & 2\zeta_{34}\omega_{34} &= -(\lambda_3+\lambda_4) \end{aligned}\right\} \qquad (3.3,5)$$

Bei einer Störkraft $\Delta X e_1$ schreibt sich die erste Gl. (3.2,21a), S. 231, in der Form

$$\left(m\frac{\mathrm{d}}{\mathrm{d}t} - X_V\right)\Delta V - X_{\vartheta e}\Delta\vartheta_e - X_\alpha \Delta\alpha = \Delta X \qquad (3.3,6)$$

während die beiden anderen Gleichungen ungeändert bleiben. Gemäß Abschnitt 1.9.241, S. 98, werden dann die Übertragungsfunktionen der Größen $\Delta V, \Delta\vartheta_e$ und $\Delta\alpha$ in Bezug auf die Störung ΔX

$$F^{(s)}_{\Delta V/\Delta X} = \frac{1}{m^2 V J_{yf} F_4(s)} \begin{vmatrix} mVs - Z_{\vartheta e} & -Z_\alpha \\ J_{yf}s^2 - M_{\dot\vartheta e}s & J_{yf}s^2 - \bar{M}_\alpha s - M_\alpha \end{vmatrix} \qquad (3.3,7a)$$

$$F^{(s)}_{\Delta\vartheta e/\Delta X} = \frac{-1}{m^2 V J_{yf} F_4(s)} \begin{vmatrix} -Z_V & -Z_\alpha \\ -M_V & J_{yf}s^2 - \bar{M}_\alpha s - M_\alpha \end{vmatrix} \qquad (3.3,8a)$$

$$F^{(s)}_{\Delta\alpha/\Delta X} = \frac{1}{m^2 V J_{yf} F_4(s)} \begin{vmatrix} -Z_V & mVs - Z_{\vartheta e} \\ -M_V & J_{yf}s^2 - M_{\dot\vartheta e}s \end{vmatrix} \qquad (3.3,9a)$$

In den beiden letzten Gleichungen stehen im Zähler bereits quadratische Ausdrücke in s, die ggf. noch weiter in Linearfaktoren mit reellen Koeffizienten zerlegt werden können. Auch für den Zähler der Gl. (3.3,7a), der s in der dritten Potenz enthält, ist eine solche Aufspaltung *dann* leicht möglich, wenn man speziell

$$\vartheta_e = 0 \qquad (3.3,10)$$

also nach Gl. (3.2,11), S. 228, $Z_{\vartheta e} = 0$ setzt, da sich in diesem Falle der Faktor s abspaltet. Im allgemeinen Falle $\vartheta_e \neq 0$ kann man so vorgehen, daß man zunächst durch Iteration eine reelle Nullstelle $\varkappa_0$ von kleinem Betrage bestimmt, wobei man die beiden niedrigsten Glieder in s als Hauptglieder betrachtet, sodann den Zähler durch $(s-\varkappa_0)$ dividiert und den übrig bleibenden quadratischen Ausdruck in s auf die übliche Weise behandelt. Danach lassen sich auch leicht die zugehörigen Frequenzgänge im *Bode*-Diagramm näherungsweise bestimmen, s. Abschnitt 1.9.241, S. 100. Für $\omega \to \infty$ eilt die Geschwindigkeitsstörung ΔV mit der Phasenverschiebung $\pi/2$ der Störkraft ΔX nach, die Größen $\Delta\vartheta_e$ und $\Delta\alpha$ dagegen mit der Phase π.

Bei einem *Sprung in der Störfunktion* ΔX und bei Erfüllung der Stabilitätsbedingungen werden die Asymptoten der Übergangsfunktion

$$\lim_{t\to\infty} \frac{\Delta V(t)}{\Delta X} = \lim_{s\to 0} F^{(s)}_{\Delta V/\Delta X} = \frac{1}{m^2 V J_{yf} E} \begin{vmatrix} Z_{\vartheta_e} & Z_\alpha \\ 0 & M_\alpha \end{vmatrix} \tag{3.3,7b}$$

s. Gl. (1.9,111), S. 105, und entsprechend

$$\lim_{t\to\infty} \frac{\Delta \vartheta_e(t)}{\Delta X} = \lim_{s\to 0} F^{(s)}_{\Delta\vartheta_e/\Delta X} = \frac{-1}{m^2 V J_{yf} E} \begin{vmatrix} Z_V & Z_\alpha \\ M_V & M_\alpha \end{vmatrix} (> 0) \tag{3.3,8b}$$

sowie

$$\lim_{t\to\infty} \frac{\Delta \alpha(t)}{\Delta X} = \lim_{s\to 0} F^{(s)}_{\Delta\alpha/\Delta X} = \frac{1}{m^2 V J_{yf} E} \begin{vmatrix} Z_V & Z_{\vartheta_e} \\ M_V & 0 \end{vmatrix} \tag{3.3,9b}$$

Im Spezialfalle $\vartheta_e = 0$ nach Gl. (3.3,10) wird

$$\lim_{t\to\infty} \frac{\Delta V(t)}{\Delta X} = 0 \tag{3.3,7b)'}$$

und

$$\lim_{t\to\infty} \frac{\Delta \alpha(t)}{\Delta X} = 0 \tag{3.3,9b)'}$$

d. h. nach einer kleinen positiven Verstellung der Längskraft ΔX im stationären horizontalen Geradeausflug stellt sich als neuer Gleichgewichtszustand eine geneigte Flugbahn mit positivem ϑ_e ohne Änderung des Anstellwinkels und der Geschwindigkeit ein.

Zur Zeit $t = 0$ gelten die Anfangsbedingungen

$$\Delta V = 0, \quad \Delta\vartheta_e = 0, \quad \Delta\alpha = 0, \quad \Delta\dot{\vartheta}_e + \Delta\dot{\alpha} = 0 \tag{3.3,11}$$

Die zeitlichen Ableitungen werden damit auf Grund der Differentialgleichungen

$$\lim_{t\to 0} \frac{\Delta\dot{V}}{\Delta X} = \frac{1}{m} (>0) \tag{3.3,7c}$$

$$\lim_{t\to 0} \Delta\dot{\vartheta}_e = 0 \tag{3.3,8c}$$

$$\lim_{t\to 0} \Delta\dot{\alpha} = 0 \tag{3.3,9c}$$

$$\lim_{t\to 0} \Delta\ddot{V} = 0 \tag{3.3,7d}$$

$$\lim_{t\to 0} \frac{\Delta\ddot{\vartheta}}{\Delta X} = \frac{Z_V}{mV} \lim_{t\to 0} \frac{\Delta\dot{V}}{\Delta x} = \frac{Z_V}{m^2 V} (> 0) \tag{3.3,8d}$$

$$\lim_{t \to 0} \frac{\Delta \ddot{a}}{\Delta X} = -\frac{Z_V}{m^2 V} (<0) \tag{3.3,9d}$$

Mit diesen Angaben erhält man schon eine ungefähre Vorstellung vom Verlauf der Übergangsfunktionen. Insbesondere für den Spezialfall $\vartheta_e = 0$ zeigt Abb. 3.3,2 einen qualitativen Verlauf.

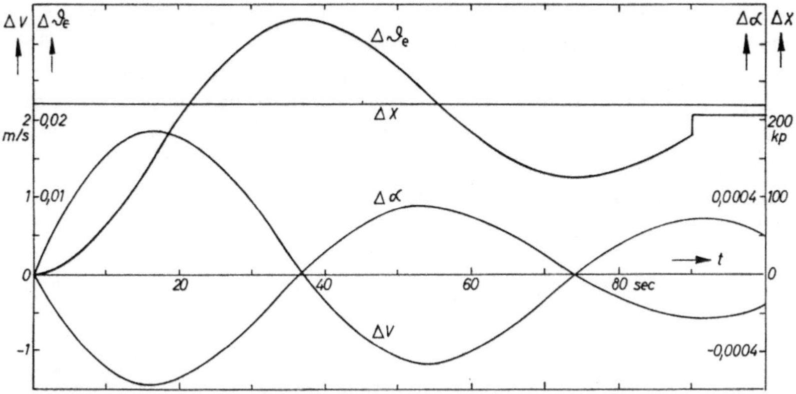

Abb. 3.3,2. Qualitativer Verlauf der Übergangsfunktionen bei einem Sprung von ΔX im Fall $\vartheta_e = 0$, vgl. Zahlenbeispiel S. 263

3.3.22. Störkraft ΔZ in Richtung der Hochachse e_3

Bei Annahme einer Störkraft $\Delta Z e_3$ wird die zweite Gl. (3.2,21a), S. 231,

$$-Z_V \Delta V + \left(mV \frac{\mathrm{d}}{\mathrm{d}t} - Z_{\vartheta_e} \right) \Delta \vartheta_e - Z_\alpha \Delta_\alpha = -\Delta Z \tag{3.3,12}$$

während die beiden anderen ungeändert bleiben. Die *Übertragungsfunktionen* werden hier

$$F^{(s)}_{\Delta V/\Delta Z} = \frac{1}{m^2 V J_{yf} F_4(s)} \begin{vmatrix} -X_{\vartheta_e} & -X_\alpha \\ J_{yf} s^2 - M_{\dot{\vartheta}_e} s & J_{yf} s^2 - \bar{M}_{\dot{\alpha}} s - M_\alpha \end{vmatrix} \tag{3.3,13a}$$

$$F^{(s)}_{\Delta \vartheta_e/\Delta Z} = \frac{-1}{m^2 V J_{yf} F_4(s)} \begin{vmatrix} ms - X_V & -X_\alpha \\ -M_V & J_{yf} s^2 - \bar{M}_\alpha s - M_\alpha \end{vmatrix} \tag{3.3,14a}$$

$$F^{(s)}_{\Delta \alpha/\Delta Z} = \frac{1}{m^2 V J_{yf} F_4(s)} \begin{vmatrix} ms - X_V & -X_{\vartheta_e} \\ -M_V & J_{yf} s^2 - M_{\dot{\vartheta}_e} s \end{vmatrix} \tag{3.3,15a}$$

In Gl. (3.3,13a) steht im Zähler bereits ein quadratischer Ausdruck in s. Auch für die Zähler der beiden anderen Gleichungen, die s in der dritten Potenz enthalten, ist eine solche Aufspaltung *dann* leicht möglich, wenn man einen Fall betrachtet, in dem

$$M_V = 0 \tag{3.3,16}$$

ist, was z. B. bei nicht zu hoher Unterschallanströmung vielfach zutrifft. In einem solchen Falle lassen sich die zugehörigen Frequenzgänge wieder leicht näherungsweise in einem *Bode*-Diagramm darstellen. Im allgemeinen Falle $M_V \neq 0$ wird man am besten wie im vorigen Abschnitt zunächst durch Iteration reelle Nullstellen $\varkappa_1, \varkappa_2$ der beiden Zähler bestimmen, wobei man wieder die beiden niedrigsten Glieder in s als Hauptglieder betrachten kann, und sodann die Faktoren $(s-\varkappa_1)$ bzw. $(s-\varkappa_2)$ abspalten. Für $\omega \to \infty$ eilen $\Delta\vartheta_e$ und $\Delta\alpha$ mit der Verzögerung $\pi/2$ der Störkraft ΔZ nach, ΔV dagegen mit der Verzögerung π.

Bei einem *Sprung in der Störfunktion* ΔZ werden die Asymptoten der Übergangsfunktionen, falls die Längsstabilität gesichert ist,

$$\lim_{t\to\infty} \frac{\Delta V(t)}{\Delta Z} = \lim_{s\to 0} F^{(s)}_{\Delta V/\Delta Z} = \frac{1}{m^2 V J_{yf} E} \begin{vmatrix} X_{\vartheta_e} & X_\alpha \\ 0 & M_\alpha \end{vmatrix} \quad (>0) \tag{3.3,13b}$$

$$\lim_{t\to\infty} \frac{\Delta \vartheta_e(t)}{\Delta Z} = \lim_{s\to 0} F^{(s)}_{\Delta \vartheta_e/\Delta Z} = \frac{-1}{m^2 V J_{yf} E} \begin{vmatrix} X_V & X_\alpha \\ M_V & M_\alpha \end{vmatrix} \quad (<0) \tag{3.3,14b}$$

$$\lim_{t\to\infty} \frac{\Delta \alpha(t)}{\Delta Z} = \lim_{s\to 0} F^{(s)}_{\Delta \alpha/\Delta Z} = \frac{1}{m^2 V J_{yf} E} \begin{vmatrix} X_V & X_{\vartheta_e} \\ M_V & 0 \end{vmatrix} \quad (\approx 0) \tag{3.3,15b}$$

Im Spezialfall $M_V = 0$ nach Gl. (3.3,16) wird

$$\lim_{t\to\infty} \frac{\Delta \alpha(t)}{\Delta Z} = 0 \tag{3.3,15b)'}$$

d. h. nach einer kleinen positiven Verstellung der Störkraft ΔZ stellt sich i. a. als neuer Gleichgewichtszustand eine Flugbahn mit kleinerer Steigung und größerer Geschwindigkeit, aber gleichbleibendem Anstellwinkel ein.

Zur Zeit $t = 0$ verschwinden wieder die Störgrößen $\Delta V, \Delta\vartheta_e, \Delta\alpha$ und $\Delta\dot{\vartheta}_f$, s. Gl. (3.3,11). Die zeitlichen Ableitungen werden also

$$\lim_{t\to 0} \Delta\dot{V} = 0 \tag{3.3,13c}$$

$$\lim_{t\to 0} \frac{\Delta\dot{\vartheta}_e}{\Delta Z} = \frac{-1}{mV} \quad (<0) \tag{3.3,14c}$$

$$\lim_{t\to 0} \frac{\Delta\dot{\alpha}}{\Delta Z} = \frac{1}{mV} \quad (>0) \tag{3.3,15c}$$

$$\lim_{t\to 0} \frac{\Delta \ddot{V}}{\Delta Z} = \frac{-X_{\vartheta_e}+X_\alpha}{m^2 V} \; (>0) \tag{3.3,13d}$$

$$\lim_{t\to 0} \frac{\Delta \ddot{\vartheta}_e}{\Delta Z} = \frac{-Z_{\vartheta_e}+Z_\alpha}{(mV)^2} \; (>0) \tag{3.3,14d}$$

$$\lim_{t\to 0} \frac{\Delta \ddot{\alpha}}{\Delta Z} = \left(\frac{Z_{\vartheta_e}-Z_\alpha}{mV} - \frac{M_{\dot{\vartheta}_e}-\bar{M}_{\dot{\alpha}}}{J_{yf}}\right) \frac{1}{mV} \; (<0) \tag{3.3,15d}$$

Insgesamt zeigen die Übergangsfunktionen unter der Voraussetzung statischer Stabilität im Falle $M_V = 0$ qualitativ den in Abb. 3.3,3 skizzierten Verlauf.

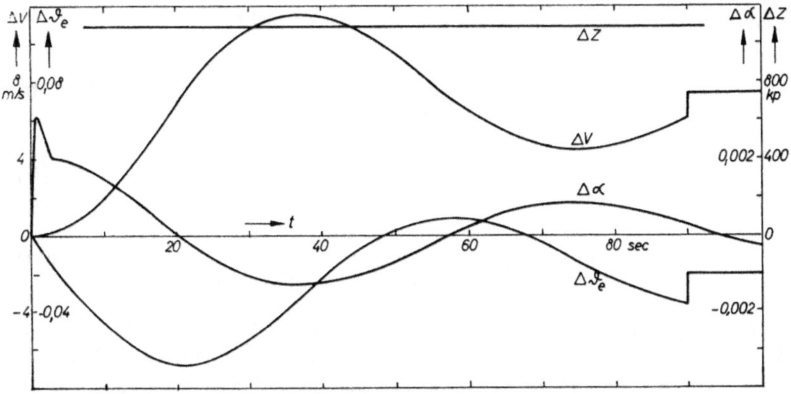

Abb. 3.3,3. Qualitativer Verlauf der Übergangsfunktionen bei einem Sprung von ΔZ im Fall $M_V = 0$, vgl. Zahlenbeispiel S. 263

3.3.23. Störmoment ΔM in Richtung der Querachse e_2

Für den Fall, daß ein Störmoment $\Delta M e_2$ wirksam ist, erweitert sich die dritte Gl. (3.2,21a), S. 231, zu

$$-M_V \Delta V + \left(J_{yf}\frac{\mathrm{d}^2}{\mathrm{d}t^2} - M_{\dot{\vartheta}_e}\frac{\mathrm{d}}{\mathrm{d}t}\right)\Delta\vartheta_e +$$

$$+\left(J_{yf}\frac{\mathrm{d}^2}{\mathrm{d}t^2} - \bar{M}_\alpha\frac{\mathrm{d}}{\mathrm{d}t} - M_\alpha\right)\Delta\alpha = \Delta M \tag{3.3,17}$$

während die Kräftegleichungen ungeändert bleiben. Die *Übertragungsfunktionen* werden jetzt

$$F^{(s)}_{\Delta V/\Delta M} = \frac{1}{m^2 V J_{yf} F_4(s)} \begin{vmatrix} -X_{\vartheta_e} & -X_\alpha \\ mVs - Z_{\vartheta_e} & -Z_\alpha \end{vmatrix} \tag{3.3,18a}$$

$$F^{(s)}_{\Delta\vartheta_e/\Delta M} = \frac{-1}{m^2 V J_{yf} F_4(s)} \begin{vmatrix} ms - X_V & -X_\alpha \\ -Z_V & -Z_\alpha \end{vmatrix} \tag{3.3,19a}$$

$$F^{(s)}_{\Delta\alpha/\Delta M} = \frac{1}{m^2 V J_{yf} F_4(s)} \begin{vmatrix} ms - X_V & -X_{\vartheta_e} \\ -Z_V & mVs - Z_{\vartheta_e} \end{vmatrix} \tag{3.3,20a}$$

Da in den Zählern höchstens quadratische Ausdrücke in s vorkommen, ist in diesem Falle stets eine einfache genäherte Darstellung der Frequenzgänge im *Bode*-Diagramm möglich. Für große ω beträgt die Phasennacheilung $\frac{3\pi}{2}$ bei ΔV und $\Delta\vartheta_e$, bei α nur π.

Bei einem *Sprung in der Störfunktion* ΔM werden die Asymptoten der Übergangsfunktionen im Falle der Längsstabilität

$$\lim_{t\to\infty} \frac{\Delta V(t)}{\Delta M} = \lim_{s\to 0} F^{(s)}_{\Delta V/\Delta M} = \frac{D_V}{m^2 V J_{yf} E} \tag{3.3,18b}$$

$$\lim_{t\to\infty} \frac{\Delta\vartheta_e(t)}{\Delta M} = \lim_{s\to 0} F^{(s)}_{\Delta\vartheta_e/\Delta M} = \frac{D_\vartheta}{m^2 V J_{yf} E} \tag{3.3,19b}$$

$$\lim_{t\to\infty} \frac{\Delta\alpha(t)}{\Delta M} = \lim_{s\to 0} F^{(s)}_{\Delta\alpha/\Delta M} = \frac{D_\alpha}{m^2 V J_{yf} E} \tag{3.3,20b}$$

wobei die Größen $D_V, D_\vartheta, D_\alpha$ mit den Festsetzungen nach Gl. (2.1,93), S. 135, übereinstimmen, s. auch Gl. (3.2,28a), S. 233. Die in Abschnitt 2.1.21, S. 135, als „Variationen" bezeichneten Größen δV, $\delta\vartheta_e$, $\delta\alpha$ sind damit hinsichtlich ihrer physikalischen Bedeutung genauer als asymptotische Endwerte bei kleinen Änderungen des Kippmoments erkannt.

Die in den Gln. (3.3,18b) ff. errechneten Grenzwerte können bei befriedigender Dämpfung der Eigenschwingungen als Maße für die Steuerbarkeit der Längsbewegung eines Flugzeugs dienen.

Zur Zeit $t = 0$ wird mit den Anfangsbedingungen (3.3,11)

$$\lim_{t\to 0} \Delta\dot{V} = 0 \tag{3.3,18c}$$

$$\lim_{t\to 0} \Delta\dot{\vartheta}_e = 0 \tag{3.3,19c}$$

$$\lim_{t\to 0} \Delta\dot{\alpha} = 0 \tag{3.3,20c}$$

$$\lim_{t\to 0} \Delta\ddot{V} = 0 \tag{3.3,18d}$$

$$\lim_{t\to 0} \Delta\ddot{\vartheta}_e = 0 \tag{3.3,19d}$$

$$\lim_{t\to 0}\frac{\Delta\ddot{\alpha}}{\Delta M}=\frac{1}{J_{yf}}\;(>0) \tag{3.3,20d}$$

$$\lim_{t\to 0}\frac{\Delta\dddot{V}}{\Delta M}=\frac{X_\alpha}{m}\lim_{t\to 0}\frac{\Delta\ddot{\alpha}}{\Delta M}=\frac{X_\alpha}{mJ_{yf}}\;(<0) \tag{3.3,18e}$$

$$\lim_{t\to 0}\frac{\Delta\dddot{\vartheta}_e}{\Delta M}=\frac{Z_\alpha}{mV}\lim_{t\to 0}\frac{\Delta\ddot{\alpha}}{\Delta M}=\frac{Z_\alpha}{mVJ_{yf}}\;(>0) \tag{3.3,19e}$$

Daher haben die Übergangsfunktionen für einen positiven Sprung des Störmoments ΔM im Bereich normaler Steuerwirkung qualitativ einen Verlauf gemäß Abb. 3.3,4.

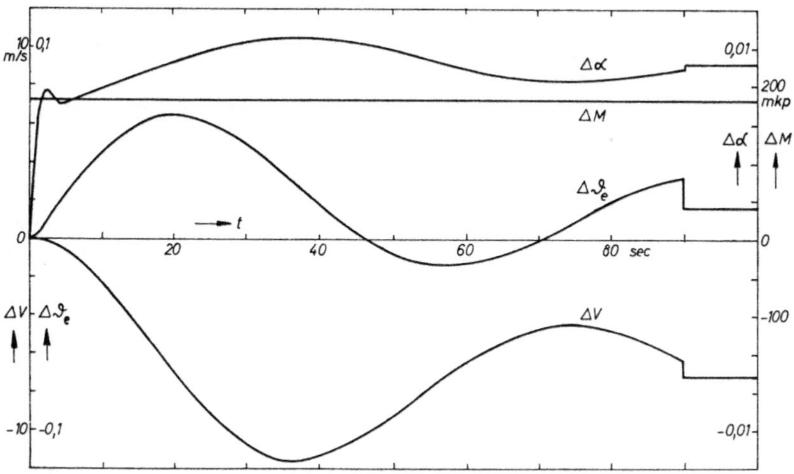

Abb. 3.3,4. Qualitativer Verlauf der Übergangsfunktionen bei einem Sprung von ΔM, vgl. Zahlenbeispiel

Deutet man ΔM als Rudermoment, so wird mit dem vorliegenden Ansatz eine Abfangbewegung beschrieben.

Zahlenbeispiel: Die Übergangsfunktionen der Abb. 3.3,2–4 wurden mit den Werten des Zahlenbeispiels von Abschnitt 3.2.21, S. 232, durch numerische Integration nach dem Verfahren von *Runge-Heun-Kutta*, s. Abschnitt 1.9.11, S. 81, berechnet. Um die übliche Form (1.9,1) der Differentialgleichungen zu erreichen, wurde neben ΔV, $\Delta\vartheta_e$ und $\Delta\alpha$ noch $\Delta\dot{\alpha}$ als weitere abhängige Variable eingeführt und die Momentengleichung (3.3,17) durch die Gleichungskombination $\frac{(3.3,17)}{I_{yf}}-\frac{Z_V}{mV}\frac{(3.3,6)}{m}-\left(\frac{\mathrm{d}}{\mathrm{d}t}-\frac{M_{\dot{\vartheta}_e}}{I_{yf}}\right)\frac{(3.3,12)}{mV}$ ersetzt. Die Anfangsbedingungen sind in Gl. (3.3,11) gegeben. Der Sprung der Störfunktionen wurde zu $\Delta X = 0{,}1\,S = 222{,}848$ kp (~10% Schubsteigerung) bzw. $\Delta Z = 0{,}1\;G = 1088{,}6$ kp (~10% Gewichtserhöhung) bzw. $\Delta M = +0{,}1\,\eta c_{Mf\eta}^{r} qFl = 182{,}31$ mkp (~10% Vergrößerung des Rudermoments um den Schwerpunkt) angenommen. Der Integrationsschritt τ wurde mit Rücksicht auf die Winkelgeschwindigkeit $\omega_1 = 1{,}47725\ \mathrm{s}^{-1}$ der schnellen Kippschwingung (s. Zahlenbeispiel von Abschnitt 3.2.234, S. 245, zu $\tau\,(\approx \pi/(10\omega_1)) = 0{,}2$ sec gewählt. Der Anteil dieser Partialbewegung tritt allerdings nur in der anfänglichen Anstellwinkelstörung der Abb. 3.3,3–4 in Erscheinung, während im übrigen alle Übergangsfunktionen durch die langwellige Phygoidenschwingung (Periode $T = 2\pi/\omega_2 = 74{,}20$ s, s. Zahlenbeispiel von S. 245), bestimmt werden.

Literatur zu Abschnitt 3.3.2: [3–301 bis 305], S. 285.

3.3.3. Gestörte Seitenbewegung

3.3.31. Störkraft ΔY in Richtung der Querachse e_2

Im Falle der gestörten Seitenbewegung können wir die Funktion $F_4(s)$ nach Gl. (3.2,54), S. 246, i. a. in der Form ansetzen

$$F_4(s) = (s-\lambda_1)\,(s-\lambda_2)\,(s^2+2\zeta_{34}\,\omega_{34}\,s+\omega_{34}^2) \tag{3.3,21}$$

Dabei sei λ_1 die Wurzel nach Abschnitt 3.2.331, S. 249, und λ_2 die Wurzel nach Abschnitt 3.2.332. Die Größen ζ_{34} und ω_{34} stehen mit den Wurzeln λ_3 und λ_4 nach Abschnitt 3.2.333 in der Beziehung

$$\left.\begin{aligned} \omega_{34}^2 &= \lambda_3\lambda_4 \\ 2\zeta_{34}\,\omega_{34} &= -(\lambda_3+\lambda_4) \end{aligned}\right\} \tag{3.3,22}$$

Unter Berücksichtigung einer Störkraft $\Delta Y e_2$ wird die erste Gl. (3.2,51a) S. 245,

$$\left(mV\frac{\mathrm{d}}{\mathrm{d}t}+Y_\beta\right)\beta+Y_{\varphi e}\varphi_e-mV\cos\vartheta_e\dot{\psi}_e = -\Delta Y \tag{3.2,23}$$

Als *Übertragungsfunktionen* erhalten wir daher

$$F_{\beta/\Delta Y}^{(s)} = \frac{-s}{a_0F_4(s)}\begin{vmatrix} J_{xe}s-L_{\varphi e} & -(J_{xz}'s+L_{\dot{\psi}e}) \\ -(J_{xze}s+N_{\varphi e}) & J_z's-N_{\dot{\psi}e} \end{vmatrix} \tag{3.3,24a}$$

$$F_{\varphi e/\Delta Y}^{(s)} = \frac{1}{a_0F_4(s)}\begin{vmatrix} -L_\beta & -(J_{xz}'s+L_{\dot{\psi}e}) \\ -N_\beta & J_z's-N_{\dot{\psi}e} \end{vmatrix} \tag{3.3,25a}$$

$$F_{\psi e/\Delta Y}^{(s)} = \frac{-s}{a_0F_4(s)}\begin{vmatrix} -L_\beta & J_{xe}s-L_{\dot{\varphi}e} \\ -N_\beta & -(J_{xze}s+N_{\dot{\varphi}e}) \end{vmatrix} \tag{3.3,26a}$$

Wie man sofort übersieht, ist eine genäherte Darstellung der zugehörigen Frequenzgänge im *Bode*-Diagramm leicht auszuführen. Für $\omega \to \infty$

besitzt φ_e eine Phasenverzögerung von $3\pi/2$, $\dot{\psi}_e$ eine solche von π, dagegen β nur eine solche von $\pi/2$.

Bei einem *Sprung in der Störfunktion* ΔY werden die Asymptoten der Übergangsfunktionen bei vorhandener Seitenstabilität

$$\lim_{t\to\infty} \frac{\beta(t)}{\Delta Y} = \lim_{s\to 0} F^{(s)}_{\beta/\Delta Y} = 0 \tag{3.3,24b}$$

$$\lim_{t\to\infty} \frac{\varphi_e(t)}{\Delta Y} = \lim_{s\to 0} F^{(s)}_{\varphi_e/\Delta Y} = \frac{-1}{a_0 E}(N_\beta L_{\dot{\psi}e} - L_\beta N_{\dot{\psi}e}) = \frac{-1}{Y_{\varphi e}} = \frac{-1}{m g_n \cos\vartheta_e} \tag{3.3,25b}$$

$$\lim_{t\to\infty} \frac{\dot{\psi}_e(t)}{\Delta Y} = \lim_{s\to 0} F^{(s)}_{\dot{\psi}_e/\Delta Y} = 0 \tag{3.3,26b}$$

s. Gl. (3.2,10), S. 228, und (3.2,57), S. 247. Nach einer positiven Verstellung der Seitenkraft ΔY nimmt der Rollwinkel φ_e bei statischer Seitenstabilität ($E > 0$) einen negativen Endwert an, während β und $\dot{\psi}_e$ wieder auf Null zurückgehen.

Zur Zeit $t = 0$ hat man die Anfangsbedingungen

$$\beta = 0, \quad \varphi_e = 0, \quad \psi_e = 0, \quad \dot{\varphi}_e = 0, \quad \dot{\psi}_e = 0 \tag{3.3,27}$$

Damit ergeben sich aus den Differentialgleichungen die weiteren Anfangswerte

$$\lim_{t\to 0} \frac{\dot{\beta}}{\Delta Y} = \frac{-1}{mV} \tag{3.3,24c}$$

$$\lim_{t\to 0} \ddot{\varphi}_e = 0 \tag{3.3,25c}$$

$$\lim_{t\to 0} \ddot{\psi}_e = 0 \tag{3.3,26c}$$

$$\lim_{t\to 0} \frac{\ddot{\beta}}{\Delta Y} = \frac{-Y_\beta}{mV} \lim_{t\to 0} \frac{\dot{\beta}}{\Delta Y} = \frac{Y_\beta}{(mV)^2} (> 0) \tag{3.3,24d}$$

$$\lim_{t\to 0} \frac{\dddot{\varphi}_e}{\Delta Y} = -\frac{L_\beta J'_z + N_\beta J'_{xz}}{mV J_{xf} J_{zf} \cos\vartheta_e} (< 0) \tag{3.3,25d}$$

$$\lim_{t\to 0} \frac{\dddot{\psi}_e}{\Delta Y} = -\frac{N_\beta J_{xe} + L_\beta J_{xze}}{mV J_{xf} J_{zf} \cos\vartheta_e} (> 0) \tag{3.3,26d}$$

Der damit qualitativ ersichtliche Verlauf der Übergangsfunktionen ist in Abb. 3.3,5 dargestellt.

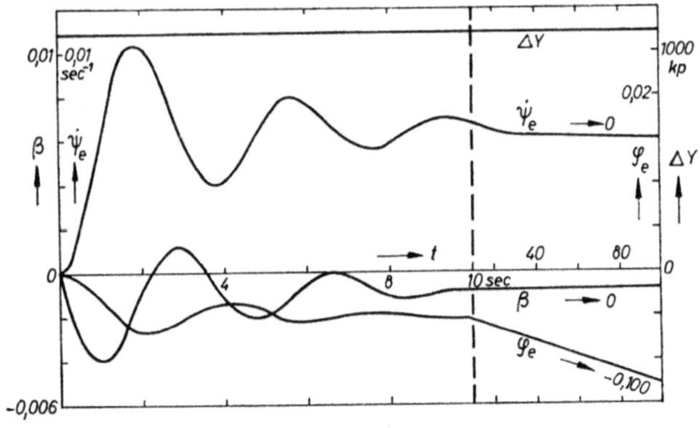

Abb. 3.3,5. Qualitativer Verlauf der Übergangsfunktionen bei einem Sprung von ΔY, vgl. Zahlenbeispiel S. 270

3.3.32. Störmoment ΔL in Richtung der Längsachse e_1

Die zweite Gl. (3.2,51a), S. 245, lautet mit der Annahme eines Störmoments $\Delta L e_1$

$$-L_\beta \beta + \left(J_{xe} \frac{\mathrm{d}^2}{\mathrm{d}t^2} - L_{\dot\varphi e} \frac{\mathrm{d}}{\mathrm{d}t}\right) \varphi_e - \left(J'_{xz} \frac{\mathrm{d}}{\mathrm{d}t} + L_{\dot\psi e}\right) \dot\psi_e = \Delta L \qquad (3.3{,}28)$$

Als *Übertragungsfunktionen* findet man

$$F^{(s)}_{\beta/\Delta L} = \frac{-1}{a_0 F_4(s)} \begin{vmatrix} Y_{\varphi e} & -mV\cos\vartheta_e \\ -(J_{xze} s^2 + N_{\varphi e} s) & J'_z s - N_{\dot\psi e} \end{vmatrix} \qquad (3.3{,}29\text{a})$$

$$F^{(s)}_{\varphi_e/\Delta L} = \frac{+1}{a_0 F_4(s)} \begin{vmatrix} mVs + Y_\beta & -mV\cos\vartheta_e \\ -N_\beta & J'_z s - N_{\dot\psi e} \end{vmatrix} \qquad (3.3{,}30\text{a})$$

$$F^{(s)}_{\dot\psi_e/\Delta L} = \frac{-1}{a_0 F_4(s)} \begin{vmatrix} mVs + Y_\beta & Y_{\varphi e} \\ -N_\beta & -(J_{xze} s^2 + N_{\varphi e} s) \end{vmatrix} \qquad (3.3{,}31\text{a})$$

Während die ersten beiden Zähler bereits die für die angenäherte Darstellung der Frequenzgänge im *Bode*-Diagramm erwünschte Form haben, muß man im Zähler der letzten Gleichung für diesen Zweck zunächst eine Produktzerlegung durchführen. Dabei kann man von folgender Feststellung ausgehen: Das Deviationsmoment J_{xze} und damit der Faktor des höchsten Gliedes in s sind sehr klein; daher wird hier i. a. eine reelle Nullstelle $\varkappa_3$ von großem Betrage vorliegen. Bei ihrer iterativen Berechnung wird man also am besten die beiden höchsten Glieder in s als Hauptglieder ansehen. Nach beendeter Iteration kann man den Faktor $(s - \varkappa_3)$ abspalten. Für $\omega \to \infty$ erleiden die Frequenzgänge von

β und φ_e eine Phasenverzögerung π, der Frequenzgang von $\dot{\psi}_e$ eine Phasenverzögerung $\pi/2$.
Bei einem *Sprung in der Störfunktion* ΔL werden die Übergangsfunktionen asymptotisch, wenn die Bedingung der Seitenstabilität erfüllt ist,

$$\lim_{t\to\infty} \frac{\beta(t)}{\Delta L} = \lim_{s\to 0} F^{(s)}_{\beta/\Delta L} = \frac{Y_{\varphi e} N_{\dot{\psi} e}}{a_0 E} \quad (< 0) \tag{3.3,29b}$$

$$\lim_{t\to\infty} \frac{\varphi_e(t)}{\Delta L} = \lim_{s\to 0} F^{(s)}_{\varphi_e/\Delta L} = \frac{1}{a_0 E} \begin{vmatrix} Y_\beta & -mV\cos\vartheta_e \\ -N_\beta & -N_{\dot{\psi}_e} \end{vmatrix} \quad (> 0) \tag{3.3,30b}$$

$$\lim_{t\to\infty} \frac{\dot{\psi}_e(t)}{\Delta L} = \lim_{s\to 0} F^{(s)}_{\dot{\psi}_e/\Delta L} = \frac{-Y_{\varphi_e} N_\beta}{a_0 E} \quad (> 0) \tag{3.3,31b}$$

Nach einer positiven Verstellung des Rollmoments ΔL nimmt also mit Rücksicht auf die in Abschnitt 1.7, S. 50, zusammengestellten Vorzeichen der aerodynamischen Beiwerte der Schiebewinkel β bei statischer Seitenstabilität ($E > 0$) asymptotisch einen negativen Endwert, dagegen der Rollwinkel φ_e und die Azimutgeschwindigkeit $\dot{\psi}_e$ positive Endwerte an.

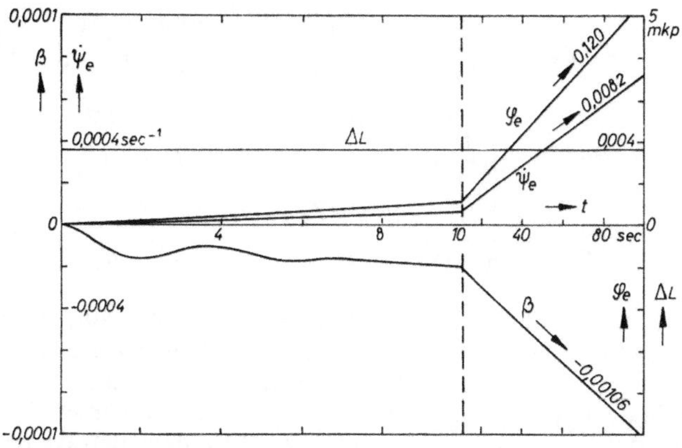

Abb. 3.3,6. Qualitativer Verlauf der Übergangsfunktionen bei einem Sprung von ΔL, vgl. Zahlenbeispiel S. 270

Zur Zeit $t = 0$ wird auf Grund der Differentialgleichungen in Verbindung mit den Anfangsbedingungen (3.3,27)

$$\lim_{t\to 0} \dot{\beta} = 0 \tag{3.3,29c}$$

$$\lim_{t\to 0} \frac{\ddot{\varphi}_e}{\Delta L} = \frac{J'_z}{\cos\vartheta_e J_{xf} J_{zf}} \quad (> 0) \tag{3.3,30c}$$

$$\lim_{t\to 0} \frac{\ddot{\psi}_e}{\Delta L} = \frac{J_{xze}}{\cos\vartheta_e J_{xf} J_{zf}} \qquad (< 0) \tag{3.3,31c}$$

$$\lim_{t\to 0} \frac{\ddot{\beta}}{\Delta L} = \cos\vartheta_e \lim_{t\to 0} \frac{\ddot{\psi}_e}{\Delta L} = \frac{J_{xze}}{J_{xf} J_{zf}} \qquad (< 0) \tag{3.3,29d}$$

Da J_{xze} i. a. negativ ist, s. Gl. (3.2,14), S. 229, ist auch $\lim_{t\to 0} \ddot{\psi}_e$ schwach negativ. Damit erhält man qualitativ etwa den in Abb. 3.3,6 skizzierten Verlauf der Übergangsfunktionen.

3.3.33. Störmoment ΔN in Richtung der Hochachse e_3

Unter der Voraussetzung eines Störmoments $\Delta N e_3$ lautet die dritte Gl. (3.2,51a), S. 246,

$$-N_\beta \beta - \left(J_{xze} \frac{\mathrm{d}^2}{\mathrm{d}t^2} + N_{\dot{\varphi}e} \frac{\mathrm{d}}{\mathrm{d}t}\right) \varphi_e + \left(J_z' \frac{\mathrm{d}}{\mathrm{d}t} - N_{\dot{\psi}e}\right) \dot{\psi}_e = \Delta N \tag{3.3,32}$$

Damit werden die entsprechenden *Übertragungsfunktionen*

$$F^{(s)}_{\beta/\Delta N} = \frac{1}{a_0 F_4(s)} \begin{vmatrix} Y_{\varphi e} & -mV\cos\vartheta_e \\ J_{xe} s^2 - L_{\dot{\varphi}_e} s & -(J_{xz}' s + L_{\dot{\psi}_e}) \end{vmatrix} \tag{3.3,33a}$$

$$F^{(s)}_{\varphi_e/\Delta N} = \frac{-1}{a_0 F_4(s)} \begin{vmatrix} mVs + Y_\beta & -mV\cos\vartheta_e \\ -L_\beta & -(J_{xz}' s + L_{\dot{\psi}_e}) \end{vmatrix} \tag{3.3,34a}$$

$$F^{(s)}_{\dot{\psi}_e/\Delta N} = \frac{1}{a_0 F_4(s)} \begin{vmatrix} mVs + Y_\beta & Y_{\varphi_e} \\ -L_\beta & J_{xe} s^2 - L_{\dot{\varphi}_e} s \end{vmatrix} \tag{3.3,35a}$$

Die ersten beiden Zähler liegen bereits in einer Form vor, die eine bequeme Näherungsdarstellung der Frequenzgänge im *Bode*-Diagramm gestattet; dagegen muß man im Zähler der letzten Gleichung vorher noch eine Produktzerlegung vornehmen. Nun ist i. a. im Zähler der letzten Gleichung der Faktor von s, nämlich $-L_{\dot{\varphi}e} \cdot Y_\beta$, dem Betrage nach groß gegen das konstante Glied $Y_{\varphi e} \cdot L_\beta$, s. Gl. (3.2,10) und (3.2,18), S. 229. Man kann daher i. a. eine — absolut genommen kleine — reelle Nullstelle $\varkappa_4$ des Zählers durch Iteration bestimmen, indem man die beiden niedrigsten Glieder in s als Hauptglieder auffaßt. Nach beendeter Iteration kann man den Faktor $(s - \varkappa_4)$ abspalten. Für $\omega \to \infty$ hat man hier dieselben Phasennacheilungen wie bei einem Störmoment um die Längsachse, s. Abschnitt 3.3.32.

Bei einem *Sprung in der Störfunktion* ΔN wird asymptotisch für ein seitenstabiles System

$$\lim_{t\to\infty} \frac{\beta(t)}{\Delta N} = \lim_{s\to 0} F^{(s)}_{\beta/\Delta N} = \frac{-Y_{\varphi_e} L_{\dot{\psi}_e}}{a_0 E} \qquad (< 0) \tag{3.3,33b}$$

$$\lim_{t\to\infty} \frac{\varphi_e(t)}{\Delta N} = \lim_{s\to 0} F^{(s)}_{\varphi_e/\Delta N} = \frac{-1}{a_0 E} \begin{vmatrix} Y_\beta & -mV\cos\vartheta_e \\ -L_\beta & -L_{\dot{\psi}_e} \end{vmatrix} \qquad (> 0) \tag{3.3,34b}$$

$$\lim_{t\to\infty} \frac{\dot{\psi}_e(t)}{\Delta N} = \lim_{s\to 0} F^{(s)}_{\dot{\psi}_e/\Delta N} = \frac{Y_{\varphi_e} L_\beta}{a_0 E} \qquad (> 0) \tag{3.3,35b}$$

Nach einer positiven Verstellung des Wendemoments ΔN geht also bei statischer Seitenstabilität ($E > 0$) — ebenso wie im Falle eines positiven Störmoments ΔL — der Schiebewinkel β in einen negativen Endwert über, die Größen φ_e und $\dot{\psi}_e$ dagegen in positive Endwerte.

Die in den Gln. (3.3,29b) ff. und (3.3,33b) ff. errechneten Grenzwerte können bei befriedigender Dämpfung der Eigenschwingungen als Maße für die Steuerbarkeit der Seitenbewegung eines Flugzeugs dienen.

Zur Zeit $t = 0$ wird

$$\lim_{t\to 0} \beta = 0 \tag{3.3,33c}$$

$$\lim_{t\to 0} \frac{\ddot{\varphi}_e}{\Delta N} = \frac{J'_{xz}}{\cos\vartheta_e J_{xf} J_{zf}} \tag{3.3,34c}$$

$$\lim_{t\to 0} \frac{\ddot{\psi}_e}{\Delta N} = \frac{J_{xe}}{\cos\vartheta_e J_{xf} J_{zf}} \qquad (> 0) \tag{3.3,35c}$$

$$\lim_{t\to 0} \frac{\ddot{\beta}}{\Delta N} = \frac{J_{xe}}{J_{xf} J_{zf}} \qquad (> 0) \tag{3.3,33d}$$

Damit erhält man qualitativ den in Abb. 3.3,7 dargestellten Verlauf der Übergangsfunktionen

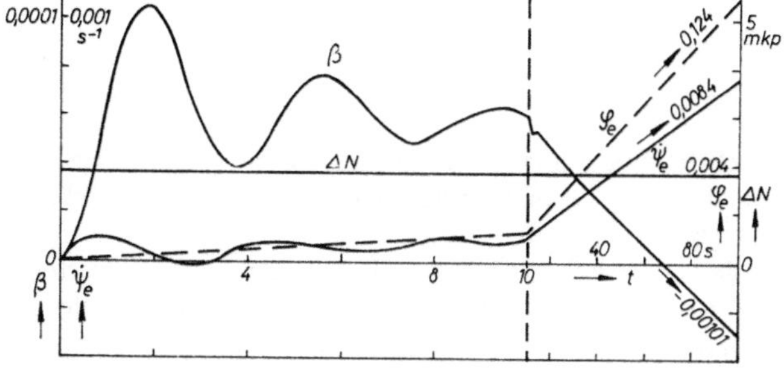

Abb. 3.3,7. Qualitativer Verlauf der Übergangsfunktionen bei einem Sprung von ΔN, vgl. Zahlenbeispiel

Zahlenbeispiel: Die Übergangsfunktionen der Abb. 3.3,5–7 wurden mit den Werten des Zahlenbeispiels von Abschnitt 3.2.31, S. 247, durch numerische Integration nach dem Verfahren von *Runge-Heun-Kutta* berechnet. Neben β, φ_e und $\dot{\psi}_e$ wurde noch $\dot{\varphi}_e$ als abhängige Variable eingeführt und die Momentengleichungen (3.3,28) und (3.3,32) durch die Gleichungskombinationen J_{ze} (3.3,28) $+J_{xze}$ (3.3,32) bzw. J_{xze} (3.3,28) $+J_{xe}$ (3.3,32) ersetzt, um die Differentialgleichungen in die Form (1.9,1) zu setzen. Die Anfangsbedingungen sind in Gl. (3.3,27) enthalten. Für die Störfunktionen wurden die Sprünge $\Delta Y = 0{,}1\ G = 1088{,}6$ kp (hypothetische Querkraft) bzw. $\Delta L = 1{,}8231$ m kp (kleiner Querruderausschlag) bzw. $\Delta N = 1{,}8231$ m kp (kleiner Seitenruderausschlag) angenommen. Der Integrationsschritt τ wurde in Anbetracht des Wurzelwertes $\lambda_2 = -3{,}705049\ \mathrm{s}^{-1}$ der Rollbewegung und der Winkelgeschwindigkeit $\omega_3 = 1{,}6665\ \mathrm{s}^{-1}$ der Taumelbewegung (s. Zahlenbeispiel von Abschnitt 3.2.333, S. 252) zu $\tau(\approx -1/\lambda_2 \approx \pi/(10\omega_3)) = 0{,}2$ s angesetzt. Während der ersten 10 Sekunden ist die Taumelbewegung mehr oder weniger ausgeprägt, im ganzen weiteren Verlauf aber sind die Übergangsfunktionen beim vorliegenden Beispiel durch die langsame Spiralsturzbewegung mit der charakteristischen Zeit $-1/\lambda_1 = 1090$ s bestimmt. Die Partiallösung der stark gedämpften Rollbewegung tritt hier nur insofern in Erscheinung, als die Funktion φ_e in allen Fällen einen verhältnismäßig „glatten“ Verlauf zeigt.

Literatur zu Abschnitt 3.3.3: [3–351 bis 361], S. 286.

3.3.4. Rechnung mit instationären aerodynamischen Beiwerten

Man könnte die oben berechneten Übergangsfunktionen der gestörten Längs- bzw. Seitenbewegung grundsätzlich noch dadurch verbessern, daß man den instationären Charakter der aerodynamischen Beiwerte berücksichtigt. Dabei könnte man beispielsweise so vorgehen, daß man zunächst mit den Methoden der instationären Aerodynamik die Übergangsfunktionen $f_{\Delta\alpha}(t-\tau)$ der aerodynamischen Beiwerte auf einen Einheitssprung der Variablen $\Delta\alpha(t)$, $\beta(t)$ usw, zur Zeit τ bestimmt und die aktuellen Beiwerte $c(t)$ zur Zeit t durch *Duhamel*sche Integrale über diese Übergangsfunktionen in der Form

$$c(t) = \int_0^t f_{\Delta\alpha}(t-\tau)\,\frac{d\Delta\alpha(\tau)}{d\tau}\,d\tau + \ldots$$

darstellt. Durch simultane numerische Integration dieser Hilfsgleichungen und der Störungsgleichungen kann man demnach die Übergangslösungen direkt als Zeitfunktionen bestimmen.

Formal einfacher erhält man die Lösung mit Hilfe der *Laplace*-Transformation. Die *Laplace*-Transformierte von $c(t)$ stellt sich nämlich bei Anwendung des umgekehrten Faltungssatzes, s. Abschnitt 1.9.22, S. 92, in der Form dar:

$$\tilde{c}(s) = \tilde{f}_{\Delta\alpha}(s)\cdot L\left[\frac{\mathrm{d}\Delta\alpha(t)}{\mathrm{d}t}\right] + \ldots$$

Da wir für die abhängigen Variablen $\Delta\alpha$, β usw. verschwindende Anfangswerte voraussetzen, wird

$$L\left[\frac{\mathrm{d}\Delta\alpha}{\mathrm{d}t}\right] = s\tilde{\Delta\alpha}(s)$$

Man übersieht daher sofort, daß sich bei Anwendung der *Laplace*-Transformation auf die Störungsgleichungen einfache Darstellungen für die Bildfunktionen $\tilde{\Delta\alpha}(s)$ usw. ergeben.

Wegen des geringen Gewinns an Genauigkeit dürfte sich jedoch der erforderliche Rechenaufwand i. a. nicht lohnen, s. [3–200].

3.4. Stabilität bei schneller Rollbewegung um einen raumfesten Schwerpunkt

3.4.1. Momentengleichungen

Ebenso wie der symmetrische Geradeausflug läßt sich auch der stationäre Spiralflug hinsichtlich der Stabilität kleiner überlagerter Schwingungen untersuchen. Dabei tritt jetzt eine Koppelung zwischen der Längs- und Seitenbewegung ein. Da die Verhältnisse im allgemeinen Fall schwer zu überschauen sind, wollen wir nur den Grenzfall des sehr steilen Spiralfluges mit stark ausgeschlagenem Querruder betrachten, und auch diesen nur unter Windkanalbedingungen. Dabei soll der Schwerpunkt bei räumlich konstanter Anströmungsgeschwindigkeit festgehalten werden; ferner sei angenommen, daß das Flugzeug vollkardanisch, also um jede durch den Schwerpunkt gehende Achse frei drehbar, gelagert ist. Ähnliche Verhältnisse liegen bei der fliegerisch sehr interessierenden „Rolle" im Horizontalflug vor; jedoch hat dieser Flugvorgang i. a. nur einen periodischen, aber keinen stationären Charakter.

Infolge der Annahme eines raumfesten Schwerpunkts werden die Kräftegleichungen und die darin vorkommende Erdschwere belanglos. Wir können deshalb die Achse der ungestörten Spiralbewegung und damit die negative Anblasrichtung $\boldsymbol{a}_1$ in die horizontale Richtung $\boldsymbol{g}_1$ eines geodätischen Koordinatensystems legen. Die Windkanalbedingungen drücken sich dann nach Gl. (1.3,22), S. 23, durch die Beziehungen

$$\psi_a = \vartheta_a = 0, \qquad V = \text{const} \tag{3.4,1}$$

aus.

Wegen des starken Querruderausschlags hat die Rollgeschwindigkeit $\dot{\varphi}_a$ einen relativ großen Wert; dagegen mögen die Winkelgeschwindigkeiten $\dot{\alpha}$ und $\dot{\beta}$ ebenso wie der Schiebewinkel β relativ klein sein. Die auch hier gültigen Beziehungen (2.3,101), S. 191, vereinfachen sich damit bei Linearisierung zu

$$\left.\begin{aligned} q_{xa} &= \dot{\varphi}_a \\ q_{ya} &= \dot{\alpha} \\ q_{za} &= \dot{\beta} \end{aligned}\right\} \tag{3.4,2}$$

Wir nehmen jetzt weiter an, daß das körperfeste System (f) mit den Hauptträgheitsachsen zusammenfällt, und daß bei Bezug auf dieses System auch der Anstellwinkel α durchweg als klein behandelt werden kann.

Gemäß Gl. (1.3,29), S. 25, und Abschnitt 1.3.1, S. 15, wird dann bei Zerlegung des Drehvektors $\boldsymbol{q}$ im körperfesten System (f) bzw. im flugwindfesten System (a)

$\boldsymbol{q}$		q_{xf}	q_{yf}	q_{zf}
		$\boldsymbol{f}_1$	$\boldsymbol{f}_2$	$\boldsymbol{f}_3$
q_{xa}	$\boldsymbol{a}_1$	1	$-\beta$	α
q_{ya}	$\boldsymbol{a}_2$	β	1	0
q_{za}	$\boldsymbol{a}_3$	$-\alpha$	0	1

(3.4,3)

In Verbindung mit Gl. (3.4,2) wird daher

$$\left.\begin{aligned} q_{xf} &= \dot{\varphi}_a \\ q_{yf} &= -\beta\dot{\varphi}_a + \dot{\alpha} \\ q_{zf} &= \alpha\dot{\varphi}_a + \dot{\beta} \end{aligned}\right\} \tag{3.4,4}$$

Die zeitliche Änderung des Dralls schreibt sich gemäß Gl. (1.5,66), S. 44, da die Deviationsmomente J_{xyf} usw. voraussetzungsgemäß verschwinden, ausführlich

$$\left.\begin{aligned} \frac{\mathrm{d}\boldsymbol{h}}{\mathrm{d}t} &= \dot{q}_{xf} J_x \boldsymbol{f}_1 + \dot{q}_{yf} J_y \boldsymbol{f}_2 + \dot{q}_{zf} J_z \boldsymbol{f}_3 + \boldsymbol{f}_1 (J_z - J_y)\, q_{yf}\, q_{zf} - \\ &\quad - \boldsymbol{f}_2 (J_z - J_x)\, q_{xf}\, q_{zf} + \boldsymbol{f}_3 (J_y - J_x)\, q_{xf}\, q_{yf} \\ &\quad \text{mit} \quad J_x \equiv J_{xf} \quad \text{usw.} \end{aligned}\right\} \tag{3.4,5}$$

oder mit Einsetzen aus Gl. (3.4,4) und mit gleichzeitigem Linearisieren unter der weiteren Annahme, daß $|\ddot{\varphi}_a|$ stets klein ist,

$$\left.\begin{aligned} \frac{\mathrm{d}\boldsymbol{h}}{\mathrm{d}t} &= \boldsymbol{f}_1 \ddot{\varphi}_a J_x + \boldsymbol{f}_2 [(-\dot{\beta}\dot{\varphi}_a + \ddot{\alpha}) J_y - (J_z - J_x)\dot{\varphi}_a (\alpha\dot{\varphi}_a + \dot{\beta})] + \\ &\quad + \boldsymbol{f}_3 [(\dot{\alpha}\dot{\varphi}_a + \ddot{\beta}) J_z + (J_y - J_x)\dot{\varphi}_a (-\beta\dot{\varphi}_a + \dot{\alpha})] \end{aligned}\right\} \tag{3.4,6}$$

Die Summe der Momente schreiben wir mit ξ, η, ζ als Ruderwinkeln und unter der Annahme verschwindender Triebwerksmomente in der Form

$$\sum_{\nu} \boldsymbol{\sigma}^{\nu} \times \boldsymbol{K}^{\nu} = \left\{ \begin{aligned} & f_1[\beta L_\beta + q_{xf} L_{qxf} + q_{zf} L_{qzf} + \xi L_\xi] + \\ & + f_2[M_0 + \alpha M_\alpha + \dot{\alpha} M_{\dot{\alpha}} + q_{yf} M_{qyf} + \eta M_\eta] + \\ & + f_3[\beta N_\beta + q_{xf} N_{qxf} + q_{zf} N_{qzf} + \zeta N_\zeta] \end{aligned} \right\} \quad (3.4,7)$$

oder mit Einsetzen aus Gl. (3.4,2) und (3.4,3)

$$\sum_{\nu} \boldsymbol{\sigma}^{\nu} \times \boldsymbol{K}^{\nu} = \left\{ \begin{aligned} & f_1[\beta L_\beta + \dot{\varphi}_a L_{qxf} + (\dot{\beta} + \alpha \dot{\varphi}_a) L_{qzf} + \xi L_\xi] + \\ & + f_2[M_0 + \alpha M_\alpha + \dot{\alpha} M_{\dot{\alpha}} + (-\beta \dot{\varphi}_a + \dot{\alpha}) M_{qyf} + \eta M_\eta] + \\ & + f_3[\beta N_\beta + \dot{\varphi}_a N_{qxf} + (\dot{\beta} + \alpha \dot{\varphi}_a) N_{qzf} + \zeta N_\zeta] \end{aligned} \right\} \quad (3.4,8)$$

Bei Komponentenzerlegung der Momentengleichung

$$\frac{\mathrm{d}\boldsymbol{h}}{\mathrm{d}t} = \sum_{\nu} \boldsymbol{\sigma}^{\nu} \times \boldsymbol{K}^{\nu} \quad (3.4,9)$$

erhält man dann die Gleichungen

$$\left. \begin{aligned} f_1:\quad & J_x \ddot{\varphi}_a = \beta L_\beta + \dot{\varphi}_a L_{qxf} + (\dot{\beta} + \alpha \dot{\varphi}_a) L_{qzf} + \xi L_\xi \\ f_2:\quad & J_y(-\dot{\beta}\dot{\varphi}_a + \ddot{\alpha}) - (J_z - J_x)\dot{\varphi}_a(\alpha\dot{\varphi}_a + \dot{\beta}) = \\ & = M_0 + \alpha M_\alpha + \dot{\alpha} M_{\dot{\alpha}} + (-\beta\dot{\varphi}_a + \dot{\alpha}) M_{qyf} + \eta M_\eta \\ f_3:\quad & J_z(\dot{\alpha}\dot{\varphi}_a + \ddot{\beta}) + (J_y - J_x)\dot{\varphi}_a(-\beta\dot{\varphi}_a + \dot{\alpha}) = \\ & = \beta N_\beta + \dot{\varphi}_a N_{qxf} + (\dot{\beta} + \alpha\dot{\varphi}_a) N_{qzf} + \zeta N_\zeta \end{aligned} \right\} \quad (3.4,10)$$

3.4.2. Ungestörte Bewegung

Die ungestörte stationäre Bewegung (Index 0) ist wegen

$$\dot{\alpha}_0 = \dot{\beta}_0 = \ddot{\varphi}_{a0} = 0 \quad (3.4,11)$$

durch die Beziehungen

$$0 = \beta_0 L_\beta + \dot{\varphi}_{a0} L_{qxf} + \alpha_0 \dot{\varphi}_{a0} L_{qzf} + \xi L_\xi \quad (3.4,12)$$

$$-(J_z - J_x)\alpha_0 \dot{\varphi}_{a0}^2 = M_0 + \alpha_0 M_\alpha - \beta_0 \dot{\varphi}_{a0} M_{qyf} + \eta M_\eta \quad (3.4,13)$$

$$-(J_y - J_x)\beta_0 \dot{\varphi}_{a0}^2 = \beta_0 N_\beta + \dot{\varphi}_{a0} N_{qxf} + \alpha_0 \dot{\varphi}_{a0} N_{qzf} + \zeta N_\zeta \quad (3.4,14)$$

bestimmt. Die Auflösung dieses Systems nach α_0, β_0 und $\dot{\varphi}_{a0}$ geschieht für hinreichend kleine Werte $\dot{\varphi}_{a0}$ am einfachsten durch Iteration nach dem Schema

$$\dot{\varphi}_{a0} = \frac{\xi L_\xi + \beta_0 L_\beta}{-L_{qxf} - \alpha_0 L_{qzf}} \quad (3.4,12a)$$

$$\alpha_0 = \frac{\eta M_\eta + M_0 - \beta_0 \dot\varphi_{a0} M_{qyf}}{-M_\alpha - (J_z - J_x)\dot\varphi_{a0}^2} \tag{3.4,13a}$$

$$\beta_0 = \frac{\zeta N_\zeta + \dot\varphi_{a0} N_{qxf} + \alpha_0 \dot\varphi_{a0} N_{qzf}}{-N_\beta - (J_y - J_x)\dot\varphi_{a0}^2} \tag{3.4,14a}$$

wobei man etwa mit dem Einsetzen der rohen Näherungswerte

$$\beta_0^{(1)} = \alpha_0^{(1)} = \dot\varphi_{a0}^{(1)} = 0$$

in die rechten Seiten beginnen kann.

3.4.3. Störungsgleichungen

Aus den voranstehenden Gleichungen (3.4,10) und (3.4,12) bis (3.4,14) ergeben sich jetzt im Falle kleiner Störungen

$$\Delta\alpha = \alpha - \alpha_0, \qquad \Delta\beta = \beta - \beta_0, \qquad \Delta\dot\varphi_a = \dot\varphi_a - \dot\varphi_{a0} \tag{3.4,15}$$

die homogenen Störungsgleichungen

$$\left.\begin{aligned}
&-\dot\varphi_a L_{qzf}\Delta\alpha - \left(L_{qzf}\frac{\mathrm{d}}{\mathrm{d}t} + L_\beta\right)\Delta\beta + \left(J_x\frac{\mathrm{d}}{\mathrm{d}t} - L_{qxf}\right)\Delta\dot\varphi_a = 0\\
&\left\{\begin{aligned}&\left\{J_y\frac{\mathrm{d}^2}{\mathrm{d}t^2} - (M_\alpha + M_{qyf})\frac{\mathrm{d}}{\mathrm{d}t} - [M_\alpha + (J_z - J_x)\dot\varphi_a^2]\right\}\Delta\alpha\\ &\qquad - \left[(J_y + J_z - J_x)\dot\varphi_a\frac{\mathrm{d}}{\mathrm{d}t} - \dot\varphi_a M_{qyf}\right]\Delta\beta\end{aligned}\right\} = 0\\
&\left\{\begin{aligned}&\left[(J_y + J_z - J_x)\dot\varphi_a\frac{\mathrm{d}}{\mathrm{d}t} - \dot\varphi_a N_{qzf}\right]\Delta\alpha - N_{qxf}\Delta\dot\varphi_a\\ &\qquad + \left\{J_z\frac{\mathrm{d}^2}{\mathrm{d}t^2} - N_{qzf}\frac{\mathrm{d}}{\mathrm{d}t} - [N_\beta + (J_y - J_x)\dot\varphi_a^2]\right\}\Delta\beta\end{aligned}\right\} = 0
\end{aligned}\right\} \tag{3.4,16}$$

Die zugehörige charakteristische Gleichung lautet

$$\begin{vmatrix}
-\dot\varphi_a L_{qzf} & -(L_{qzf}\lambda + L_\beta) & J_x\lambda - L_{qxf}\\
\left\{\begin{matrix}J_y\lambda^2 - (M_\alpha + M_{qyf})\lambda\\ -[M_\alpha + (J_z - J_x)\dot\varphi_a^2]\end{matrix}\right\} & \left\{\begin{matrix}-(J_y + J_z - J_x)\dot\varphi_a\lambda\\ +\dot\varphi_a M_{qyf}\cdot\varepsilon\end{matrix}\right\} & 0\\
\left\{\begin{matrix}(J_y + J_z - J_x)\dot\varphi_a\lambda\\ -\dot\varphi_a N_{qzf}\cdot\varepsilon\end{matrix}\right\} & \left\{\begin{matrix}J_z\lambda^2 - N_{qzf}\lambda\\ -[N_\beta + (J_y - J_x)\dot\varphi_a^2]\end{matrix}\right\} & -N_{qxf}
\end{vmatrix} = 0 \tag{3.4,17}$$

Zur Vereinfachung der weiteren Rechnung wollen wir das Rollwendemoment, also N_{qxf} gleich null setzen. Die linke Seite von Gl. (3.4,17) läßt sich dann unmittelbar als Produkt aus $(J_x\lambda - L_{qxf})$ und der Unterdeterminante dieses Gliedes darstellen.

Diese Unterdeterminante hätten wir von vornherein als charakteristische Form des Problems erhalten, wenn wir die Rollgeschwindigkeit $\dot{\varphi}_a$ durchweg als konstant behandelt hätten. Solange der Anstellwinkel klein, die Rolldämpfung also groß ist, genügt der Ansatz $\dot{\varphi}_a = \text{const}$ durchaus und wird in ähnlicher Form auch in der einschlägigen Literatur — in [3–405] sogar unter Berücksichtigung der Kräftegleichungen für die Querbewegung — benutzt. Beim Problem der Stabilität der Trudelbewegung [3–411] ist jedoch die Annahme einer konstanten Rollgeschwindigkeit im allgemeinen nicht mehr zulässig.

Eine charakteristische Gleichung von derselben Form wie Gl. (3.4,17) und mit nur wenig geänderten Koeffizienten hätte sich übrigens unter der etwas genaueren Hypothese ergeben, daß die zur Fluggeschwindigkeit normalen Schwerekomponenten verschwinden, die entsprechenden Kräftegleichungen aber berücksichtigt werden sollen [3–411]. Nach [3–405, S. 10] wird in diesem Falle die Dämpfung geringfügig verbessert, während die Eigenfrequenzen praktisch ungeändert bleiben.

Das in Gl. (3.4,17) eingeführte Symbol ε hat exakt den Wert 1. Man kann nun die Diskussion des Stabilitätsverhaltens bei schneller Rollbewegung erleichtern, indem man zunächst nicht diesen exakten Wert verwendet, sondern ein Hilfsmodell betrachtet, bei dem ε gleich Null gesetzt ist. Das soll in den folgenden Abschnitten 3.4.4 und 3.4.5 geschehen, während die Abweichungen des exakten Falles mit $\varepsilon = 1$ vom Modellfall mit $\varepsilon = 0$ in Abschnitt 3.4.6 skizziert werden.

3.4.4. Statische Stabilität für ein Hilfsmodell ($\varepsilon = 0$)

Das höchste Glied in λ der letzten Gleichung ist $J_x J_y J_z \lambda^5$. Da der Koeffizient von λ^5 und auch $-L_{qxf}$ positiv ist, wird die Bedingung der statischen Stabilität unter der Modellannahme $\varepsilon = 0$

$$J_y J_z E \equiv \begin{vmatrix} -[M_\alpha + (J_z - J_x)\dot{\varphi}_a^2] & 0 \\ 0 & -[N_\beta + (J_y - J_x)\dot{\varphi}_a^2] \end{vmatrix} > 0 \quad (3.4,18)$$

Die Stabilitätsgröße E stellt sich hiernach mit $\dot{\varphi}_a^2$ als unabhängiger Variablen bis auf einen positiven Faktor durch das Produkt der Linearfaktoren

$$L_1(\bar{x}) \equiv -M_\alpha - (J_z - J_x)\bar{x}$$

und

$$L_2(\bar{x}) \equiv -N_\beta - (J_y - J_x)\bar{x} \quad (3.4,19)$$

mit

$$\bar{x} \equiv \dot{\varphi}_a^2 (\geqslant 0)$$

dar. Für die statische Stabilität der ungekoppelten Bewegung, d. h. für $\dot{\varphi}_a = 0$, sind nun nach Gl. (3.2,31b), S. 234, bzw. (3.2,70), S. 251, die Bedingungen

$$-M_\alpha > 0 \quad \text{und} \quad -N_\beta > 0 \tag{3.4,20}$$

notwendig. Ferner gilt bei einem spiegelsymmetrischen Flugzeug die Größenbeziehung

$$J_z > J_y > J_x \tag{3.4,21}$$

Die Größen $L_1(\bar{x})$ und $L_2(\bar{x})$ sind daher positiv für $\bar{x} = 0$ und besitzen Nullpunkte $L_1(\bar{x}_1) = 0$, $L_2(\bar{x}_2) = 0$ für physikalisch sinnvolle Werte $\bar{x}_1 > > 0$, $\bar{x}_2 > 0$, s. Abb. 3.4,1.

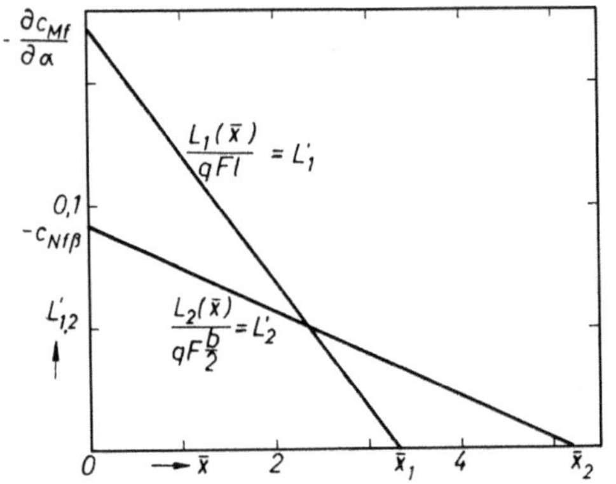

Abb. 3.4,1 Stabilitätsterme $L_1(\bar{x})$ und $L_2(\bar{x})$ über $\bar{x}(=\dot{\varphi}_a^2)$, vgl. Zahlenbeispiel S. 283

Wenn $\bar{x}_1 \neq \bar{x}_2$ ist, so ist zwischen diesen Nullpunkten $E < 0$; dort ist der Vorgang also statisch instabil. Außerhalb des Intervalls $(\bar{x}_1, \bar{x}_2)$ ist dagegen für alle $\bar{x} \geqslant 0$ statische Stabilität vorhanden. Im Grenzfall $\bar{x}_1 = \bar{x}_2$ ist die Bedingung der statischen Stabilität für alle $\bar{x} \geqslant 0$ erfüllt mit Ausnahme dieses einen Punktes $\bar{x}_1$, in dem dann aber bloß statische Indifferenz, jedoch keine wirkliche Instabilität vorliegt. Will man diesen noch relativ günstigen Fall realisieren, so muß man das Höhen- und Seitenleitwerk so auslegen, daß $\bar{x}_1 = \bar{x}_2$ oder

$$\frac{-M_\alpha}{J_z - J_x} = \frac{-N_\beta}{J_y - J_x} \tag{3.4,22}$$

wird. Statische Indifferenz tritt dann bei der Rollgeschwindigkeit

$$\dot{\varphi}_{a,\,\text{indiff.}} = \sqrt{\frac{-M_\alpha}{J_z - J_x}} = \sqrt{\frac{-N_\beta}{J_y - J_x}} \tag{3.4,23}$$

ein. Bei einer anderen Art der Darstellung, die in der Literatur vielfach verwendet wird, sieht man die dimensionslosen Größen

$$Y \equiv \frac{-M_\alpha}{(J_z - J_x)\dot{\varphi}_a^2} \quad \text{und} \quad Z \equiv \frac{-N_\beta}{(J_y - J_x)\dot{\varphi}_a^2} \tag{3.4,24}$$

als Variable an und schreibt die Bedingung (3.4,18) der statischen Stabilität demgemäß in der Form

$$(Y-1)(Z-1) > 0 \tag{3.4,25}$$

Wegen der Voraussetzungen (3.4,20) und (3.4,21) kommt hier als physikalisch interessierender Bereich nur der Quadrant $Y > 0$, $Z > 0$ der (Y, Z)-Ebene in Frage. Er wird wegen der Beziehung (3.4,25) gemäß Abb. 3.4,2 durch die Geraden $Y = 1$ und $Z = 1$ in die Teilbereiche B_1

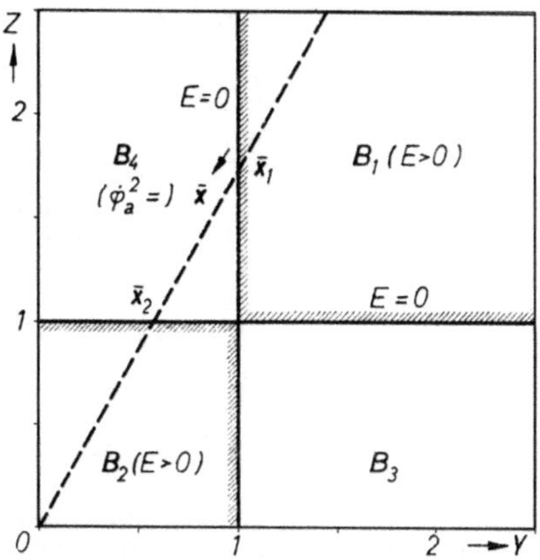

Abb. 3.4,2
Statische Stabilitatsverhältnisse in der Y,Z-Ebene im Falle des Hilfsmodells mit $\varepsilon = 0$, vgl. Zahlenbeispiel S. 283

und B_2 mit statischer Stabilität und die Teilbereiche B_3 und B_4 mit statischer Instabilität eingeteilt.

Bei einem bestimmten Flugzeug liegt für verschwindende Rollgeschwindigkeit ($\dot{\varphi}_a = 0$) der Punkt Y, Z im Unendlichen des Stabilitätsbereichs B_1 und nähert sich mit wachsender Rollgeschwindigkeit längs einer Geraden dem Nullpunkt $Y = Z = 0$. Auf diesem Wege überquert der Punkt auch einen der Instabilitätsbereiche B_3 oder B_4, je nachdem ob $Z/Y < 1$ oder $Z/Y > 1$ gilt. Relativ am günstigsten ist der Grenzfall $Z/Y = 1$, der wieder zur Beziehung (3.4,22) führt.

3.4.5. Dynamische Stabilität für ein Hilfsmodell ($\varepsilon = 0$)

Wie bereits am Schluß von Abschnitt 3.4.3 bemerkt wurde, zerfällt die charakteristische Gleichung (3.4,17) bei Vernachlässigung des Rollwendemoments einerseits in den Linearfaktor

$$J_x\lambda - L_{qxf} \qquad (3.4,26a)$$

bei dessen Nullsetzen sich eine stark negative Wurzel ergibt, die eine starke Dämpfung der Rollbewegung bedeutet. Andererseits erhalten wir unter der weiteren Annahme $\varepsilon = 0$ den Faktor

$$\begin{vmatrix} \left\{ \begin{matrix} J_y\lambda^2 - (M_\alpha + M_{qyf})\lambda \\ -[M_\alpha + (J_z - J_x)\dot{\varphi}_a^2] \end{matrix} \right\} & -(J_y + J_z - J_x)\dot{\varphi}_a\lambda \\ (J_y + J_z - J_x)\dot{\varphi}_a\lambda & \left\{ \begin{matrix} J_z\lambda^2 - N_{qzf}\lambda - \\ -[N_\beta + (J_y - J_x)\dot{\varphi}_a^2] \end{matrix} \right\} \end{vmatrix} \qquad (3.4,26b)$$

dessen Nullsetzen auf die vereinfachte charakteristische Gleichung

$$J_y J_z[\lambda^4 + B\lambda^3 + C\lambda^2 + D\lambda + E] = 0 \qquad (3.4,27)$$

führt. Dabei ist mit Verwendung der Abkürzungen Y und Z von Gl. (3.4,24)

$$\left.\begin{aligned} J_y J_z B &= -J_y N_{qzf} - J_z(M_\alpha + M_{qyf}) \\ J_y J_z C &= \left\{ \begin{matrix} J_y(J_y - J_x)\dot{\varphi}_a^2[Z-1] + J_z(J_z - J_x)\dot{\varphi}_a^2[Y-1] \\ +(M_\alpha + M_{qyf})N_{qzf} + (J_y + J_z - J_x)^2\dot{\varphi}_a^2 \end{matrix} \right\} \\ J_y J_z D &= \left\{ \begin{matrix} -(M_\alpha + M_{qyf})(J_y - J_x)\dot{\varphi}_a^2[Z-1] \\ -N_{qzf}(J_z - J_x)\dot{\varphi}_a^2[Y-1] \end{matrix} \right\} \\ J_y J_z E &= (J_z - J_x)(J_y - J_x)\dot{\varphi}_a^4[Y-1][Z-1] \end{aligned}\right\} \qquad (3.4,28)$$

Nach den *Hurwitz*schen Stabilitätskriterien, s. Gl. (1.9,82), S. 95, werden Stabilitätsgrenzen erreicht, falls

$$B = 0, \qquad D = 0, \qquad D(BC - D) - EB^2 = 0 \text{ oder } E = 0 \qquad (3.4,29)$$

wird. Die Grenzbedingung $E = 0$ wurde bereits im vorigen Abschnitt 3.4.4 diskutiert. Die Grenzbedingung $B = 0$ ist physikalisch nicht realisierbar, da die Dämpfungsterme $-N_{qxf}$ und $-(M_{\dot{\alpha}} + M_{qyf})$ und damit auch B stets positiv sind. Die Grenzbedingung

$$D = 0 \qquad (3.4,30)$$

wird auf der Geraden

$$-(M_\alpha + M_{qyf})(J_y - J_x)(Z-1) - N_{qzf}(J_z - J_x)(Y-1) = 0 \qquad (3.4,31)$$

erreicht, die durch den Punkt $Y = 1$, $Z = 1$ geht und wegen der Voraussetzung (3.4,21) eine negative Steigung besitzt, also die in Abb. 3.4,3 skizzierte Lage hat. Für negative D-Werte verschiebt sich die Gerade nach unten. Daher wird durch die Bedingung $D > 0$ der statisch stabile Bereich B_2 als dynamisch instabil ausgeschlossen. Ferner wird jetzt

$$(J_y J_z)^2(BC-D) = [-J_y N_{qzf} - J_z(M_a + M_{qyf})] \cdot \cdot \left\{ \begin{array}{l} J_y(J_y - J_x)\dot{\varphi}_a^2[Z-1] + J_z(J_z - J_x)\dot{\varphi}_a^2[Y-1] \\ +(M_a + M_{qyf})N_{qzf} + (J_y + J_z - J_x)^2\dot{\varphi}_a^2 \end{array} \right\} - J_y J_z \left\{ \begin{array}{l} -(M_a + M_{qyf})(J_y - J_x)\dot{\varphi}_a^2[Z-1] \\ -N_{qzf}(J_z - J_x)\dot{\varphi}_a^2[Y-1] \end{array} \right\} \qquad (3.4,32)$$

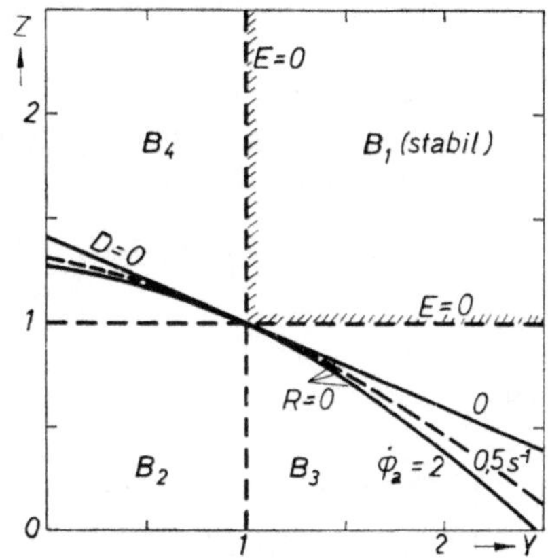

Abb. 3.4,3
Zur Diskussion der *Hurwitz*schen Bedingungen $D > 0$ und R $(= D(BC-D)-EB^2) > 0$ im Falle des Hilfsmodells mit $\varepsilon = 0$, vgl. Zahlenbeispiel S. 283

oder

$$(J_y J_z)^2(BC-D) = = \left\{ \begin{array}{l} -J_y^2 N_{qzf}(J_y - J_x)\dot{\varphi}_a^2[Z-1] - J_z^2(M_a + M_{qyf})(J_z - J_x)\dot{\varphi}_a^2[Y-1] \\ -[J_y N_{qzf} + J_z(M_a + M_{qyf})][(M_a + M_{qyf})N_{qzf} + (J_y + J_z - J_x)^2\dot{\varphi}_a^2] \end{array} \right\} \qquad (3.4,33)$$

und weiter

$$(J_y J_z)^3[D(BC-D) - EB^2] = = \left\{ \begin{array}{l} \{-(M_a + M_{qyf})(J_y - J_x)\dot{\varphi}_a^2[Z-1] - N_{qzf}(J_z - J_x)\dot{\varphi}_a^2[Y-1]\} \cdot \\ \cdot \left\{ \begin{array}{l} -J_y^2 N_{qzf}(J_y - J_x)\dot{\varphi}_a^2[Z-1] - J_z^2(M_a + M_{qyf})(J_z - J_x)\dot{\varphi}_a^2[Y-1] \\ -[J_y N_{qzf} + J_z(M_a + M_{qyf})][(M_a + M_{qyf})N_{qzf} + (J_y + J_z - J_x)^2\dot{\varphi}_a^2] \end{array} \right\} \\ -(J_z - J_x)(J_y - J_x)\dot{\varphi}_a^4[Y-1][Z-1][J_y N_{qzf} + J_z(M_a + M_{qyf})]^2 \end{array} \right\} \qquad (3.4,34)$$

Auf der Grenzlinie $Y = 1$ der statischen Stabilität verschwindet der Ausdruck $D(BC-D) - EB^2$ für

$$Z_1 = 1 \qquad (3.4,35)$$

sowie für

$$Z_2 = 1 + \frac{[J_y N_{qzf} + J_z(M_{\dot{\alpha}} + M_{qyf})][(M_\alpha + M_{qyf})N_{qzf} + (J_y + J_z - J_x)^2 \dot{\varphi}_a^2]}{-J_y^2 N_{qzf}(J_y - J_x)\dot{\varphi}_a^2} \tag{3.4,36a}$$

Ausführlich ist

$$Z_2 = \frac{\left\{\begin{array}{l} J_y N_{qzf}^2 (M_\alpha + M_{qyf}) + J_y N_{qzf} \dot{\varphi}_a^2 [-J_y(J_y - J_x) + (J_y + J_z - J_x)^2] \\ + J_z(M_\alpha + M_{qyf})[(M_\alpha + M_{qyf})N_{qzf} + (J_y + J_z - J_x)^2 \dot{\varphi}_a^2] \end{array}\right\}}{-J_y^2 N_{qzf}(J_y - J_x)\dot{\varphi}_a^2} \tag{3.4,36b}$$

also $Z_2 < 0$ für alle $\dot{\varphi}_a^2$.

Ferner verschwindet $D(BC - D) - EB^2$ auf der Grenzlinie $Z = 1$ der statischen Stabilität außer für $Y_1 = 1$ noch für

$$Y_2 = 1 + \frac{[J_y N_{qzf} + J_z(M_\alpha + M_{qyf})][(M_\alpha + M_{qyf})N_{qzf} + (J_y + J_z - J_x)^2 \dot{\varphi}_a^2]}{-J_z^2 (M_\alpha + M_{qyf})(J_z - J_x)\dot{\varphi}_a^2} \tag{3.4,37a}$$

oder

$$Y_2 = \frac{\left\{\begin{array}{l} J_z(M_\alpha + M_{qyf})^2 N_{qzf} + J_z(M_\alpha + M_{qyf})\dot{\varphi}_a^2 [-J_z(J_z - J_x) + (J_y + J_z - J_x)^2] \\ + J_y N_{qzf}[(M_\alpha + M_{qyf})N_{qzf} + (J_y + J_z - J_x)^2 \dot{\varphi}_a^2] \end{array}\right\}}{-J_z^2 (M_{\dot{\alpha}} + M_{qyf})(J_z - J_x)\dot{\varphi}_a^2} \tag{3.4,37b}$$

Demnach ist auch $Y_2 < 0$ für alle $\dot{\varphi}_a^2$.

Durch Ausmultiplikation von $(J_y J_z)^3 [D(BC - D) - EB^2]$ und geeignetes Zusammenfassen der in $Y - 1$ bzw. $Z - 1$ quadratischen Terme findet man für diese letzteren die Darstellung

$$\left.\begin{array}{l} \text{Quadratische Terme} = \\ = (M_{\dot{\alpha}} + M_{qyf})N_{qzf}\dot{\varphi}_a^4 [(Z-1)J_y(J_y - J_x) - (Y-1)J_z(J_z - J_x)]^2 \end{array}\right\} \tag{3.4,38}$$

Folglich stellt die Grenzbedingung $D(BC - D) - EB^2 = 0$ im Y, Z-Diagramm für $\dot{\varphi}_a^2 = \text{const}$ eine Parabel dar, die gemäß Gl. (3.4,35) bis (3.4,37) und wegen der entgegengesetzten Vorzeichen von Y und Z im Klammerausdruck der Gl. (3.4,38) qualitativ die in Abb. 3.4,3 gekennzeichnete Lage haben muß.

Die Bedingung $D(BC - D) - EB^2 > 0$ bringt hier demnach gegenüber der Bedingung $D > 0$ keine weitere Verschärfung.

Man kann hieraus in Verbindung mit den Betrachtungen zur statischen

Stabilität schließen, daß für das angenommene Modell mit $\varepsilon = 0$ dann und nur dann Stabilität der Bewegung vorhanden ist, wenn die Größen Y und Z nach Gl. (3.4,24) im Bereich B_1 liegen, oder anders ausgedrückt, wenn der Betrag $|\dot{\varphi}_a|$ der stationären Rollgeschwindigkeit kleiner als der kritische Wert

$$|\dot{\varphi}_{a,\mathrm{krit}}| \equiv \mathrm{Min}\left\{\sqrt{\frac{-M_\alpha}{J_z-J_x}};\ \sqrt{\frac{-N_\beta}{J_y-J_x}}\right\} \qquad (3.4,39)$$

ist. Gemäß Gl. (3.4,12a) bedeutet dies, daß bei stationären schnellen Rollbewegungen mit festen Rudern unter Windkanalbedingungen stets auch eine entsprechende Begrenzung des Querruderrollmoments ξL_ξ bzw. des Querruderausschlags ξ erforderlich ist, falls man die für das Hilfsmodell ($\varepsilon = 0$) abgeleiteten Sätze als hinreichend genaues Abbild der wirklichen Verhältnisse ansehen kann.

3.4.6. Stabilitätsverhältnisse im realen Fall ($\varepsilon = 1$)

Tatsächlich werden nun die Stabilitätsbedingungen beim Übergang vom Fall des Hilfsmodells ($\varepsilon = 0$), s. Gl. (3.4,17), zum realen Fall ($\varepsilon = 1$) u. U. erheblich gemildert. Erstens tritt nämlich an die Stelle der Bedingung (3.4,25) für *statische Stabilität* die Bedingung

$$(Y-1)(Z-1)+\frac{M_{qyf}N_{qzf}}{\dot{\varphi}_a^2(J_z-J_x)(J_y-J_x)}>0 \qquad (3.4,40a)$$

die sich auch in der Form

$$(Y-1)(Z-1)+\frac{M_{qyf}N_{qzf}\sqrt{YZ}}{\sqrt{(J_z-J_x)(J_y-J_x)M_\alpha N_\beta}}>0 \qquad (3.4,40b)$$

schreiben läßt. Hält man etwa $\dot{\varphi}_a$ fest, so gibt Gl. (3.4,40a) als Stabilitätsgrenzen $E = 0$ zwei Hyperbeln, welche die Geraden $Y = 1$ und $Z = 1$ asymptotisch berühren und so liegen, daß die vorher getrennten Stabilitätsbereiche B_1 und B_2 jetzt zu einem einzigen Bereich B_0 verschmelzen, s. Abb. 3.4,4. Hält man umgekehrt M_α und N_β fest, so erhält man aus Gl. (3.4,40b) als Stabilitätsgrenzen $E = 0$ zwei Kurven, die qualitativ ganz ähnlich wie diese Hyperbeln liegen. Insgesamt wird also der Bereich statischer Stabilität insbesondere in der Umgebung des Punktes $Y = 1$, $Z = 1$ merklich erweitert.

Außer dem Koeffizienten E der charakteristischen Gleichung (3.4,27) ändert sich infolge des Übergangs vom Hilfsmodell mit $\varepsilon = 0$ zum realen Fall $\varepsilon = 1$ nur noch der Koeffizient D insofern, als auf die rechte

Seite der entsprechenden Gl. (3.4,28) noch der positive Summand $(-N_{qzf}-M_{qyf})\dot{\varphi}_a^2(J_y+J_z-J_x)$ tritt.
Hinsichtlich der weiteren Stabilitätsgrenze $D(BC-D)-EB^2=0$ bemerkt man, daß im quadratischen Term nach Gl. (3.4,28) keine Änderung eintritt und daher die Grenzkurve ebenso wie in Abb. 3.4,3 eine nach links

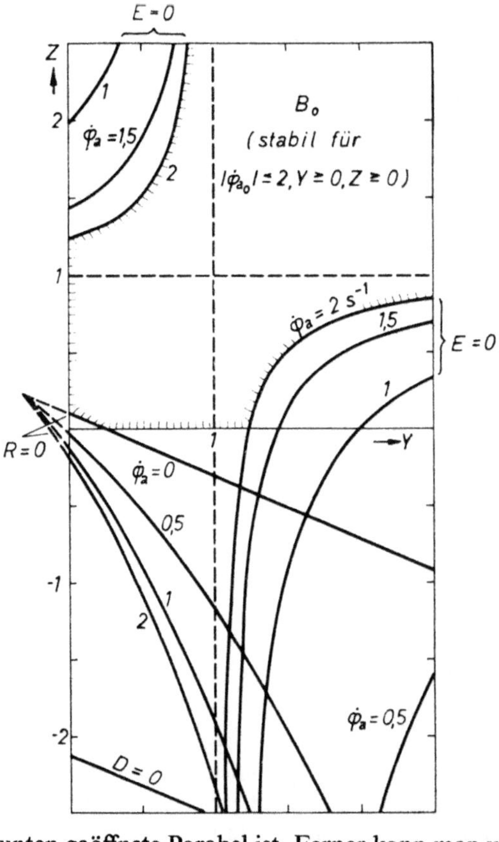

Abb. 3.4,4
Schematische Darstellung des Bereichs mit statischer und dynamischer Stabilität im realen Fall $\varepsilon = 1$, vgl. Zahlenbeispiel

unten geöffnete Parabel ist. Ferner kann man unter den Voraussetzungen (3.4,20) und (3.4,21) allgemein zeigen, daß der Term $D(BC-D)-EB^2$ an der Stelle $Y=1$, $Z=1$ positiv wird. In der Umgebung dieser Stelle liegt demnach eine echte Erweiterung des Stabilitätsbereichs gegenüber den durch Abb. 3.4,3 dargestellten Verhältnissen des Hilfsmodells vor, s. Abb. 3.4,4. Da die vorkommenden Ausdrücke hier jedoch schon recht kompliziert werden, wird man die genaue Lage der Grenzparabel am besten durch numerische Rechnung feststellen.

Unter Umständen kann die Grenzparabel sogar ganz aus dem physikalisch interessierenden Bereich $Y > 0$, $Z > 0$ heraustreten. Für Flugzeuge geeigneter Bauart, bei denen das Verhältnis

$$\frac{Z}{Y} = \frac{N_\beta}{M_\alpha} \frac{J_z - J_x}{J_y - J_x}$$

nicht zu weit von 1 entfernt ist, besteht daher die Möglichkeit, bei Steigerung der Drehgeschwindigkeit $\dot{\varphi}_a$ längs der zugehörigen Geraden $Z/Y =$ $=$ const zu Punkten Y, Z aus B_0 mit $Y < 1$, $Z < 1$ zu gelangen, ohne daß dabei die Bedingungen der dynamischen Stabilität verletzt werden. Es sei bemerkt, daß bei nachträglicher Freigabe des Schwerpunkts qualitativ keine wesentlichen Änderungen mehr eintreten. Bezüglich dieser weitergehenden Untersuchungen sei auf die Originalliteratur hingewiesen. Für den Spezialfall drehsymmetrischer Flugkörper werden Betrachtungen dieser Art in Abschnitt 6.1 bis 6.3 durchgeführt.

Zahlenbeispiel: Die Rechnungen für die Abb. 3.4,1–4 wurden mit den Annahmen der Zahlenbeispiele von Abschnitt 3.2.21, S. 232, und 3.2.31, S. 247, ausgeführt. Lediglich der Beiwert c_{Nfx} wurde gemäß Abschnitt 3.4.3 gleich null gesetzt bzw. vernachlässigt. Für $\dot{\varphi}_{a0}$ wurden die Werte 0; 0,5; 1 und 2 in Betracht gezogen. Damit errechnen sich die Ruderwinkel aus den Formeln (3.4,12–14). Beispielsweise ist für $\dot{\varphi}_{a0}$ $= 0{,}5\ \mathrm{s}^{-1}$: $\xi = -0{,}081654$, $\eta = -0{,}024677$, $\zeta = -0{,}109335$. Die Geraden der Abb. 3.4,1 lauten

$$\frac{L_1(\bar{x})}{qFl} = -\frac{\partial c_{MfS}}{\partial \alpha} - \frac{J_z - J_x}{qFl}\bar{x} = 0{,}17144 - 0{,}051406\,\bar{x}$$

und

$$\frac{L_2(\bar{x})}{qFb/2} = -c_{Nf\beta} - \frac{J_y - J_x}{qFb/2}\bar{x} = 0{,}09178 - 0{,}0176288\,\bar{x}$$

Sie schneiden die $\bar{x}$-Achse in $\bar{x}_1 = 3{,}33500\ \mathrm{s}^{-2}$ bzw. $\bar{x}_2 = 5{,}20625\ \mathrm{s}^{-2}$. Die Gleichung der gestrichelten Zustandsgeraden in Abb. 3.4,2 ist gemäß Gl. (3.4,24)

$$\frac{Z}{Y} = \frac{-N_\beta (J_z - J_x)}{-M_\alpha (J_y - J_x)} = 1{,}72167.$$

Als Gleichung der Grenzkurve $D = 0$ in Abb. 3.4,3, die im Falle $\varepsilon = 0$ mit $R = 0$ für $\dot{\varphi}_{a0} = 0$ identisch ist, findet man $Z = 1 - 0{,}40741\,(Y-1)$. Dagegen wird die Grenzkurve $R = 0$ für $\dot{\varphi}_{a0} = 0$ und $\varepsilon = 1$ in Abb. 3.4,4: $Z = -0{,}29609 - 0{,}40741 \cdot (Y-1)$, während die Grenzkurve $E = 0$ beispielsweise $(Y-1)(Z-1) + 0{,}99266 = 0$ für $\dot{\varphi}_{a0} = 1$ lautet. Wie man durch Kombination der Abb. 3.4,2 und 3.4,4 erkennt, ist bei den vorgegebenen Flugzeugdaten, insbesondere unter der Voraussetzung $c_{Nfx} = 0$, der Flugzustand bei allen Rollgeschwindigkeiten $|\dot{\varphi}_{a0}| \leq 2\ \mathrm{s}^{-1}$ stabil.

Literatur zu Abschnitt 3.4.: [3-401 bis 411], S. 286.

Literatur zu Kap. III.

a) Bücher (s. a. S. 333)

[3–001] *Fuchs, R., L. Hopf* und *Fr. Seewald*: Aerodynamik I, Mechanik des Flugzeugs. Berlin, 1934.

[3–002] *Jones, B. M.*: Dynamics of the airplane. In: W. F. Durand, Aerodynamic Theory, Bd. V, S. 1–222. Berlin, 1935.

[3–003] *Mises, R. v.*: Theory of flight. New York, 1945.

[3–004] *Pröll, A.*: Grundlagen der Aeromechanik und Flugmechanik. Wien, 1951.

[3–005] *Pyschnow, W. S.*: Dynamik des Fluges. Berlin, 1955.

[3–006] *Mises, R. v.* und *K. Hohenemser*: Fluglehre. Berlin, 1957.

[3–007] *Abramson, H. N.*: The dynamics of airplane. New York, 1958.

[3–008] *Müller, W.*: Einführung in die Mechanik des Fluges. Leipzig, 1958.

[3–009] *Richter, W.*: Flugmechanik. Leipzig, 1959.

b) Einzelberichte

Trudeln (Abschnitt 3.1.3.)

[3–101] *Pringle, G. E.* und *D. J. Harper*: The spinning of model aircraft and the prediction of full scale spin and recovery characteristics. A. R. C. R. & M. 2906 (März 1952).

[3–102] *Kerr, Th.*: A new standard for the prediction of full scale spin and recovery characteristics for model tests. AGARD Rep. 25 (Febr. 1956).

[3–103] *Fingado, H.* und *A. Brünner*: Trudelmessungen mit der Do 27. Jahrbuch 1958 der WGL, S. 117–123.

[3–104] *Barth, W.*: Untersuchungen über das Verhalten der Flugzeuge beim Überziehen. Z. Flugwiss. **7**, 120–125 (1959).

[3–105] *Fingado, H.*: Das Trudeln von Flugzeugen. Bericht 170 der DVL. Mülheim (Ruhr), 1960.

[3–106] *Neihouse, A. I.* u. a.: Status of spin research for recent airplane design. NASA Tech. Rep. R–57 (1960).

[3–106a] *Wimpenny, J. C.*: Low speed stalling characteristics. AGARD Rep. 356 (April 1961).

[3–107] *Merewether, H. C. H.*: Erect and inverted spinning with particular reference to the Hunter. J. Roy. Aeron. Soc. **69**, 835–845 (1965).

Längsstabilität bei festen Rudern (Abschnitt 3.2.2.)

[3–200] *Statler, J. C.*: Dynamic stability at high speeds from unsteady flow theory. J. Aero. Sci. **17**, 232–242, 255 (1950).

[3–201] *Decker, J. L.*: Criteria for longitudinal stability requirements. J. Aero. Sci. **22**, 639–644 (1955).

[3–202] *Friedrich, H. R.* und *F. J. Dore*: The dynamic motion of a missile descending through the atmosphere. J. Aero. Sci. **22**, 628–632, 638 (1955).

[3–203] *Skoog, R. B.*: An analysis of the effects of aeroelasticity on static longitudinal stability and control of a sweptwing airplane. NACA Rep. 1298 (1957).

[3–204] *Heins, W.* und *S. Lehnigk*: Eine Untersuchung der dynamischen Längsstabilität eines Flugzeugs mit Hilfe des Wurzel-Ortskurven-Verfahrens. Z. Flugwiss. **6**, 309–314 (1958).

[3–205] *Wocke, H.*: Einige Überlegungen über die Anwendbarkeit der Entenanordnung bei Unterschallverkehrsflugzeugen. Jahrbuch 1959 der WGL, S. 129–137.

[3–206] *Etkin, B.*: Longitudinal dynamics of a lifting vehicle in orbital flight. J. Aero. Sci. **28**, 779–788, 832 (1961).

[3–207] *Stieler, B.*: Statische Stabilität und Steuerbarkeit der Längsbewegung. Teil 1: Grundlagen. Bericht des Instituts für Flugtechnik der T. H. Darmstadt, 1964.

[3–208] *Weise, K.*: Einfluß der Temperatur- und Luftdichtegradienten in der Atmosphäre auf die dynamische Längsstabilität von Flugzeugen. Bericht des Instituts für Flugtechnik der T. H. Darmstadt, 1964.

Seitenstabilität bei festen Rudern (Abschnitt 3.2.3.)

[3–251] *Söhne, W.*: Die Seitenstabilität eines geschleppten Flugzeuges. Ing. Archiv **21**, 245–265 (1953).

[3–252] *Doetsch, K. H.*: Einige Sonderfälle dynamischer Stabilität. Jahrbuch 1954 der WGL, S. 95–103.

[3–253] *Just, W.*: Über den Einfluß der konstruktiven Größen und Flugdaten eines Flugzeugs auf seine Seitenstabilitätseigenschaften. Z. Flugwiss. **2**, 259–277 (1954).

[3–254] *Scharn, H.*: Systematisch-kritische Beispielrechnungen zur Seitenstabilität der Flugzeuge. Z. Flugwiss. **2**, 57–95 (1954).

[3–255] *Schmidt, B.*: Systematische Flugmessungen über die Eigenschaften von Seitenleitwerken. Z. Flugwiss. **2**, 113–126 und 142–149 (1954).

[3–256] *Schulz, W.*: Über die Bewegungs- und Störungsgleichungen in einem flugzeugfesten Koordinatensystem. Z. Flugwiss. **2**, 157–168 (1954).

[3–257] *Sternfield, L.*: A vector method approach to the analysis of the dynamic lateral stability of aircraft. J. Aero. Sci. **21**, 251–256 (1954).

[3–258] *Hafer, X.*: Ergebnisse von Beispielrechnungen zur allgemeinen Flugbewegung nach Störungen. Jahrbuch 1959 der WGL, S. 90–100.

Gestörte Längsbewegung (Abschnitt 3.3.2.)

[3–301] *Luskin, H.* und *E. Lapin*: An analytical approach to the fuel sloshing and buffeting problems of aircraft. J. Aero. Sci. **19**, 217–228 (1952).

[3–302] *Press, H.* und *J. C. Houbolt*: Some applications of generalized harmonic analysis to gust loads on airplanes. J. Aero. Sci. **22**, 17–26 (1955).

[3–303] *Oswald, T. W.*: Dynamic behavior during accelerated flight with particular application to missile launching. J. Aero. Sci. **23**, 781–791 (1956).

[3–304] *Young, A. D.* und *S. Neumark*: Das Herauskommen eines Flugzeugs aus einem Sturzflug mit hoher Geschwindigkeit. Jahrbuch 1956 der WGL, S. 98–112.

[3–305] *Gillis, C. L.* und *J. L. Mitchell*: Determination of longitudinal stability and control characteristics from free-flight model tests with results at transonic speeds for three airplane configurations. NACA Rep. 1337 (1957).

Gestörte Seitenbewegung (Abschnitt 3.3.3.)

[3–351] *Diederich, F. W.*: The dynamic response of a large airplane to continuous random atmospheric disturbances. J. Aero. Sci. **23**, 917–930 (1956).

[3–352] *Oakes, W. J. jr.* und *P. T. Holliday*: Analysis of a rolling pull-out maneuver. J. Aero. Sci. **23**, 517–529 (1956).

[3–353] *Ribner, H. S.*: Spectral theory of buffeting and gust response. J. Aero. Sci. **23**, 1075–1077, 1118 (1956).

[3–354] *Eggleston, J. W.* und *F. W. Diederich*: Theoretical calculation of the power spectra of the rolling and yawing moments on a wing in random turbulence. NACA Rep. 1321 (1957).

[3–355] *Diederich, F. W.*: The response of an airplane to random atmospheric disturbances. NACA Rep. 1345 (1958).

[3–356] *Niemz, W.*: Anwendung elektronischer Digitalrechner zur Lösung flugmechanischer Probleme. Z. Flugwiss. **6**, 47–52 (1958).

[3–357] *Etkin, B.*: A theory of the response of airplanes to random atmospheric turbulence. J. Aero. Sci. **26**, 409–420 (1959).

[3–358] *Voepel, H.*: Die Freiflugtechnik der Hochgeschwindigkeitsforschung. Z. Flugwiss. **7**, 85–102 (1959).

[3–359] *Eggleston, J. M.* und *W. H. Phillips*: The lateral response of airplanes to random atmospheric turbulence. NASA Tech. Rep. R–74 (1960).

[3–360] *Brüning, G.*: Frequenzgangmessungen an einem instabilen Flugzeug mittels der Systemtheorie für regellose Vorgänge. Bericht 160 der DFL, Braunschweig, 1961 und Z. Flugwiss. **9**, 375–383 (1961).

[3–360a] *Zbrozek, J. K.*: Theoretical study of the rolling response of aircraft to turbulent air. AGARD Rep. 373 (April 1961).

[3–361] *Chernoff, M.* und *H. L. Rothman*: Unsteady frequency response functions for use in power spectral analysis. J. Aero. Sci. **29**, 121–129 (1962).

Gekoppelte Bewegung (Abschnitt 3.4.)

[3–401] *Phillips, W. H.*: Effect of steady rolling on longitudinal and directional stability. NACA TN 1627 (1948).

[3–402] *Abzug, M. J.*: Effects of certain steady motions on small-disturbance airplane dynamics. J. Aero. Sci. **21**, 749–752 (1954).

[3–403] *Weil, J.* und *R. E. Dag*: An analog study of the relative importance of various factors affecting roll coupling. NACA RM H 56AO (1956).

[3–404] *Rhoads, D. W.* und *J. M. Schuler*: A theoretical and experimental study of airplane dynamics in large-disturbance maneuvers. J. Aero. Sci. **24**, 507–526, 532 (1957).

[3–404a] *Czinzenheim, J.* u. a.: Le couplage par inertie et ses répercussions sur les qualités de vol. DOCAÉRO Nr. 50 (Mai 1958), S. 15–28.

[3–405] *Sternfield, M.*: A simplified method for approximating the transient motion in angles of attack and sideslip during a constant rolling maneuver. NACA Rep. 1344 (1958).

[3–406] *Gates, O. R.* und *K. Minka*: Note on a criterion for severity of roll-induced instability. J. Aero. Sci. **26**, 287–290 (1959).

[3–406a] *Cronvich, L. L.* und *B. E. Amsler*: Pitch-yaw-roll coupling. AGARD Rep. 353 (April 1961).

[3-406b] *Hafer, X.*: Influence of deflection of the control surfaces on the free-flight behaviour of an aeroplane. AGARD Rep. 355 (April 1961).

[3–407] *McRuer, D. T.*: A feedback-theory analysis of airframe cross-coupling dynamics. J. Aero. Sci. **29**, 525–533 (1962).

[3–408] *Roskane, J.*: A simplified method to identify and cure roll coupling. J. Aero. Sci. **29**, 608–609 (1962).

[3–409] *Hafer, X.* und *W. Niemz*: Über die Flugbewegung mit sechs Freiheitsgraden. Z. Flugwiss. **11**, 14–34 (1963).

[3–409a] *Fourquet, M.*: Stabilité d'un véhicule aérien en rotation de roulis. Internat. Colloquium über Techniken des Analog- und Digitalrechnens in der Aeronautik. Proceedings, S. 296–304. Brüssel, 1964.

[3–409b] *Haus, F.*: L'emploi du calculateur analogique dans l'étude du couplage des mouvements longitudinaux et traversaux de l'avion. Internat. Colloquium über Techniken des Analog- und Digitalrechnens in der Aeronautik. Proceedings, S. 11–27. Brüssel, 1964 und AGARD Rep. 354 (April 1961).

[3–410] *Schäffer, H.*: Probleme der Stabilität und Steuerbarkeit von Überschallflugzeugen. Luftfahrttechnik **10**, 141–150 (1964).

[3–410a] *Porter, R. F.* und *J. P. Loomis*: Examination of an aerodynamic coupling phenomenon. J. Aircraft **2**, 553–556 (1965).

[3–411] *Stümke, H.*: Schnelle Drehbewegungen eines Flugzeugs bei festen Rudern. Habilitationsschrift. Stuttgart, 1968.

IV. Flugeigenschaften der spiegelsymmetrischen Flugzeuge bei losen Rudern oder mit Flugregelung

Wie im Abschnitt 1.6, S. 48, bemerkt wurde, läßt sich die Bewegung des Flugzeugs durch verschiedene Maßnahmen wie Schubsteuerung, Grenzschichtsteuerung oder Ruderlegen willkürlich beeinflussen. Im folgenden wollen wir uns speziell mit dem Einfluß einer Ruderbetätigung befassen, jedoch den Ruderwinkel nicht mehr wie im Kap. III als Zeitfunktion vorgeben, sondern ihn aus einer Differentialgleichung der Ruderbewegung um die Ruderachse erschließen.

Literatur zu Kap. IV [4–001 bis 331], S. 333.

4.1. Lose Ruder

4.1.1. Allgemeine Ansätze

4.1.11. Erweiterung der Momentengleichungen

Als ungestörten Flugzustand legen wir wie früher den stationären symmetrischen Geradeausflug in ruhender Luft zugrunde. Die Ruderachsen seien in Richtung der Achsen $\boldsymbol{f}_2$ bzw. $\boldsymbol{f}_3$ des körperfesten Systems (f) orientiert, und dieses möge wie im Kapitel III mit den Hauptträgheitsachsen des Flugzeugs zusammenfallen. Der Pilot braucht im ungestörten Flugzustand aus Symmetriegründen keine Momente auf das Seiten- oder Querruder auszuüben, und wir wollen annehmen, daß er auch auf das Höhenruder nach geeigneter Trimmung mittels einer Feder oder eines Hilfsruders kein Moment mehr aufzuwenden hat. Im ungestörten Flugzustand fliegt das Flugzeug dann auch bei losgelassenem Steuerknüppel oder genauer gesagt bei unterbrochener Verbindung zwischen Momentengeber und Ruder stationär weiter. Es erhebt sich aber die Frage, welche Bewegungen das Flugzeug im Falle einer Störung ausführen wird. Wir nehmen zunächst wieder Störungen der Anfangsbedingungen an, betrachten also freie Schwingungen.

Der Einfluß einer Ruderbewegung auf die Resultierende der Kräfte am Flugzeug ist meistens sehr klein, s. Abschnitt 1.7.13, S. 59, und braucht daher i. a. in den Kräftegleichungen nicht berücksichtigt zu werden.

Auch in den Momentengleichungen des Flugzeugs kann man wenigstens die Trägheitsglieder unterdrücken, die von der Relativbewegung der Ruder herrühren, da die Rudermassen i. a. sehr klein gegen die gesamte Flugzeugmasse sind. Dagegen spielen die Momente, die vom Ruderwinkel, und ggf. auch solche, die von der Ruderwinkelgeschwindigkeit herrühren, eine entscheidende Rolle. Wir schreiben daher jetzt in den Momentengleichungen (3.2,18) bis (3.2,20), S. 229, die in Komponenten nach dem experimentellen System (e) zerlegt sind, die Momente

$$\left.\begin{aligned} &L = L_\beta \beta + L_{\dot\varphi e}\dot\varphi_e + L_{\dot\psi e}\dot\psi_e + L_\xi \xi + L_{\dot\xi}\dot\xi + L_\zeta \zeta + L_{\dot\zeta}\dot\zeta \\ \text{mit}\quad &L_\xi = L^r_{f\xi}\cos\alpha < 0 \qquad L_{\dot\xi} = L^r_{f\dot\xi}\cos\alpha < 0 \\ &L_\zeta = N^r_{f\zeta}\sin\alpha \qquad L_{\dot\zeta} = N^r_{f\dot\zeta}\sin\alpha \end{aligned}\right\} \tag{4.1,1}$$

s. Abschnitt 1.7.23, S. 73, ferner

$$\left.\begin{aligned} &M = M_\alpha \Delta\alpha + M_V \Delta V + \bar M_{\dot\alpha}\Delta\dot\alpha + M_{\dot\vartheta e}\Delta\dot\vartheta_e + M_\eta \Delta\eta + M_{\dot\eta}\Delta\dot\eta \\ \text{mit}\quad &M_\eta = M^r_{f\eta} < 0 \qquad M_{\dot\eta} = M^r_{f\dot\eta} < 0 \end{aligned}\right\} \tag{4.1,2}$$

und

$$\left.\begin{aligned} &N = N_\beta \beta + N_{\dot\varphi e}\dot\varphi_e + N_{\dot\psi e}\dot\psi_e + N_\zeta \zeta + N_{\dot\zeta}\dot\zeta + N_\xi \xi + N_{\dot\xi}\dot\xi \\ \text{mit}\quad &N_\zeta = N^r_{f\zeta}\cos\alpha < 0 \qquad N_{\dot\zeta} = N^r_{f\dot\zeta}\cos\alpha < 0 \\ &N_\xi = -L^r_{f\xi}\sin\alpha \qquad N_{\dot\xi} = -L^r_{f\dot\xi}\sin\alpha \end{aligned}\right\} \tag{4.1,3}$$

4.1.12. Differentialgleichungen der Ruderbewegung

Die Differentialgleichnungen für die Bewegung der Ruderflächen um die Ruderachsen setzen wir in der Form an:

Querruder:

$$J_L \ddot\xi + D_L \dot\xi + C_L \xi = H_L(\ldots) \tag{4.1,4}$$

Höhenruder:

$$J_M \Delta\ddot\eta + D_M \Delta\dot\eta + C_M \Delta\eta = H_M(\ldots) \tag{4.1,5}$$

Seitenruder:

$$J_N \ddot\zeta + D_N \dot\zeta + C_N \zeta = H_N(\ldots) \tag{4.1,6}$$

In Gl. (4.1,4) bedeutet

J_L ein für das Querruder charakteristisches Trägheitsmoment,

D_L einen für die gesamte von $\dot\xi$ abhängige aerodynamische und sonstige Dämpfung charakteristischen Term,

C_L einen für das gesamte von ξ abhängige aerodynamische und sonstige Rückstellmoment charakteristischen Term.

$H_L(\dots)$ ist eine Funktion, die alle sonstigen Querruder-Scharniermomente umfaßt; der Buchstabe „H" möge an die englische Bezeichnung „hinge" für „Scharnier" erinnern. In entsprechender Weise sind die Ausdrücke mit den Indizes M bzw. N zu verstehen.

Im Falle stationären Gleichgewichts verschwinden die rechts stehenden Scharniermomente jedes für sich mit eventueller Ausnahme der Höhenrudermomente H_M, bei denen sich ein aerodynamisches Moment $H_{M,\,\mathrm{aer},\,0}$ gegen ein konstantes Gewichts- oder Federmoment $H_{M(G,F)}$ kompensieren kann:

$$H_{M,\,\mathrm{aer},\,0} = -H_{M(G,F)} \tag{4.1,5a}$$

Abb. 4.1,1 zeigt ein Blockschema der Regelstrecke eines Flugzeugs mit losen Rudern. Die mit Δ bezeichneten Eingänge sind Störungen, vgl. Abb. 3.3,1, S. 256. Bei Öffnen des Schalters „1" können Rückwirkungen der Flugzeugbewegung auf das Ruder nicht wieder zum Flugzeug gelangen, das Ruder ist dann rückwirkungsfrei.

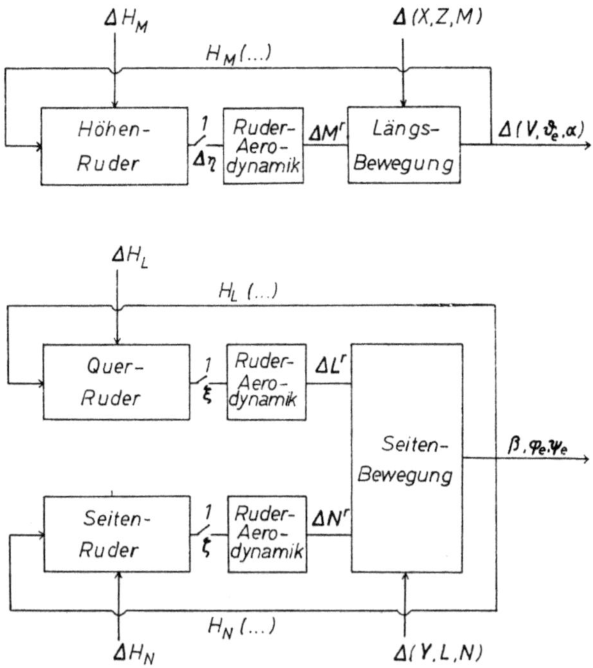

Abb. 4.1,1 Blockschema eines Flugzeugs mit losen Rudern (Schalter „1" geschlossen)

Durch ein ähnliches Blockschema mit Rückführungen kann man auch das aeroelastische Verhalten des Flugzeugs kennzeichnen, wobei an die Stelle der Ruder das ganze System der Flugzeugteile tritt [4–008]. Auf diese an sich sehr wichtige Frage soll hier jedoch nicht eingegangen werden, da sie den Rahmen des Buches weit überschreiten würde.

4.1.13. Ruderscharniermomente

4.1.131. *Scharniermomente der Trägheitskräfte*

Da die Massenmittelpunkte der Ruder i. a. nicht in der Ruderachse liegen, muß man bei der Aufstellung der Ruderscharniermomente auch Momente von Trägheitskräften sowie Gewichtsmomente berücksichtigen. Diese wollen wir zunächst betrachten.

Sie ergeben sich i. a. am einfachsten mit Hilfe der *Lagrange*schen Gleichungen zweiter Art [1–501,502]. Da man jedoch bei ihrer Herleitung gewisse konstruktive Einzelheiten des Flugzeugs als bekannt voraussetzen muß, wollen wir i. f. nur die allgemeine Form dieser Momente betrachten.

Die Momente der Trägheitskräfte um die Ruderachsen setzen sich zusammen einerseits aus Gliedern, die der im körperfesten System (f) zerlegten Schwerpunktsbeschleunigung ($=\mathrm{d}^2\boldsymbol{s}/\mathrm{d}t^2$) des Flugzeugs proportional sind, und weiter aus solchen Gliedern, die der im System (f) zerlegten Drehbeschleunigung ($=\mathrm{d}\boldsymbol{q}/\mathrm{d}t$) proportional sind. Von den Momenten solcher Trägheitskräfte, die aus der Drehgeschwindigkeit des Flugzeugs um seinen Schwerpunkt resultieren, können wir von vornherein absehen, da diese sich als Zentrifugalkräfte quadratisch aus Drehgeschwindigkeiten aufbauen und daher in einer linearisierten Theorie schließlich doch vernachlässigt werden.

Gemäß Gl. (1.5,26), S. 39, (1.3,29), S. 25, und (1.4,27), S. 34, gilt im vorausgesetzten Falle der Windstille die Geschwindigkeitszerlegung

$$\left.\begin{aligned} V_{xf} &= V\cos\alpha\cos\beta \approx V\cos\alpha \\ V_{yf} &= -V\sin\beta \approx -V\beta \\ V_{zf} &= V\sin\alpha\cos\beta \approx V\sin\alpha \end{aligned}\right\} \tag{4.1,7}$$

Eine entsprechende Komponentenzerlegung der Drehgeschwindigkeit gibt unter Beachtung der Gl. (1.5,27), (1.3,27) und (3.2,3), S. 227, nach kurzer Zwischenrechnung

$$\left.\begin{aligned} q_{xf} &= q_{xe}\cos\alpha - q_{ze}\sin\alpha \approx \dot{\varphi}_e\cos\alpha - \dot{\psi}_e\sin(\vartheta_e+\alpha) \\ q_{yf} &= q_{ye} \approx \dot{\vartheta}_e + \dot{\alpha} \\ q_{zf} &= q_{ze}\cos\alpha + q_{xe}\sin\alpha \approx \dot{\varphi}_e\sin\alpha + \dot{\psi}_e\cos(\vartheta_e+\alpha) \end{aligned}\right\} \tag{4.1,8}$$

Gemäß Gl. (1.5,29) werden daher die Komponenten der Schwerpunktsbeschleunigung ($=\mathrm{d}^2\boldsymbol{s}/\mathrm{d}t^2$) in Richtung der Achsen des Systems (f)

$$\left.\begin{aligned} b_{xf} &\equiv \boldsymbol{f}_1\cdot\frac{\mathrm{d}^2\boldsymbol{s}}{\mathrm{d}t^2} = \dot{V}_{xf} + \begin{vmatrix} q_{yf} & q_{zf} \\ V_{yf} & V_{zf} \end{vmatrix} \approx \dot{V}\cos\alpha + V\dot{\vartheta}_e\sin\alpha \\ b_{yf} &\equiv \boldsymbol{f}_2\cdot\frac{\mathrm{d}^2\boldsymbol{s}}{\mathrm{d}t^2} = \dot{V}_{yf} + \begin{vmatrix} q_{zf} & q_{xf} \\ V_{zf} & V_{xf} \end{vmatrix} \approx V(-\dot{\beta}+\dot{\psi}_e\cos\vartheta_e) \\ b_{zf} &\equiv \boldsymbol{f}_3\cdot\frac{\mathrm{d}^2\boldsymbol{s}}{\mathrm{d}t^2} = \dot{V}_{zf} + \begin{vmatrix} q_{xf} & q_{yf} \\ V_{xf} & V_{yf} \end{vmatrix} \approx \dot{V}\sin\alpha - V\dot{\vartheta}_e\cos\alpha \end{aligned}\right\} \tag{4.1,9}$$

Die Komponenten der Drehbeschleunigung ($=\mathrm{d}\boldsymbol{q}/\mathrm{d}t$) werden, da aus Gl. (1.4,1) und (1.4,11), S. 31, die Beziehung

$$\frac{\mathrm{d}\boldsymbol{q}}{\mathrm{d}t} = \left.\frac{\partial\boldsymbol{q}}{\partial t}\right|_{(f)} \tag{4.1,10}$$

folgt,

$$\left.\begin{aligned} \dot{q}_{xf} &= \ddot{\varphi}_e\cos\alpha - \ddot{\psi}_e\sin(\vartheta_e+\alpha) \\ \dot{q}_{yf} &= \ddot{\vartheta}_e + \ddot{\alpha} \\ \dot{q}_{zf} &= \ddot{\varphi}_e\sin\alpha + \ddot{\psi}_e\cos(\vartheta_e+\alpha) \end{aligned}\right\} \tag{4.1,11}$$

4.1.132. *Sonstige Scharniermomente*

Eventuell vorhandene *Gewichtsmomente* können außer von den Ruderwinkeln noch vom Längsneigungswinkel ϑ_f sowie vom Rollwinkel φ_f abhängig sein, im Falle einer kleinen Störung also von

$$\left.\begin{aligned} \Delta\vartheta_f &= \Delta\vartheta_e + \Delta\alpha \\ \text{bzw.} \quad & \\ \varphi_f &= \varphi_e\frac{\cos\vartheta_e}{\cos\vartheta_f} \end{aligned}\right\} \tag{4.1,12}$$

s. Gl. (1.3,34), S. 27. Wie man sich leicht überlegt, kann ein positives Gewichtsmoment um den Drehpunkt des Höhenruders (Ruderschwerpunkt hinter Drehpunkt) zur Stabilisierung der Phygoidenbewegung dienen.

Die *aerodynamischen Momente* der Ruder um die Ruderachsen hängen von denselben Größen ab wie die entsprechenden Momente des ganzen Flugzeugs um seinen Schwerpunkt, s. Gl. (1.7,52), (1.7,62) und (1.7,66), S. 68, sowie (3.2,18) bis (3.2,20), S. 229.

4.1.133. *Zusammenstellung*

Wir können daher insgesamt für das *Querruder* den folgenden funktionalen Zusammenhang annehmen:

$$\left.\begin{aligned}
H_L(\ldots) &= \bar{H}_L(\underbrace{\dot{q}_{xf},}_{\text{Trägheit}} \qquad \underbrace{\beta, q_{xf}, q_{zf}}_{\text{Aerodynamik}}) \\
&= \bar{H}_{L\dot{q}xf}\dot{q}_{xf} + \bar{H}_{L\beta}\beta + \bar{H}_{Lqxf}q_{xf} + \bar{H}_{Lqzf}q_{zf} \\
&= H_{L\beta}\beta + H_{L\ddot{\varphi}e}\ddot{\varphi}_e + H_{L\dot{\varphi}e}\dot{\varphi}_e + H_{L\ddot{\psi}e}\ddot{\psi}_e + H_{L\dot{\psi}e}\dot{\psi}_e \\
\text{mit} \qquad & \\
H_{L\beta} &= \bar{H}_{L\beta} \\
H_{L\ddot{\varphi}e} &= \bar{H}_{Lqxf}\cos\alpha \\
H_{L\varphi e} &= \bar{H}_{Lqxf}\cos\alpha + \bar{H}_{Lqzf}\sin\alpha \\
H_{L\psi e} &= -\bar{H}_{L\dot{q}xf}\sin(\vartheta_e + \alpha) \\
H_{L\dot{\psi}e} &= -\bar{H}_{Lqxf}\sin(\vartheta_e + \alpha) + \bar{H}_{Lqzf}\cos(\vartheta_e + \alpha)
\end{aligned}\right\} \qquad (4.1{,}13)$$

Entsprechend ergibt sich für das *Höhenruder*

$$\left.\begin{aligned}
H_M(\ldots) &= \bar{H}_M(\underbrace{b_{zf}, \dot{q}_{yf},}_{\text{Trägheit}} \quad \underbrace{\Delta\vartheta_f,}_{\text{Gewicht}} \quad \underbrace{\Delta\alpha, \Delta\dot{\alpha}, q_{yf}, \Delta V}_{\text{Aerodynamik}}) \\
&= \left\{\begin{aligned}&\bar{H}_{Mbzf}b_{zf} + \bar{H}_{M\dot{q}yf}\dot{q}_{yf} + \bar{H}_{M\vartheta f}\Delta\vartheta_f + \\ &+ \bar{H}_{M\alpha}\Delta\alpha + \bar{H}_{M\alpha}\Delta\dot{\alpha} + \bar{H}_{Mqyf}q_{yf} + \bar{H}_{MV}\Delta V\end{aligned}\right\} \\
&= \left\{\begin{aligned}&H_{MV}\Delta V + H_{M\dot{V}}\Delta\dot{V} + H_{M\ddot{\vartheta}e}\Delta\ddot{\vartheta}_e + H_{M\dot{\vartheta}e}\Delta\dot{\vartheta}_e + \\ &+ H_{M\vartheta e}\Delta\vartheta_e + H_{M\ddot{\alpha}}\Delta\ddot{\alpha} + H_{M\dot{\alpha}}\Delta\dot{\alpha} + H_{M\alpha}\Delta\alpha\end{aligned}\right\} \\
\text{mit} \qquad & \\
H_{MV} &= \bar{H}_{MV} & H_{M\dot{\alpha}} &= \bar{H}_{Mqyf} \\
H_{M\dot{V}} &= \bar{H}_{Mbzf}\sin\alpha & H_{M\alpha} &= \bar{H}_{M\alpha} + \bar{H}_{Mqyf} \\
H_{M\ddot{\vartheta}e} &= \bar{H}_{Mqyf} & H_{M\alpha} &= \bar{H}_{M\vartheta f} + \bar{H}_{M\alpha} \\
H_{M\dot{\vartheta}e} &= -\bar{H}_{Mbzf}V\cos\alpha + \bar{H}_{Mqyf} \\
H_{M\vartheta e} &= \bar{H}_{M\vartheta f}
\end{aligned}\right\} \qquad (4.1{,}14)$$

Setzt man den aerodynamischen Anteil des Scharniermoments in der Form

$$H_{M,\mathrm{aer}} = c_{MH}\frac{\varrho}{2}V^2F^{\mathrm{r}}l^{\mathrm{r}} \qquad (4.1{,}14)'$$

an, so wird

$$\frac{\partial H_M}{\partial V} = \frac{\partial H_{M,\mathrm{aer}}}{\partial V} = H_{M,\mathrm{aer}}\left(\frac{2}{V} + \frac{1}{c_{MH}}\frac{\partial c_{MH}}{\partial V}\right) \qquad (4.1{,}14)''$$

oder mit Gl. (4.1,5a)

$$H_{MV} = -H_{M(G,F)}\left(\frac{2}{V} + \frac{1}{c_{MH}}\frac{\partial c_{MH}}{\partial V}\right) \tag{4.1,14)'''$$

Schließlich hat man für das *Seitenruder* den Ansatz

$$\left.\begin{aligned}
H_N(\ldots) &= \bar{H}_N(\underbrace{b_{yf}, \dot{q}_{zf},}_{\text{Trägheit}} \quad \underbrace{\varphi_f,}_{\text{Gewicht}} \quad \underbrace{\beta, q_{xf}, q_{zf})}_{\text{Aerodynamik}} \\
&= \begin{Bmatrix} \bar{H}_{Nbyf} b_{yf} + \bar{H}_{N\dot{q}zf} \dot{q}_{zf} + \bar{H}_{N\varphi f} \varphi_f + \\ + \bar{H}_{N\dot{\beta}} \beta + \bar{H}_{Nqxf} q_{xf} + \bar{H}_{Nqzf} q_{zf} \end{Bmatrix} \\
&= \begin{Bmatrix} H_{N\beta} \dot{\beta} + H_{N\beta} \beta + H_{N\ddot{\varphi}e} \ddot{\varphi}_e + H_{N\dot{\varphi}e} \dot{\varphi}_e + H_{N\varphi e} \varphi_e + \\ + H_{N\ddot{\psi}e} \ddot{\psi}_e + H_{N\dot{\psi}e} \dot{\psi}_e \end{Bmatrix} \\
\text{mit} \\
H_{N\dot{\beta}} &= -V \bar{H}_{Nbyf} \\
H_{N\beta} &= \bar{H}_{N\beta} \\
H_{N\ddot{\varphi}e} &= \bar{H}_{N\dot{q}zf} \sin\alpha \\
H_{N\dot{\varphi}e} &= \bar{H}_{Nqxf} \cos\alpha + \bar{H}_{Nqzf} \sin\alpha \\
H_{N\varphi e} &= \bar{H}_{N\varphi f} \frac{\cos\vartheta_e}{\cos\vartheta_f} \\
H_{N\ddot{\psi}e} &= \bar{H}_{N\dot{q}zf} \cos(\vartheta_e + \alpha) \\
H_{N\dot{\psi}e} &= \bar{H}_{Nbyf} V \cos\vartheta_e - \bar{H}_{Nqxf} \sin(\vartheta_e + \alpha) + \bar{H}_{Nqzf} \cos(\vartheta_e + \alpha)
\end{aligned}\right\} \tag{4.1,15}$$

Hinsichtlich der Vorzeichen gelten unter der Annahme, daß der Massenmittelpunkt und der aerodynamische Schwerpunkt des Ruders *hinter* der Ruderdrehachse liegen, folgende Größenbeziehungen: Im Falle des *Querruders* wird

$$\bar{H}_{L\dot{q}xf} < 0, \qquad \bar{H}_{Lqxf} < 0 \tag{4.1,13a}$$

Für das *Höhenruder* wird

$$\left.\begin{matrix} H_{MV} < 0, \quad \bar{H}_{Mbzf} < 0, \quad \bar{H}_{Mqyf} < 0, \quad \bar{H}_{M\alpha} < 0, \\ \bar{H}_{M\vartheta f} < 0, \quad \bar{H}_{M\dot{\alpha}} < 0, \quad \bar{H}_{Mqyf} < 0 \end{matrix}\right\} \tag{4.1,14a}$$

Ferner gilt für das *Seitenruder*

$$\bar{H}_{Nbyf} > 0, \qquad \bar{H}_{N\dot{q}zf} < 0, \qquad \bar{H}_{N\beta} < 0, \qquad \bar{H}_{Nqzf} < 0 \tag{4.1,15a}$$

Kombiniert man die Ansätze dieses Abschnitts mit den Kräfte- und Momentengleichungen nach Abschnitt 3.2, S. 228, so kann man die dem symmetrischen Geradeausflug überlagerten freien Schwingungen bei losen Rudern in großer Allgemeinheit studieren. Eine einfache Abzählung der Ordnung der Differentialquotienten zeigt nun aber, daß man dabei im Falle der Längsbewegung eine charakteristische Gleichung sechsten Grades und im Falle der Seitenbewegung sogar eine solche vom achten Grad bekommt, s. Abschnitt 4.1.4, S. 304. Wegen der Schwierigkeit, solche umfangreichen Zusammenhänge ohne numerische Rechnungen zu überschauen, wollen wir zunächst in den beiden folgenden Abschnitten 4.1.2 und 4.1.3 stark vereinfachte Fälle diskutieren, indem wir die langsameren Partialschwingungen des Flugzeugs von der Betrachtung ausschließen. Danach wollen wir in Abschnitt 4.1.4 in der formalen Behandlung des allgemeinen Falles fortfahren.

4.1.2. Freie Schwingungen bei losen Rudern und raumfestem Schwerpunkt

4.1.21. Längsstabilität

Im Falle der Längsstabilität bei losen Rudern wollen wir jetzt die Ruderbewegungen lediglich im Zusammenwirken mit der schnellen Kippschwingung nach Abschnitt 3.2.232, S. 243, betrachten und setzen daher

$$\Delta V = \Delta\vartheta_e = 0 \tag{4.1,16}$$

Die Momentengleichung (3.2,19), S. 230, wird dann mit Rücksicht auf Gl. (4.1,2)

$$\left(J_{yf}\frac{\mathrm{d}^2}{\mathrm{d}t^2} - \bar{M}_{\dot{\alpha}}\frac{\mathrm{d}}{\mathrm{d}t} - M_\alpha\right)\Delta\alpha + \left(-M_{\dot{\eta}}\frac{\mathrm{d}}{\mathrm{d}t} - M_\eta\right)\Delta\eta = 0 \tag{4.1,17}$$

während die Rudergleichung gemäß Gl. (4.1,5) und (4.1,14)

$$\left(-H_{M\ddot{\alpha}}\frac{\mathrm{d}^2}{\mathrm{d}t^2} - H_{M\dot{\alpha}}\frac{\mathrm{d}}{\mathrm{d}t} - H_{M\alpha}\right)\Delta\alpha + \left(J_M\frac{\mathrm{d}^2}{\mathrm{d}t^2} + D_M\frac{\mathrm{d}}{\mathrm{d}t} + C_M\right)\Delta\eta = 0 \tag{4.1,18}$$

lautet. Die charakteristische Gleichung dieser Bewegung ist

$$J_{yf}J_M F_4(\lambda) = 0 \tag{4.1,19}$$

mit

$$J_{yf}J_M F_4(\lambda) \equiv \begin{vmatrix} J_{yf}\lambda^2 - \bar{M}_{\dot{\alpha}}\lambda - M_\alpha & -M_{\dot{\eta}}\lambda - M_\eta \\ -H_{M\ddot{\alpha}}\lambda^2 - H_{M\dot{\alpha}}\lambda - H_{M\alpha} & J_M\lambda^2 + D_M\lambda + C_M \end{vmatrix} \tag{4.1,20}$$

Bei fehlender Ruderwirkung, d. h. für $M_{\dot{\eta}} = M_\eta = 0$, erhält man als Wurzeln von Gl. (4.1,19) einerseits die Wurzeln der schnellen Kippschwingung nach Abschnitt 3.2.232, S. 243, andererseits die Wurzeln der noch schnelleren Eigenschwingung des Ruders, die aus

$$J_M \lambda^2 + D_M \lambda + C_M = 0 \tag{4.1,21}$$

folgen. Die Wurzeln λ_1 bis λ_4 der vollständigen Bewegung berechnen sich daher zweckmäßig nach dem in Abschnitt 3.2.234, S. 244, beschriebenen Iterationsverfahren, wobei jetzt λ_1, λ_2 die dem Betrage nach großen Wurzeln der Ruderschwingung sind. Dabei sind im Ansatz

$$F_4(\lambda) = \lambda^4 + B\lambda^3 + C\lambda^2 + D\lambda + E \tag{4.1,22}$$

die Koeffizienten B bis E durch die Beziehungen

$$\left.\begin{aligned}
J_{yf} J_M B &= -\bar{M}_{\dot{\alpha}} J_M + J_{yf} D_M - H_{M\ddot{\alpha}} M_{\dot{\eta}}\\
J_{yf} J_M C &= -M_\alpha J_M - \bar{M}_{\dot{\alpha}} D_M + J_{yf} C_M - H_{M\dot{\alpha}} M_{\dot{\eta}} - H_{M\ddot{\alpha}} M_\eta\\
J_{yf} J_M D &= -M_\alpha D_M - \bar{M}_{\dot{\alpha}} C_M - H_{M\alpha} M_{\dot{\eta}} - H_{M\dot{\alpha}} M_\eta\\
J_{yf} J_M E &= -M_\alpha C_M - H_{M\alpha} M_\eta
\end{aligned}\right\} \tag{4.1,23}$$

bestimmt. Man bemerkt, daß unter normalen Umständen nur die mit M_η bzw. $M_{\dot{\eta}}$ gebildeten Summanden negative Beiträge zu den Koeffizienten von $F_4(\lambda)$ liefern.

Für die statische Stabilität des Flugzeugs bei festem Ruderwinkel ist die Größenbeziehung $-M_\alpha > 0$ und für die statische Stabilität des Ruders bei festem Anstellwinkel die Beziehung $C_M > 0$ erforderlich. *Statische Stabilität* des Flugzeugs bei losen Rudern erfordert das Bestehen der Beziehung

$$-M_\alpha C_M - H_{M\alpha} M_\eta > 0 \tag{4.1,23$'$}$$

Um die statische Stabilität zu verbessern, gibt es mehrere Möglichkeiten: Man kann die Größe der Höhenflosse und des Höhenruders ändern und die Ruderdrehachse verschieben. Sind diese Möglichkeiten bereits erschöpft, so kann man das aerodynamische Rückstellmoment des Ruders durch ein dem Ruderwinkel proportionales Federmoment derart verstärken, daß der Koeffizient C_M hinreichend groß und die Bedingung $E > 0$ sicher erfüllt wird.

Die allgemeine *dynamische Stabilität* des Systems wird ferner gemäß Gl. (1.9,82), S. 95, bei konstanten Koeffizienten B, D, E durch Vergrößern des Koeffizienten C verbessert. Dies läßt sich hier durch Verlegung des Ruderschwerpunkts möglichst weit nach vorne erreichen, da hierbei der Ausdruck $H_{M\ddot{\alpha}}$ wächst, der sonst nur noch schwach im Koeffizienten B vorkommt. Bei Überkompensation ($H_{M\ddot{\alpha}} > 0$) liefert der damit gebildete Term sogar einen positiven Beitrag zur Stabilität. Dabei muß man jedoch beachten, daß sich nach Abschnitt 4.1.132 durch eine solche Maßnahme die Stabilität der Phygoidenbewegung, die ja in diesem Abschnitt 4.1.21 außer Betracht geblieben ist, verschlechtern würde.

Zahlenbeispiel: Gegeben sei ein Flugzeug mit den Daten des Zahlenbeispiels von Abschnitt 3.2.21, S. 232, jedoch sei hier abweichend $c^{r}_{Mf\eta} = -0{,}58757/2 = -0{,}29378$ gesetzt. Ferner sei gewählt: $M_{\dot\eta} = 0{,}2 M_{\dot\vartheta_e} = -1632{,}6$ m kp s, $J_M = 0{,}5$ kp m s², $D_M = 55$ kp m s, $C_M = 1500$ kp m, $H_{M\alpha} = -600$ kp m, $H_{M\dot\alpha} = -35$ kp m s, $H_{M\ddot\alpha} = -5$ kp m s². Zwischenwerte: $\bar M_{\dot\alpha}/J_{yf} = -1{,}35942\,\mathrm{s}^{-1}$, $M_\alpha/J_{yf} = -2{,}52160\,\mathrm{s}^{-2}$, $M_\eta/J_{yf} = -4{,}338305\,\mathrm{s}^{-2}$, $M_{\dot\eta}/J_{yf} = -0{,}20655\,\mathrm{s}^{-1}$, $D_M/J_M = 110{,}0\,\mathrm{s}^{-1}$, $C_M/J_M = 3000{,}0\,\mathrm{s}^{-2}$ $H_{M\ddot\alpha}/J_M = -10{,}0$, $H_{M\dot\alpha}/J_M = -70{,}0\,\mathrm{s}^{-1}$, $H_{M\alpha}/J_M = -1200{,}0\,\mathrm{s}^{-2}$. Koeffizienten der charakteristischen Gleichung (4.1,22): $B = 109{,}294\,\mathrm{s}^{-1}$, $C = 3094{,}217\,\mathrm{s}^{-2}$, $D = 3804{,}095\,\mathrm{s}^{-3}$, $E = 2358{,}84\,\mathrm{s}^{-4}$ mit $R = D(BC-D)-EB^2 = 1243{,}8\;10^6\,\mathrm{s}^{-6}$. Die *Hurwitz*schen Stabilitätsbedingungen sind erfüllt. Als Wurzeln der charakteristischen Gleichung findet man nach dem Iterationsverfahren von Abschnitt 3.2.234, S. 244,
$\lambda_{1,2} = -\delta_1 \pm i\omega_1$, $\delta_1 = 54{,}0185\,\mathrm{s}^{-1}$, $\omega_1 = 6{,}294\,\mathrm{s}^{-1}$,
$\lambda_{3,4} = -\delta_2 \pm i\omega_2$, $\delta_2 = 0{,}398775\,\mathrm{s}^{-1}$, $\omega_2 = 0{,}7994\,\mathrm{s}^{-1}$.

4.1.22. Seitenstabilität

4.1.221. *Reine Rollbewegung*

In ähnlicher Weise wie im Falle der Längsstabilität wollen wir die Rudergleichung für das Querruder jetzt in Verbindung mit der reinen Rollbewegung des Flugzeugs nach Abschnitt 3.2.332, S. 250, betrachten. Hier ist

$$\beta = \dot\psi_e = 0 \tag{4.1,24a}$$

Ferner setzen wir in Gl. (4.1,1) speziell

$$\zeta = 0 \tag{4.1,24b}$$

vernachlässigen also den Einfluß der Seitenruderbewegung. Die Momentengleichung (3.2,18), S. 229, wird dann unter Beachtung von Gl. (4.1,1)

$$\left(J_{xe}\frac{\mathrm{d}}{\mathrm{d}t} - L_{\dot\varphi e}\right)\dot\varphi_e + \left(-L_{\dot\xi}\frac{\mathrm{d}}{\mathrm{d}t} - L_\xi\right)\xi = 0 \tag{4.1,25}$$

Ferner lautet die Querrudergleichung gemäß Gl. (4.1,4) und (4.1,13)

$$\left(-H_{L\ddot\varphi e}\frac{\mathrm{d}}{\mathrm{d}t} - H_{L\dot\varphi e}\right)\dot\varphi_e + \left(J_L\frac{\mathrm{d}^2}{\mathrm{d}t^2} + D_L\frac{\mathrm{d}}{\mathrm{d}t} + C_L\right)\xi = 0 \tag{4.1,26}$$

Die charakteristische Gleichung ist für $\dot\varphi_e$ und ξ als abhängige Variable

$$J_{xe}J_L F_3(\lambda) = 0 \tag{4.1,27}$$

mit

$$J_{xe}J_L F_3(\lambda) \equiv \begin{vmatrix} J_{xe}\lambda - L_{\varphi e} & -L_{\dot\xi}\lambda - L_\xi \\ -H_{L\ddot\varphi e}\lambda - H_{L\varphi e} & J_L\lambda^2 + D_L\lambda + C_L \end{vmatrix} \tag{4.1,28}$$

Bei fehlender Ruderwirkung ($L_\xi = L_{\dot\xi} = 0$) sind die Wurzeln von Gl. (4.1,27) einerseits die Wurzel der stark gedämpften Rollbewegung, andererseits die Wurzeln der noch schnelleren Eigenschwingung des Querruders, die sich aus der Gleichung

$$J_L\lambda^2 + D_L\lambda + C_L = 0 \tag{4.1,29}$$

ergeben. Schreibt man $F_3(\lambda)$ in der Form

$$F_3(\lambda) = \lambda^3 + B\lambda^2 + C\lambda + D \tag{4.1,30}$$

mit

$$\left.\begin{aligned} J_{xe}J_L B &= -L_{\varphi e}J_L + J_{xe}D_L \quad -H_{L\ddot\varphi e}L_{\dot\xi} \\ J_{xe}J_L C &= \quad -L_{\phi e}D_L + J_{xe}C_L - H_{L\varphi e}L_{\dot\xi} - H_{L\ddot\varphi e}L_\xi \\ J_{xe}J_L D &= \quad -L_{\varphi e}C_L \quad -H_{L\varphi e}L_\xi \end{aligned}\right\} \tag{4.1,31}$$

so berechnet man zweckmäßig die der Rollbewegung entsprechende reelle Wurzel λ_1 durch Iteration, wobei man den Ausdruck $C\lambda + D$ als Hauptglied betrachtet. Die übrigen Wurzeln ergeben sich dann leicht nach Abspaltung des Faktors $(\lambda - \lambda_1)$ von $F_3(\lambda)$.
Unter normalen Umständen liefern nur die mit L_ξ und $L_{\dot\xi}$ gebildeten Summanden negative Beiträge zu den Koeffizienten von $F_3(\lambda)$. Von günstigem Einfluß auf die Stabilität des Systems ist eine Verstärkung des aerodynamischen Rückstellmoments durch ein Federmoment, so daß der Koeffizient C_L hinreichend groß wird, sowie ein Massenausgleich bzw. eine Überkompensation der Trägheitskräfte, so daß $H_{L\ddot\varphi e}$ möglichst größer oder gleich Null wird.

Zahlenbeispiel: Mit den Werten des Zahlenbeispiels von Abschnitt 3.2.31, S. 247, und den weiteren Annahmen $c^r_{Lf\xi} = -0{,}37218$, $L_{\dot\xi} = 0{,}1$ $L_{\phi e} = -1421{,}55$ kp m s, $J_L = 0{,}5$ kp m s², $D_L = 55{,}0$ kp m s, $C_L = 1500{,}0$ kp m, $H_{L\phi e} = -50{,}0$ kp m s, $H_{L\ddot\varphi e} = -5{,}0$ kp m s² erhält man die Zwischenwerte $L_{\phi e}/J_{xe} = -3{,}67934$ s⁻¹, $L_{\dot\xi}/J_{xe} = -0{,}36793$ s⁻¹, $L_\xi/J_{xe} = -22{,}3272$ s⁻², $D_L/J_L = 110{,}0$ s⁻¹, $C_L/J_L = 3000{,}0$ s⁻², $H_{L\ddot\varphi e}/J_L = -10{,}0$, $H_{L\varphi e}/J_L = -100{,}0$ s⁻¹ und weiter als Koeffizienten der charakteristischen Gleichung (4.1,30) $B = 110{,}0$ s⁻¹, $C = 3144{,}67$ s⁻², $D = 8805{,}3$ s⁻³ mit $BC - D = 337108{,}4$ s⁻³. Die *Hurwitz*schen Stabilitätsbedingungen sind demnach erfüllt. Durch Iteration findet man als Wurzel von kleinem Betrag $\lambda_1 = -3{,}13381$ s⁻¹. Die beiden anderen Wurzeln sind $\lambda_2 = -60{,}165$ s⁻¹ bzw. $\lambda_3 = -46{,}701$ s⁻¹.

4.1.222. *Windfahnenbewegung*

Schließlich wollen wir die Rudergleichung für das Seitenruder im Zusammenwirken mit der Windfahnenbewegung des Flugzeugs nach

Abschnitt 3.2.333, S. 250, betrachten. Hier gilt

$$\varphi_e = \psi_e \sin\vartheta_e \qquad \beta = \psi_e \cos\vartheta_e \tag{4.1,32}$$

Ferner setzen wir in Gl. (4.1,3) speziell

$$\xi = 0 \tag{4.1,33}$$

vernachlässigen also den Einfluß der Querruderbewegung. Die Momentengleichung (3.2,20), S. 230, wird mit Gl. (4.1,3)

$$\begin{aligned}\left[\cos\vartheta_e J_{ze}\frac{\mathrm{d}^2}{\mathrm{d}t^2} - (N_{\dot\psi_e} + N_{\dot\varphi_e}\sin\vartheta_e)\frac{\mathrm{d}}{\mathrm{d}t} - N_\beta\cos\vartheta_e\right]\psi_e + \\ + \left[-N_{\dot\zeta}\frac{\mathrm{d}}{\mathrm{d}t} - N_\zeta\right]\zeta = 0\end{aligned} \tag{4.1,34}$$

Die Differentialgleichung der Seitenruderbewegung lautet nach Gl. (4.1,6) und (4.1,15)

$$\left.\begin{aligned}\Big[(-H_{N\ddot\psi e}\sin\vartheta_e - H_{N\psi e})\frac{\mathrm{d}^2}{\mathrm{d}t^2} + (-H_{N\dot\beta}\cos\vartheta_e - H_{N\varphi e}\sin\vartheta_e - H_{N\dot\psi e})\frac{\mathrm{d}}{\mathrm{d}t} + \\ + (-H_{N\beta}\cos\vartheta_e - H_{N\varphi e}\sin\vartheta_e)\Big]\psi_e + \left[J_N\frac{\mathrm{d}^2}{\mathrm{d}t^2} + D_N\frac{\mathrm{d}}{\mathrm{d}t} + C_N\right]\zeta = 0\end{aligned}\right\} \tag{4.1,35}$$

Dies System stimmt formal genau mit den Gln. (4.1,17) und (4.1,18) der Kippschwingung überein, so daß sich weitere Ausführungen erübrigen. Es sei lediglich festgehalten, daß man die Windfahnenstabilität bei losen Rudern durch Verstärken des aerodynamischen Rückstellmoments mittels eines Federmoments und durch Massenausgleich bezüglich der Ruderdrehachse verbessern kann.

4.1.3. Erzwungene Bewegungen bei losen Rudern und festgehaltenem Schwerpunkt

4.1.31. Gestörte Längsbewegung

4.1.311. *Störmoment ΔM in Richtung der Querachse $\mathbf{e}_2$*

Auch in diesem Abschnitt wollen wir nur die im vorigen Abschnitt 4.1.2 betrachteten schnelleren Partialbewegungen des Flugzeugs, die sich im Windkanalversuch bei festgehaltenem Flugzeugschwerpunkt realisieren lassen, hinsichtlich erzwungener Bewegungen untersuchen.

Im Falle der gestörten Längsbewegung wollen wir die Funktion $F_4(s)$ nach Gl. (4.1,20) in der Form

$$F_4(s) = (s^2 + 2\zeta_{12}\omega_{12}s + \omega_{12}^2)(s^2 + 2\zeta_{34}\omega_{34}s + \omega_{34}^2) \tag{4.1,36}$$

ansetzen, wobei es offen bleiben mag, ob die in s quadratischen Terme noch weiter in Linearfaktoren mit reellen Nullstellen zerlegbar sind. Ein Störmoment ΔM in Richtung der Achse $\boldsymbol{e}_2$ ist in Gl. (4.1,17) auf der rechten Seite zu addieren, vgl. Abschnitt 3.3.23, S. 261. Man erhält dafür die *Übertragungsfunktionen*

$$F^{(s)}_{\Delta\alpha/\Delta M} = \frac{J_M s^2 + D_M s + C_M}{J_{yf} J_M F_4(s)} \tag{4.1,37a}$$

$$F^{(s)}_{\Delta\eta/\Delta M} = \frac{H_{M\ddot{a}} s^2 + H_{M\dot{a}} s + H_{M\alpha}}{J_{yf} J_M F_4(s)} \tag{4.1,38a}$$

Die zugehörigen Frequenzgänge sind im *Bode*-Diagramm leicht zu approximieren.

Bei einem *Sprung der Störfunktion* ΔM werden die Asymptoten der Übertragungsfunktion, falls Stabilität vorhanden ist,

$$\lim_{t\to\infty} \frac{\Delta\alpha(t)}{\Delta M} = \lim_{s\to 0} F^{(s)}_{\Delta\alpha/\Delta M} = \frac{C_M}{J_{yf} J_M E} \;(>0) \tag{4.1,37b}$$

$$\lim_{t\to\infty} \frac{\Delta\eta(t)}{\Delta M} = \lim_{s\to 0} F^{(s)}_{\Delta\eta/\Delta M} = \frac{H_{M\alpha}}{J_{yf} J_M E} \;(<0) \tag{4.1,38b}$$

Mit den Anfangsbedingungen

$$\Delta\alpha = 0, \quad \Delta\dot{\alpha} = 0, \quad \Delta\eta = 0, \quad \Delta\dot{\eta} = 0 \quad \text{für} \quad t = 0 \tag{4.1,39}$$

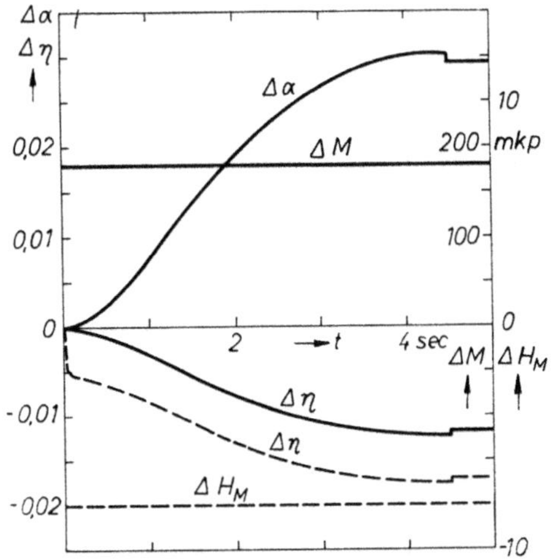

Abb. 4.1,2
Qualitativer Verlauf der Übergangsfunktionen $\Delta\alpha$ und $\Delta\eta$ bei einem Sprung von ΔM (———) bzw. ΔH_M (- - - - -), vgl. Zahlenbeispiel S. 301

ergibt sich für $t = 0$ weiter

$$\lim_{t\to 0} \frac{\Delta\ddot{\alpha}}{\Delta M} = \frac{1}{J_{yf}} \quad (>0) \tag{4.1,37c}$$

$$\lim_{t\to 0} \frac{\Delta\ddot{\eta}}{\Delta M} = \frac{H_{M\ddot{\alpha}}}{J_M} \lim_{t\to 0} \frac{\Delta\ddot{\alpha}}{\Delta M} = \frac{H_{M\ddot{\alpha}}}{J_M J_{yf}} \quad (<0) \tag{4.1,38c}$$

Die Übergangsfunktionen haben daher für $\Delta M > 0$ qualitativ einen Verlauf nach Abb. 4.1,2, vgl. auch Abb. 3.3,4, S. 263.

4.1.312. *Stör-Scharniermoment* ΔH_M

Bei einem störenden Scharniermoment am Höhenruder in Richtung e_2, das beispielsweise durch einen Hilfsruderausschlag hervorgerufen werden kann, muß in Gl. (4.1,18) auf der rechten Seite ΔH_M addiert werden. Die Übertragungsfunktionen lauten dann

$$F^{(s)}_{\Delta\alpha/\Delta H M} = \frac{M_{\dot{\eta}} s + M_{\eta}}{J_{yf} J_M F_4(s)} \tag{4.1,40a}$$

$$F^{(s)}_{\Delta\eta/\Delta H M} = \frac{J_{yf} s^2 - M_{\dot{\alpha}} s - M_{\alpha}}{J_{yf} J_M F_4(s)} \tag{4.1,41a}$$

Bei einem *Sprung der Störfunktion* ΔH_M werden die Asymptoten der Übergangsfunktion für ein stabiles System

$$\lim_{t\to\infty} \frac{\Delta\alpha(t)}{\Delta H_M} = \lim_{s\to 0} F^{(s)}_{\Delta\alpha/\Delta H M} = \frac{M_{\eta}}{J_{yf} J_M E} \quad (<0) \tag{4.1,40b}$$

$$\lim_{t\to\infty} \frac{\Delta\eta(t)}{\Delta H_M} = \lim_{s\to 0} F^{(s)}_{\Delta\eta/\Delta H M} = \frac{-M_{\alpha}}{J_{yf} J_M E} \quad (>0) \tag{4.1,41b}$$

Für $t = 0$ wird mit den Anfangsbedingungen (4.1,39)

$$\lim_{t\to 0} \Delta\ddot{\alpha} = 0 \tag{4.1,40c}$$

$$\lim_{t\to 0} \frac{\Delta\ddot{\eta}}{\Delta H_M} = \frac{1}{J_M} \quad (>0) \tag{4.1,41c}$$

$$\lim_{t\to 0} \frac{\Delta\ddot{\alpha}}{\Delta H_M} = \frac{M_{\dot{\eta}}}{J_{yf}} \lim_{t\to 0} \frac{\Delta\ddot{\eta}}{\Delta H_M} = \frac{M_{\dot{\eta}}}{J_{yf} J_M} \quad (<0) \tag{4.1,40d}$$

Der qualitative Verlauf der Übergangsfunktionen ist in Abb. 4.1,2 für $\Delta H_M < 0$ angedeutet.

Zahlenbeispiel: Die Übergangsfunktionen der Abb. 4.1,2 wurden mit den Werten des Zahlenbeispiels von Abschnitt 4.1.21, S. 297, nach dem Verfahren von *Runge-*

Heun-Kutta berechnet. Um die Normalform (1.9,1) zu erreichen, wurden neben $\Delta\alpha$ und $\Delta\eta$ noch die Größen $\Delta\dot{\alpha}$ und $\Delta\dot{\eta}$ als abhängige Variable eingeführt und die Differentialgleichung (4.1,18) durch die Gleichungskombination (4.1,18) + $(H_{M\dot{\alpha}}/J_{yf})\cdot$ (4.1,17) ersetzt. Die Anfangsbedingungen sind durch Gl. (4.1,39) bestimmt. Der Integrationsschritt τ wurde mit Rücksicht auf den Anteil der schnellen Ruderbewegung (s. Zahlenbeispiel von S. 297) zu $\tau[\approx \text{Min}\{1/\delta_1, \pi/10\,\omega_1\}] = 0{,}02$ s gewählt. Als Rudermoment um den Schwerpunkt wurde wie im Zahlenbeispiel von Abschnitt 3.3.23, S. 263, $\Delta M = 182{,}31$ m kp genommen und das Scharniermoment $\Delta H_M = -7{,}97506$ m kp so gewählt, daß die asymptotischen Anstellwinkelstörungen $\Delta\alpha_\infty$ in beiden Fällen übereinstimmen. Gemäß Abb. 4.1,2 fallen dann die Übergangsfunktionen $\Delta\alpha(t)$ innerhalb der Zeichengenauigkeit in ihrem ganzen Verlauf zusammen. Der Anteil der schnellen Ruderbewegung ist in Abb. 4.1,2 nur in der ersten Zehntelsekunde erkennbar; im übrigen folgt der Bewegungsablauf der langsameren Kippschwingung um den Schwerpunkt.

4.1.32. Gestörte Seitenbewegung

4.1.321. *Reine Rollbewegung*

4.1.3211. *Störmoment ΔL in Richtung der Längsachse $\boldsymbol{e}_1$*

Im Falle der gestörten Rollbewegung können wir die Funktion $F_3(s)$ nach Gl. (4.1,28) in der Form annehmen

$$F_3(s) = (s-\lambda_1)(s^2+2\zeta_{23}\,\omega_{23}\,s+\omega_{23}^2) \tag{4.1,42}$$

Ein Störmoment ΔL in Richtung der Achse $\boldsymbol{e}_1$ muß in Gl. (4.1,25) rechts addiert werden. Die zugehörigen Übertragungsfunktionen werden

$$F^{(s)}_{\varphi e/\Delta L} = \frac{J_L s^2+D_L s+C_L}{J_{xe} J_L F_3(s)} \tag{4.1,43a}$$

$$F^{(s)}_{\xi/\Delta L} = \frac{H_{L\ddot{\varphi}_e} s+H_{L\dot{\varphi}_e}}{J_{xe} J_L F_3(s)} \tag{4.1,44a}$$

Bei einem *Sprung in der Störfunktion ΔL* werden die Asymptoten der Übergangsfunktionen bei angenommener Stabilität

$$\lim_{t\to\infty} \frac{\dot{\varphi}_e(t)}{\Delta L} = \lim_{s\to 0} F^{(s)}_{\varphi e/\Delta L} = \frac{C_L}{J_{xe} J_L D} \quad (>0) \tag{4.1,43b}$$

$$\lim_{t\to\infty} \frac{\xi(t)}{\Delta L} = \lim_{s\to 0} F^{(s)}_{\xi/\Delta L} = \frac{H_{L\varphi e}}{J_{xe} J_L D} \quad (<0) \tag{4.1,44b}$$

vgl. Gl. (4.1,31). Mit den Anfangsbedingungen

$$\dot{\varphi}_e = 0, \quad \xi = 0, \quad \dot{\xi} = 0 \quad \text{für} \quad t = 0 \tag{4.1,45}$$

folgt für $t=0$ weiter

$$\lim_{t\to 0}\frac{\ddot{\varphi}_e}{\Delta L}=\frac{1}{J_{xe}} \tag{4.1,43c}$$

$$\lim_{t\to 0}\frac{\ddot{\xi}}{\Delta L}=\frac{H_{L\ddot{\varphi}e}}{J_L}\lim_{t\to 0}\frac{\ddot{\varphi}_e}{\Delta L}=\frac{H_{L\ddot{\varphi}e}}{J_L J_{xe}} \quad (<0) \tag{4.1,44c}$$

Die Übergangsfunktionen zeigen daher für $\Delta L>0$ einen qualitativen Verlauf nach Abb. 4.1,3; vgl. auch Abb. 3.3,6, S. 267.

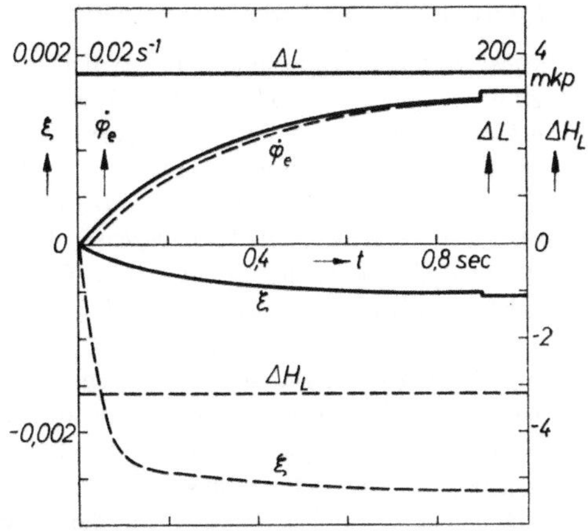

Abb. 4.1,3
Qualitativer Verlauf der Übergangsfunktionen $\dot{\varphi}_e$ und ξ bei einem Sprung von ΔL (———) bzw. ΔH_L (- - - - -), vgl. Zahlenbeispiel S. 304

4.1.3212. *Stör-Scharniermoment* ΔH_L

Wirkt am Querruder ein störendes Scharniermoment in Richtung f_1, so ist in Gl. (4.1,26) rechts ΔH_L zu addieren. Die Übertragungsfunktionen werden

$$F^{(s)}_{\varphi e/\Delta H_L}=\frac{L_{\dot{\xi}}s+L_{\xi}}{J_{xe}J_L F_3(s)} \tag{4.1,46a}$$

$$F^{(s)}_{\xi/\Delta H_L}=\frac{J_{xe}s-L_{\dot{\varphi}e}}{J_{xe}J_L F_3(s)} \tag{4.1,47a}$$

Bei einem *Sprung in der Störfunktion* ΔH_L und gesicherter Stabilität werden die Asymptoten der Übergangsfunktionen

$$\lim_{t\to\infty}\frac{\dot{\varphi}_e(t)}{\Delta H_L}=\lim_{s\to 0}F^{(s)}_{\varphi e/\Delta H_L}=\frac{L_{\xi}}{J_{xe}J_L D} \quad (<0) \tag{4.1,46b}$$

$$\lim_{t\to\infty}\frac{\xi(t)}{\Delta H_L}=\lim_{s\to 0}F^{(s)}_{\xi/\Delta H_L}=\frac{-L_{\varphi e}}{J_{xe}J_L D} \quad (>0) \tag{4.1,47b}$$

Für $t = 0$ wird mit den Anfangsbedingungen (4.1,45)

$$\lim_{t\to 0} \ddot{\varphi}_e = 0 \qquad (4.1,46c)$$

$$\lim_{t\to 0} \frac{\ddot{\xi}}{\Delta H_L} = \frac{1}{J_L} \qquad (4.1,47c)$$

$$\lim_{t\to 0} \frac{\ddot{\varphi}_e}{\Delta H_L} = \frac{L_\xi}{J_{xe}} \lim_{t\to 0} \frac{\ddot{\xi}}{\Delta H_L} = \frac{L_\xi}{J_{xe} J_L} \quad (< 0) \qquad (4.1,46d)$$

Qualitativ ist der Verlauf der Übergangsfunktionen in Abb. 4.1,3 gezeigt.

Zahlenbeispiel: Die Übergangsfunktionen der Abb. 4.1,3 wurden mit den Werten des Zahlenbeispiels von Abschnitt 4.1.221, S. 298, nach dem Verfahren von *Runge-Heun-Kutta* berechnet. Zur Vorbereitung der Rechnung wurde neben $\dot{\varphi}_e$ und ξ noch $\dot{\xi}$ als abhängige Variable hinzugenommen und die Differentialgleichung (4.1,26) durch die Gleichungskombination (4.1,26) + $(H_{L\dot{\varphi}e}/J_{xe})\cdot$(4.1,25) ersetzt. Die Anfangsbedingungen sind durch Gl. (4.1,45) gegeben. Das Störmoment $\Delta L = 182{,}31$ m kp konnte ohne Überschreitung der zulässigen Grenzen mit dem hundertfachen Wert des Zahlenbeispiels von Abschnitt 3.3.33, S. 270, angesetzt werden, da die Spiralsturzstabilität hier keine Rolle spielt. Das Scharniermoment $\Delta H_L = -3{,}17009$ m kp wurde so gewählt, daß die asymptotischen Drehgeschwindigkeiten $\dot{\varphi}_{e\infty}$ in beiden Fällen übereinstimmen. Der Integrationsschritt τ wurde in Anbetracht der schnellen Ruderbewegung (s. Zahlenbeispiel von Abschnitt 4.1.221, S. 298) zu $\tau[\approx -1/\lambda_2] = 0{,}02$ s genommen. Diese Partialbewegung macht sich allerdings nur während der ersten Zehntelsekunde bemerkbar. Danach sind die Übergangsfunktionen im wesentlichen durch die reine Rollbewegung des Flugzeugs bestimmt.

4.1.322. *Windfahnenbewegung*

Wie in Abschnitt 4.1.222 gezeigt, sind die Differentialgleichungen der Windfahnenbewegung formal genauso aufgebaut wie die der Längsbewegung. Die Ergebnisse von Abschnitt 4.1.31 sind also unmittelbar übertragbar, wobei jetzt die Größen $\Delta\alpha$, $\Delta\eta$, ΔM und ΔH_M nur durch ψ_e, ζ, ΔN und ΔH_N zu ersetzen sind.

4.1.4. Allgemeine Übertragungsfunktionen bei losem Ruder

4.1.41. Längsbewegung

Zur Abkürzung führen wir die Bezeichnungen ein

$$\left.\begin{aligned} ms - X_V &= b_{11} & -X_{\vartheta e} &= b_{12} \\ -X_\alpha &= b_{13} & 0 &= b_{14} \end{aligned}\right\} \qquad (4.1,48a)$$

$$-Z_V = b_{21} \qquad mVs - Z_{\vartheta_e} = b_{22}$$
$$-Z_{\dot{\alpha}} = b_{23} \qquad 0 = b_{24} \tag{4.1,48b}$$

$$-M_V = b_{31} \qquad J_{yf}\, s^2 - M_{\dot{\vartheta}_e} s = b_{32}$$
$$J_{yf}\, s^2 - \bar{M}_{\dot{\alpha}} s - M_\alpha = b_{33} \qquad -(M_{\dot{\eta}} s + M_\eta) = b_{34} \tag{4.1,48c}$$

$$-H_{MV} - H_{M\dot{V}} s = b_{41} \qquad -(H_{M\ddot{\vartheta}_e} s^2 + H_{M\dot{\vartheta}_e} s + H_{M\vartheta_e}) = b_{42}$$
$$-(H_{M\ddot{\alpha}} s^2 + H_{M\dot{\alpha}} s + H_{M\alpha}) = b_{43} \qquad J_M s^2 + D_M s + C_M = b_{44} \tag{4.1,48d}$$

Die Größen $b_{ik}(s)$ sind i. a. Funktionen von s. Ferner sei gesetzt

$$\Delta V = x_1 \qquad \Delta\vartheta_e = x_2 \qquad \Delta\alpha = x_3 \qquad \Delta\eta = x_4 \tag{4.1,49a}$$

$$\Delta X = y_1 \qquad -\Delta Z = y_2 \qquad \Delta M = y_3 \qquad \Delta H_M = y_4 \tag{4.1,49b}$$

Ersetzt man jetzt s durch $\frac{\mathrm{d}}{\mathrm{d}t}$, so lassen sich die Differentialgleichungen der Längsbewegung bei losem Ruder, nämlich Gl. (3.2,9), (3.2,11) und Gl. (3.2,19), S. 228, in Verbindung mit Gl. (4.1,2) sowie Gl. (4.1,5), S. 289, unter Annahme der Störkräfte ΔXe_1, ΔZe_3 bzw. des Störmoments ΔMe_2 und des Stör-Scharniermoments $\Delta H_M e_2$ in der Form schreiben

$$\sum_{k=1}^{4} b_{ik}\left(\frac{\mathrm{d}}{\mathrm{d}t}\right) x_k = y_i \qquad (i = 1, \ldots 4) \tag{4.1,50}$$

Die charakteristische Gleichung des Systems ist

$$F_6(\lambda) = 0 \tag{4.1,51}$$

mit

$$F_6(s) = |b_{ik}(s)| \tag{4.1,52}$$

Die zu $b_{ik}(s)$ gehörigen Unterdeterminanten, die aus $|b_{ik}(s)|$ durch Streichen der i-ten Zeile und k-ten Spalte entstehen, seien mit $B_{ik}(s)$ bezeichnet. Die Übertragungsfunktionen lassen sich dann durch die einheitliche Formel

$$F^{(s)}_{x_k/y_i} = (-1)^{i+k} \frac{B_{ik}(s)}{F_6(s)} \qquad (i, k = 1, \ldots 4) \tag{4.1,53}$$

darstellen. Setzt man in den Formeln (4.1,50) ff. alle Glieder mit einem Index größer als 3 gleich null und reduziert entsprechend die Anzahl der Gleichungen, so erhält man die Formeln für die Längsbewegung bei *festen* Rudern, die in Abschnitt 3.3.2, S. 256, ausführlich diskutiert wurden.

Es sei noch bemerkt, daß in dem hier vorliegenden allgemeinen Falle sich die statische Längsstabilität bei losen Rudern durch ein konstantes Gewichts- oder Federmoment, welches zur Größenbeziehung $H_{MV} < 0$ führt, verbessern läßt.

4.1.42. Seitenbewegung

Entsprechend sei im Falle der Seitenbewegung gesetzt

$$\left.\begin{aligned} mVs+Y_\beta &= c_{11} \qquad & Y_{\varphi e} &= c_{12} & & \\ -mV\cos\vartheta_e &= c_{13} & 0 &= c_{14} & 0 &= c_{15} \end{aligned}\right\} \tag{4.1,54a}$$

$$\left.\begin{aligned} -L_\beta &= c_{21} & J_{xe}s^2-L_{\varphi e}s &= c_{22} & & \\ -(J'_{xz}s+L_{\dot\psi e}) &= c_{23} & -(L_{\dot\xi}s+L_\xi) &= c_{24} & -(L_{\dot\zeta}s+L_\zeta) &= c_{25} \end{aligned}\right\} \tag{4.1,54b}$$

$$\left.\begin{aligned} -N_\beta &= c_{31} & -(J_{xze}s^2+N_{\varphi e}s) &= c_{32} & & \\ J'_z s-N_{\dot\psi e} &= c_{33} & -(N_{\dot\xi}s+N_\xi) &= c_{34} & -(N_{\dot\zeta}s+N_\zeta) &= c_{35} \end{aligned}\right\} \tag{4.1,54c}$$

$$\left.\begin{aligned} -H_{L\beta} &= c_{41} & -(H_{L\ddot\varphi e}s^2+H_{L\dot\varphi e}s) &= c_{42} & & \\ -(H_{L\psi e}s+H_{L\dot\psi e}) &= c_{43} & J_Ls^2+D_Ls+C_L &= c_{44} & 0 &= c_{45} \end{aligned}\right\} \tag{4.1,54d}$$

$$\left.\begin{aligned} -(H_{N\dot\beta}s+H_{N\beta}) &= c_{51} & -(H_{N\ddot\varphi e}s^2+H_{N\varphi e}s+H_{N\varphi e}) &= c_{52} & & \\ -(H_{N\psi e}s+H_{N\dot\psi e}) &= c_{53} & 0 &= c_{54} & J_Ns^2+D_Ns+C_N &= c_{55} \end{aligned}\right\} \tag{4.1,54e}$$

Ferner sei schematisch

$$\beta = u_1 \qquad \varphi_e = u_2 \qquad \dot\psi_e = u_3 \qquad \xi = u_4 \qquad \zeta = u_5 \tag{4.1,55a}$$

$$-\Delta Y = v_1 \qquad \Delta L = v_2 \qquad \Delta N = v_3 \qquad \Delta H_L = v_4 \qquad \Delta H_N = v_5 \tag{4.1,55b}$$

gesetzt.

Die Differentialgleichungen der Seitenbewegung bei losen Rudern, nämlich Gl. (3.2,10), ferner Gl. (3.2,18), S. 228, in Verbindung mit Gl. (4.1,1), S. 289, und Gl. (3.2,20) in Verbindung mit Gl. (4.1,3) sowie schließlich die Gln. (4.1,4) und (4.1,6), lassen sich dann unter Einbeziehen der Störkraft ΔYe_2, der Störmomente ΔLe_1 bzw. ΔNe_3 oder der Stör-Scharniermomente $\Delta H_L f_1$ bzw. $\Delta H_N f_3$ in der Form schreiben

$$\sum_{k=1}^{5} c_{ik}\left(\frac{\mathrm{d}}{\mathrm{d}t}\right) u_k = v_i \qquad (i = 1, \dots 5) \tag{4.1,56}$$

Als charakteristische Gleichung hat man

$$F_8(\lambda) = 0 \tag{4.1,57}$$

mit

$$F_8(s) = |c_{ik}(s)| \tag{4.1,58}$$

Ist $C_{ik}(s)$ die zu $c_{ik}(s)$ gehörige Unterdeterminante, so werden die Übertragungsfunktionen

$$F^{(s)}_{u_k/v_i} = (-1)^{i+k} \frac{C_{ik}(s)}{F_8(s)} \qquad (i, k = 1, \dots 5) \tag{4.1,59}$$

Setzt man in den Formeln (4.1,56) ff. alle Glieder mit einem Index größer als 3 gleich null, so findet man die Formeln für die Seitenbewegung bei festen Rudern, die in Abschnitt 3.3.3, S. 264, ausführlich gegeben wurden.

Literatur zu Abschnitt 4.1: [4–101], S. 334.

4.2. Flugstabilisierung (offener Lenk-Regelkreis mit Lage- oder Dämpfungsregelung)

Unter Lenk-Regelung sei hier wie üblich [1–614] die Regelung der Schwerpunktsbewegung, unter Lage- bzw. Dämpfungsregelung die Regelung der Orientierung des flugzeugfesten Systems (f) bzw. der Drehgeschwindigkeit $\boldsymbol{q}$ verstanden und hier zusammenfassend als „Stabilisierung" bezeichnet. Der offene Lenk-Regelkreis mit Lage- oder Dämpfungsregelung ist ein wichtiger Bestandteil des geschlossenen Lenk-Regelkreises, der im folgenden Abschnitt 4.3 betrachtet wird. Er ist aber auch für sich interessant in Fällen, in denen der Flugzeugführer selbst das Flugzeug lenkt und bei dieser Tätigkeit durch eine Stabilisierungseinrichtung entlastet werden soll.

4.2.1. Deutung der Störmomente als Rudermomente

4.2.11. Längsbewegung

Bei der Untersuchung von erzwungenen Bewegungen in Abschnitt 3.3, S. 254, wurden Störmomente in Richtung der Achsen $\boldsymbol{e}_1$, $\boldsymbol{e}_2$ und $\boldsymbol{e}_3$ angenommen. Es ist nun ohne weiteres möglich, diese Störmomente als Rudermomente zu deuten. Ersetzt man z. B. das Störmoment ΔM in Gl. (3.3,17), S. 261, durch

$$\left(M_{\dot\eta}\frac{\mathrm{d}}{\mathrm{d}t}+M_\eta\right)\Delta\eta$$

gemäß Gl. (3.2,19), S. 230, und (4.1,2), S. 289, also in der bequemen Schreibweise mit Übertragungsfunktionen

$$\Delta M^{\mathrm{r}} \equiv (M_{\dot\eta}s+M_\eta)\Delta\eta \tag{4.2,1}$$

so erhält man die stets richtige Beziehung

$$F^{(s)}_{x_k/\Delta_\eta} = (M_{\dot\eta}s+M_\eta)\overset{\text{fest}}{F^{(s)}_{x_k/\Delta M}} \qquad (k=1,2,3) \tag{4.2,2}$$

wobei x_k eine der Größen ΔV, $\Delta\vartheta_e$ oder $\Delta\alpha$ nach Gl. (4.1,49a) bedeutet. Der obere Index „r" möge hier an „Ruder" erinnern. Die rechts stehenden Übertragungsfunktionen sind in Gl. (3.3,18a) bis (3.3,20a), S. 261, ausführlich angeschrieben. Um sie von den entsprechenden Übertragungsfunktionen für lose Ruder nach Abschnitt 4.1 zu unterscheiden, wurde hier der obere Index „fest" hinzugefügt.

4.2.12. Seitenbewegung

Entsprechend kann man gemäß Gl. (3.3,28), S. 266, in Verbindung mit Gl. (4.1,1), S. 289, sowie gemäß Gl. (3.3,32) in Verbindung mit Gl. (4.1,3)

$$\Delta L^{\mathrm{r}} \equiv (L_{\dot\xi}s+L_\xi)\xi+(L_{\dot\zeta}s+L_\zeta)\zeta \tag{4.2,3}$$

und

$$\Delta N^{\mathrm{r}} \equiv (N_{\dot\xi}s+N_\xi)\xi+(N_{\dot\zeta}s+N_\zeta)\zeta \tag{4.2,4}$$

setzen. Damit wird

$$F^{(s)}_{u_k/\xi} = (L_{\dot\xi}s+L_\xi)\overset{\text{fest}}{F^{(s)}_{u_k/\Delta L}}+(N_{\dot\xi}s+N_\xi)\overset{\text{fest}}{F^{(s)}_{u_k/\Delta N}} \qquad (k=1,2,3) \tag{4.2,5}$$

und

$$F^{(s)}_{u_k/\zeta} = (L_{\dot\zeta}s+L_\zeta)\overset{\text{fest}}{F^{(s)}_{u_k/\Delta L}}+(N_{\dot\zeta}s+N_\zeta)\overset{\text{fest}}{F^{(s)}_{u_k/\Delta N}} \qquad (k=1,2,3) \tag{4.2,6}$$

wobei u_k eine der Größen β, φ_e oder $\dot\psi_e$ gemäß Gl. (4.1,55a) bedeutet.

4.2.2. Servomotor

4.2.21. Steuerung des Ruderwinkels

4.2.211. *Längsbewegung*

Die praktisch wichtigste Art, ein Ruderkommando an ein Flugzeug zu übertragen, besteht darin, den Ruderwinkel direkt in Abhängigkeit vom

Ruderkommando allein zu steuern. Man kann dies dadurch bewirken, daß man das Ruder zwangsweise an den Ausgang eines Servomotors ankoppelt, der im übrigen elektrisch, pneumatisch oder hydraulisch betrieben werden kann. Seine Übertragungsfunktion sei im Falle der Längsbewegung in der Form

$$F^{(s)}_{\Delta\eta/\Delta\eta_{\text{soll}}} = \frac{T'_{0\eta}}{T_{2\eta}s^2+T_{1\eta}s+T_{0\eta}} \tag{4.2,7}$$

angenommen, s. Gl. (1.6,2), S. 49. Im Falle $T_{0\eta} \neq 0$ soll $T'_{0\eta} = T_{0\eta}$ sein. In diesem Ansatz ist der bei kleineren Flugzeugen realisierbare Fall, daß der Ruderwinkel $\Delta\eta$ dem Knüppelausschlag und dieser dem Ruderkommando $\Delta\eta_{\text{soll}}$ direkt proportional ist, als Spezialfall für $T_{1\eta} = T_{2\eta} = 0$ enthalten.

Kombination von Gl. (4.2,7) mit Gl. (4.2,2) gibt im Falle direkter Steuerung des Ruderwinkels als Gesamt-Übertragungsfunktion von Servomotor und Längsbewegung des Flugzeugs

$$F^{(s)}_{x_k/\Delta\eta_{\text{soll}}} = F^{(s)}_{x_k/\Delta\eta} \cdot F^{(s)}_{\Delta\eta/\Delta\eta_{\text{soll}}} \qquad (k = 1, 2, 3) \tag{4.2,8}$$

wobei x_k eine der Größen ΔV, $\Delta\vartheta_e$ oder $\Delta\alpha$ gemäß Gl. (4.1,49a) bedeutet. Am Höhenruder entsteht hierbei ein Steuer-Scharniermoment Σ_M, welches sich aus der Rudergleichung (4.1,50) für $i = 4$ berechnet, indem man das Stör-Scharniermoment ΔH_M durch Σ_M ersetzt.

4.2.212. *Seitenbewegung*

Entsprechend hat man für die Seitenbewegung, falls die Ruderwinkel direkt durch Ruderkommandos gesteuert werden, die Ansätze

$$F^{(s)}_{\xi/\xi_{\text{soll}}} = \frac{T'_{0\xi}}{T_{2\xi}s^2+T_{1\xi}s+T_{0\xi}} \tag{4.2,9}$$

$$F^{(s)}_{\zeta/\zeta_{\text{soll}}} = \frac{T'_{0\zeta}}{T_{2\zeta}s^2+T_{1\zeta}s+T_{0\zeta}} \tag{4.2,10}$$

mit $T'_{0\xi} = T_{0\xi}$ für $T_{0\xi} \neq 0$ und $T'_{0\zeta} = T_{0\zeta}$ für $T_{0\zeta} \neq 0$. In Verbindung mit Gl. (4.2,5) bzw. (4.2,6) ergeben sich im Falle direkter Steuerung der Ruderwinkel die Gesamt-Übertragungsfunktionen von Servomotoren und Seitenbewegung des Flugzeugs

$$F^{(s)}_{u_k/\xi_{\text{soll}}} = F^{(s)}_{u_k/\xi} \cdot F^{(s)}_{\xi/\xi_{\text{soll}}} \qquad (k = 1, 2, 3) \tag{4.2,11}$$

$$F^{(s)}_{u_k/\zeta_{\text{soll}}} = F^{(s)}_{u_k/\zeta} \cdot F^{(s)}_{\zeta/\zeta_{\text{soll}}} \qquad (k = 1, 2, 3) \tag{4.2,12}$$

wobei u_k durch Gl. (4.1,55a) definiert ist und eine der Größen β, φ_e oder $\dot{\psi}_e$ bedeutet.

Die am Quer- bzw. Seitenruder entstehenden Steuer-Scharniermomente Σ_L bzw. Σ_N berechnen sich aus den Rudergleichungen (4.1,56) für $i = 4$ bzw. $i = 5$, indem man dort ΔH_L durch Σ_L und ΔH_N durch Σ_N ersetzt. Die Abb. 4.2,1 zeigt ein Blockschema für den vorliegenden Fall. Die am Servomotor i. a. vorhandene Rückführung ist hier nicht eingezeichnet da sie nur regeltechnisch von Interesse ist.

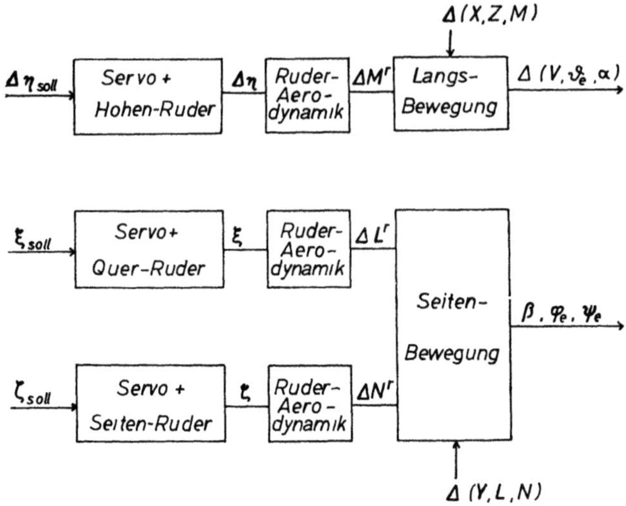

Abb. 4.2,1 Blockschema fur Servomotoren und Flugzeug bei direkter Steuerung aller Ruderwinkel

4.2.213. *Modifizierter Ansatz im Falle allgemeiner Steuermomente um den Schwerpunkt*

Natürlich kann man Steuermomente ΔL^σ, ΔM^σ, ΔN^σ um den Schwerpunkt des Flugzeugs nicht nur, wie hier angenommen, durch Ruderausschläge, sondern auch auf andere Art, z. B. durch Betätigung von Hilfsdüsen, einleiten. In Verallgemeinerung von Gl. (4.2,8) wird man dann z. B. im Falle der Längsbewegung auf einen Ansatz der Fo rm

$$F^{(s)}_{x_k/\Delta M^\sigma_{\text{soll}}} = \overset{\text{fest}}{F^{(s)}_{x_k/\Delta M}} \cdot F^{(s)}_{\Delta M^\sigma/\Delta M^\sigma_{\text{soll}}} \qquad (4.2,8)'$$

geführt. Dabei kann man die Übertragungsfunktion $F^{(s)}_{\Delta M^\sigma/\Delta M^\sigma_{\text{soll}}}$ in der gleichen Form wie die Übertragungsfunktion $F^{(s)}_{\Delta\eta/\Delta\eta_{\text{soll}}}$ nach Gl. (4.2,7) anschreiben. In entsprechender Weise lassen sich die Gln. (4.2,11, 12) für den Fall der Seitenbewegung verallgemeinern. Das Blockschema nach Abb. 4.2,1 reduziert sich hierbei auf das der Abb. 4.2,1a.

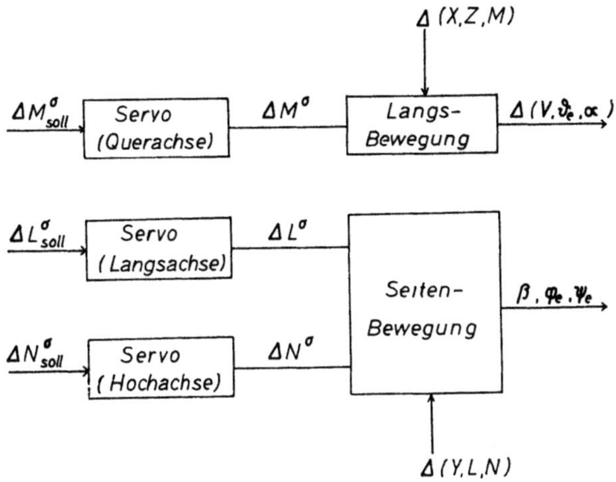

Abb. 4.2,1a Modifiziertes Blockschema im Falle allgemeiner Steuermomente um den Schwerpunkt

4.2.22. Steuerung des Ruder-Scharniermoments

4.2.221. *Längsbewegung*

Eine zweite Möglichkeit, ein Ruderkommando an ein Flugzeug zu übertragen, besteht darin, daß man am Ruder mit Hilfe eines Servomotors oder Hilfsruders (*Flettner*-Ruder) ein entsprechendes Steuer-Scharniermoment erzeugt. Im Falle der Längsbewegung möge das Steuer-Scharniermoment Σ_M mit dem Ruderkommando $\Delta\eta_{\text{soll}}$ durch die Übertragungsfunktion

$$F^{(s)}_{\Sigma_M/\Delta\eta_{\text{soll}}} = \frac{T''_{0M}}{T_{2M}s^2 + T_{1M}s + T_{0M}} \qquad (4.2,13)$$

verbunden sein, wobei die Konstante T''_{0M} noch passend gewählt werden muß. In diesem Ansatz ist für $T_{2M} = T_{1M} = 0$ der bei kleineren Flugzeugen realisierbare Fall enthalten, daß das Steuer-Scharniermoment Σ_M der Knüppelkraft und diese dem Ruderkommando $\Delta\eta_{\text{soll}}$ proportional ist.

Durch Kombination von Gl. (4.2,13) mit Gl. (4.1,53) erhält man jetzt als Gesamt-Übertragungsfunktion von Servomotor und Längsbewegung des Flugzeugs

$$F^{(s)}_{x_k/\Delta\eta_{\text{soll}}} = F^{(s)}_{x_k/\Delta H_M} \cdot F^{(s)}_{\Sigma_M/\Delta\eta_{\text{soll}}} \qquad (k = 1, \dots 4) \qquad (4.2,14)$$

Dabei bedeutet x_k wieder eine der Größen ΔV, $\Delta\vartheta_e$, $\Delta\alpha$ oder $\Delta\eta$ gemäß Gl. (4.1,49a).

Die Konstante T_{0M}'' in Gl. (4.2,13) kann man, falls $T_{0M} \neq 0$ ist, so wählen, daß im stationären Falle $\Delta\eta = \Delta\eta_{\text{soll}}$, also

$$\lim_{s\to 0} F^{(s)}_{\Delta\eta/\Delta\eta_{\text{soll}}} = 1 \tag{4.2,15}$$

wird.

4.2.222. *Seitenbewegung*

Die entsprechenden Gleichungen des Servomotors für den Fall der Seitenbewegung lauten

$$F^{(s)}_{\Sigma_L/\xi_{\text{soll}}} = \frac{T_{0L}''}{T_{2L}s^2 + T_{1L}s + T_{0L}} \tag{4.2,16}$$

$$F^{(s)}_{\Sigma_N/\zeta_{\text{soll}}} = \frac{T_{0N}''}{T_{2N}s^2 + T_{1N}s + T_{0N}} \tag{4.2,17}$$

Durch Kombination dieser Größen mit den Übertragungsfunktionen $F^{(s)}_{\beta/\Delta H_L}$ bzw. $F^{(s)}_{\beta/\Delta H_N}$ usw. nach Gl. (4.1,59) erhält man hier als Gesamt-

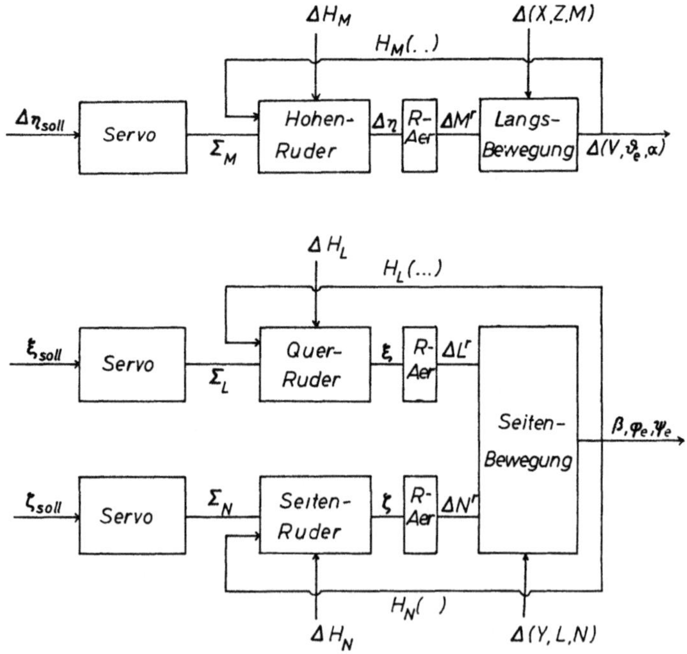

Abb. 4.2,2. Blockschema für Servomotoren und Flugzeug bei Steuerung aller Ruderscharniermomente

Übertragungsfunktionen von Servomotor und Seitenbewegung

$$F^{(s)}_{u_k/\xi_{soll}} = F^{(s)}_{u_k/\Delta H_L} \cdot F^{(s)}_{\Sigma_L/\xi_{soll}} \qquad (k = 1, \dots 5) \qquad (4.2,18)$$

$$F^{(s)}_{u_k/\zeta_{soll}} = F^{(s)}_{u_k/\Delta H_N} \cdot F^{(s)}_{\Sigma_N/\zeta_{soll}} \qquad (k = 1, \dots 5) \qquad (4.2,19)$$

Dabei bedeutet u_k eine der Größen β, φ_e, $\dot{\psi}_e$, ξ oder ζ gemäß Gl. (4.1,55a), S. 306.

Die Konstanten T''_{0L} bzw. T''_{0N} kann man hier, falls $T_{0L} \neq 0$ bzw. $T_{0N} \neq 0$ ist, so wählen, daß

$$\lim_{s \to 0} F^{(s)}_{\xi/\xi_{soll}} = 1 \qquad (4.2,20)$$

bzw.

$$\lim_{s \to 0} F^{(s)}_{\zeta/\zeta_{soll}} = 1 \qquad (4.2,21)$$

wird.

Abb. 4.2,2 gibt das Blockschema für den hier besprochenen Fall. Selbstverständlich ist es ohne weiteres möglich, die beiden Arten der Übertragung der Ruderkommandos an das Flugzeug zu kombinieren, also beispielsweise das Querruder gemäß dem Blockschema 4.2,1 und das Seitenruder gemäß Abb. 4.2,2 zu betätigen.

4.2.223. *Modifizierter Ansatz im Spezialfall der Steuerung eines Flettnerruder-Winkels*

Falls die Steuer-Scharniermomente Σ speziell durch gesteuerte Ausschläge $\Delta\xi^{H}$, $\Delta\eta^{H}$, $\Delta\zeta^{H}$ von *Flettner*rudern erzeugt werden, wird es beispielsweise im Falle der Längsbewegung u. U. zweckmäßig sein, die Übertragungsfunktion

$$F^{(s)}_{x_k/\Delta\eta^{H}_{soll}} = F^{(s)}_{x_k/\Delta H_M} \cdot F^{(s)}_{\Sigma_M/\Delta\eta^{H}} \cdot F^{(s)}_{\Delta\eta^{H}/\Delta\eta^{H}_{soll}} \qquad (4.2,14)'$$

einzuführen. Dabei kann man zwischen dem Steuerscharniermoment Σ_M und dem

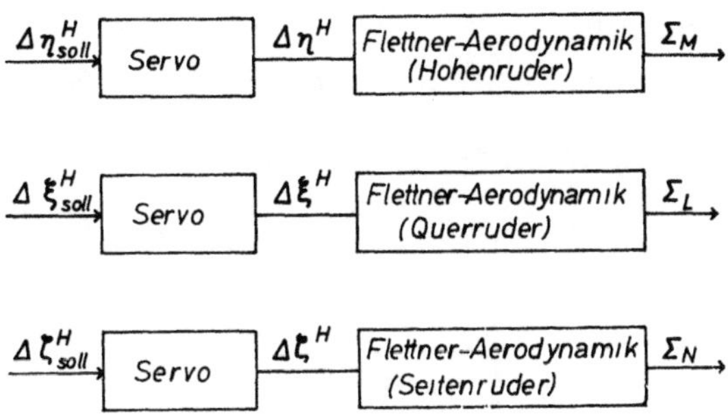

Abb. 4.2,2a
Modifiziertes Blockschema des Servoteiles von Abb. 4.2,2 im Spezialfall der Steuerung eines *Flettner*ruder-Winkels

*Flettner*ruder-Winkel $\Delta\eta^{H}$ eine zu Gl. (4.2,1) analoge Beziehung

$$\Sigma_M = (\Sigma_{M\dot{\eta}^H} \cdot s + \Sigma_{M\eta^H})\Delta\eta^H \tag{4.2,1)'}$$

annehmen, während man die Übertragungsfunktion $F^{(s)}_{\Delta\eta^H/\Delta\eta^H_{\text{soll}}}$ in der gleichen Weise wie die Übertragungfunktion $F^{(s)}_{\Delta\eta/\Delta\eta_{\text{soll}}}$ nach Gl. (4.2,7) ansetzen kann. Entsprechend lassen sich die Gln. (4.2,18,19) spezialisieren. Der Servoteil des Blockschemas nach Abb. 4.2,2 kann hier durch das Schema der Abb. 4.2,2a ersetzt werden.

4.2.3. Sonstige Regelkreisglieder

4.2.31. Längsbewegung

Im allgemeinen will man durch die Betätigung der Ruder ein bestimmtes Flugprogramm verwirklichen. Im Falle der Längsbewegung ist dadurch das Ruderkommando $\Delta\eta_{\text{soll}}$ weitgehend bestimmt, vgl. Abschnitt 3.1.1, S. 218. Um ein konkretes Beispiel zu geben, sei angenommen, daß einem symmetrischen Geradeausflug mit konstanter Steiggeschwindigkeit $\dot{H}_0 = \text{const}$ in einer ruhenden Atmosphäre konstanter Dichte und bei konstanten Flugzeugdaten kleine gesteuerte Bewegungen $\Delta\dot{H}_{\text{ein}}$ des Schwerpunkts überlagert werden sollen und dabei die Drehbewegungen des Flugzeugs um seine Querachse f_2 durch den Schwerpunkt gut gedämpft sein sollen.

Die Berechnung des zugehörigen Höhenruderkommandos $\Delta\eta_{\text{soll}}$ übernimmt ein *Kommandorechner*, der i. a. so konstruiert ist, daß auch die ersten Ableitungen der Steuergrößen sowie erste Integrale derselben gebildet und mit geeigneten Aufschaltkoeffizienten zum Ruderkommando $\Delta\eta_{\text{soll}}$ aufsummiert werden können. Praktisch wird die Rechnung mit elektrischen Netzwerken ausgeführt, die mit einer gewissen Verzögerung arbeiten und keine einfache Übertragungsfunktion besitzen. Dennoch kann man vielfach mit ausreichender Genauigkeit annehmen, daß eine ideale Addition vorliegt. Im vorliegenden Falle würde der Kommandorechner dann mit den Eingängen $\delta\Delta\dot{H}$ und δq_{yf} den Ausgangswert

$$\Delta\eta_{\text{soll}} = \delta\Delta\dot{H}\, F^{(s)}_{\Delta\eta_{\text{soll}}/\delta\Delta\dot{H}} + \delta q_{yf}\, F^{(s)}_{\Delta\eta_{\text{soll}}/\delta q_{yf}} \tag{4.2,22}$$

besitzen. Dabei sei etwa gesetzt

$$F^{(s)}_{\Delta\eta_{\text{soll}}/\delta\Delta\dot{H}} = -\left[\Gamma_1 s + \Gamma_0 + \frac{\Gamma_{-1}}{s}\right]_{\Delta\eta_{\text{soll}}/\delta\Delta\dot{H}} \tag{4.2,23}$$

$$F^{(s)}_{\Delta\eta_{\text{soll}}/\delta q_{yf}} = -\left[\Gamma_1 s + \Gamma_0 + \frac{\Gamma_{-1}}{s}\right]_{\Delta\eta_{\text{soll}}/\delta q_{yf}} \tag{4.2,24}$$

Der an die Klammer gesetzte Index $\Delta\eta_{soll}/\delta\Delta\dot{H}$ ist so zu verstehen, daß er an jeden der Koeffizienten Γ_1, Γ_0 und Γ_{-1} gesetzt werden soll. Diesen i. a. positiven Koeffizienten werden in Abschnitt 4.2.41 noch gewisse Bedingungen auferlegt.

Dem Kommandorechner sind *Komparatoren* vorgeschaltet, in denen die Differenzen

$$\delta\Delta\dot{H} = \Delta\dot{H}_{ein} - \Delta\dot{H}_{rück} \tag{4.2,25a}$$

mit

$$\Delta\dot{H}_{ein} \equiv y_5 s \tag{4.2,25b}$$

bzw.

$$\delta q_{yf} = q_{yf,\,ein} - q_{yf,\,rück} \tag{4.2,26a}$$

mit

$$q_{yf,\,ein} \equiv y_6 \tag{4.2,26b}$$

gebildet werden können. Zur Erleichterung der Schreibweise in späteren Abschnitten wurden hier in Analogie zu Gl. (4.1,49b) die Symbole y_5 und y_6 eingeführt.

Entsprechend der gestellten Aufgabe ist hier speziell

$$q_{yf,\,ein} = 0 \tag{4.2,27}$$

anzunehmen.

Mit dem Index „rück" sind die durch die *Rückführung* zum Komparator geleiteten Meßwerte der betr. Größen versehen. Bezeichnet man die Meßwerte selbst durch den Index „meß", so gilt

$$\Delta\dot{H}_{rück} = \begin{cases} \Delta\dot{H}_{meß} & \text{bei vorhandener Rückführung (Schalter 3 zu)} \\ 0 & \text{bei fehlender Rückführung (Schalter 3 auf)} \end{cases} \tag{4.2,28}$$

Entsprechend ist

$$q_{yf,\,ruck} = \begin{cases} q_{yf,\,meß} & \text{(Schalter 2 zu)} \\ 0 & \text{(Schalter 2 auf)} \end{cases} \tag{4.2,29}$$

Die Meßwerte werden durch *Meßgeräte* festgestellt, die i. a. eine frequenzabhängige Übertragungsfunktion besitzen. Der Einfachheit halber sei diese hier zu 1 angenommen, also

$$F^{(s)}_{\Delta\dot{H}_{meß}/\Delta\dot{H}} = 1 \tag{4.2,30}$$

$$F^{(s)}_{q_{yf,\,meß}/q_{yf}} = 1 \tag{4.2,31}$$

Im vorliegenden Beispiel kann man als Meßgerät für die Steiggeschwindigkeit $\Delta\dot{H}$ etwa ein Variometer, als Meßgerät für die Winkelgeschwindigkeit q_{yf} einen Wendezeiger benutzen, s. Abschnitt 1.8, S. 79.

In diesem Abschnitt 4.2 nehmen wir den Regelkreis für die Längsbewegung des Flugzeugschwerpunkts als offen an. Er enthält also keine Rückführung für ΔH, d. h. es gilt der Fall „Schalter 3 auf". Jedoch soll dieser offene Kreis bereits künstlich durch Aufschaltung von q_{yf} gedämpft sein, d. h. es gilt der Fall „Schalter 2 zu", s. Abb. 4.2,3. Insge-

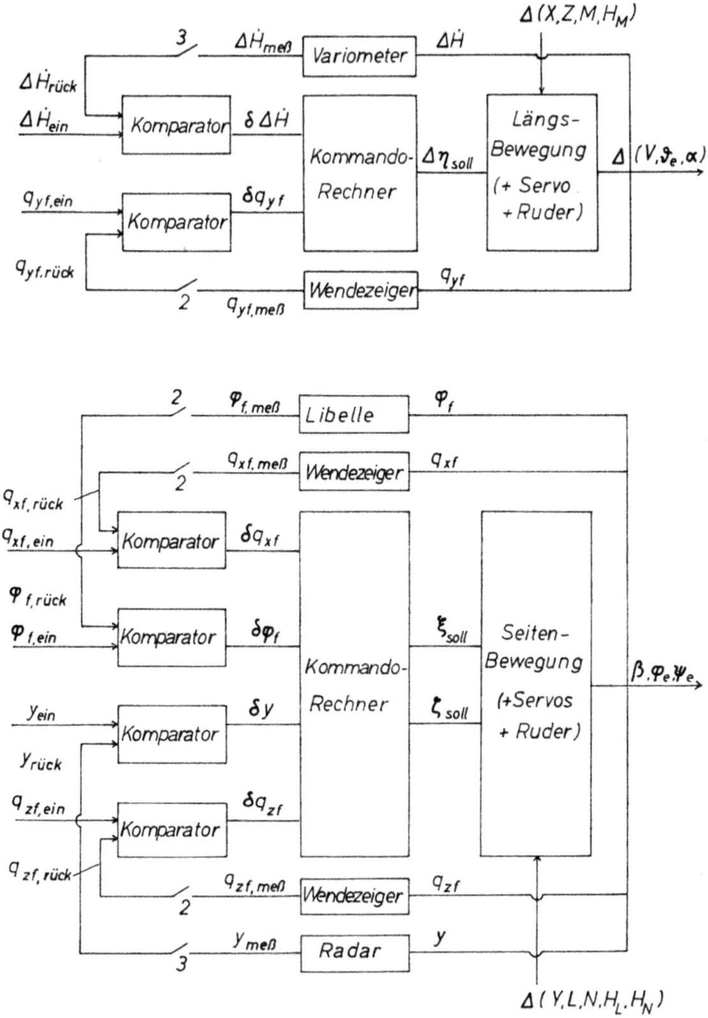

Abb. 4.2,3. Blockschema einer Flugregelung. Schalter „2" geschlossen: Flug-Stabilisierung, Schalter „3" geschlossen: Lenk-Regelung

samt nehmen daher die Gln. (4.2,25) und (4.2,26) jetzt die Form an

$$\delta \Delta \dot{H} = \Delta \dot{H}_{\text{ein}} \tag{4.2,32}$$

$$\delta q_{yf} = -q_{yf} \tag{4.2,33}$$

Der offene, ungedämpfte Regelkreis ist hierin als Spezialfall für $F^{(s)}_{\Delta\eta_{\text{soll}}/\delta q_{yf}} = 0$ enthalten. Die Drehgeschwindigkeit q_{yf} ist mit den in der Rechnung vorkommenden Störgrößen $\Delta\vartheta_e$ und $\Delta\alpha$ durch die Beziehung (4.1,8), S. 291, verknüpft.

4.2.32. Seitenbewegung

Für die Seitenbewegung sei gleichzeitig die Aufgabe gestellt, das Flugzeug in einer vertikalen Leitebene zu halten, wobei die Drehbewegung des Flugzeugs um seine Längs- bzw. Hochachse gut gedämpft und außerdem die Querachse möglichst horizontal gehalten werden soll. In dieser Form stellt sich die Aufgabe etwa beim Anflug eines Flughafens mit Radarhilfe. Die Leitebene sei hier als raumfeste Ebene ($\boldsymbol{g}_1$, $\boldsymbol{g}_3$) gewählt; die zu ihr normale Komponente des Ortsvektors ist dann $y \cdot \boldsymbol{g}_2$.

Wir haben hier entsprechend den Ansätzen des vorigen Abschnitts Beziehungen der Form

$$\xi_{\text{soll}} = \left\{ \begin{array}{l} \delta\varphi_f F^{(s)}_{\xi_{\text{soll}}/\delta\varphi_f} + \delta q_{xf} F^{(s)}_{\xi_{\text{soll}}/\delta q_{xf}} + \\ + \delta y F^{(s)}_{\xi_{\text{soll}}/\delta y} + \delta q_{zf} F^{(s)}_{\xi_{\text{soll}}/\delta q_{zf}} \end{array} \right\} \tag{4.2,34}$$

$$\zeta_{\text{soll}} = \left\{ \begin{array}{l} \delta\varphi_f F^{(s)}_{\zeta_{\text{soll}}/\delta\varphi_f} + \delta q_{xf} F^{(s)}_{\zeta_{\text{soll}}/\delta q_{xf}} + \\ + \delta y F^{(s)}_{\zeta_{\text{soll}}/\delta y} + \delta q_{zf} F^{(s)}_{\zeta_{\text{soll}}/\delta q_{zf}} \end{array} \right\} \tag{4.2,35}$$

Die rechts stehenden Übertragungsfunktionen werden wieder in der Form (4.2,23) bzw. (4.2,24) vorausgesetzt. Für die Koeffizienten Γ_i werden in Abschnitt 4.2.42 gewisse Bedingungen aufgestellt.

Allgemein ist hier

$$\delta\varphi_f = \varphi_{f,\text{ein}} - \varphi_f \tag{4.2,36a}$$

mit

$$\varphi_{f,\text{ein}} \equiv v_6 \tag{4.2,36b}$$

ferner

$$\delta y = y_{\text{ein}} - y \tag{4.2,37a}$$

mit

$$y_{\text{ein}} \equiv v_7 \tag{4.2,37b}$$

und

$$\delta q_{xf} = q_{xf,\text{ein}} - q_{xf} \tag{4.2,38a}$$

mit

$$q_{xf,\text{ein}} \equiv v_8 \tag{4.2,38b}$$

sowie

$$\delta q_{zf} = q_{zf,\,\mathrm{ein}} - q_{zf} \tag{4.2,39a}$$

mit

$$q_{zf,\,\mathrm{ein}} \equiv v_9 \tag{4.2,39b}$$

Zur Vereinfachung der Schreibweise in den folgenden Abschnitten wurden hier in Analogie zu Gl. (4.1,55b) die Symbole v_6 bis v_9 eingeführt. Mit den gleichen Überlegungen wie im Falle der Längsbewegung gelangt man im Spezialfalle des offenen Lenk-Regelkreises mit Lage- bzw. Dämpfungsregelung zu den Steuergrößen

$$\delta\varphi_f = -\varphi_f \tag{4.2,36c}$$

$$\delta y = y_{\mathrm{ein}} \tag{4.2,37c}$$

$$\delta q_{xf} = -q_{xf} \tag{4.2,38c}$$

$$\delta q_{zf} = -q_{zf} \tag{4.2,39c}$$

Die einfache Flugsteuerung ist hierin als Spezialfall enthalten, wenn man alle Übertragungsfunktionen in Bezug auf $\delta\varphi_f$, δq_{xf} bzw. δq_{zf} gleich null setzt. Als Meßgerät für den Rollwinkel φ_f kommt im einfachsten Falle eine Libelle, als Meßgerät für den Seitenabstand y ein Radar und als Meßgeräte für die Drehgeschwindigkeiten q_{xf} bzw. q_{zf} Wendezeiger in Frage. Die Drehgeschwindigkeiten q_{xf} und q_{zf} sind mit den in der Rechnung vorkommenden Störgrößen $\dot{\varphi}_e$ und $\dot{\psi}_e$ durch die Gl. (4.1,8), S. 291, verbunden.

Abb. 4.2,3 zeigt ein Blockschema des offenen Lenk-Regelkreises für die Längs- bzw. Seitenbewegung mit Lage- bzw. Dämpfungsregelung.

4.2.33. Modifizierte Ansätze für den Kommandorechner

4.2.331. *Allgemeine Steuermomente um den Schwerpunkt*

Wenn die Steuermomente um den Schwerpunkt nicht durch Ruderausschläge, sondern auf andere Art erzeugt werden, so wird man in sinngemäßer Fortsetzung von Abschnitt 4.2.213 z. B. für die Längsbewegung einen Kommandorechner mit dem Ausgang $\Delta M^{\sigma}_{\mathrm{soll}}$ annehmen. Seine Arbeitsweise kann man in Analogie zu Gl. (4.2,22) durch die Gleichung

$$\Delta M^{\sigma}_{\mathrm{soll}} = \delta\Delta\dot{H}\,\boldsymbol{F}^{(s)}_{\Delta M^{\sigma}_{\mathrm{soll}}/\delta\Delta\dot{H}} + \delta q_{yf}\,\boldsymbol{F}^{(s)}_{\Delta M^{\sigma}_{\mathrm{soll}}/\delta q_{yf}} \tag{4.2,22'}$$

beschreiben. Die rechts in dieser Gleichung stehenden Übertragungsfunktionen mögen dabei einen Aufbau gemäß Gl. (4.2,23, 24) haben. Entsprechend lassen sich die Gln. (4.2,34, 35) im Fall der Seitenbewegung dem modifizierten Ansatz für die Steuermomente anpassen. Im Blockschema der Abb. 4.2,3 muß bei diesem Ansatz nur $\Delta M^{\sigma}_{\mathrm{soll}}$ usw. an Stelle von $\Delta\eta_{\mathrm{soll}}$ usw. gesetzt werden.

4.2.332. *Spezialfall der Steuerung eines Flettnerruder-Winkels*

Bei Verwendung eines *Flettner*ruders zur Erzeugung von Steuerscharniermomenten benötigt man beispielsweise für die Längsbewegung im Falle eines Ansatzes nach Abschnitt 4.2.223 einen Kommandorechner, dessen Ausgang $\Delta\eta^{\mathrm{H}}_{\mathrm{soll}}$ mit den Eingängen $\delta\Delta\dot{H}$ und δq_{yf} durch eine Beziehung verknüpft ist, die aus Gl. (4.2,22) hervorgeht, indem man den Ruderwinkel η überall formal durch den Winkel η^{H} des *Flettner*ruders ersetzt. Entsprechend kann man die Gln. (4.2,34, 35) für den Fall der Seitenbewegung abändern. Im Blockschema der Abb. 4.2,3 braucht man bei diesem Ansatz nur die Größen $\Delta\eta_{\mathrm{soll}}$ usw. durch $\Delta\eta^{\mathrm{H}}_{\mathrm{soll}}$ usw. zu ersetzen.

4.2.4. Übertragungsfunktionen des offenen Lenk-Regelkreises mit Lage- oder Dämpfungsregelung

4.2.41. Längsbewegung

Zwischen der Vertikalgeschwindigkeit $\dot{H}$ und den in der Störungsrechnung vorkommenden Größen V und ϑ_e besteht im Falle der Windstille gemäß Gl. (1.4,28), S. 33, die Relation

$$\dot{H} = V \sin\vartheta_a \tag{4.2,40a}$$

Linearisieren gibt in Verbindung mit Gl. (1.3,35), S. 27,

$$\Delta\dot{H} = \sin\vartheta_e \Delta V + V\cos\vartheta_e \Delta\vartheta_e \tag{4.2,40b}$$

Weiter ist nach Gl. (4.1,8), S. 291,

$$q_{yf} = \Delta\dot{\vartheta}_e + \Delta\hat{\alpha} \tag{4.2,41}$$

Damit wird

$$F^{(s)}_{\Delta\dot{H}/\Delta\eta_{\mathrm{soll}}} = \sin\vartheta_e F^{(s)}_{\Delta V/\Delta\eta_{\mathrm{soll}}} + V\cos\vartheta_e F^{(s)}_{\Delta\vartheta_e/\Delta\eta_{\mathrm{soll}}} \tag{4.2,42}$$

und

$$F^{(s)}_{q_{yf}/\Delta\eta_{\mathrm{soll}}} = s\left[F^{(s)}_{\Delta\vartheta_e/\Delta\eta_{\mathrm{soll}}} + F^{(s)}_{\Delta\alpha/\Delta\eta_{\mathrm{soll}}}\right] \tag{4.2,43}$$

Ist nun x_i irgendeine der flugmechanischen Größen ΔV, $\Delta\vartheta_e$, $\Delta\alpha$ oder $\Delta\eta$ nach Gl. (4.1,49a), S. 305, und ergänzt man diese Zusammenstellung noch durch die Abkürzungen

$$\Delta\dot{H} = x_5 \qquad q_{yf} = x_6 \qquad \Sigma_M = x_7 \tag{4.2,44}$$

so hat man im offenen Lenk-Regelkreis ohne Lage- oder Dämpfungsregelung (oberer Index 00) als Übertragungsfunktion von x_k in Bezug auf die Steuergrößen $q_{yf,\mathrm{ein}}$ bzw. $\Delta\dot{H}_{\mathrm{ein}}$

$$\overset{00}{F}{}^{(s)}_{x_k/q_{yf,\mathrm{ein}}} = F^{(s)}_{x_k/\Delta\eta_{\mathrm{soll}}} \cdot F^{(s)}_{\Delta\eta_{\mathrm{soll}}/\delta q_{yf}} \qquad (k = 1, \ldots 7) \tag{4.2,45}$$

bzw.

$$\overset{00}{F}{}^{(s)}_{x_k/\Delta\dot H_{\mathrm{ein}}} = F^{(s)}_{x_k/\Delta\eta_{\mathrm{soll}}} \cdot F^{(s)}_{\Delta\eta_{\mathrm{soll}}/\delta\Delta\dot H} \qquad (k = 1, \dots 7) \qquad (4.2,46)$$

Im offenen Lenk-Regelkreis mit Lage- oder Dämpfungsregelung gilt nach Gl. (4.2,32) und (4.2,33) bei einer Störung $\Delta\dot H_{\mathrm{ein}}$

$$x_k = \overset{00}{F}{}^{(s)}_{x_k/q_{yf,\mathrm{ein}}} \cdot (-q_{yf}) + F^{(s)}_{x_k/\Delta\dot H_{\mathrm{ein}}} \cdot \Delta\dot H_{\mathrm{ein}} \qquad (k = 1, \dots 7) \quad (4.2,47a)$$

Insbesondere ist für $x_k = q_{yf}\,(k = 6)$

$$q_{yf} = \overset{00}{F}{}^{(s)}_{q_{yf}/q_{yf,\mathrm{ein}}} \cdot (-q_{yf}) + \overset{00}{F}{}^{(s)}_{q_{yf}/\Delta\dot H_{\mathrm{ein}}} \cdot \Delta\dot H_{\mathrm{ein}} \qquad (4.2,47b)$$

Elimination von q_{yf} aus den letzten beiden Gleichungen gibt als Übertragungsfunktion des offenen Lenk-Regelkreises mit Lage- oder Dämpfungsregelung (oberer Index 01)

$$\overset{01}{F}{}^{(s)}_{x_k/\Delta\dot H_{\mathrm{ein}}} = \frac{\overset{00}{F}{}^{(s)}_{x_k/\Delta\dot H_{\mathrm{ein}}}}{1 + \overset{00}{F}{}^{(s)}_{q_{yf}/q_{yf,\mathrm{ein}}}} \qquad (k = 1, \dots 7) \qquad (4.2,48a)$$

Wie die Herleitung zeigt, bleibt diese Formel auch richtig, wenn man die Steuergröße $\Delta\dot H_{\mathrm{ein}}$ durch $q_{yf,\mathrm{ein}}$ oder irgendeine der Störgrößen ΔX, ΔZ oder ΔM, eventuell auch durch ΔH_M ersetzt. Es gilt also allgemeiner, s. Gl. (4.1,49b), (4.2,25b), (4.2,26b)

$$\overset{01}{F}{}^{(s)}_{x_k/y_i} = \frac{\overset{00}{F}{}^{(s)}_{x_k/y_i}}{1 + \overset{00}{F}{}^{(s)}_{q_{yf}/q_{yf,\mathrm{ein}}}} \qquad (k = 1, \dots 7,\ i = 1, \dots 6) \qquad (4.2,48b)$$

Um im offenen Lenk-Regelkreis mit Lage- oder Dämpfungsregelung unter stationären Bedingungen eine möglichst gute Übereinstimmung der Ausgangsgröße $\Delta\dot H$ mit der Steuergröße $\Delta\dot H_{\mathrm{ein}}$ herzustellen, wird man die Koeffizienten Γ_i in Gl. (4.2,23) und (4.2,24) bzw. den Verstärkungsgrad des Servomotors so wählen, daß die Bedingung

$$\lim_{s \to 0} \overset{01}{F}{}^{(s)}_{\Delta\dot H/\Delta\dot H_{\mathrm{ein}}} = 1 \qquad (4.2,49)$$

möglichst genau erfüllt ist. Im geschlossenen Regelkreis, s. Abschnitt 4.3, ist man an diese Bedingung allerdings nicht gebunden.

4.2.42. Seitenbewegung

Im Falle der Seitenbewegung bestehen zwischen den gesteuerten Größen φ_f und y einerseits und den in der Störungsrechnung benutzten Variablen

β, φ_e und ψ_e andererseits nach Gl. (1.3,34), S. 27, bzw. (1.3,22, 27) und (1.4,28), S. 33, die Beziehungen

$$\sin\varphi_f \cos\vartheta_f = \sin\varphi_e \cos\vartheta_e \tag{4.2,50}$$

$$\dot{y} = U_{yg} = V_{yg} = e_{12}V_{xe} + e_{22}V_{ye} = V[e_{12}\cos\beta - e_{22}\sin\beta] \tag{4.2,51}$$

Linearisieren gibt

$$\varphi_f = \varphi_e \frac{\cos\vartheta_e}{\cos\vartheta_f} \tag{4.2,52}$$

$$\dot{y} = \psi_e V \cos\vartheta_e - \beta V \tag{4.2,53}$$

Ferner ist nach Gl. (4.1,8), S. 291,

$$\left.\begin{aligned} q_{xf} &= \dot{\varphi}_e \cos\alpha - \dot{\psi}_e \sin\vartheta_f \\ q_{zf} &= \dot{\varphi}_e \sin\alpha + \dot{\psi}_e \cos\vartheta_f \end{aligned}\right\} \tag{4.2,54}$$

Aus den obigen Formeln folgt

$$F^{(s)}_{\varphi_f/\xi_{\mathrm{soll}}} = \frac{\cos\vartheta_e}{\cos\vartheta_f} F^{(s)}_{\varphi_e/\xi_{\mathrm{soll}}} \tag{4.2,55}$$

$$F^{(s)}_{y/\xi_{\mathrm{soll}}} = \frac{V\cos\vartheta_e}{s^2} F^{(s)}_{\dot{\psi}_e/\xi_{\mathrm{soll}}} - \frac{V}{s} F^{(s)}_{\beta/\xi_{\mathrm{soll}}} \tag{4.2,56}$$

$$F^{(s)}_{q_{xf}/\xi_{\mathrm{soll}}} = s\cdot\cos\alpha\, F^{(s)}_{\varphi_e/\xi_{\mathrm{soll}}} - \sin\vartheta_f\, F^{(s)}_{\dot{\psi}_e/\xi_{\mathrm{soll}}} \tag{4.2,57}$$

$$F^{(s)}_{q_{zf}/\xi_{\mathrm{soll}}} = s\cdot\sin\alpha\, F^{(s)}_{\varphi_e/\xi_{\mathrm{soll}}} + \cos\vartheta_f\, F^{(s)}_{\dot{\psi}_e/\xi_{\mathrm{soll}}} \tag{4.2,58}$$

sowie vier weitere Formeln, in denen ξ durch ζ ersetzt ist. Ist nun u_k irgendeine der flugmechanischen Größen β, φ_e, $\dot{\psi}_e$, ξ oder ζ nach Gl. (4.1,55a) und ergänzt man diese Liste noch durch die Abkürzungen

$$\varphi_f = u_6, \quad y = u_7, \quad q_{xf} = u_8, \quad q_{zf} = u_9, \quad \Sigma_L = u_{10}, \quad \Sigma_N = u_{11} \tag{4.2,59}$$

so hat man im offenen Lenk-Regelkreis ohne Lage- oder Dämpfungsregelung (oberer Index 00) als Übertragungsfunktion von u_k in Bezug auf eine der Steuergrößen $q_{xf,\mathrm{ein}}$, $q_{zf,\mathrm{ein}}$, $\varphi_{f,\mathrm{ein}}$ bzw. y_{ein}

$$\overset{00}{F}{}^{(s)}_{u_k/q_{xf,\mathrm{ein}}} = F^{(s)}_{u_k/\xi_{\mathrm{soll}}} F^{(s)}_{\xi_{\mathrm{soll}}/\delta q_{xf}} + F^{(s)}_{u_k/\zeta_{\mathrm{soll}}} F^{(s)}_{\zeta_{\mathrm{soll}}/\delta q_{xf}} \quad (k = 1, \ldots 11) \tag{4.2,60}$$

$$\overset{00}{F}{}^{(s)}_{u_k/q_{zf,\mathrm{ein}}} = F^{(s)}_{u_k/\xi_{\mathrm{soll}}} F^{(s)}_{\xi_{\mathrm{soll}}/\delta q_{zf}} + F^{(s)}_{u_k/\zeta_{\mathrm{soll}}} F^{(s)}_{\zeta_{\mathrm{soll}}/\delta q_{zf}} \quad (k = 1, \ldots 11) \tag{4.2,61}$$

$$\overset{00}{F}{}^{(s)}_{u_k/\varphi_{f,\mathrm{ein}}} = F^{(s)}_{u_k/\xi_{\mathrm{soll}}} F^{(s)}_{\xi_{\mathrm{soll}}/\delta\varphi_f} + F^{(s)}_{u_k/\zeta_{\mathrm{soll}}} F^{(s)}_{\zeta_{\mathrm{soll}}/\delta\varphi_f} \qquad (k = 1, \ldots 11) \tag{4.2,62}$$

$$\overset{00}{F}{}^{(s)}_{u_k/y_{\mathrm{ein}}} = F^{(s)}_{u_k/\xi_{\mathrm{soll}}} F^{(s)}_{\xi_{\mathrm{soll}}/\delta y} + F^{(s)}_{u_k/\zeta_{\mathrm{soll}}} F^{(s)}_{\zeta_{\mathrm{soll}}/\delta y} \qquad (k = 1, \ldots 11) \tag{4.2,63}$$

Im offenen Lenk-Regelkreis mit Lage- oder Dämpfungsregelung gilt nach Gl. (4.2,36c) bis (4.2,39c)

$$u_k = \left\{ \begin{array}{l} \overset{00}{F}{}^{(s)}_{u_k/q_{xf,\mathrm{ein}}} \cdot (-q_{xf}) + \overset{00}{F}{}^{(s)}_{u_k/q_{zf,\mathrm{ein}}} \cdot (-q_{zf}) + \\ + \overset{00}{F}{}^{(s)}_{u_k/\varphi_{f,\mathrm{ein}}} \cdot (-\varphi_f) + \overset{00}{F}{}^{(s)}_{u_k/y_{\mathrm{ein}}} \cdot y_{\mathrm{ein}} \end{array} \right\} \qquad (k = 1, \ldots 11) \tag{4.2,64a}$$

Insbesondere ist für $u_k = q_{xf} (k = 8)$

$$q_{xf} = \left\{ \begin{array}{l} \overset{00}{F}{}^{(s)}_{q_{xf}/q_{xf,\mathrm{ein}}} \cdot (-q_{xf}) + \overset{00}{F}{}^{(s)}_{q_{xf}/q_{zf,\mathrm{ein}}} \cdot (-q_{zf}) + \\ + \overset{00}{F}{}^{(s)}_{q_{xf}/\varphi_{f,\mathrm{ein}}} \cdot (-\varphi_f) + \overset{00}{F}{}^{(s)}_{q_{xf}/y_{\mathrm{ein}}} \cdot y_{\mathrm{ein}} \end{array} \right\} \tag{4.2,64b}$$

bzw. für $u_k = q_{zf} (k = 9)$

$$q_{zf} = \left\{ \begin{array}{l} \overset{00}{F}{}^{(s)}_{q_{zf}/q_{xf,\mathrm{ein}}} \cdot (-q_{xf}) + \overset{00}{F}{}^{(s)}_{q_{zf}/q_{zf,\mathrm{ein}}} \cdot (-q_{zf}) + \\ + \overset{00}{F}{}^{(s)}_{q_{zf}/\varphi_{f,\mathrm{ein}}} \cdot (-\varphi_f) + \overset{00}{F}{}^{(s)}_{q_{zf}/y_{\mathrm{ein}}} \cdot y_{\mathrm{ein}} \end{array} \right\} \tag{4.2,64c}$$

bzw. für $u_k = \varphi_f (k = 6)$

$$\varphi_f = \left\{ \begin{array}{l} \overset{00}{F}{}^{(s)}_{\varphi_f/q_{xf,\mathrm{ein}}} \cdot (-q_{xf}) + \overset{00}{F}{}^{(s)}_{\varphi_f/q_{zf,\mathrm{ein}}} \cdot (-q_{zf}) + \\ + \overset{00}{F}{}^{(s)}_{\varphi_f/\varphi_{f,\mathrm{ein}}} \cdot (-\varphi_f) + \overset{00}{F}{}^{(s)}_{\varphi_f/y_{\mathrm{ein}}} \cdot y_{\mathrm{ein}} \end{array} \right\} \tag{4.2,64d}$$

Elimination von φ_f, q_{xf} und q_{zf} aus den letzten vier Gleichungen gibt nach kurzer Zwischenrechnung als Übertragungsfunktion des offenen Lenk-Regelkreises mit Lage- oder Dämpfungsregelung (oberer Index 01)

$$\overset{01}{F}{}^{(s)}_{u_k/y_{\mathrm{ein}}} = \frac{\overset{00}{F}{}^{(s)}_{u_k/y_{\mathrm{ein}}}}{1 + \overset{00}{F}{}^{(s)}_{q_{xf}/q_{xf,\mathrm{ein}}} + \overset{00}{F}{}^{(s)}_{q_{zf}/q_{zf,\mathrm{ein}}} + \overset{00}{F}{}^{(s)}_{\varphi_f/\varphi_{f,\mathrm{ein}}}} \qquad (k = 1, \ldots 11) \tag{4.2,65a}$$

Auch diese Formeln bleiben richtig, wenn man darin die Steuergröße y_{ein} durch $q_{xf,\mathrm{ein}}$, $q_{zf,\mathrm{ein}}$, $\varphi_{f,\mathrm{ein}}$ oder irgendeine der Störgrößen ΔY, ΔL, ΔN, ggf. auch durch ΔH_L oder ΔH_N ersetzt. Es gilt also allgemeiner,

s. Gl. (4.1,55b) und (4.2,36b) bis (4.2,39b)

$$\overset{01}{F}{}^{(s)}_{u_k/v_i} = \frac{\overset{00}{F}{}^{(s)}_{u_k/v_i}}{1 + \overset{00}{F}{}^{(s)}_{q_{xf}/q_{xf,\mathrm{ein}}} + \overset{00}{F}{}^{(s)}_{q_{zf}/q_{zf,\mathrm{ein}}} + \overset{00}{F}{}^{(s)}_{\varphi_f/\varphi_{f,\mathrm{ein}}}} \qquad \begin{aligned}(k &= 1, \ldots 11,\\ i &= 1, \ldots 9)\end{aligned} \tag{4.2,65b}$$

Um für den offenen Lenk-Regelkreis mit Lage- oder Dämpfungsregelung unter stationären Bedingungen eine möglichst gute Übereinstimmung der Ausgangsgröße y mit der Steuergröße y_{ein} herzustellen, wird man die Koeffizienten Γ_i des Kommandorechners bzw. den Verstärkungsgrad der Servomotoren so wählen, daß die Bedingung

$$\lim_{s \to 0} \overset{01}{F}{}^{(s)}_{y/y_{\mathrm{ein}}} = 1 \tag{4.2,66}$$

erfüllt ist.

Will man außerdem die seitliche Schwerpunktsbewegung und das Rollen entkoppeln, so wird man zusätzlich an die Koeffizienten Γ_i die Forderung stellen

$$\lim_{s \to 0} \overset{01}{F}{}^{(s)}_{\varphi_f/y_{\mathrm{ein}}} = 0 \tag{4.2,67}$$

und

$$\lim_{s \to 0} \overset{01}{F}{}^{(s)}_{y/\varphi_{f,\mathrm{ein}}} = 0 \tag{4.2,68}$$

Literatur zu Abschnitt 4.2: [4–201 bis 207], S. 334.

4.3. Flugregelung (geschlossener Lenk-Regelkreis)

4.3.1 Übertragungsfunktionen des geschlossenen Lenk-Regelkreises

4.3.11. Längsbewegung

Das tatsächliche Flugverhalten $\Delta\dot{H}$ eines gesteuerten Flugzeugs wird i. a. Abweichungen vom vorgesehenen Flugprogramm $\Delta\dot{H}_{\mathrm{ein}}$ aufweisen, weil äußere Störungen einwirken oder die Konstanten der Regelkreisglieder nicht genau genug sind oder sich im Laufe der Zeit allmählich ändern. Eine einmalige bzw. laufende Korrektur des Flugverhaltens kann dann zwar über einen Steuerimpuls bzw. über einen in den Regelkreis eingeschalteten verstellbaren Verstärkungsfaktor erfolgen, jedoch wird i. a. nach einiger Zeit eine erneute Korrektur erforderlich sein. Um diesen Mangel zu beheben, ist es zweckmäßig, den Ruderbefehl η_{soll} nicht auf das Flugprogramm $\Delta\dot{H}_{\mathrm{ein}}$ selbst, sondern auf seine Abweichung vom tatsächlichen Flugverhalten, d. h. auf die Differenz

$$\delta\Delta\dot{H} \equiv \Delta\dot{H}_{\mathrm{ein}} - \Delta\dot{H} \tag{4.3,1}$$

abzustellen. Diese Differenz wird nach Schließen des Schalters „3" im Komparator gebildet, s. Abb. 4.2,3. Ist nun x_k wieder irgendeine der Größen $\Delta V, \Delta\vartheta_e, \Delta\alpha, \Delta\dot{H}$ oder q_{yf}, ggf. auch η oder Σ_M, so gilt im geschlossenen Regelkreis

$$x_k = \overset{01}{F}{}^{(s)}_{x_k/\Delta\dot{H}_{\text{ein}}}(\Delta\dot{H}_{\text{ein}} - \Delta\dot{H}) \quad (k = 1, \dots 7) \tag{4.3,2a}$$

Speziell für $x_k = \Delta\dot{H}$ $(k = 5)$ ist

$$\Delta\dot{H} = \overset{01}{F}{}^{(s)}_{\Delta\dot{H}/\Delta\dot{H}_{\text{ein}}}(\Delta\dot{H}_{\text{ein}} - \Delta\dot{H}) \tag{4.3,2b}$$

Elimination von $\Delta\dot{H}$ aus diesen beiden Gleichungen gibt als Übertragungsfunktion des geschlossenen Lenk-Regelkreises (oberer Index 11)

$$\overset{11}{F}{}^{(s)}_{x_k/\Delta\dot{H}_{\text{ein}}} = \frac{\overset{01}{F}{}^{(s)}_{x_k/\Delta\dot{H}_{\text{ein}}}}{1 + \overset{01}{F}{}^{(s)}_{\Delta\dot{H}/\Delta\dot{H}_{\text{ein}}}} \quad (k = 1, \dots 7) \tag{4.3,3}$$

Trägt man $\overset{01}{F}{}^{(s)}_{x_k/\Delta\dot{H}_{\text{ein}}}$ und $\overset{01}{F}{}^{(s)}_{\Delta\dot{H}/\Delta\dot{H}_{\text{ein}}}$ nach Gl. (4.2,48) ein, so wird ausführlicher

$$\overset{11}{F}{}^{(s)}_{x_k/\Delta\dot{H}_{\text{ein}}} = \frac{\overset{00}{F}{}^{(s)}_{x_k/\Delta\dot{H}_{\text{ein}}}}{1 + \overset{00}{F}{}^{(s)}_{q_{yf}/q_{yf,\text{ein}}} + \overset{00}{F}{}^{(s)}_{\Delta\dot{H}/\Delta\dot{H}_{\text{ein}}}} \quad (k = 1, \dots 7) \tag{4.3,4}$$

Setzt man $\Delta\dot{H}_{\text{ein}} = 0$ und führt statt dessen $q_{yf,\text{ein}}$ oder irgendeine andere der Störfunktionen $\Delta X, \Delta Z, \Delta M$, evtl. auch ΔH_M ein und bezeichnet diese mit y_i, s. Gl. (4.1,49b), (4.2,25b), (4.2,26b), so wird

$$x_k = \overset{01}{F}{}^{(s)}_{x_k/y_i} \cdot y_i + \overset{01}{F}{}^{(s)}_{x_k/\Delta\dot{H}_{\text{ein}}} \cdot (-\Delta\dot{H}) \quad (k = 1, \dots 7,\ i = 1, \dots 6) \tag{4.3,5a}$$

Speziell für $x_k = \Delta\dot{H}\,(k = 5)$ wird

$$\Delta\dot{H} = \overset{01}{F}{}^{(s)}_{\Delta\dot{H}/y_i} y_i + \overset{01}{F}{}^{(s)}_{\Delta\dot{H}/\Delta\dot{H}_{\text{ein}}}(-\Delta\dot{H}) \quad (i = 1, \dots 6) \tag{4.3,5b}$$

Elimination von $\Delta\dot{H}$ aus diesen beiden Gleichungen gibt als Übertragungsfunktionen des geschlossenen Lenk-Regelkreises

$$\overset{11}{F}{}^{(s)}_{x_k/y_i} = \frac{\overset{01}{F}{}^{(s)}_{x_k/y_i}}{1 + \overset{01}{F}{}^{(s)}_{\Delta\dot{H}/\Delta\dot{H}_{\text{ein}}}} \quad (k = 1, \dots 7,\ i = 1, \dots 6) \tag{4.3,6}$$

oder ausführlicher nach Gl. (4.2,48b)

$$\overset{11}{F}{}^{(s)}_{x_k/y_i} = \frac{\overset{00}{F}{}^{(s)}_{x_k/y_i}}{1+\overset{00}{F}{}^{(s)}_{q_{yf}/q_{yf,\mathrm{ein}}}+\overset{00}{F}{}^{(s)}_{\Delta\dot{H}/\Delta\dot{H}_{\mathrm{ein}}}} \qquad (k = 1, \dots 7,\ i = 1, \dots 6) \qquad (4.3,7)$$

In diesen Formeln ist der Fall des geschlossenen Lenk-Regelkreises ohne Lage- oder Dämpfungsregelung (oberer Index 10) mit dem Ansatz

$$\overset{00}{F}{}^{(s)}_{q_{yf}/q_{yf,\mathrm{ein}}} = 0$$

enthalten.

4.3.12. Seitenbewegung

Bei geschlossenem Lenk-Regelkreis, d. h. bei Schließen des Schalters „3" in Abb. 4.2,3 wird jetzt nach Gl. (4.2,37a)

$$\delta y = y_{\mathrm{ein}} - y \qquad (4.3,8)$$

Ist nun weiter u_k irgendeine der Größen β, φ_e, $\dot{\psi}_e$, q_{xf}, q_{zf}, φ_f oder y, eventuell auch ξ, ζ, Σ_L oder Σ_N, s. Gl. (4.1,55a) und (4.2,59), so gilt im geschlossenen Regelkreis

$$u_k = \overset{01}{F}{}^{(s)}_{u_k/y_{\mathrm{ein}}} \cdot (y_{\mathrm{ein}} - y) \qquad (k = 1, \dots 11) \qquad (4.3,9)$$

In Analogie zu Gl. (4.3,4) erhält man daher sofort als Übertragungsfunktion des geschlossenen Regelkreises (oberer Index 11)

$$\overset{11}{F}{}^{(s)}_{u_k/y_{\mathrm{ein}}} = \frac{\overset{01}{F}{}^{(s)}_{u_k/y_{\mathrm{ein}}}}{1+\overset{01}{F}{}^{(s)}_{y/y_{\mathrm{ein}}}} \qquad (k = 1, \dots, 11) \qquad (4.3,10)$$

Ersetzt man hierin noch die Übertragungsfunktionen des offenen Lenk-Regelkreises mit Lage- oder Dämpfungsregelung (Index 01) gemäß Gl. (4.2,65) durch die des offenen Lenk-Regelkreises ohne Lage- oder Dämpfungsregelung (Index 00), so wird

$$\overset{11}{F}{}^{(s)}_{u_k/y_{\mathrm{ein}}} = \frac{\overset{00}{F}{}^{(s)}_{u_k/y_{\mathrm{ein}}}}{1+\overset{00}{F}{}^{(s)}_{q_{xf}/q_{xf,\mathrm{ein}}}+\overset{00}{F}{}^{(s)}_{q_{zf}/q_{zf,\mathrm{ein}}}+\overset{00}{F}{}^{(s)}_{\varphi_f/\varphi_{f,\mathrm{ein}}}+\overset{00}{F}{}^{(s)}_{y/y_{\mathrm{ein}}}}$$

$$(k = 1, \dots, 11) \qquad (4.3,11)$$

Setzt man $y_{\mathrm{ein}} = 0$ und führt statt dessen eine Störfunktion v_i ein, die irgendeine der Größen $\Delta Y, \Delta L, \Delta N$, ggf. auch ΔH_L oder ΔH_N bedeuten kann, s. a. Gl. (4.1,55b) und (4.2,36b) bis (4.2,39b), so wird

$$u_k = \overset{01}{F}{}^{(s)}_{u_k/v_i} \cdot v_i + \overset{01}{F}{}^{(s)}_{u_k/y_{\text{ein}}} \cdot (-y) \qquad (k = 1, \ldots, 11; \quad i = 1, \ldots, 9) \quad (4.3,12)$$

In Analogie zu Gl. (4.3,6) erhält man daher als Übertragungsfunktionen des geschlossenen Lenk-Regelkreises

$$\overset{11}{F}{}^{(s)}_{u_k/v_i} = \frac{\overset{01}{F}{}^{(s)}_{u_k/v_i}}{1 + \overset{01}{F}{}^{(s)}_{y/y_{\text{ein}}}} \qquad (k = 1, \ldots, 11, \quad i = 1, \ldots, 9) \qquad (4.3,13)$$

Ausführlicher ist

$$\overset{11}{F}{}^{(s)}_{u_k/v_i} = \frac{\overset{00}{F}{}^{(s)}_{u_k/v_i}}{1 + \overset{00}{F}{}^{(s)}_{q_{xf}/q_{xf,\text{ein}}} + \overset{00}{F}{}^{(s)}_{q_{zf}/q_{zf,\text{ein}}} + \overset{00}{F}{}^{(s)}_{\varphi_f/\varphi_{f,\text{ein}}} + \overset{00}{F}{}^{(s)}_{y/y_{\text{ein}}}}$$

$$(k = 1, \ldots, 11, \quad i = 1, \ldots, 9) \qquad (4.3,14)$$

In diesen Formeln ist der Fall des geschlossenen Lenk-Regelkreises ohne Lage- oder Dämpfungsregelung (Index 10) mit dem Ansatz

$$\overset{00}{F}{}^{(s)}_{q_{xf}/q_{xf,\text{ein}}} = 0, \qquad \overset{00}{F}{}^{(s)}_{q_{zf}/q_{zf,\text{ein}}} = 0, \qquad \overset{00}{F}{}^{(s)}_{\varphi_f/\varphi_{f,\text{ein}}} = 0$$

enthalten.

4.3.2. Stabilitätsbedingungen

4.3.21. Längsbewegung

Es sei jetzt angenommem, daß sich die oben hergeleiteten Gesamtübertragungsfunktionen $F^{(s)}_{x_k/y_i}$ als Quotienten $P(s)/Q(s)$ zweier Polynome $P(s)$ und $Q(s)$ mit reellen Koeffizienten darstellen lassen; diese Annahme ist jedenfalls mit den hier verwendeten Ansätzen für die einzelnen Regelkreisglieder erfüllt. Zu der Gesamtübertragungsfunktion $F^{(s)}_{x_k/y_i}$ gehört dann die Gesamtdifferentialgleichung

$$Q\left(\frac{\mathrm{d}}{\mathrm{d}t}\right) x_k = P\left(\frac{\mathrm{d}}{\mathrm{d}t}\right) y_i$$

Sie liefert bei verschwindender Störung y_i dann und nur dann stabile Eigenschwingungen der Größe x_k, wenn die Gleichung $Q(s) = 0$ oder auch die Gleichung

$$[F^{(s)}_{x_k/y_i}]^{-1} = 0 \qquad (4.3,15)$$

lauter Wurzeln mit negativen Realteilen besitzt.

Macht man noch die zusätzliche Einschränkung, daß die Störung y_i *hinter* dem Kommandorechner an der Regelstrecke nach Abb. 4.2,1 bzw. 4.2,2, S. 310, eintritt, also z. B. mit $\Delta(X, Z, M, H_M)$ identisch ist, so kann man die Aussage noch etwas weiter vereinfachen. Falls nämlich mindestens eine Rückführung vorhanden ist, so hebt sich beispielsweise das Nennerpolynom $Q_0(s)$ von

$$\overset{00}{F}{}^{(s)}_{x_k/y_i} \equiv \frac{P_0(s)}{Q_0(s)}$$

im Zähler der rechten Seite von Gl. (4.2,48b) gegen einen entsprechenden Faktor im Nennerpolynom $Q_1(s)$ des Nenners

$$1+\overset{00}{F}{}^{(s)}_{q_{yf}/q_{yf,\text{ein}}} \equiv \frac{P_1(s)}{Q_1(s)}$$

fort. Man kann daher unter der genannten Einschränkung die Stabilitätsbedingungen auch folgendermaßen formulieren:

Für die Längsstabilität des geschlossenen Lenk-Regelkreises mit q_{yf}- und $\Delta\dot{H}$-Rückführung ist hinreichend und notwendig, daß die in Abschnitt 4.3.11 überall im Nenner der Übertragungsfunktionen auftretende Funktion

$$G^{11}(s) \equiv 1+\overset{00}{F}{}^{(s)}_{q_{yf}/q_{yf,\text{ein}}}+\overset{00}{F}{}^{(s)}_{\Delta\dot{H}/\Delta\dot{H}_{\text{ein}}} \tag{4.3,16a}$$

keine Nullstelle auf der imaginären Achse oder in der rechten Hälfte der s-Ebene besitzt. In dieser Aussage ist der Spezialfall des geschlossenen Lenk-Regelkreises mit $\Delta\dot{H}$-, aber ohne q_{yf}-Rückführung

$$G^{10}(s) \equiv 1+\overset{00}{F}{}^{(s)}_{\Delta\dot{H}/\Delta\dot{H}_{\text{ein}}} \tag{4.3,16b}$$

schon enthalten. Im Falle des offenen Lenk-Regelkreises mit q_{yf}-Rückführung muß man das für die Funktion

$$G^{01}(s) \equiv 1+\overset{00}{F}{}^{(s)}_{q_{yf}/q_{yf,\text{ein}}} \tag{4.3,16c}$$

und im Falle des offenen Regelkreises mit stabilem Servo-Teil für die Funktion

$$G^{00}(s) \equiv \begin{Bmatrix} F_4(s) \text{ nach Gl. (3.2,23), S. 231, für feste Ruder} \\ F_6(s) \text{ nach Gl. (4.1,52), S. 305, für lose Ruder} \end{Bmatrix} \tag{4.3,16d}$$

verlangen, um die Längsstabilität zu gewährleisten.

Diese Stabilitätsbedingungen lassen sich, wenn alle vorkommenden Übertragungsfunktionen von Regler und Flugzeug bekannt und als rationale Funktionen von s darstellbar sind, ohne weiteres mittels der in Abschnitt 1.9.23, S. 94, angegebenen Methoden prüfen.

Geeignete Maße für die statische Längsstabilität bzw. für die Steuerbarkeit der Längs- oder Seitenbewegung eines Flugzeugs bei losen Rudern oder bei Flugregelung kann man ähnlich wie im Fall rückwirkungsfreier Ruder definieren, s. Schluß der Abschnitte 3.2.224, S. 242, bzw. 3.3.23, S. 262, bzw. 3.3.33, S. 269.

Es sei bemerkt, daß in der Regeltechnik auch spezielle Rechenverfahren entwickelt worden sind, um ausgehend vom Stabilitätsverhalten eines offenen Regelkreises das Stabilitätsverhalten des geschlossenen Regelkreises zu beurteilen. Besonders sei auf die Methoden von *Nyquist*, *Bode* und *Evans* hingewiesen, von denen die letzten beiden auch Aussagen über die Güte der Stabilität enthalten und Möglichkeiten zu ihrer Verbesserung erkennen lassen.

Weiter läßt sich die Stabilität mit Hilfe von Analogrechnern prüfen, deren Anwendung bei komplizierteren Regelkreisen allein rationell ist. Auf diese zusätzlichen Methoden der Stabilitätsprüfung kann hier nicht eingegangen werden, da sie den gesteckten Rahmen des Buches weit überschreiten würden.

4.3.22. Seitenbewegung

Für die Seitenstabilität des geschlossenen Lenk-Regelkreises mit q_{xf}-, q_{zf}-, φ_f- und y-Rückführung ist gemäß Abschnitt 4.3.12 hinreichend und notwendig, daß die Funktion

$$G^{11}(s) \equiv 1+\overset{00}{F}{}^{(s)}_{q_{xf}/q_{xf,\text{ein}}}+\overset{00}{F}{}^{(s)}_{q_{zf}/q_{zf,\text{ein}}}+\overset{00}{F}{}^{(s)}_{\varphi_f/\varphi_{f,\text{ein}}}+\overset{00}{F}{}^{(s)}_{y/y_{\text{ein}}} \qquad (4.3,17\text{a})$$

nur Nullstellen mit negativem Realteil besitzt. Im Spezialfalle des geschlossenen Lenk-Regelkreises ohne Lage- oder Dämpfungsregelung muß diese Bedingung von der Funktion

$$G^{10}(s) \equiv 1+\overset{00}{F}{}^{(s)}_{y/y_{\text{ein}}} \qquad (4.3,17\text{b})$$

erfüllt werden. Im Falle des offenen Lenk-Regelkreises mit Lage- oder Dämpfungsregelung tritt in die Aussage die Funktion

$$G^{01}(s) \equiv 1+\overset{00}{F}{}^{(s)}_{q_{xf}/q_{xf,\text{ein}}}+\overset{00}{F}{}^{(s)}_{q_{zf}/q_{zf,\text{ein}}}+\overset{00}{F}{}^{(s)}_{\varphi_f/\varphi_{f,\text{ein}}} \qquad (4.3,17\text{c})$$

und im Falle des offenen Regelkreises die Funktion

$$G^{00}(s) \equiv \begin{Bmatrix} F_4(s) \text{ nach Gl. (3.2,54), S. 246, für feste Ruder} \\ F_8(s) \text{ nach Gl. (4.1,58), S. 307, für lose Ruder} \end{Bmatrix} \qquad (4.3,17\text{d})$$

ein.

4.3.3. Anwendungen

4.3.31. Einfluß einer Proportionalregelung auf die Stabilität

Als Beispiel betrachten wir eine Proportionalregelung (d. h. $\Gamma_1 = \Gamma_{-1} = 0$) der Längsbewegung nach Steiggeschwindigkeit (mit $\Gamma_{0,\Delta\eta_{\text{soll}}/\delta\Delta\dot{H}} \equiv \Gamma_{\dot{H}}$) und Drehgeschwindigkeit (mit $\Gamma_{0,\Delta\eta_{\text{soll}}/\delta q_{yf}} \equiv \Gamma_{qy}$) für Horizontalflug (d. h. $\vartheta_{e0} = 0$) bei Steuerung des Ruderwinkels (s. Abschnitt 4.2.211) mittels einer ebenfalls proportional regelnden Rudermaschine (d. h. $T_{2\eta} = T_{1\eta} = 0$, $T'_{0\eta} = T_{0\eta}$) unter Vernachlässigung des Moments der Ruderlaufgeschwindigkeit (d. h. $M_{\dot{\eta}} = 0$). Für die Funktion $G^{11}(s)$ gemäß Gl. (4.3,16a) erhält man dann unter Berücksichtigung der Beziehungen (3.3,19a/20a), S. 262, die Darstellung

$$G^{11}(s) m^2 V J_{yf} F_4(s) = m^2 V J_{yf} [s^4 + B^{11} s^3 + C^{11} s^2 + D^{11} s + E^{11}] =$$

$$= \left\{ \begin{vmatrix} ms - X_V & -X_{\vartheta e} & -X_\alpha \\ -Z_V & mVs - Z_{\vartheta e} & -Z_\alpha \\ -M_V & J_{yf}s^2 - s(M_{\dot{\vartheta}e} + M_\eta \Gamma_{qy}) & J_{yf}s^2 - s(\bar{M}_\alpha + M_\eta \Gamma_{qy}) - M_\alpha \end{vmatrix} + \right. \\ \left. + \begin{vmatrix} ms - X_V & 0 & -X_\alpha \\ -Z_V & 0 & -Z_\alpha \\ 0 & -M_\eta V \Gamma_{\dot{H}} & 0 \end{vmatrix} \right. \tag{4.3,18}$$

Das rechts stehende Polynom geht aus $m^2 V J_{yf} F_4(s)$ dadurch hervor, daß man in Gl. (3.2,23), S. 231, die Größen $M_{\dot{\vartheta}e}$ bzw. $\bar{M}_\alpha$ durch $M_{\dot{\vartheta}e} + M_\eta \Gamma_{qy}$ bzw. $\bar{M}_\alpha + M_\eta \Gamma_{qy}$ ersetzt und noch

$$-M_\eta V \Gamma_{\dot{H}} \left[mZ_\alpha s \quad + \begin{vmatrix} -X_V X_\alpha \\ -Z_V Z_\alpha \end{vmatrix} \right]$$

addiert. Vollzieht man nach dieser Vorschrift den Übergang von den Koeffizienten B, C, D, E gemäß Gl. (3.2,25), S. 232, zu den Koeffizienten $B^{11}, C^{11}, D^{11}, E^{11}$, so erkennt man, daß unter normalen Umständen durch eine positive Aufschaltung $\Gamma_{qy} > 0$ die Koeffizienten B, C, D und durch eine positive Aufschaltung $\Gamma_{\dot{H}} > 0$ die Koeffizienten D und E vergrößert werden. Insbesondere wird also durch $\Gamma_{qy} > 0$ wegen $B^{11} > B$ die Dämpfung der schnellen Kippschwingung vergrößert und durch $\Gamma_{\dot{H}} > 0$ wegen $E^{11} > E$ die statische Stabilität des Flugzeugs erhöht.

4.3.32. Störung durch vertikale Böen

Ein weiteres Beispiel bildet das Verhalten eines derart geregelten Flugzeugs unter dem Einfluß von Böen, und zwar wollen wir nach der mittleren Schwankung $\sigma_{\Delta\vartheta_f}$ bzw. $\sigma_{\Delta\eta}$ der Längsachse bzw. des Höhenruders fragen. Wir ergänzen damit die Betrachtungen von Abschnitt 2.3.4, S. 195. Die Fixierung der Längsachse f_1 gemäß Gl. (2.3,116b), S. 197, lassen wir jetzt natürlich fallen. Unter Benutzung der Bezeichnungen von Gl. (3.2,9) bzw. (3.2,11), S. 228, und bei Beachtung der Gl. (2.3,116a) schreiben sich dann die Störungsgleichungen (2.3,124), S. 197, in der Form

$$\left.\begin{aligned} m\Delta\ddot{x} &= X_V\Delta V + X_{\vartheta e}\Delta\vartheta_e + X_\alpha\Delta_\alpha \\ -m\Delta\ddot{z} &= Z_V\Delta V + Z_{\vartheta e}\Delta\vartheta_e + Z_\alpha\Delta_\alpha \\ \Delta\dot{x} &= \Delta V \\ \Delta\dot{z} - w_z &= -(\dot{x} - w_x)\Delta\vartheta_e \\ \Delta\vartheta_f &= \Delta\vartheta_e + \Delta\alpha \end{aligned}\right\} \tag{4.3,19}$$

Das verschwindende Glied mit $Z_{\vartheta e}$ wird hier nur aus formalen Gründen mitgeführt. Zu diesen Gleichungen tritt jetzt noch die Momentengleichung (3.3,17), S. 261, in der Form

$$\begin{aligned} &-M_V\Delta V + \left(J_{yf}\frac{\mathrm{d}^2}{\mathrm{d}t^2} - M_{\dot{\vartheta} e}\frac{\mathrm{d}}{\mathrm{d}t}\right)\Delta\vartheta_e + \\ &+ \left(J_{yf}\frac{\mathrm{d}^2}{\mathrm{d}t^2} - \bar{M}_\alpha\frac{\mathrm{d}}{\mathrm{d}t} - M_\alpha\right)\Delta_\alpha = M_\eta\Delta_\eta + \frac{\partial w_z}{\partial x}M_{\dot{\vartheta} e} \end{aligned} \tag{4.3,20}$$

s. Gl. (3.3,2b). Dazu kommt noch die beim vorigen Beispiel benutzte Reglergleichung

$$\Delta\eta = \Gamma_{qy}\Delta\dot{\vartheta}_f - \Gamma_{\dot{H}}\Delta\dot{z} \tag{4.3,21}$$

Hier wurde noch von der Beziehung $\dot{z} = -\dot{H}$ Gebrauch gemacht.

Um den Anschluß an die Darstellung der letzten Abschnitte zu gewinnen, eliminieren wir jetzt noch die Größen $\Delta\dot{x}$, $\Delta\dot{z}$, $\Delta\eta$ und $\Delta\vartheta_f$ und erhalten

$$\left.\begin{aligned} &\left(m\frac{\mathrm{d}}{\mathrm{d}t} - X_V\right)\Delta V \quad - X_{\vartheta e}\Delta\vartheta_e \quad - X_\alpha\Delta\alpha = 0 \\ &-Z_V\Delta V \quad + \left(mV\frac{\mathrm{d}}{\mathrm{d}t} - Z_{\vartheta e}\right)\Delta\vartheta_e \quad - Z_\alpha\Delta\alpha = m\dot{w}_z \equiv -\Delta Z \\ &-M_V\Delta V + \left[J_{yf}\frac{\mathrm{d}^2}{\mathrm{d}t^2} - (M_{\dot{\vartheta} e} + M_\eta\Gamma_{qy})\frac{\mathrm{d}}{\mathrm{d}t} - M_\eta\Gamma_{\dot{H}}V\right]\Delta\vartheta_e \\ &+ \left[J_{yf}\frac{\mathrm{d}^2}{\mathrm{d}t^2} - (\bar{M}_{\dot{\alpha}} + M_\eta\Gamma_{qy})\frac{\mathrm{d}}{\mathrm{d}t} - M_\alpha\right]\Delta\alpha = \frac{\dot{w}_z}{V}M_{\dot{\vartheta} e} - M_\eta\Gamma_{\dot{H}}w_z \equiv \Delta M \end{aligned}\right\} \tag{4.3,22}$$

Wie man sieht, stimmt die Determinante des zugehörigen homogenen Systems für $\mathrm{d}/\mathrm{d}t = s$ gerade mit dem Ausdruck $G^{11}(s)m^2VJ_{yf}\,F_4(s)$ nach Gl. (4.3,18) überein. Daß hier andere Störfunktionen als in Gl. (3.3,2b), S. 225, auftreten, liegt einerseits daran, daß in Abschnitt 3.3.1, S. 254, keine Rückführung vorgesehen ist, andererseits daran, daß dort die Größe $\Delta\dot{z}$, hier dagegen die Größe $\Delta\vartheta_e$ als abhängige Variable verwendet wird. Aus den letzten Gleichungen kann man nun direkt die Übertragungsfunktionen des geschlossenen Regelkreises

$$\left.\begin{aligned} F^{(s)}_{\Delta\vartheta_e/w_z} &= -msF^{(s)}_{\Delta\vartheta_e/\Delta Z}+\left(\frac{s}{V}\,M_{\dot{\vartheta}e}-M_\eta\Gamma_{\dot{H}}\right)F^{(s)}_{\Delta\vartheta_e/\Delta M}\\ F^{(s)}_{\Delta\alpha/w_z} &= -msF^{(s)}_{\Delta\alpha/\Delta Z}+\left(\frac{s}{V}\,M_{\dot{\vartheta}e}-M_\eta\Gamma_{\dot{H}}\right)F^{(s)}_{\Delta\alpha/\Delta M}\end{aligned}\right\} \qquad (4.3,23)$$

damit auch

$$F^{(s)}_{\Delta\vartheta_f/w_z} = F^{(s)}_{\Delta\vartheta_e/w_z}+F^{(s)}_{\Delta\alpha/w_z} \qquad (4.3,24)$$

und weiter

$$F^{(s)}_{\Delta\eta/w_z} = s\Gamma_{qy}F^{(s)}_{\Delta\vartheta_f/w_z}-\Gamma_{\dot{H}}\left(1-VF^{(s)}_{\Delta\vartheta_e/w_z}\right) \qquad (4.3,25)$$

berechnen. Nach dem Verfahren von Abschnitt 2.3.4, S. 195, erhält man schließlich die gesuchten Schwankungen $\sigma_{\Delta\vartheta_f}$ und $\sigma_{\Delta\eta}$ aus den Formeln

$$\sigma^2_{\Delta\vartheta_f} = \int\limits_0^\infty \left|F^{(i\Omega\bar{V})}_{\Delta\vartheta_f/w_z}\right|^2 p_{w_z}(\Omega)\,\mathrm{d}\Omega \qquad (4.3,26)$$

$$\sigma^2_{\Delta\eta} = \int\limits_0^\infty \left|F^{(i\Omega\bar{V})}_{\Delta\eta/w_z}\right|^2 p_{w_z}(\Omega)\,\mathrm{d}\Omega \qquad (4.3,27)$$

wobei die Funktion $p_{wz}(\Omega)$ durch Gl. (1.2,55), S. 15, gegeben sei. Die Integrale wird man in diesem Falle am besten graphisch auswerten. Nun verhalten sich die Übertragungsfunktionen

$$F^{(s)}_{\Delta\vartheta_e/\Delta Z}, \quad F^{(s)}_{\Delta\alpha/\Delta Z}, \quad F^{(s)}_{\Delta\vartheta_e/\Delta M} \quad \text{und} \quad F^{(s)}_{\Delta\alpha/\Delta M}$$

für $s \to \infty$ genauso wie die entsprechenden Funktionen in Gl. (3.3,14a, 15a, 19a, 20a), S. 259. Daher wird für $s \to \infty$

$$F^{(s)}_{\Delta\vartheta_f/\Delta Z}\sim s^{-2}, \quad F^{(s)}_{\Delta\vartheta_f/\Delta M}\sim s^{-2}, \quad F^{(s)}_{\Delta\vartheta_f/w_z}\sim s^{-1}.$$

Infolgedessen existiert das rechts in Gl. (4.3,26) stehende Integral, und auch die Streuung $\sigma_{\Delta\dot{\vartheta}_f}$ der Kippgeschwindigkeit läßt sich nach einer entsprechenden Formel berechnen. — Für die in Gl. (4.3,25) auftretenden Übertragungsfunktionen hat man für $s \to \infty$

$$F^{(s)}_{\Delta\vartheta_e/\Delta Z} \sim s^{-1}, \qquad F^{(s)}_{\Delta\vartheta_e/\Delta M} \sim s^{-3}, \qquad F^{(s)}_{\Delta\vartheta_e/w_z} \sim 1, \qquad F^{(s)}_{\Delta\eta/w_z} \sim 1\,.$$

Daher existiert auch das uneigentliche Integral in Gl. (4.3,27). Dagegen müßte man bei einer Abschätzung der Streuung $\sigma_{\Delta\dot{\eta}}$ der Ruderlaufgeschwindigkeit das entsprechende Integral bei Ω_F abschneiden, s. Abschnitt 2.3.4, S. 199, oder, falls man die Integration auch über den kurzwelligen Bereich ($\Omega \to \infty$) erstrecken will, Ansätze der instationären Aerodynamik einführen bzw. die Reglergleichung (4.3,21) durch ein Dämpfungsglied mit $\Delta\dot{\eta}$ ergänzen.

Von Interesse ist noch der in Abschnitt 2.3.4, S. 195, behandelte Spezialfall $\Delta\vartheta_f = 0$, den man hier durch den Ansatz $\Gamma_{\dot{H}} = 0$, $\Gamma_{qy} \to \infty$ erzwingen kann. Die Momentengleichung (4.3,20) reduziert sich dabei im Falle $M_V = 0$ mit der Abkürzung

$$M_{\dot{\alpha}} = \bar{M}_{\alpha} - M_{\dot{\vartheta}e} = \frac{l}{V}\, c_{Me\dot{\alpha}}\, qFl$$

s. Gl. (3.2,19), S. 230, auf

$$-\left(M_{\dot{\alpha}}\frac{\mathrm{d}}{\mathrm{d}t} + M_{\alpha}\right)\Delta\alpha = M_{\eta}\Delta\eta + \frac{\partial w_z}{\partial x} M_{\dot{\vartheta}e}$$

Daher wird

$$F^{(s)}_{\Delta\eta/w_z} = \frac{-1}{M_{\eta}}\left[(M_{\dot{\alpha}}s + M_{\alpha})\, F^{(s)}_{\Delta\alpha/w_z} + \frac{s}{V} M_{\dot{\vartheta}e}\right]$$

Da diese Funktion linear mit s unendlich wird, konvergiert das Integral in Gl. (4.3,27) nicht; vielmehr muß man jetzt Überlegungen heranziehen, wie sie oben für die Berechnung von $\sigma_{\Delta\dot{\eta}}$ skizziert wurden.

4.3.4. Mögliche Erweiterungen der Flugregelung

Die Entwicklungen dieses Kapitels waren auf ein Flugzeug abgestellt, das sich bei Abwesenheit von Störungen in einem symmetrischen Steig- oder Gleitflug befindet. Soweit sich der Kurvenflug als schwache Störung dieses Grundzustandes auffassen läßt, ist er in den vorangehenden Ansätzen mit enthalten. Dagegen tritt bei *engen Kurven* eine Koppelung zwischen Längs- und Seitenbewegung ein, die eine allgemeinere Fassung der obigen Ansätze erfordert; darauf soll hier jedoch nicht eingegangen werden. Auch die wichtigen Probleme des menschlichen Piloten als Regelkreisgliedes sowie der Selbstanpassung von Flugreglern an verschiedene Betriebsbereiche können hier nur erwähnt werden.

Eine Erweiterung der obigen Betrachtungen ist in der Praxis auch noch aus folgendem Grunde notwendig: Die Flugzeugführung hat im wesentlichen die Aufgabe, das Flugzeug auf möglichst sicherem, schnellen und billigen Wege von einem Flughafen zum anderen zu lenken. Diese Aufgabe kann eine Flugregelung, die wie hier nur mit einem $\dot{H}$- und y-Programm arbeitet, in Anbetracht des Windes und sonstiger Störungen, besonders bei längeren Flügen, i. a. nicht erfüllen. Die Flugnavigation, die sich hinsichtlich der Flughöhe über Grund auf barometrische oder Echolot-Verfahren und hinsichtlich der Entfernung und Richtung zum Zielflughafen auf präzise Beschleunigungsmessungen an Bord des Flugzeugs (Trägheitsnavigation) oder auf die Messung des Ortsvektors vom Flugzeug zu bekannten Bodenstationen oder Himmelskörpern stützt, liefert die notwendigen Hilfsmittel, um den Flug auch mit genügender Wirtschaftlichkeit auszuführen. Dabei kann die Überwachung z. B. dadurch geschehen, daß man entsprechend den von Zeit zu Zeit anfallenden Messungen geeignet erscheinende Steuerimpulse gibt, oder auch dadurch, daß man unter Hinzunahme einer weiteren Rückführung kontinuierlich regelt.

Zum Schluß sei nochmals bemerkt, daß die Flugregelung mit Hilfe von Rudern i. a. nur einen Teil der gesamten Flugzeugregelung darstellt. Insbesondere bei größeren Flugzeugen ist i. a. auch eine Schubregelung vorgesehen.

Literatur zu Abschnitt 4.3: [4–301 bis 331], S. 334.

Literatur zu Kap. IV.

a) Bücher

[4–001] *Perkins, C. D.* und *D. O. Dommasch* (Herausg.): AGARD flight test manual. Bd. I: Performance. Bd. II: Stability and control. Bd. III: Instrumentation catalog. Bd. IV: Instrumentation systems.

[4–002] *Duncan, W. J.*: Control and stability of aircraft. Cambridge, 1952.

[4–003] *Perkins, C. D.* und *R. E. Hage*: Airplane performance, stability and control. New York, 1955.

[4–004] *Dommasch, D. O.* u. a.: Airplane aerodynamics. New York, 1957.

[4–005] *Etkin, B.*: Dynamics of flight. New York, 1959.

[4–006] *Wassiljew, G. S.* u. a.: Aerodynamik und Flugmechanik bei schallnahen Geschwindigkeiten. Berlin, 1959.

[4–007] *Babister, A. W.*: Aircraft stability and control. New York, 1961.

[4–008] *Kolk, W. R.*: Modern flight dynamics. Englewood Cliffs, N. J., 1961.

[4–009] *Seckel, E.*: Stability and control of airplanes and helicopters. New York, 1964.

[4–010] *Just, W.*: Steuerung und Stabilität von Flugzeugen. Stuttgart, 1965.

b) Einzelberichte

Lose Ruder (Abschnitt 4.1.)

[4–101] *Morelli, P.*: On the dynamic longitudinal stability of sailplanes with fixed and free controls. Jahrbuch 1960 der WGL, S. 191–195.

Flugstabilisierung (Abschnitt 4.2.)

[4–201] *Gabrielli, G.*: Über Reibungswiderstand, Gleichgewicht und Ausgleichsgrad in der Höhensteueranlage von Flugzeugen. Jahrbuch 1954 der WGL, S. 161–168.

[4–202] *Koppe, H.*: Einige Probleme der Luftfahrzeugführung. Z. Flugwiss. **3**, 80–87 (1955).

[4–203] *Lear, W. P.*: Trends in autopilot developments. Jahrbuch 1955 der WGL, S. 79–87.

[4–204] *Spearman, F. R. J.*: The derivation and use of aerodynamic transfer functions of airframes. J. Roy. Aeron. Soc. **59**, 743–761 (1955).

[4–205] *Dudenhausen, H. J.*: Dreiachsen-Flugregelung für Hochleistungsflugzeuge mit Integrations-Wendekreiseln als Hauptrichtgeber. Jahrbuch 1957 der WGL, S. 359–367.

[4–206] *Pateman, J. E.*: Inertial navigation. J. Roy. Aeron. Soc. **63**, 113–117 (1959).

[4–206a] *Mautino, R.*: Investigation of the improvement of longitudinal stability of a jet aircraft by the use of a pitch-damper. AGARD Rep. 370 (April 1961).

[4–206b] *Barnes, A. G.*: Stability and control for instrument flight. AGARD Rep. 490 (Okt. 1964).

[4–207] *Schweizer, G.* und *H. Seelmann*: Probleme, welche beim Senkrechtstart und bei der Senkrechtlandung von VTOL-Flugzeugen auftreten, und Wege zu ihrer Lösung mit Hilfe von Digital- und Analogrechnern. Internat. Colloquium über Techniken des Analog- und Digitalrechnens in der Aeronautik. Proceedings, S. 286–295. Brüssel, 1964.

Flugregelung (Abschnitt 4.3.)

[4–301] *Bollay, W.*: Aerodynamic stability and automatic control. J. Aero. Sci. **18**, 569–640 (1951).

[4–302] *Doetsch, K. H.*: Probleme der automatischen Steuerung von Flugzeugen. Jahrbuch 1955 der WGL, S. 72–78.

[4–303] *Draper, C. S.*: Flight control. J. Roy. Aeron. Soc. **59**, 451–478 (1955).

[4–304] *Decker, J. L.*: The human pilot and the high-speed airplane. J. Aero. Sci. **23**, 765–770 (1956).

[4–304a] *Hirsch, R.*: Études et essais d'un avion absorbeur de rafales. DOCAÉRO Nr. 42 (Jan. 1957), S. 13–28.

[4–305] *Magnus, K.*: Über einige neuere Ergebnisse der Regelungstheorie und ihre Bedeutung für die Lagenregelungen von Flugzeugen. Jahrbuch 1957 der WGL, S. 350–358.

[4–306] *Phillips, W.H.* u. a.: Flight investigation of the effectiveness of an automatic aileron trim control device for personal airplanes. NACA Rep. 1304 (1957).

[4–307] *Stefaniak, H. St.*: Beitrag zur Stabilität von selbststeuernden Flugkörpern. Z. Flugwiss. **5**, 347–355 (1957).

[4–308] *Welch, J. D.* und *R. F. Wilson*: Cross-coupling dynamics and the problems of automatic control in rapid rolls. J. Aero. Sci. **24**, 741–754 (1957).

[4–309] *Lehnigk, S.*: Die strukturelle Stabilität der Bewegung von Flugzeugen. Z. Flugwiss. **6**, 110–115 (1958).

[4–310] *Eggers, G.* und *G. Ernst*: Mécanique de vol du propulseur volant à décollage et atterrissage vertical. Adv. in Aeron. Sci. and Space Flight, Bd. 2, S. 914–927 (1959).

[4–311] *Gates, O. B. jr.* und *C. H. Woodling*: Theoretical analysis of the longitudinal behavior of an automatically controlled supersonic interceptor during the attack phase. NASA Tech. Rep. R–19 (1959).

[4–312] *Keith-Lucas, D.*: Safety and reliability aspects of VTOL. Adv. in Aeron. Sci. and Space Flight, Bd. 2, S. 893–913 (1959).

[4–313] *Leslie, R. A.* und *P. O. Gillard*: Telecontrol and telemetry for pilotless aircraft. Adv. in Aeron. Sci. and Space Flight, Bd. 2, S. 990–1025 (1959).

[4–314] *Majendie, A. M. A.*: Some considerations of safety in automatic flight control. Adv. in Aeron. Sci. and Space Flight, Bd. 1, S. 489–506 (1959).

[4–315] *Möller, W.*: Die Stabilisierung des Flugzeugs um den Schwerpunkt. Jahrbuch 1959 der WGL, S. 190–201.

[4–316] *Perkins, C. M.*: Adaptive autopilot and command signal limiting. Jahrbuch 1959 der WGL, S. 216–223.

[4–317] *Ashkenas, I. L.* und *D. T. McRuer*: Optimization of the flight-control, airframe system. J. Aero. Sci. **27**, 197–218 (1960).

[4–318] *Ernst, G.*: Über eine störungsfreie Fluglagenregelung für strahlgetragene Flugzeuge. Jahrbuch 1960 der WGL, S. 221–227.

[4–319] *Hafer, X.*: Untersuchungen über das Verhalten eines VTOL-Flugzeuges im Schwebeflug bei Ausfall eines exzentrisch angeordneten Triebwerkes. Jahrbuch 1960 der WGL, S. 227–232.

[4–320] *Lincke, W.*: Dynamische Längsstabilität eines Flugzeuges und Lageregler unter Berücksichtigung der Rumpfelastizität. Jahrbuch 1960 der WGL, S. 217–221.

[4–321] *Möller, W.*: Stabilität und Steuerbarkeit des Flugzeuges unter Berücksichtigung von Servosteuerungen und Regeleinrichtungen. Jahrbuch 1960 der WGL, S. 212–217.

[4–322] *Petit, G.*: Méthodes et moyens d'essais Français pour l'étude de la mécanique du vol. Jahrbuch 1960 der WGL, S. 196–204.

[4–323] *Thorson, K. R.* und *Q. R. Bohne*: Application of power spectral methods in airplane and missile design. J. Aero. Sci. **27**, 107–116 (1960).

[4–323a] *Lefèvre, P.*: L'optimisation statistique du guidage par alignement d'un engin autopropulsé en présence de bruit. AGARD Rep. 374 (April 1961).

[4–324] *Zacher, H.*: Flugeigenschaftsuntersuchungen an 14 Segelflugzeugen. Luftfahrtforschungsberichte des Bundesministers für Verkehr, Heft 7. Düsseldorf, 1961.

[4–324a] *Ostgaard, M. A.* u.a.: The case for adaptive controls. AGARD Rep. 406 (Juli 1962).

[4–325] *Pfeiffer, A.* und *K. Göldner*: Güteziffern für Flugregler. Z. Flugwiss. **10**, 367–374 (1962).

[4–326] *Schulte, H.*: Automatische Landung, „Autoland"-Verfahren und -Geräte. Luftfahrttechnik **9**, 64–66 (1963).

[4–327] *Bird, D.*: Flight control studies in the small stick deflection area. J. Aircraft **1**, 121–125 (1964).

[4–328] *Holden, K. J.*: The effects of introducing a restoring moment proportional to the stick velocity on the hovering of an unstabilized jet-lift aircraft. Aeronaut. Quart. **15**, 53–71 (1964).

[4–329] *Sagirow, P.* u. a.: Über eine Querruder-Kursregelung mit Selbstanpassung. Z. Flugwiss. **12**, 15–24 (1964).

[4–329a] *Gallagher, J. T.* und *F. R. O'Donnell jr.*: Investigation of the application of direct translational control to VTOL aircraft. J. Aircraft **2**, 538–545 (1965).

[4–330] *Levi, O. A.* und *W. E. Nelson*: An analytic and flight-test approach to the reduction of pilot-induced oscillation susceptibility. J. Aircraft **1**, 178–184 (1965).

[4–331] *Schindelin, J.*: Zur Systemanalyse ferngelenkter stabilisierter Flugkörper. Jahrbuch 1963 der WGLR, S. 164–173 und Luftfahrttechnik **11**, 119–124 (1965).

Ballistik

V. Flugleistungen der drehsymmetrischen Flugkörper

Die ersten beiden Abschnitte dieses Kapitels behandeln die Antriebsbahn (5.1) bzw. die Freiflugbahn (5.2), S. 356, von Geschoß und Rakete einschließlich des Problems des Wiedereintritts von irgendwelchen Flugkörpern, insbesondere von künstlichen Erdsatelliten, in die Erdatmosphäre (5.2.23), S. 369. Im folgenden Abschnitt 5.3, S. 372, wird die *Kepler*bewegung einbezogen und die Differentialgleichungen der Bahnelemente bei beliebigen Störungen auf anschaulichem Wege hergeleitet. Der Einfluß der Erdabplattung auf die Satellitenbahn (5.4), S. 396, die Lebensdauer eines Satelliten bei Berücksichtigung des Luftwiderstandes (5.5), S. 407, und der Übergang von einer *Kepler*bahn in eine andere mit Hilfe von Zusatzimpulsen (5.6), S. 413, sind im Grunde nur spezielle Anwendungen der Störungstheorie. Wegen der außerordentlich intensiven Bearbeitung, die diese drei Probleme in den letzten Jahren erfahren haben, ist jedoch ihrer Einführung jeweils ein besonderer Abschnitt vorbehalten.

Literatur zu Kap. V: [5–001 bis 691], S. 420.

5.1. Antriebsbahn von Geschoß und Rakete

5.1.1. Innere Ballistik des Geschosses

5.1.11. Verbrennungsgesetz des Pulvers

Beim Abbrand des Pulvers entstehen zwischen Geschoß- und Rohrboden hochkomprimierte Verbrennungsgase (Schwaden), die das Geschoß im Rohr beschleunigen. Die Größe der antreibenden Kraft hängt vom Orte des Geschosses im Rohr ab. Es ist deshalb beim Studium der inneren Ballistik nicht möglich, die Triebwerksdaten, wie wir es sonst tun, als gegeben anzunehmen, vielmehr ist hier ein genaueres Eingehen auf das Zusammenwirken von Antrieb und Geschoßbewegung erforderlich.

Wir beginnen mit einer Betrachtung des Pulverabbrands. Es sei m_L die zeitlich konstante Gesamtmasse von Pulver und Schwaden, ϱ_P die Dichte des Pulvers und $\Omega_P(t)$ die brennende Oberfläche des Pulvers. Mit y sei der verbrannte Bruchteil der Treibladung bezeichnet, mit $\dot{e}$ die normale Fortpflanzungsgeschwindigkeit der Flammenfront in das unverbrannte Pulver. Nimmt man an, daß $\dot{e}$ räumlich konstant ist, so wird pro Zeiteinheit die Pulvermenge $\dot{e}\varrho_P\Omega_P(t)$ chemisch umgesetzt, d. h. es ist

$$\dot{y} = \frac{\dot{e}\varrho_P \Omega_P(t)}{m_L} \equiv \dot{e}\,\frac{\varrho_P \Omega_P(0)}{m_L}\,\frac{\Omega_P(t)}{\Omega_P(0)} \tag{5.1,1}$$

Ferner ist dann das Verhältnis $\Omega_P(t) : \Omega_P(0)$ eine reine Funktion von y, also

$$\frac{\Omega_P(t)}{\Omega_P(0)} = \varphi(y) \tag{5.1,2}$$

und zwar gilt das auch noch bei geometrisch ähnlichen Verhältnissen sowie unabhängig von der Pulverzusammensetzung und der Brenngeschwindigkeit $\dot{e}$, sofern diese nur räumlich konstant ist. Die Funktion $\varphi(y)$ kann man in einfachen Fällen durch geometrische Überlegung, in schwierigeren Fällen experimentell bestimmen. Beispielsweise ist für Röhrchenpulver $\varphi(y) = 1$.

Für die Laufgeschwindigkeit $\dot{e}$ der Flammenfront hat sich der empirische Ansatz

$$\dot{e} = \lambda\left(\frac{p_P}{p_\infty}\right)^\gamma \tag{5.1,3a}$$

bewährt, wobei

$$\gamma = \begin{cases} 2/3 & \text{(ältere Theorien)} \\ 1 & \text{(neuere Theorien)} \end{cases} \tag{5.1,3b}$$

und p_∞ irgendein Bezugsdruck ist. p_P ist der Druck an der Flammenfront. In sehr guter Näherung ist p_P gleich dem Druck p_R am Rohrboden bzw. am Eingang des Rohres. Wir werden i. f. stets voraussetzen, daß die Druckdifferenz $p_R - p_G$ zwischen Rohrboden und Geschoßboden klein gegen den mittleren Druck p_Γ der Schwaden ist, also

$$p_R - p_G \ll p_\Gamma \tag{5.1,4a}$$

Der Druck p_R läßt sich, wie im Abschnitt 5.1.18, S. 345, gezeigt wird, nach Brennschluß ($y = 1$) durch den mittleren Schwadendruck p_Γ in der Form

$$p_R = p_\Gamma\left(1 + \varepsilon_0\,\frac{m_L}{m_G}\right) \tag{5.1,4b}$$

darstellen. Führt man noch die Zeitkonstante A

$$A = \lambda A_1; \qquad A_1 \equiv \frac{\varrho_P \Omega_P(0)}{m_L} \tag{5.1,5}$$

ein, die auch als „Lebhaftigkeit" des Pulvers bezeichnet wird, — der Faktor A_1 stellt das Verhältnis von Anfangsoberfläche zu Anfangsvolumen des Pulvers dar — so erhält man insgesamt das Verbrennungsgesetz

$$\dot{y} = A\varphi(y)\left(\frac{p_R}{p_\infty}\right)^\gamma \tag{5.1,6}$$

mit p_R nach Gl. (5.1,4b).

5.1.12. Kontinuitätsgleichung

Es sei jetzt v_0 der Zwischenraum zwischen Geschoß- und Rohrboden vor Einbringen des Pulvers, F_G die Querschnittsfläche des Geschosses, x der vom Geschoß in Richtung f_1 relativ zu einem rohrfesten Koordinatensystem zurückgelegte Weg und ϱ_Γ die mittlere Dichte der Schwaden. Die Schwaden nehmen dann das Volumen

$$v(x) = v_0 + xF_G - \frac{m_L}{\varrho_P}(1-y) \tag{5.1,7}$$

ein. Ihre Dichte beträgt also bei Vernachlässigung der vor Beginn des Abbrands in v_0 enthaltenen Gase

$$\varrho_\Gamma = \frac{ym_L}{v(x)} \tag{5.1,8}$$

5.1.13. Zustandsgleichung der Schwaden

Die Dichte ϱ_Γ ist andererseits, wenn wir den Zustand der Schwaden als einen thermischen Gleichgewichtszustand auffassen, nur vom Druck p_Γ und der Temperatur T_Γ abhängig. Es hat sich nun gezeigt, daß man hier wegen der hohen Drücke anstelle der Zustandsgleichung (1.2,36), S. 8, idealer Gase besser den erweiterten Ansatz

$$\frac{p_\Gamma}{T_\Gamma}\left(\frac{1}{\varrho_\Gamma} - \frac{1}{\varrho_*}\right) = \frac{\bar{R}}{\bar{M}_\Gamma(T_\Gamma, p_\Gamma)} \tag{5.1,9}$$

benutzt, wobei $1/\varrho_*$ das spezifische „Eigenvolumen" der Schwaden und $\bar{M}_\Gamma(T_\Gamma, p_\Gamma)$ ihr mittleres Molekulargewicht ist. Der Ansatz (5.1,9) entspricht der *van der Waals*schen Gleichung, jedoch noch ohne Berücksichtigung intermolekularer Kräfte. Vielfach kann man mit ausreichender Genauigkeit

$$\varrho_* \approx \varrho_P$$

setzen. Einsetzen von ϱ_Γ aus Gl. (5.1,8) gibt die Zustandsgleichung in der Form

$$p_\Gamma \bar{M}_\Gamma(T_\Gamma, p_\Gamma) = \frac{\bar{R} T_\Gamma y m_L}{v(x) - \dfrac{y m_L}{\varrho_*}} \tag{5.1,10}$$

die auch als „*Abel*sche Gleichung“ bezeichnet wird.

5.1.14. Energiegleichung

Die in dem unverbrannten Pulver aufgespeicherte spezifische chemische und thermische Energie sei E. Nach dem Abbrand des Pulvers in einem Raum konstanten Volumens stellt sich als Gleichgewichtstemperatur der Schwaden die sog. Explosionstemperatur T_{ex} ein, die i. a. noch von der Größe des Volumens bzw. von dem entstandenen Gasdruck p_{ex} abhängt. Bezeichnet $u_\Gamma(T_\Gamma, p_\Gamma)$ die spezifische innere Energie der Schwaden, so hat man also die Beziehung

$$E = u_\Gamma(T_{ex}, p_{ex})$$

Die gesamte chemische und thermische Energie des verbrannten Pulvers, nämlich $y m_L u_\Gamma(T_{ex}, p_{ex})$, findet sich nun in den folgenden Teilbeträgen wieder:

1. als innere Energie der unter dem Druck p_Γ stehenden Pulvergase, nämlich
$$y m_L u_\Gamma(T_\Gamma, p_\Gamma)$$
2. als kinetische Energie des Geschosses (Index G) unter Vernachlässigung der Rotationsenergie
$$\frac{1}{2} m_G V_G^2$$
3. als kinetische Energie des Pulvers und der Schwaden
$$\varepsilon' \frac{1}{2} m_L V_G^2$$
Da nur die an den Geschoßboden angrenzenden Schwaden die Geschwindigkeit V_G besitzen, muß ein Korrekturfaktor ε' hinzugefügt werden; er wird für $y = 1$ im Abschnitt 5.1.19, S. 347, bestimmt werden.
4. als kinetische Energie des Rohres (Index R)
$$\frac{1}{2} m_R V_R^2$$

5. als Arbeit gegen den Reibungswiderstand $W(x)$ einschließlich Einpreßwiderstand

$$\int_0^x W(x)\,\mathrm{d}x$$

6. als Wärmeverlust an die Umgebung

$$Q$$

Insgesamt ist also

$$\left.\begin{aligned} y m_{\mathrm{L}} u_{\Gamma}(T_{\mathrm{ex}}, p_{\mathrm{ex}}) &= y m_{\mathrm{L}} u_{\Gamma}(T_{\Gamma}, p_{\Gamma}) + \frac{m_{\mathrm{G}}}{2} V_{\mathrm{G}}^2 + \varepsilon' \frac{m_{\mathrm{L}}}{2} V_{\mathrm{G}}^2 + \\ &\quad + \frac{m_{\mathrm{R}}}{2} V_{\mathrm{R}}^2 + \int_0^x W(x)\,\mathrm{d}x + Q \end{aligned}\right\} \quad (5.1,11)$$

Es gilt hier exakt die kinematische Beziehung

$$V_{\mathrm{G}} f_1 = \dot{x} f_1 + V_{\mathrm{R}} f_1 \qquad (5.1,12)$$

Nun ist auf Grund des Impulssatzes näherungsweise $-V_{\mathrm{R}} m_{\mathrm{R}} = V_{\mathrm{G}} m_{\mathrm{G}}$; ferner ist in praxi $m_{\mathrm{G}} \ll m_{\mathrm{R}}$ und daher $-V_{\mathrm{R}} \ll V_{\mathrm{G}}$ sowie $V_{\mathrm{R}}^2 m_{\mathrm{R}} \ll V_{\mathrm{G}}^2 m_{\mathrm{G}}$. Streicht man demgemäß in Gl. (5.1,11) die kinetische Energie des Rohres und außerdem die letzten beiden Terme, so wird einfacher

$$y m_{\mathrm{L}} u_{\Gamma}(T_{\mathrm{ex}}, p_{\mathrm{ex}}) = y m_{\mathrm{L}} u_{\Gamma}(T_{\Gamma}, p_{\Gamma}) + \frac{m_{\mathrm{G}} + \varepsilon' m_{\mathrm{L}}}{2} V_{\mathrm{G}}^2 \qquad (5.1,13)$$

Die Verwendung der Gleichungen (5.1,10) und (5.1,13) würde nun für Verbrennungsgase verschiedener atomarer Zusammensetzung jeweils das Vorhandensein einer besonderen Tafel ihrer thermodynamischen Funktionen erfordern. Um die Rechnung für die Zwecke der Praxis zu vereinfachen, ist es daher üblich, das Molekulargewicht $\bar{M}_{\Gamma}(T_{\Gamma}, p_{\Gamma})$ durch einen mittleren Wert $\bar{M}_{\Gamma}$ zu ersetzen und die innere Energie $u_{\Gamma}(T_{\Gamma}, p_{\Gamma})$ durch den Ansatz $c_{v\Gamma} \cdot T_{\Gamma}$ zu approximinieren, wobei $c_{v\Gamma}$ eine von T_{Γ} und p_{Γ} unabhängige mittlere spezifische Wärme bei konstantem Volumen ist. Führt man dann noch durch

$$\varkappa_{\Gamma} = 1 + \frac{\bar{R}}{c_{v\Gamma} \bar{M}_{\Gamma}} \quad \text{bzw.} \quad c_{v\Gamma} = \frac{\bar{R}}{(\varkappa_{\Gamma} - 1) \bar{M}_{\Gamma}} \qquad (5.1,14)$$

ein mittleres Verhältnis $\varkappa_{\Gamma}$ der spezifischen Wärmen ein, so kann man die Energiegleichung (5.1,13) in der Form schreiben

$$y m_{\mathrm{L}} \frac{f}{\varkappa_{\Gamma} - 1} = y m_{\mathrm{L}} \frac{\bar{R} T_{\Gamma}}{(\varkappa_{\Gamma} - 1) \bar{M}_{\Gamma}} + \frac{m_{\mathrm{G}} + \varepsilon' m_{\mathrm{L}}}{2} V_{\mathrm{G}}^2 \qquad (5.1,15)$$

Dabei bedeutet

$$f = \frac{\bar{R}T_{\mathrm{ex}}}{\bar{M}_\Gamma} \tag{5.1,16}$$

eine spezifische Bezugsenergie. Gl. (5.1,15) gibt im Falle $y = 1$ einen direkten Zusammenhang zwischen der Schwadentemperatur T_Γ und der Geschoßgeschwindigkeit V_{G}.

Die Zustandsgleichung (5.1,10) lautet mit diesen Vereinfachungen

$$p_\Gamma \bar{M}_\Gamma = \frac{\bar{R}T_\Gamma\, y m_{\mathrm{L}}}{v(x) - \dfrac{y m_{\mathrm{L}}}{\varrho_*}} \tag{5.1,17}$$

Kombination mit Gl. (5.1,15) gibt die sog. *Résal*sche Energiegleichung oder „Hauptgleichung" der inneren Ballistik

$$y m_{\mathrm{L}} \frac{f}{\varkappa_\Gamma - 1} = \frac{p_\Gamma}{\varkappa_\Gamma - 1}\left(v(x) - \frac{y m_{\mathrm{L}}}{\varrho_*}\right) + \frac{m_{\mathrm{G}} + \varepsilon' m_{\mathrm{L}}}{2} V_{\mathrm{G}}^2 \tag{5.1,18}$$

Diese Gleichung stellt im Falle $y = 1$ einen einfachen Zusammenhang her zwischen dem zurückgelegten Weg x, dem Gasdruck p_Γ und der Geschoßgeschwindigkeit V_{G}.

Ferner sei ausdrücklich die genäherte kinematische Beziehung

$$V_{\mathrm{G}} = \dot{x} \tag{5.1,19}$$

angemerkt.

Nach *Cranz* [5–003] gehen durch Wärmefluß und Reibung etwa 20 bis 25% der zugeführten Energie verloren. Um die Vernachlässigung dieser wichtigen Energiebeiträge rechnerisch einigermaßen zu kompensieren, pflegt man diese Beträge auf Grund von Beobachtungen in Gl. (5.1,13) zur inneren Energie der Schwaden bei unveränderter Temperatur zu schlagen bzw. die spezifische Wärme $c_{v\Gamma}$ in Gl. (5.1,14) angemessen zu erhöhen bzw. auf der *rechten* Seite der Gln. (5.1,15) und (5.1,18) die Größe $\varkappa_\Gamma$ durch einen entsprechend verkleinerten Wert zu ersetzen.

5.1.15. Kräftegleichung

Die Kräftegleichung für das Geschoß in Richtung der Rohrachse f_1 lautet

$$m_{\mathrm{G}}\left(\frac{\mathrm{d}V_{\mathrm{G}}}{\mathrm{d}t} + g_{\mathrm{n}} \sin\vartheta_f\right) = p_{\mathrm{G}} F_{\mathrm{G}} - W(x) \tag{5.1,20}$$

Vernachlässigt man in dieser Gleichung die Komponente der Erdschwere $m_{\mathrm{G}} g_{\mathrm{n}} \sin\vartheta_f$ und den Reibungswiderstand $W(x)$, und führt man ferner anstelle des Drucks p_{G} am Geschoßboden den mittleren Schwadendruck

p_Γ ein, so erhält man die einfachere Beziehung

$$(m_G+\varepsilon'' m_L)\dot{V}_G = p_\Gamma F_G \tag{5.1,21}$$

Der Faktor ε'' wird im Abschnitt 5.1.18 für den Fall $y = 1$ näherungsweise bestimmt werden.

5.1.16. Gleichungssystem der inneren Ballistik

Insgesamt stehen uns jetzt für die Berechnung der Geschoßbewegung im Rohr folgende Gleichungen zur Verfügung:

Verbrennungsgesetz:

$$\dot{y} = A\varphi(y)\left(\frac{p_R}{p_\infty}\right)^\gamma \quad \text{mit } p_R = p_\Gamma\left(1+\varepsilon_0\frac{m_L}{m_G}\right) \tag{5.1,6}$$

Kontinuitätsgleichung:

$$\varrho_\Gamma = \frac{y m_L}{v_0+xF_G-\dfrac{m_L}{\varrho_P}(1-y)} \tag{5.1,8}$$

Zustandsgleichung:

$$p_\Gamma \bar{M}_\Gamma = \frac{\bar{R}T_\Gamma\, y m_L}{v_0+xF_G-\dfrac{m_L}{\varrho_P}(1-y)-\dfrac{m_L}{\varrho_*}y} \tag{5.1,17}$$

Energiegleichung:

$$y m_L \frac{f}{\varkappa_\Gamma-1} = \frac{p_\Gamma}{\varkappa_\Gamma-1}\left(v_0+xF_G-\frac{m_L}{\varrho_P}(1-y)-\frac{m_L}{\varrho_*}y\right)+\frac{m_G+\varepsilon' m_L}{2}V_G^2 \tag{5.1,18}$$

Kinematische Beziehung:

$$\dot{x} = V_G \tag{5.1,19}$$

Kräftegleichung:

$$(m_G+\varepsilon'' m_L)\dot{V}_G = p_\Gamma F_G \tag{5.1,21}$$

Die Korrekturfaktoren ε_0, ε' und ε'' werden wir i. f. für die Zeit nach Brennschluß, d. h. für $y = 1$, näherungsweise zu

$$\varepsilon_0 = \frac{1}{6}, \qquad \varepsilon' = \frac{1}{3}, \qquad \varepsilon'' = \frac{1}{3} \qquad \text{für} \quad y = 1$$

bestimmen, s. Gl. (5.1,39), (5.1,44) und (5.1,40). Unmittelbar nach dem Beginn der Pulververbrennung müssen natürlich alle Korrekturfaktoren gleich Null sein. In erster Näherung kann man daher den allgemeinen Ansatz

$$\varepsilon_0 = \frac{y}{6}, \qquad \varepsilon' = \frac{y}{3}, \qquad \varepsilon'' = \frac{y}{3} \tag{5.1,22}$$

machen. Nehmen wir nun ε_0, ε' und ε'' in dieser Weise als bekannt an, stellen wir ferner den Druck p_Γ aus Gl. (5.1,18) als Funktion

$$p_\Gamma = f_1(y, V_G, x) \tag{5.1,18a}$$

dar und setzen diesen Ausdruck für p_Γ in die Gleichungen (5.1,6) und (5.1,21) ein, so gehen diese Gleichungen über in

$$\dot{y} = f_2(y, V_G, x) \tag{5.1,6a}$$

$$\dot{V}_G = f_3(y, V_G, x) \tag{5.1,21a}$$

Zusammen mit Gl. (5.1,19) haben wir dann ein System von drei gewöhnlichen Differentialgleichungen erster Ordnung für die Größen y, V_G und x, das sich nach den in Abschnitt 1.9, S. 80, beschriebenen Methoden ohne weiteres numerisch integrieren läßt. Als Anfangsbedingungen kann man dabei etwa

$$y_0 = 0, \qquad V_{G,0} = 0, \qquad x_0 = 0 \qquad \text{für} \qquad t = 0 \tag{5.1,23}$$

stellen. Nach Ausführung der Integration kann man die Größen ϱ_Γ aus Gl. (5.1,8), p_Γ aus Gl. (5.1,18) und T_Γ aus Gl. (5.1,17) als Zeitfunktionen berechnen. Verschiedentlich, so von *Charbonnier* [5–002] sind auch nützliche Näherungslösungen aufgestellt worden, die in neueren Lehrbüchern der Ballistik [6–001, 004] leicht nachgelesen werden können. Eine sogenannte „ähnliche" Lösung wird in einem Bericht von *Thornhill* [5–100b] mitgeteilt. Bei größeren Druckdifferenzen muß man die Methoden der Gasdynamik heranziehen [5–100a, 039].

5.1.17. *Sébert*scher Faktor ϵ

Wenn an dem mechanischen System bestehend aus Rohr, Geschoß und Treibladung während des Schusses keine äußeren Kräfte angreifen, wenn also insbesondere ein freier Rohrrücklauf gewährleistet ist und kein Luftwiderstand des Geschosses in Rechnung gestellt wird, — innere Kräfte, z. B. Reibung des Geschosses im Rohr, sind hier dagegen zugelassen —, so bleibt der Gesamtimpuls des Systems konstant. Da er vor Beginn der Bewegung gleich Null war, bleibt er es auch im weiteren Verlauf. Es gilt also

$$m_R V_R(t) + m_G V_G(t) + \int_{a_1}^{a_2} V_L(a, t)\,\mathrm{d}m_L = 0 \tag{5.1,24}$$

Dabei ist a mit $a_1 \leq a \leq a_2$ die räumliche Koordinate der kleinen Treibladungsmasse

$$\mathrm{d}m_L = \varrho_P F_P \,\mathrm{d}a \qquad (m_L = \varrho_P F_P (a_2 - a_1)) \tag{5.1,25}$$

für $t = 0$ und F_P die Querschnittsfläche der Pulverladung. $V_L(a, t)$ ist die Geschwindigkeit von $\mathrm{d}m_L$ zur Zeit t. An den Rändern a_1, a_2 der Masse m_L soll gelten

$$V_L(a_1, t) = V_R(t); \qquad V_L(a_2, t) = V_G(t) \tag{5.1,26}$$

Für die dazwischen liegenden Teilchen wird i. a. gelten

$$V_R(t) \leq V_L(a,t) \leq V_G(t) \tag{5.1,27}$$

Es liegt daher nahe, das Integral durch eine Mittelbildung auszuwerten, indem man sagt, der Bruchteil $\varepsilon(t)$ der Treibladung m_L bewege sich mit der Geschwindigkeit $V_G(t)$, der Rest mit der Geschwindigkeit $V_R(t)$, oder

$$\int_{a_1}^{a_2} V_L(a,t)\varrho_P F_P \,\mathrm{d}a = \varepsilon(t) m_L V_G(t) + [1-\varepsilon(t)] m_L V_R(t) \tag{5.1,28}$$

$\varepsilon(t)$ heißt *Sébert*scher Faktor. Explizite ist

$$\varepsilon(t) = \frac{\int_{a_1}^{a_2} V_L(a,t)\varrho_P F_P \,\mathrm{d}a - m_L V_R(t)}{m_L[V_G(t)-V_R(t)]} \tag{5.1,29}$$

Führt man $\varepsilon(t)$ in den Impulssatz ein, so nimmt dieser die Form an:

$$V_R(t)\{m_R + [1-\varepsilon(t)]m_L\} + V_G(t)[m_G + \varepsilon(t) m_L] = 0 \tag{5.1,30}$$

$\varepsilon(t)$ kann hiernach experimentell bestimmt werden, wenn $V_R(t)$ und $V_G(t)$ gemessen werden. Eine numerische Berechnung ist in dem häufig erfüllten Falle möglich, daß der Druckunterschied $p_R - p_G$ zwischen Rohr- und Geschoßboden relativ klein ist, s. Gl. (5.1,4a), und wenn man sich außerdem auf die Zeit nach Brennschluß ($y = 1$) beschränkt. Unter diesen beiden Voraussetzungen kann man nämlich mit räumlich konstanter Dichte und daher aus Kontinuitätsgründen mit linearer Geschwindigkeitsverteilung der Schwaden im Intervall $a_1 \leq a \leq a_2$ rechnen, also

$$V_L(a,t) = V_R(t) + \frac{a-a_1}{a_2-a_1}[V_G(t)-V_R(t)] \tag{5.1,31}$$

ansetzen. Damit wird

$$\int_{a_1}^{a_2} V_L(a,t)\,\mathrm{d}a = \frac{V_R(t)+V_G(t)}{2}(a_2-a_1) \tag{5.1,32}$$

Mit Gl. (5.1,25) wird weiter

$$\int_{a_1}^{a_2} V_L(a,t)\,\mathrm{d}m_L = \frac{m_L}{2}[V_R(t)+V_G(t)] \tag{5.1,33}$$

Einsetzen in Gl. (5.1,29) gibt dann sofort

$$\varepsilon = \frac{1}{2} \quad \text{für} \quad y = 1, \quad p_R - p_G \ll p_\Gamma \tag{5.1,34}$$

Unter den genannten Voraussetzungen kann man daher im Impulssatz die Treibladung je zur Hälfte zum Rohr bzw. zum Geschoß schlagen.

5.1.18. Abschätzung der Druckdifferenz zwischen Geschoß- und Rohrboden; mittlerer Schwadendruck p_Γ; Korrekturfaktoren ϵ_0 und ϵ''

Setzt man im Falle $y = 1$ den konstanten Wert ε gemäß Gl. (5.1,34) in Gl. (5.1,30) ein und differenziert nach der Zeit, so wird

$$\dot{V}_R(t)(m_R+\varepsilon m_L)+\dot{V}_G(t)(m_G+\varepsilon m_L) = 0 \qquad (5.1,35a)$$

Für das Rohr bzw. für das Geschoß gelten, wenn wir jetzt nicht nur die äußeren, sondern auch die inneren Kräfte gleich Null gesetzt denken, die Kräftegleichungen

$$\left.\begin{aligned} m_R\dot{V}_R &= -p_R F_G \\ m_G\dot{V}_G &= p_G F_G \end{aligned}\right\} \qquad (5.1,35b)$$

Elimination der Beschleunigungen aus den letzten drei Gleichungen gibt die Beziehung

$$-\frac{p_R}{m_R}(m_R+\varepsilon m_L)+\frac{p_G}{m_G}(m_G+\varepsilon m_L) = 0 \qquad (5.1,35c)$$

oder

$$p_R-p_G = p_G\varepsilon\frac{m_L}{m_G}\frac{1-\dfrac{m_G}{m_R}}{1+\varepsilon\dfrac{m_L}{m_R}} \approx p_G\varepsilon\frac{m_L}{m_G} \qquad (5.1,35d)$$

Da wir bei den Ausführungen des Abschnitts 5.1.1 die Differenz p_R-p_G stets als klein gegen p_Γ vorausgesetzt haben, s. Gl. (5.1,4a), müssen wir hiernach auch stets darauf achten, ob die Größenbeziehung

$$\varepsilon\frac{m_L}{m_G} \ll 1 \text{ mit } \varepsilon = \frac{1}{2} \qquad (5.1,36)$$

erfüllt ist.

Als nächstes bestimmen wir den mittleren Schwadendruck p_Γ unter der Näherungsannahme, daß die Schwadendichte räumlich konstant und gleich ihrem mittleren Wert ϱ_Γ ist. Ist dann ξ mit $0 \leq \xi \leq x$ die betrachtete Stelle im Rohr, so sind der lokale Druck $p(\xi, t) = p_L(a, t)$ und die lokale Geschwindigkeit $V(\xi, t) = V_L(a, t)$ durch die Bewegungsgleichung in *Euler*scher Darstellung

$$\frac{dV}{dt}\left(= \frac{\partial V}{\partial t}+V\frac{\partial V}{\partial \xi}\right) = \frac{-1}{\varrho_\Gamma}\frac{\partial p}{\partial \xi} \qquad (5.1,37a)$$

miteinander verknüpft. Für die räumlichen Koordinaten ξ und a besteht aus Kontinuitätsgründen der Zusammenhang

$$\frac{\xi}{x} = \frac{a-a_1}{a_2-a_1} \qquad (5.1,37b)$$

Daher lautet die Bewegungsgleichung in *Lagrange*scher Darstellung, vgl. auch [1–722],

$$\left.\frac{\partial V_L}{\partial t}\right|_a = \frac{-(a_2-a_1)}{\varrho_\Gamma x}\frac{\partial p_L}{\partial a}$$

oder

$$\frac{\partial p_{\mathrm{L}}}{\partial a} = \frac{-\varrho_{\Gamma} x}{a_2 - a_1} \left.\frac{\partial V_{\mathrm{L}}}{\partial t}\right|_a \tag{5.1,37c}$$

Nun folgt aus Gl. (5.1,31) durch Differentiation nach t unter Vernachlässigung der kleinen Rohrbeschleunigung $\dot{V}_{\mathrm{R}}$

$$\left.\frac{\partial V_{\mathrm{L}}}{\partial t}\right|_a = \frac{a - a_1}{a_2 - a_1} \dot{V}_{\mathrm{G}} \tag{5.1,37d}$$

Einsetzen in Gl. (5.1,37c) und Integration nach a zwischen den Grenzen a_1 und a gibt wegen $p_{\mathrm{L}}(a_1, t) = p_{\mathrm{R}}(t)$

$$p_{\mathrm{L}}(a, t) - p_{\mathrm{R}} = -\frac{\varrho_{\Gamma} x \dot{V}_{\mathrm{G}}}{(a_2 - a_1)^2} \frac{(a - a_1)^2}{2} \tag{5.1,37e}$$

Damit erhält man als mittleren Schwadendruck

$$p_{\Gamma} = \frac{1}{a_2 - a_1} \int_{a_1}^{a_2} p_{\mathrm{L}}(a, t)\,\mathrm{d}a = p_{\mathrm{R}} - \frac{\varrho_{\Gamma} x \dot{V}_{\mathrm{G}}}{6} \tag{5.1,37f}$$

Setzt man hier noch $\dot{V}_{\mathrm{G}}$ aus Gl. (5.1,35b) ein und berücksichtigt die Beziehung $m_{\mathrm{L}} = \varrho_{\Gamma} x F_{\mathrm{G}}$, so wird schließlich

$$p_{\Gamma} = p_{\mathrm{R}} - p_{\mathrm{G}} \frac{1}{6} \frac{m_{\mathrm{L}}}{m_{\mathrm{G}}} \left(= \frac{2}{3} p_{\mathrm{R}} + \frac{1}{3} p_{\mathrm{G}} \right) \tag{5.1,38}$$

Damit wird bis auf Glieder, die in $m_{\mathrm{L}}/m_{\mathrm{G}}$ von zweiter Ordnung klein sind,

$$p_{\mathrm{R}} = p_{\Gamma} \left(1 + \frac{1}{6} \frac{m_{\mathrm{L}}}{m_{\mathrm{G}}}\right), \text{ also } \varepsilon_0 = \frac{1}{6} \tag{5.1,39}$$

vgl. Gl. (5.1,4b), und weiter mit Gl. (5.1,35d)

$$p_{\mathrm{G}} = \frac{p_{\Gamma}}{1 + (\varepsilon - \varepsilon_0) \dfrac{m_{\mathrm{L}}}{m_{\mathrm{G}}}}, \text{ also } \varepsilon'' = \varepsilon - \varepsilon_0 = \frac{1}{3} \tag{5.1,40}$$

vgl. Gl. (5.1,35b) und (5.1,21).

5.1.19. Korrekturfaktor ε'

Wenn man in Gl. (5.1,11) die kinetische Energie der Treibladung durch Summation über die Einzelteilchen berechnet und sich dabei auf die Zeit nach dem Brennschluß, d. h. auf $y = 1$ beschränkt, so wird

$$\varepsilon' \frac{m_{\mathrm{L}}}{2} V_{\mathrm{G}}^2 = \int_{a_1}^{a_2} \frac{1}{2} V_{\mathrm{L}}^2(a, t)\,\mathrm{d}m_{\mathrm{L}} \tag{5.1,41}$$

Mit dem linearen Ansatz (5.1,31) für die Geschwindigkeiten $V_{\mathrm{L}}(a, t)$ ergibt sich nach kurzer Zwischenrechnung

$$\int_{a_1}^{a_2} \frac{1}{2} V_{\mathrm{L}}^2(a, t)\,\mathrm{d}a = \frac{a_2 - a_1}{6} (V_{\mathrm{G}}^2 + V_{\mathrm{G}} V_{\mathrm{R}} + V_{\mathrm{R}}^2) \tag{5.1,42}$$

Einsetzen in Gl. (5.1,41) gibt wegen Gl. (5.1,25)

$$\varepsilon' = \frac{1}{3}\left(1+\frac{V_R}{V_G}+\frac{V_R^2}{V_G^2}\right) \tag{5.1,43}$$

Vernachlässigt man V_R gegen V_G, so wird näherungsweise

$$\varepsilon' = \frac{1}{3} \quad \text{für} \quad y = 1; \quad p_R - p_G \ll p_\Gamma \tag{5.1,44}$$

d. h. unter den genannten Bedingungen kann man bei der Formulierung der Energiegleichung die kinetische Energie der Treibladung unterdrücken, wenn man dafür die Geschoßmasse um ein Drittel der Treibladung erhöht.

Literatur zu Abschnitt 5.1.1: [5–100a bis 100b], S. 422.

5.1.2. Antriebsbahn von Raketen

5.1.21. Senkrechte Antriebsbahn ohne Luftwiderstand

5.1.211. *Einstufenrakete*

Bei Annahme eines geodätischen Koordinatensystems (g) und eines konstanten Schubes

$$\boldsymbol{S} = -\dot{m} w_a \boldsymbol{s}_1 \tag{5.1,45}$$

wobei w_a die konstante effektive Ausströmungsgeschwindigkeit der Verbrennungsgase und $-\dot{m}$ die konstante Massenabnahme der Rakete ist, lautet die Kraftgleichung für eine senkrecht in Richtung $-\boldsymbol{g}_3$ ohne Luftwiderstand fliegende Rakete

$$m\frac{d^2\boldsymbol{s}}{dt^2} = m g_n \boldsymbol{g}_3 + \boldsymbol{S} \tag{5.1,46a}$$

Mit

$$\left.\begin{aligned} \frac{d\boldsymbol{s}}{dt} &= \boldsymbol{V} = -V\boldsymbol{g}_3; \qquad V = \dot{H} \\ \boldsymbol{s}_1 &= \boldsymbol{f}_1 = -\boldsymbol{g}_3 \end{aligned}\right\} \tag{5.1,46b}$$

wird Gl. (5.1,46a) in skalarer Form

$$m\dot{V} = -\dot{m} w_a - m g_n \tag{5.1,46c}$$

Dabei ist wegen $\dot{m} = \text{const}$

$$m(t) = m(t_0) + \dot{m}(t - t_0) \tag{5.1,47}$$

Nach Division durch m läßt sich Gl. (5.1,46c) leicht zu

$$V(t) - V(t_0) = w_a \ln\frac{m(t_0)}{m(t)} - g_n(t - t_0) \tag{5.1,48a}$$

integrieren. Nochmalige Integration gibt

$$H(t)-H(t_0)-V(t_0)(t-t_0) = w_a\left[t-t_0+\frac{m(t)}{\dot{m}}\ln\frac{m(t_0)}{m(t)}\right]-\frac{g_n}{2}(t-t_0)^2 \tag{5.1,48b}$$

In dieser Form gelten die Beziehungen auch für eine beliebige Brennstufe einer mehrstufigen Rakete. Bei einer zur Zeit $t_0 = 0$ vom Boden $H(t_0) = 0$ mit der Geschwindigkeit $V(t_0) = 0$ startenden einstufigen Rakete kann man die Gleichungen noch etwas vereinfachen.

Man erhält dann vielfach ein recht gutes Bild von den Flugleistungen ganzer Raketenfamilien, wenn man diese theoretischen Werte mit gewissen empirischen Faktoren multipliziert, die sich aus dem Vergleich von einer oder zwei unter Berücksichtigung der Luftkräfte gerechneten Flugbahnen mit der theoretischen Flugbahn nach Gl. (5.1,48a) und (5.1,48b) ergeben.

5.1.212. *Optimale Stufenzahl für das Vorprojekt einer mehrstufigen Rakete*

Durch eine mehrstufige Rakete kann man einer vorgegebenen Nutzlast mit einem geringeren Aufwand an Bau- und Treibstoffgewicht die gleiche mechanische Energie erteilen wie durch eine einstufige Rakete. Im Frühstadium der Entwicklung eines mehrstufigen Geräts pflegt man bei der Abschätzung der zweckmäßigen Stufenzahl N vom Einfluß der Erdschwere und des Luftwiderstandes abzusehen. Ferner sei die Startgeschwindigkeit $V_{0,1}$ des Geräts zu null angenommen. Für die Endgeschwindigkeit $V_{0,N+1} = V_{e,N}$ und für die Nutzlast $m_{0,N+1}$, die nach Abtrennung des Leergewichts der N-ten Stufe übrigbleibt, seien entsprechend der jeweiligen flugmechanischen Aufgabenstellung feste Werte vorgegeben.

Die Startmasse $m_{0,1}$ soll als rohes Maß für den Gesamtaufwand am Gerät angesehen werde. Es kommt dann darauf an, die Stufenzahl N so zu wählen, daß $m_{0,1}$ möglichst klein wird. Um die mathematischen Bedingungen dafür zu fixieren, nennen wir in Übereinstimmung mit den vorstehenden Bezeichnungen $m_{0,p}$ bzw. $m_{e,p}$ das Gesamtgewicht bei Beginn bzw. Ende der p-ten Brennstufe und $m_{n,p} = m_{0,p+1}$ die Nutzlast der p-ten Brennstufe. Das Nutzlastverhältnis

$$\lambda = \frac{m_{n,p}}{m_{0,p}} = \frac{m_{0,p+1}}{m_{0,p}} \tag{5.1,49a}$$

sowie das Strukturverhältnis

$$\varepsilon = \frac{m_{e,p}-m_{n,p}}{m_{0,p}} = \frac{m_{e,p}-m_{0,p+1}}{m_{0,p}} \tag{5.1,49b}$$

setzen wir ebenso wie die effektive Ausströmungsgeschwindigkeit w_a als unabhängig von p voraus.

Die Anfangsgeschwindigkeit $V_{0,p}$ und die Endgeschwindigkeit $V_{e,p}$ der p-ten Brennstufe stehen gemäß Gl. (5.1,48a) und (5.1,49a, b) bei Vernachlässigung des Schwereterms in der Beziehung

$$V_{e,p}-V_{0,p} = -w_a \ln \frac{m_{e,p}}{m_{0,p}} = -w_a \ln(\varepsilon+\lambda) \qquad (5.1,50a)$$

Da

$$V_{e,p} = V_{0,p+1} \quad \text{und} \quad V_{0,1} = 0 \qquad (5.1,50b)$$

ist, wird die Endgeschwindigkeit der Nutzlast

$$V_{0,N+1} = \sum_{p=1}^{N} (V_{e,p}-V_{0,p}) = -w_a N \ln(\varepsilon+\lambda) \qquad (5.1,50c)$$

Die Startmasse kann man gemäß Gl. (5.1,49a) in der Form

$$m_{0,1} = m_{0,N+1} \prod_{p=1}^{N} \frac{m_{0,p}}{m_{0,p+1}} = m_{0,N+1}\lambda^{-N} \qquad (5.1,49c)$$

schreiben.

Neben den schon oben als Konstanten eingeführten Größen $m_{0,N+1}$, $V_{0,N+1}$ und w_a wollen wir jetzt auch noch das Strukturverhältnis ε als vorgegebene Konstante betrachten. Gemäß Gl. (5.1,50c) gehören dann zu diskreten Werten von N diskrete Werte λ_N, und gemäß Gl. (5.1,49c) ist der geeignetste Wert N derjenige, für den die Potenz $(\lambda_N)^{-N}$ möglichst klein wird.

Eliminiert man N aus den beiden letzten Gleichungen, so wird

$$m_{0,1} = m_{0,N+1} \cdot \lambda^{\frac{V_{0,N+1}}{w_a \ln(\varepsilon+\lambda)}} = m_{0,N+1} \cdot e^{\frac{V_{0,N+1} \cdot \ln\lambda}{w_a \cdot \ln(\varepsilon+\lambda)}} \qquad (5.1,51a)$$

Nimmt man nun an, daß es drei aufeinanderfolgende Werte N bzw. λ_N gibt, die so beschaffen sind, daß für den mittleren von ihnen der Ausdruck $(\lambda_N)^{-N}$ kleiner wird als für die beiden Nachbarwerte, so besitzt $m_{0,1}$, als Funktion der stetigen Variablen λ betrachtet, in der Umgebung des mittleren λ_N-Wertes ein relatives Minimum. Da $m_{0,1}$ als analytische Funktion der stetigen Variablen λ auch eine stetige Ableitung besitzt, ergibt sich die Lage des Minimums von $m_{0,1}$ in bekannter Weise aus der Bedingung

$$\frac{dm_{0,1}}{d\lambda} = 0 \qquad (5.1,51b)$$

Die Ausrechnung ergibt

$$(\lambda+\varepsilon)\ln(\lambda+\varepsilon) = \lambda \ln \lambda \qquad (5.1,51c)$$

Das optimale λ_N und damit die optimale Stufenzahl N ist also unter den hier getroffenen Annahmen allein vom Strukturverhältnis ε abhängig. Die letzte Gleichung kann man nach dem Vorgang von *H. G. L. Krause* [5–101] leicht graphisch mittels der aufgezeichneten Kurve $y = x \ln x$ lösen. Diese Funktion verschwindet für $x = 0$ und $x = 1$ und besitzt an der Stelle $x = 1/e$ das Minimum $y = -1/e$, s. Abb. 5.1,1. Zur

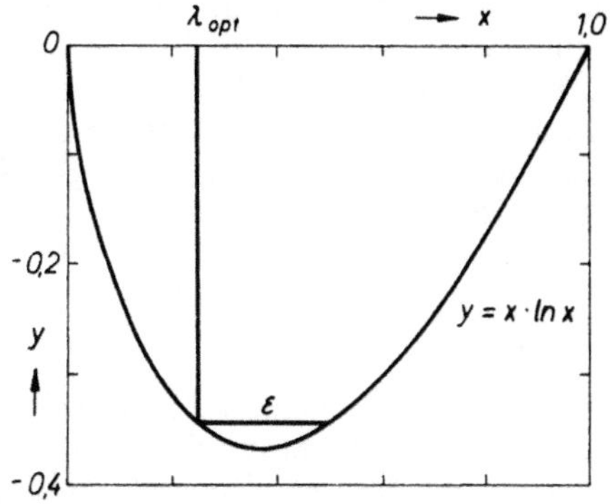

Abb. 5.1,1
Zur Bestimmung von λ_{opt} mittels der Funktion $y = x \ln x$

Bestimmung von λ_{opt} paßt man die Strecke ε parallel zur x-Achse in die Kurve $y = x \ln x$ ein. Der linke Schnittpunkt hat dann die Abszisse $x = \lambda_{opt}$, der rechte die Abszisse $x = \lambda_{opt} + \varepsilon$.

Setzt man das gefundene λ_{opt} in Gl. (5.1,50c) ein, so erhält man i. a. einen nichtganzzahligen Wert N_{opt}. Technisch brauchbar ist dann das nächstgelegene ganzzahlige N, aus dem man mittels derselben Gl. (5.1,50c) einen zugehörigen Wert λ_N berechnet. Aus Gl. (5.1,49c) folgt schließlich die zugehörige Startmasse $m_{0,1}$.

Zahlenbeispiel:

$\varepsilon = 0{,}25$, $V_{0,N+1}/w_a = 4$, $m_{0,N+1} = 100$ kg,
$\lambda_{opt} = 0{,}25$ aus Abb. 5.1,1,
$\varepsilon + \lambda_{opt} = 0{,}50$, $\ln(\varepsilon + \lambda_{opt}) = -0{,}693$,
$N_{opt} = 5{,}57$ aus Gl. (5.1,50c),
daher $N = 6$,
$\lambda_N = 0{,}264$ aus Gl. (5.1,50c),

$\dfrac{m_{0,1}}{m_{0,N+1}} = 2950$ aus Gl. (5.1,49c), also $m_{0,1} = 295000$ kg

Kontrolle: $N = 5$, $\lambda_N = 0{,}20$, $\dfrac{m_{0,1}}{m_{0,N+1}} = 3130$

Literatur zu Abschnitt 5.1.21: [5–101 bis 136], S. 422.

5.1.22. Vertikale Antriebsbahnen größten mechanischen Wirkungsgrades mit dem Brennstoffdurchsatz als Kontrollfunktion

5.1.221. *Allgemeines Lösungsverfahren mittels der Eulerschen Gleichungen der Variationsrechnung*

In der Raketentechnik stellt sich häufig die Aufgabe, das Schubprogramm einer Rakete mit gegebener Treibstoffmenge so auszulegen, daß sie in vertikaler Richtung möglichst hoch steigt, oder m. a. W. daß ihr mechanischer Wirkungsgrad möglichst gut wird. Liegt nun der Brennschlußpunkt einer solchen Rakete in einer Höhe, von der ab sich der Luftwiderstand nur noch wenig bemerkbar macht, also etwa oberhalb 20 km, so genügt es, die Aufgabe so zu formulieren, daß man für das Ende der Antriebsbahn einen möglichst großen Wert der spezifischen mechanischen Energie

$$E = \frac{V^2}{2} + H g_n \tag{5.1,52}$$

fordert.

Ähnlich wie im Abschnitt 2.3.51, S. 201, wollen wir annehmen, daß die Schubkraft S in Richtung $\mathbf{f}_1$ der Längsachse zeigt, daß ferner Windstille herrscht und das geodätische System (g) ein Inertialsystem ist, wobei noch die Raketenachse $\mathbf{f}_1$ in die Richtung $-\mathbf{g}_3$ weisen möge. Unter Berücksichtigung des Umstands, daß der Raketenschub S in erster Linie vom Treibstoffverbrauch $\dot{m}$, außerdem aber i. a. auch noch schwach vom äußeren Luftdruck, also bei Annahme einer Normalatmosphäre von der Flughöhe H abhängt, können wir hier also setzen:

$$\left.\begin{aligned}
&\mathbf{s}_1 = \mathbf{f}_1 = -\mathbf{g}_3\\
&\vartheta_a = \vartheta_e = \vartheta_f = \frac{\pi}{2}; \qquad \alpha = 0\\
&w = 0; \qquad \varrho = \varrho(H)\\
&S = S(H, \dot{m}); \qquad W = W(H, V)\\
&\dot{m} = \beta(m) < 0 \qquad \text{auf der Antriebsbahn}
\end{aligned}\right\} \tag{5.1,53}$$

Der Durchsatz $\dot{m}$ spielt hier die Rolle der Kontrollfunktion. Die Kraftgleichung für die vertikale Richtung lautet

$$m\dot{V} = S - m g_n - W \tag{5.1,54}$$

s. Gl. (2.3,143), S. 202, und (5.1,48). Dazu tritt wieder die kinematische Beziehung

$$\dot{H} = V \tag{5.1,55}$$

Übergang zu m als unabhängiger Variablen gibt die Differentialgleichungen

$$X \equiv V' - \frac{S - mg_n - W}{m\beta} = 0 \tag{5.1,56}$$

$$D \equiv H' - \frac{V}{\beta} = 0 \tag{5.1,57}$$

$$T \equiv t' - \frac{1}{\beta} = 0 \tag{5.1,58}$$

Dabei bedeutet ein Strich (′) jetzt Differentiation nach m. Die Energiezunahme im Intervall m_0, m_1 beträgt formal

$$E_1 = \int_{m_0}^{m_1} E' \mathrm{d}m = g_n \int_{m_0}^{m_1} \left(\frac{VV'}{g_n} + H' \right) \mathrm{d}m \tag{5.1,59}$$

und die Aufgabe besteht darin, das Integral E_1 nach Gl. (5.1,59) unter Beachtung der Differentialgleichungen (5.1,56) bis (5.1,58) als Nebenbedingungen und gewisser noch vorzuschreibender Randbedingungen zum Maximum zu machen.

Zu diesem Zwecke bilden wir ähnlich wie in Abschnitt 2.3.51, S. 203, zunächst das Integral

$$\frac{E_1}{g_n} = \int_{m_0}^{m_1} B(V, V', H, H', t', \beta, m) \mathrm{d}m$$

mit der Hilfsfunktion (5.1,60)

$$B \equiv \frac{VV'}{g_n} + H' + \xi(m) X + \delta(m) D + \tau(m) T$$

wobei $\xi(m)$, $\delta(m)$ und $\tau(m)$ wieder *Lagrange*sche Parameter sind. Die *Euler*schen Extremumsbedingungen des Problems lauten dann

$$\frac{\partial B}{\partial V} - \frac{\mathrm{d}}{\mathrm{d}m}\left(\frac{\partial B}{\partial V'}\right) = 0 \qquad \frac{\partial B}{\partial H} - \frac{\mathrm{d}}{\mathrm{d}m}\left(\frac{\partial B}{\partial H'}\right) = 0$$

$$\frac{\partial B}{\partial t} - \frac{\mathrm{d}}{\mathrm{d}m}\left(\frac{\partial B}{\partial t'}\right) = 0 \qquad \frac{\partial B}{\partial \beta} - \frac{\mathrm{d}}{\mathrm{d}m}\left(\frac{\partial B}{\partial \beta'}\right) = 0$$

oder hier spezieller

$$\frac{\partial B}{\partial V} - \frac{V'}{g_n} - \xi' = 0 \tag{5.1,61}$$

$$\frac{\partial B}{\partial H} - \delta' = 0 \qquad (5.1,62)$$

$$\tau' = 0 \qquad (5.1,63)$$

$$\frac{\partial B}{\partial \beta} = 0 \qquad (5.1,64)$$

Die Gleichungen (5.1,56) bis (5.1,58) und (5.1,61) bis (5.1,63) stellen ein System von 6 gewöhnlichen Differentialgleichungen erster Ordnung für die 6 Funktionen $V(m)$, $H(m)$, $t(m)$, $\xi(m)$, $\delta(m)$ und $\tau(m)$ dar. Die in diesen Differentialgleichungen noch auftretende Funktion $\beta(m)$ bestimmt sich aus Gl. (5.1,64).

Es wird hier auf jeden Fall eine Bedingung bestehen, die ein Überschreiten des Intervalls $\dot{m}_{\min} \leq \dot{m} < \dot{m}_{\max} < 0$ nach unten oder oben verbietet. Bei bemannten Raketen wird man außerdem aus physiologischen Gründen fordern müssen, daß das Lastvielfache $(S-W)/mg_n$ begrenzt bleibt. Ist allgemein wieder

$$\Phi = \Phi(V, H, \dot{m}, m) \qquad (5.1,64a)$$

eine Funktion, deren Wert aus irgendwelchen Gründen auf den Bereich

$$\Phi_{\min} \leq \Phi \leq \Phi_{\max} \qquad (5.1,64b)$$

beschränkt werden muß, so erkennen wir nach dem in Abschnitt 2.3.51, S. 204, ausführlich dargestellten Verfahren folgendes: Überschreitet die Funktion Φ den zulässigen Bereich nach unten bzw. oben, falls man für $\dot{m}$ den aus Gl. (5.1,64) folgenden Wert setzt, so muß statt dessen für $\dot{m}$ derjenige Wert genommen werden, der sich aus der Gleichung

$$\Phi(V, H, \dot{m}, m) = \Phi_{\min} \qquad (5.1,64c)$$

bzw.

$$\Phi(V, H, \dot{m}, m) = \Phi_{\max} \qquad (5.1,64d)$$

ergibt.

Bei gegebenen Anfangswerten

$$V = V_0,\ H = H_0,\ t = t_0,\ \xi = \xi_0,\ \delta = \delta_0,\ \tau = \tau_0 \text{ für } m = m_0 \qquad (5.1,65)$$

läßt sich jetzt das System der 6 Differentialgleichungen nach dem in Abschnitt 1.9.1, S. 80, angegebenen Verfahren numerisch integrieren. Wir beschränken uns auf solche Kombinationen der Anfangswerte, für welche der Rand $m = m_1$ überhaupt erreichbar ist. Beim vorliegenden Problem wollen wir nur die Werte V_0, H_0 und t_0 für $m = m_0$ vorschreiben. Die Anfangswerte ξ_0, δ_0 und τ_0 bleiben dann als frei verfügbare Parameter übrig. Damit ist die erste Teilaufgabe zur Bestimmung eines Maximums von E_1 gelöst, s. Abschnitt 2.3.51, S. 203.

Stellt man jetzt die Größe E_1 nach Gl. (5.1,59) als Funktion von ξ_0, δ_0 und τ_0 dar, so kann man E_1 über diesen Größen als unabhängigen Variablen zum Maximum machen und hat damit auch die zweite Teilaufgabe gelöst.

5.1.222. *Ein in geschlossener Form integrierbarer Spezialfall*

Um das oben beschriebene Verfahren an einem einfachen Beispiel zu demonstrieren, vernachlässigen wir wie in Abschnitt 5.1.21 den Luftwiderstand W und nehmen den Schub S gemäß Gl. (5.1,45) proportional zum Massendurchsatz $\dot{m}$ an. Die Kraftgleichung (5.1,56) lautet dann

$$X \equiv V' + \frac{w_a \beta + m g_n}{m\beta} = 0; \quad w_a = \text{const} \tag{5.1,66}$$

Die Funktion B nach Gl. (5.1,60) wird hier

$$B = \frac{VV'}{g_n} + H' + \xi\left(V' + \frac{w_a\beta + m g_n}{m\beta}\right) + \delta\left(H' - \frac{V}{\beta}\right) + \tau\left(t' - \frac{1}{\beta}\right) \tag{5.1,67}$$

Die *Euler*schen Extremumsbedingungen werden hier ausführlich

$$\left[\frac{\partial B}{\partial V} - \frac{V'}{g_n} - \xi' \equiv\right] - \frac{\delta}{\beta} - \xi' = 0 \tag{5.1,68}$$

$$\left[\frac{\partial B}{\partial H} - \delta' \equiv\right] \qquad -\delta' = 0 \tag{5.1,69}$$

$$\tau' = 0 \tag{5.1,70}$$

$$\left[\frac{\partial B}{\partial \beta} \equiv\right] - \frac{\xi g_n}{\beta^2} + \frac{\delta V}{\beta^2} + \frac{\tau}{\beta^2} = 0 \tag{5.1,71}$$

Für die Funktion β stellen wir noch die Forderung, s. Gl. (5.1,64a),

$$\beta_{\min} \leq \beta \leq \beta_{\max} = -\frac{m g_n}{w_a} < 0 \tag{5.1,72}$$

Die Bedingung $\beta \leq \beta_{\max}$ ist für eine positive Beschleunigung ($\dot{V} > 0$) notwendig, die Bedingung $\beta_{\min} \leq \beta$ ergibt sich aus der Auslegung des Raketenofens für einen maximalen Durchsatz. Die Gl. (5.1,71) läßt nun sofort die formale Lösung $\beta \to -\infty$ zu. Da dies der eben getroffenen Annahme widersprechen würde, so ist gemäß den Ausführungen des vorigen Abschnitts

$$\beta = \beta_{\min} \tag{5.1,73}$$

eine Lösung des Problems.

Man erhält somit das Ergebnis, daß hinsichtlich des mechanischen Wirkungsgrades für den vertikalen widerstandsfreien Flug einer Rakete bei einem Schubansatz $S = -\dot{m}w_a$ mit konstantem w_a ein möglichst großer Treibstoffdurchsatz $-\dot{m}$ am günstigsten ist. Die zugehörige Flugbahn ist bereits in Abschnitt 5.1.21, S. 348, berechnet worden.

Literatur zu Abschnitt 5.1.22: [5–151 bis 185], S. 424.

5.2. Freiflugbahn von Geschoß und Rakete

5.2.1. Äußere Ballistik des Geschosses bei geringen Höhenunterschieden

Nach dem Verlassen des Rohres wird das Geschoß nicht mehr angetrieben. Ferner wollen wir in erster Näherung annehmen, daß sein Anstellwinkel δ und damit sein Auftrieb A sowie die Magnuskraft Q (im Falle eines Drallgeschosses) verschwinden. Bei Verwendung eines geodätischen Koordinatensystems (g) als Inertialsystem und der Ebene (g_1, g_3) als Flugebene gelten also die Beziehungen

$$\left.\begin{array}{l} \vartheta_a = \vartheta_e = \vartheta_f \equiv \vartheta, \qquad \psi_a = \psi_e = \psi_f \equiv 0 \\ \delta = 0, \qquad S = 0 \end{array}\right\} \tag{5.2,1}$$

Die Kraftgleichungen lauten

$$a_1: \qquad \dot{V} = -g_n \sin\vartheta - \frac{W}{m} \tag{5.2,2}$$

$$a_3: \qquad -V\dot{\vartheta} = g_n \cos\vartheta \tag{5.2,3}$$

s. Gl. (2.3,143), S. 202. Außerdem bestehen die kinematischen Beziehungen

$$\dot{H} = V \sin\vartheta \tag{5.2,4}$$

$$\dot{x} = V \cos\vartheta \tag{5.2,5}$$

Wie man sieht, tritt die abhängige Variable x in den drei Gln. (5.2,2) bis (5.2,4) nicht explizit auf. Bei der numerischen Integration des Systems kann man sich daher auf diese drei Gleichungen beschränken; die Horizontalentfernung x bestimmt sich dann nachträglich durch Quadratur aus Gl. (5.2,5). Weiter bemerkt man, daß auch die unabhängige Variable t nicht explizit vorkommt. Durch Vertauschen der Rolle von t mit einer abhängigen Variablen, z. B. mit ϑ, kann man daher das System auf die beiden Gleichungen

$$\frac{dV}{d\vartheta} = V \tan\vartheta + \frac{V \frac{W}{m}}{g_n \cos\vartheta} \qquad (5.2,6)$$

$$\frac{dH}{d\vartheta} = -\frac{V^2}{g_n} \tan\vartheta \qquad (5.2,7)$$

reduzieren, während sich die Zeit t und die Koordinate x nachträglich aus den Beziehungen

$$\frac{dt}{d\vartheta} = \frac{-V}{g_n \cos\vartheta} \qquad (5.2,8)$$

$$\frac{dx}{d\vartheta} = -\frac{V^2}{g_n} \qquad (5.2,9)$$

durch Quadratur finden lassen.

In Gl. (5.2,6) ist die Luftdichte ϱ und damit der Luftwiderstand W noch von der Flughöhe H abhängig. Man kann nun auch die Koppelung zwischen den Gleichungen (5.2,6) und (5.2,7) aufheben, wenn man sich auf Flugbahnen mit geringen Höhenunterschieden beschränkt, für die näherungsweise

$$\varrho = \text{const} \qquad (5.2,10)$$

ist. Es wird dann

$$\frac{W}{m} = c f(V) \qquad (5.2,11)$$

Einsetzen in Gl. (5.2,6) gibt

$$\frac{dV}{d\vartheta} = V \tan\vartheta + \frac{c V f(V)}{g_n \cos\vartheta} \qquad (5.2,12)$$

oder zusammengefaßt

$$\frac{d(V \cos\vartheta)}{d\vartheta} = \frac{c V f(V)}{g_n} \qquad (5.2,13)$$

Nach Integration dieser sog. „Hauptgleichung" der äußeren Ballistik bestimmt sich auch H durch einfache Quadratur aus Gl. (5.2,7).

Dieses Näherungsverfahren ist zwar schon einfacher als das allgemeine numerische Verfahren, es ermöglicht aber ebenfalls noch nicht eine Integration durch Quadratur, wie sie in früheren Jahren, als noch keine elektronischen Rechenmaschinen zur Verfügung standen, immer sehr erwünscht war.

Eine solche Vereinfachung tritt in aller Strenge nur für spezielle Formen der Widerstandsfunktion $f(V)$ ein, z. B. für $f(V) = a + bV^n$ [5–202]. Da man die wirklichen Widerstandsfunktionen jedoch nur unvollkommen durch solche speziellen Funktionen darstellen kann, benutzt man häufiger ein anderes Rechenverfahren, bei dem man die exakte Hauptgleichung (5.2,13) durch eine genäherte Hauptgleichung ersetzt. Diese gewinnt man in der Weise, daß man in der umgeformten Hauptgleichung

$$\frac{d\vartheta}{\cos^2\vartheta} = \frac{g_n}{c\cos\vartheta_0} \frac{d\left(\frac{V\cos\vartheta}{\cos\vartheta_0}\right)}{\frac{V\cos\vartheta}{\cos\vartheta_0} f(V) \frac{\cos\vartheta}{\cos\vartheta_0}} \tag{5.2,14}$$

zunächst formal

$$f(V)\frac{\cos\vartheta}{\cos\vartheta_0} = f\left(\frac{V\cos\vartheta}{\cos\vartheta_0}\right) \cdot \beta \cdot \cos\vartheta_0 \tag{5.2,15}$$

ansetzt, diese Gleichung aber nicht, wie es korrekt wäre, als Definitionsgleichung für $\beta = \beta(V, \vartheta, \vartheta_0)$ ansieht, sondern längs jeder Flugbahn die Größe β näherungsweise als konstanten Ausgleichsfaktor betrachtet, der nur von ϑ_0 und der Schußweite X in der Mündungsebene abhängt. Der Anwendbarkeit dieses Verfahrens sind natürlich durch die Genauigkeitsforderungen gewisse Grenzen gesetzt, die durch exakte Rechnungen ermittelt werden müssen. Nach Ersetzen des Ausdrucks

$$f(V)\frac{\cos\vartheta}{\cos\vartheta_0}$$

in Gl. (5.2,14) durch den in Gl. (5.2,15) rechts stehenden Term geht Gl. (5.2,14) mit der Transformation

$$u = \frac{V\cos\vartheta}{\cos\vartheta_0} \tag{5.2,16}$$

in

$$\frac{d\vartheta}{\cos^2\vartheta} = \frac{g_n}{c} \frac{1}{\beta\cos^2\vartheta_0} \frac{du}{u f(u)} \tag{5.2,17}$$

über. Damit ist eine Trennung der Variablen erreicht. Die Lösung dieser Gleichung schreibt sich jetzt mit Hilfe des geschlossenen Integralausdrucks

$$J(u) = -2g_n \int_{u^*}^{u} \frac{du}{u f(u)} \tag{5.2,18}$$

in der Form

$$\tan\vartheta - \tan\vartheta_0 = \frac{-1}{2c\beta\cos^2\vartheta_0} [J(u) - J(V_0)] \tag{5.2,19}$$

u^* bedeutet dabei eine willkürliche, aber feste Geschwindigkeit. Die übrigen interessierenden Funktionen x, t und H berechnen sich aus den ebenfalls durch Quadratur lösbaren Differentialgleichungen

$$\frac{dx}{du} = \frac{dx}{d\vartheta}\frac{d\vartheta}{du} = \frac{-1}{\beta c}\frac{u}{f(u)} \tag{5.2,20}$$

$$\frac{dt}{du} = \frac{dt}{d\vartheta}\frac{d\vartheta}{du} = \frac{-1}{\beta c\cos\vartheta_0}\frac{1}{f(u)} \tag{5.2,21}$$

$$\frac{dH}{du} = \frac{dH}{d\vartheta}\frac{d\vartheta}{du} = \frac{-1}{\beta c}\tan\vartheta\frac{u}{f(u)} \tag{5.2,22}$$

Man findet

$$\left.\begin{aligned} x-x_0 &= \frac{1}{\beta c}\,[D(u)-D(V_0)] \\ \text{mit}\qquad D(u) &= -\int_{u^*}^{u}\frac{u\,du}{f(u)} \end{aligned}\right\} \tag{5.2,23}$$

$$\left.\begin{aligned} t-t_0 &= \frac{1}{\beta c\cos\vartheta_0}\,[T(u)-T(V_0)] \\ \text{mit}\qquad T(u) &= -\int_{u^*}^{u}\frac{du}{f(u)} \end{aligned}\right\} \tag{5.2,24}$$

$$\left.\begin{aligned} H-H_0 &= \left[\tan\vartheta_0+\frac{J(V_0)}{2\beta c\cos^2\vartheta_0}\right](x-x_0)-\frac{A(u)-A(V_0)}{2\beta^2c^2\cos^2\vartheta_0} \\ \text{mit}\quad A(u) &= -\int_{u^*}^{u}\frac{u\,J(u)}{f(u)}\,du \end{aligned}\right\} \tag{5.2,25}$$

Wenn man die Funktionen $J(u)$, $D(u)$, $T(u)$ und $A(u)$ tabuliert und eine Tabelle der Korrekturfaktoren

$$\beta = \beta(\vartheta_0, X) \tag{5.2,26}$$

zur Verfügung hat, die man durch genauere Rechnungen findet ($\beta \approx 1$), so kann man damit die Flugbahnen für ganze Geschoßfamilien mit gleichem Verlauf der Funktion $f(V)$ einfach aus diesen Tabellen finden. Auf der gleichen Grundlage beruhen die Tafeln von *Fasella* [5–201].

Weitere analytische und graphische Lösungsverfahren der äußeren Ballistik, die im Zeitalter elektronischer Rechenmaschinen allerdings eine geringere Bedeutung haben, sind in [6–001, 004, 005] dargestellt. Dort findet man auch Ausführungen über die den Praktiker interessierenden Fragen der Abhängigkeit der Flugbahn von Anfangsdaten sowie von der Erdrotation und atmosphärischen Bedingungen. — Flugbahnkorrekturen wegen der am Geschoß angreifenden Momente werden im Abschnitt 6.2, S. 447, betrachtet.

Literatur zu Abschnitt 5.2.1: [5–201 bis 206] S. 426.

5.2.2. Freiflugbahn von Raketen

5.2.21. Gipfelhöhe und Reichweite von Raketen im luftleeren Raum über ebener Erde

Falls ein Flugkörper längere Zeit oberhalb der dichteren Luftschichten fliegt, jedoch noch nicht so weit, daß man die Krümmung der Erdoberfläche berücksichtigen müßte (Beispiel: V2), so kann man in Gl. (5.2,2) den Luftwiderstand vernachlässigen. Durch Multiplikation dieser Gleichung mit V und zeitliche Integration unter Beachtung von Gl. (5.2,4) erhält man die Energiebeziehung

$$\frac{V^2}{2} + g_n H = \frac{V_0^2}{2} + g_n H_0 \tag{5.2,27}$$

Ferner läßt sich Gl. (5.2,6), S. 357, mit $W = 0$ und unter Beachtung von Gl. (5.2,5) in der Form schreiben

$$\frac{\mathrm{d}(V\cos\vartheta)}{\mathrm{d}\vartheta} = \frac{\mathrm{d}\dot{x}}{\mathrm{d}\vartheta} = 0 \tag{5.2,28}$$

also

$$\dot{x} = \dot{x}_0 = V_0 \cos\vartheta_0 \tag{5.2,29}$$

oder integriert

$$x - x_0 = (t - t_0) V_0 \cos\vartheta_0 \tag{5.2,30}$$

Schließlich ist

$$\ddot{H} = \dot{V}\sin\vartheta + V\dot{\vartheta}\cos\vartheta = -g_n \tag{5.2,31}$$

also

$$\dot{H} - \dot{H}_0 = \dot{H} - V_0 \sin\vartheta_0 = -g_n(t - t_0)$$

oder

$$\dot{H} = V_0 \sin\vartheta_0 - g_n(t - t_0) \tag{5.2,32}$$

Nochmalige Integration gibt

$$H - H_0 = \dot{H}_0(t - t_0) - \frac{g_n}{2}(t - t_0)^2 \tag{5.2,33}$$

Natürlich hätte man diese Gleichungen der *Wurfparabel* auch direkt durch Zerlegung der Kräftegleichungen im geodätischen System (g)

erhalten können. Die Ausgangshöhe H_0 wird zur Zeit

$$t'-t_0=\frac{2V_0\sin\vartheta_0}{g_n} \tag{5.2,34}$$

in der Entfernung

$$x'-x_0=\frac{V_0^2\sin 2\vartheta_0}{g_n} \tag{5.2,35}$$

erreicht. In der Hälfte dieser Zeit und in der halben Kartenentfernung gelangt man zur Gipfelhöhe

$$H_*-H_0=\frac{V_0^2\sin^2\vartheta_0}{2g_n} \tag{5.2,36}$$

Durch einfache Umformungen leitet man aus den letzten beiden Gleichungen die Beziehungen

$$4(H_*-H_0)=(x'-x_0)\tan\vartheta_0 \tag{5.2,37}$$

und

$$(x'-x_0)^2+\left[4(H_*-H_0)-\frac{V_0^2}{g_n}\right]^2=\left(\frac{V_0^2}{g_n}\right)^2 \tag{5.2,38}$$

her. In einem rechtwinkligen x', H_*-Koordinatensystem stellen die

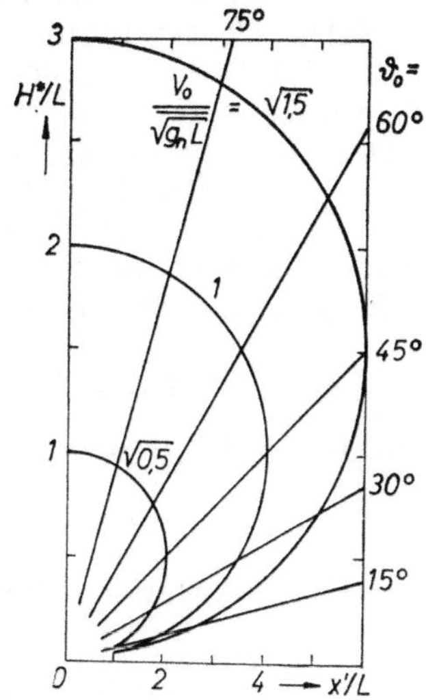

Abb. 5.2,1
Gipfelhöhe H_*-H_0 und Reichweite $x'-x_0$ als Funktionen der Anfangsgeschwindigkeit V_0 und des Abgangswinkels ϑ_0

Kurven $\vartheta_0 = \text{const}$ Geraden und die Kurven $V_0 = \text{const}$ bei geeigneter Maßstabswahl Kreise dar, s. Abb. 5.2,1.

Aus den Schnittpunkten der Parameterkurven $\vartheta_0 = \text{const}$ und $V_0 = \text{const}$ kann man hier sofort die Gipfelhöhe $H_* - H_0$ sowie die Reichweite $x' - x_0$ ablesen. Die maximale Reichweite wird, wie man aus Abb. 5.2,1 anschaulich sieht, für den Abgangswinkel $\vartheta_0 = 45°$ erreicht. Mittels der später im Abschnitt 5.3.1, S. 372, hergeleiteten *Kepler*gleichungen läßt sich das Diagramm leicht für größere Entfernungen, bei denen die Erdkrümmung zu berücksichtigen ist, vervollständigen [5–123]. Hier fällt der optimale Abgangswinkel ϑ_0 bei zunehmender Reichweite schließlich bis auf Null, s. Abb. 5.3,4, S. 386.

5.2.22. Einfluß des Schwerefeldes und der Erdrotation auf eine Bahn mit vertikaler Anfangsrichtung im luftleeren Raum

5.2.221. *Allgemeine Beziehungen*

Bei Raketen, die in vertikaler Richtung fliegen, aber nur bis zum Brennschluß gesteuert werden, entsteht gelegentlich die Frage, welche Ablage man für den Aufschlagpunkt infolge der Erdrotation erwarten kann. Um die Rechnung zu vereinfachen, wollen wir den Luftwiderstand während der ganzen Bahn vernachlässigen. Für Raketen, deren Brennschlußpunkt oberhalb 20 km liegt, stellt sich infolge dieser Vernachlässigung erst *nach* dem Wiedererreichen der Brennschlußhöhe ein merklicher Fehler ein.

Es bedeute B den Startpunkt der Rakete auf der abgeplatteten Erdoberfläche, P_0 den Brennschlußpunkt und A den Aufschlagpunkt. Im Startpunkt B sei das geodätische System $(\boldsymbol{g}_B)$ befestigt; seine Achsen $\boldsymbol{g}_{B1}$ bzw. $\boldsymbol{g}_{B2}$ zeigen in der Horizontalebene nach Süden bzw. nach Westen, seine Achse $\boldsymbol{g}_{B3}$ senkrecht dazu ins Erdinnere, s. Abschnitt 1.3.31, S. 21. Die Koordinaten der Rakete in diesem erdfesten System seien mit x, y, z bezeichnet. Der Ortsvektor $\boldsymbol{s}$ vom Erdmittelpunkt O zur Rakete sei wie im Abschnitt 1.5.12. angesetzt und gemäß Gl. (1.5,9f), S. 37, in der Form

$$\boldsymbol{s} = \boldsymbol{g}_{B1}(r_B \sin\varepsilon_{sB} + x) + \boldsymbol{g}_{B2}\, y + \boldsymbol{g}_{B3}(-r_B \cos\varepsilon_{sB} + z) \qquad (5.2,39a)$$

geschrieben. Andererseits ist $\boldsymbol{s}$ nach Gl. (1.5,16), S. 38, auch in der Form

$$\boldsymbol{s} = -s\boldsymbol{k}_3 \qquad (5.2,39b)$$

darstellbar. Aus einem Vergleich dieser beiden Formen folgen die Beziehungen

$$s = \sqrt{r_B^2 + 2r_B(x \sin\varepsilon_{sB} - z\cos\varepsilon_{sB}) + x^2 + y^2 + z^2} \qquad (5.2,40)$$

und

$$\boldsymbol{k}_3 = -g_{B1}\frac{r_B\sin\varepsilon_{sB}+x}{s} - g_{B2}\frac{y}{s} + g_{B3}\frac{r_B\cos\varepsilon_{sB}-z}{s} \tag{5.2,41}$$

Nach Gl. (1.5,9b), S. 37, ist nun weiter

$$\boldsymbol{i}_3 = -\boldsymbol{g}_{B1}\cos\Phi_{gB} - \boldsymbol{g}_{B3}\sin\Phi_{gB} \tag{5.2,42}$$

Daher wird nach Gl. (1.3,15), S. 21, unter Beachtung der Gln. (1.2,22, 23), S. 6,

$$\cos\Theta = -\boldsymbol{k}_3\cdot\boldsymbol{i}_3 = \frac{1}{s}\left[r_B\cos\Theta_B - x\cos\Phi_{gB} - z\sin\Phi_{gB}\right] \tag{5.2,43}$$

und

$$\begin{aligned}\boldsymbol{k}_1 &= -\frac{1}{\sin\Theta}\left[\boldsymbol{k}_3\cos\Theta+\boldsymbol{i}_3\right]\\ &= \frac{1}{\sin\Theta}\left\{\begin{aligned}&\boldsymbol{g}_{B1}\left(\frac{r_B\sin\varepsilon_{sB}+x}{s}\cos\Theta+\cos\Phi_{gB}\right)+\boldsymbol{g}_{B2}\frac{y}{s}\cos\Theta\\ &+\boldsymbol{g}_{B3}\left(-\frac{r_B\cos\varepsilon_{sB}-z}{s}\cos\Theta+\sin\Phi_{gB}\right)\end{aligned}\right\}\end{aligned} \tag{5.2,44}$$

Die wahre Erdbeschleunigung am Flugkörper wird nun gemäß Gl. (1.2,6, 13, 14), S. 4,

$$\left.\begin{aligned}\boldsymbol{g}_w &= g_w(\boldsymbol{k}_3\cos\varepsilon_w+\boldsymbol{k}_1\sin\varepsilon_w)\\ \text{mit}\quad g_w\cos\varepsilon_w &= \frac{M_E k}{s^2} - \frac{3k}{s^4}(C_E-A_E)\frac{3\cos^2\Theta-1}{2}\\ g_w\sin\varepsilon_w &= \frac{k}{s^4}(C_E-A_E)\frac{3}{2}\sin 2\Theta\end{aligned}\right\} \tag{5.2,45}$$

während die Zentrifugalbeschleunigung $\boldsymbol{b}$ für einen erdfesten Punkt am Ort der Rakete nach Gl. (1.2,5, 16), S. 3,

$$\boldsymbol{b} = -\boldsymbol{q}_{gB/i}\times(\boldsymbol{q}_{gB/i}\times\boldsymbol{s}) = b(-\boldsymbol{k}_3\sin\Theta+\boldsymbol{k}_1\cos\Theta) \quad \text{mit} \quad b = \omega_E^2 s\sin\Theta \tag{5.2,46}$$

ist oder sich auch direkt mittels Gl. (1.5,14b), S. 38, in Komponenten nach dem System (g_B) zerlegt. Entsprechend kann man auch die scheinbare Erdbeschleunigung

$$\boldsymbol{g}_s = \boldsymbol{g}_w + \boldsymbol{b} \tag{5.2,47}$$

darstellen. Ausführlich ist

$$g_s = \begin{cases} g_{B1}\left[-(g_w\cos\varepsilon_w - b\sin\Theta)\dfrac{r_B\sin\varepsilon_{sB}+x}{s}+\right. \\ \qquad\left. +\dfrac{g_w\sin\varepsilon_w+b\cos\Theta}{\sin\Theta}\left(\cos\Theta\dfrac{r_B\sin\varepsilon_{sB}+x}{s}+\cos\Phi_{gB}\right)\right] \\ +g_{B2}\left[-(g_w\cos\varepsilon_w - b\sin\Theta)\dfrac{y}{s}+\dfrac{g_w\sin\varepsilon_w+b\cos\Theta}{\sin\Theta}\cos\Theta\dfrac{y}{s}\right] \\ +g_{B3}\left[(g_w\cos\varepsilon_w - b\sin\Theta)\dfrac{r_B\cos\varepsilon_{sB}-z}{s}+\right. \\ \qquad\left. +\dfrac{g_w\sin\varepsilon_w+b\cos\Theta}{\sin\Theta}\left(-\cos\Theta\dfrac{r_B\cos\varepsilon_{sB}-z}{s}+\sin\Phi_{gB}\right)\right] \end{cases} \tag{5.2,48}$$

Die *Newton*sche Kräftegleichung kann man nun in der Form schreiben

$$\frac{d^2\boldsymbol{s}}{dt^2}+\boldsymbol{b}=\boldsymbol{g}_s \tag{5.2,49}$$

wobei nach Gl. (1.5,14b) und (1.5,15b), S. 38,

$$\frac{d^2\boldsymbol{s}}{dt^2}+\boldsymbol{b}=\begin{cases} \boldsymbol{g}_{B1}[\ddot{x}+2\omega_E\dot{y}\sin\Phi_{gB}] \\ +\boldsymbol{g}_{B2}[\ddot{y}+2\omega_E(\dot{z}\cos\Phi_{gB}-\dot{x}\sin\Phi_{gB})] \\ +\boldsymbol{g}_{B3}[\ddot{z}-2\omega_E\dot{y}\cos\Phi_{gB}] \end{cases} \tag{5.2,50}$$

ist. Die vorstehenden Gleichungen (5.2,48, 49, 50) bestimmen in Verbindung mit den Anfangsbedingungen in aller Strenge die Bewegung eines Flugkörpers, der nur der Erdschwere unterliegt, relativ zum geodätischen Koordinatensystem (g_B). Falls noch Luft- oder Triebwerkskräfte zu berücksichtigen wären, könnte man sie ohne weiteres hinzufügen.

Beim vorliegenden Problem kann man nun speziell die Richtigkeit der Größenbeziehungen

$$|z| \ll r_B, \quad |y| \ll |z|, \quad |x| \ll |y|, \quad |\varepsilon_{sB}| \ll \frac{\pi}{2} \tag{5.2,51}$$

unterstellen. Daher sei s in Gl. (5.2,40) durch

$$s \approx r_B - z \tag{5.2,52}$$

angenähert. Mit derselben Genauigkeit gilt dann gemäß Gl. (5.2,43) auch die Näherungsgleichung

$$\Theta \approx \Theta_B \tag{5.2,53}$$

5.2.222. *Einfluß der vertikalen Schwereänderung auf die Senkrechtbahn*

Bei der Berechnung der Vertikalbewegung wollen wir die Erdabplattung und Erdrotation in erster Näherung vernachlässigen und nur die Abnahme der Erdanziehung mit dem reziproken Quadrat der Entfernung vom Erdmittelpunkt berücksichtigen. Die Kräftegleichung für die Richtung $\boldsymbol{g}_{B3}$ lautet dann näherungsweise

$$\ddot{z} = \left[g_{\mathrm{w}} = \frac{M_{\mathrm{E}}k}{s^2} \approx \frac{M_{\mathrm{E}}k}{r_B^2}\left(1 + \frac{2z}{r_B}\right)\right] = g_{\mathrm{w}B}\left(1 + \frac{2z}{r_B}\right) \tag{5.2,54}$$

Vernachlässigt man in erster Näherung $2z$ gegen r_B, so wird die Lösung mit den Anfangsbedingungen

$$z = z_0, \quad \dot{z} = \dot{z}_0 \quad \text{für} \quad t = 0 \tag{5.2,55}$$

in erster Näherung

$$z^{(1)}(t) = g_{\mathrm{w}B}\frac{t^2}{2} + \dot{z}_0 t + z_0 \tag{5.2,56}$$

Iteration gibt in zweiter Näherung

$$z^{(2)}(t) = g_{\mathrm{w}B}\frac{t^2}{2} + \dot{z}_0 t + z_0 + \frac{g_{\mathrm{w}B}}{r_B}t^2\left[g_{\mathrm{w}B}\frac{t^2}{12} + \dot{z}_0\frac{t}{3} + z_0\right] \tag{5.2,57}$$

Im Gipfelpunkt $z_* = z(t_*)$ ist $\dot{z}(t_*) = 0$. Die Gipfelzeit t_* genügt daher gemäß der letzten Gleichung der Bedingung

$$0 = g_{\mathrm{w}B}t_* + \dot{z}_0 + \frac{g_{\mathrm{w}B}}{r_B}2t_*\left[g_{\mathrm{w}B}\frac{t_*^2}{6} + \dot{z}_0\frac{t_*}{2} + z_0\right] \tag{5.2,58}$$

Eine erste Näherung ist hier

$$t_*^{(1)} = -\frac{\dot{z}_0}{g_{\mathrm{w}B}} \tag{5.2,59}$$

und eine zweite Näherung

$$t_*^{(2)} = -\frac{\dot{z}_0}{g_{\mathrm{w}B}} + \frac{2\dot{z}_0}{r_B g_{\mathrm{w}B}}\left[-\frac{\dot{z}_0^2}{3g_{\mathrm{w}B}} + z_0\right] \tag{5.2,60}$$

Der Aufschlag mit $z_A = 0$ erfolgt gemäß Gl. (5.2,56) in erster Näherung nach der Zeit

$$t_A^{(1)} = \frac{-\dot{z}_0}{g_{\mathrm{w}B}} + \sqrt{\left(\frac{-\dot{z}_0}{g_{\mathrm{w}B}}\right)^2 - \frac{2z_0}{g_{\mathrm{w}B}}} \tag{5.2,61}$$

Zahlenbeispiel:

$\Theta_B = 45°$, $g_{\mathrm{w}B} = 9{,}81\ \mathrm{m\,s^{-2}}$, $r_B = 6{,}37 \cdot 10^6\ \mathrm{m}$,

$z_0 = -20\,000\ \mathrm{m}$, $\dot{z}_0 = -1500\ \mathrm{m\,s^{-1}}$,

Gipfelzeit: $t_*^{(1)} = 152{,}91$ s nach Gl. (5.2,59)

$t_*^{(2)} - t_*^{(1)} = 4{,}63$ s nach Gl. (5.2,60), $t_*^{(2)} = 157{,}54$ s,

Gipfelhöhe: $z^{(1)}(t_*^{(1)}) = -134678$ m nach Gl. (5.2,56),

$z^{(1)}(t_*^{(2)}) = -134573$ m nach Gl. (5.2,56),

$z^{(2)}(t_*^{(2)}) - z^{(1)}(t_*^{(2)}) = -3000$ m nach Gl. (5.2,57),

$z^{(2)}(t_*^{(2)}) = -137573$ m,

$t_A^{(1)} = 318{,}62$ s nach Gl. (5.2,61).

5.2.223. *Einfluß der Erdrotation auf die West-Ost-Bewegung*

Für eine genäherte Integration der Bewegungsgleichung in Richtung g_{B2} wollen wir annehmen, daß der Einfluß der mit $\dot{x}$ bzw. y zusammengesetzten Glieder gegenüber der mit $\dot{z}$ verbundenen *Coriolis*beschleunigung zu vernachlässigen ist. Die Kräftegleichung für die Richtung g_{B2} lautet dann näherungsweise

$$\ddot{y} = -2\omega_E \cos \Phi_{gB} \dot{z} \tag{5.2,62}$$

Integration unter der Näherungsannahme für z nach Gl. (5.2,56) gibt unter den Anfangsbedingungen

$$y_0 = \dot{y}_0 = 0 \quad \text{für} \quad t = 0 \tag{5.2,63}$$

die Lösung

$$y(t) = -2\omega_E \cos \Phi_{gB} \frac{t^2}{2} \left[g_{wB} \frac{t}{3} + \dot{z}_0 \right] \tag{5.2,64}$$

Zahlenbeispiel:

Mit $\Phi_{gB} = 45°$, $\omega_E = 7{,}292 \cdot 10^{-5}\ \mathrm{s}^{-1}$, $g_{wB} = 9{,}81\ \mathrm{m\,s}^{-2}$
und den Zahlen
$\dot{z}_0 = -1500\ \mathrm{m\,s}^{-1}$, $t_*^{(1)} = 152{,}91$ s, $t_A^{(1)} = 318{,}62$ s
gemäß dem Zahlenbeispiel des vorigen Abschnitts findet man
$y(t_*) = 1205{,}6$ m, $y(t_A) = 2398{,}0$ m.
Die Aufschlagstelle liegt demnach rund 2400 m westlich der Startstelle *B*.

5.2.224. *Kombinierter Einfluß der Erdabplattung und der Erdrotation auf die Nord-Süd-Bewegung*

Eine wesentlich vorsichtigere Abschätzung verlangt die Betrachtung der Abweichungen in Richtung g_{B1}. Die zugehörige Bewegungsgleichung lautet hier gemäß Gl. (5.2,48, 49, 50) exakt

$$\ddot{x} + 2\omega_E \dot{y} \sin \Phi_{gB} = g_{B1} \cdot g_s = -(g_w \cos \varepsilon_w - b \sin \Theta) \frac{r_B \sin \varepsilon_{sB} + x}{s} + \\ + \frac{g_w \sin \varepsilon_w + b \cos \Theta}{\sin \Theta} \left(\cos \Theta \frac{r_B \sin \varepsilon_{sB} + x}{s} + \cos \Phi_{gB} \right) \tag{5.2,65}$$

Mit den Näherungen $s = r_B - z$ und $\Theta = \Theta_B$ nach Gl. (5.2,52, 53) und unter Beachtung der Größenbeziehung $|z| \ll r_B$ nach Gl. (5.2,51) erhält man mit Gl. (5.2,45) im einzelnen

$$g_w \cos\varepsilon_w - b\sin\Theta = \tag{5.2,66}$$

$$= \frac{M_E k}{r_B^2}\left(1+\frac{2z}{r_B}\right) - \frac{3k}{r_B^4}\left(1+\frac{4z}{r_B}\right)(C_E - A_E)\frac{3\cos^2\Theta_B - 1}{2} - \omega_E^2 r_B\left(1-\frac{z}{r_B}\right)\sin\Theta_B$$

$$\frac{g_w \sin\varepsilon_w + b\cos\Theta}{\sin\Theta} = \left[\frac{3k}{r_B^4}\left(1+\frac{4z}{r_B}\right)(C_E - A_E) + \omega_E^2 r_B\left(1-\frac{z}{r_B}\right)\right]\cos\Theta_B \tag{5.2,67}$$

$$\frac{r_B \sin\varepsilon_{sB} + x}{s} = \left(1+\frac{z}{r_B}\right)\sin\varepsilon_{sB} \tag{5.2,68}$$

$$\cos\Theta\,\frac{r_B \sin\varepsilon_{sB} + x}{s} + \cos\Phi_{gB} = \cos\Theta_B\left(1+\frac{z}{r_B}\right)\sin\varepsilon_{sB} + \cos\Phi_{gB} \tag{5.2,69}$$

Setzt man die letzten vier Ausdrücke in Gl. (5.2,65) ein, so erhält man auf der rechten Seite einen quadratischen Ausdruck

$$g_{B1}\cdot g_s = K_0 + K_1\frac{z}{r_B} + K_2\left(\frac{z}{r_B}\right)^2 \tag{5.2,70}$$

mit konstanten Koeffizienten K_0, K_1, K_2. Das quadratische Glied kann man hierbei sofort als klein von zweiter Ordnung streichen. Auch die Konstante K_0 muß identisch verschwinden, da auf einen in B ruhenden Punkt keine Kraft in Richtung g_{B1} wirkt. Berücksichtigt man bei der Berechnung von K_0 nur die Hauptglieder, nämlich $M_E k/r_B^2$ auf der rechten Seite von Gl. (5.2,66) bzw. $\cos\Phi_{gB}$ in Gl. (5.2,69), so wird

$$K_0 = -\frac{M_E k}{r_B^2}\sin\varepsilon_{sB} + \left[\frac{3k}{r_B^4}(C_E - A_E) + \omega_E^2 r_B\right]\cos\Theta_B\cos\Phi_{gB} \tag{5.2,71}$$

Damit reduziert sich der Ausdruck $(g_{B1}\cdot g_s)$ auf $K_1\cdot z/r_B$, wobei K_1 vollständig lautet:

$$K_1 = \left\{\begin{aligned} &-\left[\underline{\frac{M_E k}{r_B^2}} - \frac{3k}{r_B^4}(C_E - A_E)\frac{3\cos^2\Theta_B - 1}{2} - \omega_E^2 r_B \sin\Theta_B\right]\sin\varepsilon_{sB} \\ &-\left[\underline{\frac{M_E k}{r_B^2}\cdot 2} - \frac{3k}{r_B^4}\,4\,(C_E - A_E)\frac{3\cos^2\Theta_B - 1}{2} + \omega_E^2 r_B \sin\Theta_B\right]\sin\varepsilon_{sB} \\ &+\left[\frac{3k}{r_B^4}(C_E - A_E) + \omega_E^2 r_B\right]\cos^2\Theta_B \sin\varepsilon_{sB} \\ &+\left[\frac{3k}{r_B^4}\cdot 4\,(C_E - A_B) - \omega_E^2 r_B\right]\cos\Theta_B\,(\underline{\cos\Phi_{gB}} + \cos\Theta_B \sin\varepsilon_{sB}) \end{aligned}\right\} \tag{5.2,72a}$$

Bei Beschränkung auf die unterstrichenen Hauptglieder wird

$$K_1 = -3\frac{M_E k}{r_B^2}\sin\varepsilon_{sB} + \left[\frac{3k}{r_B^4}\,4\,(C_E - A_E) - \omega_E^2 r_B\right]\cos\Theta_B\cos\Phi_{gB} \tag{5.2,72b}$$

wobei man mit gleicher Genauigkeit auch $\cos\Phi_{gB}$ durch $\sin\Theta_B$ ersetzen kann. Nach Gl. (1.2,14), S. 4, ist aber

$$\frac{3k}{r_B^4}(C_E - A_E)\cos\Theta_B \sin\Theta_B = g_{wB}\sin\varepsilon_{wB} \approx g_{wB}\varepsilon_{wB} \tag{5.2,73}$$

und nach Gl. (1.2,19)

$$\omega_E^2 r_B \cos\Theta_B \sin\Theta_B = g_{sB}\sin\varepsilon_{sB} - g_{wB}\sin\varepsilon_{wB} \approx g_{wB}(\varepsilon_{sB} - \varepsilon_{wB}) \tag{5.2,74}$$

Durch Einsetzen in Gl. (5.2,71) verifiziert man die Bedingung $K_0 = 0$. Ferner wird

$$K_1 = g_{wB}(5\varepsilon_{wB} - 4\varepsilon_{sB}) \tag{5.2,72c}$$

Die Kräftegleichung (5.2,65) reduziert sich damit auf

$$\ddot{x} = -2\omega_E \dot{y}\sin\Phi_{gB} + \frac{z}{r_B} g_{wB}(5\varepsilon_{wB} - 4\varepsilon_{sB}) \tag{5.2,75}$$

Aus Gl. (5.2,64) folgt nun durch einmalige Differentiation

$$\dot{y} = -2\omega_E \cos\Phi_{gB}\left(g_{wB}\frac{t^2}{2} + \dot{z}_0 t\right) \tag{5.2,76}$$

und weiter mittels Gl. (5.2,56)

$$\dot{y} = -2\omega_E \cos\Phi_{gB}(z - z_0) \tag{5.2,77}$$

Daher wird nach Gl. (5.2,74)

$$-2\omega_E \sin\Phi_{gB}\dot{y} \approx 4\omega_E^2 \cos\Theta_B \sin\Theta_B (z - z_0) = 4\frac{z - z_0}{r_B} g_{wB}(\varepsilon_{sB} - \varepsilon_{wB}) \tag{5.2,78}$$

Einsetzen in Gl. (5.2,75) gibt die Form

$$\ddot{x} = \frac{z - z_0}{r_B} g_{wB}\, 4(\varepsilon_{sB} - \varepsilon_{wB}) + \frac{z}{r_B} g_{wB}(5\varepsilon_{wB} - 4\varepsilon_{sB}) \tag{5.2,79}$$

bzw.

$$\ddot{x} = \frac{z - z_0}{r_B} g_{wB}\varepsilon_{wB} + \frac{z_0}{r_B} g_{wB}(5\varepsilon_{wB} - 4\varepsilon_{sB}) \tag{5.2,80}$$

bzw.

$$\ddot{x} = \frac{z}{r_B} g_{wB}\varepsilon_{wB} + \frac{z_0}{r_B} g_{wB}\, 4(\varepsilon_{wB} - \varepsilon_{sB}) \tag{5.2,81}$$

Bei geringer Brennschlußhöhe ($z_0 = 0$) wird hiernach die Beschleunigung $\ddot{x}$ auf der nördlichen Halbkugel wegen $z < 0$, $\varepsilon_{wB} > 0$ ständig negativ, d. h. der Flugkörper weicht nach Norden ab. Beim freien Fall aus der Höhe $z_0 < 0$ wird dagegen das erste Glied rechts in Gl. (5.2,81) auch negativ, das zweite (überwiegende) aber positiv, so daß sich insgesamt eine Abweichung nach Süden ergibt. Durch Integration mit den Anfangsbedingungen

$$x_0 = \dot{x}_0 = 0 \quad \text{für} \quad t = 0 \tag{5.2,82}$$

und der Annahme (5.2,56) für z erhält man, wenn man von der Form (5.2,79) ausgeht,

$$x(t) = \left\{ \begin{aligned} & \frac{4g_{wB}(\varepsilon_{sB}-\varepsilon_{wB})}{r_B}\left[g_{wB}\frac{t^4}{24}+\dot{z}_0\frac{t^3}{6}\right] \\ & + \frac{g_{wB}(5\varepsilon_{wB}-4\varepsilon_{sB})}{r_B}\left[g_{wB}\frac{t^4}{24}+\dot{z}_0\frac{t^3}{6}+z_0\frac{t^2}{2}\right] \end{aligned} \right\} \tag{5.2,83}$$

Hier stellt der erste Summand rechts den Einfluß der *Coriolis*beschleunigung, der zweite den Einfluß der Schwerestörung dar.

Zahlenbeispiel: Mit den Zahlenwerten
$g_{wB} = 9{,}81 \text{ m s}^{-2}$, $r_B = 6{,}37\cdot 10^6$ m, $\Theta_B = 45°$,
$\varepsilon_{sB} = 3{,}40\cdot 10^{-3}$, $\varepsilon_{wB} = 1{,}67\cdot 10^{-3}$ (s. Abschnitt 1.2.1, S. 4)
und $z_0 = -20\,000$ m, $\dot{z}_0 = -1500 \text{ m s}^{-1}$, $t_*^{(1)} = 152{,}91$ s,
$t_A^{(1)} = 318{,}62$ s gemäß den vorigen Zahlenbeispielen wird
$x(t_*) = -7{,}14+7{,}32 = 0{,}18$ m, $x(t_A) = -41{,}26+39{,}55 = -1{,}71$ m.
Wie man sieht, kompensiert sich in diesem Beispiel sowohl im Gipfelpunkt ($t = t_*$) wie beim Aufschlag ($t = t_A$) der Einfluß der *Coriolis*beschleunigung (−7,14 bzw. −41,26 m) weitgehend gegen den der Schwerestörung, so daß beim Aufschlag nur eine Abweichung von 1,71 m nach Norden übrigbleibt.

5.2.23. Rückkehrproblem

Beim Wiedereintauchen einer Langstreckenrakete, eines Erdsatelliten oder auch einer Mondsonde in die dichteren Schichten der Erdatmosphäre treten Verzögerungen auf, die i. a. ein Vielfaches der Erdbeschleunigung ausmachen. Bei der Berechnung einer ballistischen Rückkehrbahn kann man daher in erster Näherung die Erdschwere vernachlässigen. Ersetzt man nun in den Gln. (5.2,2) bis (5.2,5) S. 356, die unabhängige Variable t durch H, so lauten diese Gleichungen in erster Näherung

$$\frac{dV}{dH} = -\frac{c_W \varrho V F}{2m \sin\vartheta} \tag{5.2,84}$$

$$\frac{d\vartheta}{dH} = 0 \tag{5.2,85}$$

$$\frac{dx}{dH} = \cot\vartheta \tag{5.2,86}$$

Integration der letzten beiden Gleichungen gibt in erster Näherung sofort

$$\vartheta = \vartheta_0 = \text{const} \tag{5.2,87}$$

bzw.

$$x - x_0 = \cot\vartheta_0 (H - H_0) \tag{5.2,88}$$

Unter der weiteren speziellen Annahme

$$c_W = \text{const} \tag{5.2,89}$$

und unter Verwendung der vereinfachten statischen Grundgleichung der Luft

$$\varrho = -\frac{1}{g_n}\frac{\mathrm{d}p}{\mathrm{d}H} \tag{5.2,90}$$

vgl. Gl. (1.2,34), S. 8, geht Gl. (5.2,84) über in die Beziehung

$$\frac{2}{V}\frac{\mathrm{d}V}{\mathrm{d}H} = \frac{\mathrm{d}\ln V^2}{\mathrm{d}H} = \frac{c_W F}{G_n \sin\vartheta_0}\frac{\mathrm{d}p}{\mathrm{d}H} \tag{5.2,91}$$

die sich zu

$$\ln\frac{V^2}{V_0^2} = \frac{c_W F p_B}{G_n \sin\vartheta_0}\frac{p-p_0}{p_B} \tag{5.2,92a}$$

oder

$$V = V_0 \cdot \mathrm{e}^{\frac{c_W F p_B}{2G_n \sin\vartheta_0}\frac{p-p_0}{p_B}} \tag{5.2,92b}$$

mit p_B als Bodendruck integriert. Der zeitliche Verlauf errechnet sich hieraus gemäß Gl. (5.2,4), S. 356, näherungsweise zu

$$t-t_0 = \int_{H_0}^{H} \frac{\mathrm{d}H}{V\sin\vartheta_0} = \frac{1}{V_0 \sin\vartheta_0}\int_{H_0}^{H} \mathrm{e}^{\frac{-c_W F p_B}{2G_n \sin\vartheta_0}\frac{p-p_0}{p_B}}\,\mathrm{d}H \tag{5.2,93}$$

während die vor allem interessierende Verzögerung durch die Formel

$$\frac{\dot V}{g_n} = -\frac{W}{G_n} = -\frac{c_W V_0^2 F \varrho_B}{2G_n}\frac{\varrho}{\varrho_B}\,\mathrm{e}^{\frac{c_W F p_B}{G_n \sin\vartheta_0}\frac{p-p_0}{p_B}} \tag{5.2,94}$$

dargestellt wird. Mit wachsendem H fällt $\varrho(H)$ näherungsweise exponentiell ab, während der letzte Faktor in Gl. (5.2,94) wegen $p-p_0 > 0$, $\sin\vartheta_0 < 0$ für $H < H_0$ von kleinen positiven Werten bis zum Wert 1 wächst. Es besteht daher die Möglichkeit eines Maximums von $\dot V$ im Intervall $0 < H < H_0$. Die Maximumsbedingung $\mathrm{d}\dot V/\mathrm{d}H = 0$ führt hier auf die Bestimmungsgleichung für die Maximumshöhe:

$$\frac{\mathrm{d}\varrho}{\mathrm{d}H} + \varrho\frac{c_W F}{G_n \sin\vartheta_0}\frac{\mathrm{d}p}{\mathrm{d}H} = 0 \tag{5.2,95}$$

Nun ist zufolge der Zustandsgleichung (1.2,36), S. 8,

$$\frac{1}{\varrho}\frac{\mathrm{d}\varrho}{\mathrm{d}H} = \frac{1}{p}\frac{\mathrm{d}p}{\mathrm{d}H} - \frac{1}{T}\frac{\mathrm{d}T}{\mathrm{d}H}$$

oder unter der Annahme schwacher Temperaturgradienten in erster Näherung

$$\frac{1}{\varrho}\frac{\mathrm{d}\varrho}{\mathrm{d}H} \approx \frac{1}{p}\frac{\mathrm{d}p}{\mathrm{d}H} \tag{5.2,96}$$

Die Gl. (5.2,95) vereinfacht sich damit zu

$$\frac{1}{p}\frac{\mathrm{d}p}{\mathrm{d}H} + \frac{c_W F}{G_n \sin\vartheta_0}\frac{\mathrm{d}p}{\mathrm{d}H} = 0$$

oder

$$\frac{p}{p_B} = \frac{-G_n \sin\vartheta_0}{c_W F p_B} \tag{5.2,97}$$

Gemäß Gl. (5.2,92) wird die Geschwindigkeit dort, wenn man gleich die Tatsache benutzt, daß der anfängliche Luftdruck p_0 sehr klein gegen den Luftdruck in der Höhe mit maximaler Verzögerung sein wird,

$$V = V_0 e^{\frac{c_W F p_B}{2G_n \sin\vartheta_0}\frac{p}{p_B}} = V_0 e^{-0,5} \approx 0{,}61 V_0 \tag{5.2,98}$$

Die maximale Verzögerung wird also bei etwa 61% der Anfangsgeschwindigkeit erreicht und beträgt

$$\frac{\dot{V}}{g_n} \approx -\frac{c_W V_0^2 F \varrho_B}{2G_n}\frac{\varrho}{\varrho_B}\cdot e^{\frac{c_W F p_B}{G_n \sin\vartheta_0}\frac{p}{p_B}} \approx -\frac{c_W V_0^2 F \varrho_B}{2eG_n}\frac{\varrho}{\varrho_B} \tag{5.2,99}$$

Zahlenbeispiel: (vgl. Abschnitt 5.5, S. 413):

Kugelförmiger Satellit der Masse $m = 200$ kg, Durchmesser $d = 1$ m, Querschnittsfläche $F = \pi d^2/4 = 0{,}79$ m², Widerstandsbeiwert $c_W = 1{,}0$, Eintrittsgeschwindigkeit $V_0 = 8000$ m/s in der Höhe $H_0 = 80$ km unter dem flachen Eintrittswinkel $\vartheta_0 = -5{,}73°$ ($\sin\vartheta_0 = -0{,}1$), Bodendruck $p_B = 10332{,}3$ kp m^{-2}, Bodendichte $\varrho_B = 0{,}12496$ kp s² m^{-4}. Damit wird

$$\frac{p}{p_B} = \frac{-G_n \sin\vartheta_0}{c_W F p_B} = 2{,}34\cdot 10^{-3} \quad \text{nach Gl. (5.2,97).}$$

Aus der Tafel CIRA 1961, Seite 148 [1–243] entnimmt man für dieses Druckverhältnis die Höhe $H = 41\,500$ m und das Dichteverhältnis $\varrho(H)/\varrho_B = 2{,}6467\ 10^{-3}$. Die gesuchte maximale Verzögerung wird daher

$$\frac{\dot{V}}{g_n} = \frac{-c_W V_0^2 F \varrho_B}{2eG_n}\frac{\varrho(H)}{\varrho_B} = -15{,}5 \quad \text{nach Gl. (5.2,99)}$$

Derselbe Flugkörper würde bei gleicher Anfangsgeschwindigkeit, aber unter dem steilen Eintrittswinkel $\vartheta_0 = -90°$ ($\sin\vartheta_0 = -1$) den Zustand maximaler Verzögerung näherungsweise für

$$\frac{p}{p_B} = 2{,}34 \cdot 10^{-2}, \ H = 25400 \text{ m}, \ \frac{\varrho(H)}{\varrho_B} = 3{,}0989 \cdot 10^{-2}$$

mit $\frac{\dot{V}}{g_n} = -181$ erreichen.

Bei geeigneter Gestaltung des Rückkehrgeräts und geeigneten Anfangsbedingungen kann man unter Benutzung eines aerodynamischen Auftriebs auch Gleitbahnen (s. Abschnitt 2.2.1, S. 151) sowie instationäre Springbahnen mit periodischer Aufwärts- und Abwärtsbewegung erzeugen. Da bei den letzteren jedoch in den Tiefpunkten hohe Lastvielfache der Querbeschleunigung auftreten, haben sie bis heute keine praktische Verwendung gefunden.
Ein zweites außerordentlich wichtiges Problem beim Wiedereintritt eines Flugkörpers in die Erdatmosphäre ist die aerodynamische Erwärmung, die an den Stirnflächen im wesentlichen durch Kompression, an den Seitenflächen durch Reibung bewirkt wird. Wegen des Umfangs des hierher gehörigen Stoffes, der das in diesem Buch gesteckte Ziel weit überschreitet, muß eine Diskussion dieses Effektes jedoch unterbleiben.

Literatur zu Abschnitt 5.2.2: [5–221 bis 281], S. 426.

5.3. Satellitenbahn

5.3.1. *Kepler*-Bewegung

Wir nehmen in diesem Abschnitt die Gravitationskraft der Erde als reine Zentralkraft an, sehen also in Gl. (1.2,7), S. 4, von dem Term mit $P^{(2)}(\cos\Theta)$ ab, und berücksichtigen die Erdabplattung nur in geometrischer Hinsicht. Sobald dann ein nicht angetriebener Flugkörper (Erdsatellit) Schichten hinreichend kleiner Luftdichte erreicht hat, ist seine Bahn relativ zu einem Inertialsystem, dessen Nullpunkt mit dem Erdmittelpunkt O zusammenfällt, ein Kegelschnitt. In Erinnerung an die von *Kepler* studierten Bewegungen der Planeten um die Sonne wird eine solche Bewegung des Flugkörpers um die Erde auch als eine *Kepler*bewegung bezeichnet.
In der Ballistik interessiert nun besonders die Berechnung der Bahneigenschaften auf Grund von Anfangsbedingungen, die bald nach dem Start durch direkte Vermessung von Ort und Geschwindigkeit relativ zu einem erdfesten Koordinatensystem ermittelt werden. Dieser Gesichtspunkt steht bei den folgenden Ausführungen im Vordergrund; hinsichtlich der oft behandelten Theorie der *Kepler*bewegung selbst konnte die Darstellung etwas knapper gehalten werden.

5.3.11. Transformation

Wie im Abschnitt 5.2.22, S. 362, sei B die Bodenstation, von der aus der Ort und die Geschwindigkeit der Rakete relativ zu dem in B befestigten geodätischen System (g_B) gemessen werden. Im allgemeinen werden nun die Koordinaten x_g sowie y_g und z_g nach Gl. (1.5,9e), S. 37, nicht direkt gemessen, sondern statt dessen die Schrägentfernung s_B von B nach S sowie die *Euler*schen Winkel ψ_n und ϑ_n. Man kann daher von der Darstellung

$$\boldsymbol{s}_B = \boldsymbol{s} - \boldsymbol{r}_B = s_B \boldsymbol{n}_1 \qquad (5.3,1)$$

ausgehen. Nach dem Vorgang von Abschnitt 1.3.32, S. 21, ergänzen wir den Einheitsvektor $\boldsymbol{n}_1$ durch die Einheitsvektoren

$$\boldsymbol{n}_2 = \frac{\boldsymbol{g}_{B3} \times \boldsymbol{n}_1}{|\boldsymbol{g}_{B3} \times \boldsymbol{n}_1|} \qquad \text{und} \qquad \boldsymbol{n}_3 = \boldsymbol{n}_1 \times \boldsymbol{n}_2$$

zu einem Dreikant und haben dann zunächst für die Einheitsvektoren sowie für die Komponenten des Ortsvektors $\boldsymbol{s}_B$ die Transformationsformeln, s. Gl. (1.3,24), S. 24,

$\left.\frac{\partial \boldsymbol{s}_B}{\partial t}\right\|_{(g_B)}$			$\dot{s}_B$	$s_B \dot{\psi}_n \cos\vartheta_n$	$-s_B \dot{\vartheta}_n$
	$\boldsymbol{s}_B$		s_B	0	0
			$\boldsymbol{n}_1$	$\boldsymbol{n}_2$	$\boldsymbol{n}_3$
$\dot{x}_g$	x_g	$\boldsymbol{g}_{B1}$	$\cos\psi_n \cos\vartheta_n$	$-\sin\psi_n$	$\cos\psi_n \sin\vartheta_n$
$\dot{y}_g$	y_g	$\boldsymbol{g}_{B2}$	$\sin\psi_n \cos\vartheta_n$	$\cos\psi_n$	$\sin\psi_n \sin\vartheta_n$
$\dot{z}_g$	z_g	$\boldsymbol{g}_{B3}$	$-\sin\vartheta_n$	0	$\cos\vartheta_n$

(5.3,2)

Für den Drehvektor $\boldsymbol{q}_{n/g_B}$ gilt

$$\boldsymbol{q}_{n/g_B} = \dot{\psi}_n \boldsymbol{g}_{B3} + \dot{\vartheta}_n \boldsymbol{n}_2$$

oder mit Einsetzen von $\boldsymbol{g}_{B3}$ aus Gl. (5.3,2)

$$\boldsymbol{q}_{n/g_B} = -\dot{\psi}_n \sin\vartheta_n \boldsymbol{n}_1 + \dot{\vartheta}_n \boldsymbol{n}_2 + \dot{\psi}_n \cos\vartheta_n \boldsymbol{n}_3 \qquad (5.3,3)$$

Berücksichtigt man noch die Beziehung

$$\left.\frac{\partial \boldsymbol{s}_B}{\partial t}\right|_{(g_B)} = \left.\frac{\partial \boldsymbol{s}_B}{\partial t}\right|_{(n)} + \boldsymbol{q}_{n/g_B} \times \boldsymbol{s}_B \qquad (5.3,4)$$

s. Gl. (1.4,1), S. 30, so erhält man für $\partial \boldsymbol{s}_B/\partial t|_{(g_B)}$ die ebenfalls in Gl.

(5.3,2) angegebene Darstellung. Durch die Transformation

$\left.\dfrac{\partial \boldsymbol{s}_B}{\partial t}\right\|_{(k_B)}$			$\dot{x}_g$	$\dot{y}_g$	$\dot{z}_g$
	$\boldsymbol{s}_B$		x_g	y_g	z_g
			$\boldsymbol{g}_{B1}$	$\boldsymbol{g}_{B2}$	$\boldsymbol{g}_{B3}$
$\dot{x}_k$	x_k	$\boldsymbol{k}_{B1}$	$\cos\varepsilon_{sB}$	0	$\sin\varepsilon_{sB}$
$\dot{y}_k$	y_k	$\boldsymbol{k}_{B2}$	0	1	0
$\dot{z}_k$	z_k	$\boldsymbol{k}_{B3}$	$-\sin\varepsilon_{sB}$	0	$\cos\varepsilon_{sB}$

(5.3,5)

erhält man weiter die Komponenten der Vektoren $\boldsymbol{s}_B$ und

$$\left.\frac{\partial \boldsymbol{s}_B}{\partial t}\right|_{(g_B)} \equiv \left.\frac{\partial \boldsymbol{s}_B}{\partial t}\right|_{(k_B)}$$

in Bezug auf das im Punkte B befestigte geozentrische System (k_B), das ebenfalls erdfest ist, s. Gl. (1.3,17), S. 21. Der vom Erdmittelpunkt O aus gemessene Ortsvektor $\boldsymbol{s}$ der Rakete nimmt daher mit Gl. (5.3,1), (1.4,18), S. 32, und (5.3,5) die Form an:

$$\boldsymbol{s} = x_k \boldsymbol{k}_{B1} + y_k \boldsymbol{k}_{B2} - (r_B - z_k)\boldsymbol{k}_{B3} \tag{5.3,6}$$

Die Drehgeschwindigkeit des erdfesten Systems (k_B) ist

$$\boldsymbol{q}_{k_B/i} = \boldsymbol{q}_{j/i} = \omega_E \boldsymbol{i}_3 \tag{5.3,7}$$

Für $\boldsymbol{i}_3$ besteht nach Gl. (1.3,15), S. 21, die Darstellung

$$\boldsymbol{i}_3 = -\sin\Theta_B \boldsymbol{k}_{B1} - \cos\Theta_B \boldsymbol{k}_{B3} \tag{5.3,8}$$

Die Absolutgeschwindigkeit der Rakete wird damit gemäß Gl. (1.4,1), S. 30,

$$\frac{\mathrm{d}\boldsymbol{s}}{\mathrm{d}t} = \left.\frac{\partial \boldsymbol{s}}{\partial t}\right|_{(k_B)} + \boldsymbol{q}_{k_B/i} \times \boldsymbol{s} \tag{5.3,9}$$

oder ausführlich

$$\frac{\mathrm{d}\boldsymbol{s}}{\mathrm{d}t} = \left\{ \begin{array}{l} \boldsymbol{k}_{B1}[\dot{x}_k + \omega_E y_k \cos\Theta_B] + \boldsymbol{k}_{B3}[\dot{z}_k - \omega_E y_k \sin\Theta_B] + \\ + \boldsymbol{k}_{B2}[\dot{y}_k - \omega_E\{(r_B - z_k)\sin\Theta_B + x_k \cos\Theta_B\}] \end{array} \right\} \tag{5.3,10}$$

Man kann daher mittels der Transformation (1.3,15), S. 21, sofort die Koordinaten und Geschwindigkeitskomponenten der Rakete im Inertialsystem (i) erhalten:

$\frac{ds}{dt}$			$\dot{x}_k + \omega_E y_k \cos\Theta_B$	$\dot{y}_k - \omega_E\{(r_B - z_k)\sin\Theta_B + x_k\cos\Theta_B\}$	$\dot{z}_k - \omega_E y_k \sin\Theta_B$
	s		x_k	y_k	$-(r_B - z_k)$
			k_{B1}	k_{B2}	k_{B3}
$\dot{x}_i$	x_i	i_1	$\cos\Psi_{iB}\cos\Theta_B$	$\sin\Psi_{iB}$	$-\cos\Psi_{iB}\sin\Theta_B$
$\dot{y}_i$	y_i	i_2	$\sin\Psi_{iB}\cos\Theta_B$	$-\cos\Psi_{iB}$	$-\sin\Psi_{iB}\sin\Theta_B$
$\dot{z}_i$	z_i	i_3	$-\sin\Theta_B$	0	$-\cos\Theta_B$

(5.3,11)

Will man eine Zerlegung im geozentrischen System (k) der Rakete haben, so gilt nach Gl. (1.4,18), (1.4,22), S. 32, und (1.3,15), S. 21,

$\frac{ds}{dt}$			$\dot{x}_i$	$\dot{y}_i$	$\dot{z}_i$
	s		x_i	y_i	z_i
			i_1	i_2	i_3
$s\dot{\Theta}$	0	k_1	$\cos\Psi_i\cos\Theta$	$\sin\Psi_i\cos\Theta$	$-\sin\Theta$
$-\sin\Theta s\dot{\Psi}_i$	0	k_2	$\sin\Psi_i$	$-\cos\Psi_i$	0
$-\dot{s}$	$-s$	k_3	$-\cos\Psi_i\sin\Theta$	$-\sin\Psi_i\sin\Theta$	$-\cos\Theta$

(5.3,12)

Bei schon bekannter Zerlegung von $\boldsymbol{s}$ und $d\boldsymbol{s}/dt$ im System (i) folgen aus Gl. (5.3,12) in Verbindung mit der Bedingung $\sin\Theta \geqslant 0$ nacheinander die Größen Ψ_i, Θ, s und deren Ableitungen.

5.3.12. Anfangsbedingungen

Vor dem Start der Rakete ist bereits bekannt:

Ω_0 nach Gl. (1.3,10), S. 18, d. h. der Winkelunterschied zwischen dem erdfesten System (j) und dem fixsternfesten System (i) zur Zeit $t = 0$,

r_B, die Entfernung vom Erdmittelpunkt O zur Bodenstation B,

Ψ_{jB}, die geographische Länge der Bodenstation B,

Φ_{gB}, die geographische Breite der Bodenstation B,

ε_{sB}, der Winkelunterschied zwischen dem scheinbaren Lot und dem Ortsvektor $\boldsymbol{r}_B$ des Punktes B, und damit nach Gl. (1.2,2), S. 3, und (1.2,23), S. 6, die Poldistanz

$$\Theta_B = \frac{\pi}{2} - \Phi_B = \frac{\pi}{2} - \Phi_{gB} + \varepsilon_{sB} \tag{5.3,13}$$

Ist weiter die Anfangszeit t_0 der *Kepler*bahn bekannt, so wird die Rektaszension der Startstelle in diesem Moment nach Gl. (1.3,10) und (1.3,16), S. 18,

$$\Psi_{iB} = \Psi_{jB} + \Omega_0 + \omega_E t_0 \tag{5.3,14}$$

Werden jetzt noch im erdfesten System (g_B) die Größen

$$s_{B0},\ \dot{s}_{B0},\ \psi_{n0},\ \dot{\psi}_{n0}\ \vartheta_{n0},\ \dot{\vartheta}_{n0} \quad \text{zur Zeit } t = t_0 \tag{5.3,15}$$

gemessen, so sind damit auch die Anfangswerte der Bahn im Inertialsystem (i), z. B. die Größen

$$s_0,\ \dot{s}_0,\ \Psi_{i0},\ \dot{\Psi}_{i0},\ \Theta_{i0},\ \dot{\Theta}_{i0} \quad \text{für} \quad t = t_0 \tag{5.3,16}$$

bekannt.

5.3.13. Erhaltungssätze

Für den Flugkörper gilt nach der eingangs genannten Annahme die *Newton*sche Kraftgleichung in der Form

$$\frac{d^2\boldsymbol{s}}{dt^2} = \boldsymbol{g}_w \tag{5.3,17}$$

mit

$$\boldsymbol{g}_w = -\operatorname{grad}\varphi_w \equiv \boldsymbol{k}_3 \left.\frac{\partial \varphi_w}{\partial r}\right|_{r=s} = \boldsymbol{k}_3 \frac{M_E k}{s^2} \tag{5.3,18}$$

s. Abschnitt 1.2.1, S. 4. Vektorielle Multiplikation von Gl. (5.3,17) mit $\boldsymbol{s}$ führt nun zur Beziehung

$$\boldsymbol{s} \times \frac{d^2\boldsymbol{s}}{dt^2} = \frac{d}{dt}\left(\boldsymbol{s} \times \frac{d\boldsymbol{s}}{dt}\right) = \boldsymbol{s} \times \boldsymbol{g}_w = 0 \tag{5.3,19}$$

aus der durch Integration sofort der Flächensatz

$$\boldsymbol{s} \times \frac{d\boldsymbol{s}}{dt} = \boldsymbol{s} \times \left.\frac{d\boldsymbol{s}}{dt}\right|_{t_0} = \omega_* \boldsymbol{h}_3 = \text{const}; \ \omega_* \geqslant 0 \tag{5.3,20}$$

folgt. ω_* ist die doppelte Flächengeschwindigkeit.

Skalare Multiplikation der Kraftgleichung mit $\frac{d\boldsymbol{s}}{dt}$ führt andererseits zur Beziehung

$$\frac{d}{dt}\left(\frac{V^2}{2} + \varphi_w\right) = 0 \tag{5.3,21}$$

Integration derselben gibt den Energiesatz

$$\frac{V^2}{2} + \varphi_w \equiv \frac{V^2}{2} - \frac{M_E k}{s} = \frac{V_0^2}{2} - \frac{M_E k}{s_0} = E = \text{const} \tag{5.3,22}$$

Falls $s = s_0 = \text{const}$ ist, bezeichnet man $V = V_0$ als Kreisbahngeschwindigkeit.

5.3.14. Bahnkurve im Falle $\omega_* \neq 0$

Wir betrachten zunächst den Fall $\omega_* \neq 0$. In diesem Falle hat der Einheitsvektor $\boldsymbol{h}_3$ einen Sinn und werde als Bahnimpulsachse bezeichnet. Ausführlich ist bei Zerlegung des Vektorprodukts $\boldsymbol{s}_0 \times \mathrm{d}\boldsymbol{s}_0/\mathrm{d}t$ im Inertialsystem (i)

$$\boldsymbol{s}_0 \times \frac{\mathrm{d}\boldsymbol{s}_0}{\mathrm{d}t} = \begin{vmatrix} \boldsymbol{i}_1 & \boldsymbol{i}_2 & \boldsymbol{i}_3 \\ x_{i0} & y_{i0} & z_{i0} \\ \dot{x}_{i0} & \dot{y}_{i0} & \dot{z}_{i0} \end{vmatrix} = \boldsymbol{i}_1 D_1 + \boldsymbol{i}_2 D_2 + \boldsymbol{i}_3 D_3 \qquad (5.3,23)$$

also

$$\left.\begin{aligned} \boldsymbol{h}_3 &= \frac{1}{\omega_*}(\boldsymbol{i}_1 D_1 + \boldsymbol{i}_2 D_2 + \boldsymbol{i}_3 D_3) \\ \text{mit} \qquad \omega_* &= \sqrt{D_1^2 + D_2^2 + D_3^2} \end{aligned}\right\} \qquad (5.3,24a)$$

Wir setzen gemäß Abb. 5.3.1

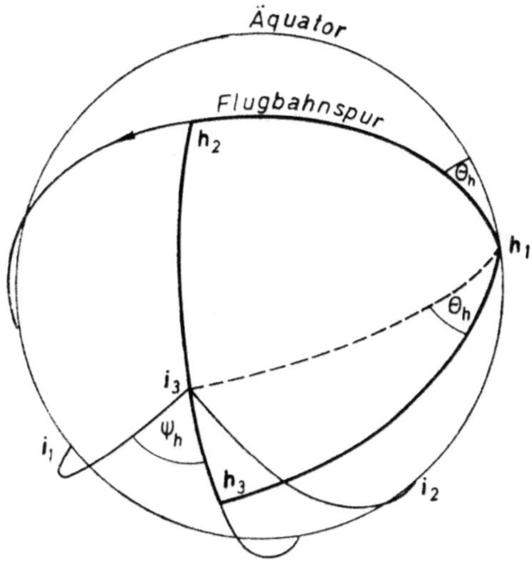

Abb. 5.3,1
Lagebeziehungen des Systems (h)

$$\boldsymbol{h}_3 = \boldsymbol{i}_1 \sin\Theta_h \cos\Psi_h + \boldsymbol{i}_2 \sin\Theta_h \sin\Psi_h + \boldsymbol{i}_3 \cos\Theta_h \qquad (5.3,24b)$$

mit

$$\sin\Theta_h \geqslant 0$$

Die Winkel Θ_h und Ψ_h berechnen sich aus

$$\left.\begin{aligned} \sin\Theta_h &= \frac{\sqrt{D_1^2+D_2^2}}{\omega_*} & \cos\Theta_h &= \frac{D_3}{\omega_*} \\ \sin\Psi_h &= \frac{D_2}{\sqrt{D_1^2+D_2^2}} & \cos\Psi_h &= \frac{D_1}{\sqrt{D_1^2+D_2^2}} \end{aligned}\right\} \qquad (5.3,24c)$$

Ferner sei $\boldsymbol{h}_1$ derjenige Schnittpunkt der Bahnebene mit dem Äquator, der einen um $\pi/2$ größeren Azimutwinkel als $\boldsymbol{h}_3$ besitzt, also

$$\boldsymbol{h}_1 = -\boldsymbol{i}_1 \sin\Psi_h + \boldsymbol{i}_2 \cos\Psi_h \qquad (5.3,25)$$

$\boldsymbol{h}_1$ ist die positive Richtung der „Knotenlinie". Durch

$$\boldsymbol{h}_2 = \boldsymbol{h}_3 \times \boldsymbol{h}_1 = -\boldsymbol{i}_1 \cos\Theta_h \cos\Psi_h - \boldsymbol{i}_2 \cos\Theta_h \sin\Psi_h + \boldsymbol{i}_3 \sin\Theta_h \qquad (5.3,26)$$

sollen $\boldsymbol{h}_3$ und $\boldsymbol{h}_1$ zu einem Dreibein (h) ergänzt werden, das ebenfalls ein Inertialsystem ist. Für den Übergang vom Inertialsystem (i) zum Inertialsystem (h) gelten dann die Formeln

$\frac{d\boldsymbol{s}}{dt}$			$\dot{x}_i$	$\dot{y}_i$	$\dot{z}_i$
	$\boldsymbol{s}$		x_i	y_i	z_i
			$\boldsymbol{i}_1$	$\boldsymbol{i}_2$	$\boldsymbol{i}_3$
$\dot{x}_h$	x_h	$\boldsymbol{h}_1$	$-\sin\Psi_h$	$\cos\Psi_h$	0
$\dot{y}_h$	y_h	$\boldsymbol{h}_2$	$-\cos\Theta_h\cos\Psi_h$	$-\cos\Theta_h\sin\Psi_h$	$\sin\Theta_h$
0	0	$\boldsymbol{h}_3$	$\sin\Theta_h\cos\Psi_h$	$\sin\Theta_h\sin\Psi_h$	$\cos\Theta_h$

(5.3,27)

Wir können jetzt einen beliebigen Bahnpunkt in der Form

$$\boldsymbol{s} = s\boldsymbol{l}_1 \qquad (5.3,28)$$

mit

$$\boldsymbol{l}_1 = -\boldsymbol{k}_3 = \boldsymbol{h}_1 \cos\lambda + \boldsymbol{h}_2 \sin\lambda \qquad (5.3,29)$$

darstellen, s. Abb. 5.3,2. Wir setzen noch

$$\boldsymbol{l}_3 = \boldsymbol{h}_3, \qquad \boldsymbol{l}_2 = \boldsymbol{l}_3 \times \boldsymbol{l}_1 \qquad (5.3,30)$$

Es gilt hier

$$\frac{d\boldsymbol{s}}{dt} = \left.\frac{\partial \boldsymbol{s}}{\partial t}\right|_{(l)} + \boldsymbol{q}_{l/h} \times \boldsymbol{s} \qquad (5.3,31)$$

und ferner

$$\boldsymbol{q}_{l/h} = \dot{\lambda}\boldsymbol{l}_3 \qquad (5.3,32)$$

Man erhält daher die Umrechnungsformeln vom System (h) zum System (l)

$\frac{\mathrm{d}\boldsymbol{s}}{\mathrm{d}t}$			$\dot{x}_h$	$\dot{y}_h$	0
	$\boldsymbol{s}$		x_h	y_h	0
			$\boldsymbol{h}_1$	$\boldsymbol{h}_2$	$\boldsymbol{h}_3$
$\dot{s}$	s	$\boldsymbol{l}_1$	$\cos\lambda$	$\sin\lambda$	0
$s\dot{\lambda}$	0	$\boldsymbol{l}_2$	$-\sin\lambda$	$\cos\lambda$	0
0	0	$\boldsymbol{l}_3$	0	0	1

(5.3,33)

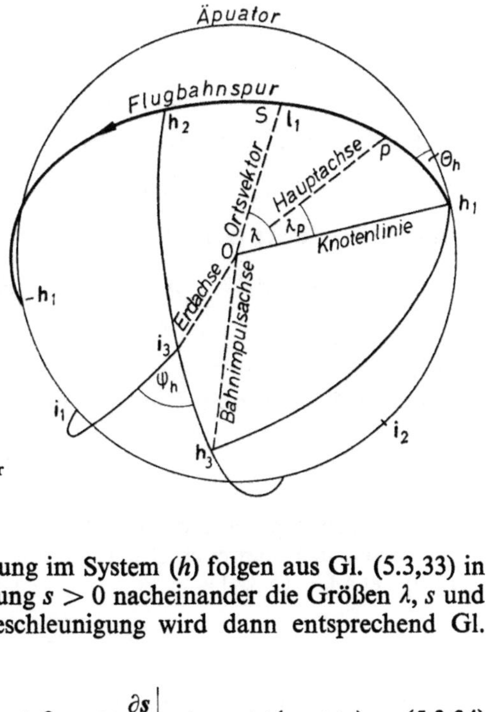

Abb. 5.3,2
Lage der Flugbahn relativ zum Äquator

Bei schon bekannter Zerlegung im System (h) folgen aus Gl. (5.3,33) in Verbindung mit der Bedingung $s > 0$ nacheinander die Größen λ, s und deren Ableitungen. Die Beschleunigung wird dann entsprechend Gl. (1.5,17), S. 38,

$$\frac{\mathrm{d}^2\boldsymbol{s}}{\mathrm{d}t^2} = \left.\frac{\partial^2\boldsymbol{s}}{\partial t^2}\right|_{(l)} + \left.\frac{\partial\boldsymbol{q}_{l/h}}{\partial t}\right|_{(l)} \times\boldsymbol{s} + 2\boldsymbol{q}_{l/h}\times\left.\frac{\partial\boldsymbol{s}}{\partial t}\right|_{(l)} + \boldsymbol{q}_{l/h}\times(\boldsymbol{q}_{l/h}\times\boldsymbol{s}) \qquad (5.3,34)$$

Mit $\boldsymbol{q}_{l/h}$ nach Gl. (5.3,32) wird die Beschleunigung bei Zerlegung im System (l)

$$\frac{d^2\boldsymbol{s}}{dt^2} = \boldsymbol{l}_1(\ddot{s}-s\dot{\lambda}^2)+\boldsymbol{l}_2(s\ddot{\lambda}+2\dot{\lambda}\dot{s}) \tag{5.3,35}$$

Diese Beziehung geht auch aus Gl. (1.5,25), S. 39, hervor, wenn man dort

$$\Theta = \frac{\pi}{2}, \quad \Psi_i = \lambda, \quad \boldsymbol{k}_3 = -\boldsymbol{l}_1, \quad \boldsymbol{k}_2 = -\boldsymbol{l}_2$$

setzt. Die Kraftgleichung (5.3,17) wird daher

$$\boldsymbol{l}_1(\ddot{s}-s\dot{\lambda}^2)+\boldsymbol{l}_2(s\ddot{\lambda}+2\dot{\lambda}\dot{s}) = -\boldsymbol{l}_1\frac{M_{\mathrm{E}}k}{s^2} \tag{5.3,36}$$

oder in Komponenten

$$\ddot{s}-s\dot{\lambda}^2 = -\frac{M_{\mathrm{E}}k}{s^2} \tag{5.3,37}$$

$$s\ddot{\lambda}+2\dot{\lambda}\dot{s} = 0 \tag{5.3,38}$$

Der Flächensatz (5.3,20) lautet jetzt

$$s^2\dot{\lambda} = s_0^2\dot{\lambda}_0 = \omega_* \tag{5.3,39}$$

und der Energiesatz (5.3,22)

$$\frac{\dot{s}^2+s^2\dot{\lambda}^2}{2} - \frac{M_{\mathrm{E}}k}{s} = \frac{\dot{s}_0^2+s_0^2\dot{\lambda}_0^2}{2} - \frac{M_{\mathrm{E}}k}{s_0} = E \tag{5.3,40}$$

Zur Berechnung der Bahnkurve führen wir in den Kraftgleichungen sowie im Flächensatz die Transformation

$$s = \frac{1}{u} \tag{5.3,41}$$

ein und gehen von der Zeit t zum Winkel λ als unabhängiger Variablen über. Bezeichnet man noch Differentiation nach λ durch einen Strich ('), so folgt aus Gl. (5.3,41)

$$\dot{s} = \frac{-u'\dot{\lambda}}{u^2} \tag{5.3,42}$$

Der Flächensatz (5.3,39) schreibt sich

$$\dot{\lambda} = \omega_* u^2 \tag{5.3,43}$$

Damit wird

$$\dot{s} = -u'\omega_* \tag{5.3,44}$$

Nochmalige Differentiation gibt

$$\left.\begin{aligned} \ddot{s} &= -u''\omega_*^2 u^2 \\ \ddot{\lambda} &= 2\omega_*^2 u^3 u' \end{aligned}\right\} \qquad (5.3,45)$$

Bei Einsetzen in die Kraftgleichungen wird Gl. (5.3,38) identisch erfüllt, während Gl. (5.3,37) nach Division durch $-\omega_*^2 u^2$ in die inhomogene Schwingungsgleichung

$$u'' + u = \frac{kM_E}{\omega_*^2} \qquad (5.3,46)$$

übergeht. Ihre allgemeine Lösung ist

$$u = \frac{1}{p}[1 + \varepsilon \cos(\lambda - \lambda_P)] \qquad (5.3,47)$$

mit

$$p \equiv \frac{\omega_*^2}{kM_E} \qquad (5.3,48)$$

ε und λ_P sind Integrationskonstanten, wobei λ_P so definiert sei, daß $\varepsilon \geqslant 0$ ist. Die Ableitung von u nach λ ist

$$u' = \frac{-1}{p}\varepsilon \sin(\lambda - \lambda_P) \qquad (5.3,49)$$

Die Anfangsbedingungen für u sind

$$u = \frac{1}{s_0}, \quad u' = -\frac{\dot{s}_0}{\omega_*} \quad \text{für} \quad t = t_0 \quad \text{bzw.} \quad \lambda = \lambda_0 \qquad (5.3,50)$$

s. Gl. (5.3,41) und (5.3,42), der Winkel λ_0 ist durch Gl. (5.3,33) bekannt. Einsetzen in die vorangehenden Gleichungen gibt unter Berücksichtigung von Gl. (5.3,37)

$$\left.\begin{aligned} \varepsilon \cos(\lambda_0 - \lambda_P) &= -1 + \frac{p}{s_0} \\ \varepsilon \sin(\lambda_0 - \lambda_P) &= \frac{\dot{s}_0}{\omega_*} p \end{aligned}\right\} \qquad (5.3,51)$$

Daraus folgt

$$\varepsilon = {}_{+}\sqrt{\left(-1 + \frac{p}{s_0}\right)^2 + \left(\frac{\dot{s}_0}{\omega_*} p\right)^2}$$

oder umgeformt

$$\varepsilon = {}_{+}\sqrt{1 + 2\left(\frac{p}{\omega_*}\right)^2 \left[-\frac{\omega_*^2}{s_0 p} + \frac{\omega_*^2}{2s_0^2} + \frac{\dot{s}_0^2}{2}\right]}$$

oder wegen Gl. (5.3,39) und (5.3,48)

$$\varepsilon = {}_{+}\sqrt{1+2E\left(\frac{\omega_*}{kM_E}\right)^2} \qquad (5.3,52)$$

Der Winkel λ_P bestimmt sich darauf aus Gl. (5.3,51).

Setzt man in Gl. (5.3,47) wieder s statt $\frac{1}{u}$ ein, so lautet diese Gleichung

$$s = \frac{p}{1+\varepsilon\cos(\lambda-\lambda_P)} \qquad (5.3,53)$$

Dies ist die bekannte Polargleichung eines Kegelschnitts mit dem Halbparameter p und der Exzentrizität ε. Der Winkel $\lambda-\lambda_P$ wird als „wahre Anomalie" bezeichnet, s. Abb. 5.3,3. Der Erdmittelpunkt steht

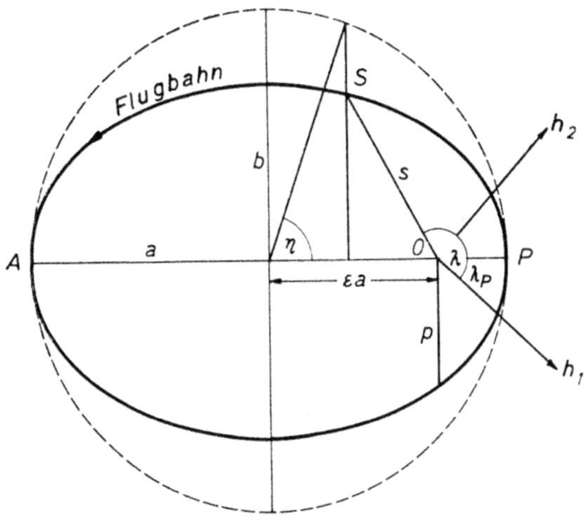

Abb. 5.3,3
Zur Definition der Bahngrößen $\varepsilon, p, a, b, \lambda, \lambda_P$ und η

hiernach in einem Brennpunkt des Kegelschnitts. Die Bahnkurve ist eine

$$\left.\begin{array}{lll} \text{Ellipse für} & 0 \leq \varepsilon < 1 \text{ bzw. für} & -\frac{1}{2}\left(\frac{kM_E}{\omega_*}\right)^2 \leq E < 0 \\ \text{Parabel für} & \varepsilon = 1 \text{ bzw. für} & E = 0 \\ \text{Hyperbel für} & \varepsilon > 1 \text{ bzw. für} & E > 0 \end{array}\right\} \qquad (5.3,54)$$

Die Stelle kleinster Entfernung der Kegelschnittpunkte vom Erdmittelpunkt, das sog. Perigäum, erhält man in jedem Falle für $\lambda = \lambda_P$. Im Falle der Ellipse ($\varepsilon < 1$) wird die größte Entfernung (Apogäum) für

$\lambda_A = \lambda_P + \pi$ erreicht. Im Falle der Parabel ($\varepsilon = 1$) wird s für $\lambda_A = \lambda_P + \pi$ unendlich groß. Im Falle der Hyperbel ($\varepsilon > 1$) wird s bereits für $\lambda_\infty = \lambda_P + \pi - \arccos\frac{1}{\varepsilon}$ asymptotisch unendlich, wobei $0 < \arccos\frac{1}{\varepsilon} < \frac{\pi}{2}$ ist.

Die große Halbachse ist

$$a = \begin{cases} \dfrac{p}{1-\varepsilon^2} = \dfrac{kM_E}{-2E} & \text{für} \quad \varepsilon < 1 \text{ (Ellipse)} \\ \dfrac{p}{\varepsilon^2-1} = \dfrac{kM_E}{2E} & \text{für} \quad \varepsilon > 1 \text{ (Hyperbel)} \end{cases} \tag{5.3,55}$$

Die kleine Halbachse ist

$$b = \begin{cases} \dfrac{p}{\sqrt{1-\varepsilon^2}} = \dfrac{\omega_*}{\sqrt{-2E}} & \text{für} \quad \varepsilon < 1 \text{ (Ellipse)} \\ \dfrac{p}{\sqrt{\varepsilon^2-1}} = \dfrac{\omega_*}{\sqrt{2E}} & \text{für} \quad \varepsilon > 1 \text{ (Hyperbel)} \end{cases} \tag{5.3,56}$$

Aus dem Flächensatz (5.3,39) folgt in Verbindung mit Gl. (5.3,53) die Zeitabhängigkeit in der Form

$$t - t_0 = \int_{\lambda_0}^{\lambda} \frac{s^2}{\omega_*} \mathrm{d}\lambda = \frac{p^2}{\omega_*} \int_{\lambda_0}^{\lambda} \frac{\mathrm{d}\lambda}{[1+\varepsilon\cos(\lambda-\lambda_P)]^2} \tag{5.3,57}$$

Im Falle der Ellipse ($\varepsilon < 1$) erhalten wir mit Hilfe der Transformation

$$\tan\frac{\lambda-\lambda_P}{2} = \sqrt{\frac{1+\varepsilon}{1-\varepsilon}} \tan\frac{\eta}{2} \tag{5.3,58}$$

nach längerer, aber elementarer Zwischenrechnung die Beziehung

$$t - t_0 = \frac{ab}{\omega_*} [\eta - \eta_0 - \varepsilon(\sin\eta - \sin\eta_0)] \tag{5.3,59}$$

mit

$$\eta_0 = 2\arctan\left\{\sqrt{\frac{1-\varepsilon}{1+\varepsilon}} \tan\frac{\lambda_0-\lambda_P}{2}\right\} \tag{5.3,60}$$

Die in Gl. (5.3,58) formal eingeführte Größe η ist mit dem in Abb. 5.3,3 dargestellten Winkel η identisch; ein einfacher Beweis dafür ergibt sich mittels der aus Abb. 5.3,3 ersichtlichen Beziehung

$$s\sin(\lambda - \lambda_P) = b\sin\eta$$

η wird als „exzentrische Anomalie" und $\eta - \varepsilon \sin \eta$ als „mittlere Anomalie" bezeichnet. η_0 kann neben den Größen Ψ_h, Θ_h, λ_P, a und ε als sechste Bahnkonstante betrachtet werden. Die Umlaufszeit wird

$$T = \frac{ab}{\omega_*} 2\pi = 2\pi \frac{kM_E}{(-2E)^{3/2}} \tag{5.3,61}$$

wie man leicht erkennt, wenn man in Gl. (5.3,59) $\eta = \eta_0 + 2\pi$ setzt.

Zu einer gegebenen Zeit $t_1 > t_0$ kann man jetzt nacheinander η_1 aus Gl. (5.3,59), λ_1 aus Gl. (5.3,58), u_1 aus Gl. (5.3,47), u_1' aus Gl. (5.3,49), $\dot{\lambda}_1$ aus Gl. (5.3,43), s_1 aus Gl. (5.3,41), $\dot{s}_1$ aus Gl. (5.3,42) berechnen und sodann die Größen $\boldsymbol{s}_1$ und $\mathrm{d}\boldsymbol{s}/\mathrm{d}t|_{t=t_1}$ mittels der Transformationen (5.3,33) und (5.3,27) im Inertialsystem (i) darstellen. Sind dann weiter die Größen $r_{B'}$; $\Psi_{jB'}$; $\Phi_{gB'}$; $\varepsilon_{sB'}$ einer Bodenstation B' bekannt, so kann man mittels der Transformationen des Abschnitts 5.3.11 zu optisch meßbaren Größen $s_{B'1}$, $\psi_{n'1}$ und $\vartheta_{n'1}$ und deren Ableitungen zurückkehren.

Eine optische Messung ist allerdings aus physikalischen Gründen nur dann möglich, wenn die Schrägentfernung $s_{B'1}$ nicht zu groß und der Erhebungswinkel $\vartheta_{n'1}$ positiv ist. Es ist deshalb notwendig, die Bodenstation B' dieser Forderung entsprechend zu wählen. Dafür geben die aus Gl. (5.3,12) folgenden Winkel Ψ_{i1} und Θ_1 in Verbindung mit den Beziehungen (5.3,13) und (5.3,14), in denen man nur noch den Index B durch B' und die Zeit t_0 durch t_1 ersetzen muß, einen guten Anhalt.

5.3.15. Bahnkurve im Fall $\omega_* = 0$

Im Falle $\omega_* = 0$ sind nach Gl. (5.3,20) der Ortsvektor $\boldsymbol{s}$ und die Absolutgeschwindigkeit $\mathrm{d}\boldsymbol{s}/\mathrm{d}t$ dauernd parallel. Man kann daher

$$\boldsymbol{s} = s\boldsymbol{l}_1 \tag{5.3,62}$$

$$\frac{\mathrm{d}\boldsymbol{s}}{\mathrm{d}t} = \dot{s}\boldsymbol{l}_1 \tag{5.3.63}$$

setzen. Der Energiesatz (5.3,22) läßt sich hier in der Form schreiben

$$\dot{s} = \sqrt{2\left(\frac{kM_E}{s} + E\right)} \tag{5.3,64}$$

In einer gewissen Umgebung von t_0 hat die Wurzel dasselbe Vorzeichen wie $\dot{s}_0$ nach Gl. (5.3,16); wir wollen es als positiv annehmen. Ist nun $E \geqslant 0$, so bleibt $\dot{s}$ im ganzen weiteren Verlauf positiv. Ist aber $E < 0$, so erreicht $\dot{s}$ einen Nullpunkt; die Wurzel nimmt danach das negative Vorzeichen an und behält es bis zum Auftreffen des Flugkörpers auf der Erde bei. Integration zwischen den Grenzen s_0 und s gibt

$$t - t_0 = \int_{s_0}^{s} \frac{\mathrm{d}s}{\sqrt{2\left(\dfrac{kM_E}{s} + E\right)}} \tag{5.3,65}$$

Die Transformation

$$2\left(\frac{kM_E}{s} + E\right) = u^2 \tag{5.3,66}$$

führt zu

$$t - t_0 = -4kM_{E.} \int_{u_0}^{u} \frac{\mathrm{d}u}{(u^2 - 2E)^2} \tag{5.3,67}$$

wobei

$$u_0 = \dot{s}_0 \tag{5.3,68}$$

ist. Man findet

$$\int_{u_0}^{u} \frac{\mathrm{d}u}{(u^2 - 2E)^2} = \tag{5.3,69}$$

$$= \begin{cases} \left[\dfrac{u}{-4E(u^2-2E)} + \dfrac{1}{2(-2E)^{1,5}} \arctan \dfrac{u}{\sqrt{-2E}}\right]_{u_0}^{u} & \text{für } E < 0 \\ \left[\dfrac{-u^{-3}}{3}\right]_{u_0}^{u} & \text{für } E = 0 \\ \left[\dfrac{-u}{4E(u^2-2E)} + \dfrac{1}{2(2E)^{1,5}} \operatorname{arctanh} \dfrac{u}{\sqrt{2E}}\right]_{u_0}^{u} & \text{für } E > 0 \end{cases}$$

Zu einer gegebenen Zeit $t_1 > t_0$ kann man hier nacheinander u_1 aus Gl. (5.3,69), s_1 aus Gl. (5.3,66) und $\dot{s}_1$ aus Gl. (5.3,64) berechnen. Mittels der Transformation (5.3,27) kann man darauf die Größen $\boldsymbol{s}_1$ und $\mathrm{d}\boldsymbol{s}_1/\mathrm{d}t$ wieder im Inertialsystem (i) darstellen: Der Übergang zu optisch beobachtbaren Größen vollzieht sich wie im Falle $\omega_* \neq 0$.

5.3.16. Gipfelhöhe und Reichweite über kugelförmiger Erde

Mit Hilfe der vorstehenden Gleichungen kann man die Gipfelhöhe und Reichweite eines Wurfkörpers über einer kugelförmigen Erde berechnen und damit die Betrachtungen von Abschnitt 5.2.21, S. 360, verallgemeinern. Sind nämlich s_0, λ_0, V_0 und ϑ_0 die Anfangsdaten der Ellipsenbahn, so sind wegen

$$s_0 \dot{\lambda}_0 = V_0 \cos\vartheta_0 \quad \text{und} \quad \dot{s}_0 = V_0 \sin\vartheta_0$$

die Größen ω_* und E und damit auch die Parameter ε und p bekannt. Die Gipfelhöhe H_* wird im Apogäum mit $\lambda_*-\lambda_P=\pi$ erreicht; daher ist

$$H_* = s_* - s_0 = \frac{p}{1-\varepsilon} - s_0 \qquad (5.3{,}53)_*$$

Im Anfang der Bahn ist

$$s_0 = \frac{p}{1+\varepsilon\cos(\lambda_0-\lambda_P)} \qquad (5.3{,}53)_0$$

Damit ist auch $\lambda_0-\lambda_*$ und weiter die Reichweite

$$x' = 2s_0|\lambda_0-\lambda_*| \qquad (5.3{,}53)'$$

bekannt. Die letzten Beziehungen sind in Abb. 5.3,4 für den Fall $s_0 = r_B$ nach dem Muster der Abb. 5.2,1, S. 361, ausgewertet. In der Umgebung des Nullpunkts sind die geradlinigen bzw. kreisförmigen Kurvenscharen der Abb. 5.2,1 noch gut zu erkennen. Nach Überschreiten der Kreisbahngeschwindigkeit $\left(=\sqrt{M_E k/s_0}\right)$ münden die Kurven $V_0 = \text{const}$

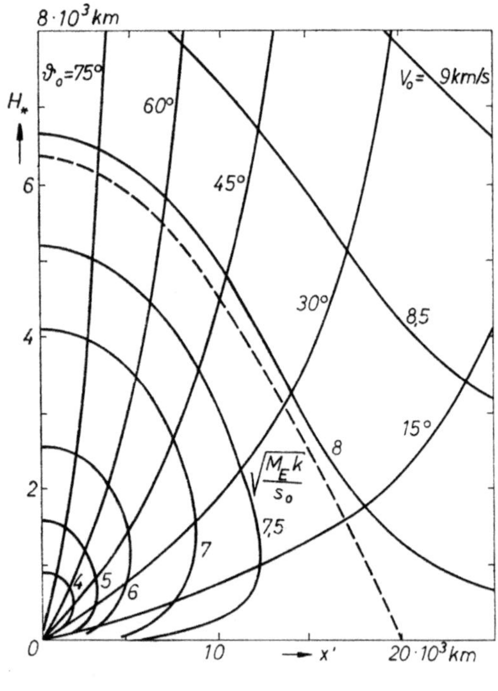

Abb. 5.3,4
Gipfelhöhe H_* und Reichweite x' als Funktionen der Anfangsgeschwindigkeit V_0 und des Abgangswinkels ϑ_0

nicht mehr in den Nullpunkt ein. Die vorstehende Rechnung läßt sich jedoch noch bis zur Fluchtgeschwindigkeit $(=\sqrt{M_E k 2/s_0})$ weiterführen, bei der die Flugbahnen in Hyperbeln übergehen.

5.3.2. Allgemeine Störungsgleichungen für elliptische Satellitenbahnen

5.3.21. Vorbemerkung zur Methode

In den folgenden Abschnitten 5.4 bis 5.6 werden wir die besonders auffälligen säkularen Störungen betrachten, die eine elliptische Satellitenbahn durch die Erdabplattung bzw. eine Kreisbahn durch den Luftwiderstand oder einen komplanaren Schubimpuls erfährt. Will man auch andere Störkräfte einbeziehen oder periodische Störungen verfolgen, so empfiehlt es sich, allgemeine Störungsgleichungen für Satellitenbahnen zu benutzen. Solche Gleichungen sollen i. f. auf einem physikalisch anschaulichen Wege hergeleitet werden, der in mathematischer Hinsicht mit der Methode der Variation der Konstanten identisch ist [7–004, S. 8–19ff].

Gemäß Abschnitt 5.3.11, S. 373, legen wir ein Inertialsystem (i) zugrunde. Ein Flugkörper der Masse m bewegt sich dann im Schwerefeld der Erde unter dem Einfluß einer Störkraft gemäß der Kräftegleichung

$$\left.\begin{aligned} &\frac{d^2\boldsymbol{s}}{dt^2} = \operatorname{grad}\frac{M_E k}{s} + \frac{\boldsymbol{K}}{m} \\ \text{mit}\quad &\boldsymbol{s} = x_i\boldsymbol{i}_1 + y_i\boldsymbol{i}_2 + z_i\boldsymbol{i}_3 \\ &\boldsymbol{K} = X_i\boldsymbol{i}_1 + Y_i\boldsymbol{i}_2 + Z_i\boldsymbol{i}_3 \\ \text{oder in Komponenten}\quad & \\ &\ddot{x}_i = -M_E k\frac{x_i}{s^3} + \frac{X_i}{m} \quad \text{usw.} \end{aligned}\right\} \tag{5.3,70}$$

Zur festgehaltenen Zeit t besitze der Schwerpunkt im System (i) die Koordinaten $x_i = x_i(t)$ usw. und die Geschwindigkeitskomponenten $\dot{x}_i = \dot{x}_i(t)$ usw. Die — an sich übliche — Kennzeichnung des festen Zeitpunkts t durch einen Index wird hier vermieden, weil die folgende Betrachtung für jeden beliebigen Punkt der Bahn gelten soll. Als Zeitvariable dient i. f. die Größe Δt. Würde der Flugkörper nun ohne Einwirken der Störkraft weiterfliegen, so würde er eine *Kepler*bahn, die sog. „berührende Ellipsenbahn" beschreiben. Deren sechs Bahnelemente, nämlich:

Ψ_h (= Rektaszension der Normalen $\boldsymbol{h}_3$ der Bahnebene = Rektaszension des aufsteigenden Knotens minus 90°),

Θ_h (= Poldistanz der Normalen $\boldsymbol{h}_3$ = Neigungswinkel der Bahnebene gegen den Äquator),

λ_P (= Winkelabstand zwischen dem aufsteigenden Knoten und dem Perigäum),

a (= große Halbachse),

ε (= numerische Exzentrizität),

η^* (= exzentrische Anomalie des Flugkörpers zur Epoche t^*),

lassen sich aus den gegebenen Größen x_i, $\dot{x}_i$ usw. gemäß Abschnitt 5.3.1, S. 372, berechnen.

Beim ungestörten Flug würde der Flugkörper während der kurzen Zeit von t bis $t+\Delta t$ in erster Näherung die Geschwindigkeitsänderung

$$\left.\begin{aligned} \dot{\bar{x}}_i(t+\Delta t)-\dot{x}_i(t) &= -M_{\mathrm{E}}k\frac{x_i}{s^3}\Delta t \text{ usw.} \\ &\text{sowie die Ortsänderung} \\ \bar{x}_i(t+\Delta t)-x_i(t) &= \dot{x}_i\Delta t \text{ usw.} \end{aligned}\right\} \tag{5.3,71}$$

erfahren. Dabei soll der Querstrich über x_i usw. den Wert von x_i für den Fall bedeuten, daß die Störkraft $\boldsymbol{K}$ in der Zeit von t bis $t+\Delta t$ verschwindet. Die zu $\bar{x}_i(t+\Delta t)$, $\dot{\bar{x}}_i(t+\Delta t)$ usw. gehörigen Bahnelemente $\bar{\Psi}_h(t+\Delta t)$ usw. haben natürlich denselben Wert wie $\Psi_h(t)$ usw., daher verschwinden die Grenzwerte

$$\lim_{\Delta t\to 0}\frac{\bar{\Psi}_h(t+\Delta t)-\Psi_h(t)}{\Delta t} \text{ usw.}$$

Steht dagegen der Flugkörper von t bis $t+\Delta t$ zusätzlich unter dem Einfluß der Störkraft $\boldsymbol{K}$, so ergeben sich im Intervall $(t, t+\Delta t)$ in erster Näherung die Änderungen

$$\left.\begin{aligned} \dot{x}_i(t+\Delta t)-\dot{x}_i(t) &= \left(-M_{\mathrm{E}}k\frac{x_i}{s^3}+\frac{X_i}{m}\right)\Delta t \text{ usw.} \\ &\text{bzw.} \\ x_i(t+\Delta t)-x_i(t) &= \dot{x}_i\Delta t \text{ usw.} \end{aligned}\right\} \tag{5.3,72}$$

Durch Vergleich mit den Änderungen längs der ungestörten Bahn folgt

$$\left.\begin{aligned} \dot{x}_i(t+\Delta t)-\dot{\bar{x}}_i(t+\Delta t) &\equiv \delta\dot{x}_i(t+\Delta t)=\frac{X_i}{m}\Delta t \text{ usw.} \\ x_i(t+\Delta t)-\bar{x}_i(t+\Delta t) &\equiv \delta x_i(t+\Delta t)=0 \text{ usw.} \end{aligned}\right\} \tag{5.3,73}$$

In der Grenze $\Delta t \to 0$ ergibt sich

$$\lim_{\Delta t \to 0} \frac{\dot{x}_i(t+\Delta t)-\dot{\bar{x}}_i(t+\Delta t)}{\Delta t} = \frac{\mathrm{d}\dot{x}_i}{\mathrm{d}t} - \frac{\mathrm{d}\dot{\bar{x}}_i}{\mathrm{d}t} \equiv \frac{\delta \dot{x}_i}{\mathrm{d}t} = \frac{X_i}{m} \text{ usw. oder } \frac{\delta}{\mathrm{d}t}\left(\frac{\mathrm{d}\boldsymbol{s}}{\mathrm{d}t}\right) = \frac{\boldsymbol{K}}{m} \tag{5.3,74}$$

$$\lim_{\Delta t \to 0} \frac{x_i(t+\Delta t)-\bar{x}_i(t+\Delta t)}{\Delta t} = \frac{\mathrm{d}x_i}{\mathrm{d}t} - \frac{\mathrm{d}\bar{x}_i}{\mathrm{d}t} = \frac{\delta x_i}{\mathrm{d}t} = 0 \text{ usw. oder } \frac{\delta \boldsymbol{s}}{\mathrm{d}t} = 0 \tag{5.3,75}$$

Um diese Beziehungen zu verallgemeinern, sei jetzt unter H eine Funktion verstanden, die nur von den Koordinaten x_i usw., den Geschwindigkeitskomponenten $\dot{x}_i$ usw. und gegebenenfalls noch explizit von der Zeit t abhängt und in der Umgebung des festgehaltenen Zeitpunkts t den Wert

$$A(t+\Delta t) = H[x_i(t+\Delta t), \ldots, \dot{x}_i(t+\Delta t), \ldots, t+\Delta t]$$

besitzt. Entsprechend sei der ungestörte Wert von A, nämlich $\bar{A}(t+\Delta t)$, durch die Gleichung

$$\bar{A}[t+\Delta t) = H[\bar{x}_i(t+\Delta t), \ldots, \dot{\bar{x}}_i(t+\Delta t), \ldots, t+\Delta t]$$

definiert. Wegen der Beziehungen (5.3,71) ist $\bar{A}(t) = A(t)$. Ferner sei vorausgesetzt, daß die Funktion H alle erforderlichen Eigenschaften bezüglich Stetigkeit und Differenzierbarkeit besitzt. Man kann dann die auf A angewandte Operation $\delta/\mathrm{d}t$ durch

$$\lim_{\Delta t \to 0} \frac{A(t+\Delta t)-\bar{A}(t+\Delta t)}{\Delta t} = \frac{\mathrm{d}A}{\mathrm{d}t} - \frac{\mathrm{d}\bar{A}}{\mathrm{d}t} \equiv \frac{\delta A}{\mathrm{d}t} \tag{5.3,76}$$

erklären. Speziell ist also

$$\frac{\delta t}{\mathrm{d}t} = 0 \tag{5.3,77}$$

Im übrigen kann man, wie man sich leicht überzeugt, bei Beschränkung auf Größen des Typs A mit dem Symbol $\delta/\mathrm{d}t$ formal nach den Regeln verfahren, die in der üblichen Differentialrechnung für das Operieren mit dem Symbol $\mathrm{d}/\mathrm{d}t$ gelten. Dabei sei ausdrücklich vermerkt, daß auf Grund unserer Annahmen auch die partiellen Ableitungen der Funktion H in der Grenze $\Delta t \to 0$ Werte besitzen, die unabhängig davon sind, ob die Störkraft $\boldsymbol{K}$ wirkt oder nicht. Daher läßt sich unter Beachtung der Beziehungen (5.3,74; 75; 77) der Ausdruck $\delta A/\mathrm{d}t$ auch in die Form setzen:

$$\frac{\delta A}{\mathrm{d}t} = \frac{\partial H}{\partial x_i}\frac{\delta x_i}{\mathrm{d}t} + \ldots + \frac{\partial H}{\partial \dot{x}_i}\frac{\delta \dot{x}_i}{\mathrm{d}t} + \ldots + \frac{\partial H}{\partial t}\frac{\delta t}{\mathrm{d}t} = \frac{\partial H}{\partial \dot{x}_i}\frac{X_i}{m} + \ldots$$

Der Ausdruck $\delta A/\mathrm{d}t$ sei hier der Kürze halber als „zeitliche Variation von A" bezeichnet.

Die Gleichungen (5.3,74; 75; 77) lassen sich dann so aussprechen: Die zeitliche Variation der Geschwindigkeit ist gleich der auf die Masse bezogenen Störkraft, während die zeitlichen Variationen des Ortsvektors und der Zeit selbst verschwinden.

Wenn A ein Bahnelement ist, also $\bar{A}(t+\Delta t) = A(t)$ für jedes Δt ist, kann man gemäß Gl. (5.3,76) statt der Variation $\delta A/\mathrm{d}t$ auch den gewöhnlichen Differentialquotienten $\mathrm{d}A/\mathrm{d}t$ schreiben. In diesem Sonderfall kann man deshalb durch zeitliche Integration der Variation $\delta A/\mathrm{d}t$ die gesamte Änderung von A während eines endlichen Zeitintervalls bestimmen.

5.3.22. Variation der Bahnelemente

Die zu $x_i(t+\Delta t)$, $\dot{x}_i(t+\Delta t)$ usw. gehörigen Bahnelemente $\Psi_h(t+\Delta t)$ usw. im Zeitpunkt $t+\Delta t$ stimmen i. a. wegen des Einwirkens der Störkraft $\boldsymbol{K}$ während des Zeitintervalls $(t, t+\Delta t)$ nicht mehr mit den Bahnelementen $\Psi_h(t)$ usw. zum Zeitpunkt t überein; vielmehr hat man jetzt die neuen Werte

$$\Psi_h(t+\Delta t) = \bar{\Psi}_h(t+\Delta t) + \delta\Psi_h(t+\Delta t) \quad \text{usw.} \tag{5.3,78}$$

Unsere Aufgabe soll es jetzt sein, die Grenzwerte der Bahnelemente

$$\lim_{\Delta t\to 0} \frac{\Psi_h(t+\Delta t) - \bar{\Psi}_h(t+\Delta t)}{\Delta t} \equiv \frac{\delta\Psi_h}{\mathrm{d}t} \quad \text{usw.} \tag{5.3,79}$$

im Zeitpunkt t zu berechnen. Zu diesem Zwecke führen wir zunächst noch das Moment $\boldsymbol{M}$ der Störkraft $\boldsymbol{K}$ um den Erdmittelpunkt O, nämlich

$$\boldsymbol{M} = \boldsymbol{s} \times \boldsymbol{K} \tag{5.3,80}$$

ein. Umformung gemäß Gl. (5.3,74; 75) und (5.3,20), S. 376, gibt

$$\boldsymbol{M} = \boldsymbol{s} \times m \frac{\delta}{\mathrm{d}t}\left(\frac{\mathrm{d}\boldsymbol{s}}{\mathrm{d}t}\right) = m \frac{\delta}{\mathrm{d}t}\left(\boldsymbol{s} \times \frac{\mathrm{d}\boldsymbol{s}}{\mathrm{d}t}\right) = m \frac{\delta}{\mathrm{d}t}(\omega_* \boldsymbol{h}_3) \tag{5.3,81}$$

oder in Worten: Das Moment der Störkraft um den Erdmittelpunkt ist gleich der zeitlichen Variation des Bahndrehimpulses. Ausführlich ist

$$\boldsymbol{M} = m\left(\boldsymbol{h}_3 \frac{\delta\omega_*}{\mathrm{d}t} + \omega_* \frac{\delta \boldsymbol{h}_3}{\mathrm{d}t}\right) \tag{5.3,82}$$

Gemäß dem Hilfssatz von Abschnitt 1.4.11, S. 30, ist nun, wenn $\boldsymbol{q}'_{h/i} \cdot \Delta$ die infinitesimale Drehung des Systems (h) gegenüber dem System (i) unter dem Einfluß der Störkraft während der Zeit Δt bedeutet,

$$\frac{\delta \boldsymbol{h}_3}{\mathrm{d}t}\left[\equiv \left.\frac{\delta \boldsymbol{h}_3}{\partial t}\right|_{(i)}\right] = \left.\frac{\delta \boldsymbol{h}_3}{\partial t}\right|_{(h)} + \boldsymbol{q}'_{h/i}\times \boldsymbol{h}_3 = \boldsymbol{q}'_{h/i}\times \boldsymbol{h}_3 \tag{5.3,83}$$

und gemäß Abb. 5.3,1, S. 377,

$$\boldsymbol{q}'_{h/i} = \boldsymbol{h}_1 \frac{\delta\Theta_h}{\mathrm{d}t} + \boldsymbol{i}_3 \frac{\delta\Psi_h}{\mathrm{d}t} = \boldsymbol{h}_1 \frac{\delta\Theta_h}{\mathrm{d}t} + \frac{\delta\Psi_h}{\mathrm{d}t}(\boldsymbol{h}_2 \sin\Theta_h + \boldsymbol{h}_3 \cos\Theta_h) \tag{5.3,84}$$

also

$$\frac{\delta \boldsymbol{h}_3}{\mathrm{d}t} = -\boldsymbol{h}_3 \frac{\delta\Theta_h}{\mathrm{d}t} + \boldsymbol{h}_1 \sin\Theta_h \frac{\delta\Psi_h}{\mathrm{d}t} \tag{5.3,85}$$

Man kann diese Formel natürlich auch ohne Benutzung der letzten beiden Gleichungen durch Zerlegung von $\boldsymbol{h}_3$ im Inertialsystem (i) gemäß Gl. (5.3,27), S. 378, herleiten. Einsetzen in Gl. (5.3,83) gibt

$$\boldsymbol{M} = m\left(\boldsymbol{h}_1 \omega_* \sin\Theta_h \frac{\delta\Psi_h}{\mathrm{d}t} - \boldsymbol{h}_2 \omega_* \frac{\delta\Theta_h}{\mathrm{d}t} + \boldsymbol{h}_3 \frac{\delta\omega_*}{\mathrm{d}t}\right) \tag{5.3,86}$$

Bei Komponentenzerlegung erhält man

$$\frac{\delta\Psi_h}{\mathrm{d}t} = \frac{\boldsymbol{h}_1 \cdot \boldsymbol{M}}{m\omega_* \sin\Theta_h} \tag{5.3,87}$$

$$\frac{\delta\Theta_h}{\mathrm{d}t} = \frac{\boldsymbol{h}_2 \cdot \boldsymbol{M}}{m\omega_*} \tag{5.3,88}$$

$$\frac{\delta\omega_*}{\mathrm{d}t} = \frac{\boldsymbol{h}_3 \cdot \boldsymbol{M}}{m} \tag{5.3,89}$$

Die ersten beiden Gleichungen liefern schon zwei der gesuchten Beziehungen für die Bahnelemente; die letzte enthält die Aussage, daß die Variation der Flächengeschwindigkeit proportional dem Störmoment um die Richtung $\boldsymbol{h}_3$ zum Pol der Bahnebene ist. Unter Benutzung von Gl. (5.3,74) folgt nun weiter

$$\frac{1}{2}\frac{\delta V^2}{\mathrm{d}t} = \frac{1}{2}\frac{\delta}{\mathrm{d}t}\left(\frac{\mathrm{d}\boldsymbol{s}}{\mathrm{d}t}\right)^2 = \frac{\mathrm{d}\boldsymbol{s}}{\mathrm{d}t}\cdot\frac{\delta}{\mathrm{d}t}\left(\frac{\mathrm{d}\boldsymbol{s}}{\mathrm{d}t}\right) = \frac{\mathrm{d}\boldsymbol{s}}{\mathrm{d}t}\cdot\frac{\boldsymbol{K}}{m} \tag{5.3,90}$$

Daher ergibt sich durch Variation der Energiegleichung (5.3,22), S. 376, unter Beachtung von Gl. (5.3,75) die Beziehung

$$\frac{\delta E}{\mathrm{d}t} = \frac{1}{2}\frac{\delta V^2}{\mathrm{d}t} = \frac{\mathrm{d}\boldsymbol{s}}{\mathrm{d}t}\cdot\frac{\boldsymbol{K}}{m} \tag{5.3,91}$$

Die Variation der Gesamtenergie ist demnach der Arbeitsleistung der Störkraft am Flugkörper proportional.

Aus Gl. (5.3,48), S. 381, folgt durch Variation

$$\frac{\delta p}{\mathrm{d}t} = \frac{2\omega_*}{kM_\mathrm{E}} \frac{\delta \omega_*}{\mathrm{d}t} \tag{5.3,92}$$

Variation von Gl. (5.3,52), S. 382, führt zu der weiteren gesuchten Beziehung für $\delta\varepsilon/\mathrm{d}t$

$$\frac{-2\varepsilon}{1-\varepsilon^2}\frac{\delta\varepsilon}{\mathrm{d}t} = \frac{1}{E}\frac{\delta E}{\mathrm{d}t} + \frac{2}{\omega_*}\frac{\delta\omega_*}{\mathrm{d}t} \tag{5.3,93}$$

während sich aus Gl. (5.3,55) S. 383, die gesuchte Größe $\delta a/\mathrm{d}t$ zu

$$\frac{\delta a}{\mathrm{d}t} = \frac{kM_\mathrm{E}}{2E^2}\frac{\delta E}{\mathrm{d}t} \tag{5.3,94}$$

ergibt. Um die übrigen Variationen $\delta\lambda_P/\mathrm{d}t$ und $\delta\eta^*/\mathrm{d}t$ der Bahnelemente herzuleiten, berechnen wir zunächst die Hilfsgröße $\delta\lambda/\mathrm{d}t$. Da λ den Winkel zwischen der Richtung $\boldsymbol{l}_1$ zum Flugkörper und der Richtung $\boldsymbol{h}_1$ zum aufsteigenden Knoten bedeutet, $\boldsymbol{l}_1$ sich aber gemäß Gl. (5.3,75) bei Variation nicht ändert, kann eine Variation von λ nur durch eine Wanderung des Knotenpunktes $\boldsymbol{h}_1$ erfolgen. Aus Abb. 5.3,5 folgt die Relation

$$\frac{\delta\lambda}{\mathrm{d}t} = -\cos\Theta_h \frac{\delta\Psi_h}{\mathrm{d}t} \tag{5.3,95}$$

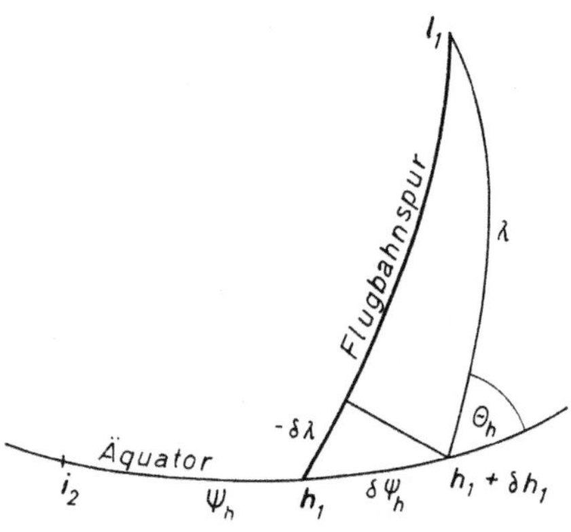

Abb. 5.3,5
Zur Herleitung der Gl. (5.3,95)

Um diese Gleichung auch auf analytischem Wege nachzuweisen, gehen wir von den Beziehungen (5.3,27), S. 378, nämlich

s		x_i	y_i	z_i
		$\boldsymbol{i}_1$	$\boldsymbol{i}_2$	$\boldsymbol{i}_3$
x_h	$\boldsymbol{h}_1$	$-\sin\Psi_h$	$\cos\Psi_h$	0
y_h	$\boldsymbol{h}_2$	$-\cos\Theta_h\cos\Psi_h$	$-\cos\Theta_h\sin\Psi_h$	$\sin\Theta_h$
0	$\boldsymbol{h}_3$	$\sin\Theta_h\cos\Psi_h$	$\sin\Theta_h\sin\Psi_h$	$\cos\Theta_h$

(5.3,96)

aus. Variation von y_h gibt wegen Gl. (5.3,75)

$$\frac{\delta y_h}{\mathrm{d}t} = \left\{ \begin{array}{c} \dfrac{\delta\Psi_h}{\mathrm{d}t}\cos\Theta_h[x_i\sin\Psi_h - y_i\cos\Psi_h] + \\ + \dfrac{\delta\Theta_h}{\mathrm{d}t}[x_i\sin\Theta_h\cos\Psi_h + y_i\sin\Theta_h\sin\Psi_h + z_i\cos\Theta_h] \end{array} \right\}$$

oder, wie man daraus mit Hilfe von Gl. (5.3,96) sogleich folgert,

$$\frac{\delta y_h}{\mathrm{d}t} = -x_h\cos\Theta_h\frac{\delta\Psi_h}{\mathrm{d}t} \tag{5.3,97}$$

Nach Gl. (5.3,33), S. 379, ist aber

$$x_h = s\cos\lambda; \quad y_h = s\sin\lambda \tag{5.3,98}$$

also

$$\frac{\delta y_h}{\mathrm{d}t} = s\cos\lambda\frac{\delta\lambda}{\mathrm{d}t} \tag{5.3,99}$$

Durch geeignete Kombination der letzten Gleichungen ergibt sich dann die Beziehung (5.3,95).

Schreibt man die Bahngleichung (5.3,53), S. 382, in der Form

$$\cos(\lambda - \lambda_P) = \frac{1}{\varepsilon}\left(\frac{p}{s} - 1\right) \tag{5.3,100}$$

so ergibt Variation derselben

$$-\sin(\lambda - \lambda_P)\frac{\delta(\lambda - \lambda_P)}{\mathrm{d}t} = \frac{-1}{\varepsilon^2}\left(\frac{p}{s} - 1\right)\frac{\delta\varepsilon}{\mathrm{d}t} + \frac{1}{\varepsilon s}\frac{\delta p}{\mathrm{d}t} \tag{5.3,101}$$

Da die Variationen $\delta\lambda/\mathrm{d}t$, $\delta\varepsilon/\mathrm{d}t$ und $\delta p/\mathrm{d}t$ gemäß Gl. (5.3,92; 93; 95) bereits bekannt sind, ist damit auch die gesuchte Größe $\delta\lambda_P/\mathrm{d}t$ bestimmt. Durch Variation der Gl. (5.3,58), S. 383, ergibt sich jetzt weiter

$$\frac{1}{\sin(\lambda - \lambda_P)}\frac{\delta(\lambda - \lambda_P)}{\mathrm{d}t} = \frac{1}{1 - \varepsilon^2}\frac{\delta\varepsilon}{\mathrm{d}t} + \frac{1}{\sin\eta}\frac{\delta\eta}{\mathrm{d}t} \tag{5.3,102}$$

und damit $\delta\eta/\mathrm{d}t$. Ist jetzt t^* ein fester Zeitpunkt, so errechnet sich die exzentrische Anomalie η^* zur Epoche t^* gemäß Gl. (5.3,59), S. 383, aus

$$t - t^* = \frac{ab}{\omega_*}[\eta - \varepsilon\sin\eta - (\eta^* - \varepsilon\sin\eta^*)] \tag{5.3,103}$$

Dabei ist nach Gl. (5.3,61), S. 384,

$$\frac{ab}{\omega_*} = \frac{kM_E}{(-2E)^{3/2}}$$

also

$$\frac{\delta}{\mathrm{d}t}\left(\frac{ab}{\omega_*}\right) = \frac{ab}{\omega_*}\frac{3}{-2E}\frac{\delta E}{\mathrm{d}t} \tag{5.3,104}$$

Variation von Gl. (5.3,103) zum vorgegebenen Zeitpunkt t gibt nun wegen der Konstanz von t^* und unter Beachtung von Gl. (5.3,77)

$$0 = \left\{ \begin{array}{c} \dfrac{3}{-2E}\dfrac{\delta E}{\mathrm{d}t}[\eta-\varepsilon\sin\eta-(\eta^*-\varepsilon\sin\eta^*)]+ \\ +\dfrac{\delta\eta}{\mathrm{d}t}(1-\varepsilon\cos\eta)-\dfrac{\delta\eta^*}{\mathrm{d}t}(1-\varepsilon\cos\eta^*)-\dfrac{\delta\varepsilon}{\mathrm{d}t}(\sin\eta-\sin\eta^*) \end{array} \right\} \tag{5.3,105}$$

Damit ist auch die Variation des letzten Bahnelements, $\delta\eta^*/\mathrm{d}t$, bestimmt.

5.3.23. Vereinfachungen bei Zerlegung der Störkraft im System (l)

Insgesamt geben die Gleichungen (5.3,87; 88; 93; 94; 101; 105) die gesuchten Variationen der Bahnelemente Ψ_h, Θ_h, ε, a, λ_P und η^*. Die ersten fünf dieser Beziehungen lassen sich noch etwas vereinfachen, wenn man die Störkraft in der Form

$$\boldsymbol{K} = \boldsymbol{l}_1 X_l + \boldsymbol{l}_2 Y_l + \boldsymbol{l}_3 Z_l \tag{5.3,70a}$$

ansetzt, sie also nach dem System (l), s. Gl. (5.3,33), S. 379, zerlegt. Es wird dann, wie man leicht nachrechnet, unter Beachtung der Schlußbemerkung von Abschnitt 5.3.21, S. 390,

$$\left(\frac{\delta\Psi_h}{\mathrm{d}t}=\right)\frac{\mathrm{d}\Psi_h}{\mathrm{d}t}=\frac{sZ_l\sin\lambda}{m\omega_*\sin\Theta_h} \tag{5.3,87a}$$

$$\left(\frac{\delta\Theta_h}{\mathrm{d}t}=\right)\frac{\mathrm{d}\Theta_h}{\mathrm{d}t}=\frac{sZ_l\cos\lambda}{m\omega_*} \tag{5.3,88a}$$

$$\left(\frac{\delta\varepsilon}{\mathrm{d}t}=\right)\frac{\mathrm{d}\varepsilon}{\mathrm{d}t}=\frac{\omega_*}{kM_\mathrm{E}m}\left\{X_l\sin(\lambda-\lambda_P)+Y_l\left[2\cos(\lambda-\lambda_P)+ \right.\right.$$
$$\left.\left. +\frac{\varepsilon s}{p}\sin^2(\lambda-\lambda_P)\right]\right\} \tag{5.3,93a}$$

$$\left(\frac{\delta a}{\mathrm{d}t}=\right)\frac{\mathrm{d}a}{\mathrm{d}t}=\frac{(kM_\mathrm{E})^2}{2mE^2\omega_*}\left[X_l\varepsilon\sin(\lambda-\lambda_P)+\frac{p}{s}Y_l\right] \tag{5.3,94a}$$

$$\left(\frac{\delta\lambda_p}{\mathrm{d}t}=\right)\frac{\mathrm{d}\lambda_p}{\mathrm{d}t}=\frac{-\omega_*}{\varepsilon mkM_\mathrm{E}}\left[\varepsilon\frac{s}{p}Z_l\sin\lambda\cot\Theta_h+X_l\cos(\lambda-\lambda_P)-\right.$$
$$\left.-Y_l\sin(\lambda-\lambda_P)\left(1+\frac{s}{p}\right)\right] \tag{5.3,101a}$$

Zwei andere Herleitungen dieser „*Gauß*schen Form" der Störungsgleichungen sowie weitere Formen der Störungsgleichungen findet man in [5–012] zusammengestellt. Es sei bemerkt, daß die obigen Entwicklungen nicht auf kleine Störkräfte beschränkt sind und auch sonst keine Vernachlässigungen enthalten.

5.3.24. Säkulare und periodische Störungen

Es sei jetzt t_0 ein fester Zeitpunkt und $\mathfrak{E}_0$ die zugehörige „berührende" Ellipse. Wir wollen sie als erste Näherung der wirklichen Bahn betrachten; hierzu müssen wir jetzt die Störkraft $\boldsymbol{K}$ als hinreichend klein voraussetzen. Für jeden Punkt dieser Ellipse kann man gemäß den obigen Ausführungen die zeitlichen Variationen der Bahnelemente unter dem Einfluß der Störkraft $\boldsymbol{K}$ berechnen. Es sei nun speziell angenommen, daß $\boldsymbol{K}$ durch den Ort des Flugkörpers auf der Ellipse $\mathfrak{E}_0$ eindeutig bestimmt ist. Die Variationen der Bahnelemente längs der Ellipse $\mathfrak{E}_0$ sind dann periodische Funktionen der Zeit mit der Periode T oder auch Funktionen der wahren, exzentrischen oder mittleren Anomalie mit der Periode 2π. Man kann sie demnach in entsprechende *Fourier*sche Reihen entwickeln. Beispielsweise wird

$$\left.\begin{aligned}
&\frac{\mathrm{d}\Psi_h}{\mathrm{d}t} = a_0 + \sum_{n=1}^{\infty}\left[a_n \cos\frac{2\pi n t}{T} + b_n \sin\frac{2\pi n t}{T}\right] \\
&\text{mit} \\
&a_0 = \frac{1}{T}\int_0^T \frac{\mathrm{d}\Psi_h}{\mathrm{d}t}\,\mathrm{d}t \\
&a_n = \frac{2}{T}\int_0^T \frac{\mathrm{d}\Psi_h}{\mathrm{d}t}\cos\frac{2\pi n t}{T}\,\mathrm{d}t \\
&b_n = \frac{2}{T}\int_0^T \frac{\mathrm{d}\Psi_h}{\mathrm{d}t}\sin\frac{2\pi n t}{T}\,\mathrm{d}t
\end{aligned}\right\} \qquad (5.3,106)$$

Integration nach der Zeit während einer Periode gibt

$$\Psi_h(T) - \Psi_h(0) = a_0 T = \int_0^T \frac{\mathrm{d}\Psi_h}{\mathrm{d}t}\,\mathrm{d}t \qquad (5.3,107)$$

Zur bleibenden Änderung der Bahnelemente trägt demnach nur das konstante Glied der *Fourier*schen Reihe bei, das deshalb auch als säkulare

Störung bezeichnet wird. Hingegen gleichen sich die periodischen Störungen während jedes Umlauf aus.

Wir haben in diesem Abschnitt die Ellipsenbahn $\mathfrak{E}_0$ als erste Näherung der wirklichen Bahn benutzt. Die letzten Gleichungen stellen daher auch nur erste Näherungen dar. Jedoch besteht die Möglichkeit, die Lösungen durch schrittweise Näherung zu verbessern.

Es sei bemerkt, daß die Störkraft $\boldsymbol{K}$ im allgemeinen nicht nur, wie hier angenommen wurde, vom Ort des Satelliten, sondern auch noch von seiner Orientierung relativ zur Erde bzw. zur Sonne sowie vom Ort der Sonne bzw. des Mondes abhängt. Zu den kurzperiodischen Störungen a_n und b_n mit $n > 0$ gemäß Gl. (5.3,106) treten dann i. a. noch langperiodische Störungen.

Literatur zu Abschnitt 5.3: [5–301 bis 339], S. 430.

5.4. Einfluß der Erdabplattung auf die Bewegung eines Erdsatelliten

5.4.1. Differentialgleichungen der gestörten Bewegung

Infolge der Erdabplattung erfährt die Ellipsenbahn eines Erdsatelliten eine bedeutsame Änderung: Ihr Pol $\boldsymbol{h}_3$ bleibt i. a. nicht mehr raumfest, sondern präzediert langsam um die Symmetrieachse $\boldsymbol{i}_3$ der Erde. Gleichzeitig führt die Längsachse der Ellipse, die durch den Winkel λ_P charakterisiert ist, eine langsame Drehung um den Pol $\boldsymbol{h}_3$ aus. Den elegantesten Zugang zur Theorie dieser Erscheinung bietet die in der Himmelsmechanik vielfach verwendete *Hamilton-Jacobi*sche Theorie. [5–012]. Eine anschauliche Herleitung der daraus folgenden Störungsgleichungen findet sich im vorigen Abschnitt 5.3.2. Man kann sich den Sachverhalt jedoch auch mit Hilfe des folgenden einfachen Iterationsverfahrens klarmachen, bei dem die *Kepler*bewegung die Rolle der ersten Näherung übernimmt; dies Verfahren ist eng verwandt mit der Methode der Variation der Koordinaten nach *Encke*, vgl. [5–012, S. 176]; ein ähnliches Verfahren ist von *Blitzer* u. a. [5–401] angegeben worden.

Wir zerlegen zunächst die wahre Erdbeschleunigung $\boldsymbol{g}_W$ gemäß Gl. (1.2,12), S. 4, sowie die Beschleunigung $d^2\boldsymbol{s}/dt^2$ gemäß Gl. (1.5,25), S. 39, in Komponenten nach dem geozentrischen System (k) und erhalten

$$\boldsymbol{k}_1: \quad s\ddot{\Theta}+2\dot{s}\dot{\Theta}-s\dot{\Psi}_i^2\cos\Theta\sin\Theta = \frac{3k(C_E-A_E)}{s^4}\sin\Theta\cos\Theta \tag{5.4,1}$$

$$k_2: \quad s\ddot{\Psi}_i \sin\Theta + 2s\dot{\Psi}_i\dot{\Theta}\cos\Theta + 2\dot{s}\dot{\Psi}_i\sin\Theta = 0 \tag{5.4,2}$$

$$k_3: \quad -\ddot{s} + s\dot{\Psi}_i^2\sin^2\Theta + s\dot{\Theta}^2 = \frac{M_E k}{s^2} - \frac{3k(C_E - A_E)}{s^4}\,\frac{3\cos^2\Theta - 1}{2} \tag{5.4,3}$$

Θ und Ψ_i sind dabei Polarkoordinaten des Schwerpunkts im Inertialsystem (i), s. Abschnitt 1.3.31, S. 19. Multiplikation der zweiten Gleichung mit $s\sin\Theta$ und Integration nach der Zeit gibt sofort den „Flächensatz der Störbewegung“

$$s^2\sin^2\Theta\,\dot{\Psi}_i = \omega_3 \tag{5.4,4}$$

ω_3 ist die doppelte Flächengeschwindigkeit der Projektion des Ortsvektors $\boldsymbol{s}$ auf die Äquatorebene. Im Falle einer ungestörten *Kepler*bewegung ist exakt $\omega_3 = \omega_* \cos\Theta_h$. Setzt man

$$s\cdot\sin\Theta = \frac{1}{Y} \tag{5.4,5}$$

so hat man in

$$\dot{\Psi}_i = \omega_3 Y^2 \tag{5.4,6}$$

das Gegenstück zu Gl. (5.3,43), S. 380. Es liegt daher nahe, auch eine zu Gl. (5.3,46), S. 381, analoge Bewegungsgleichung aufzustellen. Zu diesem Zwecke addieren wir die mit $-\cos\Theta$ multiplizierte Gl. (5.4,1) zu der mit $\sin\Theta$ multiplizierten Gl. (5.4,3) und erhalten

$$\begin{aligned} &-\frac{\mathrm{d}^2}{\mathrm{d}t^2}(s\sin\Theta) + s\dot{\Psi}_i^2\sin\Theta = \\ &= \left[\frac{M_E k}{s^2} - \frac{3k\,(C_E - A_E)}{s^4}\,\frac{3\cos^2\Theta - 1}{2}\right]\sin\Theta - \frac{3k\,(C_E - A_E)}{s^4}\sin\Theta\cos^2\Theta \end{aligned} \tag{5.4,7}$$

Andererseits folgt aus Gl. (5.4,5) durch Differentiation und Kombination mit Gl. (5.4,6) die Beziehung

$$\frac{\mathrm{d}}{\mathrm{d}t}(s\sin\Theta) = \frac{-Y'\dot{\Psi}_i}{Y^2} = -Y'\omega_3 \tag{5.4,8}$$

wobei ein Strich (′) Differentiation nach Ψ_i bedeuten soll. Weiter ist

$$\frac{\mathrm{d}^2}{\mathrm{d}t^2}(s\sin\Theta) = -Y''\omega_3\dot{\Psi}_i = -\omega_3^2 Y'' Y^2 \tag{5.4,9}$$

Einsetzen in Gl. (5.4,7) und Multiplikation mit $s^2\sin^2\Theta/\omega_3^2$ gibt dann die gesuchte Beziehung

$$Y'' + Y = \frac{s^2\sin^2\Theta}{\omega_3^2}\cdot \tag{5.4,10}$$

$$\left\{\left[\frac{M_E k}{s^2}-\frac{3k(C_E-A_E)}{s^4}\frac{3\cos^2\Theta-1}{2}\right]\sin\Theta-\frac{3k(C_E-A_E)}{s^4}\sin\Theta\cos^2\Theta\right\}$$

Ferner läßt sich Gl. (5.4,1) nach Multiplikation mit s in der Form

$$\frac{d}{dt}(s^2\dot{\Theta})-s^2\dot{\Psi}_i^2\cos\Theta\sin\Theta=\frac{3k(C_E-A_E)}{s^3}\sin\Theta\cos\Theta \tag{5.4,11}$$

schreiben. Hier ist

$$s^2\dot{\Theta}=s^2\Theta'\dot{\Psi}_i=\frac{\omega_3\Theta'}{\sin^2\Theta}=-\omega_3\frac{d\cot\Theta}{d\Psi_i} \tag{5.4,12}$$

Es empfiehlt sich daher, die Größe

$$X=\cot\Theta \tag{5.4,13}$$

als neue Variable einzuführen. Damit wird Gl. (5.4,11) unter Berücksichtigung von Gl. (5.4,4) und nach Multiplikation mit $-s^2\sin^2\Theta/\omega_3^2$

$$X''+X=-\frac{s^2\sin^2\Theta}{\omega_3^2}\frac{3k(C_E-A_E)}{s^3}\sin\Theta\cos\Theta \tag{5.4,14}$$

Ersetzen wir jetzt auch auf den rechten Seiten von Gl. (5.4,14) bzw. (5.4,10) die Größen s und Θ gemäß Gl. (5.4,5) und (5.4,13) durch X und Y, so erhalten wir mit den Abkürzungen

$$\Gamma\equiv\frac{M_E k}{\omega_3^2},\qquad \sigma\equiv\frac{3k(C_E-A_E)}{\omega_3^2} \tag{5.4,15}$$

als Differentialgleichungen der gestörten Bewegung

$$X''+X=-\frac{\sigma XY}{(1+X^2)^{5/2}} \tag{5.4,16}$$

bzw.

$$Y''+Y=\frac{\Gamma}{(1+X^2)^{3/2}}+\frac{\sigma Y^2}{(1+X^2)^{5/2}}\left[-2+\frac{5}{2(1+X^2)}\right] \tag{5.4,17}$$

Die Anfangsbedingungen seien im Hinblick auf die gestellte Aufgabe folgendermaßen gewählt:

$$\left.\begin{aligned}\Psi_i(t)&=0 & \dot{\Psi}_i(t)&=\dot{\Psi}_{i0}\\ \Theta(t)&=\frac{\pi}{2} & \dot{\Theta}(t)&=\dot{\Theta}_0\\ s(t)&=s_0 & \dot{s}(t)&=\dot{s}_0\end{aligned}\right\}\text{ für }\quad t=0 \tag{5.4,18}$$

Der Nullpunkt der Zeitrechnung liegt also bei einem bestimmten Äquatordurchgang (Knotenpunkt) des Satelliten, und die Richtung zu diesem Punkt dient zugleich als raumfeste Richtung $\boldsymbol{i}_1$. Für die Größen X, Y lauten dann die Anfangsbedingungen

$$\left.\begin{aligned} X(\Psi_i) &= X_0 = 0 \quad X'(\Psi_i) = X_0' = \frac{-\dot{\Theta}_0}{\dot{\Psi}_{i0}} = \tan\Theta_h \\ Y(\Psi_i) &= Y_0 = \frac{1}{s_0} \quad Y'(\Psi_i) = Y_0' = \frac{-\dot{s}_0}{s_0^2\dot{\Psi}_{i0}} \end{aligned}\right\} \text{für } \Psi_i = 0 \quad (5.4{,}19)$$

Dabei bedeutet Θ_h gemäß Abb. 5.3,1, S. 377, den Neigungswinkel der Bahnnormalen $\boldsymbol{h}_3$ gegen die Erdachse $\boldsymbol{i}_3$. Setzt man

$$\left.\begin{aligned} -\frac{\sigma XY}{(1+X^2)^{5/2}} &= F(\Psi_i) \\ \frac{\Gamma}{(1+X^2)^{3/2}} - \frac{\sigma Y^2}{(1+X^2)^{5/2}}\left[-2+\frac{5}{2(1+X^2)}\right] &= G(\Psi_i) \end{aligned}\right\} \quad (5.4{,}20)$$

so lautet die Lösung der Gln. (5.4,16; 17) unter Berücksichtigung der Anfangsbedingungen (5.4,19) formal

$$X(\Psi_i) = \sin\Psi_i \int_0^{\Psi_i} F(x)\cos x\,\mathrm{d}x - \cos\Psi_i \int_0^{\Psi_i} F(x)\sin x\,\mathrm{d}x + X_0'\sin\Psi_i \quad (5.4{,}21)$$

$$Y(\Psi_i) = \sin\Psi_i \int_0^{\Psi_i} G(x)\cos x\,\mathrm{d}x - \cos\Psi_i \int_0^{\Psi_i} G(x)\sin x\,\mathrm{d}x + Y_0'\sin\Psi_i + Y_0\cos\Psi_i \quad (5.4{,}22)$$

5.4.2. Die *Kepler*bewegung als erste Näherung

Wir wollen die Integralgleichungen (5.4,21; 22) durch Iteration lösen und setzen in erster Näherung (Index 1)

$$\sigma_1 = 0, \qquad \text{also auch} \qquad F_1(x) = 0 \quad (5.4{,}23\text{a})$$

Gl. (5.4,21) gibt dann sofort die Lösung

$$X_1(\Psi_i) = X_0'\sin\Psi_i \quad (5.4{,}24)$$

Damit wird

$$Y_1'' + Y_1 = G_1(\Psi_i) = \frac{\Gamma}{(1+X_1^2)^{3/2}} = \frac{\Gamma}{(1+X_0'^2\sin^2\Psi_i)^{3/2}} \quad (5.4{,}23\text{b})$$

Die in Gl. (5.4,22) auftretenden Integrale kann man mittels der Transformation

$$
\left.\begin{aligned}
&\tan x = v \\
&\text{also} \\
&\mathrm{d}x = \frac{\mathrm{d}v}{1+v^2}, \qquad \cos x = \frac{\pm 1}{\sqrt{1+v^2}}, \qquad \sin x = \frac{\pm v}{\sqrt{1+v^2}} \\
&\text{mit} \\
&\pm 1 \equiv \operatorname{sgn}(\cos x)
\end{aligned}\right\} \quad (5.4,25)
$$

elementar bestimmen und erhält nach einiger Zwischenrechnung die Lösung

$$
Y_1(\Psi_i) = \frac{\Gamma}{1+X_0'^2}\sqrt{1+X_0'^2\sin^2\Psi_i} + \left[Y_0 - \frac{\Gamma}{1+X_0'^2}\right]\cos\Psi_i + Y_0'\sin\Psi_i \quad (5.4,26)
$$

Die Funktionen $X_1(\Psi_i)$ und $Y_1(\Psi_i)$ haben, wie es sein muß, beide die Periode 2π. Daß die Flugbahn eine Ellipse ist, geht aus dieser Herleitung allerdings nicht hervor.

5.4.3. Störbewegung

5.4.31. Allgemeine Formeln

In zweiter Näherung haben wir

$$
X_2'' + X_2 = F_2(\Psi_i) = -\frac{\sigma X_1 Y_1}{(1+X_1^2)^{5/2}} \quad (5.4,27)
$$

und daher nach Gl. (5.4,21)

$$
X_2(\Psi_i) = \sin\Psi_i \int_0^{\Psi_i} F_2(x)\cos x\,\mathrm{d}x - \cos\Psi_i \int_0^{\Psi_i} F_2(x)\sin x\,\mathrm{d}x + X_1(\Psi_i) \quad (5.4,28)
$$

Auch die hier auftretenden Integrale lassen sich mittels der Transformation (5.4,25) elementar auswerten. Mit der Abkürzung

$$
a \equiv \sqrt{1+X_0'^2}\left(= \frac{1}{|\cos\Theta_h|}\right) \quad (5.4,29)
$$

erhält man

$$
\int_0^{\Psi_i} F_2(x)\cos x\,\mathrm{d}x = \sigma \left\{
\begin{aligned}
&\Gamma\frac{X_0'}{2a^4}\left[\frac{\pm 1}{1+a^2v^2} - 1\right] + \\
&+ \left(Y_0 - \frac{\Gamma}{a^2}\right)\frac{X_0'}{3a^2}\left[\frac{\pm 1}{(1+a^2v^2)^{3/2}} - 1\right] + \\
&+ Y_0'\frac{X_0'}{3a^2}\left[\frac{\pm v}{(1+a^2v^2)^{3/2}} - \frac{\pm v}{(1+a^2v^2)^{1/2}}\right]
\end{aligned}
\right\}_{v=\tan\Psi_i} \quad (5.4,30\text{a})
$$

bzw.

$$\int_0^{\Psi_i} F_2(x)\sin x\,dx =$$

$$= \sigma\left\{\begin{array}{l} \Gamma\dfrac{X_0'}{2a^4}\left[\dfrac{v}{1+a^2v^2}-\dfrac{1}{a}\arctan av\right]+ \\ +\left(Y_0-\dfrac{\Gamma}{a^2}\right)\dfrac{X_0'}{3a^2}\left[\dfrac{\pm v}{(1+a^2v^2)^{3/2}}-\dfrac{\pm v}{(1+a^2v^2)^{1/2}}\right]+ \\ +Y_0'\left[\begin{array}{l}\dfrac{X_0'}{3a^2}\left\{\dfrac{\pm v^2}{(1+a^2v^2)^{3/2}}-\dfrac{\pm v^2}{(1+a^2v^2)^{1/2}}\right\}+ \\ +\dfrac{X_0'}{3a^4}\left\{\dfrac{\pm 1}{(1+a^2v^2)^{1/2}}\pm(1+a^2v^2)^{\frac{1}{2}}-2\right\}\end{array}\right]\end{array}\right\}_{v=\tan\Psi_i} \qquad (5.4,30b)$$

Gemäß Gl. (5.4,25) gelten hier die oberen bzw. unteren Vorzeichen, je nachdem ob $-\pi/2 < \Psi_i < \pi/2$ oder $\pi/2 < \Psi_i < 3\pi/2$ ist. Damit ist die zweite Näherung $X_2(\Psi_i)$ gemäß Gl. (5.4,28) vollständig bestimmt. Insbesondere erhält man für $\Psi_i = \pm 2\pi$ den weiter unten benötigten Wert

$$X_2(\pm 2\pi) = \pm 2\pi\sigma\Gamma\frac{X_0'}{a^5}\cdot\frac{1}{2} = 2\pi\sigma\Gamma X_0'\cos^5\Theta_h\cdot\frac{1}{2} \qquad (5.4,31)$$

Der Wert $\Psi_i = \pm 2\pi$ ist zu nehmen, je nachdem ob $\cos\Theta_h \gtrless 0$ ist. In zweiter Näherung ist jetzt weiter

$$Y_2''+Y_2 = G_2(\Psi_i) = \frac{\Gamma}{(1+X_2^2)^{3/2}}+\frac{\sigma Y_1^2}{(1+X_1^2)^{5/2}}\left[-2+\frac{5}{2(1+X_1^2)}\right] \qquad (5.4,32)$$

Hier wurde in dem mit σ gebildeten Störglied anstatt X_2 die einfachere Näherung X_1 eingesetzt, was auf eine Linearisierung bezüglich σ hinausläuft. Entwickelt man noch den ersten Summanden rechts nach Potenzen von X_2-X_1 und bricht nach dem linearen Glied ab, so wird

$$\frac{\Gamma}{(1+X_2^2)^{3/2}} \approx \Gamma\left[\frac{1}{(1+X_1^2)^{3/2}}-\frac{3X_1(X_2-X_1)}{(1+X_1^2)^{5/2}}\right] \qquad (5.4,33)$$

Subtraktion der Gl. (5.4,24) von Gl. (5.4,32) gibt dann mit der Abkürzung

$$\left.\begin{array}{l}\Delta Y = Y_2-Y_1 \\ \Delta G = G_2-G_1\end{array}\right\} \qquad (5.4,34)$$

die Differentialgleichung

$$\left.\begin{aligned} &\Delta Y''+\Delta Y=\Delta G \\ &\text{wobei also} \\ &\Delta G=-3\Gamma\frac{X_1(X_2-X_1)}{(1+X_1^2)^{5/2}}-\frac{\sigma Y_1^2}{(1+X_1^2)^{5/2}}\left[-2+\frac{5}{2(1+X_1^2)}\right] \end{aligned}\right\} \quad (5.4,35)$$

ist. Die Lösung ist

$$\Delta Y=\sin\Psi_i\int_0^{\Psi_i}\Delta G(x)\cos x\,\mathrm{d}x-\cos\Psi_i\int_0^{\Psi_i}\Delta G(x)\sin x\,\mathrm{d}x \quad (5.4,36)$$

da ja $Y_1(\Psi_i)$ und $Y_2(\Psi_i)$ die gleichen Anfangsbedingungen haben. Die in Gl. (5.4,36) vorkommenden Integrale lassen sich sämtlich elementar auswerten. Wir wollen uns hier damit begnügen, den Wert der Funktion $\Delta Y(\Psi_i)$ an der Stelle $\Psi_i=\pm 2\pi$, also

$$\Delta Y(\pm 2\pi)=-\int_0^{\pm 2\pi}\Delta G(y)\sin y\,\mathrm{d}y \qquad \text{mit} \pm 2\pi\cos\Theta_h>0 \quad (5.4,37)$$

auszuwerten, und werden deshalb bereits im Integranden alle Glieder fortlassen, die bei der Integration über das Intervall $(0, \pm 2\pi)$ einen verschwindenden Beitrag liefern. Insgesamt ist gemäß Gl. (5.4,35)

$$\Delta G(y)\sin y=$$

$$\left\{\begin{aligned} &-3\Gamma\frac{X_0'\sin^2 y}{(1+X_1^2)^{5/2}}\left[\sin y\int_0^y F_2(x)\cos x\,\mathrm{d}x-\cos y\int_0^y F_2(x)\sin x\,\mathrm{d}x\right]+ \\ &+\frac{\sigma\sin y}{(1+X_1^2)^{5/2}}\left[-2+\frac{5}{2(1+X_1^2)}\right]Y_1^2(y) \end{aligned}\right\} \quad (5.4,38)$$

mit

$$Y_1^2(y)=\left\{\begin{aligned} &\frac{\Gamma^2}{a^4}(1+X_1^2)+\left(Y_0-\frac{\Gamma}{a^2}\right)^2\cos^2 y+Y_0'^2\sin^2 y+ \\ &+\frac{2\Gamma}{a^2}(1+X_1^2)^{\frac{1}{2}}\left(Y_0-\frac{\Gamma}{a^2}\right)\cos y+\underline{\frac{2\Gamma}{a^2}(1+X_1^2)^{\frac{1}{2}}Y_0'\sin y}+ \\ &+2\left(Y_0-\frac{\Gamma}{a^2}\right)\cos y\,Y_0'\sin y \end{aligned}\right\} \quad (5.4,39)$$

Wie man leicht sieht, liefern nur die in Gl. (5.4,30) bzw. (5.4,39) unterstrichenen Terme einen Beitrag zu $\Delta Y\ (\pm 2\pi)$. Daher wird

$$\Delta Y(\pm 2\pi) = -\int_0^{\pm 2\pi} R(y)dy \quad \text{mit} \quad \pm 2\pi\cos\Theta_h > 0 \tag{5.4,40}$$

und

$R(y) =$

$$\left\{ \begin{array}{l} -3\Gamma \dfrac{X_0'\sin^2 y}{(1+X_1^2)^{5/2}} \left[\dfrac{\sin y\cdot\sigma Y_0' \dfrac{X_0'}{3a^2}\left\{ \dfrac{\pm v}{(1+a^2v^2)^{3/2}} - \dfrac{\pm v}{(1+a^2v^2)^{1/2}} \right\} +}{-\cos y\, \sigma Y_0' \left\{ \dfrac{\dfrac{X_0'}{3a^2}\left[\dfrac{\pm v^2}{(1+a^2v^2)^{3/2}} - \dfrac{\pm v^2}{(1+a^2v^2)^{1/2}} \right] +}{+\dfrac{X_0'}{3a^4}\left[\dfrac{\pm 1}{(1+a^2v^2)^{1/2}} \pm (1+a^2v^2)^{\frac{1}{2}} \right]} \right\}} \right]_{v=\tan y} + \\ + \dfrac{\sigma \sin y}{(1+X_1^2)^{5/2}} \left[-2 + \dfrac{5}{2(1+X_1^2)} \right] \dfrac{2\Gamma}{a^2}(1+X_1^2)^{\frac{1}{2}}\, Y_0' \sin y \end{array} \right\}$$

(5.4,41a)

Hier gelten wieder die oberen bzw. unteren Vorzeichen, je nachdem ob $-\pi/2 < y < \pi/2$ oder $\pi/2 < y < 3\pi/2$ ist. Da sich die unterstrichenen Terme der letzten Gleichung gegenseitig aufheben und ferner die Beziehung

$$1 + a^2\tan^2 y = \frac{1+X_1^2}{\cos^2 y}$$

gilt, so wird schließlich

$$R(y) = \left\{ \begin{array}{l} \dfrac{\Gamma\sigma X_0'^2 Y_0'}{a^2} \dfrac{\sin^2 y}{(1+X_1^2)^2}\left[\dfrac{\cos^2 y}{1+X_1^2} + 1 \right] - \\ -\dfrac{2\Gamma\sigma Y_0'}{a^2} \dfrac{\sin^2 y}{(1+X_1^2)^2}\left[-2 + \dfrac{5}{2(1+X_1^2)} \right] \end{array} \right\} \tag{5.4,41b}$$

Die Auswertung ergibt

$$\Delta Y(\pm 2\pi) = Y_2(\pm 2\pi) - Y_1(\pm 2\pi) = \mp 2\pi\sigma\Gamma \frac{Y_0'}{a^5} \frac{(-3X_0'^2+2)}{4a^2}$$

mit $\qquad \pm 2\pi\cos\Theta_h > 0$

also $\qquad \Delta y(\pm 2\pi) = -2\pi\sigma\Gamma Y_0' \cos^5\Theta_h \dfrac{-3X_0'^2+2}{4a^2} \qquad (5.4,42)$

5.4.32. Präzession der Bahnimpulsachse um die Erdachse

Infolge der Erdabplattung besitzt die Funktion $X = \cot\Theta$ gemäß Gl. (5.4,31) nach einem vollen Umlauf des Azimutwinkels näherungsweise den Wert

$$X_2(\pm 2\pi) = 2\pi \frac{k(C_E - A_E)kM_E}{\omega_3^4} X_0' \frac{3}{2} \cos^5\Theta_h \qquad (5.4,43)$$

s. Abb. 5.4,1. In der engeren Umgebung der Stelle $\Psi_i = \pm 2\pi$ hat X näherungsweise den Wert

$$X_2(\pm 2\pi + \psi) = X_2(\pm 2\pi) + \psi \left.\frac{dX_1}{d\Psi_i}\right|_{\Psi_i = \pm 2\pi} \qquad (5.4,44)$$

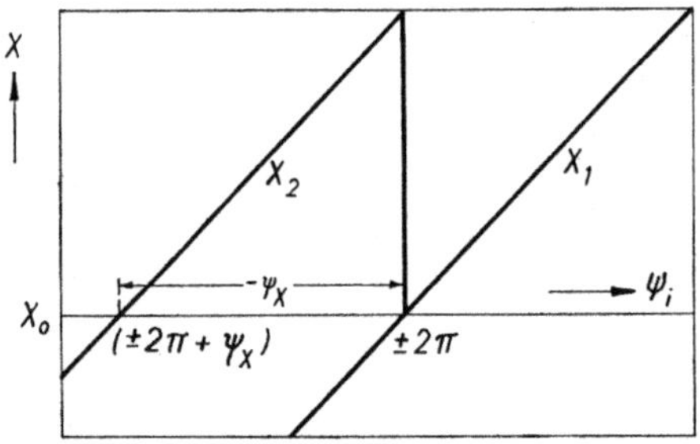

Abb. 5.4,1
Qualitativer Verlauf der Funktion $X(\Psi_i) = \cot\Theta$ $(\pm 2\pi \cos\Theta_h > 0)$. Index „1": *Kepler*bewegung, Index „2": gestörte Bewegung nach einem Umlauf

X nimmt demnach den Anfangswert $X_0 = 0$ für

$$\psi_X = \frac{-X_2(\pm 2\pi)}{X_0'} = -2\pi \frac{k(C_E - A_E)kM_E}{\omega_3^4} \cos^5\Theta_h \frac{3}{2} \qquad (5.4,45)$$

an. Berücksichtigt man noch, daß

$$\omega_3 = \omega_* \cos\Theta_h \qquad (5.4,46)$$

ist, so kann man schreiben:

$$\psi_X = -2\pi \frac{k(C_E - A_E)kM_E}{\omega_*^4} \cos\Theta_h \cdot \frac{3}{2} \qquad (5.4,47)$$

Für sehr steile Flugbahnen, d. h. für $\omega_* \to 0$, verliert die Rechnung ihren Sinn, da dann ψ_X nicht mehr klein gegen 2π bleibt. Für Flugbahnen, die über die Pole hinweg führen ($\Theta_h = \pi/2$), verschwindet die Störung, bei äquatornahen Bahnen ist sie am größten.

Das Vorzeichen der Störbewegung ist so, als ob der spezifische Bahndrehimpuls $\boldsymbol{s} \times \boldsymbol{V} = \omega_* \boldsymbol{h}_3$ durch ein um die Knotenlinie $\boldsymbol{h}_1$ wirkendes Gravitationsmoment $\boldsymbol{M}_G$ der am Äquator angehäuften Masse zur Präzession gezwungen würde, s. Abb. 5.4,2 und Abschnitt 5.3.22, S. 39.

Im Spezialfalle einer Kreisbahn, d. h. für $\omega_* = s_0 V_0$; $V_0 = \sqrt{\frac{kM_E}{s_0}}$ wird

$$\psi_X = -2\pi \frac{C_E - A_E}{s_0^2 M_E} \cos\Theta_h \frac{3}{2} \tag{5.4,48}$$

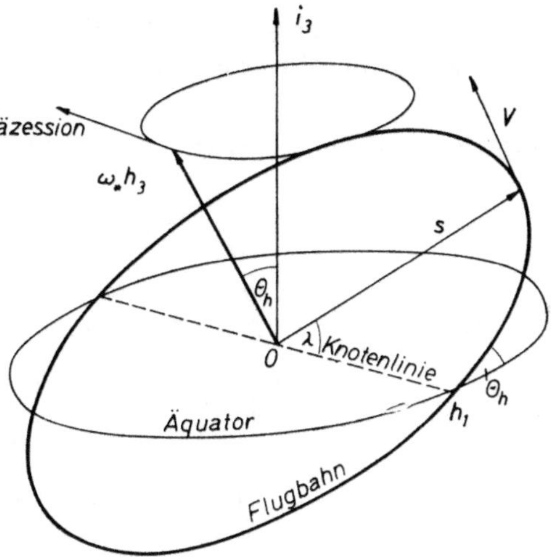

Abb. 5.4,2
Präzession der Bahnebene im Falle $\Theta_h < \pi/2$

Zahlenbeispiel:

Für $\cos\Theta_h = 2/3$, also $\Theta_h \approx 48°$ und $H_0 = 500$ km, also $s_0 \approx 6{,}87 \cdot 10^6$ m, $\frac{C_E - A_E}{M_E} = \frac{0{,}270}{5{,}98} 10^{12}$ m^2 (s. Abschnitt 1.2.1, S. 4) wird

$$\psi_X = -2\pi \cdot 0{,}001$$

d. h. bei jedem Umlauf des Satelliten wandert die Knotenlinie $\boldsymbol{h}_1$ um 0,360° relativ zum Fixsternhimmel nach Westen. Dabei ist

$$V_0 = \sqrt{\frac{kM_E}{s_0}} = \sqrt{\frac{6{,}67 \cdot 10^{-11} \cdot 5{,}98 \cdot 10^{24}}{6{,}87 \cdot 10^6}} \approx 7600 \frac{m}{s}$$

Da sich die Erde in der gleichen Zeit um

$$2\pi\omega_E \frac{s_0}{V_0} = 2\pi \cdot 7{,}292 \cdot 10^{-5} \frac{6{,}87 \cdot 10^6}{7600} = 2\pi \cdot 0{,}066 \approx 24°$$

nach Osten weiterdreht, wandert die Knotenlinie $\boldsymbol{h}_1$ bei jedem Umlauf des Satelliten relativ zur Erde um rund $0{,}36/24 \approx 1{,}5\%$ schneller nach Westen als ohne die Störung durch die Erdabplattung. Der Effekt ist also bei mehrmaliger Erdumkreisung wohl zu beachten.

5.4.33. Drehung der *Kepler*ellipse um die Bahnimpulsachse

Die Funktion $Y = 1/s\sin\Theta$ erfährt gemäß Gl. (5.4,42) nach einem vollen Umlauf des Azimutwinkels Ψ_i näherungsweise den Zuwachs

$$\Delta Y(\pm 2\pi) = -2\pi \frac{k(C_E - A_E)kM_E}{\omega_3^4} Y_0' \frac{2-3X_0'^2}{1+X_0'^2} \frac{3}{4} \cos^5\Theta_h \qquad (5.4,49)$$

s. Abb. 5.4,3. In der engeren Umgebung der neuen Knotenlinie $\Psi_i = \pm 2\pi + \psi_X$ hat der Zuwachs $Y_2(\pm 2\pi + \psi_X + \psi) - Y_0$ den Wert

$$Y_2(\pm 2\pi + \psi_X + \psi) - Y_1(\pm 2\pi) = \Delta Y(\pm 2\pi) + (\psi_X + \psi) \left.\frac{dY_1}{d\Psi_i}\right|_{\Psi_i = \pm 2\pi} \qquad (5.4,50)$$

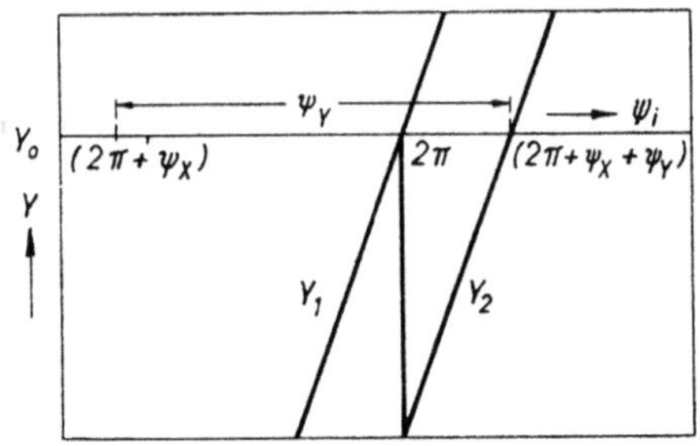

Abb. 5.4,3
Qualitativer Verlauf der Funktion $Y = 1/(s\sin\Theta)$ ($\pm 2\pi \cos\Theta_h > 0$). Index „1": *Kepler*bewegung, Index „2": gestörte Bewegung nach einem Umlauf

Er verschwindet demnach für

$$\psi_X + \psi_Y = -\frac{\Delta Y(\pm 2\pi)}{Y_0'} = 2\pi \frac{k(C_E - A_E)kM_E}{\omega_3^4} \cos^5\Theta_h \frac{2-3X_0'^2}{1+X_0'^2} \frac{3}{4} \qquad (5.4,51)$$

oder

$$\psi_Y = 2\pi \frac{k(C_E - A_E)kM_E}{\omega_3^4} \cos^5\Theta_h \frac{4-X_0'^2}{1+X_0'^2} \frac{3}{4} \qquad (5.4,52a)$$

Der Faktor $(4-X_0'^2)/(1+X_0'^2)$ gestattet unter Beachtung von Gl. (5.4,46) die Umformung

$$\frac{4-X_0'^2}{1+X_0'^2} = 5\cos^2\Theta_h - 1$$

Daher wird

$$\psi_Y = -\psi_X \frac{5\cos^2\Theta_h - 1}{2} = 2\pi \frac{k(C_E - A_E)kM_E}{\omega_*^4} \cos\Theta_h \frac{3}{4} (5\cos^2\Theta_h - 1) \qquad (5.4,52b)$$

Diesem Winkelunterschied in der Äquatorebene entspricht auf der Ellipsenbahn, vom neuen Knotenpunkt aus gerechnet, die Verschiebung des Punktes von gleichem Radius s_0 um den Winkel

$$\lambda_Y = \frac{\psi_Y}{\cos\Theta_h} = 2\pi \frac{k(C_E - A_E)kM_E}{\omega_*^4} \frac{3}{4}(5\cos^2\Theta_h - 1) \qquad (5.4,53)$$

insgesamt demnach eine entsprechende Drehung der Bahnellipse und damit der Längsachse um die Bahnpolare $\boldsymbol{h}_3$ während eines Umlaufs des Satelliten von Knotenpunkt zu Knotenpunkt, s. Abb. 5.4,4. Diese

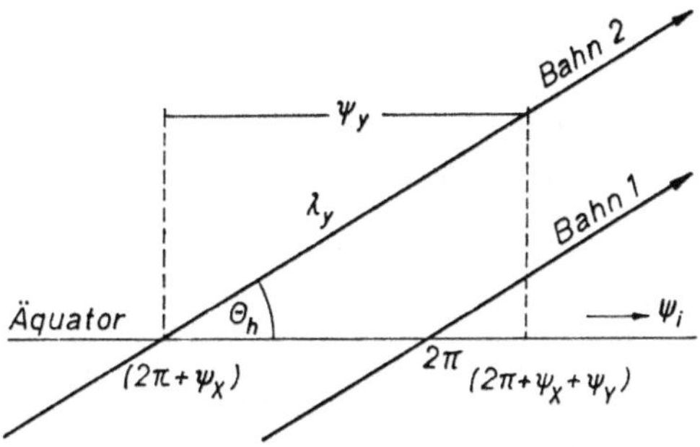

Abb. 5.4,4
Bahnversetzung λ_y nach einem Umlauf im Falle $\theta_h < 63{,}5°$

Verdrehung ist für $\cos^2\Theta_h < 1/5$, also für $63{,}5° < \Theta_h < 116{,}5°$ negativ und sonst positiv. Satellitenbahnen werden häufig so angelegt, daß $\Theta_h \approx 63{,}5°$, also die Bedingung $\lambda_Y = 0$ oder $\lambda_P = \text{const}$ näherungsweise erfüllt ist.

Literatur zu Abschnitt 5.4: [5–401 bis 431], S. 432.

5.5. Lebensdauer eines Satelliten auf einer Kreisbahn

Außer durch die Erdabplattung erfährt die Bahn eines erdnahen Satelliten auch durch den Luftwiderstand eine merkliche Störung, die schließlich das Niedergehen des Satelliten zur Folge hat. Die Lebensdauer eines Satelliten läßt sich im Spezialfall einer anfangs kreisförmigen Umlaufbahn leicht abschätzen, wenn man die Erde als ruhend annimmt und damit die Bewegung der Erdatmosphäre relativ zum Inertialsystem vernachlässigt.

Die Kräftegleichung eines Satelliten lautet unter Berücksichtigung des Luftwiderstandes W allgemein

$$\frac{\mathrm{d}^2\boldsymbol{s}}{\mathrm{d}t^2} = \boldsymbol{g}_{\mathrm{w}} + \frac{\boldsymbol{W}}{m} \tag{5.5,1}$$

s. Gl. (5.3,17), S. 376. Dabei ist wie in Gl. (5.3,18)

$$\boldsymbol{g}_{\mathrm{w}} = \boldsymbol{k}_3 \frac{M_{\mathrm{E}} k}{s^2} \tag{5.5,2}$$

und auf Grund unserer obigen Voraussetzung

$$\frac{\boldsymbol{W}}{m} = -\frac{\mathrm{d}\boldsymbol{s}}{\mathrm{d}t}\frac{W}{Vm} \quad \text{mit} \quad V = \left|\frac{\mathrm{d}\boldsymbol{s}}{\mathrm{d}t}\right| \tag{5.5,3}$$

Vektorielle Multiplikation der Kräftegleichung mit $\boldsymbol{s}$ gibt die zum Flächensatz (5.3,19), S. 376, analoge Beziehung

$$\frac{\mathrm{d}}{\mathrm{d}t}\left(\boldsymbol{s}\times\frac{\mathrm{d}\boldsymbol{s}}{\mathrm{d}t}\right) = -\boldsymbol{s}\times\frac{\mathrm{d}\boldsymbol{s}}{\mathrm{d}t}\cdot\frac{W}{Vm} \tag{5.5,4}$$

Hiernach wird infolge des Luftwiderstandes der Betrag der Flächengeschwindigkeit im Laufe der Zeit kleiner, jedoch bleibt die Richtung der Flächengeschwindigkeit dabei ungeändert. Der Einheitsvektor

$$\boldsymbol{h}_3 = \frac{\boldsymbol{s}\times\dfrac{\mathrm{d}\boldsymbol{s}}{\mathrm{d}t}}{\left|\boldsymbol{s}\times\dfrac{\mathrm{d}\boldsymbol{s}}{\mathrm{d}t}\right|} \tag{5.5,5}$$

ist also zeitlich konstant. Man kann deshalb wieder das System (l) durch

$$\boldsymbol{l}_1 = -\boldsymbol{k}_3, \quad \boldsymbol{l}_3 = \boldsymbol{h}_3, \quad \boldsymbol{l}_2 = \boldsymbol{l}_3\times\boldsymbol{l}_1 \tag{5.5,6}$$

definieren, s. Gl. (5.3,29; 30), S. 378. Mit Benutzung der Gln. (5.3,18; 33; 35) lautet dann die Kräftegleichung (5.5,1) bei Zerlegung im System (l)

$$\boldsymbol{l}_1(\ddot{s}-s\dot{\lambda}^2)+\boldsymbol{l}_2(s\ddot{\lambda}+2\dot{\lambda}\dot{s}) = -\boldsymbol{l}_1\frac{M_{\mathrm{E}}k}{s^2} - (\dot{s}\boldsymbol{l}_1+s\dot{\lambda}\boldsymbol{l}_2)\frac{W}{Vm} \tag{5.5,7}$$

oder in Komponenten

$$\ddot{s}-s\dot{\lambda}^2 = -\frac{M_{\mathrm{E}}k}{s^2} - \dot{s}\frac{W}{Vm} \tag{5.5,8}$$

$$s\ddot{\lambda}+2\dot{\lambda}\dot{s} = -s\dot{\lambda}\frac{W}{Vm} \tag{5.5,9}$$

Andererseits führt skalare Multiplikation der Kräftegleichung (5.5,1) mit $d\mathbf{s}/dt$ zur Beziehung

$$\frac{dE}{dt} = -\frac{VW}{m} \tag{5.5,10}$$

wobei E wie in Gl. (5.3,40), S. 380, die spezifische Energie

$$E = \frac{V^2}{2} - \frac{M_E k}{s} \tag{5.5,11}$$

bedeutet.

Wir wollen jetzt zusätzlich annehmen, daß die ungestörte Bahn eine Kreisbahn ist. In diesem Falle sind bei genügender Flughöhe die Radialgeschwindigkeit $\dot{s}$ und die Radialbeschleunigung $\ddot{s}$ sehr klein, und man darf in erster Näherung annehmen, daß dort ständig Gleichgewicht zwischen der Zentrifugalkraft und der Schwerkraft besteht. Die Komponentengleichung (5.5,8) lautet dann in erster Näherung

$$(s\dot{\lambda})^2 = V^2 = \frac{M_E k}{s} \tag*{(5.5,8)$_1$}$$

Im Gültigkeitsbereich unserer Näherungsrechnung nimmt hiernach die Geschwindigkeit V des Satelliten bei kleiner werdendem Bahnradius s zu. Der Luftwiderstand bewirkt in diesem Bereich also vor allem eine Vernichtung von potentieller Energie, während die kinetische Energie zunächst zunimmt (Paradoxon der Satellitenballistik).

Einsetzen der Näherung für V in Gl. (5.5,11) gibt

$$E = -\frac{M_E k}{2s} \tag*{(5.5,11)$_1$}$$

Durch Differentiation folgt daraus

$$\dot{E} = \frac{M_E k \dot{s}}{2s^2} \tag{5.5,12}$$

Andererseits gibt Einsetzen von V gemäß Gl. (5.5,8)$_1$ in die Energiegleichung (5.5,10)

$$\dot{E} = -\left(\frac{M_E k}{s}\right)^{3/2} \frac{W}{V^2 m} \tag*{(5.5,10)$_1$}$$

Berücksichtigt man, daß die Satellitenbahn überwiegend im gaskinetischen Strömungsbereich bei hohen *Mach*schen Zahlen verläuft, so erkennt man, daß der Term $W/V^2 m$ nur noch von s, aber praktisch nicht mehr von V abhängt. Kombination der letzten beiden Gleichungen gibt

$$\dot{s} = -\sqrt{s}\,\sqrt{M_E k}\,\frac{2W}{V^2 m} \tag{5.5,13}$$

Durch logarithmische Differentiation erhält man

$$\frac{\ddot{s}}{\dot{s}} = \frac{1}{2}\frac{\dot{s}}{s} + \frac{1}{\varrho}\frac{d\varrho}{ds}\dot{s} \tag{5.5,14}$$

Ersetzt man die wirkliche Atmosphäre durch eine Modellatmosphäre konstanter Temperatur T und konstanten Molekulargewichts $\bar{M}$, so wird

$$\frac{1}{\varrho}\frac{d\varrho}{ds} = \frac{-1}{h} \quad \text{mit} \quad h = \frac{RT}{g\bar{M}}$$

Mit $R = 8314$ Joule/kmol °K, $T = 1000$ °K, $g = 8{,}314$ m/s^2 und $\bar{M} = 20$ kg/kmol wird $h = 50000$ m. Gegenüber dieser Länge h ist s um mindestens zwei Zehnerpotenzen größer. Man kann daher in Gl. (5.5,14) annähernd

$$\ddot{s} \approx -\frac{\dot{s}^2}{h} \tag{5.5,15}$$

setzen.

Um jetzt die Korrekturglieder in Gl. (5.5,8) abzuschätzen, bilden wir unter Benutzung der Gln. $(5.5,8)_1$ und (5.5,13) zunächst das Verhältnis

$$Q_1 \equiv \left|\frac{\dot{s}\dfrac{W}{Vm}}{\dfrac{M_E k}{s^2}}\right| = 2s^2\left(\frac{W}{V^2 m}\right)^2 \tag{5.5,16}$$

Entsprechend wird unter Beachtung von Gl. (5.5,13) und (5.5,15)

$$Q_2 \equiv \left|\frac{\ddot{s}}{\dfrac{M_E k}{s^2}}\right| = 4\frac{s}{h}s^2\left(\frac{W}{V^2 m}\right)^2 \tag{5.5,17}$$

Da das Verhältnis Q_2 etwa $2s/h \approx 200$ mal größer als Q_1 ist, genügt es für die Gültigkeit der Näherungsrechnung, wenn man zeigen kann, daß

$$Q_2 \ll 1 \tag{5.5,18}$$

ist. Ausführlich ist

$$Q_2 = \frac{s^3}{h}\left(\varrho\frac{c_W F}{m}\right)^2 \tag{5.5,19}$$

oder

$$\varrho^2 = Q_2\left(\frac{m}{c_W F}\right)^2 \frac{h}{s^3}$$

In Einheiten des MKS-Systems ist näherungsweise

$$\varrho^2 = Q_2\left(\frac{m}{c_W F}\right)^2 \cdot 10^{-16}$$

Bei einem Verhältnis $Q_2 = 0{,}01$ wird

$$\varrho_{0,01} = \frac{m}{c_W F} \cdot 10^{-9} \quad [\text{MKS}] \qquad (5.5{,}19)_{0,01}$$

Zahlenwerte für $Q_2 = 0{,}01$; (s. CIRA 1961, [1–243], Tabelle 1):

$m/c_W F$	1	10	100	1000	kg/m²
$\varrho_{0,01}$	10^{-9}	10^{-8}	10^{-7}	10^{-6}	kg/m³
$H_{0,01}$	161	127	109	96	km

Die Näherungsgleichung $(5.5{,}8)_1$ ist daher — von Korrekturgliedern der Größenordnung 1 % des rechts stehenden Gliedes abgesehen — bei großer Flächenbelastung ($m/c_W\,F = 1000$ kg/m²) bis herunter zu 96 km Höhe und bei geringer Flächenbelastung ($m/c_W\,F = 1$ kg/m²) bis herunter zu etwa 161 km Höhe gültig.

Ganz unbrauchbar wird die Näherungsrechnung, wenn die Korrekturglieder der bahnnormalen Kräftegleichung (5.5,8) dieselbe Größenordnung wie die Hauptglieder annehmen, also $Q_2 = 1$ wird. Die zugehörige Grenzhöhe $H_{1,00}$ ergibt sich jetzt aus

$$\varrho_{1,00} = \frac{m}{c_W F} \cdot 10^{-8} \quad [\text{MKS}] \qquad (5.5{,}19)_{1,00}$$

Zahlenwerte für $Q_2 = 1{,}00$:

$m/c_W F$	1	10	100	1000	kg/m²
$\varrho_{1,00}$	10^{-8}	10^{-7}	10^{-6}	10^{-5}	kg/m³
$H_{1,00}$	127	109	96	85	km

Wenige Kilometer unterhalb der Grenze $H_{0,01}$, bei der die Näherungsrechnung noch recht brauchbar ist, verliert sie also bereits völlig ihren Sinn.

Nach diesen Abschätzungen können wir jetzt Gl. (5.5,13) zu

$$t - t_1 = -\frac{m}{c_W F} \frac{1}{\sqrt{M_E k}} \int_{s_1}^{s} \frac{ds}{\varrho(s)\sqrt{s}} \qquad (5.5{,}20)$$

integrieren. Anhand vorliegender Tafeln für die Luftdichte (z. B. CIRA 1961 [1–243]) läßt sich das Integral leicht durch Quadratur auswerten. Der Index „1" soll im folgenden denjenigen Zustand bedeuten, bei dem die Näherungsrechnung versagt.

Für eine überschlägliche Rechnung genügt es, eine isotherme Atmosphäre konstanter chemischer Zusammensetzung anzunehmen und dabei etwa die Verhältnisse bei 300 km Höhe mit

$$\left.\begin{aligned} \varrho_3 &= 3{,}34\ 10^{-11}\ \mathrm{kg\,m^{-3}}, & T_3 &= 1358{,}51\ \mathrm{°K} \\ \bar{M}_3 &= 23{,}74\ \mathrm{kg\ kmol^{-1}}, & g_3 &= 8{,}9427\ \mathrm{m\,s^{-2}} \end{aligned}\right\} \tag{5.5,21a}$$

zugrundezulegen (vgl. CIRA 1961, Mittelwerte nach Tafel 1). Unter Vernachlässigung der Veränderlichkeit der Erdschwere erhält man dann

$$\varrho = \varrho_3 \mathrm{e}^{-\frac{s-s_3}{h_3}} \quad \text{mit} \quad h_3 = \frac{RT_3}{g_3 \bar{M}_3} = 53200\ \mathrm{m} \tag{5.5,21b}$$

Ersetzt man im Integranden von Gl. (5.5,30) noch $\sqrt{s}$ durch $\sqrt{s_3}$, so wird näherungsweise

$$t - t_1 = -\frac{m}{c_W F} \frac{1}{\sqrt{M_E k}} \frac{h_3}{\varrho_3 \sqrt{s_3}} \left[\mathrm{e}^{\frac{s-s_3}{h_3}}\right]_{s_1}^{s} \tag{5.5,22}$$

In der Abb. 5.5,1 ist diese Beziehung unter Fortlassung der Integrationskonstanten mit $(m/c_W F)$ als Parameter numerisch ausgewertet. Wie

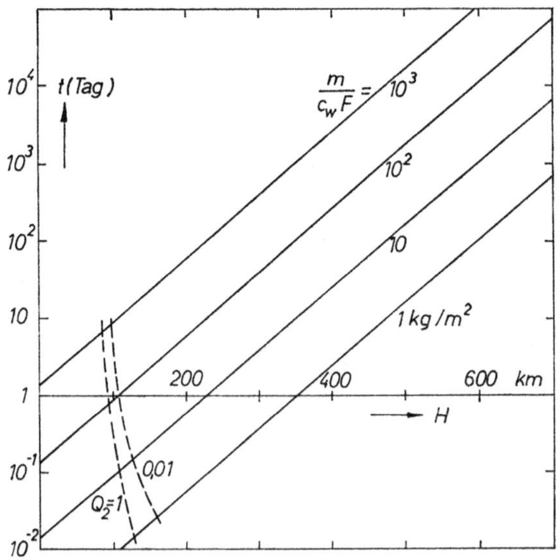

Abb. 5.5,1
Zur Abschatzung der Abstiegszeit $t_2 - t_1$ eines Erdsatelliten zwischen den Flughohen H_2 und H_1 längs einer genaherten Kreisbahn

aus der Herleitung hervorgeht, ist die Abschätzung der Lebensdauer t in der Umgebung der Höhe $H = 300$ km am besten. Die Grenzhöhe $H_{0,01}$ bei einem Verhältnis $Q_2 = 0{,}01$ für das bahnnormale Gleichgewicht gemäß Gl. $(5.5,19)_{0,01}$ sowie die Grenze $H_{1,00}$ für völlige Unbrauchbarkeit der Näherungsrechnung ($Q_2 = 1{,}00$) ist gestrichelt eingetragen.

Zahlenbeispiel: Kugelförmiger Satellit der Masse $m = 200$ kg; Durchmesser $d = 1$ m; Querschnittsfläche $F = (\pi/4)\, d^2 = 0{,}8\ \mathrm{m}^2$; Querschnittsbelastung $m/F = 250\ \mathrm{kg/m^2}$; Kreisbahn in anfänglich $H = 400$ km Höhe mit der Geschwindigkeit $V = 7700$ m/sec; gaskinetische Strömung mit hoher *Mach*scher Zahl, also $c_W = 2$; damit $m/Fc_W = 125\ \mathrm{kg/m^2}$; Lebensdauer $t \approx 317$ Tage.

Im Falle einer Ellipsenbahn kommen zwei Effekte hinzu, die sich aber teilweise kompensieren: Einmal wird nämlich der Bahnteil in der Umgebung des Perigäums mit größerer Geschwindigkeit als im Falle einer Kreisbahn durchlaufen, so daß dort auch eine entsprechend stärkere Energieverminderung eintritt. Andererseits trägt der ganze übrige Bahnteil nur noch wenig zum Energieverlust bei, da die Luftdichte dort wesentlich geringer als im Perigäum ist. Das Diagramm kann daher mit z als Höhe des Perigäums auch zur größenordnungsmäßigen Abschätzung der Lebensdauer von Erdsatelliten auf Ellipsenbahnen dienen, sofern deren Umlaufzeit noch in derselben Größenordnung wie die eines entsprechenden Kreisbahnsatelliten liegt. Unterhalb von etwa 100 bis 150 km Höhe muß die Rückkehrbahn ebenso wie gewöhnliche Geschoßbahnen [5–007] oder Gleitflugbahnen [5–222] i. a. durch numerische Integration berechnet werden. Es sei daher für dieses Problem auf die vorhandene umfangreiche Literatur hingewiesen, s. Abschnitt 5.2.23, S. 369.

Literatur zu Abschnitt 5.5: [5–501 bis 532], S. 433.

5.6. Störungen durch Schubimpulse

5.6.1. *Hohmann*-Ellipse

Im Falle der Erdsatelliten interessieren außer den oben behandelten Antriebs- bzw. Freiflugbahnen u. U. auch noch Übergangsbögen zwischen verschiedenen *Kepler*bahnen, wobei mindestens zeitweise wieder ein Triebwerk in Tätigkeit tritt. Aus Gründen der Wirtschaftlichkeit oder der Genauigkeit kann es nämlich vorteilhafter sein, einen Satelliten nicht in einem Zug in die gewünschte Bahn einzuweisen, sondern ihn zunächst auf eine vorläufige Bahn zu bringen und ihn erst später durch weitere Impulse in die endgültige *Kepler*bahn zu überführen.

Derartige Überlegungen wurden bereits von *Hohmann* [5–004] angestellt, wobei *Hohmann* vor allem an einzelne starke Impulse am Anfang und am Ende des Übergangsbogens dachte. Der Übergangsbogen ist dann selbst Teilstück einer *Kepler*ellipse.

In neuerer Zeit werden auch kontinuierliche schwache Impulse während des ganzen Übergangsbogens in Betracht gezogen und entsprechende Optimalprobleme gestellt. Hier kann ggf. die Störungsrechnung nach Abschnitt 5.3.2, S. 387, Anwendung finden.

Im folgenden sei nur die einfache Fragestellung von *Hohmann* betrachtet, bei der es darum geht, einen Satelliten aus einer ersten Kreisbahn mit dem Radius r_1 durch einen bahnparallelen Anfangsimpuls im Punkte J_1 zum tangentialen Einmünden in eine komplanare Kreisbahn vom Radius r_2 im Punkte J_2 zu veranlassen und ihn sodann im Moment des Einmündens durch einen Endimpuls auf die zugehörige Kreisbahngeschwindigkeit zu beschleunigen, s. Abb. 5.6,1.

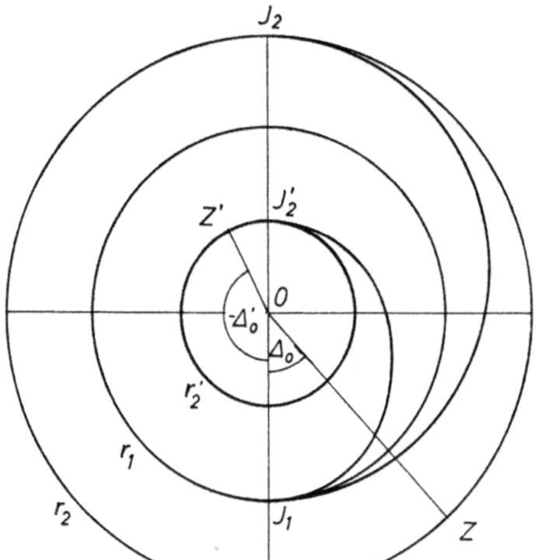

Abb. 5.6,1
Hohmann-Ellipsen, vgl. Zahlenbeispiel S. 417

Wir unterscheiden die beiden Fälle $r_2 > r_1$ und $r_2 < r_1$. Im Falle $r_2 > r_1$ ist der Punkt J_1 identisch mit dem Perigäum P der Übergangsellipse von *Hohmann*, während der Punkt J_2 dessen Apogäum darstellt. Entsprechend ist im Falle $r_2 < r_1$ der Punkt J_1 ein Apogäum A, der Punkt J_2 ein Perigäum P der Übergangsellipse. Die große Halbachse der Übergangsellipse ist in beiden Fällen

$$a = \frac{r_1 + r_2}{2} \tag{5.6,1}$$

Die Kreisbahngeschwindigkeiten sind gemäß Gl. (5.3,37), S. 380, durch

$$\left.\begin{aligned} V_1 &= \sqrt{\frac{M_E k}{r_1}} \\ V_2 &= \sqrt{\frac{M_E k}{r_2}} \end{aligned}\right\} \tag{5.6,2}$$

bestimmt. Aus der Polargleichung (5.3,53), S. 382, folgt nun weiter im Fall $r_2 > r_1$

$$r_1 = \frac{p}{1+\varepsilon}, \quad r_2 = \frac{p}{1-\varepsilon}$$

also

$$\varepsilon = \frac{r_2 - r_1}{r_2 + r_1}, \quad p = \frac{2 r_1 r_2}{r_1 + r_2} \quad \text{für} \quad r_2 > r_1$$

und entsprechend im Fall $r_2 < r_1$:

$$r_1 = \frac{p}{1-\varepsilon}, \quad r_2 = \frac{p}{1+\varepsilon}$$

also

$$\varepsilon = \frac{r_1 - r_2}{r_1 + r_2}, \quad p = \frac{2 r_1 r_2}{r_1 + r_2} \quad \text{für} \quad r_2 < r_1$$

In jedem Fall ist demnach

$$\varepsilon = \frac{|r_2 - r_1|}{r_2 + r_1}, \quad p = \frac{2 r_1 r_2}{r_1 + r_2} \tag{5.6,3}$$

Die doppelte Flächengeschwindigkeit der Übergangsellipse wird damit nach Gl. (5.3,48), S. 381,

$$\omega_* = \sqrt{k M_E p} \tag{5.6,4}$$

Die Bahngeschwindigkeiten V_{H1} bzw. V_{H2} der Übergangsellipsen in den Punkten J_1 bzw. J_2 betragen nach Gl. (5.3,39), S. 380,

$$r_1 \dot{\lambda}_{H1} = V_{H1} = \frac{\omega_*}{r_1}, \quad r_2 \dot{\lambda}_{H2} = V_{H2} = \frac{\omega_*}{r_2} \tag{5.6,5}$$

Unter Beachtung von Gl. (5.6,3) ist also ein spezifischer Anfangsimpuls

$$V_{H1} - V_1 = V_1 \left[\sqrt{\frac{2 r_2}{r_1 + r_2}} - 1 \right] \tag{5.6,6}$$

und ein spezifischer Endimpuls

$$V_2 - V_{H2} = V_2\left[1 - \sqrt{\frac{2r_1}{r_1+r_2}}\right] \tag{5.6,7}$$

erforderlich. Wie man leicht erkennt, sind die spezifischen Anfangs- bzw. Endimpulse im Falle $r_1 < r_2$ positiv, im anderen Falle negativ.

5.6.2. Rendezvous-Manöver bei anfangs komplanaren Kreisbahnen mit gleichem Umlaufssinn

5.6.21. Allgemeiner Fall unterschiedlicher Bahnradien

Sofern es sich wie im vorigen Abschnitt 5.6.1 nur darum handelt, einen Satelliten aus einer Kreisbahn überhaupt in eine andere komplanare Kreisbahn zu überführen, ist der Zeitpunkt t_0, in dem der Anfangsimpuls gegeben wir, gleichgültig. Häufig ist aber die Aufgabe so gestellt, daß sich der Satellit (Verfolger) nach der Überführung dauernd in einem ganz geringen Abstand (Rendezvous) von einem zweiten Satelliten (Ziel) aufhalten soll, der sich mit gleicher Umlaufsrichtung auf der zweiten Kreisbahn bewegt. Diese Forderung wird man nur dann erfüllen können, wenn dem Verfolger der Anfangsimpuls in einem ganz bestimmten Augenblick t_0 erteilt wird, der mit der Winkeldifferenz $\Delta(t_0)$ der beiden Satelliten — vom Erdmittelpunkt aus gesehen — zusammenhängt.

Es bezeichne Z den Ort des Zieles, V den Ort des Verfolgers. $\Delta(t)$ denjenigen Winkel, um den man den Fahrstrahl $\overrightarrow{OJ_1}$ bei festgehaltener Zeit t im positiven Sinne um die Bahnimpulsachse $\boldsymbol{h}_3$ drehen muß, um ihn in die Richtung $\overrightarrow{OZ}$ zu überführen; $\Delta(t)$ ist natürlich nur bis auf ein Vielfaches von 2π bestimmt. Man erhält nun Deckung der beiden Fahrstrahlen nach vollendetem Übergang, also Übereinstimmung von Z mit J_2, wenn für den Verfolger die Zeit t_V des Übergangs von J_1 nach J_2 übereinstimmt mit der Zeit t_Z, in welcher das Ziel von Z nach J_2 wandert, s. Abb. 5.6,1. Nun ist t_V nach Gl. (5.3,61), S. 384, als halbe Umlaufzeit der *Hohmann*-Ellipse

$$t_V = \pi \frac{a^{3/2}}{\sqrt{kM_E}} = \frac{\pi}{\sqrt{kM_E}}\left(\frac{r_1+r_2}{2}\right)^{\frac{3}{2}} \tag{5.6,8}$$

und die Laufzeit des Ziels

$$t_Z = \frac{\pi - \Delta(t_0)}{V_2/r_2} = \frac{\pi - \Delta(t_0)}{\sqrt{kM_E}} r_2^{3/2} \tag{5.6,9}$$

Aus der Bedingung $t_V = t_Z$ folgt

$$\pi\left(\frac{r_1+r_2}{2}\right)^{\frac{3}{2}} = [\pi - \Delta(t_0)]\, r_2^{3/2}$$

oder

$$\Delta(t_0) = \pi\left[1-\left(\frac{r_1+r_2}{2r_2}\right)^{\frac{3}{2}}\right] \tag{5.6,10}$$

Es ist also für denjenigen Funktionszweig, für den im Falle $r_1 = r_2$ die Winkeldifferenz $\Delta(t_0) = 0$ ist,

$$\Delta(t_0)\begin{cases} > 0 & \text{für} \quad r_1 < r_2 \\ < 0 & \text{für} \quad r_1 > r_2 \end{cases} \tag{5.6,11}$$

Ferner bemerkt man, daß dann beim Übergang zu sehr großen Kreisbahnen

$$\lim_{r_2\to\infty} \Delta(t_0) = \pi\left[1-\left(\frac{1}{2}\right)^{\frac{3}{2}}\right]$$

ist, also stets gilt:

$$\Delta(t_0) < \pi\left[1-\left(\frac{1}{2}\right)^{\frac{3}{2}}\right] \approx \pi\cdot 0{,}65 \quad \text{für} \quad r_1 < r_2 \tag{5.6,12}$$

Beim Übergang zu kleineren Kreisbahnen wird eine untere Grenze für $\Delta(t_0)$ durch die Bedingung $r_2 \gtrsim r_{\min}$ gesteckt, wobei $r_{\min}$ einen vorher zu bestimmenden Mindestabstand vom Erdmittelpunkt bedeutet.

Zahlenbeispiel: In Abb. 5.6,1 sind folgende Fälle dargestellt:
a) $r_2 = 1{,}5r_1$, daher $a = 1{,}25r_1$, $\varepsilon = 0{,}2$, $\Delta(t_0) = 43°$,
b) $r_2' = 0{,}5r_1$, daher $a' = 0{,}75r_1$, $\varepsilon' = 1/3$, $\Delta(t_0') = -151°$.

5.6.22. Spezialfall gleicher Bahnradien

Eine wesentliche Voraussetzung der eben besprochenen Methode besteht darin, daß der Winkelunterschied $\Delta(t)$ eine monoton zu- oder abnehmende Zeitfunktion ist, so daß man die Möglichkeit hat, einen Zeitpunkt zu fixieren, in dem $\Delta(t_0)$ gerade den erforderlichen Wert hat. Die Methode versagt jedoch, wenn sich Ziel und Verfolger auf derselben Kreisbahn mit der konstanten Winkeldifferenz $\Delta(t) = \Delta_0 \neq 0$ bewegen, während nach Gl. (5.6,10) bei der oben verwendeten Methode $\Delta(t_0) = 0$ sein müßte.

Man kann in diesem Spezialfall so vorgehen, daß man den Verfolger mittels eines Anfangsimpulses, der übrigens zu einer beliebigen Zeit t_0 gegeben werden kann, auf eine Ellipsenbahn schickt und deren Umlaufzeit T so wählt, daß die beiden Flugkörper nach *einem* Umlauf des Verfolgers im Punkte J_1 koinzidieren, s. Abb. 5.6,2. Mittels eines gleich großen, aber entgegengesetzt gerichteten Endimpulses auf den Verfolger zur Zeit t_0+T wird dessen Ellipsenbahn dann wieder in die ursprüngliche Kreisbahn überführt.

Ist nun Δ_0 die wie oben definierte anfängliche Winkeldifferenz und ist a die große Halbachse der gesuchten Ellipsenbahn des Verfolgers, so ist die Übergangszeit des Verfolgers

$$t_V = T = 2\pi \frac{a^{3/2}}{\sqrt{kM_E}} \tag{5.6,13}$$

und die Laufzeit des Zieles

$$t_Z = \frac{2\pi - \Delta_0}{V_1/r_1} = (2\pi - \Delta_0)\frac{r_1^{3/2}}{\sqrt{kM_E}} \tag{5.6,14}$$

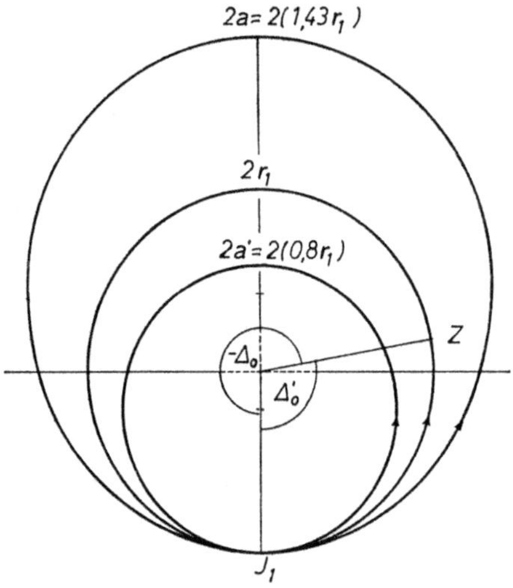

Abb. 5.6,2
Einholen eines Zieles mittels Übergangsellipse, vgl. Zahlenbeispiel S. 420

Aus der Bedingung $t_V = t_Z$ folgt hier

$$a^{3/2} = \frac{2\pi - \Delta_0}{2\pi} r_1^{3/2}$$

oder

$$a = r_1 \left(1 - \frac{\Delta_0}{2\pi}\right)^{\frac{2}{3}} \tag{5.6,15}$$

Die Funktion a/r_1 ist in Abb. 5.6,3 dargestellt. Sie fällt im Intervall

$$-1 \leq \frac{\Delta_0}{2\pi} \leq 1 - \left(\frac{1}{2}\right)^{3/2} \approx 0,65$$

monoton von $2^{3/2} \approx 1,59$ auf 0,5. Mittels einer den Kreis *umfassenden* Ellipse ($a/r_1 \geqslant 1$) ist daher stets ein Rendezvous-Manöver möglich, wenn-

gleich ein Übergang mit $a/r_1 < 1$ nicht ausgeschlossen und u. U. sogar zweckmäßig ist.
Aus der Polargleichung (5.3,53) folgt nun weiter wie oben in Gl. (5.6,3)

$$p = \frac{r_1(2a-r_1)}{a} \tag{5.6,16}$$

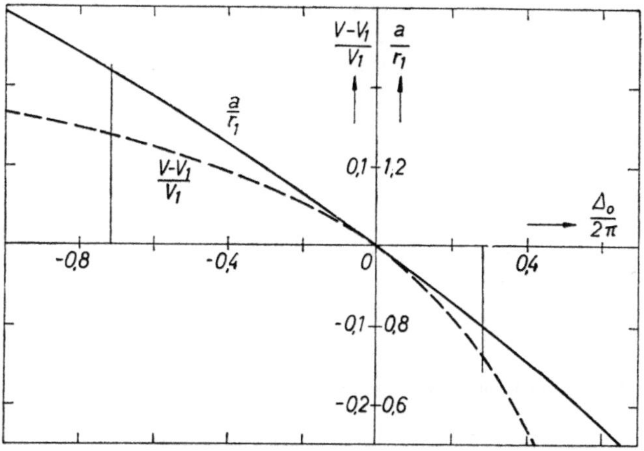

Abb. 5.6,3. Relativer Impulsbedarf $(V-V_1)/V_1$ (- - - - -) gemäß Gl. (5.6,19) und zugehörige große Halbachse a (———) der Übergangsellipse gemäß Gl. (5.6,15)

Die doppelte Flächengeschwindigkeit der Übergangsellipse berechnet sich wieder nach Gl. (5.6,4). Die Bahngeschwindigkeit des Verfolgers im Anfangspunkt der Ellipsenbahn wird daher

$$r_1\dot{\lambda} = V = \frac{\omega_*}{r_1} = \frac{1}{r_1}\sqrt{kM_E p} = \sqrt{\frac{kM_E}{r_1}\cdot\frac{2a-r_1}{a}} \tag{5.6,17}$$

Der spezifische Anfangsimpuls wird dann mit Beachtung von Gl. (5.6,2)

$$V-V_1 = \sqrt{\frac{kM_E}{r_1}\cdot\frac{2a-r_1}{a}} - V_1 = V_1\left[\sqrt{\frac{2a-r_1}{a}} - 1\right] \tag{5.6,18}$$

Einsetzen von a nach Gl. (5.6,15) gibt

$$\frac{V-V_1}{V_1} = \sqrt{2-\left(\frac{2\pi}{2\pi-\Delta_0}\right)^{2/3}} - 1 \tag{5.6,19}$$

Die Abb. 5.6,3 stellt die Funktion $(V-V_1)/V_1$ im Intervall

$$-1 \leq \frac{\Delta_0}{2\pi} \leq 1-\left(\frac{1}{2}\right)^{3/2}$$

dar. Man erkennt, daß es im Hinblick auf einen möglichst geringen Impulsbedarf zweckmäßig ist, die Werte $\Delta_0/2\pi$ möglichst nur aus dem Intervall $-0{,}72 \leq \Delta_0/2\pi < 0{,}28$ zu wählen, in dem der relative Impulsbedarf $(V-V_1)/V_1$ dem Betrage nach überall kleiner als etwa 0,14 ist, während er außerhalb dieses Intervalls überall größer als 0,14 ist. Diesem Δ_0-Intervall entspricht nach Abb. 5.6,3 das a-Intervall $1{,}44 \geqslant a/r_1 > 0{,}80$. Man muß dabei jedoch berücksichtigen, daß man im Perigäum der Übergangsellipse einen gewissen Abstand r_{min} vom Erdmittelpunkt nicht unterschreiten darf. Infolgedessen muß man die Bedingung

$$\frac{a}{r_1} \geq \frac{1}{2} + \frac{r_{min}}{r_1} \tag{5.6,20}$$

einhalten und ggf. den Bereich für $\Delta_0/2\pi$ über $-0{,}72$ hinaus nach links erweitern.

Zahlenbeispiel: In Abb. 5.6,2 ist gerade der Spezialfall a) $\Delta_0/2\pi = -0{,}72$ bzw. b) $\Delta_0/2\pi = 0{,}28$ dargestellt.
Im Fall a) wird $a = 1{,}43 r_1$, $\varepsilon = 0{,}308$, $\Delta_0 = -259°$,
im Fall b) wird $a' = 0{,}80 r_1$, $\varepsilon' = 0{,}250$, $\Delta_0' = 101°$.

Literatur zu Abschnitt 5.6: [5–601 bis 691], S. 435.

Literatur zu Kap. V.

a) Bücher (s. a. S. 482 und 502)

[5–001] *Bauschinger, J.*: Die Bahnbestimmung der Himmelskörper. Leipzig, 1906.

[5–002] *Charbonnier, P.*: Balistique intérieure. Paris, 1908.

[5–003] *Cranz, C.*: Lehrbuch der Ballistik. Bd. 1. Äußere Ballistik. Berlin, 1925. Bd. 2. Innere Ballistik. 1926.

[5–004] *Hohmann, W.*: Die Erreichbarkeit der Himmelskörper. München, 1925.

[5–004a] *Bollé, E.*: Innere Ballistik. In F. Auerbach und W. Hort (Herausg.): Handbuch der physikalischen und technischen Mechanik. Bd. II, 1, S. 276–325. Leipzig, 1928.

[5–005] *Oberth, H.*: Wege zur Raumschiffahrt. München, 1928.

[5–006] *Rosser, J.B.* u. a.: Mathematical theory of rocket flight. New York, 1947.

[5–007] *Sänger, R.*: Ballistische Störungstheorie unter besonderer Berücksichtigung der Wettereinflüsse. Basel, 1949.

[5–008] *N.N.*: Oerlikon Taschenbuch, Zürich-Oerlikon, 1956. (Artikel über innere und äußere Ballistik, Meßtechnik und Sonderwaffen).

[5–009] *Royal Aeronautical Society* u. a.: High altitude and satellite rockets. (Symposium Cranfield, 1957). New York, 1959.

[5–009a] *Stumpff, K.*: Himmelsmechanik. Bd. I (1959), Bd. II. Berlin, 1965.

[5–010] *Stutz, W.*: Schießlehre. Basel, 1959.
[5–011] *Berman, A. I.*: The physical principles of astronautics. New York, 1961.
[5–012] *Brouwer, D.* und *G. M. Clemence*: Methods of celestial mechanics. New York, 1961.
[5–013] *Ehricke, K. A.*: Space flight. I. Environment and celestial mechanics. II. Dynamics. III. Operations. New York, 1961.
[5–014] *Morrow, C. T.* u. a. (Herausg.): Ballistic missile and space technology. New York, 1961.
[5–015] *Duncan, R. C.*: Dynamics of atmospheric entry. New York, 1962.
[5–016] *Leitmann, G.* (Herausg.): Optimization techniques. With application to aerospace systems. New York, 1962.
[5–017] *Moulton, F. R.*: Methods in exterior ballistics. New York, 1962.
[5–018] *Nelson, W. C.* und *E. E. Loft*: Space mechanics. Englewood Cliffs, N. J., 1962.
[5–019] *Roberson, R. E.* und *J. S. Farrior* (Herausg.): Guidance and control. New York, 1962.
[5–020] *Salmon, M.*: Principes du vol balistique et spatial. Paris, 1962.
[5–021] *Bohrmann, A.*: Bahnen künstlicher Satelliten. Mannheim, 1963.
[5–021a] *Brüning, G.*: Flugmechanische Probleme an Raumfahrt- und Wiedereintrittsflugkörpern. 2. Lehrgang für Raumfahrttechnik (Braunschweig 1963) Bd. II, 301–1/153.
[5–022] *Lawden, D. F.*: Optimal trajectories for space navigation. London, 1963.
[5–023] *Leondes, C. T.* (Herausg.): Guidance and control of aerospace vehicles. New York, 1963.
[5–024] *Loh, W. H. T.*: Dynamics and thermodynamics of planetary entry. Englewood Cliffs, N. J., 1963.
[5–026] *Petersen N. V.* (Herausg.): Advances in astronautical sciences. Bd. 16, Teil I und II: Space rendezvous, rescues and recovery. New York, 1963.
[5–027] *Riley, F. E.* und *J. D. Sailor*: Space systems engineering. New York, 1963.
[5–028] *Rössger, E.* und *H. Zehle*: Grundlagen der Raumfahrzeugführung. Köln, 1963.
[5–029] *White, J. F.* (Herausg.): Flight performance handbook for powered flight operations, flight mechanics and space vehicle design, empirical formula, analytic approximations and graphical aids. London, 1963.
[5–030] *Wolverton, R. W.*: Flight performance handbook for orbital operations. New York, 1963.
[5–031] *Battin, R. H.*: Astronautical guidance. New York, 1964.
[5–032] *Gantmakher, F. R.* und *L. M. Levin*: The flight of uncontrolled rockets. Oxford, 1964.
[5–033] *King-Hele, D.*: Theory of satellite orbits in an atmosphere. London, 1964.
[5–034] *Koelle, H. H.*: Theorie und Technik der Raumfahrzeuge. Stuttgart, 1964.
[5–035] *Kurnosova, L. V.* (Herausg.): Artificial earth satellites. Bd. 16. New York, 1964. (Zahlreiche Artikel zum Rückkehr- bzw. Rendezvous-Problem).

[5–036] *Langford, R. C.* und *Ch. J. Mundo* (Herausg.): Guidance and control II. New York, 1964.

[5–037] *Szebehely, V. G.* (Herausg.): Celestial mechanics and astrodynamics. New York, 1964.

[5–038] *Groves, G. V.* (Herausg.): Dynamics of rockets and satellites. Amsterdam, 1965.

[5–039] *Seigel, A. E.*: The theory of high speed guns. AGARDograph 91 (Mai 1965).

[5–040] *Vertregt, M.*: Principles of astronautics. New York, 1965.

b) Einzelberichte

Innere Ballistik (Abschnitt 5.1.1.)

[5–100a] *Love, A. E. H.* und *F. R. Pidduck*: Lagrange's ballistic problem. Phil. Trans. Roy. Soc. **A 222**, 167–226 (1922).

[5–100b] *Thornhill, C. K.*: A new special solution to the complete problem of the internal ballistics of guns. AGARD Rep. 550 (1966).

Antriebsbahn und zweckmäßige Stufenzahl von Raketen (Abschnitt 5.1.21.)

[5–101] *Krause, H. G. L.*: Allgemeine Theorie der Stufenraketen. Weltraumfahrt **4**, 52–59 (1953).

[5–102] *Ehricke, K. A.*: Ascent of orbital vehicles. Astronaut. Acta **2**, 175–190 (1956).

[5–103] *Perkins, F. M.*: Flight mechanics of ascending satellite vehicles. ARS Journal **26**, 352–358 (1956).

[5–104] *Reece, J. W.* u. a.: Ballistic missile performance. ARS Journal **26**, 251–255 (1956).

[5–105] *West, C. D.*: Boost phase trajectory analysis techniques. ARS Journal **27**, 527–533 (1957).

[5–106] *Koelle, H. H.*: Über eine Näherungsmethode zur Berechnung von Kreisbahnraketen. Raketentechnik und Raumfahrtforschung **2**, 8–12 (1958).

[5–107] *Koelle, H. H.*: On the development of orbital techniques. IX. Kongr. Internat. Astronaut. Amsterdam, 1958, Bd. II, S. 702–746.

[5–108] *Scholze, O.*: Einflußgrößen ballistischer Fern-Flugkörper. Raketentechnik und Raumfahrtforschung **2**, 2–8 (1958).

[5–109] *Singer, S. F.* und *R. C. Wentworth*: A method for calculating impact points of ballistic rockets. ARS Journal **27**, 407–409 (1957) und **28**, 684–687 (1958).

[5–110] *Struble, R. A.* u. a.: The trajectory of a rocket with thrust. ARS Journal **28**, 472–478 (1958).

[5–111] *Veubeke, Fraeijs de, B.*: Le problème du maximum de rayon d'action dans un champ de gravitation uniforme. Astronaut. Acta **4**, 1–14 (1958).

[5–112] *Weisbord, L.*: A generalized optimization procedure for N-staged missiles. ARS Journal **28**, 164–167 (1958).

[5–113] *Froehlich, J. E.* und *A. R. Hibbs*: Ballistics of the Explorer. In: W. C. Nelson (Herausg.): Selected topics on ballistics, S. 59–73. AGARD. New York, 1959.

[5–114] *Hoelker, R. F.*: Launching of Explorer I. In: W. C. Nelson (Herausg.): Selected topics on ballistics, S. 74–87. AGARD. New York, 1959.

[5–115] *Kelley, A. J.*: Effect of thrust termination process upon range dispersion of a ballistic missile. ARS Journal **29**, 432–440 (1959).

[5–116] *Scholze, O.*: Graphische Ermittlung der Haupteinfluß- und Vorentwurfsgrößen von Flugkörpern. Raketentechnik und Raumfahrtforschung **3**, 36–44 (1959).

[5–117] *Traenkle, C. A.*: Mechanics of the power and launching phase for missiles and satellites. Ing. Archiv **28**, 335–356 (1959).

[5–118] *Chase, R. L.*: Multistage rocket staging optimization. Adv. in Astronaut. Sci., Bd. 6, S. 621–629 (1960).

[5–119] *Froehlich, J. E.*: Capabilities of multistaged chemical rocket systems. Astronaut. Acta **6**, 311–321 (1960).

[5–120] *Koelle, H. H.*: On the optimum size of orbital carrier vehicles based on overall economy. IX. Kongr. Internat. Astronaut. Stockholm, 1960, Bd. I, S. 365–376.

[5–121] *Kulakowski, L. J.* und *R. T. Stancil*: Rocket boost trajectories for maximum burnout velocity. ARS Journal **30**, 612–623 (1960).

[5–122] *Molitz, H.*: Der Einfluß des Abkippeffekts auf die Schußweite von Raketen. Wehrtech. Monatshefte **57**, 410–419 (1960).

[5–123] *Stümke, H.*: Flugleistungsberechnung unbemannter Raketen. In: *K. Schütte* und *H. K. Kaiser* (Herausg.): Handbuch der Astronautik, Bd. I, S. 80–109. Konstanz, 1960.

[5–124] *Ehlers, F. E.*: Missile trajectories with linear time variation of the sine or tangent of the thrust angle. ARS Journal **31**, 631–636 (1961).

[5–125] *Schulz, W.*: Ein Beitrag zur Theorie der Stufenraketen. Z. Flugwiss. **9**, 394–401 (1961).

[5–126] *Thackwell, H. L. jr.* und *J. A. Vandenkerkhove*: Optimum staging of solid-propellant rocket vehicles. Astronaut. Acta **7**, 190–202 (1961).

[5–127] *Veubeke, Fraeijs de, B. M.*: L'étagement optimum des groupes de fusées en fonctionnement parallèle. Astronaut. Acta **7**, 359–375 (1961).

[5–128] *Cooper, R. S.*: Performance of optimized multistage rockets. J. Aero. Sci. **29**, 1339–1343 (1962).

[5–129] *Pollak, R. J.*: Rapid determination of the interactions between the ballistic rocket and its trajectory. ARS Journal **32**, 42–51 (1962).

[5–130] *Fan, L.-T.* und *C. Wan*: Weight minimization of a step rocket by the discrete maximum principle. J. Spacecraft **1**, 123–125 (1964).

[5–131] *Kiessling, W.*: Einfluß spezieller Bedingungen beim Aufstieg auf die Auslegungsdaten einer Höhenforschungsrakete. Jahrbuch 1964 der WGLR, S. 245–252.

[5–132] *Koelle, D. E.*: Zur Definition und Größe der Nutzlast bei Raumtransporter-Projekten. Raumfahrtforschung **8**, 155–160 (1964).

[5–133] *Thomae, H. F.*: A technique for optimization of ascent trajectories and propellant loadings of multistage space vehicles. Raumfahrtforschung **8,** 115–123 (1964).

[5–134] *Cavoti, C. R.*: Optimization of multistage processes. J. Spacecraft **2,** 94–97 (1965).

[5–135] *Gray, J. S.* und *R. V. Alexander*: Cost and weight optimization for multistage rockets. J. Spacecraft **2,** 80–86 (1965).

[5–136] *Zee, C.-H.*: Powered flight trajectories of rockets under constant tangential thrust. J. Astronaut. Sci. **12,** 1–6 (1965).

Optimale Antriebsbahn von Raketen (Abschnitt 5.1.22.)

[5–151] *Lawden, D. F.*: Minimal trajectories. J. Brit. Interplanet. Soc. **9,** 179–186 (1950).

[5–152] *Lawden, D. F.*: Optimal programming of rocket thrust direction. Astronaut. Acta **1,** 41–56 (1955).

[5–153] *Lawden, D. F.*: Optimum launching of a rocket into an orbit about the earth. Astronaut. Acta **1,** 185–190 (1955).

[5–154] *Fried, B. D.* und *J. M. Richardson*: Optimum rocket trajectories. J. Appl. Phys. **27,** 955–961 (1956).

[5–155] *Miele, A.*: Optimum burning program as related to aerodynamic heating for a missile traversing the earth's atmosphere. ARS Journal **27,** 1231–1240 (1957).

[5–156] *Bryson, A. E.* und *S. E. Ross*: Optimum rocket trajectories with aerodynamic drag. ARS Journal **28,** 465–469 (1958).

[5–157] *Leitmann, G.*: Optimum thrust direction for maximum range. J. Brit. Interplanet. Soc. **16,** 503–507 (1958).

[5–158] *Miele, A.*: On the brachistochronic thrust program for a rocket-powered missile travelling in an isothermal medium. ARS Journal **28,** 675–684 (1958).

[5–159] *Miele, A.*: General variational theory of the flight paths of rocket-powered aircraft, missiles and satellite carriers. IX. Kongr. Internat. Astronaut. Amsterdam, 1958, Bd. II, S. 946–970 und Astronaut. Acta **4,** 264–288 (1958).

[5–160] *Miele, A.* und *C. R. Cavoti*: Optimum thrust programming along arbitrarily inclined rectilinear paths. Astronaut. Acta **4,** 167–181 (1958).

[5–161] *Miele, A.* und *C. R. Cavoti*: Generalized variational approach to the optimum thrust programming for the vertical flight of a rocket. Z. Flugwiss. **6,** 69–77 und 102–109 (1958).

[5–162] *Newton, R. R.*: On the optimum trajectory of a rocket. J. Franklin Inst. **266,** 155–187 (1958 II).

[5–163] *Okhotsimskii, D. E.* und *T. M. Eneev*: Some variation problems connected with the launching of artificial satellites of the earth. J. Brit. Interplanet. Soc. **16,** 263–294 (1958).

[5–164] *Leitmann, G.*: On a class of variational problems in rocket flight. J. Aero. Sci. **26**, 586–591 (1959).

[5–165] *Miele, A.* und *J. O. Capellari jr.*: Dynamic programming for rockets. Z. Flugwiss. **7**, 14–21 (1959).

[5–166] *Traenkle, C. A.*: Design parameters and optimization of missile trajectories. Z. Flugwiss. **7**, 287–293 (1959).

[5–167] *Faulkner, F. D.*: Complete elementary solution to some optimum trajectory problem. ARS Journal **31**, 33–39 (1961).

[5–168] *Leitmann, G.*: An elementary derivation of the optimal control conditions. XII. Kongr. Internat. Astronaut. Washington, D. C., 1961, Bd. I, S. 275–298.

[5–169] *Miele, A.*: The relation between the Green's theorem approach and the direct methods for extremal problems of a linear type. XII. Kongr. Internat. Astronaut. Washington, D. C., 1961, Bd. I, S. 317–334.

[5–170] *Stancil, R. T.* und *L. J. Kulakowski*: Rocket boost vehicle missions optimization. ARS Journal **31**, 935–943 (1961).

[5–171] *Contensou, P.*: Etude théorique des trajectoires optimales dans un champ de gravitation. Astronaut. Acta **8**, 134–150 (1962).

[5–171a] *Leitmann, G.*: The optimization of rocket trajectoires — A survey. In: Progress in the Astronautical Sciences. Bd. I, S. 145–213. Amsterdam, 1962.

[5–171b] *Schnäbele, W.*: Raketen- und Bahnoptimierung. WGL-Lehrgang für Raumfahrttechnik (München 1962), Bd. II, 18–1/21.

[5–172] *Lawden, D. F.*: Analytical techniques for the optimization of rocket trajectories. Aeronaut. Quart. **14**, 105–124 (1963).

[5–172a] *Lutz, O.* (Herausg.): 2. Lehrgang für Raumfahrttechnik (Braunschweig 1963), Bd. I. Mehrere Beiträge zur Frage der Bahnoptimierung.

[5–173] *Denham, W. F.*: Range maximization of a surface-to-surface missile with in-flight inequality constreints. J. Spacecraft **1**, 78–83 (1964).

[5–173a] *Heermann, H.* und *Ph. Kretsinger*: The minimum time problem. J. Astronaut. Sci. **11**, 93–107 (1964).

[5–174] *Keller, J. L.*: On minimum propellant paths for thrust limited rockets. Astronaut. Acta **10**, 262–269 (1964).

[5–175] *Kelley, H. J.*: A second variation test for singular extremals. AIAA Journal **2**, 1380–1382 (1964).

[5–176] *Lawden, D. F.*: Trajectory optimization for a rocket with a generalized thrust characteristic. Astronaut. Acta **10**, 279–295 (1964).

[5–177] *Pines, S.*: Constants of the motion for optimum thrust trajectories in a central force field. AIAA Journal **2**, 2010–2014 (1964).

[5-177a] *Rosenbloom, A.*: Application of optimization techniques. AGARDograph 92 (Okt. 1964), S. 1–21.

[5–178] *Schulz, W.* und *H.-K. Schulze*: Die Methode des Dynamic Programming und ihre Anwendung auf Optimierungsaufgaben der Flugmechanik. Jahrbuch 1964 der WGLR, S. 238–244.

[5–179] *Stancil, R. T.*: A new approach to steepest-ascent trajectory optimization. AIAA Journal **2**, 1365–1370 (1964).

[5–180] *Bell, D. J.*: Optimal trajectories and the accessory minimum problem. Aeronaut. Quart. **16**, 205–220 (1965).

[5–181] *Halkin, H.*: Optimal aerodynamic steering for anti-ICBM missiles. J. Astronaut. Sci. **12**, 71–82 (1965).

[5–182] *Kopp, R. E.* und *H. G. Moyer*: Necessary conditions for singular extremals. AIAA Journal **3**, 1439–1444 (1965).

[5–183] *Mason, J. D.* u. a.: A variational method for optimal staging. AIAA Journal **3**, 2007–2012 (1965).

[5–184] *Munick, H.*: Goddard problem with bounded thrust. AIAA Journal **3**, 1283–1285 (1965).

[5–185] *Narjes, O.*: Über die Bestimmung optimaler, singulärer Steuerungen mit Hilfe des Maximumsprinzips von Pontrjagin. Z. Flugwiss. **13**, 252–254 (1965).

Äußere Ballistik (Abschnitt 5.2.1).

[5–201] *Fasella, E.*: Tavole balistiche secondarie. Genua, 1901 (zitiert nach H. Athen [6–001]).

[5–202] *Siacci, F.*: Sur un problème d'Alembert. Compt. Rend. Ac. Sci. **132**, 1175–1178 und **133**, 381–382 (1901).

[5–202a] *v. Eberhard, O.*: Benutzung der Fasella-Tabellen zur stufenweisen Flugbahnberechnung unter Berücksichtigung der neuen Versuche über den Luftwiderstand ZAMM **11**, 253–273 (1931).

[5–203] *Eckel, K.*: Die ballistische Störungstheorie. Wehrtech. Monatshefte **52**, 10–19, 45–51, 80–84 (1955).

[5–204] *Molitz, H.*: Der Einfluß eines konstanten Windes auf die Bahn von Geschossen und Raketen. Wehrtech. Monatshefte **57**, 258–268 (1960).

[5–205] *Schweikert, E.*: Ballistischer Rechenschieber zur Bestimmung von Geschwindigkeiten und Flugzeiten für Flachbahnen. Wehrtech. Monatshefte **57**, 467–475 (1960).

[5–206] *Curti, P.*: Zur Graphik der Geschoßbahn. Wehrtech. Monatshefte **57**, 334–349, 375–380 (1960), **58**, 6–12 (1961), **60**, 311–318, (1963).

Freiflugbahn von Raketen und Rückkehrproblem (Abschnitt 5.2.2.)

[5–221] *Sänger, E.* und *I. Bredt*: Ein Raketenantrieb für Langstreckenbomber. Dt. Luftfahrtforschung, UM 3538, 1944.

[5–222] *Stümke, H.*: Zwei Flugbahnen des Gleiters A4b mit berichtigten Betriebsdaten (Beitrag zur Frage der zweckmäßigsten Flugart). Bericht Nr. 68/68 der Herresversuchsanstalt Peenemünde (1944).

[5–223] *Krause, H. G. L.*: Strenge Integration der Bewegungsgleichung einer senkrecht aufsteigenden Rakete nach Brennschluß in der Atmosphäre. IV. Kongr. Internat. Astronaut. Zürich, 1953, S. 171–180.

[5–224] *Kaeppeler, H. J.* und *M. E. Kuebler*: Die Rückkehr von geflügelten Geräten von Außenstations-Bahnen. V. Kongr. Internat. Astronaut. Innsbruck, 1954, S. 120–149.

[5–225] *Ehricke, K. A.*: On the descent of winged orbital vehicles. Astronaut. Acta **1,** 137–155 (1955).

[5–226] *Kaeppeler, H. J.*: Über eine simultane analytische Integration der Bewegungsgleichungen eines geflügelten Gerätes im Überschallgleitflug. Astronaut. Acta **1,** 166–170 (1955).

[5–227] *King-Hele, D. G.*: The descent of an earth-satellite through the upper atmosphere. J. Brit. Interplanet. Soc. **15,** 314–323 (1956).

[5–228] *Ferri, A.* u. a.: The use of lift for re-entry from satellite trajectories. ARS Journal **27,** 1184–1191 (1957).

[5–229] *Allen, H. J.*: Hypersonic flight and the re-entry problem. J. Aero. Sci. **25,** 217–227 (1958).

[5–230] *Allen, H. J.* und *A. J. Eggers jr.*: A study of the motion and aerodynamic heating of ballistic missiles entering the earth's atmosphere at high supersonic speeds. NACA Rep. 1381 (1958).

[5–231] *Baker, R. M. L. jr.*: Enke's method and variation of parameters as applied to re-entry trajectories. Adv. in Astronaut. Sci., Bd. 3, S. 36/1–10 (1958).

[5–232] *Bull, G. V.* u. a.: Exit and re-entry problems. Aero/Space Eng. **17,** 57–62 (Juni, 1958).

[5–233] *Eggers, A. J.*: A comparative analysis of the performance of long-range hypervelocity vehicles. NACA Rep. 1382 (1958).

[5–234] *Roberson, R. E.*: Oblateness correction to impact points of ballistic rockets. J. Franklin Inst. **266,** 465–481 (1958 II).

[5–235] *Robinson, A. C.* und *A. J. Besonis*: On the problems of re-entry into the earth's atmosphere. Adv. in Astronaut. Sci., Bd. 3, S. 33/1–24 (1958).

[5–236] *Rosenberg, R. M.*: On flight trajectories in the neighborhood of a known trajectory. J. Franklin Inst. **266,** 109–128, (1958 II).

[5–237] *Allen, H. J.*: Some aerodynamic effects on long-range rocket craft. In: W. C. Nelsen (Herausg.): Selected topics on ballistics, S. 46–58. AGARD. New York, 1959.

[5–238] *Chapman, D. R.*: An approximate analytical method for studying entry into planetary atmospheres. NASA Tech. Rep. R–11 (1959).

[5–239] *Lees, L.* u. a.: Use of aerodynamic lift during entry into the earth's atmosphere. ARS Journal **29,** 633–641 (1959).

[5–240] *Nonweiler, T.*: The motion of an earth satellite on re-entry to the atmosphere. IX. Kongr. Internat. Astronaut. Amsterdam, 1958, Bd. II, S. 842–864. Astronaut. Acta **5,** 40–62 (1959).

[5–241] *Paige, H. W.*: The technology of manned return from outer space. J. Franklin Inst. **267,** 103–118 (1959 I).

[5–242] *Wheelon, A. D.*: Free flight of a ballistic missile. ARS Journal **29,** 915–926 (1959).

[5–243] *Chapman, D. R.*: An analysis of the corridor and guidance requirements for supercircular entry into planetary atmospheres. NASA Tech. Rep. R–55 (1960) und X. Kongr. Internat. Astronaut. London, 1959, Bd. I, S. 254–267.

[5–244] *Loh, W. H. T.*: Dynamics and thermodynamics of re-entry. J. Aero. Sci. **27**, 748–762 (1960).

[5–245] *Loh, W. H. T.*: Minor circle flight for boost glide or orbital re-entry vehicles. Adv. in Astronaut. Sci. Bd. 6, S. 536–555 (1960).

[5–246] *Becker, J. V.* u. a.: Aerodynamics of trajectory control for re-entry at escape speed. Astronaut. Acta **7**, 334–358 (1961).

[5–247] *Berman, L. J.*: Optimum soft landing trajectories. XII. Kongr. Internat. Astronaut. Washington, D. C., 1961, Bd. I, S. 353–367.

[5–248] *Broglio, L.*: Lois de similitude dans le calcul des trajectoires de rentrée et de l'ablation frontale des engins. Astronaut. Acta **7**, 21–34 (1961).

[5–249] *Brun, E. A.*: Considérations générales sur le problème de la rentrée. In: L. Broglio (Herausg.): Current Research in Astronaut. Sci., S. 296–321. New York, 1961.

[5–250] *Eggers, A. J. jr.* und *T. J. Wong*: Motion and heating of lifting vehicles during atmosphere entry. ARS Journal **31**, 1364–1375 (1961).

[5–251] *Loh, W. H. T.*: A unified analytical solution for entry mechanics. XII. Kongr. Internat. Astronaut. Washington, D. C., 1961, Bd. I, S. 337–352.

[5–252] *Maday, C. J.*: Aerodynamic capture of a ballistic type vehicle travelling at hyperbolic speed. XII. Kongr. Internat. Astronaut. Washington, D. C., 1961, Bd. I, S. 380–391.

[5–253] *Warden, R. V.*: Ballistic re-entries with a varying W/c_D A. ARS Journal **31**, 208–213 (1961).

[5–254] *Wong, T. J.* und *R. E. Slye*: The effect of lift on entry corridor depth and guidance requirements for the return lunar flight. NASA Tech. Rep. R–80 (1961).

[5–255] *Bate, R. R.* und *R. W. Johnson*: Empirical formulas for ballistic re-entry trajectories. ARS Journal **32**, 1882–1887 (1962).

[5–256] *Blum, R.*: Re-entry trajectories: Flat earth approximation. ARS Journal **32**, 616–620 (1962).

[5–257] *Broglio, L.*: On guidance and landing accuracy requirements in re-entry trajectories. Astronaut. Acta **8**, 245–263 (1962).

[5–258] *Bryson, A. E.* u. a.: Determination of lift or drag programs to minimize re–entry heating. J. Aero. Sci. **29**, 420–430 (1962).

[5–259] *Ferri, A.* und *Lu Ting*: Practical aspects of re-entry problems. Astronaut. Acta **8**, 63–81 (1962).

[5–260] *Hunziker, R. R.*: Re-entry trajectories for impact prediction and radar acquisition. ARS Journal **32**, 1261–1268 (1962).

[5–261] *Levinsky, E. S.*: Application of inequality constreints to varational problems of lifting re-entry. J. Aero. Sci. **29**, 400–409 (1962).

[5–262] *Loh, W. H. T.*: Ballistic re-entry at small angles of inclination. ARS Journal **32**, 718–721 (1962).

[5–263] *Loh, W.H.T.*: A second-order theory of entry mechanics into a planetary atmosphere. J. Aero. Sci. **29**, 1210–1221, 1237 (1962).

[5–264] *Mandell, D. S.*: Maneuvring performance of lifting re-entry vehicles. ARS Journal **32**, 346–354 (1962).

[5–265] *Moulin, L.*: Précisions réquises pour les trajectoires de retour d'engins spatiaux. XIII. Kongr. Internat. Astronaut. Varna, 1962, Bd. II, S. 523–554.

[5–266] *Tempelman, W.H.*: Selected problems in optimum ballistic descent from orbit. Astronaut. Acta **8**, 193–204 (1962).

[5–267] *Wang, K.* und *Lu Ting*: Approximate solutions for re-entry trajectories with aerodynamic forces. Astronaut. Acta **8**, 28–41 (1962).

[5–268] *Elms, R. V. jr.*: Projectile range in excess of 180°. AIAA Journal **1**, 2406–2408 (1963).

[5–269] *Grant, F. C.*: A theory of space probe entry under conditions of high mass loss. NASA TR 162 (1963).

[5–269a] *Hoppe, H.*: Flugbahnen für Wiedereintrittskörper mit Auftriebsvermögen. 2. Lehrgang für Raumfahrttechnik (Braunschweig 1963) Bd. II, 302–1/28.

[5–270] *Loh, W.H.T.*: Some exact analytical solutions of planetary entry. AIAA Journal **1**, 836–842 (1963).

[5–271] *Shen, Y. C.*: Series solution of equations for re-entry vehicles with variable lift and drag coefficients. AIAA Journal **1**, 2487–2490 (1963).

[5–272] *Wang, H. E.* und *S. T. Chu*: Variable-lift re-entry at superorbital and orbital speeds. AIAA Journal **1**, 1047–1055 (1963).

[5–273] *Wingrove, R. C.*: Survey of atmosphere re-entry guidance and control methods. AIAA Journal **1**, 2019–2029 (1963) und NASA Tech. Rep. R. 151 (1963).

[5–274] *Broglio, L.*: A general theory on space and re-entry trajectories. AIAA Journal **2**, 1774–1781 (1964).

[5–275] *Brunn, W.*: Abstiegsbahnen für Raumflugkörper aus einer erdnahen Umlaufbahn. Jahrbuch 1964 der WGLR, S. 253–262.

[5–276] *Overesch, W.*: Untersuchungen zum Problem des Wiedereintritts von Raumflugkörpern mit aerodynamischem Auftrieb. Jahrbuch 1964 der WGLR, S. 263–271.

[5–277] *Citron, S. J.* und *T. C. Meir*: An analytic solution for entry into planetary atmospheres. AIAA Journal **3**, 470–475 (1965).

[5–278] *Loh, W.H.T.*: Extension of second-order theory of entry mechanics to oscillatory solutions. AIAA Journal **3**, 1688–1691 (1965).

[5–279] *Smith, R. L.*: Dynamics of an unusual spinning re-entry body. J. Spacecraft **2**, 895–901 (1965).

[5–280] *Spielberg, I. N.* und *C. B. Cohen*: Janus: a manned orbital spacecraft with staged re-entry. J. Spacecraft **2**, 531–536 (1965).

[5–281] *Wang, H. E.*: Motion of re-entry vehicles during constant-altitude glide. AIAA Journal **3**, 1346–1348 (1965).

Satellitenbahn (Abschnitt 5.3.)

[5–301] *Spitzer, L. jr.*: Perturbations of a satellite orbit. J. Brit. Interplanet. Soc. **9**, 131–136 (1950).

[5–302] *Krause, H. G. L.*: Die Säkularstörungen einer Außenstationsbahn. III. Kongr. Internat. Astronaut. Stuttgart, 1952, S. 162–173.

[5–303] *Schütte, K.*: Die Bahnbestimmung aus dem Vektor der Bahngeschwindigkeit und der Einfluß einer Änderung desselben auf die Bahnelemente. IV. Kongr. Internat. Astronaut. Zürich, 1953, S. 89–102 und Weltraumfahrt **4**, 98–107 (1953), **5**, 13–20 (1954).

[5–304] *Krause, H. G. L.*: Die säkularen und periodischen Störungen der Bahn eines künstlichen Erdsatelliten. VII. Kongr. Internat. Astronaut. Rom, 1956, S. 523–585.

[5–305] *Kooy, J. M. J.*: On the application of the method of variation of elliptic orbit elements in case of a satellite vehicle. Astronaut. Acta **3**, 179–214 (1957) und VII. Kongr. Internat. Astronaut. Rom, 1956, S. 705–739.

[5–306] *Roberson, R. E.*: Orbital behavior of earth satellites. J. Franklin Inst. **264**, 181–201, 269–285 (1957 II).

[5–307] *Gedeon, G. S.*: Orbital mechanics of satellites. Adv. in Astronaut. Sci., Bd. 3, S. 19/1–33 (1958).

[5–308] *Herrick, S.* und *R. M. L. Baker jr.*: Recent advances in astrodynamics. ARS Journal **28**, 649–654 (1958).

[5–309] *King-Hele, I. G.* und *R. H. Merson*: Satellite orbits in theory and practice. J. Brit. Interplanet. Soc. **16**, 446–471 (1958).

[5–310] *Perkins, F. M.*: An analytic solution for flight time of satellites in eccentric and circular orbits. Astronaut. Acta **4**, 113–134 (1958).

[5–311] *Vertregt, M.*: Die Bahnbestimmung aus dem Vektor der Bahngeschwindigkeit. Astronaut. Acta **4**, 135–137 (1958).

[5–312] *Gedeon, G. S.*: Kinematics of orbital motion. Adv. in Astronaut. Sci., Bd. 7, S. 87–98 (1960).

[5–313] *Gröbner, W.* und *F. Cap*: Perturbation theory of celestial mechanics using Lie series. XI. Kongr. Internat. Astronaut. Stockholm, 1960, S. 348–350.

[5–314] *Herrick, S.*: Observation requirement for precision orbit determination. In: N. J. Hopf und W. G. Vincenti (Herausg.): Aeronautics and Astronautics, Proc. Durand Centennial Conf., S. 417–434. New York, 1960.

[5–315] *Lanzano, P.*: Application of lunar theory to the motion of satellite. Adv. in Astronaut. Sci., Bd. 6, S. 507–523 (1960).

[5–316] *Weirauch, R. F.*: On the accuracy of an elliptic orbit determination. IX. Kongr. Internat. Astronaut. Stockholm, 1960, Bd. I, S. 377–384.

[5–317] *Kislik, M. D.*: The motion of an artificial satellite in the normal gravitational field of the earth. Artificial Earth Satellites **4**, 183–201 (1961).

[5–318] *Lur'e, A. I.*: Equations of disturbed motion in the Kepler problem. Artificial Earth Satellites **4**, 288–291 (1961).

[5–319] *Spiess, O. R.*: Two notes in orbit theory. XII. Kongr. Internat. Astronaut. Washington, D. C., 1961, Bd. I, S. 121–130.

[5–320] *Arcese, A.*: The importance of independent estimators in predicting orbital elements. J. Aero. Sci. **29**, 1001–1002 (1962).

[5–320a] *Dierstein, R.*: Bahnen im Schwerefeld. WGL-Lehrgang für Raumfahrttechnik (München 1962) Bd. II, 15–1/24.

[5–321] *Mită, M. M.*: Sur la possibilité de réalisation d'un vaisseau orbital stationnaire au-dessus d'un point non situé sur l'équateur terrestre. XIII. Kongr. Internat. Astronaut. Varna, 1962, Bd. II, S. 555–570.

[5–321a] *Schmidt, W.*: Bahnstörungen. WGL-Lehrgang für Raumfahrttechnik (München 1962) Bd. II, 17–1/18.

[5–322] *Thelan, H. T.*: Computation of satellite orbits by the Hansen method as modified by Musen. NASA TR 147 (1962).

[5–323] *Traenkle, C. A.*: Generalization and applications of the Keplerian time equation. Z. Flugwiss. **10**, 306–314 (1962).

[5–324] *Wen, Li Shu*: Differential expressions for nearly rectilinear and rectilinear closed orbits. J. Aero. Sci. **29**, 1102–1104 (1962).

[5–325] *Wen, Li Shu*: A unified treatment of „variation of parameters" and „differential expressions" methods in trajectory prediction and error analysis. J. Aero. Sci. **29**, 61–66, 120 (1962).

[5–326] *Wong, P.*: Nonsingular variation of parameter equations for computation of space trajectories. ARS Journal **32**, 264–265 (1962).

[5–327] *El'yasberg, P. E.*: Determination of orbits from two positions. Artificial Earth Satellites **13**, 3–24 (1963).

[5–328] *Haviland, R. P.* und *C. M. House*: Nonequatorial launching to equatorial orbits and general nonplanar launching. AIAA Journal **1**, 1336–1342 (1963).

[5–329] *Kislik, M. D.*: An analysis of the integrals of the equations of motion of an artificial satellite in the normal gravitational field of the earth. Artificial Earth Satellites **13**, 25–55 (1963).

[5–330] *Lidov, M. L.*: Evolution of the orbits of artificial satellites of planets as effected by gravitational perturbation from external bodies. AIAA Journal **1**, 1985–2002 (1963).

[5–331] *Beckwith, R. E.*: Approximate distribution of nearly circular orbits. AIAA Journal **2**, 913–916 (1964).

[5–332] *Bell, P. O.*: Orbit determination by angular measurements. AIAA Journal **2**, 1862–1864 (1964).

[5–333] *Chebotarew, G. A.*: Motion of an artificial earth satellite in an orbit of small eccentricity. AIAA Journal **2**, 203–208 (1964).

[5–334] *Danby, J. M. A.*: Matrix methods in the calculation and analysis of orbits. AIAA Journal **2**, 13–16 (1964).

[5–335] *Danby, J. M. A.*: The matrizant of Keplerian motion. AIAA Journal **2**, 16–19 (1964).

[5–336] *Lubowe, A. G.*: High accuracy orbit prediction from node to node Astronaut. Acta **10**, 253–261 (1964).

[5–336a] *Nigam, R. C.*: Orbital aspects of deployment of satellites. J. Astronaut. Sci. **11**, 37–45 (1964).
[5–337] *Schröter, W.*: Über die Bahnvoraussage von Erdsatelliten. Raumfahrtforschung **8**, 10–16 (1964).
[5–338] *Lorell, J.*: Long term behavior of artificial satellite orbits due to third-body perturbations. J. Astronaut. Sci. **12**, 142–149 (1965).
[5–339] *Musen, P.*: On thc high order effects in the methods of Krylov-Bogoliubov and Poincaré. J. Astronaut. Sci. **12**, 129–134 (1965).

Einfluß der Erdabplattung auf die Satellitenbahn (Abschnitt 5.4.)

[5–401] *Blitzer, L.* u. a.: Perturbations of a satellite's orbit due to the earth's oblateness. J. Appl. Phys. **27**, 1141–1149 (1956) und **28**, 279, 1362 (1957).
[5–402] *Allen, W. A.*: Effect on a rocket of the oblateness of a planet. ARS Journal **30**, 623–627 (1960).
[5–403] *Anthony, M. L.* u. a.: Escape from an oblate planet. Adv. in Astronaut. Sci., Bd. 7, S. 175–194 (1960).
[5–404] *Geyling, F. T.*: Satellite perturbations from extraterrestrial gravitation and radiation pressure. J. Franklin Inst. **269**, 375–407 (1960 I).
[5–405] *Hall, N. S.* und *H. F. Gawlowicz*: The oblatory perturbations of satellite orbits. Adv. in Astronaut. Sci., Bd. 6, S. 415–446 (1960).
[5–406] *Petty, C. M.* und *J. V. Breakwell*: Satellite orbits about a planet with rotational symmetry. J. Franklin Inst. **270**, 259–282 (1960 II).
[5–407] *Anthony, M. L.* und *G. E. Fosdick*: Satellite motions about an oblate planet. J. Aero. Sci. **28**, 789–802 (1961) und ARS Journal **31**, 1225–1232 (1961).
[5–408] *King-Hele, D. G.*: The effect of atmospheric oblateness on a satellite orbit. Astronaut. Acta **7**, 390–405 (1961).
[5–409] *Mersman, W. A.*: Theory of the secular variations in the orbit of a satellite of an oblate planet. NASA Tech. Rep. R–99 (1961).
[5–410] *Michielsen, H. F.*: The effects of earth's sectorial harmonics on a stationary satellite. XII. Kongr. Internat. Astronaut. Washington, D. C., 1961, Bd. I, S. 216–227.
[5–411] *Moc, M. M.* und *E. E. Karp*: Effect of earth oblateness on the anomalistic period of a satellite. ARS Journal **31**, 1462–1464 (1961).
[5–412] *Proskurin, V. F.* und *Y. V. Batrakov*: Perturbations of the first order in the motion of artificial satellites, caused by flattening of the earth. Artificial Earth Satellites **3**, 46–55 (1961).
[5–413] *Sarychew, V. A.*: Influence of the flattening of the earth on the motion of an artificial earth satellite. Artificial Earth Satellites **6**, 1–9 (1961).
[5–414] *Blitzer, L.*: Synchronous and resonant satellite orbits associated with equatorial ellipticity. ARS Journal **32**, 1016–1019 (1962).
[5–415] *Blitzer, L.*: Circular orbits in an axially symmetric gravitational field. ARS Journal **32**, 1102 (1962).

[5–416] *Brenner, J. L.*: The equatorial orbit of a near earth satellite. ARS Journal **32**, 1560–1563 (1962).

[5–417] *Frick, R. H.* und *T. B. Garber*: Perturbations of a synchronous satellite due to triaxiality of the earth. J. Aero. Sci. **29**, 1105–1111, 1114 (1962).

[5–418] *Lee, V. A.*: Atmosphere oblateness correction factor for circular satellite orbits. ARS Journal **32**, 102–103 (1962).

[5–419] *Lorell, J.* und *J. Anderson*: Precession rates for an artificial satellite. XIII. Kongr. Internat. Astronaut. Varna, 1962, Bd. I, S. 451–461.

[5–420] *Mersman, W. A.*: The critical inclination problem in satellite orbit theory. NASA Tech. Rep. R–148 (1962).

[5–421] *Sauer, C. G. jr.*: Perturbations of a hyperbolic orbit by an oblate planet. ARS Journal **32**, 714–717 (1962).

[5–422] *Sturms, F. M. jr.*: Nodal period for a circular earth satellite. ARS Journal **32**, 1037–1039 (1962).

[5–423] *Vries, de, J. P.*: The sun's perturbing effect on motion near a triangular Lagrange point. XIII. Kongr. Internat. Astronaut. Varna, 1962, Bd. I, S. 432–450.

[5–424] *Beletzkii, V. V.*: Orbit of an equatorial earth satellite. Artificial Earth Satellites **13**, 56–64 (1963).

[5–425] *Claus, A. J.* und *A. G. Lubowe*: A high accuracy perturbation method with direct application to communication satellite orbit prediction. Astronaut. Acta **9**, 275–301 (1963).

[5–426] *Escobal, P. R.*: Rise and set time of a satellite about an oblate planet. AIAA Journal **1**, 2306–2310 (1963).

[5–427] *Kalil, F.*: Minimum altitude variation orbits about an oblate planet. AIAA Journal **1**, 1655–1657 (1963).

[5–428] *Kalil, F.* und *F. Martikan*: Derivation of nodal period of an earth satellite and comparisons of several first-order secular oblateness results. AIAA Journal **1**, 2041–2046 (1963).

[5–429] *Perkins, F. M.*: Flight mechanics of the 24-hour satellite. AIAA Journal **1**, 848–851 (1963).

[5–430] *Geyling, F. T.*: Closed-form coordinate perturbations of elliptical orbits due to oblateness. Astronaut. Acta **11**, 196–201 (1965).

[5–431] *Lubowe, A. G.*: Application of Lagrange's planetary equations to orbits with low eccentricities, or low inclination, or both. J. Astronaut. Sci. **12**, 7–17 (1965).

Lebensdauer eines Satelliten (Abschnitt 5.5.)

[5–501] *Petersen, N. V.*: Lifetimes of satellites in near-circular and elliptic orbits. ARS Journal **26**, 341–351, 368 (1956) und VII. Kongr. Internat. Astronaut. Rom, 1956, S. 789–810.

[5–502] *Henry, I. G.*: Lifetimes of artificial satellites of the earth. ARS Journal **27**, 21–24 (1957).

[5–503] *Casei, C.* und *V. Giavoto*: Sul tempo di vita dei satelliti artificiali, IX. Kongr. Internat. Astronaut. Amsterdam, 1958, Bd. I, S. 343–358.
[5–504] *Molitz, H.*: Einfluß des Luftwiderstandes auf die Bewegung von Satelliten. Wehrtech. Monatshefte **55**, 593–607 (1958).
[5–505] *Nonweiler, T. R. P.*: Perturbation of elliptic orbits by atmospheric contact. J. Brit. Interplanet. Soc. **16**, 368–379 (1958).
[5–506] *Peterson, L. N.*: Motion of a satellite with friction. ARS Journal **28**, 750–752 (1958).
[5–507] *Roberson, R. E.*: Effect of air drag on elliptic satellite orbits. ARS Journal **28**, 90–96 (1958).
[5–508] *Roberson, R. E.*: Air drag effect on a satellite orbit described by difference equations in the revolution number. Quart. Appl. Math. **26**, 131–136 (1958).
[5–509] *Williams, H. E.*: The effect of drag on elliptic orbits. Adv. in Astronaut. Sci., Bd. 3, S. 35/1–10 (1958).
[5–510] *Baker, R. M. L. jr.*: Application of astronomical perturbation techniques to the return of space vehicles. ARS Journal **29**, 207–211 (1959).
[5–511] *Low, G. M.*: Nearly circular transfer trajectories for descending satellites. NASA Tech. Rep. R–3 (1959).
[5–512] *Michielsen, H. F.*: Orbit decay and prediction of the motion of artificial satellites. Adv. in Astronaut. Sci., Bd. 4, S. 255–310 (1959).
[5–513] *Rowell, L. N.* und *M. C. Smith*: Secular variation in the inclination of the orbit of the earth satellite (1957 β) and air drag. X. Kongr. Internat. Astronaut. London, 1959, Bd. I, S. 225–227.
[5–514] *Sterne, Th. E.*: Effect of the rotation of a planetary atmosphere upon the orbit of a close satellite. ARS Journal **29**, 777–782 (1959).
[5–515] *Gedeon, G. S.*: Determination of the characteristics of rapidly decaying orbits. Adv. in Astronaut. Sci., Bd. 6, S. 458–472 (1960).
[5–516] *Batrakov, Yu. V.* und *V. P. Proskurin*: Perturbations in the orbits of artificial satellites caused by air resistance. Artificial Earth Satellites **3**, 56–66 (1961).
[5–517] *Braunbeck, W.*: Das Satelliten-Paradoxon. Weltraumfahrt **12**, 138–140 (1961).
[5–518] *El'yasberg, P. E.*: Secular variations in orbit element as a function of air resistance. Artificial Earth Satellites **3**, 76–84 (1961).
[5–519] *Kovalevsky, J.*: Aspects analytiques du problème des perturbations d'un satellite artificiel. Astronaut. Acta **7**, 376–389 (1961).
[5–520] *Vincent, Th. L.*: Satellite life duration. ARS Journal **31**, 1015–1018 (1961).
[5–521] *Billik, B.*: Survey of current literature on satellite lifetimes. ARS Journal **32**, 1641–1650 (1962).
[5–522] *Crisp, J. D. C.*: The dynamics of supercircular multiple-pass atmospheric braking. Astronaut. Acta **8**, 1–27 (1962).
5–523] *Karrenberg, H. K.* u. a.: Variation of satellite position with uncertainities in the mean atmospheric density. ARS Journal **32**, 576–582 (1962).

[5–524] *Kork, J.*: Satellite lifetimes in elliptic orbits. J. Aero. Sci. **29**, 1273–1290, 1299 (1962).
[5–525] *Parsons, W. D.*: Orbit decay characteristics due to drag. ARS Journal **32**, 1876–1881 (1962).
[5–526] *Poor, J. G.* und *R. W. Dix*: Vehicle dynamics considerations at parabolic velocities. ARS Journal **32**, 1888–1891 (1962).
[5–527] *Brundin, C. L.*: Effects of charged particles on the motion of an earth satellite. AIAA Journal **1**, 2529–2538 (1963).
[5–528] *Citron, S. J.*: Satellite lifetimes under the influence of continuous thrust, atmospheric drag and planet oblateness. AIAA Journal **1**, 1355–1360 (1963).
[5–529] *Kalil, F.*: Effect of an oblate rotating atmosphere on the eccentricity, semimajor axis, and period of a close earth satellite. AIAA Journal **1**, 1872–1878 (1963).
[5–530] *Abdelkader, M. A.*: Approximate orbits of resisted satellites. Astronaut. Acta **10**, 328–338 (1964).
[5–531] *Denham, W. F.* und *A. F. Bryson jr.*: Optimal programming problems with inequality constraints II: Solution by steepest-ascent. AIAA Journal **2**, 25–34 (1964).
[5–532] *Lubowe, A. G.*: Drag perturbations in low eccentricity orbits. Astronaut. Acta **11**, 189–195 (1965).

Rendezvous-Manöver (Abschnitt 5.6.)

[5–601] *Lawden, D. F.*: Entry into circular orbits — I. J. Brit. Interplanet. Soc. **10**, 5–17 (1951).
[5–602] *Lawden, D. F.*: Inter-orbital transfer of a rocket. III. Kongr. Internat. Astronaut. Stuttgart, 1952, S. 146–161.
[5–603] *Lawden, D. F.*: The calculation of orbits. J. Brit. Interplanet. Soc. **14**, 204–214 (1955).
[5–604] *Ehricke, K. A.*: The satelloid. Astronaut. Acta **2**, 63–100 (1956).
[5–605] *Lawden, D. F.*: Transfer between circular orbits. ARS Journal **26**, 555–558 (1956).
[5–606] *Fried, B. D.*: On the powered flight trajectory of an earth satellite. ARS Journal **27**, 641–643 (1957).
[5–606a] *Benney, D. J.*: Escape from a circular orbit using tangential thrust. ARS Journal **28**, 167–169 (1958).
[5–607] *Dobrowalski, A.*: Micrithrust maneuver capabilities. Adv. in Astronaut. Sci., Bd. 3, S. 18/1–14 (1958).
[5–608] *Kelber, C. C.*: Next: Maneuverable satellites. Adv. in Astronaut. Sci., Bd. 3, S. 17/1–18 (1958).
[5–609] *Lawden, D. F.*: Optimal escape from a circular orbit. Astronaut. Acta **4**, 218–233 (1958).
[5–610] *Vargo, L. G.*: Optimal transfer between coplanar terminals in a gravitational field. Adv. in Astronaut. Sci., Bd. 3, S. 20/1–9 (1958).

[5–611] *Perkins, F. M.*: Flight mechanics of low-thrust spacecraft. J. Aero. Sci. **26**, 291–297 (1959).

[5–612] *Traenkle, C. A.*: Optimal programming and control of satellite orbits. Z. Flugwiss. **7**, 305–313 (1959).

[5–613] *Brunk, W. E.*: Transfer between noncoplanar orbits without minimum velocity requirements. Adv. in Astronaut. Sci., Bd. 7, S. 111–124 (1960).

[5–614] *DeBra, D. B.* und *B. H. Gundel*: Circularization of elliptic orbits. Adv. in Astronaut. Sci., Bd. 6, S. 536–555 (1960).

[5–615] *Godal, Th.*: Conditions of compatibility of terminal positions and velocities. XI. Kongr. Internat. Astronaut. Stockholm, 1960, Bd. I, S. 40–44.

[5–616] *Lawden, D. F.*: Optimal programme for correctional manoeuvres. Astronaut. Acta **6**, 195–205 (1960).

[5–617] *Long, R. S.*: Transfer between non-coplanar elliptical orbits. Astronaut. Acta **6**, 167–178 (1960).

[5–618] *Munick, H.* u. a.: Analytic solutions to several optimum orbit transfer problems. XI. Kongr. Internat. Astronaut. Stockholm, 1960, Bd. I, S. 423–430.

[5–619] *Rider, L.*: Ascent from inner circular to outer co-planar elliptic orbits. ARS Journal **30**, 254–258 (1960).

[5–620] *Roberson, R. E.*: Path control for satellite rendezvous. Adv. in Astronaut. Sci., Bd. 6, S. 192–228 (1960).

[5–621] *Soule, P. W.*: Rendezvous with satellites in elliptical orbits with low eccentricity. Adv. in Astronaut. Sci., Bd. 7, S. 138–147 (1960).

[5–622] *Ting, Lu*: Optimum orbital transfer by several impulses. Astronaut. Acta **6**, 256–265 (1960).

[5–623] *Altman, S. P.* und *J. S. Pistiner*: Hodograph analysis of the orbital transfer problem for coplanar nonaligned elliptical orbits. ARS Journal **31**, 1217–1225 (1961).

[5–624] *Altman, S. P.* und *J. S. Pistiner*: A new orbital rendezvous guidance concept and its mechanization. XII. Kongr. Internat. Astronaut. Washington, D. C., 1961, Bd. I, S. 254–272.

[5–625] *Breakwell, J. V.* u. a.: Researches in interplanetary transfer. ARS Journal **31**, 201–208 (1961).

[5–626] *Bruce, R. W.*: Satellite orbit sustaining techniques. ARS Journal **31**, 1237–1241 (1961).

[5–627] *Carstens, J. P.* und *T. N. Edelbaum*: Optimum maneuvers for launching satellites into circular orbits of arbitrary radius and inclination. ARS Journal **31**, 943–949 (1961).

[5–628] *Faulders, C. R.*: Minimum time steering programs for orbital transfer with low-thrust rockets. Astronaut. Acta **7**, 35–49 (1961).

[5–629] *Haynes, G. W.*: The calculus of variations approach to the general optimum impulsive transfer problem. XII. Kongr. Internat. Astronaut. Washington, D. C., 1961, Bd. I, S. 299–316.

[5–630] *Houbolt, J. C.*: Problems and potentialities of space rendezvous. Astronaut. Acta **7**, 406–429 (1961).

[5–630a] *Lass, H.* und *J. Lorell*: Low acceleration takeoff from a satellite orbit. ARS Journal **31**, 24–28 (1961).

[5–631] *Nason, M. L.*: A terminal guidance law wich achieves collision based on Coriolis-balance techniques. Adv. in Astronaut. Sci., Bd. 8, S. 439–461 (1961).

[5–632] *Smith, F. T.*: Optimization of multistage orbit transfer processes by dynamic programming. ARS Journal **31**, 1553–1559 (1961).

[5–633] *Traenkle, C. A.*: Layout of satellite ferry operation. Z. Flugwiss. **9**, 334–341 (1961).

[5–634] *Traenkle, C. A.*: Ferry operation with elliptic satellite orbits. Z. Flugwiss. **9**, 407–417 (1961).

[5–635] *Young, J. W.* u. a.: Guidance of a space vehicle to a desired point on the earth's surface. Adv. in Astronaut. Sci., Bd. 8, S. 462–474 (1961).

[5–635a] *Dierstein, R.*: Aufstiegs- und Übergangsbahnen. WGL-Lehrgang für Raumfahrttechnik (München 1962) Bd. II, 16–1/22.

[5–636] *Eckel, K.*: Optimum transfer between non-coplanar elliptical orbits. Astronaut. Acta **8**, 177–192 (1962).

[5–637] *Fosdick, G. E.* und *M. L. Anthony*: Three-dimensional pulse optimization for vehicles desorbiting from circular orbits. Astronaut. Acta **8**, 343–375 (1962).

[5–638] *Gobetz, F. W.*: Optimal variable-thrust transfer of a power-limited rocket between neighboring circular orbits. ARS Journal **32**, 339–343 (1962).

[5–639] *Horner, J. M.*: Optimum two-impulse transfer between arbitrary coplanar terminals. ARS Journal **32**, 95–96 (1962).

[5–640] *Jantscher, H. N.* u. a.: Minimum energy analysis for the general problem of rendezvous in earth orbital space. ARS Journal **32**, 292–294 (1962).

[5–641] *Jurovics, S. A.* und *J. E. McIntyre*: The adjoint method and its application to trajectory optimization. ARS Journal **32**, 1354–1358 (1962).

[5–642] *Lass, H.* und *C. B. Solloway*: Motion of a satellite under the influence of a constant normal thrust. ARS Journal **32**, 97–100 (1962).

[5–643] *Lawden, D. F.*: Optimal intermediate-thrust arcs in a gravitational field. Astronaut. Acta **8**, 106–123 (1962).

[5–644] *Lieberman, S. I.*: Rendezvous acceptability regions based on energy considerations. ARS Journal **32**, 287–290 (1962).

[5–645] *London, H. S.*: Change of satellite orbit plane by aerodynamic maneuvering. J. Aero. Sci. **29**, 323–332 (1962).

[5–646] *Melbourne, W. G.* und *C. G. Sauer jr.*: Optimum thrust programs for power-limited propulsion systems. Astronaut. Acta **8**, 205–227 (1962).

[5–647] *Munick, H.*: Optimum orbital transfer using N-impulses. ARS Journal **32**, 1347–1350 (1962).

[5–648] *Regan, F. J.*: Comment on an orbital hodograph analysis by Altman and Pistiner. ARS Journal **32**, 113–114 (1962).

[5–649] *Roberson, R. E.*: An intermittent orbit sustaining technique. Astronaut. Acta **8**, 42–48 (1962).
[5–650] *Weiss, D. C.*: Maneuvring technique for changing the plane of circular orbits with minimum fuel expenditure. J. Aero. Sci. **29**, 368–369 (1962).
[5–651] *Anthony, M. L.* und *G. E. Fosdick*: Three-dimensional pulse optimization for vehicles disorbiting from elliptical orbits. Astronaut. Acta **9**, 81–106 (1963).
[5–652] *Barrar, R. B.*: An analytic proof that the Hohmann-type transfer is the true minimum two-impulse transfer. Astronaut. Acta **9**, 1–11 (1963).
[5–653] *Barrar, R. B.*: Two-impulse transfer vs. one-impulse transfer: analytic theory. AIAA Journal **1**, 65–68 (1963).
[5–654] *Billik, B. H.* und *C. M. Price*: Preferred schemes for multiple orbit transfer. AIAA Journal **1**, 1858–1861 (1963).
[5–655] *Bryson, A. E. jr.* u. a.: Optimal programming problems with inequality constraints. I: Necessary conditions for extremal solutions. AIAA Journal **1**, 2544–2550 (1963).
[5–656] *Eckel, K.*: Optimum transfer in a central force field with n impulses. Astronaut. Acta **9**, 302–324 (1963).
[5–656a] *Eckel, K.*: Numerical solutions of non-coaxial optimum transfer problems. J. Astronaut. Sci. **10**, 82–92 (1963).
[5–656b] *Fimple, W. R.*: An improved theory of the use of high- and low-thrust propulsion in combination. J. Astronaut. Sci. **10**, 107–113 (1963).
[5–657] *Gobetz, F. W.*: Optimum transfers between hyperbolic asymptotes. AIAA Journal **1**, 2034–2041 (1963).
[5–658] *Hanson, J. N.*: A simple method for approximating the optimal trajectory. AIAA Journal **1**, 1936–1938 (1963).
[5–659] *Hinz, H. K.*: Optimal low-thrust near-circular orbital transfer. AIAA Journal **1**, 1367–1371 (1963).
[5–660] *Kelley, H. J.*: Singular extremals in Lawden's problem of optimal rocket flight. AIAA Journal **1**, 1578–1580 (1963).
[5–661] *Kooy, J. M. J.*: On ascent guidance for rendezvous. Astronaut. Acta **9**, 140–166 (1963).
[5–662] *McCue, G. A.*: Optimum two-impulse orbital transfer and rendezvous between inclined elliptical orbits. AIAA Journal **1**, 1865–1872 (1963).
[5–663] *Moskowitz, S. E.*: On the accuracy of approximate thrust steering schedules in optimal correctional maneuvers. Astronaut. Acta **9**, 20–30 (1963).
[5–664] *Sconzo, P.*: An astronomical approach to the problem of satellite rendezvous. Astronaut. Acta **9**, 367–370 (1963).
[5–665] *Ting, Lu* und *M. Pierucci*: Optimum launching of a satellite by two impulses of unequal specific impulse. Astronaut. Acta **9**, 174–183 (1963).
[5–666] *Wang, K.*: Minimum time transfer between coplanar, circular orbits by two impulses and the propulsion requirements. Astronaut. Acta **9**, 12–19 (1963).
[5–667] *Zee, C.-H.*: Low-thrust oscillatory spiral trajectory. Astronaut. Acta **9**, 201–207 (1963).

[5–668] *Zee, C.-H.*: Low constant tangential thrust spiral trajectories. AIAA Journal **1**, 1581–1583 (1963).

[5–669] *Zee, C.-H.*: Effect of finite thrusting time in orbital maneuvers. AIAA Journal **1**, 60–64 (1963).

[5–670] *Auelmann, R. R.*: Trajectories with constant normal force starting from a circular orbit. AIAA Journal **2**, 561–563 (1964).

[5–671] *Billik, B. H.*: Some optimal low-acceleration rendezvous maneuvers. AIAA Journal **2**, 510–516 (1964).

[5–672] *Edelbaum, Th. N.*: Optimum low-thrust rendezvous and station keeping. AIAA Journal **2**, 1196–1201 (1964).

[5–673] *Grabin, C.*: Docking dynamics for rigid-body spacecraft. AIAA Journal **2**, 5–12 (1964).

[5–674] *Hempel, P.* und *J. Tschauner*: Über Beschleunigungsprogramme minimaler Übergangsenergie für das Rendezvous-Manöver. Astronaut. Acta **10**, 221–237 (1964).

[5–675] *Lee, G.*: An analysis of two-impulse orbital transfer. AIAA Journal **2**, 1767–1773 (1964).

[5–676] *McGill, R.* und *P. Kenneth*: Solution of variational problems by means of a generalized Newton-Raphson operator. AIAA Journal **2**, 1761–1766 (1964).

[5–677] *Metzger, R.*: Anwendung des Pontrjaginschen Maximumprinzips auf Rendezvousprobleme in der Raumfahrt. Jahrbuch 1964 der WGLR, S. 233–237.

[5–677a] *Peterson, E. L.*: Methods and application of optimization techniques. AGARDograph 92 (Okt. 1964), S. 109–162.

[5–677b] *Smith, F. T.*: The application of dynamic programming to orbit transfer processes. AGARDograph 92 (Okt. 1964), S. 22–78.

[5–678] *Tschauner, J.* und *P. Hempel*: Optimale Beschleunigungsprogramme für das Rendezvous-Manöver. Astronaut. Acta **10**, 296–307 (1964).

[5–679] *Vinh, N. X.*: A property of cotangential elliptical transfer orbits. AIAA Journal **2**, 1841–1844 (1964).

[5–680] *Anthony, M. L.* und *F. T. Sasaki*: Rendezvous problem for nearly circular orbits. AIAA Journal **3**, 1666–1673 (1965).

[5–681] *Bruce, R. W.*: Combined aerodynamic-propulsive orbital plane change maneuver. AIAA Journal **3**, 1286–1289 (1965).

[5–682] *Busemann, A.*: Minimalprobleme der Luft- und Raumfahrt. Z. Flugwiss. **13**, 401–411 (1965).

[5–683] *Conrad, D. A.*: Minimum fuel closed loop translation. AIAA Journal **3**, 952–954 (1965).

[5–684] *Edelbaum, Th. N.*: Optimum power-limited orbit transfer in strong gravity fields. AIAA Journal **3**, 921–925 (1965).

[5–685] *Johnson, D. P.*: Perturbation solutions for low-thrust rocket trajectories. AIAA Journal **3**, 1934–1936 (1965).

[5–685a] *Marchal, C.*: Transferts optimaux entre orbits elliptiques coplanaires (durée indifférente). Astronaut. Acta **11**, 432–445 (1965).

[5–685b] *Marec, J.-P.*: Transferts orbitaux économiques. Recherche Aérospatiale Nr. 105, 11–21 (1965).
[5–685c] *McCue, G. A.* und *D. F. Bender*: Numerical investigation of minimum impulse orbital transfer. AIAA Journal **3**, 2328–2334 (1965).
[5–686] *Moyer, H. G.*: Minimum impulse coplanar circle-ellipse transfer. AIAA Journal **3**, 723–726 (1965).
[5–687] *Pfeiffer, C. G.*: A dynamic programming analysis of multiple guidance corrections of a trajectory. AIAA Journal **3**, 1674–1681 (1965).
[5–687a] *Pierucci, M.*: Optimum orbital transfer by two impulses of unequal specific impulse. Astronaut. Acta **11**, 268–270 (1965).
[5–688] *Robbins, H. M.*: Optimality of intermediate-thrust arcs of rocket trajectories. AIAA Journal **3**, 1094–1098 (1965).
[5–689] *Tschauner, J.* und *P. Hempel*: Rendezvous zu einem in elliptischer Bahn umlaufenden Ziel. Astronaut. Acta **11**, 104–109 (1965).
[5–689a] *Tschauner, J.*: Neue Darstellung des Rendezvous bei elliptischer Zielbahn. Astronaut. Acta **11**, 312–321 (1965).
[5–690] *Vaccaro, R. J.* und *M. J. Kirby*: Rendezvous guidance of lifting aerospace vehicles. J. Spacecraft **2**, 705–711 (1965).
[5–690a] *de Veubeke, B. Fraeijs*: Canonical transformations and the thrust — coast — thrust optimal transfer problem. Astronaut. Acta **11**, 271–282 (1965).
[5–691] *Zehle, H.*: Zur Berechnung von Abflugspiralen kleiner Schubbeschleunigung. Z. Flugwiss. **13**, 385–387 (1965).

VI. Flugeigenschaften der drehsymmetrischen Flugkörper bei rückwirkungsfreien Rudern und ohne Flugregelung

Solange sich drehsymmetrische Flugkörper in tieferen Luftschichten bewegen und damit unter dem Einfluß von merklichen Luftkräften stehen, sind ihre Flugleistungen ebenso wie die der spiegelsymmetrischen Flugzeuge wesentlich von der richtigen Orientierung ihrer Symmetrieachse relativ zur Bewegungsrichtung abhängig. Eine Analyse der möglichen Drehbewegungen ist daher wieder unerläßlich. Als neues Element gegenüber spiegelsymmetrischen Flugzeugen erscheint hier die Möglichkeit der Stabilisierung mittels schneller Drehbewegungen um die Längsachse. Die damit verbundenen Fragen der sekundären Ballistik stehen im Mittelpunkt der folgenden Ausführungen.

In der hohen Atmosphäre ist die Orientierung eines Flugkörpers, z. B. eines Satelliten, praktisch ohne Einfluß auf die Fortbewegung des Schwerpunkts. Man kann hier daher die Fluglage beliebig wählen. Als bevorzugte Richtungen für die passive Stabilisierung (d. h. für die Stabilisierung ohne Regelung) kommen die Richtung des (inhomogenen) Schwerefelds der Erde, die Richtung der erdmagnetischen Feldstärke sowie die Richtung zur Sonne in Frage. Als Beispiel wird im letzten Abschnitt 6.5 die Stabilisierung mittels des Schwerefeldes betrachtet.

Literatur zu Kap. VI: [6–001 bis 539], S. 482.

6.1. Allgemeiner Ansatz für kleine Störungen einer ballistischen Flugbahn

6.1.1. Lagebeziehungen

Wir legen eine windstille Atmosphäre und als Inertialsystem ein geodätisches System (g) zugrunde und bezeichnen mit $\boldsymbol{b}_{01}$ die Richtung der Bahntangente der ungestörten Flugbahn zur Zeit t. Die genaue Definition der ungestörten Flugbahn (Index 0) wird in Abschnitt 6.2 gegeben. $\boldsymbol{b}_{01}$ ist Funktion von t. Die *Euler*schen Winkel von $\boldsymbol{b}_{01}$ relativ zum System (g) seien ψ_{b0} und ϑ_{b0}. Durch die Festsetzungen

$$\boldsymbol{b}_{02} = \frac{\boldsymbol{g}_3 \times \boldsymbol{b}_{01}}{\cos\vartheta_{b0}}; \qquad \boldsymbol{b}_{03} = \boldsymbol{b}_{01} \times \boldsymbol{b}_{02} \tag{6.1,1}$$

ergänzen wir $\boldsymbol{b}_{01}$ zu einem Dreibein (b_0).

Wir wollen nun annehmen, daß die Richtung $\boldsymbol{f}_1 \equiv \bar{\boldsymbol{f}}_1$ der Körperlängsachse und die Richtung $\boldsymbol{d}_1$ der gestörten Bahntangente nur wenig von $\boldsymbol{b}_{01}$ abweichen, so daß man in erster Näherung

$$(\boldsymbol{f}_1 \cdot \boldsymbol{b}_{01}) \approx 1; \qquad (\boldsymbol{d}_1 \cdot \boldsymbol{b}_{01}) \approx 1 \tag{6.1,2}$$

setzen kann. Man hat dann die Darstellung

$$\boldsymbol{f}_1 = \boldsymbol{b}_{01} + \sigma_y \boldsymbol{b}_{02} + \sigma_z \boldsymbol{b}_{03} \tag{6.1,3}$$

$$\boldsymbol{d}_1 = \boldsymbol{b}_{01} + \tau_y \boldsymbol{b}_{02} + \tau_z \boldsymbol{b}_{03} \tag{6.1,4}$$

Mit den *Euler*schen Winkeln der Einheitsvektoren $\boldsymbol{f}_1$ bzw. $\boldsymbol{d}_1$ stehen die Größen σ_y, σ_z, τ_y und τ_z in der Beziehung

$$\left.\begin{aligned} \sigma_y &= (\psi_f - \psi_{b0})\cos\vartheta_{b0} \qquad & \sigma_z &= -\vartheta_f + \vartheta_{b0} \\ \tau_y &= (\psi_d - \psi_{b0})\cos\vartheta_{b0} \qquad & \tau_z &= -\vartheta_d + \vartheta_{b0} \end{aligned}\right\} \tag{6.1,5}$$

Man bestätigt diese Relationen leicht durch die Anschauung, s. Abb. 6.1,1, oder indem man die Größen σ_y usw. gemäß Gl. (6.1,3) und (6.1,4)

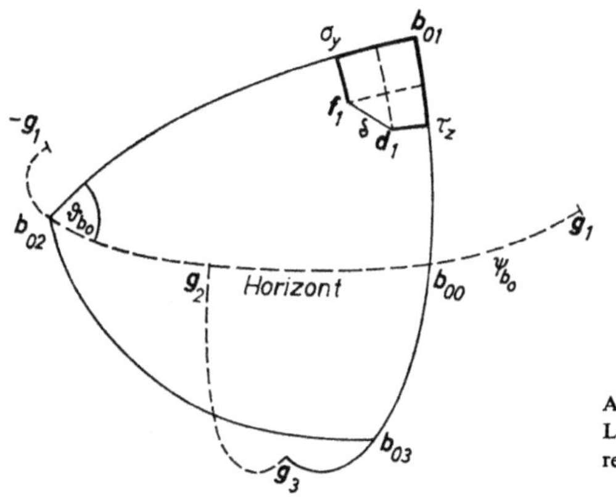

Abb. 6.1,1
Lage der Einheitsvektoren f_1 bzw. d_1 relativ zum System (b_0)

als innere Produkte von je zwei Einheitsvektoren darstellt und diese gemäß Gl. (1.3,24), S. 24, in Komponenten nach dem System (g) entwickelt. Entsprechend Gl. (6.1,1) ist auch

$$\bar{\boldsymbol{f}}_2 = \frac{\boldsymbol{g}_3 \times \boldsymbol{f}_1}{\cos\vartheta_f}; \qquad \bar{\boldsymbol{f}}_3 = \boldsymbol{f}_1 \times \bar{\boldsymbol{f}}_2 \tag{6.1,6}$$

Setzt man in die erste dieser Gleichungen gemäß Gl. (1.3,20)

$$g_3 = -b_{01}\sin\vartheta_{b0} + b_{03}\cos\vartheta_{b0} \tag{6.1,7}$$

ein, so erhält man in erster Näherung

$$\bar{f}_2 = -b_{01}\sigma_y + b_{02} - b_{03}\sigma_y\tan\vartheta_{b0} \tag{6.1,8}$$

Weiter wird

$$\bar{f}_3 = -b_{01}\sigma_z + b_{02}\sigma_y\tan\vartheta_{b0} + b_{03} \tag{6.1,9}$$

Insgesamt gilt für den Übergang vom System (b_0) zum System $(\bar{f})$ oder umgekehrt die Transformation

	b_{01}	b_{02}	b_{03}
$\bar{f}_1$	1	σ_y	σ_z
$\bar{f}_2$	$-\sigma_y$	1	$-\sigma_y\tan\vartheta_{b0}$
$\bar{f}_3$	$-\sigma_z$	$\sigma_y\tan\vartheta_{b0}$	1

(6.1,10)

Stellt man die Richtung g_3 nach Gl. (6.1,7) in Komponenten nach dem System $(\bar{f})$ dar, so ergibt sich mit Gl. (6.1,10) in erster Näherung

$$g_3 = f_1(-\sin\vartheta_{b0} + \sigma_z\cos\vartheta_{b0}) + \bar{f}_3(\cos\vartheta_{b0} + \sigma_z\sin\vartheta_{b0}) \tag{6.1,11}$$

Zerlegt man ferner d_1 im System $(\bar{f})$, so wird nach Gl. (6.1,4) und (6.1,10)

$$d_1 = \bar{f}_1 + (\tau_y - \sigma_y)\bar{f}_2 + (\tau_z - \sigma_z)\bar{f}_3 \tag{6.1,12}$$

Gemäß Abb. 1.3,6 und Gl. (1.3,30), S. 26, ist exakt

$$d_2 = \frac{d_1 \times f_1}{\sin\delta}; \qquad d_3 = d_1 \times d_2 \tag{6.1,13}$$

In erster Näherung wird hier

$$d_2 = \frac{\tau_z - \sigma_z}{\delta}\bar{f}_2 - \frac{\tau_y - \sigma_y}{\delta}\bar{f}_3 \tag{6.1,14}$$

Daraus folgt die Beziehung

$$\delta^2 = (\tau_y - \sigma_y)^2 + (\tau_z - \sigma_z)^2 \tag{6.1,15}$$

Damit wird

$$d_3 = -f_1\delta + \frac{\tau_y - \sigma_y}{\delta}\bar{f}_2 + \frac{\tau_z - \sigma_z}{\delta}\bar{f}_3 \tag{6.1,16}$$

Der Zusammenhang zwischen den Systemen (d) und $(\bar{f})$ wird also durch die Transformation

	$\bar{f}_1$	$\bar{f}_2$	$\bar{f}_3$
d_1	1	$\tau_y-\sigma_y$	$\tau_z-\sigma_z$
d_2	0	$\frac{\tau_z-\sigma_z}{\delta}$	$-\frac{\tau_y-\sigma_y}{\delta}$
d_3	$-\delta$	$\frac{\tau_y-\sigma_y}{\delta}$	$\frac{\tau_z-\sigma_z}{\delta}$

(6.1,17)

hergestellt. Gemäß Abb. 1.3,6, S. 26, gilt jetzt noch

$$f_3' = f_1 \times d_2 = \frac{\tau_y-\sigma_y}{\delta}\bar{f}_2 + \frac{\tau_z-\sigma_z}{\delta}\bar{f}_3 \tag{6.1,18}$$

Für das System (f') nach Abb. 1.3,6 besteht also folgender Zusammenhang mit dem System $(\bar{f})$

	f_1	$\bar{f}_2$	$\bar{f}_3$
f_1'	1	0	0
$d_2 = f_2'$	0	$\frac{\tau_z-\sigma_z}{\delta}$	$-\frac{\tau_y-\sigma_y}{\delta}$
f_3'	0	$\frac{\tau_y-\sigma_y}{\delta}$	$\frac{\tau_z-\sigma_z}{\delta}$

(6.1,19)

6.1.2. Kinematische Beziehungen

Die Drehgeschwindigkeit des Flugkörpers ist gemäß Gl. (1.4,5a), S. 31,

$$q \equiv q_{f/g} = \dot{\psi}_f g_3 + \dot{\vartheta}_f \bar{f}_2 + \dot{\varphi}_f f_1 \tag{6.1,20}$$

Wir wollen annehmen, daß $\dot{\psi}_f$ und $\dot{\vartheta}_f$ klein sind, so daß man Produkte kleiner Größen vernachlässigen kann. Im Falle eines pfeilstabilisierten Geschosses ist auch $\dot{\varphi}_f$ in diesem Sinne klein, nicht jedoch im Falle eines Drallgeschosses. Aus Gl. (6.1,5) folgt dann durch Differentiation

$$\dot{\psi}_f = \dot{\psi}_{b0} + \frac{\dot{\sigma}_y}{\cos\vartheta_{b0}}; \quad \dot{\vartheta}_f = \dot{\vartheta}_{b0} - \dot{\sigma}_z \tag{6.1,21}$$

Einsetzen in Gl. (6.1,20) unter Berücksichtigung von Gl. (6.1,11) gibt

$$q = \bar{f}_1(\dot{\varphi}_f - \dot{\psi}_{b0}\sin\vartheta_{b0} - \dot{\sigma}_y\tan\vartheta_{b0}) + \bar{f}_2(\dot{\vartheta}_{b0} - \dot{\sigma}_z) + \bar{f}_3(\dot{\psi}_{b0}\cos\vartheta_{b0} + \dot{\sigma}_y) \tag{6.1,22}$$

Die Bahngeschwindigkeit

$$\frac{\mathrm{d}s}{\mathrm{d}t} = V d_1 \tag{6.1,23}$$

läßt sich gemäß Gl. (6.1,12) in die Form setzen

$$\frac{\mathrm{d}\boldsymbol{s}}{\mathrm{d}t} = V[\bar{\boldsymbol{f}}_1 + (\tau_y - \sigma_y)\bar{\boldsymbol{f}}_2 + (\tau_z - \sigma_z)\bar{\boldsymbol{f}}_3] \qquad (6.1,24)$$

6.1.3. Kräftegleichungen

Damit wird die Beschleunigung bei Zerlegung im rollwinkelfreien System $(\bar{f})$ gemäß Gl. (1.5,39), S. 40, nach kurzer Zwischenrechnung

$$\frac{\mathrm{d}^2\boldsymbol{s}}{\mathrm{d}t^2} = \left\{ \begin{array}{l} \dot{V}\bar{\boldsymbol{f}}_1 + [\dot{V}(\tau_y - \sigma_y) + V(\dot{\psi}_{b0}\cos\vartheta_{b0} + \dot{\tau}_y)]\bar{\boldsymbol{f}}_2 + \\ \quad + [\dot{V}(\tau_z - \sigma_z) + V(-\dot{\vartheta}_{b0} + \dot{\tau}_z)]\bar{\boldsymbol{f}}_3 \end{array} \right\} \qquad (6.1,25)$$

Als Kräfte kommen in Frage:

Schub

$$\boldsymbol{S} = S\boldsymbol{f}_1 \qquad (6.1,26)$$

nach Gl. (1.7,27), S. 60.

Gewicht

$$\boldsymbol{G} = mg_n\boldsymbol{g}_3 = mg_n[(-\sin\vartheta_{b0} + \sigma_z\cos\vartheta_{b0})\bar{\boldsymbol{f}}_1 + (\cos\vartheta_{b0} + \sigma_z\sin\vartheta_{b0})\bar{\boldsymbol{f}}_3] \qquad (6.1,27)$$

nach Gl. (1.2,31), S. 7, und (6.1,11). Die Luftkräfte denken wir uns primär im System (d) gemessen; es sind dies

Widerstand

$$\boldsymbol{W} = -W\boldsymbol{d}_1 = -W[\bar{\boldsymbol{f}}_1 + (\tau_y - \sigma_y)\bar{\boldsymbol{f}}_2 + (\tau_z - \sigma_z)\bar{\boldsymbol{f}}_3] \qquad (6.1,28)$$

mit

$$W = c_W\, qF$$

nach Gl. (1.7,3), S. 52, und (6.1,12).

Auftrieb

$$\boldsymbol{A} = -A_\delta\delta\boldsymbol{d}_3 = -A_\delta[(\tau_y - \sigma_y)\bar{\boldsymbol{f}}_2 + (\tau_z - \sigma_z)\bar{\boldsymbol{f}}_3] \qquad (6.1,29)$$

mit

$$A_\delta = c_{A\delta}qF$$

nach Gl. (1.7,11), S. 55, und (6.1,16).

Magnuskraft

$$\boldsymbol{Q} = Q_\delta\delta\boldsymbol{d}_2 = Q_\delta[(\tau_z - \sigma_z)\bar{\boldsymbol{f}}_2 - (\tau_y - \sigma_y)\bar{\boldsymbol{f}}_3] \qquad (6.1,30)$$

mit

$$Q_\delta = -c_{Qx\delta}\, qF\frac{q_{xf}2l}{V}$$

$$q_{xf} = \dot{\varphi}_f - \dot{\psi}_{b0}\sin\vartheta_{b0} - \dot{\sigma}_y\tan\vartheta_{b0}$$

nach Gl. (1.7,17, 20), S. 58, und (6.1,22). Die *Newton*sche Kraftgleichung (1.5,6), S. 35, lautet damit bei Zerlegung in Komponenten nach dem rollwinkelfreien System $(\bar{f})$

$$\bar{f}_1:\ m\dot{V} = S + mg_n(-\sin\vartheta_{b0} + \sigma_z\cos\vartheta_{b0}) - W \qquad (6.1{,}31)$$

$$\bar{f}_2:\ m[\dot{V}(\tau_y - \sigma_y) + V(\dot{\psi}_{b0}\cos\vartheta_{b0} + \dot{\tau}_y)] = -(A_\delta + W)(\tau_y - \sigma_y) + Q_\delta(\tau_z - \sigma_z)$$

$$\bar{f}_3:\ m[\dot{V}(\tau_z - \sigma_z) + V(-\dot{\vartheta}_{b0} + \dot{\tau}_z)] =$$

$$= -(A_\delta + W)(\tau_z - \sigma_z) - Q_\delta(\tau_y - \sigma_y) + mg_n(\cos\vartheta_{b0} + \sigma_z\sin\vartheta_{b0})$$

Eliminiert man $\dot{V}$ mittels Gl. (6.1,31) aus den beiden anderer Kräftegleichungen, so werden diese

$$\bar{f}_2:\ mV(\dot{\psi}_{b0}\cos\vartheta_{b0} + \dot{\tau}_y) =$$

$$= -(A_\delta + S - mg_n\sin\vartheta_{b0})(\tau_y - \sigma_y) + Q_\delta(\tau_z - \sigma_z) \qquad (6.1{,}32)$$

$$\bar{f}_3:\ mV(-\dot{\vartheta}_{b0} + \dot{\tau}_z) = -(A_\delta + S - mg_n\sin\vartheta_{b0})(\tau_z - \sigma_z) -$$

$$-Q_\delta(\tau_y - \sigma_y) + mg_n(\cos\vartheta_{b0} + \sigma_z\sin\vartheta_{b0}) \qquad (6.1{,}33)$$

6.1.4. Momentengleichungen

Die Änderung des Gesamtdralls $\boldsymbol{h}$ bei Zerlegung im rollwinkelfreien System $(\bar{f})$ wird gemäß Gl. (1.5,79, 82), S. 46, und (6.1,22) nach kurzer Zwischenrechnung

$$\frac{\mathrm{d}\boldsymbol{h}}{\mathrm{d}t} = \left\{ \begin{array}{l} \bar{f}_1 J_{xf}(\ddot{\varphi}_f - \ddot{\psi}_{b0}\sin\vartheta_{b0} - \ddot{\sigma}_y\tan\vartheta_{b0}) \\ + \bar{f}_2[J_{yf}(\ddot{\vartheta}_{b0} - \ddot{\sigma}_z) + J_{xf}\dot{\varphi}_f(\dot{\psi}_{b0}\cos\vartheta_{b0} + \dot{\sigma}_y)] + \\ + \bar{f}_3[J_{yf}(\ddot{\psi}_{b0}\cos\vartheta_{b0} + \ddot{\sigma}_y) - J_{xf}\dot{\varphi}_f(\dot{\vartheta}_{b0} - \dot{\sigma}_z)] \end{array} \right\} \qquad (6.1{,}34)$$

Dabei wurde angenommen, daß die Trägheitsmomente J_{yf} und J_{zf} gleich sind und die Deviationsmomente J_{xyf} usw. verschwinden. Die Momente wollen wir im System (f') nach Abb. 1.3,6, S. 26, gemessen denken. Es kommen die folgenden in Frage:

Kippmoment

$$\boldsymbol{M}_{f'\mathrm{Kipp}} = M_{f'\delta}\,\delta f_2' = M_{f'\delta}[(\tau_z - \sigma_z)\bar{f}_2 - (\tau_y - \sigma_y)\bar{f}_3] \qquad (6.1{,}35)$$

mit $$M_{f'\delta} = c_{Mf'\delta}\,qFl$$

nach Gl. (1.7,52), S. 68, und (6.1,19).

Querdämpfungsmoment

$$\boldsymbol{M}_{f'\mathrm{Dämpf}} = \frac{(q_{y\bar{f}}\bar{f}_2 + q_{z\bar{f}}\bar{f}_3)\,l}{V}\,M_{f'y} \qquad (6.1{,}36)$$

mit $M_{f'y} = c_{Mf'y}\,qFl;\quad q_{y\bar{f}} = \dot{\vartheta}_{b0} - \dot{\sigma}_z;\quad q_{z\bar{f}} = \dot{\psi}_{b0}\cos\vartheta_{b0} + \dot{\sigma}_y$

gemäß Gl. (1.7,52, 66) S. 68, und (6.1,22).

Rolldämpfungsmoment

$$L_{f'} = L_{f'} f_1 \qquad (6.1,37)$$

mit $$L_{f'} = \frac{q_{xf} b}{2V} L_{f'x}; \qquad L_{f'x} = c_{Lf'x} qF \frac{b}{2}$$

$$q_{xf} = \dot{\varphi}_f - \dot{\psi}_{b0} \sin\vartheta_{b0} - \dot{\sigma}_y \tan\vartheta_{b0}$$

nach Gl. (1.7,62), S. 70, und (6.1,22).

Magnusmoment

$$N_{f'} = N_{f'\delta}\, \delta f_3' = N_{f'\delta}[(\tau_y - \sigma_y)\bar{f}_2 + (\tau_z - \sigma_z)\bar{f}_3] \qquad (6.1,38)$$

mit $$N_{f'\delta} = N_{f'\delta x} \frac{b q_{xf}}{2V}; \qquad N_{f'\delta x} = c_{N f'\delta x} qF \frac{b}{2}$$

gemäß Gl. (1.7,66), S. 71, und (6.1,22).
Die Momentengleichung (1.5,55), S. 43, lautet damit bei Komponentenzerlegung im rollwinkelfreien System $(\bar{f})$

$\bar{f}_1$:
$$\left.\begin{aligned} &J_{xf}(\ddot{\varphi}_f - \ddot{\psi}_{b0}\sin\vartheta_{b0} - \ddot{\sigma}_y \tan\vartheta_{b0}) = \\ &= L_{f'x} \frac{b}{2V} (\dot{\varphi}_f - \dot{\psi}_{b0}\sin\vartheta_{b0} - \dot{\sigma}_y \tan\vartheta_{b0}) \end{aligned}\right\} \qquad (6.1,39)$$

$\bar{f}_2$:
$$\left.\begin{aligned} &J_{yf}(\ddot{\vartheta}_{b0} - \ddot{\sigma}_z) + J_{xf}\dot{\varphi}_f(\dot{\psi}_{b0}\cos\vartheta_{b0} + \dot{\sigma}_y) = \\ &= M_{f'\delta}(\tau_z - \sigma_z) + \frac{l M_{f'y}}{V}(\dot{\vartheta}_{b0} - \dot{\sigma}_z) + N_{f'\delta}(\tau_y - \sigma_y) \end{aligned}\right\} \qquad (6.1,40)$$

$\bar{f}_3$:
$$\left.\begin{aligned} &J_{yf}(\ddot{\psi}_{b0}\cos\vartheta_{b0} + \ddot{\sigma}_y) - J_{xf}\dot{\varphi}_f(\dot{\vartheta}_{b0} - \dot{\sigma}_z) = \\ &= -M_{f'\delta}(\tau_y - \sigma_y) + \frac{l M_{f'y}}{V}(\dot{\psi}_{b0}\cos\vartheta_{b0} + \dot{\sigma}_y) + N_{f'\delta}(\tau_z - \sigma_z) \end{aligned}\right\} \qquad (6.1,41)$$

Diese Gleichungen beschreiben zusammen mit den Kräftegleichungen (6.1,31) bis (6.1,33) ganz allgemein bis auf Glieder, die von zweiter oder höherer Ordnung klein sind, die Bewegung eines rotationssymmetrischen Flugkörpers.

6.2. Ungestörte Bewegung

6.2.1. Allgemeine Formeln

Bei der ungestörten Bewegung (Index 0) ist definitionsgemäß zu jeder Zeit t

$$\tau_{y0} = \tau_{z0} = 0 \tag{6.2,1}$$

Außerdem wollen wir die ungestörte Flugbahn noch als quasistationär annehmen, und zwar in dem Sinne, daß in jedem Augenblick t alle Glieder, die mit $\dot{\sigma}_{y0}$, $\ddot{\sigma}_{y0}$, $\dot{\sigma}_{z0}$, $\ddot{\sigma}_{z0}$, $\ddot{\psi}_{b0}$ und $\ddot{\vartheta}_{b0}$ gebildet sind, in erster Näherung gegenüber den anderen Termen vernachlässigt oder als „quasistationäre" Korrekturglieder auf die rechte Seite der zugehörigen Gleichungen gesetzt werden können.

Für die ungestörte Bewegung lauten dann die Kräfte- und Momentengleichungen bei leichter Änderung der Reihenfolge

$$m\dot{V}_0 = S_0 + mg_n(-\sin\vartheta_{b0} + \sigma_{z0}\cos\vartheta_{b0}) - W_0 \tag{6.2,2}$$

$$J_{xf}\ddot{\varphi}_{f0} = \left(L_{f'x}\frac{b}{2V}\right)_0(\dot{\varphi}_{f0} - \dot{\psi}_{b0}\sin\vartheta_{b0}) + K_1 \tag{6.2,3}$$

$$\underline{mV_0\dot{\psi}_{b0}\cos\vartheta_{b0} - (A_{\delta0} + S_0 - mg_n\sin\vartheta_{b0})\sigma_{y0}} + Q_{\delta0}\sigma_{z0} = 0 \tag{6.2,4}$$

$$\underline{-mV_0\dot{\vartheta}_{b0}} - Q_{\delta0}\sigma_{y0} - (A_{\delta0} + S_0)\sigma_{z0} = \underline{mg_n\cos\vartheta_{b0}} \tag{6.2,5}$$

$$\underline{J_{xf}\dot{\varphi}_{f0}\dot{\psi}_{b0}\cos\vartheta_{b0}} - \left(\frac{lM_{f'y}}{V}\right)_0\dot{\vartheta}_{b0} + N_{f'\delta0}\sigma_{y0} + \underline{M_{f'\delta0}\sigma_{z0}} = K_2 \tag{6.2,6}$$

$$\left(\frac{lM_{f'y}}{V}\right)_0\dot{\psi}_{b0}\cos\vartheta_{b0} + \underline{J_{xf}\dot{\varphi}_{f0}\dot{\vartheta}_{b0} + M_{f'\delta0}\sigma_{y0}} - N_{f'\delta0}\sigma_{z0} = K_3 \tag{6.2,7}$$

mit

$$K_1 \equiv J_{xf}(\ddot{\psi}_{b0}\sin\vartheta_{b0} + \ddot{\sigma}_{y0}\tan\vartheta_{b0}) - \left(L_{f'x}\frac{b}{2V}\right)_0\dot{\sigma}_{y0}\tan\vartheta_{b0}$$

$$K_2 \equiv -J_{yf}(\ddot{\vartheta}_{b0} - \ddot{\sigma}_{z0}) - J_{xf}\dot{\varphi}_{f0}\dot{\sigma}_{y0} - \left(\frac{lM_{f'y}}{V}\right)_0\dot{\sigma}_{z0}$$

$$K_3 \equiv J_{yf}(\ddot{\psi}_{b0}\cos\vartheta_{b0} + \ddot{\sigma}_{y0}) + J_{xf}\dot{\varphi}_{f0}\dot{\sigma}_{z0} - \left(\frac{lM_{f'y}}{V}\right)_0\dot{\sigma}_{y0}$$

Dies ist ein System von 6 linearen Gleichungen zur iterativen Berechnung der Größen $\dot{V}_0$, $\ddot{\varphi}_{f0}$, $\dot{\psi}_{b0}\cos\vartheta_{b0}$, $\dot{\vartheta}_{b0}$, σ_{y0} und σ_{z0} bei bekannten Werten von V_0, ϑ_{b0} und $\dot{\varphi}_{f0}$. Wie man sieht, kann man die ersten beiden Gleichungen abspalten und das Teilsystem der letzten 4 Gleichungen vorab behandeln. Eine Auflösung dieses Teilsystems nach $\dot{\psi}_{b0}\cos\vartheta_{b0}$, $\dot{\vartheta}_{b0}$, σ_{y0} und σ_{z0} ist möglich, wenn seine Determinante

$$D = \begin{vmatrix} mV_0 & 0 & -(A_{\delta 0}+S_0-mg_n \sin\vartheta_{b0}) & Q_{\delta 0} \\ 0 & -mV_0 & -Q_{\delta 0} & -(A_{\delta 0}+S_0) \\ J_{xf}\dot{\varphi}_{f0} & -\left(\dfrac{lM_{f'y}}{V}\right)_0 & N_{f'\delta 0} & M_{f'\delta 0} \\ \left(\dfrac{lM_{f'y}}{V}\right)_0 & J_{xf}\dot{\varphi}_{f0} & M_{f'\delta 0} & -N_{f'\delta 0} \end{vmatrix} \tag{6.2,8}$$

nicht verschwindet. Dies wollen wir stets voraussetzen.

Praktisch interessieren nur die folgenden beiden Grenzfälle: Das langsam drallende Pfeilgeschoß mit $\dot{\varphi}_{f0} \to 0$ und das schnell drallende Geschoß.

6.2.2. Querbewegung

6.2.21. Pfeilgeschoß

Im Falle des Pfeilgeschosses vereinfacht sich die Determinante D nach Gl. (6.2,8) zu

$$D_0 = \begin{vmatrix} mV_0 & 0 & -(A_{\delta 0}+S_0-mg_n \sin\vartheta_{b0}) & 0 \\ 0 & -mV_0 & 0 & -(A_{\delta 0}+S_0) \\ 0 & -\left(\dfrac{lM_{f'y}}{V}\right)_0 & 0 & M_{f'\delta 0} \\ \left(\dfrac{lM_{f'y}}{V}\right)_0 & 0 & M_{f'\delta 0} & 0 \end{vmatrix}$$

oder

$$D_0 = \left\{ \begin{array}{l} \left[mV_0 M_{f'\delta 0} + (A_{\delta 0}+S_0-mg_n \sin\vartheta_{b0})\left(\dfrac{lM_{f'y}}{V}\right)_0\right] \cdot \\ \cdot \left[mV_0 M_{f'\delta 0} + (A_{\delta 0}+S_0)\left(\dfrac{lM_{f'y}}{V}\right)_0\right] \end{array} \right\} \tag{6.2,9}$$

Da der Term $mg_n \sin\vartheta_{b0}$ i. a. klein gegen $A_{\delta 0}$ ist, haben beide Faktoren i. w. den gleichen Wert. Um einen von Null verschiedenen Wert der Determinante zu erhalten, kommt es also darauf an, daß der Klammerausdruck

$$mV_0 M_{f'\delta 0} + (A_{\delta 0}+S_0)\left(\dfrac{lM_{f'y}}{V}\right)_0$$

von Null verschieden ist, in dem wiederum die Stabilität $M_{f'\delta 0}$ der Bewegung um die Querachse eine entscheidende Rolle spielt.

Der erste Klammerausdruck in Gl. (6.2,9) stellt die Determinante der ersten und vierten Gleichung des Systems (6.2,4) bis (6.2,7) dar. Da diese beiden Gleichungen in erster Näherung, d. h. für $K_3 = 0$, homogen sind, können sie nur die Lösung

$$\dot{\psi}_{b0}^{(1)} = 0; \qquad \sigma_{y0}^{(1)} = 0 \tag{6.2,10a}$$

haben. Aus den beiden anderen Gleichungen folgt

$$\left.\begin{aligned}
\dot{\vartheta}_{b0}^{(1)} &= \frac{-mg_n \cos\vartheta_{b0} M_{f'\delta 0}}{mV_0 M_{f'\delta 0} + (A_{\delta 0}+S_0)\left(\dfrac{lM_{f'y}}{V}\right)_0} \left(\approx \frac{-g_n\cos\vartheta_{b0}}{V_0}\right) \\
\sigma_{z0}^{(1)} &= \frac{-mg_n\cos\vartheta_{b0}\left(\dfrac{lM_{f'y}}{V}\right)_0}{mV_0 M_{f'\delta 0} + (A_{\delta 0}+S_0)\left(\dfrac{lM_{f'y}}{V}\right)_0} \left(\approx \frac{-g_n\cos\vartheta_{b0}}{V_0}\,\frac{\left(\dfrac{lM_{f'y}}{V}\right)_0}{M_{f'\delta 0}}\right)
\end{aligned}\right\} \tag{6.2,10b}$$

Die Anzahl der Iterationen bei der Auflösung des Gleichungssystems (6.2,4) bis (6.2,7) ist hier und im folgenden durch einen nach rechts oben gestellten Index (1) gekennzeichnet.

Bei der Untersuchung der Pendelbewegung in Abschnitt 6.3.12 werden wir finden, daß für die statische Stabilität die Bedingung $M_{f'\delta 0} < 0$ erfüllt sein muß. Da gemäß Abschnitt 1.7.221, S. 69, die Größe $M_{f'y}$ ebenfalls stets negativ ist, werden bei der ungestörten ballistischen Bewegung eines stabilen Pfeilgeschosses die Größen $\dot{\vartheta}_{b0}$ und σ_{z0} nach Gl. (6.2,10b) stets negativ. Die Geschoßachse ist also ein wenig steiler als die Bahntangente. Anschaulich kann man den Vorgang folgendermaßen beschreiben: Wegen der Erdanziehung dreht sich die Bahntangente mit der Winkelgeschwindigkeit $\dot{\vartheta}_{b0}$. Infolge der Luftdämpfung $\dot{\vartheta}_{b0}M_{f'y0}$ bleibt dabei die Längsachse f_1 ein wenig hinter der Bahntangente b_{01} zurück, bis ein genügend starkes Rückführmoment $-\sigma_{z0}M_{f'\delta 0}$ entstanden ist, welches dann zusammen mit der Luftdämpfung die konstante Drehgeschwindigkeit $\dot{\vartheta}_{b0}$ des Flugkörpers aufrechterhält.

Durch numerische Differentiation der gefundenen Größen $\dot{\vartheta}_{b0}^{(1)}$ usw. kann man jetzt die in den „quasistationären" Korrekturgliedern $K_{1,2,3}$ vorkommenden höheren Ableitungen berechnen und damit verbesserte Lösungen $\dot{\vartheta}_{b0}^{(2)}$ usw. bestimmen. Jedoch wollen wir annehmen, daß bereits die erste Näherung hinreichend genau ist ($\dot{\vartheta}_{b0}^{(1)} \approx \dot{\vartheta}_{b0}$ usw.).

6.2.22. Drallgeschoß

Im Falle des rasch rotierenden Geschosses ist i. a. die Mitnahme aller links stehenden Glieder in dem System der Gl. (6.2,7) erforderlich. Man kann jedoch u. U. das System durch Iteration lösen und sich dabei mit der ersten Näherung begnügen. Ein mögliches Iterationsverfahren, bei welchem den Drehimpulsänderungen eine primäre, dem *Magnus*effekt aber nur eine sekundäre Rolle zugewiesen wird, sei hier skizziert: Wir berücksichtigen in Gl. (6.2,4) bis (6.2,7) in erster Linie die unterstrichenen Glieder und denken uns die übrigen Summanden als Korrekturglieder, deren Wert wir in nullter Näherung als null annehmen, zu den „quasistationären" Korrekturgliedern K_2 und K_3 auf die rechte Seite gesetzt. Die Determinante der links gebliebenen Glieder lautet dann

$$D^{(1)} = \begin{vmatrix} mV_0 & 0 & -(A_{\delta 0}+S_0-mg_n \sin\vartheta_{b0}) & 0 \\ 0 & -mV_0 & 0 & 0 \\ J_{xf}\dot{\varphi}_{f0} & 0 & 0 & M_{f'\delta 0} \\ 0 & J_{xf}\dot{\varphi}_{f0} & M_{f'\delta 0} & 0 \end{vmatrix}$$

Ihr Wert ist

$$D^{(1)} = (mV_0 M_{f'\delta 0})^2 \tag{6.2,11}$$

Bei diesem Iterationsverfahren muß also $M_{f'\delta 0} \neq 0$ vorausgesetzt werden. In erster Näherung folgt dann aus Gl. (6.2,5)

$$\dot{\vartheta}_{b0}^{(1)} = \frac{-g_n \cos\vartheta_{b0}}{V_0}$$

sodann aus Gl. (6.2,7)

$$\sigma_{y0}^{(1)} = -\frac{J_{xf}\dot{\varphi}_{f0}}{M_{f'\delta 0}}\dot{\vartheta}_{b0}^{(1)}$$

ferner aus Gl. (6.2,4) (6.2,12)

$$\dot{\psi}_{b0}^{(1)}\cos\vartheta_{b0} = \frac{A_{\delta 0}+S_0-mg_n \sin\vartheta_{b0}}{mV_0}\sigma_{y0}^{(1)}$$

und schließlich aus Gl. (6.2,6)

$$\sigma_{z0}^{(1)} = -\frac{J_{xf}\dot{\varphi}_{f0}}{M_{f'\delta 0}}\dot{\psi}_{b0}^{(1)}\cos\vartheta_{b0}$$

Man kann diese Gleichungen folgendermaßen deuten: Die Bahntangente erfährt primär unter dem Einfluß der Schwerkraft eine Richtungsänderung mit der Winkelgeschwindigkeit $\dot{\vartheta}_{b0}$. Der Flugkörper hat nun, als Kreisel betrachtet, die Tendenz, seine Drallachse, die hier i. w. mit der Längsachse zusammenfällt, räumlich unverändert beizuhalten. Infolgedessen entsteht ein kleiner Anstellwinkel $-\sigma_{z0} > 0$, und das damit verbundene Luftkraftmoment $-\sigma_{z0} M_{f'\delta 0}\bar{\boldsymbol{f}}_2$ sucht, da $M_{f'\delta 0}$ bei einem Drallgeschoß stets positiv ist, die Längsachse noch mehr aufzurichten. Infolgedessen wandert sie im Falle von Rechtsdrall ($\dot{\varphi}_{f0} > 0$) mit der

Winkelgeschwindigkeit $\dot{\psi}_{b0}\cos\vartheta_{b0} > 0$ nach rechts und nimmt dabei die Bahntangente mit, die ihr in dem durch den entstehenden Auftrieb $\sigma_{y0} A_{\delta 0} \bar{f}_2$ bedingten Winkelabstand $\sigma_{y0} > 0$ nachfolgt. Mit σ_{y0} ist nun aber ein weiteres Luftkraftmoment $\sigma_{y0} M_{f'\delta 0} \bar{f}_3$ verbunden, welches die Längsachse wegen $M_{f'\delta 0} > 0$ noch weiter nach rechts zu drehen sucht. Infolgedessen wandert die Längsachse bei Rechtsdrall mit der Winkelgeschwindigkeit $\dot{\vartheta}_{b0} < 0$ nach unten aus, eilt dabei aber wegen der Beharrungstendenz des Drehimpulses der Bahntangente nach.

Bei der zweiten Iteration des Systems (6.2,4) bis (6.2,7) kommen nun auch der *Magnus*effekt, die Luftdämpfung sowie der mit $-\sigma_{z0}$ verbundene Auftrieb ins Spiel. Wenn es sich dabei zeigt, daß die mit dem *Magnus*effekt usw. zusammenhängenden Korrekturglieder klein genug gegenüber den links stehenden Termen sind, so kann man die Rechnung mit Gl. (6.2,12) abbrechen. Andernfalls muß man ein drittes Mal iterieren oder die Lösung exakt bestimmen. Prinzipiell könnte man bei der zweiten Iteration auch schon die „quasistationären" Korrekturglieder $K_{2,3}$ berücksichtigen, jedoch wird das in praxi nicht nötig sein.

6.2.3. Ungestörte Gesamtflugbahn

Wie die Betrachtung der ungestörten Querbewegung zeigt, erhält man insbesondere beim Drallgeschoß — aber auch schon beim Pfeilgeschoß — systematische Abweichungen der mittleren Flugbahn von der einfachen Schwerpunktsbahn nach Kapitel V, sobald man die Momentengleichungen und die *Magnus*kraft berücksichtigt. Es stellt sich damit die Aufgabe, eine ungestörte Gesamtflugbahn zu berechnen.

Man kann die Aufgabe hier zweckmäßig durch schrittweise Näherung gemäß Abschnitt 1.9.13, S. 84, lösen, indem man als erste Näherung die mittels der einfachen Schwerpunktsgleichungen erhaltenen Lösungen ${}^{(1)}V_0(t)$, ${}^{(1)}\vartheta_{b0}(t)$, ${}^{(1)}H_0(t)$, ${}^{(1)}x_0(t)$ und ${}^{(1)}y_0(t)$ nimmt und aus diesen mittels Gl. (6.2,3) eine erste Näherung für den zeitlichen Verlauf der Drallgeschwindigkeit ${}^{(1)}\dot{\varphi}_{f0}(t)$ bestimmt, falls es sich um ein Drallgeschoß handelt. Der nach links oben gestellte Index ${}^{(1)}$ usw. bezieht sich hier und im folgenden auf die jetzt besprochene äußere Iterationsschleife (also nicht auf die iterative Auflösung des Systems (6.2,4) bis (6.2,7)). Mittels dieser Angaben kann man in jedem Augenblick aus den Gln. (6.2,4) bis (6.2,7) die quasistationären Winkelgeschwindigkeiten ${}^{(2)}\dot{\vartheta}_{b0}(t)$ und ${}^{(2)}\dot{\psi}_{b0}(t)$ berechnen und aus diesen durch Integration verbesserte Lösungen ${}^{(2)}\vartheta_{b0}(t)$, ${}^{(2)}H_0(t)$, ${}^{(2)}x_0(t)$ und ${}^{(2)}y_0(t)$ bestimmen. Sofern noch eine weitere Iteration erforderlich ist, kann man jetzt auch verbesserte Größen ${}^{(2)}V_0(t)$ und ${}^{(2)}\dot{\varphi}_{f0}(t)$ aufstellen, indem man aus den Gln. (6.2,2) und (6.2,3) verbesserte Verläufe ${}^{(2)}\dot{V}_0(t)$ und ${}^{(2)}\ddot{\varphi}_{f0}(t)$ berechnet und diese integriert. Die ungestörte Gesamtflugbahn ist damit bei Vorgabe der Anfangsbedingungen für die Bahngeschwindigkeit und die Drallgeschwindigkeit unter der Voraussetzung, daß alle hier verwendeten Iterationsverfahren konvergieren — was in praxi sicher der Fall ist —, vollständig bestimmt.

6.3. Freie Schwingungen

6.3.1. Pendelbewegung

6.3.11. Allgemeine Formeln

Wir nehmen jetzt die ungestörte Bewegung als bekannt an und setzen

$$\left.\begin{aligned}\sigma_y-\sigma_{y0}&=\varrho_y\\ \sigma_z-\sigma_{z0}&=\varrho_z\end{aligned}\right\} \qquad (6.3,1)$$

Durch Kombination der Gln. (6.1,32), (6.1,33), (6.1,40) und (6.1,41) der Gesamtbewegung mit den entsprechenden Gln. (6.2,4) bis (6.2,7) der ungestörten Bewegung erhalten wir dann die linearisierten Störungsgleichungen der „sekundären" Ballistik

$$\bar{f}_2:\quad mV\dot{\tau}_y+(A_\delta+S-mg_\mathrm{n}\sin\vartheta_b)(\tau_y-\varrho_y)-Q_\delta(\tau_z-\varrho_z)=0 \qquad (6.3,2)$$

$$\bar{f}_3:\quad mV\dot{\tau}_z+(A_\delta+S)(\tau_z-\varrho_z)+Q_\delta(\tau_y-\varrho_y)-mg_\mathrm{n}\sin\vartheta_b\tau_z=0 \qquad (6.3,3)$$

$$\bar{f}_2:-J_{yf}\ddot{\varrho}_z+J_{xf}\dot{\varphi}_f\dot{\varrho}_y-M_{f'\delta}(\tau_z-\varrho_z)+\frac{lM_{f'y}}{V}\dot{\varrho}_z-N_{f'\delta}(\tau_y-\varrho_y)=0 \qquad (6.3,4)$$

$$\bar{f}_3:\quad J_{yf}\ddot{\varrho}_y+J_{xf}\dot{\varphi}_f\dot{\varrho}_z+M_{f'\delta}(\tau_y-\varrho_y)-\frac{lM_{f'\delta}}{V}\dot{\varrho}_y-N_{f'\delta}(\tau_z-\varrho_z)=0 \qquad (6.3,5)$$

Der einfacheren Schreibweise wegen wurde hier und im folgenden Text der Index „0" an den Koeffizienten überall unterdrückt; sie können aber stets mit den (zeitabhängigen) Werten der ungestörten Flugbahn gebildet werden. Nach einfacher Umordnung der Summanden lauten diese Gleichungen

$$\bar{f}_2:\quad \left.\begin{aligned}&\left(mV\frac{\mathrm{d}}{\mathrm{d}t}+A_\delta+S-mg_\mathrm{n}\sin\vartheta_b\right)\tau_y &&-\quad Q_\delta\tau_z\\ &-(A_\delta+S-mg_\mathrm{n}\sin\vartheta_b)\varrho_y &&+\quad Q_\delta\varrho_z\end{aligned}\right\}=0 \qquad (6.3,6)$$

$$\bar{f}_3:\quad \left.\begin{aligned}&Q_\delta\tau_y &&+\quad\left(mV\frac{\mathrm{d}}{\mathrm{d}t}+A_\delta+S-mg_\mathrm{n}\sin\vartheta_b\right)\tau_z\\ &-Q_\delta\varrho_y &&-\quad(A_\delta+S-mg_\mathrm{n}\sin\vartheta_b)\varrho_z\end{aligned}\right\}=0 \qquad (6.3,7)$$

$$
\bar{f}_2:\quad \left.\begin{matrix} -N_{f'\delta}\tau_y & - & M_{f'\delta}\tau_z \\ +\left(J_{xf}\dot{\varphi}_f\frac{\mathrm{d}}{\mathrm{d}t}+N_{f'\delta}\right)\varrho_y & + & \left(-J_{yf}\frac{\mathrm{d}^2}{\mathrm{d}t^2}+\frac{lM_{f'y}}{V}\frac{\mathrm{d}}{\mathrm{d}t}+M_{f'\delta}\right)\varrho_z \end{matrix}\right\} = 0 \tag{6.3,8}
$$

$$
\bar{f}_3:\quad \left.\begin{matrix} M_{f'\delta}\tau_y & - & N_{f'\delta}\tau_z \\ -\left(-J_{yf}\frac{\mathrm{d}^2}{\mathrm{d}t^2}+\frac{lM_{f'y}}{V}\frac{\mathrm{d}}{\mathrm{d}t}+M_{f'\delta}\right)\varrho_y & + & \left(J_{xf}\dot{\varphi}_f\frac{\mathrm{d}}{\mathrm{d}t}+N_{f'\delta}\right)\varrho_z \end{matrix}\right\} = 0 \tag{6.3,9}
$$

Um vollständige Symmetrie der Koeffizienten herzustellen, wurde im Koeffizienten von ϱ_z der Gl. (6.3,7) das unterstrichene, dem Betrage nach gegen A_δ kleine Glied $-mg_n \sin\vartheta_b$ hinzugefügt; das System ist dann immer noch exakt bei flachen Schüssen mit $|\vartheta_b| \ll \pi/2$.

Es ist nun zweckmäßig, die Größenpaare τ_y und τ_z sowie ϱ_y und ϱ_z als komplexe Zahlen in der *Gauß*schen Zahlenebene darzustellen. Multipliziert man nämlich Gl. (6.3,7) mit der imaginären Einheit i und Gl. (6.3,8) mit (—i) und addiert sie zu Gl. (6.3,6) bzw. zu Gl. (6.3,9), so erhält man die beiden Beziehungen

$$
\left.\begin{matrix} \left[mV\frac{\mathrm{d}}{\mathrm{d}t}+A_\delta+S-mg_n\sin\vartheta_b+\mathrm{i}Q_\delta\right](\tau_y+\mathrm{i}\tau_z) \\ -[A_\delta+S-mg_n\sin\vartheta_b+\mathrm{i}Q_\delta](\varrho_y+\mathrm{i}\varrho_z) \end{matrix}\right\} = 0 \tag{6.3,10}
$$

$$
\left.\begin{matrix} [M_{f'\delta}+\mathrm{i}N_{f'\delta}](\tau_y+\mathrm{i}\tau_z) \\ -\left[-J_{yf}\frac{\mathrm{d}^2}{\mathrm{d}t^2}+\left(\frac{lM_{f'y}}{V}+\mathrm{i}J_{xf}\dot{\varphi}_f\right)\frac{\mathrm{d}}{\mathrm{d}t}+M_{f'\delta}+\mathrm{i}N_{f'\delta}\right](\varrho_y+\mathrm{i}\varrho_z) \end{matrix}\right\} = 0 \tag{6.3,11}
$$

Um die Koeffizienten als zeitunabhängige Größen zu erhalten und damit die Methode des Exponentialansatzes anwenden zu können, wollen wir die Betrachtung jetzt auf die nähere Umgebung eines festen Zeitpunktes t^* beschränken. Wir können dann in den Koeffizienten die Zeitfunktionen $V(t)$, $\vartheta_b(t)$ und $\dot{\varphi}_f(t)$ durch ihre Werte zur Zeit $t = t^*$ annähern, was in einem hinreichend kleinen Zeitintervall $t^* \pm \Delta t_1$ sicher zulässig ist und im Falle des Auftretens schneller Schwingungen auch technisch interessante Ergebnisse liefert.

Der Exponentialansatz

$$
\left.\begin{aligned} \tau_y+\mathrm{i}\tau_z &= \tau^* \mathrm{e}^{\lambda(t-t^*)} \\ \varrho_y+\mathrm{i}\varrho_z &= \varrho^* \mathrm{e}^{\lambda(t-t^*)} \end{aligned}\right\} \tag{6.3,12}
$$

in dem τ^*, ϱ^* und λ zeitunabhängige komplexe Zahlen sind, führt nun in bekannter Weise, s. Abschnitt 1.9.21, S. 85, zu der charakteristischen Gleichung

$$\left.\begin{aligned}
&mVJ_{yf}F_3(\lambda) = 0 \\
&\text{mit} \\
&mVJ_{yf}F_3(\lambda) \equiv \\
&\equiv \begin{vmatrix} mV\lambda+A_\delta+S-mg_n\sin\vartheta_b+iQ_\delta & -(A_\delta+S-mg_n\sin\vartheta_b+iQ_\delta) \\ M_{f'\delta}+iN_{f'\delta} & -\left\{-J_{yf}\lambda^2+\left(\frac{lM_{f'y}}{V}+iJ_{xf}\dot{\Phi}_f\right)\lambda + M_{f'\delta}+iN_{f'\delta}\right\} \end{vmatrix}
\end{aligned}\right\} \quad (6.3,13)$$

Durch Spaltenaddition und Abspaltung des Faktors λ vereinfacht sich dieser Ausdruck sofort zu

$$\left.\begin{aligned}
&mVJ_{yf}F_3(\lambda) = \\
&= \lambda \begin{vmatrix} mV\lambda+A_\delta+S-mg_n\sin\vartheta_b+iQ_\delta & mV \\ M_{f'\delta}+iN_{f'\delta} & J_{yf}\lambda-\left(\frac{lM_{f'y}}{V}+iJ_{xf}\dot{\Phi}_f\right) \end{vmatrix}
\end{aligned}\right\} \quad (6.3,14)$$

Die Wurzel $\lambda = 0$ gibt, wie man aus Gl. (6.3,10) und (6.3,11) erkennt, die Lösung

$$\left.\begin{aligned} \tau_y+i\tau_z &= k_1 = \text{const} \\ \varrho_y+i\varrho_z &= k_1 \end{aligned}\right\} \quad (6.3,15a)$$

oder wegen Gl. (6.3,1)

$$\left.\begin{aligned} \sigma_y-\tau_y &= \sigma_{y0} \\ \sigma_z-\tau_z &= \sigma_{z0} \end{aligned}\right\} \quad (6.3,15b)$$

Sie bedeutet daher eine Parallelverschiebung der Größen τ^* und ϱ^* nach einem Impuls. Dies Verhalten des ballistischen Flugkörpers entspricht hinsichtlich der *seitlichen* Verschiebung σ_{y0} genau dem Verhalten eines Flugzeugs, welches sich stationär im symmetrischen Geradeausflug befindet und einen kleinen Seitenimpuls empfängt. Daß hier außerdem eine *vertikale* Verschiebung σ_{z0} eintritt, liegt daran, daß wir als Grundzustand nicht einen stabilen, sondern einen indifferenten Gleichgewichtszustand zugrundegelegt haben.

Ein spiegelsymmetrisches Flugzeug würde diese Art von Indifferenz im Windkanalversuch zeigen, wenn man dem Schwerpunkt erlaubt, quer zur Strömungsrichtung auszuweichen. Man erkennt das leicht, wenn man in den letzten beiden Gleichungen (3.2,21a); S. 231, $\Delta V = 0$ und $\vartheta_{e0} = 0$ setzt.

6.3.12. Pfeilgeschoß

Im Falle des Pfeilgeschosses ($\dot{\varphi}_f \approx 0$) lautet die charakteristische Gleichung (6.3,13) ausführlich bei Ausschluß der Wurzel $\lambda = 0$ und nach Division durch mVJ_{yf}

$$\left.\begin{aligned} &\lambda^2 + \left(\frac{A_\delta + S - mg_n \sin\vartheta_b}{mV} - \frac{lM_{f'y}}{VJ_{yf}}\right)\lambda \\ &- \left(\frac{M_{f'\delta}}{J_{yf}} + \frac{A_\delta + S - mg_n \sin\vartheta_b}{mV}\,\frac{lM_{f'y}}{VJ_{yf}}\right)\end{aligned}\right\} = 0 \qquad (6.3,16)$$

Für die statische Stabilität des Fluges ist die Größenbeziehung

$$M_{f'\delta} + \frac{A_\delta + S - mg_n \sin\vartheta_b}{mV} \cdot \frac{lM_{f'y}}{V} < 0 \qquad (6.3,17)$$

erforderlich. Da der zweite Summand schwach negativ ist, sind hiernach — im Unterschied zur Bewegung bei festgehaltenem Schwerpunkt — auch schwach positive Werte von $M_{f'\delta}$ zulässig. Es gibt nur eine einzige Schwingungsfrequenz. Ihre Periode beträgt, wenn der erste Summand in Gl. (6.3,17) stark überwiegt, annähernd

$$T_{\text{Pfeil}} = 2\pi \sqrt{\frac{J_{yf}}{-M_{f'\delta}}} \qquad (6.3,18)$$

Sie entspricht der Periode der schnellen Längsschwingung eines spiegelsymmetrischen Flugzeugs um seine Querachse. Die Geschoßachsenrichtung strebt dabei auf einer abgeplatteten Spirale ihrer asymptotischen Auslenkung zu.

Zahlenbeispiel: Für ein Pfeilgeschoß seien folgende Daten vorgelegt: Durchmesser $D = 0{,}10$ m, Länge $L = 0{,}85$ m, Querschnittsfläche $F = \pi D^2/4 = 0{,}007854$ m², Gewicht $G = 9$ kp, Trägheitsmomente $J_{xf} \doteq 0{,}006$ kp m s², $J_{yf} = 0{,}06$ kp m s², Flughöhe $H = 6$ km, Luftdichte $\varrho = 0{,}067280$ kp s² m⁻⁴, Schallgeschwindigkeit $a = 316$ m/s, Flugmachzahl $Ma = 1{,}9$, Fluggeschwindigkeit $V = a\,Ma = 600$ m/s, Abstand vom Geschoßende P zum Schwerpunkt S: $x_{PS} = 4{,}0\,D = 0{,}40$ m, Abstand vom Geschoßende P zum Druckpunkt D: $x_{PD} = 3{,}9D = 0{,}39$ m, Auftriebsbeiwert $c_{A\delta} = A/(\delta qF) = 6{,}0$, Kippmomentenbeiwert $c_{Mf'\delta} = M_{f'}/\delta qFD = -0{,}6$, $c_{Mf'y} = M_{qyf}/(qFD^2/V) = M_{f'y}/(qFD) = -72{,}04$, $\vartheta_b = 0$, $S = 0$.

Zwischenwerte: $Z_\delta/mV = (A_\delta + S - mg_n \sin\vartheta_b)/mV = 1{,}0364$ s^{-1}, $M_{f'\delta}/J_{yf} = -95{,}112$ s^{-2}, $M_{qyf}/J_{yf} = lM_{f'y}/J_{yf}V = -1{,}9032$ s^{-1}.

Koeffizienten der charakteristischen Gleichung $\lambda^2 + B\lambda + C = 0$ (6.3,16): $B = 2{,}9396$ s^{-1}, $C = 97{,}084$ s^{-2}.

Wurzeln: $\lambda = -\delta \pm i\omega$; $\delta = 1{,}4698$ s^{-1}, $\omega = 9{,}743$ s^{-1}, $T_{\text{Pfeil}} = 2\pi/\omega = 0{,}645$ s.

6.3.13. Drallgeschoß

Im Falle des Drallgeschosses ist i. a. wieder die Mitnahme aller Glieder der charakteristischen Gleichung (6.3,13) erforderlich. Mit den Abkürzungen

$$\left.\begin{aligned} u &\equiv \frac{A_\delta + S - mg_n \sin\vartheta_b + \mathrm{i}Q_\delta}{mV} \\ v &\equiv \frac{\dfrac{lM_{f'y}}{V} + \mathrm{i}J_{xf}\dot{\varphi}_f}{J_{yf}} \\ w &\equiv \frac{M_{f'\delta} + \mathrm{i}N_{f'\delta}}{J_{yf}} \end{aligned}\right\} \tag{6.3,19}$$

lautet sie nach Division durch $mVJ_{yf}\lambda$

$$\lambda^2 + (u-v)\lambda - uv - w = 0 \tag{6.3,20}$$

Ihre Lösung ist

$$\lambda = -\frac{u-v}{2} \pm \sqrt{\left(\frac{u+v}{2}\right)^2 + w} \tag{6.3,21}$$

Im Radikanden kann man den Ausdruck w dem Betrage nach als klein gegen $\left(\frac{u+v}{2}\right)^2$ ansehen. Daher ergeben sich näherungsweise die beiden folgenden Wurzeln

$$\left.\begin{aligned} \lambda_1 &\approx v + \frac{w}{u+v} \\ \lambda_3 &\approx -u - \frac{w}{u+v} \end{aligned}\right\} \tag{6.3,22}$$

In der Wurzel λ_1 überwiegt der Beitrag von v, der nach Gl. (6.3,19) wegen $M_{f'y} < 0$ eine gedämpfte Schwingung und zwar eine rasche Nutation der Periode

$$T_{\text{Nutation}} \approx 2\pi \frac{J_{yf}}{J_{xf}\dot{\varphi}_f} \tag{6.3,23}$$

darstellt. In der Wurzel λ_3 kann man häufig die Größe u dem Betrage nach gegen v und w/v vernachlässigen. In diesem Falle wird, wenn man in w noch das *Magnus*moment gegen $M_{f'\delta}$ streicht,

$$\lambda_3 \approx -\frac{w}{v} \approx \frac{-M_{f'\delta}}{\dfrac{lM_{f'y}}{V} + \mathrm{i}J_{xf}\dot{\varphi}_f} \approx \frac{-M_{f'\delta}\dfrac{lM_{f'y}}{V}}{(J_{xf}\dot{\varphi}_f)^2} + \mathrm{i}\frac{M_{f'\delta}}{J_{xf}\dot{\varphi}_f} \tag{6.3,24}$$

Da beim Drallgeschoß i. a. $M_{f'\delta} > 0$, $M_{f'y} < 0$ ist, haben wir hier, falls die Vernachlässigung des Realteils von u gegen den Realteil von w/v berechtigt ist, eine schwach angefachte Präzessionsbewegung der Periode

$$T_{\text{Präzession}} = 2\pi \frac{J_{xf}\dot{\varphi}_f}{M_{f'\delta}} \tag{6.3,25}$$

Die Richtung der Geschoßachse beschreibt dabei einen sich langsam erweiternden Präzessionskegel, der von abklingenden Nutationen überlagert ist.

Es ist allerdings — insbesondere bei drallenden Raketen — durchaus der Fall möglich, daß auch die Präzessionsbewegung gedämpft ist: Spaltet man in Gl. (6.3,20) die Größen λ, u, v, w in Realteil (Index „r") und Imaginärteil (Index „i") auf, also $\lambda = \lambda_r + i\lambda_i$ usw., so wird die Stabilitätsgrenze offenbar für $\lambda_r = 0$ erreicht. Gl. (6.3,20) schreibt sich unter dieser Bedingung

$$-\lambda_i^2 + [u_r - v_r + i(u_i - v_i)]\,i\lambda_i - (u_r + iu_i)(v_r + iv_i) - (w_r + iw_i) = 0 \tag{6.3,26}$$

oder unter Aufspaltung in Real- und Imaginärteil

$$\left.\begin{aligned} -\lambda_i^2 - \lambda_i(u_i - v_i) - u_r v_r + u_i v_i - w_r &= 0 \\ \lambda_i(u_r - v_r) - u_i v_r - u_r v_i - w_i &= 0 \end{aligned}\right\} \tag{6.3,27}$$

Elimination von λ_i aus diesen beiden Gleichungen führt zur Indifferenzbedingung

$$\left.\begin{aligned} -\left(\frac{u_i v_r + u_r v_i + w_i}{u_r - v_r}\right)^2 - \frac{u_i v_r + u_r v_i + w_i}{u_r - v_r}(u_i - v_i) \\ - u_r v_r + u_i v_i - w_r \end{aligned}\right\} = 0 \tag{6.3,28}$$

Größere Variationen sind hier noch bei den Größen

$$v_i \equiv \frac{J_{xf}\dot{\varphi}_f}{J_{yf}} \quad \text{und} \quad w_r \equiv \frac{M_{f'\delta}}{J_{yf}}$$

möglich. Es liegt daher nahe, die Indifferenzbedingung als Kurve in einem v_i, w_r-Diagramm darzustellen; sie erscheint dabei als Parabel.

Die Darstellung wird besonders einfach, wenn man den *Magnus*effekt sowohl in der Kräfte- wie in der Momentengleichung vernachlässigen, also

$$u_i = w_i = 0 \tag{6.3,29}$$

setzen kann. Gl. (6.3,28) vereinfacht sich dabei zu

$$-\left(\frac{u_r v_i}{u_r - v_r}\right)^2 + \frac{u_r v_i^2}{u_r - v_r} - u_r v_r - w_r = 0$$

oder mit

$$\frac{w_r}{u_r^2} = \bar{w}_r, \quad \frac{v_i}{u_r} = \bar{v}_i, \quad \frac{v_r}{u_r} = \bar{v}_r \tag{6.3,30}$$

in dimensionsloser Schreibweise:

$$\bar{w}_r = -\bar{v}_r + \bar{v}_i^2 \frac{-\bar{v}_r}{(1-\bar{v}_r)^2} \tag{6.3,31}$$

In einem $\bar{v}_i^2$, $\bar{w}_r$-Diagramm stellt sich die Indifferenzbedingung (6.3,31) als Gerade mit $\bar{v}_r$ als einzigem Parameter dar. Da im Normalfall

$$u_r = \frac{A_\delta + S - mg_n \sin\vartheta_b}{mV} > 0$$

und

$$v_r = \frac{lM_{f', y}}{VJ_{yf}} < 0$$

also

$$\bar{v}_r = \frac{v_r}{u_r} < 0$$

ist, schneidet diese Gerade die positive w_r-Achse und besitzt eine positive Steigung.

Für Punkte unterhalb bzw. oberhalb dieser Kurve ist die Bewegung stabil bzw. instabil, s. Abb. 6.3,1. Bei sehr geringer aerodynamischer

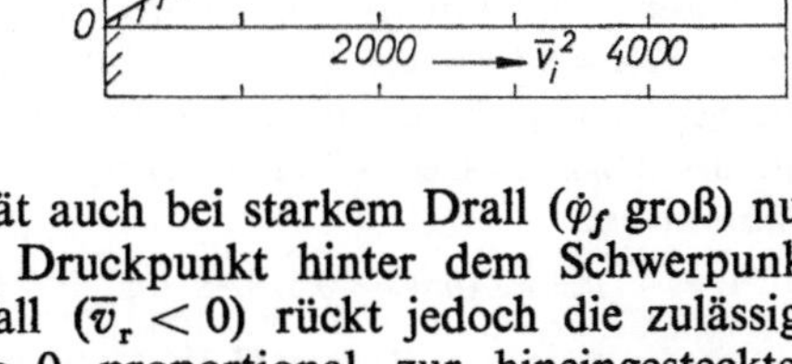

Abb. 6.3,1
Stabilitatsbereich des drallenden Flugkorpers bei Vernachlässigung des Magnuseffekts, vgl. Zahlenbeispiel

Dämpfung ($\bar{v}_r \to 0$) ist Stabilität auch bei starkem Drall ($\dot{\varphi}_f$ groß) nur dann zu erreichen, wenn der Druckpunkt hinter dem Schwerpunkt liegt ($M_{f',\delta} < 0$). Im Normalfall ($\bar{v}_r < 0$) rückt jedoch die zulässige Schwerpunktslage mit $M_{f',\delta} > 0$ proportional zur hineingesteckten Rotationsenergie $0{,}5 \cdot J_{xf} \dot{\varphi}_f^2$ nach hinten.

Von praktischer Bedeutung und zwar ohne Rücksicht auf die Stabilität des Geschoßfluges ist die Frage, wieviel Nutationen auf eine Präzession und wieviel Präzessionen auf die Geschoßbahn entfallen.

Je größer nämlich die erste Verhältniszahl, der sog. „*Stabilitätsfaktor*"

$$\bar{s} = \frac{\omega_{\text{Nutation}}}{\omega_{\text{Präzession}}} \approx \frac{(J_{xf}\dot{\varphi}_f)^2}{J_{yf}M_{f'\delta}} \tag{6.3,32}$$

ist, umso besser kompensieren sich die Wirkungen der Nutationsbewegungen während einer Präzession, umso weniger wird also die Flugbahn durch die Nutationsbewegungen gestört.

Entsprechend kann man die zweite Verhältniszahl, den sog. „*Folgsamkeitsfaktor*", durch die Gleichung

$$\bar{f} = \frac{\omega_{\text{Präzession}}}{|\dot{\vartheta}_{b_0}|} \approx \frac{M_{f'\delta}V}{J_{xf}|\dot{\varphi}_f|g_n\cos\vartheta_b} \tag{6.3,33}$$

definieren, s. Gl. (6.2,12), S. 451. Je größer $\bar{f}$ ist, umso besser kompensieren sich die Wirkungen der Präzessionsbewegungen während des Geschoßfluges, umso weniger ist also die gestörte Flugbahn durch die Präzessionsbewegungen bestimmt.

Als Anhaltswert für die Wahl der Konstruktionsdaten, insbesondere der Drallgeschwindigkeit $\dot{\varphi}_f$, kann man etwa

$$\bar{s} > 4, \quad \bar{f} > 4 \tag{6.3,34}$$

nehmen.

Nach Gl. (6.2,12) gilt übrigens für die ungestörte Flugbahn

$$|\sigma_{y_0}| \approx \frac{1}{\bar{f}}, \quad |\dot{\psi}_{b_0}\cos\vartheta_{b_0}| \approx \frac{A_\delta + S - mg_n\sin\vartheta_b}{mV\cdot\bar{f}} \tag{6.3,35}$$

Je größer also der Folgsamkeitsfaktor ist, umso geringer sind auch die seitlichen Abweichungen der ungestörten Flugbahn gemäß Abschnitt 6.2 von der gewöhnlichen ballistischen Kurve.

Zahlenbeispiel: Für ein Drallgeschoß seien dieselben Daten wie für ein Pfeilgeschoß im Zahlenbeispiel von Abschnitt 6.3.12, S. 456, angenommen mit Ausnahme der Werte $x_{PD} = 4{,}1D = 0{,}41$ m, $c_{A\delta} = 3{,}0$, $c_{Mf'\delta} = +0{,}30$, $c_{Mf'y} = -36{,}02$. Die Drallgeschwindigkeit sei zu $\dot{\varphi}_f = 2\pi 50 = 314{,}16\ \text{s}^{-1}$ angesetzt, die *Magnus*kraft und das *Magnus*moment sei vernachlässigt.

Zwischenwerte:

$$u_r = Z_\delta/mV = 0{,}5182\ \text{s}^{-1}, v_r = lM_{f'y}/VJ_{yf} = -0{,}9516\ \text{s}^{-1},$$

$$v_i = J_{xf}\dot{\varphi}_f/J_{yf} = 31{,}416\ \text{s}^{-1}, w_r = M_{f'\delta}/J_{yf} = 47{,}556\ \text{s}^{-2},$$

$$\bar{v}_i = v_i/u_r = 60{,}625, \bar{w}_r = w_r/u_r^2 = 177{,}10.$$

Koeffizienten der Indifferenzgeraden (6.3,31):

$$\bar{v}_r = v_r/u_r = -1{,}8364, \qquad -\bar{v}_r/(1-\bar{v}_r)^2 = 0{,}22826.$$

Der Betriebspunkt $B(\bar{v}_1^2 = 3675{,}4,\ \bar{w}_r = 177{,}1)$ liegt weit im Innern des Stabilitätsbereichs von Abb. 6.3,1. Man könnte bei gleicher Drallgeschwindigkeit den Koeffizienten $c_{Mf'\delta}$ vervierfachen, d. h. den Schwerpunkt S um etwa 0,03 m nach rückwärts verlegen oder bei festgehaltenem Schwerpunkt die Drallgeschwindigkeit $\dot{\varphi}_f$ halbieren, ohne die Stabilität zu gefährden. Aus Gl. (6.3,21) errechnet man anschließend die konjugiert komplexen Wurzeln

$$\lambda_{1,2} = -\delta_1 \pm \mathrm{i}\omega_1, \quad \delta_1 = 0{,}9761\ \mathrm{s}^{-1}, \quad \omega_1 = 29{,}822\ \mathrm{s}^{-1},$$

$$\lambda_{3,4} = -\delta_2 \pm \mathrm{i}\omega_2, \quad \delta_2 = 0{,}4937\ \mathrm{s}^{-1}, \quad \omega_2 = 1{,}594\ \mathrm{s}^{-1}$$

und damit die gekoppelten Schwingungszeiten $T_{\mathrm{Nutation}} = 2\pi/\omega_1 = 0{,}21068$ s, $T_{\mathrm{Präzession}} = 2\pi/\omega_2 = 3{,}9417$ s, die mit den Näherungswerten nach Gl. (6.3,23) bzw. (6.3,25) recht gut übereinstimmen. Ferner wird

$$\bar{s} = \left(\frac{J_{xf}\dot{\varphi}_f}{J_{yf}}\right) \frac{J_{yf}}{M_{f'\delta}} = \frac{v_1^2}{w_r} = \frac{\bar{v}_1^2}{\bar{w}_r} = 20{,}754,$$

$$\bar{f} = \frac{M_{f'\delta}}{J_{yf}} \frac{V}{g_n \cos\vartheta_b} \frac{J_{yf}}{J_{xf}\dot{\varphi}_f} = \frac{w_r}{v_1} \frac{V}{g_n} = 92{,}61.$$

Die Beziehungen (6.3,34) sind demnach erfüllt.

6.3.2. Bewegung in Richtung der Symmetrieachse

Durch Kombination der vollständigen Gleichungen (6.1,31) und (6.1,39), S. 446, mit den Gleichungen (6.2,2) und (6.2,3), S. 448, der ungestörten Bewegung erhalten wir jetzt weiter als Störungsgleichungen für die Bewegung in Richtung der Symmetrieachse

$$m\Delta\dot{V} = \frac{\partial(S-W)}{\partial V}\Delta V + \frac{\partial(S-W)}{\partial\delta}\Delta\delta + m g_n \cos\vartheta_b\, \varrho_z \qquad (6.3,36)$$

$$J_{xf}(\Delta\ddot{\varphi}_f - \ddot{\varrho}_y \tan\vartheta_b) = L_{f'x}\frac{b}{2V}(\Delta\dot{\varphi}_f - \dot{\varrho}_y \tan\vartheta_b) + \dot{\varphi}_f \frac{\partial}{\partial V}\left(L_{f'x}\frac{b}{2V}\right)\Delta V \qquad (6.3,37)$$

Dabei ist

$$\Delta\delta = \sqrt{(\tau_y-\sigma_y)^2 + (\tau_z-\sigma_z)^2} - \sqrt{\sigma_{y0}^2 + \sigma_{z0}^2} \qquad (6.3,38)$$

Betrachtet man die von der Pendelbewegung herrührenden Terme sowie das Glied mit ΔV in Gl. (6.3,37) als äußere Störungen, so lauten die homogenen Gleichungen der freien Schwingungen in Richtung der Längsachse einfacher

$$\left(m\frac{\mathrm{d}}{\mathrm{d}t} - \frac{\partial(S-W)}{\partial V}\right)\Delta V = 0 \qquad (6.3,39)$$

$$\left(J_{xf}\frac{\mathrm{d}}{\mathrm{d}t} - L_{f'x}\frac{b}{2V}\right)\Delta\dot{\varphi}_f = 0 \qquad (6.3,40)$$

Wie man sieht, besitzen die Bewegungsanteile ΔV und $\Delta\dot{\varphi}_f$ untereinander in erster Näherung keine Koppelung und klingen im Normalfall, d.h. für

$$\frac{\partial(S-W)}{\partial V} < 0, \qquad L_{f'x} < 0$$

nach einer Störung der Anfangsbedingungen exponentiell ab. Lediglich bei Geräten mit Staustrahlantrieb wäre in einem gewissen Geschwindigkeitsbereich eine exponentielle Zunahme von ΔV möglich, s. Abschnitt 3.2.233, S. 244.

Literatur zu Abschnitt 6.3: [6–301 bis 321], S. 482.

6.4. Erzwungene Bewegungen

6.4.1. Gestörte Pendelbewegung

6.4.11. Inhomogene Störungsglieder

Zu den Kräften und Momenten, die im Ansatz für den ungestörten Flug schon enthalten sind, s. Abschnitt 6.1, treten i. a. noch kleine Störkräfte und Störmomente, die durch irgendwelche Unsymmetrien der aerodynamischen Form, des Triebwerksschubes, der Rudermomente, der Massenverteilung o. dgl. verursacht sind.

Von den Störkräften und Störmomenten, die senkrecht zur Längsachse f_1 stehen, wird ein Teil, z. B. die oben ausdrücklich erwähnten, körperfest sein. Ist μ_f der konstante Richtungswinkel der Störkraft $\Delta \boldsymbol{K}$ bzw. des Störmoments $\Delta \boldsymbol{\Pi}$ relativ zum körperfesten System (f), so geben diese Störungen bei Zerlegung im rollwinkelfreien System $(\bar{f})$ Beiträge der Form

$$\left.\begin{aligned} \Delta \boldsymbol{K} &= \Delta Y \bar{\boldsymbol{f}}_2 + \Delta Z \bar{\boldsymbol{f}}_3 = \Delta K_0 [\bar{\boldsymbol{f}}_2 \cos(\mu_f + \varphi_f) + \bar{\boldsymbol{f}}_3 \sin(\mu_f + \varphi_f)] \\ &\text{bzw.} \\ \Delta \boldsymbol{\Pi} &= \Delta M \bar{\boldsymbol{f}}_2 + \Delta N \bar{\boldsymbol{f}}_3 = \Delta \Pi_0 [\bar{\boldsymbol{f}}_2 \cos(\mu_f + \varphi_f) + \bar{\boldsymbol{f}}_3 \sin(\mu_f + \varphi_f)] \end{aligned}\right\} \quad (6.4,1)$$

Ein anderer Teil der Störkräfte und Störmomente, die senkrecht zur Längsachse f_1 stehen, wird relativ zum System $(\bar{f})$ selbst einen konstanten Richtungswinkel $\mu_{\bar{f}}$ besitzen. Dazu gehören etwa Störungen durch Wind, durch Massenabgabe oder durch *Coriolis*kräfte infolge der Erddrehung. Diese Störungen liefern bei Komponentenzerlegung im rollwinkelfreien System $(\bar{f})$ Beiträge der Form

$$\left.\begin{aligned} \Delta \boldsymbol{K} &= \Delta Y \bar{\boldsymbol{f}}_2 + \Delta Z \bar{\boldsymbol{f}}_3 = \Delta K_0 [\bar{\boldsymbol{f}}_2 \cos \mu_{\bar{f}} + \bar{\boldsymbol{f}}_3 \sin \mu_{\bar{f}}] \\ &\text{bzw.} \\ \Delta \boldsymbol{\Pi} &= \Delta M \bar{\boldsymbol{f}}_2 + \Delta N \bar{\boldsymbol{f}}_3 = \Delta \Pi_0 [\bar{\boldsymbol{f}}_2 \cos \mu_{\bar{f}} + \bar{\boldsymbol{f}}_3 \sin \mu_{\bar{f}}] \end{aligned}\right\} \quad (6.4,2)$$

Wie früher betrachten wir die Übertragungsfunktionen und Frequenzgänge allgemein, d. h. ohne Rücksicht auf die Stabilität des Systems, setzen jedoch bei der Herleitung der Übergangsfunktionen immer Stabilität voraus.

6.4.12. Pfeilgeschoß

6.4.121. *Störkraft ΔK senkrecht zur Längsachse*

Wir untersuchen zunächst erzwungene Pendelbewegungen des Pfeilgeschosses und legen als homogenes Gleichungssystem die Gln. (6.3,10) und (6.3,11), S. 454, zugrunde. Die Wurzeln $\lambda_0 = 0$, λ_1 und λ_2 der charakteristischen Gl. (6.3,13) setzen wir als bekannt voraus. Bezüglich der von Gl. (6.3,22) abweichenden Bezeichnung der Wurzeln vergleiche man die Bemerkung im Anschluß an Gl. (6.4,15). Es genügt hier, die Störungen in der Form (6.4,2) anzusetzen. Die Funktion $F_3(s)$ nach Gl. (6.3,14) können wir in der Form schreiben

$$F_3(s) = s(s^2+2\zeta_{12}\omega_{12}s+\omega_{12}^2) \tag{6.4,3}$$

Die Größen ζ_{12} und ω_{12} stehen mit den Wurzeln λ_1, λ_2 nach Gl. (6.3,16) in der Beziehung

$$\left.\begin{aligned} \omega_{12}^2 &= \lambda_1\lambda_2 \\ 2\zeta_{12}\omega_{12} &= -(\lambda_1+\lambda_2) \end{aligned}\right\} \tag{6.4,4}$$

Bei einer zur Längsachse senkrechten Störkraft lautet die Störungsgleichung (6.3,10), S. 454, für ein Pfeilgeschoß mit der Abkürzung

$$Z_\delta \equiv A_\delta+S-mg_n\sin\vartheta_b \tag{6.4,5}$$

$$\left(mV\frac{\mathrm{d}}{\mathrm{d}t}+Z_\delta\right)(\tau_y+\mathrm{i}\tau_z)-Z_\delta(\varrho_y+\mathrm{i}\varrho_z) = \Delta Y+\mathrm{i}\Delta Z \tag{6.4,6}$$

wobei ΔY bzw. ΔZ von der Form (6.4,2) sind. Gl. (6.3,11) bleibt ungeändert. Da diese Gleichungen sofort in Komponentengleichungen mit reellen Koeffizienten zerfallen, so werden gemäß Abschnitt 1.9.241, S. 98, die Übertragungsfunktionen der Größen τ_y und ϱ_y in Bezug auf die Störung ΔY und die Übertragungsfunktionen der Größen τ_z, ϱ_z in Bezug auf die Störung ΔZ

$$F^{(s)}_{\tau_y/\Delta Y} = F^{(s)}_{\tau_z/\Delta Z} = \frac{J_{yf}s^2-\dfrac{lM_{f'y}}{V}s-M_{f'\delta}}{mVJ_{yf}F_3(s)} \tag{6.4,7a}$$

$$F^{(s)}_{\varrho_y/\Delta Y} = F^{(s)}_{\varrho_z/\Delta Z} = \frac{-M_{f'\delta}}{mVJ_{yf}F_3(s)} \tag{6.4,8a}$$

Die zugehörigen Frequenzgänge lassen sich im *Bode*-Diagramm ohne Schwierigkeit näherungsweise bestimmen; dabei genügt es, etwa die Komponente in Richtung $\bar{f}_2$ zu betrachten. Für $\omega \to \infty$ hat τ_y die Phasenverzögerung $\pi/2$, ϱ_y die Verzögerung $3\pi/2$. Für $\omega \to 0$ beträgt die Phasennacheilung in beiden Fällen $\pi/2$. Das System ist also astatisch. Aus diesem Grunde wollen wir hier Übergangsfunktionen für den Fall impulsartiger Störungen betrachten.

Bei einem *Sprung im Integralwert der Störfunktion* ΔY —entsprechende Formeln gelten für ΔZ — werden die Asymptoten der Übergangsfunktionen, falls Stabilität vorhanden ist, gemäß Gl. (1.9,114), S. 105,

$$\lim_{t\to\infty} \frac{\tau_y(t)}{\int\limits_0^\infty \Delta Y \mathrm{d}t} = \lim_{s\to 0} s\, F^{(s)}_{\tau_y/\Delta Y} = \frac{-M_{f'\delta}}{mVJ_{yf}\,\omega_{12}^2} \tag{6.4,7b}$$

$$\lim_{t\to\infty} \frac{\varrho_y(t)}{\int\limits_0^\infty \Delta Y \mathrm{d}t} = \lim_{s\to 0} s\, F^{(s)}_{\varrho_y/\Delta Y} = \frac{-M_{f'\delta}}{mVJ_{yf}\,\omega_{12}^2} \tag{6.4,8b}$$

In der Grenze $t \to 0$ gelten die Anfangsbedingungen

$$\left.\begin{aligned} &\lim_{t\to 0}\int\limits_0^t \tau_y \mathrm{d}t = 0, \quad \lim_{t\to 0}\int\limits_0^t \varrho_y \mathrm{d}t = 0, \quad \varrho_y = 0 \\ &\lim_{t\to 0}\int\limits_0^t \tau_z \mathrm{d}t = 0, \quad \lim_{t\to 0}\int\limits_0^t \varrho_z \mathrm{d}t = 0, \quad \varrho_z = 0 \end{aligned}\right\} \tag{6.4,9}$$

Daher wird auf Grund der Differentialgleichungen (6.4,6) u. (6.3,11), S. 454,

$$\lim_{t\to 0} \frac{\tau_y}{\int\limits_0^\infty \Delta Y \mathrm{d}t} = \frac{1}{mV} \tag{6.4,7c}$$

$$\lim_{t\to 0} \dot{\varrho}_y = 0 \tag{6.4,8c}$$

$$\lim_{t\to 0} \frac{\dot{\tau}_y}{\int\limits_0^\infty \Delta Y \mathrm{d}t} = \frac{-Z_\delta}{mV} \lim_{t\to 0} \frac{\tau_y}{\int\limits_0^\infty \Delta Y \mathrm{d}t} = \frac{-Z_\delta}{(mV)^2} \tag{6.4,7d}$$

$$\lim_{t\to 0} \frac{\ddot{\varrho}_y}{\int\limits_0^\infty \Delta Y \mathrm{d}t} = \frac{-M_{f'\delta}}{J_{yf}} \lim_{t\to 0} \frac{\tau_y}{\int\limits_0^\infty \Delta Y \mathrm{d}t} = \frac{-M_{f'\delta}}{mVJ_{yf}} \tag{6.4,8d}$$

Die Übergangsfunktionen auf eine impulsartige Störung von ΔY haben daher qualitativ das in Abb. 6.4,1 skizzierte Aussehen. Mittels der Formel (1.9,103), S. 103, kann man daraus durch Integration leicht die Übergangsfunktion auf einen Sprung in ΔY berechnen.

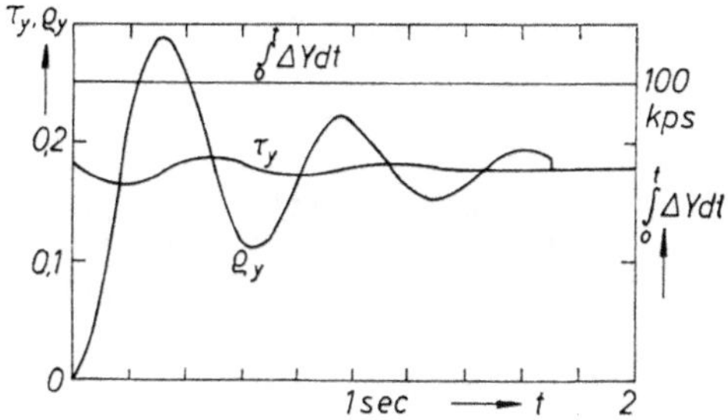

Abb. 6.4,1
Qualitativer Verlauf der Übergangsfunktionen eines Pfeilgeschosses bei einem Sprung des Integralwerts von ΔY, vgl. Zahlenbeispiel S. 466

6.4.122. *Störmoment $\Delta\Pi$ senkrecht zur Längsachse*

Im Falle eines zur Längsachse senkrechten Störmoments lautet die Störungsgleichung (6.3,11), S. 454, für ein Pfeilgeschoß

$$M_{f'\delta}(\tau_y+i\tau_z)+\left(J_{yf}\frac{d^2}{dt^2}-\frac{lM_{f'y}}{V}\frac{d}{dt}-M_{f'\delta}\right)(\varrho_y+i\varrho_z)=$$

$$=-i(\Delta M+i\Delta N) \qquad (6.4,10)$$

während Gl. (6.3,10) ungeändert bleibt. Da auch jetzt die Komponentengleichungen reelle Koeffizienten haben, erhält man als Übertragungsfunktionen

$$F^{(s)}_{\tau_y/\Delta N}=F^{(s)}_{\tau_z/-\Delta M}=\frac{Z_\delta}{mVJ_{yf}F_3(s)} \qquad (6.4,11a)$$

$$F^{(s)}_{\varrho_y/\Delta N}=F^{(s)}_{\varrho_z/-\Delta M}=\frac{mVs+Z_\delta}{mVJ_{yf}F_3(s)} \qquad (6.4,12a)$$

Für $\omega\to\infty$ hat τ_y die Phasenverzögerung $3\pi/2$, ϱ_y die Phasenverzögerung π.

Bei einem *Sprung im Integralwert der Störfunktion ΔN* werden die Asymptoten der Übergangsfunktionen im Falle der Stabilität

$$\lim_{t\to\infty}\frac{\tau_y(t)}{\int\limits_0^\infty \Delta N dt}=\lim_{s\to 0} sF^{(s)}_{\tau_y/\Delta N}=\frac{Z_\delta}{mVJ_{yf}\omega_{12}^2} \qquad (6.4,11b)$$

$$\lim_{t\to\infty}\frac{\varrho_y(t)}{\int\limits_0^\infty \Delta N dt}=\lim_{s\to 0} sF^{(s)}_{\varrho_y/\Delta N}=\frac{Z_\delta}{mVJ_{yf}\omega_{12}^2} \qquad (6.4,12b)$$

In der Grenze $t \to 0$ wird auf Grund der Anfangsbedingungen (6.4,9)

$$\lim_{t\to 0} \tau_y = 0 \tag{6.4,11c}$$

$$\lim_{t\to 0} \frac{\dot{\varrho}_y}{\int\limits_0^\infty \Delta N \mathrm{d}t} = \frac{1}{J_{yf}} \tag{6.4,12c}$$

$$\lim_{t\to 0} \dot{\tau}_y = 0 \tag{6.4,11d}$$

$$\lim_{t\to 0} \frac{\ddot{\varrho}_y}{\int\limits_0^\infty \Delta N \mathrm{d}t} = \frac{l M_{f'y}}{J_{yf} V} \lim_{t\to 0} \frac{\dot{\varrho}_y}{\int\limits_0^\infty \Delta N \mathrm{d}t} = \frac{l M_{f'y}}{J_{yf}^2 V} (< 0) \tag{6.4,12d}$$

$$\lim_{t\to 0} \frac{\ddot{\tau}_y}{\int\limits_0^\infty \Delta N \mathrm{d}t} = \frac{Z_\delta}{mV} \lim_{t\to 0} \frac{\dot{\varrho}_y}{\int\limits_0^\infty \Delta N \mathrm{d}t} = \frac{Z_\delta}{mV J_{yf}} (> 0) \tag{6.4,11e}$$

Für die Übergangsfunktionen auf eine impulsartige Störung des Moments ΔN erhält man daher qualitativ Verläufe nach Art der Abb. 6.4,2.

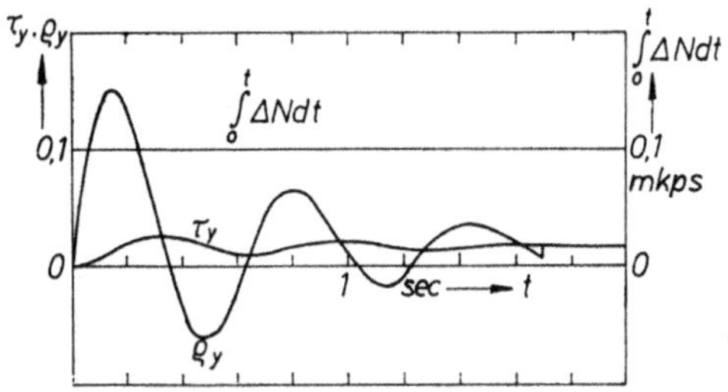

Abb. 6.4,2
Qualitativer Verlauf der Übergangsfunktionen eines Pfeilgeschosses bei einem Sprung des Integralwerts von ΔN, vgl. Zahlenbeispiel.

Zahlenbeispiel: Die Übergangsfunktionen der Abb. 6.4,1, 2 wurden mit den Werten des Zahlenbeispiels von Abschnitt 6.3.12, S. 456, durch numerische Integration nach dem Verfahren von *Runge-Heun-Kutta* berechnet. Dabei wurde neben τ_y und ϱ_y noch die Größe $\dot{\varrho}_y$ als abhängige Variable eingeführt. Für die Abb. 6.4,1 wurde das Stoßintegral $\int\limits_0^t \Delta Y \mathrm{d}t = 100$ kp s gewählt. Die zugehörigen Anfangsbedingungen sind dann $\varrho_y = \dot{\varrho}_y = 0$, $\tau_y = \frac{1}{mV} \int\limits_0^t \Delta Y \mathrm{d}t = 0{,}181604$ für $t = 0$. Für die Abb. 6.4,2 wurde das Stoßintegral $\int\limits_0^t \Delta N \mathrm{d}t = 0{,}1$ m kp s zugrundegelegt, bei dem die Anfangsbedingungen $\varrho_y = \tau_y = 0$, $\dot{\varrho}_y = \frac{1}{J_{yf}} \int\limits_0^t \Delta N \mathrm{d}t = 1{,}66667\ \mathrm{s}^{-1}$ für $t = 0$ lauten. Der Integrationsschritt τ wurde entsprechend der Winkelgeschwindigkeit $\omega = 9{,}743\ \mathrm{s}^{-1}$ des Zahlenbeispiels von S. 456 zu $\tau(\approx \pi/(10\omega)) = 0{,}05$ sec festgelegt. Die Amplituden der Bahnrichtung ($= \tau_y$) sind in beiden Fällen wesentlich kleiner als die der Körperlängsachse ($= \varrho_y$), sie besitzen aber die gleiche Periode. Ein Gegenbeispiel bieten die Übergangsfunktionen eines längsstabilen Flugzeugs, s. Abb. 3.3,2–4, S. 259 ff.

6.4.13. Drallgeschoß

6.4.131. *Nicht umlaufende Störungen*

6.4.1311. *Störkraft senkrecht zur Längsachse*

Im Falle der gestörten Pendelbewegung eines Drallgeschosses legen wir, um Übertragungsfunktionen mit reellen Koeffizienten zu erhalten, die homogenen Störungsgleichungen (6.3,6) bis (6.3,9), S. 453, zugrunde. Die zugehörige charakteristische Gleichung ist

$$(mVJ_{yf})^2 F_6(\lambda) = 0 \tag{6.4,13a}$$

mit

$$(mVJ_{yf})^2 F_6(\lambda) =$$

$$= \begin{vmatrix} mV\lambda + Z_\delta & -Q_\delta & -Z_\delta & Q_\delta \\ Q_\delta & mV\lambda + Z_\delta & -Q_\delta & -Z_\delta \\ -N_{f'\delta} & -M_{f'\delta} & J_{xf}\dot{\varphi}_f \lambda + N_{f'\delta} & -\left(J_{yf}\lambda^2 - \frac{lM_{f'y}}{V}\lambda - M_{f'\delta}\right) \\ M_{f'\delta} & -N_{f'\delta} & J_{yf}\lambda^2 - \frac{lM_{f'y}}{V}\lambda - M_{f'\delta} & J_{xf}\dot{\varphi}_f \lambda + N_{f'\delta} \end{vmatrix}$$

Durch Spaltenaddition erhält man die Form

$$(mVJ_{yf})^2 F_6(\lambda) = \lambda^2 \cdot$$

$$\begin{vmatrix} mV\lambda + Z_\delta & -Q_\delta & mV & 0 \\ Q_\delta & mV\lambda + Z_\delta & 0 & mV \\ -N_{f'\delta} & -M_{f'\delta} & J_{xf}\dot{\varphi}_f & -\left(J_{yf}\lambda - \frac{lM_{f'y}}{V}\right) \\ M_{f'\delta} & -N_{f'\delta} & J_{yf}\lambda - \frac{lM_{f'y}}{V} & J_{xf}\dot{\varphi}_f \end{vmatrix}$$

Zeilenkombination gibt

$$(mVJ_{yf})^2F_6(\lambda) = \lambda^2 \cdot$$
$$\begin{vmatrix} mV\lambda+Z_\delta+\mathrm{i}Q_\delta & \mathrm{i}(mV\lambda+Z_\delta+\mathrm{i}Q_\delta) & mV & \mathrm{i}mV \\ Q_\delta & mV\lambda+Z_\delta & 0 & mV \\ -N_{f'\delta} & -M_{f'\delta} & J_{xf}\dot{\varphi}_f & -\left(J_{yf}\lambda-\frac{lM_{f'y}}{V}\right) \\ M_{f'\delta}+\mathrm{i}N_{f'\delta} & \mathrm{i}(M_{f'\delta}+\mathrm{i}N_{f'\delta}) & \left(J_{yf}\lambda-\frac{lM_{f'y}}{V}-\mathrm{i}J_{xf}\dot{\varphi}_f\right) & \mathrm{i}\left(J_{yf}\lambda-\frac{lM_{f'y}}{V}-\mathrm{i}J_{xf}\dot{\varphi}_f\right) \end{vmatrix}$$

Nochmalige Spaltenkombination führt zu

$$(mVJ_{yf})^2F_6(\lambda) = \lambda^2 \cdot$$
$$\begin{vmatrix} mV\lambda+Z_\delta+\mathrm{i}Q_\delta & 0 & mV & 0 \\ Q_\delta & mV\lambda+Z_\delta-\mathrm{i}Q_\delta & 0 & mV \\ -N_{f'\delta} & -(M_{f'\delta}-\mathrm{i}N_{f'\delta}) & J_{xf}\dot{\varphi}_f & -\left(J_{yf}\lambda-\frac{lM_{f'y}}{V}+\mathrm{i}J_{xf}\dot{\varphi}_f\right) \\ M_{f'\delta}+\mathrm{i}N_{f'\delta} & 0 & \left(J_{yf}\lambda-\frac{lM_{f'y}}{V}-\mathrm{i}J_{xf}\dot{\varphi}_f\right) & 0 \end{vmatrix}$$

Durch Vertauschen der zweiten und dritten Spalte und leichte Umordnung der Zeilen erhält man schließlich die Form

$$(mVJ_{yf})^2F_6(\lambda) = \lambda^2 \cdot \tag{6.4,13b}$$
$$\begin{vmatrix} mV\lambda+Z_\delta+\mathrm{i}Q_\delta & mV & 0 & 0 \\ M_{f'\delta}+\mathrm{i}N_{f'\delta} & \left(J_{yf}\lambda-\frac{lM_{f'y}}{V}-\mathrm{i}J_{xf}\dot{\varphi}_f\right) & 0 & 0 \\ Q_\delta & 0 & mV\lambda+Z_\delta-\mathrm{i}Q_\delta & mV \\ N_{f'\delta} & -J_{xf}\dot{\varphi}_f & M_{f'\delta}-\mathrm{i}N_{f'\delta} & \left(J_{yf}\lambda-\frac{lM_{f'y}}{V}+\mathrm{i}J_{xf}\dot{\varphi}_f\right) \end{vmatrix}$$

Setzt man also $F_3(\lambda)$ nach Gl. (6.3,14) S. 455, in der Form an

$$F_3(\lambda) = \lambda(\lambda^2+a\lambda+b)$$

so wird

$$F_6(\lambda) = \lambda^2(\lambda^2+a\lambda+b)(\lambda^2+\bar{a}\lambda+\bar{b}) \tag{6.4,14}$$

wobei $\bar{a}$ bzw. $\bar{b}$ zu a bzw. b konjugiert komplex ist. Da nun nach Abschnitt 6.3.13, S. 457, λ_1 und λ_3 die Wurzeln der Gl. $\lambda^2+a\lambda+b=0$ sind, besitzt die Gl. $\lambda^2+\bar{a}\lambda+\bar{b}=0$ die Wurzeln

$$\lambda_2=\bar{\lambda}_1, \quad \lambda_4=\bar{\lambda}_3 \tag{6.4,15}$$

(Im Spezialfall des Pfeilgeschosses ist wegen $\lambda_3=\bar{\lambda}_1$ außerdem $\lambda_3=\lambda_2$ und $\lambda_4=\lambda_1$.) Durch Zusammenfassen der konjugiert komplexen Nullstellen können wir also die Funktion $F_6(s)$ in der Form schreiben

$$F_6(s)=s^2(s^2+2\zeta_{12}\,\omega_{12}s+\omega_{12}^2)(s^2+2\zeta_{34}\,\omega_{34}s+\omega_{34}^2) \tag{6.4,16}$$

mit

$$\left.\begin{array}{ll} \omega_{12}^2=\lambda_1\lambda_2 & \omega_{34}^2=\lambda_3\lambda_4 \\ 2\zeta_{12}\omega_{12}=-(\lambda_1+\lambda_2) & 2\zeta_{34}\omega_{34}=-(\lambda_3+\lambda_4) \end{array}\right\} \tag{6.4,17}$$

Beim Vorhandensein von nicht umlaufenden Störkräften senkrecht zur Längsachse ist auf der rechten Seite von Gl. (6.3,6) bzw. (6.3,7), S. 453, ΔY bzw. ΔZ hinzuzufügen, wobei diese Größen von der Form (6.4,2) sind. Als Übertragungsfunktionen ergeben sich

$$F^{(s)}_{\tau_y/\Delta Y}=F^{(s)}_{\tau_z/\Delta Z}= \tag{6.4,18a}$$

$$=\frac{s}{(mVJ_{yf})^2F_6(s)}\begin{vmatrix} mVs+Z_\delta & -Q_\delta & mV \\ -M_{f'\delta} & J_{xf}\dot{\varphi}_f s+N_{f'\delta} & -\left(J_{yf}s-\dfrac{lM_{f'y}}{V}\right) \\ -N_{f'\delta} & J_{yf}s^2-\dfrac{lM_{f'y}}{V}s-M_{f'\delta} & J_{xf}\dot{\varphi}_f \end{vmatrix}$$

$$F^{(s)}_{\tau_z/\Delta Y}=F^{(s)}_{\tau_y/-\Delta Z}= \tag{6.4,19a}$$

$$=\frac{-s}{(mVJ_{yf})^2F_6(s)}\begin{vmatrix} Q_\delta & 0 & -Z_\delta \\ -N_{f'\delta} & J_{xf}\dot{\varphi}_f & -\left(J_{yf}s^2-\dfrac{lM_{f'y}}{V}s-M_{f'\delta}\right) \\ M_{f'\delta} & J_{yf}s-\dfrac{lM_{f'y}}{V} & J_{xf}\dot{\varphi}_f s+N_{f'\delta} \end{vmatrix}$$

$$F^{(s)}_{\varrho_y/\Delta Y}=F^{(s)}_{\varrho_z/\Delta Z}= \tag{6.4,20a}$$

$$=\frac{s}{(mVJ_{yf})^2F_6(s)}\begin{vmatrix} Q_\delta & mVs+Z_\delta & mV \\ -N_{f'\delta} & -M_{f'\delta} & -\left(J_{yf}s-\dfrac{lM_{f'y}}{V}\right) \\ M_{f'\delta} & -N_{f'\delta} & J_{xf}\dot{\varphi}_f \end{vmatrix}$$

$$F^{(s)}_{\varrho_z/\Delta Y} = F^{(s)}_{\varrho_y/-\Delta Z} =$$

$$= \frac{-s}{(mVJ_{yf})^2 F_6(s)} \begin{vmatrix} Q_\delta & mVs + Z_\delta & 0 \\ -N_{f'\delta} & -M_{f'\delta} & J_{xf}\dot{\varphi}_f \\ M_{f'\delta} & -N_{f'\delta} & J_{yf}s - \frac{lM_{f'y}}{V} \end{vmatrix} \qquad (6.4{,}21\text{a})$$

Die zu den Übertragungsfunktionen (6.4,20a) und (6.4,21a) gehörigen Frequenzgänge lassen sich im *Bode*-Diagramm ohne Schwierigkeit näherungsweise darstellen, da die Zähler von zweitem Grade in s sind. In den beiden anderen Fällen muß man zunächst die Nullstellen der Zähler aufsuchen. Erste Näherungen dafür erhält man, wenn man das — i. a. leicht instabile — Rückstellmoment $M_{f'\delta}(>0)$ sowie das *Magnus*moment gleich Null setzt:

$$M_{f'\delta} \approx 0, \quad N_{f'\delta} \approx 0 \qquad (6.4{,}22)$$

Die Determinante von Gl. (6.4,18a) läßt sich dann in

$$|\ | = s(mVs + Z_\delta) \begin{vmatrix} J_{xf}\dot{\varphi}_f & -\left(J_{yf}s - \frac{lM_{f'y}}{V}\right) \\ J_{yf}s - \frac{lM_{f'y}}{V} & J_{xf}\dot{\varphi}_f \end{vmatrix} \qquad (6.4{,}18\text{a})'$$

die Determinante von Gl. (6.4,19a) in

$$|\ | = Q_\delta s \begin{vmatrix} J_{xf}\dot{\varphi}_f & -\left(J_{yf}s - \frac{lM_{f'y}}{V}\right) \\ J_{yf}s - \frac{lM_{f'y}}{V} & J_{xf}\dot{\varphi}_f \end{vmatrix} \qquad (6.4{,}19\text{a})'$$

zerlegen, woraus sich ohne weiteres erste Näherungen für die Nullstellen der Zähler ergeben. Durch Iteration kann man dann in bekannter Weise genauere Nullstellen bestimmen. Hinsichtlich der Phasenverschiebung für $\omega \to \infty$ gelten ähnliche Bemerkungen wie im Falle des Pfeilgeschosses.

Bei einem *Sprung im Integralwert der Störfunktion ΔY* werden die Asymptoten der Übergangsfunktionen bei vorausgesetzter Stabilität

$$\lim_{t\to\infty} \frac{\tau_y(t)}{\int_0^\infty \Delta Y \mathrm{d}t} = \lim_{s\to 0} sF^{(s)}_{\tau_y/\Delta Y} =$$

$$= \frac{1}{(mVJ_{yf}\omega_{12}\omega_{34})^2} \begin{vmatrix} Z_\delta & -Q_\delta & mV \\ -M_{f'\delta} & N_{f'\delta} & \frac{lM_{f'y}}{V} \\ -N_{f'\delta} & -M_{f'\delta} & J_{xf}\dot{\varphi}_f \end{vmatrix} (>0) \quad (6.4{,}18\text{b})$$

$$\lim_{t\to\infty} \frac{\tau_z(t)}{\int\limits_0^\infty \Delta Y \mathrm{d}t} = \lim_{s\to 0} sF^{(s)}_{\tau_z/\Delta Y} =$$

$$= \frac{-1}{(mVJ_{yf}\omega_{12}\omega_{34})^2} \begin{vmatrix} Q_\delta & 0 & -Z_\delta \\ -N_{f'\delta} & J_{xf}\dot{\varphi}_f & M_{f'\delta} \\ M_{f'\delta} & -\frac{lM_{f'y}}{V} & N_{f'\delta} \end{vmatrix} (<0) \quad (6.4{,}19\text{b})$$

$$\lim_{t\to\infty} \frac{\varrho_y(t)}{\int\limits_0^\infty \Delta Y \mathrm{d}t} = \lim_{t\to\infty} \frac{\tau_y(t)}{\int\limits_0^\infty \Delta Y \mathrm{d}t} \quad (6.4{,}20\text{b})$$

$$\lim_{t\to\infty} \frac{\varrho_z(t)}{\int\limits_0^\infty \Delta Y \mathrm{d}t} = \lim_{t\to\infty} \frac{\tau_z(t)}{\int\limits_0^\infty \Delta Y \mathrm{d}t} \quad (6.4{,}21\text{b})$$

Bei der Abschätzung der Vorzeichen wurden außer $\dot{\varphi}_f > 0$ und $M_{f'\delta} > 0$ die Annahmen benutzt, die oben zu den Wurzeln λ_1, λ_3 gemäß Gl. (6.3,22) führten.

Auf Grund der Differentialgleichungen sowie der Anfangsbedingungen (6.4,9) wird

$$\lim_{t\to 0} \frac{\tau_y}{\int\limits_0^\infty \Delta Y \mathrm{d}t} = \frac{1}{mV} \quad (6.4{,}18\text{c})$$

$$\lim_{t\to 0} \tau_z = 0 \quad (6.4{,}19\text{c})$$

$$\lim_{t\to 0} \dot{\varrho}_y = 0 \quad (6.4{,}20\text{c})$$

$$\lim_{t\to 0} \dot{\varrho}_z = 0 \quad (6.4{,}21\text{c})$$

$$\lim_{t\to 0} \frac{\dot{\tau}_y}{\int\limits_0^\infty \Delta Y \mathrm{d}t} = \frac{-Z_\delta}{mV} \lim_{t\to 0} \frac{\tau_y}{\int\limits_0^\infty \Delta Y \mathrm{d}t} = \frac{-Z_\delta}{(mV)^2} \quad (<0) \quad (6.4{,}18\text{d})$$

$$\lim_{t\to 0} \frac{\dot{\tau}_z}{\int\limits_0^\infty \Delta Y dt} = \frac{-Q_\delta}{mV} \lim_{t\to 0} \frac{\tau_y}{\int\limits_0^\infty \Delta Y dt} = \frac{-Q_\delta}{(mV)^2} \quad (>0) \qquad (6.4,19d)$$

$$\lim_{t\to 0} \frac{\ddot{\varrho}_y}{\int\limits_0^\infty \Delta Y dt} = \frac{-M_{f'\delta}}{J_{yf}} \lim_{t\to 0} \frac{\tau_y}{\int\limits_0^\infty \Delta Y dt} = \frac{-M_{f'\delta}}{mVJ_{yf}} \quad (<0) \qquad (6.4,20d)$$

$$\lim_{t\to 0} \frac{\ddot{\varrho}_z}{\int\limits_0^\infty \Delta Y dt} = \frac{-N_{f'\delta}}{J_{yf}} \lim_{t\to 0} \frac{\tau_y}{\int\limits_0^\infty \Delta Y dt} = \frac{-N_{f'\delta}}{mVJ_{yf}} \qquad (6.4,21d)$$

Insgesamt ergibt sich etwa der in Abb. 6.4,3 gezeigte Verlauf der Übergangsfunktionen.

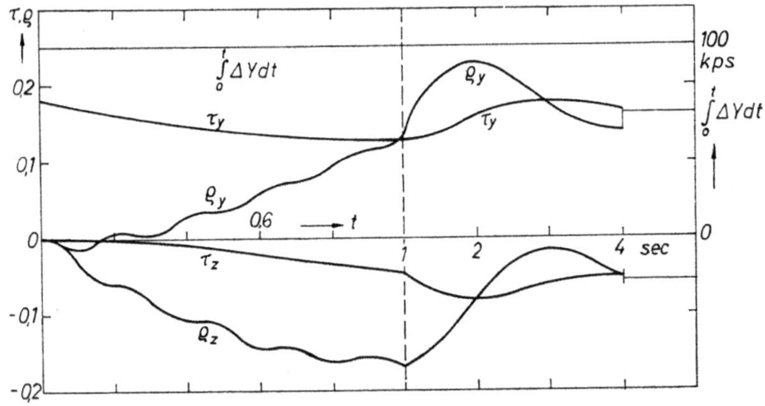

Abb. 6.4,3. Qualitativer Verlauf der Übergangsfunktionen eines Drallgeschosses bei einem Sprung des Integralwerts von ΔY, vgl. Zahlenbeispiel S. 475

6.4.1312. *Störmoment senkrecht zur Längsachse*

Beim Auftreten von nicht umlaufenden Störmomenten senkrecht zur Längsachse muß man auf der rechten Seite von Gl. (6.3,8) bzw. (6.3,9), S. 454, ΔM bzw. ΔN addieren, wobei diese Größen gemäß Gl. (6.4,2) anzusetzen sind. Als Übertragungsfunktionen ergeben sich

$$F^{(s)}_{\tau_y/\Delta M} = F^{(s)}_{\tau_z/\Delta N} = \qquad (6.4,23a)$$

$$= \frac{s}{(mVJ_{yf})^2 F_6(s)} \begin{vmatrix} -Q_\delta & -Z_\delta & 0 \\ mVs+Z_\delta & -Q_\delta & mV \\ -N_{f'\delta} & J_{yf}s^2 - \frac{lM_{f'y}}{V}s - M_{f'\delta} & J_{xf}\dot{\varphi}_f \end{vmatrix}$$

$$F^{(s)}_{\tau_y/\Delta N} = F^{(s)}_{\tau_z/-\Delta M} = \tag{6.4,24a}$$

$$= \frac{s}{(mVJ_{yf})^2 F_6(s)} \begin{vmatrix} Q_\delta & Z_\delta & 0 \\ mVs+Z_\delta & -Q_\delta & mV \\ -M_{f'\delta} & J_{xf}\dot{\varphi}_f s+N_{f'\delta} & -\left(J_{yf}s-\dfrac{lM_{f'y}}{V}\right) \end{vmatrix}$$

$$F^{(s)}_{\varrho_y/\Delta M} = F^{(s)}_{\varrho_z/\Delta N} = \tag{6.4,25a}$$

$$= \frac{s}{(mVJ_{yf})^2 F_6(s)} \begin{vmatrix} mVs+Z_\delta & -Q_\delta & 0 \\ Q_\delta & mVs+Z_\delta & mV \\ M_{f'\delta} & -N_{f'\delta} & J_{xf}\dot{\varphi}_f \end{vmatrix}$$

$$F^{(s)}_{\varrho_y/\Delta N} = F^{(s)}_{\varrho_z/-\Delta M} = \tag{6.4,26a}$$

$$= \frac{s}{(mVJ_{yf})^2 F_6(s)} \begin{vmatrix} mVs+Z_\delta & -Q_\delta & 0 \\ Q_\delta & mVs+Z_\delta & mV \\ N_{f'\delta} & M_{f'\delta} & J_{yf}s-\dfrac{lM_{f'y}}{V} \end{vmatrix}$$

Mit Ausnahme der Übertragungsfunktion $F^{(s)}_{\varrho_y/\Delta N}$ nach Gl. (6.4,26a), deren Zähler die Variable s in der dritten Potenz enthält, kann man alle zugehörigen Frequenzgänge unmittelbar näherungsweise im *Bode*-Diagramm darstellen. Um die Nullstellen der Determinante von Gl. (6.4,26a) zu bestimmen, geht man am besten wieder von der Näherung (6.4,22) aus. Dabei zerfällt die Determinante von Gl. (6.4,26a) in die Faktoren

$$|\;| = \left(J_{yf}s-\frac{lM_{f'y}}{V}\right) \begin{vmatrix} mVs+Z_\delta & -Q_\delta \\ Q_\delta & mVs+Z_\delta \end{vmatrix} \tag{6.4,26a$'$}$$

aus denen man sofort Näherungswerte der Nullstellen abliest. Durch Iteration ergibt sich darauf die genauere Lage der Nullstellen. Hinsichtlich der Phasenverschiebung für $\omega \to \infty$ bestehen ähnliche Verhältnisse wie im Falle des Pfeilgeschosses.

Bei einem *Sprung im Integralwert der Störfunktion ΔN* werden die Asymptoten der Übergangsfunktionen für ein stabiles System

$$\lim_{t\to\infty} \frac{\tau_z(t)}{\int_0^\infty \Delta N \mathrm{d}t} = \lim_{s\to 0} s F^{(s)}_{\tau_z/\Delta N} = \tag{6.4,23b}$$

$$= \frac{1}{(mVJ_{yf}\,\omega_{12}\,\omega_{34})^2} \begin{vmatrix} -Q_\delta & -Z_\delta & 0 \\ Z_\delta & -Q_\delta & mV \\ -N_{f'\delta} & -M_{f'\delta} & J_{xf}\dot{\varphi}_f \end{vmatrix} \; (>0)$$

$$\lim_{t\to\infty} \frac{\tau_y(t)}{\int\limits_0^\infty \Delta N \mathrm{d}t} = \lim_{s\to 0} s F^{(s)}_{\tau_y/\Delta N} = \tag{6.4,24b}$$

$$= \frac{1}{(mVJ_{yf}\,\omega_{12}\,\omega_{34})^2} \begin{vmatrix} Q_\delta & Z_\delta & 0 \\ Z_\delta & -Q_\delta & mV \\ -M_{f'\delta} & N_{f'\delta} & \frac{lM_{f'y}}{V} \end{vmatrix} \;(< 0)$$

Die Abschätzung der Vorzeichen wurde wieder mit $\dot{\varphi}_f > 0$, $M_{f'\delta} > 0$ und den zu Gl. (6.3,22), S. 457, führenden Annahmen vorgenommen.

$$\lim_{t\to\infty} \frac{\varrho_z(t)}{\int\limits_0^\infty \Delta N \mathrm{d}t} = \lim_{t\to\infty} \frac{\tau_z(t)}{\int\limits_0^\infty \Delta N \mathrm{d}t} \;(> 0) \tag{6.4,25b}$$

$$\lim_{t\to\infty} \frac{\varrho_y(t)}{\int\limits_0^\infty \Delta N \mathrm{d}t} = \lim_{t\to\infty} \frac{\tau_y(t)}{\int\limits_0^\infty \Delta N \mathrm{d}t} \;(< 0) \tag{6.4,26b}$$

In der Grenze $t \to 0$ erhält man ähnlich wie im vorigen Abschnitt die Werte

$$\lim_{t\to 0} \tau_z = 0 \tag{6.4,23c}$$

$$\lim_{t\to 0} \tau_y = 0 \tag{6.4,24c}$$

$$\lim_{t\to 0} \dot{\varrho}_z = 0 \tag{6.4,25c}$$

$$\lim_{t\to 0} \frac{\dot{\varrho}_y}{\int\limits_0^\infty \Delta N \mathrm{d}t} = \frac{1}{J_{yf}} \;(> 0) \tag{6.4,26c}$$

$$\lim_{t\to 0} \dot{\tau}_z = 0 \tag{6.4,23d}$$

$$\lim_{t\to 0} \dot{\tau}_y = 0 \tag{6.4,24d}$$

$$\lim_{t\to 0} \frac{\ddot{\varrho}_z}{\int\limits_0^\infty \Delta N \mathrm{d}t} = \frac{J_{xf}\dot{\varphi}_f}{J_{yf}} \lim_{t\to 0} \frac{\dot{\varrho}_y}{\int\limits_0^\infty \Delta N \mathrm{d}t} = \frac{J_{xf}\dot{\varphi}_f}{J_{yf}^2} \quad (>0) \tag{6.4,25d}$$

$$\lim_{t\to 0} \frac{\ddot{\varrho}_y}{\int\limits_0^\infty \Delta N \mathrm{d}t} = \frac{lM_{f'y}}{VJ_{yf}} \lim_{t\to 0} \frac{\dot{\varrho}_y}{\int\limits_0^\infty \Delta N \mathrm{d}t} = \frac{lM_{f'y}}{VJ_{yf}^2} \quad (<0) \tag{6.4,26d}$$

$$\lim_{t\to 0} \frac{\ddot{\tau}_z}{\int\limits_0^\infty \Delta N \,\mathrm{d}t} = \frac{Q_\delta}{mV} \lim_{t\to 0} \frac{\dot{\varrho}_y}{\int\limits_0^\infty \Delta N \,\mathrm{d}t} = \frac{Q_\delta}{mVJ_{yf}} \quad (<0) \qquad (6.4,23\mathrm{e})$$

$$\lim_{t\to 0} \frac{\ddot{\tau}_y}{\int\limits_0^\infty \Delta N \,\mathrm{d}t} = \frac{Z_\delta}{mV} \lim_{t\to 0} \frac{\dot{\varrho}_y}{\int\limits_0^\infty \Delta N \,\mathrm{d}t} = \frac{Z_\delta}{mVJ_{yf}} \quad (>0) \qquad (6.4,24\mathrm{e})$$

Qualitative Verläufe der Übergangsfunktionen zeigt Abb. 6.4,4.

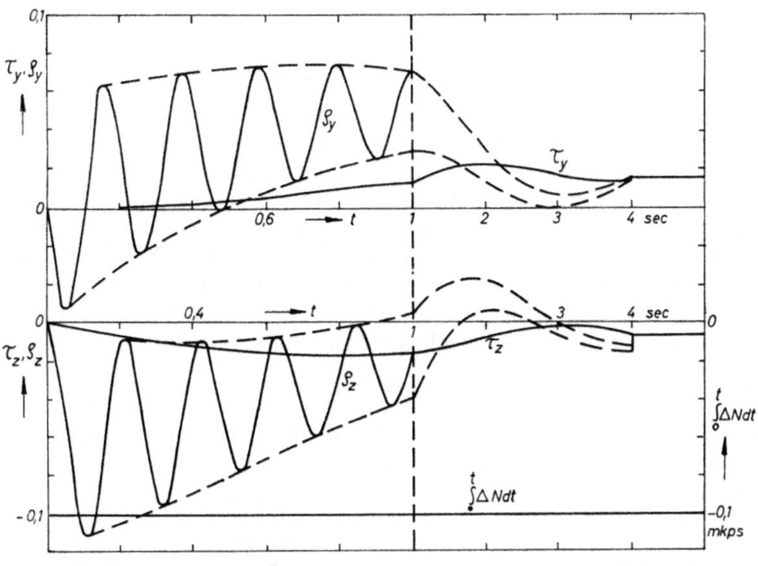

Abb. 6.4,4. Qualitativer Verlauf der Übergangsfunktionen eines Drallgeschosses bei einem Sprung des Integralwerts von ΔN, vgl. Zahlenbeispiel

Zahlenbeispiel: Die Übergangsfunktionen der Abb. 6.4,3, 4 wurden mit den Annahmen des Zahlenbeispiels von Abschnitt 6.3.13, S. 460, durch numerische Integration nach dem Verfahren von *Runge-Heun-Kutta* bestimmt. Dabei wurden neben τ_y, τ_z, ϱ_y und ϱ_z noch die Größen $\dot{\varrho}_y$ und $\dot{\varrho}_z$ als abhängige Variable benutzt. Für die Abb. 6.4,3 wurde das Stoßintegral $\int\limits_0^t \Delta Y \mathrm{d}t = 100$ kp s gewählt. Die zugehörigen Anfangsbedingungen sind $\varrho_y = \varrho_z = \tau_z = \dot{\varrho}_y = \dot{\varrho}_z = 0$, $\tau_y = \dfrac{1}{mV} \int\limits_0^t \Delta Y \mathrm{d}t = 0{,}181604$ für $t = 0$. Für die Abb. 6.4,4 wurde das Stoßintegral $\int\limits_0^t \Delta N \mathrm{d}t = -0{,}1$ m kp s angenommen, dem die Anfangsbedingungen $\varrho_y = \varrho_z = \tau_y = \tau_z = \dot{\varrho}_z = 0$, $\dot{\varrho}_y = \frac{1}{J_{yf}} \int_0^t \Delta N \mathrm{d}t = -1{,}66667$ s^{-1} für $t = 0$ entsprechen.

Der Integrationsschritt τ wurde entsprechend der Winkelgeschwindigkeit $\omega_1 = 29{,}822\ s^{-1}$ der Nutationsbewegung im Zahlenbeispiel von S. 460 zu $\tau(\approx \pi/(10\omega_1)) = 0{,}01$ s gewählt. In beiden Fällen wird die Bahntangentenrichtung von der Nutationsbewegung kaum beeinflußt, vielmehr verläuft sie von Anfang an als Präzessionsbewegung. Die Nutationsbewegung wird gemäß Abb. 6.4,3 durch einen seitlichen Stoß, der im Schwerpunkt angreift, nur schwach angeregt, sehr stark dagegen gemäß Abb. 6.4,4 durch einen Drehstoß.

6.4.132. *Umlaufende Störungen*

6.4.1321. *Störkraft ΔK senkrecht zur Längsachse*

Wenn die Störkraft ΔK mit dem Flugkörper umläuft, muß man in Gl. (6.3,6) bzw. (6.3,7), S. 453, als inhomogene Glieder ΔY bzw. ΔZ gemäß Gl. (6.4,1) hinzufügen. Wir wollen annehmen, daß die Rollgeschwindigkeit $\dot{\varphi}_f$ in dem betrachteten Zeitraum nahezu konstant ist, und demgemäß $\varphi_f = \dot{\varphi}_{f_0} + \dot{\varphi}_f \cdot t$ setzen. Außerdem wollen wir uns hier auf den in der Praxis häufigsten Fall beschränken, daß die Störkräfte relativ zum flugkörperfesten System (f) konstant sind. Faßt man die beiden Kräftegleichungen nach dem Vorgang von Gl. (6.3,10) zu einer einzigen Gleichung zusammen, so erscheint jetzt rechts das Störungsglied

$$\Delta K_0 e^{i(\mu_f + \varphi_{f_0} + \dot{\varphi}_f t)}$$

während Gl. (6.3,11) ungeändert bleibt. Im Falle der Stabilität erhält man dann mit dem Exponentialansatz

$$\left.\begin{aligned} \tau_y + i\tau_z &= \tau_0 e^{i(\mu_f + \varphi_{f_0} + \dot{\varphi}_f t)} \\ \varrho_y + i\varrho_z &= \varrho_0 e^{i(\mu_f + \varphi_{f_0} + \dot{\varphi}_f t)} \end{aligned}\right\} \tag{6.4,27}$$

die asymptotischen Lösungen

$$\frac{\tau_0}{\Delta K_0} = \left. \frac{J_{yf} s^2 - \left(\frac{l M_{f'y}}{V} + i J_{xf} \dot{\varphi}_f \right) s - M_{f'\delta} - i N_{f'\delta}}{m V J_{yf} F_3(s)} \right|_{s = i\dot{\varphi}_f} \tag{6.4,28}$$

$$\frac{\varrho_0}{\Delta K_0} = \left. \frac{-(M_{f'\delta} + i N_{f'\delta})}{m V J_{yf} F_3(s)} \right|_{s = i\dot{\varphi}_f} \tag{6.4,29}$$

Dabei bedeutet $F_3(s)$ den Ausdruck nach Gl. (6.3,14), S. 455. Beim Drallgeschoß bestehen hiernach zwischen den körperfesten Vektoren τ_0, ϱ_0 und ΔK_0 konstante Richtungsunterschiede, die sich bei Messung relativ zum rollwinkelfreien System $\bar{f}_2, \bar{f}_3$ auch durch Zeitdifferenzen ausdrücken lassen. Im Falle $\dot{\varphi}_f \to 0$, d. h. für sehr kleine Drehgeschwindigkeiten, stimmt die hier gefundene Lösung asymptotisch mit dem Grenzfall $s \to 0$ von Gl. (6.4,7a) bzw. (6.4,8a) überein.

6.4.1322. *Störmoment $\Delta\Pi$ senkrecht zur Längsachse*

In entsprechender Weise drückt sich ein umlaufendes Störmoment $\Delta\Pi$ durch einen Zusatzterm der Form

$$\Delta\Pi_0 e^{i(\mu_f+\varphi_{f_0}+\dot{\varphi}_f t)}$$

auf der rechten Seite von Gl. (6.3,11), S. 454, aus, während Gl. (6.3,10) ungeändert bleibt. Mit dem Ansatz (6.4,27) lauten jetzt die asymptotischen Lösungen im Falle der Stabilität

$$\frac{\tau_0}{\Delta\Pi_0} = \left.\frac{Z_\delta + iQ_\delta}{mVJ_{yf}F_3(s)}\right|_{s=i\dot{\varphi}_f} \tag{6.4,30}$$

$$\frac{\varrho_0}{\Delta\Pi_0} = \left.\frac{mVs + Z_\delta + iQ_\delta}{mVJ_{yf}F_3(s)}\right|_{s=i\dot{\varphi}_f} \tag{6.4,31}$$

Das Geschoß wandert dabei auf einem Kreiszylinder vom Radius

$$R = \frac{V}{\dot{\varphi}_f}|\tau_0| \tag{6.4,32}$$

Die damit verbundenen Zentrifugalkräfte sind allerdings in der vorliegenden linearisierten Theorie vernachlässigt.

6.4.2. Gestörte Bewegungen in Richtung der Längsachse

In Abschnitt 6.3.2, S. 461, fanden wir einige Störglieder, die aus der Pendelbewegung herrühren und in erster Näherung ohne Rückkoppelung die Bewegung in Richtung der Längsachse beeinflussen. Dazu können i. a. noch weitere Störkräfte und Störmomente von seiten des Triebwerks, der Aerodynamik oder der Steuerung treten, die wir insgesamt zu einer Störkraft ΔX bzw. zu einem Störmoment ΔL zusammenfassen können. Nach entsprechender Erweiterung der homogenen Störungsgleichungen (6.3,39) bzw. (6.3,40), S. 461, erhalten wir dann Gleichungen der Form

$$\dot{x}T + x = f(t) \tag{6.4,33}$$

Für diese wurden aber bereits im Abschnitt 1.9.24, S. 98, typische Lösungen betrachtet, so daß sich an dieser Stelle eine weitere Diskussion erübrigt.

Literatur zu Abschnitt 6.4: [6–400 bis 404], S. 483.

6.5. Librationen eines nicht-drallenden drehsymmetrischen Satelliten

Beobachtungs-, Meß- und Nachrichten-Satelliten können ihre Aufgaben in zahlreichen Fällen nur dann richtig erfüllen, wenn die Achse ihrer Empfangs- oder Sendeeinrichtungen ungefähr zum Erdmittelpunkt gerichtet ist. Um eine solche Orientierung auch ohne eine Regelung zu erreichen, die ja Platz, Gewicht und Energie beansprucht, kann man u. U. den Effekt benutzen, daß ein starrer Körper in einem inhomogenen Gravitationsfeld i. a. bevorzugte Gleichgewichtslagen besitzt. Die Pendelbewegungen des Satelliten um solche Gleichgewichtslagen werden mit einem aus der Astronomie, insbesondere aus der Theorie der Mondbewegung übernommenem Ausdruck als „Librationen“ bezeichnet.

Der Einfachheit halber betrachten wir einen rotationssymmetrischen Satelliten, von dessen Massenmittelpunkt wir in erster Näherung annehmen, daß er sich mit konstanter Geschwindigkeit auf einer Kreisbahn in einem kugelsymmetrischen Schwerefeld um die Erde bewegt. Sein Momentengleichgewicht um den Massenmittelpunkt schreibt sich gemäß Gl. (1.5,82), S. 47 und (1.7,91), S. 78, bei Zerlegung im rollwinkelfreien System $(\bar{f})$:

$$\bar{\boldsymbol{f}}_1 J_{xf}\dot{q}_{x\bar{f}}+\bar{\boldsymbol{f}}_2 J_{yf}\dot{q}_{y\bar{f}}+\bar{\boldsymbol{f}}_3 J_{yf}\dot{q}_{z\bar{f}}+\begin{vmatrix}\bar{\boldsymbol{f}}_1 & \bar{\boldsymbol{f}}_2 & \bar{\boldsymbol{f}}_3\\ q_{x\bar{f}}-\dot{\varphi}_f & q_{y\bar{f}} & q_{z\bar{f}}\\ q_{x\bar{f}}J_{xf} & q_{y\bar{f}}J_{yf} & q_{z\bar{f}}J_{yf}\end{vmatrix}=$$

$$=\boldsymbol{M}_G\approx\frac{3M_E k}{s^3}(J_{yf}-J_{xf})\sin\vartheta_f\cos\vartheta_f\bar{\boldsymbol{f}}_2 \qquad (6.5,1)$$

Bei diesem Ansatz ist angenommen, daß außer dem Moment des inhomogenen Schwerefeldes keine weiteren Momente vorhanden sind. Abgesehen von der rechts stehenden Annäherung für das Moment $\boldsymbol{M}_G$ ist diese Gleichung exakt. Nach Gl. (1.5,83), S. 47, ist nun

$$\left.\begin{aligned} q_{x\bar{f}} &= q_{xf}\\ q_{y\bar{f}} &= q_{yf}\cos\varphi_f-q_{zf}\sin\varphi_f\\ q_{z\bar{f}} &= q_{yf}\sin\varphi_f+q_{zf}\cos\varphi_f\end{aligned}\right\} \qquad (6.5,2)$$

und weiter nach Gl. (1.4,28), S. 33, wenn man

$$\dot{\Psi}_i=\frac{V}{s}=\text{const},\qquad \Theta=\frac{\pi}{2}=\text{const} \qquad (6.5,3)$$

setzt, also die — als erste Näherung aufzufassende — Kreisbahn in den Äquator legt, was beim vorliegenden Problem ohne Beschränkung der Allgemeinheit möglich ist,

$$\left.\begin{aligned} q_{xf} &= \dot{\varphi}_f - \dot{\Psi}_i \cos\vartheta_f \cos\psi_f - \dot{\psi}_f \sin\vartheta_f \\ q_{yf} &= -\dot{\Psi}_i[-\sin\psi_f \cos\varphi_f + \cos\psi_f \sin\varphi_f \sin\vartheta_f] + \dot{\psi}_f \sin\varphi_f \cos\vartheta_f + \dot{\vartheta}_f \cos\varphi_f \\ q_{zf} &= -\dot{\Psi}_i[\sin\psi_f \sin\varphi_f + \cos\psi_f \cos\varphi_f \sin\vartheta_f] + \dot{\psi}_f \cos\varphi_f \cos\vartheta_f - \dot{\vartheta}_f \sin\varphi_f \end{aligned}\right\} \tag{6.5,4}$$

Aus den Gln. (6.5,2) und (6.5,4) folgt

$$\left.\begin{aligned} q_{x\bar{f}} &= \dot{\varphi}_f - \dot{\Psi}_i \cos\vartheta_f \cos\psi_f - \dot{\psi}_f \sin\vartheta_f \\ q_{y\bar{f}} &= \dot{\Psi}_i \sin\psi_f + \dot{\vartheta}_f \\ q_{z\bar{f}} &= -\dot{\Psi}_i \cos\psi_f \sin\vartheta_f + \dot{\psi}_f \cos\vartheta_f \end{aligned}\right\} \tag{6.5,5}$$

Bei Komponentenzerlegung der Momentengleichung erhält man

$$J_{xf}\dot{q}_{xf} = 0 \tag{6.5,6}$$

$$J_{yf}\dot{q}_{y\bar{f}} + q_{z\bar{f}}q_{x\bar{f}}J_{xf} - (q_{x\bar{f}} - \dot{\varphi}_f)q_{z\bar{f}}J_{yf} = \frac{3M_{\mathrm{E}}k}{s^3}(J_{yf} - J_{xf})\sin\vartheta_f \cos\vartheta_f \tag{6.5,7}$$

$$J_{yf}\dot{q}_{z\bar{f}} + (q_{x\bar{f}} - \dot{\varphi}_f)q_{y\bar{f}}J_{yf} - q_{y\bar{f}}q_{x\bar{f}}J_{xf} = 0 \tag{6.5,8}$$

Integration der ersten Gleichung gibt exakt

$$q_{xf} = \text{const}$$

also für einen nicht-drallenden Satelliten, wie wir ihn hier voraussetzen,

$$q_{xf} = \dot{\varphi}_f - \dot{\Psi}_i \cos\vartheta_f \cos\psi_f - \dot{\psi}_f \sin\vartheta_f = 0 \tag{6.5,9}$$

Die beiden anderen Momentengleichungen vereinfachen sich nach Division durch J_{yf} und Elimination von $\dot{\varphi}_f$ mittels der letzten Gleichung zu

$$\dot{q}_{y\bar{f}} + (\dot{\Psi}_i \cos\vartheta_f \cos\psi_f + \dot{\psi}_f \sin\vartheta_f)q_{z\bar{f}} = \frac{3M_{\mathrm{E}}k}{s^3}\,\frac{J_{yf} - J_{xf}}{J_{yf}}\sin\vartheta_f \cos\vartheta_f \tag{6.5,10}$$

$$\dot{q}_{z\bar{f}} - (\dot{\Psi}_i \cos\vartheta_f \cos\psi_f + \dot{\psi}_f \sin\vartheta_f)q_{y\bar{f}} = 0 \tag{6.5,11}$$

Da die Größen s und $\dot{\Psi}_i$ bereits in erster Näherung bekannt sind, stellen diese Beziehungen zwei gekoppelte Differentialgleichungen für die Winkel ψ_f und ϑ_f dar. Aus ihnen folgen als stationäre Gleichgewichtslagen a) $\vartheta_f = -\pi/2$, $\psi_f = \text{const}$, b) $\vartheta_f = +\pi/2$, $\psi_f = \text{const}$, c) $\vartheta_f = 0$, $\psi_f = 0$.

Wir wollen jetzt Störbewegungen in der Umgebung der technisch interessanten Gleichgewichtslage a) betrachten, und zwar wollen wir annehmen, daß partikuläre Lösungen existieren, bei denen der Winkel

ψ_f in erster Näherung konstant ist. Die Gl. (6.5,10) vereinfacht sich dann in erster Näherung zu

$$\ddot{\vartheta}_f - \dot{\Psi}_i^2 \cos^2\psi_f \sin\vartheta_f \cos\vartheta_f = \frac{3M_E k}{s^3} \frac{J_{yf} - J_{xf}}{J_{yf}} \sin\vartheta_f \cos\vartheta_f \quad (6.5,12)$$

während die Gl. (6.5,11) zur Berechnung einer verbesserten Funktion $\psi_f(t)$ dienen kann.

Die Gleichung (6.5,12) ist vom gleichen Typ wie die Differentialgleichung des Pendels mit großer Amplitude. Um formale Schwierigkeiten beim Durchgang durch die Gleichgewichtslage $\vartheta_f = -\pi/2$ zu vermeiden, die ja bei Verwendung der *Euler*schen Winkel ψ_f, ϑ_f und φ_f in den singulären Punkt $\boldsymbol{k}_3$ fällt, schränken wir hier — abweichend von den Festsetzungen in Abschnitt 1.3.32, S. 22, — den Bereich der ψ_f-Werte auf das Intervall $-\pi/2 \leq \psi_f < \pi/2$ ein und lassen dafür die frühere Beschränkung für ϑ_f fallen. Setzen wir noch

$$\vartheta_f = -\frac{\pi}{2} + \sigma \quad (6.5,13)$$

so wird

$$\sin\vartheta_f = -\cos\sigma, \qquad \cos\vartheta_f = \sin\sigma$$

Wir beschränken uns jetzt auf die Betrachtung kleiner Ausschläge σ und haben dann

$$\sin\vartheta_f \approx -1, \qquad \cos\vartheta_f \approx \sigma, \qquad \dot{\vartheta}_f \approx \dot{\sigma} \quad (6.5,14)$$

Einsetzen in Gl. (6.5,12) gibt

$$\ddot{\sigma} + \dot{\Psi}_i^2 \cos^2\psi_f \sigma = \frac{-3M_E k}{s^3} \frac{J_{yf} - J_{xf}}{J_{yf}} \sigma \quad (6.5,15)$$

Gemäß Gl. (5.3,37), S. 380, kann man hier für eine Kreisbahn noch

$$\frac{M_E k}{s^3} = \dot{\Psi}_i^2 \quad (6.5,16)$$

setzen. Gl. (6.5,15) schreibt sich daher auch in der Form

$$\ddot{\sigma} + \dot{\Psi}_i^2 \left(\cos^2\psi_f + 3 \frac{J_{yf} - J_{xf}}{J_{yf}} \right) \sigma = 0 \quad (6.5,17)$$

Kleine Bewegungen um die Gleichgewichtslage mit $\psi_f = \text{const}$ sind hiernach nur dann bei jedem ψ_f möglich, wenn

$$J_{yf} > J_{xf} \quad (6.5,18)$$

ist. Die Schwingungsdauer ist dann

$$T = \frac{T_0}{\sqrt{\cos^2\psi_f + 3\,\frac{J_{yf}-J_{xf}}{J_{yf}}}} \qquad (6.5,19)$$

wobei

$$T_0 = \frac{2\pi}{\dot{\Psi}_i} \qquad (6.5,20)$$

die siderische Umlaufszeit des Satelliten auf der Kreisbahn ist.

Setzt man andererseits die Größen $q_{y\bar{f}}$ und $q_{z\bar{f}}$ aus Gl. (6.5,5) in die dritte Momentengleichung (6.5,11) ein, so lautet diese, wenn man bei der Differentiation von $q_{z\bar{f}}$ die Größe $\dot{\Psi}_i$ wieder als Konstante behandelt, nach Zusammenfassung gleicher Summanden vollständig

$$\ddot{\psi}_f \cos\vartheta_f = \dot{\Psi}_i^2 \cos\vartheta_f \cos\psi_f \sin\psi_f + 2(\dot{\Psi}_i \cos\psi_f \cos\vartheta_f + \dot{\psi}_f \sin\vartheta_f)\dot{\vartheta}_f \qquad (6.5,21)$$

Bei der iterativen Lösung dieser Gleichung wollen wir wieder von der Annahme ausgehen, daß eine partikuläre Lösung vorhanden ist, bei der $\dot{\psi}_f$ in erster Näherung verschwindet. In diesem Falle geht Gl. (6.5,21) nach Streichen des Gliedes mit $\dot{\psi}_f$ auf der rechten Seite und Division durch $\cos\vartheta_f$ in die Form über

$$\ddot{\psi}_f = \dot{\Psi}_i \cos\psi_f (\dot{\Psi}_i \sin\psi_f + 2\dot{\vartheta}_f) \qquad (6.5,22)$$

Ist nun ψ_f ein von Null verschiedener Azimutwinkel, so kann man jedenfalls die Amplitude der Lösung von Gl. (6.5,17) so klein wählen, daß

$$|2\dot{\vartheta}_f| \ll |\dot{\Psi}_i \sin\psi_f|$$

wird. Gl. (6.5,22) vereinfacht sich damit bei Vernachlässigung des Gliedes mit $\dot{\vartheta}_f$ zu

$$\ddot{\psi}_f = \dot{\Psi}_i^2 \cos\psi_f \sin\psi_f \qquad (6.5,23)$$

Wie ein Vergleich mit Gl. (6.5,17) zeigt, ist $\ddot{\psi}_f$ i. a. von gleicher Größenordnung wie $\ddot{\sigma}$. Hieraus folgt aber, daß die Annahme $\psi_f = \text{const}$ nur in den Fällen

$$\psi_f = 0 \quad \text{bzw.} \quad \psi_f = \frac{\pi}{2} \qquad (6.5,24)$$

gemacht werden kann, die Gl. (6.5,19) also auch nur in diesen beiden Fällen gültig ist. Die Bedingung (6.5,18) wird von dieser Einschränkung nicht berührt.

Beispielsweise ist für einen Stabsatelliten mit $J_{xf}/J_{yf} \ll 1$

$$T = T_0 \cdot \begin{cases} \dfrac{1}{2} & \text{für eine Schwingung senkrecht zur Bahnebene } (\psi_f = 0) \\ \dfrac{1}{\sqrt{3}} & \text{für eine Schwingung in der Bahnebene } (\psi_f = \pi/2) \end{cases}$$

(6.5,21)

Die allgemeine Bewegung ergibt sich durch Überlagerung der beiden Partialschwingungen. Da die Schwingungszeiten in den Ebenen $\psi_f = 0$ bzw. $\psi_f = \pi/2$ verschieden sind, ist die entstehende Bewegung eine *Lissajous*sche Figur.

Die Schwingung ist theoretisch ungedämpft. In praxi sorgen eine geringe aerodynamische Dämpfung, elektromagnetische Kräfte bei Bewegung eines metallischen Flugkörpers im Magnetfeld der Erde und ggf. auch innere Dämpfungseinrichtungen für ein allmähliches Abklingen der Schwingungen, so daß der Satellit seine Aufgaben in der gewünschten Weise erfüllen kann.

Literatur zu Abschnitt 6.5: [6–501 bis 539], S. 484.

Literatur zu Kap. VI.

a) Bücher (s. a. S. 502)

[6–001] *Athen, H.*: Ballistik. Heidelberg, 1958.

[6–002] *Davis, L. jr.* u. a.: Exterior ballistics of rockets. New York, 1958.

[6–003] *Dow, R. B.*: Fundamentals of advanced missiles. New York, 1958.

[6–004] *Kutterer, R. E.*: Ballistik. Braunschweig, 1959.

[6–005] *Molitz, H.* und *R. Strobel*: Äußere Ballistik. Berlin, 1963.

[6–006] *Roy, M.* (Herausg.): Dynamics of satellites. Paris, 1963.

[6–007] *Singer, S. F.* (Herausg.): Torques and attitude sensing in earth satellites. New York, 1964.

[6–008] *Groves, G. V.* (Herausg.): Dynamics of rockets and satellites. Amsterdam, 1965.

b) Einzelberichte

Freie Schwingungen drehsymmetrischer Flugkörper (Abschnitt 6.3.)

[6–301] *Bolz, R. E.*: Dynamic stability of a missile in rolling flight. J. Aero. Sci. **19**, 395–403 (1952).

[6–302] *Kutterer, R. E.*: Über den Stabilitätsfaktor s, seine praktische Bedeutung und seine Ermittlung. Wehrtech. Monatshefte **54**, 315–332 (1957).

[6–303] *Molitz, H.*: Das sekundäre Hauptproblem der äußeren Ballistik. Wehrtech. Monatshefte **54**, 333–342 (1957).

[6–304] *Murphy, Ch. H. jr.*: The prediction of nonlinear pitching and yawing motion of symmetric missiles. J. Aero. Sci. **24**, 473–479 (1957).

[6–305] *Leon, H. I.*: Angle of attack convergence of a spinning missile descending through the atmosphere. J. Aero. Sci. **25**, 480–484 (1958).

[6–306] *Garber, T. B.*: On the rotational motion of a body re-entering the atmosphere. J. Aero. Sci. **26**, 443–449 (1959).

[6–307] *Haack, W.*: The calculation of stability and damping of spin-stabilized projectiles. In: W. C. Nelson (Herausg.): Selected topics on ballistics, S. 125–139. AGARD. New York, 1959.

[6–308] *Laitone, E. V.*: Dynamic longitudinal stability equations for the re-entry ballistic missile. J. Aero. Sci. **26**, 94–98 (1959).

[6–309] *Loh, W. H. T.*: Spinning ballistic missiles. J. Aero. Sci. **26**, 844–846 (1959).

[6–310] *Murphy, Ch. H. jr.*: Steady-state circular pitching and yawing motion of symmetric missiles. J. Aero. Sci. **26**, 600–601 (1959).

[6–311] *Bismut, M.*: Dynamique du vol. La résonance des missiles tournants. La Recherche Aéronautique, Nr. 74, S. 3–11 (1960).

[6–313] *Martz, W.*: Method for approximating the vacuum motions of spinning symmetrical bodies with nonconstant spin rates. NASA Tech. Rep. R–115 (1961).

[6–314] *Ambrosio, A.*: Estimate of entry vehicle impact point displacement. ARS Journal **32**, 1631–1632 (1962).

[6–315] *Norling, R. A.*: Altitude of stabilization for slowly tumbling re-entry vehicles. ARS Journal **32**, 1867–1870 (1962).

[6–316] *Parks, P. C.*: Pitch-yaw stability of a missile oscillating in roll via the second method of Lyapunov. J. Aero. Sci. **29**, 874 (1962).

[6–317] *Remmler, K. L.*: Tumbling bodies entering the atmosphere. ARS Journal **32**, 92–95 (1962).

[6–317a] *Chautard, J. P.*: Influence sur la stabilité de la rotation axiale d'un missile contenant une masse liquide. Recherche Aéronautique, Nr. 93, S. 3–10 (1963).

[6–318] *Leitmann, G.*: On the stability of motion of a vibrating variable mass. Astronaut. Acta **9**, 167–173 (1963).

[6–319] *Bauer, H. F.*: Treibstoffschwingungen in Raketenbehältern und ihr Einfluß auf die Gesamtstabilität. Z. Flugwiss. **12**, 85–101 (1964).

[6–320] *Glover, L. S.*: Effects on roll rate of mass and aerodynamic asymmetries for ballistic re-entry bodies. J. Spacecraft **2**, 220–225 (1965).

[6–321] *Vaucheret, X.*: Dépouillement d'oscillations libres d'un corps de rentrée présentant un cycle limite. Recherche Aérospatiale Nr. 104, 29–32 (1965).

Erzwungene Bewegungen drehsymmetrischer Flugkörper (Abschnitt 6.4.)

[6–400] *Rankin, R. A.*: The mathematical theory of the motion of rotated and unrotated rockets. Phil. Trans. Roy. Soc. London *A* **241**, 457–585 (1949).

[6–401] *Davis, R. A.*: The response of a bisymmetric aircraft to small combined pitch, yaw and roll control actions. J. Aero. Sci. **24**, 905–910 (1957).

[6–402] *Buglia, J. J.* u. a.: Analytic method of approximating the motion of a spinning vehicle with variable mass and inertia properties acted upon by several disturbing parameters. NASA Tech. Rep. R–110 (1961).

[6–403] *Greensite, A. L.*: Analysis of liquid-propellant mode stability of a multitank ballistic booster vehicle. J. Aero. Sci. **29**, 130–139 (1962).

[6–404] *Harrington, W. J.* und *R. C. Bullock*: The motion of a spinner rocket inside a smoothbore launcher. J. Franklin Inst. **277**, 555–565 (1964 I).

Libration eines Satelliten (Abschnitt 6.5.)

[6–501] *Klemperer, W. B.* und *R. M. L. Baker jr.*: Satellite librations. Astronaut. Acta **3**, 16–27 (1957) und III. Kongr. Internat. Astronaut. Rom, 1956, S. 3–21.

[6–502] *Davis, W. R.*: Determination of a unique attitude for an earth satellite. Adv. in Astronaut. Sci., Bd. 2, S. 10/1–15 (1957).

[6–503] *DeBra, D. B.*: The effect of aerodynamic forces on satellite attitude. Adv. in Astronaut. Sci., Bd. 3, S. 32/1–20 (1958).

[6–504] *Roberson, R. E.*: Gravitational torque on a satellite vehicle. J. Franklin Inst. **265**, 13–22 (1958 I).

[6–505] *Stocker, T. A. J.* und *R. F. Vachino*: The two-dimensional librations of a dumbbell-shaped satellite in a uniform gravitational field. Adv. in Astronaut. Sci., Bd. 3, S. 37/1–20 (1958).

[6–506] *Beletzkii, V. V.*: Motion of an artificial satellite about its center of mass. Artificial Earth Satellites **1**, 30–54 (1960).

[6–507] *Doolin, D. F.* und *W. C. Triplett*: The influence of gravity on the angular motion of an earth satellite. Adv. in Astronaut. Sci., Bd. 6, S. 524–535 (1960).

[6–508] *Rosner, H. R.*: Motion of a dumbbell satellite. Adv. in Astronaut. Sci., Bd. 7, S. 125–137 (1960).

[6–509] *Schindler, G. M.*: Satellite librations in the vicinity of equilibrium solutions. Astronaut. Acta **6**, 233–240 (1960).

[6–510] *Aintablian, A. A.*: Projected path of the longitudinal axis of earth-stabilized satellites. ARS Journal **31**, 1522–1526 (1961).

[6–511] *Beletzkii, V. V.*: The libration of a satellite. Artificial Earth Satellites **3**, 18–45 (1961).

[6–512] *Beletzkii, V. V.*: Classification of the motions of an artificial earth satellite about the center of mass. Artificial Earth Satellites **6**, 10–37 (1961) und ARS Journal **32**, 1762–1770 (1962).

[6–513] *Dunn, J. C.*: Magnetic polarization torque in a satellite environment; a comparison with gravitational torque. XII. Kongr. Internat. Astronaut. Washington, D. C., 1961, Bd. I, S. 228–249.

[6–514] *Fischell, R. E.*: Magnetic damping of the angular motions of earth satellites. ARS Journal **31**, 1210–1217 (1961).

[6–515] *Haseltine, W. R.*: Passive damping of wobbling satellites: General theory and example. J. Aero. Sci. **29**, 543–549, 557 (1962).

[6–516] *Sarychev, V. A.*: Investigation of the dynamics of a gravitational stabilization system. XIII. Kongr. Internat. Astronaut. Varna, 1962, Bd. II, S. 658–690.

[6–517] *Schrello, D. M.*: Dynamic stability of aerodynamically responsive satellites. J. Aero. Sci. **29**, 1145–1155, 1163 (1962).

[6–518] *Zajac, E. E.*: Damping of a gravitationally oriented two-body satellite. ARS Journal **32**, 1871–1875 (1962).

[6–518a] *Kane, T. R.* und *D. J. Shippy*: Attitude stability of a spinning unsymmetrical satellite in a circular orbit. J. Astronaut. Sci. **10**, 114–119 (1963).

[6–518b] *Kurzhals, P. R.* und *C. R. Keckler*: Spin dynamics of manned space stations. NASA Tech. Rep. R. 155 (1963).

[6–519] *Magnus, K.*: Der Stabsatellit in einem radialsymmetrischen Schwerefeld Z. Flugwiss. **11**, 233–241 (1963).

[6–520] *Magnus, K.*: Beiträge zur Untersuchung der Drehbewegungen starrer Satelliten auf kreisförmigen Umlaufbahnen. Jahrbuch 1963 der WGLR, S. 174–180.

[6–521] *Clancy, Th. F.* und *Th. P. Mitchell*: Effects of radiation forces on the attitude of an artificial earth satellite. AIAA Journal **2**, 517–524 (1964).

[6–522] *Etkin, B.*: Dynamics of gravity-oriented orbiting systems with application to passive stabilization. AIAA Journal **2**, 1008–1014 (1964).

[6–523] *Newton, R. R.*: Damping of a gravitationally stabilized satellite. AIAA Journal **2**, 20–25 (1964).

[6–524] *Pringle, R. jr.*: Bounds on the librations of a symmetrical satellite. AIAA Journal **2**, 908–912 (1964).

[6–525] *Schechter, H. B.*: Dumbbell libration in elliptic orbits. AIAA Journal **2**, 1000–1003 (1964).

[6–525a] *Schweizer, G.*: Eine analytische Untersuchungsmethode für die Stabilität von passiven erdnahen Satelliten. Internat. Colloquium über Techniken des Analog- und Digitalrechnens in der Aeronautik. Proceedings S. 491–497. Brüssel, 1964.

[6–526] *Yu, E. Y.*: Long-term coupling effects between librational and orbital motion of a satellite. AIAA Journal **2**, 553–555 (1964).

[6–527] *Alper, J. R.*: Analysis of pendulum damper for satellite wobble damping. J. Spacecraft **2**, 50–54 (1965).

[6–528] *Austin, F.*: Nonlinear dynamics of a free-rotating flexible connected double-mass space station. J. Spacecraft **2**, 901–906 (1965).

[6–529] *Chiareppa, D. J.* und *K. F. Nelson*: An analysis of the vertistat gravity gradient satellite orientation. J. Spacecraft **2**, 167–171 (1965).

[6–530] *Gorez, R.*: Effet de la précession de l'orbite sur la stabilisation gyroscopique d'un satellite, dans le champ magnétique terrestre. Astronaut. Acta **11**, 118–122 (1965).

[6–531] *Gutman, A. S.*: Gravity-gradient stabilization for a spinning satellite with despun line of sight. J. Spacecraft **2**, 584–590 (1965).

[6–532] *Hofer, E.*: Partikuläre Lösungen der allgemeinen Grundgleichungen für die Bahn- und Drehbewegungen von Satelliten. Ing. Archiv **34**, 264–274 (1965).

[6–533] *Kane, T. R.* und *D. L. Mingori*: Effect of a rotor on the attitude stability of a satellite in a circular path. AIAA Journal **3**, 936–940 (1965).
[6–534] *Likins, P. W.*: Stability of a symmetric satellite in attitudes fixed in an orbiting reference frame. J. Astronaut. Sci. **12**, 18–24 (1965).
[6–535] *Liska, D. J.* und *W. H. Zimmerman*: Effect of gravity gradient on attitude control of a space station. J. Spacecraft **2**, 419–425 (1965).
[6–536] *Morgan, S. P.* und *E. Y. Yu*: Meteoric disturbances of gravitationally oriented satellites. J. Spacecraft **2**, 857–862 (1965).
[5-537] *Murphy, C. H.*: Angular motion of a re-entry symmetric missile. AIAA Journal 3, 1275–1282 (1965).
[6–538] *Pringle, R. jr.*: Tumbling motions of an artificial satellite. AIAA Journal **3**, 1087–1093 (1965).
[6–539] *Tai, C. L.* und *M. M. H. Loh*: Planar motion of a rotating cable-connected space-station in orbit. J. Spacecraft **2**, 889–894 (1965).

VII. Flugeigenschaften geregelter drehsymmetrischer Flugkörper

Die Aufgaben der Flugregelung sind bei drehsymmetrischen Flugkörpern, insbesondere bei Erdsatelliten, noch wesentlich vielfältiger als bei spiegelsymmetrischen Flugzeugen. Die Flugregelung selbst erfolgt jedoch im wesentlichen nach den gleichen Prinzipien, solange der Rollwinkel φ_f nur kleine Abweichungen von einem konstanten mittleren Wert besitzt. Bei der Regelung drallender Flugkörper sind dagegen zusätzliche Überlegungen erforderlich, die im folgenden an einem einfachen Beispiel dargelegt werden.

Literatur zu Kap. VII: [7–000 bis 234], S. 502.

7.1. Flugstabilisierung (offener Lenk-Regelkreis mit Drehgeschwindigkeits- und Lage- oder Dämpfungsregelung)

7.1.1. Neufassung der Störungsgleichungen für das Beam-rider-Problem

7.1.11. Lagebeziehungen

Wir wollen die im Abschnitt 6.1, S. 441, abgeleiteten Störungsgleichungen auf das Problem des um einen Leitstrahl pendelnden Flugkörpers (beamrider) anwenden. Es ist dann zweckmäßig, die ungestörte Bewegung etwas anders als im Abschnitt 6.2, S. 447, zu definieren, und zwar wollen wir jetzt als Bahntangentenrichtung der ungestörten Flugbahn eine zeitlich konstante Richtung $\boldsymbol{b}_{*1}$ (früher $\boldsymbol{b}_{01}$) nehmen, die ungefähr in der Mitte der sonst noch vorkommenden Richtungen liegt und von diesen nur wenig verschieden ist. Es gelten dann sämtliche Formeln von Abschnitt 6.1.1, S. 441, wobei nur der Index „0“ durch einen Stern ($_*$) zu ersetzen ist.

Zusätzlich sei jetzt angenommen, daß auch die Richtung $\boldsymbol{n}_1$ des Ortsvektors von einem raumfesten Punkt B zum Schwerpunkt S des Fluggeräts und ferner die Richtung $\boldsymbol{l}_1$ des gleichfalls von B ausgehenden Leitstrahls zu irgendeinem Zeitpunkt t_a ungefähr mit der raumfesten Richtung $\boldsymbol{b}_{*1}$ übereinstimmen. Während eines gewissen Zeitintervalls $t_a < t < t_b$ ist dann in erster Näherung auch die Darstellung

$$n_1 = b_{*1} + \pi_y b_{*2} + \pi_z b_{*3} \tag{7.1,1}$$

$$l_1 = b_{*1} + \lambda_y b_{*2} + \lambda_z b_{*3} \tag{7.1,2}$$

erlaubt, s. Abb. 7.1,1.

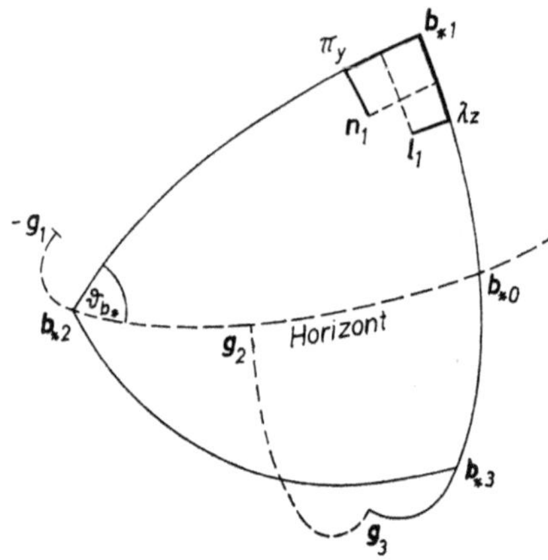

Abb. 7.1,1
Lage der Einheitsvektoren n_1 bzw. l_1 relativ zum System (b_*)

Es gelten dann die zu Gl. (6.1,5), S. 442, analogen Formeln

$$\left.\begin{aligned} \pi_y &= (\psi_n - \psi_{b*})\cos\vartheta_{b*} & \pi_z &= -\vartheta_n + \vartheta_{b*} \\ \lambda_y &= (\psi_l - \psi_{b*})\cos\vartheta_{b*} & \lambda_z &= -\vartheta_l + \vartheta_{b*} \end{aligned}\right\} \tag{7.1,3}$$

Entsprechend dem Übergang von Gl. (6.1,4) nach Gl. (6.1,12), S. 443, wird hier

$$n_1 = \bar{f}_1 + (\pi_y - \sigma_y)\bar{f}_2 + (\pi_z - \sigma_z)\bar{f}_3 \tag{7.1,4}$$

$$l_1 = \bar{f}_1 + (\lambda_y - \sigma_y)\bar{f}_2 + (\lambda_z - \sigma_z)\bar{f}_3 \tag{7.1,5}$$

und weiter

$$n_1 - l_1 = (\pi_y - \lambda_y)\bar{f}_2 + (\pi_z - \lambda_z)\bar{f}_3 \tag{7.1,6}$$

Hauptaufgabe der Steuerung bzw. Regelung des Flugkörpers soll es sein, die Richtung n_1 des Ortsvektors möglichst eng an die Leitstrahlrichtung l_1 zu binden. Bei rascher Drehung des Ortsvektors ist die i. f. stets verwendete Annahme, daß n_1 und f_1 einen kleinen Winkel einschließen, i. a. nicht mehr erfüllt. Man kann dann trotzdem an der Linearisierung festhalten, wenn man die raumfeste Richtung b_{*1} in die Nähe des Ortsvektors n_1 (und damit des Leitstrahls l_1) legt, so daß wenigstens die Differenz der Richtungen n_1 und l_1, auf die es ja wesentlich ankommt, gut definiert ist; im übrigen muß man dann natürlich gewisse systematische Unterschiede zwischen dem errechneten und dem wirklichen Flugverhalten erwarten.

7.1.12. Kinematische Beziehungen

Die in Abschnitt 6.1.2, S. 444, abgeleiteten Beziehungen vereinfachen sich dadurch, daß jetzt

$$\dot{\psi}_{b*} \equiv 0, \quad \dot{\vartheta}_{b*} \equiv 0 \tag{7.1,7}$$

gilt. Setzen wir ferner

$$\boldsymbol{s}_B = s_B \boldsymbol{n}_1 \tag{7.1,8}$$

so wird die Bahngeschwindigkeit $\boldsymbol{V}$ einerseits nach Gl. (6.1,4), S. 442.

$$\boldsymbol{V} = V\boldsymbol{d}_1 = V(\boldsymbol{b}_{*1} + \tau_y \boldsymbol{b}_{*2} + \tau_z \boldsymbol{b}_{*3}) \tag{7.1,9}$$

Andererseits ist nach Definition sowie gemäß Gl. (7.1,1) und (7.1,8)

$$\boldsymbol{V} = \frac{\mathrm{d}\boldsymbol{s}_B}{\mathrm{d}t} = \dot{s}_B \boldsymbol{b}_{*1} + (\dot{s}_B \pi_y + s_B \dot{\pi}_y)\boldsymbol{b}_{*2} + (\dot{s}_B \pi_z + s_B \dot{\pi}_z)\boldsymbol{b}_{*3} \tag{7.1,10}$$

In erster Näherung ist also

$$\left.\begin{aligned} \dot{s}_B &= V \\ \tau_y &= \pi_y + \frac{s_B}{V}\dot{\pi}_y \\ \tau_z &= \pi_z + \frac{s_B}{V}\dot{\pi}_z \end{aligned}\right\} \tag{7.1,11}$$

7.1.13. Kräftegleichungen

Die Störungsgleichungen (6.1,32) und (6.1,33), S. 446, lauten geordnet unter Beachtung der Beziehungen (6.4,5), S. 463, und (7.1,7)

$$\bar{\boldsymbol{f}}_2: \qquad \left(mV\frac{\mathrm{d}}{\mathrm{d}t} + Z_\delta\right)\tau_y - Q_\delta \tau_z - Z_\delta \sigma_y + Q_\delta \sigma_z = 0 \tag{7.1,12}$$

$$\left.\begin{aligned} &\bar{\boldsymbol{f}}_3: \qquad Q_\delta \tau_y + \left(mV\frac{\mathrm{d}}{\mathrm{d}t} + Z_\delta\right)\tau_z - Q_\delta \sigma_y - Z_\delta \sigma_z = \Delta Z_* \\ &\text{mit} \\ &\qquad \Delta Z_* = mg_\mathrm{n} \cos\vartheta_{b*} + \underline{\sigma_z \sin\vartheta_{b*}} \end{aligned}\right\} \tag{7.1,13}$$

Den unterstrichenen unwesentlichen Term auf der rechten Seite der letzten Gleichung wollen wir wie in Gl. (6.3,7), S. 453, vernachlässigen, um in den Koeffizienten der homogenen Gleichungen völlige Symmetrie zu erreichen. Im Unterschied zu den früheren Kräftegleichungen (6.3,6) und (6.3,7) tritt hier das Symbol σ an die Stelle von ϱ, und die Kräftegleichung für die Richtung $\bar{\boldsymbol{f}}_3$ enthält eine von der Erdschwere herrührende Störkraft. Im übrigen stimmen die beiden Gleichungssysteme aber genau überein.

7.1.14. Momentengleichungen

Die Ablage $(\boldsymbol{n}_1 - \boldsymbol{l}_1)$ des Ortsvektors $\boldsymbol{n}_1$ von der Leitstrahlrichtung $\boldsymbol{l}_1$ wurde in Gl. (7.1,6) in Komponenten nach dem rollwinkelfreien System $(\bar{f})$ angegeben, das sich im Laufe der Zeit nur wenig ändert. Man kann daher auch das Steuermoment $\boldsymbol{\Pi}^r_{\text{soll}}$, welches die Orientierung des Flugkörpers in dem Sinne ändern soll, daß die Ablage allmählich verschwindet, vorteilhaft im System $(\bar{f})$ bilden. Man wird also ansetzen

$$\boldsymbol{\Pi}^r_{\text{soll}} = \Delta M^r_{\text{soll}} \bar{\boldsymbol{f}}_2 + \Delta N^r_{\text{soll}} \bar{\boldsymbol{f}}_3 \tag{7.1,14}$$

Würde man nun dieses Steuermoment mittels körperfester Luft- oder Strahlruder konventioneller Bauart ausüben, so würde man gemäß Gl. (1.3,21), S. 23, eine Zerlegung nach den körperfesten Achsen $\boldsymbol{f}_2$ und $\boldsymbol{f}_3$ in der Form

$$\boldsymbol{\Pi}^r_{\text{soll}} = \Delta M^r_{f,\text{soll}} \boldsymbol{f}_2 + \Delta N^r_{f,\text{soll}} \boldsymbol{f}_3 \tag{7.1,15}$$

mit

$$\left.\begin{aligned} \Delta M^r_{f,\text{soll}} &= \Delta M^r_{\text{soll}} \cos\varphi_f + \Delta N^r_{\text{soll}} \sin\varphi_f \\ \Delta N^r_{f,\text{soll}} &= -\Delta M^r_{\text{soll}} \sin\varphi_f + \Delta N^r_{\text{soll}} \cos\varphi_f \end{aligned}\right\} \tag{7.1,16}$$

benötigen, d. h. die Steuermomente an den einzelnen Rudern würden als eine modulierte Trägerwelle erscheinen, deren Frequenz die Drallfrequenz des Flugkörpers ist. Damit würden aber an die Laufgeschwindigkeit der üblichen Rudermaschinen Forderungen gestellt werden, die i. a. unerfüllbar sind.

Man wird daher zur Erzeugung von Steuermomenten, die in den körperfesten Richtungen $\boldsymbol{f}_2$ und $\boldsymbol{f}_3$ wirken, andere Verfahren benutzen, z. B. Spoiler, Strahlumlenkung, Hilfsraketen oder — für spezielle Anwendungen — auch Schwungmassen. Es ergibt sich damit das spezifisch regeltechnische Problem, ob und wie man ein gewünschtes Steuermoment $\boldsymbol{\Pi}^r_{\text{soll}}$ mit einer Zerlegung im rollwinkelfreien System $(\bar{f})$ gemäß Gl. (7.1,14) hinreichend genau durch derartige körperfeste Mechanismen nachbilden kann. Da die Diskussion dieser Frage hier zu weit führen würde, sei i. f. angenommen, daß die gewünschten Steuermomente — abgesehen von einer Übertragungsfunktion nach Art derjenigen des Servomotors, s. Abschnitt 4.2.213, S. 310, — tatsächlich auf den Flugkörper ausgeübt werden können.

Ein Weg, diese Annahme mit einem im rollwinkelfreien System $(\bar{f})$ festen Mechanismus, zu realisieren, wäre etwa folgender: Am Ende des Flugkörpers sei ein um die Längsachse $\boldsymbol{f}_1$ leicht drehbarer Ring mit vier gekreuzten bzw. entgegengesetzt wirkenden, im übrigen aber fest auf dem Ring montierten steuerbaren Hilfsraketen angebracht. Mit Hilfe eines Lagekreisels weise man eine dieser Hilfsraketen in die horizontale Richtung $\bar{\boldsymbol{f}}_2$ ein. Die übrigen drei zeigen dann in die Richtungen $-\bar{\boldsymbol{f}}_2$, $\bar{\boldsymbol{f}}_3$ und $-\bar{\boldsymbol{f}}_3$, wobei der Ring relativ zum Flugkörper mit der Winkelgeschwindigkeit $-\dot{\varphi}_f \boldsymbol{f}_1$ umläuft.

Die Momentengleichungen (6.1,40) und (6.1,41), S. 447, gehen hier über in

$$\left.\begin{aligned}&-N_{f'\delta}\tau_y-M_{f'\delta}\tau_z+\\&+\left(J_{xf}\dot{\varphi}_f\frac{\mathrm{d}}{\mathrm{d}t}+N_{f'\delta}\right)\sigma_y+\left(-J_{yf}\frac{\mathrm{d}^2}{\mathrm{d}t^2}+\frac{lM_{f'y}}{V}\frac{\mathrm{d}}{\mathrm{d}t}+M_{f'\delta}\right)\sigma_z\end{aligned}\right\}=\Delta M^{\mathrm{r}} \tag{7.1,17}$$

$$\left.\begin{aligned}&M_{f'\delta}\tau_y-N_{f'\delta}\tau_z-\\&-\left(-J_{yf}\frac{\mathrm{d}^2}{\mathrm{d}t^2}+\frac{lM_{f'y}}{V}\frac{\mathrm{d}}{\mathrm{d}t}+M_{f'\delta}\right)\sigma_y+\left(J_{xf}\dot{\varphi}_f\frac{\mathrm{d}}{\mathrm{d}t}+N_{f'\delta}\right)\sigma_z\end{aligned}\right\}=\Delta N^{\mathrm{r}} \tag{7.1,18}$$

Diese Gleichungen stimmen abgesehen von den jetzt hinzugefügten Rudermomenten formal genau mit dem System (6.3,8) und (6.3,9), S. 454, überein, wenn man dort noch den Buchstaben ϱ durch σ ersetzt. Infolge der aerodynamischen Dämpfung wird sich die Drallgeschwindigkeit $\dot{\varphi}_f$ immer mehr verringern, sofern nicht ein Steuermoment um die Längsachse diese Bewegung aufrechterhält. Zur Erzeugung dieses Steuermoments können wieder die üblichen Luft- oder Strahlruder dienen. Die Momentengleichung (6.1,39), S. 447, für die Längsachse lautet daher

$$\left(J_{xf}\frac{\mathrm{d}}{\mathrm{d}t}-L_{f'x}\frac{b}{2V}\right)\dot{\varphi}_f=L_* \tag{7.1,19}$$

mit

$$L_*=L_0^{\mathrm{r}}+\Delta L^{\mathrm{r}}+\underline{\tan\vartheta_{b*}\left(J_{xf}\frac{\mathrm{d}}{\mathrm{d}t}-L_{f'x}\frac{b}{2V}\right)\dot{\sigma}_y} \tag{7.1,19a}$$

und

$$L_0^{\mathrm{r}}=-L_{f'x}\frac{b}{2V}\dot{\varphi}_{f,\mathrm{soll}} \tag{7.1,19b}$$

Dabei ist $\dot{\varphi}_{f,\mathrm{soll}}$ die gewünschte Drallgeschwindigkeit. In Abwesenheit von Störungen ($\Delta L^{\mathrm{r}}=\dot{\sigma}_y=0$) strebt daher $\dot{\varphi}_f$ dem Wert $\dot{\varphi}_{f,\mathrm{soll}}$ zu. Die unterstrichenen Terme, Koppelungsglieder von der Pendelbewegung, kann man i. a. vernachlässigen. Zählt man den Drallruderwinkel ξ von der Gleichgewichtsstellung her, so kann man für ΔL^{r} die Darstellung

$$\Delta L^{\mathrm{r}}=\dot{\xi}L_{\dot{\xi}}+\xi L_{\xi} \tag{7.1,20}$$

wählen.

7.1.2. Übertragung der Steuerbefehle an einen drallenden Flugkörper

7.1.21. Pendelbewegung

Es sei nun angenommen, daß vom Kommandorechner Steuerbefehle $\Delta M_{\mathrm{soll}}^{\mathrm{r}}$ bzw. $\Delta N_{\mathrm{soll}}^{\mathrm{r}}$ relativ zum rollwinkelfreien System $(\bar{f})$ errechnet werden. Nach unseren obigen idealisierten Annahmen stehen die tatsächlich ausgeübten Momente ΔM^{r} bzw. ΔN^{r} zu ihnen in der Beziehung

$$F^{(s)}_{\Delta M^{\mathrm{r}}/\Delta M^{\mathrm{r}}_{\mathrm{soll}}} = \frac{T'_{0M}}{T_{2M}s^2+T_{1M}s+T_{0M}} \tag{7.1,21}$$

$$F^{(s)}_{\Delta N^{\mathrm{r}}/\Delta N^{\mathrm{r}}_{\mathrm{soll}}} = \frac{T'_{0N}}{T_{2N}s^2+T_{1N}s+T_{0N}} \tag{7.1,22}$$

Ist nun u irgendeine der Funktionen τ_y, τ_z, σ_y oder σ_z, so werden die Übertragungsfunktionen von Momentenerzeuger und Flugkörper

$$F^{(s)}_{u/\Delta M^{\mathrm{r}}_{\mathrm{soll}}} = F^{(s)}_{u/\Delta M} \cdot F^{(s)}_{\Delta M^{\mathrm{r}}/\Delta M^{\mathrm{r}}_{\mathrm{soll}}} \tag{7.1,23}$$

bzw.

$$F^{(s)}_{u/\Delta N^{\mathrm{r}}_{\mathrm{soll}}} = F^{(s)}_{u/\Delta N} \cdot F^{(s)}_{\Delta N^{\mathrm{r}}/\Delta N^{\mathrm{r}}_{\mathrm{soll}}} \tag{7.1,24}$$

Dabei bedeuten die rechts stehenden Übertragungsfunktionen $F^{(s)}_{u/\Delta M}$ bzw. $F^{(s)}_{u/\Delta N}$ die in Abschnitt 6.4.1312, S. 472, ausführlich diskutierten Funktionen, wenn man dort noch ϱ_y, ϱ_z durch σ_y, σ_z ersetzt.

Für die Funktionen π_y und π_z hat man nach Gl. (7.1,11) die Übertragungsfunktionen

$$F^{(s)}_{\pi_y/\Delta M^{\mathrm{r}}_{\mathrm{soll}}} = \frac{1}{1+\frac{s_B}{V}s} F^{(s)}_{\tau_y/\Delta M^{\mathrm{r}}_{\mathrm{soll}}} \tag{7.1,25a}$$

$$F^{(s)}_{\pi_z/\Delta M^{\mathrm{r}}_{\mathrm{soll}}} = \frac{1}{1+\frac{s_B}{V}s} F^{(s)}_{\tau_z/\Delta M^{\mathrm{r}}_{\mathrm{soll}}} \tag{7.1,25b}$$

und ebenso wird für die Funktionen $q_{y\bar{f}}$ bzw. $q_{z\bar{f}}$ gemäß Gl. (6.1,22), S. 444,

$$F^{(s)}_{q_{y\bar{f}}/\Delta M^{\mathrm{r}}_{\mathrm{soll}}} = -sF^{(s)}_{\sigma_z/\Delta M^{\mathrm{r}}_{\mathrm{soll}}} \tag{7.1,26a}$$

$$F^{(s)}_{q_{z\bar{f}}/\Delta M^{\mathrm{r}}_{\mathrm{soll}}} = sF^{(s)}_{\sigma_y/\Delta M^{\mathrm{r}}_{\mathrm{soll}}} \tag{7.1,26b}$$

Die Gln. (7.1,25) und (7.1,26) bleiben richtig, wenn man darin M durch N ersetzt.

7.1.22. Drallbewegung

Für die Regelung der Drallbewegung kann man in Analogie zu Gl. (4.2,7), S. 309, als Übertragungsfunktion der Drallruderwinkel

$$F^{(s)}_{\xi/\xi_{\text{soll}}} = \frac{T_0'}{T_2 s^2 + T_1 s + T_0} \tag{7.1,27}$$

anschreiben. Insgesamt wird die Übertragungsfunktion von Servomotor und Drallbewegung nach Gl. (7.1,19), (7.1,20) und (7.1,27)

$$F^{(s)}_{\Delta\varphi_f/\xi_{\text{soll}}}\left(= F^{(s)}_{\Delta\varphi_f/\Delta L} F^{(s)}_{\Delta L^r/\xi} F^{(s)}_{\xi/\xi_{\text{soll}}}\right) = \frac{sL_{\dot{\xi}} + L_{\xi}}{sJ_{xf} - L_{f'x}\frac{b}{2V}} F^{(s)}_{\xi/\xi_{\text{soll}}} \tag{7.1,28}$$

Abb. 7.1,2 zeigt ein Blockschema für den in Abschnitt 7.1.2 besprochenen Teil des Regelkreises.

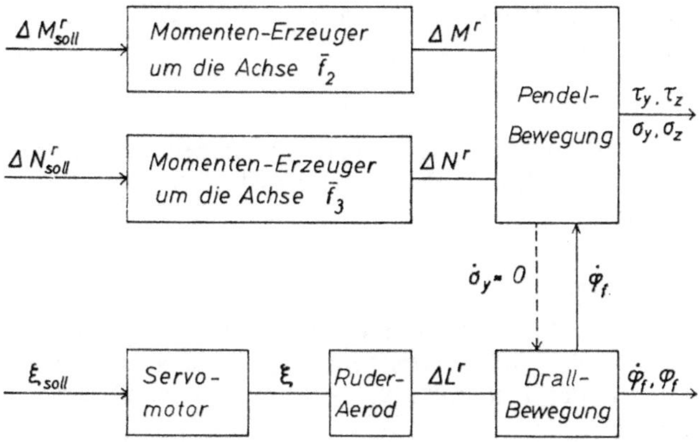

Abb. 7.1,2. Blockschema fur den aus Momenteurzeugern und drallendem Flugkörper bestehenden Teil des Regelkreises

7.1.3. Übertragungsfunktionen des offenen Lenk-Regelkreises mit Drallgeschwindigkeits- und Lage- oder Dämpfungsregelung

7.1.31. Drallbewegung

Es sei angenommen, daß die Drallgeschwindigkeit $\dot{\varphi}_f$ auf den konstanten Wert $\dot{\varphi}_{f,\text{soll}}$ geregelt wird. Mit einer Übertragungsfunktion der üblichen Form, s. Gl. (4.2,23), S. 314,

$$F^{(s)}_{\xi_{\text{soll}}/\delta\Delta\varphi_f} = -\left[\Gamma_1 s + \Gamma_0 + \frac{\Gamma_{-1}}{s}\right]_{\xi_{\text{soll}}/\delta\Delta\varphi_f} \tag{7.1,29}$$

für den Kommandorechner der Drallgeschwindigkeitssteuerung erhält man in Verbindung mit Gl. (7.1,28) als Übertragungsfunktion für den offenen Regelkreis der Drallbewegung (oberer Index 0)

$$\overset{0}{F}{}^{(s)}_{\Delta\varphi_f/\Delta\varphi_{f,\text{ein}}} = F^{(s)}_{\Delta\varphi_f/\xi_{\text{soll}}} \cdot F^{(s)}_{\xi_{\text{soll}}/\delta\Delta\dot{\varphi}_f} \tag{7.1,30}$$

Die Drallgeschwindigkeit $\dot{\varphi}_f$ bzw. die Abweichung $\Delta\dot{\varphi}_f = \dot{\varphi}_f - \dot{\varphi}_{f,\mathrm{soll}}$ läßt sich mittels eines Wendezeigers messen. Für den geschlossenen Regelkreis der Drallbewegung (oberer Index 1) mit

$$\delta\Delta\dot{\varphi}_f = \Delta\dot{\varphi}_{f,\mathrm{ein}} - \Delta\dot{\varphi}_f \tag{7.1,31}$$

wird die Übertragungsfunktion

$$\overset{1}{F}{}^{(s)}_{\Delta\varphi_f/\Delta\varphi_{f,\mathrm{ein}}} = \frac{\overset{0}{F}{}^{(s)}_{\Delta\varphi_f/\Delta\varphi_{f,\mathrm{ein}}}}{1 + \overset{0}{F}{}^{(s)}_{\Delta\dot{\varphi}_f/\Delta\varphi_{f,\mathrm{ein}}}} \tag{7.1,32}$$

Da die Drallgeschwindigkeit $\dot{\varphi}_f$ dem konstanten Wert $\dot{\varphi}_{f,\mathrm{soll}}$ zustreben soll, ist die Steuergröße

$$\Delta\dot{\varphi}_{f,\mathrm{ein}} = 0 \tag{7.1,33}$$

zu setzen, so daß nur die Störungen ΔL auszuregeln bleiben. Ein Blockschema der Drallgeschwindigkeitsregelung ist im unteren Teil der Abb. 7.1,3 angegeben.

7.1.32. Pendelbewegung

Gemäß Abschnitt 7.1.1 soll die Regelung hauptsächlich bewirken, daß die Richtung $\boldsymbol{n}_1$ des Ortsvektors zum Flugkörper genügend genau mit der Richtung $\boldsymbol{l}_1$ des Leitstrahls übereinstimmt, oder m. a. W., daß die Störgrößen

$$\left.\begin{aligned} \delta\pi_y &= \pi_{y,\mathrm{ein}} - \pi_y; \quad & \pi_{y,\mathrm{ein}} &\equiv \lambda_y \\ \delta\pi_z &= \pi_{z,\mathrm{ein}} - \pi_z; \quad & \pi_{z,\mathrm{ein}} &\equiv \lambda_z \end{aligned}\right\} \tag{7.1,34}$$

dauernd genügend klein sind. Mit dem Vektor $\boldsymbol{\epsilon}$ nach Abschnitt 1.8, S. 79, stehen diese Größen in der Beziehung

$$\boldsymbol{\epsilon} = -\delta\pi_y \boldsymbol{b}_{*2} - \delta\pi_z \boldsymbol{b}_{*3}$$

Vorläufig wollen wir jedoch nur fordern, daß die Pendelbewegung gut gedämpft ist, also

$$\left.\begin{aligned} \delta q_{y\bar{f}} &= q_{y\bar{f},\mathrm{ein}} - q_{y\bar{f}}; \quad & q_{y\bar{f},\mathrm{ein}} &= 0 \\ \delta q_{z\bar{f}} &= q_{z\bar{f},\mathrm{ein}} - q_{z\bar{f}}; \quad & q_{z\bar{f},\mathrm{ein}} &= 0 \end{aligned}\right\} \tag{7.1,35}$$

dauernd klein gehalten wird. Gemäß Gl. (6.1,22), S. 444, sind diese Relationen unter Beachtung der Gl. (7.1,7) gleichwertig mit

$$\left.\begin{aligned} \delta\dot{\sigma}_z &= \dot{\sigma}_{z,\mathrm{ein}} - \dot{\sigma}_z; \quad & \dot{\sigma}_{z,\mathrm{ein}} &= 0 \\ \delta\dot{\sigma}_y &= \dot{\sigma}_{y,\mathrm{ein}} - \dot{\sigma}_y; \quad & \dot{\sigma}_{y,\mathrm{ein}} &= 0 \end{aligned}\right\} \tag{7.1,36}$$

Der obere Teil der Abb. 7.1,3 zeigt ein Blockschema des hier betrachteten Vorgangs. Die Ein- und Ausgänge der Kommandorechner mögen nach dem Muster von Gl. (4.2,22) bzw. (4.2,34) und (4.2,35), S. 314, verbunden sein, es möge also etwa gelten

$$\Delta M^{\mathrm{r}}_{\mathrm{soll}} = \left\{ \begin{matrix} \delta\pi_y F^{(s)}_{\Delta M^{\mathrm{r}}_{\mathrm{soll}}/\delta\pi_y} + \delta\dot{\sigma}_y F^{(s)}_{\Delta M^{\mathrm{r}}_{\mathrm{soll}}/\delta\dot{\sigma}_y} + \\ \delta\pi_z F^{(s)}_{\Delta M^{\mathrm{r}}_{\mathrm{soll}}/\delta\pi_z} + \delta\dot{\sigma}_z F^{(s)}_{\Delta M^{\mathrm{r}}_{\mathrm{soll}}/\delta\dot{\sigma}_z} \end{matrix} \right\} \qquad (7.1,37)$$

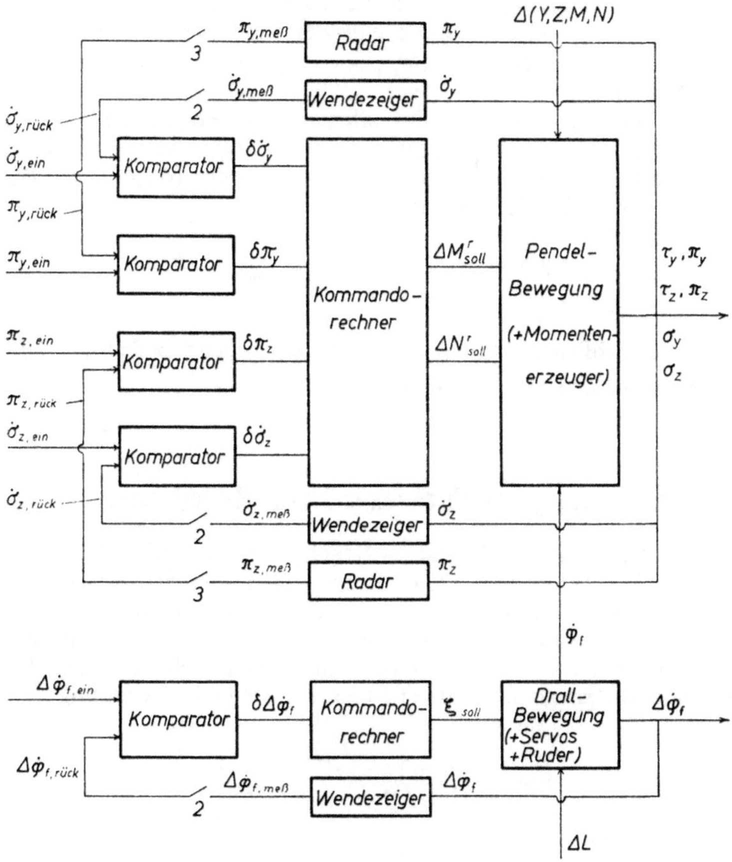

Abb. 7.1,3. Blockschema der Leitstrahlsteuerung eines drallenden Flugkorpers.
Schalter „2" geschlossen: Flugstabilisierung,
Schalter „3" geschlossen: Lenk-Regelung

Definiert man die darin vorkommenden Übertragungsfunktionen gemäß Gl. (4.2,23, 24), S. 314, schreibt also etwa

$$F^{(s)}_{\Delta M^{r}_{\text{soll}}/\delta\pi_y} = -\left[\Gamma_1 s + \Gamma_0 + \frac{\Gamma_{-1}}{s}\right]_{\Delta M^{r}_{\text{soll}}/\delta\pi_y} \tag{7.1,38}$$

so kann man die Übertragungsfunktionen des offenen Lenk-Regelkreises *ohne* Lage- oder Dämpfungsregelung (oberer Index 00) nach dem Beispiel von Gl. (4.2,45), (4.2,46), S. 319, bzw. (4.2,60) bis (4.2,63), S. 321, unmittelbar hinschreiben. Man kann somit die Übertragungsfunktionen $F^{00}_{u/v}(s)$ des offenen, ungedämpften Regelkreises, wenn u eine der Größen τ_y, τ_z, σ_y, σ_z, π_y oder π_z und v eine der Stör- bzw. Steuerfunktionen ΔY, ΔZ, ΔM, ΔN, bzw. $\pi_{y,\text{ein}}$, $\dot\sigma_{y,\text{ein}}$, $\pi_{z,\text{ein}}$ oder $\dot\sigma_{z,\text{ein}}$ bedeutet, als bekannt ansehen.

Die Übertragungsfunktionen des offenen Lenk-Regelkreises *mit* Lage- oder Dämpfungsregelung (oberer Index 01) folgen daraus nach demselben Verfahren wie die Gl. (4.2,48), S. 320, oder (4.2,65), S. 322. Es wird also für die Pendelbewegung

$$\overset{01}{F}{}^{(s)}_{u/v} = \frac{\overset{00}{F}{}^{(s)}_{u/v}}{1 + \overset{00}{F}{}^{(s)}_{\dot\sigma_y/\dot\sigma_{y,\text{ein}}} + \overset{00}{F}{}^{(s)}_{\dot\sigma_z/\dot\sigma_{z,\text{ein}}}} \tag{7.1,39}$$

wobei die Größen u bzw. v die oben angegebene Bedeutung haben.

Literatur zu Abschnitt 7.1: (7–101 bis 139), S. 503.

7.2. Flugregelung (geschlossener Lenk-Regelkreis)

Die Betrachtung des geschlossenen Regelkreises läßt sich auf Grund der im vorigen Abschnitt abgeleiteten Beziehungen ohne Schwierigkeit nach dem Muster von Abschnitt 4.3, S. 323, durchführen. Haben u bzw. v die im vorigen Abschnitt angegebene Bedeutung, so lautet die allgemeine *Übertragungsfunktion* des geschlossenen Lenk-Regelkreises mit Lage- oder Dämpfungsregelung (oberer Index 11) der Pendelbewegung

$$\overset{11}{F}{}^{(s)}_{u/v} = \frac{\overset{01}{F}{}^{(s)}_{u/v}}{1 + \overset{01}{F}{}^{(s)}_{\pi_y/\pi_{y,\text{ein}}} + \overset{01}{F}{}^{(s)}_{\pi_z/\pi_{z,\text{ein}}}} \tag{7.2,1}$$

oder ausführlich

$$\overset{11}{F}{}^{(s)}_{u/v} = \frac{\overset{00}{F}{}^{(s)}_{u/v}}{1 + \overset{00}{F}{}^{(s)}_{\dot\sigma_y/\dot\sigma_{y,\text{ein}}} + \overset{00}{F}{}^{(s)}_{\dot\sigma_z/\dot\sigma_{z,\text{ein}}} + \overset{00}{F}{}^{(s)}_{\pi_y/\pi_{y,\text{ein}}} + \overset{00}{F}{}^{(s)}_{\pi_z/\pi_{z,\text{ein}}}} \tag{7.2,2}$$

Von besonderem Interesse ist z. B. der Wert

$$\lim_{s\to 0} F^{(s)\,11}_{\pi_z/\Delta Z}\, m g_n \cos\vartheta_{b*}$$

der den stationären Richtungsunterschied zwischen dem Ortsvektor des geregelten Flugkörpers und dem Leitstrahl unter dem Einfluß der Erd· schwere angibt.

Hinsichtlich der *Stabilität* gelten ähnliche Bedingungen wie die im Abschnitt 4.3.2, S. 326, aufgestellten. Insbesondere dürfen die Nenner der rechts in den letzten beiden Gleichungen stehenden Terme Nullstellen nur in der linken s-Halbebene (mit Ausschluß der imaginären Achse) besitzen, wenn bei geschlossenem Regelkreis Stabilität bestehen soll.

Erweiterungen der obigen Ansätze werden z. B. notwendig, wenn die Voraussetzung kleiner Winkelunterschiede zwischen allen vorkommenden Richtungen nicht mehr erfüllt ist (Parallaxfehler) und trotzdem die Bewegung des geregelten Flugkörpers genau erfaßt werden soll, oder wenn der Punkt B, von dem aus die Richtungen $\boldsymbol{n}_1$ und $\boldsymbol{l}_1$ gezählt werden, nicht raumfest ist, sondern sich selbst im Raum bewegt. Auf diese Fragen soll hier jedoch nicht eingegangen werden.

Literatur zu Abschnitt 7.2: (7–201 bis 234), S. 505.

7.3. Anwendungen

7.3.1. Vorzeichenwahl für die Aufschaltkoeffizienten der Pendelbewegung bei der Dämpfungsregelung eines drallenden Flugkörpers

Es sei jetzt angenommen, daß die Drallgeschwindigkeit $\dot{\varphi}_f$ bereits auf einen konstanten Wert geregelt ist. Als Aufgabe sei gestellt, bei offenem Lenk-Regelkreis die Stabilität der Pendelbewegung durch Dämpfungsregelung zu verbessern.

Setzt man

$$\left.\begin{aligned} \tau &= \tau_y + i\tau_z \\ \sigma &= \sigma_y + i\sigma_z \end{aligned}\right\} \qquad (7.3,1)$$

so kann man bei Vernachlässigung des *Magnus*effektes die Kräftegleichungen (7.1,12, 13), S. 489, nach Abspaltung der konstanten Störung ΔZ_* zu

$$\left(mV\frac{\mathrm{d}}{\mathrm{d}t} + Z_\delta\right)\tau - Z_\delta\sigma = 0 \qquad (7.3,2)$$

und die Momentengleichungen (7.1,17, 18), S. 491, zu

$$M_{f'\delta}\tau+\left[J_{yf}\frac{\mathrm{d}^2}{\mathrm{d}t^2}-\left(\frac{lM_{f'y}}{V}+\mathrm{i}J_{xf}\dot{\varphi}_f\right)\frac{\mathrm{d}}{\mathrm{d}t}-M_{f'\delta}\right]\sigma=\varDelta N^{\mathrm{r}}-\mathrm{i}\varDelta M^{\mathrm{r}} \tag{7.3,3}$$

zusammenfassen. Da das rechts stehende Steuermoment zur Richtung σ der Längsachse in Beziehung steht, ist es zweckmäßig, aus den beiden letzten Gleichungen die Größe τ zu eliminieren. Diese Operation führt nach Division durch den Koeffizienten des Gliedes höchster Ordnung zur Differentialgleichung

$$\left.\begin{aligned}\left\{\frac{\mathrm{d}^2}{\mathrm{d}t^2}+[u_{\mathrm{r}}-(v_{\mathrm{r}}+\mathrm{i}v_{\mathrm{i}})]\frac{\mathrm{d}}{\mathrm{d}t}-u_{\mathrm{r}}(v_{\mathrm{r}}+\mathrm{i}v_{\mathrm{i}})-w_{\mathrm{r}}\right\}\frac{\mathrm{d}\sigma}{\mathrm{d}t}&=\\ =\left(\frac{\mathrm{d}}{\mathrm{d}t}+u_{\mathrm{r}}\right)\frac{\varDelta N^{\mathrm{r}}-\mathrm{i}\varDelta M^{\mathrm{r}}}{J_{yf}}&\end{aligned}\right\} \tag{7.3,4}$$

Dabei ist wie in Gl. (6.3,26), S. 458,

$$u_{\mathrm{r}}=\frac{Z_\delta}{Vm},\qquad v_{\mathrm{r}}=\frac{lM_{f'y}}{VJ_{yf}},\qquad v_{\mathrm{i}}=\frac{J_{xf}\dot{\varphi}_f}{J_{yf}},\qquad w_{\mathrm{r}}=\frac{M_{f'\delta}}{J_{yf}} \tag{7.3,5}$$

gesetzt. Die Übertragungsfunktionen der Momentenerzeuger gemäß Gl. (7.1,21, 22), S. 492, seien der Einfachheit halber zu 1 angenommen. Um ferner auf beiden Seiten der Gl. (7.3,4) die gleiche Variable zu haben, setzen wir im Falle der reinen Dämpfungsregelung die Momentenkombination $\varDelta N^{\mathrm{r}}-\mathrm{i}\varDelta M^{\mathrm{r}}$ proportional zu $\mathrm{d}\sigma/\mathrm{d}t$, also

$$\varDelta N^{\mathrm{r}}-\mathrm{i}\varDelta M^{\mathrm{r}}=-J_{yf}(c_{\mathrm{r}}+\mathrm{i}c_{\mathrm{i}})\frac{\mathrm{d}\sigma}{\mathrm{d}t} \tag{7.3,6}$$

wobei die Aufschaltkoeffizienten c_{r} und c_{i} reelle Werte haben. Die rechte Seite von Gl. (7.3,4) geht damit in

$$-\left(\frac{\mathrm{d}}{\mathrm{d}t}+u_{\mathrm{r}}\right)(c_{\mathrm{r}}+\mathrm{i}c_{\mathrm{i}})\frac{\mathrm{d}\sigma}{\mathrm{d}t}$$

über, worauf sich Gl. (7.3,4) in der Form

$$\begin{aligned}&\left\{\frac{\mathrm{d}^2}{\mathrm{d}t^2}+[u_{\mathrm{r}}+(-v_{\mathrm{r}}+c_{\mathrm{r}})+\mathrm{i}(-v_{\mathrm{i}}+c_{\mathrm{i}})]\frac{\mathrm{d}}{\mathrm{d}t}+\right.\\ &\qquad\left.+u_{\mathrm{r}}[(-v_{\mathrm{r}}+c_{\mathrm{r}})+\mathrm{i}(-v_{\mathrm{i}}+c_{\mathrm{i}})]-w_{\mathrm{r}}\right\}\frac{\mathrm{d}\sigma}{\mathrm{d}t}=0\end{aligned} \tag{7.3,7}$$

schreibt. Setzt man hier noch

$$-v_{\mathrm{r}}+c_{\mathrm{r}}=-v_{\mathrm{r}}',\qquad -v_{\mathrm{i}}+c_{\mathrm{i}}=-v_{\mathrm{i}}' \tag{7.3,8}$$

so nimmt die zu Gl. (7.3,7) gehörige charakteristische Gleichung die Form an

$$\lambda^2+(u_r-v_r'-\mathrm{i}v_i')\lambda-u_r(v_r'+\mathrm{i}v_r')-w_r=0 \qquad (7.3,9)$$

Damit lassen sich die an Gl. (6.3,26) und (6.3,29), S. 458, anschließenden Ausführungen unmittelbar auf den vorliegenden Fall übertragen. Mit den weiteren Abkürzungen

$$\frac{w_r}{u_r^2}=\bar{w}_r, \qquad \frac{v_i'}{u_r}=\bar{v}_i', \qquad \frac{v_r'}{u_r}=\bar{v}_r' \qquad (7.3,10)$$

erhält man gemäß Gl. (6.3,31) als Stabilitätsgrenze in einem $(\bar{v}_i')^2$, $\bar{w}_r$-Diagramm die Gerade

$$\bar{w}_r=-\bar{v}_r'+(\bar{v}_i')^2\frac{-\bar{v}_r'}{(1-\bar{v}_r')^2} \qquad (7.3,11)$$

Wählt man den Aufschaltkoeffizienten c_r so, daß $-\bar{v}_r'$ positiv ist, so bewirkt eine Vergrößerung von $(\bar{v}_i')^2$ eine Vergrößerung des zulässigen Wertes $\bar{w}_r$, d. h. eine Erweiterung des Stabilitätsbereichs. Wählt man ferner c_r so, daß $-\bar{v}_r'>-\bar{v}_r\equiv v_r/u_r$ ist, so wird jedenfalls für genügend kleine Werte von $(\bar{v}_i')^2$ eine Vergrößerung von $-\bar{v}_r'$ eine Vergrößerung von $\bar{w}_r$, also wieder eine Erweiterung des Stabilitätsbereichs hervorrufen. Da $-v_r$ nach Gl. (7.3,5) die aerodynamische Dämpfung der Pendelbewegung darstellt, also stets positiv ist, muß man nach Gl. (7.3,8), um die Bedingung $-\bar{v}_r'>-\bar{v}_r$ zu erfüllen,

$$c_r>0 \qquad (7.3,12)$$

wählen. Um ferner die Bedingung $(\bar{v}_i')^2>(\bar{v}_i)^2\equiv(v_i/u_r)^2$ bei möglichst kleinem Betrag von c_i zu befriedigen, muß man nach Gl. (7.3,5) und (7.3,8)

$$c_i\begin{cases}<0 & \text{für} \quad \dot{\varphi}_f>0\\ >0 & \text{für} \quad \dot{\varphi}_f<0\\ \text{beliebig} & \text{für} \quad \dot{\varphi}_f=0\end{cases} \qquad (7.3,13)$$

ansetzen.

Eine eingehendere Diskussion über die zweckmäßige Erweiterung des Stabilitätsbereichs durch Variation der Koeffizienten c_r und c_i müßte auch das Gesamtverhalten der Geradenschar (7.3,11), insbesondere den Verlauf ihrer Einhüllenden berücksichtigen; darauf sei hier jedoch verzichtet.

Durch Kombination der Gln. (7.3,1) und (7.3,6) ergibt sich

$$\Delta N^r-\mathrm{i}\Delta M^r=-J_{yf}(c_r+\mathrm{i}c_i)(\dot{\sigma}_y+\mathrm{i}\dot{\sigma}_z)$$

oder in reeller Schreibweise

$$\left.\begin{aligned}\Delta M^r&=J_{yf}(c_i\dot{\sigma}_y+c_r\dot{\sigma}_z)\\ \Delta N^r&=J_{yf}(-c_r\dot{\sigma}_y+c_i\dot{\sigma}_z)\end{aligned}\right\} \qquad (7.3,14)$$

Da die Übertragungsfunktionen der Momentenerzeuger oben zu 1 angenommen wurden, werden hier die Übertragungsfunktionen des Kommandorechners nach Gl. (7.1,38) einfach

$$F^{(s)}_{\Delta M^{\mathrm{r}}_{\mathrm{soll}}/\delta\dot{\sigma}_y} = J_{yf}c_{\mathrm{i}} = -\Gamma_{0,\Delta M^{\mathrm{r}}_{\mathrm{soll}}/\delta\dot{\sigma}_y} \qquad (7.3,15)$$

usw.

Ersetzt man in Gl. (7.3,14) noch gemäß Gl. (6.1,22), S. 444, und (7.1,7), S. 489, $\dot{\sigma}_y$ durch $q_{z\bar{f}}$ und $\dot{\sigma}_z$ durch $-q_{y\bar{f}}$, so wird

$$\left.\begin{aligned}\Delta M^{\mathrm{r}} &= J_{yf}(-c_{\mathrm{r}}q_{y\bar{f}}+c_{\mathrm{i}}q_{z\bar{f}})\\ \Delta N^{\mathrm{r}} &= J_{yf}(-c_{\mathrm{r}}q_{z\bar{f}}-c_{\mathrm{i}}q_{y\bar{f}})\end{aligned}\right\} \qquad (7.3,16)$$

Die Aufschaltung c_{r} nach Gl. (7.3,12) wirkt wie eine Erhöhung der aerodynamischen Kippdämfung, die Aufschaltung c_{i} nach Gl. (7.3,13) wie eine Erhöhung der Drallgeschwindigkeit.

Unter Umständen kann es wünschenswert sein, daß sich der drallende Flugkörper wie ein nicht drallendes Pfeilgeschoß verhält. In diesem Falle müßte man nach Gl. (7.3,7) $c_{\mathrm{i}} = v_{\mathrm{i}}$ wählen. Da jedoch v_{i} auch bei konstantem $\dot{\varphi}_f$ wegen der zeitlichen Änderung der Trägheitsmomente nicht konstant ist, läßt sich das gewünschte Verhalten i. a. nicht exakt erreichen.

7.3.2. Ausregelung einer konstanten Querkraft

Wir nehmen jetzt an, daß die Drallgeschwindigkeit $\dot{\varphi}_f$ auf einen konstanten Wert geregelt ist und die Pendelbewegung infolge einer Dämpfungsregelung eine ausreichende Stabilität für die Drehgeschwindigkeiten $q_{y\bar{f}}$ und $q_{z\bar{f}}$ besitzt. Ferner möge die Leitstrahlrichtung $\boldsymbol{l}_1$ mit der Bezugsrichtung $\boldsymbol{b}_{1*}$ übereinstimmen. Es sei dann die Aufgabe gestellt, durch Steuermomente, die der Ablage $(\boldsymbol{n}_1-\boldsymbol{b}_{1*})$ proportional sind, die in Gl. (7.1,13), S. 489, auftretende konstante Schwerkraftkomponente ΔZ_* und eventuell noch eine konstante Zusatzkraft ΔY_* in Richtung $\bar{\boldsymbol{f}}_2$ auszuregeln.

Wir können hier wieder die Gln. (7.3,1) bis (7.3,3) benutzen, wobei sich nur die Gl. (7.3,2) in

$$\left(mV\frac{\mathrm{d}}{\mathrm{d}t}+Z_\delta\right)\tau - Z_\delta\sigma = \Delta Y_* + \mathrm{i}\Delta Z_*$$

ändert. Dividiert man durch mV, so wird daraus

$$\left(\frac{\mathrm{d}}{\mathrm{d}t}+u_{\mathrm{r}}\right)\tau - u_{\mathrm{r}}\sigma = \frac{\Delta Y_* + \mathrm{i}\Delta Z_*}{mV} \qquad (7.3,17)$$

Entsprechend wird Gl. (7.3,3) nach Einführen einer künstlichen Dämpfung gemäß Gl. (7.3,6) und Division durch J_{yf}

$$w_r \tau + \left[\frac{d^2}{dt^2} - (v_r' + i v_i') \frac{d}{dt} - w_r\right] \sigma = \frac{\Delta N^r - i \Delta M^r}{J_{yf}} \tag{7.3,18}$$

Da das rechts stehende Steuermoment proportional zu den Komponenten π_y bzw. π_z sein soll, diese Größen aber gemäß Gl. (7.1,11), S. 489, mit τ_y und τ_z in engem Zusammenhang stehen, empfiehlt es sich, aus den beiden letzten Gleichungen σ zu eliminieren. Man erhält dann

$$\left\{\frac{d^3}{dt^3} + [u_r - (v_r' + i v_i')] \frac{d^2}{dt^2} + [-u_r (v_r' + i v_i') - w_r] \frac{d}{dt}\right\} \tau =$$
$$= u_r \frac{\Delta N^r - i \Delta M^r}{J_{yf}} - w_r \frac{\Delta Y_* + i \Delta Z_*}{mV} \tag{7.3,19}$$

Mit

$$\pi_* = \pi_y + i \pi_z \tag{7.3,20}$$

wird nach Gl. (7.1,11), S. 489,

$$\tau = \pi_* + \frac{s_B}{V} \frac{d\pi_*}{dt} \tag{7.3,21}$$

Das Steuermoment ist bei einfacher Proportionalregelung

$$\Delta N^r - i \Delta M^r = -J_{yf} (d_r + i d_i) \pi_* \tag{7.3,22}$$

Setzt man diese Größen in Gl. (7.3,19) ein, so ergibt sich die Differentialgleichung

$$\left\{\frac{s_B}{V} \frac{d^4}{dt^4} + \left[1 + \frac{s_B}{V} (u_r - (v_r' + i v_i'))\right] \frac{d^3}{dt^3} + \left[u_r - (v_r + i v_i') + \right.\right.$$
$$\left. + \frac{s_B}{V} (-u_r (v_r' + i v_i') - w_r)\right] \cdot \frac{d^2}{dt^2} + [-u_r (v_r' + i v_i') - w_r] \frac{d}{dt} +$$
$$\left. + u_r (d_r + i d_i)\right\} \pi_* = -w_r \frac{\Delta Y_* + i \Delta Z_*}{mV} \tag{7.3,23}$$

Wie man aus dieser Gleichung sofort sieht, erhält man mit dem Ansatz (7.3,22) im Falle der Stabilität des Systems eine asymptotische Ablage π_∞, die bis auf eine Winkeldrehung um die Leitstrahlrichtung $\boldsymbol{l}_1 = \boldsymbol{b}_{1*}$ der Störkraft proportional ist. Die Stabilität des Systems soll hier nicht weiter interessieren, da man sie nötigenfalls durch zusätzliche Aufschaltung von $d\pi_*/dt$ und eine abgeänderte Aufschaltung von $d\sigma/dt$ nach

Abschnitt 7.3,1 erzwingen könnte und diese Maßnahmen am Faktor von π_* in Gl. (7.3,23) nichts ändern würden.

Ein sachgemäßer Ansatz für die Festlegung der Aufschaltkoeffizienten ist hier offenbar der, daß man die Ablage π_∞ in derselben Richtung wie die jeweilige Störkraft annimmt, also

$$d_\mathrm{i} = 0 \tag{7.3,24}$$

wählt, wodurch

$$\pi_\infty = -\frac{w_\mathrm{r}}{u_\mathrm{r}\, d_\mathrm{r}} \frac{\Delta Y_* + \mathrm{i}\Delta Z_*}{mV} \tag{7.3,25}$$

wird. Die Steuermomente werden dann nach Gl. (7.3,22)

$$\left.\begin{aligned} \Delta M^\mathrm{r} &= J_{yf}\, d_\mathrm{r} \pi_z \\ \Delta N^\mathrm{r} &= -J_{yf}\, d_\mathrm{r} \pi_y \end{aligned}\right\} \tag{7.3,26}$$

Bei manchen Aufgabenstellungen besteht die Möglichkeit, daß die asymptotische Ablage π_∞ nach Gl. (7.3,25) noch nicht klein genug ist, bei weiterer Vergrößerung von d_r aber eine Partialschwingung zu schwach gedämpft wird. In diesem Falle kann man die von einer konstanten Querkraft herrührende Ablage durch Aufschalten des Integrals $\int \pi_* \mathrm{d}t$ asymptotisch ganz zu null machen.

Literatur zu Kap. VII.

a) Bücher

[7–000] *N. N.*: Guidance and control. AGARDograph 21 (Sept. 1956).

[7–001] *Benecke, Th.* und *A. W. Quick* (Herausg.): History of German guided missiles development. AGARD. Braunschweig, 1957.

[7–002] *Department of the Air Force*: Guided missiles. New York, 1958.

[7–003] *Chin, S. S.*: Missile configuration design. New York, 1961.

[7–004] *Koelle, H. H.* (Herausg.): Handbook of astronautical engineering. New York, 1961.

[7–005] *Seifert, H. S.* und *K. Brown* (Herausg.): Ballistic missile and space vehicle systems. New York, 1961.

[7–006] *Roberson, R. E.* und *J. S. Farrior* (Herausg.): Guidance and control. Progress in Astronautics and Rocketry. Vol. 8. New York, 1962.

[7–006a] *NASA*: Space flight handbooks, Vol. I: Orbital flight handbook (NASA SP 33). Part 1: Basic techniques and data. Part 2: Mission sequencing problems. Part 3: Requirements. Washington D.C., 1963.

[7–007] *Langford, R. C.* und *Ch. J. Mundo* (Herausg.): Guidance and control — II. Progress in Astronautics and Aeronautics. Vol. 13. New York, 1964.

[7–008] *Blakelock, J. H.*: Automatic control of aircraft and missiles. New York, 1965.

b) Einzelberichte

Flugstabilisierung (Abschnitt 7.1.)

[7–101] *Roberson, R. E.*: Attitude control of a satellite vehicle — an outline of the problem. VIII. Kongr. Internat. Astronaut. Barcelona, 1957, S. 317–339.

[7–102] *Roberson, R. E.*: Principles of inertial control of satellite attitude. IX. Kongr. Internat. Astronaut. Amsterdam, 1958, Bd. I, S. 33–43.

[7–103] *Frye, W. E.* und *E. V. B. Stearns*: Stabilization and attitude control of satellite vehicles. ARS Journal **29**, 927–931 (1959).

[7–104] *Haeussermann, W.*: An attitude control system for space vehicles. ARS Journal **29**, 203–207 (1959).

[7–105] *Freeman, G. W.*: Reaction controls for re-entry vehicles. Adv. in Astronaut. Sci., Bd. 7, S. 407–420 (1960).

[7–106] *Geissler, E. D.*: Probleme der Richtungsstabilisierung großer gesteuerter Flugkörper. Raketentechnik und Raumfahrtforschung **4**, 109–117 (1960).

[7–107] *Himmler, C. R.*: Elektrohydraulische Steuerungen in Raumfluggeräten und deren Energieversorgung. Raketentechnik und Raumfahrtforschung **4**, 118–126 (1960).

[7–108] *Howe, R. M.*: Attitude control of rockets using a single axis control jet. XI. Kongr. Internat. Astronaut. Stockholm, 1960, Bd. II, S. 67–87.

[7–109] *Kooy, J. M. J.*: On the dynamics of a space vehicle, equipped with one main rocket motor and two Vernier motors. XI. Kongr. Internat. Astronaut. Stockholm, 1960, Bd. II, S. 67–87 und Astronaut. Acta **6**, 322–341 (1960).

[7–110] *Marino, J.*: Space vehicle attitude dynamics during velocity corrections. Adv. in Astronaut. Sci., Bd. 7, S. 268–279 (1960).

[7–111] *Mueller, H.*: An attitude control system for extremely small control forces. XI. Kongr. Internat. Astronaut. Stockholm, 1960, Bd. I, S. 392–403.

[7–112] *Ritchie, M. L.* u. a.: Some control-display aspects of manual attitude control in space. Adv. in Astronaut. Sci., Bd. 6, S. 170–191 (1960).

[7–113] *Stafford, R. L.*: Preliminary considerations for attitude control of space vehicles. Adv. in Astronaut. Sci., Bd. 7, S. 250–267 (1960).

[7–114] *West, C. T.* und *R. Goodstein*: On the simplification of the attitude equations of a satellite. Adv. in Astronaut. Sci., Bd. 6, S. 161–169 (1960).

[7–115] *Cole, R. D.* u. a.: Attitude control of rotating satellites. ARS Journal **31**, 1446–1447 (1961).

[7–116] *Hultquist, P. F.*: Gravitational torque impulse on a stabilized satellite. ARS Journal **31**, 1506–1509 (1961).

[7–117] *Rose, P. H. D.* und *J. E. Hayes*: Drag modulation and celestial mechanics. Adv. in Astronaut. Sci., Bd. 8, S. 178–187 (1961).

[7–118] *Bodner, V. A.* und *V. P. Seleznev*: Theory of three-axis stable systems employing external information. ARS Journal **32**, 819–825 (1962).

[7–119] *Cannon, R. H. jr.*: Some basic response relations for reaction-wheel attitude control. ARS Journal **32**, 61–74 (1962).

[7–120] *Freed, L. E.*: Attitude control system for a spinning body. ARS Journal **32**, 396–401 (1962).

[7–121] *Häussermann, W.*: Recent advances in attitude control of space vehicles. ARS Journal **32**, 188–195 (1962).

[7–122] *Israel, G.* und *Mme. A. Vassy*: Résultats concernant l'attitude d une fusée Véronique obtenus au moyen de capteurs magnétiques. Astronaut. Acta **8**, 264–277 (1962).

[7–123] *Leondes, C. T.* u. a.: Analysis and synthesis of a particular class of satellite-control systems. J. Aero. Sci. **29**, 1433–1453 (1962).

[7–124] *Savet, P. H.*: Attitude control of orbiting satellites at high eccentricity. ARS Journal **32**, 1577–1582 (1962).

[7–125] *Bauer, H. F.*: Stability boundaries of liquid-propelled space vehicles with sloshing. AIAA Journal **1**, 1583–1589 (1963).

[7–126] *Gispert, H. G.* u. a.: Ein mathematisches Modell eines rollstabilisierten Flugkörpers mit und ohne Strahlsteuerung. Z. Flugwiss. **11**, 192–196 (1963).

[7–127] *Huston, R. L.*: Gyroscopic stabilization of space vehicles. AIAA Journal **1**, 1694–1696 (1963).

[7–128] *Kennedy, H. B.*: A gyro momentum exchange device for space vehicle attitude control. AIAA Journal **1**, 1110–1118 (1963).

[7–129] *LeCompte, G. W.* und *J. G. Bland*: Simply mechanized attitude control for spinning vehicles. J. Spacecraft **1**, 593–598 (1964).

[7–130] *Merz, A. W.*: Missile attitude stabilization by Lyapunov's second method. J. Spacecraft **1**, 598–604 (1964).

[7–131] *Wadleigh, K. H.* u. a.: Spinning vehicle nutation damper. J. Spacecraft **1**, 588–592 (1964).

[7–132] *Cannon, R. H. jr.* und *W. G. Eppler jr.*: Vector reticle, control action display in manual control of space vehicle attitude. J. Spacecraft **2**, 172–182 (1965).

[7–133] *Ergin, E. I.* und *P. C. Wheeler*: Magnetic attitude control of a spinning satellite. J. Spacecraft **2**, 846–850 (1965).

[7–134] *Friedland, B.*: Optimum control of an unstable booster with actuator position and rate limits. AIAA Journal **3**, 1268–1274 (1965).

[7–135] *Gordon, R. L.*: An orbital gyrocompass heading reference for satellite vehicles. J. Spacecraft **2**, 851–856 (1965).

[7–136] *Gutman, A. S.*: Gravity-gradient stabilization for a spinning satellite with despun line of sight. J. Spacecraft **2**, 584–590 (1965).

[7–137] *Liska, D. J.* und *W. H. Zimmerman*: Effect of gravity gradient on attitude control of a space station. J. Spacecraft **2**, 419–425 (1965).

[7–138] *Schmieder, L.* u. a.: Lageregelung von Raumfahrzeugen mittels Schwungmassen. Z. Flugwiss. **13**, 357–372 (1965).

[7–139] *Stümke, H.*: Optimale Lagesteuerung von drallenden Flugkörpern nach dem Zwei-Impulse-Verfahren. Z. Flugwiss. **16**, 40–56 (1968).

Flugregelung (Abschnitt 7.2.)

[7–201] *Kooy, J. M. J.*: On the calculation of the powered flight of a long-range rocket supervised by an automatic pilot. Astronaut. Acta **1**, 191–198 (1955).

[7–202] *Guanella, G.*: Das Grob-Fein-Leitstrahl-Steuerungssystem. Raketentechnik und Raumfahrtforschung **2**, 109–116 (1958).

[7–203] *Müller, F.*: Systematik der Lenkverfahren. Raketentechnik und Raumfahrtforschung **2**, 38–44 (1958).

[7–204] *O'Donnel, C. F.*: Inertial navigation. J. Franklin Inst. **266**, 257–277 (1958 II).

[7–205] *Stephens, W. H.*: Telecommand and navigation. Adv. in Aeron. Sci. and Space Flight, Bd. 1, S. 52–78 (1959).

[7–206] *FitzGibbon, M. C.*: Satellite orbit control system. Adv. in Astronaut. Sci., Bd. 5, S. 82–97 (1960).

[7–207] *Karrenberg, H. K.* und *R. E. Roberson*: Guidance and control of „24 hour" communication satellites. XI. Kongr. Internat. Astronaut. Stockholm, 1960, Bd. I, S. 303–310.

[7–208] *Levinson, E.*: Analysis of a time-varying inertial loop. Adv. in Astronaut. Sci., Bd. 6, S. 229–243 (1960).

[7–209] *Mueller, F.*: Über automatische Steuerungssysteme für ballistische Raketen. Raketentechnik und Raumfahrtforschung **4**, 127–135 (1960).

[7–210] *Reismann, H.* und *J. S. Pistiner*: Design and evaluation of a re-entry guidance system. Astronaut. Acta **6**, 79–114 (1960).

[7–211] *Roberson, R. E.*: Path control for satellite rendezvous. Adv. in Astronaut. Sci., Bd. 6, S. 192–228 (1960).

[7–212] *Roberson, R. E.*: On guidance and control requirements in astronautics. J. Franklin Inst. **269**, 196–220 (1960 I).

[7–213] *Soule, P. W.*: Rendezvous with satellites in elliptical orbits with low eccentricity. Adv. in Astronaut. Sci., Bd. 7, S. 138–147 (1960).

[7–214] *Swanson, R. S.* u. a.: An astrovehicle rendezvous-guidance concept. Adv. in Astronaut. Sci., Bd. 6, S. 147–160 (1960).

[7–215] *Eggleston, J. M.* und *J. W. Young*: Trajectory control for vehicles entering the earth's atmosphere at small flight-path angles. NASA Rep. R–89 (1961).

[7–215a] *Grasshoff, L. H.*: A method for controlling the attitude of a spin-stabilized satellite. ARS Journal **31**, 646–649 (1961).

[7–216] *Jacobi, W. J.* und *C. S. Bridge*: Formulation of guidance and control equations, their mechanization and instrumentation. Jahrbuch 1961 der WGL, S. 93–101.

[7–217] *Shapiro, M.*: Attenuated intercept satellite rendezvous system. ARS Journal **31**, 1733–1744 (1961).

[7–218] *Steffan, K. P.*: Satellite rendezvous terminal guidance system. ARS Journal **31**, 1516–1521 (1961).

[7–219] *Braham, H. S.* und *L. J. Skidmore*: Guidance error analysis of satellite trajectories. J. Aero. Sci. **29**, 1091–1101 (1962).
[7–220] *Bryson, A. E.* und *W. F. Denham*: Guidance scheme for supercircular re-entry lifting vehicle. ARS Journal **32**, 894–898 (1962).
[7–221] *Hayes, J. E.* und *W. E. Van der Velde*: Satellite landing control system using drag modulation. ARS Journal **32**, 722–730 (1962).
[7–222] *Imgram, D. A.*: Design and dynamic testing of an ultrahigh accuracy satellite stabilization and control system for the orbiting astronomical observatory. XIII. Kongr. Internat. Astronaut. Varna, 1962, Bd. II, S. 638–657.
[7–223] *Kidd, A. T.* und *P. W. Soule*: Terminal maneuvers for satellite ascent rendezvous. ARS Journal **32**, 52–60 (1962).
[7–224] *Pascaru, I.*: Stability in orbit of the automatic earth satellite in the upper atmosphere. XIII. Kongr. Internat. Astronaut. Varna, 1962, Bd. II, S. 623–637.
[7–225] *Schultz, O. T.*: Elementary derivation of general equations for terrestrial inertial navigation. J. Aero. Sci. **29**, 1324–1331 (1962).
[7–226] *Swanlund, G.*: Analysis techniques to determine guidance computation requirements for space vehicles. ARS Journal **32**, 755–761 (1962).
[7–227] *Burkhart, J. A.* und *F. T. Smith*: Application of dynamic programming to optimizing the orbital control process of a 24-hour communication satellite. AIAA Journal **1**, 2551–2557 (1963).
[7–228] *Frazier, M.* u. a.: Self-contained satellite navigation systems. AIAA Journal **1**, 2310–2316 (1963).
[7–229] *Kooy, J. M. J.*: On ascent guidance for rendezvous. Astronaut. Acta **9**, 140–166 (1963).
[7–229a] *Marchal, C.*: Perturbations et stabilization artificielle d'un satellite équatorial de 24 heures. Recherche Aéronautique Nr. 96, 13–22 (1963).
[7–230] *Jazwinski, A. H.*: Optimal trajectories and linear control of nonlinear systems. AIAA Journal **2**, 1371–1374 (1964).
[7–231] *Kang, G.* und *M. F. Kenehan*: Longitude positioning and orbit control of the 24-hour equatorial satellite. AIAA Journal **2**, 991–999 (1964).
[7–232] *Lange, B.*: The drag-free satellite. AIAA Journal **2**, 1590–1606 (1964).
[7–233] *Toms, R. S. H.* und *B. E. Kalensher*: Control of a synchronous satellite by continuous radial thrust. AIAA Journal **2**, 1179–1188 (1964).
[7–234] *Buckingham, A. G.* u. a.: Orbit position control using solar pressure. J. Spacecraft **2**, 863–867 (1965).

VIII. Einige Literatur über Nachbargebiete

a) Luftschiffe

Arnstein, K. und *W. Klemperer*: Performance of airships. In: W. F. Durand (Herausg.): Aerodynamic Theory, Bd. VI, S. 49–133. Berlin, 1936.

b) Flugboote

Barrillon, E. G.: Hydrodynamics of boats and floats. In: W. F. Durand (Herausg.): Aerodynamic Theory, Bd. VI, S. 134–222. Berlin, 1936.

c) Hubschrauber

Nikolsky, A. A.: Helicopter analysis. New York, 1951.

Just, W.: Einführung in die Aerodynamik und Flugmechanik des Hubschraubers. Stuttgart, 1957.

Just, W.: Steuerung und Stabilität von Drehflügelflugzeugen. Stuttgart, 1957.

d) Schwebegeräte

Mack, K. W.: Der Bodeneffekt als Entwicklungsgrundlage von Schwebegeräten. Luftfahrttechnik **6**, 5–21 (1960).

Just, W.: Vertikalstartflugzeug und Luftkissenfahrzeuge. Stuttgart, 1961.

Mair, A. W.: The physical principles of Hovercraft. J. Roy. Aeronaut. Soc. **68**, 683–691 (1964).

e) Interplanetarische und relativistische Raketenballistik

Ackeret, J.: Zur Theorie der Raketen. Helv. Phys. Acta **19**, 103–112 (1946).

Krause, H. G. L.: Relativistische Raketenmechanik. Astronaut. Acta **2**, 30–47 (1956).

Sänger, E.: Zur Mechanik der Photonen-Strahlantriebe. München, 1956.

Breakwell, J. V. u. a.: Researches in interplanetary transfer. ARS Journal **31**, 201–208 (1961).

f) Flatterrechnung

Scanlan, R. H. und *R. Rosenbaum*: Aircraft vibration and flutter. New York, 1951.

Bisplinghoff, R. L. u. a.: Aeroelasticity. Cambridge, Mass., 1955.

N. N.: AGARD, Manual on aero-elasticity. London.

Hertel, H.: Leichtbau, Bauelemente, Bemessungen und Konstruktionen von Flugzeugen und anderen Leichtbauwerken. Berlin, 1960.

Argyris, J. H. und *S. Kelsey*: Modern fuselage analysis and the elastic aircraft. London, 1963.

g) Wärmeübergang bei hohen Geschwindigkeiten

Rohsenow, W. M. und *H. Y. Choi*: Heat, mass and momentum transfer. Englewood Cliffs, N. J., 1961.

Kutateladze, S. S.: Fundamentals of heat transfer. (Übersetzung a. d. Russ.) London, 1963.

Rohsenow, W. M. (Herausg.): Developements in heat transfer. Cambridge, Mass., 1964.
Irvine, Th. F. jr. und *J. P. Hartnett* (Herausg.): Advances in heat transfer. New York, I, 1964 und II, 1965.

IX. Verzeichnis der vom LN 9300 abweichenden Symbole

Zeichen	Bedeutung	LN 9300
$\boldsymbol{a}_1$	Flugwindachse	x_a
$\boldsymbol{a}_2$	Querkraftachse	y_a
$\boldsymbol{a}_3$	Auftriebsachse	z_a
$\boldsymbol{a}_0$	Hilfsvektor	k_{1a}
$\bar{\boldsymbol{a}}_2$	Hilfsvektor	k_{2a}
$\bar{\boldsymbol{a}}_3$	Hilfsvektor	k_{3a}
$\boldsymbol{e}_1$	Hilfsvektor	x_e
$\boldsymbol{e}_2$	Querachse ($=\boldsymbol{f}_2$)	y_e
$\boldsymbol{e}_3$	Auftriebsachse ($=\boldsymbol{a}_3$)	z_e
$\boldsymbol{e}_0$	Hilfsvektor	—
$\bar{\boldsymbol{e}}_2$	Hilfsvektor	—
$\bar{\boldsymbol{e}}_3$	Hilfsvektor	—
$\boldsymbol{f}_1$	Längsachse	x_f
$\boldsymbol{f}_2$	Querachse	y_f
$\boldsymbol{f}_3$	Hochachse	z_f
$\boldsymbol{f}_0$	Hilfsvektor	k_{1f}
$\bar{\boldsymbol{f}}_2$	Hilfsvektor	k_{2f}
$\bar{\boldsymbol{f}}_3$	Hilfsvektor	k_{3f}
$\boldsymbol{g}_1$	Achse des geodätischen Systems in der Horizontalebene, bevorzugt nach Süden	x_g
$\boldsymbol{g}_2$	Achse des geodätischen Systems in der Horizontalebene, bevorzugt nach Westen	y_g
$\boldsymbol{g}_3$	Lotrichtung, nach unten	z_g
q_{xf} q_{yf} q_{zf}	Komponenten der Drehgeschwindigkeit $\boldsymbol{q}$ (des körperfesten Systems (f) relativ zum Inertialsystem) in den Richtungen $\boldsymbol{f}_1, \boldsymbol{f}_2, \boldsymbol{f}_3$	ω_{xf} ω_{yf} ω_{zf}

Zeichen	Bedeutung	LN 9300
q_{xe} q_{ye} q_{ze}	Entsprechende Komponenten von $\boldsymbol{q}$ in den Richtungen $\boldsymbol{e}_1, \boldsymbol{e}_2, \boldsymbol{e}_3$	— — —
q_{xa} q_{ya} q_{za}	Entsprechende Komponenten von $\boldsymbol{q}$ in den Richtungen $\boldsymbol{a}_1, \boldsymbol{a}_2, \boldsymbol{a}_3$	ω_{xa} ω_{ya} ω_{za}
I_{xf} usw. I_{xyf} usw. I_{xe} usw. I_{xa} usw.	Trägheitsmoment um die Achse $\boldsymbol{f}_1$ Deviationsmoment Entsprechende Momente im System (e) „ „ „ „ (a)	I_x usw. I_{xy} usw. — —
ϑ_f ϑ_e ϑ_a	Längsneigungswinkel von $\boldsymbol{f}_1$ Längsneigungswinkel von $\boldsymbol{e}_1$ Längsneigungswinkel von $\boldsymbol{a}_1$	ϑ — γ
φ_f φ_e φ_a	Querneigungswinkel von $\boldsymbol{f}_2$ Querneigungswinkel von $\boldsymbol{e}_2$ Querneigungswinkel von $\boldsymbol{a}_2$	φ — μ
ψ_f ψ_e ψ_a	Azimutwinkel von $\boldsymbol{f}_1$ Azimutwinkel von $\boldsymbol{e}_1$ Azimutwinkel von $\boldsymbol{a}_1$	ψ — χ
ω_{xf} usw.	Komponenten der aerodynamisch wirksamen Drehgeschwindigkeit $\boldsymbol{\omega}$ (des Flugzeugs relativ zum Windfeld) in den Richtungen $\boldsymbol{f}_1$ usw.	—
ω_{xe} usw.	Entsprechende Komponenten von $\boldsymbol{\omega}$ in den Richtungen $\boldsymbol{e}_1$ usw.	—
ω_{xa} usw.	Entsprechende Komponenten von $\boldsymbol{\omega}$ in den Richtungen $\boldsymbol{a}_1$ usw.	—

X. Sachverzeichnis

GPSR Compliance

The European Union's (EU) General Product Safety Regulation (GPSR) is a set of rules that requires consumer products to be safe and our obligations to ensure this.

If you have any concerns about our products, you can contact us on ProductSafety@springernature.com

In case Publisher is established outside the EU, the EU authorized representative is:

Springer Nature Customer Service Center GmbH
Europaplatz 3
69115 Heidelberg, Germany

Batch number: 08544869

Printed by Printforce, the Netherlands